適用2021/2019/Microsoft 365

Excel 商業智慧分析 第二版

樞紐分析×大數據分析工具PowerPivot

PREFACE

作者序

大數據洪流、AI 的時代，讓各種資料與信息充斥在生活中與職場生態裡，面對多元多變且資料來源豐沛又複雜的環境，大家都成為了標準的資訊工作者。Excel 這個最接近資料處理與摘要統計的工具，儼然已經成為不能不會的應用程式，而對於大多數使用 Excel 的上班族而言，運用簡單的加總公式、函數，或者進階查詢操作來完成現有工作，這些普科級的技能已經不敷使用，因為，現在所面臨的是大量數據的整合、摘要、分析，更重要的是效率與效能，主管與客戶們絕對無法容忍我們花費太多時間來解答問題與製作報表。因此，Excel 的樞紐分析工具，也漸漸成為練就一身資料處理與摘要統計能力時必備的基本技能。爆炸的資訊時代，資料的更新更迅速也更及時，更有效率的使用樞紐分析工具，正確的使用樞紐分析表與樞紐分析圖進行資料的統計與摘要，建置多維度、多面向的不同視角，產出可以提供主管與客戶迅速訂定決策資訊及正確判斷的重要數據報表，將會是資訊工作者必備的技能與工作。

猶記在西雅圖 Bellevue 參與微軟最有價值專家的全球峰會時，在 Barnes & Noble 購買了 Bill Jelen 與 Michael Alexander 這兩位 Excel 專家著作的 Pivot Table Data Crunching 一書至今已經 18 年了，全書內容對於樞紐分析表的功能解說與祕訣應用，其深度與質量令人印象深刻，也督促了我在正體中文的資訊圖書市場裡，持續努力耕耘、學習與分享。自 2007 年如願出版了拙著《Excel 商業實戰白皮書》一書，後續也適度改版為《Excel 商業智慧分析｜樞紐分析×大數據分析工具》至今亦逾 16 載，討論資料處理與樞紐分析相關議題、教育訓練，已經成為筆者生活中的一部份，也才有了接續 Power Query、Power Pivot 等 Excel 商業智慧相關議題的著作與訓練工作。

深覺許多使用者對於樞紐分析表的製作能力，多數停留在前輩傳承的作業方式，以及昔日舊有檔案的操作步驟，例如：都知道透過滑鼠拖曳資料欄位，可以輕鬆製作循列、循欄的摘要統計報表，對於日期欄位群組為年、季、月的分類摘要也都還略知一二，但是，若要深入探討樞紐分析快取的用意與實務應用，可能就一知半解乃至完全不知情了！這也是筆者在從事樞紐分析著作與教育訓練工作時，特別著重的議題。因此，本書的撰寫是先從資料處理的基本觀念與工具談起，再導入樞紐分析的正確概念、基本操作和進階應用，從入門到精通，以淺顯易懂的範例與實作，經由圖解說明與逐步操作解說，學習如何使用樞紐分析表與樞紐分析圖進行資料的統計與摘要。書中範例非常適合業務、行銷、行政、人事、教育、...等相關領域人士，隨著實例操作演練，學習如何使用 Excel 進行資料分析的必備技巧，製作出多維度、多面向的報表，產出可以提供主管與客戶得以迅速訂定決策資訊及正確判斷的重要數據和視覺報表，迅速成為商業資料分析達人。

這次改版是主要是將微軟已經不再支援的 Excel BI 工具 Power View 剔除，另外，Excel 版本一直在更新，所提供的工具及操作介面也略有變化，所以，此次是以最新版本的 Excel 2021 與租賃版的 Microsoft 365 為主要操作畫面，而對於各種不同資料來源的議題也一直源源不斷，在第 11 章裡也準備了遠超過 Excel 單張工作表可負荷的容量，4 百多萬筆的交易記錄，讓大家感受並體驗一下，在 Excel 裡處理大量資料進行樞紐分析的效能。至於，如何針對樞紐分析表進行瘦身，瞭解樞紐分析快取的意義，以及如何匯入雲端資料庫進行樞紐分析也是本書的特色與重點。最後也簡介了如何運用 Excel BI 商業智慧工具中的 PowerPivot，建構資料模型進行多方資料來源的連結與關連設定。

從事電腦教育訓練與資訊相關工具書的撰寫已逾三十多年，非常感謝長期合作的碁峰資訊鼎力相助與細心規劃，始能順利付梓與讀者分享，期盼點滴的經驗分享能對您有些許助益，然書中內容或有疏漏之處，尚祈讀者先進不吝指教。

王仲麒

微軟全球最有價值專家
Aug 2023

CONTENTS

目 錄

CHAPTER 1 Excel 的資料處理與分析

CHAPTER 2

樞紐分析表的基本操作

CHAPTER 3

樞紐分析表的群組排序與篩選

CHAPTER 4

自訂化樞紐分析表

CHAPTER 5 樞紐分析表的計算功能

CHAPTER 6 視覺化樞紐分析圖

CHAPTER 7 外部資料的連結及匯入

CHAPTER 8

Excel 與 SQL Server 和 OLAP 的連線

CHAPTER 9

Excel 與 MySQL 的連線

CHAPTER 10

Web 連線範例與雲端試算表的存取

CHAPTER 11

海量資料的分析工具 PowerPivot

下載說明

本書範例檔請至以下碁峰網站下載：

http://books.gotop.com.tw/download/ACI036800

其內容僅供合法持有本書的讀者使用，未經授權不得抄襲、轉載或任意散佈。

CHAPTER

1

Excel 的資料處理與分析

對 Excel 而言，資料分析是一種工具的應用，也是組織、研究、訂定決策的技術。因此，資料分析的重點在於能夠協助我們瞭解在某些深度與意義層面上的資訊，所以，對於既有的原始資料，若能透過條件規範與摘要方式的訂定，即能提供主管與決策人員重要的關鍵資訊，這也正是 Excel 在資料處理與資料分析領域裡給予我們最大的助力。例如：業務經理可以利用資料分析，研究產品銷售的歷史記錄，以決定整個產品生產的趨勢並進行未來銷售計劃的預測。科學家利用資料分析來研究實驗性的種種結果，以確認這些結果在統計上的意義。

1-1 Excel 資料處理與分析的能力

Excel 是由工作表(Worksheet)所組合而成的活頁簿(Work Book)檔案結構，而工作表是標準的行、列式表格架構，交錯而成的每一個儲存格裡都可以進行資料的輸入與編輯，因此，經常被應用在報表的製作、資料表格的規劃。在 Excel 的環境中，工作表是儲存資料的最佳園地，一般來說，您有兩種手法可以進行資料的建立，一是人工方式親手逐一登打在儲存格裡；另一種方式是匯入外部資料來源。而在工作表上，資料的範疇一定是一塊矩形的範圍(Regular Range)，或者是經過轉換的資料表(Data Table)。至於儲存格裡可以登打的資料是數字或文字，再藉由特定的儲存格格式化功能，針對文字資料與數值資料進行所需的格式設定，其中，也包含了日期/時間資料的格式化設定(原本是數值資料)。當然，也可以利用公式的建立或函數的使用，進行特定目的的運算。

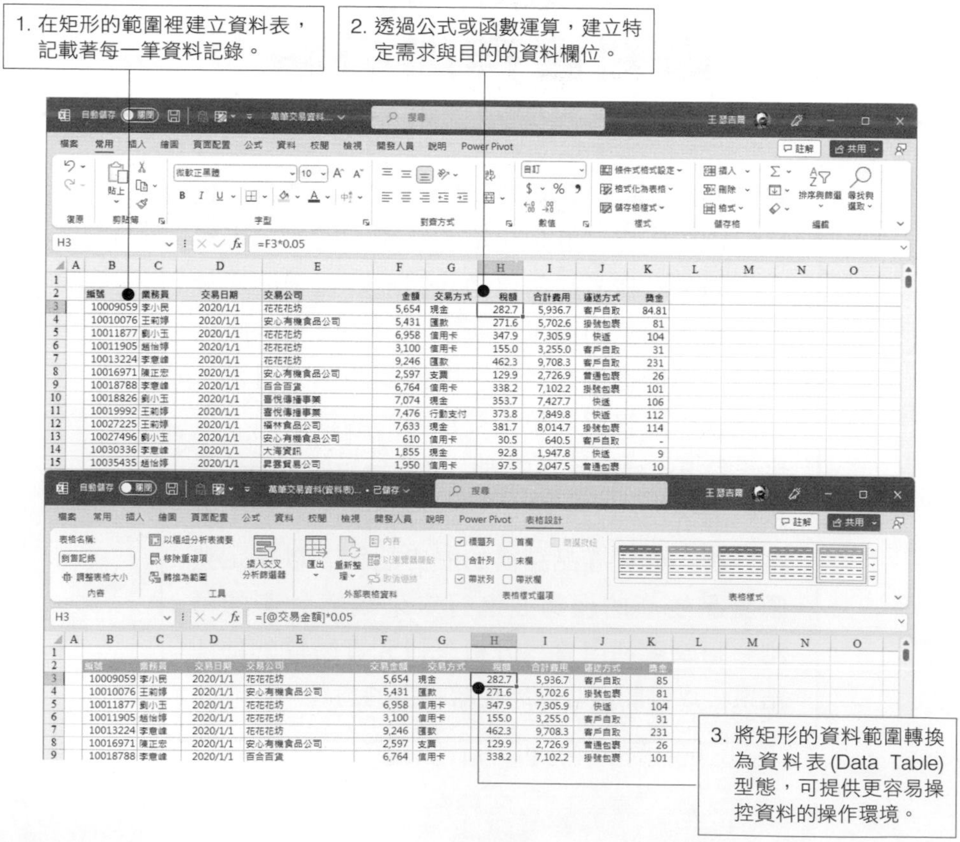

1. 在矩形的範圍裡建立資料表，記載著每一筆資料記錄。
2. 透過公式或函數運算，建立特定需求與目的的資料欄位。
3. 將矩形的資料範圍轉換為資料表(Data Table)型態，可提供更容易操控資料的操作環境。

對一個資料庫而言，資料表裡所存放的資料僅僅是一筆筆資料記錄的集合，對很多人來說，這不過是一個蒐集儲存資料的大容器。但是，若要從中取得具備特定意義或特殊目的的資訊，就非得透過有效的資料分析技巧來完成了！例如：一份訪問了 758 位用戶的客戶滿意度調查資料，記錄著 758 筆資料記錄，您絕對不會將這 758 資料記錄的原始資料(Raw Data)列印成冊，呈遞給老闆(不被 Fire 才怪)，您一定會透過資料分析的技巧，統計或摘要出各年齡層的結構分析表、特定題目的回應比例分析表、性別地區的人數統計分析表、...因為，這些分析表才是老闆所關心或決策者所要掌握的。

1. 鉅細靡遺的逐筆資料記錄是原生的資料表格、資料庫的結構，並不是老闆與客戶所要檢視的最終資訊。譬如：758 份未經整理的問卷調查資料。

2. 經過摘要、整理、運算的資訊表格，才是老闆與客戶所需的有用資訊。例如：不同年齡層、不同性別的各地區人數統計。

	A	B	C	D	E	F	G	H	I
1	卷號	性別	年齡	地區	您最喜歡的節目類別？	平均一天有多少小時在看電視？	喜歡哪一種職業運動節目？	最經常收看的體育頻道？	府上有沒有裝接數位電視系統？
717	sub43398	男	39	中區	綜藝節目	1至3小時	職棒	衛視體育	有
718	sub43492	男	46	中區	綜藝節目	不到1小時	保齡球	衛視體育	有
719	sub43498	女	48	北區	連續劇	1至3小時	保齡球	EPSN	沒有，不考慮
720	sub43517	男	53	中區	談話性節目	不到1小時	賽車	衛視體育	有
721	sub43666	男	56	中區	連續劇	6小時以上	冰上曲棍球	衛視體育	沒有，不考慮
722	sub43832	女	51	南區	新聞	4到6小時	職棒	EPSN	沒有，考慮中
723	sub43901	男	65	北區	綜藝節目	1至3小時	高爾夫球	EPSN	沒有，考慮中
724	sub44016	女	49	南區	談話性節目	4到6小時	冰上曲棍球	EPSN	有
725	sub44063	男	39	南區	談話性節目	不到1小時	高爾夫球	EPSN	沒有，考慮中
726	sub44191	女	39	南區	音樂性節目	不到1小時	高爾夫球	緯來體育	有
727	sub44297	女	59	南區	旅遊節目	4到6小時	賽車	緯來體育	沒有，考慮中
728	sub44324	男	37	南區	綜藝節目	1至3小時	籃球	EPSN	有
729	sub44409	女	46	中區	旅遊節目	4到6小時	美式足球	衛視體育	有
730	sub44428	男	18	南區	旅遊節目	4到6小時	高爾夫球	緯來體育	沒有，不考慮
731	sub44451	女	18	中區	談話性節目	4到6小時	籃球	衛視體育	沒有，考慮中
732	sub44494	男	59	南區	連續劇	不到1小時	賽車	緯來體育	有
733	sub44541	男	41	南區	旅遊節目	不到1小時	籃球	NHK Sport	沒有，考慮中
734	sub44646	男	37	中區	綜藝節目	6小時以上	美式足球	衛視體育	沒有，考慮中
735	sub44696	男	41	中區	旅遊節目	1至3小時	賽車	衛視體育	有
736	sub44697	女	48	中區	連續劇	1至3小時	職棒	EPSN	沒有，考慮中
737	sub44921	男	51	南區	音樂性節目	6小時以上	賽車	NHK Sport	沒有，不考慮
738	sub44971	女	42	中區	旅遊節目	1至3小時	賽車	EPSN	沒有，考慮中
739	sub45037	女	42	南區	卡通	6小時以上	美式足球	EPSN	有
740	sub45052	女	53	南區	卡通	1至3小時	職棒	EPSN	有
741	sub45220	女	18	北區	旅遊節目	不到1小時	美式足球	EPSN	沒有，考慮中
742	sub45292	女	22	南區	談話性節目	不到1小時	賽車	NHK Sport	有
743	sub45328	男	24	南區	卡通	不到1小時	冰上曲棍球	緯來體育	沒有，不考慮
744	sub45426	女	23	中區	綜藝節目	1至3小時	冰上曲棍球	EPSN	沒有，考慮中
745	sub45439	女	34	中區	新聞	不到1小時	職棒	NHK Sport	沒有，考慮中
746	sub45609	女	18	北區	卡通	1至3小時	高爾夫球	EPSN	沒有，考慮中
747	sub45654	女	47	中區	新聞	1至3小時	賽車	NHK Sport	沒有，考慮中
748	sub45660	女	19	北區	旅遊節目	不到1小時	冰上曲棍球	緯來體育	沒有，考慮中
749	sub45701	女	18	中區	新聞	4到6小時	職棒	NHK Sport	有
750	sub45706	男	59	南區	音樂性節目	4到6小時	冰上曲棍球	EPSN	沒有，考慮中
751	sub45821	男	50	中區	音樂性節目	不到1小時	冰上曲棍球	緯來體育	沒有，考慮中
752	sub45850	女	37	中區	談話性節目	1至3小時	賽車	EPSN	有
753	sub45940	男	19	北區	連續劇	6小時以上	冰上曲棍球	緯來體育	沒有，考慮中
754	sub45946	女	20	中區	連續劇	不到1小時	保齡球	EPSN	有
755	sub46074	男	49	南區	音樂性節目	1至3小時	美式足球	緯來體育	有
756	sub46079	男	33	北區	卡通	1至3小時	高爾夫球	NHK Sport	有
757	sub46155	男	46	中區	綜藝節目	不到1小時	保齡球	衛視體育	有
758	sub46184	男	59	南區	連續劇	不到1小時	冰上曲棍球	緯來體育	有
759	sub46319	男	39	南區	談話性節目	4到6小時	職棒	緯來體育	沒有，考慮中
760									

	A	B	C	D	E	F
1						
2						
3	問卷計數	地區				
4	年齡層	中區	北區	南區	總計	
5	⊟15-29	103	51	60	214	
6	女	51	19	31	101	
7	男	52	32	29	113	
8	⊟30-44	116	74	68	258	
9	女	60	33	32	125	
10	男	56	41	36	133	
11	⊟45-59	105	37	101	243	
12	女	49	25	42	116	
13	男	56	12	59	127	
14	⊟60-74	12	15	16	43	
15	女	8	4	5	17	
16	男	4	11	11	26	
17	總計	336	177	245	758	
18						

	A	B	C	D	E
1					
2					
3		府上有沒有裝接數位電視系統？			
4	地區	有	沒有，不考慮	沒有，考慮中	總計
5	中區				
6	小計	155	53	128	336
7	佔總計百分比	20.4%	7.0%	16.9%	44.3%
8	北區				
9	小計	68	32	77	177
10	佔總計百分比	9.0%	4.2%	10.2%	23.4%
11	南區				
12	小計	93	50	102	245
13	佔總計百分比	12.3%	6.6%	13.5%	32.3%
14	小計 的加總	316	135	307	758
15	佔總計百分比 的加總	41.7%	17.8%	40.5%	100.0%
16					

3. 針對問卷裡的題目進行回應的摘要分析，例如：各地區是否裝接數位電視系統的摘要統計才是決策者所重視的。

在 Excel 中，提供了許多操作工具與函數運算，可以讓您直覺地應用於資料處理工作，甚至設計出複雜的資料分析，以符合種種的需求。

1-1-1 Excel 的基本資料處理作業

資料處理與資料分析中的「資料」指的是由數值、日期、文字等集合而成的原生資訊。而儲存格裡所儲存的這些資料記錄，經常會有排序、篩選、小計的需求。在本章稍後的各小節中，將為您一一展示這些資料處理的技巧。

- 排序(Sort)

  透過排序操作可以將資料記錄依據指定欄位的內容重新排列順序。

- 小計(Subtotal)

  利用小計功能可以將排序後的資料再加工，選擇指定的運算方式摘要其小計結果。

- 篩選(Filter)

  藉由篩選功能可以在茫茫大海的資料記錄中，擷取合乎規範與準則的資料記錄。

1-1-2 Excel 的資料摘要工具

除了對整個資料表進行排序、篩選、小計等資料處理外，對於資料記錄的摘要分類統計與交叉分析，也是經常性的需求，此時，除了利用相關的函數，例如：SUMIF、SUMIFS、AVERAGEIF、AVERAGEIFS、COUNTIF、COUNTIFS 等統計類函數，以及 DSUM、DAVERAGE、DCOUNT 等資料庫類函數外，樞紐分析表(Pivot Table)的操作也將會是您在資料分析工作上的一大助手！本書的其他章節便針對樞紐分析的種種操作、設定、編輯與格式化，讓您迅速成為高竿的樞紐分析達人。

- 統計類函數的資料分析

  例如：利用 SUMIF 或 SUMIFS 函數可以針對資料表裡的指定欄位進行有條件的加總運算。

- 資料庫類函數的資料分析

  例如：在工作表的空白處建立更複雜多樣的資料欄位篩選準則後，便可以利用 DSUM 函數針對資料表裡的相關資料欄位進行條件的比對，將合乎準則的資料進行加總運算。

- 樞紐分析表(Pivot Table)與樞紐分析圖(Pivot Charts)

  這是 Excel 所提供眾多分析工具中，功能最強大也最容易操作的資料分析工具之一。樞紐分析表是一種資料庫分析統計報表，讓您可以在龐大的資料中，進行資料的分析與統計。早期的 Excel 版本，稱此類報表為「交叉分析表」(Cross Table)，在爾後的資料庫系統應用中，皆稱之為「樞紐分析表」(Pivot Table)。而從 Microsoft Excel 2000 以後，除了樞紐分析表外，又擴充了添增樞紐分析圖的製作，讓您在進行資料分析的同時，能夠圖表並茂、魚與熊掌兩者兼得。因此，您可以透過「樞紐分析表」和「樞紐分析圖」的製作，快速又有效率地完成對資料庫的統計與分析。

- PowerPivot

  這是 Excel 2109 內建的新功能，可以連線至大型資料庫或海量的資料來源，尤其是關聯性資料庫，將不同來源的資料彙整，進行單一的樞紐分析表、雙重樞紐分析表、單一樞紐分析圖、多重樞紐分析圖等種種的分析輸出，是製作 BI 商務智慧之數位儀表板不可或缺的工具。

- PowerView 一詞可能有些朋友還比較陌生(注意不是 PowerPivot 啊)，它是 SQL Server 2012 中一個新的技術，能夠讓業務人員根據業務需求在瀏覽器上設計自己想要的報表，並且基於 Silverlight 技術給我們提供了多種更加靈活的建模方式，只需要幾十分鐘的時間，能夠快速地讓業務人員掌握此項技術技能，從而幫助緩解 IT 人員的工作壓力。同時業務用戶還能夠將自己所設計完成的業務報表發佈到協作平台上(SharePoint)分享給各個層級、不同角色的人員使用，這種使用並不僅是支援查看，若他人從業務或其他角度覺得此報表很有價值，還可拿來當作範本進行二次加工，形成自己的報表。

若沒有使用正確、適當的工具就進行分析大量資料，通常會是惡夢一場，為了協助您對大量、海量資料迅速分析資料，Excel 提供了功能強大的資料分析工具，名為「樞紐分析表」。透過這個工具可以讓您摘要成千上萬的連續性資料記錄，並可以根據自己的需求建立各種格式與版面的樞紐分析報表，以不同的面相來檢視摘要的資料。

此書的目的即以循序漸進的方式引導您學習樞紐分析表中的各種技巧，例如：如何建立樞紐分析表、如何編輯樞紐分析表、如何進行不同的樞紐分析、美化樞紐分析報表、群組樞紐分析欄位、添加計算欄位、...瞭解樞紐分析表的種種背景與基礎。

1-1-3 Excel 的 What If 分析工具

資料庫、資料表的摘要、統計與分析是 Excel 在資料處理領域裡的強大功能外，基於 Excel 工作表的試算特質，很容易讓您在 Excel 的工作表環境裡規劃各種情境式的分析問題，再透過 Excel 獨特的 What If 分析工具，諸如：資料運算列表(Data Tables)、目標搜尋(Goal Seek)、分析藍本(Scenarios)、規劃求解(Solver)等等，來解決您更多元的商務問題。有關於 What-If 分析工具這方面的應用與論述，基於知識分類與寫作篇幅限制，並不在本書範圍，建議您若有興趣，可參考「目標搜尋、分析藍本、規劃求解」這方面的實務應用與案例。

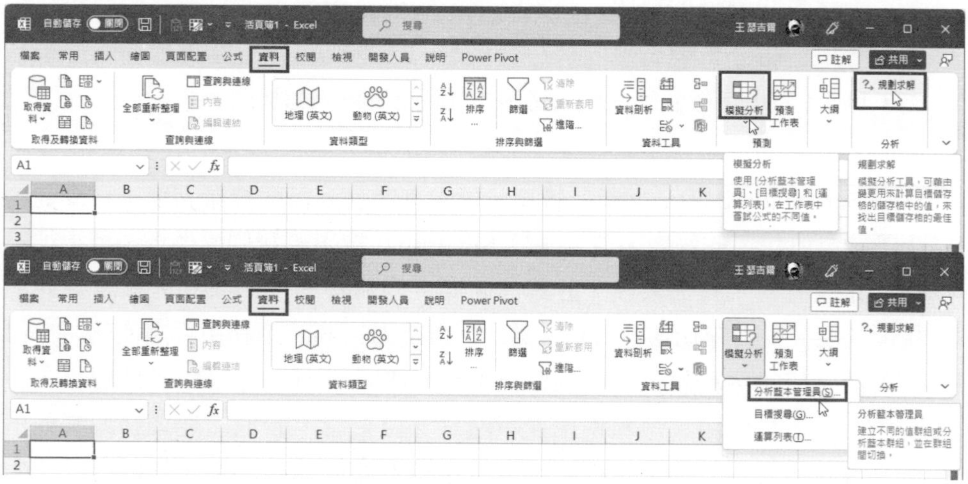

■ 資料運算列表(Data Tables)

所謂的運算列表，是事先建立一個行、列架構的表格，進行一維或二維的快速運算。首先，必須將連串欲帶入公式進行計算的值，逐一鍵入至表格首列或(且)首欄的每一個儲存格內，然後，再將公式輸入在表格的頂端儲存格或左側儲存格或左上方的儲存格內(端賴所建立的表格是一維橫向、一維縱向或二維表格而定)，然後，藉由〔運算列表〕的操作，即可同時顯示多項資料代入公式運算後的各個結果。

- 分析藍本(Scenarios)

  這是一種情境分析的建構，是隸屬於 Excel 假設分析(What-If)的工具之一，藉由分析藍本的操作，可以讓您設定多組可能異動的資訊，再分別套用至現況中而迅速計算出不同組別的不同結果。例如：運用在多因素(變數)的每年盈收預測分析，而建立各組分析數據的樣本，進行營收情境分析報表的製作。

- 目標搜尋(Goal Seek)

  在 Excel 工作表建立公式後，為了試算出不同的答案或理想的結果，常常會代入各種數據至儲存格中，以計算出各種的可能性。然而，反覆不斷的嘗試與運算實在是耗費精力，除了透過數學技巧外，目標搜尋也是不錯的選擇。藉由公式的訂定、目標結果的設定，即可迅速反算出最理想的數據。譬如：數學一元多次方程式的求解；譬如：在已知貸款額度、年利率以及月繳本利和的情況下，反算出貸款的最短期限。此外，在商品單價及成本的合理公式訂定上、在損益平衡的財務分析上，都可以運用目標搜尋來完成。

- 規劃求解(Solver)

  規劃求解是 Excel 的一項重要分析與評量工具，可應用在多變數的方程式求解與作業研究。諸如：整數規劃、線性規劃、非線性規劃上，可在規劃的問題上求得最佳解。例如：最短路徑的線性規劃、整數問題的求解、零與一的規劃求解，以及經濟訂購量的 EOQ 規劃作業、...可為您解決許許多多商務上的實務規劃與決策問題。

綜觀資料庫的管理操作上，有幾個重要的功能，是學習 Excel 的過程中不可不知的，也是本書主要著墨的重點，其中包括了 ：

- 資料的排序
- 資料的查詢篩選
- 資料的自動小計運算
- 與外部資料庫的連結與匯入及匯出
- 資料的彙整運算
- 資料的樞紐分析
- 大量資料的匯入分析

1-2 表格、資料表與報表

1-2-1 表格(Table)、資料表(Data Tale) 與報表(Report)的迷思

不論是企業組織還是公家機關、團體，經常會利用表格進行資料的蒐集彙整與編撰，製作出各種目的、需求與形式的報表。而一想到使用電腦軟體程式來進行表格的製作與編輯，則 Word 與 Excel 應該是最為普及的選擇了。不過，根據筆者二十多年的教學歷練與輔導公民營企業的經驗，深覺可能受限於基本觀念的不足，抑或報表傳承的製作限制，許多使用者無法分清「報表」(Report)與「表格」(Data Table)的差異。譬如：即使瞭解 Excel 的計算能力，也因此利用 Excel 製作了一份員工業績分紅資料表，並根據需求，進行了儲存格的合併、美化，創造出美觀的業績報表，殊不知，經過合併或分割的儲存格早已失去了排序、篩選的能力。造成了原本應該使用 Excel 製作的資料表，卻是透過 Word 來製作；應該利用 Word 製作的表格，卻是藉由 Excel 來編輯。

全泉科技2022年第一季業績獎金報表

員工姓名	交易編號	月份	地區	交際金額	傭金
李書屏	T04842	1	中區	$522,652	$10,453
	T02339	1	北區	$1,104,536	$22,090
	T19928	1	北區	$971,461	$19,429
	T00293	1	南區	$896,677	$17,933
	T04193	1	南區	$203,062	$4,061
	T15465	2	中區	$256,384	$5,127
	T77865	2	東區	$187,264	$3,745
	T06697	3	東區	$730,935	$14,618
小計：				$4,872,970	$97,456
陳旭東	T29385	1	南區	$310,674	$6,213
	T05923	2	東區	$1,104,558	$22,091
	T05669	3	北區	$706,890	$14,137
	T23981	3	北區	$1,073,025	$21,460
小計：				$3,195,147	$63,901
黃文玲	T18727	2	南區	$196,670	$3,933
	T91283	3	中區	$850,955	$17,019
	T94854	3	東區	$564,317	$11,286
	T67345	3	東區	$697,808	$13,956
小計：				$2,309,750	$46,194
趙文燕	T00192	1	中區	$621,114	$12,422
	T12635	2	中區	$183,169	$3,663
	T05998	2	北區	$928,600	$18,572
	T57682	2	北區	$1,070,631	$21,412
小計：				$2,803,514	$56,069
劉曉蓓	T01923	1	北區	$768,115	$15,362
	T05569	2	南區	$348,853	$6,977
	T11123	3	中區	$112,891	$2,257
小計：				$1,229,858	$24,596

1. 儲存格經過合併後，已經稱不上是標準的資料表(Data Table)了。

2. 添加了小計列後，也已非標準的資料表 (Data Table) 架構。

全泉科技2022年第一季業績獎金報表

員工姓名	交易編號	月份	地區	交易金額	傭金	備註
趙文燕	T00192	1	中區	$739,988	$14,799	
李書屏	T04842			$639,651	$12,793	
劉曉蓓	T01923		北區	$899,745	$17,994	
李書屏	T02339			$989,434	$19,788	
李書屏	T19928			$981,572	$19,631	
李書屏	T00293		南區	$603,025	$12,060	
陳旭東	T29385			$270,012	$5,400	
李書屏	T04193			$228,247	$4,564	
趙文燕	T12635	2	中區	$269,930	$5,398	
李書屏	T15465			$310,887	$6,217	
趙文燕	T05998		北區	$730,617	$14,612	
趙文燕	T57682			$984,545	$19,690	
李書屏	T77865		東區	$206,207	$4,124	
陳旭東	T05923			$1,282,261	$25,645	
劉曉蓓	T05569		南區	$560,245	$11,204	
黃文玲	T18727			$168,157	$3,363	
黃文玲	T91283	3	中區	$743,414	$14,868	
劉曉蓓	T11123			$131,233	$2,624	
陳旭東	T05669		北區	$719,678	$14,393	
陳旭東	T23981			$1,090,115	$21,802	
黃文玲	T94854		東區	$505,162	$10,103	
黃文玲	T67345			$508,843	$10,176	
李書屏	T06697			$717,296	$14,345	
說明：						

許多表格的製作，在其尾端經常會添加諸如說明或備註等區塊，讓這份表格難以進行諸如排序、篩選等資料處理操作。

所以，在此書首章節即開宗明義地為您敘述表格(Table)、資料表(Data Tale)與報表(Report) 的規範與慣例，讓您能夠靈活善用應用軟體的特性，得以物盡其用以大幅提升工作效率。

- 「表格」(Table)

  您可以利用 Word 的表格功能或者 Excel 工作表的能力，繪製各種架構與功能需求的表格(Table)。一開始或許正是由標準的行列式架構起頭，然後，再根據需求進行儲存格的合併或分割；或是添增小計及加總欄與列；甚至在儲存裡繪製對角線、...幾乎可說是天馬行空的恣意架構出所需的表格規模。但切記，這樣的表格(Table)就僅只是個表格，您很難再針對表格裡的資料進行排序或篩選。

2022 年上半年度訓練費用支出表

艾瑞斯管理顧問公司

分部	金額 季別 月份 項目	第一季				第二季				上半年
		一月	二月	三月	Q1小計	四月	五月	六月	Q2小計	
台北分部	電腦軟體	95,487	83,399	61,926	240,813	78,310	110,292	96,733	285,336	526,149
	文書行政作業	29,946	42,379	54,585	126,911	61,699	61,704	70,176	193,580	320,491
	領導統御課程	82,266	228,150	225,098	535,514	93,453	105,997	116,845	316,296	851,810
	人事管理	206,456	146,676	213,806	566,939	177,076	191,536	202,159	570,772	1,137,711
	小計	414,155	500,604	555,415	1,470,177	410,538	469,529	485,913	1,365,984	2,836,161
台中分部	電腦軟體	71,885	50,259	40,022	162,167	832,953	60,262	76,140	969,355	1,131,522
	文書行政作業	37,499	21,509	27,372	86,381	38,414	56,590	26,920	121,925	208,306
	領導統御課程	70,963	95,111	135,936	302,011	107,872	148,705	128,116	384,694	686,705
	人事管理	118,340	126,739	147,548	392,628	125,811	154,685	161,234	441,731	834,359
	小計	298,687	293,618	350,878	943,187	1,105,050	420,242	392,410	1,917,705	2,860,892
總費用		712,842	794,222	906,293	2,413,364	1,515,588	889,771	878,323	3,283,689	5,697,053

- 「資料表」(Data Tale)

不論是 Word 表格或是 Excel 工作表，都可以建構出標準的資料表(Data Table)！這是一個標準的行列式架構，其所交錯的每一個儲存格只能存放一項資料內容，而且並不容許對儲存格進行分割與合併。而資料表的首列一定是各欄位名稱，第二列以後才是逐筆資料記錄的儲存，如此，才能進行整個資料表的排序、篩選等資料處理作業。

日期	科目	預算	實際支出	差額	備註
2022/3/5	租金	18000	18000	0	
2022/3/8	電話費	420	387	-33	
2022/3/10	水費	650	657	7	
2022/3/12	辦公文具	250	223	-27	
2022/3/15	網路通訊費	1050	1193	143	
2022/3/30	差旅費	8700	9918	1218	
2022/3/30	福利金支出	2200	1846	-354	
2022/4/5	租金	18000	18000	0	
2022/4/8	電話費	450	476	26	
2022/4/10	電費	10000	9284	-716	
2022/4/12	辦公文具	250	334	84	
2022/4/15	網路通訊費	1050	938	-112	
2022/4/30	差旅費	8900	9203	303	
2022/4/30	福利金支出	2400	2199	-201	
2022/5/5	租金	18000	18000	0	
2022/5/8	電話費	420	409	-11	
2022/5/10	水費	700	872	172	
2022/5/12	辦公文具	280	198	-82	
2022/5/15	網路通訊費	1200	1283	83	
2022/5/30	差旅費	890	789	-101	
2022/5/30	福利金支出	2500	2293	-207	
2022/6/5	租金	18000	18000	0	
2022/6/8	電話費	420	412	-8	
2022/6/10	電費	9000	10944	1944	
2022/6/12	辦公文具	280	273	-7	
2022/6/15	網路通訊費	1200	1763	563	
2022/6/30	差旅費	950	1230	280	
2022/6/30	福利金支出	2500	2103	-397	

■ 「報表」(Report)

這是類似於「表格」(Table)的文件，也是一種表格設計，而其內容可以來自「資料表」(Data Tale)的資料記錄，此外，通常會添增報表表頭，以及頁首、頁尾等設計。譬如：您若熟悉 Word 的合併列印功能，主文件便是一份「報表」，而資料來源便是一份「資料表」。

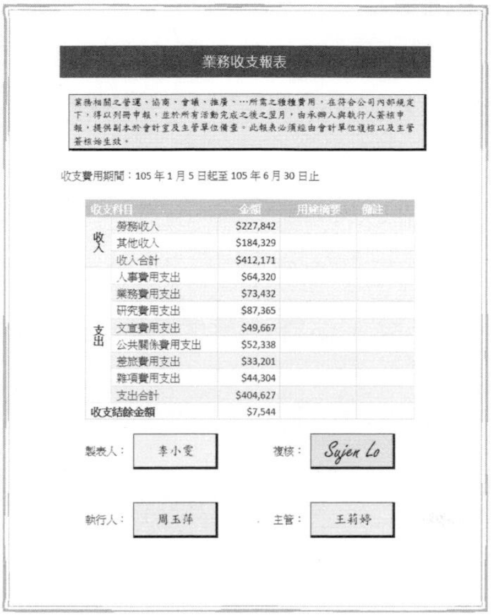

業務收支報表

業務相關之營運、協商、會議、推廣、…所需之種種費用，在符合公司內部規定下，得以列冊申報，並於所有活動完成之後之翌月，由承辦人與執行人簽核申報，提供副本於會計室及主管單位備查。此報表必須經由會計單位複核以及主管簽核始生效。

收支費用期間：105 年 1 月 5 日起至 105 年 6 月 30 日止

收支科目		金額	用途摘要	備註
收入	勞務收入	$227,842		
	其他收入	$184,329		
	收入合計	$412,171		
支出	人事費用支出	$64,320		
	業務費用支出	$73,432		
	研究費用支出	$87,365		
	文宣費用支出	$49,667		
	公共關係費用支出	$52,338		
	差旅費用支出	$33,201		
	雜項費用支出	$44,304		
	支出合計	$404,627		
收支結餘金額		$7,544		

製表人：李小雯　　複核：Sujen Lo

執行人：周玉萍　　主管：王莉婷

所以，您究竟是要利用 Excel 工作表來建立一個「表格」(Table)，還是一個「資料表」(Data Tale)，或是「報表」(Report)呢？其實，只要記住一個原則，那就是「需要進行資料處理(排序、篩選、查詢)的資料內容，必須以資料表的架構來建置」。

1. 這是許多單位利用 Excel 所製作的報表案例，由於上方的縣市名稱標、欄位標題皆有合併儲存格的格式，因此，並不是一個標準的資料表格結構。

表六　各縣市遷入人數、遷出人數及淨遷徙人數按性別分

中華民國 97 年 2 月份　　單位：人

區域別	性別	遷入人數 合計	自國外	自他省(市) 臺北市	高雄市	臺灣省	福建省	其他省(市)	自本省他縣(市)	自本縣(市)他鄉(鎮市區)	初設戶籍	其他	遷出人數 合計	往國外	往他省(市) 臺北市	高雄市	臺灣省	福建省	其他省(市)	往本省他縣(市)	往本縣(市)他鄉(鎮市區)	註銷戶籍	其他	淨遷徙人數(遷入-遷出)
總計	計	79,900	3,785	5,154	2,954	7,538	248	2	25,586	33,072	1,558	3	75,997	1,403	4,566	3,009	7,958	360	-	25,583	33,074	2	42	3,903
	男	35,380	1,678	2,419	1,349	3,386	141	1	11,224	14,829	351	2	34,035	676	1,971	1,381	3,718	224	-	11,221	14,830	1	13	1,345
	女	44,520	2,107	2,735	1,605	4,152	107	1	14,362	18,243	1,207	1	41,962	727	2,595	1,628	4,240	136	-	14,362	18,244	1	29	2,558
臺灣地區	計	79,404	3,784	5,117	2,935	7,234	248	2	25,584	32,946	1,551	3	75,615	1,398	4,534	2,989	7,762	360	-	25,581	32,948	2	41	3,789
	男	35,083	1,677	2,391	1,338	3,201	141	1	11,223	14,759	350	2	33,818	672	1,953	1,370	3,606	224	-	11,220	14,760	1	12	1,265
	女	44,321	2,107	2,726	1,597	4,033	107	1	14,361	18,187	1,201	1	41,797	726	2,581	1,619	4,156	136	-	14,361	18,188	1	29	2,524
臺灣省	計	62,865	2,185	4,983	2,780	-	196	2	25,584	25,955	1,177	3	60,315	1,211	4,379	2,855	-	304	-	25,581	25,956	2	27	2,550
	男	27,695	996	2,331	1,276	-	112	1	11,223	11,536	218	2	26,734	585	1,891	1,310	-	185	-	11,220	11,537	1	5	961
	女	35,170	1,189	2,652	1,504	-	84	1	14,361	14,419	959	1	33,581	626	2,488	1,545	-	119	-	14,361	14,419	1	22	1,589
臺北縣	計	13,383	717	3,177	230	-	72	-	3,925	4,987	275	-	11,942	271	2,498	175	-	112	-	3,896	4,987	-	3	1,441
	男	5,957	332	1,475	100	-	34	-	1,776	2,176	64	-	5,293	117	1,078	65	-	63	-	1,794	2,176	-	-	664
	女	7,426	385	1,702	130	-	38	-	2,149	2,811	211	-	6,649	154	1,420	110	-	49	-	2,102	2,811	-	3	777
宜蘭縣	計	1,781	43	155	21	-	2	-	699	845	16	-	1,516	19	107	20	-	1	-	523	845	-	1	265
	男	765	21	70	8	-	2	-	287	376	1	-	681	8	47	9	-	-	-	241	376	-	-	84
	女	1,016	22	85	13	-	-	-	412	469	15	-	835	11	60	11	-	1	-	282	469	-	1	181
桃園縣	計	6,977	231	473	110	-	37	-	2,735	3,226	165	-	6,071	144	370	90	-	60	-	2,176	3,226	-	5	906
	男	[illegible]	[illegible]	[illegible]	[illegible]	[illegible]	[illegible]	[illegible]	[illegible]	[illegible]	[illegible]	[illegible]	[illegible]	[illegible]	[illegible]	[illegible]	[illegible]	[illegible]	[illegible]	[illegible]	[illegible]	[illegible]	1	[illegible]
	女	3,807	130	270	53	-	18	-	1,460	1,745	131	-	3,332	81	212	43	-	25	-	1,222	1,745	-	4	475
新竹縣	計	1,746	38	67	29	-	2	-	928	644	38	-	1,573	32	46	16	-	3	-	831	644	-	1	173
	男	808	17	38	12	-	2	-	431	303	5	-	706	19	18	8	-	3	-	354	303	-	1	102
	女	938	21	29	17	-	-	-	497	341	33	-	867	13	28	8	-	-	-	477	341	-	-	71
苗栗縣	計	1,455	44	45	11	-	3	-	686	615	51	-	1,467	34	45	21	-	4	-	748	615	-	-	－12
	男	601	22	18	3	-	2	-	280	267	9	-	658	19	23	12	-	4	-	333	267	-	-	－57
	女	854	22	27	8	-	1	-	406	348	42	-	809	15	22	9	-	-	-	415	348	-	-	45

2. 在左側縣市名冊旁的男、女資料頂端也都設定了小計資料列，也不是一個標準的資料表格架構。

1-2-2 將表格或報表轉變為資料表

以下所示的表格也是一種企業間常見的資料呈現型式，陳列出每一種商品類別各種型號的商品單位、單價與購買廠商之資料。然而，表格中相同內容的資料都以空白儲存格的方式呈現，造成了此表格並非標準的資料表(Data Table)架構，並無法進行排序、小計等簡單的資料處理作業。

	A	B	C	D	E	F	G
1	類別代碼	商品	廠牌	單位	單價	品名	廠商
2	3CM.001	鏡頭	PENTAX	台	11000	PENTAX Q 專用變焦鏡頭 5-15mm/F2.8-4.5	網力資訊股份有限公司
3							登世資訊有限公司
4							碁宏科技有限公司
5					38900	PENTAX SMC DA*16-50/2.8 ED AL(IF) SDM	新亭電腦有限公司
6					22000	PENTAX SMC DA 35mm F2.8 Macro Limited W/C	華中系統開發有限公司
7							昇岱科技資訊股份有限公司
8							瑞林資訊股份有限公司
9			CANON	台	74000	Canon EF 24-70mm f/2.8L II USM	敦華科技有限公司
10							合康資訊股份有限公司
11							瑞林資訊股份有限公司
12					32900	Canon EF 24-105mm f/4L IS USM廣角變焦鏡頭	群玲科技有限公司
13							三達科技股份有限公司
14			OLYMPUS	台	21900	OLYMPUS M.ZUIKO DIGITAL ED 9-18mm F4.0-5.6 超廣角	華中系統開發有限公司
15							台灣恩雅股份有限公司
16							達新企業股有有限公司
17	HQR.022	微單眼數位相機	Nikon	台	28000	V2 10-30mm KIT	群玲科技有限公司
18							碁宏科技有限公司
19							沛功資訊有限公司
20					24000	雙鏡組二代新機 Nikon J2 雙鏡組	達新企業股有有限公司
21							重國電腦股份有限公司
22			Canon		26000	EOS M Canon EOS M 雙鏡組雙鏡閃燈32G電UV	重國電腦股份有限公司
23							合康資訊股份有限公司
24							中正科技有限公司
25					31000	EOS M 18-55mm 雙鏡組16G	網力資訊股份有限公司
26							綜達資訊股份有限公司
27			OLYMPUS		45000	OM-D E-M5 12-50mm32G濾鏡組	中正科技有限公司
28							三達科技股份有限公司
29	HQR.993	單眼數位相機	CANON	台	62900	EOS 5D Mark II 單機身32G	台灣恩雅股份有限公司

其實，只要將空白的儲存格填滿應該填入的資料，這個表格(Table)就可以搖身一變，成為標準的資料表(Data Table)。

	A	B	C	D	E	F	G
1	類別代碼	商品	廠牌	單位	單價	品名	廠商
2	3CM.001	鏡頭	PENTAX	台	11000	PENTAX Q 專用變焦鏡頭 5-15mm/F2.8-4.5	網力資訊股份有限公司
3	3CM.001	鏡頭	PENTAX	台	11000	PENTAX Q 專用變焦鏡頭 5-15mm/F2.8-4.5	登世資訊有限公司
4	3CM.001	鏡頭	PENTAX	台	11000	PENTAX Q 專用變焦鏡頭 5-15mm/F2.8-4.5	碁宏科技有限公司
5	3CM.001	鏡頭	PENTAX	台	38900	PENTAX SMC DA*16-50/2.8 ED AL(IF) SDM	新亭電腦有限公司
6	3CM.001	鏡頭	PENTAX	台	22000	PENTAX SMC DA 35mm F2.8 Macro Limited W/C	華中系統開發有限公司
7	3CM.001	鏡頭	PENTAX	台	22000	PENTAX SMC DA 35mm F2.8 Macro Limited W/C	昇岱科技資訊股份有限公司
8	3CM.001	鏡頭	PENTAX	台	22000	PENTAX SMC DA 35mm F2.8 Macro Limited W/C	瑞林資訊股份有限公司
9	3CM.001	鏡頭	CANON	台	74000	Canon EF 24-70mm f/2.8L II USM	敦華科技有限公司
10	3CM.001	鏡頭	CANON	台	74000	Canon EF 24-70mm f/2.8L II USM	合康資訊股份有限公司
11	3CM.001	鏡頭	CANON	台	74000	Canon EF 24-70mm f/2.8L II USM	瑞林資訊股份有限公司
12	3CM.001	鏡頭	CANON	台	32900	Canon EF 24-105mm f/4L IS USM廣角變焦鏡頭	群玲科技有限公司
13	3CM.001	鏡頭	CANON	台	32900	Canon EF 24-105mm f/4L IS USM廣角變焦鏡頭	三達科技股份有限公司
14	3CM.001	鏡頭	OLYMPUS	台	21900	OLYMPUS M.ZUIKO DIGITAL ED 9-18mm F4.0-5.6 超廣角	華中系統開發有限公司
15	3CM.001	鏡頭	OLYMPUS	台	21900	OLYMPUS M.ZUIKO DIGITAL ED 9-18mm F4.0-5.6 超廣角	台灣恩雅股份有限公司
16	3CM.001	鏡頭	OLYMPUS	台	21900	OLYMPUS M.ZUIKO DIGITAL ED 9-18mm F4.0-5.6 超廣角	達新企業股有有限公司
17	HQR.022	微單眼數位相機	Nikon	台	28000	V2 10-30mm KIT	群玲科技有限公司
18	HQR.022	微單眼數位相機	Nikon	台	28000	V2 10-30mm KIT	碁宏科技有限公司
19	HQR.022	微單眼數位相機	Nikon	台	28000	V2 10-30mm KIT	沛功資訊有限公司
20	HQR.022	微單眼數位相機	Nikon	台	24000	雙鏡組二代新機 Nikon J2 雙鏡組	達新企業股有有限公司
21	HQR.022	微單眼數位相機	Nikon	台	24000	雙鏡組二代新機 Nikon J2 雙鏡組	重國電腦股份有限公司
22	HQR.022	微單眼數位相機	Canon	台	26000	EOS M Canon EOS M 雙鏡組雙鏡閃燈32G電UV	重國電腦股份有限公司
23	HQR.022	微單眼數位相機	Canon	台	26000	EOS M Canon EOS M 雙鏡組雙鏡閃燈32G電UV	合康資訊股份有限公司
24	HQR.022	微單眼數位相機	Canon	台	26000	EOS M Canon EOS M 雙鏡組雙鏡閃燈32G電UV	中正科技有限公司
25	HQR.022	微單眼數位相機	Canon	台	31000	EOS M 18-55mm 雙鏡組16G	網力資訊股份有限公司
26	HQR.022	微單眼數位相機	Canon	台	31000	EOS M 18-55mm 雙鏡組16G	綜達資訊股份有限公司
27	HQR.022	微單眼數位相機	OLYMPUS	台	45000	OM-D E-M5 12-50mm32G濾鏡組	中正科技有限公司
28	HQR.022	微單眼數位相機	OLYMPUS	台	45000	OM-D E-M5 12-50mm32G濾鏡組	三達科技股份有限公司
29	HQR.993	單眼數位相機	CANON	台	62900	EOS 5D Mark II 單機身32G	台灣恩雅股份有限公司

面對資料範圍不大的內容，透過複製貼上或填滿控點的操作還勉強可行，不過，若是針對成千上萬筆的資料內容，可就不是一蹴可幾了！以下就為您介紹一套另類的操作程序，來為您解決這個領域的困擾，就算是千筆、萬筆、百萬筆的資料也都可以立即瞬間填滿內容，成功轉變成標準的資料表。

STEP 1　首先，可以透過 Excel 的特殊選取功能，自動選取資料範圍裡的空白儲存格。例如：將儲存格指標停在範圍裡的任一儲存格。例如：B4。

STEP 2　點按〔常用〕索引標籤。

STEP 3　點按〔編輯〕群組裡的〔尋找與取代〕命令按鈕。

STEP 4　從展開的功能選單中點選〔特殊目標〕。

STEP 5　開啟〔特殊目標〕對話方塊，點按〔空格〕選項，然後，點按〔確定〕按鈕。

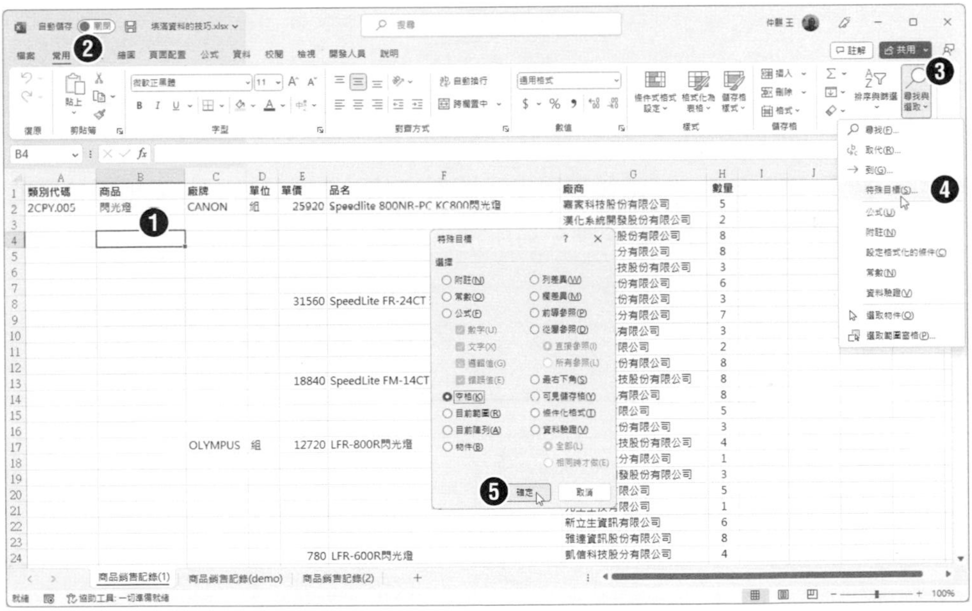

STEP 6 自動選取整個資料範圍裡的空白儲存格，並且，目前啟用中的儲存格即為選取範圍裡左上角的第一個空白儲存格(A3)。

STEP 7 直接在此鍵入公式「=A2」(意即讓該儲存格的內容等於上一儲存格的內容)。完成公式輸入後按下 Ctrl+Enter 按鍵。(不能只按 Enter 按鍵喔！)

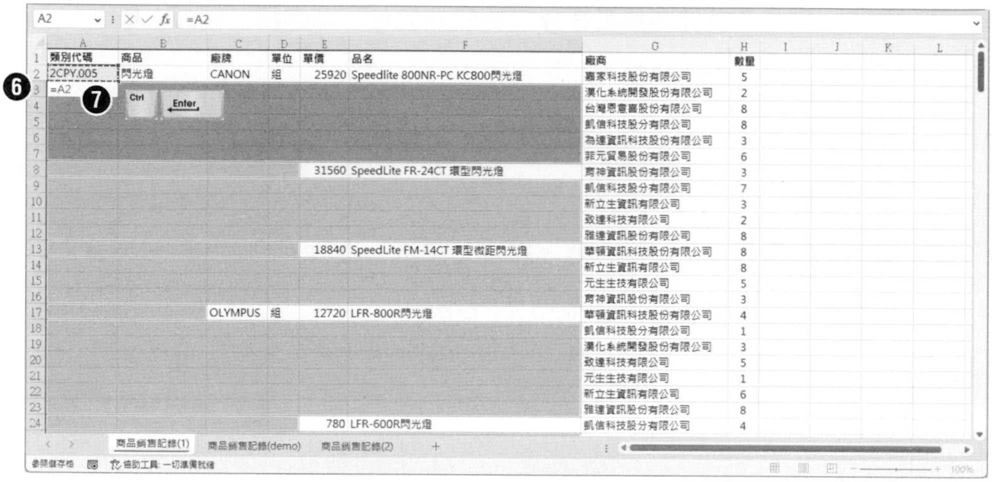

STEP 8 按下 Ctrl+Enter 按鍵後即可自動將儲存格 A3 裡的公式，以相對位置的概念，填滿至資料範圍裡先前所預選的每一個空白儲存格。

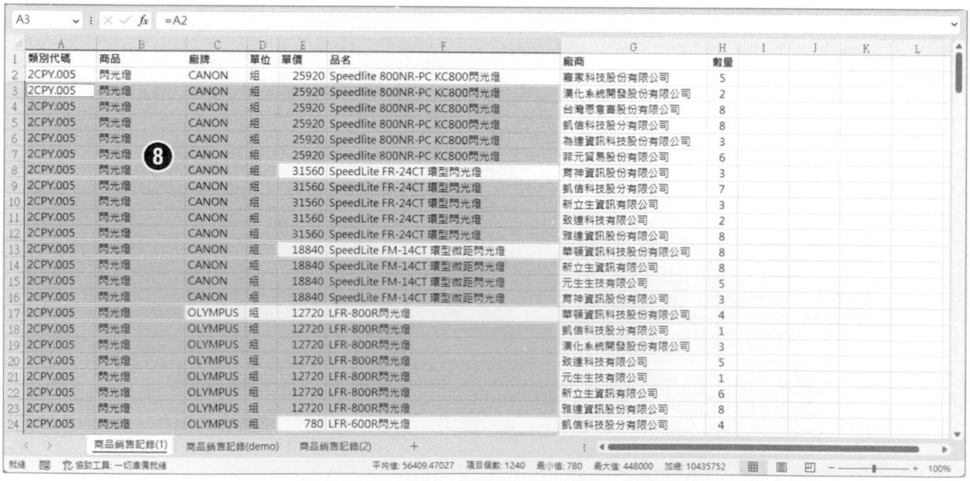

STEP 9 再度重新選取整個資料範圍(可按下快捷鍵 Ctrl + A)。

STEP 10 點按〔常用〕索引標籤底下〔剪貼簿〕群組裡的〔複製〕命令按鈕(或直接按下 Ctrl+C 按鍵)。

STEP 11 隨即再點按〔常用〕索引標籤底下〔剪貼簿〕群組裡〔貼上〕命令按鈕之下半部的按鈕。

STEP 12 從展開的功能選單中點選〔值〕。

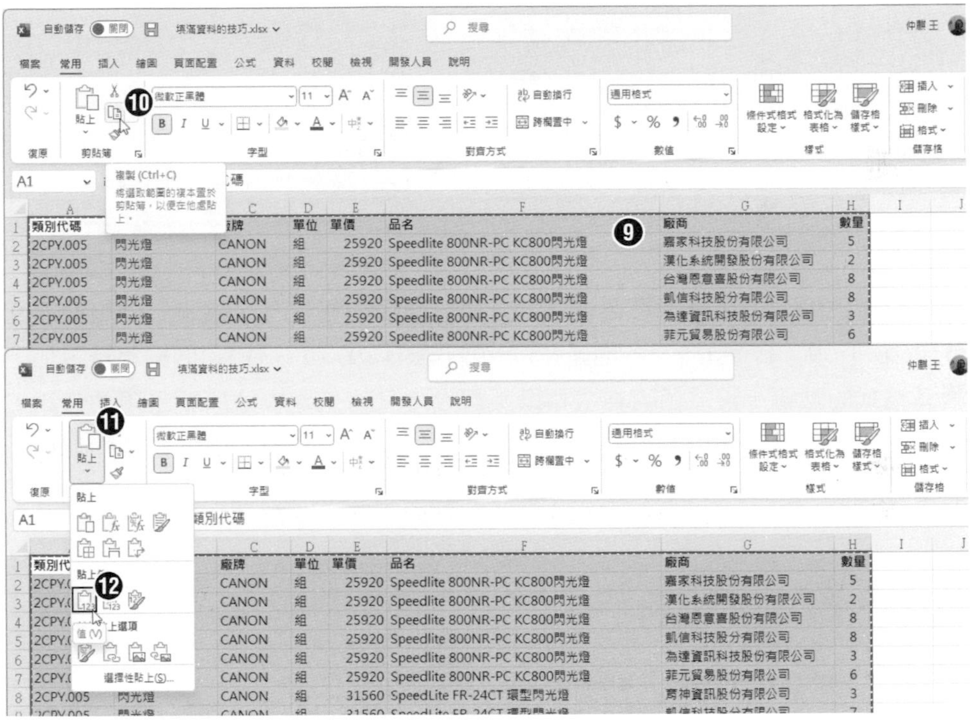

完成上述的操作後，原本填滿公式的儲存格皆已經變成公式計算後的結果，一張可進行各種資料處理作業、樞紐分析表操作的標準資料表(Data Table)也就形成了！

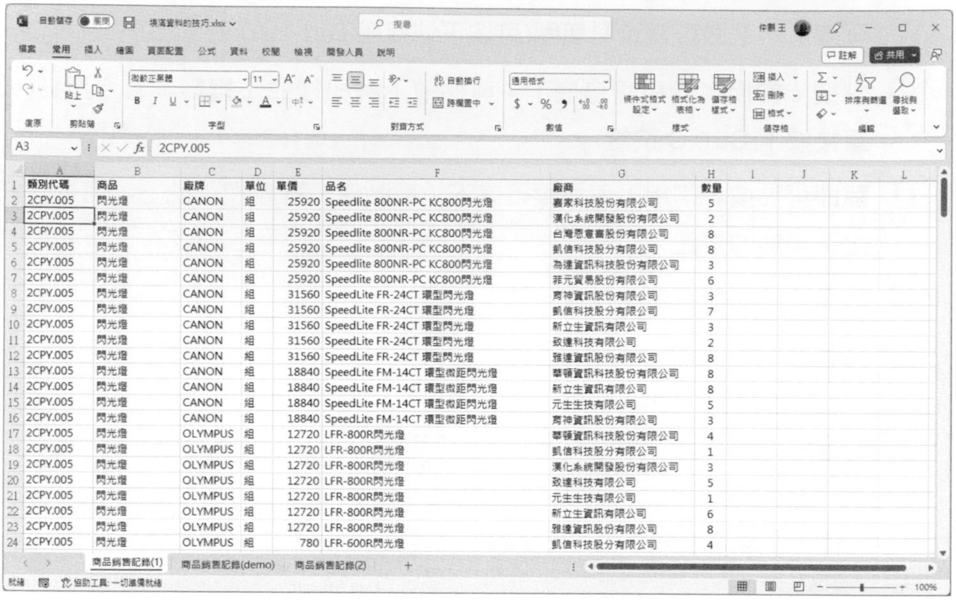

類別代碼	商品	廠牌	單位	單價	品名	廠商	數量
2CPY.005	閃光燈	CANON	組	25920	Speedlite 800NR-PC KC800閃光燈	嘉家科技股份有限公司	5
2CPY.005	閃光燈	CANON	組	25920	Speedlite 800NR-PC KC800閃光燈	漢化系統開發股份有限公司	2
2CPY.005	閃光燈	CANON	組	25920	Speedlite 800NR-PC KC800閃光燈	台灣愿意書股份有限公司	8
2CPY.005	閃光燈	CANON	組	25920	Speedlite 800NR-PC KC800閃光燈	凱信科技股分有限公司	8
2CPY.005	閃光燈	CANON	組	25920	Speedlite 800NR-PC KC800閃光燈	為達資訊科技股份有限公司	3
2CPY.005	閃光燈	CANON	組	25920	Speedlite 800NR-PC KC800閃光燈	菲元貿易股份有限公司	6
2CPY.005	閃光燈	CANON	組	31560	SpeedLite FR-24CT 環型閃光燈	育神資訊股份有限公司	3
2CPY.005	閃光燈	CANON	組	31560	SpeedLite FR-24CT 環型閃光燈	凱信科技股分有限公司	7
2CPY.005	閃光燈	CANON	組	31560	SpeedLite FR-24CT 環型閃光燈	新立生資訊有限公司	3
2CPY.005	閃光燈	CANON	組	31560	SpeedLite FR-24CT 環型閃光燈	致達科技有限公司	2
2CPY.005	閃光燈	CANON	組	31560	SpeedLite FR-24CT 環型閃光燈	雅達資訊股份有限公司	8
2CPY.005	閃光燈	CANON	組	18840	SpeedLite FM-14CT 環型微距閃光燈	華碩資訊科技股份有限公司	8
2CPY.005	閃光燈	CANON	組	18840	SpeedLite FM-14CT 環型微距閃光燈	新立生資訊有限公司	8
2CPY.005	閃光燈	CANON	組	18840	SpeedLite FM-14CT 環型微距閃光燈	元生生技有限公司	5
2CPY.005	閃光燈	CANON	組	18840	SpeedLite FM-14CT 環型微距閃光燈	育神資訊股份有限公司	3
2CPY.005	閃光燈	OLYMPUS	組	12720	LFR-800R閃光燈	華碩資訊科技股份有限公司	4
2CPY.005	閃光燈	OLYMPUS	組	12720	LFR-800R閃光燈	凱信科技股分有限公司	1
2CPY.005	閃光燈	OLYMPUS	組	12720	LFR-800R閃光燈	漢化系統開發股份有限公司	3
2CPY.005	閃光燈	OLYMPUS	組	12720	LFR-800R閃光燈	致達科技有限公司	5
2CPY.005	閃光燈	OLYMPUS	組	12720	LFR-800R閃光燈	元生生技有限公司	1
2CPY.005	閃光燈	OLYMPUS	組	12720	LFR-800R閃光燈	新立生資訊有限公司	6
2CPY.005	閃光燈	OLYMPUS	組	12720	LFR-800R閃光燈	雅達資訊股份有限公司	8
2CPY.005	閃光燈	OLYMPUS	組	780	LFR-600R閃光燈	凱信科技股分有限公司	4

再舉另一案例：下圖所示是各地區各分店的商品銷售統計，這是一個根據產品分類(第 3、9、15 列)詳列各地區在每一季(第 D、E、F、G 欄)的銷售量，加上填滿格式的點綴，讓這個資料表格既美觀大方又清楚地表達所要呈現的資訊。但是，這並不是一個可以進行樞紐分析操作，或者相關資料處理作業的資料來源。

地區	分店	第一季	第二季	第三季	第四季
	飲料				
北區	陽光分店	953	985	576	591
	日月分店	654	863	729	720
南區	康健分店	763	738	504	712
	知心分店	543	582	831	921
	水果				
北區	陽光分店	452	568	774	912
	日月分店	796	654	601	593
南區	康健分店	436	580	939	736
	知心分店	736	674	821	875
	雜貨				
北區	陽光分店	803	737	832	546
	日月分店	749	627	903	882
南區	康健分店	623	552	643	916
	知心分店	602	756	611	541

要改變上述表格(Table)成為典型的資料表(Data Table)是稍微困難繁瑣，基本上，除非您學會使用諸如Power Query這種ETL類型的工具來幫忙，否則大多數的使用者還是透過剪剪貼貼的方式來應變。不過，只要適度調整上述資料的呈現方式，一切的辛苦都是值得的！以此例而言，在行列式表格的資料結構中，各項資訊都必須以欄位架構的方式呈現，而在上述的範例資料當中，各種商品名稱並沒有以資料欄位的方式呈現，因此，我們必須建立一個名為「商品」的欄位來存放各種商品名稱；同理，上述的範例資料當中，年度各季名稱也沒有以資料欄位的方式呈現，而是以水平方向的報表標題方式陳列於儲存格 D2:G2 中，因此，我們也必須建立一個名為「季別」的欄位來存放年度各季名稱。「地區」雖以資料欄位方式呈現，但是，合併儲存格的效果必須移除，每一個單一儲存格裡都必須要填入資料。此外，表格裡的空白欄列也都要刪去。最後，整理出以下 5 個資料欄位的資料表：

商品	地區	分店	季別	金額
飲料	北區	陽光分店	第一季	953
飲料	北區	陽光分店	第二季	985
飲料	北區	陽光分店	第三季	576
飲料	北區	陽光分店	第四季	591
飲料	北區	日月分店	第一季	654
飲料	北區	日月分店	第二季	863
飲料	北區	日月分店	第三季	729
飲料	北區	日月分店	第四季	720
飲料	南區	康健分店	第一季	763
飲料	南區	康健分店	第二季	738
飲料	南區	康健分店	第三季	504
飲料	南區	康健分店	第四季	712
飲料	南區	知心分店	第一季	543
飲料	南區	知心分店	第二季	582
飲料	南區	知心分店	第三季	831
飲料	南區	知心分店	第四季	921
水果	北區	陽光分店	第一季	452
水果	北區	陽光分店	第二季	568
水果	北區	陽光分店	第三季	774
水果	北區	陽光分店	第四季	912
水果	北區	日月分店	第一季	796
水果	北區	日月分店	第二季	654
水果	北區	日月分店	第三季	601
水果	北區	日月分店	第四季	593
水果	南區	康健分店	第一季	436
水果	南區	康健分店	第二季	580
水果	南區	康健分店	第三季	939
水果	南區	康健分店	第四季	736
水果	南區	知心分店	第一季	736
水果	南區	知心分店	第二季	674
水果	南區	知心分店	第三季	821
水果	南區	知心分店	第四季	875
雜貨	北區	陽光分店	第一季	803
雜貨	北區	陽光分店	第二季	737
雜貨	北區	陽光分店	第三季	832
雜貨	北區	陽光分店	第四季	546
雜貨	北區	日月分店	第一季	749
雜貨	北區	日月分店	第二季	627
雜貨	北區	日月分店	第三季	903
雜貨	北區	日月分店	第四季	882
雜貨	南區	康健分店	第一季	623
雜貨	南區	康健分店	第二季	552
雜貨	南區	康健分店	第三季	643
雜貨	南區	康健分店	第四季	916
雜貨	南區	知心分店	第一季	602
雜貨	南區	知心分店	第二季	756
雜貨	南區	知心分店	第三季	611
雜貨	南區	知心分店	第四季	541

雖然這是一個篇幅頗長的資料表格，但是卻是個道道地地、不折不扣，可進行樞紐分析與任何資料處理作業的資料表(Data Table)。

1-3 認識資料庫與 Excel 資料表

所謂的資料庫(Data Base)，簡單的說就是相關資料的集合體，每一個集合即稱之為一個資料表(Data Table)，在一個資料庫中，相關的資料表再透過關聯的定義，設定彼此的關係。而資料表是由一筆筆的資料記錄(Data Record)所組合而成的，每一筆資料記錄即記載著各個資料項目-資料欄位(Data Fields)。由於 Excel 的工作表猶如一張龐大的行、列式表格，所以，您可以將此工作表視為一個資料表來存放、編輯資料記錄。在資料庫的規劃中，有幾個專有名詞可以對應在工作表上。譬如，我們將工作表中的各欄(Columns)A：XFD 視為資料庫的各個資料欄位(Data Fields)，例如：班別欄位、姓名欄位、性別欄位、出生年月日欄位；而工作表中的各列(Rows) 1：1,048,576 則可視為資料表的各筆資料記錄(Data Records)，諸如：張小明的資料、李大同的記錄。因此，一張工作表中最大的容量可以存放 1,048,575 筆資料記錄(應保留 1 列做為欄位名稱)、每一筆資料最多可設定 16,384 項資料欄位。如下圖所示，您可以利用 Excel 的工作表，建立各種性質與用途的資料表。

1. 在 Excel 2007 以後的 Excel 各版本，一張工作表的大小已經擴充到 16,384 欄(A：XFD)、1,048,576 列之規模。

2. 一個活頁簿檔案在開啟之初雖然僅有 1 張工作表，預設工作表名稱為「工作表 1」，但使用者是可以自由擴充而添增更多的資料表的。不過，一個活頁簿檔案裡可增加多少張工作表，則受限於可用的記憶體和系統資源。

工號 姓名 進公司日 年資 薪資 基點 退休金
901923 張小春 75年10月10日 $45,000
903847 錢娟娟 83年9月25日 $54,000
483465 吳梅影 87年10月2日 $38,000
663678 陳正鴻 77年2月17日 $40,000
634577
754457
678990
577854
677878
896765
訂單號碼 訂單日期 客戶 經手人 系列產品 地區 銷售 付款方式
R0262778 2016/7/4 紅陽事業 林莉婷 飲料 桃園 $1,200 支票
R0262779 2016/7/4 艾德高科技 孫國銘 飲料 台北 $1,590 劃撥
R0262780 2016/7/4 棕國信託 林莉婷 食品 桃園 $1,570 信用卡
R0262781 2016/7/4 仲堂企業 孫國銘 飲料 台北 $915 現金
R0262782 2016/7/4 富同企業 趙小燕 消耗品 桃園 $1,400 信用卡
R0262783 2016/7/4 大富華超商 孫國銘 飲料 台北 $1,140 信用卡
No 姓名 1.薪資 2.伙食費 3.獎金 4.總額 5.所得稅 6.健保費 7.勞保費 8.其他 9.實付金額
1 張小德 $72,000 $1,800 $540 $74,340 $4,460 $676 $472 $1,000 $67,732
2 李四維 $60,000 $1,800 $1,203 $63,003 $3,780 $676 $472 $1,765 $56,310
3 江玉山 $54,000 $1,800 $500 $56,300 $3,378 $676 $472 $0 $51,774
4 黃重得 $40,250 $1,800 $0 $42,050 $2,523 $1,120 $472 $2,100 $35,835
5 方建國 $39,050 $1,800 $120 $40,970 $2,458 $1,072 $472 $0 $36,968
6 呂文彬 $38,000 $1,800 $2,102 $41,902 $2,514 $511 $472 $1,200 $37,205
7 郭小華 $38,000 $1,800 $1,200 $41,000 $2,460 $511 $472 $0 $37,557
8 陳玲玲 $38,000 $1,800 $0 $39,800 $2,388 $1,533 $472 $1,800 $33,607
9 徐小倩 $31,000 $1,800 $250 $33,050 $1,983 $425 $433 $0 $30,209
10 邱順達 $38,000 $1,800 $210 $40,010 $2,401 $511 $472 $0 $36,626
利用 Excel 的工作表建立各種性質與用途的資料表格。

1-3-1 範圍、清單、資料表

對 Excel 工作表而言，一個活頁簿檔(.XLSX)就可以相當於是一個資料庫，而活頁簿檔案裡所包含的每一張工作表，都可以架構出標準的資料表。此外，由於一張工作表極為龐大，並不見得就只能視為一張資料表(Data Table)，因為，在實質的運用上，工作表裡所規劃出的一個個的資料範圍亦可呈現為清單(List)效果，而這些清單變成為了一張張實用的資料表(Data Table)。所以，若是您所要建立的資料表是屬於小規模的資料，在同一張工作表裡建置多張資料表也未嘗不可。

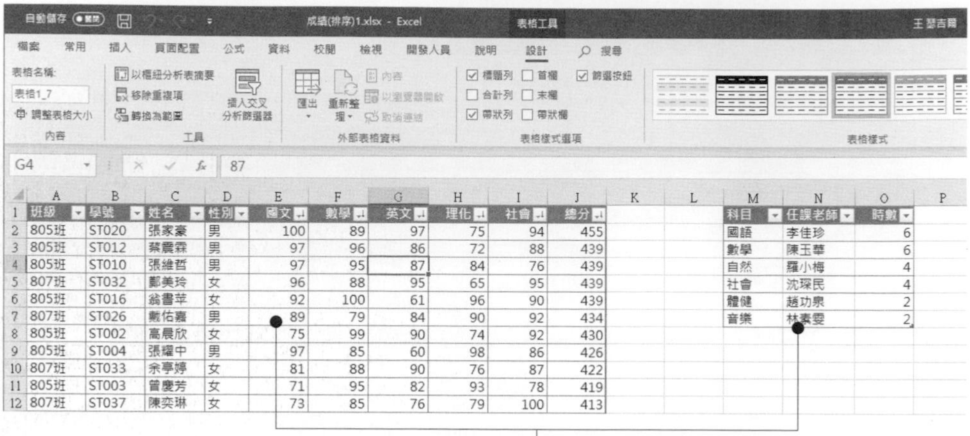

這兩個「資料表格」，也就是昔日舊版 Excel 所稱的「清單」，目前共同存放在同一張工作表裡。

TIPS

- 請認清：範圍(Range)、清單(List)、資料表格(Data Table)之間的異同，才能務實的運用 Excel 工作表來記載與處理資料。
- 猶記「資料清單」(List)是在 Excel 2003 版本時所提供的一項功能，在 Excel 2007 以後，此功能稱之為「資料表」工具(Data Table Tools)。

Excel 範圍(Range)

Excel 工作表的資料儲存基本單位是儲存格(Cell)，每一個儲存格都有其獨一無二的位址，而此位址是由欄名與列號所組成的絕對位址標示，如儲存格 A5、儲存格 K8。而表達連續多個儲存格位址的方式即稱之為範圍(Range)，範圍的標示是兩個儲存格位址之間以冒號串連，如範圍 A2:D6、範圍 C8:H9。至於整欄或整列的範圍標示則是僅以欄名或列號的範圍方式來標示。例如：「B:B」表示整個 B 欄、「C:H」即表示工作表的第 C 欄至 H 欄等六欄範圍、「3:3」表示工作表的第 3 列、「2:5」則表示工作表的第 2 列至第 5 列等四列範圍。所以，最小的範圍即為單一儲存格，最大的範圍即為整張工作表。範圍僅止於表達一個儲存資料的區域範疇。您可以針對一個範圍進行運算與資料處理。

類別	資料	訊息	管理員
A01	QA001	528	張小春
A01	QA002	430	周小婷
A01	QA003	271	周小婷
A01	QA004	501	張小春
A01	QA005	629	周小婷
A02	QA001	352	周小婷
A02	QA002	98	周小婷
A02	QA003	774	李玉梅
A02	QA004	598	李玉梅
A02	QA005	161	李玉梅
A02	QA006	25	張小春
A02	QA007	178	張小春

類別	基數	等級
A01	1.24	甲
A02	3.22	乙
A03	2.45	丙
B01	1.64	丁
B02	2.77	NA

Excel 清單(List)

清單(List)是 Excel 2003 才有的新增功能，清單是由標準的行列式範圍所轉換過來的元件，一個清單即為一張資料表，因此，轉換為清單的範圍內，不容許有合併或分割的儲存格，清單的首列必須為資料表的各欄位名稱(Fields)。不過，Excel 2007 開始的 Excel 版本，已經不見「資料清單」(List)的蹤影，此功能已經稱之為「資料表」工具(Data Table Tools)。

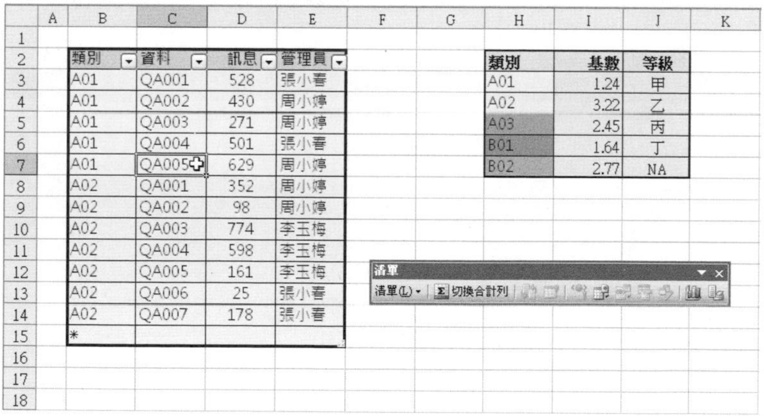

類別	資料	訊息	管理員
A01	QA001	528	張小春
A01	QA002	430	周小婷
A01	QA003	271	周小婷
A01	QA004	501	張小春
A01	QA005	629	周小婷
A02	QA001	352	周小婷
A02	QA002	98	周小婷
A02	QA003	774	李玉梅
A02	QA004	598	李玉梅
A02	QA005	161	李玉梅
A02	QA006	25	張小春
A02	QA007	178	張小春
*			

類別	基數	等級
A01	1.24	甲
A02	3.22	乙
A03	2.45	丙
B01	1.64	丁
B02	2.77	NA

TIPS

在 Excel 2003 的操作環境中，您可以透過快顯功能表的操作，或者〔資料〕功能表單的操作，輕鬆地將範圍轉換為清單。

1-3-2 資料表的建立與範圍的轉換 (for Excel 2007～2021/365)

Excel 資料表(Data Table)

從 Excel 2007 開始，清單(List)這個詞彙已經不復存在，改為新的專有名詞：「資料表(Data Table)」。產生資料表的方式有二，一是直接在工作表上插入一個空白資料表，並決定預設的表格大小。另一方式則是由工作表上既有的儲存格範圍轉換而成，意即將選取的傳統範圍格式化為資料表。前者的操作是透過〔插入〕索引標籤內〔表格〕群組裡的〔表格〕命令按鈕來完成；後者則是利用〔常用〕索引標籤內〔格式〕群組裡的〔格式化為表格〕命令按鈕來完成。

以下即為您實務演練，將原本一般範圍內容，轉換為具備格式化效果與資料表工具的資料表。

STEP 1 作用儲存格移至儲存格範圍(A1:E9)裡的任一儲存格位址。

STEP 2 點按〔常用〕索引標籤。

STEP 3 點按〔樣式〕群組裡的〔格式化為表格〕命令按鈕。

STEP 4 從下拉式選單中點選所要套用的表格格式，例如：〔紅色, 表格樣式中等深淺 10〕。

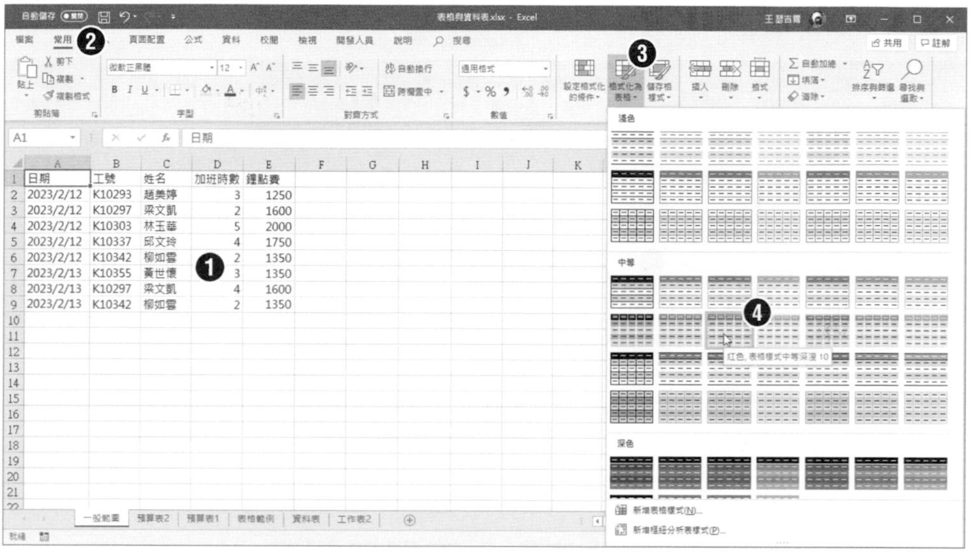

STEP 5 開啟〔格式化為表格〕對話方塊，Excel 自動識別工作表上的範圍大小，因此，若不需要就不必更改表格的資料來源。

STEP 6 由於工作表的範圍裡已包含欄位名稱，因此，必須勾選〔我的表格有標題〕核取方塊。

STEP 7 點按〔確定〕按鈕。

STEP 8 順利將範圍格式化為表格後，在工作表上可以看到表格的欄位名稱右側都會包含一個倒三角形按鈕，這是一個下拉式功能選項按鈕，可用於資料的排序與篩選。

STEP 9 當作用儲存格在表格裡，或者選取整個表格時，畫面上方會顯示〔表格工具〕，功能區上並提供有專供表格運用的〔設計〕索引標籤，裡面包含了所有與表格相關的工具命令按鈕。

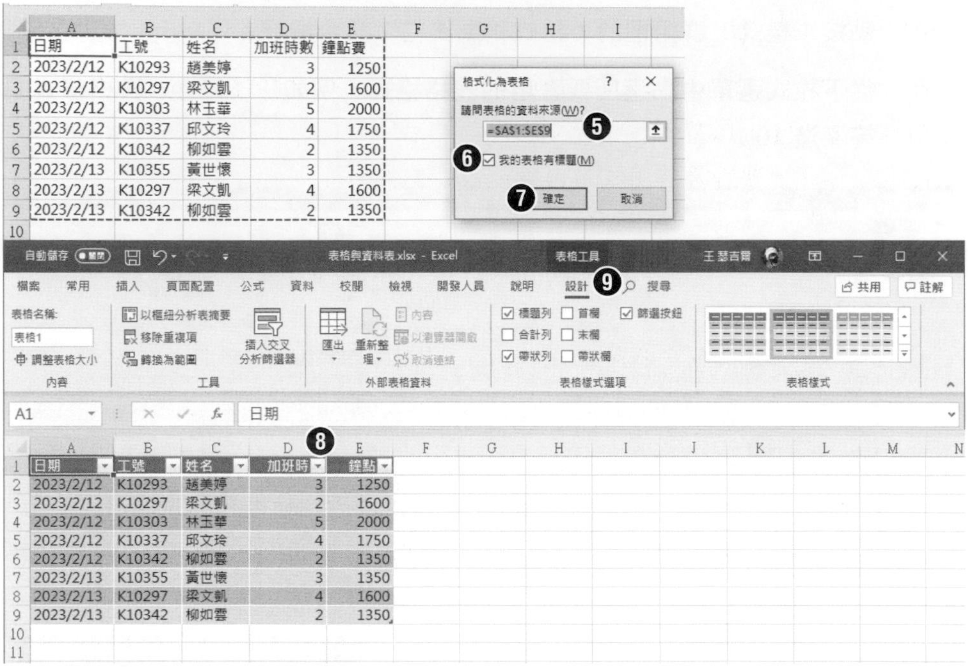

1-3-3 利用 Excel 工作表製作表單與報表

表單(Form)

透過控制項的設計，我們可以在工作表上設計一個可以讓使用者進行資料填寫的表單(Form)，就好似生活中需要填寫的實體單據之電子化版本。諸如：報名表、申請單、查詢表、...。要進行這方面的設計，您就必須熟悉 Excel 的表單工具與 Active X 控制項。

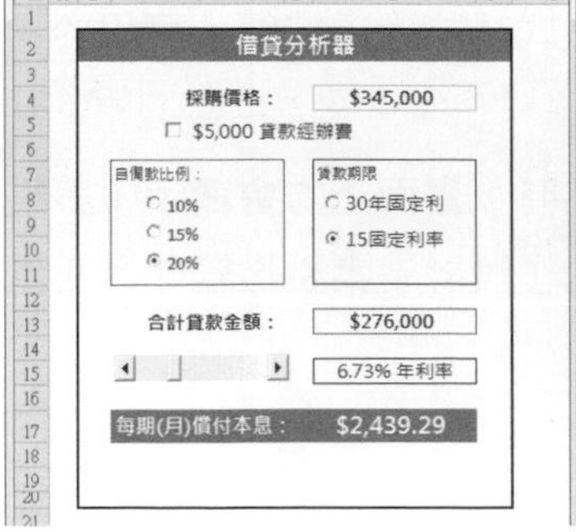

統計表格(Table)

Excel 的優點便是具備了強大的計算能力，以及格式化的彈性，因此，藉由儲存格的格式設定，以及公式的建立與函數的套用，可以建置出以往在 Word 表格裡製作卻又欠缺計算能力與資料處理能力的表格。

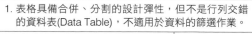

1. 表格具備合併、分割的設計彈性，但不是行列交錯的資料表(Data Table)，不適用於資料的篩選作業。

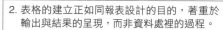

2. 表格的建立正如同報表設計的目的，著重於輸出與結果的呈現，而非資料處裡的過程。

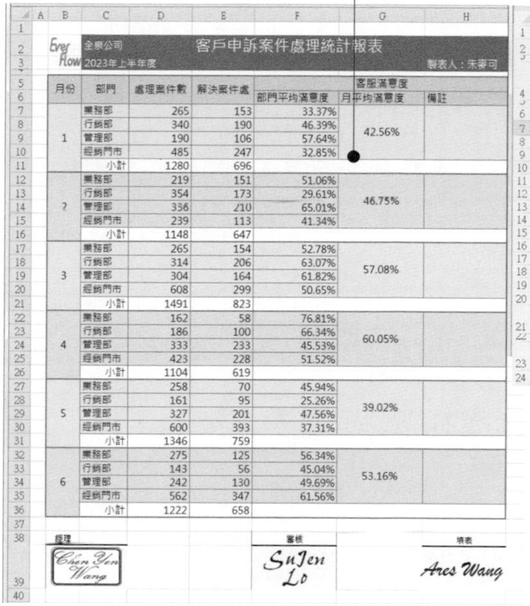

Ever Flow 全泉公司 客戶申訴案件處理統計報表

2023年上半年度　製表人：朱麥可

月份	部門	處理案件數	解決案件處	客服滿意度 部門平均滿意度	月平均滿意度	備註
1	業務部	265	153	33.37%	42.56%	
	行銷部	340	190	46.39%		
	管理部	190	106	57.64%		
	經銷門市	485	247	32.85%		
	小計	1280	696			
2	業務部	219	151	51.06%	46.75%	
	行銷部	354	173	29.61%		
	管理部	336	210	65.01%		
	經銷門市	239	113	41.34%		
	小計	1148	647			
3	業務部	265	154	52.78%	57.08%	
	行銷部	314	206	63.07%		
	管理部	304	164	61.82%		
	經銷門市	608	299	50.65%		
	小計	1491	823			
4	業務部	162	58	76.81%	60.05%	
	行銷部	186	100	66.34%		
	管理部	333	233	45.53%		
	經銷門市	423	228	51.52%		
	小計	1104	619			
5	業務部	258	70	45.94%	39.02%	
	行銷部	161	95	25.26%		
	管理部	327	201	47.56%		
	經銷門市	600	393	37.31%		
	小計	1346	759			
6	業務部	275	125	56.34%	53.16%	
	行銷部	143	56	45.04%		
	管理部	242	130	49.69%		
	經銷門市	562	347	61.56%		
	小計	1222	658			

經理 Chen Yen Wang　審核 SuJen Lo　填表 Ares Wang

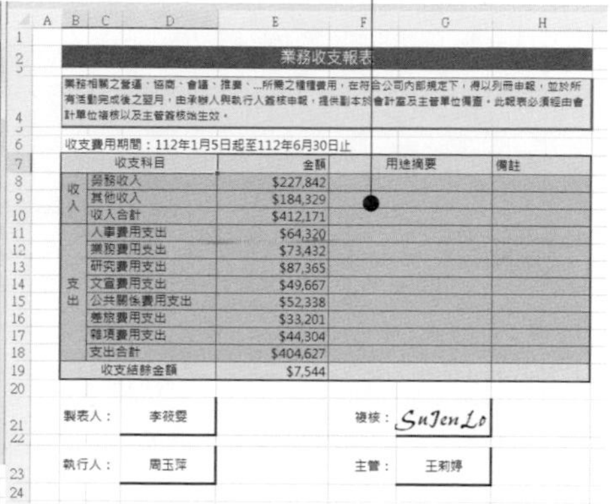

業務收支報表

業務相關之營運、協商、會議、推廣、...所需之種種費用，在符合公司內部規定下，得以列冊申報，並於所有活動完成後之翌月，由承辦人與執行人簽核申報，提供副本於會計室及主管單位備查。此報表必須經由會計單位複核以及主管簽核始生效。

收支費用期間：112年1月5日起至112年6月30日止

收支科目		金額	用途摘要	備註
收入	勞務收入	$227,842		
	其他收入	$184,329		
	收入合計	$412,171		
支出	人事費用支出	$64,320		
	業務費用支出	$73,432		
	研究費用支出	$87,365		
	文宣費用支出	$49,667		
	公共關係費用支出	$52,338		
	差旅費用支出	$33,201		
	雜項費用支出	$44,304		
	支出合計	$404,627		
收支結餘金額		$7,544		

製表人：李筱雯　複核：SuJen Lo

執行人：周玉萍　主管：王莉婷

報表(Report)與資料來源

在報表的設計上，通常是呈現資料處理後的摘要結果，而所謂的摘要資料不外乎是擷取原始資料庫裡資料表(Data Table)的內容，進行歸納分類與匯總運算。至於歸納分類與彙總運算的技巧，可以建立連結公式連結資料來源，藉由函數或公式進行各種統計運算，亦可利用資料處理工具，諸如：合併彙算、多重樞紐分析、PowerPivot...來創建決策者所需的摘要報表。

1. 彙整的摘要報表可以天馬行空的自由發揮、設計。

2. 而彙整的資料來源通常可以是欄列交錯的資料表格(資料記錄)，這也正是可以進行諸如：篩選、排序、小計、群組、...等資料處裡過程的地方。

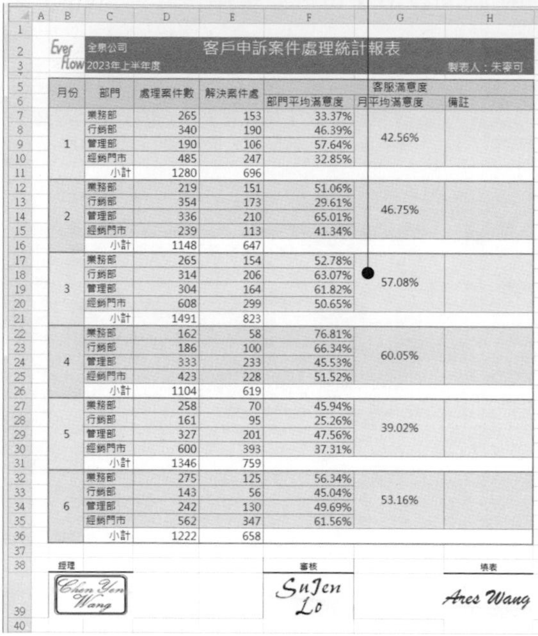

全泉公司 客戶申訴案件處理統計報表
2023年上半年度 製表人：朱麥可

月份	部門	處理案件數	解決案件處	客服滿意度 部門平均滿意度	客服滿意度 月平均滿意度	備註
1	業務部	265	153	33.37%	42.56%	
	行銷部	340	190	46.39%		
	管理部	190	106	57.64%		
	經銷門市	485	247	32.85%		
	小計	1280	696			
2	業務部	219	151	51.06%	46.75%	
	行銷部	354	173	29.61%		
	管理部	336	210	65.01%		
	經銷門市	239	113	41.34%		
	小計	1148	647			
3	業務部	265	154	52.78%	57.08%	
	行銷部	314	206	63.07%		
	管理部	304	164	61.82%		
	經銷門市	608	299	50.65%		
	小計	1491	823			
4	業務部	162	58	76.81%	60.05%	
	行銷部	186	100	66.34%		
	管理部	333	233	45.53%		
	經銷門市	423	228	51.52%		
	小計	1104	619			
5	業務部	258	70	45.94%	39.02%	
	行銷部	161	95	25.26%		
	管理部	327	201	47.56%		
	經銷門市	600	393	37.31%		
	小計	1346	759			
6	業務部	275	125	56.34%	53.16%	
	行銷部	143	56	45.04%		
	管理部	242	130	49.69%		
	經銷門市	562	347	61.56%		
	小計	1222	658			

經理 Chen Yen Wang　審核 SuJen Lo　填表 Ares Wang

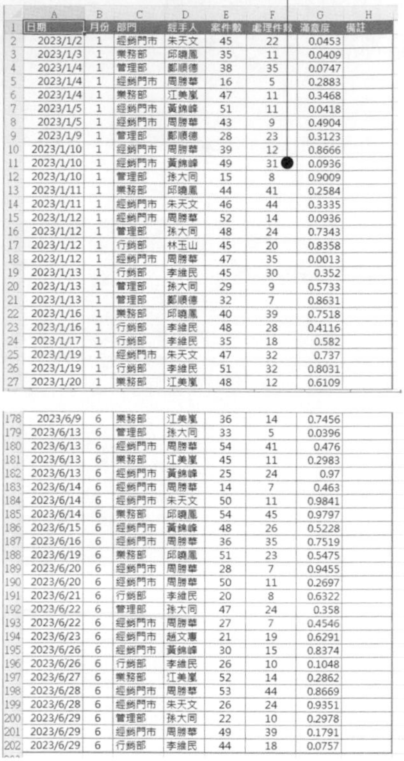

	日期	月份	部門	經手人	案件數	處理件數	滿意度	備註
2	2023/1/2	1	經銷門市	朱天文	45	22	0.0453	
3	2023/1/3	1	業務部	邱曉鳳	35	11	0.0409	
4	2023/1/4	1	管理部	鄭順德	38	35	0.0747	
5	2023/1/4	1	經銷門市	周勝華	16	5	0.2883	
6	2023/1/4	1	業務部	江美嵐	47	11	0.3468	
7	2023/1/5	1	經銷門市	黃錦峰	51	11	0.0418	
8	2023/1/5	1	經銷門市	周勝華	43	9	0.4904	
9	2023/1/9	1	管理部	鄭順德	28	23	0.3123	
10	2023/1/10	1	經銷門市	周勝華	39	12	0.8666	
11	2023/1/10	1	經銷門市	黃錦峰	49	31	0.0936	
12	2023/1/10	1	管理部	孫大同	15	8	0.9009	
13	2023/1/11	1	業務部	邱曉鳳	44	41	0.2584	
14	2023/1/11	1	經銷門市	朱天文	46	44	0.3335	
15	2023/1/12	1	經銷門市	周勝華	52	14	0.0936	
16	2023/1/12	1	管理部	孫大同	48	24	0.7343	
17	2023/1/12	1	行銷部	林玉山	45	20	0.8358	
18	2023/1/12	1	經銷門市	周勝華	47	35	0.0013	
19	2023/1/13	1	行銷部	李維民	45	30	0.352	
20	2023/1/13	1	管理部	孫大同	29	9	0.5733	
21	2023/1/13	1	管理部	鄭順德	32	7	0.8631	
22	2023/1/16	1	業務部	邱曉鳳	40	39	0.7518	
23	2023/1/16	1	行銷部	李維民	48	28	0.4116	
24	2023/1/17	1	行銷部	李維民	35	18	0.582	
25	2023/1/19	1	經銷門市	朱天文	47	32	0.737	
26	2023/1/19	1	行銷部	李維民	51	32	0.8031	
27	2023/1/20	1	業務部	江美嵐	48	12	0.6109	
178	2023/6/9	6	業務部	江美嵐	36	14	0.7456	
179	2023/6/13	6	管理部	孫大同	33	5	0.0396	
180	2023/6/13	6	經銷門市	周勝華	54	41	0.476	
181	2023/6/13	6	業務部	江美嵐	45	11	0.2983	
182	2023/6/13	6	經銷門市	黃錦峰	25	24	0.97	
183	2023/6/14	6	經銷門市	周勝華	14	7	0.463	
184	2023/6/14	6	經銷門市	朱天文	50	11	0.9841	
185	2023/6/14	6	業務部	邱曉鳳	54	45	0.9797	
186	2023/6/15	6	經銷門市	黃錦峰	48	26	0.5228	
187	2023/6/16	6	經銷門市	周勝華	36	35	0.7519	
188	2023/6/19	6	業務部	邱曉鳳	51	23	0.5475	
189	2023/6/20	6	經銷門市	周勝華	28	7	0.9455	
190	2023/6/20	6	經銷門市	周勝華	50	11	0.2697	
191	2023/6/21	6	行銷部	李維民	20	8	0.6322	
192	2023/6/22	6	管理部	孫大同	47	24	0.358	
193	2023/6/22	6	經銷門市	周勝華	27	7	0.4546	
194	2023/6/23	6	經銷門市	趙文蕙	21	19	0.6291	
195	2023/6/26	6	經銷門市	黃錦峰	30	15	0.8374	
196	2023/6/26	6	行銷部	李維民	26	10	0.1048	
197	2023/6/27	6	業務部	江美嵐	52	14	0.2862	
198	2023/6/28	6	經銷門市	周勝華	53	44	0.8669	
199	2023/6/28	6	經銷門市	朱天文	26	24	0.9351	
200	2023/6/29	6	管理部	孫大同	22	10	0.2978	
201	2023/6/29	6	經銷門市	周勝華	49	39	0.1791	
202	2023/6/29	6	行銷部	李維民	44	18	0.0757	

1-4 視覺化的格式效果

打從 Excel 2007 開始，設定格式化條件的功能便有了重大的改革，也就是說，儲存格的格式除了可以因為內容的多寡或資料的差異而套用不同的字體、字型、樣式與填滿效果外，還可以利用資料橫條、色階與圖示集等格式效果，輕鬆地套用在各種不同準則的儲存格或範圍，以製作出可強調特定規範的內容、創造出極具醒目提示的資料報表。

1. B 欄的資料是〔資料橫條〕的呈現；C 欄的資料是〔色階〕的呈現；D 欄的資料是〔圖示集〕的呈現。

2. 透過〔設定格式化的條件〕〔資料橫條〕可以根據儲存格內容的多寡，顯示不同長短的漸層效果等橫條圖案。

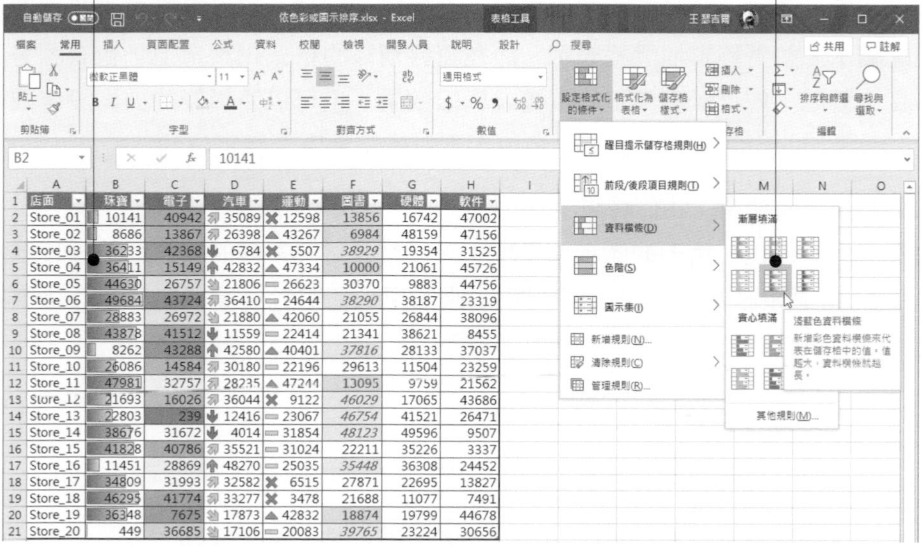

店面	珠寶	電子	汽車	運動	圖書	硬體	軟件
Store_01	10141	40942	35089	12598	13856	16742	47002
Store_02	8686	13867	26398	43267	6984	48159	47156
Store_03	36233	42368	6784	5507	38929	19354	31525
Store_04	36411	15149	42832	47334	10000	21061	45726
Store_05	44630	26757	21806	26623	30370	9883	44756
Store_06	49684	43724	36410	24644	38290	38187	23319
Store_07	28883	26972	21880	42060	21055	26844	38096
Store_08	43878	41512	11559	22414	21341	38621	8455
Store_09	8262	43288	42580	40401	37816	28133	37037
Store_10	26086	14584	30180	22196	29613	11504	23259
Store_11	47981	32757	28235	47244	13095	9759	21562
Store_12	21693	16026	36044	9122	46029	17065	43686
Store_13	22803	239	12416	23067	46754	41521	26471
Store_14	38676	31672	4014	31854	48123	49596	9507
Store_15	41828	40786	35521	31024	22211	35226	3337
Store_16	11451	28869	48270	25035	35448	36308	24452
Store_17	34809	31993	32582	6515	27871	22695	13827
Store_18	46295	41774	33277	3478	21688	11077	7491
Store_19	36348	7675	17873	42832	18874	19799	44678
Store_20	449	36685	17106	20083	39765	23224	30656

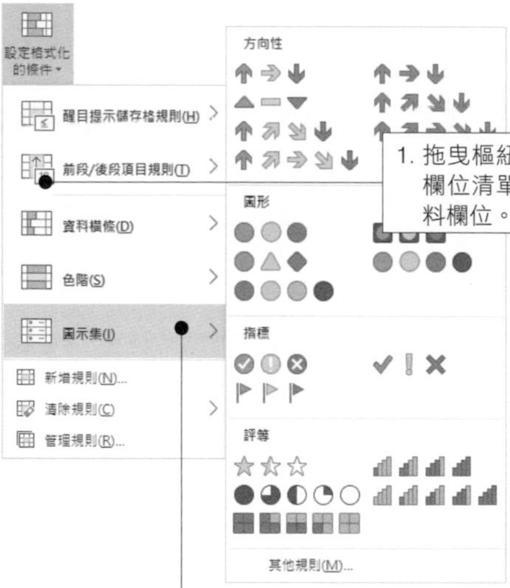

1. 拖曳樞紐分析表欄位清單裡的資料欄位。

3. 透過〔設定格式化的條件〕〔色階〕可以根據儲存格內容數值的高低，顯示不同的顏色與色彩濃淡。

4. 透過〔設定格式化的條件〕〔圖示集〕可以根據儲存格內容的差異、比例或等級區分，顯示不同的圖示圖案。

1-4-1 混合不同圖示集的格式效果

Excel 其設定格式化條件的功能則更是精進、更富彈性，不但提供有諸如：三角形、星形和方塊等等新的圖示集可供套用，甚至您還可以混合使用不同圖示集的圖示，並更輕鬆地隱藏圖示。而在資料橫條的格式化設定上，也有顯著的改良。譬如：您可以套用實心填滿或框線效果，也可以將橫條的方向設定成由右至左，而非由左至右，甚至，負值的資料橫條會顯示在正值的另一側。

以下的操作演練中，我們將設定 E 欄位裡的運動資料數據，其前百分之 33 強的數值以綠色正三角形的圖示來呈現；後段百分之 33 弱的數值則改採以紅色叉叉圖示(原預設為紅色倒三角形圖示)來呈現；而其餘中間的三分之一數值則仍維持黃色減號的預設圖示來表示。

STEP 1 選取儲存格範圍 E2:E21。

STEP 2 點按〔常用〕索引標籤。

STEP 3 點按〔樣式〕群組裡的〔設定格式化的條件〕命令按鈕。

STEP 4 從功能選單中點選〔圖示集〕，並從展開的圖示集樣式中點選〔3 種三角形〕。

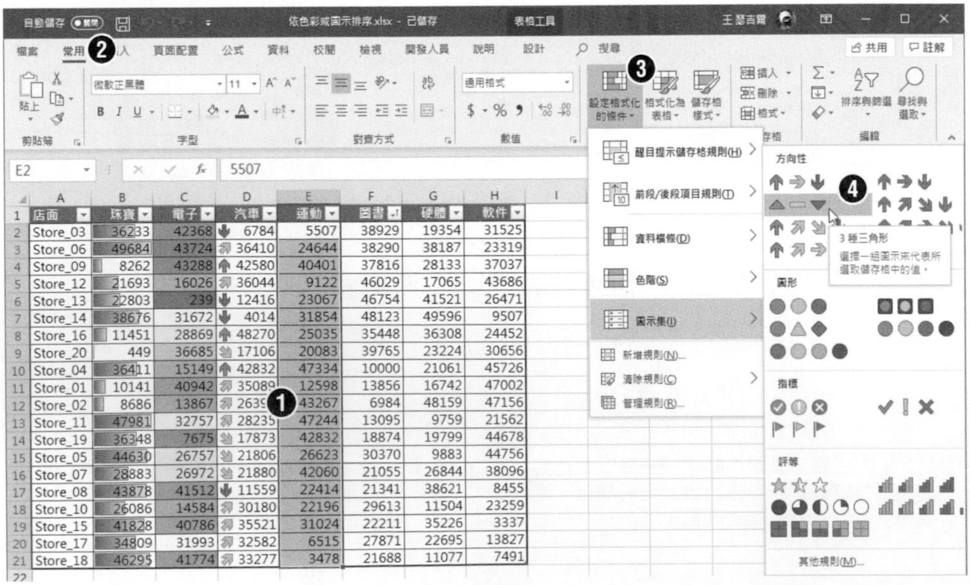

STEP 5　工作表上的 E 欄資料隨即套用了選定的三角形圖示集樣式，並請持續選取這個範圍。

STEP 6　繼續點按〔樣式〕群組裡的〔設定格式化的條件〕命令按鈕，並從功能選單中點選〔管理規則〕選項。

STEP 7　開啟〔設定格式化的條件規則管理員〕對話方塊，點選顯示格式化規則為〔目前的選取〕。

STEP 8　點選剛剛所設定的圖示集規則。

STEP 9　點按〔編輯規則〕按鈕。

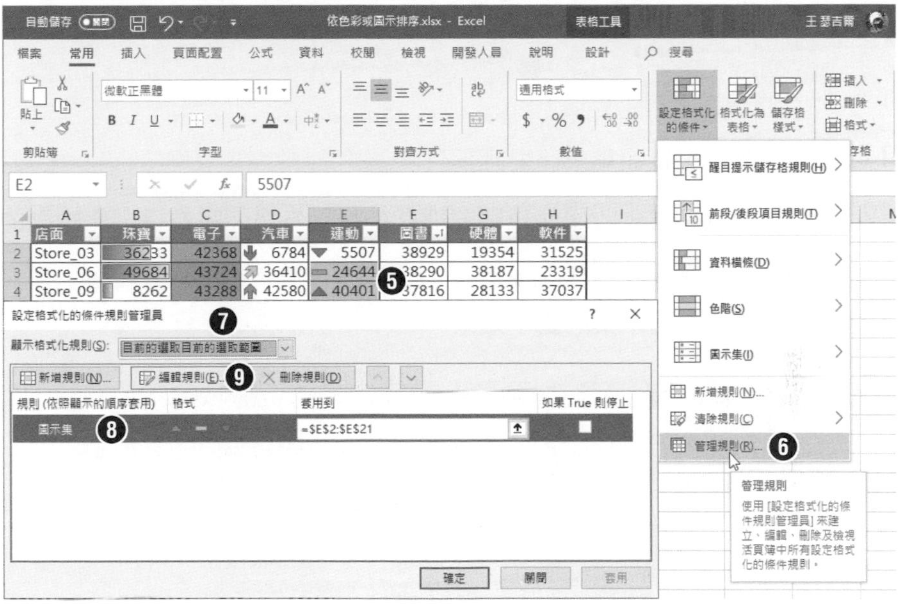

STEP 10　開啟〔編輯格式化規則〕對話方塊，將〔當<33〕百分比的圖示，改選成紅色十字符號(紅色叉叉)圖示。

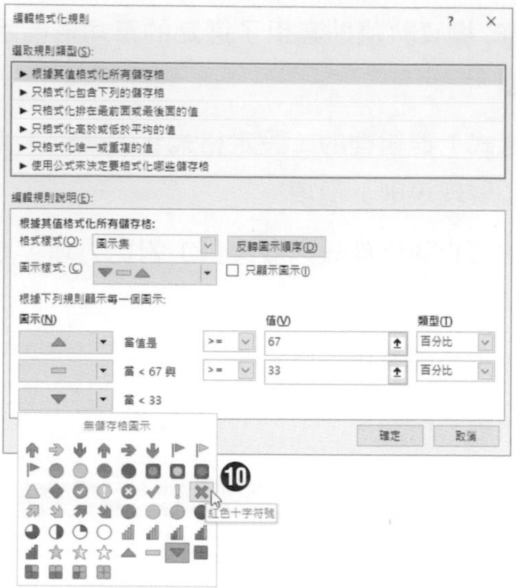

STEP 11 點按〔確定〕按鈕結束此對話操作。

STEP 12 返回〔設定格式化的條件規則管理員〕對話方塊，完成格式化規則的編輯，點按〔確定〕按鈕。

STEP 13 混合使用不同圖示集的圖示效果。

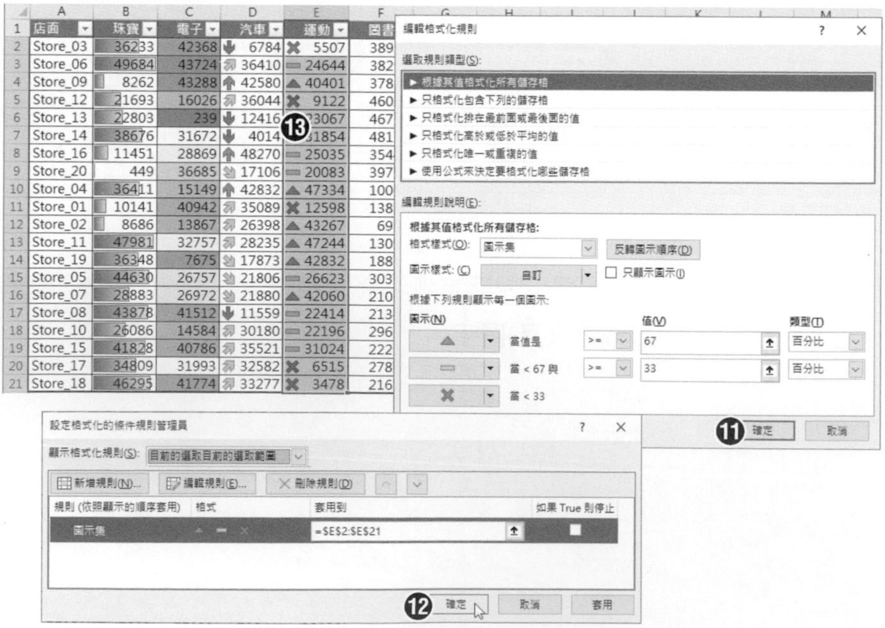

1-4-2 改變資料橫條的方向

接下來的範例演練中，我們將調整 B 欄位裡的珠寶資料數據，讓原本套用藍色資料橫條漸層填滿效果，且預設方向為由左至右的橫條圖格式，改成由右至左的橫條圖方向。

STEP 1 選取儲存格範圍 B2:B21。

STEP 2 點按〔常用〕索引標籤。

STEP 3 點按〔樣式〕群組裡的〔設定格式化的條件〕命令按鈕。

STEP 4 從展開的功能選單中點選〔管理規則〕選項。

STEP 5 開啟〔設定格式化的條件規則管理員〕對話方塊，點選顯示格式化規則為〔目前的選取〕。

STEP 6 點選所設定的資料橫條規則。

STEP 7 點按〔編輯規則〕按鈕。

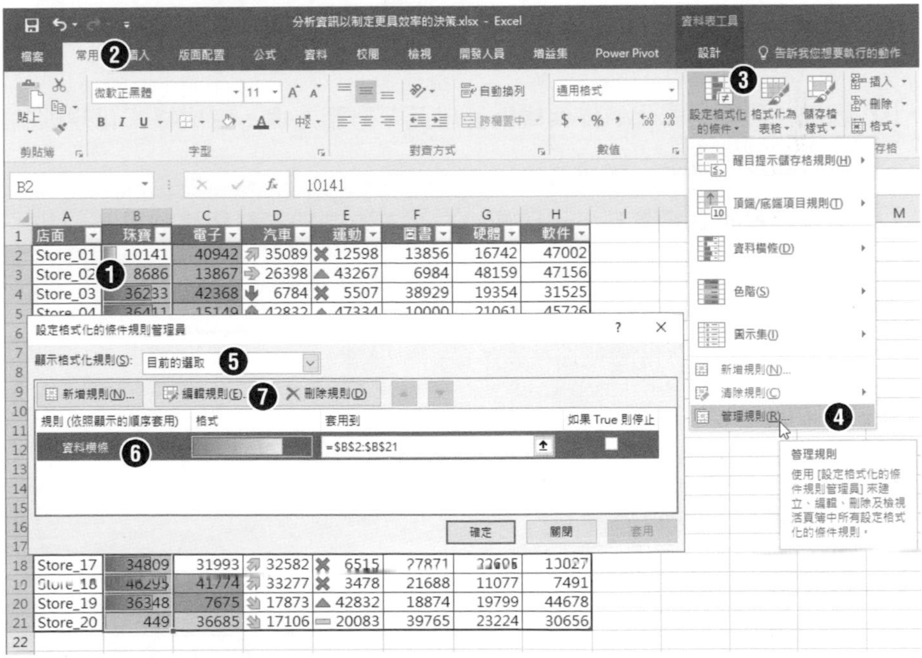

STEP 8 開啟〔編輯格式化規則〕對話方塊，在此可以調整資料橫條的填滿格式與色彩，也可以設定資料橫條的框線格式與色彩。

STEP 9 Excel 提供了調整資料橫條圖方向的功能設定。請改為由右至左的方向，最後，點按〔確定〕按鈕結束此對話操作。

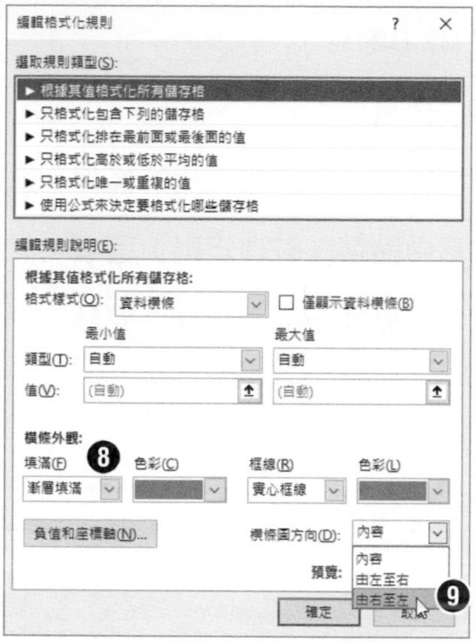

STEP 10 返回〔設定格式化的條件規則管理員〕對話方塊，完成格式化規則的編輯，點按〔確定〕按鈕。

STEP 11 工作表裡的 B 欄資料，已改成由右至左方向的資料橫條效果。

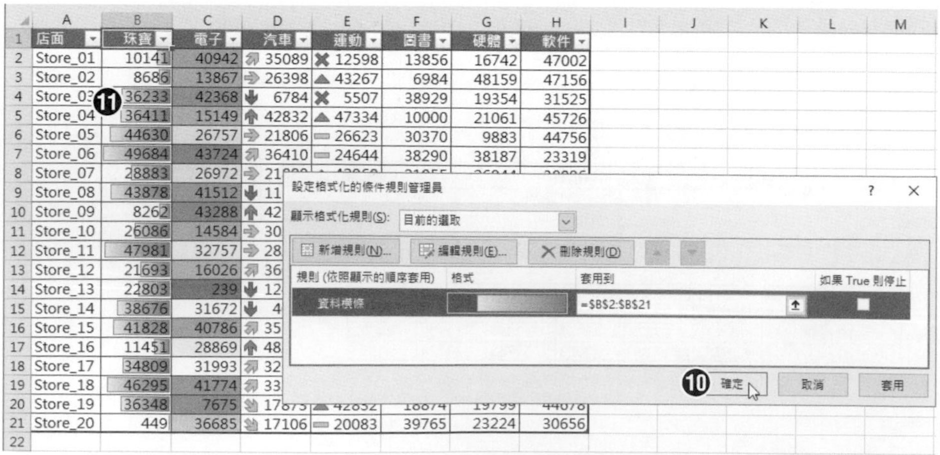

1-4-3 排名與排行專用的條件格式化

透過〔頂端/底端項目規則〕功能，您可以將一群數據資料中，特別突出、名列前茅，或者，慘烈墊底、有待加強的資料，以特定的格式效果來顯示。例如：將前 10 名、前 5%的資料都以紅色文字標示；將最後 5 名或後半段 1/3 的資料，都以綠色文字黃色填滿的格式呈現。甚至，將高於平均值或低於平均值的資料改以更醒目的方式來顯示，也是彈指之間即可完成。

STEP 1 選取儲存格範圍 E2:E39 的國文成績。

STEP 2 點按〔常用〕索引標籤。

STEP 3 點按〔樣式〕群組裡的〔條件式格式設定〕命令按鈕。

STEP 4 從功能選單中點選〔前段/後段項目規則〕。

STEP 5 從展開的項目規則功能選單中點選〔低於平均〕。

STEP 6 開啟〔低於平均〕對話方塊。

STEP 7 點選格式化低於平均的儲存格其格式為〔淺紅色填滿與深紅色文字〕選項。

STEP 8 點按〔確定〕按鈕。

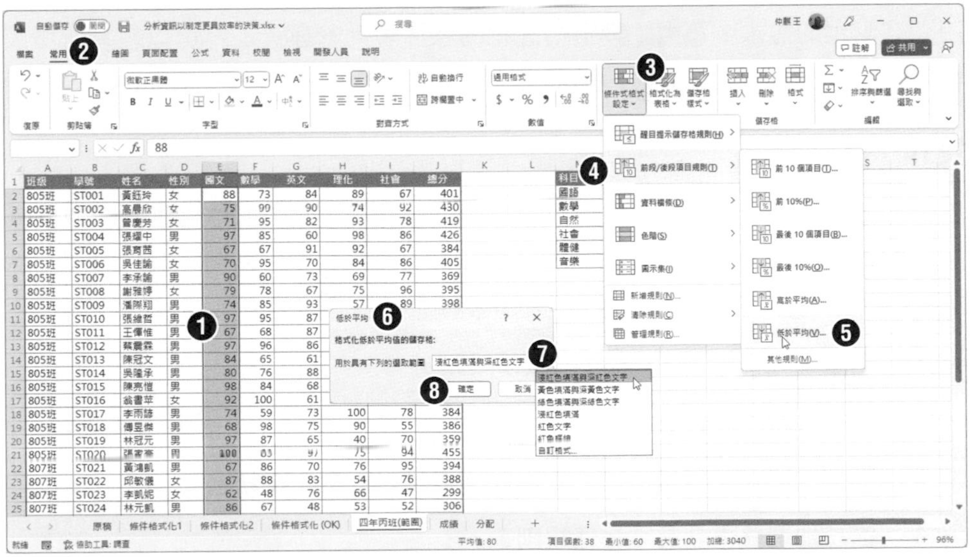

隨即，儲存格範圍 E2:E39 的所有國文成績，若低於國文成績平均值者，皆套用淺紅色填滿與深紅色文字的格式。

	A	B	C	D	E	F	G	H	I	J
1	班級	學號	姓名	性別	國文	數學	英文	理化	社會	總分
2	805班	ST001	黃鈺玲	女	88	73	84	89	67	401
3	805班	ST002	高晨欣	女	75	99	90	74	92	430
4	805班	ST003	曾慶芳	女	71	95	82	93	78	419
5	805班	ST004	張耀中	男	97	85	60	98	86	426
6	805班	ST005	張育茜	女	67	67	91	92	67	384
7	805班	ST006	吳佳諭	女	70	95	70	84	86	405
8	805班	ST007	李承諭	男	90	60	73	69	77	369
9	805班	ST008	謝雅婷	女	79	78	67	75	96	395
10	805班	ST009	潘際翔	男	74	85	93	57	89	398
11	805班	ST010	張維哲	男	97	95	87	84	76	439
12	805班	ST011	王惲惟	男	67	68	87	85	80	387
13	805班	ST012	蔡震霖	男	97	96	86	72	88	439
14	805班	ST013	陳冠文	男	84	65	61	68	72	350
15	805班	ST014	吳隆承	男	80	76	88	70	87	401
16	805班	ST015	陳亮愷	男	98	84	68	72	54	376
17	805班	ST016	翁書苹	女	92	100	61	96	90	439
18	805班	ST017	李雨諺	男	74	59	73	100	78	384
19	805班	ST018	傅昱傑	男	68	98	75	90	55	386
20	805班	ST019	林冠元	男	97	87	65	40	70	359
21	805班	ST020	張家豪	男	100	89	97	75	94	455
22	807班	ST021	黃鴻凱	男	67	86	70	76	95	394
23	807班	ST022	邱敏儀	女	87	88	83	54	76	388
24	807班	ST023	李凱妮	女	62	48	76	66	47	299
25	807班	ST024	林元凱	男	86	67	48	53	52	306

1-4-4 自訂格式化條件

即使 Excel 已具備了效果卓著且操作簡便的設定格式化條件功能，仍提供給使用者客製化的需求，藉由〔設定格式化的條件規則管理員〕，可以輕易新增或編輯格式化規則，自訂更具有視覺化能力或一致性規模的自訂格式化效果。

實作：

以下的實作演練中，我們將數學成績分成三個等級：小於 60 分以淺紅色底深紅色粗體字顯示；介於 60 分至 85 分之間則以淺綠色底深綠色粗體字呈現；高於 85 分則以淺藍色底深藍色粗體字來表達。

STEP 1 **選取儲存格範圍 F2:F39 的數學成績。**

STEP 2 **點按〔常用〕索引標籤。**

STEP 3 **點按〔樣式〕群組裡的〔條件式格式設定〕命令按鈕。**

STEP 4 **從功能選單中點選〔管理規則〕。**

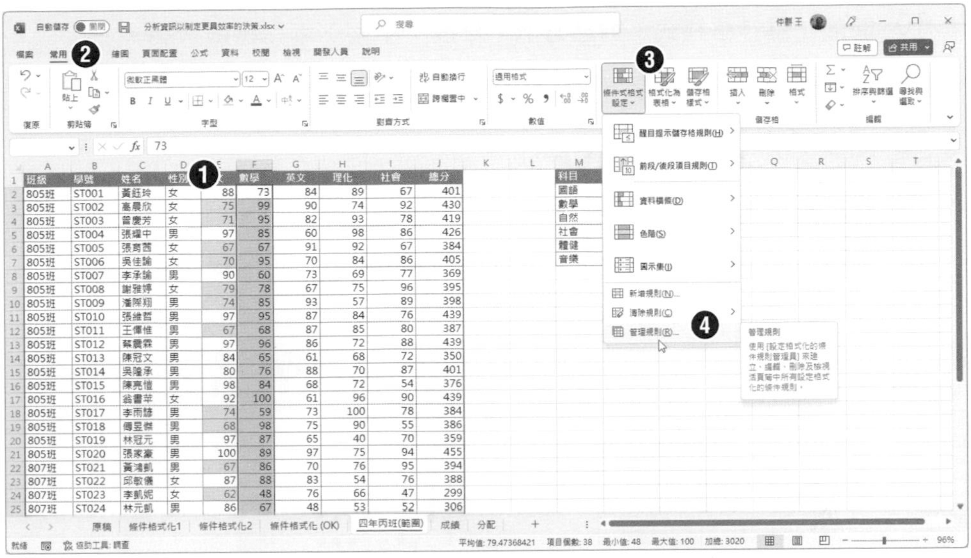

STEP 5 開啟〔設定格式化的條件規則管理員〕對話方塊，點選顯示格式化規則將套用於〔目前的選取〕。

STEP 6 點按〔新增規則〕按鈕。

STEP 7 開啟〔新增格式化規則〕對話方塊，在選取規則類型上點選〔只格式化包含下列的儲存格〕選項。

STEP 8 設定並輸入〔儲存格值〕〔小於〕〔60〕。

STEP 9 點按〔格式〕按鈕。

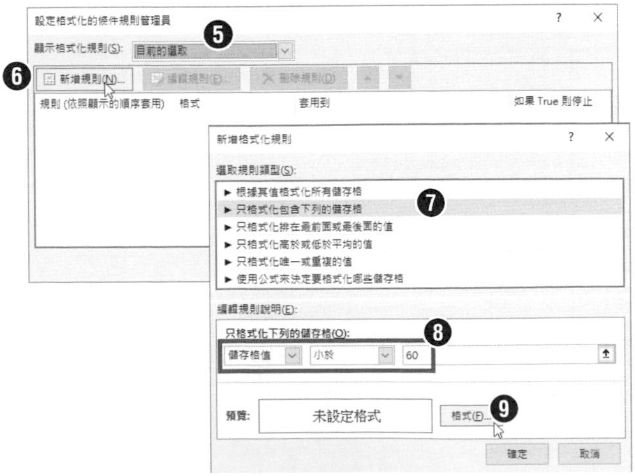

STEP 10 開啟〔儲存格格式〕對話方塊，點按〔字型〕索引標籤對話。

STEP 11 設定粗體、深紅色字。

STEP 12 點按〔填滿〕索引標籤對話。

STEP 13 設定背景色彩為淺紅色。

STEP 14 點按〔確定〕按鈕，結束〔儲存格格式〕對話方塊的操作。

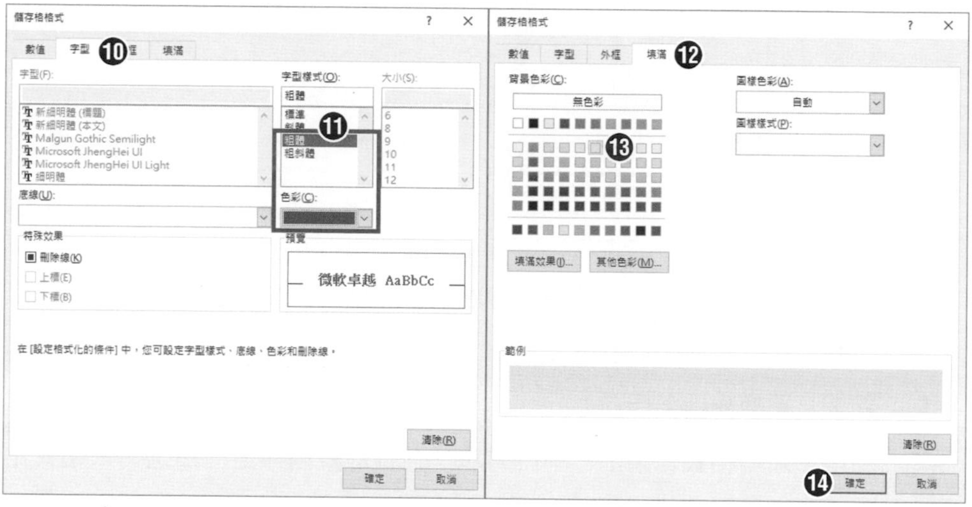

STEP 15 回到〔新增格式化規則〕對話方塊，完成第一個格式化規則，請點按〔確定〕按鈕。

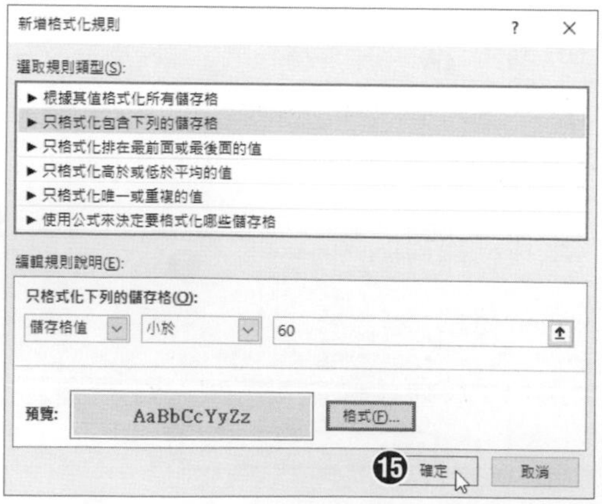

STEP **16** 回到〔設定格式化的條件規則管理員〕對話方塊，可以看到第一組設定完成的格式化條件規則。

STEP **17** 點按〔新增規則〕按鈕。

STEP **18** 再次開啟〔新增格式化規則〕對話方塊，在選取規則類型上點選〔只格式化包含下列的儲存格〕選項。

STEP **19** 設定並輸入〔儲存格值〕〔介於〕〔60〕且〔85〕。

STEP **20** 點按〔格式〕按鈕。

STEP **21** 開啟〔儲存格格式〕對話方塊，點按〔字型〕索引標籤對話。

STEP **22** 設定粗體、深綠色字。

STEP **23** 點按〔填滿〕索引標籤對話。

STEP **24** 設定背景色彩為淺綠色。

STEP **25** 點按〔確定〕按鈕，結束〔儲存格格式〕對話方塊的操作。

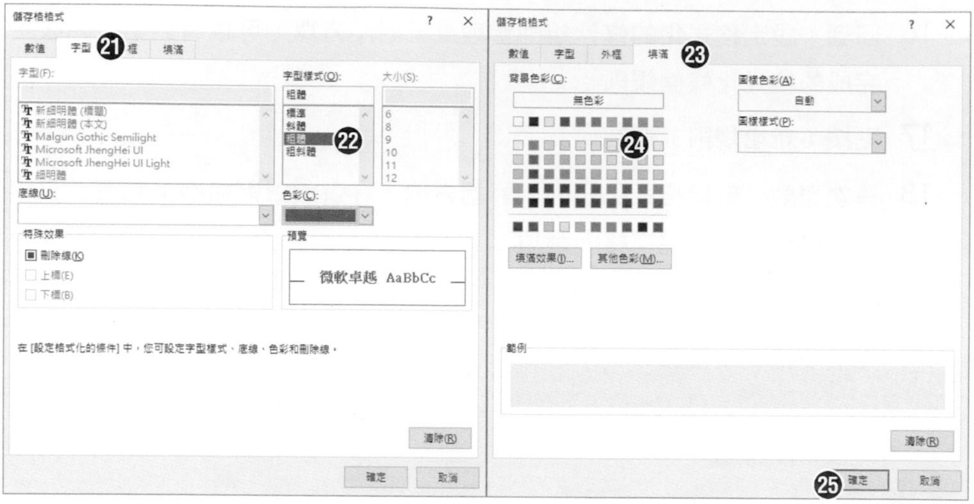

STEP 26 回到〔新增格式化規則〕對話方塊，完成第二個格式化規則，請點按〔確定〕按鈕。

STEP 27 回到〔設定格式化的條件規則管理員〕對話方塊，可以看到前兩組設定完成的格式化條件規則。

STEP 28 點按〔新增規則〕按鈕。

STEP 29 再度開啟〔新增格式化規則〕對話方塊，在選取規則類型上點選〔只格式化包含下列的儲存格〕選項。

STEP 30 設定並輸入〔儲存格值〕〔大於〕〔85〕。

STEP 31 點按〔格式〕按鈕。

STEP **32** 開啟〔儲存格格式〕對話方塊，點按〔字型〕索引標籤對話。

STEP **33** 設定粗體、深藍色字。

STEP **34** 點按〔填滿〕索引標籤對話。

STEP **35** 設定背景色彩為淺藍色。

STEP **36** 點按〔確定〕按鈕，結束〔儲存格格式〕對話方塊的操作。

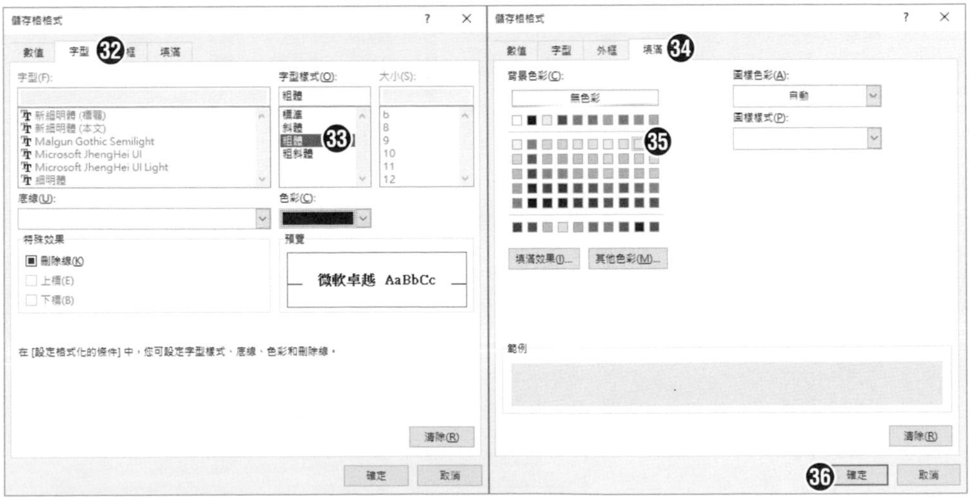

STEP 37 回到〔新增格式化規則〕對話方塊，完成最後一個格式化規則，請點按〔確定〕按鈕。

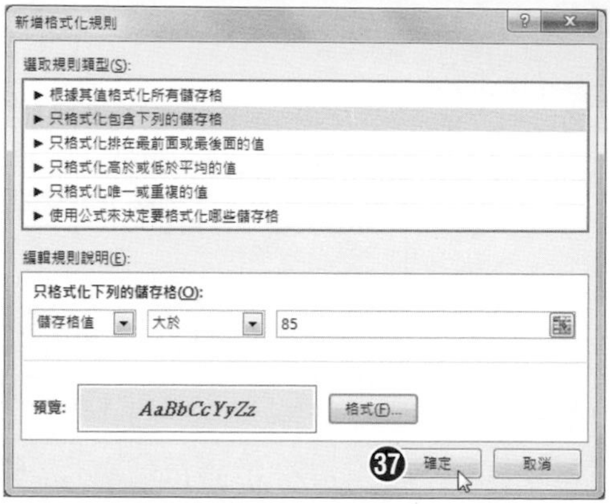

STEP 38 回到〔設定格式化的條件規則管理員〕對話方塊，可以看到每一組設定完成的格式化條件規則。

STEP 39 點按〔確定〕按鈕，結束自訂格式化條件的操作。

STEP 40 隨即，儲存格範圍 F2:F39 的所有數學成績順利套用了自訂格式化條件的效果。

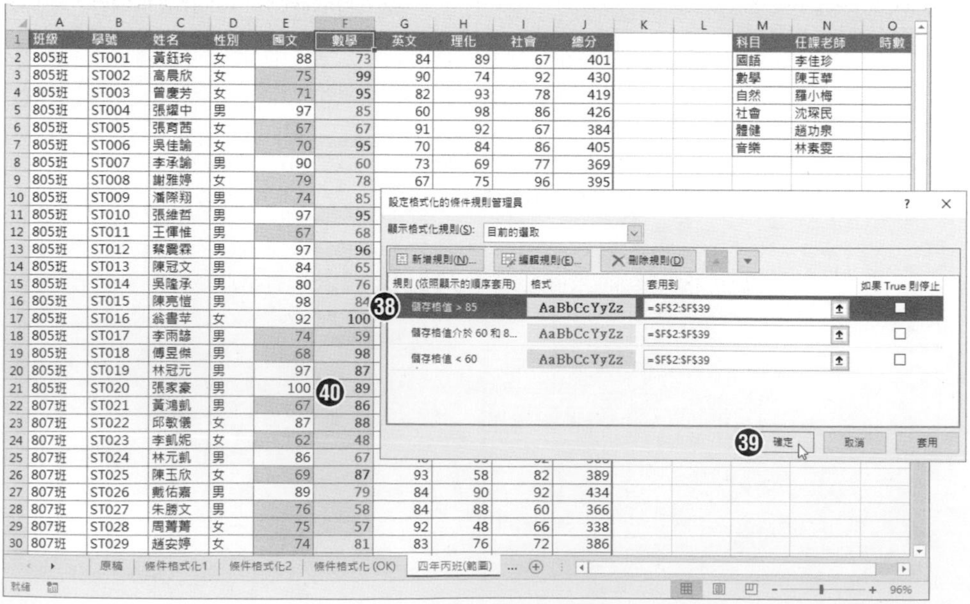

1-5 資料的排序

1-5-1 簡易的單欄排序

透過工作表建立一筆筆資料記錄來存放資料，不論是維持一般的儲存格範圍(Cell Range)性質，還是已轉換為資料表(Data Table)架構，都可以透過排序功能輕鬆進行資料記錄順序重整的操作。譬如：在資料範圍中要以某一個指定欄位為順序，來進行排序工作，則只要操作以下兩個程序即可：

1. 先將儲存格指標移至資料表格內，點選您想要做為排序依據的欄位中之任一儲存格。(譬如，您想要以 "性別" 的先後順序來排列資料，就應該將儲存格指標移至 "性別" 欄中的任一格；若您想要以 "姓名" 的順序來排列資料，就應該將儲存格指標移至 "姓名" 欄中的任一格)。
2. 輕敲一下排序工具按鈕：〔從 A 到 Z 排序〕(遞增排序-由小到大排序)、或〔從 Z 到 A 排序〕(遞減排序-由大到小排序) 即可完成排序工作。

如下圖所示，這是一份學生成績單的資料表格，裡面記載了每一位學生的基本資料與成績資料，其中，基本資料包含了「學號」、「姓名」與「性別」；成績資料共計有「國文」、「數學」、「英文」、「理化」、「社會」等五科以及「總分」等資料欄位。在資料記錄的排列順序上，目前是以「學號」的順序排列著。

1. 這是一個傳統的資料範圍，記錄每一位學生的班級、學號、姓名、性別與各項成績。

2. 利用 SUM 函數已經順利計算出每一位學生的成績總分。

	A	B	C	D	E	F	G	H	I	J
1	班級	學號	姓名	性別	國文	數學	英文	理化	社會	總分
2	805班	ST001	黃鈺玲	女	88	73	84	89	67	401
3	805班	ST002	高晨欣	女	75	99	90	74	92	430
4	805班	ST003	曾慶芳	女	71	95	82	93	78	419
5	805班	ST004	張耀中	男	97	85	60	98	86	426
6	805班	ST005	張育茜	女	67	67	91	92	67	384
7	805班	ST006	吳佳諭	女	70	95	70	84	86	405
8	805班	ST007	李承諭	男	90	60	73	69	77	369
9	805班	ST008	謝雅婷	女	79	78	67	75	96	395
10	805班	ST009	潘際翔	男	74	85	93	57	89	398
11	805班	ST010	張維哲	男	97	95	87	84	76	439
12	805班	ST011	王俥惟	男	67	68	87	85	80	387
13	805班	ST012	蔡震霖	男	97	96	86	72	88	439
14	805班	ST013	陳冠文	男	84	65	61	68	72	350
15	805班	ST014	吳隆承	男	80	76	88	70	87	401
16	805班	ST015	陳亮愷	男	98	84	68	72	54	376
17	805班	ST016	翁書芊	女	92	100	61	96	90	439

若要根據「性別」進行排序，可先點選「性別」欄位裡的任一儲存格，然後，再點按〔常用〕索引標籤，並點按〔排序與篩選〕命令按鈕，並從下拉式選單中點選〔從 A 到 Z 排序〕。

STEP 1 未排序前，先將儲存格指標移至「性別」欄中的任一儲存格內。譬如：D2 儲存格。

STEP 2 點按〔常用〕索引標籤底下〔編輯〕群組裡的〔排序與篩選〕命令按鈕。

STEP 3 從展開的功能選單中點按〔從 A 到 Z 排序〕命令選項。

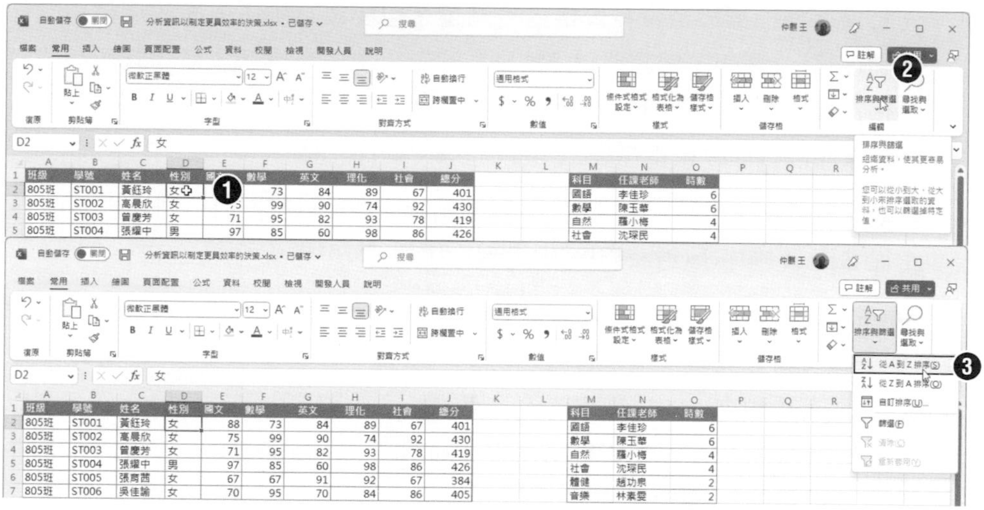

STEP 4 立即進行簡單的單欄排序功能，依照「性別」的不同進行重新排序，所以，排序也是一種資料分類的展現。

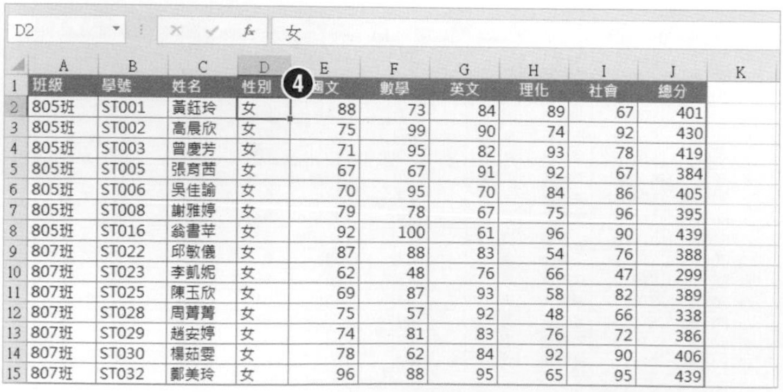

	A	B	C	D	E	F	G	H	I	J
1	班級	學號	姓名	性別	國文	數學	英文	理化	社會	總分
2	805班	ST001	黃鈺玲	女	88	73	84	89	67	401
3	805班	ST002	高晨欣	女	75	99	90	74	92	430
4	805班	ST003	曾慶芳	女	71	95	82	93	78	419
5	805班	ST005	張育茜	女	67	67	91	92	67	384
6	805班	ST006	吳佳諭	女	70	95	70	84	86	405
7	805班	ST008	謝雅婷	女	79	78	67	75	96	395
8	805班	ST016	翁書萍	女	92	100	61	96	90	439
9	807班	ST022	邱敏儀	女	87	88	83	54	76	388
10	807班	ST023	李凱妮	女	62	48	76	66	47	299
11	807班	ST025	陳玉欣	女	69	87	93	58	82	389
12	807班	ST028	周菁菁	女	75	57	92	48	66	338
13	807班	ST029	趙安婷	女	74	81	83	76	72	386
14	807班	ST030	楊茹雯	女	78	62	84	92	90	406
15	807班	ST032	鄭美玲	女	96	88	95	65	95	439

文字性的資料是以文字的筆劃順序作為排序的依據(英文字則是以字母順序為依據)，而數值性的資料當然就是根據數值大小的關係進行排序囉！以上圖為例，如果想要以成績「總分」的高低，由大到小進行成績排行榜，則是一種典型的遞減排序範例。如下圖所示，先將儲存格指標移至「總分」欄位中的任一儲存格位址，譬如：移到儲存格 J3 的位置，然後點按〔從最大到最小排序〕命令，即可以遞減方式排列每一筆記錄。

STEP 1 進行排序之前，先將儲存格指標移至「總分」欄中的任一儲存格內。譬如：J2 儲存格。

STEP 2 點按〔常用〕索引標籤底下〔編輯〕群組裡的〔排序與篩選〕命令按鈕。

STEP 3 從展開的功能選單中點按〔從最大到最小排序〕命令選項。

STEP 4 立即進行簡單的單欄排序功能，依照「總分」高低進行重新排序，所以，排序也是一種資料大小順序的呈現。

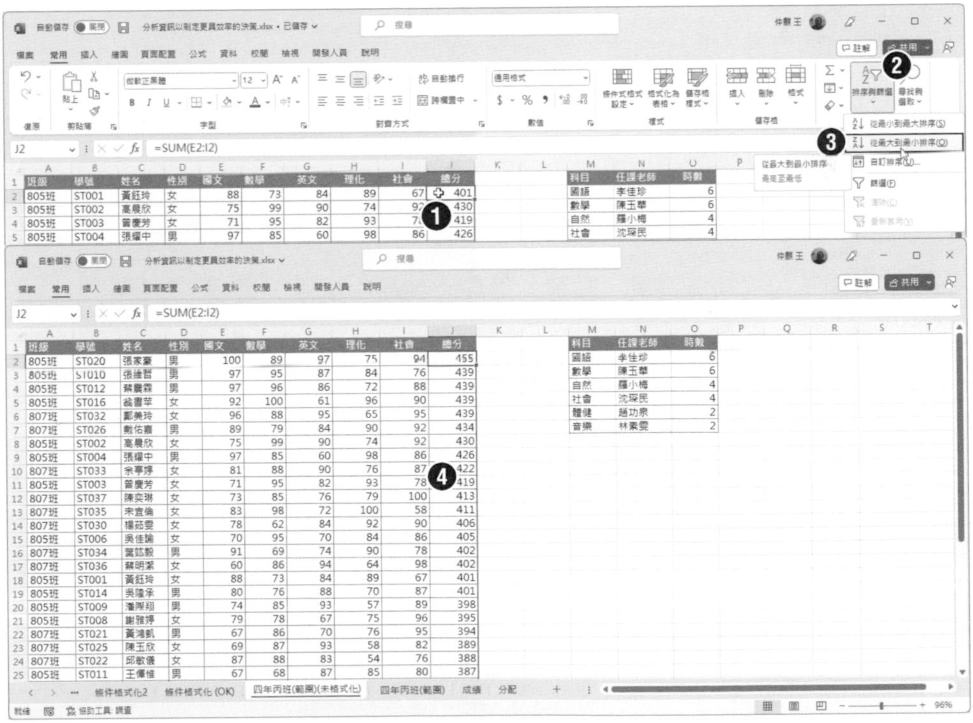

此外，若學生成績資料原本就以資料表(Data Table)的架構建立，或早已將資料範圍轉換為資料表，則資料表首列的欄名中，皆提供有排序篩選按鈕(黑色倒三角形)，因此，只要輕鬆點按此排序篩選按鈕，亦可進行資料排序的操作。

STEP 1　點按〔國文〕成績欄名旁的排序篩選按鈕。

1. 這是一個資料表(Data Table)架構的資料記錄，記載著每一位學生的學號、姓名、性別與各項成績。滑鼠點選資料表裡的任一儲存格後，各欄位名稱右側皆會顯示排序篩選按鈕。

2. 畫面頂端工作區裡也將立即啟用〔表格設計〕索引標籤的功能命令選項。

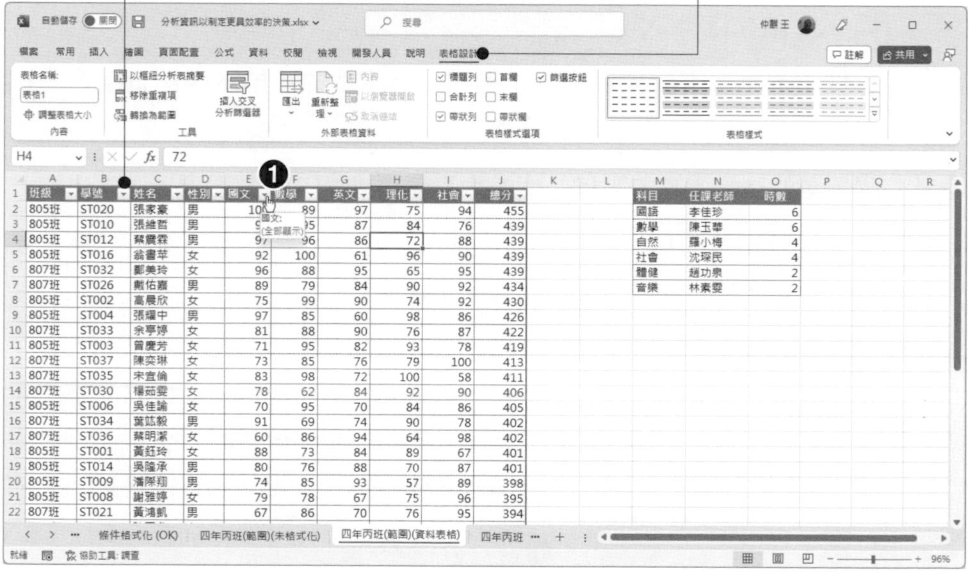

STEP 2　展開下拉式功能選單，點選〔從最大到最小排序〕選項。

STEP 3 立即以〔國文〕成績為排序依據，由大到小重新排列每一筆資料記錄。

	A	B	C	D	E	F	G	H	I	J
1	班級	學號	姓名	性別	國文	數學	英文	理化	社會	總分
2	805班	ST020	張家豪	男	100	89	97	75	94	455
3	805班	ST015	陳亮愷	男	98	84	68	72	54	376
4	805班	ST010	張維哲	男	97	95	87	84	76	439
5	805班	ST012	蔡震霖	男	97	96	86	72	88	439
6	805班	ST004	張耀中	男	97	85	60	98	86	426
7	805班	ST019	林冠元	男	97	87	65	40	70	359
8	807班	ST032	鄭美玲	女	96	88	95	65	95	439
9	805班	ST016	翁書芊	女	92	100	61	96	90	439
10	807班	ST034	葉竑毅	男	91	69	74	90	78	402
11	805班	ST007	李承諭	男	90	60	73	69	77	369
12	807班	ST026	戴佑嘉	男	89	79	84	90	92	434
13	805班	ST001	黃鈺玲	女	88	73	84	89	67	401
14	807班	ST022	邱敏儀	女	87	88	83	54	76	388
15	807班	ST024	林元凱	男	86	67	48	53	52	306
16	805班	ST013	陳冠文	男	84	65	61	68	72	350
17	807班	ST035	宋宜倫	女	83	98	72	100	58	411
18	807班	ST033	余亭婷	女	81	88	90	76	87	422
19	805班	ST014	吳隆承	男	80	76	88	70	87	401
20	805班	ST008	謝雅婷	女	79	78	67	75	96	395
21	807班	ST030	楊茹雯	女	78	62	84	92	90	406
22	807班	ST027	朱勝文	男	76	58	84	88	60	366

在成績順序的排列上，若發生總分相同的情況，卻又一定要分出高低排名，那怎麼辦呢？通常就是再考量其他單項科目成績的大小，來作為排序的依據囉～譬如：若總分都一致，則相同總分的學生再根據其國文成績的大小，作為排名的依據，萬一國文成績又相同，便再考量其數學成績的高低，較高者排名在前、較低者排名在後，若真是湊巧，總分、國文、數學等成績都一樣，那就再考量其他科目的成績高低，譬如：自然、社會、...依此類推，總是可以比出理想的排名、順序，這正是所謂的多欄排序策略。

1-5-2 多欄排序

所謂的多欄排序，就是資料排序的欄位依據若超過一個欄位以上，並有著特定順序的考量。譬如：我們想以「總分」由大到小來排列資料，但是若發生總分相同時，能夠再以「國文」成績為排序的依據的考量亦進行遞減排序，甚至，若發生「總分」、「國文」兩成績皆相同，則再根據「數學」成績的高低由大到小排列。意即，這番資料記錄的順序排列要一口氣考慮到三個資料欄位，依序分別是主要排序關鍵為「總分」、次要排序關鍵為「國文」成績欄、最後的排序關鍵為「數學」成績欄。早期的 Excel 版本就只能做到最多三個排序關鍵欄位，但後來的 Excel 版本早已遠遠超過這個排序關鍵欄位的限制！

STEP 1 點按〔常用〕索引標籤。

STEP 2 點選編輯群組裡的〔排序與篩選〕命令。

STEP 3 從下拉式選項中點選〔自訂排序〕。

STEP 4 開啟〔排序〕對話方塊，點按〔新增層級〕按鈕，即可開始多關鍵欄位的排序操作，進行各關鍵欄位的選擇與排列順序的設定。

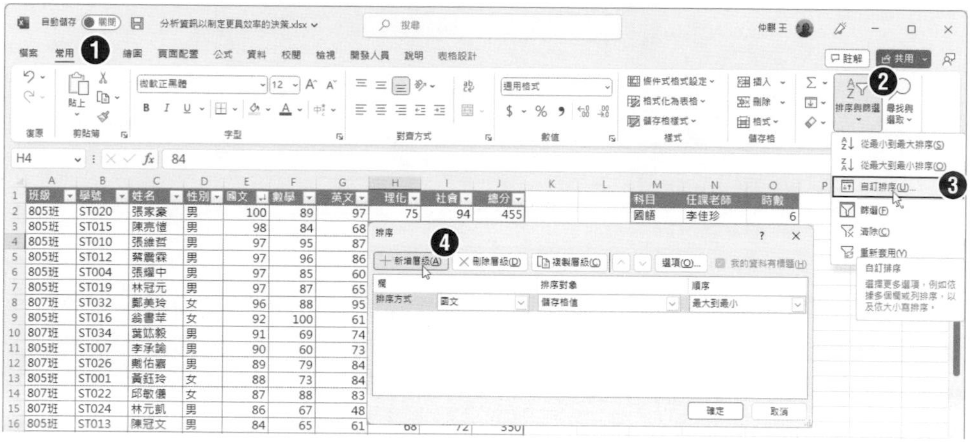

STEP 5 選擇排序方式為〔總分〕欄位。

STEP 6 選定排列的順序為〔最大到最小〕。

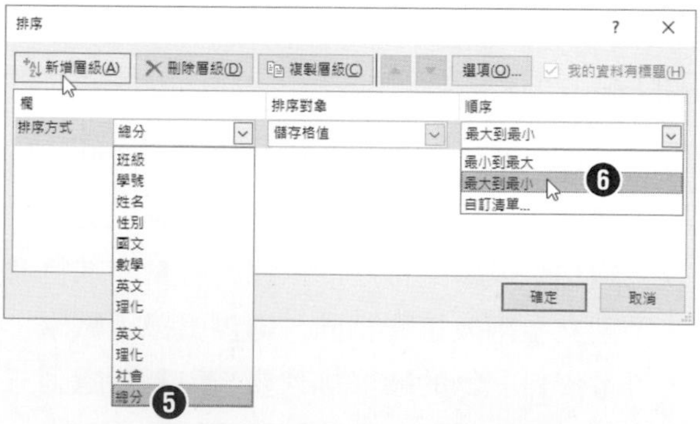

STEP 7 繼續點按〔新增層級〕按鈕，進行次要欄位的排序設定。

STEP 8 出現次要排序方式的選項，請選擇排序方式為〔國文〕欄位。

STEP 9 再選定排列的順序為〔最大到最小〕。

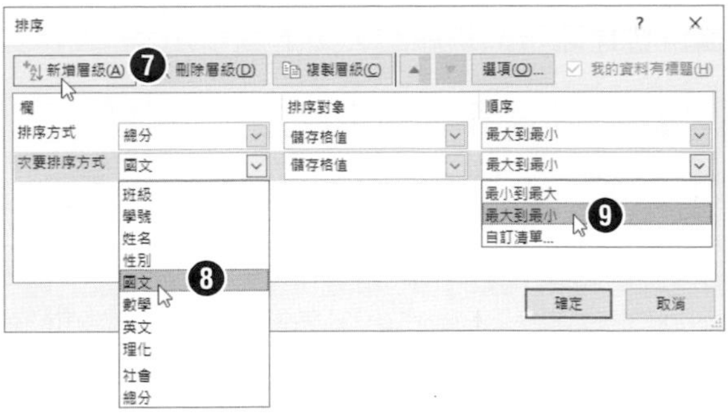

STEP 10　再度點按〔新增層級〕按鈕，進行第三個欄位的排序設定。

STEP 11　出現排序方式的選項，請選擇排序方式為〔數學〕欄位。

STEP 12　再選定排列的順序為〔最大到最小〕。

STEP 13　依此類推，再自行設定其他次要欄位的排序設定。譬如：接著依序為〔英文〕、〔理化〕、〔社會〕等個欄位選定其排列的順序為〔最大到最小〕。

STEP 14　最後，點按〔確定〕按鈕結束整個自訂排序的操作。

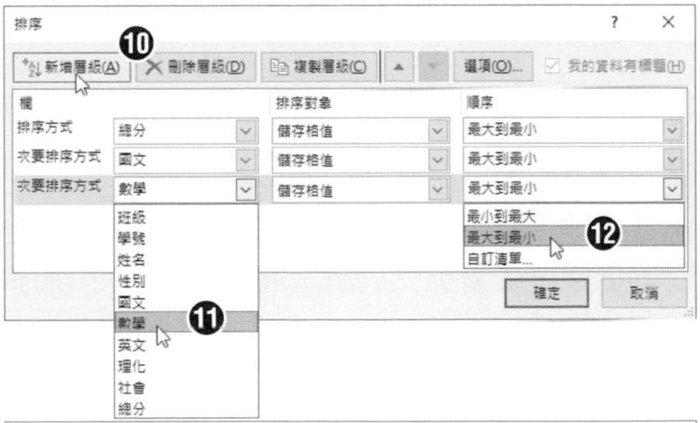

最後，考慮六個欄位排序關鍵的排序結果如下圖所示：

	A	B	C	D	E	F	G	H	I	J
1	班級	學號	姓名	性別	國文	數學	英文	理化	社會	總分
2	805班	ST020	張家豪	男	100	89	97	75	94	455
3	805班	ST012	蔡震霖	男	97	96	86	72	88	439
4	805班	ST010	張維哲	男	97	95	87	84	76	439
5	807班	ST032	鄭美玲	女	96	88	95	65	95	439
6	805班	ST016	翁書苹	女	92	100	61	96	90	439
7	807班	ST026	戴佑嘉	男	89	79	84	90	92	434
8	805班	ST002	高晨欣	女	75	99	90	74	92	430
9	805班	ST004	張耀中	男	97	85	60	98	86	426
10	807班	ST033	余亭婷	女	81	88	90	76	87	422
11	805班	ST003	曾慶芳	女	71	95	82	93	78	419
12	807班	ST037	陳奕琳	女	73	85	76	79	100	413
13	807班	ST035	宋宜倫	女	83	98	72	100	58	411
14	807班	ST030	楊茹雯	女	78	62	84	92	90	406
15	805班	ST006	吳佳諭	女	70	95	70	84	86	405
16	807班	ST034	葉竑毅	男	91	69	74	90	78	402
17	807班	ST036	蔡明潔	女	60	86	94	64	98	402
18	805班	ST001	黃鈺玲	女	88	73	84	89	67	401
19	805班	ST014	吳隆承	男	80	76	88	70	87	401
20	805班	ST009	潘際翔	男	74	85	93	57	89	398
21	805班	ST008	謝雅婷	女	79	78	67	75	96	395
22	807班	ST021	黃鴻凱	男	67	86	70	76	95	394
23	807班	ST025	陳玉欣	女	69	87	93	58	82	389
24	807班	ST022	邱敏儀	女	87	88	83	54	76	388
25	805班	ST011	王僤惟	男	67	68	87	85	80	387
26	807班	ST029	趙安婷	女	74	81	83	76	72	386
27	805班	ST018	傅昱傑	男	68	98	75	90	55	386

從排序結果我們可以看出，同樣總分的資料排列在一起了，而同總分的各筆資料中，也會依據國文成績的高低由大到小順序排列著，甚至，總分與國文成績皆相同的資料，亦會再根據數學成績的高低由大到小排列，萬一總分、國文與數學等成績都一致，仍會再依據英文成績之高低由大到小排序，排列出每一筆資料的高下。

1-5-3 特殊順序的排序效果

基本上，排序的資料不外乎數字與文字，就算是日期或時間，也都可以進行遞增或遞減的排序。而數字、日期與時間的大小很容易比較得出來，而文字的大小則是以文字的筆劃順序為依據。例如：以縣市名稱文字遞增排序為例，依據縣市名稱的筆劃順序，「台」字的筆畫比「宜」字的筆劃少，所以排列在前面。第一個文字相同時，再比較第二、第三、第四、...第 n 個文字。

1. 一般的文字排序是依據文字的筆劃多寡為排列順序的，譬如：縣市名稱依據筆劃順序排列。

2. 在特殊排序的設定下，文字的排序也可以依據特定的順序來排列，例如：縣市名稱依據從北到南的地理環境來排列順序。

縣市	銷售量	銷售金額
台中市	804	1078525
台北市	738	973436
台東縣	189	227924
台南市	405	455483
宜蘭縣	426	496417
花蓮縣	206	276338
金門縣	31	40258
南投縣	298	359373
屏東縣	292	356094
苗栗縣	257	306446
桃園市	458	539913
高雄市	669	906495
基隆市	243	322679
連江縣	28	39394
雲林縣	210	250404
新北市	712	829693
新竹市	527	664099
新竹縣	309	355890
嘉義市	346	426635
嘉義縣	311	412976
彰化縣	387	482434
澎湖縣	147	169307

縣市	銷售量	銷售金額
基隆市	243	322679
宜蘭縣	426	496417
台北市	738	973436
新北市	712	829693
桃園市	458	539913
新竹縣	309	355890
新竹市	527	664099
苗栗縣	257	306446
台中市	804	1078525
彰化縣	387	482434
南投縣	298	359373
雲林縣	210	250404
嘉義縣	311	412976
嘉義市	346	426635
台南市	405	455483
高雄市	669	906495
屏東縣	292	356094
花蓮縣	206	276338
台東縣	189	227924
澎湖縣	147	169307
連江縣	28	39394
金門縣	31	40258

若有設定特殊文字排序的需求，您必須先利用〔Excel 選項〕裡的〔編輯自訂清單〕功能，建立一組上述縣市名稱的自訂清單，而此清單之各項目的順序，便可以成為各個縣市名稱之特定的排序依據。

STEP 1 點按〔檔案〕索引標籤，進入後台管理介面。

STEP 2 點按〔選項〕。

STEP 3 開啟〔Excel 選項〕對話，點選〔進階〕。

STEP 4 拖曳垂直捲軸至底部。

STEP 5 點按〔編輯自訂清單〕按鈕。

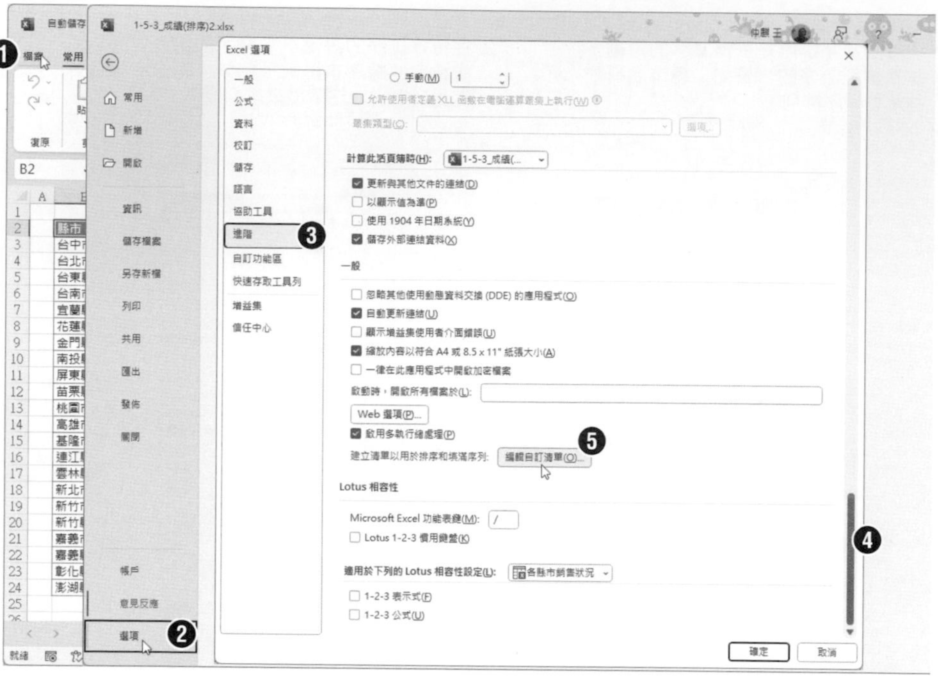

STEP 6 透過〔自訂清單〕對話方塊的開啟，在此輸入從北到南各縣市名稱。

STEP 7 完成縣市名稱輸入後，點按〔新增〕按鈕，成功定義為一組新的清單，此新清單稍後即可作為特定資料順序的依據。

STEP 8 點按〔確定〕按鈕，結束〔自訂清單〕對話方塊的操作。

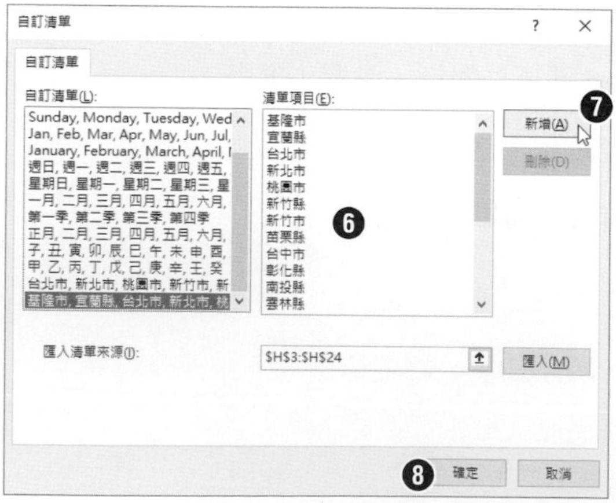

結束〔自訂清單〕對話方塊的操作也結束〔Excel 選項〕的對話後，回到 Excel 工作表，即可在包含縣市名稱的資料表中，藉由自訂排序的操作，進行特殊順序的排序作業。如下圖所示，原本縣市名稱是依據筆畫順序(從 A 到 Z 排序)由小到大排序：

縣市	銷售量	銷售金額
台中市	804	1078525
台北市	738	973436
台東縣	189	227924
台南市	405	455483
宜蘭縣	426	496417
花蓮縣	206	276338
金門縣	31	40258
南投縣	298	359373
屏東縣	292	356094
苗栗縣	257	306446
桃園市	458	539913
高雄市	669	906495
基隆市	243	322679
連江縣	28	39394
雲林縣	210	250404
新北市	712	829693
新竹市	527	664099
新竹縣	309	355890
嘉義市	346	426635
嘉義縣	311	412976
彰化縣	387	482434
澎湖縣	147	169307

各縣市銷售狀況 | 地區與縣市 | 總成績查詢

請進行以下的自訂排序操作：

STEP 1 將儲存格指標移至「縣市」欄中的任一儲存格內。譬如：B3 儲存格。

STEP 2 點按〔常用〕索引標籤底下〔編輯〕群組裡的〔排序與篩選〕命令按鈕。

STEP 3 從展開的功能選單中點按〔自訂排序〕命令選項。

STEP 4 開啟〔排序〕對話方塊，點按〔新增層級〕按鈕。

STEP 5 選擇排序方式為〔縣市〕欄位。

STEP 6 選定排列的順序為〔自訂清單〕。

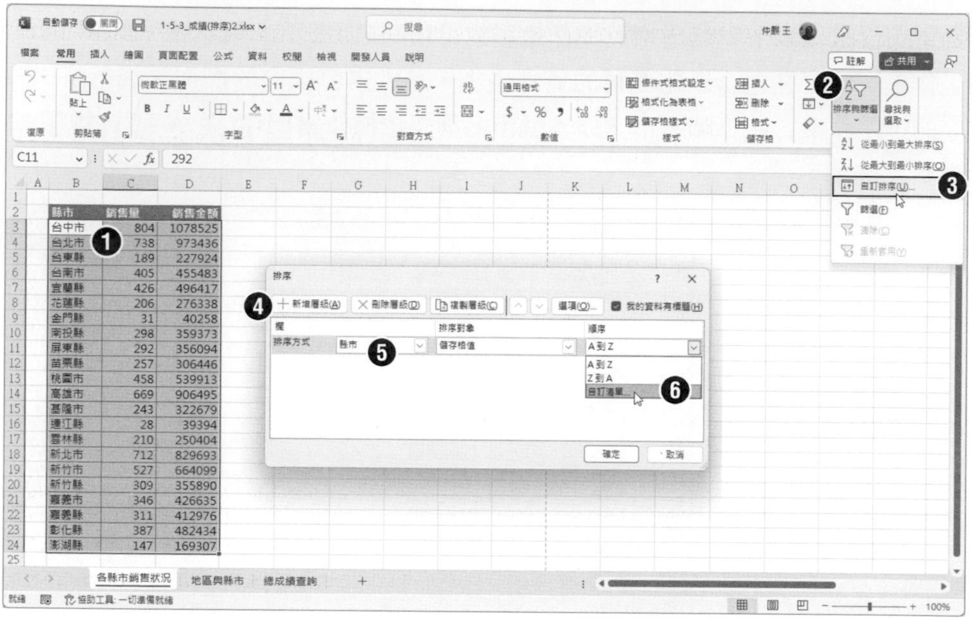

STEP 7　自動開啟〔自訂清單〕對話方塊，即可從自訂清單裡點選先前已經定義的自訂清單選項，作為排序的依據。例如：縣市名稱。

STEP 8　點按〔確定〕按鈕。

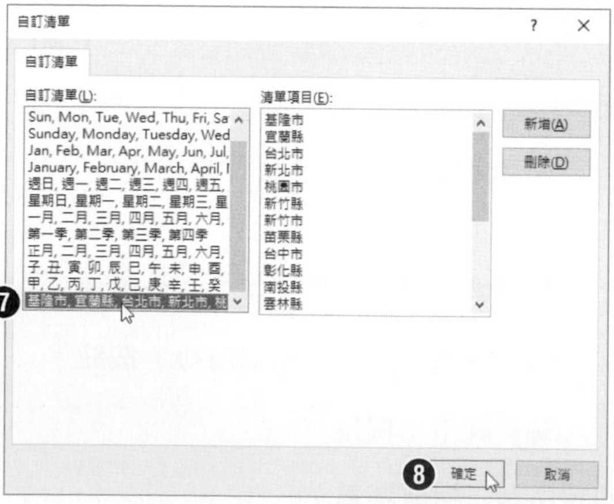

STEP 9 回到〔排序〕對話方框，點按〔確定〕按鈕。

STEP 10 原本依據筆畫順序排列的縣市名稱，已經改為以事先定義過的自訂清單，作為自訂排列順序的依據，而爾後此欄位由小到大的排序便可以解讀為由北到南的排序，由大到小的排序則是由南到北的排序了！

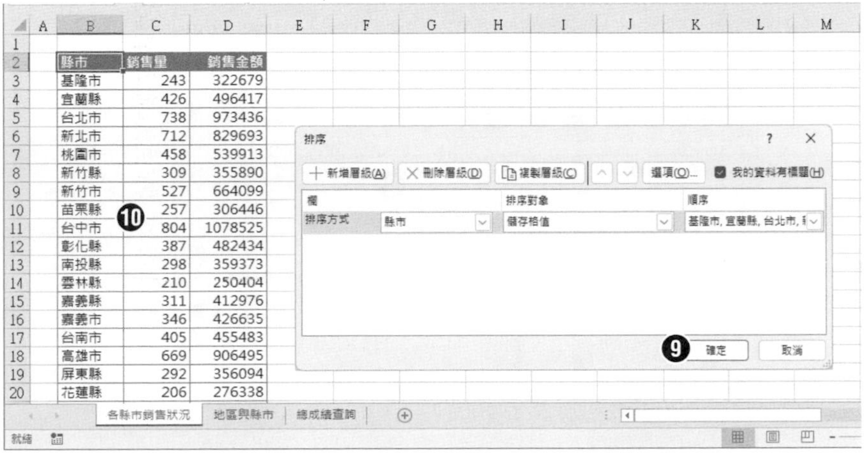

TIPS

對文字資料而言，您可以設定特定的順序，而後的排序便以特定的順序來進行。譬如，「忠孝傳播事業」、「仁愛服飾行」、「信義建設顧問公司」、「和平旅行社」等四個公司名稱，若依據文字的筆劃順序，則依序應為：「仁愛服飾行」、「和平旅行社」、「忠孝傳播事業」與「信義建設顧問公司」。不過，您也可以特定以「忠孝傳播事業」、「仁愛服飾行」、「信義建設顧問公司」、「和平旅行社」為順序，來進行自訂的特殊順序。

1-5-4 依色彩或圖示排序

在前一節的敘述中，我們瞭解到儲存格的格式設定可以多采多姿，例如：根據內容的不同而設定不同的字型色彩、底色，甚至，套用實心色彩或漸層色彩橫條，抑或是藉由各種圖示集以不同的圖示來表現不同的儲存格內容，透過這般視覺化的格式技巧，呈現重要與極具敏感性的資訊。既然儲存格的內容可以套用不同的格式，在資料的排序準則上，的確也可以根據顏色的格式或是圖示的類型來進行排序，將相同色彩格式或相同圖示的資料輕鬆整理排列在一起。

STEP 1　點按〔圖書〕欄名旁邊的排序篩選按鈕。

STEP 2　點按選單裡的〔依色彩排序〕選項。

STEP 3　從展開的副選單中點選〔依字型色彩排序〕底下的顏色，例如：紅色。

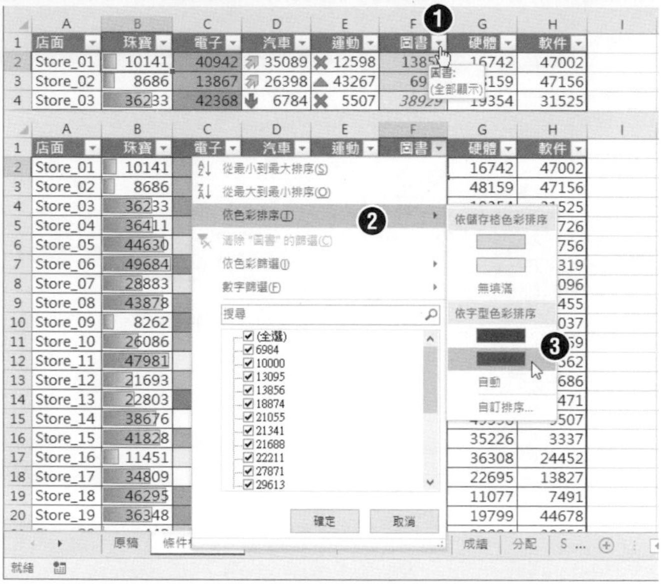

STEP 4　〔圖書〕欄位裡的資料立即根據字型色彩排序，所有紅色字型色彩的資料都排列在一起了！

STEP 5 繼續點按〔圖書〕欄名旁邊的排序篩選按鈕。

STEP 6 點按選單裡的〔依色彩排序〕選項。

STEP 7 從展開的副選單中點選〔自訂排序〕選項。

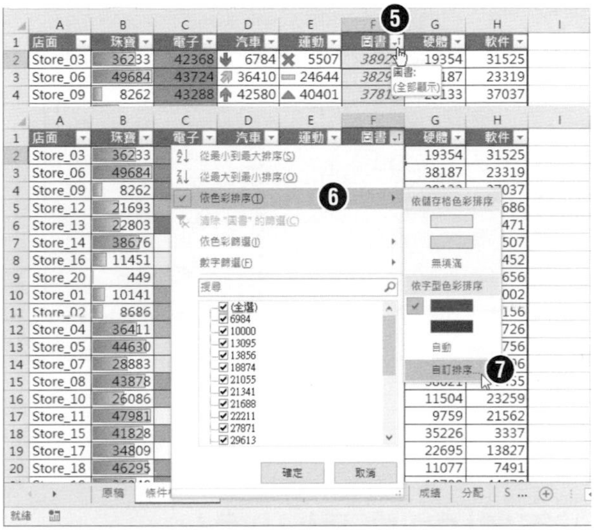

STEP 8 開啟〔排序〕對話方塊，點按〔新增層級〕按鈕。

STEP 9 點選次要排序方式為〔圖書〕；排序對象為〔儲存格色彩〕；選擇順序為〔淺綠色〕。

STEP 10 點按〔確定〕按鈕。

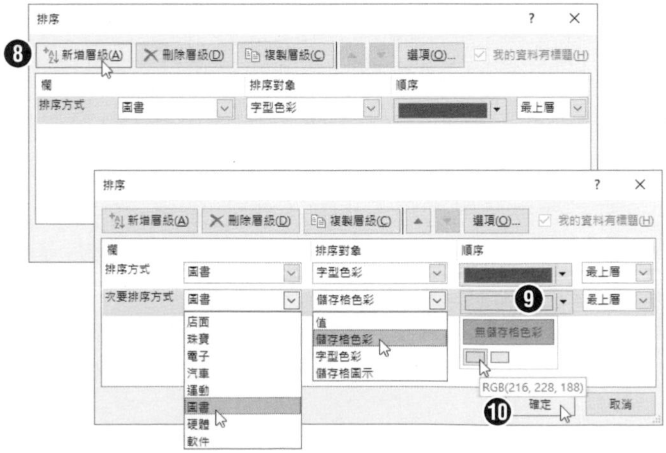

STEP **11** 〔圖書〕欄位裡的淺綠色襯底的資料也都排列在一起了！

	A 店面	B 珠寶	C 電子	D 汽車	E 運動	F 圖書	G 硬體	H 軟件	I
2	Store_03	36233	42368	⬇ 6784	✖ 5507	38929	19354	31525	
3	Store_06	49684	43724	🔀 36410	▬ 24644	38290	38187	23319	
4	Store_09	8262	43288	⬆ 42580	▲ 40401	37816	28133	37037	
5	Store_12	21693	16026	🔀 36044	✖ 9122	46029	17065	43686	
6	Store_13	22803	239	⬇ 12416	▬ 23067	46754	41521	26471	
7	Store_14	38676	31672	⬇ 4014	▬ 31854	48123	49596	9507	
8	Store_16	11451	28869	⬆ 48270	▬ 25035	35448	36308	24452	
9	Store_20	449	36685	🔀 17106	▬ 20083	39765	23224	30656	
10	Store_01	10141	40942	🔀 35089	✖ 12598	13856	16742	47002	
11	Store_02	8686	13867	🔀 26398	▲ 43267	6984	48159	47156	
12	Store_04	36411	15149	⬆ 42832	▲ 47334	10000	21061	45726	
13	Store_11	47981	32757	🔀 28235	▲ 4724 ⑪	13095	9759	21562	
14	Store_19	36348	7675	🔀 17873	▲ 42832	18874	19799	44678	
15	Store_05	44630	26757	🔀 21806	▬ 26623	30370	9883	44756	
16	Store_07	28883	26972	🔀 21880	▲ 42060	21055	26844	38096	
17	Store_08	43878	41512	⬇ 11559	▬ 22414	21341	38621	8455	
18	Store_10	26086	14584	🔀 30180	▬ 22196	29613	11504	23259	
19	Store_15	41828	40786	🔀 35521	▬ 31024	22211	35226	3337	
20	Store_17	34809	31993	🔀 32582	✖ 6515	27871	22695	13827	

原稿　條件格式化1　條件格式化2　條件格式化(OK)　成績　分配　S …

就緒　SCROLL LOCK

1-6 資料的自動小計

Excel 也提供了一個非常簡便又容易操作的資料小計命令。利用此功能指令的對話操作，可以將資料庫中特別指定的資料欄位進行分組小計運算。譬如，對一個產品銷售資料表而言，您可以以〔地區〕為分組小計，來進行每一個地區的〔銷售額〕加總小計運算。不過，在執行資料小計的操作之前，一定要先想好您是要以資料表中的哪一個欄位來進行小計的分組運算，並以此一欄位做為排序關鍵，事先進行排序操作，完成排序後才可以進行小計的操作。

例如：我們想統計每一個〔地區〕之〔銷售額〕的加總，就應先以〔地區〕做為排序依據進行排序操作後，資料表內的所有資料記錄會是同〔地區〕的資料都依序排列在一起。然後，再進行〔小計〕功能操作，進入〔小計〕對話方塊，將分組小計欄位設定為〔地區〕，並選擇加總函數，再勾選欲進行小計的欄位，即〔銷售額〕這項新增小計位置。

STEP 1　作用儲存格停在〔地區〕欄位裡的任一儲存格上。例如：儲存格 C2。

STEP 2　點按〔常用〕索引標籤。

STEP 3　點按〔編輯〕群組裡的〔排序與篩選〕命令按鈕。

STEP 4　從展開的功能選單中，點選〔從 A 到 Z 排序〕功能。

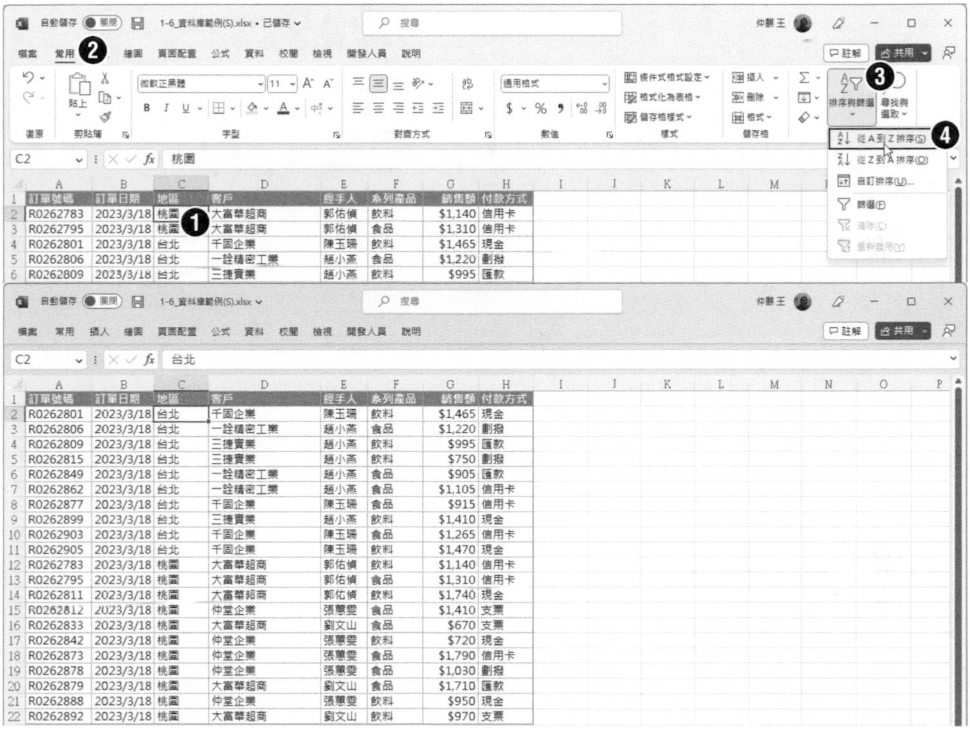

STEP 5　點按〔資料〕索引標籤。

STEP 6　點按〔大綱〕群組裡的〔小計〕命令按鈕。

STEP 7　開啟〔小計〕對話方塊，分組小計欄位設定為〔地區〕。

STEP 8　選擇使用函數為〔加總〕。

STEP 9　新增小計欄位僅勾選〔銷售額〕核取方塊。

STEP 10　點按〔確定〕按鈕。

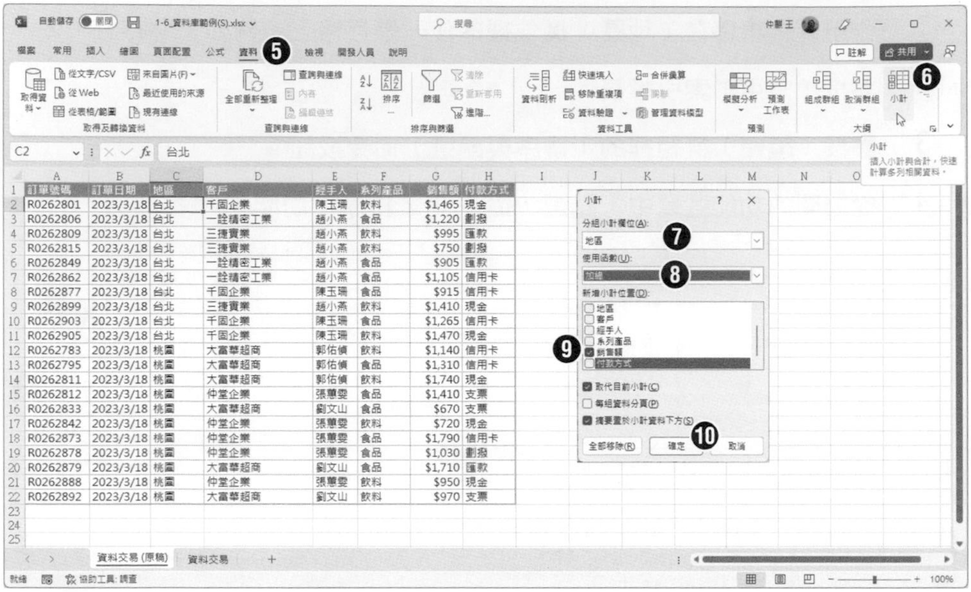

TIPS

在進行資料小計的加總操作上，小計操作前，指定的群組欄位資料一定要事先做過排序，如事先針對地區進行排序，即可進行地區小計運算的對話操作；若事先針對月份進行排序，即可進行月份小計運算的對話操作。在〔小計〕對話方塊中，提供以下的操作選項：

- 分組小計欄位：是以哪一個欄位來做為分組小計的依據，也就是排序的關鍵欄位。譬如，要以月份做為分組小計(同月份的一起運算)，所以月份欄位也一定要事先做過排序。
- 使用函數：選擇小計的運算方式(小計並不一定是加總運算，也可以進行平均、標準差等運算)。
- 新增小計欄位：選擇要進行小計運算的欄位是哪幾個資料欄位。在資料表中並非每一個欄位都適合進行運算，譬如姓名、月份或客戶名稱都是文字資料或特定範圍數字，並不適合進行運算；而交易金額、獎金與福利金等等數值性欄位，都是可以進行運算的資料欄位。

在完成小計對話方框的操作後，便可以直接在工作表上看到小計運算結果。例如此範例操作，將完成以〔地區〕為小計運算的工作表。

	A	B	C	D	E	F	G	H
1	訂單號碼	訂單日期	地區	客戶	經手人	系列產品	銷售額	付款方式
2	R0262801	2017/2/4	台北	千固企業	陳玉珊	飲料	$1,465	現金
3	R0262806	2017/2/4	台北	一詮精密工業	趙小燕	食品	$1,220	劃撥
4	R0262809	2017/2/4	台北	三捷實業	趙小燕	飲料	$995	匯款
5	R0262815	2017/2/4	台北	三捷實業	趙小燕	飲料	$750	劃撥
6	R0262849	2017/2/4	台北	一詮精密工業	趙小燕	食品	$905	匯款
7	R0262862	2017/2/4	台北	一詮精密工業	趙小燕	食品	$1,105	信用卡
8	R0262877	2017/2/4	台北	千固企業	陳玉珊	食品	$915	信用卡
9	R0262899	2017/2/4	台北	三捷實業	趙小燕	飲料	$1,410	現金
10	R0262903	2017/2/4	台北	千固企業	陳玉珊	食品	$1,265	信用卡
11	R0262905	2017/2/4	台北	千固企業	陳玉珊	飲料	$1,470	現金
12			台北 合計				$11,500	
13	R0262783	2017/2/4	桃園	大富華超商	郭佑禎	飲料	$1,140	信用卡
14	R0262795	2017/2/4	桃園	大富華超商	郭佑禎	食品	$1,310	信用卡
15	R0262811	2017/2/4	桃園	大富華超商	郭佑禎	飲料	$1,740	現金
16	R0262812	2017/2/4	桃園	仲堂企業	張蕙雯	食品	$1,410	支票
17	R0262833	2017/2/4	桃園	大富華超商	劉文山	食品	$670	支票
18	R0262842	2017/2/4	桃園	仲堂企業	張蕙雯	飲料	$720	現金
19	R0262873	2017/2/4	桃園	仲堂企業	張蕙雯	食品	$1,790	信用卡
20	R0262878	2017/2/4	桃園	仲堂企業	張蕙雯	食品	$1,030	劃撥
21	R0262879	2017/2/4	桃園	大富華超商	劉文山	食品	$1,710	匯款
22	R0262888	2017/2/4	桃園	仲堂企業	張蕙雯	飲料	$950	現金
23	R0262892	2017/2/4	桃園	大富華超商	劉文山	飲料	$970	支票
24			桃園 合計				$13,440	
25			總計				$24,940	
26								

資料交易 (原稿)　資料交易

就緒　SCROLL LOCK

此時，在資料小計畫面的左上方，您可以看到 1、2、3 三個數字按鈕，而這三個按鈕就代表著資料小計的層級符號。例如：您若按下數字 2 按鈕，將顯示資料的小計加總結果，而每一筆記錄的詳細資料皆自動折疊隱藏起來。而在按下數字 2 按鈕的過程中，您也可以在工作表列號的左邊看到一些減號(折疊)按鈕與加號(擴展)按鈕，這些按鈕即表示各個分組小計資料與所含的各筆資料記錄的顯示或折疊的控制。例如：您若點按了桃園地區的小計(此例為工作表第 24 列)左側的加號(擴展)按鈕，即可詳細的顯示出隸屬於桃園地區的每一筆交易資料記錄。

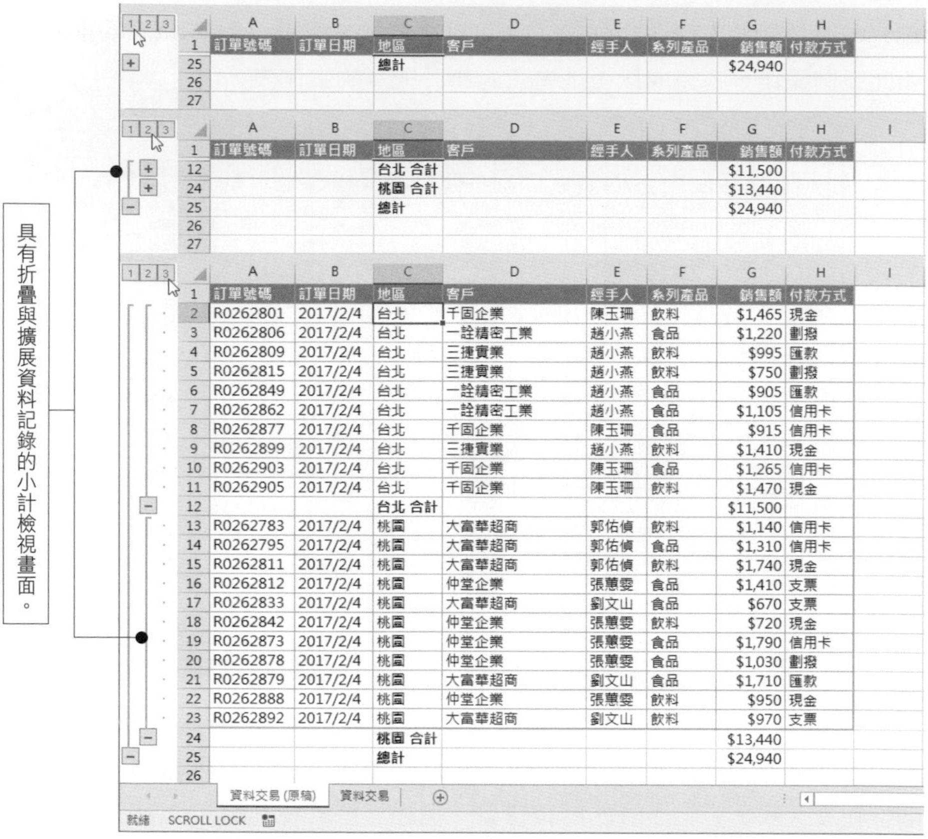

我們從小計的畫面可以感受得到，原來的工作表已有些許變動。也就是說，為了小計的運算，在資料表上多增加了幾列小計，因此，若要再對此資料表進行資料登錄或編輯時，建議您可以先將小計移除，恢復為原本的資料表畫面，待逐一添加一筆筆的資料記錄後，再進行小計的操作。而移除現有小計畫面的方式是再度開啟〔小計〕對話方塊，點按左下方的〔全部移除〕按鈕即可。

STEP 1　點按〔資料〕索引標籤。

STEP 2　點按〔大綱〕群組裡的〔小計〕命令按鈕。

STEP 3　開啟〔小計〕對話方塊，點按〔全部移除〕按鈕。

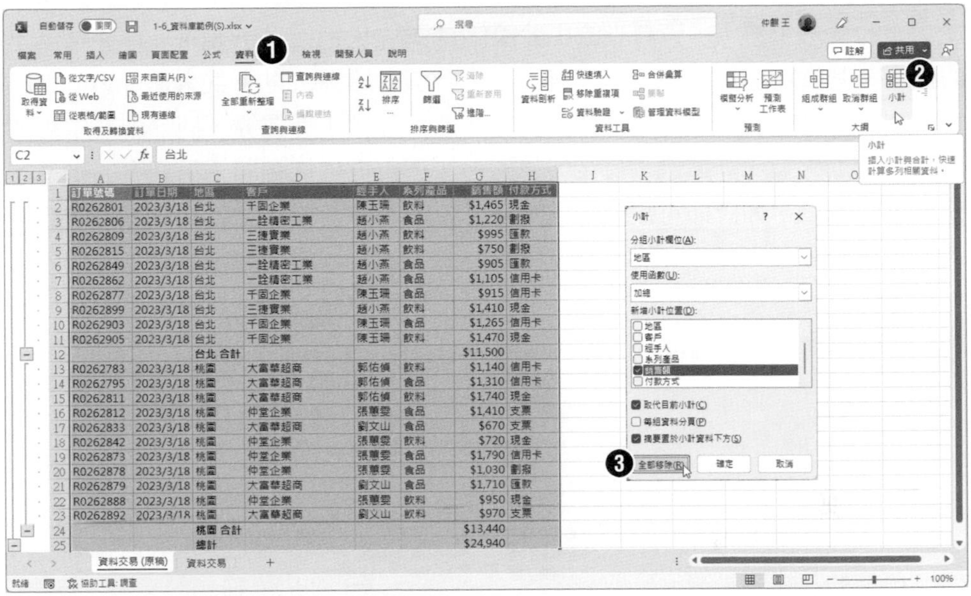

移除現有小計後，工作表上的小計列、折疊/擴展按鈕便都消失了，恢復成原本行列式表格的資料畫面。

	A	B	C	D	E	F	G	H
1	訂單號碼	訂單日期	地區	客戶	經手人	系列產品	銷售額	付款方式
2	R0262801	2017/2/4	台北	千固企業	陳玉珊	飲料	$1,465	現金
3	R0262806	2017/2/4	台北	一詮精密工業	趙小燕	食品	$1,220	劃撥
4	R0262809	2017/2/4	台北	三捷實業	趙小燕	飲料	$995	匯款
5	R0262815	2017/2/4	台北	三捷實業	趙小燕	飲料	$750	劃撥
6	R0262849	2017/2/4	台北	一詮精密工業	趙小燕	食品	$905	匯款
7	R0262862	2017/2/4	台北	一詮精密工業	趙小燕	食品	$1,105	信用卡
8	R0262877	2017/2/4	台北	千固企業	陳玉珊	食品	$915	信用卡
9	R0262899	2017/2/4	台北	三捷實業	趙小燕	飲料	$1,410	現金
10	R0262903	2017/2/4	台北	千固企業	陳玉珊	食品	$1,265	信用卡
11	R0262905	2017/2/4	台北	千固企業	陳玉珊	飲料	$1,470	現金
12	R0262783	2017/2/4	桃園	大富華超商	郭佑傾	飲料	$1,140	信用卡
13	R0262795	2017/2/4	桃園	大富華超商	郭佑傾	食品	$1,310	信用卡
14	R0262811	2017/2/4	桃園	大富華超商	郭佑傾	飲料	$1,740	現金
15	R0262812	2017/2/4	桃園	仲堂企業	張蕙雯	食品	$1,410	支票
16	R0262833	2017/2/4	桃園	大富華超商	劉文山	食品	$670	支票
17	R0262842	2017/2/4	桃園	仲堂企業	張蕙雯	飲料	$720	現金
18	R0262873	2017/2/4	桃園	仲堂企業	張蕙雯	食品	$1,790	信用卡
19	R0262878	2017/2/4	桃園	仲堂企業	張蕙雯	食品	$1,030	劃撥
20	R0262879	2017/2/4	桃園	大富華超商	劉文山	食品	$1,710	匯款
21	R0262888	2017/2/4	桃園	仲堂企業	張蕙雯	飲料	$950	現金
22	R0262892	2017/2/4	桃園	大富華超商	劉文山	飲料	$970	支票

從上述的實例可看出，資料表的小計操作對 Excel 而言，的確是一件非常簡單的操作。其實「小計」中還可以有「小小計」的運算，以下就來進行另一種風味的小計操作。例如：我們想要進行〔地區〕分類小計運算，同一地區中再進行〔客戶〕分類小計運算，最後，在同一客戶中再依據相同〔系列產品〕進行分類小計運算。如此即可瞭解各〔地區〕各家〔客戶〕針對各種〔系列產品〕的總銷售額為何。首先，您一定要先對資料表進行排序操作，並且以〔地區〕為主要排序關鍵欄位；再以〔客戶〕為次要排序關鍵欄位；最後再以〔系列產品〕為第三個排序關鍵欄位，進行多欄位的排序操作。

2. 同一〔地區〕中，根據〔客戶〕進行分類(排序)；同一〔客戶〕中再根據〔系列產品〕進行分類(排序)。

	A	B	C	D	E	F	G	H
1	訂單號碼	訂單日期	地區	客戶	經手人	系列產品	銷售額	付款方式
2	R0262806	2017/2/4	台北	一詮精密工業	趙小燕	食品	$1,220	劃撥
3	R0262849	2017/2/4	台北	一詮精密工業	趙小燕	食品	$905	匯款
4	R0262862	2017/2/4	台北	一詮精密工業	趙小燕	食品	$1,105	信用卡
5	R0262809	2017/2/4	台北	三捷實業	趙小燕	飲料	$995	匯款
6	R0262815	2017/2/4	台北	三捷實業	趙小燕	飲料	$750	劃撥
7	R0262899	2017/2/4	台北	三捷實業	趙小燕	飲料	$1,410	現金
8	R0262877	2017/2/4	台北	千固企業	陳玉珊	食品	$915	信用卡
9	R0262903	2017/2/4	台北	千固企業	陳玉珊	食品	$1,265	信用卡
10	R0262801	2017/2/4	台北	千固企業	陳玉珊	飲料	$1,465	現金
11	R0262905	2017/2/4	台北	千固企業	陳玉珊	飲料	$1,470	現金
12	R0262795	2017/2/4	桃園	大富華超商	郭佑慎	食品	$1,310	信用卡
13	R0262833	2017/2/4	桃園	大富華超商	劉文山	食品	$670	支票
14	R0262879	2017/2/4	桃園	大富華超商	劉文山	食品	$1,710	匯款
15	R0262783	2017/2/4	桃園	大富華超商	郭佑慎	飲料	$1,140	信用卡
16	R0262811	2017/2/4	桃園	大富華超商	郭佑慎	飲料	$1,740	現金
17	R0262892	2017/2/4	桃園	大富華超商	劉文山	飲料	$970	支票
18	R0262812	2017/2/4	桃園	仲堂企業	張蕙雯	食品	$1,410	支票
19	R0262873	2017/2/4	桃園	仲堂企業	張蕙雯	食品	$1,790	信用卡
20	R0262878	2017/2/4	桃園	仲堂企業	張蕙雯	食品	$1,030	劃撥
21	R0262842	2017/2/4	桃園	仲堂企業	張蕙雯	飲料	$720	現金
22	R0262888	2017/2/4	桃園	仲堂企業	張蕙雯	飲料	$950	現金

1. 透過〔排序〕對話方塊的操作，可以依序針對〔地區〕、〔客戶〕與〔系列產品〕等三個欄位進行排序設定，此例皆設定為從 A 到 Z (從小到大)的升冪排序。

接著，您必須操作三次的〔小計〕對話方塊操作，分別依序進行〔地區〕、〔客戶〕與〔系列產品〕的分組小計欄位設定。

STEP **1**　點按〔資料〕索引標籤。

STEP **2**　點按〔大綱〕群組裡的〔小計〕命令按鈕。

STEP **3**　開啟〔小計〕對話方塊，分組小計欄位設定為〔地區〕。

STEP **4**　選擇使用函數為〔加總〕。

STEP **5**　新增小計欄位僅勾選〔銷售額〕核取方塊。

STEP **6**　點按〔確定〕按鈕。

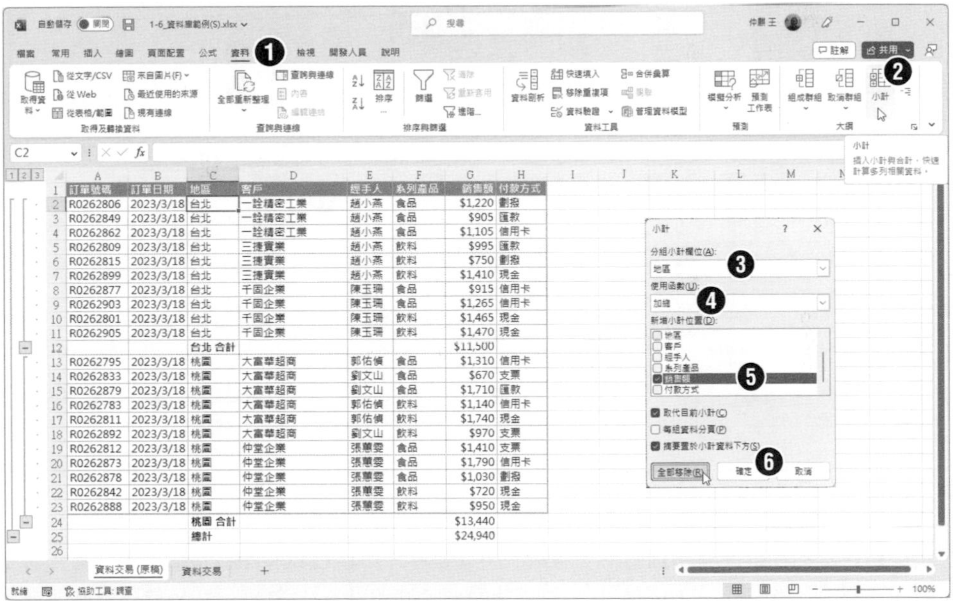

但是，第二次的小計操作效果不可以取代前一次所進行的小計運算結果。也就是說，前後兩次的小計操作運算結果都應保留，因此，第二次操作〔小計〕對話方塊的選項中，應將〔取代現有小計〕的核對方塊取消。

STEP **7**　繼續點按〔大綱〕群組裡的〔小計〕命令按鈕。

STEP **8**　再度開啟〔小計〕對話方塊，分組小計欄位設定為〔客戶〕。

STEP 9 仍然選擇使用函數為〔加總〕。

STEP 10 新增小計欄位僅勾選〔銷售額〕核取方塊。

STEP 11 取消〔取代目前小計〕核取方塊的勾選。

STEP 12 點按〔確定〕按鈕。

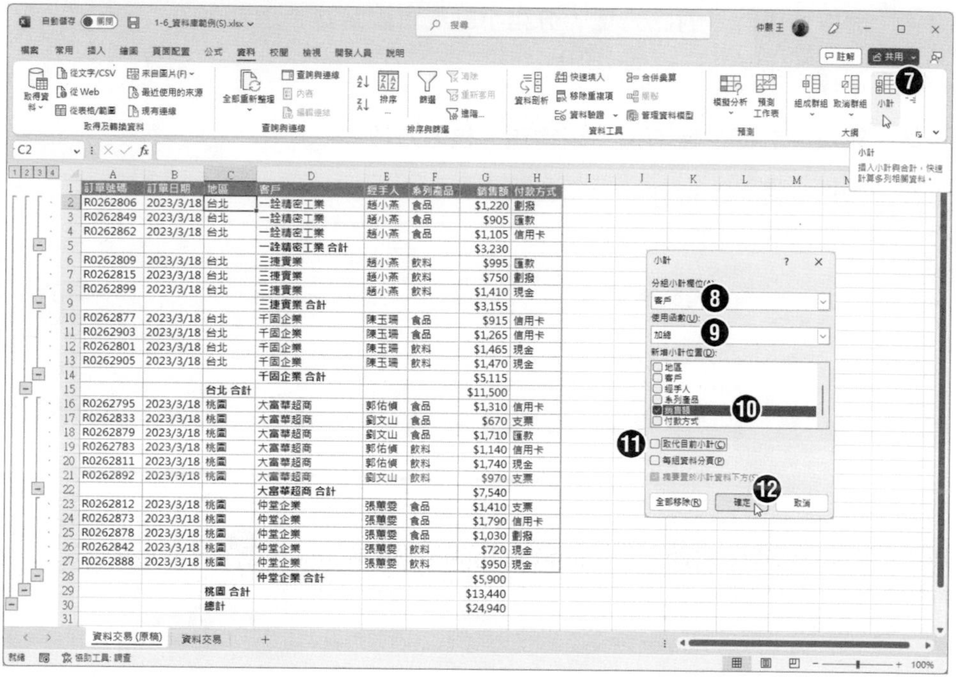

TIPS

由於這一次的小計運算中還有下一層級的小計運算，所以在資料小計畫面的左上方，您可以看到 1、2、3、4 四個數字按鈕，這四個按鈕就代表著資料小計的層級符號。譬如，您若按下的是數字 1 按鈕，將僅顯示總計，而所有的小計與每一筆詳細資料將折疊不顯示。若您按下的是數字 2 按鈕，將僅顯示各〔地區〕的分類小計結果，而〔客戶〕的分類小計將折疊不顯示。若按下數字 3 按鈕，則將顯示各〔地區〕合計與各〔客戶〕的合計，而不顯示每一筆資料記錄。

接著，進行第三次的小計操作，此次的操作仍是不可取代前兩次所進行的小計運算結果。因此，第三度操作〔小計〕對話方塊的選項中，亦取消〔取代現有小計〕核對方塊的勾選。

STEP 13　繼續點按〔大綱〕群組裡的〔小計〕命令按鈕。

STEP 14　再度開啟〔小計〕對話方塊，分組小計欄位設定為〔系列產品〕。

STEP 15　仍然選擇使用函數為〔加總〕。

STEP 16　新增小計欄位僅勾選〔銷售額〕核取方塊。

STEP 17　取消〔取代目前小計〕核取方塊的勾選。

STEP 18　點按〔確定〕按鈕。

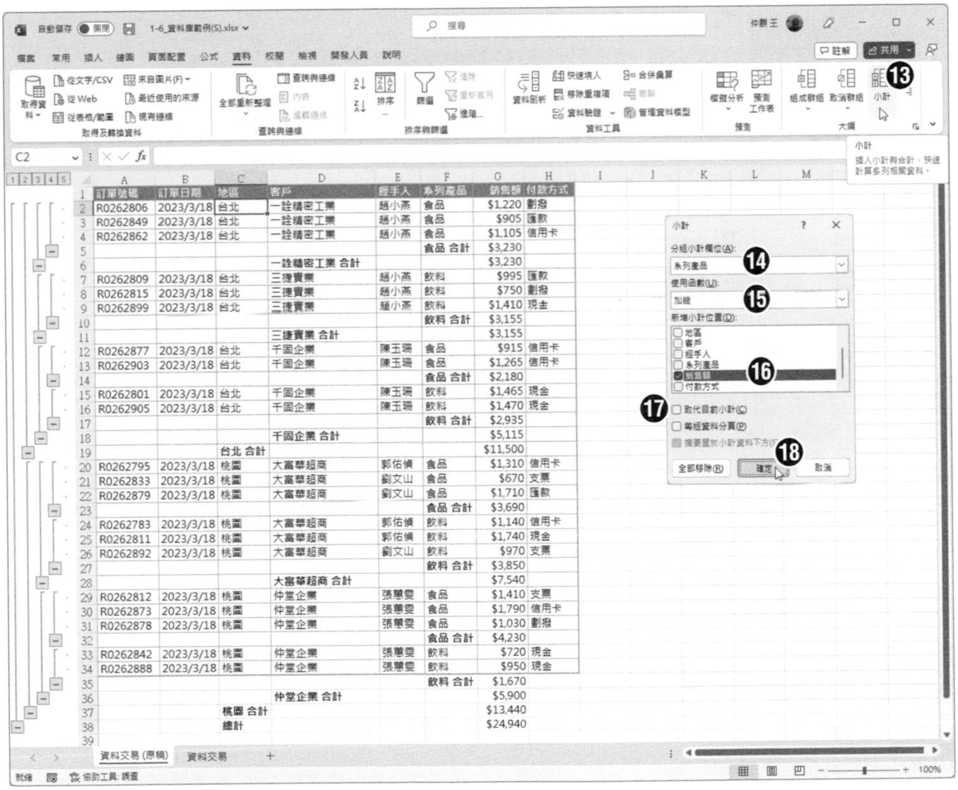

完成三次的小計操作後，此小計畫面的左上方即可看到 1、2、3、4、5 五個數字按鈕，代表著資料小計的五個層級符號。所以，若是按下數字 1 按鈕，將僅顯示總計；若是按下數字 2 按鈕，將僅顯示各〔地區〕的分類小計結果；若是按下數字 3 按鈕，將顯示各〔地區〕合計與各〔客戶〕合計；若是按下數字 4 按鈕，則顯示各〔地區〕合計、各〔客戶〕合計與各〔系列產品〕合計。

	A	B	C	D	E	F	G	H
1	訂單號碼	訂單日期	地區	客戶	經手人	系列產品	銷售額	付款方式
38			總計				$24,940	
39								

	A	B	C	D	E	F	G	H
1	訂單號碼	訂單日期	地區	客戶	經手人	系列產品	銷售額	付款方式
19			台北 合計				$11,500	
37			桃園 合計				$13,440	
38			總計				$24,940	
39								

	A	B	C	D	E	F	G	H
1	訂單號碼	訂單日期	地區	客戶	經手人	系列產品	銷售額	付款方式
6				一詮精密工業 合計			$3,230	
11				三捷實業 合計			$3,155	
18				千固企業 合計			$5,115	
19			台北 合計				$11,500	
28				大富華超商 合計			$7,540	
36				仲堂企業 合計			$5,900	
37			桃園 合計				$13,440	
38			總計				$24,940	
39								

	A	B	C	D	E	F	G	H
1	訂單號碼	訂單日期	地區	客戶	經手人	系列產品	銷售額	付款方式
5						食品 合計	$3,230	
6				一詮精密工業 合計			$3,230	
10						飲料 合計	$3,155	
11				三捷實業 合計			$3,155	
14						食品 合計	$2,180	
17						飲料 合計	$2,935	
18				千固企業 合計			$5,115	
19			台北 合計				$11,500	
23						食品 合計	$3,690	
27						飲料 合計	$3,850	
28				大富華超商 合計			$7,540	
32						食品 合計	$4,230	
35						飲料 合計	$1,670	
36				仲堂企業 合計			$5,900	
37			桃園 合計				$13,440	
38			總計				$24,940	
39								

至於若是按下數字 5 按鈕，將顯示每一筆詳細資料記錄，以及各層級的小計結果。

	A	B	C	D	E	F	G	H
1	訂單號碼	訂單日期	地區	客戶	經手人	系列產品	銷售額	付款方式
2	R0262806	2017/2/4	台北	一詮精密工業	趙小燕	食品	$1,220	劃撥
3	R0262849	2017/2/4	台北	一詮精密工業	趙小燕	食品	$905	匯款
4	R0262862	2017/2/4	台北	一詮精密工業	趙小燕	食品	$1,105	信用卡
5						食品 合計	$3,230	
6				一詮精密工業 合計			$3,230	
7	R0262809	2017/2/4	台北	三捷實業	趙小燕	飲料	$995	匯款
8	R0262815	2017/2/4	台北	三捷實業	趙小燕	飲料	$750	劃撥
9	R0262899	2017/2/4	台北	三捷實業	趙小燕	飲料	$1,410	現金
10						飲料 合計	$3,155	
11				三捷實業 合計			$3,155	
12	R0262877	2017/2/4	台北	千固企業	陳玉珊	食品	$915	信用卡
13	R0262903	2017/2/4	台北	千固企業	陳玉珊	食品	$1,265	信用卡
14						食品 合計	$2,180	
15	R0262801	2017/2/4	台北	千固企業	陳玉珊	飲料	$1,465	現金
16	R0262905	2017/2/4	台北	千固企業	陳玉珊	飲料	$1,470	現金
17						飲料 合計	$2,935	
18				千固企業 合計			$5,115	
19			台北 合計				$11,500	
20	R0262795	2017/2/4	桃園	大富華超商	郭佑禎	食品	$1,310	信用卡
21	R0262833	2017/2/4	桃園	大富華超商	劉文山	食品	$670	支票
22	R0262879	2017/2/4	桃園	大富華超商	劉文山	食品	$1,710	匯款
23						食品 合計	$3,690	
24	R0262783	2017/2/4	桃園	大富華超商	郭佑禎	飲料	$1,140	信用卡
25	R0262811	2017/2/4	桃園	大富華超商	郭佑禎	飲料	$1,740	現金
26	R0262892	2017/2/4	桃園	大富華超商	劉文山	飲料	$970	支票
27						飲料 合計	$3,850	
28				大富華超商 合計			$7,540	
29	R0262812	2017/2/4	桃園	仲堂企業	張蕙雯	食品	$1,410	支票
30	R0262873	2017/2/4	桃園	仲堂企業	張蕙雯	食品	$1,790	信用卡
31	R0262878	2017/2/4	桃園	仲堂企業	張蕙雯	食品	$1,030	劃撥
32						食品 合計	$4,230	
33	R0262842	2017/2/4	桃園	仲堂企業	張蕙雯	飲料	$720	現金
34	R0262888	2017/2/4	桃園	仲堂企業	張蕙雯	飲料	$950	現金
35						飲料 合計	$1,670	
36				仲堂企業 合計			$5,900	
37			桃園 合計				$13,440	
38			總計				$24,940	
39								

1-7 資料篩選

Excel 提供了篩選功能，可供您在龐大的資料表中，依據您所選定或定義的篩選準則，直接在工作表上顯示(篩選)符合您所要的資料記錄。至於，未符合您所指定的資料記錄，將會自動隱藏而不顯示在畫面上。

1-7-1 自動篩選

「自動篩選」是最便捷快速又簡單的資料庫查詢操作，不論是傳統的儲存格範圍還是新穎的資料表工具，都提供直覺式操作的篩選按鈕，讓您輕鬆點選所要套用的篩選準則，顯示指定的資料記錄。

STEP 1 作用儲存格停在儲存格範圍裡的任一儲存格上。

STEP 2 點按〔資料〕索引標籤。

STEP 3 點按〔排序與篩選〕群組裡的〔篩選〕命令按鈕。

STEP 4 儲存格範圍首列的欄位名稱旁便顯示資料篩選按鈕(倒三角形符號)。

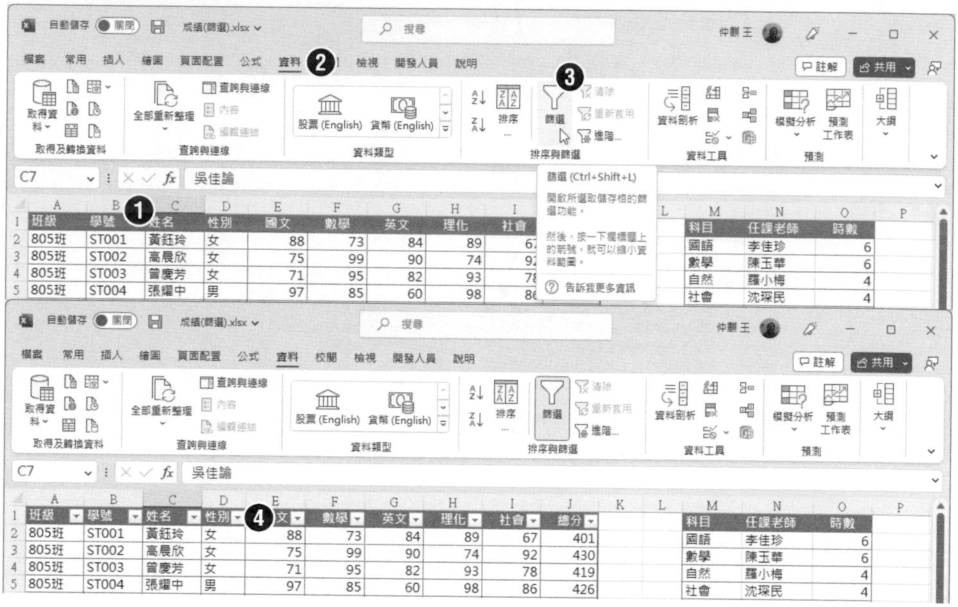

此時工作表上的資料表之每一個欄名的右側，皆會多了一個黑色三角形的下拉式選項按鈕，您即是以此選項按鈕來對指定的資料欄位，進行篩選的操作。以下我們將篩選出〔性別〕為「女」生的資料記錄。

STEP 5 點按〔性別〕欄名(儲存格 D1)右側的黑色三角形的下拉式選項按鈕。

STEP 6 從展開的篩選功能選單中勾選「女」核取方塊。

STEP 7 按下〔確定〕按鈕即可。

合乎篩選準則的資料除了顯示在畫面上外，這些資料記錄的列號也將呈藍色列號，以明顯地標示出資料的篩選效果

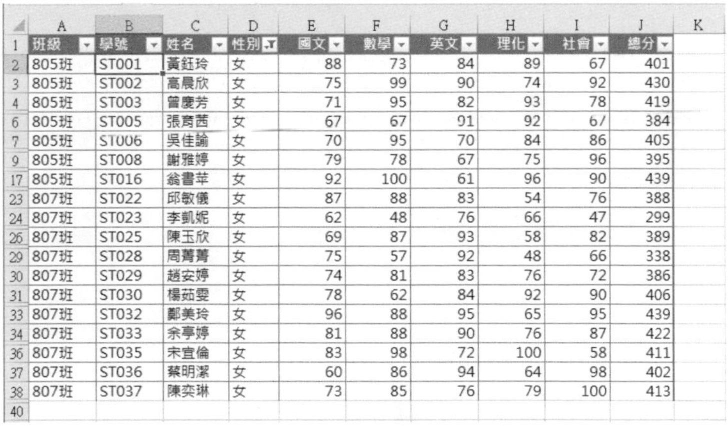

	A	B	C	D	E	F	G	H	I	J
1	班級	學號	姓名	性別	國文	數學	英文	理化	社會	總分
2	805班	ST001	黃鈺玲	女	88	73	84	89	67	401
3	805班	ST002	高晨欣	女	75	99	90	74	92	430
4	805班	ST003	曾慶芳	女	71	95	82	93	78	419
6	805班	ST005	張育茜	女	67	67	91	92	67	384
7	805班	ST006	吳佳諭	女	70	95	70	84	86	405
9	805班	ST008	謝雅婷	女	79	78	67	75	96	395
17	805班	ST016	翁書芊	女	92	100	61	96	90	439
23	807班	ST022	邱敏儀	女	87	88	83	54	76	388
24	807班	ST023	李凱妮	女	62	48	76	66	47	299
26	807班	ST025	陳玉欣	女	69	87	93	58	82	389
29	807班	ST028	周菁菁	女	75	57	92	48	66	338
30	807班	ST029	趙安婷	女	74	81	83	76	72	386
31	807班	ST030	楊茹雯	女	78	62	84	92	90	406
33	807班	ST032	鄭美玲	女	96	88	95	65	95	439
34	807班	ST033	余亭婷	女	81	88	90	76	87	422
36	807班	ST035	宋宜倫	女	83	98	72	100	58	411
37	807班	ST036	蔡明潔	女	60	86	94	64	98	402
38	807班	ST037	陳奕琳	女	73	85	76	79	100	413
40										

TIPS

在列印報表時，沒有顯示在畫面上的資料記錄是不會被列印出來的。

自訂篩選條件

新版本的 Excel 篩選功能更為強大、便捷，在點按排序篩選按鈕時，所展開的篩選功能選單也是頗有智慧的，除了前半段提供有排序功能外，後半段的篩選功能選單將依據資料欄位的特性而提供不同的篩選條件設定。例如：文字類型的資料會提供〔文字篩選〕；數值類型的資料會提供〔數字篩選〕；日期類型的資料會提供〔日期篩選〕；格式化色彩的資料內容會提供〔依色彩篩選〕。甚至，若有需求，您也可以透過〔自訂篩選〕選項進行更複雜的自訂篩選條件設定。延續前例所篩選的「女」生資料記錄，我們繼續進行〔國文〕成績大於且等於 80 以上的篩選設定。

STEP 1 點按〔國文〕欄名(儲存格 E1)右側的黑色三角形的下拉式選項按鈕。

STEP 2 從展開的篩選功能選單中點選〔數字篩選〕選項。

STEP 3 從展開的副功能選單中點選〔大於或等於〕選項。

STEP 4 開啟〔自訂自動篩選〕對話方塊，在大於或等於選項右側的文字方塊裡鍵入「80」。

STEP 5 點按〔確定〕按鈕。

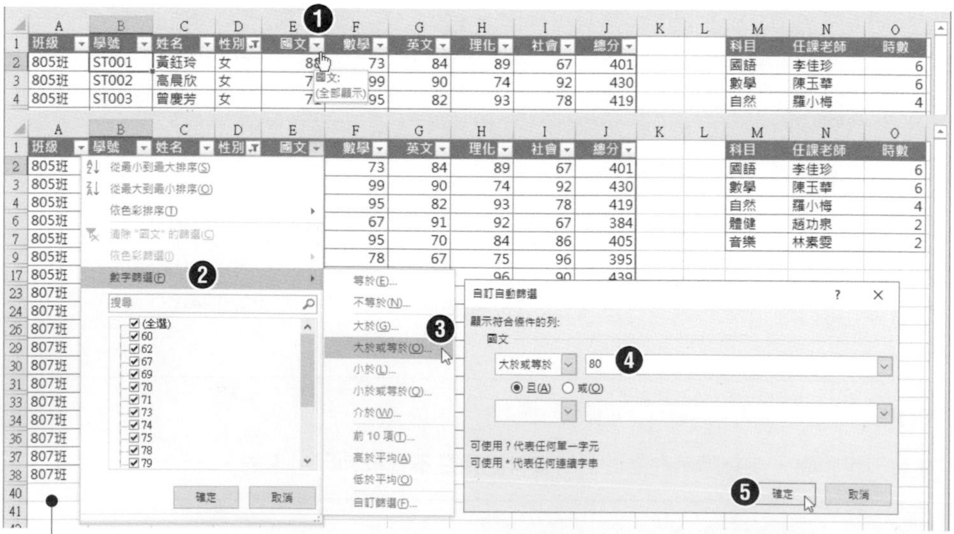

先前的篩選操作中，總數 38 筆的資料記錄裡，有 18 筆是隸屬於「女」生的資料記錄。

經過此次的篩選操作，〔性別〕合乎「女」生同時〔國文〕成績大於等於「80」的資料記錄共有 6 筆。

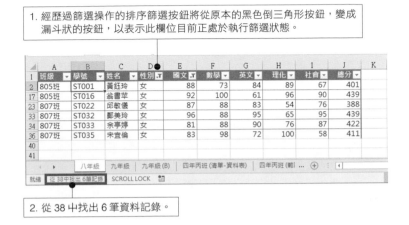

1. 經歷過篩選操作的排序篩選按鈕將從原本的黑色倒三角形按鈕，變成漏斗狀的按鈕，以表示此欄位目前正處於執行篩選狀態。

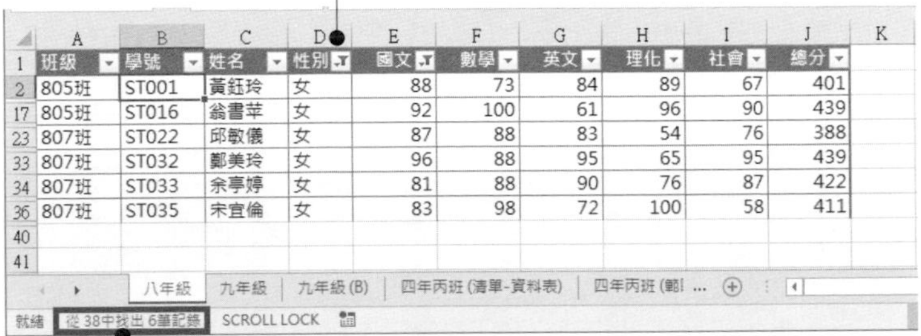

2. 從 38 中找出 6 筆資料記錄。

取消欄位的篩選設定

若要取消篩選條件，則可以點按篩選功能選單中的〔清除篩選〕選項，如延續前例的實作結果，我們已經進行了〔性別〕與〔國文〕成績兩欄位的篩選，此時，我們可以僅取消〔性別〕篩選而保留〔國文〕成績的篩選。

STEP 1 點按〔性別〕欄名(儲存格 D1)右側漏斗狀的下拉式選項按鈕。

STEP 2 從展開的篩選功能選單中點選〔清除 "性別" 的篩選〕選項。

STEP 3 點按〔確定〕按鈕。

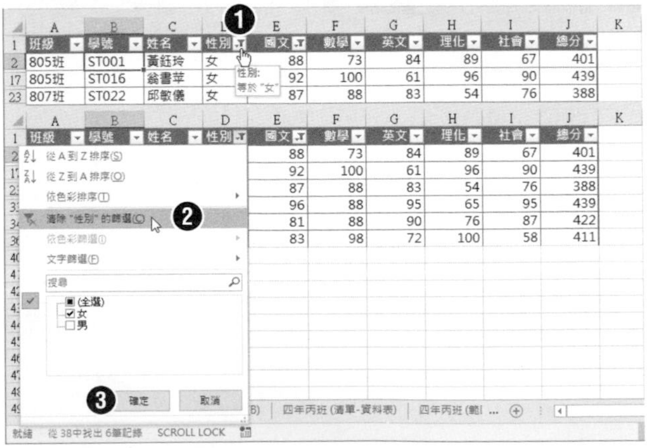

完成取消〔性別〕篩選後，不論「男」、「女」生，〔國文〕成績大於等於 80 的資料記錄共有 18 筆。

	A	B	C	D	E	F	G	H	I	J
1	班級	學號	姓名	性別	國文	數學	英文	理化	社會	總分
2	805班	ST001	黃鈺玲	女	88	73	84	89	67	401
5	805班	ST004	張耀中	男	97	85	60	98	86	426
8	805班	ST007	李承諭	男	90	60	73	69	77	369
11	805班	ST010	張維哲	男	97	95	87	84	76	439
13	805班	ST012	蔡震霖	男	97	96	86	72	88	439
14	805班	ST013	陳冠文	男	84	65	61	68	72	350
15	805班	ST014	吳隆承	男	80	76	88	70	87	401
16	805班	ST015	陳亮愷	男	98	84	68	72	54	376
17	805班	ST016	翁書苹	女	92	100	61	96	90	439
20	805班	ST019	林冠元	男	97	87	65	40	70	359
21	805班	ST020	張家豪	男	100	89	97	75	94	455
23	807班	ST022	邱敏儀	女	87	88	83	54	76	388
25	807班	ST024	林元凱	男	86	67	48	53	52	306
27	807班	ST026	戴佑嘉	男	89	79	84	90	92	434
33	807班	ST032	鄭美玲	女	96	88	95	65	95	439
34	807班	ST033	余亭婷	女	81	88	90	76	87	422
35	807班	ST034	葉竑毅	男	91	69	74	90	78	402
36	807班	ST035	宋宜倫	女	83	98	72	100	58	411
40										

八年級　九年級　九年級 (B)　四年丙班 (清單-資料表)　四年丙班 (範I ...

就緒　從 38中找出 18筆記錄　SCROLL LOCK

1-7-2 依據色彩篩選資料

篩選的對象不見得是針對文字、數字或日期，有時候我們會透過文字色彩的格式化來凸顯報表的資料分類或呈現重要性資料，因此，即便是文字、數字與日期等不同性質的資料類型，也都有可能會格式化為特定的文字色彩。例如：以下的範例中，國文與數學兩科目的成績，只要低於該科班級平均分數，均格式化為淺紅色填滿、深紅色粗體字。

	A	B	C	D	E	F	G	H	I	J
1	902班平均				81.1	72.3	77.9	79.2	79.1	
2	904班平均				79.0	65.4	78.8	74.5	78.6	
3	班級	學號	姓名	性別	國文	數學	英文	理化	社會	總分
4	902班	ST061	陳美玲	女	98	62	84	89	67	400
5	902班	ST062	邱雨欣	女	79	87	90	74	92	422
6	902班	ST063	李芳芳	女	90	88	82	93	78	431
7	902班	ST064	張益生	男	85	72	60	98	86	401
8	902班	ST065	江城府	男	85	92	73	69	77	396
9	902班	ST066	劉嘉倩	女	74	61	91	92	67	385
10	902班	ST067	林華麗	女	79	88	70	84	86	407
11	902班	ST068	錢世彰	男	83	74	87	84	76	404
12	902班	ST069	周輝為	男	69	53	87	85	80	374
13	902班	ST070	吳亞莉	女	88	72	67	75	96	398
14	902班	ST071	王書函	女	84	75	61	96	90	406
15	902班	ST072	朱茂雄	男	74	58	73	100	78	383
16	902班	ST073	魏東晴	男	72	86	75	90	55	378
17	902班	ST074	趙翔宇	男	68	46	93	57	89	353
18	902班	ST075	鄭盛林	男	80	82	86	72	88	408
19	902班	ST076	李書均	男	92	47	61	68	72	340
20	902班	ST077	吳文誠	男	86	69	88	70	87	400
21	902班	ST078	邱永亮	男	77	78	68	72	54	349
22	902班	ST079	蔣宜森	男	84	70	65	40	70	329

八年級　九年級　九年級 (B)　四年丙班 (清單-資料表)　四年丙班 (範I ...

就緒　SCROLL LOCK

在 Excel 中您便可以透過〔依色彩篩選〕的功能操作，輕易地將同色系文字色彩的儲存格內容篩選出來。例如：以下的實作演練中，我們將分別針對〔國文〕成績欄位與〔數學〕成績欄位，篩選出相同字型顏色的資料記錄。

STEP 1 點按〔國文〕成績欄位名稱(儲存格 E3)右側的黑色三角形的下拉式選項按鈕。

STEP 2 開啟下拉式篩選功能選單後點選〔依色彩篩選〕選項。

STEP 3 在展開的副選單中點選所要顯示的色彩，例如：〔依字型色彩篩選〕底下的紅色。

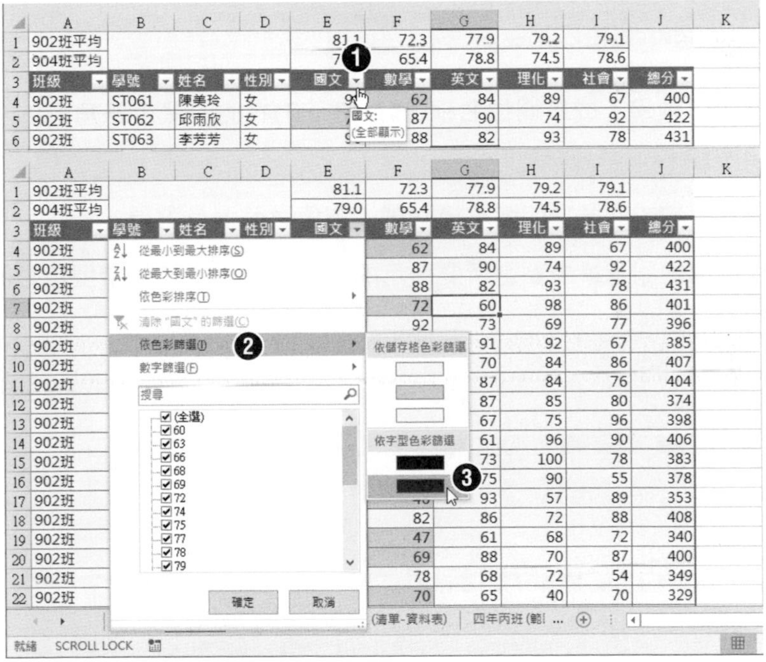

隨即篩選出〔國文〕成績欄位內容的字型色彩為紅色的所有資料記錄，篩選結果為 18 筆。

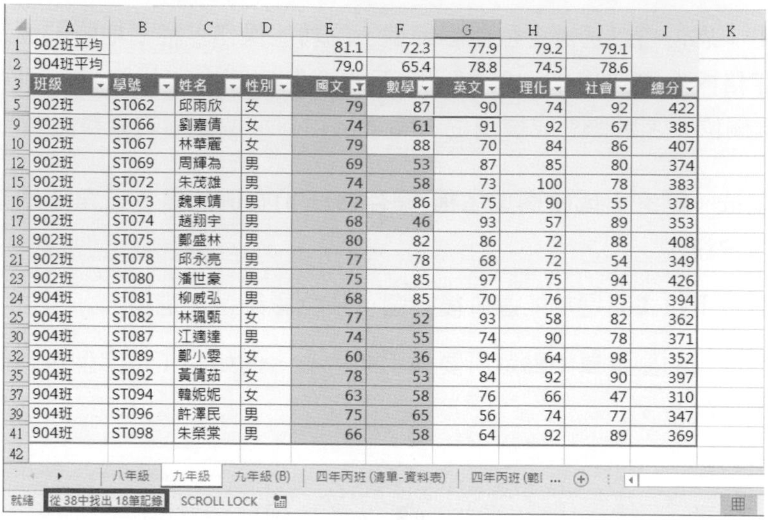

902班平均 81.1 72.3 77.9 79.2 79.1
904班平均 79.0 65.4 78.8 74.5 78.6
班級 學號 姓名 性別 國文 數學 英文 理化 社會 總分
902班 ST062 邱雨欣 女 79 87 90 74 92 422
902班 ST066 劉嘉倩 女 74 61 91 92 67 385
902班 ST067 林華麗 女 79 88 70 84 86 407
902班 ST069 周輝為 男 69 53 87 85 80 374
902班 ST072 朱茂雄 男 74 58 73 100 78 383
902班 ST073 魏東靖 男 72 86 75 90 55 378
902班 ST074 趙翔宇 男 68 46 93 57 89 353
902班 ST075 鄭盛林 男 80 82 86 72 88 408
902班 ST078 邱永亮 男 77 78 68 72 54 349
902班 ST080 潘世豪 男 75 85 97 75 94 426
904班 ST081 柳威弘 男 68 85 70 76 95 394
904班 ST082 林珮甄 女 77 52 93 58 82 362
904班 ST087 江適達 男 74 55 74 90 78 371
904班 ST089 鄭小雯 女 60 36 94 64 98 352
904班 ST092 黃倩茹 女 78 53 84 92 90 397
904班 ST094 韓妮妮 女 63 58 76 66 47 310
904班 ST096 許澤民 男 75 65 56 74 77 347
904班 ST098 朱榮棠 男 66 58 64 92 89 369
八年級 九年級 九年級(B) 四年丙班(清單-資料表) 四年丙班(範I ...
就緒 從38中找出18筆記錄 SCROLL LOCK

STEP **4** 點按〔數學〕成績欄位名稱(儲存格 F3)右側的黑色三角形的下拉式選項按鈕。

STEP **5** 開啟下拉式篩選功能選單後點選〔依色彩篩選〕選項。

STEP **6** 在展開的副選單中點選所要顯示的色彩，例如：〔依字型色彩篩選〕底下的紅色。

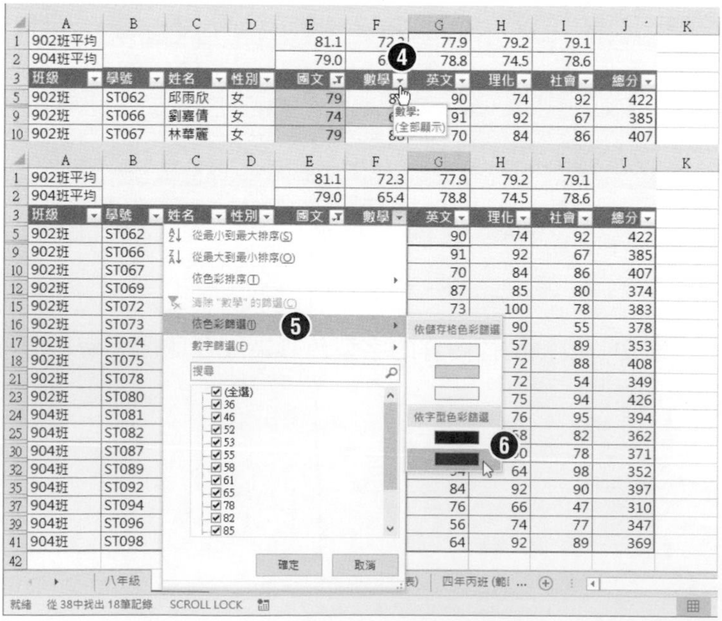

結合前後兩次的依據色彩篩選操作，符合〔國文〕成績欄位內容及〔數學〕成績欄位內容的字型色彩，同時皆為紅色的所有資料記錄，總共有 11 筆。

	A	B	C	D	E	F	G	H	I	J	K
1	902班平均				81.1	72.3	77.9	79.2	79.1		
2	904班平均				79.0	65.4	78.8	74.5	78.6		
3	班級	學號	姓名	性別	國文	數學	英文	理化	社會	總分	
9	902班	ST066	劉嘉倩	女	74	61	91	92	67	385	
12	902班	ST069	周輝為	男	69	53	87	85	80	374	
15	902班	ST072	朱茂雄	男	74	58	73	100	78	383	
17	902班	ST074	趙翔宇	男	68	46	93	57	89	353	
25	904班	ST082	林珮甄	女	77	52	93	58	82	362	
30	904班	ST087	江適達	男	74	55	74	90	78	371	
32	904班	ST089	鄭小雯	女	60	36	94	64	98	352	
35	904班	ST092	黃倩茹	女	78	53	84	92	90	397	
37	904班	ST094	韓妮妮	女	63	58	76	66	47	310	
39	904班	ST096	許澤民	男	75	65	56	74	77	347	
41	904班	ST098	朱榮棠	男	66	58	64	92	89	369	
42											
43											
44											

八年級 | 九年級 | 九年級 (B) | 四年丙班 (清單-資料表) | 四年丙班 (範...

就緒 | 從 38中找出 11筆記錄 | SCROLL LOCK

1-7-3 排名與排行的篩選

如果您想依據百分比例或個數，列出資料表中特定比例的資料記錄，例如：我們想要篩選出交易金額最高的前十筆資料記錄，或者，想要篩選出總成績最佳的前六名學生成績記錄，甚至前 3 名、後 5 名、佔前百分之 5、佔後百分之 10、...等等前後個數或前後百分比例的資料記錄篩選，都可以藉由自動篩選中〔前 10 項〕功能選項操作，來完成排名與排行的篩選工作。以下實作演練的原始資料是 38 筆成績記錄，〔總分〕計算位於 J 欄且並未排序。

	A	B	C	D	E	F	G	H	I	J	K
1	班級	學號	姓名	性別	國文	數學	英文	理化	社會	總分	
2	902班	ST061	陳美玲	女	98	62	84	89	67	400	
3	902班	ST062	邱雨欣	女	79	87	90	74	92	422	
4	902班	ST063	李芳芳	女	90	88	82	93	78	431	
5	902班	ST064	張益生	男	85	72	60	98	86	401	
6	902班	ST065	江城府	男	85	92	73	69	77	396	
7	902班	ST066	劉嘉倩	女	74	61	91	92	67	385	
8	902班	ST067	林華麗	女	79	88	70	84	86	407	
9	902班	ST068	錢世彰	男	83	74	87	84	76	404	
10	902班	ST069	周輝為	男	69	53	87	85	80	374	
11	902班	ST070	吳亞莉	女	88	72	67	75	96	398	
12	902班	ST071	王書函	女	84	75	61	96	90	406	
13	902班	ST072	朱茂雄	男	74	58	73	100	78	383	
14	902班	ST073	魏東晴	男	72	86	75	90	55	378	
15	902班	ST074	趙翔宇	男	68	46	[illegible]	[illegible]	[illegible]	[illegible]	
16	902班	ST075	鄭盛林	男	80	82	86	72	88	408	
17	902班	ST076	李書均	男	92	47	61	68	72	340	
18	902班	ST077	吳文誠	男	86	69	88	70	87	400	
19	902班	ST078	邱永亮	男	77	78	68	72	54	349	
20	902班	ST079	蔣宜森	男	84	70	65	40	70	329	
21	902班	ST080	潘世豪	男	75	85	97	75	94	426	

八年級 | 九年級 | 九年級 (B) | 四年丙班 (清單-資料表) | 四年丙班 (範...

就緒 | SCROLL LOCK

藉由以下操作，可立即篩選出前 5 名最佳總分的成績記錄。

STEP 1 點按〔總分〕欄名(儲存格 J1)右側的黑色三角形的下拉式選項按鈕。

STEP 2 從展開的篩選功能選單中點選〔數字篩選〕選項。

STEP 3 從展開的副功能選單中點選〔前 10 項〕選項。

STEP 4 開啟〔自動篩選前 10 項〕對話方塊，設定「最前」「5」「項」。

STEP 5 點按〔確定〕按鈕。

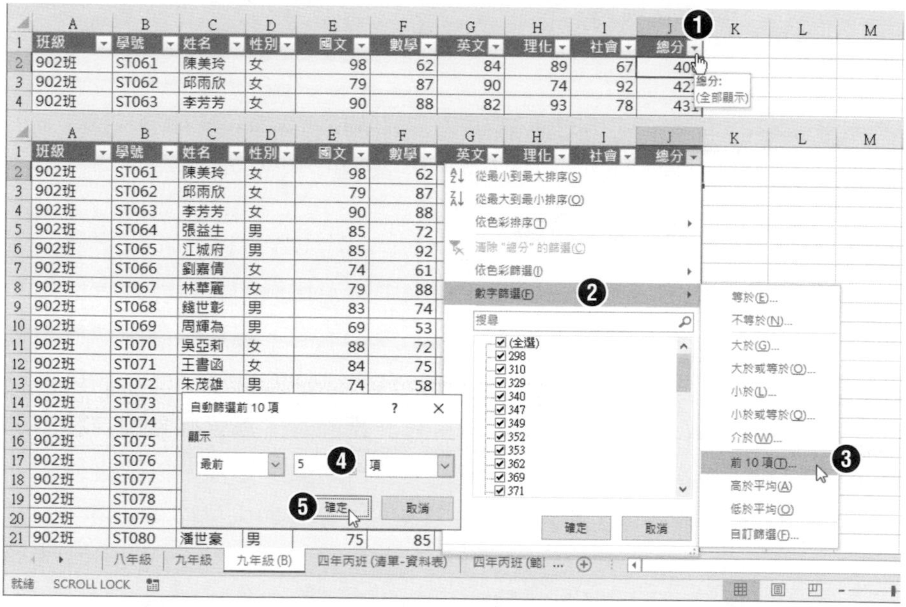

篩選後的結果可以看出，在所有的成績資料記錄裡，總分最高的前 5 筆成績記錄。

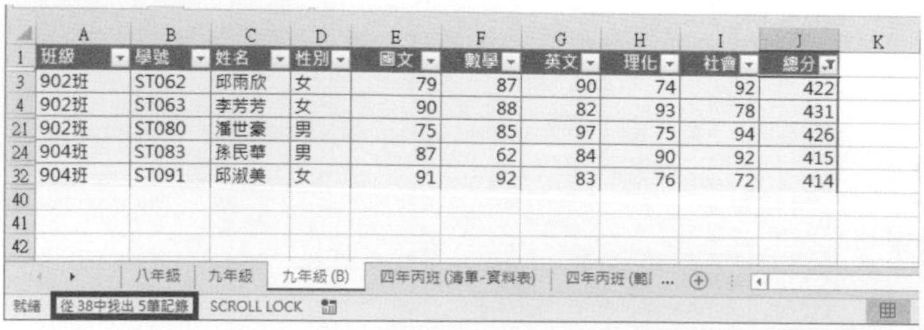

除了固定筆數(個數)的資料記錄篩選外，亦可透過百分比例的輸入，篩選出符合總數之比例的資料記錄。例如：想瞭解〔總分〕在總筆數前 20%的記錄，這對於求取成績比序的資料需求真是莫大的助益。

STEP 1 點按〔總分〕欄名(儲存格 J1)右側的黑色三角形的下拉式選項按鈕。

STEP 2 從展開的篩選功能選單中點選〔數字篩選〕選項。

STEP 3 從展開的副功能選單中點選〔前 10 項〕選項。

STEP 4 開啟〔自動篩選前 10 項〕對話方塊，設定「最前」「20」「%」。

STEP 5 點按〔確定〕按鈕。

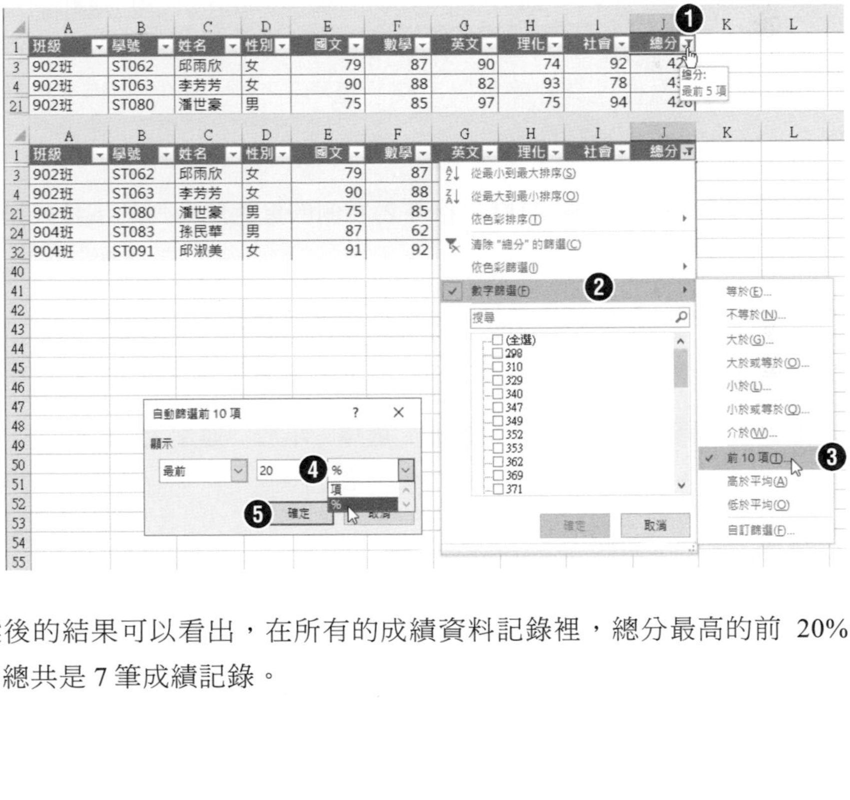

篩選後的結果可以看出，在所有的成績資料記錄裡，總分最高的前 20%位學生，總共是 7 筆成績記錄。

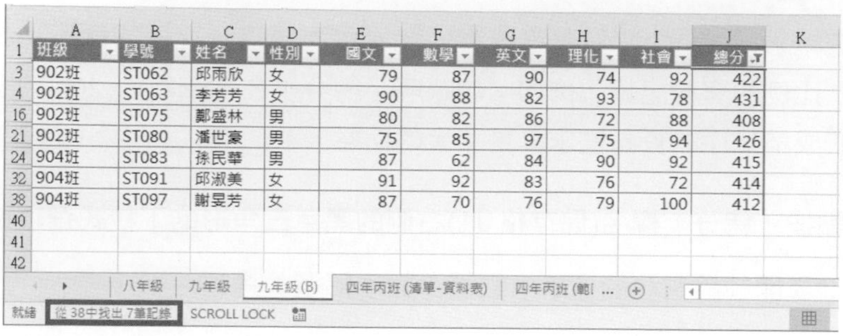

	A	B	C	D	E	F	G	H	I	J	K
1	班級	學號	姓名	性別	國文	數學	英文	理化	社會	總分	
3	902班	ST062	邱雨欣	女	79	87	90	74	92	422	
4	902班	ST063	李芳芳	女	90	88	82	93	78	431	
16	902班	ST075	鄭盛林	男	80	82	86	72	88	408	
21	902班	ST080	潘世豪	男	75	85	97	75	94	426	
24	904班	ST083	孫民華	男	87	62	84	90	92	415	
32	904班	ST091	邱淑美	女	91	92	83	76	72	414	
38	904班	ST097	謝旻芳	女	87	70	76	79	100	412	
40											
41											
42											

1-7-4 自訂自動篩選條件

不論是文字、數字還是日期，除了透過單純的大小比對來進行資料篩選外，加入「且」及「或」的判斷，也是不可或缺的篩選準則設定。您可以藉由〔自訂自動篩選〕對話方塊的操作，建立符合邏輯判斷的複雜篩選條件。以下即利用〔自訂自動篩選〕操作，為您篩選出〔交易金額〕低於 600(不含)，以及高於 10000(不含)的每一筆交易記錄。

STEP 1 點按〔交易金額〕欄名(儲存格 F2)右側的黑色三角形的下拉式選項按鈕。

STEP 2 從展開的篩選功能選單中點選〔數字篩選〕選項。

STEP 3 從展開的副功能選單中點選〔自訂篩選〕選項。

STEP 4 開啟〔自訂自動篩選〕對話方塊，選擇「小於」並輸入「600」。

STEP 5 點選〔或〕選項。

STEP 6 選擇「大於」並輸入「10000」。

STEP 7 點按〔確定〕按鈕。

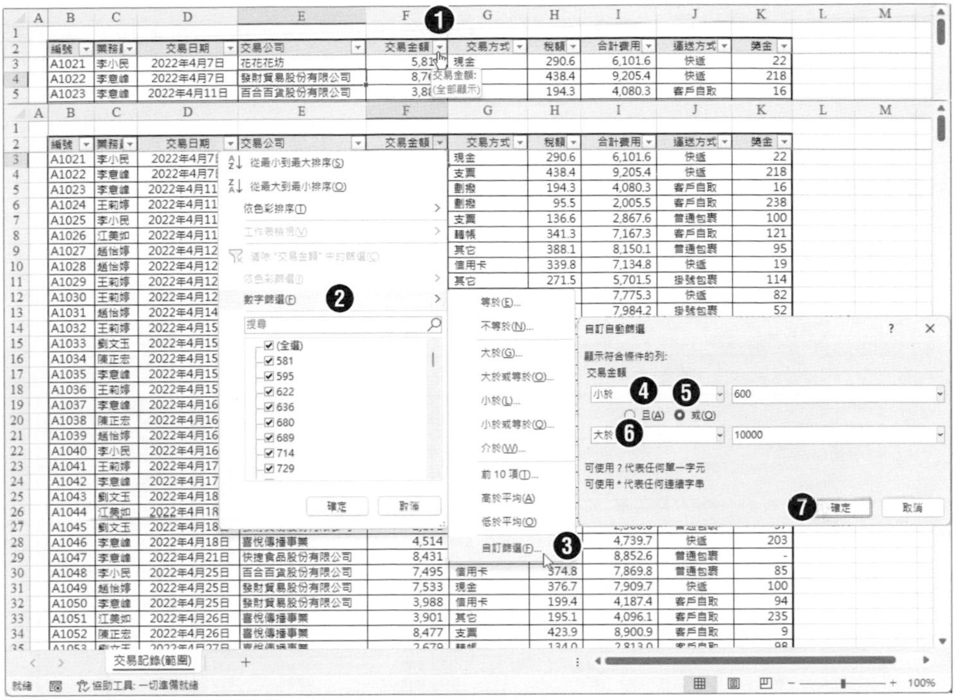

完成自訂自動篩選後，即可看到原本 632 交易記錄中，符合〔交易金額〕低於 600 以及〔交易金額〕高於 10000 的資料記錄共有 10 筆。

	編號	業務員	交易日期	交易公司	交易金額	交易方式	稅額	合計費用	運送方式	獎金
54	A1072	李小民	2022年5月10日	花花花坊	10,107	信用卡	505.4	10,612.4	掛號包裹	119
66	A1084	李意嵂	2022年5月25日	喜悅傳播事業	10,081	現金	504.1	10,585.1	客戶自取	-
94	A1112	李小民	2022年6月14日	天天電腦資訊公司	10,109	支票	505.5	10,614.5	快遞	4
138	A1156	江美如	2022年7月4日	花花花坊	581	轉帳	29.1	610.1	快遞	44
204	A1222	李意嵂	2022年7月31日	發財貿易股份有限公司	10,034	劃撥	501.7	10,535.7	客戶自取	94
341	A1359	江美如	2022年10月12日	花花花坊	10,085	轉帳	504.3	10,589.3	快遞	48
346	A1364	江美如	2022年10月20日	天天電腦資訊公司	595	現金	29.8	624.8	客戶自取	21
372	A1390	李意嵂	2022年11月6日	快捷食品股份有限公司	10,068	支票	503.4	10,571.4	普通包裹	38
415	A1433	江美如	2022年11月26日	喜悅傳播事業	10,073	支票	503.7	10,576.7	掛號包裹	184
531	A1549	陳正宏	2023年1月31日	發財貿易股份有限公司	10,079	信用卡	504.0	10,583.0	快遞	209

此外，在日期資料的篩選作業上，除了指定日期與特定日期區間外，最常使用的篩選即是〔昨天〕、〔今天〕、〔明天〕、〔上週〕、〔本週〕、〔下週〕、〔上個月〕、〔下個月〕、〔上一季〕、〔這一季〕、〔下一季〕…等等極為口語化的篩選規範，這些篩選準則都陳列在日期篩選的功能選單中，讓您一點按就立即套用。以下的操作演練將為您篩選出〔交易日期〕為〔上一季〕的交易記錄。

STEP 1 點按〔交易日期〕欄名(儲存格 D2)右側的黑色三角形的下拉式選項按鈕。

STEP 2 從展開的篩選功能選單中點選〔日期篩選〕選項。

STEP 3 從展開的副選單中點選〔上一季〕選項。

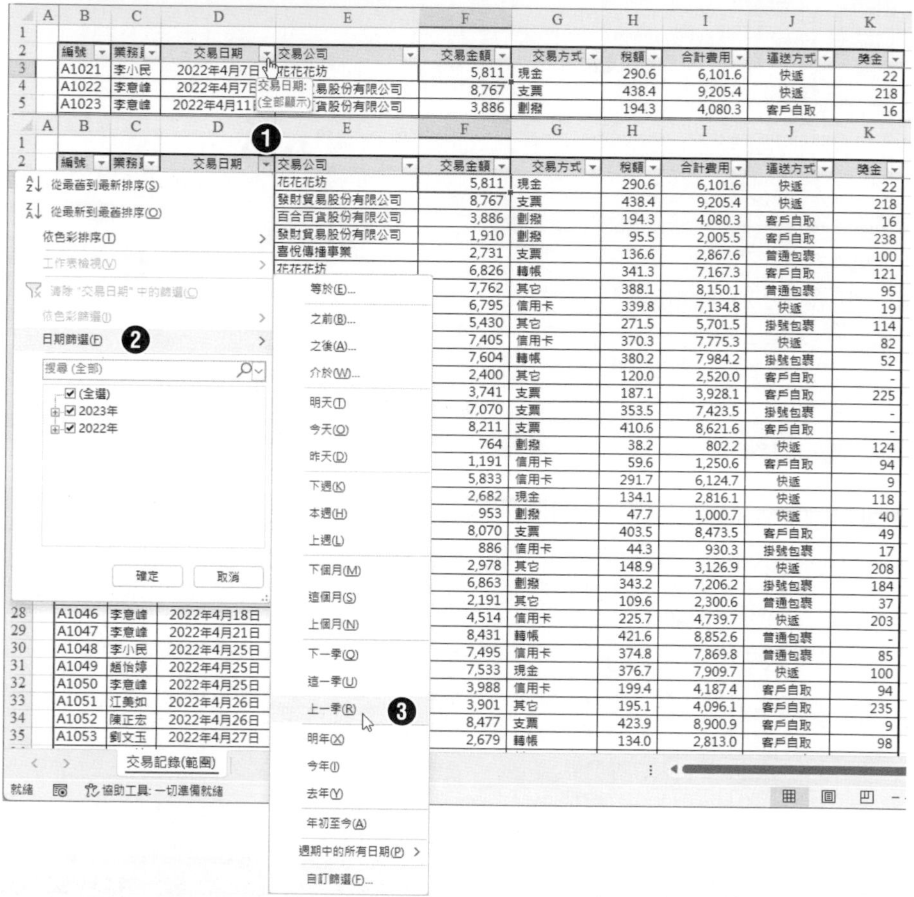

完成自訂特定的日期篩選後，即可看到原本 632 交易記錄中，符合〔交易日期〕為〔上一季〕的資料記錄總共有 163 筆。不過要特別注意的是，這裡的原始資料 632 筆交易記錄是介於 2022/4/7 至 2023/4/7 之間，而筆者在進行這份資料篩選的當下，時間點是 2023/1/11，所以能夠找出符合〔上個月〕的資料記錄是 163 筆，若是各位讀者是在 2023/5/10 以後進行這份資料符合〔上個月〕資料記錄的篩選時，結果當然就不可能會是 163 筆資料記錄囉！

	A	B	C	D	E	F	G	H	I	J	K
1											
2		編號	業務員	交易日期	交易公司	交易金額	交易方式	稅額	合計費用	運送方式	獎金
310		A1328	陳正宏	2022年10月4日	發財貿易股份有限公司	8,510	信用卡	425.5	8,935.5	掛號包裹	36
311		A1329	江美如	2022年10月4日	喜悅傳播事業	3,826	轉帳	191.3	4,017.3	普通包裹	8
312		A1330	陳正宏	2022年10月4日	發財貿易股份有限公司	7,846	其它	392.3	8,238.3	快遞	106
313		A1331	江美如	2022年10月4日	快捷食品股份有限公司	9,497	信用卡	474.9	9,971.9	掛號包裹	184
314		A1332	江美如	2022年10月4日	花花花坊	8,847	信用卡	442.4	9,289.4	快遞	88
315		A1333	王莉婷	2022年10月5日	發財貿易股份有限公司	6,994	其它	349.7	7,343.7	普通包裹	43
316		A1334	李小民	2022年10月6日	花花花坊	6,046	劃撥	302.3	6,348.3	客戶自取	186
317		A1335	劉文玉	2022年10月6日	天天電腦資訊公司	8,894	信用卡	444.7	9,338.7	快遞	9
318		A1336	陳正宏	2022年10月6日	喜悅傳播事業	9,174	轉帳	458.7	9,632.7	客戶自取	100
319		A1337	陳正宏	2022年10月6日	喜悅傳播事業	9,514	支票	475.7	9,989.7	普通包裹	182
320		A1338	李意峰	2022年10月7日	喜悅傳播事業	4,080	信用卡	204.0	4,284.0	掛號包裹	-
321		A1339	李小民	2022年10月7日	天天電腦資訊公司	849	信用卡	42.5	891.5	掛號包裹	22
322		A1340	李意峰	2022年10月7日	喜悅傳播事業	5,705	轉帳	285.3	5,990.3	客戶自取	37
323		A1341	李意峰	2022年10月7日	快捷食品股份有限公司	750	信用卡	37.5	787.5	掛號包裹	114
324		A1342	趙怡婷	2022年10月8日	花花花坊	7,643	其它	382.2	8,025.2	快遞	-
325		A1343	王莉婷	2022年10月8日	天天電腦資訊公司	6,845	現金	342.3	7,187.3	掛號包裹	16
326		A1344	李意峰	2022年10月8日	發財貿易股份有限公司	1,469	劃撥	73.5	1,542.5	客戶自取	94
327		A1345	李意峰	2022年10月8日	快捷食品股份有限公司	2,812	其它	140.6	2,952.6	客戶自取	121
328		A1346	李小民	2022年10月8日	喜悅傳播事業	3,765	轉帳	188.3	3,953.3	掛號包裹	21

1-7-5 篩選局部資料

在進行 Excel 資料篩選的操作中，預設的篩選對象是針對整個資料表或資料範圍進行篩選，不過，若有特殊需求，您也可以僅針對局部的資料範圍進行篩選。例如：在數百筆資料記錄中您可以指定僅在其後半段的 2/3 範圍中進行篩選，而忽略前 1/3 的資料記錄不進行篩選。以此實作資料範例為例，整個資料範圍為 632 筆，後半段的 2/3 範圍處約略是從第 212 筆開始算起，即位於此範例的第 214 列開始。以下即為您實際演練如何從後半段的 2/3 範圍中篩選出「百合百貨股份有限公司」與「喜悅傳播事業」兩家公司的交易記錄。

STEP 1　選取位於第 213 列與第 214 列的交易公司名稱，即儲存格 E213:214。

STEP 2　點按〔資料〕索引標籤。

STEP 3　點按〔排序與篩選〕群組裡的〔篩選〕命令按鈕。

STEP 4　立即在剛剛選取的第一個儲存格(E213)右側，顯示倒三角形符號的篩選按鈕。

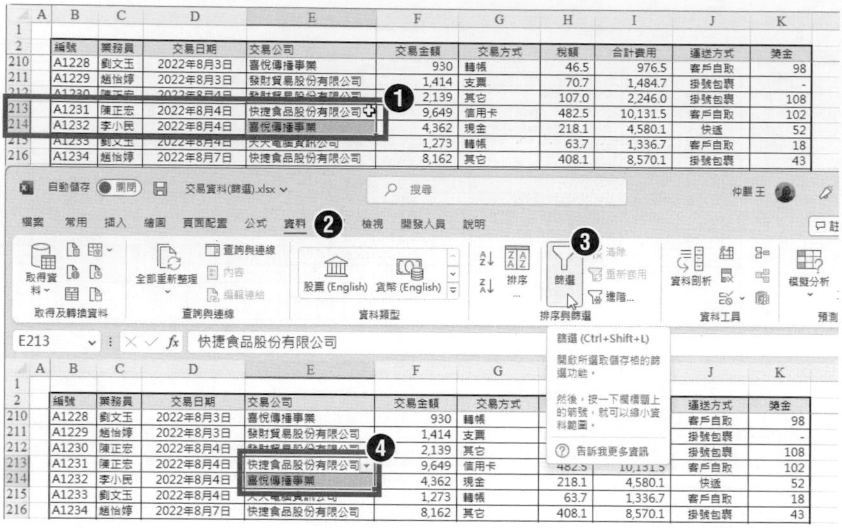

STEP 5 點按儲存格 E213 右側的篩選按鈕。

STEP 6 從展開的篩選功能選單中僅勾選點「百合百貨股份有限公司」與「喜悅傳播事業」兩家公司的核取方塊。

STEP 7 點按〔確定〕按鈕。

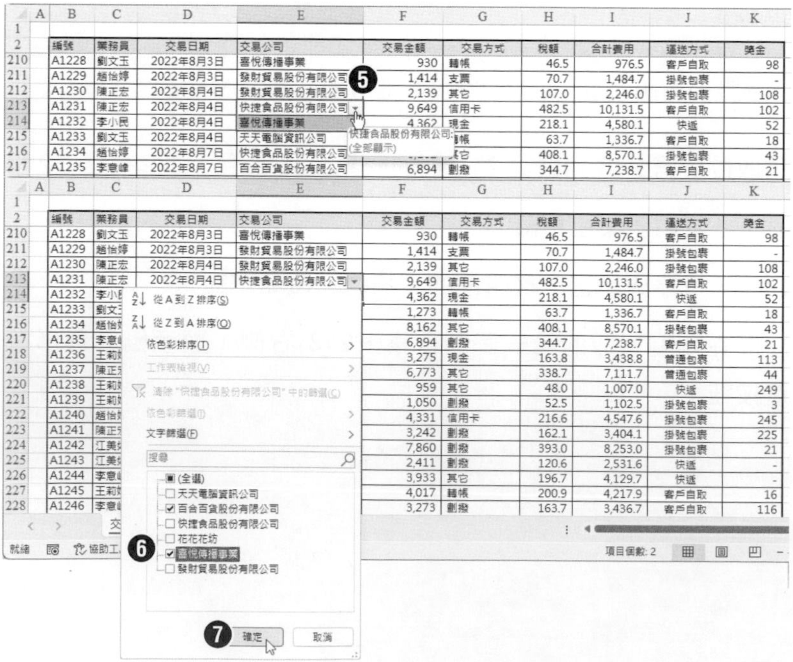

立即完成資料的篩選，從第 214 筆資料開始進行篩選，後半段的 2/3 範圍共有 421 筆交易記錄，而篩選出「百合百貨股份有限公司」與「喜悅傳播事業」兩家公司的交易記錄共有 162 筆。

	編號	業務員	交易日期	交易公司	交易金額	交易方式	稅額	合計費用	運送方式	獎金
210	A1228	劉文玉	2022年8月3日	喜悅傳播事業	930	轉帳	46.5	976.5	客戶自取	98
211	A1229	趙怡婷	2022年8月3日	發財貿易股份有限公司	1,414	支票	70.7	1,484.7	掛號包裹	-
212	A1230	陳正宏	2022年8月4日	發財貿易股份有限公司	2,139	其它	107.0	2,246.0	掛號包裹	108
213	A1231	陳正宏	2022年8月4日	快捷食品股份有限公司	9,649	信用卡	482.5	10,131.5	客戶自取	102
214	A1232	李小民	2022年8月4日	喜悅傳播事業	4,362	現金	218.1	4,580.1	快遞	52
217	A1235	李意峰	2022年8月7日	百合百貨股份有限公司	6,894	劃撥	344.7	7,238.7	客戶自取	21
220	A1238	王莉婷	2022年8月7日	喜悅傳播事業	959	其它	48.0	1,007.0	快遞	249
226	A1244	李意峰	2022年8月11日	喜悅傳播事業	3,933	其它	196.7	4,129.7	快遞	-
227	A1245	王莉婷	2022年8月11日	喜悅傳播事業	4,017	轉帳	200.9	4,217.9	客戶自取	16
229	A1247	陳正宏	2022年8月11日	喜悅傳播事業	3,746	現金	187.3	3,933.3	掛號包裹	50
230	A1248	江美如	2022年8月12日	喜悅傳播事業	968	現金	48.4	1,016.4	掛號包裹	211
232	A1250	李小民	2022年8月15日	百合百貨股份有限公司	4,867	支票	243.4	5,110.4	客戶自取	50
233	A1251	趙怡婷	2022年8月16日	百合百貨股份有限公司	8,994	其它	449.7	9,443.7	客戶自取	39
235	A1253	陳正宏	2022年8月16日	喜悅傳播事業	5,680	劃撥	284.0	5,964.0	掛號包裹	50
237	A1255	李意峰	2022年8月20日	百合百貨股份有限公司	854	現金	42.7	896.7	客戶自取	23
240	A1258	趙怡婷	2022年8月23日	百合百貨股份有限公司	5,207	支票	260.4	5,467.4	客戶自取	39
241	A1259	陳正宏	2022年8月24日	百合百貨股份有限公司	1,688	信用卡	84.4	1,772.4	快遞	232
243	A1261	李小民	2022年8月28日	喜悅傳播事業	3,578	現金	178.9	3,756.9	快遞	52
247	A1265	趙怡婷	2022年8月29日	百合百貨股份有限公司	6,401	支票	320.1	6,721.1	掛號包裹	215
252	A1270	李小民	2022年9月1日	喜悅傳播事業	5,837	劃撥	291.9	6,128.9	普通包裹	16
253	A1271	劉文玉	2022年9月1日	喜悅傳播事業	8,850	劃撥	442.5	9,292.5	掛號包裹	116
254	A1272	王莉婷	2022年9月3日	喜悅傳播事業	9,459	現金	473.0	9,932.0	掛號包裹	48
255	A1273	李小民	2022年9月3日	百合百貨股份有限公司	9,400	信用卡	470.0	9,870.0	掛號包裹	3
257	A1275	李小民	2022年9月4日	百合百貨股份有限公司	3,533	轉帳	176.7	3,709.7	普通包裹	122
259	A1277	陳正宏	2022年9月4日	喜悅傳播事業	4,561	劃撥	228.1	4,789.1	普通包裹	182

1-7-6 進階篩選

先前所述的自訂自動篩選操作是僅有一個邏輯判斷的篩選，雖然操作簡單又方便，但若碰到較複雜的篩選需求時，可就無法進行篩選工作了。譬如：若想要篩選列出 "黃文玲"、"陳文彥"與"李書屏" 等三位員工的資料記錄，而且每位員工的交易金額之篩選條件又不一樣時，自訂自動篩選的操作就無法達成了。在 Excel 的篩選操作中，提供了〔進階篩選〕操作，讓您進行自訂自動篩選所不能及的複雜篩選操作。不過，在進行〔進階篩選〕操作之前，必須先規劃出一塊吾人稱之為篩選〔準則範圍〕的區域，然後在此篩選準則範圍內輸入篩選的依據資料，如此才可以進行〔進階篩選〕的功能操作。以下我們將以第一季業績獎金記錄為例，為您演練一下進階選的基本操作。

	A	B	C	D	E	F	G
1		全泉科技2022年第一季業績獎金報表					
2		員工姓名	交易編號	月份	地區	交際金額	佣金
3		陳文彥	T00192	1	中區	$615,190	$12,303
4		李書屏	T04842	1	中區	$478,760	$9,575
5		劉曉蓓	T01923	1	北區	$727,710	$14,554
6		李書屏	T02339	1	北區	$759,560	$15,191
7		李書屏	T19928	1	北區	$546,940	$10,938
8		李書屏	T00293	1	南區	$574,130	$11,482
9		陳旭東	T29385	1	南區	$258,110	$5,162
10		李書屏	T04193	1	南區	$169,370	$3,387
11		陳文彥	T12635	2	中區	$167,220	$3,344
12		李書屏	T15465	2	中區	$562,470	$11,249
13		陳文彥	T05998	2	北區	$581,290	$11,625
14		陳文彥	T57682	2	北區	$553,560	$11,071
15		李書屏	T77865	2	東區	$136,870	$2,737
16		陳旭東	T05923	2	東區	$772,340	$15,446
17		劉曉蓓	T05569	2	南區	$295,150	$5,903
18		黃文玲	T18727	2	南區	$131,140	$2,622
19		黃文玲	T91283	3	中區	$425,880	$8,517
20		劉曉蓓	T11123	3	中區	$96,670	$1,933
21		陳旭東	T05669	3	北區	$650,820	$13,016
22		陳旭東	T23981	3	北區	$581,780	$11,635
23		黃文玲	T94854	3	東區	$312,250	$6,245
24		黃文玲	T67345	3	東區	$478,400	$9,568
25		李書屏	T06697	3	東區	$384,190	$7,683
26							

此範例的原始資料範圍位於 B2:G25，記載了每一位員工每一筆交易的交易編號、月份、所屬地區、交易金額與佣金。

我們想要篩選出同時符合以下各項條件的資料記錄：

- 由「黃文玲」所經手，不論月份與地區，且交易金額超過 40 萬的交易記錄
- 由「陳文彥」所經手，不論月份，在「中區」且交易金額超 50 萬的交易記錄
- 由「李書屏」所經手，在「1」月份但不論地區，且交易金額超 50 萬的交易記錄

首先，我們可以先在工作表上空白處建立一個篩選準則區範圍，例如：I2:L5。其中在此準則範圍的第一列依序輸入〔員工姓名〕、〔月份〕、〔地區〕與〔交易金額〕等欄位名稱，〔員工姓名〕底下的儲存格依序輸入「黃文玲」、「陳文彥」及「李書屏」；〔月份〕底下「李書屏」旁邊的儲存格中輸入「1」；〔地區〕底下屬於「陳文彥」的儲存格輸入「中區」；〔交易金額〕底下則依序輸入「>400000」、「>500000」及「>500000」。所建構的這個篩選準則意為「篩選隸屬於黃文玲且交易金額為 40 萬的交易記錄，並同時篩選出陳文彥在中區交易金額為 50 萬的交易記錄，也同時篩選出李書屏在 1 月份交易金額為 50 萬的交易記錄」。

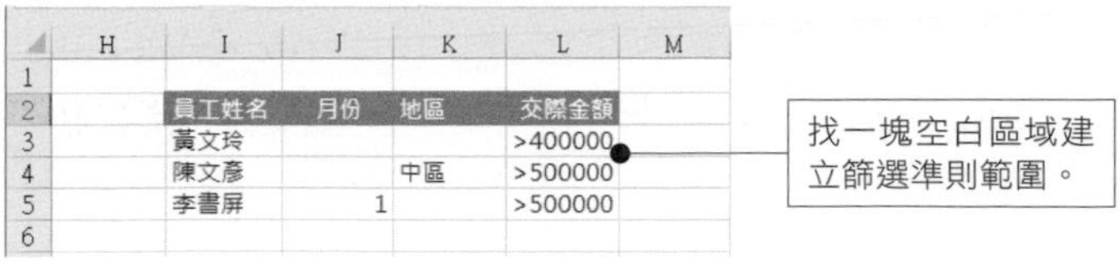

在欄位名稱底下的儲存格中所輸入的內容即為該欄位的篩選準則，在欄位名稱底下的儲存格中若未輸入任何內容(空儲存格)，則表示該欄位沒有訂定任何篩選準則。接著，只要進行〔進階篩選〕對話方塊的操作，標示正確的資料範圍與準則範圍後，即可完成資料篩選操作並在工作表上看到篩選結果。

STEP 1 作用儲存格移至原始資料範圍裡的任意儲存格，例如：儲存格 E5。

STEP 2 點按〔資料〕索引標籤。

STEP 3 點按〔排序與篩選〕群組裡的〔進階〕命令按鈕。

STEP 4 開啟〔進階篩選〕對話方塊，點選〔將篩選結果複製到其他地方〕選項。

STEP 5 Excel 會自動識別〔資料範圍〕，若無法識別或範圍有誤，可親自輸入或選取範圍 B2:G25。

STEP 6 輸入或選取〔準則範圍〕為 I2:L5。

STEP 7 點選或輸入〔複製到〕儲存格位址為 N2。

STEP 8 點按〔確定〕按鈕。

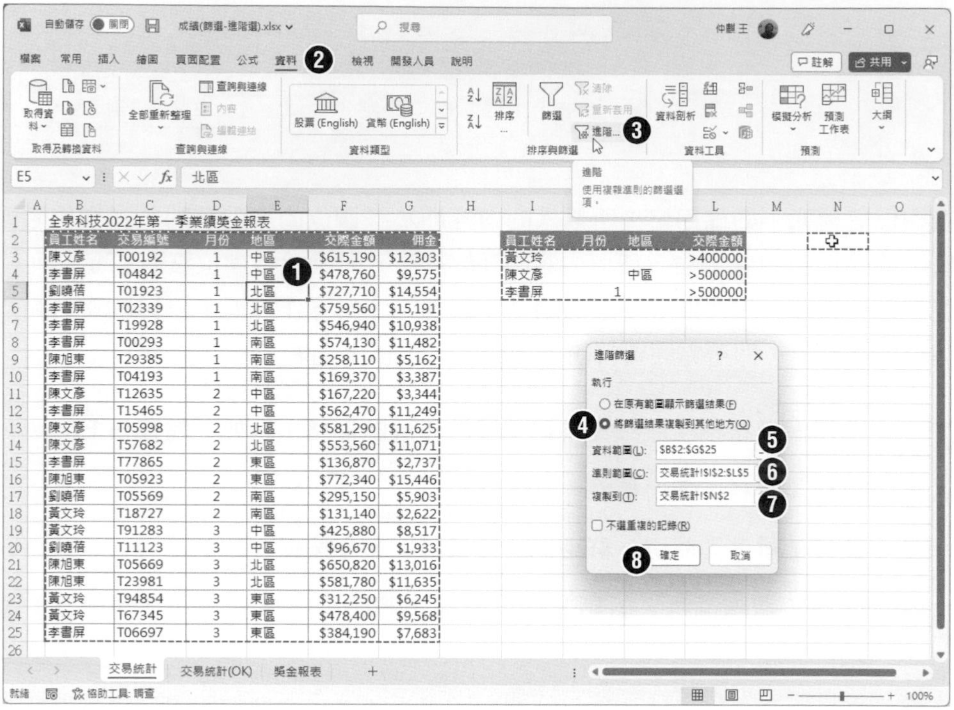

由於在〔進階篩選〕對話方塊的操作中選擇了〔將篩選結果複製到其他地方〕選項，並設定了此位址為儲存格 N2，因此，篩選後的結果將放置在以儲存格 N2 為起點的連續範圍上。

CHAPTER

2

樞紐分析表的基本操作

樞紐分析表早期又稱交叉分析表，是針對標準的資料表進行一維、二維，甚至多維度交叉統計運算報表的最佳利器。交叉分析篩選器(Slicer)則是以樞紐分析表(Pivot Table)或資料表(Data Table)為根基，建立數位儀表板的篩選工具。將是使用者在數字分析工作中不可或缺的決策資源。

2-1 樞紐分析表的基本概念

2-1-1 什麼是樞紐分析表？

樞紐分析表(Pivot Table)一直是 Excel 非常重要的分析運算工具之一，將近 30 年的歷史，歷經多次操作介面的更替，一直持續強化在資料分析的功能。假設您已經收集了大量的交易資料 — 譬如：公司這兩年來的每日交易資料(當然，不是每一天都會有交易記錄)，其中，每一筆交易記錄皆包含了交易的編號、日期、業務員、公司名稱、交易金額、應付金額、運送方式與獎金...等資料欄位。

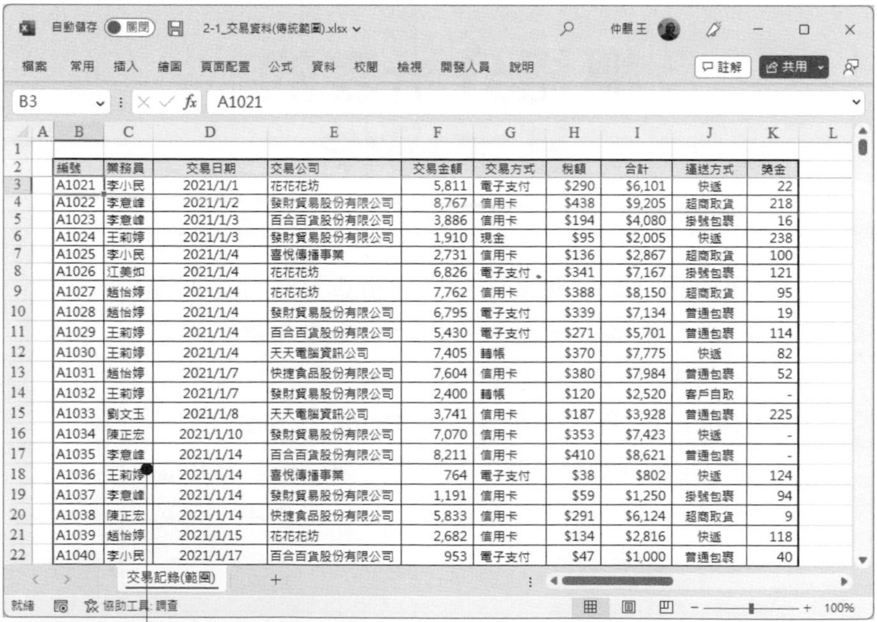

編號	業務員	交易日期	交易公司	交易金額	交易方式	稅額	合計	運送方式	獎金
A1021	李小民	2021/1/1	花花花坊	5,811	電子支付	$290	$6,101	快遞	22
A1022	李意峰	2021/1/2	發財貿易股份有限公司	8,767	信用卡	$438	$9,205	超商取貨	218
A1023	李意峰	2021/1/3	百合百貨股份有限公司	3,886	信用卡	$194	$4,080	掛號包裹	16
A1024	王莉婷	2021/1/3	發財貿易股份有限公司	1,910	現金	$95	$2,005	快遞	238
A1025	李小民	2021/1/4	喜悅傳播事業	2,731	信用卡	$136	$2,867	超商取貨	100
A1026	江美如	2021/1/4	花花花坊	6,826	電子支付	$341	$7,167	掛號包裹	121
A1027	趙怡婷	2021/1/4	花花花坊	7,762	信用卡	$388	$8,150	超商取貨	95
A1028	趙怡婷	2021/1/4	發財貿易股份有限公司	6,795	電子支付	$339	$7,134	普通包裹	19
A1029	王莉婷	2021/1/4	百合百貨股份有限公司	5,430	電子支付	$271	$5,701	普通包裹	114
A1030	王莉婷	2021/1/4	天天電腦資訊公司	7,405	轉帳	$370	$7,775	快遞	82
A1031	趙怡婷	2021/1/7	快捷食品股份有限公司	7,604	信用卡	$380	$7,984	普通包裹	52
A1032	王莉婷	2021/1/7	發財貿易股份有限公司	2,400	轉帳	$120	$2,520	客戶自取	-
A1033	劉文玉	2021/1/8	天天電腦資訊公司	3,741	信用卡	$187	$3,928	普通包裹	225
A1034	陳正宏	2021/1/10	發財貿易股份有限公司	7,070	信用卡	$353	$7,423	快遞	-
A1035	李意峰	2021/1/14	百合百貨股份有限公司	8,211	信用卡	$410	$8,621	普通包裹	-
A1036	王莉婷	2021/1/14	喜悅傳播事業	764	電子支付	$38	$802	快遞	124
A1037	李意峰	2021/1/14	發財貿易股份有限公司	1,191	信用卡	$59	$1,250	掛號包裹	94
A1038	陳正宏	2021/1/14	快捷食品股份有限公司	5,833	信用卡	$291	$6,124	超商取貨	9
A1039	趙怡婷	2021/1/15	花花花坊	2,682	信用卡	$134	$2,816	快遞	118
A1040	李小民	2021/1/17	百合百貨股份有限公司	953	電子支付	$47	$1,000	普通包裹	40

透過 Excel 工作表建立一筆筆的交易記錄。

而您現在準備好要從這些交易資料中摘錄一些具備特定意義的資訊。例如，您可能想知道下列問題的答案：

- 每一位業務員所負責的交易筆數為何？
- 每一位業務員的總獎金為何？

- 各交易公司各種交易方式的總交易金額？
- 每年每季每月再依據各交易公司各種交易方式的總應付金額？

針對這些問題，利用 Excel 的 COUNTIF、COUNTIFS 、SUMIF、SUMIFS 等相關函數，即可迎刃而解！

業務員	交易筆數
李小民	134
劉文玉	69
江美如	67
陳正宏	91
王莉婷	73
趙怡婷	78
李意峰	120

業務員	交易筆數	總獎金
李小民	134	$12,237
劉文玉	69	$6,276
江美如	67	$7,560
陳正宏	91	$8,945
王莉婷	73	$6,799
趙怡婷	78	$7,545
李意峰	120	$11,462

然而，面對經常更新、異動的資料，以及迎合不同目的與需求的運算準則和篩選條件，函數的設計就非一蹴可幾了。此時，您可以透過樞紐分析表的建立而自動摘錄、整理與彙總原始的大量交易資料，產生解決各種問題及需求的互動式分析報表，讓您可以運用這些報表來分析、比較、尋找企業模式、分析資訊以及未來趨勢。

業務員	(全部)		
加總 - 交易金額	年		
交易公司	2021年	2022年	總計
天天電腦資訊公司	$214,406	$229,727	$444,133
百合百貨股份有限公司	$285,458	$265,720	$551,178
快捷食品股份有限公司	$259,393	$258,839	$518,232
花花花坊	$203,083	$224,047	$427,130
喜悅傳播事業	$250,797	$366,533	$617,330
發財貿易股份有限公司	$361,865	$322,660	$684,525
總計	$1,575,002	$1,667,526	$3,242,528

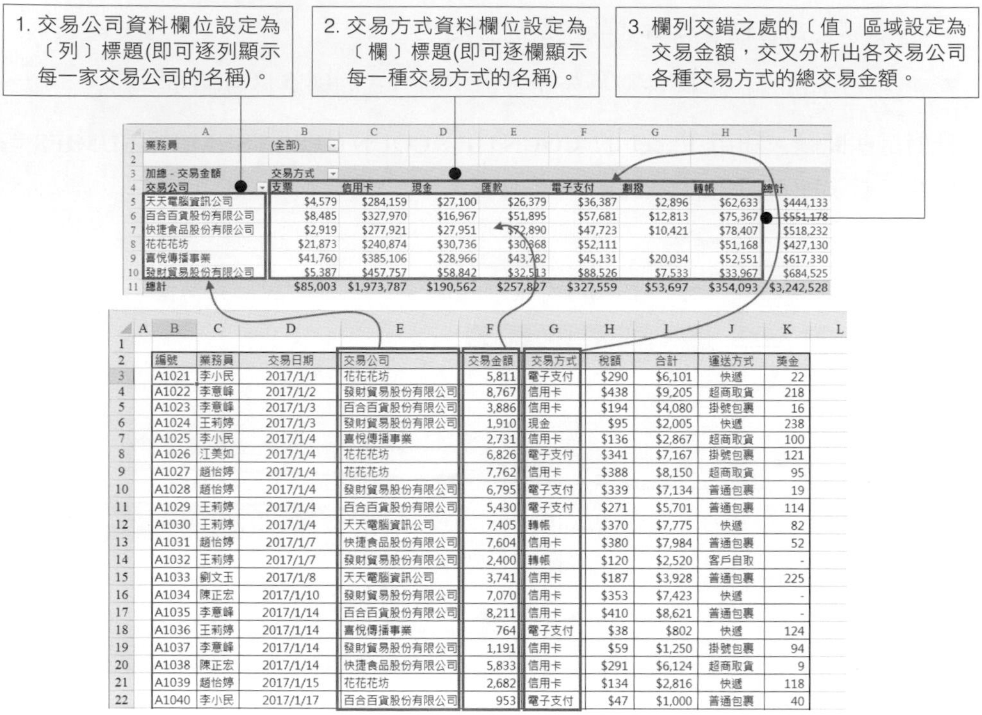
1. 交易公司資料欄位設定為〔列〕標題(即可逐列顯示每一家交易公司的名稱)。
2. 交易方式資料欄位設定為〔欄〕標題(即可逐欄顯示每一種交易方式的名稱)。
3. 欄列交錯之處的〔值〕區域設定為交易金額，交叉分析出各交易公司各種交易方式的總交易金額。

業務員	(全部)							
加總 - 交易金額	交易方式							
交易公司	支票	信用卡	現金	匯款	電子支付	劃撥	轉帳	總計
天天電腦資訊公司	$4,579	$284,159	$27,100	$26,379	$36,387	$2,896	$62,633	$444,133
百合百貨股份有限公司	$8,485	$327,970	$16,967	$51,895	$57,681	$12,813	$75,367	$551,178
快捷食品股份有限公司	$2,919	$277,921	$27,951	$72,890	$47,723	$10,421	$78,407	$518,232
花花花坊	$21,873	$240,874	$30,736	$30,368	$52,111		$51,168	$427,130
喜悅傳播事業	$41,760	$385,106	$28,966	$43,782	$45,131	$20,034	$52,551	$617,330
發財貿易股份有限公司	$5,387	$457,757	$58,842	$32,513	$88,526	$7,533	$33,967	$684,525
總計	$85,003	$1,973,787	$190,562	$257,827	$327,559	$53,697	$354,093	$3,242,528

編號	業務員	交易日期	交易公司	交易金額	交易方式	稅額	合計	運送方式	獎金
A1021	李小民	2017/1/1	花花花坊	5,811	電子支付	$290	$6,101	快遞	22
A1022	李意峰	2017/1/2	發財貿易股份有限公司	8,767	信用卡	$438	$9,205	超商取貨	218
A1023	李意峰	2017/1/3	百合百貨股份有限公司	3,886	信用卡	$194	$4,080	掛號包裹	16
A1024	王莉婷	2017/1/3	發財貿易股份有限公司	1,910	現金	$95	$2,005	快遞	238
A1025	李小民	2017/1/4	喜悅傳播事業	2,731	信用卡	$136	$2,867	超商取貨	100
A1026	江美如	2017/1/4	花花花坊	6,826	電子支付	$341	$7,167	掛號包裹	121
A1027	趙怡婷	2017/1/4	花花花坊	7,762	信用卡	$388	$8,150	超商取貨	95
A1028	趙怡婷	2017/1/4	發財貿易股份有限公司	6,795	電子支付	$339	$7,134	普通包裹	19
A1029	王莉婷	2017/1/4	百合百貨股份有限公司	5,430	電子支付	$271	$5,701	普通包裹	114
A1030	王莉婷	2017/1/4	天天電腦資訊公司	7,405	轉帳	$370	$7,775	快遞	82
A1031	趙怡婷	2017/1/7	快捷食品股份有限公司	7,604	信用卡	$380	$7,984	普通包裹	52
A1032	王莉婷	2017/1/7	發財貿易股份有限公司	2,400	轉帳	$120	$2,520	客戶自取	-
A1033	劉文玉	2017/1/8	天天電腦資訊公司	3,741	信用卡	$187	$3,928	普通包裹	225
A1034	陳正宏	2017/1/10	發財貿易股份有限公司	7,070	信用卡	$353	$7,423	快遞	-
A1035	李意峰	2017/1/14	百合百貨股份有限公司	8,211	信用卡	$410	$8,621	普通包裹	-
A1036	王莉婷	2017/1/14	喜悅傳播事業	764	電子支付	$38	$802	快遞	124
A1037	李意峰	2017/1/14	發財貿易股份有限公司	1,191	信用卡	$59	$1,250	掛號包裹	94
A1038	陳正宏	2017/1/14	快捷食品股份有限公司	5,833	信用卡	$291	$6,124	超商取貨	9
A1039	趙怡婷	2017/1/15	花花花坊	2,682	信用卡	$134	$2,816	快遞	118
A1040	李小民	2017/1/17	百合百貨股份有限公司	953	電子支付	$47	$1,000	普通包裹	40

面對同一個資料庫與同樣內容的資料表，不同的人會想要擷取不同的資料，因為，每個人會以不同的目的、不同的角度與不同的思維來審視資料。因此，所要的分析統計報表也就會有所差異。透過樞紐分析表的製作，猶如萬花筒般千變萬化的情景與需求，都可以在瞬間呈現！

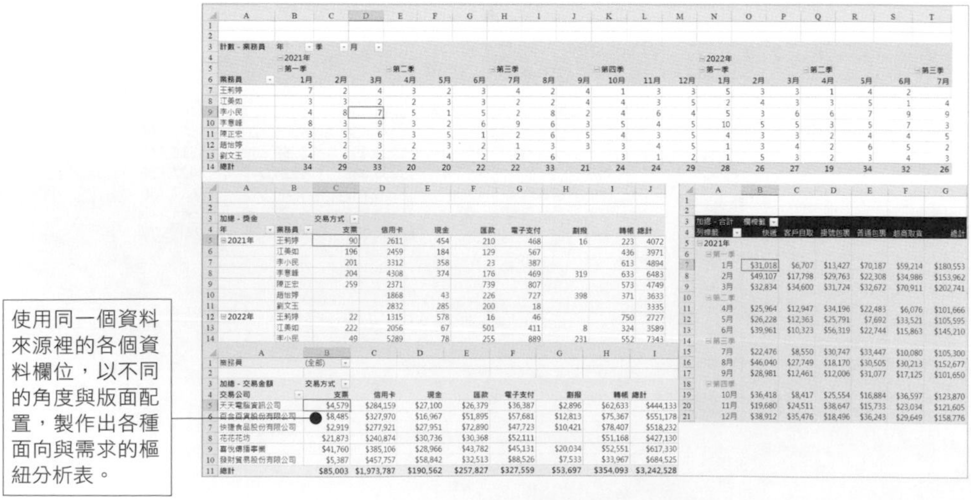
使用同一個資料來源裡的各個資料欄位，以不同的角度與版面配置，製作出各種面向與需求的樞紐分析表。

計數 - 業務員	年	季	月																
	2021年												2022年						
	第一季			第二季			第三季			第四季			第一季			第二季			第三季
業務員	1月	2月	3月	4月	5月	6月	7月	8月	9月	10月	11月	12月	1月	2月	3月	4月	5月	6月	7月
王莉婷	7	2	4	3	2	3	4	2	4	1	3	3	5	3	3	1	4	2	
江美如	3	3	2	2	3	3	2	2	4	4	3	5	2	4	3	3	5	1	4
李小民	4	8	7	5	1	5	2	8	2	4	6	4	5	3	6	6	7	9	9
李意峰	8	3	9	3	2	6	9	6	3	5	4	5	10	5	5	3	5	7	3
陳正宏	3	5	6	3	5	1	2	6	5	4	3	5	4	3	3	2	4	4	5
趙怡婷	5	2	3	2	3	2	1	3	3	3	4	5	1	3	4	2	6	5	2
劉文玉	4	6	2	2	4	2	2	6		3	1	2	1	5	3	2	3	4	3
總計	34	29	33	20	20	22	22	33	21	24	24	29	28	26	27	19	34	32	26

加總 - 獎金		交易方式							
年	業務員	支票	信用卡	現金	匯款	電子支付	劃撥	轉帳	總計
2021年	王莉婷	90	2611	454	210	468	16	223	4072
	江美如	196	2459	184	129	567		436	3971
	李小民	201	3312	358	23	387		613	4894
	李意峰	204	4308	374	176	469	319	633	6483
	陳正宏	259	2371		739	807		573	4749
	趙怡婷		1868	43	226	727	398	371	3633
	劉文玉		2832	285	200	18			3335
2022年	王莉婷	22	1315	578	16	46		750	2727
	江美如	222	2056	67	501	411	8	324	3589
	李小民	49	5289	78	255	889	231	552	7343

業務員	(全部)							
加總 - 交易金額	交易方式							
交易公司	支票	信用卡	現金	匯款	電子支付	劃撥	轉帳	總計
天天電腦資訊公司	$4,579	$284,159	$27,100	$26,379	$36,387	$2,896	$62,633	$444,133
百合百貨股份有限公司	$8,485	$327,970	$16,967	$51,895	$57,681	$12,813	$75,367	$551,178
快捷食品股份有限公司	$2,919	$277,921	$27,951	$72,890	$47,723	$10,421	$78,407	$518,232
花花花坊	$21,873	$240,874	$30,736	$30,368	$52,111		$51,168	$427,130
喜悅傳播事業	$41,760	$385,106	$28,966	$43,782	$45,131	$20,034	$52,551	$617,330
發財貿易股份有限公司	$5,387	$457,757	$58,842	$32,513	$88,526	$7,533	$33,967	$684,525
總計	$85,003	$1,973,787	$190,562	$257,827	$327,559	$53,697	$354,093	$3,242,528

加總 - 合計	欄標籤					
列標籤	快遞	客戶自取	掛號包裹	普通包裹	超商取貨	總計
2021年						
第一季						
1月	$31,018	$6,707	$13,427	$70,187	$59,214	$180,553
2月	$49,107	$17,798	$29,763	$22,308	$34,986	$153,962
3月	$32,834	$34,600	$31,724	$32,672	$70,911	$202,741
第二季						
4月	$25,964	$12,947	$34,196	$22,483	$6,076	$101,666
5月	$26,228	$12,363	$25,791	$7,692	$33,521	$105,595
6月	$39,961	$10,323	$56,319	$22,744	$15,863	$145,210
第三季						
7月	$22,476	$8,550	$30,747	$33,447	$10,080	$105,300
8月	$46,040	$27,749	$18,170	$30,505	$30,213	$152,677
9月	$28,981	$12,461	$12,006	$31,077	$17,125	$101,650
第四季						
10月	$36,418	$8,417	$25,554	$16,884	$36,597	$123,870
11月	$19,680	$24,511	$38,647	$15,733	$23,034	$121,605
12月	$38,912	$35,476	$18,496	$36,243	$29,649	$158,776

2-1-2 樞紐分析表的架構

基本上，樞紐分析表的結構有四個組成部份，早期的 Excel 2003 在建立樞紐分析表時，便藉由「樞紐分析表和樞紐分析圖精靈」的對話，進行樞紐分析表的製作，其中，Excel 樞紐分析表的版面配置架構即區分成〔列〕、〔欄〕、〔資料〕與〔分頁〕等四個區域。在對話操作中，可以將所需的資料欄位按鈕，分別拖曳至這四個區域裡，建構出所要的樞紐分析表。

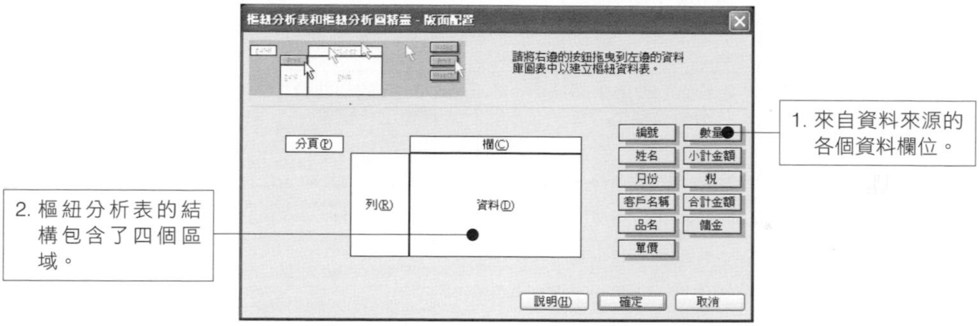

或者，直接將〔樞紐分析表欄位清單〕窗格裡的資料欄位，拖曳至工作表上的四大區域之提示訊息裡，亦可建構出所要的樞紐分析表。

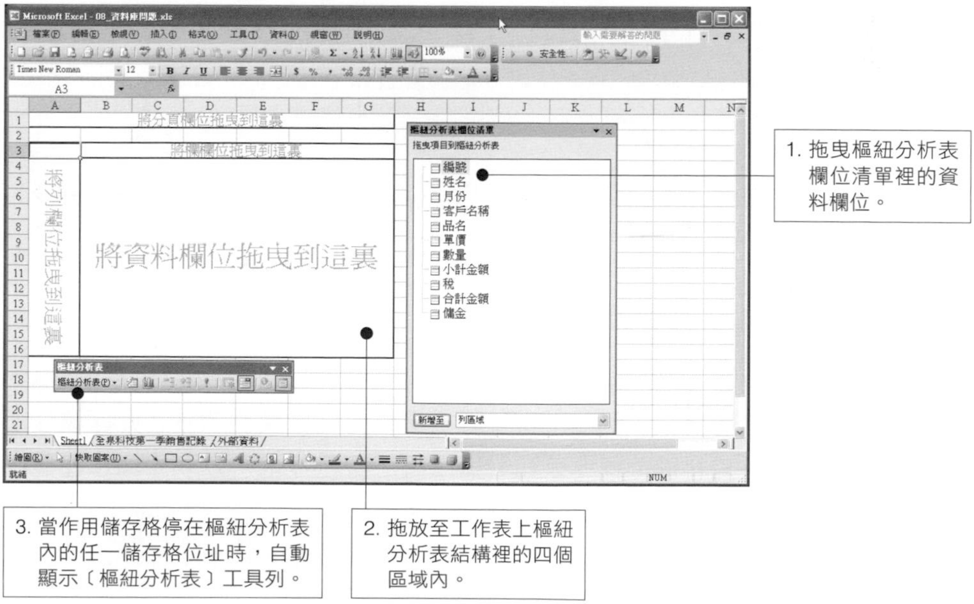

至於在 Excel 2007 以後，操作上就更簡化了！透過〔樞紐分析表欄位清單〕窗格裡資料欄位名稱之核取方塊的勾選，或者，拖曳資料欄位名稱至窗格底部的四大區域裡，就可以輕鬆建構所需的樞紐分析表。而這兩個 Excel 版本的四大區域則稱之為〔報表篩選〕、〔列標籤〕、〔欄標籤〕與〔值〕。在 Excel 2013 版本以後，使用者建立樞紐分析表時，所開啟的窗格名稱則改為〔樞紐分析表欄位〕窗格，上半部仍是資料欄位名稱，下半部亦是樞紐分析表的四大區域，不過，這四個區域的名稱則調整為較簡潔的〔篩選〕、〔列〕、〔欄〕與〔值〕。

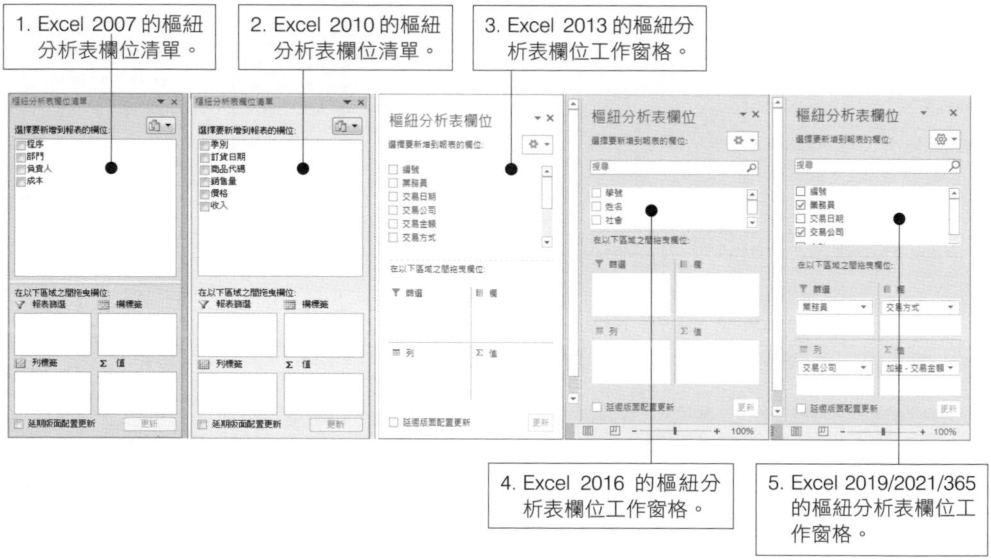
1. Excel 2007 的樞紐分析表欄位清單。
2. Excel 2010 的樞紐分析表欄位清單。
3. Excel 2013 的樞紐分析表欄位工作窗格。
4. Excel 2016 的樞紐分析表欄位工作窗格。
5. Excel 2019/2021/365 的樞紐分析表欄位工作窗格。

綜觀前後版本的 Excel 樞紐分析表之功能操作畫面，可以整理出樞紐分析表的架構如下：

〔列〕區域(意即〔列標籤〕區域)

這是位於樞紐分析表左側，做為水平列標題的區域，也就是資料欄位內容以列方向進行群組的標題所在。例如：當您將「交易公司」欄位放置在此區域裡，表示「交易公司」資料欄位裡的公司名稱，將不會重複地「逐列」顯示在樞紐分析表的左側，以針對每一家交易公司進行統計運算。

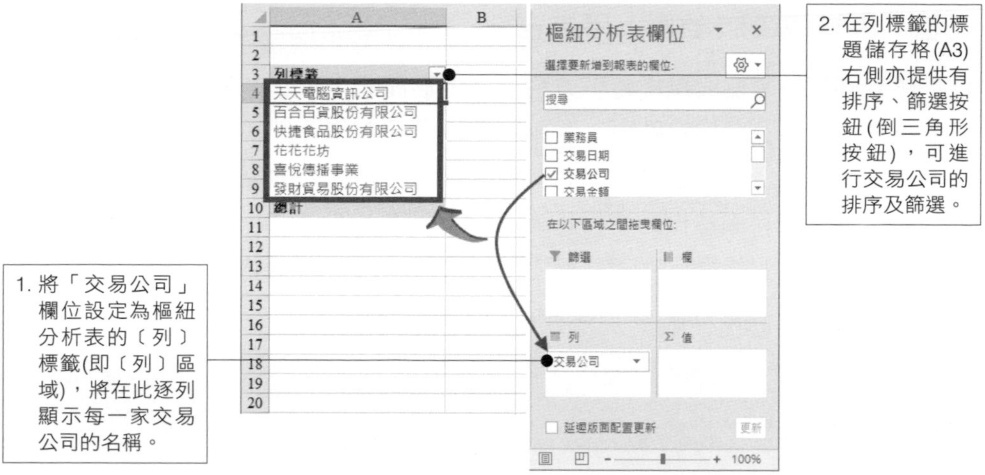

〔欄〕區域(意即〔欄標籤〕區域)

這是位於樞紐分析表上方，做為垂直欄標題的區域，也就是資料欄位內容以欄方向進行群組的標題所在。例如：當您將「交易方式」欄位放置在此區域裡，則表示「交易方式」資料欄位裡的各種交易方式名稱，將不會重複地逐欄顯示在樞紐分析表的頂端，以針對每一種交易方式進行統計運算。

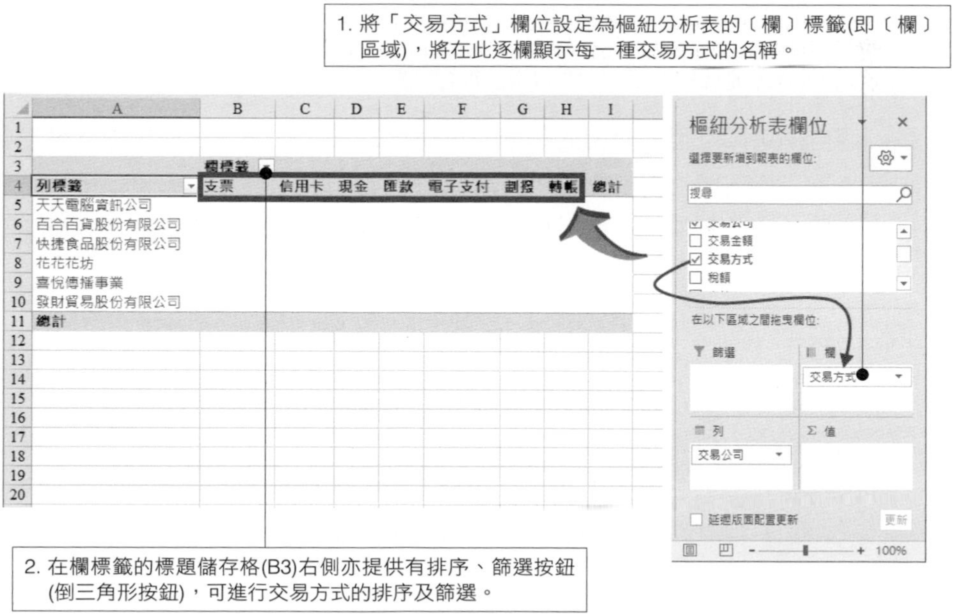

〔值〕區域(意即〔資料〕區域)

這是位於列標題右側與欄標題下方的一塊矩形面積，也正是符合欄、列標題群組類別交錯下的資料運算結果。〔值〕區域算是樞紐分析表中面積最大的一個區域，也是專職彙整與摘要運算的區域。當您將數值性的資料欄位置於此處，將對該數值性資料欄位自動進行加總(SUM)運算；若是您將文字性的資料欄位置於此處，則將對該文字性資料欄位自動進行計數(COUNT)運算。不過，事後都可以恣意調整所需的運算方式(又稱之為摘要方式)。

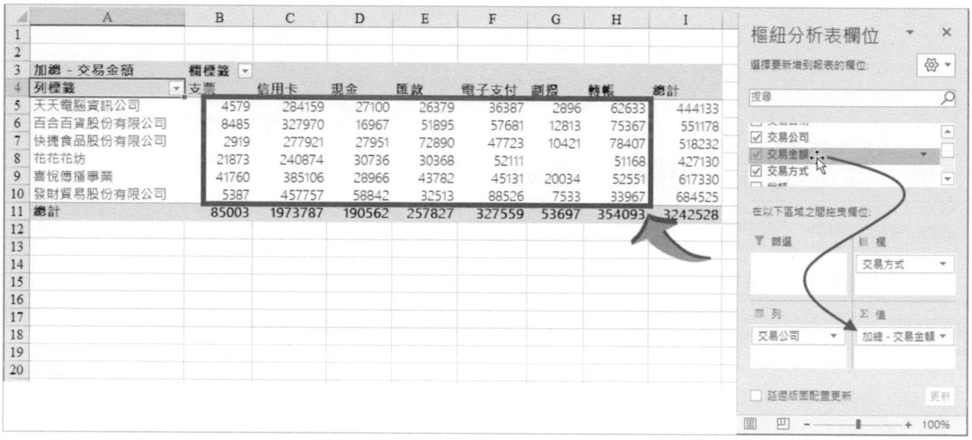

「篩選」區域(意即〔頁〕或〔報表篩選〕區域)

這是一個自由選擇是否要使用的區域，在此可以置入一個或多個以上的資料欄位，凡是置入此區域的資料欄位，將成為篩選的關鍵。例如：您可以將「業務員」資料欄位置入此區域，則可以透過篩選按鈕，挑選指定的業務員人選，以呈現符合該業務員經手的樞紐分析表運算。

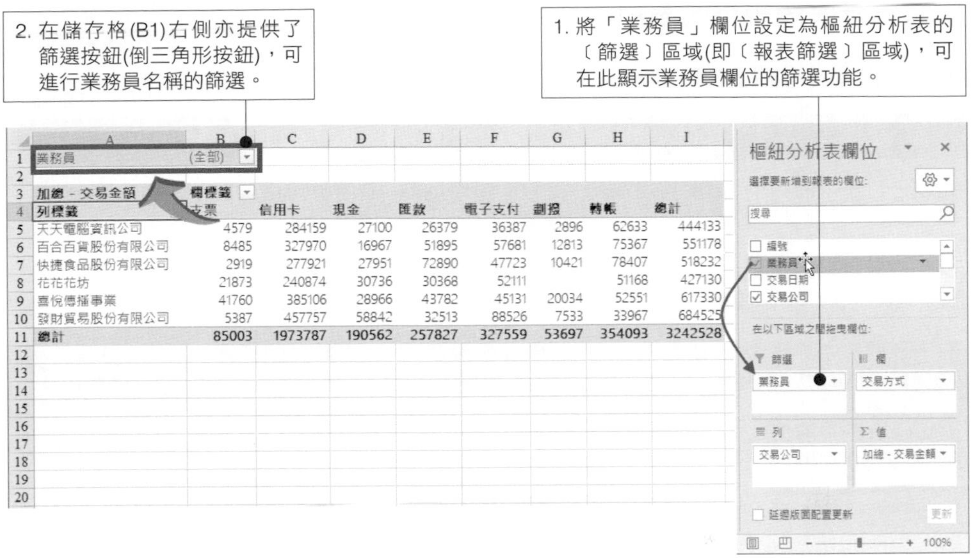
2. 在儲存格(B1)右側亦提供了篩選按鈕(倒三角形按鈕)，可進行業務員名稱的篩選。
1. 將「業務員」欄位設定為樞紐分析表的〔篩選〕區域(即〔報表篩選〕區域)，可在此顯示業務員欄位的篩選功能。
樞紐分析表欄位

瞭解樞紐分析表的結構後，接著要學習的重點便是直覺地建立您的第一個樞紐分析表，然後，再從操作過程與結果的呈現中，解析樞紐分析表的特性，學習各種角度來透析大量的資料。稍後您也會在本書中學習到如何改變資料欄位的欄、列位置，以檢視不同角度的摘要報告；以及學習到如何展開和摺疊資料層級以強調分析結果，並針對有興趣的領域，從摘要資料鑽研至詳細資訊；此外，也會學習到如何對數字資料進行小計和彙總、依據類別和子類別對資料進行摘要，並且建立自訂計算和公式；同時，也可以學習到如何針對樞紐分析資料進行篩選、排序和設定格式化的條件，產生所需的決策資訊，這些領域也都是學習樞紐分析時非常重要的議題喔！

TIPS

當您建立樞紐分析表時，Microsoft Excel 會建立一個隱藏的樞紐分析快取(Pivot Cache)，用來執行彙總並做為其他樞紐分析表功能的來源資料。藉由使用此樞紐分析快取，Microsoft Excel 可以快速地計算樞紐分析表，在此同時也會維護原始資料的完整性。而記憶體使用、速度以及檔案大小，將視您在建立樞紐分析表時所選取的選項而定，當然也有可能會影響此樞紐分析快取。

樞紐分析表的規格與限制

在此彙整了來自微軟官方網站所公佈的樞紐分析表之部分規格與限制：

特性	2002/2003	2007/2010	2013/2016	2019/2021/365
樞紐分析表中的列欄位個數	受限於可用的記憶體	受限於可用的記憶體	受限於可用的記憶體	受限於可用的記憶體
樞紐分析表中的欄欄位個數	受限於可用的記憶體	受限於可用的記憶體	受限於可用的記憶體	受限於可用的記憶體
樞紐分析表中的篩選(分頁)欄位個數	256(或受限於可用的記憶體)	256(或受限於可用的記憶體)	256(或受限於可用的記憶體)	256(或受限於可用的記憶體)
樞紐分析表中的值(資料)欄位的個數	256	256	256	256
樞紐分析圖中的篩選(分頁)欄位個數	256(或受限於可用的記憶體)	256(或受限於可用的記憶體)	256(或受限於可用的記憶體)	256(或受限於可用的記憶體)
樞紐分析圖中的值(資料)欄位的個數	256	256	256	256
工作表中的樞紐分析表個數	受限於可用的記憶體	受限於可用的記憶體	受限於可用的記憶體	受限於可用的記憶體
每個欄位唯一的項目	32,500	1,048,576	1,048,576	1,048,576
樞紐分析表中的計算項目公式的個數	受限於可用的記憶體	受限於可用的記憶體	受限於可用的記憶體	受限於可用的記憶體
樞紐分析圖中的計算項目公式的個數	受限於可用的記憶體	受限於可用的記憶體	受限於可用的記憶體	受限於可用的記憶體

此外，關連式樞紐分析表的字串長度最大限制為 32,767；篩選下拉式清單中顯示的項目最多 10,000 項；樞紐分析表項目的自訂多維度運算式(MDX)名稱長度不可超過 32,767。

2-1-3 調整樞紐分析表欄位窗格的版面配置

〔樞紐分析表欄位〕的操作窗格在預設狀態下是位於視窗右側，在 Excel 2007～Excel 2019 系列版本，您可以透過〔樞紐分析表工具〕底下〔分析〕索引標籤裡〔顯示〕群組內的〔欄位清單〕命令按鈕的點按來開啟或關閉〔樞紐分析表欄位〕操作窗格的顯示。

1. Excel 2021 的〔樞紐分析表工具〕底下分成〔分析〕與〔設計〕兩個索引標籤。

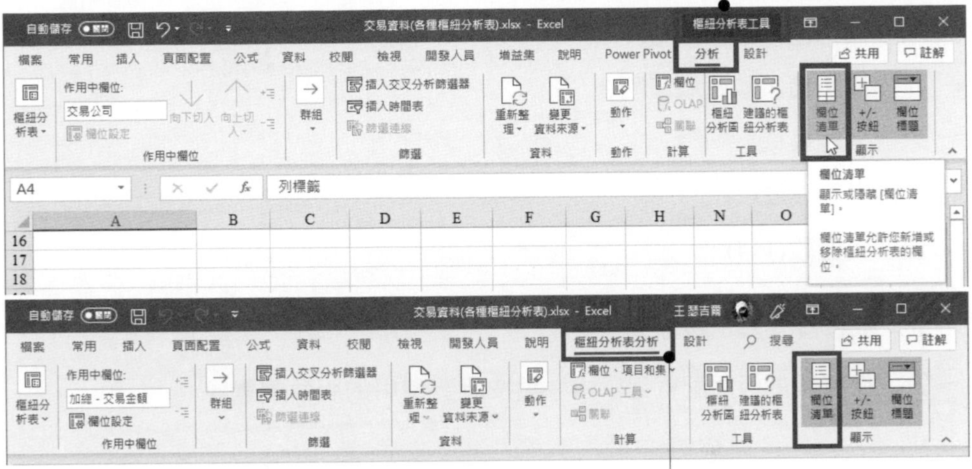

2. Microsoft 365 的操作介面有了小改款，將原本〔樞紐分析表工具〕底下的〔分析〕與〔設計〕兩個索引標籤，顯示為〔樞紐分析表分析〕以及右側的〔設計〕兩索引標籤。不過，功能選項是完全一致的。

而〔樞紐分析表欄位〕操作窗格的架構如下：共有兩個區段，上方區段為資料來源所提供的欄位清單與其他資料表的連結，稱之為〔欄位區段〕；下方區段則顯示架構出樞紐分析表的〔列〕、〔欄〕、〔值〕與〔篩選〕等四大區域，稱之為〔區域區段〕。

1. 欄位區段。

2. 區域區段。

在〔樞紐分析表欄位〕窗格的右上方提供有〔工具〕按鈕，可以挑選您所要使用的版面配置。總共有五種版面配置可供選擇：

- 堆疊欄位區段和區域區段
- 並排欄位區段和區域區段
- 只有欄位區段
- 僅區域區段(2x2)
- 僅區域區段(1x4)

STEP 1 點按〔工具〕按鈕。

STEP 2 從展開的版面配置選單中，點按所要使用的版面配置。

以下即是這五種樞紐分析表欄位窗格版面配置的畫面，預設狀態下，通常是〔堆疊欄位區段和區域區段〕版面配置，但端賴您的操作習慣與個人喜好，可隨時改變所要選用的版面配置。

1. 這是〔堆疊欄位區段和區域區段〕版面配置，欄位區段位於窗格上方、區域區段位於窗格下方。

2. 這是〔並排欄位區段和區域區段〕版面配置，欄位區段位於窗格左側、區域區段位於窗格右側。

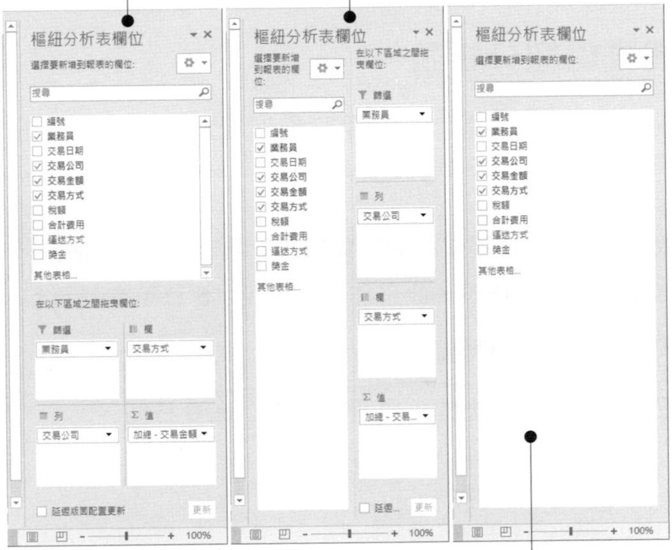

3. 這是〔只有欄位區段〕版面配置，窗格裡僅顯示欄位區段。

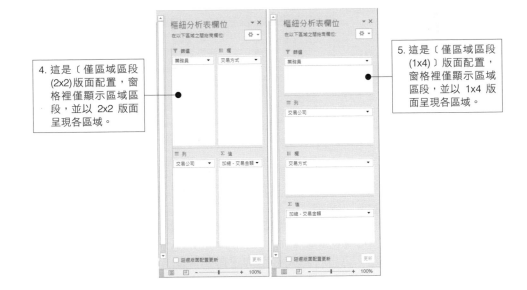

4. 這是〔僅區域區段(2x2)版面配置，窗格裡僅顯示區域區段，並以 2x2 版面呈現各區域。

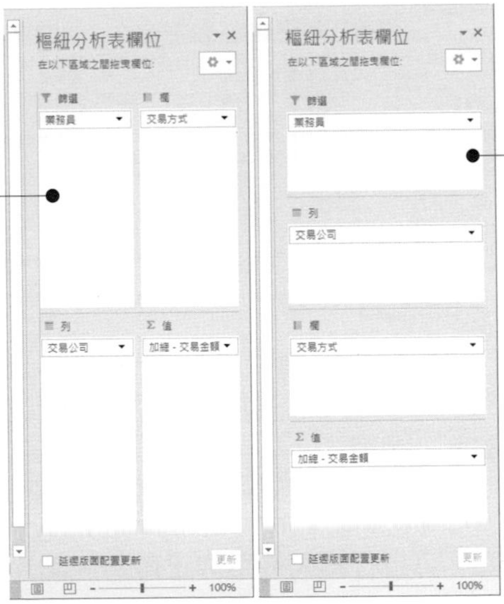

5. 這是〔僅區域區段(1x4)〕版面配置，窗格裡僅顯示區域區段，並以 1x4 版面呈現各區域。

2-2 建立基本的樞紐分析表

2-2-1 建立樞紐分析表

以下的實作演練中，將針對 16 萬筆交易的資料進行樞紐分析，以瞭解各縣市、各種不同交易方式的總交易金額統計。

STEP 1 開啟〔北風公司 18-22 交易資料(16 萬筆).xlsx〕活頁簿檔案，切換至〔交易記錄〕工作表，此工作表內含括 16 萬筆交易資料。

STEP 2 點按〔插入〕索引標籤。

STEP 3 點按〔表格〕群組裡的〔樞紐分析表〕命令按鈕。

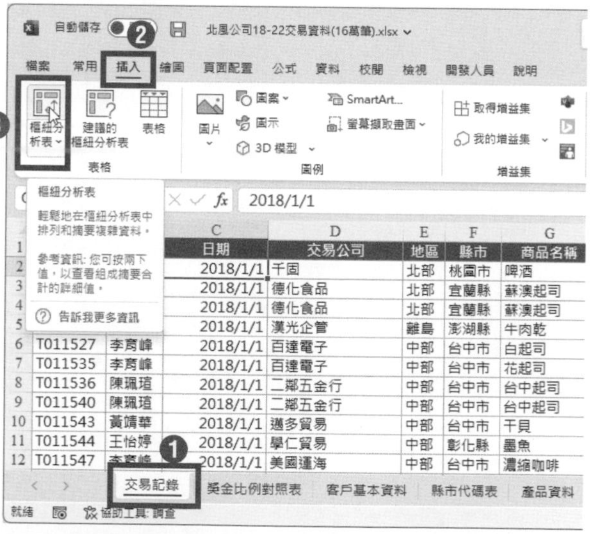

STEP 4 開啟〔來自表格或範圍的樞紐分析表〕對話方塊，選擇要分析的資料為〔選取表格或範圍〕選項。

STEP 5 Excel 會自動框選連續性的範圍，確認選取的表格範圍是否正確，若非所需的資料範圍，可自行輸入或選取正確的範圍。

STEP **6** 選擇要放置樞紐分析表的位置為〔新增工作表〕選項。

STEP **7** 點按〔確定〕按鈕。

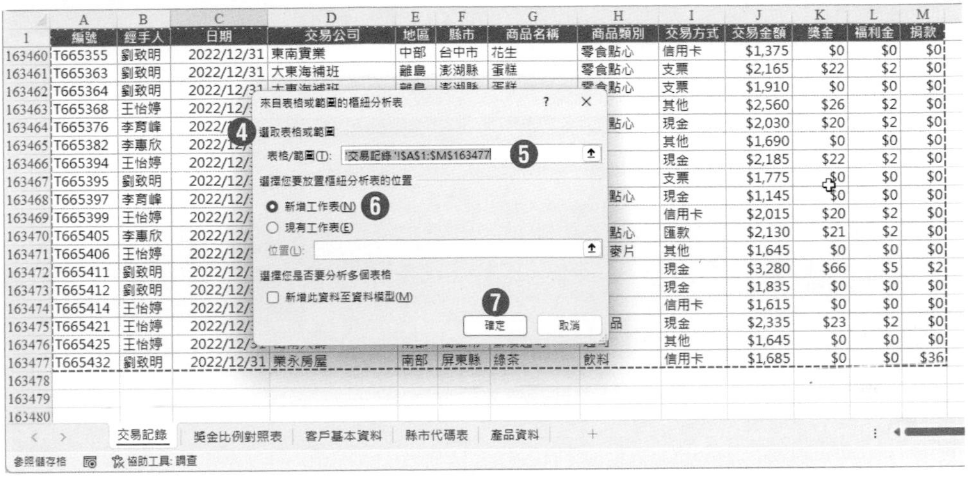

TIPS

在〔建立樞紐分析表〕對話方塊裡，最主要的任務是決定：

- 要分析的資料位於何處？
  可以來自工作表裡選定的資料範圍或指定的資料表格；也可以使用外部資料來源做為樞紐分析表的資源。
- 完成的樞紐分析表要置於何處？
  完成的樞紐分析表可以置於新的工作表上，也可以置於指定的既有工作表上。
- 是否要將此樞紐分析表資料來源的設定，建立為資料模型(Data Model)，即選此對話方塊左下方的〔新增此資料至資料模型〕核取方塊選項。這部份我們將在 PowerPivot 章節中為您說明。

STEP 8 立即新增空白工作表，並建立樞紐分析結構。

STEP 9 同時也啟動了〔樞紐分析表分析〕以及〔設計〕兩個索引標籤。

STEP 10 在畫面右側的〔樞紐分析表欄位〕工作窗格裡，顯示資料來源的各個欄位名稱，以及樞紐分析表結構中的〔篩選〕、〔列〕、〔欄〕與〔值〕等四個區域。

STEP 11 拖曳欄位名稱至各個結構區域，即可自動建立樞紐分析表。譬如：將「縣市」欄位名稱拖曳至〔列〕區域。

STEP 12 將「交易方式」欄位名稱拖曳至〔欄〕區域。

STEP 13 拖曳欄位名稱至各區域時，會立即呈現分析結果於工作表上。

STEP 14 再將「交易金額」欄位名稱拖曳至〔值〕區域。

STEP **15** 呈現各縣市、各種不同交易方式的總交易金額之分析結果。

TIPS

筆者的實作中，各縣市名稱是依據台灣各縣市的地理位置由北到南排列，而不是根據各縣市中文名稱的筆劃順序排列，您可以參酌 1-5-3〔特殊順序的排序效果〕一節的說明。

2-2-2 區域的層次分析

每個區域裡的欄位名稱即為群組分類統計的欄位依據。譬如前例所示：在〔列〕區域裡放置了「縣市」欄位，即表示要分析統計各「縣市」的資料。若是放置了「交易方式」欄位，即表示要分析統計各種「交易方式」的資料。然而，任何一個區域裡並非僅能放置一個欄位名稱，譬如：〔列〕區域裡若放置了「縣市」與「交易公司」兩欄位，即表示要分析統計各「縣市」底下各「交易公司」的資料。

STEP 1　將「交易公司」欄位名稱拖曳至〔列〕區域裡原先「縣市」欄位名稱之下。

這也表示了上述的樞紐分析表受到三個變數，分別是「交易公司」、「縣市」與「交易方式」等欄位的影響，計算總交易金額的結果。

STEP 2 在樞紐分析表左側的各地區(縣市)名稱底下，立即再區分出各「交易公司」名稱，呈現各「交易公司」的加總資料。

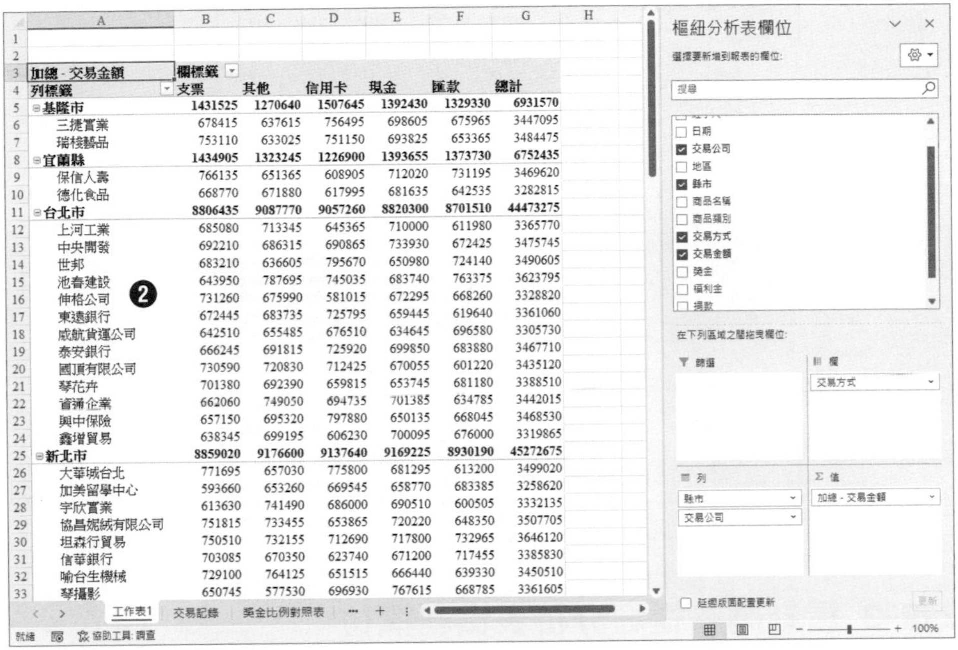

在〔列〕區域裡所放置的兩個資料欄位：「縣市」、「交易公司」，也正意味著在「縣市」底下再區隔各家「交易公司」，如此便具備了兩個層次的摘要結構。第一層為「縣市」、第二層為「交易公司」，因此，在第一層的「縣市」名稱左側便自動添增了「+」或「-」的大綱摘要按鈕。在此例中，當您點按「+」按鈕時即展開該縣市底下的每一家交易公司之詳細資料；當您點按「-」按鈕時即折疊(隱藏)該縣市底下的所有交易公司之詳細資料，而列出該縣市的摘要統計資料。

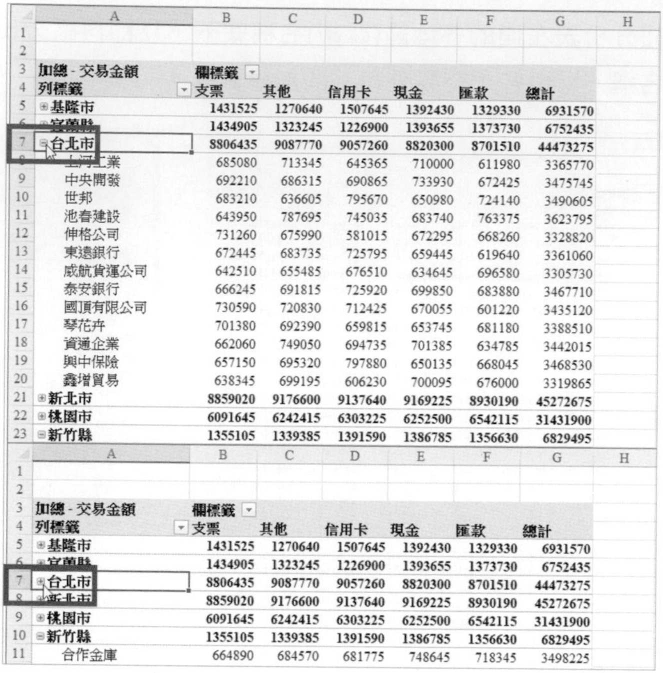

	A	B	C	D	E	F	G	H
1								
2								
3	加總 - 交易金額	欄標籤						
4	列標籤	支票	其他	信用卡	現金	匯款	總計	
5	⊞基隆市	1431525	1270640	1507645	1392430	1329330	6931570	
6	[illegible]	1434905	1323245	1226900	1393655	1373730	6752435	
7	⊟台北市	8806435	9087770	9057260	8820300	8701510	44473275	
8	[illegible]	685080	713345	645365	710000	611980	3365770	
9	中央開發	692210	686315	690865	733930	672425	3475745	
10	世邦	683210	636605	795670	650980	724140	3490605	
11	池春建設	643950	787695	745035	683740	763375	3623795	
12	伸格公司	731260	675990	581015	672295	668260	3328820	
13	東遠銀行	672445	683735	725795	659445	619640	3361060	
14	威航貨運公司	642510	655485	676510	634645	696580	3305730	
15	泰安銀行	666245	691815	725920	699850	683880	3467710	
16	國頂有限公司	730590	720830	712425	670055	601220	3435120	
17	琴花卉	701380	692390	659815	653745	681180	3388510	
18	資通企業	662060	749050	694735	701385	634785	3442015	
19	興中保險	657150	695320	797880	650135	668045	3468530	
20	鑫增貿易	638345	699195	606230	700095	676000	3319865	
21	⊞新北市	8859020	9176600	9137640	9169225	8930190	45272675	
22	⊞桃園市	6091645	6242415	6303225	6252500	6542115	31431900	
23	⊟新竹縣	1355105	1339385	1391590	1386785	1356630	6829495	

	A	B	C	D	E	F	G	H
1								
2								
3	加總 - 交易金額	欄標籤						
4	列標籤	支票	其他	信用卡	現金	匯款	總計	
5	⊞基隆市	1431525	1270640	1507645	1392430	1329330	6931570	
6	[illegible]	1434905	1323245	1226900	1393655	1373730	6752435	
7	⊞台北市	8806435	9087770	9057260	8820300	8701510	44473275	
8	[illegible]	8859020	9176600	9137640	9169225	8930190	45272675	
9	⊞桃園市	6091645	6242415	6303225	6252500	6542115	31431900	
10	⊟新竹縣	1355105	1339385	1391590	1386785	1356630	6829495	
11	合作金庫	664890	684570	681775	748645	718345	3498225	

2-2-3 重新調整樞紐分析表資料欄位

若要變更樞紐分析表的結構，譬如：各區域裡各個資料欄位的變動，您可以重新拖曳資料欄位名稱至其他區域內，以不同的角度與面相來建構樞紐分析表。

STEP 1　拖曳〔列〕區域裡的「縣市」欄位。

STEP 2　拖放插入至〔欄〕區域裡既有的「交易方式」欄位之上。

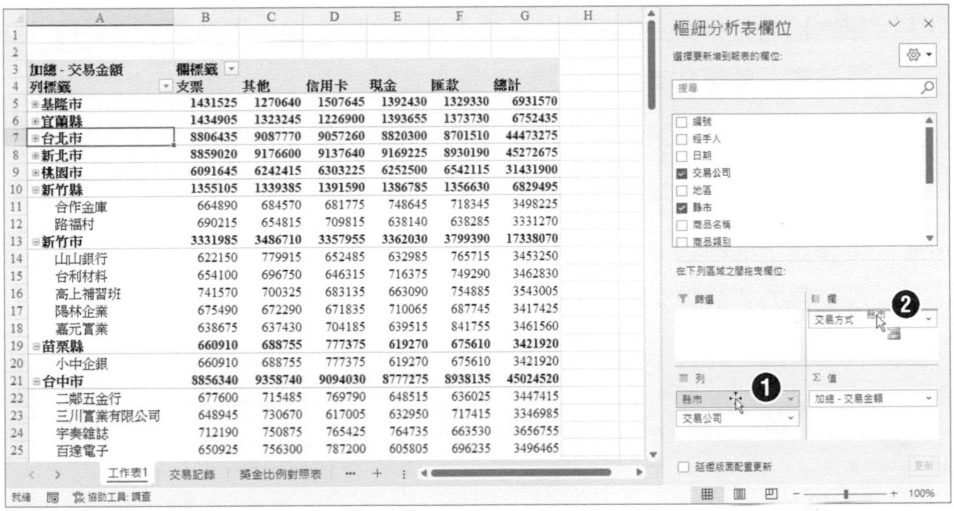

STEP 3 原本陳列在樞紐分析表左側的各「縣市」資料，已經改列於樞紐分析表頂端各種交易方式的上方，成為〔欄〕區域裡的第一層級標題，而原本〔欄〕區域裡的「交易方式」欄位則變成第二個層級。

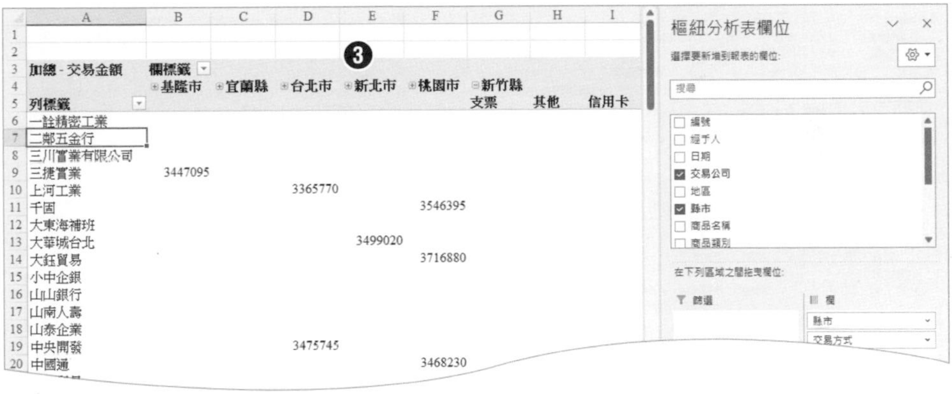

2-2-4 移除樞紐分析表資料欄位

如果僅是要移除區域裡的資料欄位，則不論是透過滑鼠的拖曳操作，抑或是在右側樞紐分析表欄位清單窗格裡，取消資料欄位之核取方塊的勾選，都可以輕鬆辦到！

STEP 1 原本樞紐分析表上所呈現的是各「交易公司」在各「縣市」之各種「交易方式」的總交易金額運算。

STEP 2 在〔樞紐分析表欄位〕窗格裡取消「縣市」欄位核取方塊的勾選。

STEP 3 原本在〔欄〕區域裡的「縣市」資料欄位立即消失。

STEP 4 工作表上的樞紐分析表亦移除了「縣市」資料維度，形成各交易公司各種交易方式的總交易金額的交叉統計。

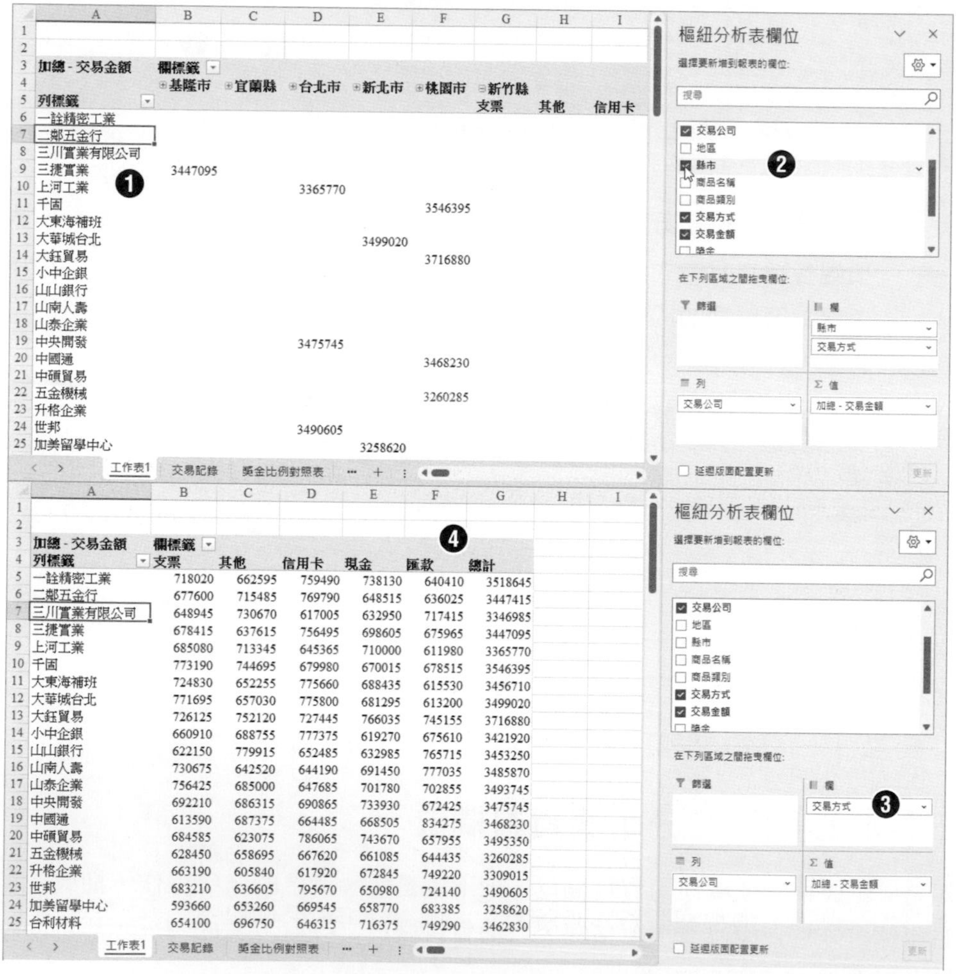

此外，直接以滑鼠拖曳區域裡的資料欄位名稱，例如〔欄〕區域裡的「縣市」欄位，拖放至工作表上的任意處，直至滑鼠指標呈現刪除符號時再放開拖曳操作，亦可在樞紐分析表上移除該資料欄位。

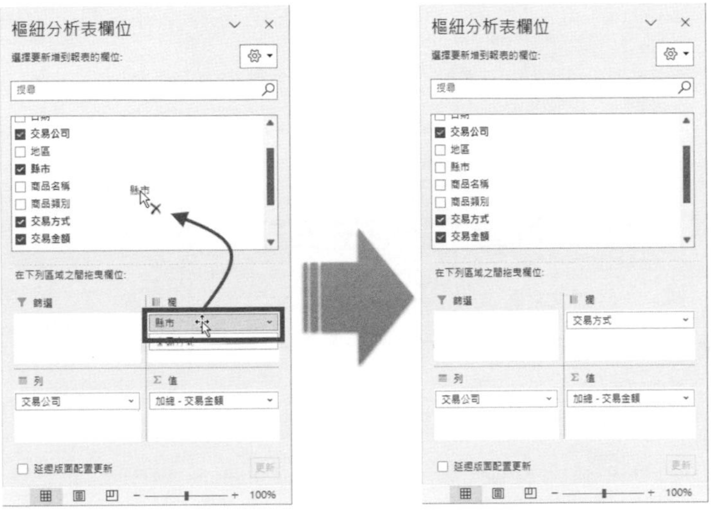

2-2-5 想念工作表上的傳統樞紐分析表架構

如果您仍思念舊版本 Excel 2003 以前的樞紐分析表操作，也就是在工作表上呈現樞紐分析表架構的四個區域，直接拖曳資料欄位至工作表上的四個區域裡，或在各區域之間拖曳調整資料欄位，則您可以透過〔樞紐分析表選項〕對話的操作來達成此需求。

STEP 1　點按〔樞紐分析表分析〕索引標籤。

STEP 2　點按〔樞紐分析表〕群組裡的〔選項〕命令按鈕。

STEP 3　從展開的功能選單中點按〔選項〕。

STEP 4　開啟〔樞紐分析表選項〕對話方塊，點按〔顯示〕索引頁籤。

STEP 5　勾選〔古典樞紐分析表版面配置 (在格線中啟用拖曳欄位)〕核取方塊。

STEP 6　點按〔確定〕按鈕。

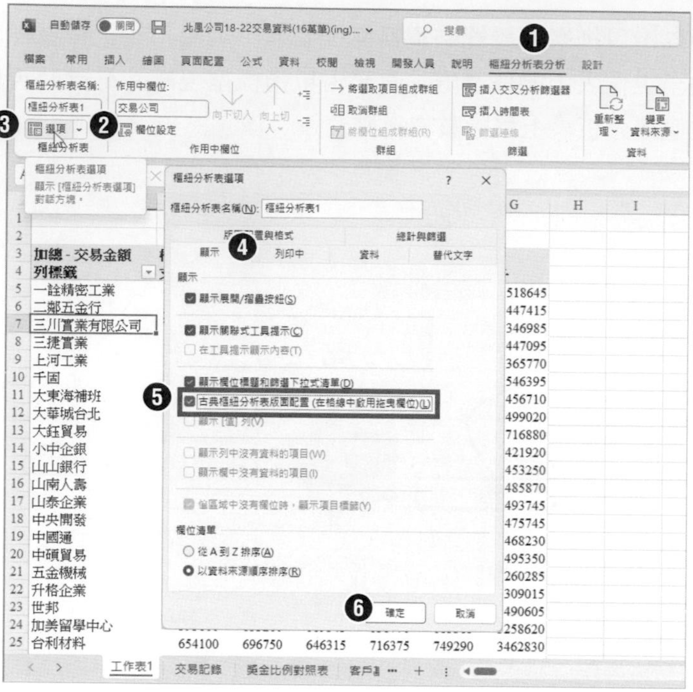

STEP 7 工作表上的樞紐分析表立即以傳統的樞紐分析表架構呈現。

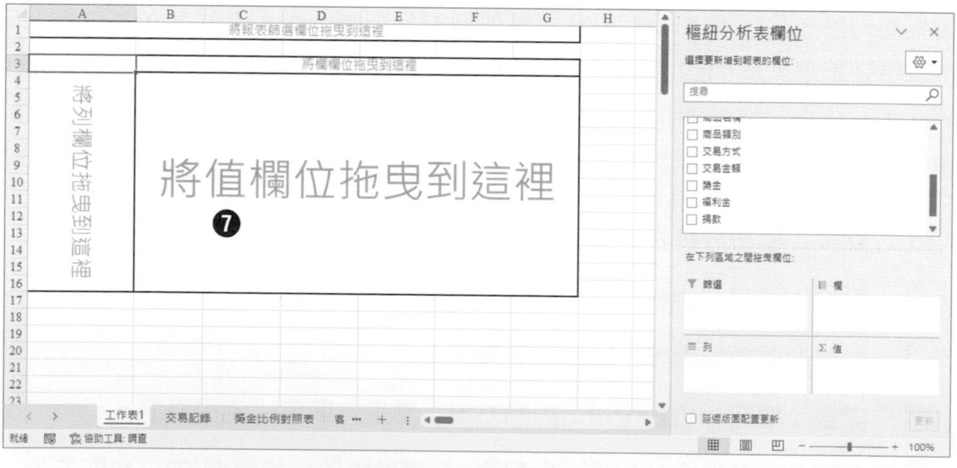

2-2-6 建議的樞紐分析表

由於樞紐分析表的分析內容即是資料來源裡的資料欄位，因此，若能確實掌控並理解資料表中各個資料欄位的用途與關係，必能製作出最佳的決策資訊統計。然而，我們經常會被大量湧進的資料來源所為難，面對為數眾多的資料欄位，實在不知該從何處下手，才能挑選適切的資料欄位做為樞紐分析表結構中各區域的內容，此時，Excel 2016/2019/2021/365 新增的〔建議的樞紐分析表〕將會是您的最佳幫手，因為它會為您提出建議，協助您自動建立樞紐分析表，進行資料的摘要與分析。

STEP 1 點選資料範圍裡的任一儲存格。

STEP 2 點按〔插入〕索引標籤。

STEP 3 點按〔表格〕群組裡的〔建議的樞紐分析表〕命令按鈕。

STEP 4 隨即開啟〔建議的樞紐分析表〕工作窗格，可取得一組 Excel 認為最適用於您的資料的自訂樞紐分析表。

STEP 5 您可以從中選擇所要建立的樞紐分析表後點按〔新工作表〕按鈕。

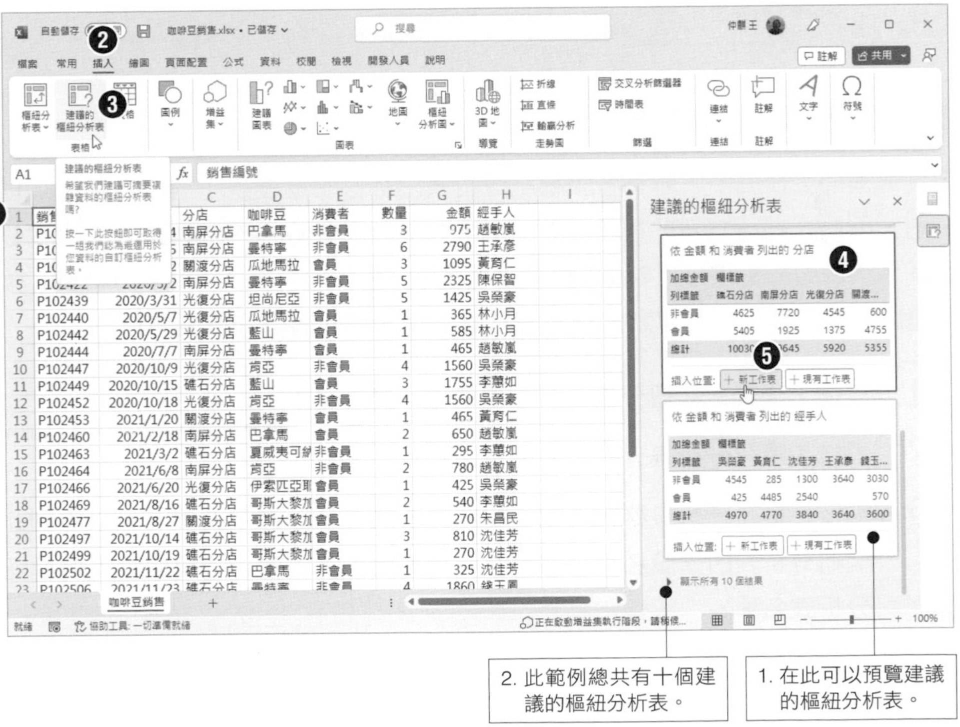

隨即在工作表上產生了所需的樞紐分析表，不過，即便這是選擇自 Excel 所建議的樞紐分析表，您還是可以透過〔樞紐分析表欄位〕窗格的操作來調整樞紐分析表結構，或者使用功能區裡的〔樞紐分析表工具〕客製化更完美的樞紐分析表。

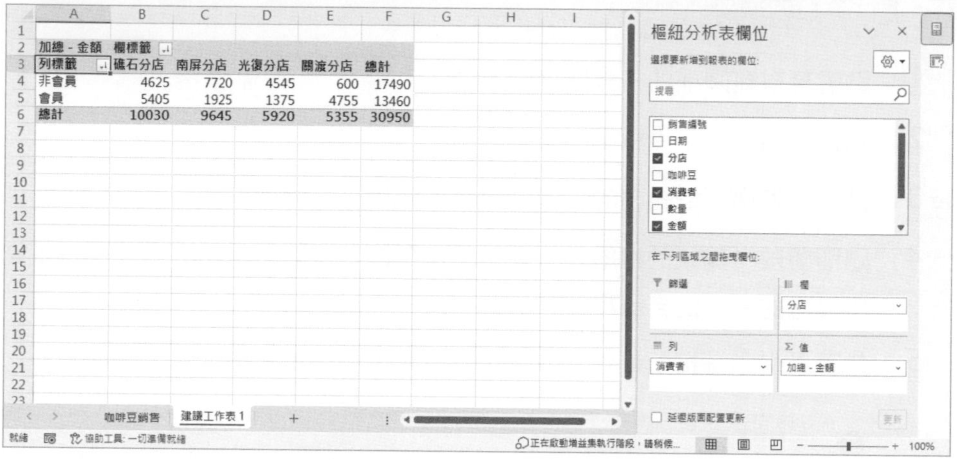

2-2-7 樞紐分析表的命名

活頁簿裡的工作表中，若有多張樞紐分析表，都必須要設定不同的名稱來加以識別，因此，在建立新的樞紐分析表時，Excel 都會貼心的自動預設流水號般的命名，例如：樞紐分析表 1、樞紐分析表 2、樞紐分析表 3、...，但仍衷心強烈建議您自行變更為更有意義且更容易解讀與識別的樞紐分析表名稱。

STEP 1 點選工作表上樞紐分析表所在處的任一儲存格。

STEP 2 點按〔樞紐分析表分析〕索引標籤。

STEP 3 點按〔樞紐分析表群組〕裡〔樞紐分析表名稱〕文字方塊，可以看到此樞紐分析表的預設名稱，亦可在此重新命名更有意義或可讀性高的樞紐分析表名稱。

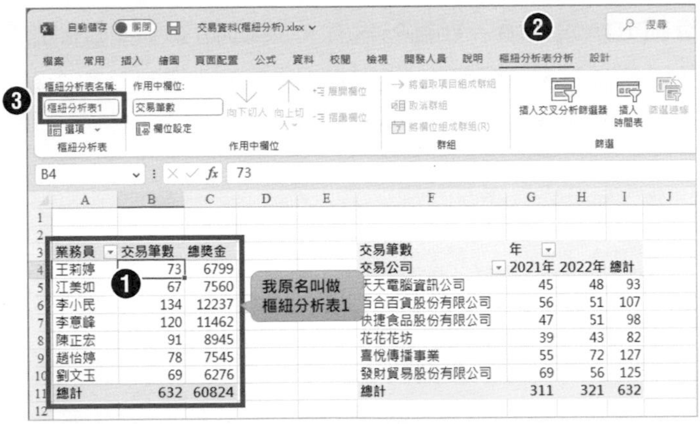
我原名叫做
樞紐分析表1

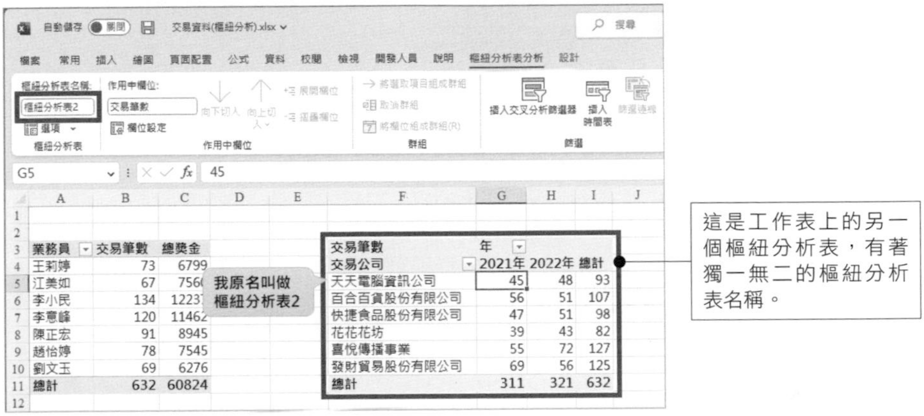
我原名叫做
樞紐分析表2
這是工作表上的另一個樞紐分析表，有著獨一無二的樞紐分析表名稱。

2-2-8 樞紐分析表的選項設定

製作樞紐分析表後，可以透過〔樞紐分析表選項〕對話方塊的操作，進行樞紐分析表的版面、格式、總計與篩選等等設定。由於設定的選項繁多，但也都不是困難的學習，只要細心實作就不難理解。因此，在此小節僅針對常用、重要的選項設定為您實作演練。

STEP 1　點選工作表上樞紐分析表所在處的任一儲存格。

STEP 2　點按〔樞紐分析表分析〕索引標籤(Excel 2021/Microsoft 365)。

STEP 3　點按〔樞紐分析表〕群組裡的〔選項〕命令按鈕。

STEP 4　開啟〔樞紐分析表選項〕對話方塊，在此可以看到此樞紐分析表的預設名稱，亦可在此點按一下文字方塊進行名稱的編輯。

STEP 5 在〔樞紐分析表選項〕對話方塊裡一共提供了〔版面配置與格式〕、〔總計與篩選〕、〔顯示〕、〔列印中〕、〔資料〕與〔替代文字〕等頁籤可進行各種樞紐分析表的相關設定。

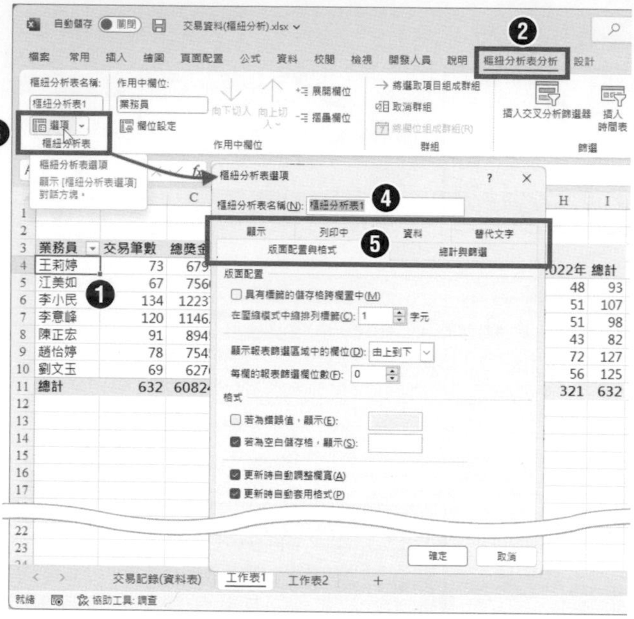

〔版面配置與格式〕頁籤

「版面配置」區段

- 只要勾選「具有標籤的儲存格跨欄置中」核取方塊，可以合併外部列及欄項目的儲存格，以便將項目水平及垂直置中。若取消選取此核取方塊，則會將外部列及欄欄位中的項目，在項目群組頂端靠左對齊。
- 以壓縮格式的版面配置顯示樞紐分析表時，「壓縮表單時，縮排列標籤」選項的設定，可以縮排列標籤區域中的列，縮排的層級可以從 0 到 127。

以下圖所示的範例，在〔列〕區域裡包含了「年」與「業務員」兩個欄位，且套用的是〔以壓縮模式顯示〕的報表版面配置，因此，在工作表的顯示上，「年」與「業務員」兩個欄位都壓縮在 A 欄裡顯示，並以縮排的方式呈現。若是透過〔樞紐分析表選項〕對話方塊裡〔版面配置與格式〕頁籤的操作，可以設定 A 欄裡的「年」與「業務員」內容進行縮排的控制。例如：原本一個字元距離的縮排效果，可以調整為三個字元距離的縮排，讓具有階層的多欄位層次感效果更加明顯。

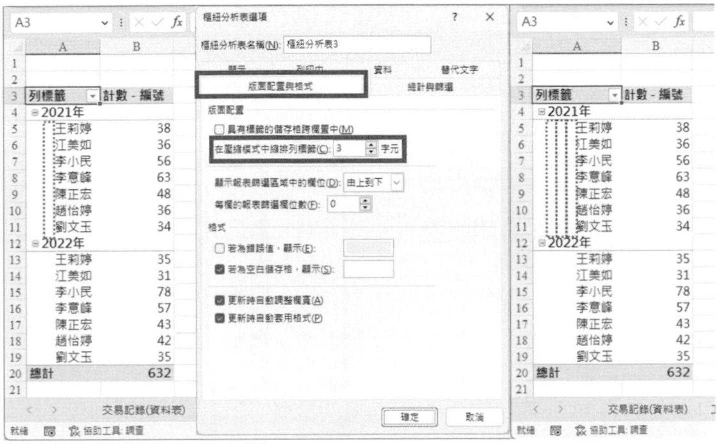

此外，透過〔樞紐分析表分析〕右側〔設計〕索引標籤裡的〔報表版面配置〕命令按鈕，可以將原本預設為〔以壓縮模式顯示〕的報表版面配置，改成其他報表版面配置。

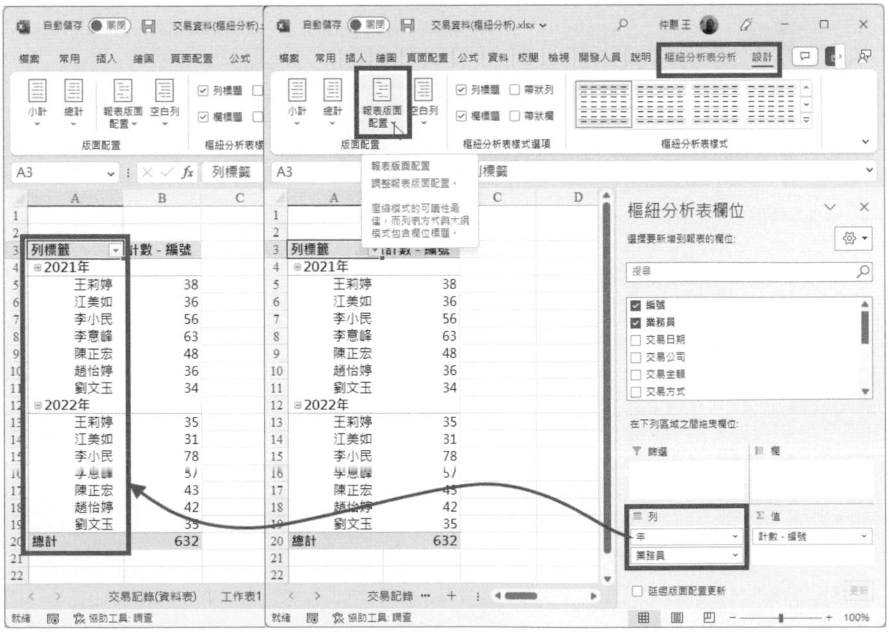

例如：改成〔以列表方式顯示〕，如此，「年」與「業務員」兩個欄位將各自占用一個獨立的欄位，分別位於 A 欄(「年」欄位)與 B 欄(「業務員」欄位)：

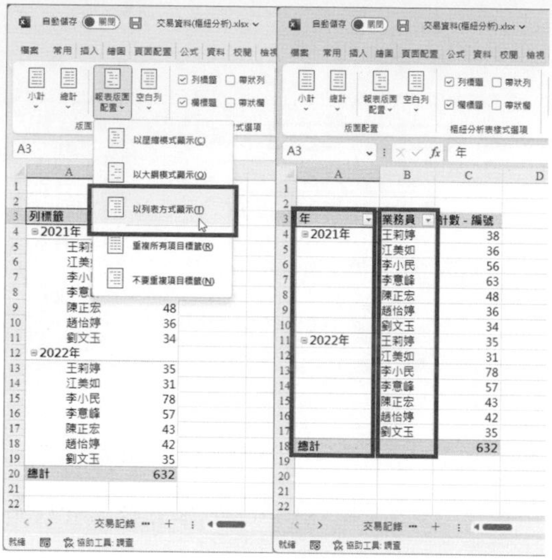

此時，利用〔樞紐分析表選項〕對話方塊裡〔版面配置與格式〕頁籤操作，勾選「具有標籤的儲存格跨欄置中」核取方塊後，樞紐分析表裡的「年」欄位內容將以合併相同年份的各列儲存格：

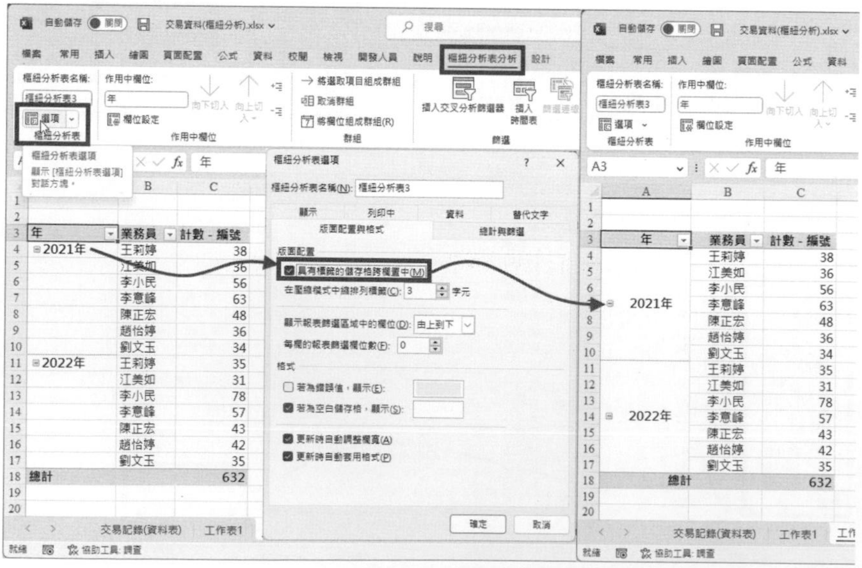

- ❖ 如果樞紐分析表的結構上有設定〔篩選〕區域的內容，且含有一個以上的篩選欄位，則「顯示報表篩選區域中的欄位」選項，可以透過 [由上到下] 或 [由左至右] 的選擇，顯示報表篩選區域中的欄位排列。
- ❖ 藉由「每欄的報表篩選欄位數」之設定，可以根據前述「顯示報表篩選區域中的欄位」的設定，調整 [由上到下] 或 [由左至右] 欄或列之欄位顯示數目。

以下圖所示的範例，在〔篩選〕區域裡由上而下包含了「年」、「交易方式」與「交易公司」等三個欄位，因此，預設狀態下在樞紐分析表的左上方，由上而下便顯示著三個欄位的名稱與篩選按鈕(此例位於 A1:B3)：

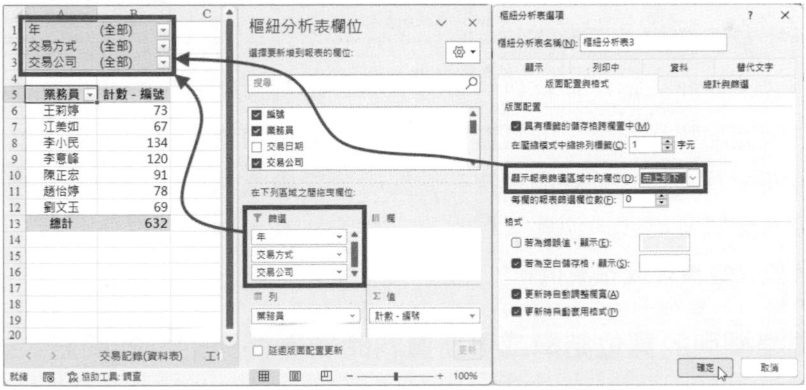

若是透過〔樞紐分析表選項〕對話方塊裡〔版面配置與格式〕頁籤的操作，可以設定「顯示報表篩選區域中的欄位」選項，將原本 [由上到下] 的排列改成 [由左至右] 的顯示：

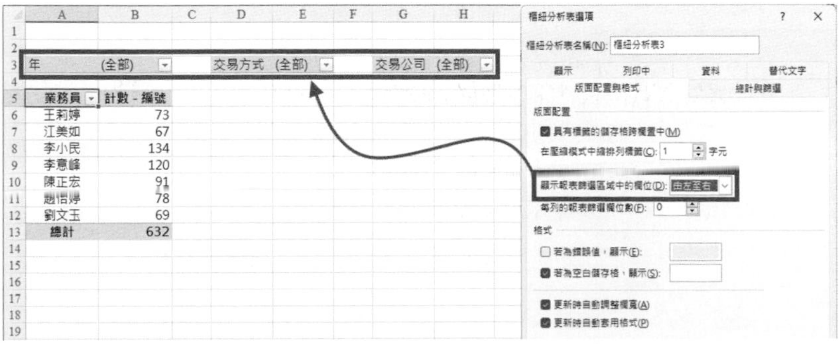

「格式」區段

■ 若樞紐分析表裡的摘要值計算的結果是錯誤值，將會顯示錯誤訊息，不過，您也可以勾選「若為錯誤值，顯示」核取方塊，並在右側的文字方塊裡鍵入自訂的訊息文字(例如：「無效」)，如此便可以讓此自訂的訊息文字取代錯誤訊息，讓報表的呈現具備客製化訊息，報表的解讀也更具可讀性。

■ 若樞紐分析表裡的摘要值計算的結果是空白儲存格，則可以透過「若為空白儲存格，顯示」核取方塊的勾選，並在右側的文字方塊裡鍵入自訂的訊息文字(例如：「空白」)，如此便可以讓此自訂的訊息文字取代原本的空白儲存格。

■ 勾選「更新時自動調整欄寬」核取方塊時，當樞紐分析表調整結構時會自動調整成各欄的欄寬以迎合最新內容文字或數值的顯示寬度。

■ 勾選「更新時自動套用格式」核取方塊時，可以儲存樞紐分析表版面配置及格式，如此，每次在樞紐分析表上執行各種作業時，仍使用目前設定完成的版面配置及格式。若是取消此核取方的塊勾選，則不會儲存樞紐分析表版面配置及格式，意即每次在於樞紐分析表上執行作業時，便套用預設的版面配置及格式，因此，原本設定好的格式，例如：樞紐分析表上的字體字型又會恢復成預設值。

關於調整欄列的欄位結構或更新資料時影響欄寬列高的問題

以下圖所示的樞紐分析表範例為例，A 欄與 B 欄的寬度整為相同的欄寬，A 欄顯示「業務員」欄位資訊、B 欄顯示「年」欄位資訊：

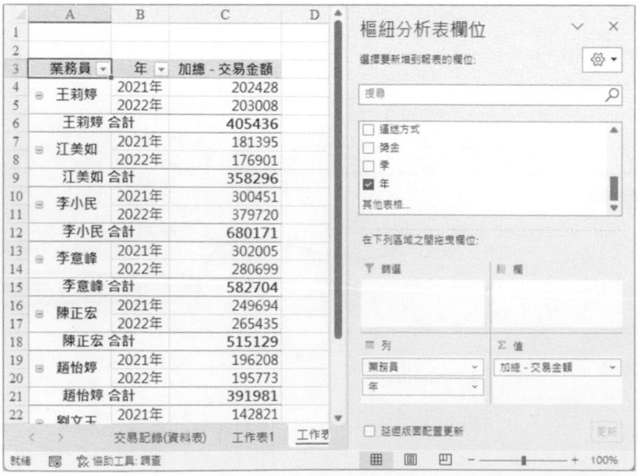

若將樞紐分析表〔列〕區域裡的欄位對調，改成 A 欄顯示「年」欄位資訊、B 欄顯示「業務員」欄位資訊，則樞紐分析表會自動根據新的欄位內容而調製適當的欄寬：

若取消勾選「更新時自動調整欄寬」，則調整樞紐分析表的結構時，將維持原本的樞紐分析表欄寬。例如：原本樞紐分析表 A 欄與 B 欄的寬度整為相同的欄寬，A 欄顯示「業務員」欄位資訊、B 欄顯示「年」欄位資訊：

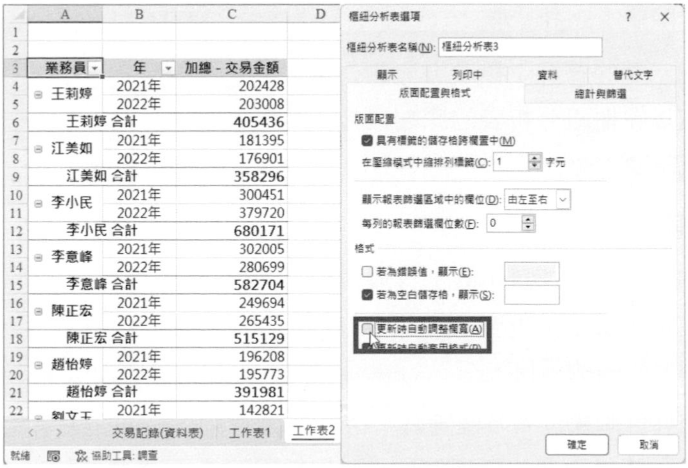

爾後將樞紐分析表〔列〕區域裡的欄位對調，改成 A 欄顯示「年」欄位資訊、B 欄顯示「業務員」欄位資訊後，則樞紐分析表 A 欄、B 欄的寬度仍維持原本相同的欄寬：

〔總計與篩選〕頁籤

「總計」區段

- 透過「顯示列的總計」核取方塊的勾選與否，可以在樞紐分析表的最後一欄旁邊顯示或隱藏「總計」欄。
- 透過「顯示欄的總計」核取方塊的勾選與否，可以在樞紐分析表的底端最後一列顯示或隱藏「總計」列。

「篩選」區段

- 透過「篩選的頁面項目小計」核取方塊的勾選，可以決定是否要在小計中包括或排除報表篩選的項目。
- 透過「允許每個欄位有多個篩選」核取方塊的勾選，可以決定在 Excel 計算小計及總計時是否要包括所有的值 (包括因篩選而隱藏的值)，或者僅包括顯示的項目。

「排序」區段

- 藉由「排序時，使用自訂清單」核取方塊的勾選，可以在樞紐分析表進行排序操作時，啟用或停用自訂清單的排序依據。注意：在資料量頗大的報表上若採用自訂清單的排序規範，將會降低資料排序的效能。

〔顯示〕頁籤

「顯示」區段

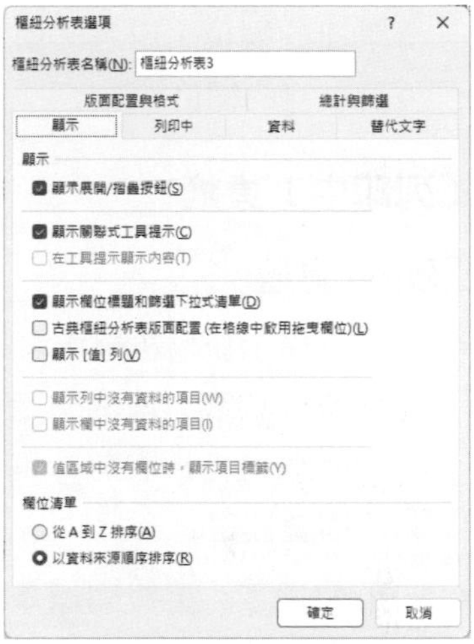

- 勾選「顯示展開/摺疊按鈕」核取方塊時，可以顯示運用於展開或摺疊欄或列標籤的加號或減號按鈕。
- 勾選「顯示關聯式工具提示」核取方塊時，可以顯示關於樞紐分析表上欄位或資料值之值，或者列或欄資訊的工具提示。
- 透過「在工具提示顯示內容」核取方塊的勾選與否，可以決定是否要顯示或隱藏用來顯示項目之內容資訊的工具提示。
- 透過「顯示欄位標題和篩選下拉式清單」核取方塊的勾選與否，可以決定是否要顯示或隱藏樞紐分析表頂端的樞紐分析表標題，以及欄標籤與列標籤上的篩選按鈕(倒三角形的下拉式選項按鈕)。
- 透過「古典樞紐分析表版面配置」核取方塊的勾選與否，決定是否要使用舊版本 Excel 樞紐分析表的操作版面(直接將欄位拖曳至在工作表上的樞紐分析表內)。
- 勾選「顯示[值]列」核取方塊後，若樞紐分析表的〔Σ值〕區域內有兩個以上的摘要值欄位，該樞紐分析表頂端摘要值欄位的欄名上方會增加一個預設名稱為「數值」的標題列。
- 藉由「顯示列中沒有資料的項目」核取方塊的勾選與否，可以決定是否顯示或隱藏不包含任何值的資料列項目。

- 藉由「顯示欄中沒有資料的項目」核取方塊的勾選與否，可以決定是否顯示或隱藏不包含任何值的資料欄項目。
- 藉由「值區域中沒有欄位時，顯示項目標籤」核取方塊的勾選與否，可以決定在值區域中沒有欄位時，是否要顯示或隱藏項目標籤。

「欄位清單」區段

- 在此提供了「從 A 到 Z 排序」選項及「以資料來源順序排序」選項，可以選擇要依據英文字母(中文筆畫順序)遞增排序的方式來排列樞紐分析表欄位清單裡的欄位，或者，依據外部資料來源所指定的順序排序樞紐分析表欄位清單裡的欄位。

〔列印中〕頁籤

「列印」區段

- 藉由「顯示於樞紐分析表時，列印展開/摺疊按鈕」核取方塊的勾選與否，可以決定在列印樞紐分析表時，是否顯示或隱藏展開及摺疊按鈕。
- 如果勾選了「重複列標籤於每個列印頁」核取方塊，可以在所列印樞紐分析表的每一頁上重複列標籤區域的目前項目標籤。
- 透過「設定列印標題」核取方塊的勾選與否，可以決定在列印較大張甚至會跨頁列印的樞紐分析表時，是否啟用或停用重複的列與欄欄位標題，列印或取消列印樞紐分析表的每一個列印頁面上的項目標籤。

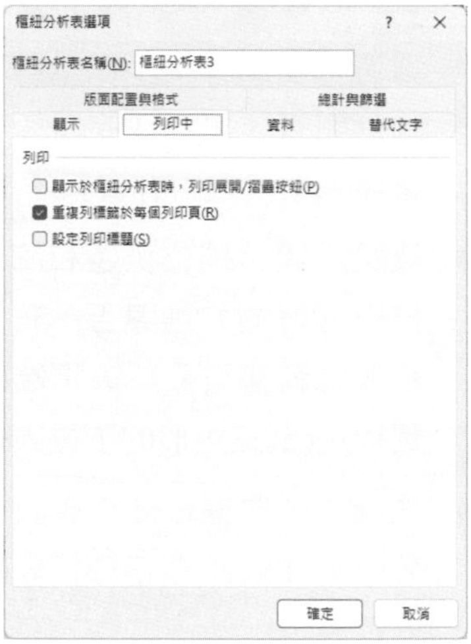

〔資料〕頁籤

「樞紐分析表資料」區段

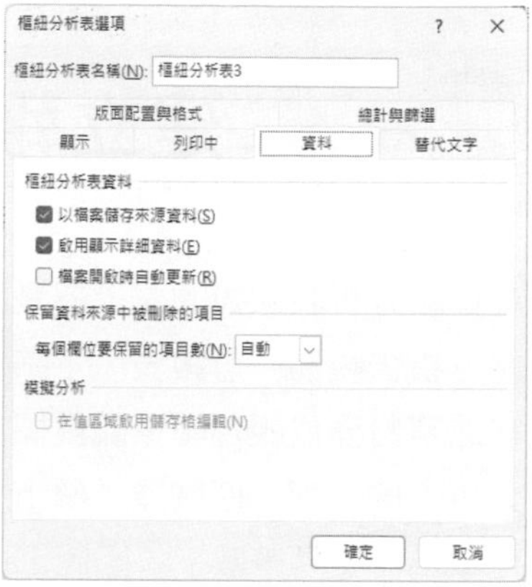

- 「以檔案儲存來源資料」選取或取消選取此核取方塊，可以在活頁簿中儲存或不儲存來自外部資料來源的資料。
- 「啟用顯示詳細資料」選取或取消選取此核取方塊，可以顯示資料來源的詳細資料，然後在新工作表上顯示該資料。
- 「檔案開啟時自動更新」選取或取消選取此核取方塊，可以在開啟含有此樞紐分析表的 Excel 活頁簿時重新整理或不要重新整理資料。

「保留資料來源中被刪除的項目」區段

- 「每個欄位要保留的項目數」若要指定活頁簿暫時快取之每個欄位的項目數，請選取下列其中一項：
  - 【自動】選項：每個欄位預設的唯一項目數。
  - 【無】選項：每個欄位沒有唯一項目。
  - 【最大值】選項：每個欄位的最大唯一項目數。最多可以指定 1,048,576 個項目。
- 勾選「在值區域啟用儲存格編輯」核取方塊後，使用模擬分析時，可以啟用儲存格編輯來變更數值。

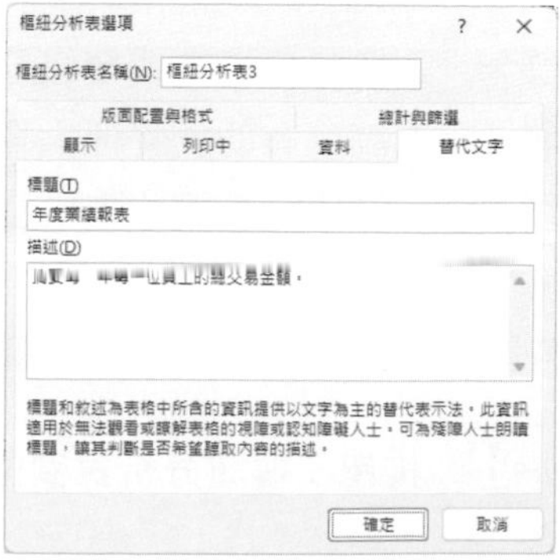

〔替代文字〕頁籤

替代文字可協助視力障礙使用者了解樞紐分析表(或其他圖片、圖形化的內容)。當有人使用螢幕助讀程式來檢視文件時，他們就會聽見替代文字的說明；沒有替代文字的話，他們只知道已達到樞紐分析表(或其他圖片、圖形化的內容)的位置而不知道其顯示的內容。因此，我們可以在〔標題〕文字方塊及〔描述〕文字方塊裡，輸入與此樞紐分析表相關的自訂標題文字與描述。

2-3 建立報表篩選

在樞紐分析表架構的左上方是〔篩選〕區域，早期稱之為〔頁〕區域。若您將樞紐分析表視為一份報表，〔篩選〕區域即是在進行分頁的控制，以〔篩選〕區域裡的資料欄位視為篩選關鍵欄位，顯示樞紐分析的資料子集。如下圖所示，樞紐分析表的〔列〕區域為「縣市」欄位、〔欄〕區域為「商品類別」欄位，〔值〕區域為「交易筆數」，因此，可顯示各縣市各種商品類別的交易筆數。

交易筆數	欄標籤								
列標籤	肉類	海鮮	特製品	起司	飲料	零食點心	穀類麥片	調味品	總計
基隆市	390	677	158	304	717	787	190	359	3582
宜蘭縣	343	665	121	276	693	780	203	332	3413
台北市	2296	4669	888	1881	4656	4978	1286	2248	22902
新北市	2344	4646	980	2029	4554	5034	1369	2433	23389
桃園市	1652	3266	660	1304	3180	3502	920	1637	16121
新竹縣	315	691	163	266	705	782	225	356	3503
新竹市	875	1751	368	761	1866	1901	534	872	8928
苗栗縣	149	425	63	156	361	348	121	163	1786
台中市	2366	4634	947	1971	4563	5019	1296	2264	23060
彰化縣	367	693	160	285	673	824	205	339	3546
南投縣	353	711	180	332	720	844	203	355	3698
雲林縣	325	686	139	294	749	748	218	363	3522
嘉義縣	362	674	155	280	697	716	195	336	3415
嘉義市	386	750	159	275	687	772	207	351	3587
台南市	1089	2056	444	816	2141	2334	633	1099	10612
高雄市	1466	2844	595	1150	2818	3082	868	1433	14256
屏東縣	182	335	65	151	364	401	93	182	1773
花蓮縣	360	715	178	312	708	737	192	375	3577
台東縣	206	363	79	123	345	381	113	196	1806
澎湖縣	345	674	124	279	712	785	243	338	3500
金門縣	168	334	70	139	352	383	120	143	1709
馬祖	169	405	74	162	371	337	104	169	1791
總計	16508	32664	6770	13546	32632	35475	9538	16343	163476

如今，在樞紐分析表或樞紐分析圖報表中使用報表篩選，可以方便顯示資料子集。報表篩選有助於管理大量資料的顯示，並可專注在報表中的資料子集，例如：將「經手人」欄位拖曳至〔篩選〕區域，則可以在工作表上產生報表篩選欄位(此例位於儲存格 B1)，透過此欄位的篩選，顯示指定「經手人」所負責之各縣市各種商品類別的交易筆數。

STEP 1　拖曳〔樞紐分析表欄位〕工作窗格裡的「經手人」欄位。

STEP **2** 拖放至〔篩選〕區域。

STEP **3** 工作表上立即建立報表篩選項目(儲存格 A1:B1)。

STEP **4** 點按報表篩選按鈕。

STEP **5** 從展開的經手人選單中點選指定人選員，例如：「李育峰」。

STEP **6** 隨即列出經手人「李育峰」所負責之各縣市各種商品類別的交易筆數。

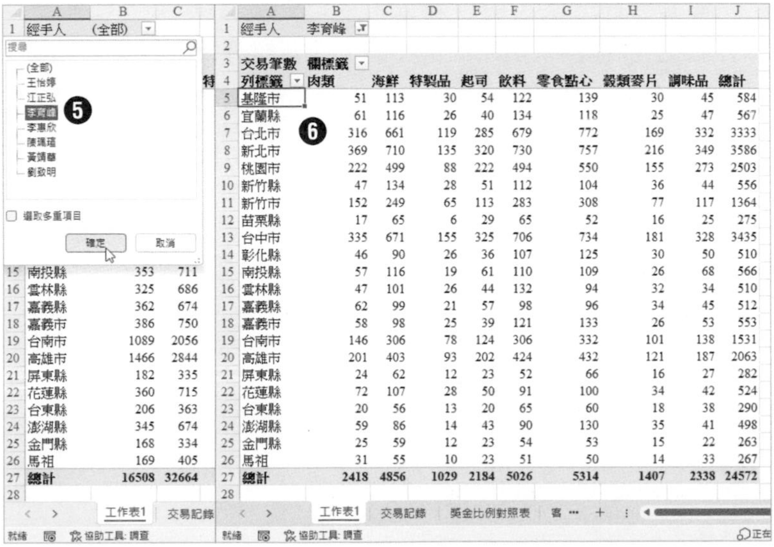

在篩選過程中並非只能單選，若有複選的需求，可以在展開選單中，事先勾選選單底部的〔選取多重項目〕核取方塊，即可在選單中顯示各項選項的核取方塊，讓您輕鬆進行複選的操作。如下列範例即複選了「江正弘」、「李育峰」、「黃靖華」等三位經手人在各縣市各種商品類別的總交易筆數。

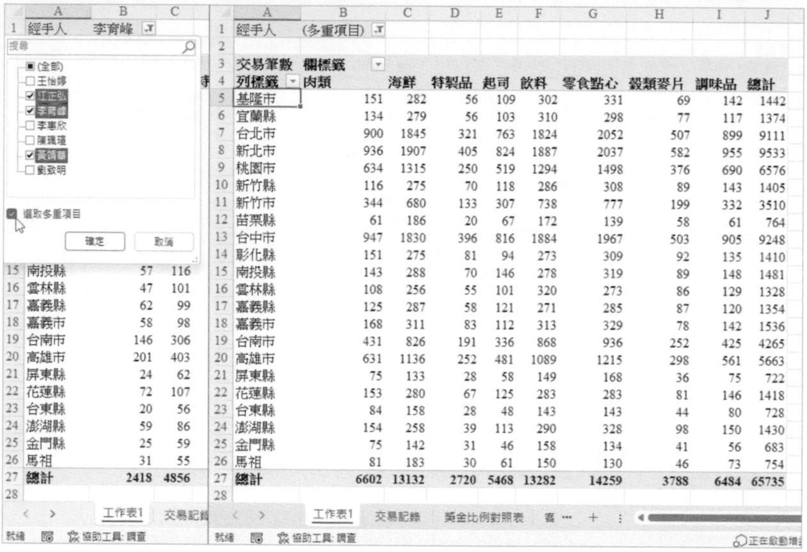

經手人	(多重項目)								
交易筆數	欄標籤								
列標籤	肉類	海鮮	特製品	起司	飲料	零食點心	穀類麥片	調味品	總計
基隆市	151	282	56	109	302	331	69	142	1442
宜蘭縣	134	279	56	103	310	298	77	117	1374
台北市	900	1845	321	763	1824	2052	507	899	9111
新北市	936	1907	405	824	1887	2037	582	955	9533
桃園市	634	1315	250	519	1294	1498	376	690	6576
新竹縣	116	275	70	118	286	308	89	143	1405
新竹市	344	680	133	307	738	777	199	332	3510
苗栗縣	61	186	20	67	172	139	58	61	764
台中市	947	1830	396	816	1884	1967	503	905	9248
彰化縣	151	275	81	94	273	309	92	135	1410
南投縣	143	288	70	146	278	319	89	148	1481
雲林縣	108	256	55	101	320	273	86	129	1328
嘉義縣	125	287	58	121	271	285	87	120	1354
嘉義市	168	311	83	112	313	329	78	142	1536
台南市	431	826	191	336	868	936	252	425	4265
高雄市	631	1136	252	481	1089	1215	298	561	5663
屏東縣	75	133	28	58	149	168	36	75	722
花蓮縣	153	280	67	125	283	283	81	146	1418
台東縣	84	158	28	48	143	143	44	80	728
澎湖縣	154	258	39	113	290	328	98	150	1430
金門縣	75	142	31	46	158	134	41	56	683
馬祖	81	183	30	61	150	130	46	73	754
總計	**6602**	**13132**	**2720**	**5468**	**13282**	**14259**	**3788**	**6484**	**65735**

利用樞紐分析表可以根據指定欄位進行交叉分析的統計，至於要使用哪些欄位？以哪一面向來製作樞紐分析表？則端賴使用者的需求與經驗，只需藉由滑鼠拖曳資料欄位至各區域，即可建立所需的報表。甚至，在樞紐分析表的〔欄〕、〔列〕上都提供有排序篩選按鈕，而樞紐分析表左上方也具備報表篩選的能力，讓使用者可以透過篩選按鈕展開下拉式選項清單，篩選出合乎準則與需求的樞紐分析報表。

2-4 交叉分析篩選器 – 建立數位儀表板

樞紐分析表的運算成果可以做為客戶或主事者在進行決策判斷時的最佳依據，為企業、機構帶來難以估量的效益。而在樞紐分析表的篩選操作上，除了點按篩選按鈕，可以選擇合乎需求與準則的資料外，若能藉由交叉分析篩選器的建立，更可以讓樞紐分析的篩選工作更為簡化且具備視覺化效果。所謂交叉分析篩選器就是將樞紐分析表的篩選作業改以按鈕面板來取代篩選按鈕。意即將原本點按篩選按鈕而展開下拉式清單選項的操作，變成排列工整的選項按鈕，將篩選的工作透過按鈕的點按，即可確確實實的達到點石成金的目的。

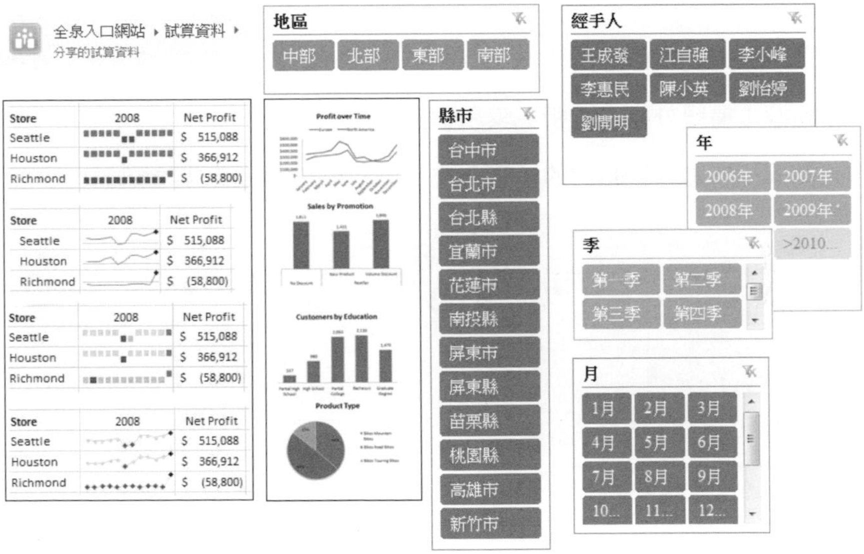

〔交叉分析篩選器〕的英文原名為 Slicers，是 Excel 2010 以後所添增的新功能，透過它可以更簡化樞紐分析表的報表篩選作業。而 Excel 2013/2016/2019/365 版本的〔交叉分析篩選器〕功能更是精進，原本只能在樞紐分析表上才能建立〔交叉分析篩選器〕的功能，已經擴展到使用資料表(Data Table)也能輕易地製作出〔交叉分析篩選器〕。藉由〔交叉分析篩選器〕將可創造出彈指之間即可盡情分析資料的數位儀表。

2-4-1 建立交叉分析篩選器

藉由以下的樞紐分析表為例，「經手人」欄位位於〔篩選〕區域；「縣市」位於〔列〕區域；「商品類別」欄位位於〔欄〕區域；在〔值〕與區域裡則是進行訂單「編號」欄位的計數，建構出分頁選單式的樞紐分析報表，透過以下的操作演練，我們將改以〔交叉分析篩選器〕，重新製作成數位儀表板式的樞紐分析報表，感受一下〔交叉分析篩選器〕的強大魅力。

以下的兩種操作方式都可以為您建立〔交叉分析篩選器〕：

- 事先建立樞紐分析表後，點按〔樞紐分析表分析〕索引標籤，然後再點按〔篩選〕群組裡的〔插入交叉分析篩選器〕命令按鈕。
- 點按〔插入〕索引標籤，然後再點按〔篩選〕群組裡的〔交叉分析篩選器〕命令按鈕。

STEP 1　點選樞紐分析表裡的任一儲存格。

STEP 2　點按〔樞紐分析表分析〕索引標籤。

STEP 3　點按〔篩選〕群組裡的〔插入交叉分析篩選器〕命令按鈕。

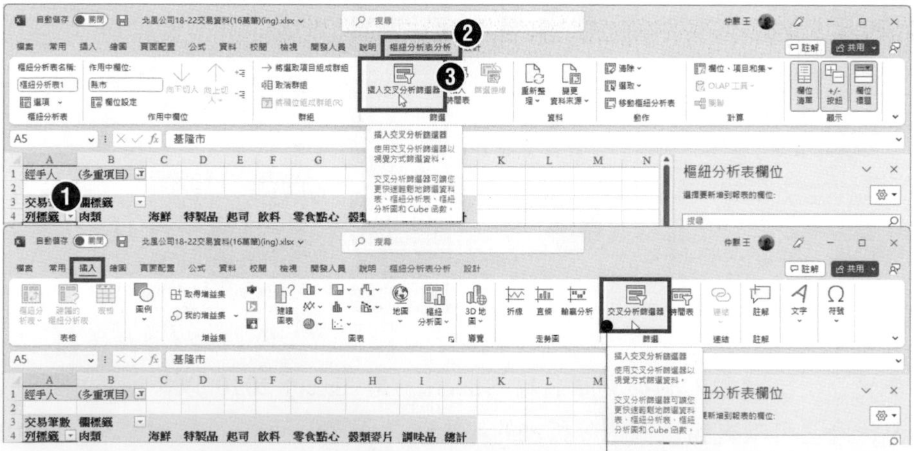

在〔插入〕索引標籤裡的〔篩選〕群組內，亦提供有〔交叉分析篩選器〕命令按鈕。

STEP 4　開啟〔插入交叉分析篩選器〕對話方塊，勾選「經手人」、「縣市」、「商品類別」與「交易方式」等四項資料欄位的核取方塊，然後，點按〔確定〕按鈕。

STEP 5 勾選的資料欄位立即以浮貼式的按鈕選單呈現在工作表上，這個浮貼式的按鈕選單便稱之為〔交叉分析篩選器〕。

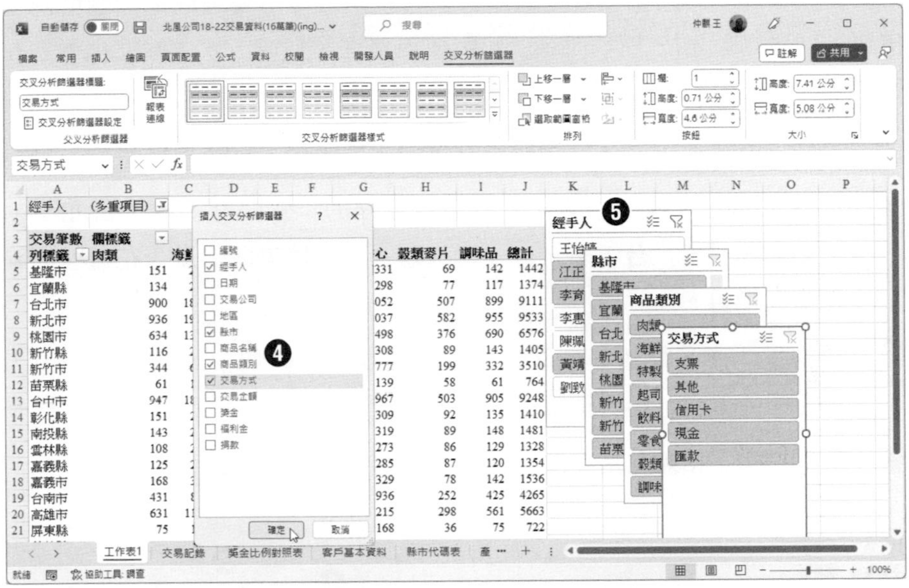

您可以透過滑鼠拖曳操作來調整〔交叉分析篩選器〕的高度或寬度，或者拖曳〔交叉分析篩選器〕的標題來移動其在工作表上的顯示位置。

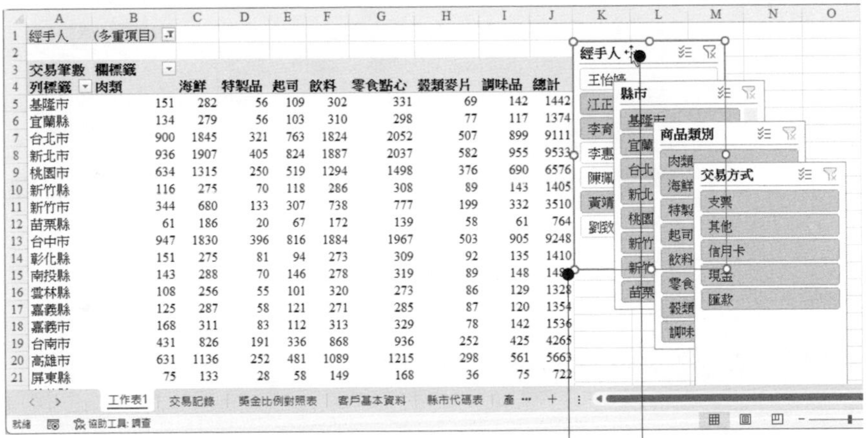

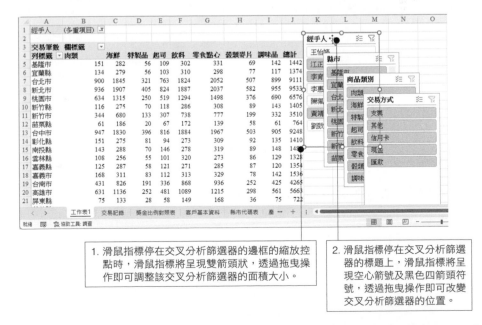

1. 滑鼠指標停在交叉分析篩選器的邊框的縮放控點時，滑鼠指標將呈現雙箭頭狀，透過拖曳操作即可調整該交叉分析篩選器的面積大小。

2. 滑鼠指標停在交叉分析篩選器的標題上，滑鼠指標將呈現空心箭號及黑色四箭頭符號，透過拖曳操作即可改變交叉分析篩選器的位置。

在〔交叉分析篩選器〕上方所顯示的標題即為資料欄位名稱，而裡面所列的各個按鈕即為該欄位的內容項目，只要您輕鬆點按一下這些欄位內容項目按鈕，即可篩選所要顯示的內容項目之樞紐分析資料；若是想要選取多個欄位內容項目按鈕，則可以事先按住 Ctrl 或 Shift 按鍵再進行點按，大大地簡化了您在篩選資料時的操作程序。

STEP 1 點按「經手人」交叉分析篩選器裡的「王怡婷」資料項目。

STEP 2 然後，複選「縣市」交叉分析篩選器裡的「宜蘭縣」、「台北市」、「新竹市」、「台中市」、「雲林縣」、「屏東縣」及「花蓮縣」等七個資料項目。

STEP 3 再複選「商品類別」交叉分析篩選器裡的「肉類」、「海鮮」、「起司」、「飲料」與「調味品」等五個資料項目。

STEP 4 立即篩選王怡婷在指定縣市指定商品類別的銷售統計資訊。

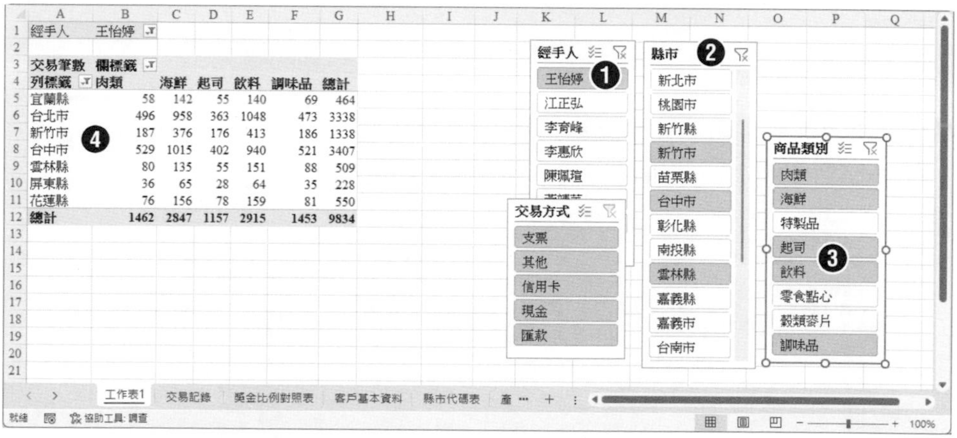

點按〔交叉分析篩選器〕右上角的〔清除篩選〕按鈕，可以清除該資料欄位的篩選準則。例如：點按「縣市」交叉分析篩選器裡的〔清除篩選〕按鈕，即可取消此欄位的篩選，而顯示所有縣市的資料。

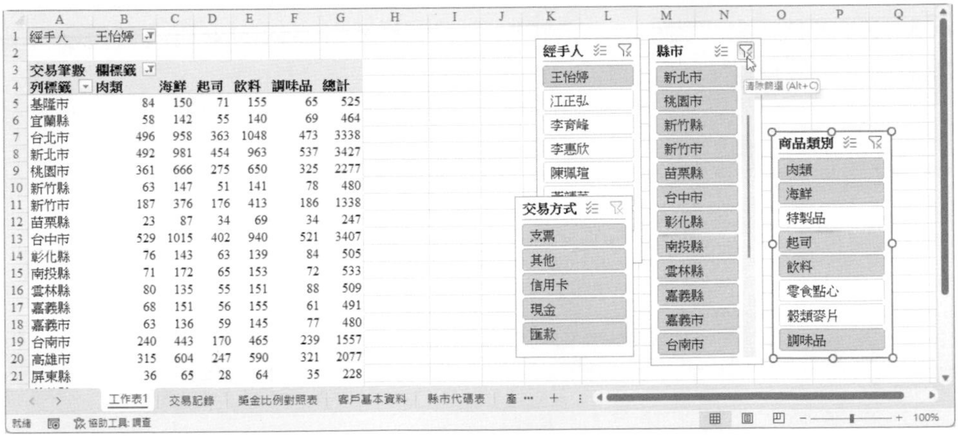

當您使用一般的樞紐分析表來篩選多個欄位內容項目時，篩選的結果只會指出已經篩選了多個內容項目，您必須開啟下拉式清單才能夠看到篩選的詳細資料。然而，透過交叉分析篩選器卻可以清楚地標示所套用的篩選準則並提供詳細資料，讓您能夠輕鬆知道篩選後的樞紐分析表所顯示的是什麼準則內容的資料。

2-4-2 Excel 資料表格也可以建立交叉分析篩選器

交叉分析篩選器最初是在 Excel 2010 推出的功能，使用它可以透過互動的方式來篩選樞紐分析表資料，因此，交叉分析篩選器的建立是架構於樞紐分析表上，使用者必須先建立樞紐分析表，才能建立交叉分析篩選器。如今這個限制已在 Excel 2013 以後打破了！所以，Excel 2013/2016/2019/2021/365 的交叉分析篩選器也可以篩選 Excel 表格、查詢表以及來自其他資料表格中的資料。例如：在工作表上所建立的資料表格(Data Table)、匯入自 Access 的資料表。至於在 Excel 資料表格中建立交叉分析篩選器的操作方式有二，首先必須先點選 Excel 資料表格(必須是資料表格，不可以是一般傳統的儲存格範圍喔！)裡的任一儲存格，然後：

- 點按〔插入〕索引標籤，再點選〔篩選〕群組裡的〔交叉分析篩選器〕命令按鈕。

或者

- 點按〔表格設計〕索引標籤，再點按〔工具〕群組內的〔插入交叉分析篩選器〕命令按鈕。

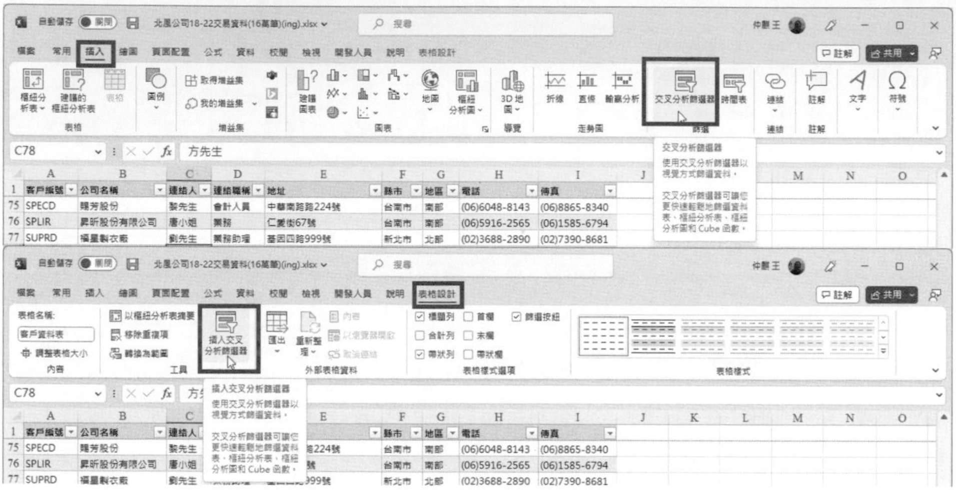

上述兩種操作方式都可以開啟〔插入交叉分析篩選器〕對話方塊，再勾選對話方塊裡的資料欄位之核取方塊，即可立即在工作表上建立浮貼式的〔交叉分析篩選器〕，建構出極具視覺化效果的資料篩選工具。

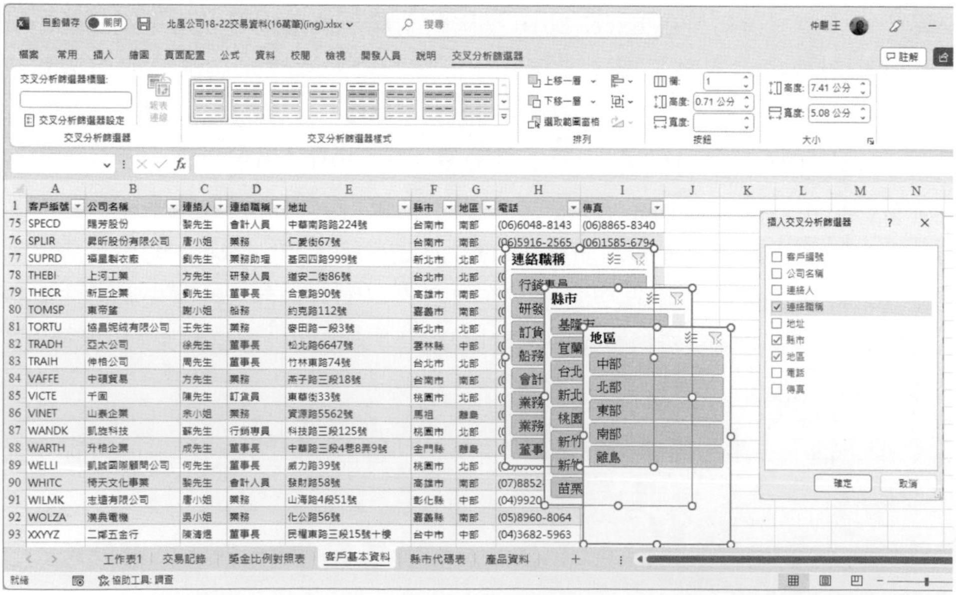

TIPS

若是在一般傳統的儲存格範圍裡(或是沒有資料的空白範圍裡)，透過點按〔交叉分析篩選器〕命令按鈕欲進行〔交叉分析篩選器〕的建立時，畫面將彈出〔現有連線〕對話方塊，要求使用者以選擇連線外部資料的方式來建立〔交叉分析篩選器〕，並不會直接以傳統的儲存格範圍來建立〔交叉分析篩選器〕。

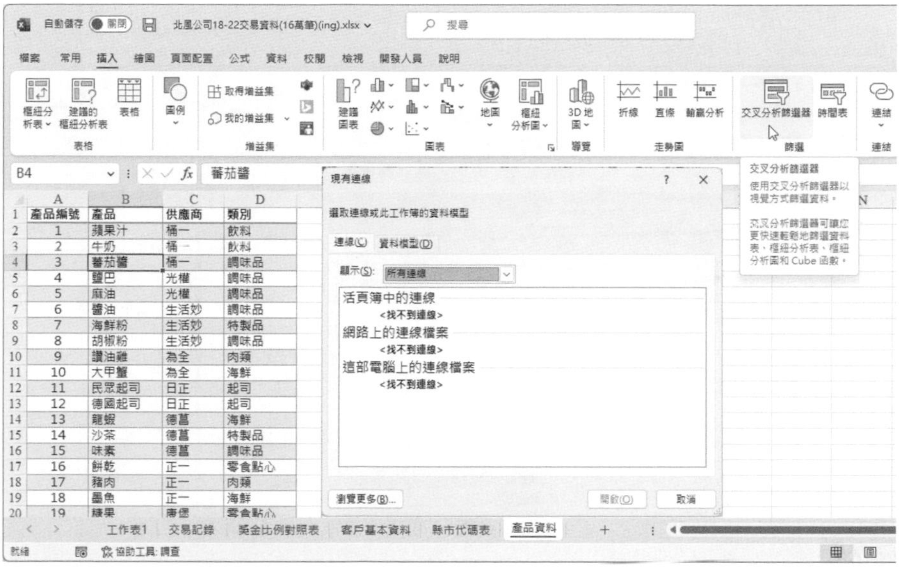

2-4-3 妝扮您的交叉分析篩選器

美化交叉分析篩選器

交叉分析篩選器的外觀正如同一般的控制選單按鈕，而不是儲存格，因此，透過交叉分析篩選器將可以建立更引人注目與實用的互動式報表，讓您與您的協同作業夥伴們可以將所有的精力耗費在資料的分析工作上，而不是報表的篩選操作上。在建置有〔交叉分析篩選器〕的工作表上，活頁簿上方的功能區裡，也將提供有〔交叉分析篩選器〕工具，在此工具底下將包含各項相關的功能操作，可以讓您格式化您的〔交叉分析篩選器〕，美化您的數位儀表面板。

STEP 1 在工作表上點選〔交叉分析篩選器〕。

STEP 2 功能區上立即顯示出〔交叉分析篩選器〕，點按下方的〔排列〕群組裡的〔選取範圍窗格〕命令按鈕。

STEP 3 畫面右側會開啟〔選取範圍窗格〕工作窗格，您可以在此看到此工作表上的每一個交叉分析篩選器名稱，並可決定是否顯示或隱藏這些交叉分析篩選器。

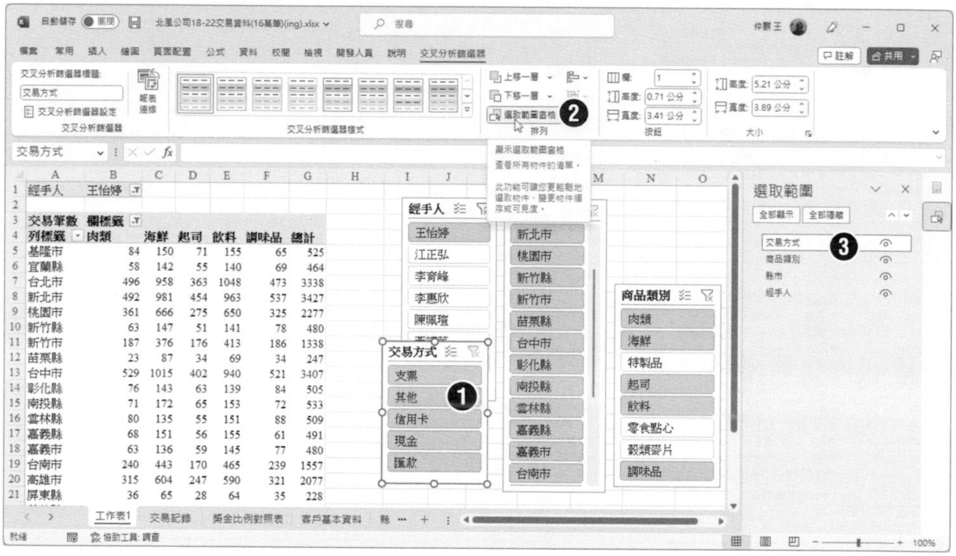

STEP 4 點按〔交叉分析篩選器樣式〕群組裡的〔其他〕按鈕。

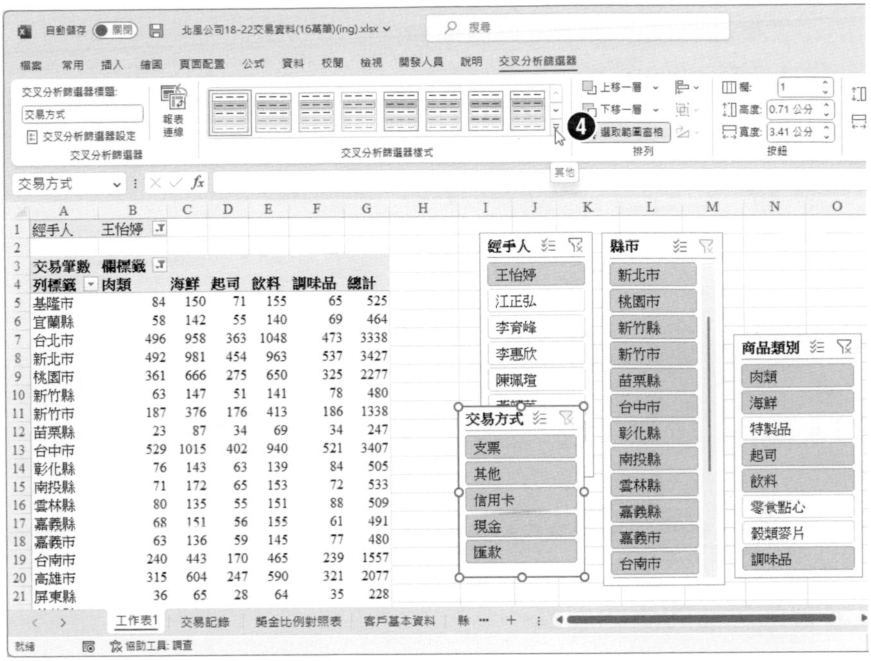

STEP 5 可以從展開的〔交叉分析篩選器樣式〕清單裡，挑選所要套用的色彩樣式。

不同的〔交叉分析篩選器〕可以個別套用所要呈現的〔交叉分析篩選器樣式〕，更凸顯數位儀表板的視覺化效果。

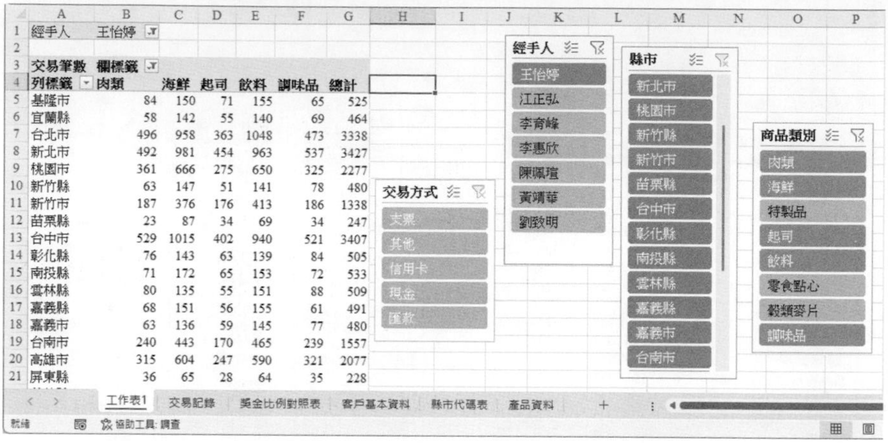

交叉分析篩選器的版面配置

當然，〔交叉分析篩選器〕的外觀也並非一成不變，藉由〔設定交叉分析篩選器格式〕工作窗格的操作，也可以自由地設定〔交叉分析篩選器〕的位置和版面配置，以及改變裡面各標籤按鈕的大小。

STEP 1 點選想要變更的〔交叉分析篩選器〕，譬如：「縣市」。

STEP 2 點按〔交叉分析篩選器〕索引標籤。

STEP 3 點按〔大小〕群組命令旁邊的〔大小及內容〕對話方塊啟動器

STEP 4 開啟〔設定交叉分析篩選器格式〕工作窗格。

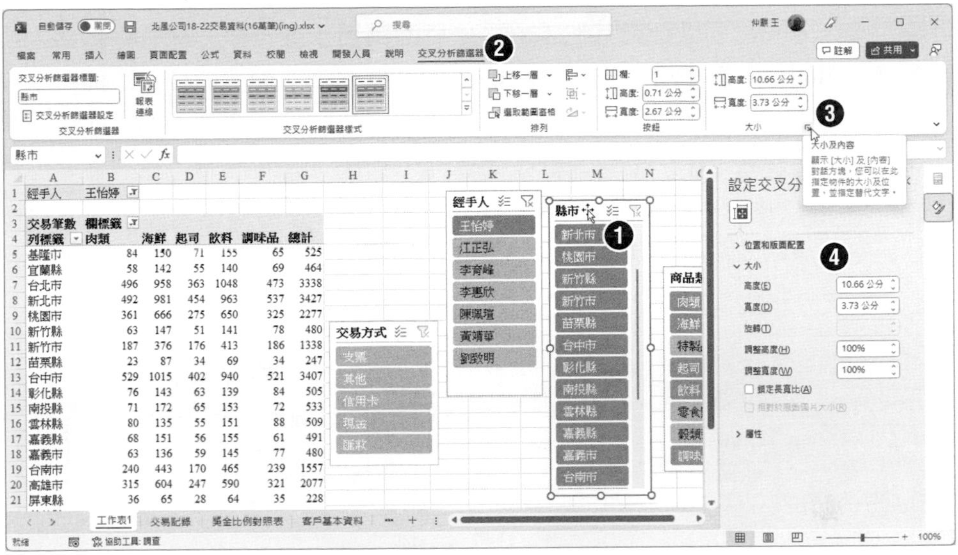

STEP 5 點按〔設定交叉分析篩選器格式〕窗格裡的〔位置和版面配置〕區段，展開此區段的設定操作。

STEP 6 調整版面配置的欄數為「2」。

STEP 7 點按〔設定交叉分析篩選器格式〕工作窗格裡的〔大小〕區段，展開此區段的設定操作，並在此調整〔交叉分析篩選器〕的高度與寬度。

STEP 8 「縣市」〔交叉分析篩選器〕立即變成兩欄式指定大小按鈕版面。

STEP 9 若有需求，亦可在此調整按鈕的高度與按鈕的寬度。

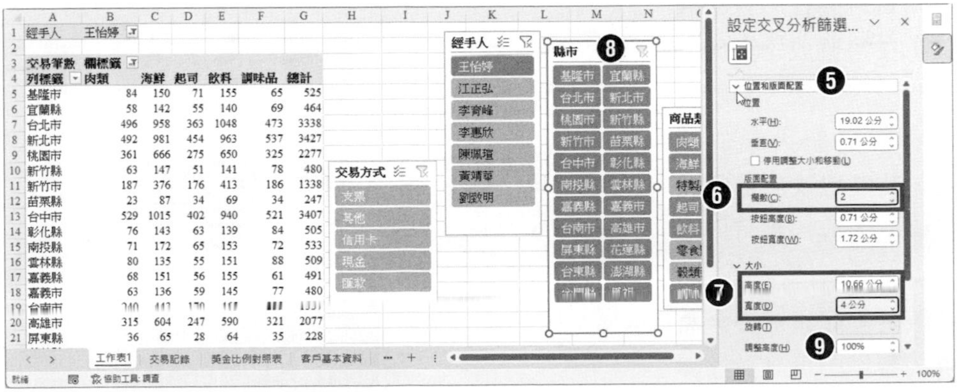

同樣的操作方式也可以針對其他〔交叉分析篩選器〕進行版面配置與按鈕大小的變更。例如：「縣市」〔交叉分析篩選器〕調整為四欄式的按鈕版面；「商品類別」〔交叉分析篩選器〕調整為兩欄式的按鈕版面。此外，在工作表上的〔交叉分析篩選器〕由於都是浮貼式的物件，因此，若有調整工作表欄寬、列高或新增/刪除欄、列的操作時，所在位置的〔交叉分析篩選器〕是否會自動改變其大小或所在位置，或是期望能保持在工作表上的固定位置，都可以藉由〔設定交叉分析篩選器格式〕窗格裡的〔屬性〕區段，展開各項相關設定。

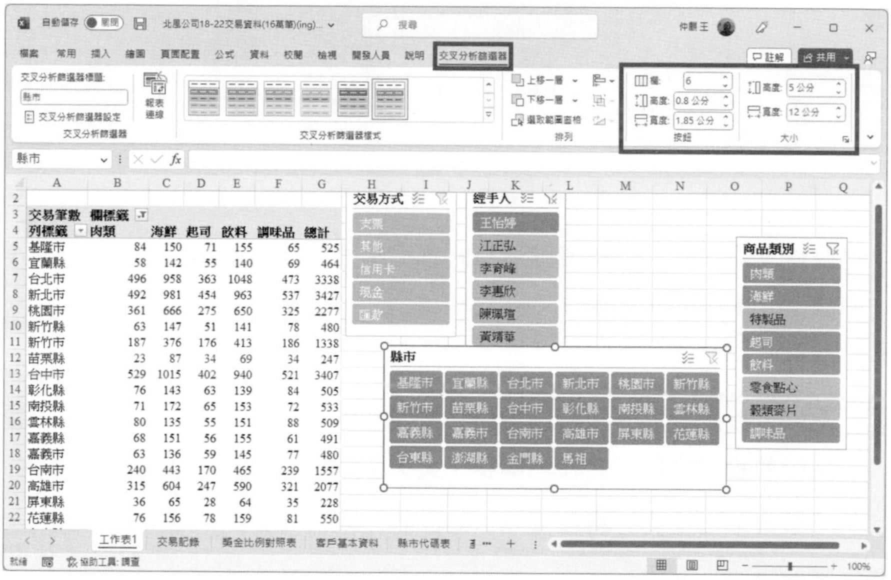

不同資料屬性的資料欄位，在建置成〔交叉分析篩選器〕後，其版面配置與按鈕大小的變更，若能取決於實質資料欄位內容，將可以讓〔交叉分析篩選器〕的外觀更美觀也更符合需求，製作出更具彈性與操控性的數位儀表板。

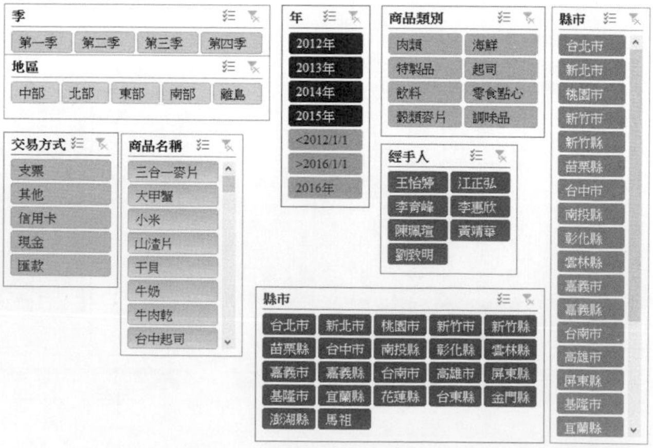

2-4-4 樞紐分析表與交叉分析篩選器的互動設定

在同一工作表上可以建置不同視角、維度，以分析不同情境的多組樞紐分析表，而每一個樞紐分析表都需要擁有各自的交叉分析篩選器，還是由同一個交叉分析篩選器來管理篩選，端賴使用者的需求與設計，透過交叉分析篩選器的報表連管理來完成。

STEP 1 在工作表上進行第一個樞紐分析表的製作，其中在〔列〕區域裡置入「商品類別」欄位，在〔Σ 值〕區域裡置入「交易金額」欄位，進行總交易金額的摘要運算。

STEP 2 完成的樞紐分析表為逐列顯示每一種商品類別，摘要統計其總交易金額。

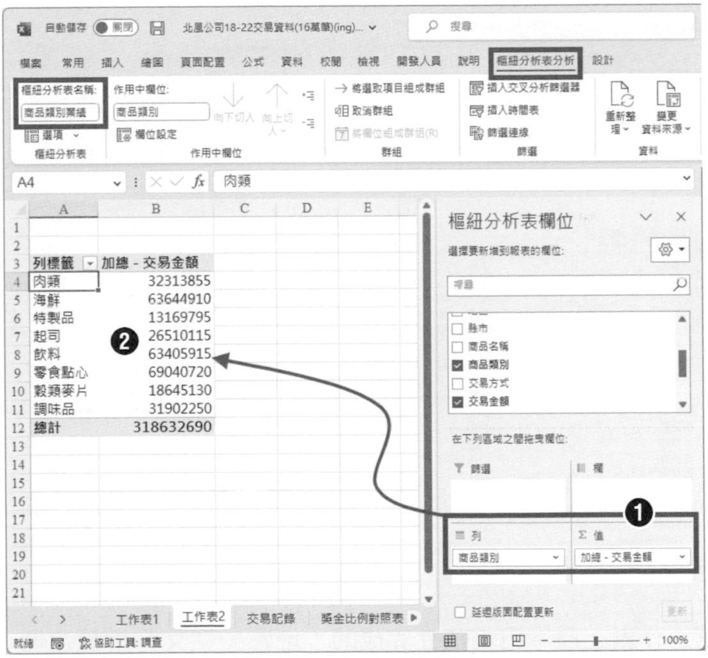

STEP 3 為建立的樞紐分析表，建立一個交叉分析篩選器，並選擇以「地區」為篩選欄位。

STEP 4 在「地區」欄位的叉分析篩選器上點選不同的地區選項時，立即篩選該地區各商品類別的總交易金額。

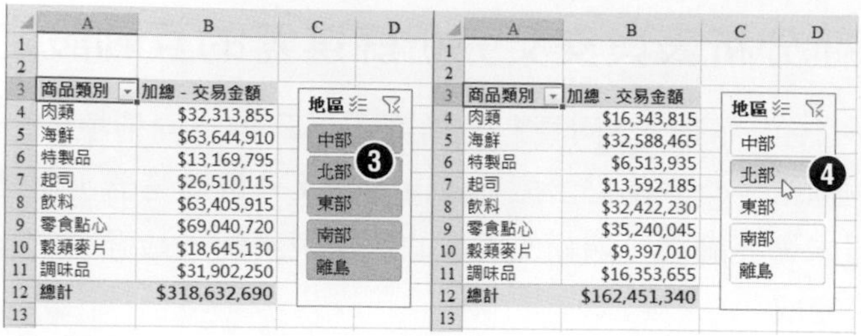

STEP 5 在同一工作表上，再進行第二個樞紐分析表的製作，其中，在〔列〕區域裡置入「縣市」欄位、在〔欄〕區域裡置入「交易方式」欄位、在〔Σ值〕區域裡置入「交易金額」欄位。

STEP 6 完成的樞紐分析表為逐列顯示每一個縣市、逐欄顯示每一種交易方式，進行各縣市各種交易方式之總交易金額的摘要運算。

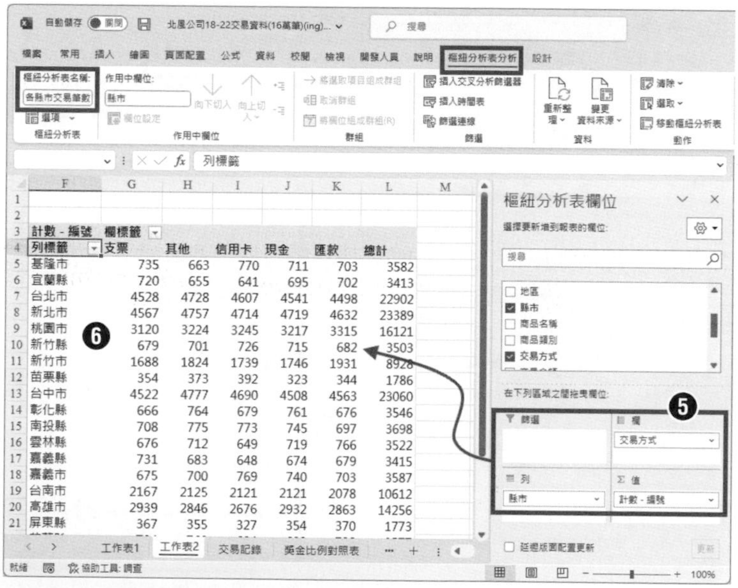

STEP 7 點選工作表上原本已經建立完成的「地區」交叉分析篩選器。

STEP 8 點按〔交叉分析篩選器〕索引標籤。

STEP 9 點按〔交叉分析篩選器〕群組裡的〔報表連線〕命令按鈕。

STEP 10 開啟〔報表連線(地區)〕對話方塊，勾選另一個樞紐分析表的核取方塊。

STEP 11 點按〔確定〕按鈕，讓選取的「地區」交叉分析篩選器可以連線兩個樞紐分析表並與之互動。

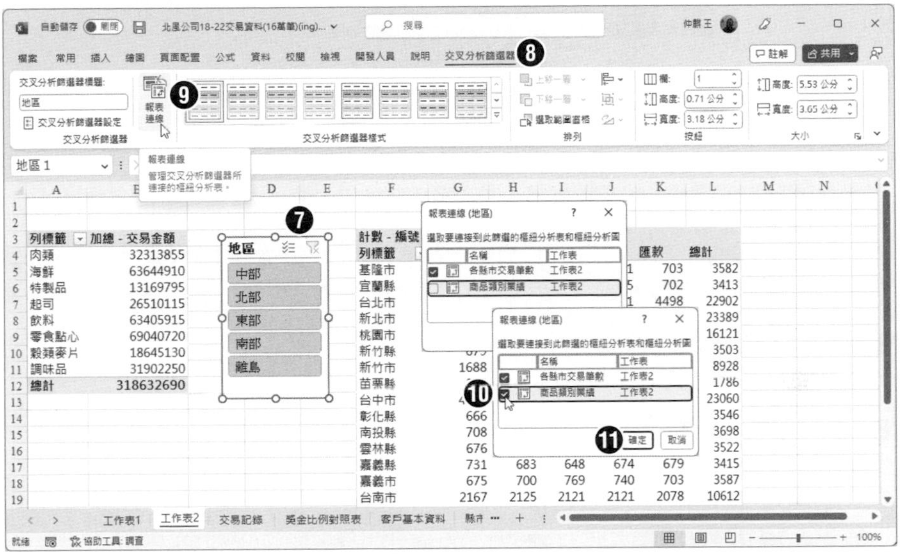

STEP 12 僅點選「地區」交叉分析篩選器上的「北部」選項時，兩個樞紐分析表同步進行篩選「北部」的地區的資料。

STEP 13 僅點選「地區」交叉分析篩選器上的「南部」選項時，兩個樞紐分析表同步進行篩選「南部」的地區的資料。

2-5 善用時間表進行日期時間的篩選

日期與時間都有其特定的間隔單位，例如：日期可以區分為年、季、月、日；時間可以區分為時、分、秒。因此，對於日期與時間性質的資料欄位，可以透過這些間隔單位來進行資料的篩選。Excel 2016/2019/365 便貼心地設計了〔時間表〕這項新功能，可以為您偵測資料表或樞紐分析表中的日期與時間性質的欄位，為您自動建立時間軸，讓您以互動方式輕輕鬆鬆快速地選取時段，來篩選樞紐分析表或樞紐分析圖。

2-5-1 建立時間表

例如：下圖所示的資料表是包含 17 多萬筆的業績資料記錄，以其為資料來源，建立各縣市各種服務項目總收入的樞紐分析表。此樞紐分析表並未針對〔銷售日期〕欄位進行篩選，因此，顯示的內容是所有日期的統計結果。

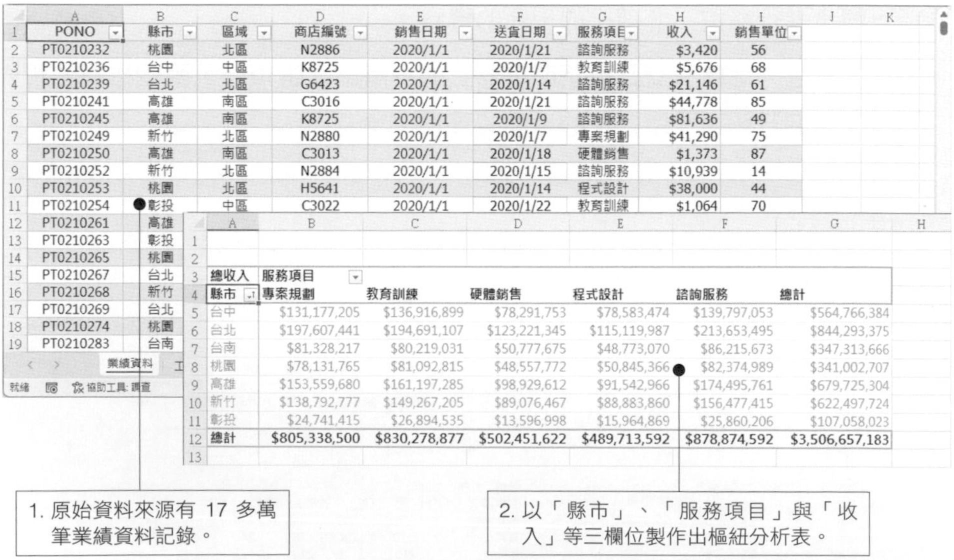

1. 原始資料來源有 17 多萬筆業績資料記錄。
2. 以「縣市」、「服務項目」與「收入」等三欄位製作出樞紐分析表。

在資料來源中提供了兩個與日期相關的欄位，分別是〔銷售日期〕與〔送貨日期〕，因此，可以藉由〔插入時間表〕的操作，建立出與日期相關的時間軸。

STEP 1 點按樞紐分析表裡的任一儲存格。

STEP 2 點按〔樞紐分析表分析〕索引標籤。

STEP 3 點按〔篩選〕群組裡的〔插入時間表〕命令按鈕。

STEP 4 開啟〔插入時間表〕對話方塊，裡面將顯示資料來源中屬於日期時間資料型態的欄位名稱。勾選所需的欄位作為〔時間表〕。例如：勾選「銷售日期」前的核取方塊。

STEP 5 點按〔確定〕按鈕。

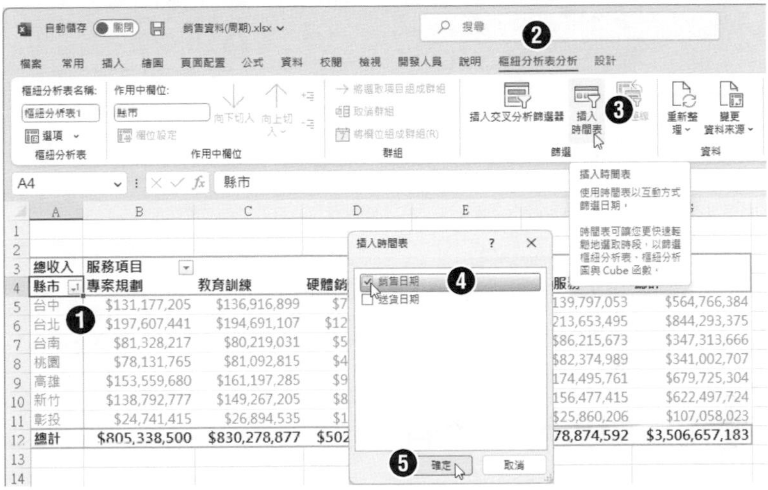

〔時間表〕猶如〔交叉分析篩選器〕，都是數位儀表板的最佳元件，〔交叉分析篩選器〕的內容是標籤按鈕，可以進行欄位內容的篩選，而〔時間表〕則是以日期時間型態的資料欄位為篩選對象，透過時間橫軸般的水平捲軸版面，讓您輕鬆點選、檢視某一時間點的統計資料。

STEP 6 立即建立「銷售日期」〔時間表〕。

STEP 7 點選〔時間表〕時，畫面頂端功能區裡也自動啟動〔時間表工具〕。

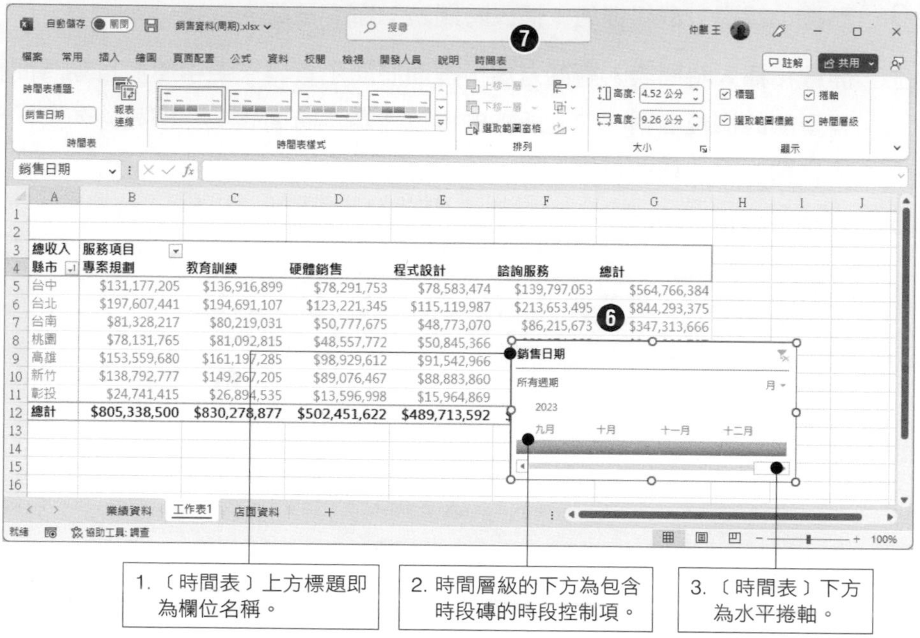

時間表
1. 〔時間表〕上方標題即為欄位名稱。
2. 時間層級的下方為包含時段磚的時段控制項。
3. 〔時間表〕下方為水平捲軸。

2-5-2 使用時間表篩選資料

完成〔時間表〕的建立後，即可在四個時間層級(年、季、月、日)當中挑選一種層級，按照時段進行篩選。

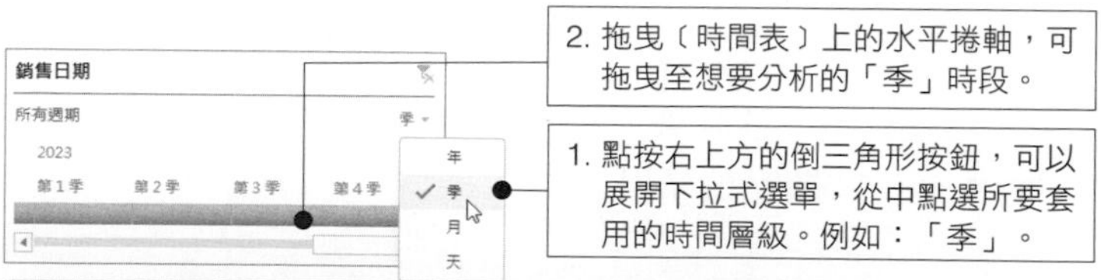

銷售日期
所有週期
2023
第1季
第2季
第3季
第4季
年
季
月
天
2. 拖曳〔時間表〕上的水平捲軸，可拖曳至想要分析的「季」時段。
1. 點按右上方的倒三角形按鈕，可以展開下拉式選單，從中點選所要套用的時間層級。例如：「季」。

總收入	服務項目					
縣市	專案規劃	教育訓練	硬體銷售	程式設計	諮詢服務	總計
台中	$131,177,205	$136,916,899	$78,291,753	$78,583,474	$139,797,053	$564,766,384
台北	$197,607,441	$194,691,107	$123,221,345	$115,119,987	$213,653,495	$844,293,375
台南	$81,328,217	$80,219,031	$50,777,675	$48,773,070	$86,215,673	$347,313,666
桃園	$78,131,765	$81,092,815	$48,557,772	$50,845,366	$82,374,989	$341,002,707
高雄	$153,559,680	$161,197,285	$98,929,612	$91,542,966	$174,495,761	$679,725,304
新竹	$138,792,777	$149,267,205	$89,076,467	$88,883,860	$156,477,415	$622,497,724
彰投	$24,741,415	$26,894,535	$13,596,998	$15,964,869	$25,860,206	$107,058,023
總計	$805,338,500	$830,278,877	$502,451,622	$489,713,592	$878,874,592	$3,506,657,183

4. 拖曳〔時間表〕上的水平捲軸，可拖曳至想要分析的「月」時段。

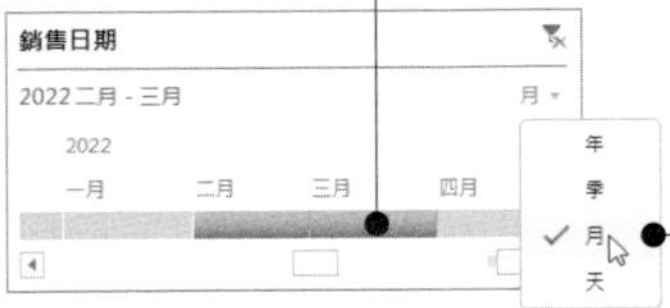

3. 點按右上方的倒三角形按鈕，可以展開下拉式選單，從中點選所要套用的時間層級。例如：「月」。

總收入	服務項目					
縣市	專案規劃	教育訓練	硬體銷售	程式設計	諮詢服務	總計
台中	$9,498,811	$9,256,107	$5,562,132	$6,275,901	$11,070,910	$41,663,861
台北	$13,696,222	$15,033,041	$7,634,870	$9,886,547	$14,608,288	$60,858,968
台南	$5,472,212	$5,787,264	$3,240,375	$4,026,489	$7,050,828	$25,577,168
桃園	$6,307,779	$6,267,074	$3,854,008	$3,325,457	$5,945,669	$25,699,987
高雄	$11,762,325	$10,371,358	$8,765,440	$5,856,344	$12,544,264	$49,299,731
新竹	$9,260,796	$10,890,363	$6,112,752	$6,114,786	$13,000,159	$45,378,856
彰投	$1,830,261	$2,026,730	$952,792	$1,495,726	$2,052,572	$8,358,081
總計	**$57,828,406**	**$59,631,937**	**$36,122,369**	**$36,981,250**	**$66,272,690**	**$256,836,652**

1. 在時段控制項中，點按一下某一時段磚，即可達到篩選此時段的目的。

2. 若是點按某一時段磚後再拖曳至其他時段磚，則意為選取多個連續時段磚，也就是篩選特定的日期範圍。

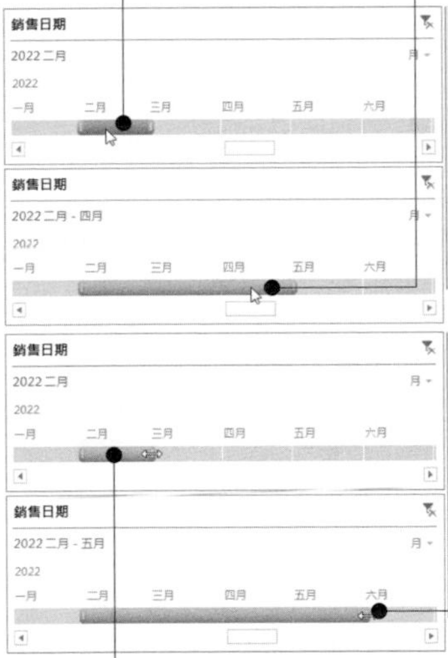

總收入	服務項目					
縣市	專案規劃	教育訓練	硬體銷售	程式設計	諮詢服務	總計
台中	$4,450,231	$4,803,521	$2,794,028	$3,198,072	$5,199,281	$20,445,133
台北	$6,121,303	$7,712,932	$3,985,851	$5,080,035	$6,681,348	$29,581,469
台南	$2,713,704	$2,260,647	$1,438,390	$1,994,832	$3,523,267	$11,930,840
桃園	$3,269,869	$3,406,141	$1,500,781	$1,231,393	$3,112,535	$12,520,719
高雄	$5,624,134	$4,627,752	$3,978,953	$3,342,833	$6,162,567	$23,736,239
新竹	$4,807,522	$4,783,607	$3,044,519	$2,684,565	$6,644,386	$21,964,599
彰投	$889,320	$1,121,715	$344,887	$580,063	$1,250,523	$4,186,508
總計	**$27,876,083**	**$28,716,315**	**$17,087,409**	**$18,111,793**	**$32,573,907**	**$124,365,507**

總收入	服務項目					
縣市	專案規劃	教育訓練	硬體銷售	程式設計	諮詢服務	總計
台中	$4,450,231	$4,803,521	$2,794,028	$3,198,072	$5,199,281	$20,445,133
台北	$6,121,303	$7,712,932	$3,985,851	$5,080,035	$6,681,348	$29,581,469
台南	$2,713,704	$2,260,647	$1,438,390	$1,994,832	$3,523,267	$11,930,840
桃園	$3,269,869	$3,406,141	$1,500,781	$1,231,393	$3,112,535	$12,520,719
高雄	$5,624,134	$4,627,752	$3,978,953	$3,342,833	$6,162,567	$23,736,239
新竹	$4,807,522	$4,783,607	$3,044,519	$2,684,565	$6,644,386	$21,964,599
彰投	$889,320	$1,121,715	$344,887	$580,063	$1,250,523	$4,186,508
總計	**$27,876,083**	**$28,716,315**	**$17,087,409**	**$18,111,793**	**$32,573,907**	**$124,365,507**

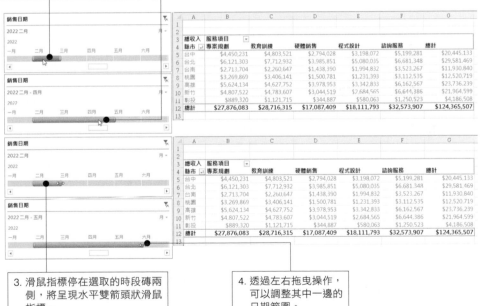

3. 滑鼠指標停在選取的時段磚兩側，將呈現水平雙箭頭狀滑鼠指標。

4. 透過左右拖曳操作，可以調整其中一邊的日期範圍。

若要清除篩選，恢復顯示所有時間點的資料，則可以點按〔時間表〕右上方的〔清除篩選〕按鈕，整個時段控制項將又變成填滿彩色。

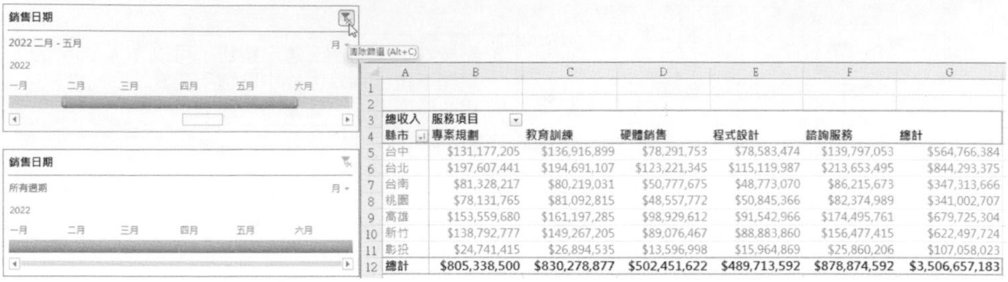

2-5-3 時間表的美化

如同〔交叉分析篩選器〕擁有〔交叉分析篩選器樣式〕可供美化其外觀，〔時間表〕也擁有多種現成的〔時間表樣式〕可供選用，讓您製作的〔時間表〕與既有的工作表、儲存格範圍、統計圖表、...等物件，擁有著一致性的視覺化設計。

STEP 1　點選工作表上的〔時間表〕。

STEP 2　點按〔時間表〕索引標籤。

STEP 3　在〔時間表樣式〕群組內的時間表樣式清單中，點選想要套用的時間表樣式。

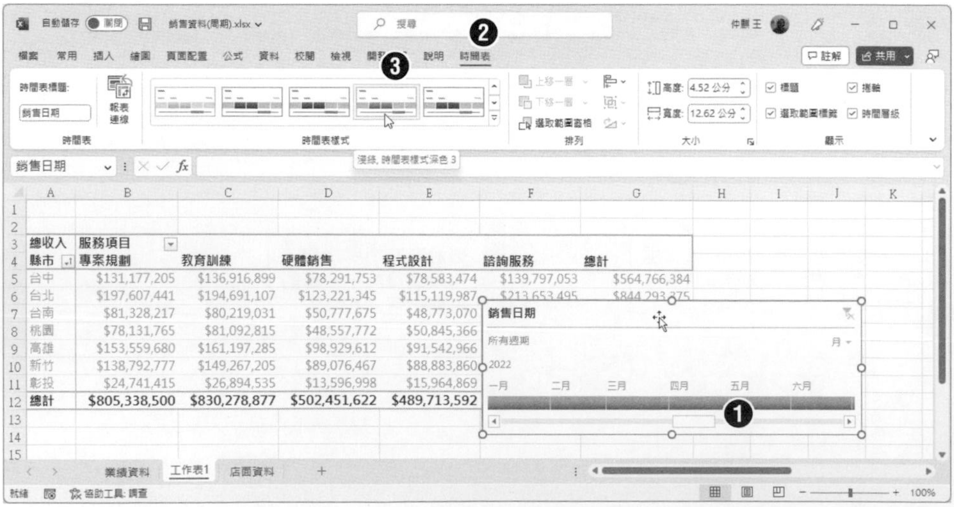

CHAPTER

3

樞紐分析表的群組排序與篩選

經由樞紐分析表所建立的交叉統計分析，可以再藉由群組的技巧，進行分類小計；透過排序方式的選擇以特定的順序來呈現結果；運用篩選操作節錄所需的資料，這些都是學習樞紐分析報表製作的基本功喔！

3-1 群組欄位

樞紐分析表的最左欄及頂端列已經透過分類彙整而呈現唯一性的資料內容，不論是訂單日期、交易金額、國家名稱、...等資料，若有需求都可以再進行群組設定，產生第二層級的分類彙整。例如：訂單日期可以再群組為「年」、「季」、「月」；交易金額則可以再群組為「每$2,500」為一個群組的等差級數分類；至於國家名稱是屬於文字型態的欄位內容，則可以根據地理環境再群組為自訂的各「地區」分類。

3-1-1 日期性資料的群組設定

原本的 Excel 2013，在進行日期性資料的群組時，會以「每日」的群組分類，也就是 Daily(日)的方式來呈現維度資料：

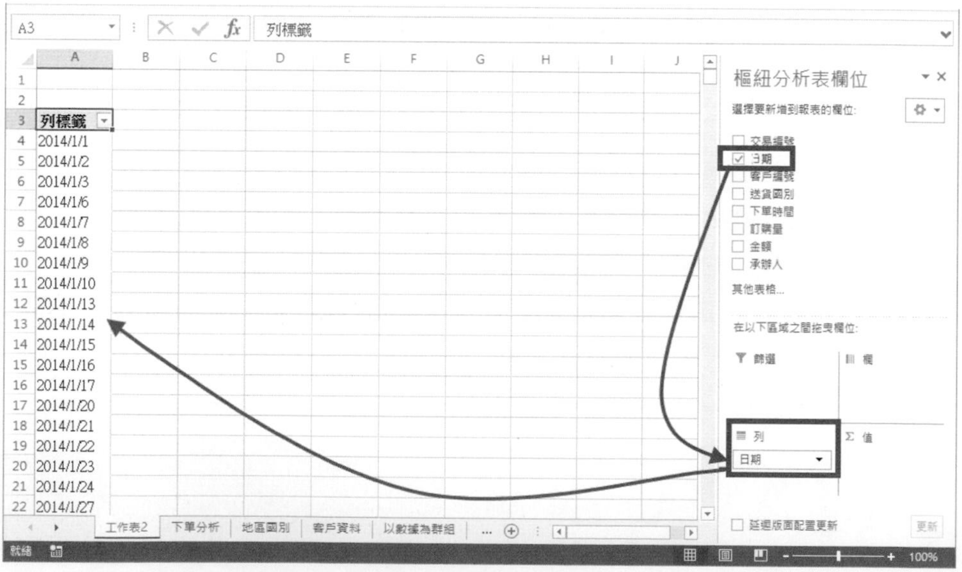

Excel 2016 以後則強化了樞紐分析表的日期群組功能，在進行日期性資料的群組時，會自動進行相關的日期群組，例如：自動以「年」、「季」、「月」的間距進行日期群組。在樞紐分析表欄位清單裡，也自動添增了「年」與「季」的欄位。

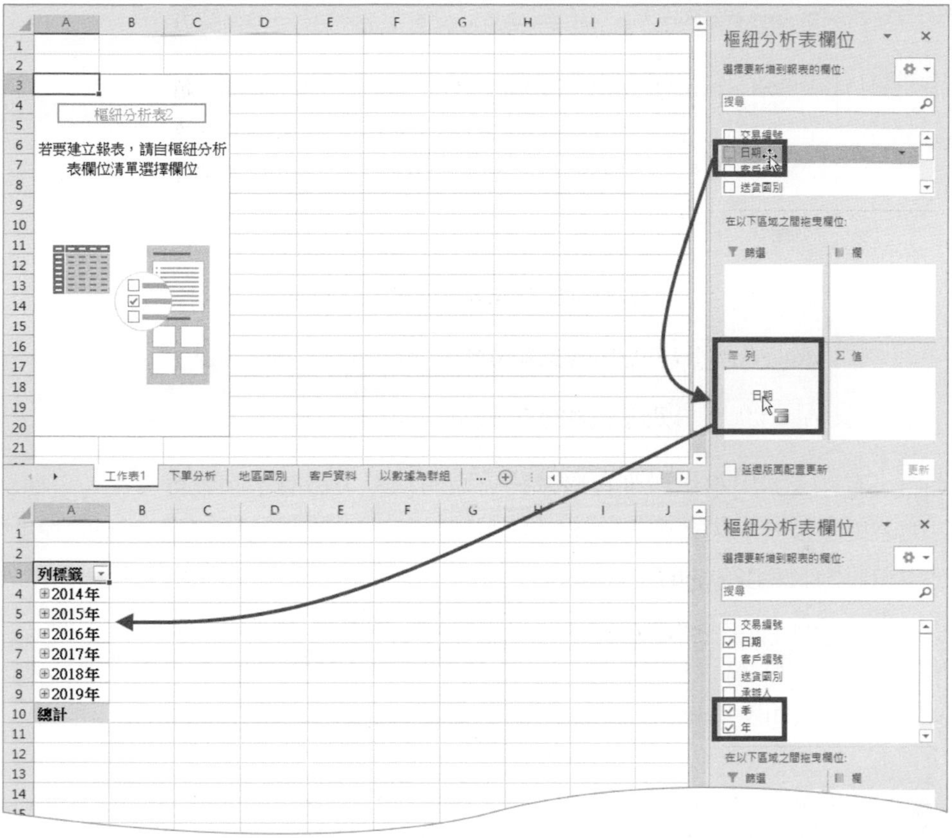

在樞紐分析表的列標籤上即可看到年度群組，點按前面的加號(展開)按鈕，即可展開顯示該年度的季別，再點按季別前面的加號(展開)按鈕，即可展開顯示該季別裡的各月份。

當然，有些人是不喜歡這種自動群組日期的特性，總還是喜歡自行決定日期群組的時機與規模。由於在 Excel 2016 以後的版本，建立新的樞紐分析表之初，已經預設對日期資料欄位會自動進行「年」、「季」、「月」等三種間距的日期群組，因此，在完成樞紐分析表日期維度群組的當下，只要點按復原前一次操作(復原樞紐分析表群組)工具按鈕(或按下 Ctrl + Z 快捷鍵)即可將日期群組恢復成日報表(Daily Report)。

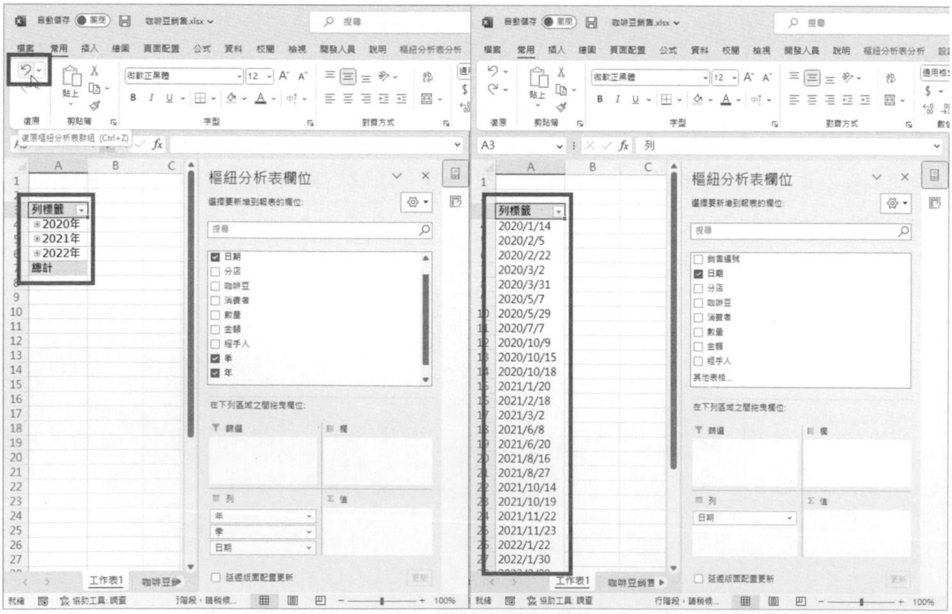

TIPS

若要取消針對日期資料「自動」群組的特性，則可以至後台管理頁面，進行 Excel 選項的操作將此功能關閉，操作方式如下：

STEP 1 點按〔檔案〕索引標籤進入後台管理頁面。

STEP 2 點按〔選項〕。

STEP 3 開啟〔Excel 選項〕操作，點按〔資料〕。

STEP 4 至〔資料〕區域裡的〔資料選項〕區段內取消〔停用樞紐分析表中的日期/時間欄的自動群組功能〕核取方塊的勾選，然後，結束〔Excel 選項〕操作。

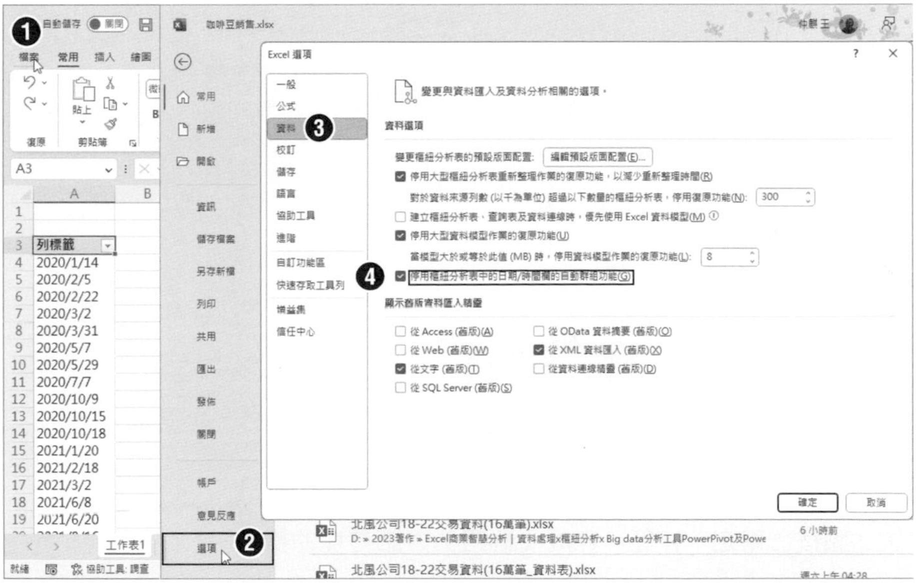

以下的實作演練將分析 37 萬多筆的交易記錄(存放在〔下單資料.xlsx〕裡)，透過樞紐分析表的操作，藉由〔日期〕欄位的群組設定，統計分析每年每月的總交易金額。

STEP 1 在完成「日期」欄位拖曳至〔列〕區域而自動群組日期欄位後，點按工作表上〔列〕標籤(即日期欄位)底下的任一儲存格。例如：儲存格A4。

STEP 2 點按〔樞紐分析表分析〕索引標籤(以前的版本是〔樞紐分析表工具〕底下的〔分析〕索引標籤)。

STEP 3 點按〔群組〕群組裡的〔將選取項目組成群組〕命令按鈕。

STEP 4 開啟〔群組〕對話方塊，原本已經預設選取了「年」、「季」、「月」間距值，點「季」以取消此間距值。

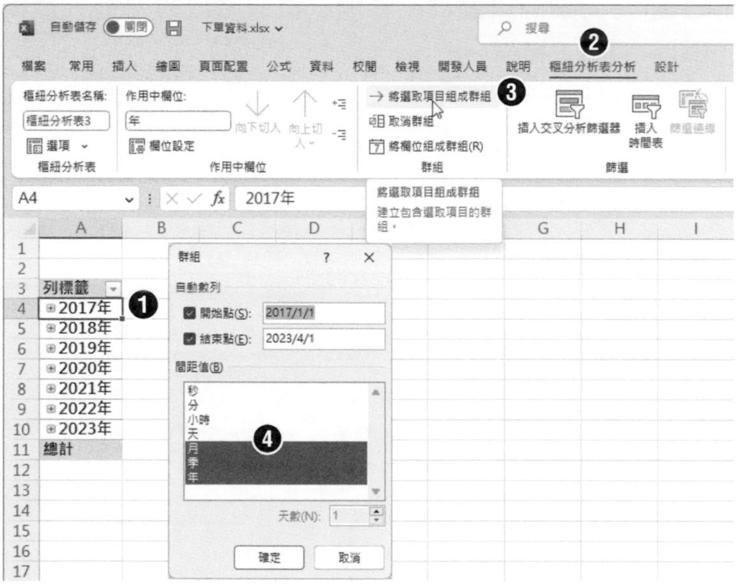

STEP 5 點按〔確定〕按鈕，完成〔群組〕對話方塊的操作。

STEP 6 拖曳〔列〕區域裡的「年」欄位。

STEP 7 拖放至〔欄〕區域。

STEP 8　拖曳〔樞紐分析表欄位〕窗格裡的「金額」欄位。

STEP 9　拖放至〔Σ值〕區域。

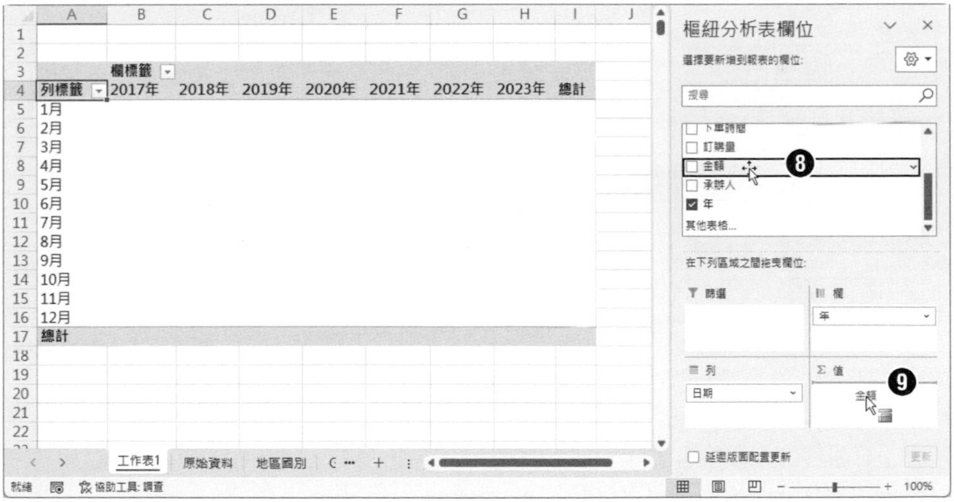

原本逐日記載交易記錄的資料，透過樞紐分析表的日期群組，立即呈現根據年度及月分的群組統計，分析每年每月的交易總金額。

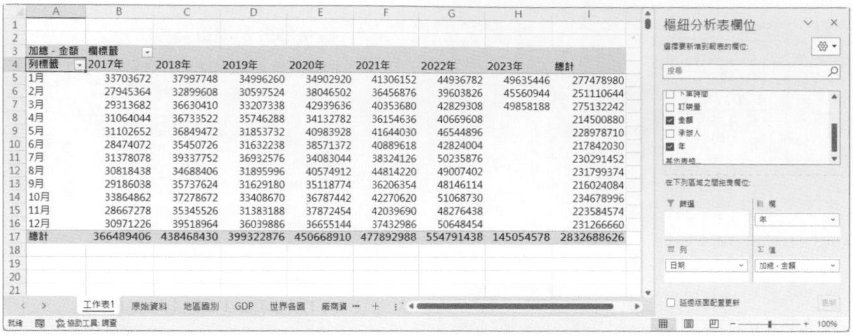

3-1-2 關於日期群組設定的剖析

許多初學樞紐分析表的朋友大都有個疑惑，為什麼在針對日期欄位資料進行群組設定時，已經同時選擇了「年」、「季」、「月」三個間距值單位，在樞紐分析表上也正確的進行日期群組的呈現了，為什麼在〔樞紐分析表欄位〕窗格裡只看到「年」與「季」這兩個新增的欄位而獨缺「月」欄位呢？

其實，不是少了「月」欄位，而是原本的「日期」欄位雖然基本單位是「日」，但在經過套用「年」、「季」、「月」這三個間距值單位的群組後，「日期」欄位所代表的便是這三個間距值單位裡的最小單位：月。因此，不是獨缺「月」欄位，而是當下的「日期」欄位便是代表著「月」欄位的群組。

在實務的應用中，您可以在設定「日期」欄位群組時，同時選擇「年」、「季」、「月」及「天」等所有的日期間距值單位，如此，在〔樞紐分析表欄位〕窗格裡便可以看到「年」、「季」、「月」等欄位選項，而「日期」欄位也就"名正言順"地代表「日」了。當然，設定了群組並非就一定要使用它，若不想套用該群組，可以隨時取消〔樞紐分析表欄位〕窗格裡的欄位勾選，或者直接從區域裡拖曳移出。

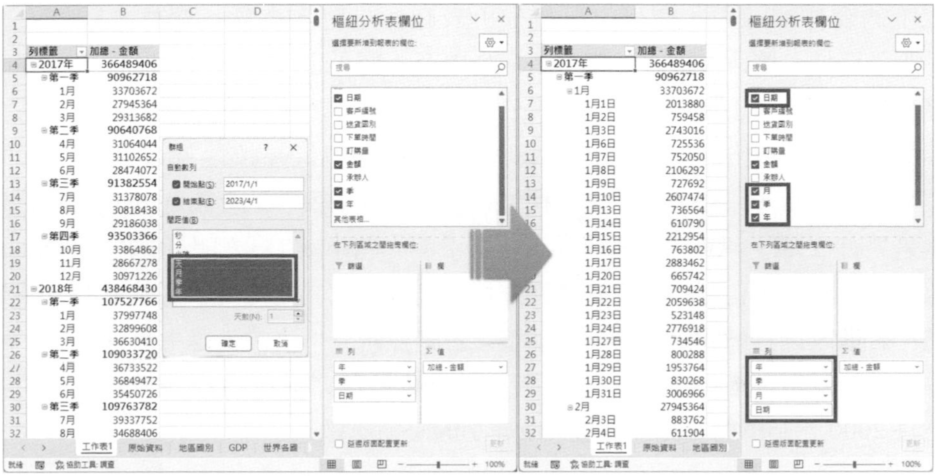

此外，在日期的群組設定中，間距值裡僅提供了「天」、「月」、「季」、「年」等選項，雖然並沒有「週」的選擇，但是，藉由「天」與「天數」的設定，仍然可以輕易的設計以「週」為單位的群組彙整。

3-1-3 數值性資料的群組設定

對於原始資料來源為數值性資料的欄位，非常適用於群組分析統計，因為，Excel 樞紐分析表在針對數值性資料的分類上，提供了等差級數的群組設定。以下的實作演練中，使用的樞紐分析表範例是將「金額」欄位名稱拖曳至〔列〕區域；將「承辦人」欄位名稱拖曳至〔欄〕區域；再將「承辦人」欄位名稱拖曳至〔值〕區域，立即呈現分析結果於工作表上，顯示出每一種交易金額的筆數，並列出每一位承辦人個別經手的筆數統計。例如：金額為 644 元的交易只有 2 筆，承辦人分別是「林柏崇」與「馮賜民」；金額為 686 元的交易也是只有 2 筆，承辦人分別是「黃本豪」與「趙小威」。如此鉅細靡遺的細微報表雖然精準，但卻不適用於統計分析的呈現，尤其是〔列〕區域裡的金額彙整，若能改以具備間距值的群組彙整，將讓樞紐分析表的表達更有可看性。藉由以下的操作，將此例從 0 元開始，以 2000 元為間距值呈現出等差級數，表達每 2000 元為單位、每位承辦人所經手的交易筆數。

STEP 1 點按〔列〕標籤(即金額欄位)底下的任一儲存格。例如：儲存格 A5。

STEP 2 點按〔樞紐分析表分析〕索引標籤(以前的版本是〔樞紐分析表工具〕底下的〔分析〕索引標籤)。

STEP 3 點按〔群組〕群組裡的〔將欄位組成群組〕命令按鈕。

STEP 4 開啟〔群組〕對話方塊，呈現所有交易金額中的最小值(開始點)與最大值(結束點)，以及預設為 1000 的等差值(間距值)。

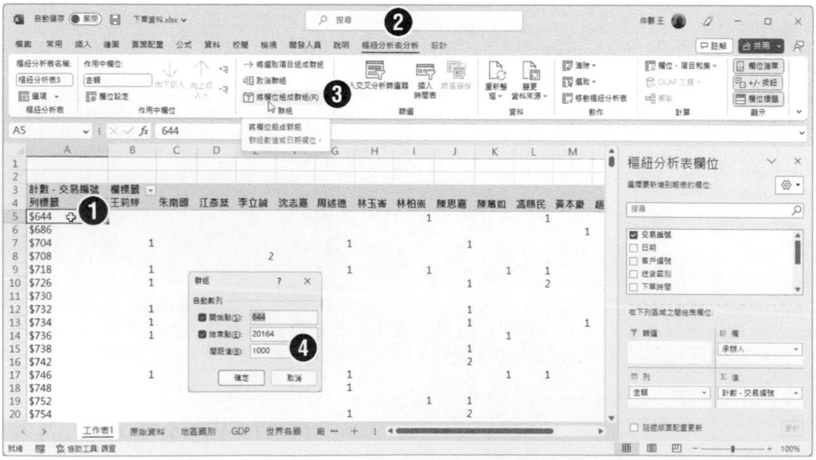

STEP **5** 在對話方塊裡的〔開始點〕輸入 0；在間距值裡輸入 2000，然後，點按〔確定〕按鈕。

STEP **6** 樞紐分析表〔列〕標籤裡的〔金額〕將以 2000 為等差級數，分析不同金額層級的交易筆數。

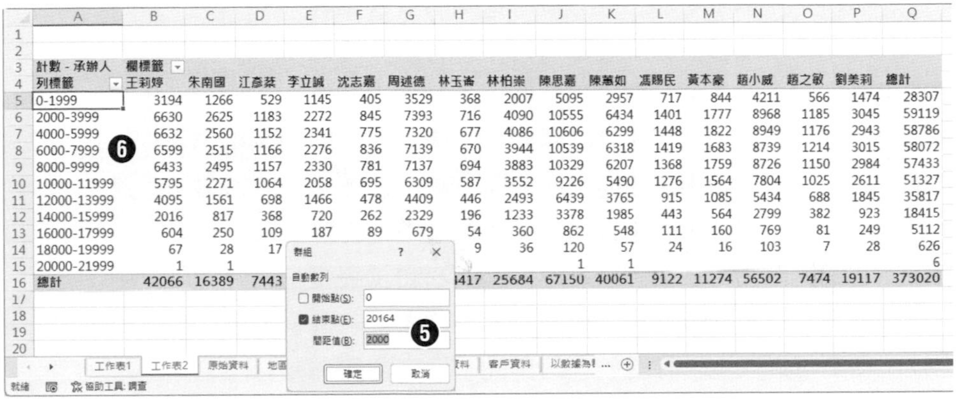

計數 - 承辦人	欄標籤															
列標籤	王莉婷	朱南國	江彥棻	李立誠	沈志嘉	周述德	林玉崙	林柏崇	陳思嘉	陳蕙如	馮賜民	黃本豪	趙小威	趙之敏	劉美莉	總計
0-1999	3194	1266	529	1145	405	3529	368	2007	5095	2957	717	844	4211	566	1474	28307
2000-3999	6630	2625	1183	2272	845	7393	716	4090	10555	6434	1401	1777	8968	1185	3045	59119
4000-5999	6632	2560	1152	2341	775	7320	677	4086	10606	6299	1448	1822	8949	1176	2943	58786
6000-7999	6599	2515	1166	2276	836	7139	670	3944	10539	6318	1419	1683	8739	1214	3015	58072
8000-9999	6433	2495	1157	2330	781	7137	694	3883	10329	6207	1368	1759	8726	1150	2984	57433
10000-11999	5795	2271	1064	2058	695	6309	587	3552	9226	5490	1276	1564	7804	1025	2611	51327
12000-13999	4095	1561	698	1466	478	4409	446	2493	6439	3765	915	1085	5434	688	1845	35817
14000-15999	2016	817	368	720	262	2329	196	1233	3378	1985	443	564	2799	382	923	18415
16000-17999	604	250	109	187	89	679	54	360	862	548	111	160	769	81	249	5112
18000-19999	67	28	17				9	36	120	57	24	16	103	7	28	626
20000-21999	1	1							1	1						6
總計	42066	16389	7443				[illegible]	25684	67150	40061	9122	11274	56502	7474	19117	373020

透過上述的範例演練，從水平的方向看來，交易金額在 2000 至 12000 的交易算是大宗，期間每 2000 元的各個級距，都是超過 50000 筆以上。而交易金額超過 18000 以上的交易記錄就算少數；超過 20000 元以上的更是鳳毛麟角，在總共 31 萬多筆交易記錄裡僅有 6 筆。再從垂直方向的總計也可以看出，承辦人「陳思嘉」經手了 67150 筆，可說是一枝獨秀，而「江彥棻」、「沈志嘉」、「林玉崙」、「馮賜民」與「趙之敏」等 5 人所經手的交易都不到 10000 筆，算是績效率比較落後的承辦人。

3-1-4 文字性資料的自訂群組設定

前幾小節的說明與範例中，我們瞭解到日期與數值型態的資料，在樞紐分析表的分類彙整上，很容易可以進行自動群組統計。例如：日期可以自動群組為「年」、「季」、「月」；數值資料則可以自動進行等差級數的群組分類。對於日期或數值型態的資料，Excel 可以自動開啟〔群組〕對話方塊，解析群組的間距值設定，而針對非日期與數值性的資料欄位，譬如：文字類型的資料，是否也可以進行分類群組總計運算呢？當然沒問題！雖然文字類型的資料，並沒有設定間距值的準則可以遵循，但是，只要我們藉由手控操作，親自點選

(複選)指定的文字內容項目，即可進行群組選取項目的操作，達成建立自訂群組的目的。

例如：我們可以將交易記錄中各個送貨國別，進行群組設定，根據國別所在的地理環境建立各個地區群組。如右所示，俄羅斯、土耳其這兩個國別可設定隸屬於「亞歐區」地區群組；中國、日本及韓國等三個國別可設定隸屬於「東北亞」地區群組；加拿大、美國與墨西哥等三個國別可設定隸屬於「北美洲」地區群組；印尼、泰國、馬來西亞、菲律賓、越南、新加坡與印度等七個國別可設定隸屬於「東南亞」地區群組；法國、荷蘭國、德國、西班牙、義大利和英國等六個國別則可以設定隸屬於「歐洲」地區群組；阿根廷及巴西則可以設定為隸屬於「南美洲」地區群組。最後巴拿馬及尼加拉瓜則可以設定為隸屬於「中美洲」地區群組。

	A	B	C
1	區域	送貨國別	
2	亞歐區	土耳其	
3	亞歐區	俄羅斯	
4	東北亞	中國	
5	東北亞	日本	
6	東北亞	韓國	
7	北美洲	加拿大	
8	北美洲	美國	
9	北美洲	墨西哥	
10	東南亞	印尼	
11	東南亞	泰國	
12	東南亞	馬來西亞	
13	東南亞	菲律賓	
14	東南亞	越南	
15	東南亞	新加坡	
16	東南亞	印度	
17	歐洲	法國	
18	歐洲	荷蘭	
19	歐洲	德國	
20	歐洲	西班牙	
21	歐洲	義大利	
22	歐洲	英國	
23	南美洲	阿根廷	
24	南美洲	巴西	
25	中美洲	巴拿馬	
26	中美洲	尼加拉瓜	
27			

以下的實作演練即以上述表格為圭臬，進行指定國別的複選，逐一進行自訂群組的操作。

STEP 1　點選「土耳其」(儲存格 A5)。

STEP 2　按住 Ctrl 按鍵不放並點選(複選)「俄羅斯」(儲存格 A17)。

STEP 3　點按〔樞紐分析表分析〕索引標籤。

STEP 4　點按〔群組〕群組裡的〔將選取項目組成群組〕命令按鈕。

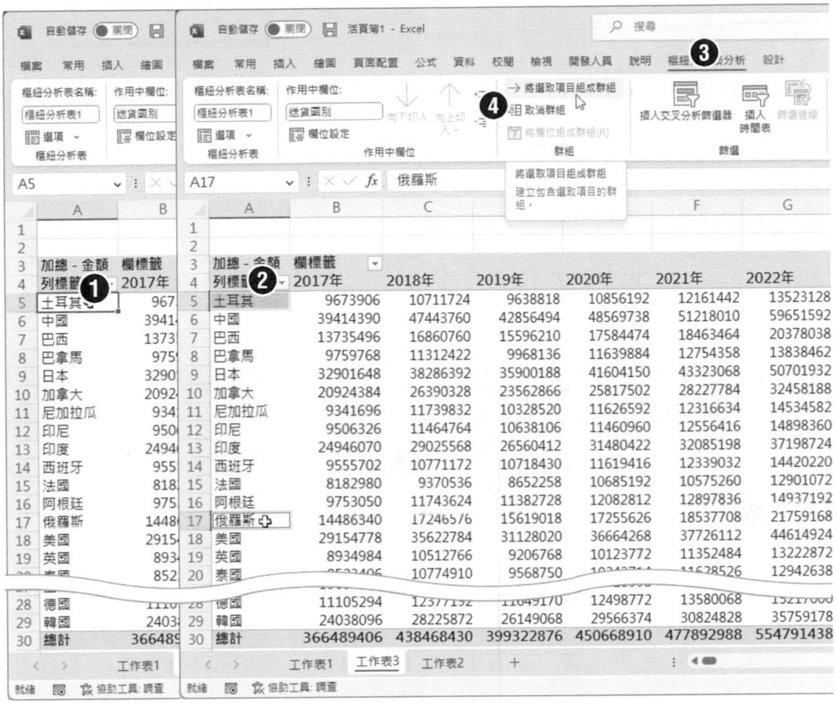

STEP 5 剛剛複選的「土耳其」與「俄羅斯」自動變成一個群組，群組名稱預設為「資料組 1」。

STEP 6 點選「中國」(儲存格 A9)。

STEP 7 按住 Ctrl 按鍵不放後，持續分別點選(複選)「日本」(儲存格 A15)與「韓國」(儲存格 A53)。

STEP 8 以滑鼠右鍵點按剛剛複選的某一國別儲存格後，從展開的快顯功能表中點選〔組成群組〕功能選項。

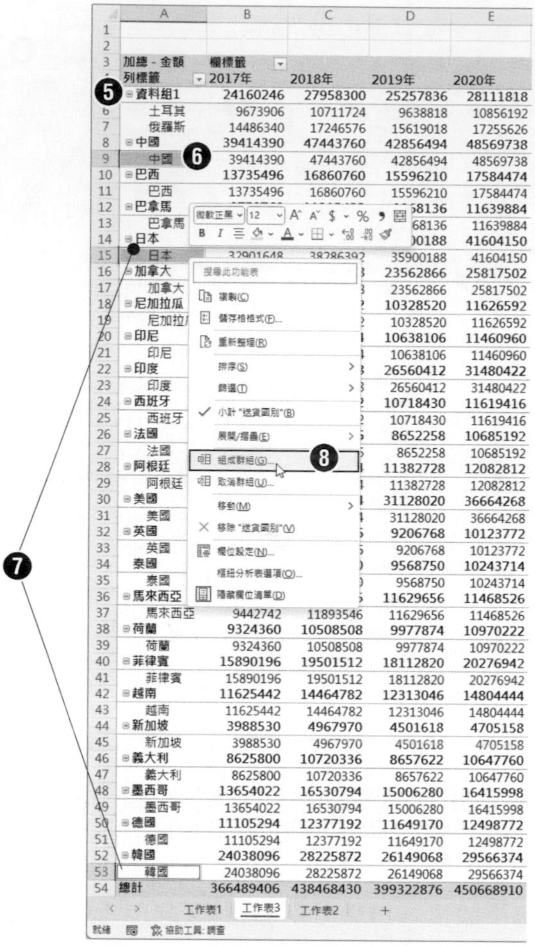

STEP 9 剛剛複選的「中國」、「日本」與「韓國」等三個國別自動變成一個群組，群組名稱預設為「資料組 2」。

STEP 10 依此類別，同樣的操作方式將「加拿大」、「美國」與「墨西哥」這三個國別設定為「資料組 3」。

STEP 11 同樣的操作方式將「印尼」、「泰國」、「馬來西亞」、「菲律賓」、「越南」、「新加坡」與「印度」等七個國別設定為「資料組 4」。

STEP 12 將「法國」、「荷蘭」、「德國」、「西班牙」、「義大利」與「英國」等六個國別設定為「資料組 5」。

STEP 13 再將「阿根廷」與「巴西」這兩個國別設定為「資料組 6」。

STEP 14 最後將「巴拿馬」與「尼加拉瓜」這兩個國別設定為「資料組 7」。

	A	B
1		
2		
3	加總 - 金額	欄標籤
4	列標籤	2017年
5	⊟資料組1	24160246
6	土耳其	9673906
7	俄羅斯	14486340
8	⊟資料組2	96354134
9	中國	39414390
10	❾ 日本	32901648
11	韓國	24038096
12	⊟資料組3	63733184
13	加拿大	20924384
14	❿ 美國	29154778
15	墨西哥	13654022
16	⊟資料組4	83922712
17	印尼	9506326
18	泰國	8523406
19	馬來西亞	9442742
20	菲律賓	15890196
21	越南	11625442
22	⓫ 新加坡	3988530
23	印度	24946070
24	⊟資料組5	55729120
25	法國	8182980
26	荷蘭	9324360
27	德國	11105294
28	西班牙	9555702
29	⓬ 英國	8934984
30	義大利	8625800
31	⊟資料組6	23488546
32	巴西	13735496
33	⓭ 阿根廷	9753050
34	⊟資料組7	19101464
35	巴拿馬	9759768
36	⓮ 尼加拉瓜	9341696
37	總計	366489406

	A	B
1		
2		
3	加總 - 金額	欄標籤
4	列標籤	2017年
5	⊟亞歐區	24160246
6	土耳其	9673906
7	俄羅斯	14486340
8	⊟東北亞	96354134
9	中國	39414390
10	日本	32901648
11	韓國	24038096
12	⊟北美洲	63733184
13	加拿大	20924384
14	美國	29154778
15	墨西哥	13654022
16	⊟東南亞	83922712
17	印尼	9506326
18	泰國	8523406
19	馬來西亞	9442742
20	菲律賓	15890196
21	越南	11625442
22	新加坡	3988530
23	印度	24946070
24	⊟南美洲	23488546
25	巴西	13735496
26	阿根廷	9753050
27	⊟歐洲	55729120
28	法國	8182980
29	荷蘭	9324360
30	德國	11105294
31	西班牙	9555702
32	英國	8934984
33	義大利	8625800
34	⊟中美洲	19101464
35	巴拿馬	9759768
36	尼加拉瓜	9341696
37	總計	366489406

完成自訂群組的設定後，預設的自訂群組名稱「資料組 1」、「資料組 2」、「資料組 3」、「資料組 4」、「資料組 5」、「資料組 6」與「資料組 7」，分別位於儲存格 A5、A8、A12、A16、A24、A31 與 A34，您可以到這幾個儲存格內，重新輸入自訂的群組名稱，例如：儲存格 A5 的「資料組 1」改成「亞歐區」；儲存格 A8 的「資料組 2」改成「東北亞」；儲存格 A12 的「資料組 3」改成「北美洲」；儲存格 A16 的「資料組 4」改成「東南亞」；儲存格 A24 的「資料組 5」改成「歐洲」；儲存格 A31 的「資料組 6」改成「南美洲」；儲存格 A34 的「資料組 7」改成「中美洲」。此時的國別名稱之上所添增的群組名稱左側便增加了〔+〕(展開)及〔-〕(摺疊)按鈕，您可以隨時點按這具備大綱層級效果的按鈕，瞭解同一地區群組的總計結果，或者同一地區群組裡各國別項細資料。

3 樞紐分析表的群組排序與篩選

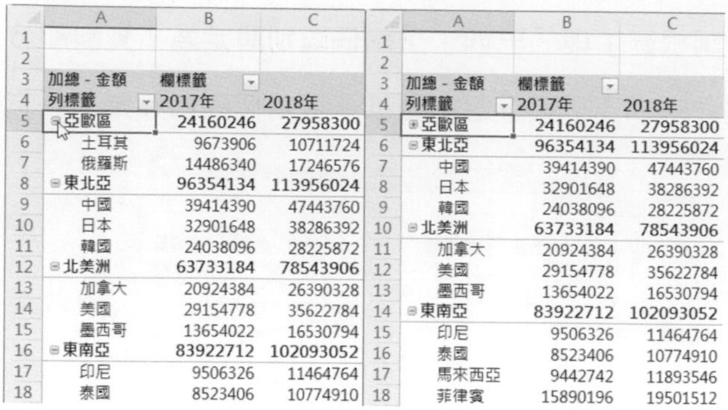

	A	B	C
1			
2			
3	加總 - 金額	欄標籤	
4	列標籤	2017年	2018年
5	⊟亞歐區	24160246	27958300
6	土耳其	9673906	10711724
7	俄羅斯	14486340	17246576
8	⊟東北亞	96354134	113956024
9	中國	39414390	47443760
10	日本	32901648	38286392
11	韓國	24038096	28225872
12	⊟北美洲	63733184	78543906
13	加拿大	20924384	26390328
14	美國	29154778	35622784
15	墨西哥	13654022	16530794
16	⊟東南亞	83922712	102093052
17	印尼	9506326	11464764
18	泰國	8523406	10774910

	A	B	C
1			
2			
3	加總 - 金額	欄標籤	
4	列標籤	2017年	2018年
5	⊞亞歐區	24160246	27958300
6	⊟東北亞	96354134	113956024
7	中國	39414390	47443760
8	日本	32901648	38286392
9	韓國	24038096	28225872
10	⊟北美洲	63733184	78543906
11	加拿大	20924384	26390328
12	美國	29154778	35622784
13	墨西哥	13654022	16530794
14	⊟東南亞	83922712	102093052
15	印尼	9506326	11464764
16	泰國	8523406	10774910
17	馬來西亞	9442742	11893546
18	菲律賓	15890196	19501512

如下圖將各地區群組都摺疊後，即可看到各地區群組每年每季的總計結果：

STEP 1　點選 A 欄裡的儲存格，例如儲存格 A5。

STEP 2　點按〔樞紐分析表分析〕索引標籤。

STEP 3　點按〔作用中欄位〕群組裡的〔摺疊欄位〕命令按鈕。

STEP 4　A 欄裡各群組的明細內容便自動摺疊(隱藏)起來了。

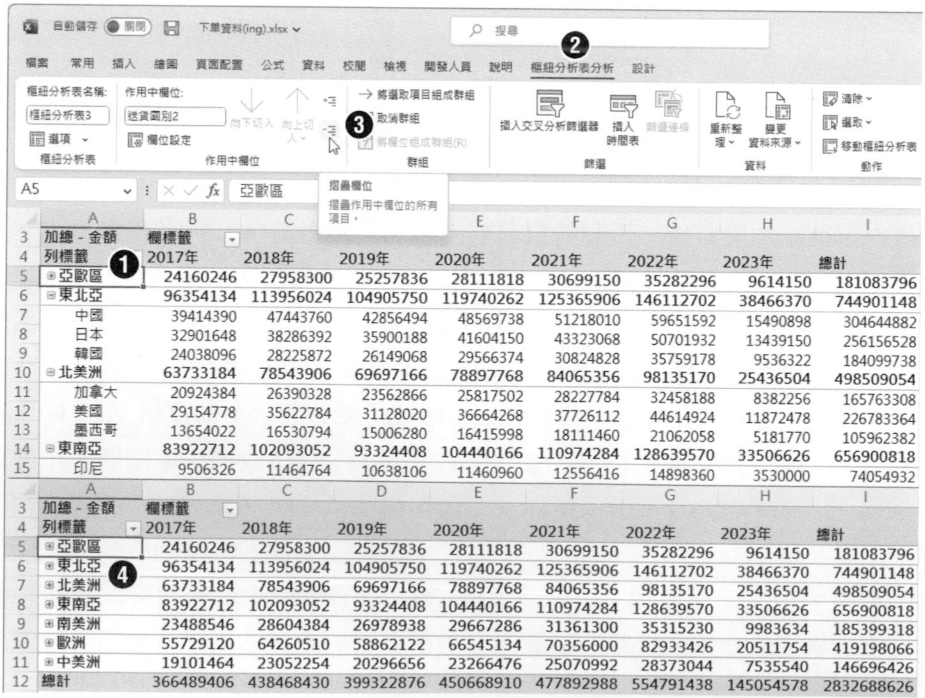

	A	B	C	D	E	F	G	H	I
3	加總 - 金額	欄標籤							
4	列標籤	2017年	2018年	2019年	2020年	2021年	2022年	2023年	總計
5	⊞亞歐區	24160246	27958300	25257836	28111818	30699150	35282296	9614150	181083796
6	⊟東北亞	96354134	113956024	104905750	119740262	125365906	146112702	38466370	744901148
7	中國	39414390	47443760	42856494	48569738	51218010	59651592	15490898	304644882
8	日本	32901648	38286392	35900188	41604150	43323068	50701932	13439150	256156528
9	韓國	24038096	28225872	26149068	29566374	30824828	35759178	9536322	184099738
10	⊟北美洲	63733184	78543906	69697166	78897768	84065356	98135170	25436504	498509054
11	加拿大	20924384	26390328	23562866	25817502	28227784	32458188	8382256	165763308
12	美國	29154778	35622784	31128020	36664268	37726112	44614924	11872478	226783364
13	墨西哥	13654022	16530794	15006280	16415998	18111460	21062058	5181770	105962382
14	⊟東南亞	83922712	102093052	93324408	104440166	110974284	128639570	33506626	656900818
15	印尼	9506326	11464764	10638106	11460960	12556416	14898360	3530000	74054932

	A	B	C	D	E	F	G	H	I
3	加總 - 金額	欄標籤							
4	列標籤	2017年	2018年	2019年	2020年	2021年	2022年	2023年	總計
5	⊞亞歐區	24160246	27958300	25257836	28111818	30699150	35282296	9614150	181083796
6	⊞東北亞	96354134	113956024	104905750	119740262	125365906	146112702	38466370	744901148
7	⊞北美洲	63733184	78543906	69697166	78897768	84065356	98135170	25436504	498509054
8	⊞東南亞	83922712	102093052	93324408	104440166	110974284	128639570	33506626	656900818
9	⊞南美洲	23488546	28604384	26978938	29667286	31361300	35315230	9983634	185399318
10	⊞歐洲	55729120	64260510	58862122	66545134	70356000	82933426	20511754	419198066
11	⊞中美洲	19101464	23052254	20296656	23266476	25070992	28373044	7535540	146696426
12	總計	366489406	438468430	399322876	450668910	477892988	554791438	145054578	2832688626

當然，群組的欄位是根據既有的〔送貨國別〕資料欄位所產生的新欄位，而預設的欄位名稱為〔送貨國別 2〕並不貼切，因此，我們可以自行訂定新的欄位名稱，例如：〔區域〕。

STEP 1　點選 A 欄位裡的任一群組內容。例如：儲存格 A5 的亞歐區。

STEP 2　點按〔樞紐分析表分析〕索引標籤。

STEP 3　點按〔作用中欄位〕群組裡〔作用中欄位〕標題下方的文字方塊，預設名稱為〔送貨國別 2〕。

STEP 4　輸入新的自訂欄位名稱：〔區域〕。

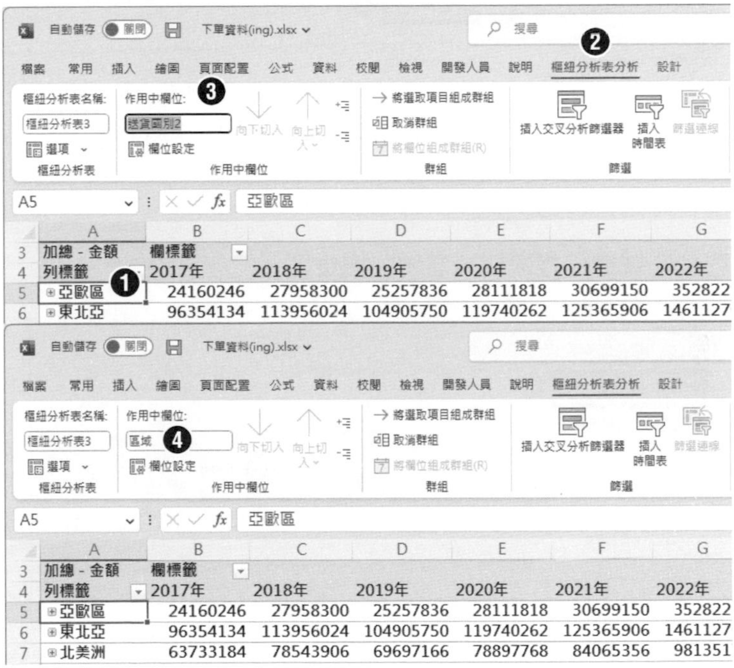

另一種自訂群組欄位名稱的方式是在右下的樞紐分析表結構區域，透過選單功能表的操作，開啟〔欄位設定〕對話方塊進行自訂名稱的設定。

STEP 1　點按此例〔列〕區域裡〔送貨國別 2〕欄位按鈕旁的倒三角形按鈕。

STEP 2　從展開的功能表中點選〔欄位設定〕功能選項。

STEP 3　開啟〔欄位設定〕對話方塊，點選自訂名稱文字方塊，選取預設的欄位名稱〔送貨國別 2〕。

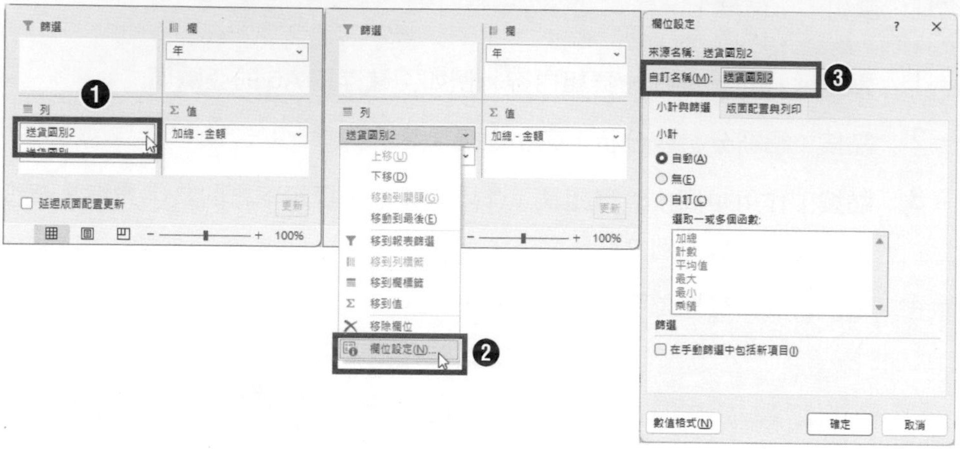

STEP 4　輸入新的自訂欄位名稱：〔區域〕。

STEP 5　按下〔確定〕按鈕。

STEP 6　〔列〕區域裡已經變成〔區域〕欄位了。

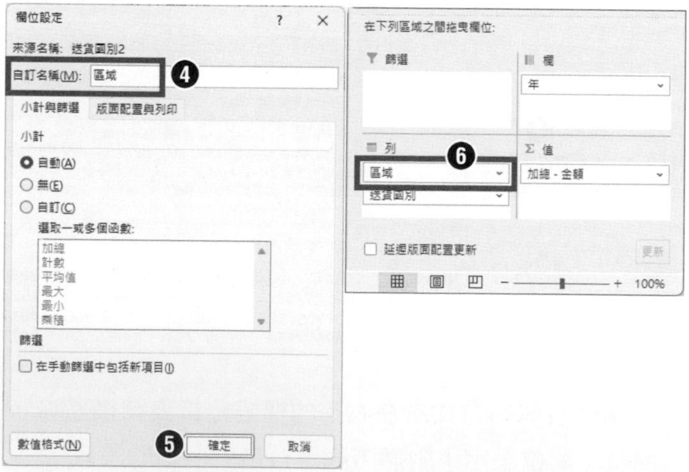

透過樞紐分析表版面配置的調整，原本同時呈現在 A 欄的兩個維度欄位為：〔區域〕與〔送貨國別〕便可以列表方式獨自顯示在 A 欄與 B 欄。

STEP 1　點選 A 欄位裡的任一群組內容。例如：儲存格 A5 的亞歐區。

STEP 2　點按〔樞紐分析表分析〕索引標籤右側的〔設計〕索引標籤。

STEP 3　點按〔版面配置〕群組裡的〔報表版面配置〕命令按鈕。

STEP 4　從展開的功能選單中點選〔以列表方式顯示〕功能選項。

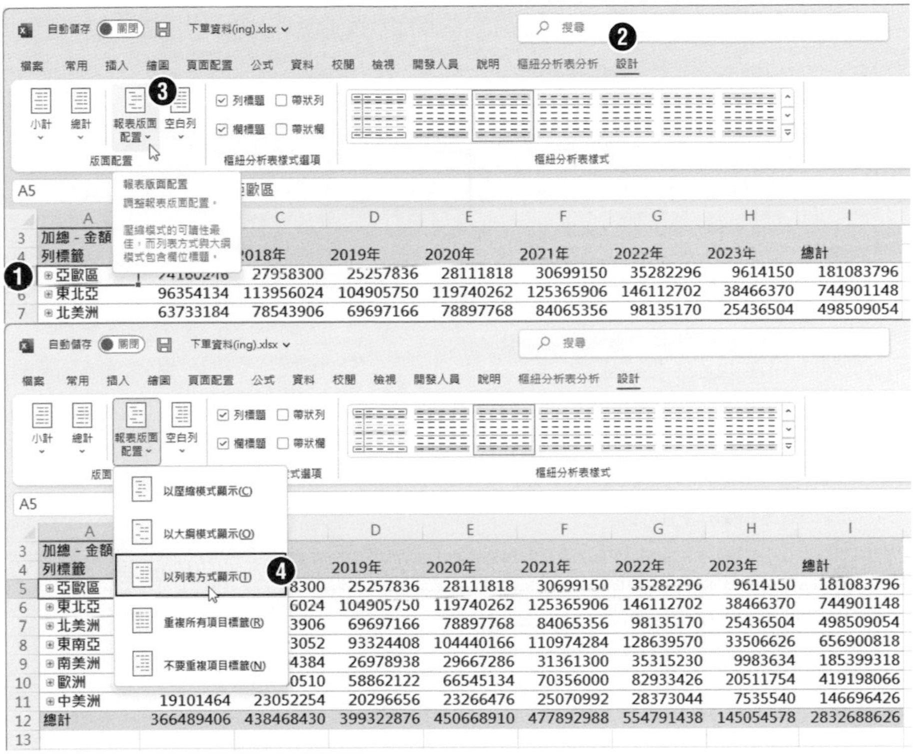

STEP 5　A 欄將顯示〔區域〕群組欄位；B 欄則是顯示〔送貨國別〕欄位的內容。

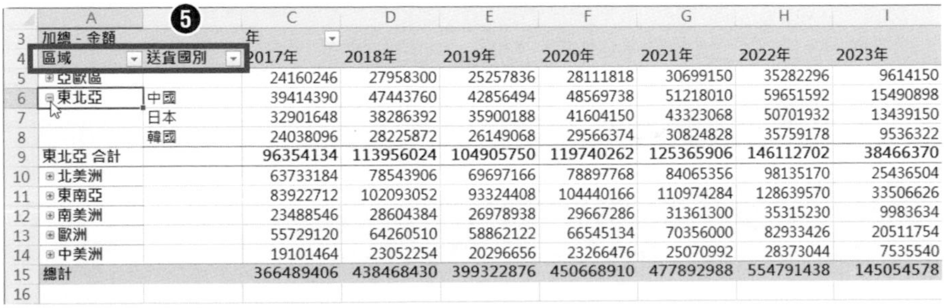

3-1-5 取消群組設定

在建立群組的資料欄位上，若有取消群組的需求，則可以在點選群欄位裡的任一儲存格後，點按功能區〔樞紐分析表分析〕索引標籤裡的〔取消群組〕命令按鈕，以移除群組的設定。此外，透過滑鼠右鍵點按樞紐分析表裡〔列〕或〔欄〕標籤底下的任一儲存格，亦可展開快顯功能表，從中點按〔組成群組〕或〔取消群組〕功能，進行群組的相關的間距設定或取消群組的設定。

3-2 樞紐分析表的排序作業

在預設的狀態下，建立樞紐分析表時所使用的欄位，皆會以遞增的方式排序。如下圖的實際案例所示：當〔列〕區域置入「交易筆數」欄位時，樞紐分析表的最左欄將會以「交易筆數」的數據由小到大排列；若〔欄〕區域裡置入「區域」欄位時，樞紐分析表的頂端列(由左至右)將會以「區域」的筆畫順序由小到大排列。

交易筆數	區域							
訂購量	亞歐區	東北亞	北美洲	東南亞	南美洲	歐洲	中美洲	總計
5	458	1699	1140	1609	464	975	350	6695
6	460	1792	1213	1568	477	1041	361	6912
7	432	1789	1150	1526	435	1039	355	6726
8	442	1781	1194	1622	471	999	378	6887
9	443	1783	1153	1564	433	1010	329	6715
10	405	1883	1095	1528	451	987	352	6701
11	441	1739	1204	1578	457	1016	373	6808
12	453	1798	1161	1586	504	1034	371	6907
13	431	1817	1225	1574	464	1056	382	6949
14	418	1764	1233	1519	460	966	366	6726
15	463	1922	1210	1622	445	1056	398	7116
16	463	1882	1236	1610	409	1029	338	6967
17	462	1838	1168	1572	473	1053	351	6917
18	454	1761	1199	1539	431	985	327	6696
19	440	1779	1212	1548	472	996	341	6788
20	384	1877	1180	1546	441	1031	385	6844
21	446	1739	1150	1571	469	1032	339	6746
22	455	1781	1203	1592	441	979	374	6825
23	444	1803	1198	1500	433	965	346	6689

透過排序工具的點按，您可以針對樞紐分析表裡〔欄〕、〔列〕區域或〔值〕區域裡的資料內容進行排序的操作。譬如：以下圖所示的範例為例，這是一個〔列〕區域裡包含了地區群組欄位與國別資料欄位；〔值〕區域裡包含了「總金額」加總運算的樞紐分析表。若事先點選樞紐分析表左側地區內容裡的任意儲存格，例如：儲存格 A4，然後再點按〔資料〕索引標籤裡〔排序與篩選〕群組內的〔從 A 到 Z 排序〕命令按鈕，在樞紐分析表最左欄的地區群組將自動以筆畫順序由小到大排列。依序分別是：中美、北美、東亞、東南亞。

3 樞紐分析表的群組排序與篩選

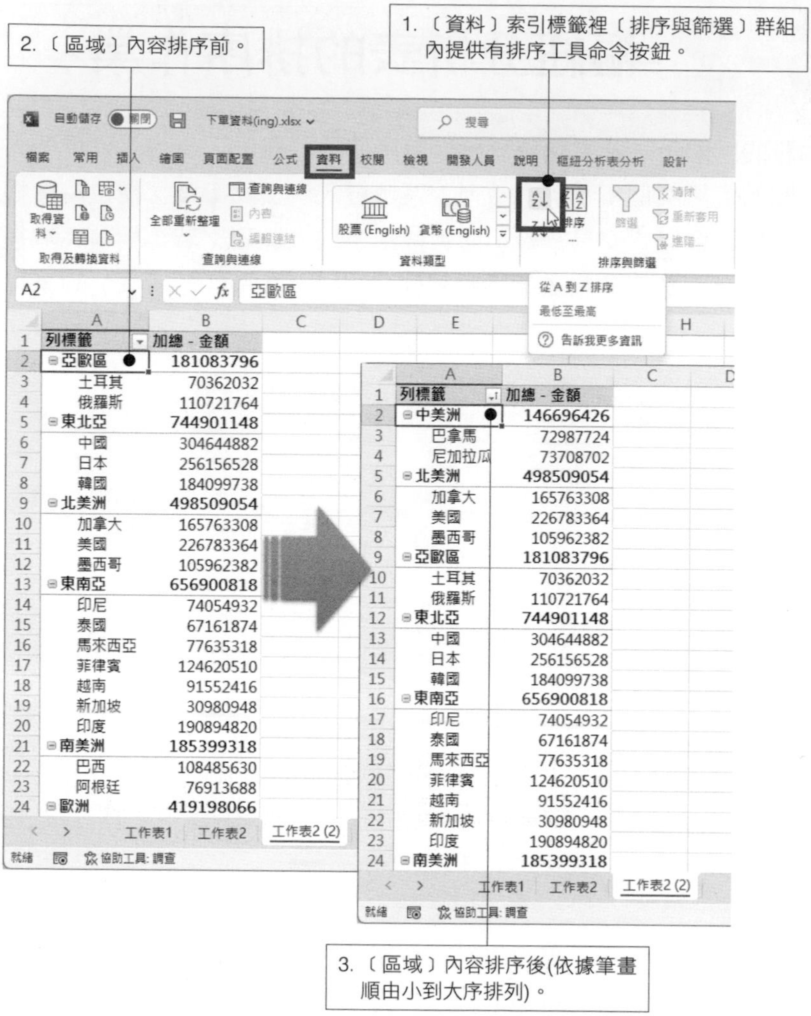

1.〔資料〕索引標籤裡〔排序與篩選〕群組內提供有排序工具命令按鈕。
2.〔區域〕內容排序前。
3.〔區域〕內容排序後(依據筆畫順由小到大序排列)。

若事先點選樞紐分析表左側地區群組底下的任一國別之儲存格，例如：儲存格A5，然後再點按〔資料〕索引標籤裡〔排序與篩選〕群組內的〔從 Z 到 A 排序〕命令按鈕，在樞紐分析表左側各地區群組底下的各個國別名稱，位於同一地區群組裡的各國別名稱將自動以筆畫順序由大到小排列。例如：原本歐洲地區底下依序分別是：西班牙、法國、英國、荷蘭、義大利與德國；南美洲地區底下依序分別是：巴西、阿根廷；東南亞地區底下依序分別是印尼、印度、泰國、馬來西亞、菲律賓、越南、新加坡。排序後，將變成歐洲地區底下依序分別是：德國、義大利、荷蘭、英國、法國與西班牙；南美洲地區底下依序分別是：阿根廷、巴西；東南亞地區底下依序分別變成新加坡、越南、菲律賓、馬來西亞、泰國、印度與印尼。

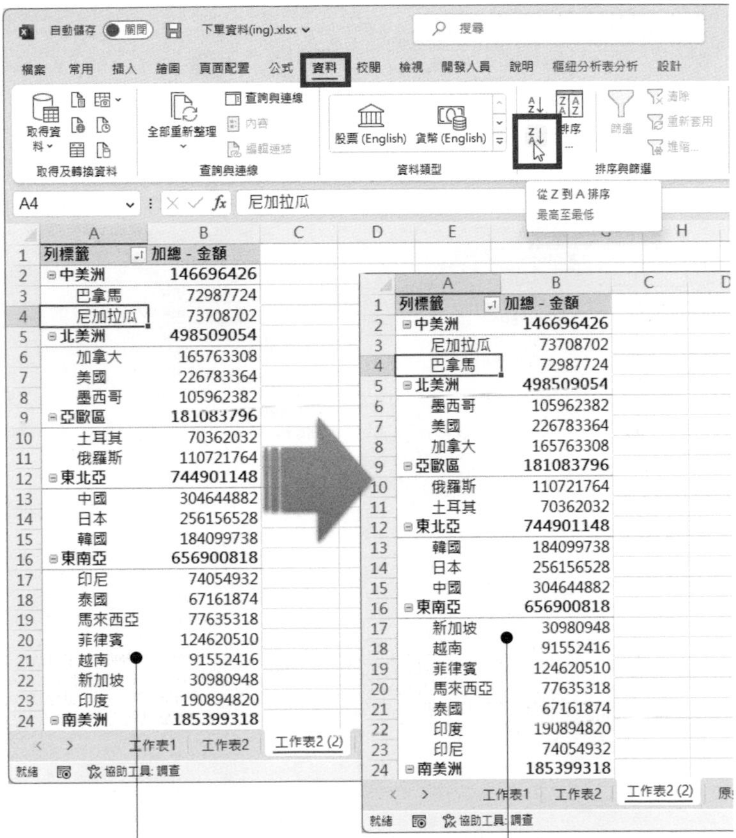

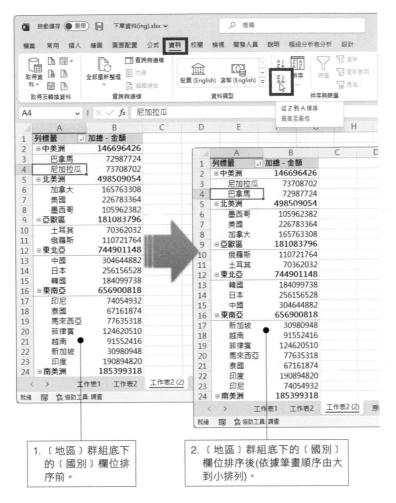

1.〔地區〕群組底下的〔國別〕欄位排序前。

2.〔地區〕群組底下的〔國別〕欄位排序後(依據筆畫順序由大到小排列)。

針對各群組頂端的小計結果，也可以透過排序操作進行順序上的調整。此範例金額由小到大的排序結果依序分別是：中美洲(146696426)、亞歐區(181083796)、南美洲(185399318)、歐洲(419198066)、北美洲(498509054)與東南亞(656900818)。

3 樞紐分析表的群組排序與篩選

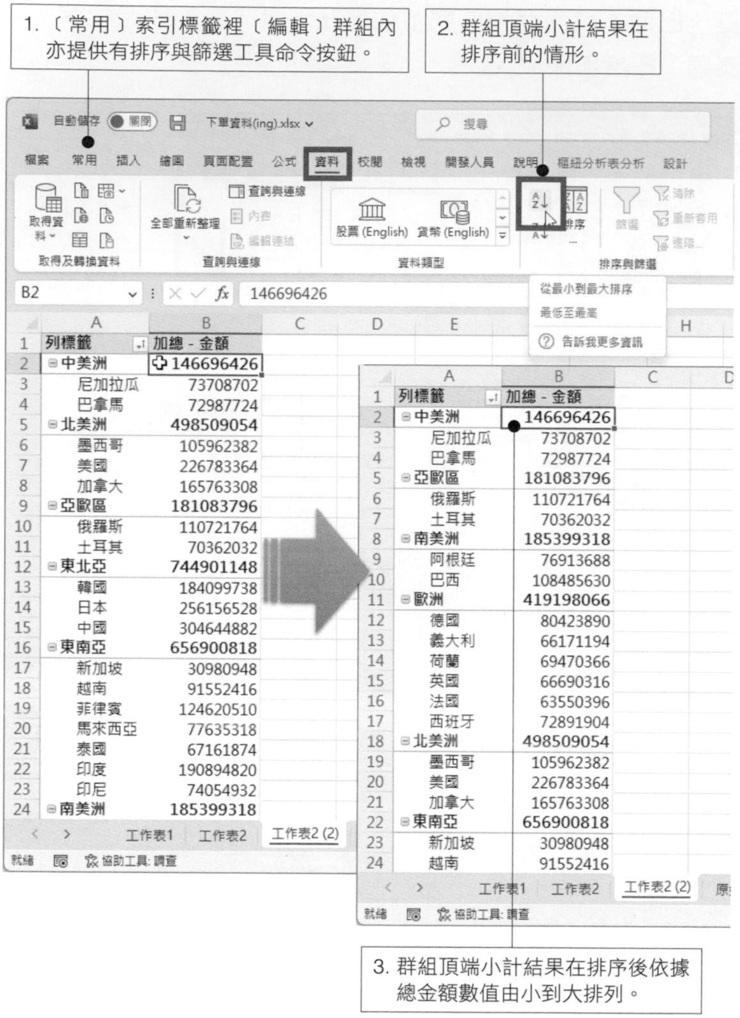
1.〔常用〕索引標籤裡〔編輯〕群組內亦提供有排序與篩選工具命令按鈕。
2. 群組頂端小計結果在排序前的情形。
3. 群組頂端小計結果在排序後依據總金額數值由小到大排列。
從最小到最大排序
最低至最高
告訴我更多資訊

而排序的操作也並非只能透過〔資料〕索引標籤裡的排序命令按鈕來完成，因為，排序算是常用功能，也位於〔常用〕索引標籤內。只要事先點選樞紐分析表中任一群組頂端的小計結果，然後再點按〔常用〕索引標籤裡〔編輯〕群組內的〔排序與篩選〕命令按鈕，就可以從展開的功能選單中點選〔從 Z 到 A 排序〕，或〔從 A 到 Z 排序〕。此外，針對各群組裡的每一項交叉分析的統計結果，也可以透過排序操作進行順序的調整。例如：以下的操作將針對各地區底下各送貨國別的總金額排列，進行由大到小的排列。

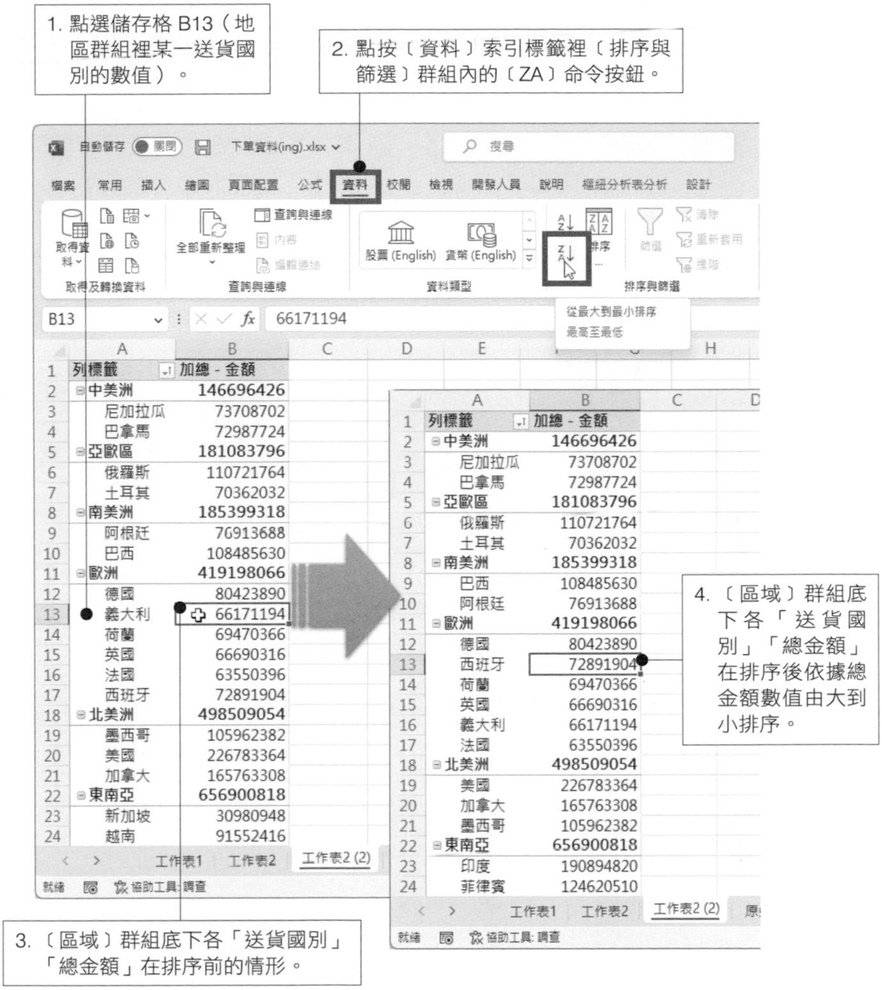
1. 點選儲存格 B13（地區群組裡某一送貨國別的數值）。
2. 點按〔資料〕索引標籤裡〔排序與篩選〕群組內的〔ZA〕命令按鈕。
3.〔區域〕群組底下各「送貨國別」「總金額」在排序前的情形。
4.〔區域〕群組底下各「送貨國別」「總金額」在排序後依據總金額數值由大到小排序。
從最大到最小排序
最高至最低

其實，以滑鼠右鍵點按標的物所展開的快顯功能表，也是大家經常操作的伎倆之一，其中也提供有排序功能的選項。例如：在展開的快顯功能表中可以點按〔排序〕內的〔從最大到最小排序〕或〔從最小到最到排序〕等功能選項。

3-2-1 排序的各種操作方式

排序的操作方式不只一種，藉由前述的幾個排序範例說明，筆者特別使用不同的排序操作方式，讓您了解排序方式的多元性。以下即列出在樞紐分析表中進行排序的五種操作方式：

方式一：　點按〔資料〕索引標籤裡〔排序與篩選〕群組內的排序命令按鈕來完成排序操作。

方式二：　透過〔常用〕索引標籤裡〔編輯〕群組內的〔排序與篩選〕命令按鈕，並從展開的下拉式功能選單中點選排序命令按鈕來完成排序操作。

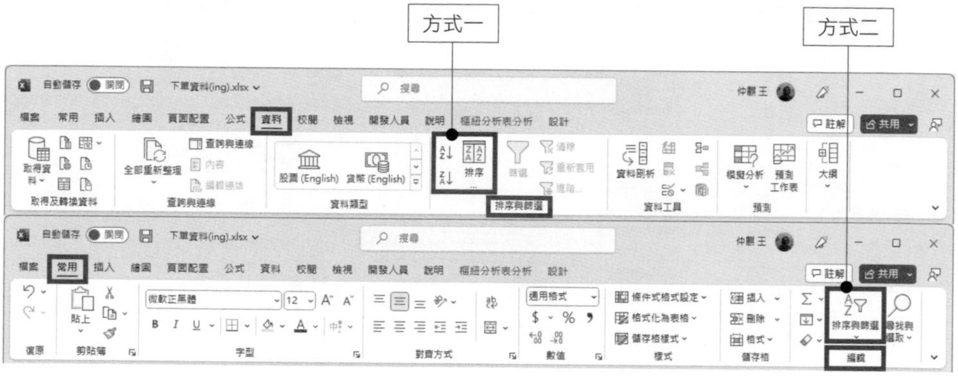

方式三：　藉由滑鼠右鍵點按欲排序的任一儲存格內容，並從展開的快顯功能表中點選〔排序〕功能選單，來進行排序的選擇。

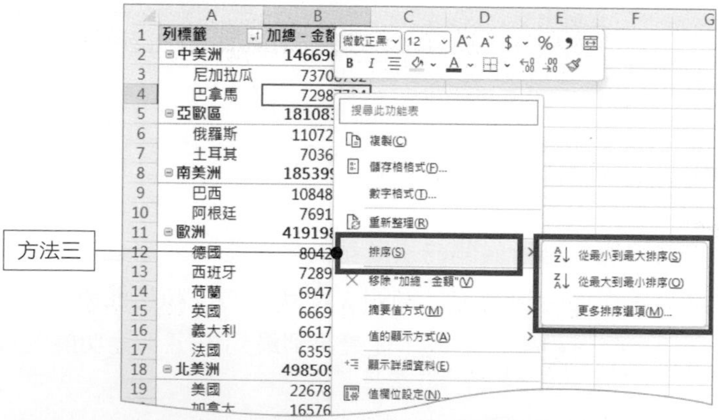

方式四：　在樞紐分析表的欄標籤、列標籤或報表篩選上，點按倒三角形的排序篩選按鈕，亦可展開功能選單，並在選單頂端提供有排序的選擇。

方式五： 滑鼠游標停在畫面右側〔樞紐分析表欄位〕工作窗格裡的欄位名稱上，待右側顯示倒三角形按鈕後，點按此倒三角形按鈕即可展開排序與篩選功能選單，從中點選所要進行的排序選項。

> **TIPS**
>
> 在樞紐分析表上，若有兩個層級以上的欄標籤或列標籤，點按倒三角形的排序篩選按鈕是有技巧的。在點按後的功能選單頂層將會有層級欄位的選項，讓您選擇要進行排序的對象是哪一個層級的欄位，在選定了欄位後，再進行排序的選擇。

STEP 1 A 欄裡呈現了兩個維度(欄位)的摘要－送貨「區域」與「送貨國別」。

STEP 2 點按列標籤上的排序篩選按鈕。

STEP 3 從展開的選單中，點選所要排序的層級。例如：送貨「區域」。

STEP 4 即可進行送貨區域資料的排序與篩選。

STEP 5 若從展開的選單中，點選的是 A 欄第二層級的「送貨國別」。

STEP 6 即可進行送貨國別資料的排序與篩選。

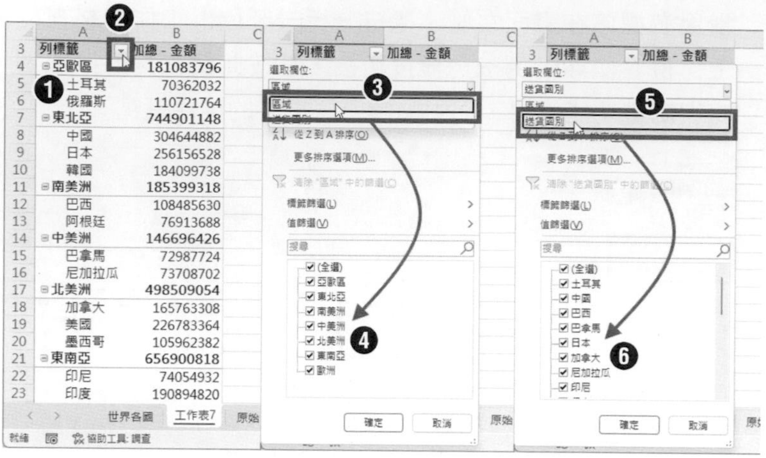

3-2-2 排序的資料類型與自動排序的設定

對於數值性的資料內容，排序的選擇可區分為〔從最小到最大排序〕與〔從最大到最小排序〕；對於文字性的資料內容，排序的選擇可區分為〔從 A 到 Z 排序〕與〔從 Z 到 A 排序〕；對於日期性的資料內容，排序的選擇可區分為〔從最舊到最新排序〕與〔從最新到最舊排序〕。

除了可以針對數值、文字、日期等類型的資料進行排序外，若有需求，您也可以透過手動排序特定的資料項目，或者變更特定的排列順序，意即自行設定排序選項。您可以透過以下的任何一種操作方式，擇其一來設定自訂排序選項：

方式一： 透過〔常用〕索引標籤裡〔編輯〕群組內的〔排序與篩選〕命令按鈕，並從展開的下拉式功能選單中點選〔自訂排序〕選項。

方式二： 點按〔資料〕索引標籤裡〔排序與篩選〕群組內的〔排序〕命令按鈕。

方式三： 藉由滑鼠右鍵點按欲進行排序的任一儲存格內容，並從展開的快顯功能表中點選〔排序〕功能選單，再從副選單中點選〔更多排序選項〕。

方式四： 滑鼠游標停在畫面右側〔樞紐分析表欄位〕工作窗格裡的欄位名稱上，待右側顯示倒三角形按鈕後，點按此倒三角形按鈕即可展開排序與篩選功能選單，從中點選〔更多排序選項〕。

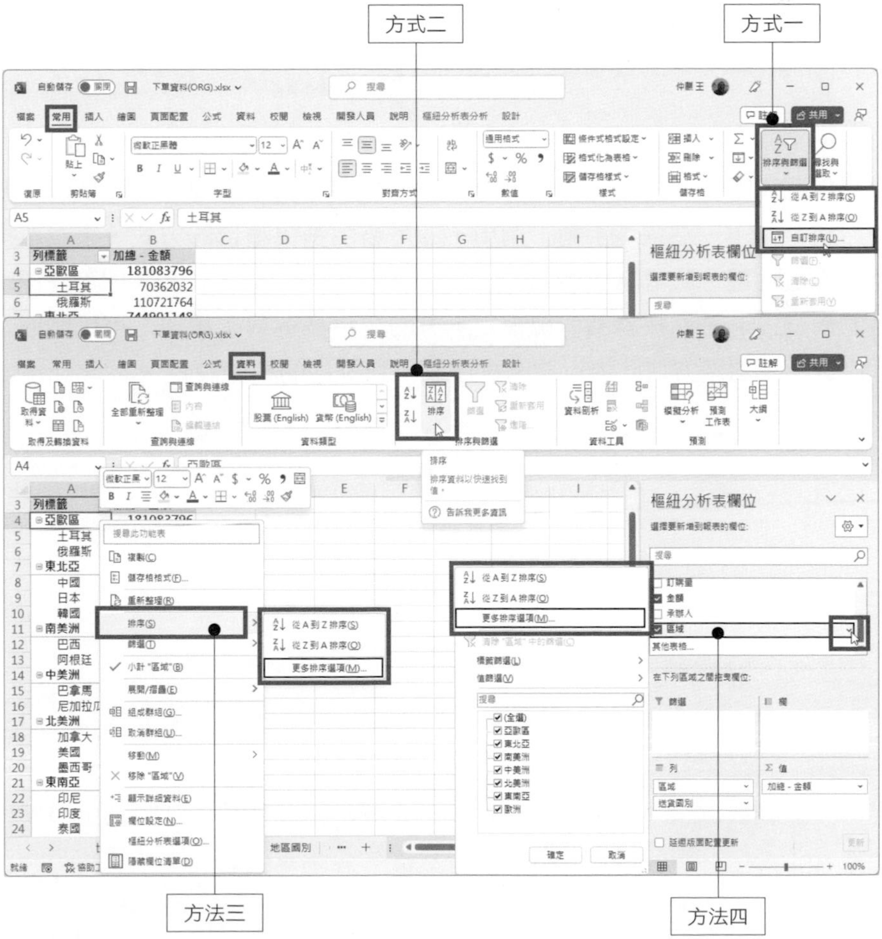

方式五： 在樞紐分析表的欄標籤、列標籤或報表篩選上，點按倒三角形的排序篩選按鈕，亦可展開功能選單，從中點選〔更多排序選項〕。

不論使用上述哪一種操作方式，皆會開啟〔排序〕對話方塊，在此挑選所要排序的類型。其中，點選〔手動〕選項，即可藉由拖曳項目的方式，來重新排列項目。若是點選〔遞增(A 到 Z)方式〕或〔遞減(Z 到 A)方式〕，即可選擇所要排序的欄位。若是點按對話方塊裡左下方的〔更多選項〕按鈕，可以開啟〔更多排序選項〕對話方塊，進行自動排序或手動排序的相關設定。

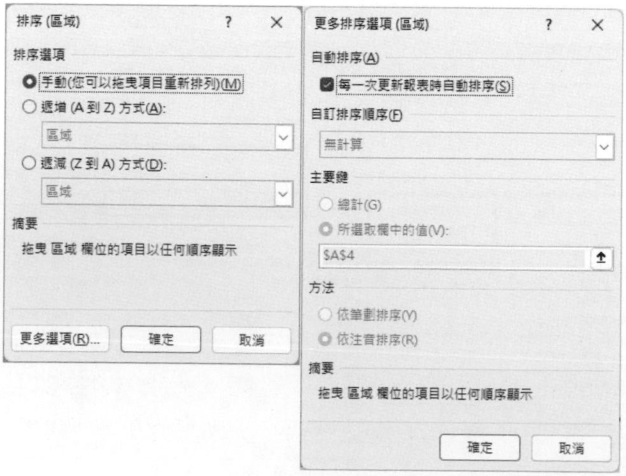

在〔更多排序選項〕對話方塊裡的主要設定項目與意義如下：

- 在〔自動排序〕下，勾選〔每一次更新報表時自動排序〕核取方塊後，即可在樞紐分析表資料更新時自動排序；取消此核取方塊即停止自動排序。
- 在〔自訂排序順序〕下，您可以挑選所要使用的自訂順序類型。不過，此選項唯有在〔自動排序〕的〔每一次更新報表時自動排序〕核取方塊已取消勾選時才有作用。
- 在〔主要鍵〕下，可以點選〔總計〕或〔所選取欄中的值〕，如此便可以根據這類值進行排序。不過，此選項在排序設定為〔手動〕時是無法使用的。

3-3 篩選樞紐分析表

樞紐分析表的交叉統計分析，主要的來源便是資料欄位，而不論是〔列〕區域、〔欄〕區域、以及〔列〕〔欄〕區域所交錯而摘要統計其〔Σ值〕區域裡的資料欄位，甚至報表〔篩選〕區域裡的資料欄位，都是來自資料來源的選取欄位。

不過，有時候並非資料來源裡的每一筆資料記錄都需要納入樞紐分析的統計，或許根據不同的需求與目的，只要統計分析符合某些欄位內容項目的資料即可。例如：可能只想要分析「性別」欄位裡的男性資料；或者僅想要統計「日期」欄位裡的上半年資料。如此，選擇的欄位其內容便不一定要全部納入樞紐分析的運算。此時，您可以藉由〔排序篩選〕按鈕的操作，僅針對資料欄位裡的特定項目或是符合則準則的項目，進行樞紐分析的統計運算。

3-3-1 列標籤或欄標籤的篩選

以下圖的樞紐分析表為例，在〔列〕區域中，置入了「送貨國別」資料欄位；在〔欄標籤〕區域中，置入了「日期」資料欄位所延伸設定的「年」與「季」群組；在〔值〕區域中，置入了「交易編號」資料欄位，表達出每一「送貨國別」在每一「年」每一「季」的總交易筆數。

若只想要篩選出特定的送貨國別或指定的年度季別，則可以藉由篩選工具的操作來達成。在工作表上的樞紐分析表，其位於〔列〕區域和〔欄標籤〕區域裡的欄位標籤，都提供有排序篩選按鈕(倒三角形)，點按後中即可展開排序、搜尋與篩選的作業。此外，畫面右側〔樞紐分析表欄位〕工作窗格裡的欄位名稱上，也提供有倒三角形按鈕，可展開排序、搜尋與篩選的操作。

下圖以篩選「送貨國別」為例，點按篩選按鈕(位於儲存格 A5)，展開下拉式選單，即可從中勾選或取消勾選指定「送貨國別」。

STEP 1 點按「送貨國別」的篩選按鈕。

STEP 2 僅保留「中國」、「日本」、「加拿大」、「印度」與「西班牙」等五個國家的勾選，並取消其他國家的勾選。

STEP 3 點按〔確定〕按鈕。

STEP 4 完成篩選後的樞紐分析表，已經看不到取消勾選的送貨國別，統計結果也不包含取消勾選的送貨國別之交易筆數。

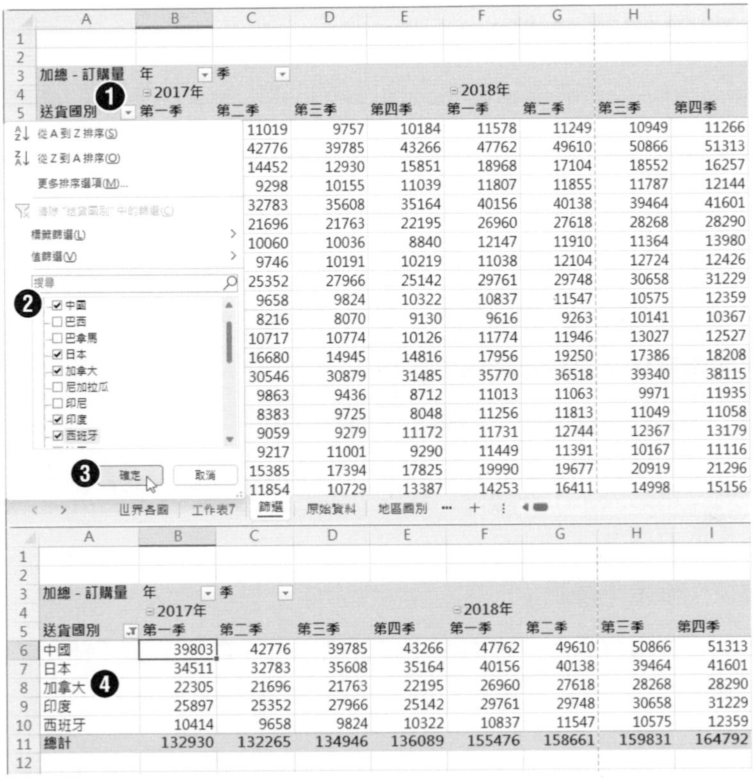

若要清除篩選，則點按「送貨國別」的篩選按鈕後，從展開的功能選單中點選〔清除 "送貨國別" 的篩選〕即可。

3-3-2 項目搜尋功能

Excel 提供在樞紐分析表中進行項目搜尋的功能，讓使用者能夠輕鬆處理含有大量項目的欄位。透過項目搜尋的操作，您可以在樞紐分析表上數以千計或甚至更多項目內容的〔欄〕標籤、〔列〕標籤中尋找相關的項目。以下即為您演練兩個項目搜尋的範例。

STEP 1　點按「送貨國別」欄位標籤旁的排序篩選按鈕(倒三角形)。

STEP 2　展開選單後，點按〔搜尋〕方塊。

STEP 3　輸入欲搜尋的關鍵字，例如：「印」。

STEP 4　立即尋獲「印」字開頭的「印尼」、「印度」項目並自動勾選這些項目的核取方塊。

STEP 5　點按〔確定〕按鈕。

STEP 6　立即呈現搜尋結果，僅篩選出送貨國別為「印尼」與「印度」的樞紐分析表。

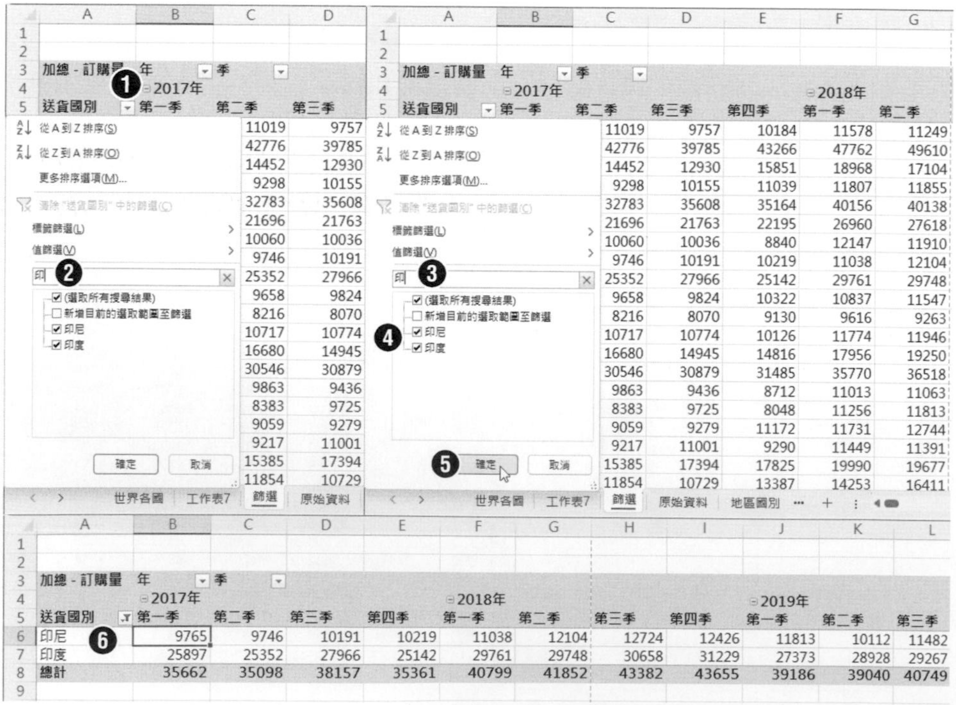

在樞紐分析表的搜尋項目功能中，亦可引用搜尋工常見的萬用字元符號(Wild Card)，如代表單一任意字元的「?」號，以及代表多個任意字元的「*」號。

STEP 1 點按〔送貨國別〕欄位標籤旁的排序篩選按鈕(倒三角形)。

STEP 2 在展開的排序篩選功能選單中，於〔搜尋〕方塊裡輸入欲搜尋的關鍵字「?國」。此關鍵字的搜尋準則為：開頭第一個字是任意字元、第二個字是「國」字。

STEP 3 立即尋獲符合搜尋規範的項目並自動勾選這些項目的核取方塊。

STEP 4 點按〔確定〕按鈕。

STEP 5 立即執行搜尋結果，篩選出符合搜尋需求的樞紐分析表。

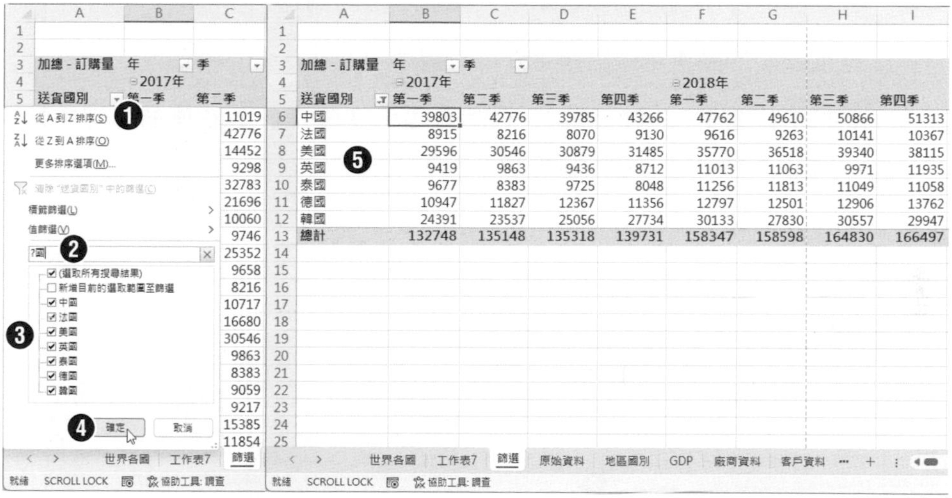

3-3-3 不同資料類型的篩選

文字類型的資料在進行篩選時，透過選單中核取方塊的勾選與否，可以達到單選一個項目，或者複選多重項目的目的。數值類型的資料則可以透過關係的比較，進行數值的篩選，尋找大於、等於、小於、不等於、介於、不介於特定數值的資料項目。甚至，也可以篩選出前 10 項或後 10 項等特定範疇裡的資料項目。日期類型的資料也可以迅速找出介於特定日期間之間，或指定某日期之前、之後的資料項目，亦可迅速篩選出昨天、今天、明天、上週、本週、下週、上個月、這個月、下個月、上一季、這一季、下一季、去年、今年、明年或者年初至今等特定日期區間裡的所有項目資料。

數值性標籤欄位的標籤篩選

如果樞紐分析表左側〔列〕區域裡的〔列〕標籤欄位是數值性的資料欄位，則呈現在樞紐分析表左側的〔列〕標籤資料預設為遞增排序，如下圖所示，顯示了從 5 到 59 的每一種訂購量之各國總銷售金額。若僅想要篩選出特定訂購量，例如：訂購量在 25 至 35 之間的各國總銷售金額，則可以進行以下的操作：

STEP 1 點按「列標籤」(訂購量)欄位標籤旁的排序篩選按鈕(倒三角形)。

STEP 2 在展開的排序篩選功能選單中，點選〔標籤篩選〕。

STEP 3 再從展開的副選單中點選〔介於〕選項。

STEP 4 開啟訂購量的〔標籤篩選〕對話方塊，在〔介於〕右側的方塊中輸入「25」；在〔且〕的右側方塊中輸入「35」。

STEP 5 點按〔確定〕按鈕。

STEP 6 立即執行篩選，列出訂購量介於 25 至 35 之間各國總銷售量的樞紐分析表。

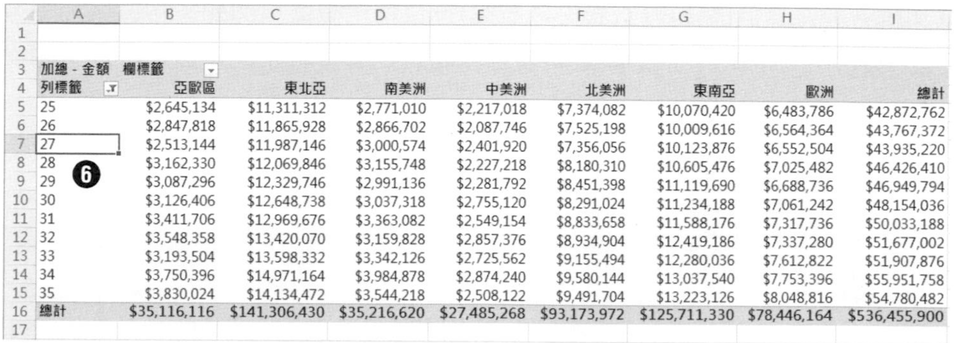

加總 - 金額	欄標籤							
列標籤	亞歐區	東北亞	南美洲	中美洲	北美洲	東南亞	歐洲	總計
25	$2,645,134	$11,311,312	$2,771,010	$2,217,018	$7,374,082	$10,070,420	$6,483,786	$42,872,762
26	$2,847,818	$11,865,928	$2,866,702	$2,087,746	$7,525,198	$10,009,616	$6,564,364	$43,767,372
27	$2,513,144	$11,987,146	$3,000,574	$2,401,920	$7,356,056	$10,123,876	$6,552,504	$43,935,220
28	$3,162,330	$12,069,846	$3,155,748	$2,227,218	$8,180,310	$10,605,476	$7,025,482	$46,426,410
29	$3,087,296	$12,329,746	$2,991,136	$2,281,792	$8,451,398	$11,119,690	$6,688,736	$46,949,794
30	$3,126,406	$12,648,738	$3,037,318	$2,755,120	$8,291,024	$11,234,188	$7,061,242	$48,154,036
31	$3,411,706	$12,969,676	$3,363,082	$2,549,154	$8,833,658	$11,588,176	$7,317,736	$50,033,188
32	$3,548,358	$13,420,070	$3,159,828	$2,857,376	$8,934,904	$12,419,186	$7,337,280	$51,677,002
33	$3,193,504	$13,598,332	$3,342,126	$2,725,562	$9,155,494	$12,280,036	$7,612,822	$51,907,876
34	$3,750,396	$14,971,164	$3,984,878	$2,874,240	$9,580,144	$13,037,540	$7,753,396	$55,951,758
35	$3,830,024	$14,134,472	$3,544,218	$2,508,122	$9,491,704	$13,223,126	$8,048,816	$54,780,482
總計	$35,116,116	$141,306,430	$35,216,620	$27,485,268	$93,173,972	$125,711,330	$78,446,164	$536,455,900

清除樞紐分析表的篩選

若不需要再篩選某欄位的資料，以恢復所有資料的呈現，則可以清除(取消)該欄位的篩選。

STEP 1 點按已經套用篩選的「列標籤」(訂購量)欄位標籤旁的已篩選按鈕(漏斗形狀)。

STEP 2 在展開的排序篩選功能選單中，點選〔清除"訂購量"中的篩選〕。

STEP 3 立即顯示所有的資料，移除了 "訂購量" 的篩選，在「列標籤」(訂購量)欄位標籤旁的篩選按鈕也已變更回倒三角形。

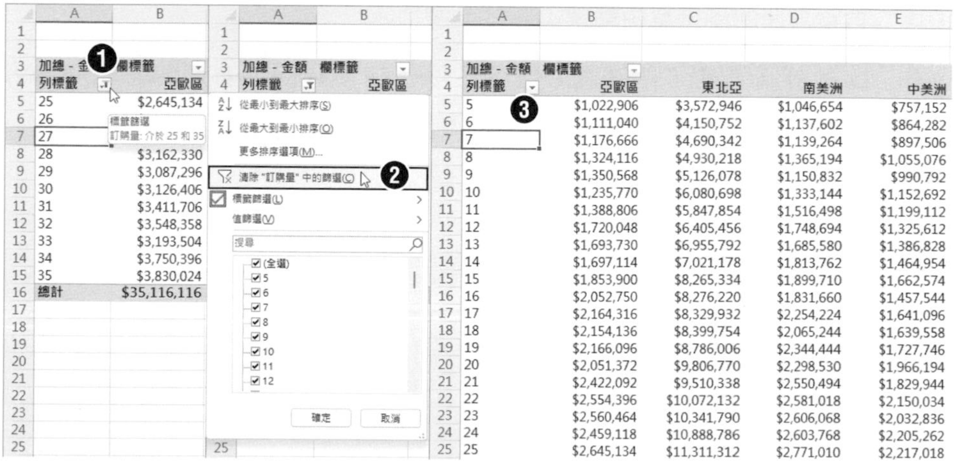

數值性標籤欄位的值篩選

使用與前例相同的樞紐分析表範例，如果不論訂購量為何，僅想要篩選出各區域加總金額之總計(樞紐分析表的最右欄)符合特定數值，例如：各區域加總金額之總計在 7 千萬到 8 千萬之間的各地區總銷售資料，則可以進行以下的操作：

STEP 1　點按「列標籤」(訂購量)欄位標籤旁的排序篩選按鈕(倒三角形)。

	A	B	C	D	E	F	G	H	I
1									
2									
3	加總 - 金 ❶ 欄標籤								
4	列標籤	亞歐區	東北亞	南美洲	中美洲	北美洲	東南亞	歐洲	總計
5	5	$1,022,906	$3,572,946	$1,046,654	$757,152	$2,503,076	$3,377,540	$2,218,874	$14,499,148
6	6	$1,111,040	$4,150,752	$1,137,602	$864,282	$2,954,162	$3,779,010	$2,580,548	$16,577,396
7	7	$1,176,666	$4,690,342	$1,139,264	$897,506	$3,020,822	$3,977,296	$2,582,494	$17,484,390
8	8	$1,324,116	$4,930,218	$1,365,194	$1,055,076	$3,477,850	$4,300,378	$2,692,646	$19,145,478
9	9	$1,350,568	$5,126,078	$1,150,832	$990,792	$3,701,182	$4,589,498	$3,019,634	$19,928,584
10	10	$1,235,770	$6,080,698	$1,333,144	$1,152,692	$3,559,338	$5,002,786	$3,115,498	$21,479,926
11	11	$1,388,806	$5,847,854	$1,516,498	$1,199,112	$4,229,228	$5,519,790	$3,438,312	$23,139,600
12	12	$1,720,048	$6,405,456	$1,748,694	$1,325,612	$4,227,774	$5,737,068	$3,673,370	$24,838,022
13	13	$1,693,730	$6,955,792	$1,685,580	$1,386,828	$4,756,194	$5,860,478	$3,941,244	$26,279,846
14	14	$1,697,114	$7,021,178	$1,813,762	$1,464,954	$4,851,030	$6,152,236	$3,801,922	$26,802,196
15	15	$1,853,900	$8,265,334	$1,899,710	$1,662,574	$5,009,482	$6,779,866	$4,425,878	$29,896,744
16	16	$2,052,750	$8,276,220	$1,831,660	$1,457,544	$5,537,624	$7,058,744	$4,524,926	$30,739,468
17	17	$2,164,316	$8,329,932	$2,254,224	$1,641,096	$5,386,166	$7,245,528	$4,803,676	$31,824,938
18	18	$2,154,136	$8,399,754	$2,065,244	$1,639,558	$5,853,868	$7,530,400	$4,719,416	$32,362,376
19	19	$2,166,096	$8,786,006	$2,344,444	$1,727,746	$6,118,916	$7,773,960	$4,910,498	$33,827,666
20	20	$2,051,372	$9,806,770	$2,298,530	$1,966,194	$6,066,822	$8,142,048	$5,243,234	$35,574,970
21	21	$2,422,092	$9,510,338	$2,550,494	$1,829,944	$6,270,016	$8,549,210	$5,610,672	$36,742,766
22	22	$2,554,396	$10,072,132	$2,581,018	$2,150,034	$6,667,022	$8,960,594	$5,502,636	$38,487,832
23	23	$2,560,464	$10,341,790	$2,606,068	$2,032,836	$7,013,352	$8,665,140	$5,719,022	$38,938,672
24	24	$2,459,118	$10,888,786	$2,603,768	$2,205,262	$6,750,364	$9,182,780	$5,985,500	$40,075,578

此例將找出總計金額介於 7 千萬到 8 千萬之間的樞紐分析報表。

STEP 2　在展開的排序篩選功能選單中，點選〔值篩選〕。

STEP 3　再從展開的副選單中點選〔介於〕選項。

STEP 4　開啟訂購量的〔值篩選〕對話方塊，在〔介於〕右側的方塊中輸入「70000000」；在〔且〕的右側方塊中輸入「80000000」。

STEP 5　點按〔確定〕按鈕。

STEP 6 立即執行篩選，列出訂購量介於 7 千萬到 8 千萬之間各國總銷售量的樞紐分析表。

加總 - 金額	欄標籤							
列標籤	亞歐區	東北亞	南美洲	中美洲	北美洲	東南亞	歐洲	總計
47	$4,319,540	$18,925,790	$5,013,222	$3,303,814	$12,564,050	$17,035,926	$10,303,500	$71,465,842
48	$4,698,140	$18,523,326	$4,426,242	$3,968,734	$12,605,258	$16,416,018	$10,138,734	$70,776,452
49	$4,475,734	$20,511,824	$4,947,678	$3,771,840	$13,574,582	$17,806,370	$11,390,728	$76,478,756
50	$4,762,052	$20,172,822	$5,238,106	$3,860,148	$12,695,682	$17,635,690	$11,565,496	$75,929,996
51	$4,686,986	$18,873,344	$4,909,474	$4,207,444	$13,456,248	$17,768,730	$11,568,206	$75,470,432
52	$5,049,762	$21,112,154	$4,561,284	$3,916,138	$14,023,298	$18,379,684	$11,418,348	$78,460,668
總計	$27,992,214	$118,119,260	$29,096,006	$23,028,118	$78,919,118	$105,042,418	$66,385,012	$448,582,146

日期性標籤欄位的日期篩選

如果樞紐分析表左側〔列〕區域裡的〔列〕標籤欄位是日期性的資料欄位，則呈現在樞紐分析表左側的〔列〕標籤資料預設為遞增的日期排序，如下圖所示，顯示了每一天每一位承辦人的交易筆數。若僅想要篩選出上一季的統計資料(假設現在是 2023 年 1 月)，則可以進行以下的操作：

STEP 1 點按「列標籤」(日期)欄位標籤旁的排序篩選按鈕(倒三角形)。

STEP 2 在展開的排序篩選功能選單中，點選〔日期篩選〕。

STEP 3 再從展開的副選單中點選〔上一季〕選項。

STEP 4 假設今天是 2023 年 1 月 22 日，立即執行篩選，即列出上一季(2022 年)第四季(10 月至 12 月)每一位承辦人所經手的交易筆數之樞紐分析表。

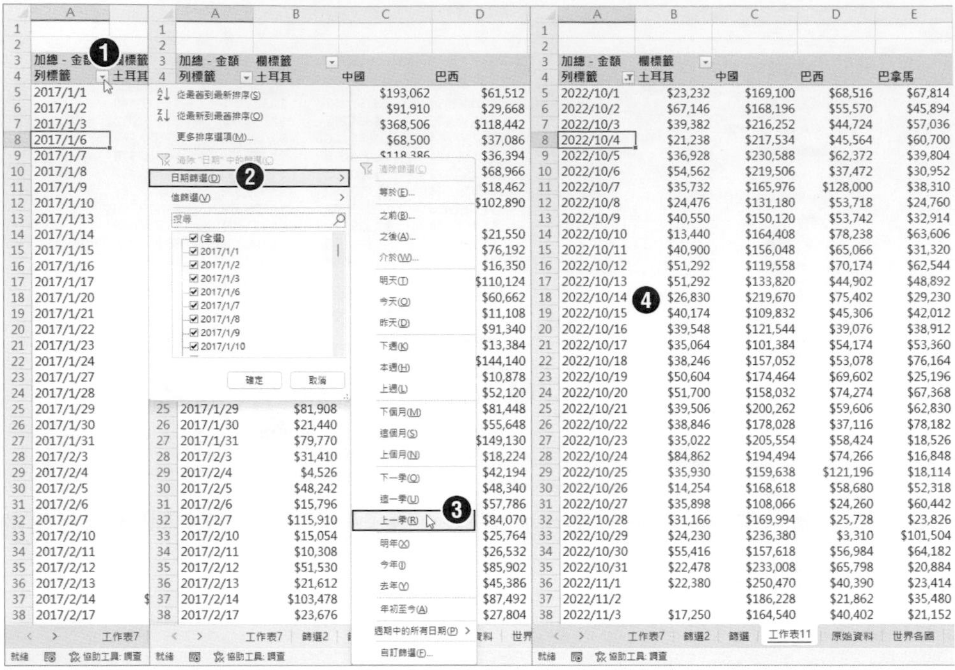

日期性標籤欄位的值篩選

使用相同的資料來源，再列舉另一種情境，在 Q 欄位已經交叉統計出每一天的交易筆數總計(每一位承辦人之交易筆數的加總)，若僅想篩選出總計交易筆數超過某一特定數值的資料，例如：顯示總計交易筆數超過 650 筆以上的樞紐分析表，則可以進行以下的操作：

STEP 1　點按「列標籤」(日期)欄位標籤旁的排序篩選按鈕(倒三角形)。

STEP 2　在展開的排序篩選功能選單中，點選〔值篩選〕。

STEP 3　再從展開的副選單中點選〔大於或等於〕選項。

STEP 4　開啟日期的〔值篩選〕對話方塊，在〔交易筆數〕〔大於或等於〕右側的方塊中輸入「650」。

STEP 5　點按〔確定〕按鈕。

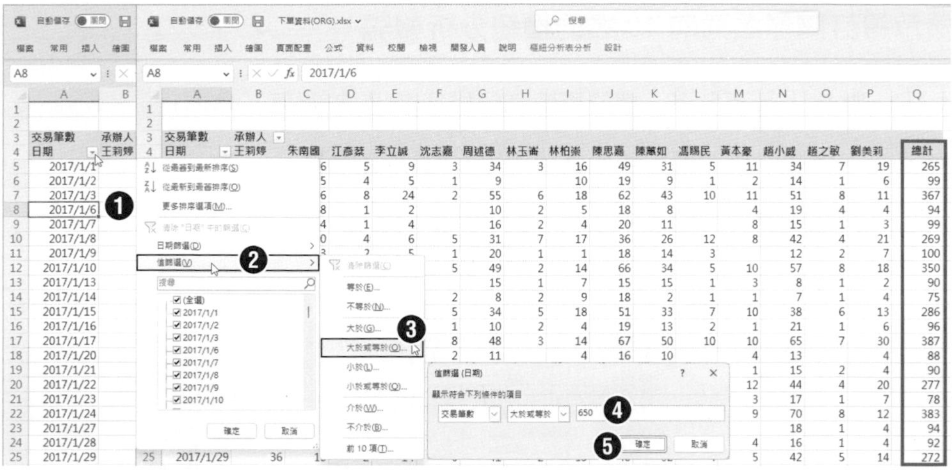

STEP 6　立即執行篩選，列出交易筆數之日總計超過 650 筆以上的每一天每一位承辦人各有多少筆交易之樞紐分析表。

交易筆數	承辦人															
日期	王莉婷	朱南國	江彥棻	李立誠	沈志嘉	周述德	林玉崙	林柏崇	陳思嘉	陳蕙如	馮賜民	黃本豪	趙小威	趙之敏	劉美莉	總計
2019/1/15	74	24	14	25	9	80	11	49	126	67	16	8	106	12	32	653
2019/3/26	59	40	12	23	6	82	5	53	131	70	17	15	105	9	30	657
2019/9/3	74	34	17	28	11	92	4	51	106	72	23	20	92	11	19	654
總計	207	98	43	76	26	254	20	153	363	209	56	43	303	32	81	1964

3-3-4 篩選樞紐分析表的前十大

對於數值性的資料項目，您可以活用樞紐分析表的篩選〔前十項〕功能，找出前十名的資料項目。當然，所謂的篩選〔前十項〕功能並非僅是篩選出前十名的資料項目，舉凡前五名、後三名、前 20%的項目、後 30%的項目，也都可以輕易的篩選出來。以下的範例演練中，將為您介紹此篩選〔前十項〕功能的各種彈性運用。使用的樞紐分析表架構是〔列〕區域為〔公司名稱〕欄位；〔值〕區域則置入了兩個資料欄位，分別為〔加總訂購量〕與〔加總金額〕，顯示出每一家公司的總交易筆數以及總交易金額。

顯示總訂購量名列前 10 名的樞紐分析報表

STEP 1 點按「廠商名稱」欄位標籤旁的排序篩選按鈕(倒三角形)。

STEP 2 在展開的排序篩選功能選單中，點選〔值篩選〕。

STEP 3 再從展開的副選單中點選〔前 10 項〕選項。

STEP 4 開啟的〔前 10 項篩選(廠商名稱)〕對話方塊，選擇〔最前〕。

STEP 5 設定「10」「項」。

STEP 6 在〔藉由〕選項中選擇〔總訂購量〕欄位。

STEP 7 點按〔確定〕按鈕。

STEP 8 顯示出總訂購量名列前 10 名的樞紐分析報表。

顯示交易總金額最差的 5 家公司之樞紐分析報表

透過雷同的篩選操作，顯示業績較差的資料也不是難事。

STEP 1 ～ STEP 3 延續前例的前三個步驟，以開啟的〔前 10 項篩選(廠商名稱)〕對話方塊。

STEP 4 在〔前 10 項篩選(廠商名稱)〕對話方塊中，選擇〔最後〕。

STEP 5 輸入「5」並選擇「項」。

STEP 6 在〔藉由〕選項中點選〔總金額〕欄位。

STEP 7 點按〔確定〕按鈕。

STEP 8 顯示出總金額最差的 5 家公司之樞紐分析報表。

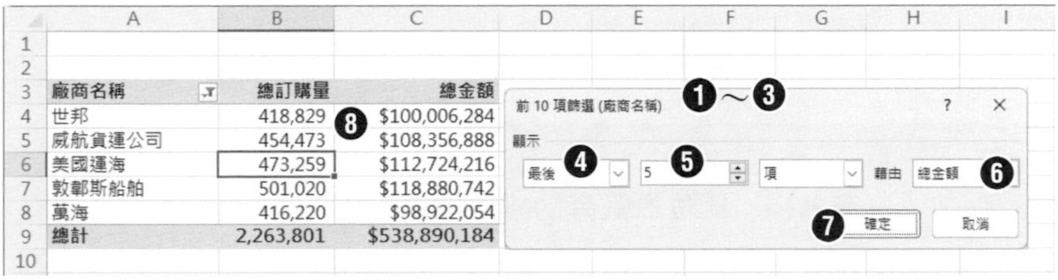

篩選全部總計值之前 30% 的每一筆資料

例如：所有公司(總共 20 家公司)的總訂購量總計為 11,909,519，此數字的 30% 為 3,572,856。透過篩選前 30%的功能操作，您可以篩選總訂購量最好的前幾家公司其總訂購量之總計超過 3,572,856 (總訂購量總計 11,909,519 的 30%)的每一家公司。此類型的篩選操作並不需要事先進行排序，但筆者對此範例實作仍事先將總訂購量(B 欄)以遞減方式由大到小排序，以呈現最好到最差的總訂購量，然後，再進行篩選最前 30%的總訂購量。如此，您便可以更容易瞭解此類型篩選的運作。

STEP 1 原本的總訂購量(B 欄)並未排序。

STEP 2 以滑鼠右鍵點按總訂購量(B 欄)裡的任一儲存格。

STEP 3 從展開的快顯功能表中點選〔排序〕。

STEP 4 從副選單中點選〔從最大到最小排序〕。

STEP 5 總訂購量(B 欄)裡的數據即由大到小排列。

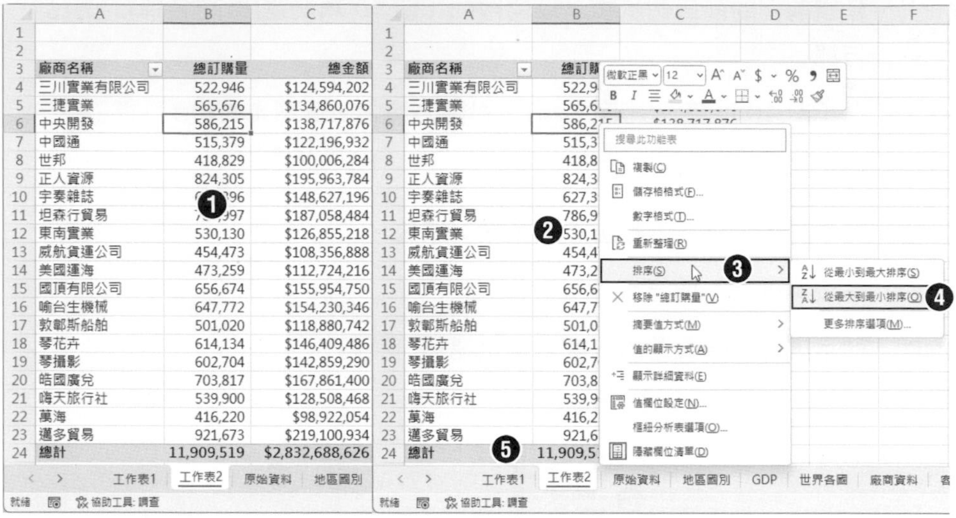

STEP 6 點按「廠商名稱」欄位標籤旁的排序篩選按鈕。

STEP 7 在展開的排序篩選功能選單中，點選〔值篩選〕。

STEP 8 再從展開的副選單中點選〔前 10 項〕選項。

STEP 9 開啟的〔前 10 項篩選(廠商名稱)〕對話方塊，選擇〔最前〕。

STEP 10 輸入「30」並選擇「%」。

STEP 11 在〔藉由〕選項中選擇〔總訂購量〕欄位。

STEP 12 點按〔確定〕按鈕。

STEP 13 顯示出總訂購量最好的前 5 家公司，其總訂購量之總計為 3,893,466，剛好超過了所有總訂購量總計(11,909,519)的 30%(3,572,856)。

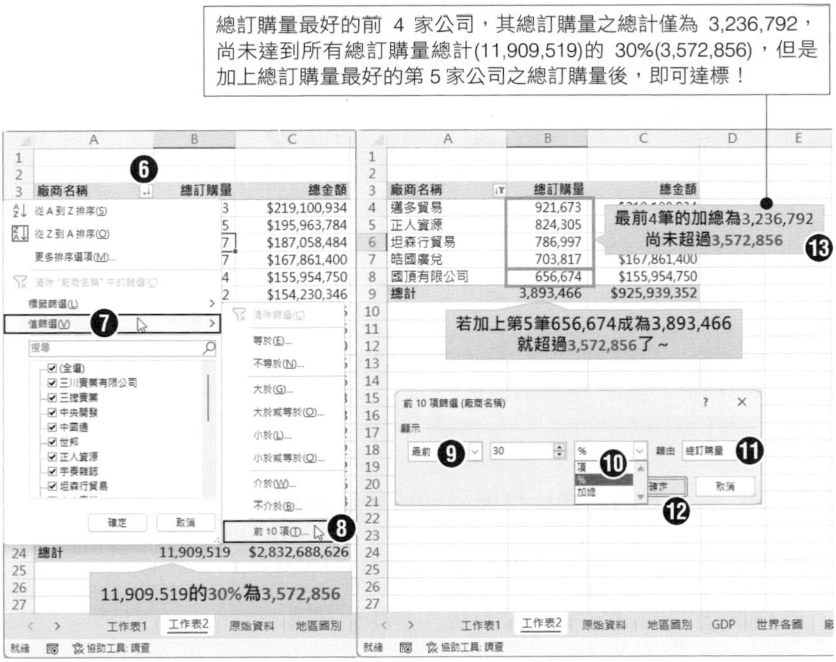

篩選全部總計值之後 40% 的每一筆資料

例如：所有公司(總共 20 家公司)的交易總金額總計為 2,832,688,626，此數字的 40%為 1,133,075,450。透過篩選後 40%的功能操作，您可以篩選總金額最差的後面幾家公司其總金額之總計超過 1,133,075,450 (總金額總計 2,832,688,626 的 40%)的每一家公司。此類型的篩選操作並不需要事先進行排序，但筆者對此範例實作仍事先將總金額(C 欄)以遞增方式由小到大排序，以呈現最差到最好的每一個總金額，然後，再進行篩選最後 40%的總金額，如此您便可以更清楚的體會此類型篩選的運作。

STEP 1　原本的總金額(C 欄)並未排序。

STEP 2　以滑鼠右鍵點按總金額(C 欄)裡的任一儲存格。

STEP 3　從展開的快顯功能表中點選〔排序〕。

STEP 4　從副選單中點選〔從最小到最大排序〕。

STEP 5　總金額(C 欄)裡的數據即由小到大排列。

3 樞紐分析表的群組排序與篩選

STEP 6　點按「廠商名稱」欄位標籤旁的排序篩選按鈕。

STEP 7　在展開的排序篩選功能選單中，點選〔值篩選〕。

STEP 8　再從展開的副選單中點選〔前 10 項〕選項。

STEP 9　開啟的〔前 10 項篩選(廠商名稱)〕對話方塊，選擇〔最後〕。

STEP 10　輸入「40」並選擇「%」。

STEP 11　在〔藉由〕選項中選擇〔總金額〕欄位。

STEP 12　點按〔確定〕按鈕。

STEP 13　顯示出總金額最差的 10 家公司，其總金額之總計為 1,175,905,080，剛好超過了所有總金額總計(2,832,688,626)的 40%(1,133,075,450)。

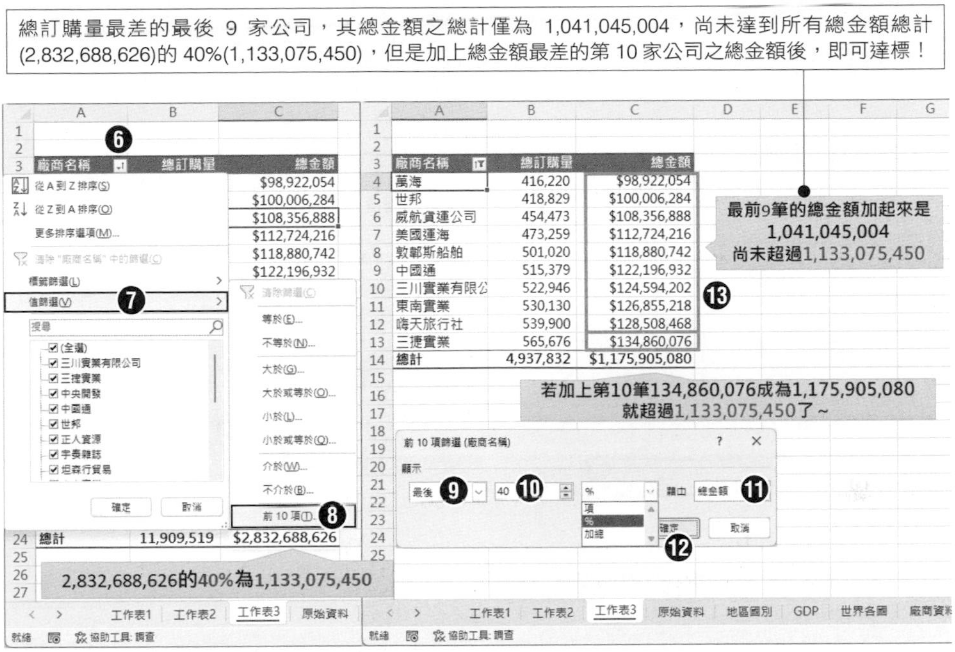

最前加總與最後加總的篩選

有時候我們想要尋找一些項目，而且這些項目的加總值會符合我們所訂定的標準值。例如：20 家公司的交易總金額已經算出，若要篩選出總金額最差的幾家公司並且將這些公司總金額加總起來會超過 5 億，則〔最後...加總〕的篩選工具正是您的最佳選擇。

STEP 1　沿用前例，點按「廠商名稱」欄位標籤旁的排序篩選按鈕。

STEP 2　在展開的排序篩選功能選單中，點選〔值篩選〕。

STEP 3　再從展開的副選單中點選〔前 10 項〕選項。

STEP 4　開啟(廠商名稱)的〔前 10 項篩選〕對話方塊，選擇〔最後〕。

STEP 5　輸入「500000000」(5 億)並選擇「加總」。

STEP 6　在〔藉由〕選項中選擇〔總金額〕欄位。

STEP 7　點按〔確定〕按鈕。

STEP 8　顯示出總金額最差的數家公司，其中最差的 5 家公司之總金額之總計為 538,890,184，剛好超過了此例訂定的 5 億準則。

總訂購量最差的最後 4 家公司，其總金額之總計僅為 420,009,442，尚未達到此例訂定的 5 億總金額總計準則，必須加上最差的倒數第 5 家公司期之總金額後才可達標！

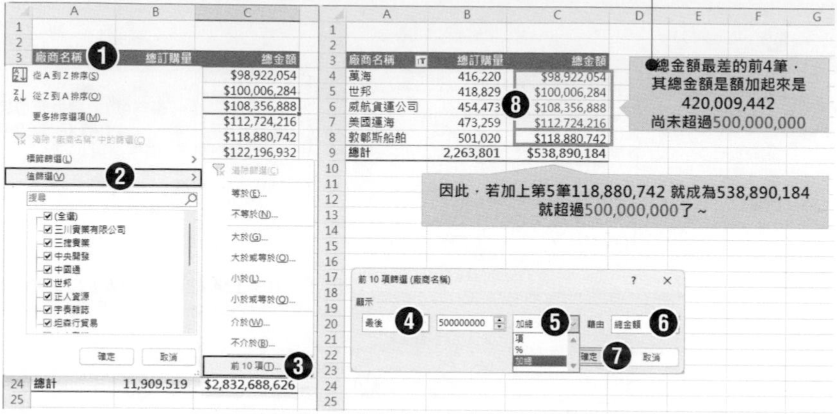

3-3-5 報表篩選的版面配置

在樞紐分析表的架構中，名為〔篩選〕的區域裡是報表分頁顯示欄位的控制，也就是說，若將資料欄位置入此區域，即表示要以該資料欄位為依據，顯示並統計樞紐分析表的結果。若是在此報表〔篩選〕區域裡置入多個資料欄位時，您可以輕易地改變報表〔篩選〕的版面配置。

2. 樞紐分析表上即呈現六個分頁篩選欄位，此例是位於 A1:B6 的欄名與篩選按鈕。

1. 在樞紐分析表架構的〔篩選〕區域裡放置了六個資料欄位。

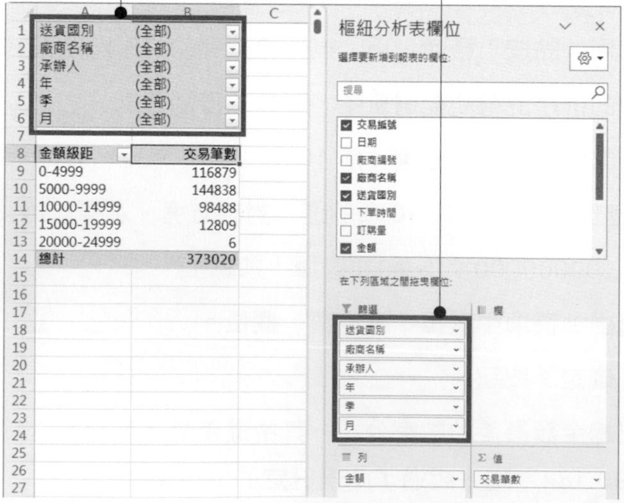

STEP 1 點選樞紐分析表裡的任一儲存格。例如：儲存格 B8。

STEP 2 點按〔樞紐分析表分析〕索引標籤。

STEP 3 點按〔樞紐分析表〕群組中的〔選項〕命令按鈕。

STEP 4 開啟〔樞紐分析表選項〕對話方塊，點按〔版面配置與格式〕索引標籤。

STEP 5 在〔版面配置〕的〔顯示報表篩選區域中的欄位〕下拉式清單選項中，可點選所要套用的配置是屬於〔由上到下〕還是〔由左至右〕。例如：此例選擇了〔由上到下〕選項。

STEP 6 在〔每欄的報表篩選欄位數〕(或〔每列的報表篩選欄位數〕)方塊中，可輸入或選取要顯示的欄位數。例如：此例選擇了「2」欄。

STEP 7 完成設定後，點按〔確定〕按鈕，結束〔樞紐分析表選項〕對話方塊的操作。

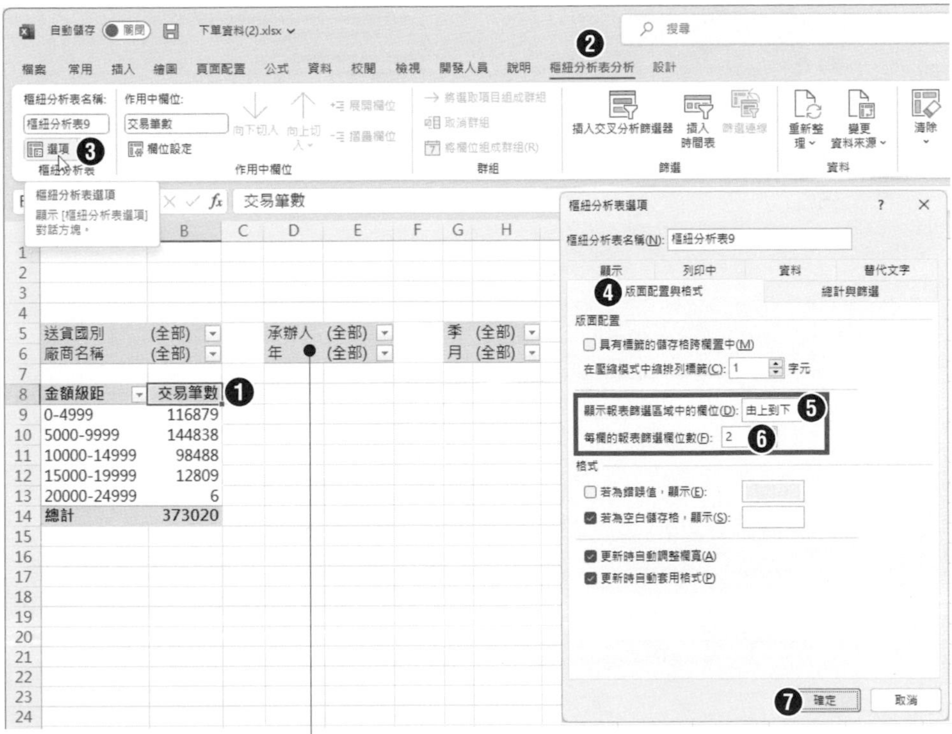

這是設定為〔由上到下〕，而〔每欄的報表篩選欄位數〕為「2」所呈現的版面配置。

〔顯示報表篩選區域中的欄位〕其版面配置有兩種選擇：

- 〔由上到下〕

  當欄位新增到報表〔篩選〕區域中時，先由上到下顯示報表〔篩選〕區域中的欄位，再進行其他欄。

- 〔由左至右〕

  當欄位新增到報表〔篩選〕區域中時，先由左到右顯示報表〔篩選〕區域中的欄位，再進行其他列。

而下圖所示〔顯示報表篩選區域中的欄位〕的設定則為〔由左至右〕且〔每列的報表篩選欄位數〕為「2」所呈現的版面配置。

CHAPTER

4

自訂化樞紐分析表

客製化的需求是樞紐分析表的特性，對於完成的樞紐分析表除了可以變更〔欄〕、〔列〕標籤的名稱外，也可以改變樞紐分析的計算方式，套用所需的函數，甚至，調整樞紐分析表的結構、顯示或隱藏小計及總計、選擇適用的版面配置以及群組資料的展開與摺疊等自訂化規模，讓樞紐分析表具備更高的可讀性與釋義性。此外，樞紐分析快取的運用一直是初學樞紐分析表的讀者難以理解之處，甚至不知道它的存在，本章將對此有專門實作與釋疑。

4-1 美化樞紐分析表

完成的樞紐分析表，透過標題(欄列標籤)的變更、數值資料的格式設定，甚至樣式的選擇、佈景主題的套用，可以使得樞紐分析表更具理解性與閱讀性。此章節裡各小節的範例即以 16 萬多筆的訂單交易資料來演練樞紐分析表的各種自訂化實作。

	A	B	C	D	E	F	G	H	I
1	訂單號碼	訂單日期	客戶	經手人	系列產品	縣市	銷售金額	成本	付款方式
2	R0470231	2018/1/1	三捷實業	陳玉珊	消耗品	宜蘭縣	$1,710	$766	電子支付
3	R0470232	2018/1/1	漢典股份有限公司	孫國銘	飲料	台北市	$1,480	$1,136	現金
4	R0470234	2018/1/1	國頂有限公司	郭佑偵	食品	台北市	$980	$577	電子支付
5	R0470238	2018/1/1	開味美食中心	陳玉珊	食品	新北市	$1,000	$457	信用卡
6	R0470244	2018/1/1	山南美食養生中心	趙小燕	飲料	彰化縣	$1,275	$812	匯款
7	R0470246	2018/1/1	山南美食養生中心	趙小燕	飲料	彰化縣	$730	$510	ATM
8	R0470248	2018/1/1	學仁貿易	張蕙雯	食品	新北市	$1,550	$1,223	現金
9	R0470249	2018/1/1	絕色天香食品公司	蘇家佩	食品	新竹市	$1,530	$1,224	信用卡
10	R0470250	2018/1/1	萬海實業貿易公司	蘇家佩	食品	嘉義縣	$1,550	$1,237	電子支付
11	R0470251	2018/1/1	新巨企業	張蕙雯	飲料	新北市	$1,070	$709	匯款

● ● ● ● ● ● ● ● ● ●

168657	R0874604	2022/12/31	紅陽集團	林莉婷	食品	新竹市	$735	$370	ATM
168658	R0874607	2022/12/31	東帝食品公司	孫國銘	消耗品	台北市	$960	$580	匯款
168659	R0874608	2022/12/31	國頂有限公司	郭佑偵	飲料	台北市	$1,270	$1,001	電子支付
168660	R0874611	2022/12/31	悅海食品股份公司	劉文山	消耗品	台南市	$820	$412	現金
168661	R0874615	2022/12/31	鼎天食品	趙小燕	食品	彰化縣	$940	$718	電子支付
168662	R0874620	2022/12/31	國頂有限公司	郭佑偵	飲料	台北市	$1,550	$1,126	信用卡
168663	R0874621	2022/12/31	建國股份有限公司	蘇家佩	飲料	新竹縣	$635	$507	信用卡
168664	R0874625	2022/12/31	瑞藝超市股份有限公司	趙小燕	飲料	台中市	$1,995	$1,378	信用卡
168665	R0874627	2022/12/31	一詮食品	李宏遠	飲料	台中市	$1,320	$482	現金
168666	R0874630	2022/12/31	開味美食中心	陳玉珊	食品	新北市	$1,510	$1,125	電子支付
168667	R0874631	2022/12/31	升格企業	林莉婷	消耗品	新竹市	$785	$565	電子支付
168668									

DATAS　驗算　+

就緒　協助工具: 調查

以下的樞紐分析表中，〔列〕區域裡放置的是「客戶」資料欄位；〔欄〕區域裡放置的是「系列產品」資料欄位；〔值〕區域放置的是預設進行加總(SUM)運算的「銷售額」資料欄位。因此，產生的樞紐分析表將顯示每一家客戶每一種商品的總銷售額。

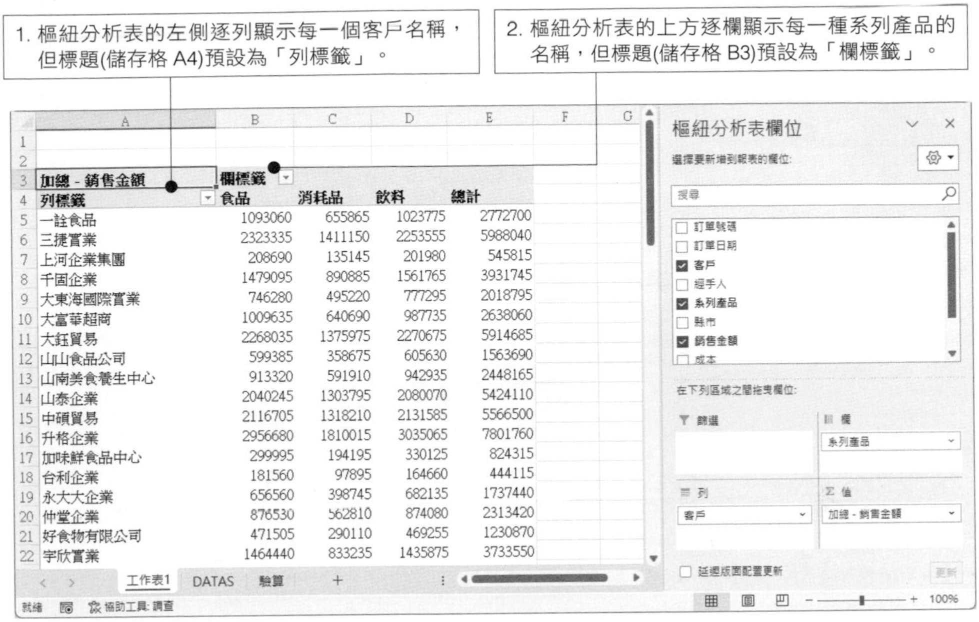

4-1-1 欄位名稱的變更

在剛完成樞紐分析表的製作時，雖然〔列〕區域、〔欄〕區域乃至〔值〕區域裡所放置的是資料欄位，但是，呈現在樞紐分析表上的標題名稱並不是該欄位名稱，而是所謂的「列標籤」、「欄標籤」。這在報表的閱讀性與可看性上，就顯得有些落差。不過，您可以在這些欄列標籤所在的儲存格上，直接輸入自訂的名稱以提升樞紐分析表的可讀性。

STEP 1　點按樞紐分析表的左側〔列〕標籤的標題，此例為儲存格 A4。

STEP 2　將預設的儲存格內容「列標籤」輸入為「客戶名稱」。

STEP 3　點按樞紐分析表的左側〔欄〕標籤的標題，此例為儲存格 B3。

STEP 4　將預設的儲存格內容「列標籤」輸入為「系列商品」。

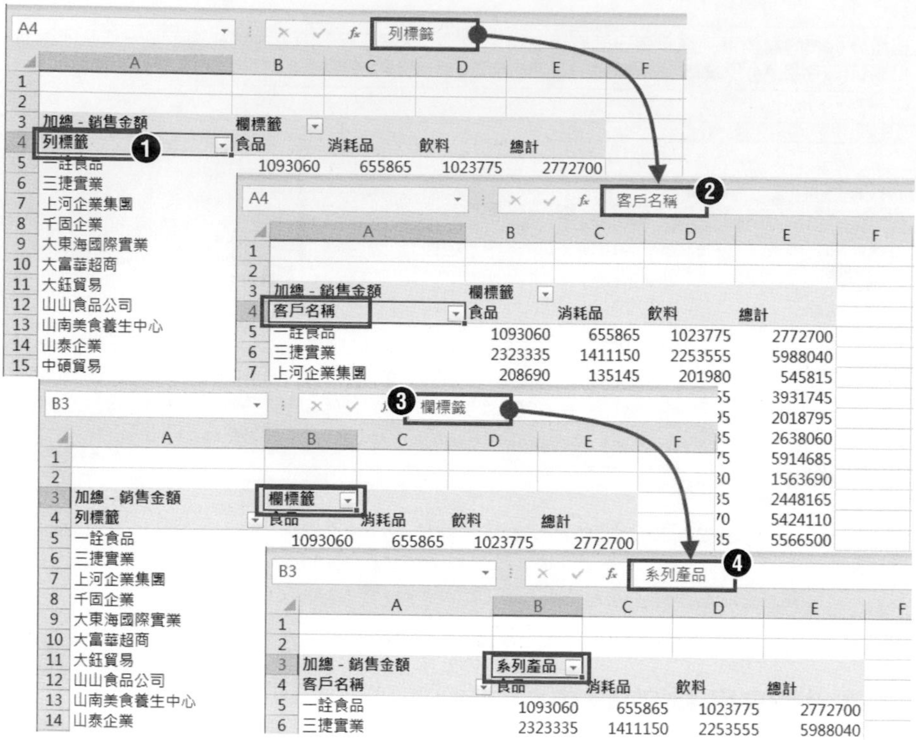

除了欄、列標籤所代表的名稱可自行修改為有意義的欄位名稱外，位於〔值〕區域的欄位名稱也可以透過同樣的操作方式進行欄位名稱的訂定。以此例為例，儲存格 A3 的內容原本為「加總 - 銷售金額」亦可改成更貼切、可讀性也更高的欄位名稱「總銷售額」。然而，直接修改儲存格內容並不是變更〔欄〕標籤、〔列〕標籤與〔值〕運算標籤名稱的唯一方式，您也可以開啟〔欄位設定〕對話方塊或〔值欄位設定〕對話方塊，進行自訂欄位名稱的變更。

STEP 1 以滑鼠右鍵點按工作表上樞紐分析表〔值〕區域裡運算結果中的任一個數值儲存格。例如：儲存格 B6。

STEP 2 從展開的快顯功能表中點選〔值欄位設定〕功能選項。

STEP 3 開啟〔值欄位設定〕對話方塊，點選預設為「加總 - 銷售金額」的自訂名稱(儲存格 A3 亦顯示此內容)。

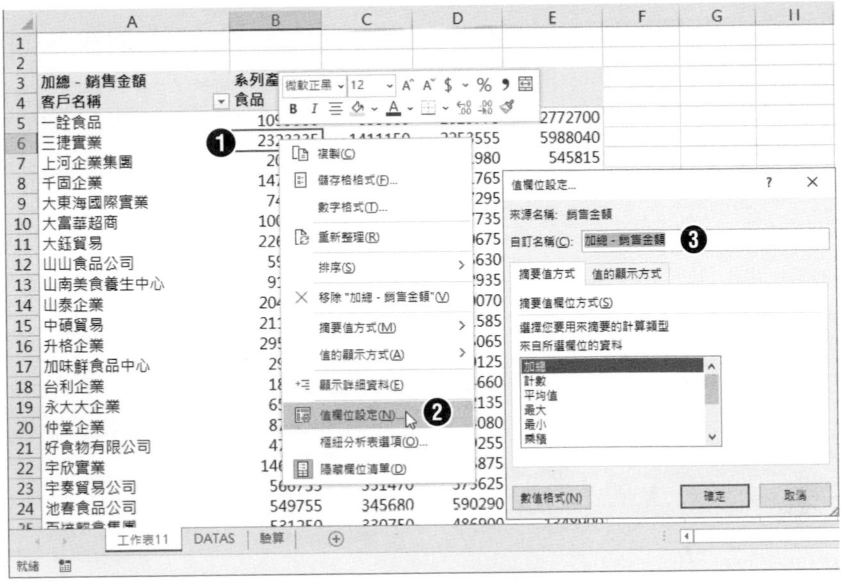

STEP 4　輸入自訂的名稱。例如：「總銷售金額」。然後，點按〔確定〕按鈕。

STEP 5　工作表上的儲存格 A3 已經順利變成「總銷售金額」。

STEP 6　〔Σ 值〕區域裡的欄位按鈕也同步更名為「總銷售金額」。

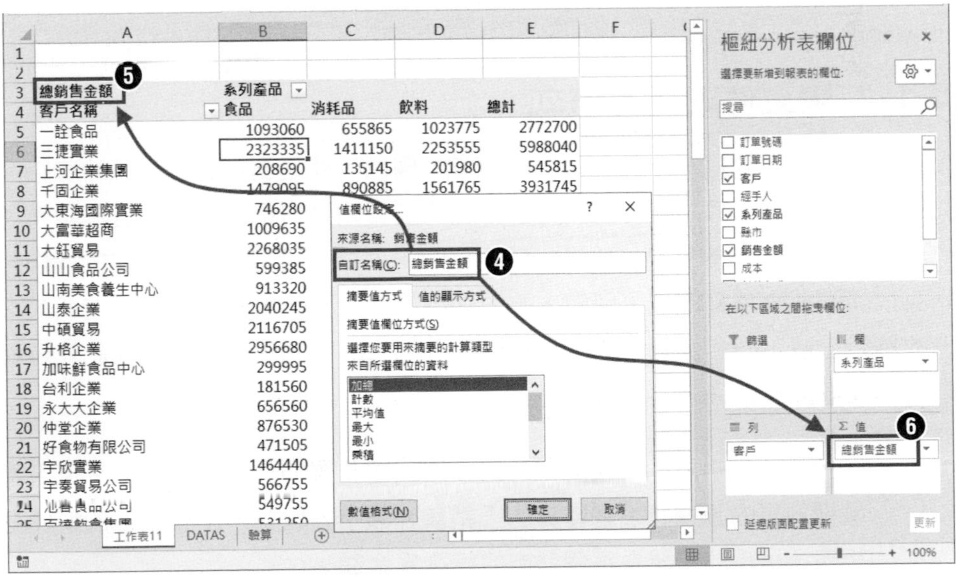

另一個開啟〔欄位設定〕對話方塊或〔值欄位設定〕對話方塊的操作方式，是點按畫面右側〔樞紐分析表欄位〕窗格下方〔列〕區域、〔欄〕區域或〔值〕區域裡欄位名稱右邊的下拉式選單按鈕(倒三角形)，從展開的功能選單中即可點選〔值欄位設定〕或〔欄位設定〕以開啟相關的對話方塊，修訂欄位的自訂名稱。

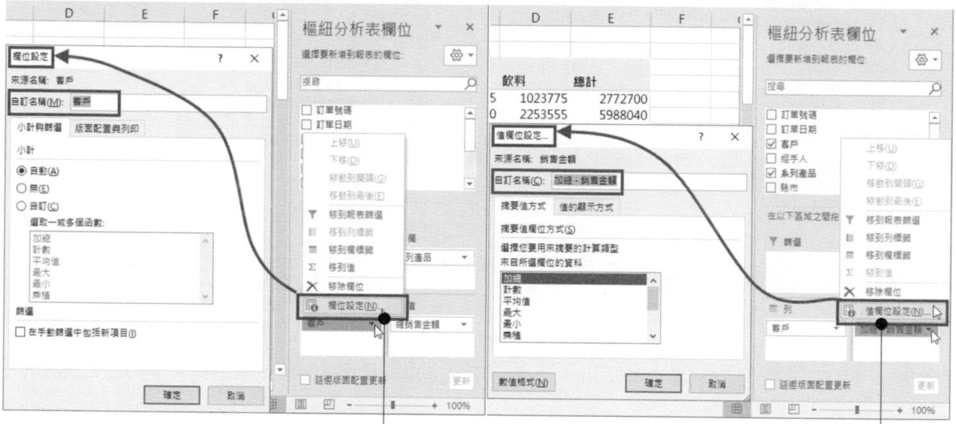

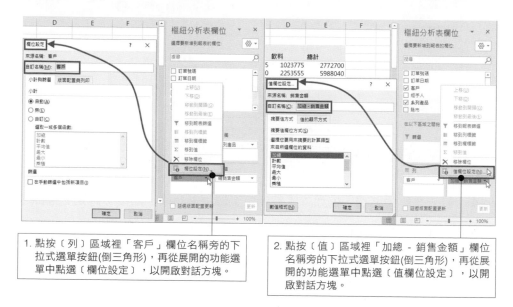

1. 點按〔列〕區域裡「客戶」欄位名稱旁的下拉式選單按鈕(倒三角形)，再從展開的功能選單中點選〔欄位設定〕，以開啟對話方塊。

2. 點按〔值〕區域裡「加總 - 銷售金額」欄位名稱旁的下拉式選單按鈕(倒三角形)，再從展開的功能選單中點選〔值欄位設定〕，以開啟對話方塊。

4-1-2 變更值的計算方式

在預設狀態下，放置在〔值〕區域裡的資料欄位，若是屬於數值型態的資料，將自動進行加總運算；若是屬於文字型態的資料則是自動進行〔項目個數〕，也就是計數(Count)的計算，不過，只要藉由〔值欄位設定〕對話方塊的操作，您可以隨時改變計算方式。例如：改成平均值的計算，或是取得最大值或最小值的結果。以下的範例實作，將原本統計各縣市的總銷售金額，改成計算各縣市的交易筆數。

STEP 1 由於樞紐分析表的結構上，〔列〕區域裡放置的是〔縣市〕；〔值〕區域裡放置的是進行加總運算的「銷售金額」，因此，工作表上的樞紐分析表所呈現的資訊是每個縣市的總銷售金額。

STEP 2 點按〔值〕區域裡原本進行加總運算的「加總 - 銷售金額」欄位按鈕。

STEP 3　從展開的功能選單中點按〔值欄位設定〕。

STEP 4　開啟〔值欄位設定〕對話方塊，在〔摘要值方式〕索引標籤裡可看到預設的計算方式為〔加總〕。

STEP 5　點選〔計數〕選項，將計算方式改為計算個數(COUNT)。

STEP 6　點選〔自訂名稱〕文字方塊，將原本預設自訂名稱為「計數 - 銷售金額」改成「交易筆數」。完成後即可點按〔確定〕按鈕。

STEP 7　工作表上的樞紐分析表已經順利變成每個縣市總交易筆數的統計。

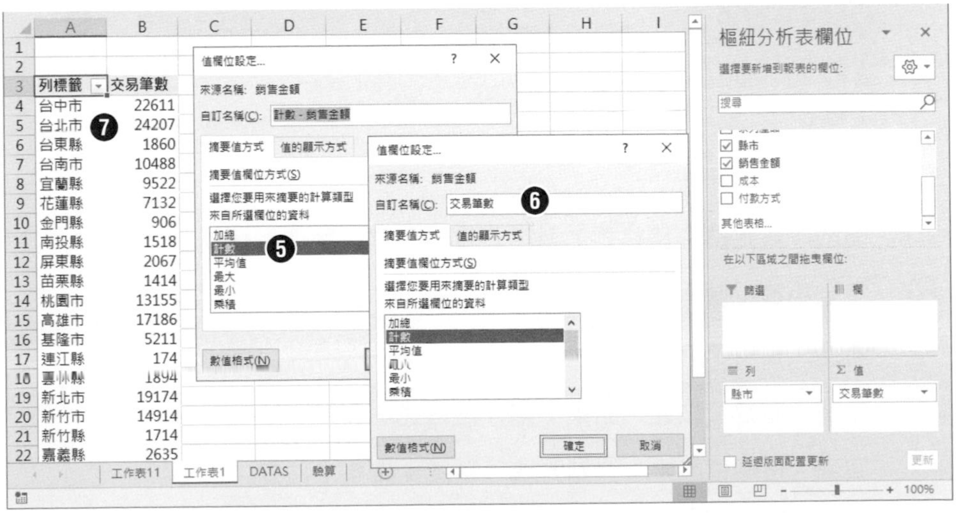

4-1-3 格式化儲存格的顯示格式

樞紐分析表的左側〔列〕標籤與頂端〔欄〕標籤，並不一定都是文字型態的資料，也有可能是日期、時間或數值資料；而交叉分析統計的結果往往也都是數值資料。因此，為了美化並提升資料的精確呈現，您可以特別針對〔欄〕〔列〕標籤與〔值〕區域裡的統計結果，進行傳統的儲存格格式設定，套用日期、數值、貨幣、小數位數、...等常用的儲存格格式。

STEP 1 樞紐分析表上的值(此例為交易筆數)原本是以通用格式的方式顯示。

STEP 2 點按〔值〕區域裡的〔交易筆數〕按鈕。

STEP 3 從展開的功能選單中點按〔值欄位設定〕。

STEP 4 開啟〔值欄位設定〕對話方塊，點按〔數值格式〕按鈕。

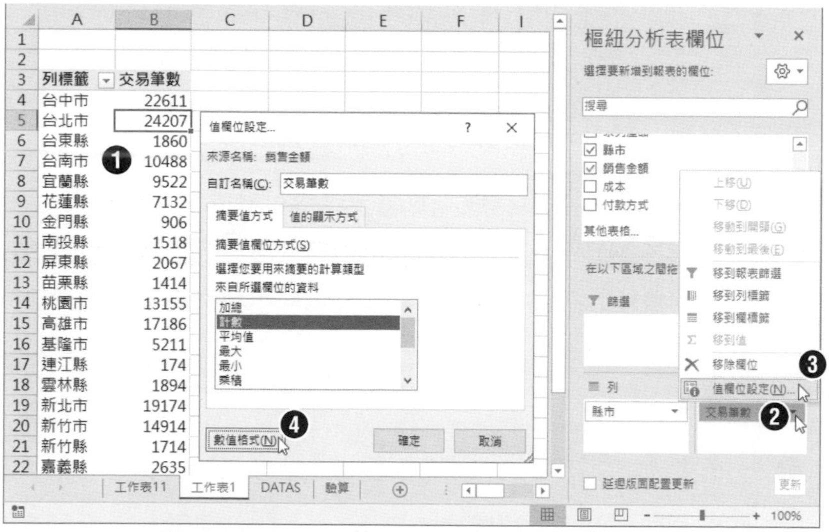

STEP 5 開啟〔設定儲存格格式〕對話方塊，點選〔數值〕類別。

STEP 6 設定小數位數為「0」。

STEP 7 勾選〔使用千分位(,)符號〕核取方塊。

STEP 8 點按〔確定〕按鈕，結束〔儲存格格式〕對話方塊。

STEP 9 回到〔值欄位設定〕對話方塊，點按〔確定〕按鈕。

STEP 10　樞紐分析表上的交易筆數數值，已經改成具備千分位符號的數值顯示格式。

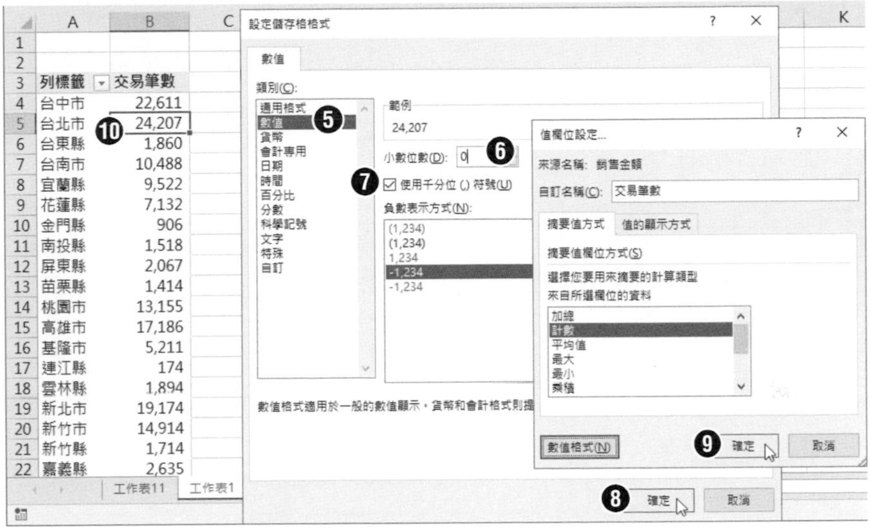

4-1-4 空白與零值的處理

一個好的財務報表設計，在統計數字中應該不能留有空白的區塊，讓人有事後填入的遐想空間。而樞紐分析表〔值〕區域的統計結果或許會出現空白儲存格(沒有資料)的答案，極有可能是資料來源裡含有空白儲存格，導致交叉統計的結果以空格呈現。不過，藉由〔樞紐分析表選項〕對話方塊的操作，您可以將這些空白儲存格改以填入「0」的格式來顯示此樞紐分析表。

STEP 1　此樞紐分析表的交叉統計中，有部份值的運算結果是空白儲存格。

STEP 2　點按〔樞紐分析表分析〕索引標籤。

STEP 3　點按〔樞紐分析表〕群組裡的〔選項〕命令按鈕，並從展開的選單中點選〔選項〕。

STEP 4　開啟〔樞紐分析表選項〕對話方塊，點按〔版面配置與格式〕索引頁籤。

4 自訂化樞紐分析表

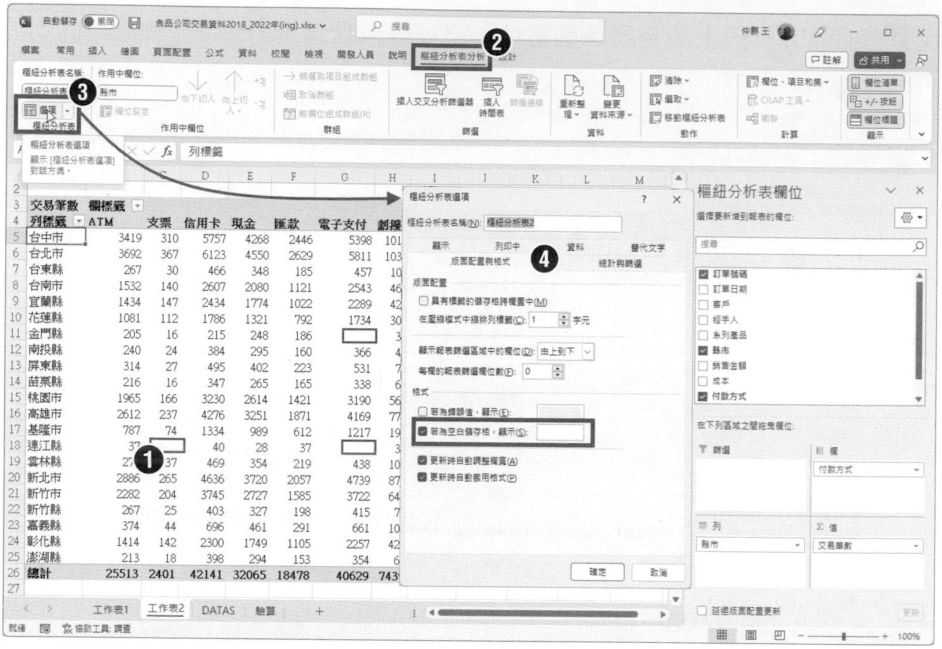

STEP 5 勾選〔若為空白儲存格，顯示〕核取方塊，並在右側的文字方塊裡輸入「0」，完成後點按此對話方塊的〔確定〕按鈕。

STEP 6 樞紐分析表的交叉統計中，原本運算結果為空白儲存格之處，皆改為以「0」顯示。

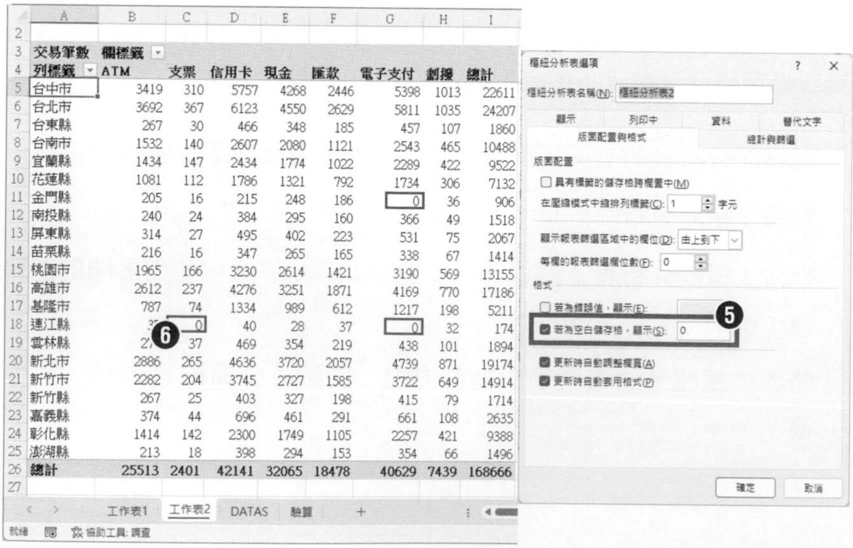

4-1-5 樞紐分析表樣式的套用

針對樞紐分析表的框線、網底等格式效果，除了可以個別選取儲存格範圍並執行儲存格格式設定來美化外，套用現成的樞紐分析表樣式是最迅速且不失美觀大方的捷徑。

STEP 1 點按樞紐分析表中的任一儲存格。

STEP 2 點按〔樞紐分析表分析〕索引標籤右側的〔設計〕索引標籤。

STEP 3 點按〔樞紐分析表樣式〕群組裡的〔其他〕按鈕。

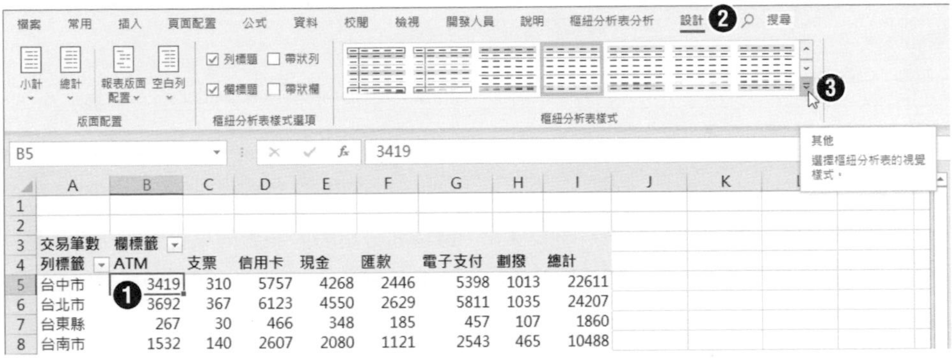

STEP 4 從展開的樞紐分析表樣式清單中點選想要套用的樣式。例如：中等系列裡的〔淺黃, 樞紐分析表樣式中等深淺 25〕。

STEP 5 工作表上的樞紐分析表立即順利套用所選定的樣式。

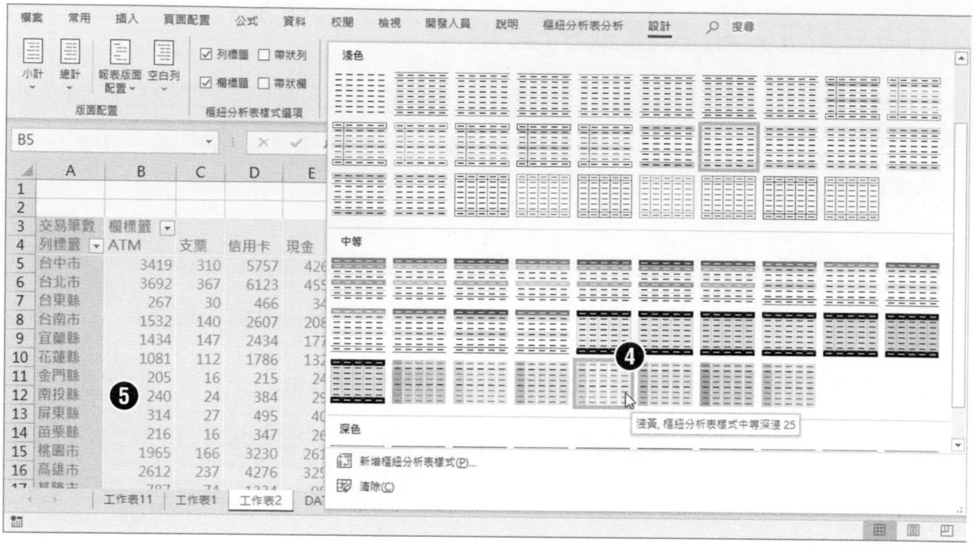

TIPS

在建立樞紐分析表後，可以挑選不同的樣式，讓樞紐分析表的視覺效果更豐富。尤其是樞紐分析表含有大量資料時，透過顯示帶狀列或帶狀欄的格式效果，將有助於輕鬆瀏覽資料，或醒目提示資料，以突顯其內容的重要性。

4-1-6 建立專屬的樞紐分析表樣式

即使 Excel 已經提供了許多樞紐分析表樣式，但也仍然具備客製化精神，讓使用者可以藉由〔新增樞紐分析表樣式〕的操作，針對樞紐分析表樣式的各個格式項目元件，自行設定所需的格式效果，建構出專屬的樞紐分析表樣式，以套用在爾後所建立的樞紐分析表上。

STEP 1 點按樞紐分析表中的任一儲存格。

STEP 2 點按〔樞紐分析表分析〕索引標籤右側的〔設計〕索引標籤。

STEP 3 點按〔樞紐分析表樣式〕群組裡的〔其他〕按鈕。

STEP 4 從展開的樞紐分析表樣式清單中點按底部的〔新增樞紐分析表樣式〕功能選項。

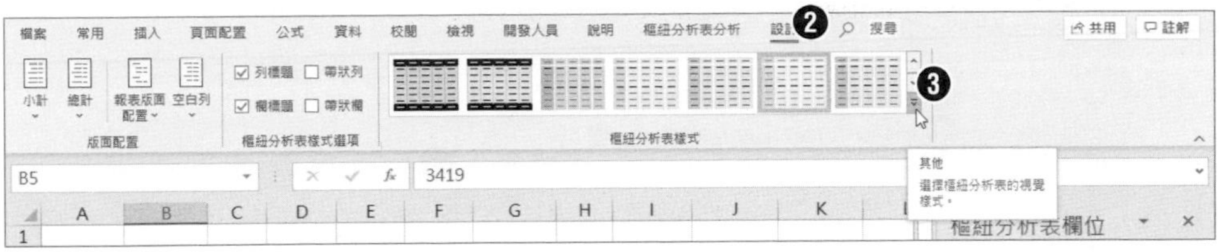

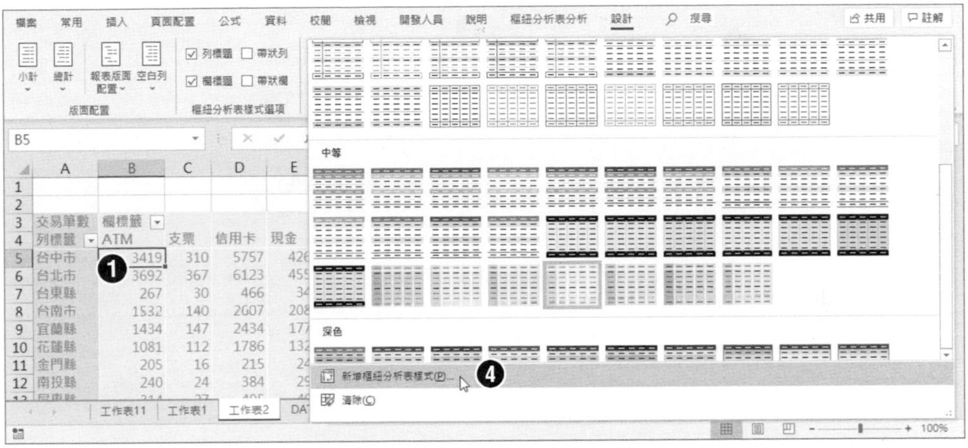

STEP 5 開啟〔新增樞紐分析表樣式〕對話方塊，這裡可以預覽尚未設定格式的表格。

STEP 6 點選欲進行格式設定的表格項目，例如：〔整個表格〕。

STEP 7 點按〔格式〕按鈕。

STEP 8 開啟〔設定儲存格格式〕對話方塊，點選〔外框〕索引標籤。

STEP 9 設定框線格式，例如：橙色粗線為整個表格外框；橙色細線為整個表格內框。

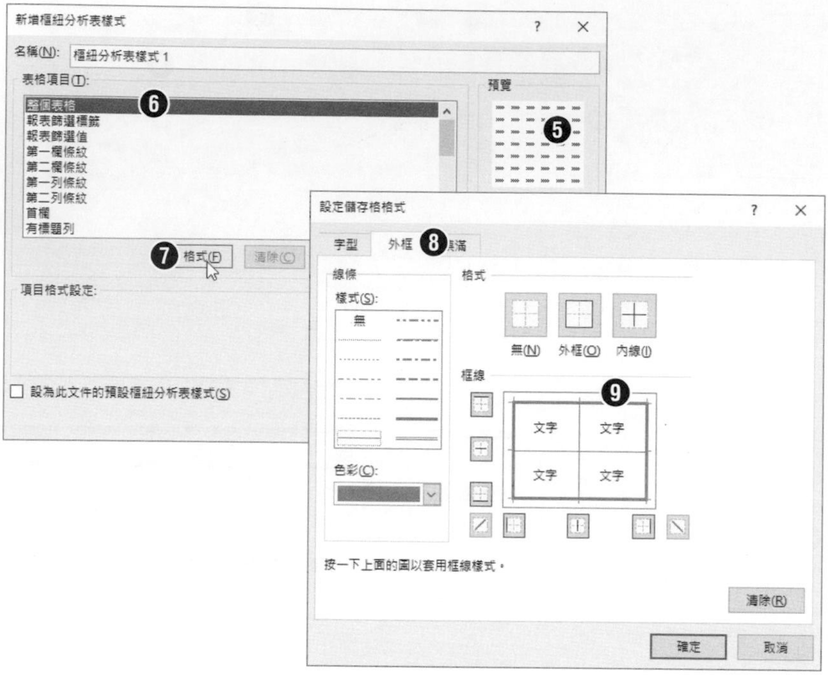

STEP 10 點按〔設定儲存格格式〕對話方塊裡的〔填滿〕索引標籤。

STEP 11 點選所要設定的填滿色彩。例如：較淺的橙色，然後，點按〔確定〕按鈕。

STEP 12 回到〔新增樞紐分析表樣式〕對話方塊，可看到〔整個表格〕其格式設定的預覽成果。

STEP 13 繼續點選其他欲進行格式設定表格項目，例如：〔首欄〕。

STEP 14 點按〔格式〕按鈕。

STEP 15 開啟〔設定儲存格格式〕對話方塊，點按〔填滿〕索引標籤。

STEP 16 點選所要設定的填滿色彩。例如：較淺的藍色。然後，點按〔確定〕按鈕。

STEP 17 回到〔新增樞紐分析表樣式〕對話方塊，可看到表格首欄格式設定的預覽成果(會以粗體字呈現)。

STEP 18 同樣的操作方式，可以恣意繼續點選其他欲進行格式設定表格項目，例如：〔有標題列〕。

STEP 19 點按〔格式〕按鈕。

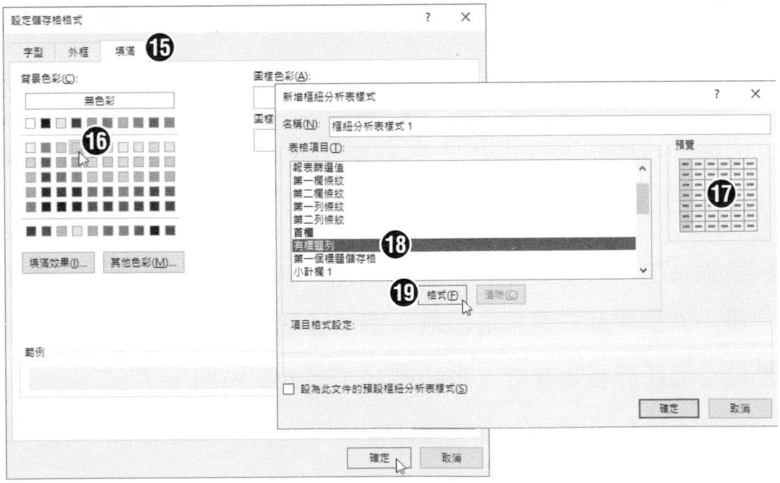

STEP 20 開啟〔設定儲存格格式〕對話方塊，點按〔填滿〕索引標籤。

STEP 21 點選所要設定的填滿色彩。例如：較淺的綠色。然後，點按〔確定〕按鈕。

STEP 22 回到〔新增樞紐分析表樣式〕對話方塊，可看到表格標題列格式設定的預覽成果(會以粗體字呈現)。

STEP 23 完成所有相關表格項目的格式設定，亦可為此新設計的樞紐分析表樣式命名，例如：輸入自訂樣式名稱為〔我的樞紐分析表樣式〕。

STEP 24 點按〔確定〕按鈕，結束〔新增樞紐分析表樣式〕對話方塊的操作。

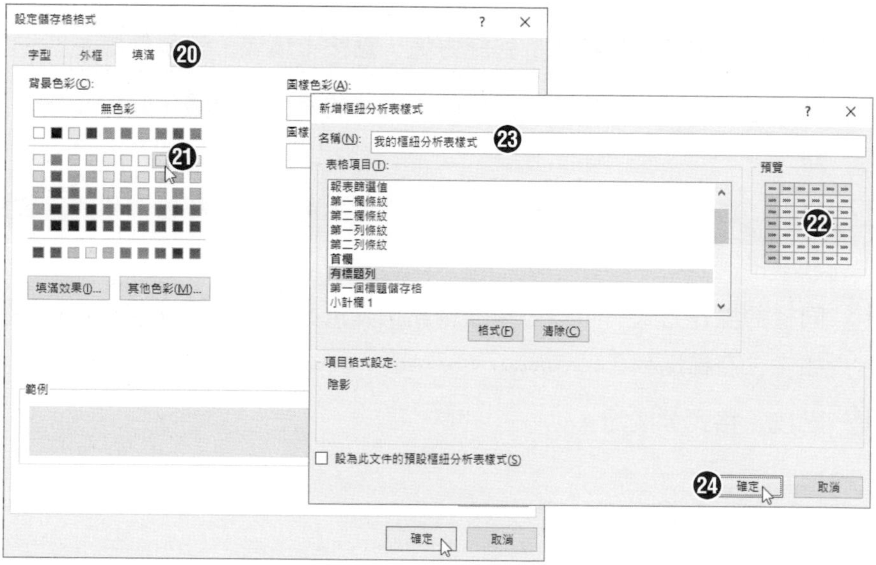

完成上述的操作步驟後，在樞紐分析表樣式清單中便可以看到此隸屬於〔自訂〕類別的客製化樞紐分析表樣式，讓您輕鬆套用於所完成的樞紐分析表中。

STEP 1 只要點按工作表上樞紐分析表裡的任一儲存格，即可點按〔樞紐分析表分析〕索引標籤右側的〔設計〕索引標籤。

STEP 2 點按〔樞紐分析表樣式〕群組裡的〔其他〕按鈕。

STEP 3 從展開的樞紐分析表樣式清單中點按〔自訂〕類別裡的〔我的樞紐分析表樣式〕這個新增的樞紐分析表樣式。

STEP 4 工作表上的樞紐分析表立即順利套用所選定的樣式。

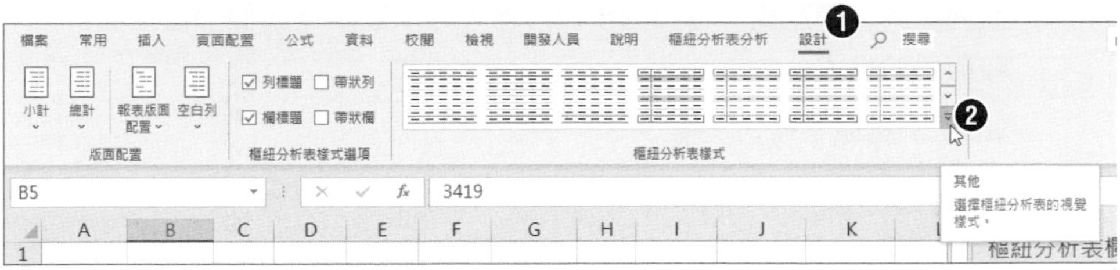

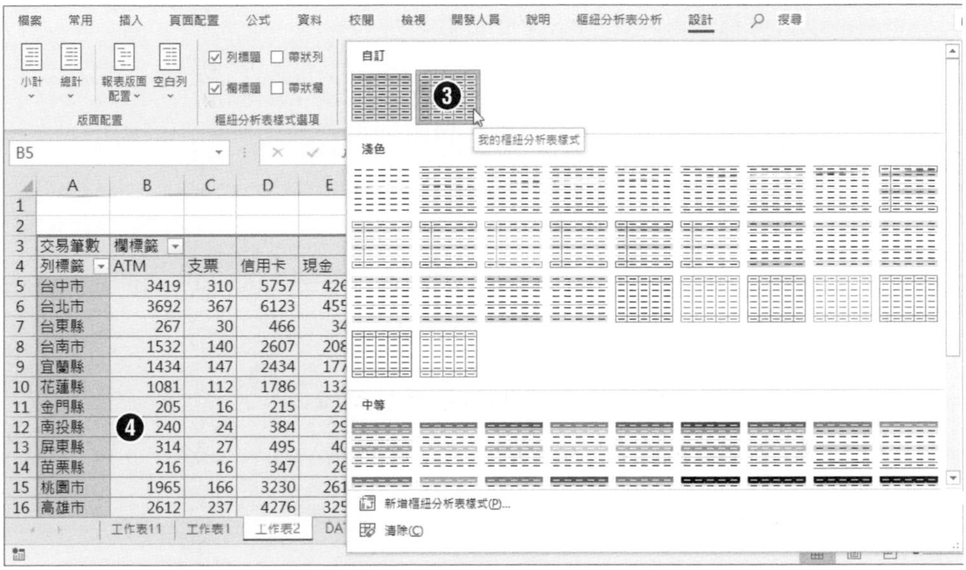

4-1-7 樞紐分析表樣式的選項設定

一個行、列式的表格在資料的呈現上，不外乎具備了左側各列標題、頂端各欄標題，以及水平方向的帶狀列資料、垂直方向的帶狀欄資料。而針對較大量的資料，也都可以藉由奇偶數帶狀列或帶狀欄的不同格式設定，來呈現視覺化的醒目效果。在 Excel 的樞紐分析表中，您可以透過〔樞紐分析表樣式選項〕的操作，以特殊格式來顯示列標題、欄標題、帶狀列與帶狀欄等四個部位的資料。

STEP 1 點按〔樞紐分析表分析〕索引標籤右側的〔設計〕索引標籤。

STEP 2 勾選〔樞紐分析表樣式選項〕群組裡的〔列標題〕、〔欄標題〕、〔帶狀列〕與〔帶狀欄〕等四個核取方塊，可以設定這四個部位是否要套用較醒目的格式。

■ 〔列標題〕核取方塊

在表格第一欄顯示特殊格式設定。

■ 〔欄標題〕核取方塊

以特殊格式設定來顯示表格的第一列。

■ 〔帶狀列〕核取方塊

顯示帶狀列格式效果，意即在偶數列與奇數列使用不同的格式。這種帶狀方式將使得表格更加容易閱讀。

■ 〔帶狀欄〕核取方塊

顯示帶狀欄格式效果，意即在偶數欄與奇數欄使用不同的格式。這種帶狀方式將使得表格更加容易閱讀。

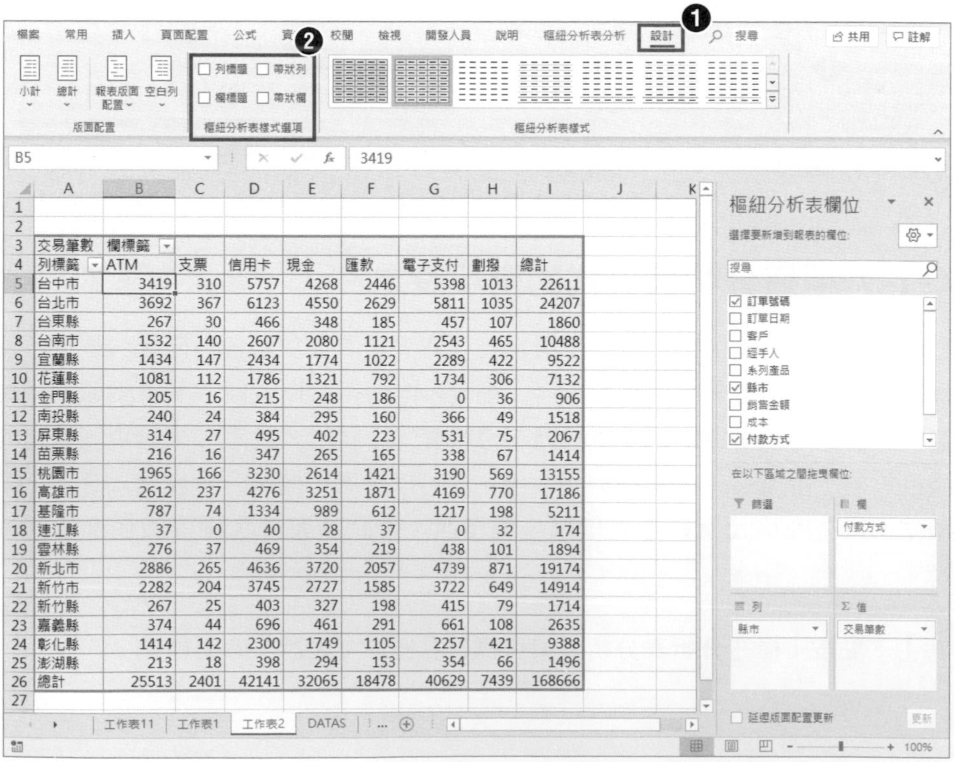

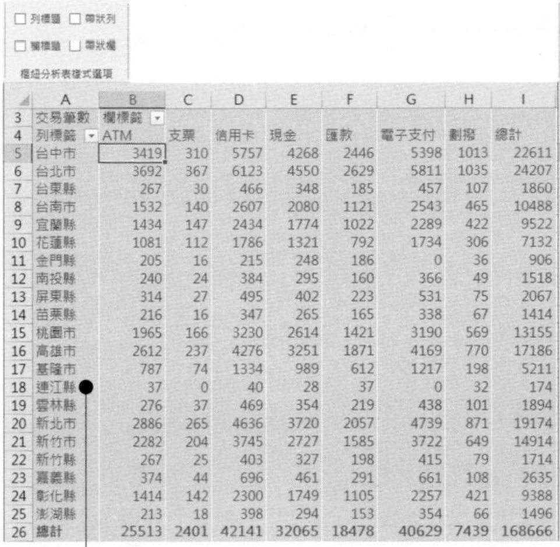

交易筆數	欄標籤							
列標籤	ATM	支票	信用卡	現金	匯款	電子支付	劃撥	總計
台中市	3419	310	5757	4268	2446	5398	1013	22611
台北市	3692	367	6123	4550	2629	5811	1035	24207
台東縣	267	30	466	348	185	457	107	1860
台南市	1532	140	2607	2080	1121	2543	465	10488
宜蘭縣	1434	147	2434	1774	1022	2289	422	9522
花蓮縣	1081	112	1786	1321	792	1734	306	7132
金門縣	205	16	215	248	186	0	36	906
南投縣	240	24	384	295	160	366	49	1518
屏東縣	314	27	495	402	223	531	75	2067
苗栗縣	216	16	347	265	165	338	67	1414
桃園市	1965	166	3230	2614	1421	3190	569	13155
高雄市	2612	237	4276	3251	1871	4169	770	17186
基隆市	787	74	1334	989	612	1217	198	5211
連江縣	37	0	40	28	37	0	32	174
雲林縣	276	37	469	354	219	438	101	1894
新北市	2886	265	4636	3720	2057	4739	871	19174
新竹市	2282	204	3745	2727	1585	3722	649	14914
新竹縣	267	25	403	327	198	415	79	1714
嘉義縣	374	44	696	461	291	661	108	2635
彰化縣	1414	142	2300	1749	1105	2257	421	9388
澎湖縣	213	18	398	294	153	354	66	1496
總計	25513	2401	42141	32065	18478	40629	7439	168666

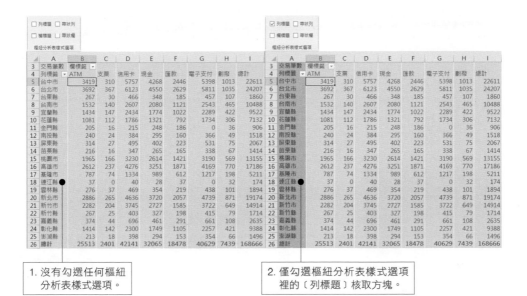

1. 沒有勾選任何樞紐分析表樣式選項。

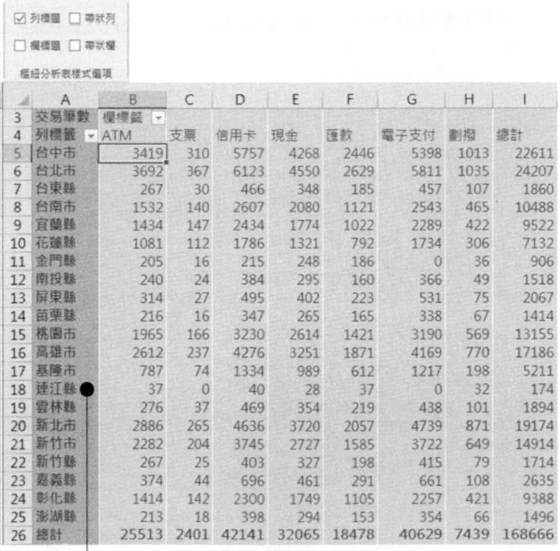

2. 僅勾選樞紐分析表樣式選項裡的〔列標題〕核取方塊。

3. 僅勾選樞紐分析表樣式選項裡的〔欄標題〕核取方塊。

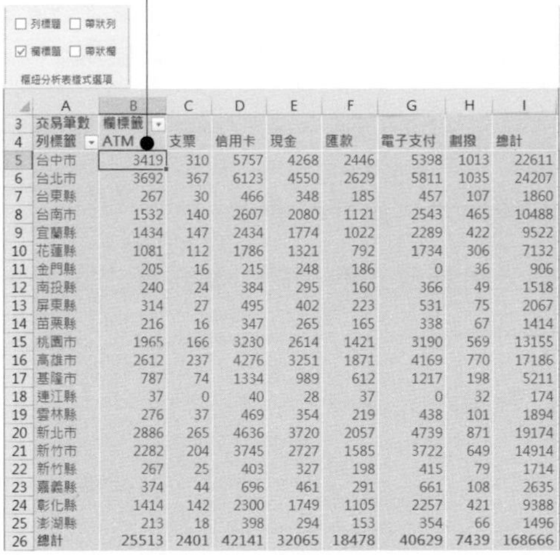

4. 僅勾選樞紐分析表樣式選項裡的〔帶狀列〕核取方塊。

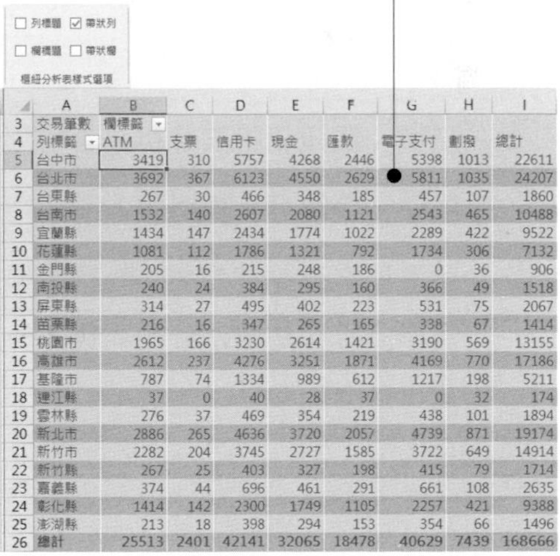

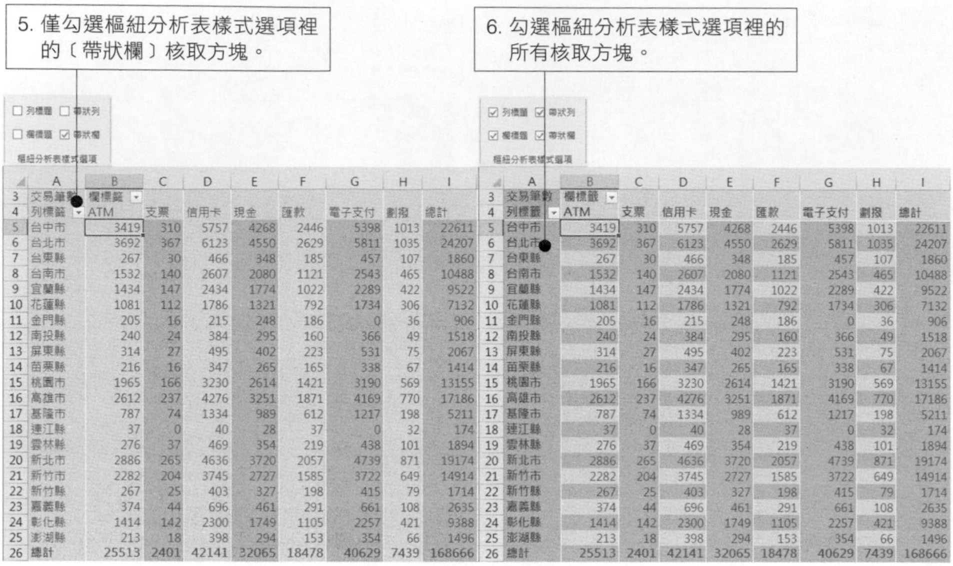

5. 僅勾選樞紐分析表樣式選項裡的〔帶狀欄〕核取方塊。
6. 勾選樞紐分析表樣式選項裡的所有核取方塊。

4-1-8 設定預設的樞紐分析表樣式

不論是 Excel 內建的樞紐分析樣式，還是使用者自訂的客製化樞紐分析表樣式，都可以透過以下的操作步驟，將其設定為預設的樞紐分析表樣式，如此，爾後在建立新的樞紐分析表時，即可立即以此預設的樞紐分析表樣式呈現。

STEP 1　點按〔樞紐分析表分析〕索引標籤右側的〔設計〕索引標籤。

STEP 2　展開〔樞紐分析表樣式〕群組裡的樞紐分析表樣式清單。

STEP 3　以滑鼠右鍵點按想要成為預設樞紐分析表樣式的樞紐分析表樣式圖示。例如：自訂的樞紐分析表樣式。

STEP 4　再從展開的快顯功能表中點選〔設為預設〕選項。

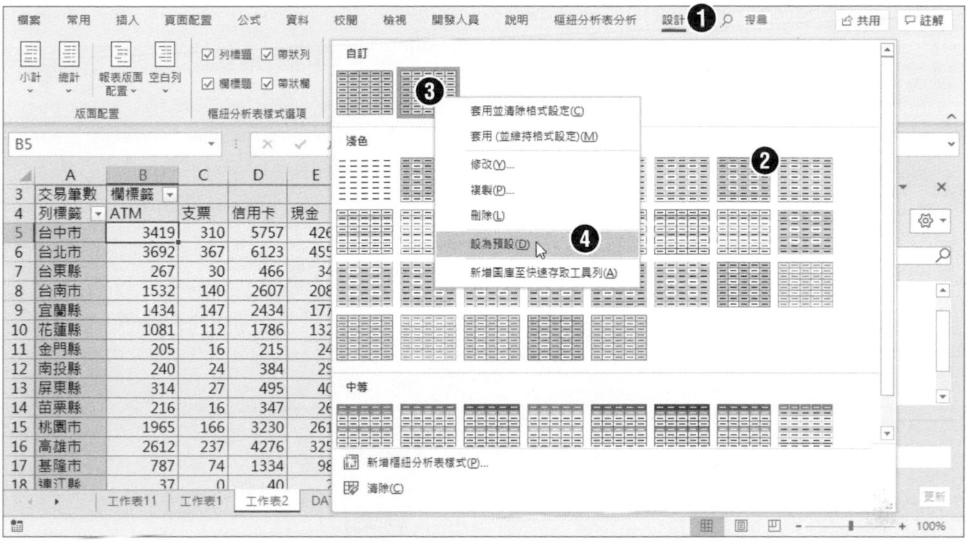

4-1-9 佈景主題的套用

通常一份文件的內容包羅萬象，或許包含了文字區塊、表格、圖案、圖表、圖形，面對這些不同性質的元件，有各自不同的格式化操作與屬性設定，要分別為這些元件選擇相互輝映的色彩、樣式，的確是捉襟見肘又難得完美。不過，有了佈景主題的功能，不但簡化了格式化物件的程序，建立風格一致、外觀專業的文件，已經變得更加容易且人人皆可上手。如下圖所示的三個不同應用程式文件，Excel、Word 與 PowerPoint 都套用了相同的佈景主題，具備了相同色系的色彩與格式效果。

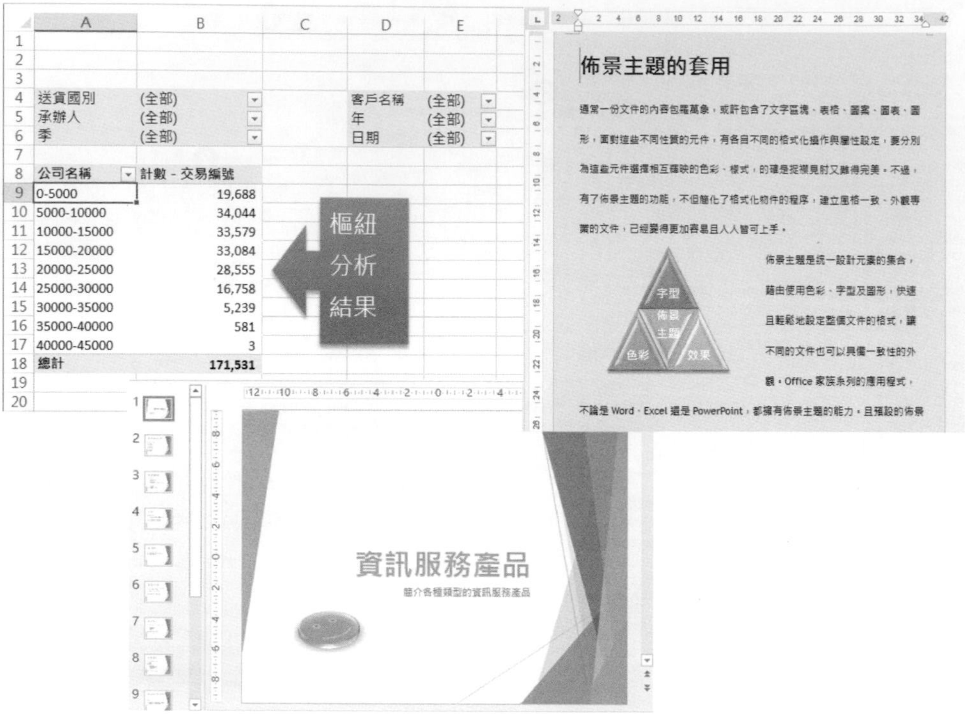

佈景主題是統一設計元素的集合，藉由使用色彩、字型及圖形，快速且輕鬆地設定整個文件的格式，讓不同的文件也可以具備一致性的外觀。Office 家族系列的應用程式，不論是 Word、Excel 還是 PowerPoint，都擁有佈景主題的能力。且預設的佈景主題樣式極具專業及現代的外觀，讓您在製作文件的過程中，不需要花費時間與精神在文件的外觀與格式設定上，只要套用現成或自訂的佈景主題，即可讓原本平凡的文件添增摩登且專業的外觀與視覺效果。

STEP 1　點按〔版面配置〕索引標籤。

STEP 2　在〔佈景主題〕群組裡提供有〔佈景主題〕命令按鈕，以及〔色彩〕、〔字型〕與〔效果〕等命令按鈕。

STEP 3　點按〔佈景主題〕群組裡的〔佈景主題〕命令按鈕，可展開佈景主題清單，讓您從中點選所要套用的佈景主題。例如：〔木頭類型〕。

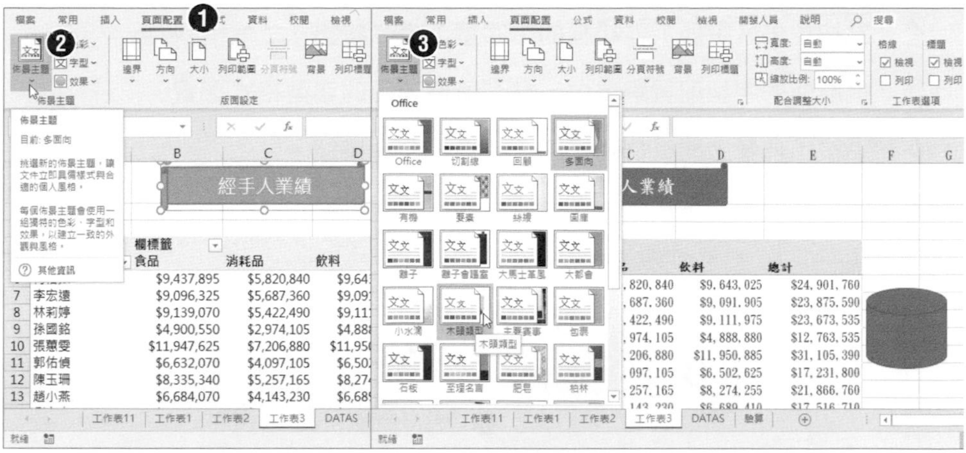

除了套用佈景主題外，您也可以個別變更佈景主題的〔色彩〕配置、〔字型〕配置，以及〔效果〕配置，局部、彈性的改變您的 Office 文件外觀。

STEP 1 點按〔版面配置〕索引標籤。

STEP 2 點按〔佈景主題〕群組裡的〔色彩〕命令按鈕。

STEP 3 從展開的色彩配置選單中，點選所要套用的格式，例如〔Office〕色彩配置。

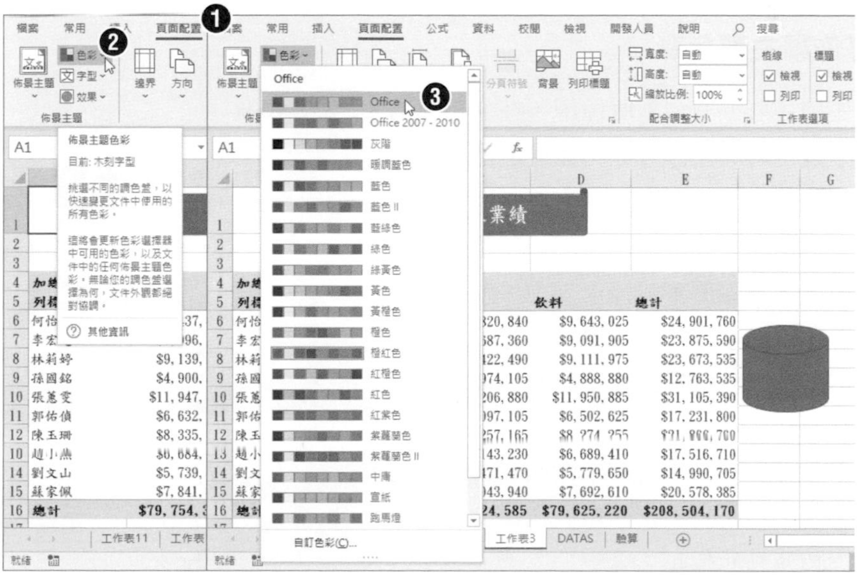

STEP 4　點按〔佈景主題〕群組裡的〔字型〕命令按鈕。

STEP 5　從展開的字型配置選單中，點選所要套用的字型格式配置。

STEP 6　點按〔佈景主題〕群組裡的〔效果〕命令按鈕。

STEP 7　從展開的效果選單中，點選所要套用的效果。

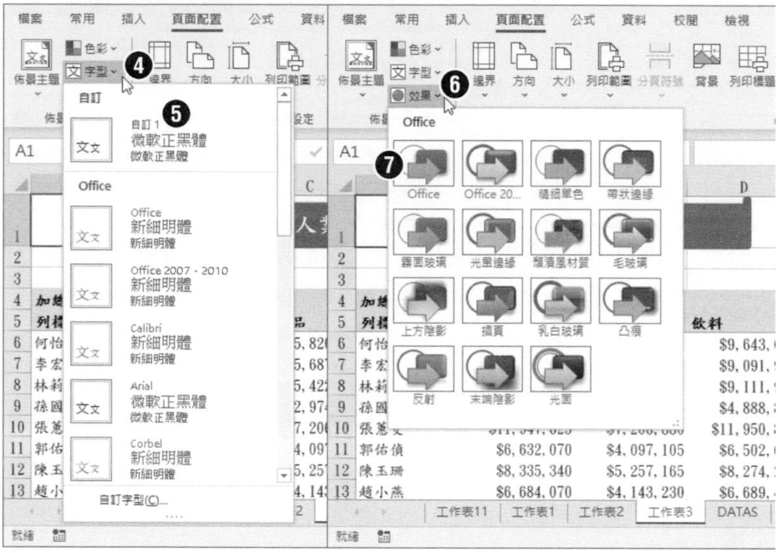

自訂佈景主題色彩

佈景主題色彩共有 12 個色槽，在進行自訂佈景主題色彩的操作時，可以從開啟的〔建立新的佈景主題色彩〕對話方塊中看到並變更這些色槽所代表的顏色。每一個色槽所代表的位置與意義都不一樣。其中，前四個水平色彩用於文字和背景。以淡色建立的文字總是顯示在深色的背景上；以深色建立的文字則總是顯示在淺色的背景上。接下來的六種色彩是強調色彩，可顯示在四種背景色彩上。最後兩種色彩則是適用於超連結和已瀏覽過之超連結的色彩。

自訂佈景主題字型

專業的文件設計並不建議使用太多的字型，單一的字型反而極具品味並具簡約風格。若有不同字型的需求，妥善運用兩種字型來強調資訊的對比，也是常見的專業設計。在 Office 所提供的各種佈景主題裡，都定義有兩種字型，一種用於標題，另一種用於本文。當然您也可以設定標題和本文使用相同的字型(整份文件使用同一字型)，或者兩種不同的字型。透過套用現成的佈景主題字型樣式外，您也可以透過〔建立新的佈景主題字型〕對話方塊之操作，自訂所需的中、英文字型。

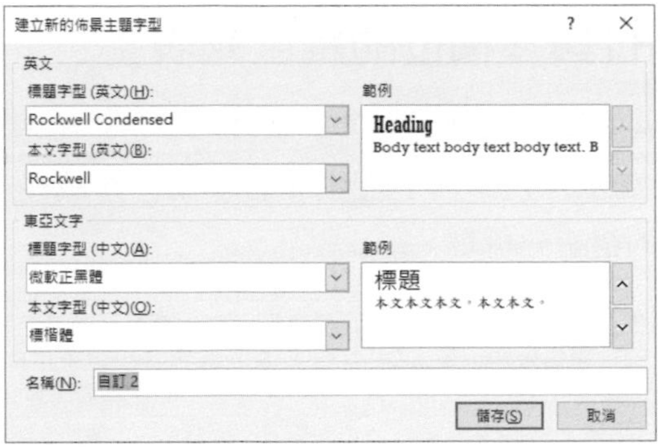

自訂佈景主題效果

佈景主題效果所掌控的是諸如：圖表、SmartArt 圖形、圖案及圖片等物件的線條、填滿及陰影或立體 3D 等特殊效果，透過這些效果的組合，將可以產生所有符合相同佈景主題效果的視覺效果。

4-2 樞紐分析表的結構調整

在〔列〕區域、〔欄〕區域、〔值〕區域以及〔篩選〕區域等樞紐分析表的結構裡，可以包含一個以上的資料欄位，若有需求，也可以輕易地互換與調整放置在這些區域裡的資料欄位，改以不同的角度來檢視與解讀各種目的和需求的樞紐分析結果。由於僅需透過滑鼠拖曳或欄位的勾選，即可隨時調整其結構並及時反應整個樞紐分析表的運算，因此，非常適合建構出互動式的分析報表。

4-2-1 單一欄位與多欄位的維度報表

不論是〔列〕區域、〔欄〕區域、〔值〕區域，還是〔篩選〕區域，都可以擁有一個以上的資料欄位。在〔列〕區域或者〔欄〕區域裡若僅有一個資料欄位，即是一個維度的樞紐分析表。

2. 建立顯示每一年總銷售金額的樞紐分析表，這是將同「年」的「銷售金額」進行加總計算的一維統計表。

4. 建立顯示每一種系列商品之總銷售金額的樞紐分析表，這也是包含一個維度的統計表，可將同一種「系列產品」的「銷售金額」進行加總運算。

1. 僅在〔列〕區域裡放置「年」欄位；在〔值〕區域裡放置「銷售金額」資料欄位且自動進行預設的「加總」運算。

3. 將〔列〕區域改成放置「系列產品」資料欄位；在〔值〕區域裡仍放置「銷售金額」資料欄位且自動進行預設的「加總」運算。

如果〔列〕區域或〔欄〕區域裡放置了一個以上的資料欄位，便如同群組底下再細分小群組一般，會有大綱層級的效果，也具備了是否顯示小計的能力。

2. 顯示的樞紐分析表之左側列標題將形成先以「系列產品」為群組，顯示每一種系列商品，然後，同一系列商品底下再以「年」為群組進行銷售金額的加總，因此，可解讀為顯示每一種系列商品在每一年度的銷售金額加總統計。這也是屬於兩個維度的樞紐分析表。

4. 顯示的樞紐分析表之左側列標題將先以「年」為群組，顯示每一年的訊息，然後，每一年底下再以「系列產品」為群組進行銷售金額的加總，因此，可解讀為顯示每一年度每種系列商品的銷售金額加總統計。這是兩個維度的樞紐分析表。

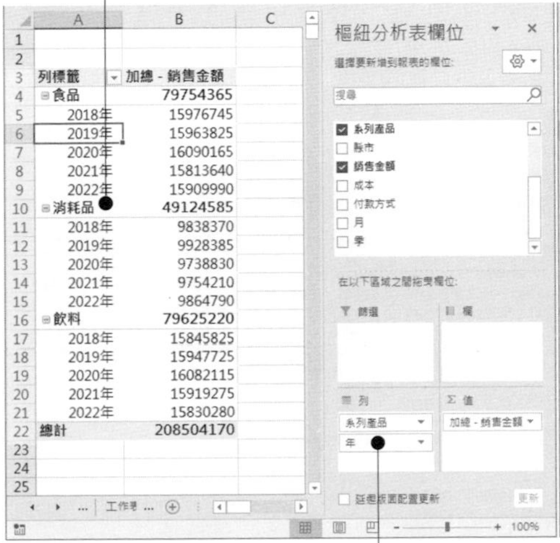

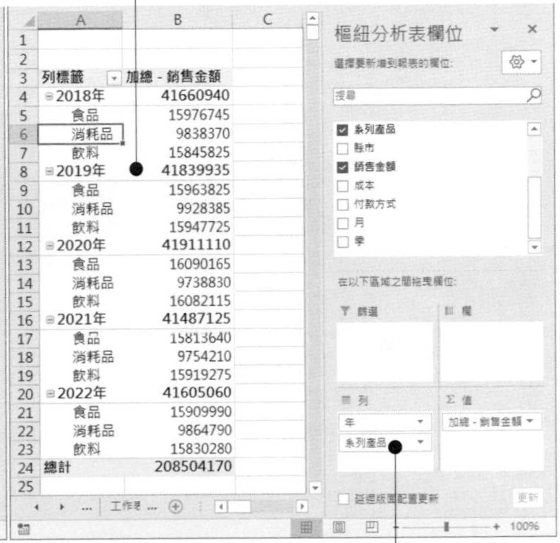

1. 在〔列〕區域裡放置「系列產品」及「年」兩個欄位，且「系列產品」欄位位於「年」欄位之上；在〔值〕區域裡放置「銷售金額」資料欄位且自動進行預設的「加總」運算。

3. 直接拖曳〔列〕區域裡的「系列產品」、「年」兩個欄位，相互對調其位置，改成「年」欄位位於「系列產品」欄位之上，而〔值〕區域裡仍放置「銷售金額」資料欄位且自動進行預設的「加總」運算。

使用到兩個資料欄位的二維報表，也可以將兩欄分別放置在〔列〕區域與〔欄〕區域裡，形成名符其實的交叉分析表。

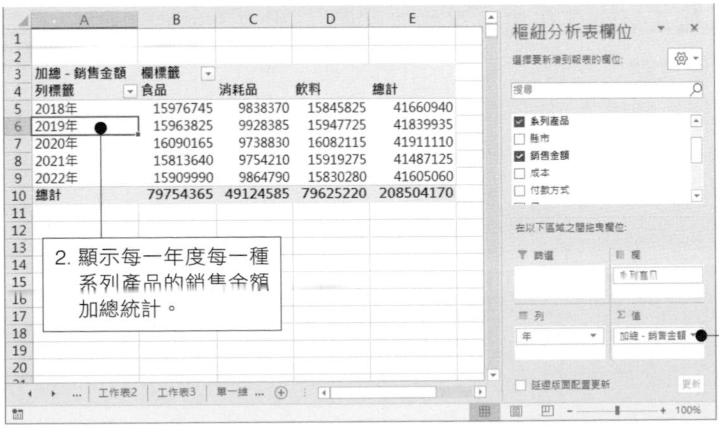

2. 顯示每一年度每一種系列產品的銷售金額加總統計。

1. 在〔列〕區域裡放置「年」欄位；在〔欄〕區域裡放置「系列產品」欄位；在〔值〕區域裡放置「銷售金額」資料欄位且自動進行預設的「加總」運算。

以下的範例中，〔列〕區域裡放置了「年」欄位與「系列產品」欄位，並且「年」欄位位於「系列產品」欄位之上，所以，在樞紐分析表的左側列標籤，便形成了先以「年」為群組再呈現各種「系列商品」的列標題。至於〔欄〕區域裡僅含有「縣市」欄位；在〔值〕區域裡放置「銷售金額」資料欄位且自動進行預設的「加總」運算，因此，整個樞紐分析表可以解讀為顯示每一年度每一種系列商品在每個縣市的銷售金額之加總報表。

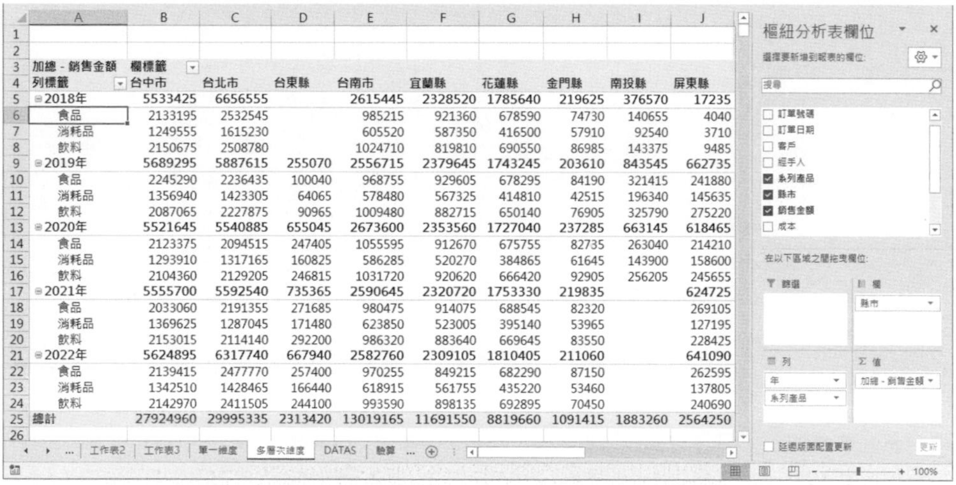

加總 - 銷售金額	欄標籤								
列標籤	台中市	台北市	台東縣	台南市	宜蘭縣	花蓮縣	金門縣	南投縣	屏東縣
2018年	5533425	6656555		2615445	2328520	1785640	219625	376570	17235
食品	2133195	2532545		985215	921360	678590	74730	140655	4040
消耗品	1249555	1615230		605520	587350	416500	57910	92540	3710
飲料	2150675	2508780		1024710	819810	690550	86985	143375	9485
2019年	5689295	5887615	255070	2556715	2379645	1743245	203610	843545	662735
食品	2245290	2236435	100040	968755	929605	678295	84190	321415	241880
消耗品	1356940	1423305	64065	578480	567325	414810	42515	196340	145635
飲料	2087065	2227875	90965	1009480	882715	650140	76905	325790	275220
2020年	5521645	5540885	655045	2673600	2353560	1727040	237285	663145	618465
食品	2123375	2094515	247405	1055595	912670	675755	82735	263040	214210
消耗品	1293910	1317165	160825	586285	520270	384865	61645	143900	158600
飲料	2104360	2129205	246815	1031720	920620	666420	92905	256205	245655
2021年	5555700	5592540	735365	2590645	2320720	1753330	219835		624725
食品	2033060	2191355	271685	980475	914075	688545	82320		269105
消耗品	1369625	1287045	171480	623850	523005	395140	53965		127195
飲料	2153015	2114140	292200	986320	883640	669645	83550		228425
2022年	5624895	6317740	667940	2582760	2309105	1810405	211060		641090
食品	2139415	2477770	257400	970255	849215	682290	87150		262595
消耗品	1342510	1428465	166440	618915	561755	435220	53460		137805
飲料	2142970	2411505	244100	993590	898135	692895	70450		240690
總計	27924960	29995335	2313420	13019165	11691550	8819660	1091415	1883260	2564250

4-2-2 包括多項值欄位的樞紐分析表版面配置

〔值〕區域裡也可以含有兩個以上的資料欄位。例如：下圖的樞紐分析表，除了顯示每一年度每一種系列商品在每一季的〔加總 - 銷售金額〕外，也想要能夠顯示每一年度每一種系列商品在每一季的〔加總 - 成本〕加總。如此，在〔值〕區域裡便不能僅有進行加總計算的「銷售金額」欄位，也必須包含進行加總計算的「成本」資料欄位才可以。

3. 由於在〔值〕區域裡的「加總 - 銷售金額」欄位在〔加總 - 成本〕欄位之上，因此，在樞紐分析表的呈現上，每一季底下是左欄顯示「加總 - 銷售金額」、右欄顯示「加總 - 成本」。

2. 當〔值〕區域裡同時放置兩個以上的欄位時，〔欄〕區域裡便自動添增了〔∑值〕選項按鈕，也由於此選項按鈕是位於〔欄〕區域內，因此，〔值〕區域裡的兩個數值欄位將由左至右地逐欄顯示。

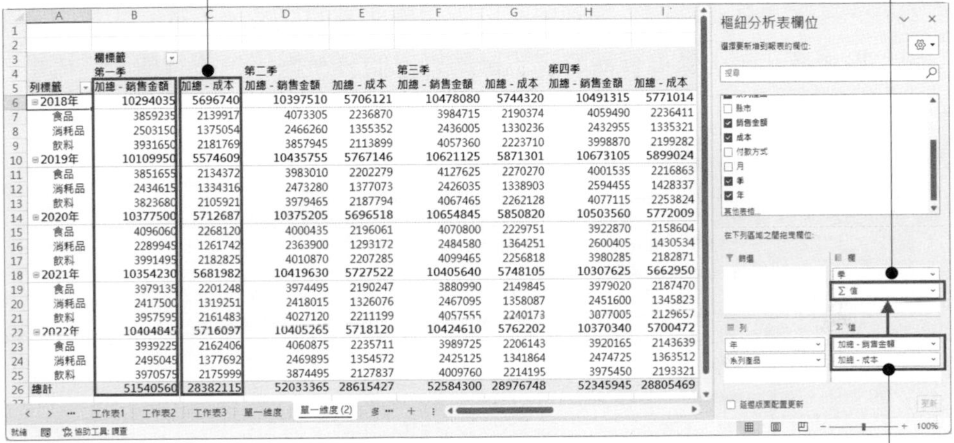

1. 在〔值〕區域裡同時放置「銷售金額」欄位與「成本」欄位，兩者都是數值性資料，預設狀態下便自動進行加總運算。

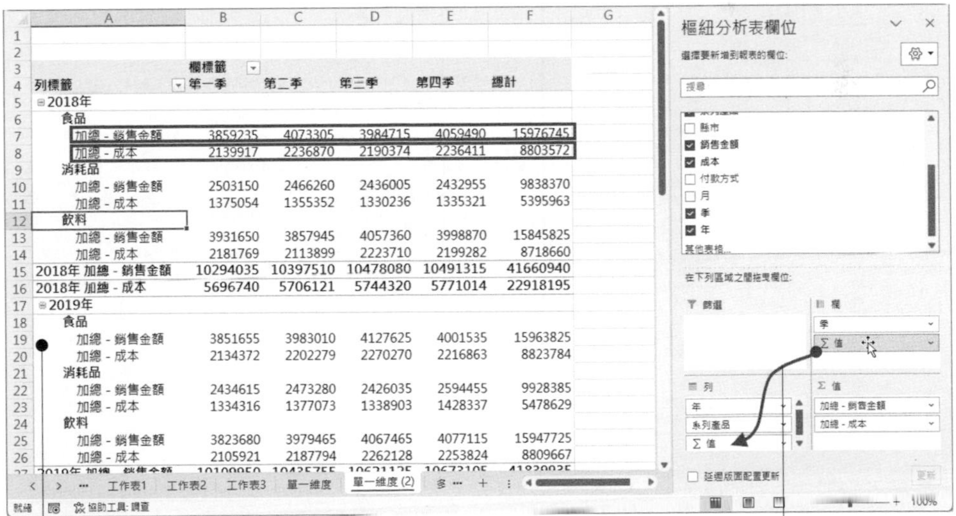

2. 由於在〔值〕區域裡的「加總 - 銷售金額」欄位在「加總 - 成本」欄位之上，因此，在樞紐分析表的呈現上，每一種系列商品底下是由上至下分列顯示「加總 - 銷售金額」與「加總 - 成本」。

1. 將此例〔欄〕區域裡的〔∑值〕選項按鈕，拖曳搬移至〔列〕區域裡的最底部(「系列產品」之下)。由於〔∑值〕選項按鈕改放在〔列〕區域內，因此，〔值〕區域裡的兩個數值欄位將變成由上至下地分列顯示。

4-3 樞紐分析表的版面配置

從上一小節的介紹與實例演練中，我們可以瞭解樞紐分析表是由〔欄〕、〔列〕、〔值〕與〔篩選〕等四個區域所建構而成的交叉分析統計。其中，在〔欄〕區域或〔列〕區域裡若放置了兩個以上的資料欄位，將具備了群組小計的能力，因此，針對水平方向或垂直方向的總計、群組小計，以及分頁顯示效果的〔篩選〕區域，皆有其特定的版面配置可供選用。

1. 在〔設計〕索引標籤內的〔版面配置〕群組裡，包含了〔小計〕、〔總計〕、〔報表版面配置〕與〔空白列〕等四個命令按鈕，可進行樞紐分析表的版面調整。

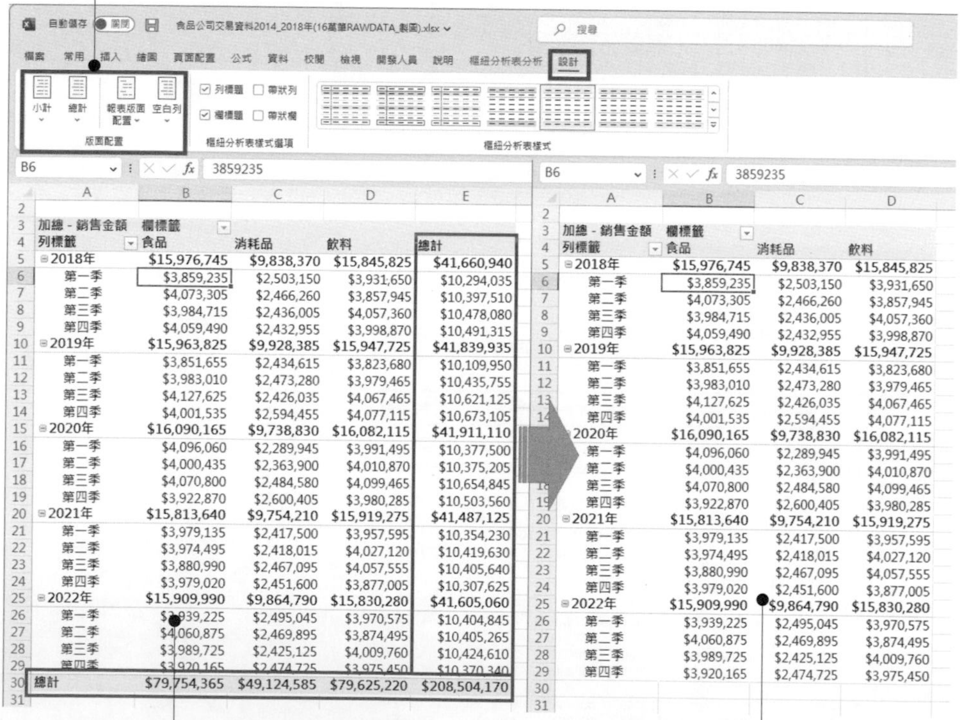

3. 顯示了總計與小計的樞紐分析表。

2. 沒有總計與小計顯示的樞紐分析表。

4-3-1 小計的顯示和隱藏

點按〔樞紐分析表分析〕索引標籤右側〔設計〕索引標籤內〔版面配置〕群組裡的〔小計〕命令按鈕，可以展開是否顯示群組小計的選擇。

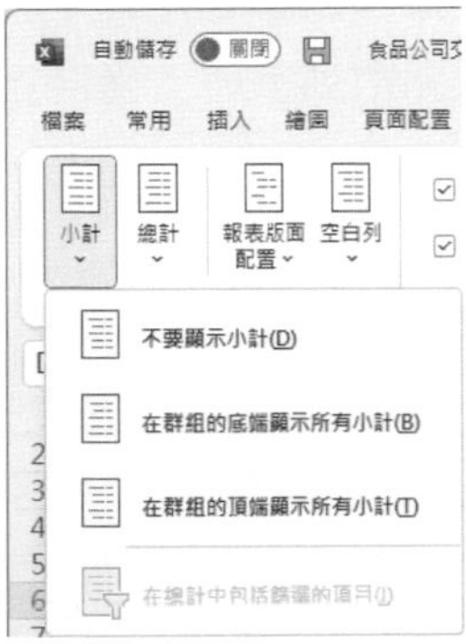

以下的樞紐分析表範例中，左側〔列〕區域裡包含了「年」與「季」兩個欄位，因此，以「年」為群組的小計可以顯示在群組的底部或群組的頂端。

	A	B	C	D
2				
3	加總 - 銷售金額	欄標籤		
4	列標籤	食品	消耗品	飲料
5	⊟2018年			
6	第一季	$3,859,235	$2,503,150	$3,931,650
7	第二季	$4,073,305	$2,466,260	$3,857,945
8	第三季	$3,984,715	$2,436,005	$4,057,360
9	第四季	$4,059,490	$2,432,955	$3,998,870
10	2018年 合計	$15,976,745	$9,838,370	$15,845,825
11	⊟2019年			
12	第一季	$3,851,655	$2,434,615	$3,823,680
13	第二季	$3,983,010	$2,473,280	$3,979,465
14	第三季	$4,127,625	$2,426,035	$4,067,465
15	第四季	$4,001,535	$2,594,455	$4,077,115
16	2019年 合計	$15,963,825	$9,928,385	$15,947,725
17	⊟2020年			
18	第一季	$4,096,060	$2,289,945	$3,991,495
19	第二季	$4,000,435	$2,363,900	$4,010,870
20	第三季	$4,070,800	$2,484,580	$4,099,465
21	第四季	$3,922,870	$2,600,405	$3,980,285
22	2020年 合計	$16,090,165	$9,738,830	$16,082,115
23	⊟2021年			
24	第一季	$3,979,135	$2,417,500	$3,957,595
25	第二季	$3,974,495	$2,418,015	$4,027,120
26	第三季	$3,880,990	$2,467,095	$4,057,555
27	第四季	$3,979,020	$2,451,600	$3,877,005
28	2021年 合計	$15,813,640	$9,754,210	$15,919,275
29	⊟2022年			
30	第一季	$3,939,225	$2,495,045	$3,970,575
31	第二季	$4,060,875	$2,469,895	$3,874,495
32	第三季	$3,989,725	$2,425,125	$4,009,760
33	第四季	$3,920,165	$2,474,725	$3,975,450
34	2022年 合計	$15,909,990	$9,864,790	$15,830,280
35				

1. 在群組的底端顯示所有的小計。

	A	B	C	D
2				
3	加總 - 銷售金額	欄標籤		
4	列標籤	食品	消耗品	飲料
5	⊟2018年	$15,976,745	$9,838,370	$15,845,825
6	第一季	$3,859,235	$2,503,150	$3,931,650
7	第二季	$4,073,305	$2,466,260	$3,857,945
8	第三季	$3,984,715	$2,436,005	$4,057,360
9	第四季	$4,059,490	$2,432,955	$3,998,870
10	⊟2019年	$15,963,825	$9,928,385	$15,947,725
11	第一季	$3,851,655	$2,434,615	$3,823,680
12	第二季	$3,983,010	$2,473,280	$3,979,465
13	第三季	$4,127,625	$2,426,035	$4,067,465
14	第四季	$4,001,535	$2,594,455	$4,077,115
15	⊟2020年	$16,090,165	$9,738,830	$16,082,115
16	第一季	$4,096,060	$2,289,945	$3,991,495
17	第二季	$4,000,435	$2,363,900	$4,010,870
18	第三季	$4,070,800	$2,484,580	$4,099,465
19	第四季	$3,922,870	$2,600,405	$3,980,285
20	⊟2021年	$15,813,640	$9,754,210	$15,919,275
21	第一季	$3,979,135	$2,417,500	$3,957,595
22	第二季	$3,974,495	$2,418,015	$4,027,120
23	第三季	$3,880,990	$2,467,095	$4,057,555
24	第四季	$3,979,020	$2,451,600	$3,877,005
25	⊟2022年	$15,909,990	$9,864,790	$15,830,280
26	第一季	$3,939,225	$2,495,045	$3,970,575
27	第二季	$4,060,875	$2,469,895	$3,874,495
28	第三季	$3,989,725	$2,425,125	$4,009,760
29	第四季	$3,920,165	$2,474,725	$3,975,450
30				
31				
32				
33				
34				
35				

2. 在群組的頂端顯示所有的小計。

4-3-2 總計的顯示和隱藏

點按〔樞紐分析表分析〕索引標籤右側〔設計〕索引標籤內〔版面配置〕群組裡的〔總計〕命令按鈕，可以展開是否顯示列總計或欄總計的選擇。在此提供了〔關閉列與欄〕、〔開啟列與欄〕、〔僅開啟列〕與〔僅開啟欄〕等四種總計的選項。

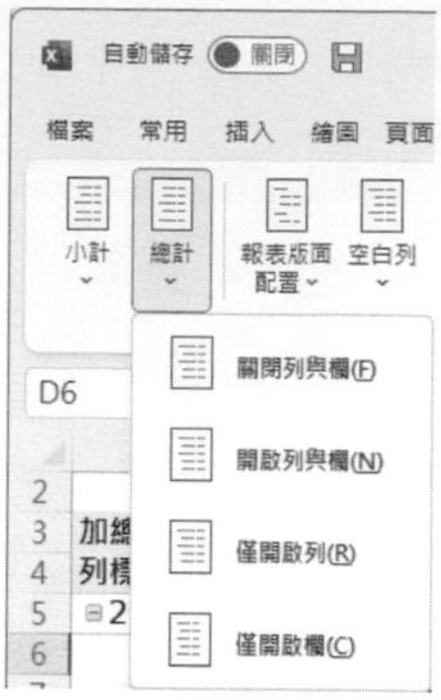

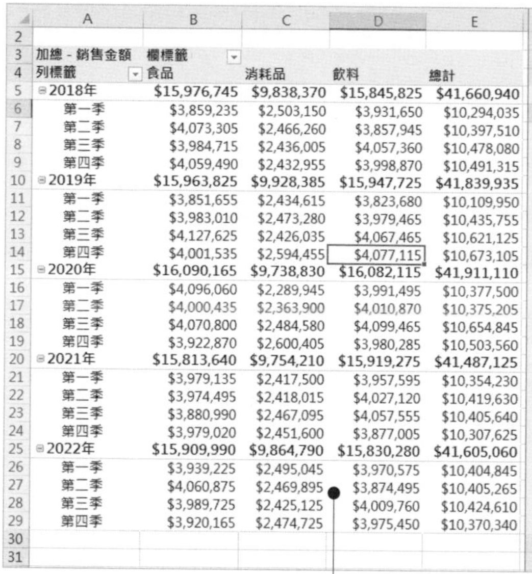

	A	B	C	D	E
2					
3	加總 - 銷售金額	欄標籤			
4	列標籤	食品	消耗品	飲料	總計
5	⊟2018年	$15,976,745	$9,838,370	$15,845,825	$41,660,940
6	第一季	$3,859,235	$2,503,150	$3,931,650	$10,294,035
7	第二季	$4,073,305	$2,466,260	$3,857,945	$10,397,510
8	第三季	$3,984,715	$2,436,005	$4,057,360	$10,478,080
9	第四季	$4,059,490	$2,432,955	$3,998,870	$10,491,315
10	⊟2019年	$15,963,825	$9,928,385	$15,947,725	$41,839,935
11	第一季	$3,851,655	$2,434,615	$3,823,680	$10,109,950
12	第二季	$3,983,010	$2,473,280	$3,979,465	$10,435,755
13	第三季	$4,127,625	$2,426,035	$4,067,465	$10,621,125
14	第四季	$4,001,535	$2,594,455	$4,077,115	$10,673,105
15	⊟2020年	$16,090,165	$9,738,830	$16,082,115	$41,911,110
16	第一季	$4,096,060	$2,289,945	$3,991,495	$10,377,500
17	第二季	$4,000,435	$2,363,900	$4,010,870	$10,375,205
18	第三季	$4,070,800	$2,484,580	$4,099,465	$10,654,845
19	第四季	$3,922,870	$2,600,405	$3,980,285	$10,503,560
20	⊟2021年	$15,813,640	$9,754,210	$15,919,275	$41,487,125
21	第一季	$3,979,135	$2,417,500	$3,957,595	$10,354,230
22	第二季	$3,974,495	$2,418,015	$4,027,120	$10,419,630
23	第三季	$3,880,990	$2,467,095	$4,057,555	$10,405,640
24	第四季	$3,979,020	$2,451,600	$3,877,005	$10,307,625
25	⊟2022年	$15,909,990	$9,864,790	$15,830,280	$41,605,060
26	第一季	$3,939,225	$2,495,045	$3,970,575	$10,404,845
27	第二季	$4,060,875	$2,469,895	$3,874,495	$10,405,265
28	第三季	$3,989,725	$2,425,125	$4,009,760	$10,424,610
29	第四季	$3,920,165	$2,474,725	$3,975,450	$10,370,340
30					
31					

1. 僅〔僅開啟列〕總計的樞紐分析表。

	A	B	C	D
2				
3	加總 - 銷售金額	欄標籤		
4	列標籤	食品	消耗品	飲料
5	⊟2018年	$15,976,745	$9,838,370	$15,845,825
6	第一季	$3,859,235	$2,503,150	$3,931,650
7	第二季	$4,073,305	$2,466,260	$3,857,945
8	第三季	$3,984,715	$2,436,005	$4,057,360
9	第四季	$4,059,490	$2,432,955	$3,998,870
10	⊟2019年	$15,963,825	$9,928,385	$15,947,725
11	第一季	$3,851,655	$2,434,615	$3,823,680
12	第二季	$3,983,010	$2,473,280	$3,979,465
13	第三季	$4,127,625	$2,426,035	$4,067,465
14	第四季	$4,001,535	$2,594,455	$4,077,115
15	⊟2020年	$16,090,165	$9,738,830	$16,082,115
16	第一季	$4,096,060	$2,289,945	$3,991,495
17	第二季	$4,000,435	$2,363,900	$4,010,870
18	第三季	$4,070,800	$2,484,580	$4,099,465
19	第四季	$3,922,870	$2,600,405	$3,980,285
20	⊟2021年	$15,813,640	$9,754,210	$15,919,275
21	第一季	$3,979,135	$2,417,500	$3,957,595
22	第二季	$3,974,495	$2,418,015	$4,027,120
23	第三季	$3,880,990	$2,467,095	$4,057,555
24	第四季	$3,979,020	$2,451,600	$3,877,005
25	⊟2022年	$15,909,990	$9,864,790	$15,830,280
26	第一季	$3,939,225	$2,495,045	$3,970,575
27	第二季	$4,060,875	$2,469,895	$3,874,495
28	第三季	$3,989,725	$2,425,125	$4,009,760
29	第四季	$3,920,165	$2,474,725	$3,975,450
30	總計	$79,754,365	$49,124,585	$79,625,220
31				

2. 僅〔僅開啟欄〕總計的樞紐分析表。

4-3-3 報表版面配置

在樞紐分析表的〔列〕區域裡若包含了兩個以上的資料欄位，則樞紐分析表左側將呈現具備群組層次效果的格式，此時，您可以透過〔報表版面配置〕命令按鈕的點按，選擇〔壓縮〕、〔大綱〕、〔列表〕等各種不同顯示模式的報表版面配置。以下圖所示的樞紐分析表範例為例，樞紐分析表的頂端的〔欄〕區域顯示了「季」欄位，而左側〔列〕區域則包含了「年」與「系列產品」兩個欄位，交叉統計了每一年各種系列產品在每一季的總交易金額。

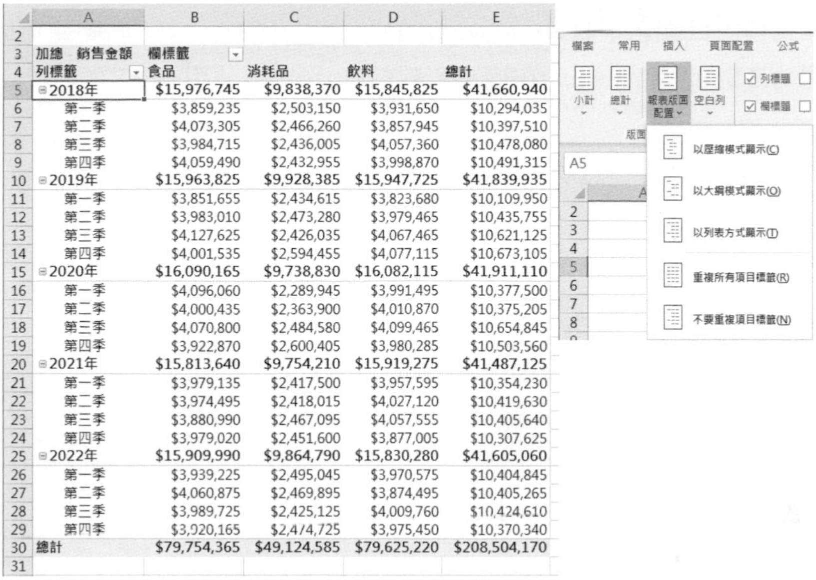

加總 - 銷售金額	欄標籤			
列標籤	食品	消耗品	飲料	總計
⊟2018年	$15,976,745	$9,838,370	$15,845,825	$41,660,940
第一季	$3,859,235	$2,503,150	$3,931,650	$10,294,035
第二季	$4,073,305	$2,466,260	$3,857,945	$10,397,510
第三季	$3,984,715	$2,436,005	$4,057,360	$10,478,080
第四季	$4,059,490	$2,432,955	$3,998,870	$10,491,315
⊟2019年	$15,963,825	$9,928,385	$15,947,725	$41,839,935
第一季	$3,851,655	$2,434,615	$3,823,680	$10,109,950
第二季	$3,983,010	$2,473,280	$3,979,465	$10,435,755
第三季	$4,127,625	$2,426,035	$4,067,465	$10,621,125
第四季	$4,001,535	$2,594,455	$4,077,115	$10,673,105
⊟2020年	$16,090,165	$9,738,830	$16,082,115	$41,911,110
第一季	$4,096,060	$2,289,945	$3,991,495	$10,377,500
第二季	$4,000,435	$2,363,900	$4,010,870	$10,375,205
第三季	$4,070,800	$2,484,580	$4,099,465	$10,654,845
第四季	$3,922,870	$2,600,405	$3,980,285	$10,503,560
⊟2021年	$15,813,640	$9,754,210	$15,919,275	$41,487,125
第一季	$3,979,135	$2,417,500	$3,957,595	$10,354,230
第二季	$3,974,495	$2,418,015	$4,027,120	$10,419,630
第三季	$3,880,990	$2,467,095	$4,057,555	$10,405,640
第四季	$3,979,020	$2,451,600	$3,877,005	$10,307,625
⊟2022年	$15,909,990	$9,864,790	$15,830,280	$41,605,060
第一季	$3,939,225	$2,495,045	$3,970,575	$10,404,845
第二季	$4,060,875	$2,469,895	$3,874,495	$10,405,265
第三季	$3,989,725	$2,425,125	$4,009,760	$10,424,610
第四季	$3,920,165	$2,474,725	$3,975,450	$10,370,340
總計	$79,754,365	$49,124,585	$79,625,220	$208,504,170

在點選了樞紐分析表中的任一儲存格後，即可點按功能區上〔樞紐分析表分析〕索引標籤右側〔設計〕索引標籤裡〔版面配置〕群組內的〔報表版面配置〕命令按鈕，從展開的功能選單中點選〔以壓縮模式顯示〕、〔以大綱模式顯示〕或〔以列表方式顯示〕等選項，套用所要顯示的報表版面配置格式。

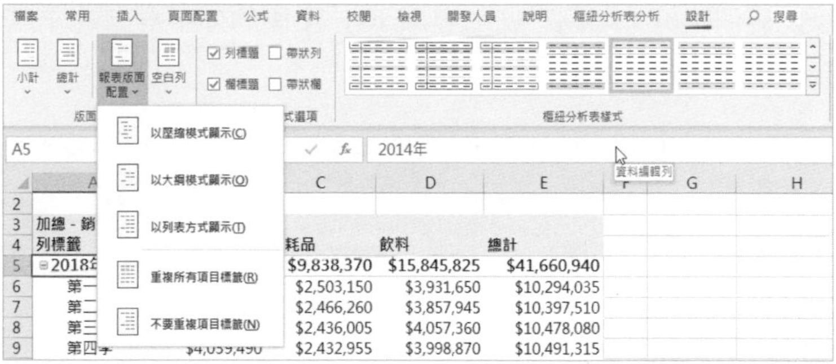

- 〔以壓縮模式顯示〕是將〔列〕區域裡各層次的資料欄位呈現在同一個欄位裡，在此範例中的「年」與「季」都顯示在 A 欄裡，內層群組的各季資料在儲存格內以縮排格式呈現。在建立樞紐分析表時即預設自動套用此版面配置。
- 〔以大綱模式顯示〕是以階層式大綱跨欄顯示，概述樞紐分析表中的資料。在此範例中的「年」顯示在 A 欄、「季」顯示在 B 欄。

■ 〔以列表方式顯示〕是以行列表格的格式顯示所有內容，如此便可以讓您輕鬆地複製儲存格至另一個工作表。在此範例中所佔用的資料列數最少。

	A	B	C
2			
3	加總 - 銷售金額	欄標籤	
4	列標籤	食品	消耗品
5	⊟2018年	$15,976,745	$9,838,370
6	第一季	$3,859,235	$2,503,150
7	第二季	$4,073,305	$2,466,260
8	第三季	$3,984,715	$2,436,005
9	第四季	$4,059,490	$2,432,955
10	⊟2019年	$15,963,825	$9,928,385
11	第一季	$3,851,655	$2,434,615
12	第二季	$3,983,010	$2,473,280
13	第三季	$4,127,625	$2,426,035
14	第四季	$4,001,535	$2,594,455
15	⊟2020年	$16,090,165	$9,738,830
16	第一季	$4,096,060	$2,289,945
17	第二季	$4,000,435	$2,363,900
18	第三季	$4,070,800	$2,484,580
19	第四季	$3,922,870	$2,600,405
20	⊟2021年	$15,813,640	$9,754,210
21	第一季	$3,979,135	$2,417,500
22	第二季	$3,974,495	$2,418,015
23	第三季	$3,880,990	$2,467,095
24	第四季	$3,979,020	$2,451,600
25	⊟2022年	$15,909,990	$9,864,790
26	第一季	$3,939,225	$2,495,045
27	第二季	$4,060,875	$2,469,895
28	第三季	$3,989,725	$2,425,125
29	第四季	$3,920,165	$2,474,725
30	總計	$79,754,365	$49,124,585
31			

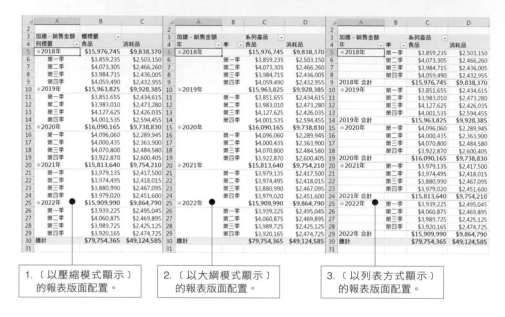

1.〔以壓縮模式顯示〕的報表版面配置。

	A	B	C	D
2				
3	加總 - 銷售金額		系列產品	
4	年	季	食品	消耗品
5	⊟2018年		$15,976,745	$9,838,370
6		第一季	$3,859,235	$2,503,150
7		第二季	$4,073,305	$2,466,260
8		第三季	$3,984,715	$2,436,005
9		第四季	$4,059,490	$2,432,955
10	⊟2019年		$15,963,825	$9,928,385
11		第一季	$3,851,655	$2,434,615
12		第二季	$3,983,010	$2,473,280
13		第三季	$4,127,625	$2,426,035
14		第四季	$4,001,535	$2,594,455
15	⊟2020年		$16,090,165	$9,738,830
16		第一季	$4,096,060	$2,289,945
17		第二季	$4,000,435	$2,363,900
18		第三季	$4,070,800	$2,484,580
19		第四季	$3,922,870	$2,600,405
20	⊟2021年		$15,813,640	$9,754,210
21		第一季	$3,979,135	$2,417,500
22		第二季	$3,974,495	$2,418,015
23		第三季	$3,880,990	$2,467,095
24		第四季	$3,979,020	$2,451,600
25	⊟2022年		$15,909,990	$9,864,790
26		第一季	$3,939,225	$2,495,045
27		第二季	$4,060,875	$2,469,895
28		第三季	$3,989,725	$2,425,125
29		第四季	$3,920,165	$2,474,725
30	總計		$79,754,365	$49,124,585
31				

2.〔以大綱模式顯示〕的報表版面配置。

	A	B	C	D
2				
3	加總 - 銷售金額		系列產品	
4	年	季	食品	消耗品
5	⊟2018年	第一季	$3,859,235	$2,503,150
6		第二季	$4,073,305	$2,466,260
7		第三季	$3,984,715	$2,436,005
8		第四季	$4,059,490	$2,432,955
9	2018年 合計		$15,976,745	$9,838,370
10	⊟2019年	第一季	$3,851,655	$2,434,615
11		第二季	$3,983,010	$2,473,280
12		第三季	$4,127,625	$2,426,035
13		第四季	$4,001,535	$2,594,455
14	2019年 合計		$15,963,825	$9,928,385
15	⊟2020年	第一季	$4,096,060	$2,289,945
16		第二季	$4,000,435	$2,363,900
17		第三季	$4,070,800	$2,484,580
18		第四季	$3,922,870	$2,600,405
19	2020年 合計		$16,090,165	$9,738,830
20	⊟2021年	第一季	$3,979,135	$2,417,500
21		第二季	$3,974,495	$2,418,015
22		第三季	$3,880,990	$2,467,095
23		第四季	$3,979,020	$2,451,600
24	2021年 合計		$15,813,640	$9,754,210
25	⊟2022年	第一季	$3,939,225	$2,495,045
26		第二季	$4,060,875	$2,469,895
27		第三季	$3,989,725	$2,425,125
28		第四季	$3,920,165	$2,474,725
29	2022年 合計		$15,909,990	$9,864,790
30	總計		$79,754,365	$49,124,585
31				

3.〔以列表方式顯示〕的報表版面配置。

如果您選擇的是〔大綱〕模式或〔列表方式〕模式，還可以透過〔報表版面配置〕命令按鈕的點按，選擇〔重複所有項目標籤〕選項，來顯示每個項目的項目標籤。以此範例為例，〔列〕區域裡顯示在 A 欄的外層群組之年度，將重複顯示在每一個儲存格裡。

	A	B	C	D
2				
3	加總 - 銷售金額		系列產品	
4	年	季	食品	消耗品
5	⊟2018年	第一季	$3,859,235	$2,503,150
6	2018年	第二季	$4,073,305	$2,466,260
7	2018年	第三季	$3,984,715	$2,436,005
8	2018年	第四季	$4,059,490	$2,432,955
9	2018年 合計		$15,976,745	$9,838,370
10	⊟2019年	第一季	$3,851,655	$2,434,615
11	2019年	第二季	$3,983,010	$2,473,280
12	2019年	第三季	$4,127,625	$2,426,035
13	2019年	第四季	$4,001,535	$2,594,455
14	2019年 合計		$15,963,825	$9,928,385
15	⊟2020年	第一季	$4,096,060	$2,289,945
16	2020年	第二季	$4,000,435	$2,363,900
17	2020年	第三季	$4,070,800	$2,484,580
18	2020年	第四季	$3,922,870	$2,600,405
19	2020年 合計		$16,090,165	$9,738,830
20	⊟2021年	第一季	$3,979,135	$2,417,500
21	2021年	第二季	$3,974,495	$2,418,015
22	2021年	第三季	$3,880,990	$2,467,095
23	2021年	第四季	$3,979,020	$2,451,600
24	2021年 合計		$15,813,640	$9,754,210
25	⊟2022年	第一季	$3,939,225	$2,495,045
26	2022年	第二季	$4,060,875	$2,469,895
27	2022年	第三季	$3,989,725	$2,425,125
28	2022年	第四季	$3,920,165	$2,474,725
29	2022年 合計		$15,909,990	$9,864,790
30	總計		$79,754,365	$49,124,585
31				

1.〔重複所有項目標籤〕的報表版面配置。

	A	B	C	D
2				
3	加總 - 銷售金額		系列產品	
4	年	季	食品	消耗品
5	⊟2018年	第一季	$3,859,235	$2,503,150
6		第二季	$4,073,305	$2,466,260
7		第三季	$3,984,715	$2,436,005
8		第四季	$4,059,490	$2,432,955
9	2018年 合計		$15,976,745	$9,838,370
10	⊟2019年	第一季	$3,851,655	$2,434,615
11		第二季	$3,983,010	$2,473,280
12		第三季	$4,127,625	$2,426,035
13		第四季	$4,001,535	$2,594,455
14	2019年 合計		$15,963,825	$9,928,385
15	⊟2020年	第一季	$4,096,060	$2,289,945
16		第二季	$4,000,435	$2,363,900
17		第三季	$4,070,800	$2,484,580
18		第四季	$3,922,870	$2,600,405
19	2020年 合計		$16,090,165	$9,738,830
20	⊟2021年	第一季	$3,979,135	$2,417,500
21		第二季	$3,974,495	$2,418,015
22		第三季	$3,880,990	$2,467,095
23		第四季	$3,979,020	$2,451,600
24	2021年 合計		$15,813,640	$9,754,210
25	⊟2022年	第一季	$3,939,225	$2,495,045
26		第二季	$4,060,875	$2,469,895
27		第三季	$3,989,725	$2,425,125
28		第四季	$3,920,165	$2,474,725
29	2018年 合計		$15,909,990	$9,864,790
30	總計		$79,754,365	$49,124,585
31				

2.〔不要重複所有項目標籤〕的報表版面配置。

4-3-4 群組資料的展開與摺疊

進行了資料群組後，整個報表也就具備了大綱摘要的效能，因此，在〔欄〕、〔列〕標籤的垂直及水平方向裡，便包含了「+」與「-」的展開群組資料與摺疊群組資料之工具按鈕，讓您在檢視全部資料或局部資料時可以得心應手、隨心所欲！以下的範例中，在〔列〕區域裡具備了三個層級的群組，最外層的群組為「年」、次一群組為「季」、最內層的群組為「系列產品」。其中，最外層與第二層的群組其儲存格內容左側皆包含有「+」按鈕與「-」按鈕，可以協助您展開及摺疊下一層級的資料內容，而最內層沒有「+」、「-」按鈕的儲存格內容又稱之為詳細內容。

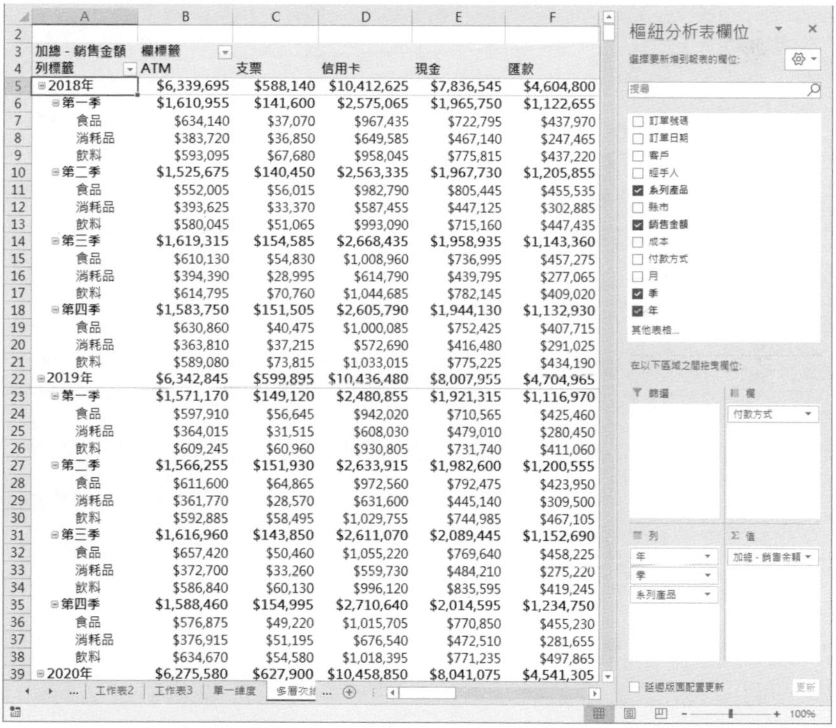

	A	B	C	D	E	F
2						
3	加總 - 銷售金額	欄標籤				
4	列標籤	ATM	支票	信用卡	現金	匯款
5	2018年	$6,339,695	$588,140	$10,412,625	$7,836,545	$4,604,800
6	第一季	$1,610,955	$141,600	$2,575,065	$1,965,750	$1,122,655
7	食品	$634,140	$37,070	$967,435	$722,795	$437,970
8	消耗品	$383,720	$36,850	$649,585	$467,140	$247,465
9	飲料	$593,095	$67,680	$958,045	$775,815	$437,220
10	第二季	$1,525,675	$140,450	$2,563,335	$1,967,730	$1,205,855
11	食品	$552,005	$56,015	$982,790	$805,445	$455,535
12	消耗品	$393,625	$33,370	$587,455	$447,125	$302,885
13	飲料	$580,045	$51,065	$993,090	$715,160	$447,435
14	第三季	$1,619,315	$154,585	$2,668,435	$1,958,935	$1,143,360
15	食品	$610,130	$54,830	$1,008,960	$736,995	$457,275
16	消耗品	$394,390	$28,995	$614,790	$439,795	$277,065
17	飲料	$614,795	$70,760	$1,044,685	$782,145	$409,020
18	第四季	$1,583,750	$151,505	$2,605,790	$1,944,130	$1,132,930
19	食品	$630,860	$40,475	$1,000,085	$752,425	$407,715
20	消耗品	$363,810	$37,215	$572,690	$416,480	$291,025
21	飲料	$589,080	$73,815	$1,033,015	$775,225	$434,190
22	2019年	$6,342,845	$599,895	$10,436,480	$8,007,955	$4,704,965
23	第一季	$1,571,170	$149,120	$2,480,855	$1,921,315	$1,116,970
24	食品	$597,910	$56,645	$942,020	$710,565	$425,460
25	消耗品	$364,015	$31,515	$608,030	$479,010	$280,450
26	飲料	$609,245	$60,960	$930,805	$731,740	$411,060
27	第二季	$1,566,255	$151,930	$2,633,915	$1,982,600	$1,200,555
28	食品	$611,600	$64,865	$972,560	$792,475	$423,950
29	消耗品	$361,770	$28,570	$631,600	$445,140	$309,500
30	飲料	$592,885	$58,495	$1,029,755	$744,985	$467,105
31	第三季	$1,616,960	$143,850	$2,611,070	$2,089,445	$1,152,690
32	食品	$657,420	$50,460	$1,055,220	$769,640	$458,225
33	消耗品	$372,700	$33,260	$559,730	$484,210	$275,220
34	飲料	$586,840	$60,130	$996,120	$835,595	$419,245
35	第四季	$1,588,460	$154,995	$2,710,640	$2,014,595	$1,234,750
36	食品	$576,875	$49,220	$1,015,705	$770,850	$455,230
37	消耗品	$376,915	$51,195	$676,540	$472,510	$281,655
38	飲料	$634,670	$54,580	$1,018,395	$771,235	$497,865
39	2020年	$6,275,580	$627,900	$10,458,850	$8,041,075	$4,541,305

作用中欄位的展開與摺疊

您可以先點選工作表上樞紐分析表裡群組內容的儲存格，然後，再利用功能區的操作，點按〔樞紐分析表分析〕索引標籤裡〔作用中欄位〕群組內的〔摺疊欄位〕命令按鈕或〔展開欄位〕命令按鈕，進行樞紐分析表的群組內容之展開與隱藏。

STEP 1 點按〔樞紐分析表分析〕索引標籤。

STEP 2 〔作用中欄位〕群組裡的〔摺疊欄位〕命令按鈕，可以摺疊(隱藏)所有的欄位項目，並僅顯示出小計結果。

STEP 3 反之，若是點按〔展開欄位〕命令按鈕，可以展開作用中欄位的所有項目。

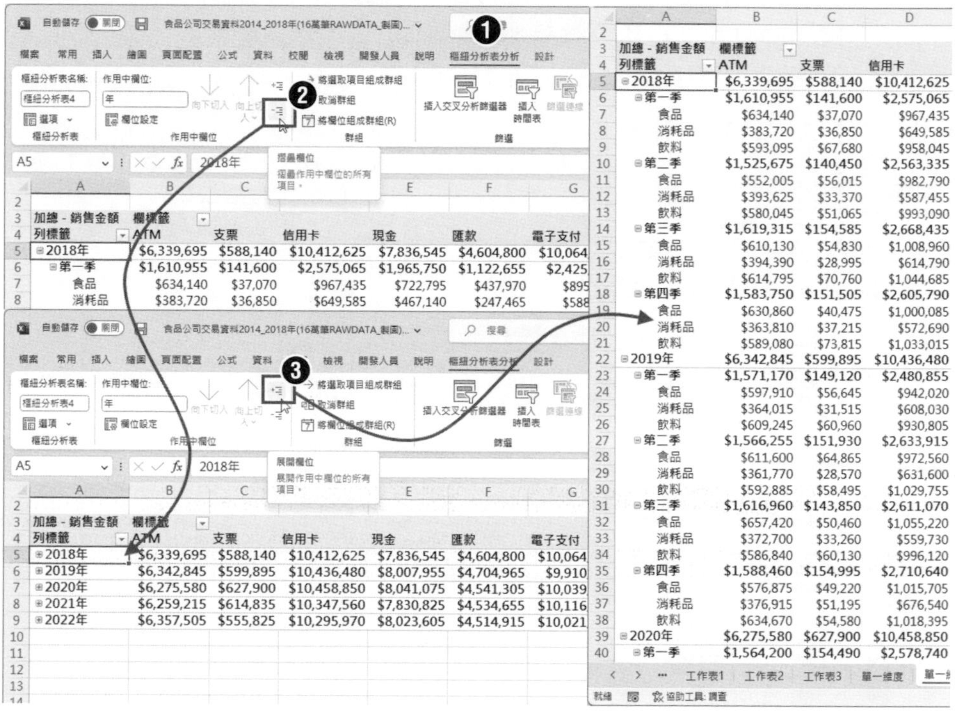

利用「+」展開與「-」摺疊按鈕

此外，含有後續群組(下一層級)的項目，其名稱的左側皆會有「+」號或「-」號按鈕，可以展開該項目名稱以下的內容，或者僅折疊該項目名稱以下的內容。如下圖所示，儲存格 A6 為「2015 年」，若是點按其左側的「+」，即可展開該年度以下的所有項目內容。

STEP 1 點按 2019 年左側的「+」展開按鈕。

STEP 2 即可顯示 2019 年群組裡的所有內容。

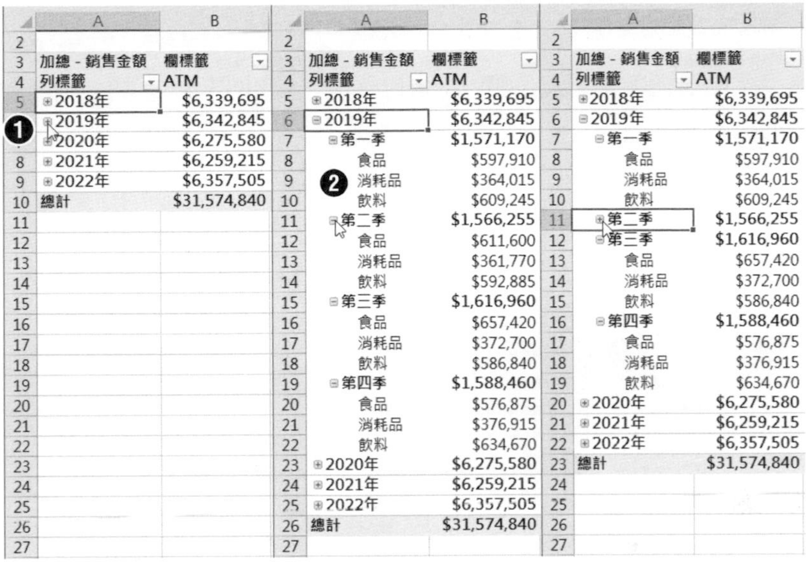

所以，我們也可以解讀為具備「+」號或「-」號按鈕的資料項目，代表尚有下一層級的群組資料。沒有「+」號或「-」號按鈕的資料項目，則表示該項目的資料欄位目前已是最後一個層級，暫時無法再往下展開。

快顯功能表提供完備的展開與摺疊功能

除了上述透過作用中儲存格藉由作用中欄位的展開與摺疊，以及利用「+」展開與「-」摺疊按鈕來進行群組資料的顯示與隱藏外，您也可以使用快顯功能表，進行更完備的展開與摺疊功能選項，更迅速地完成顯示大綱摘要報表的目的。

STEP 1　以滑鼠右鍵點按群組項目裡的某一儲存格儲存格。例如：此範例的 A8 儲存格。

STEP 2　從開啟的快顯功能表中點選〔展開/摺疊〕功能選項。

STEP 3　再從展開的副選單中點選所要進行的〔展開〕與〔摺疊〕操作，或者，點選〔摺疊至"XX"〕選項，直接折疊至指定的欄位層級。

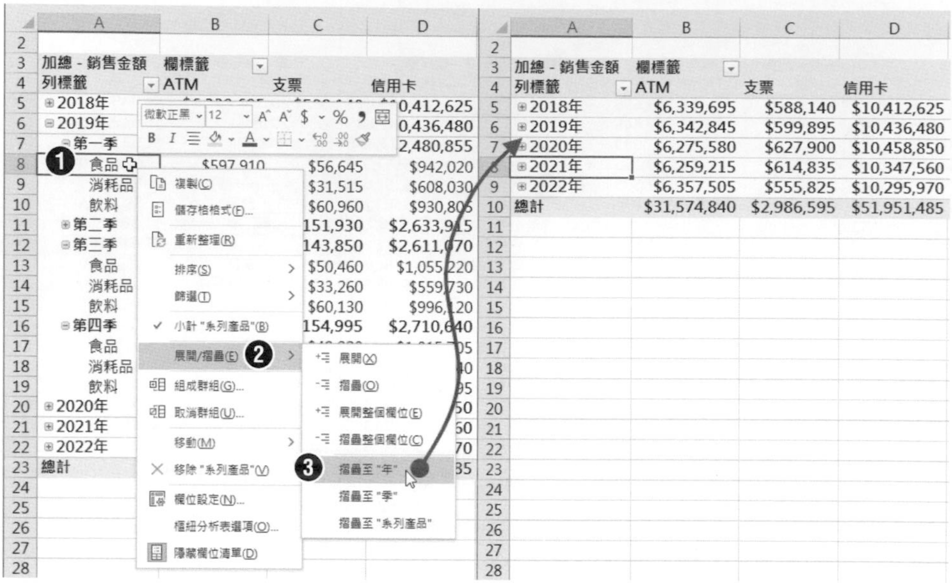

還有一個有趣的問題，那就是當您將作用儲存格移至最後一個層級的儲存格(也就是樞紐分析表的詳細資料)時，可以再進行展開群組的操作嗎？答案是肯定的，因為，Excel 會自動認為使用者想要再往下延伸建立下一個可以設定群組層級的內容，因此，會自動開啟〔顯示詳細資料〕對話方塊，顯示資料來源裡的資料欄位，讓您從中點選想要顯示詳細資料的欄位。

STEP 1　此例原本有三個層級，由左至右分別是「年」、「季」與「系列產品」。以滑鼠右鍵點按最內層項目裡的儲存格。例如：「系列產品」(詳細資料)裡的某一儲存格。

STEP 2　從開啟的快顯功能表中點選〔展開/摺疊〕功能選項。

STEP 3　再從展開的副選單中點選〔展開〕選項。

STEP 4　立即開啟〔顯示詳細資料〕對話方塊，點選想要顯示詳細資料的欄位。例如：「客戶」。然後，點按〔確定〕按鈕。

STEP 5　隨即在「系列產品」底下再顯示每一位客戶的內容。原本含有三個層級的樞紐分析表，已經變成由左至右包含「年」、「季」、「系列產品」與「客戶」等四個層級的報表。

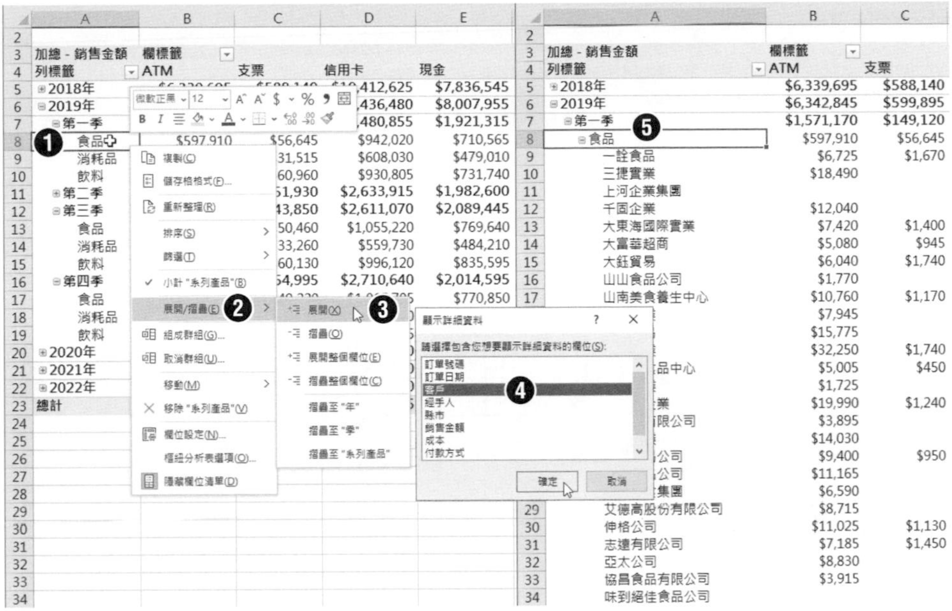

4-3-5 空白列的處理

有時為了強化群組與群組之間的視覺區隔，我們會想要在群組與群組之間添增一個空白列，若有此需求，只要點按〔樞紐分析表分析〕索引標籤右側〔設計〕索引標籤裡〔版面配置〕群組內的〔空白列〕命令按鈕即可。當您點按此命令按鈕後，會展開兩個選項功能，分別是〔每一項之後插入空白列〕與〔每一項之後移除空白列〕，讓您可以在群組之間自動插入或移除空白列。

4 自訂化樞紐分析表

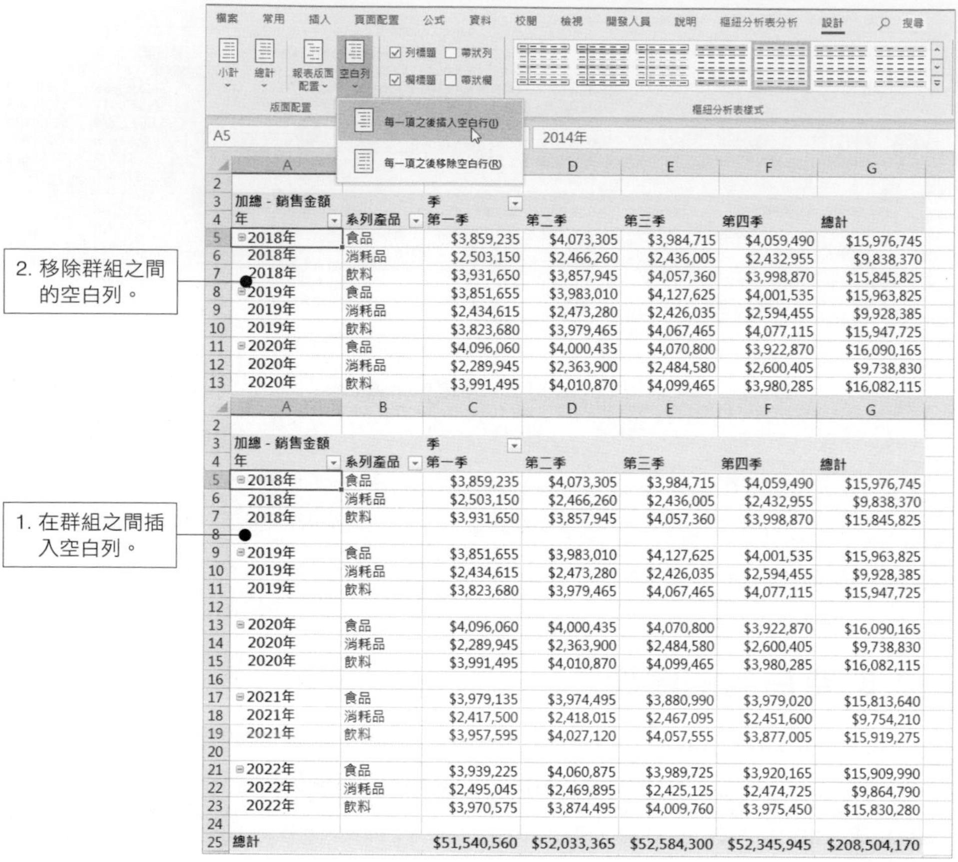

檔案 常用 插入 頁面配置 公式 資料 校閱 檢視 開發人員 說明 樞紐分析表分析 設計 搜尋
小計 總計 報表版面配置 空白列
列標題 帶狀列 欄標題 帶狀欄
版面配置
樞紐分析表樣式
每一項之後插入空白行(I)
每一項之後移除空白行(R)
A5
2014年
2. 移除群組之間的空白列。
1. 在群組之間插入空白列。
加總 - 銷售金額 季
年 系列產品 第一季 第二季 第三季 第四季 總計
2018年 食品 $3,859,235 $4,073,305 $3,984,715 $4,059,490 $15,976,745
2018年 消耗品 $2,503,150 $2,466,260 $2,436,005 $2,432,955 $9,838,370
2018年 飲料 $3,931,650 $3,857,945 $4,057,360 $3,998,870 $15,845,825
2019年 食品 $3,851,655 $3,983,010 $4,127,625 $4,001,535 $15,963,825
2019年 消耗品 $2,434,615 $2,473,280 $2,426,035 $2,594,455 $9,928,385
2019年 飲料 $3,823,680 $3,979,465 $4,067,465 $4,077,115 $15,947,725
2020年 食品 $4,096,060 $4,000,435 $4,070,800 $3,922,870 $16,090,165
2020年 消耗品 $2,289,945 $2,363,900 $2,484,580 $2,600,405 $9,738,830
2020年 飲料 $3,991,495 $4,010,870 $4,099,465 $3,980,285 $16,082,115
2021年 食品 $3,979,135 $3,974,495 $3,880,990 $3,979,020 $15,813,640
2021年 消耗品 $2,417,500 $2,418,015 $2,467,095 $2,451,600 $9,754,210
2021年 飲料 $3,957,595 $4,027,120 $4,057,555 $3,877,005 $15,919,275
2022年 食品 $3,939,225 $4,060,875 $3,989,725 $3,920,165 $15,909,990
2022年 消耗品 $2,495,045 $2,469,895 $2,425,125 $2,474,725 $9,864,790
2022年 飲料 $3,970,575 $3,874,495 $4,009,760 $3,975,450 $15,830,280
總計 $51,540,560 $52,033,365 $52,584,300 $52,345,945 $208,504,170

然而，面對經常更新、異動的資料，以及迎合不同目的與需求的運算準則和篩選條件，函數的設計就非一蹴可幾了。此時，您可以透過樞紐分析表的建立而自動摘錄、整理與彙總原始的大量交易資料，產生解決各種問題及需求的互動式分析報表，讓您可以運用這些報表來分析、比較、尋找企業模式、分析資訊以及未來趨勢。

4-4 針對多層級群組欄位進行指定小計運算

以下的實例演練中，我們將使用三年來各地區國別在各市場商品的營收與費用之資料統計範圍為資料來源，進行多層次群組分類統計的樞紐分析。此資料來源記載了「年度」、「年別」、「季別」、「地區」、「國別」、「市場」、「營收」與「費用」等八個資料欄位。以下圖所示為例，圖的右側即是資料來源的內容。圖的左側即為根據此資料來源所建立的樞紐分析表。在樞紐分析表的結構中，〔列〕區域裡放置了「年度」、「年別」及「市場」三個資料欄位；〔欄〕區域裡並未放置任何資料；〔值〕區域裡僅放置「營收」資料欄位(由於預設會自動進行加總，所以可設定顯示為「總營收」)，因此，在此樞紐分析表中，將輕鬆顯示出每一年度在上、下半年度的各種市場商品之總營收。

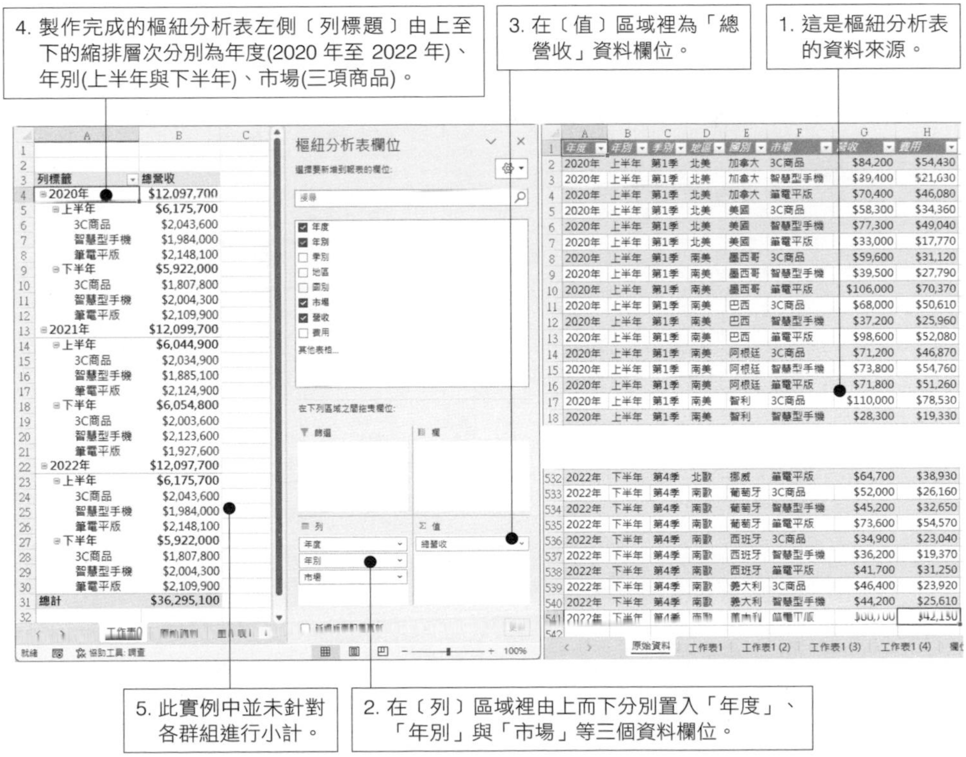
4. 製作完成的樞紐分析表左側〔列標題〕由上至下的縮排層次分別為年度(2020 年至 2022 年)、年別(上半年與下半年)、市場(三項商品)。
3. 在〔值〕區域裡為「總營收」資料欄位。
1. 這是樞紐分析表的資料來源。
5. 此實例中並未針對各群組進行小計。
2. 在〔列〕區域裡由上而下分別置入「年度」、「年別」與「市場」等三個資料欄位。

由於在〔列〕區域裡放置了三個資料欄位，所以，也正意味著可以分別為這三個維度設定小計運算。最外(左)層的群組是「年度」；接著再根據上、下半年度的「年別」進行群組；最右層的群組便是各「市場」商品。

4-4-1 多層級群組欄位進行外層指定小計運算

我們可以針對最外(左)層的年度群組，進行小計運算的顯示，例如：整個 2020 年、2021 年與 2022 年的總營收之加總值；亦可同時顯示整個 2020 年、2021 年和 2022 年的總營收之平均值。

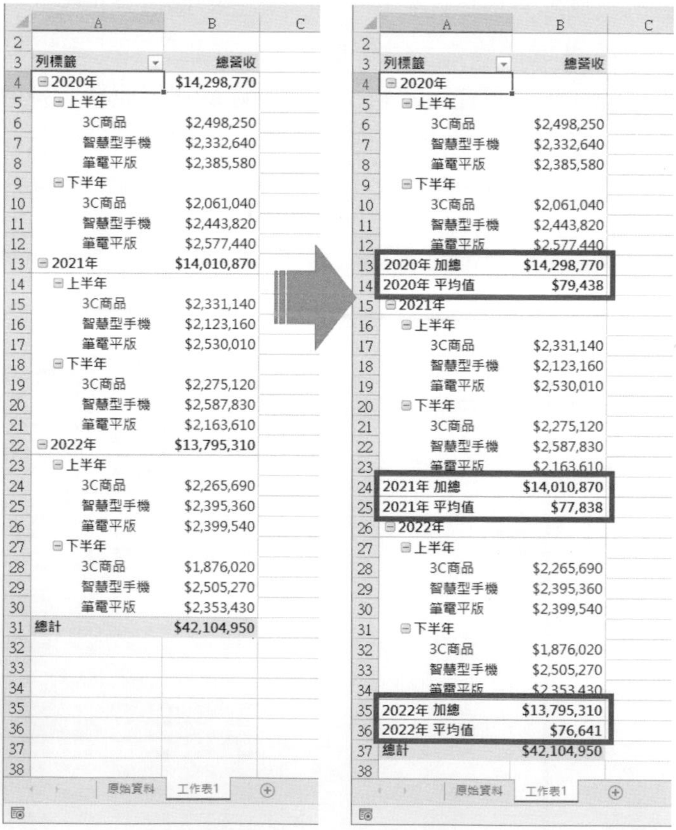

若有此需求，可以進行以下的操作程序：

STEP **1** 點按樞紐分析表上的年度欄位裡的任一儲存格，例如：A4 的 2020 年。

STEP **2** 點按〔樞紐分析表分析〕索引標籤。

STEP **3** 點按〔作用中欄位〕群組裡的〔欄位設定〕命令按鈕。

STEP **4** 開啟〔欄位設定〕對話方塊，點按〔小計與篩選〕索引頁籤。

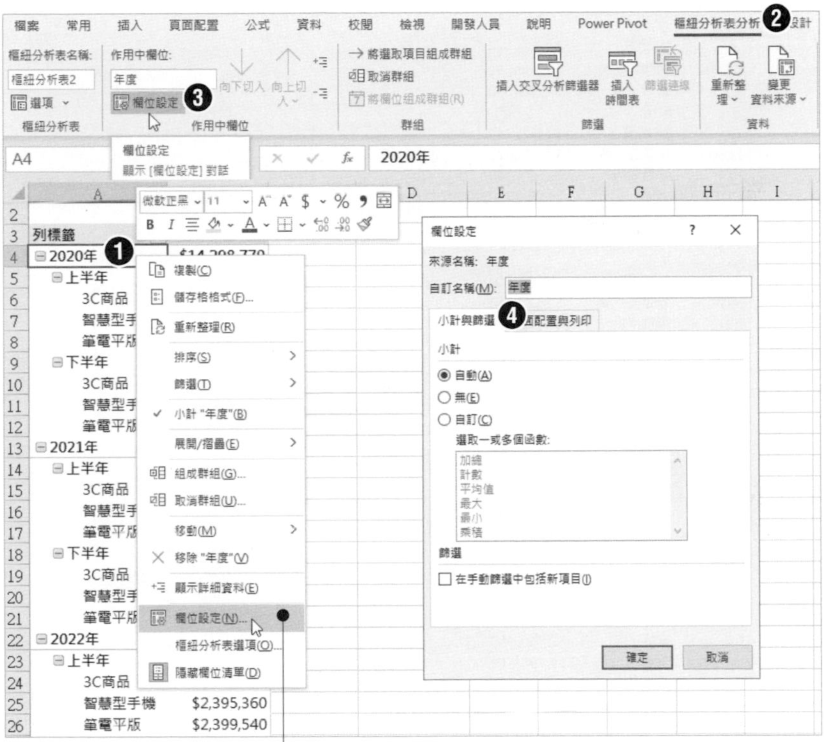

以滑鼠右鍵點按群組欄位的儲存格後，從展開的快顯功能表中點按〔欄位設定〕亦可開啟〔欄位設定〕對話方塊。

STEP 5 點選〔自訂〕選項。

STEP 6 分別點選〔加總〕與〔平均值〕函數，然後，點按〔確定〕按鈕。

STEP 7 在樞紐分析表的最外層群組欄位(年度)立即產生加總與平均值的小計顯示。

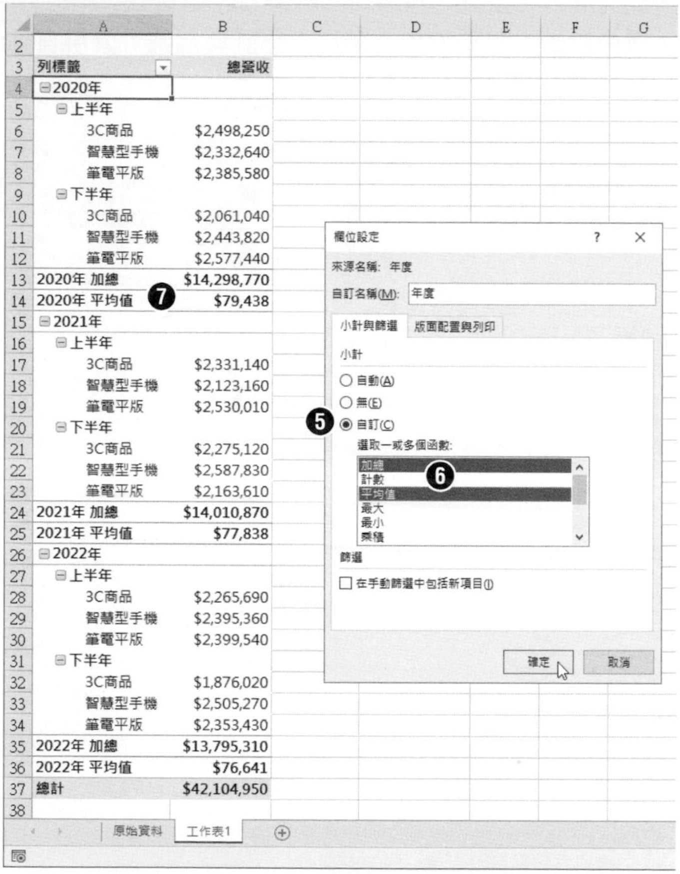

4-4-2 多層級群組欄位進行內層指定小計運算

此範例中的第二層群組欄位是「年別」，意即每一年度的上、下半年之群組分類，因此，我們也可以針對此群組進行小計運算的顯示。例如：每一年度其上半年的總營收之加總和總營收之平均值；以及其下半年的總營收之加總和總營收之平均值。

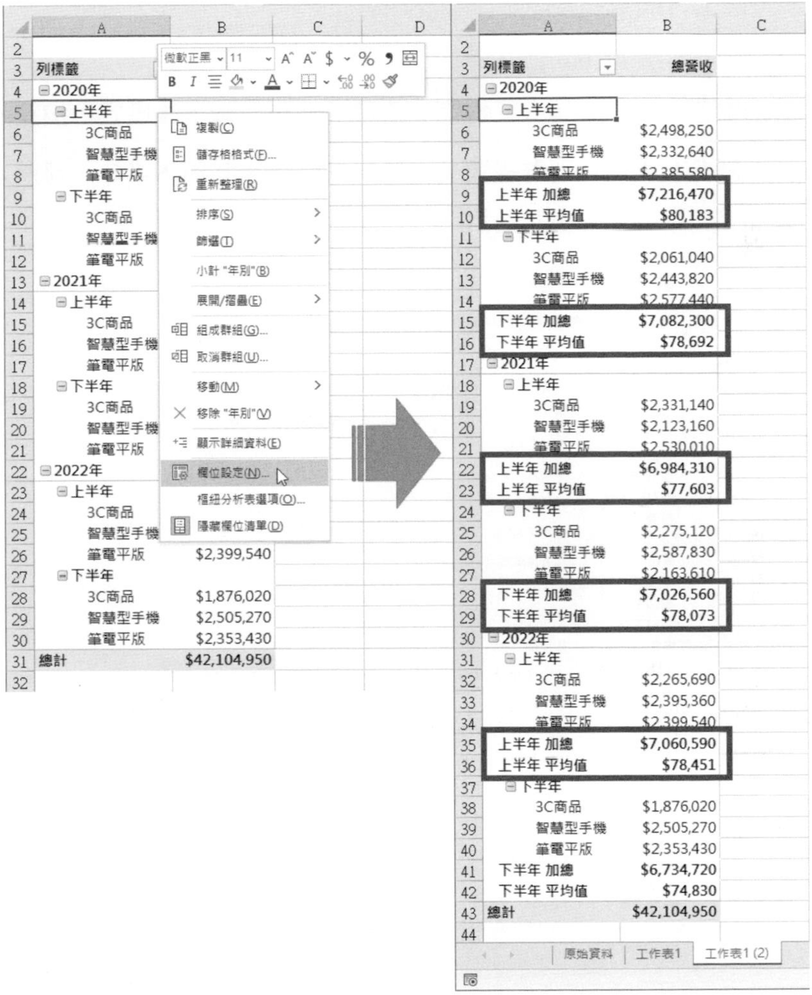

若有此需求，可以進行以下的操作程序：

STEP 1 以滑鼠右鍵點按樞紐分析表上的上、下年別欄位裡的任一儲存格，例如：A5 的上半年。

STEP 2 從展開的快顯功能表中點按〔欄位設定〕功能選項。

STEP 3 開啟〔欄位設定〕對話方塊，點按〔小計與篩選〕索引頁籤。

STEP 4 點選〔自訂〕選項。

STEP 5 分別點選〔加總〕與〔平均值〕函數。然後，按下〔確定〕按鈕。

STEP 6 在樞紐分析表的年別群組欄位裡的每一個上半年與下半年，都將立即產生加總與平均值的小計顯示。

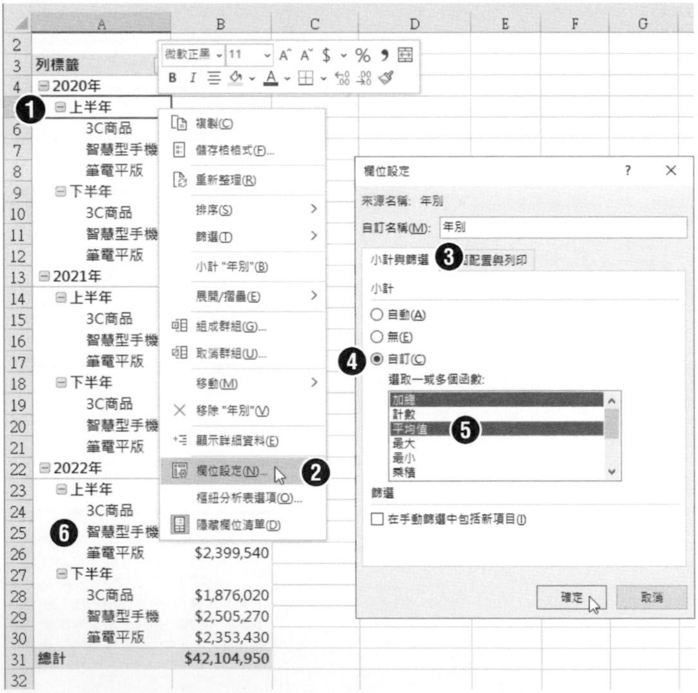

4-4-3 多層級群組欄位進行詳細資料之指定小計運算

此範例的最後一個層群組欄位是「市場」，意即交叉統計出每一個商品的總營收，因此，我們也可以針對此群組進行小計運算的顯示。例如：每一種商品其總營收之加總和總營收之平均值。

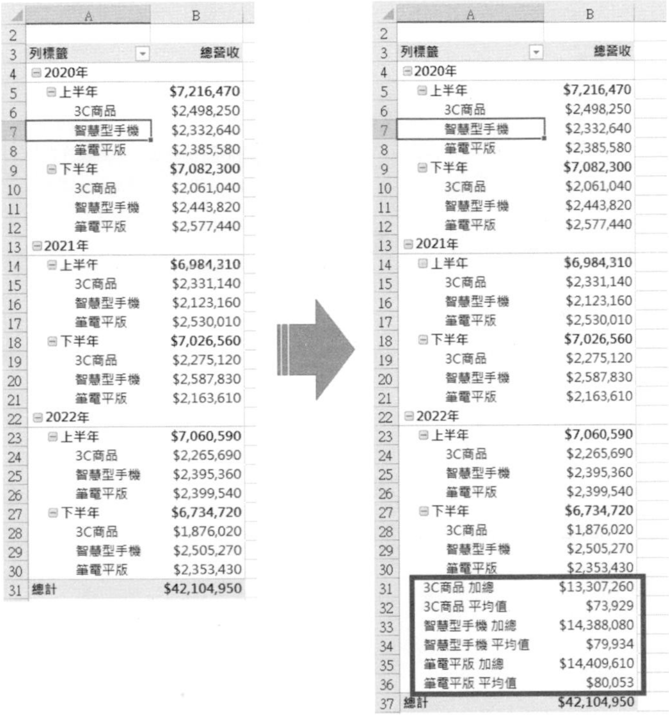

	A	B
2		
3	列標籤	總營收
4	⊟2020年	
5	⊟上半年	$7,216,470
6	3C商品	$2,498,250
7	智慧型手機	$2,332,640
8	筆電平版	$2,385,580
9	⊟下半年	$7,082,300
10	3C商品	$2,061,040
11	智慧型手機	$2,443,820
12	筆電平版	$2,577,440
13	⊟2021年	
14	⊟上半年	$6,984,310
15	3C商品	$2,331,140
16	智慧型手機	$2,123,160
17	筆電平版	$2,530,010
18	⊟下半年	$7,026,560
19	3C商品	$2,275,120
20	智慧型手機	$2,587,830
21	筆電平版	$2,163,610
22	⊟2022年	
23	⊟上半年	$7,060,590
24	3C商品	$2,265,690
25	智慧型手機	$2,395,360
26	筆電平版	$2,399,540
27	⊟下半年	$6,734,720
28	3C商品	$1,876,020
29	智慧型手機	$2,505,270
30	筆電平版	$2,353,430
31	總計	$42,104,950

	A	B
2		
3	列標籤	總營收
4	⊟2020年	
5	⊟上半年	$7,216,470
6	3C商品	$2,498,250
7	智慧型手機	$2,332,640
8	筆電平版	$2,385,580
9	⊟下半年	$7,082,300
10	3C商品	$2,061,040
11	智慧型手機	$2,443,820
12	筆電平版	$2,577,440
13	⊟2021年	
14	⊟上半年	$6,984,310
15	3C商品	$2,331,140
16	智慧型手機	$2,123,160
17	筆電平版	$2,530,010
18	⊟下半年	$7,026,560
19	3C商品	$2,275,120
20	智慧型手機	$2,587,830
21	筆電平版	$2,163,610
22	⊟2022年	
23	⊟上半年	$7,060,590
24	3C商品	$2,265,690
25	智慧型手機	$2,395,360
26	筆電平版	$2,399,540
27	⊟下半年	$6,734,720
28	3C商品	$1,876,020
29	智慧型手機	$2,505,270
30	筆電平版	$2,353,430
31	3C商品 加總	$13,307,260
32	3C商品 平均值	$73,929
33	智慧型手機 加總	$14,388,080
34	智慧型手機 平均值	$79,934
35	筆電平版 加總	$14,409,610
36	筆電平版 平均值	$80,053
37	總計	$42,104,950

若有此需求，可以進行以下的操作程序：

STEP 1 以滑鼠右鍵點按樞紐分析表上「市場」資料欄位裡的任一儲存格，例如：A7 的智慧型手機。

STEP 2 從展開的快顯功能表中點按〔欄位設定〕功能選項。

STEP 3 開啟〔欄位設定〕對話方塊，點按〔小計與篩選〕索引頁籤。

STEP 4 點選〔自訂〕選項。

STEP 5 分別點選〔加總〕與〔平均值〕函數。然後，點按〔確定〕按鈕。

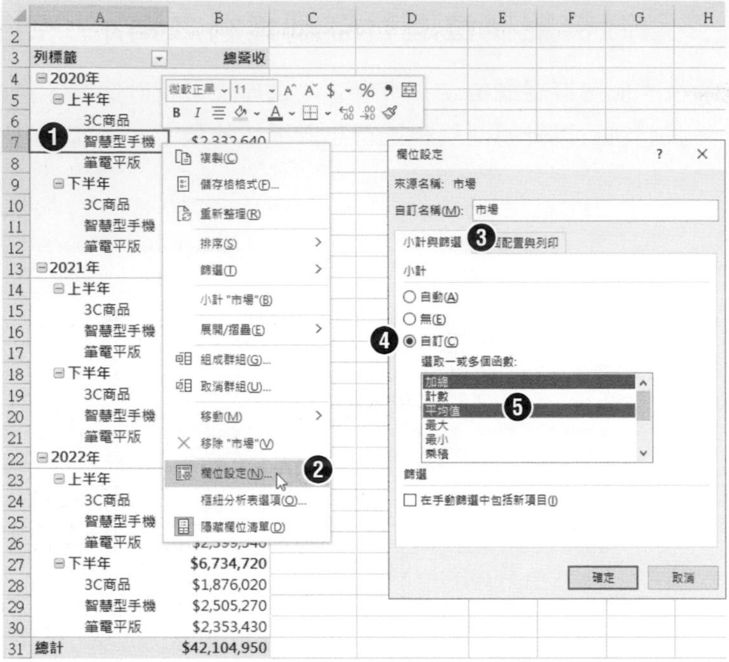

STEP 6 在樞紐分析表的底部立即添增「市場」資料欄位裡每一種商品其加總與平均值的小計。

樞紐分析表的群組資料欄位上，提供了 11 種小計函數的選擇。如：加總、項目個數、平均值、最大值、最小值、乘積、數字項個數、標準差、母體標準差、變異數、母體變異數。如下圖所示，樞紐分析表左側逐列顯示「智慧健康錶」與「運動智能錶」這兩種商品；上方則逐欄顯示「北區」與「南區」兩地區欄名，進行數量的加總運算，描述這兩種商品在南、北兩區的總銷售數量：

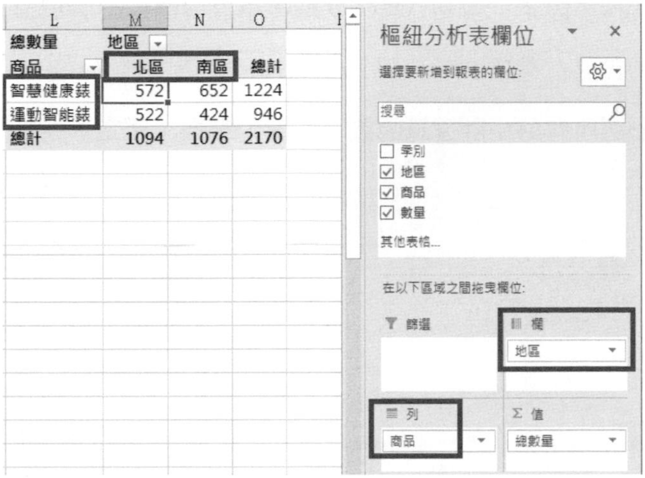

如果在〔列〕區域裡的「商品」欄位上方再添增「季別」欄位，則此樞紐分析表將呈現每一季每一種商品的總銷售量。也就是具備了兩個層級的多維度運算。

若是針對第二的層級商品欄位，進行指定小計運算，將顯示在樞紐分析表地底部的〔總計〕列上方。

STEP 1 以滑鼠右鍵點第二層裡的商品名稱，例如：此範例的儲存格 G4。

STEP 2 從展開的快顯功能表中點按〔欄位設定〕功能選項。

STEP 3 開啟〔欄位設定〕對話方塊，點按〔小計與篩選〕索引頁籤。

STEP 4 點選〔自訂〕選項。

STEP 5 分別點選所有的小計運算函數，然後，點按〔確定〕按鈕。

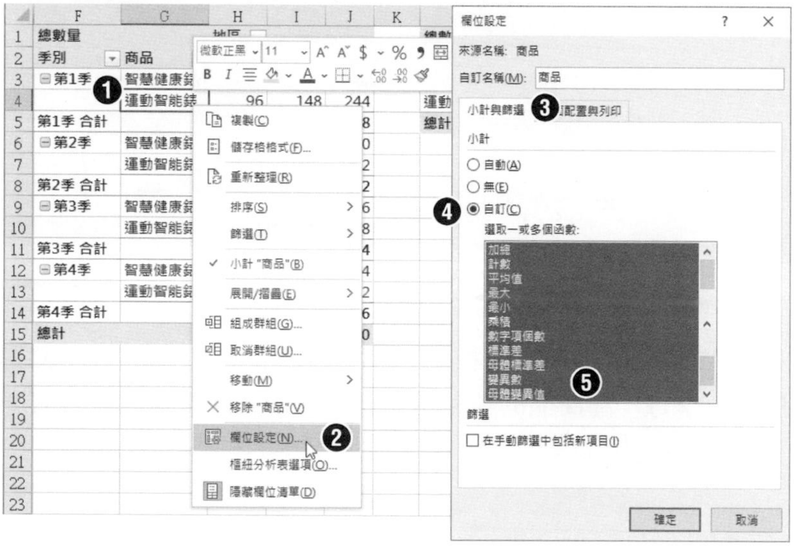

各種自訂運算欄位的運算範例結果如下：

	F	G	H	I	J
1	總數量		地區		
2	季別	商品	北區	南區	總計
3	⊟第1季	智慧健康錶	36	228	264
4		運動智能錶	96	148	244
5	第1季 合計		132	376	508
6	⊟第2季	智慧健康錶	132	88	220
7		運動智能錶	120	32	152
8	第2季 合計		252	120	372
9	⊟第3季	智慧健康錶	168	108	276
10		運動智能錶	46	52	98
11	第3季 合計		214	160	374
12	⊟第4季	智慧健康錶	236	228	464
13		運動智能錶	260	192	452
14	第4季 合計		496	420	916
15		智慧健康錶 加總	572	652	1224
16		智慧健康錶 計數	4	4	8
17		智慧健康錶 平均值	143	163	153
18		智慧健康錶 最大	236	228	236
19		智慧健康錶 最小	36	88	36
20		智慧健康錶 乘積	188407296	494055936	9.30837E+16
21		智慧健康錶 計數	4	4	8
22		智慧健康錶 標準差	83.35466394	75.49834435	74.39662051
23		智慧健康錶 母體標準差	72.18725649	65.38348415	69.59166617
24		智慧健康錶 變異數	6948	5700	5534.857143
25		智慧健康錶 母體變異值	5211	4275	4843
26		運動智能錶 加總	522	424	946
27		運動智能錶 計數	4	4	8
28		運動智能錶 平均值	130.5	106	118.25
29		運動智能錶 最大	260	192	260
30		運動智能錶 最小	46	32	32
31		運動智能錶 乘積	137779200	47284224	6.51478E+15
32		運動智能錶 計數	4	4	8
33		運動智能錶 標準差	91.67151502	76.48965072	79.24960568
34		運動智能錶 母體標準差	79.38986081	66.24198065	74.13121812
35		運動智能錶 變異數	8403.666667	5850.666667	6280.5
36		運動智能錶 母體變異值	6302.75	4388	5495.4375
37	總計		1094	1076	2170

4-5 多重樞紐分析表的製作

樞紐分析表是一種互動式、跨表格的 Excel 分析報表，可以從不同的資料來源進行資料摘要及分析資料、統計資料。而樞紐分析表的資料來源並不一定僅是來自一個資料範圍或資料表，也可以是來自多個範圍或資料表的多重資料彙整。

4-5-1 利用樞紐分析表彙整多重資料範圍

例如：每一個年度的庫存資料範圍；每一個地區的銷售資料表，都可以藉由樞紐分析表的多重資料來源操作，彙整為多維度的分析報表。此外，使用者可以從各個不同的工作表範圍將資料彙總成樞紐分析表，而不同的工作表範圍可以位於同一活頁簿裡，也可以各自位於不同的活頁簿中。

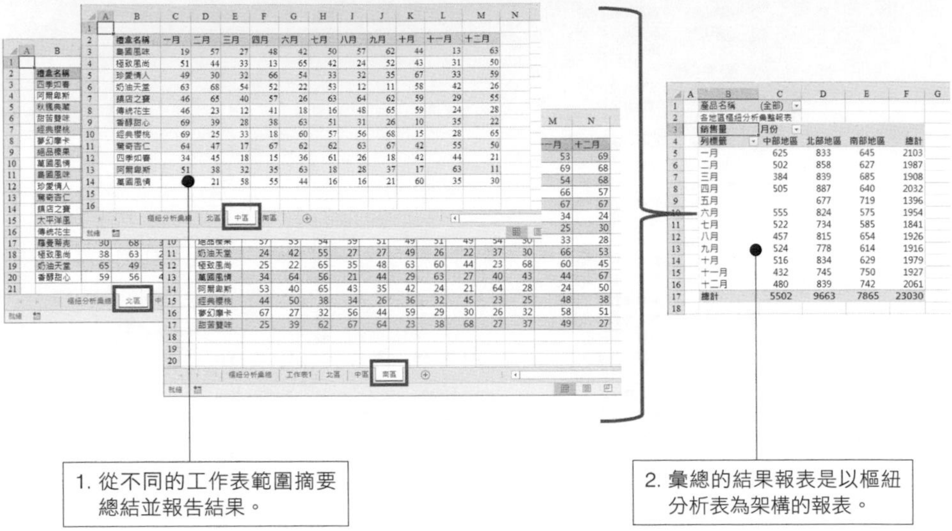
1. 從不同的工作表範圍摘要總結並報告結果。
2. 彙總的結果報表是以樞紐分析表為架構的報表。

4-5-2 多重資料範圍的樞紐分析操作工具

不論是哪一個版本的 Excel，都可以使用〔樞紐分析表與樞紐分析圖精靈〕的操作來進行多重資料範圍的樞紐分析，可是，在 Excel 2013 以後的 Excel 操作環境預設狀態下，〔樞紐分析表與樞紐分析圖精靈〕工具的操作並不在功能區裡，使用者可以點按此工具的快捷鍵〔Alt〕、〔D〕、〔P〕就可以快入開啟〔樞紐分析表與樞紐分析圖精靈〕對話操作，不過，要特別記住的是這三個鍵盤按鍵的按法，並非如同〔Ctrl〕+〔C〕或〔Ctrl〕+〔V〕等傳統組合按鍵的按法，而是必須依序點按鍵盤上的〔Alt〕〔D〕〔P〕這三個按鍵(不是同時按下、也不必按住〔Alt〕不放喔)，只要依序按一下這三個按鍵，便會啟動〔樞紐分析表與樞紐分析圖精靈〕的對話操作。

只要依序點按（不是同時按下）鍵盤上的〔Alt〕〔D〕〔P〕這三個按鍵，就可以迅速啟動〔樞紐分析表和樞紐分析圖精靈〕的對話操作，這正是此精靈操作的快捷按鍵。

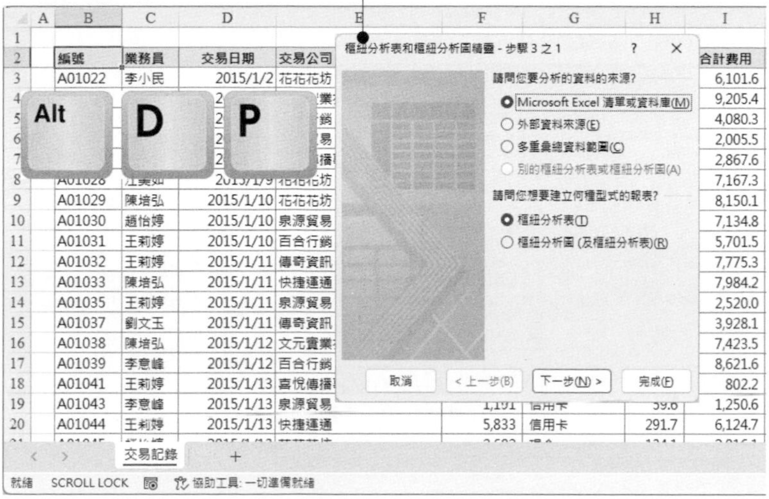

TIPS

除了〔樞紐分析表與樞紐分析圖精靈〕工具的快捷按鍵〔Alt〕〔D〕〔P〕外，您也可以將〔樞紐分析表與樞紐分析圖精靈〕工具自行添增到 Excel 操作環境中。譬如：預設在 Excel 視窗左上方的〔快速存取工具列〕上。在 Excel 2021 以及之前的 Excel 版本，〔快速存工具列〕預設位於功能區左上方，並已經包含了〔儲存檔案〕、〔復原〕與〔重複〕等三個工具按鈕，不過，在 Office 365 的版本中，預設並未開啟〔快速存取工具列〕。我們可以透過功能區右側的〔功能區顯示選項〕展開按鈕，點按〔顯示快速存工具列〕功能選項，即可在功能區的左上方開啟〔顯示快速存工具列〕。以下我們就以 Office 365 版本的操作環境為例，在開啟〔快速存工具列〕後，將〔樞紐分析表與樞紐分析圖精靈〕工具添增至此工具列中。

STEP 1 點按功能區右側的〔功能區顯示選項〕按鈕。

STEP 2 點選〔顯示快速存工具列〕選項。

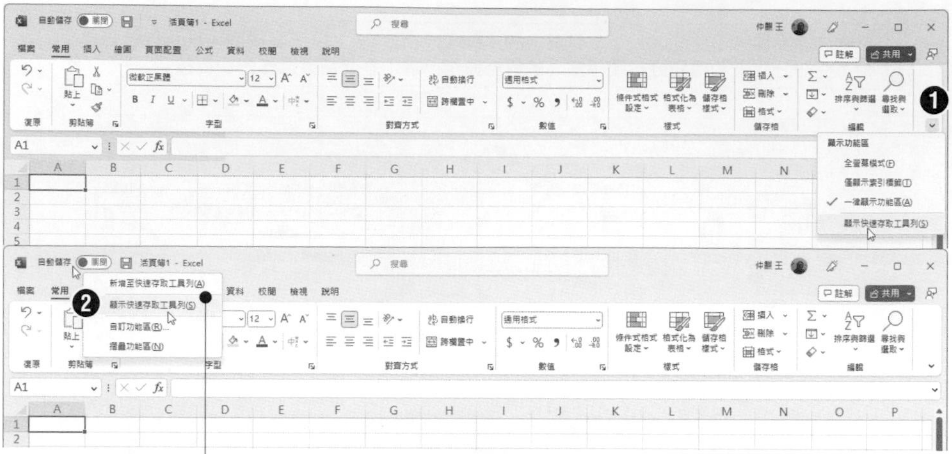

在 Office 365 的操作環境下，也可以透過滑鼠右鍵點按 Excel 應用程式視窗左上方開啟自動存取按鈕，並從展開的快顯功能表上，點選〔顯示快速存工具列〕選項來開啟〔快速存工具列〕。

STEP 3 點按〔快速存取工具列〕右側的〔自訂快速存取工具列〕按鈕。

STEP 4 從展開的功能選單中點選〔其他命令〕功能選項。

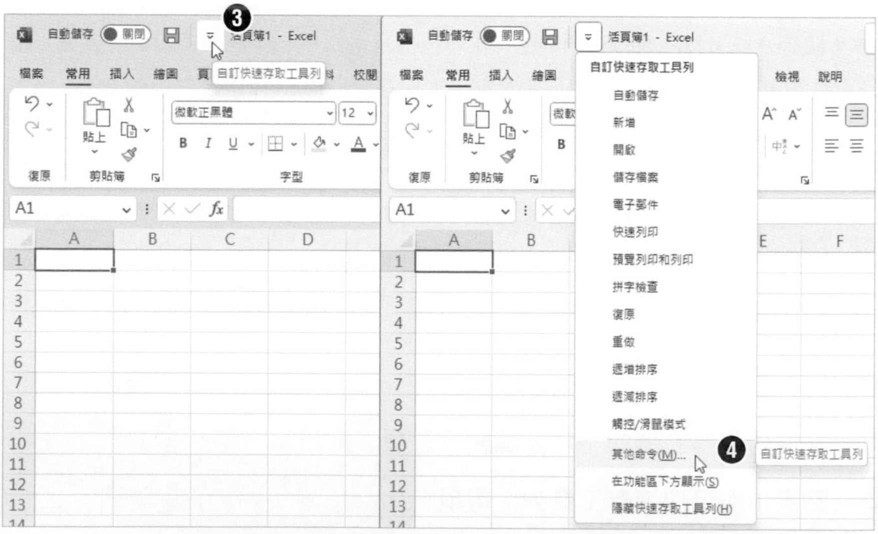

STEP 5 開啟〔Excel 選項〕對話方塊，在〔由此選擇命令〕選項中點選〔所有命令〕。

STEP 6 從可用的所有命令清單中，點選〔樞紐分析表和樞紐分析圖精靈〕(此處的工具按鈕皆以中文名稱之筆畫順序排列)。

STEP 7 點按〔新增〕按鈕。

STEP 8 添增為〔快速存取工具列〕的成員，最後，點按〔確定〕按鈕。

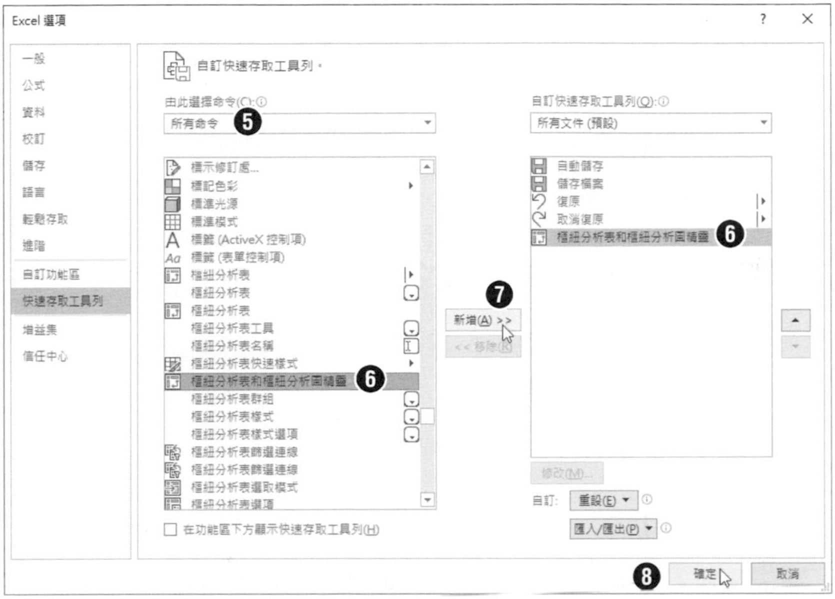

1. 在 Excel 視窗作上方的〔快速存取工具列〕上便順利添增了剛剛加入的〔樞紐分析表和樞紐分析圖精靈〕工具按鈕。

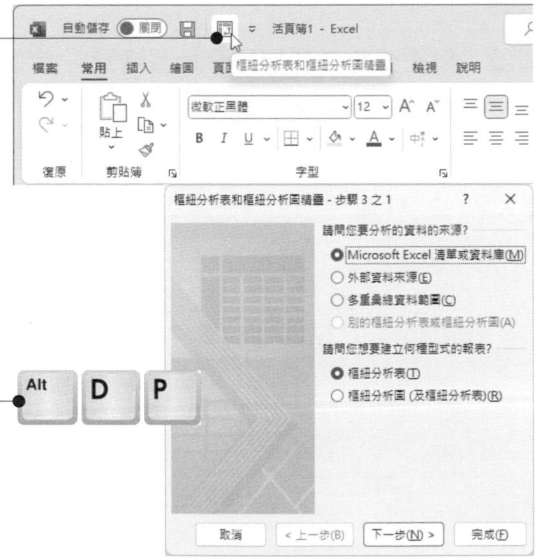

2. 此外，只要依序點按（不是同時按下）鍵盤上的〔Alt〕〔D〕〔P〕這三個按鍵，亦可迅速啟動〔樞紐分析表和樞紐分析圖精靈〕的對話操作，這正是此精靈操作的快捷按鍵。

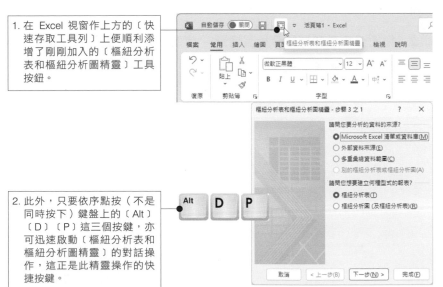

4-5-3 多重資料範圍的樞紐分析實作

彙總資料是分析多方資料來源很有用的方法之一，可以將不同來源的資料彙總結合成一份報表。例如，如果每個地區辦公室都有一份費用統計表，您便可以使用資料彙總將這些費用統計整合成一份公司費用報表，這份報表可以包含銷售合計及平均，或者目前的庫存量，以及整個企業中銷售量最高的產品。以下的實作演練中，我們將彙總北、中、南三個地區的糖果禮盒銷售統計，以不同的角度來觀察各種銷售結果。其中：

- 〔北區〕工作表裡面記載了全年 12 個月份總共銷售了 18 種禮盒的每月銷售量。記錄於儲存格範圍 B2:N20。
- 〔中區〕工作表裡面記載了全年 11 個月份(五月因故停業沒有銷售)總共銷售了 12 種禮盒的每月銷售量。記錄於儲存格範圍 B2:M14。
- 〔南區〕工作表裡面記載了全年 12 個月份總共銷售了 15 種禮盒的每月銷售量。記錄於儲存格範圍 B2:N17。

STEP 1　切換至〔工作表 1〕工作表。

STEP 2　點按儲存格 B3。

STEP 3　點按〔快速存取工具列〕上的〔樞紐分析表和樞紐分析圖精靈〕工具按鈕。

STEP 4　開啟〔樞紐分析表和樞紐分析圖精靈 – 步驟 3 之 1〕對話操作後，點選〔多重彙總資料範圍〕選項。

STEP 5　點按〔下一步〕按鈕。

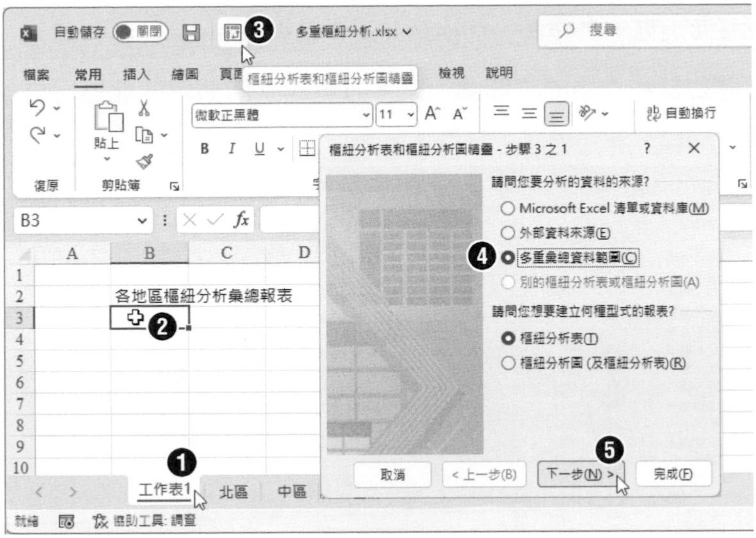

STEP 6 進入〔樞紐分析表和樞紐分析圖精靈 – 步驟 3 之 2a〕對話，點選〔我會自行建立分頁欄位〕選項。

STEP 7 點按〔下一步〕按鈕。

STEP 8 開啟〔樞紐分析表和樞紐分析圖精靈 – 步驟 3 之 2b〕對話，點按〔範圍〕文字方塊。

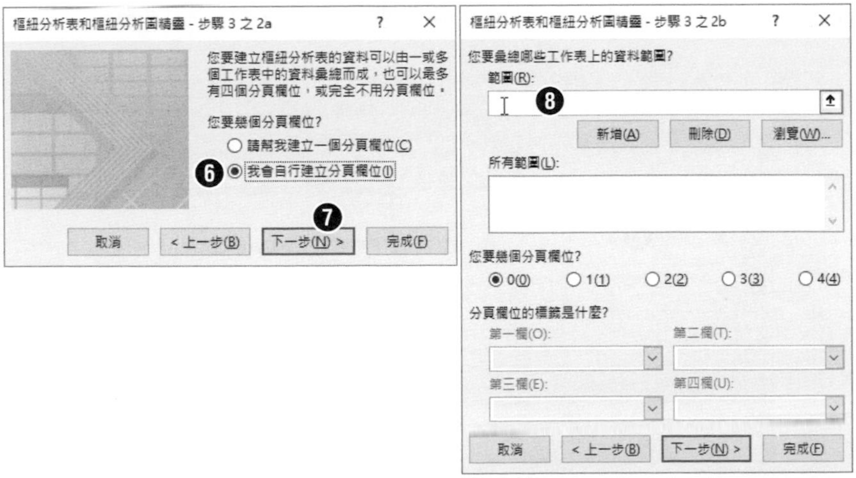

STEP 9 點按〔北區〕工作表，切換至此工作表畫面。

STEP 10 此時對話操作中的〔範圍〕文字方塊裡立即顯示「北區!」，表示範圍的參照已經連結至此工作表。

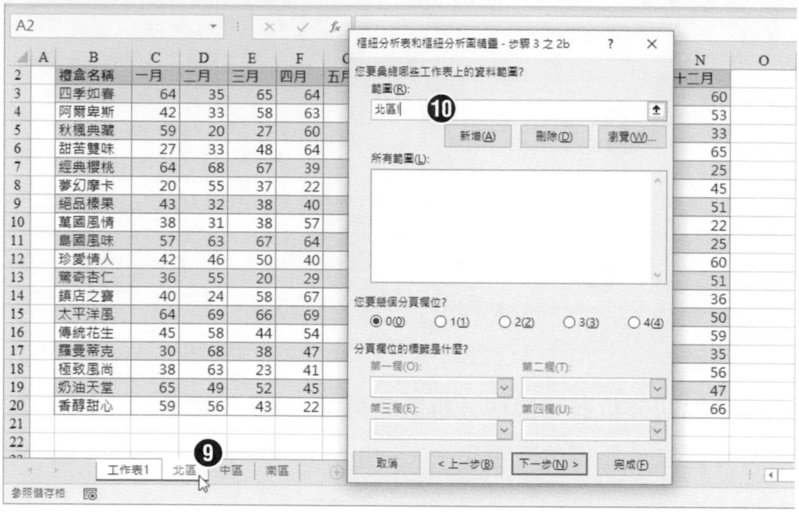

STEP 11 選取〔北區〕工作表裡的儲存格範圍 B2:N20。

STEP 12 對話操作中的〔範圍〕文字方塊裡立即顯示「北區! $B$2:$N$20」。

STEP 13 點按〔新增〕按鈕，添增第 1 個需要彙整運算的資料範圍。

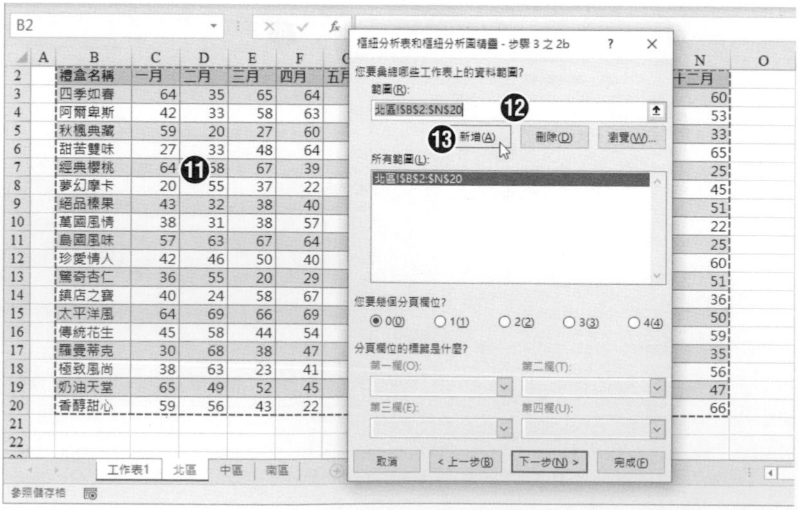

STEP 14 點按〔中區〕工作表，切換至此工作表畫面。

STEP 15 此時對話操作中的〔範圍〕文字方塊裡顯示「中區!$B2:$N$20」，表示範圍的參照已經連結至此工作表並採用前次連結至北區的相同位址。當然，這不是我們想要連結的範圍，必須進行重新選取範圍。

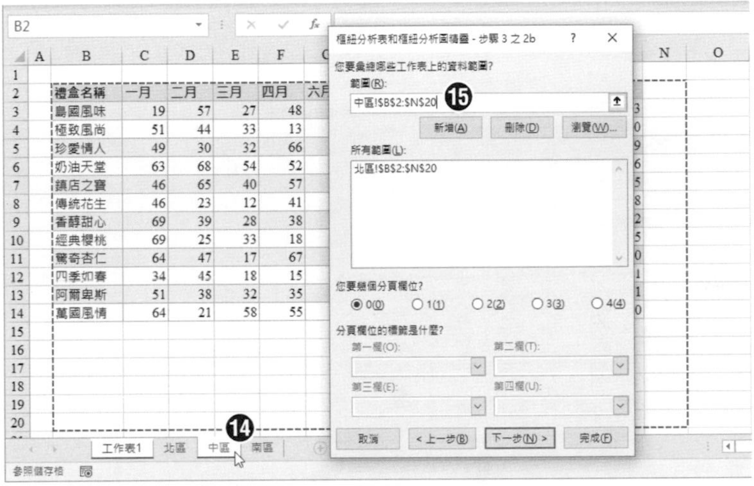

STEP 16 選取〔中區〕工作表裡的儲存格範圍 B2:M14。

STEP 17 對話操作中的〔範圍〕文字方塊裡立即顯示「中區! $B$2:$M$14」。

STEP 18 點按〔新增〕按鈕，添增第 2 個需要彙整運算的資料範圍。

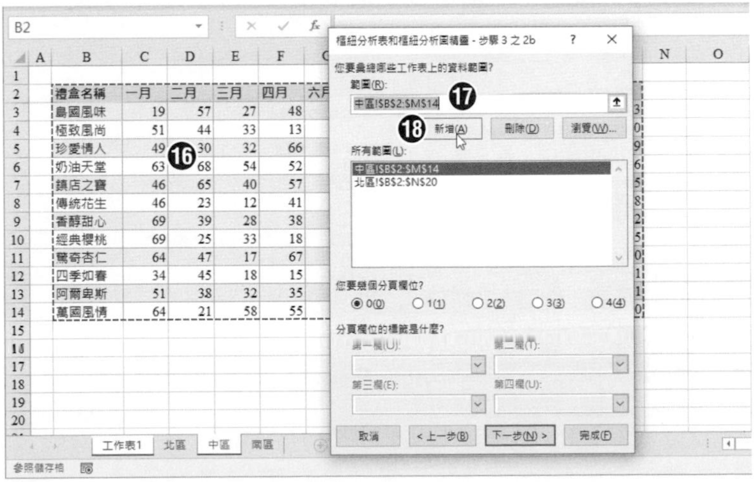

STEP 19 點按〔南區〕工作表，切換至此工作表畫面。

STEP 20 此時對話操作中的〔範圍〕文字方塊裡立即顯示「南區!$B2:$M$14」，表示範圍的參照已經連結至此工作表並採用前次連結至中區的相同位址。當然，這不是我們想要連結的範圍，必須進行重新選取範圍。

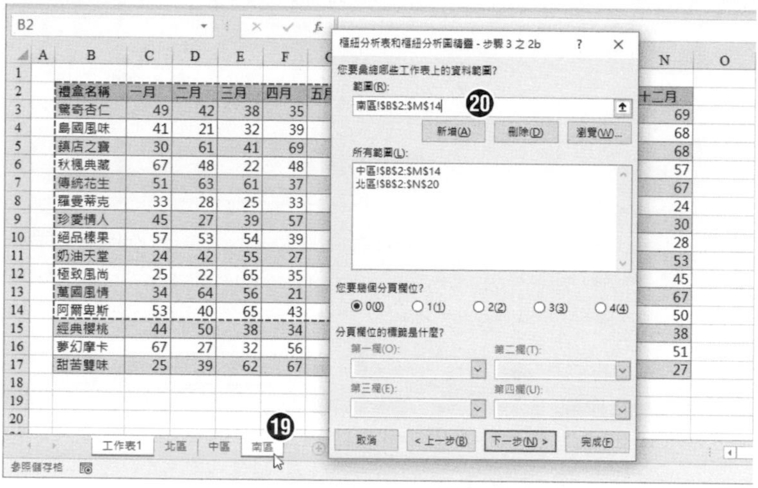

STEP 21 選取〔南區〕工作表裡的儲存格範圍 B2:N17。

STEP 22 對話操作中的〔範圍〕文字方塊裡立即顯示「南區! $B$2:$N$17」。

STEP 23 點按〔新增〕按鈕，添增第 3 個需要彙整運算的資料範圍。

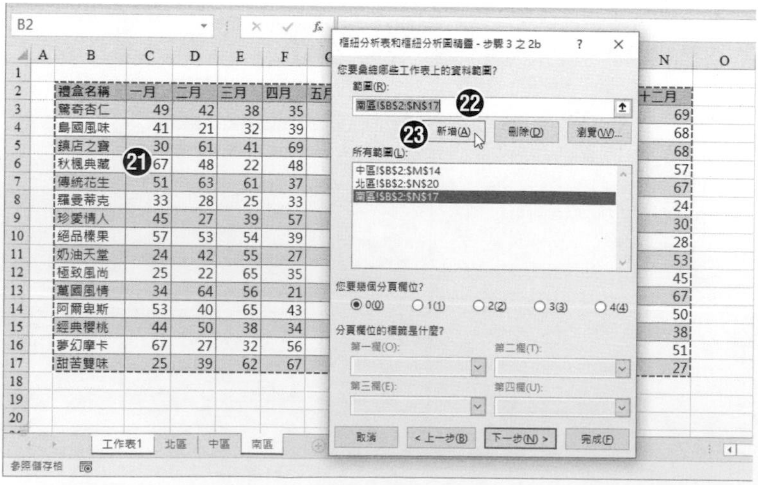

完成三個資料範圍的參照選取後，這三的範圍即為爾後的分頁欄之選單內容。因此，在接下來的操作步驟中即可為每一個資料範圍建立標籤名稱。

STEP **24** 點按「1」個分頁欄位。

STEP **25** 點按〔第一欄〕文字方塊。

STEP **26** 點選〔所有範圍〕裡的〔中區! $B$2:$M$14〕。

STEP **27** 在〔第一欄〕文字方塊輸入該彙總範圍的自訂標籤名稱，例如：「中部地區」。

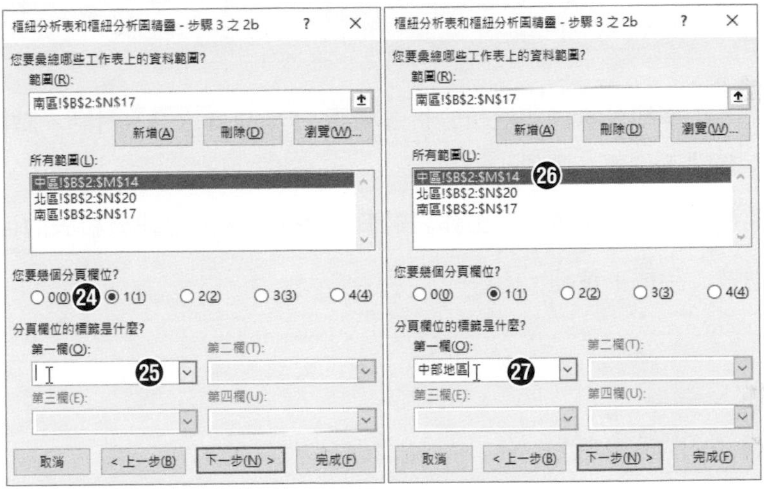

STEP **28** 點選〔所有範圍〕裡的〔北區! $B$2:$N$20〕。

STEP **29** 在〔第一欄〕文字方塊輸入該彙總範圍的自訂標簽名稱，例如：「北部地區」。

STEP **30** 點選〔所有範圍〕裡的〔南區! $B$2:$N$17〕。

STEP **31** 在〔第一欄〕文字方塊輸入該彙總範圍的自訂標簽名稱，例如：「南部地區」。

STEP **32** 點按〔下一步〕按鈕。

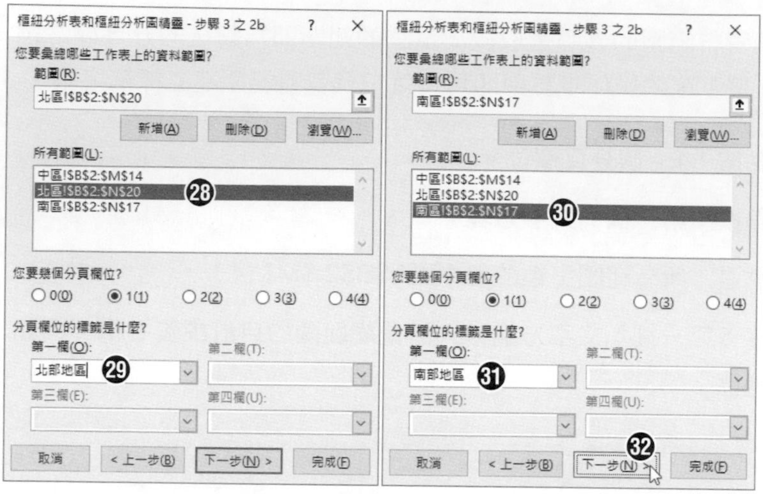

- STEP 33 進入〔樞紐分析表和樞紐分析圖精靈 – 步驟 3 之 3〕對話，點選〔已經存在的工作表〕選項。
- STEP 34 點選〔樞紐分析彙整〕工作表的 B5 儲存格，即樞紐分析表的目的地。
- STEP 35 點按〔完成〕按鈕。

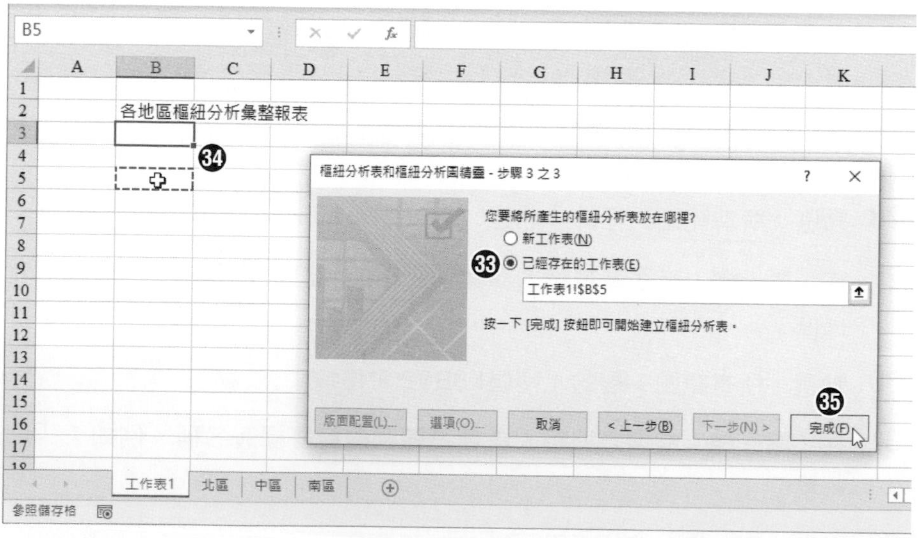

完成的樞紐分析表即彙整了多個資料範圍，此例進行了各地區、各商品各月份的銷售量加總。在預設狀態下，將以多重參照範圍裡每一個參照範圍的各欄為〔欄標籤〕(此例為月份)；以每一個參照範圍的各列為〔列標籤〕(此例為產品

名稱)；欄列交錯的每一個值範圍為〔值〕運算(此例為銷售量)；每一個參照位置的範圍標籤命名則為〔報表篩選〕，即分頁 1 選項。

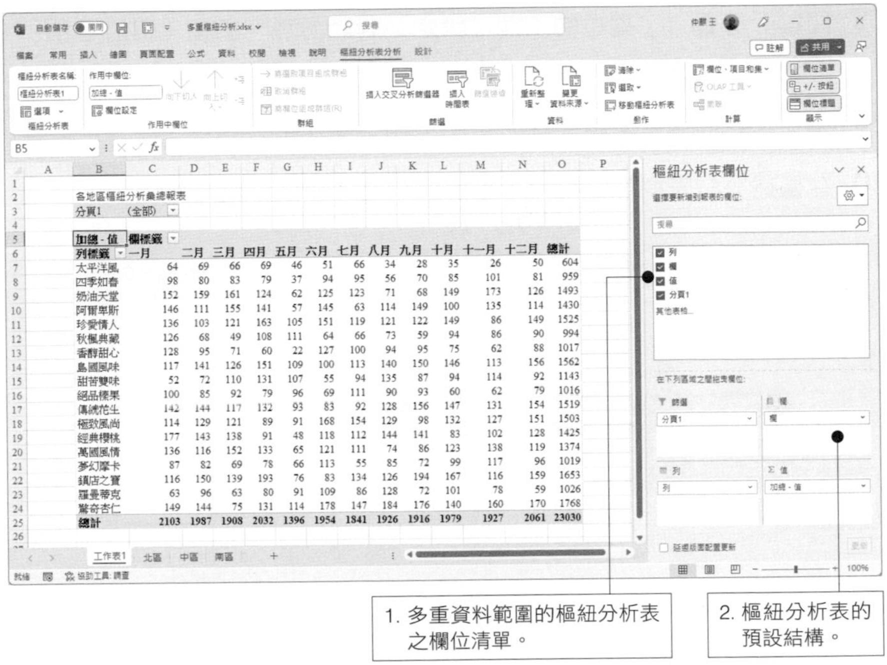

列標籤	一月	二月	三月	四月	五月	六月	七月	八月	九月	十月	十一月	十二月	總計
太平洋風	64	69	66	69	46	51	66	34	28	35	26	50	604
四季如春	98	80	83	79	37	94	95	56	70	85	101	81	959
奶油天堂	152	159	161	124	62	125	123	71	68	149	173	126	1493
阿爾卑斯	146	111	155	141	57	145	63	114	149	100	135	114	1430
珍愛情人	136	103	121	163	105	151	119	121	122	149	86	149	1525
秋楓典藏	126	68	49	108	111	64	66	73	59	94	86	90	994
香醇甜心	128	95	71	60	22	127	100	94	95	75	62	88	1017
島國風味	117	141	126	151	109	100	113	140	150	146	113	156	1562
甜苦雙味	52	72	110	131	107	55	94	135	87	94	114	92	1143
絕品榛果	100	85	92	79	96	69	111	90	93	60	62	79	1016
傳統花生	142	144	117	132	93	83	92	128	156	147	131	154	1519
極致風尚	114	129	121	89	91	168	154	129	98	132	127	151	1503
經典櫻桃	177	143	138	91	48	118	112	144	141	83	102	128	1425
萬國風情	136	116	152	133	65	121	111	74	86	123	138	119	1374
夢幻摩卡	87	82	69	78	66	113	55	85	72	99	117	96	1019
鎮店之寶	116	150	139	193	76	83	134	126	194	167	116	159	1653
羅曼蒂克	63	96	63	80	91	109	86	128	72	101	78	59	1026
驚奇杏仁	149	144	75	131	114	178	147	184	176	140	160	170	1768
總計	2103	1987	1908	2032	1396	1954	1841	1926	1916	1979	1927	2061	23030

TIPS

在預設狀下，多重資料範圍進行樞紐分析時，所得到的彙總樞紐分析表在〔樞紐分析表欄位清單〕中包含了以下列欄位，可加入樞紐分析表報表中：

- 資料[列]
- [值]
- 資料[欄]
- [分頁 1]

此外，報表最多可以有四個頁面篩選欄位，稱為：Page1、Page2、Page3 和 Page4 (即分頁 1、分頁 2、分頁 3 和分頁 4)。

由於多重資料範圍所進行的樞紐分析表操作，其欄位清單是預設的「列」、「欄」、「值」與「分頁 1」，因此，透過欄位設定的操作，可以自訂欄位名稱，以利於樞紐分析表的操控。

STEP 36 點按〔篩選〕區域裡的「分頁 1」欄位按鈕。

STEP 37 從展開的功能選單中點選〔欄位設定〕。

STEP 38 開啟「分頁 1」欄位的〔欄位設定〕對話方塊，點按〔自訂名稱〕文字方塊(預設的名稱為：分頁 1)。

STEP 39 輸入自訂的欄位名稱。例如：「地區」。然後，點按〔確定〕按鈕。

STEP 40 在樞紐分析表欄位窗格裡，正式更名為「地區」欄位。

STEP 41 依此類推，將「欄」欄位重新命名為「月份」；將「列」欄位重新命名為「產品名稱」；將「值」欄位重新命名為「銷售量」。

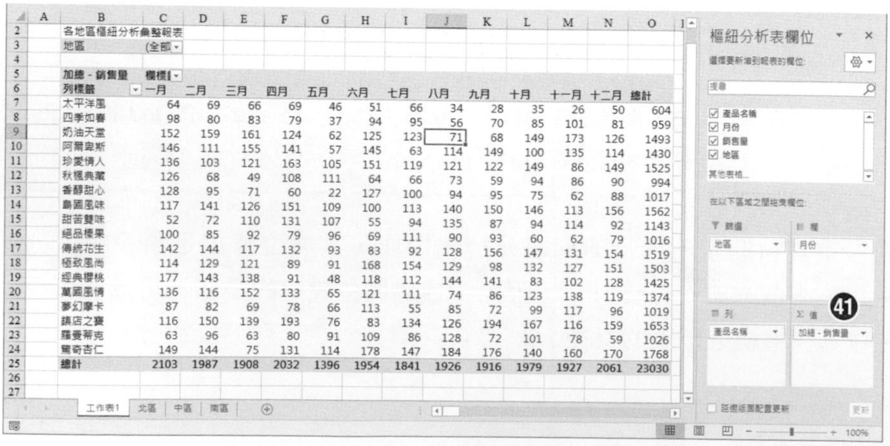

加總 - 銷售量	欄標籤												
列標籤	一月	二月	三月	四月	五月	六月	七月	八月	九月	十月	十一月	十二月	總計
太平洋風	64	69	66	69	46	51	66	34	28	35	26	50	604
四季如春	98	80	83	79	37	94	95	56	70	85	101	81	959
奶油天堂	152	159	161	124	62	125	123	71	68	149	173	126	1493
阿爾卑斯	146	111	155	141	57	145	63	114	149	100	135	114	1430
珍愛情人	136	103	121	163	105	151	119	121	122	149	86	149	1525
秋楓典藏	126	68	49	108	111	64	66	73	59	94	86	90	994
香醇甜心	128	95	71	60	22	127	100	94	95	75	62	88	1017
島國風味	117	141	126	151	109	100	113	140	150	146	113	156	1562
甜苦雙味	52	72	110	131	107	55	94	135	87	94	114	92	1143
絕品榛果	100	85	92	79	96	69	111	90	93	60	62	79	1016
傳統花生	142	144	117	132	93	83	92	128	156	147	131	154	1519
極致風尚	114	129	121	89	91	168	154	129	98	132	127	151	1503
經典櫻桃	177	143	138	91	48	118	112	144	141	83	102	128	1425
萬國風情	136	116	152	133	65	121	111	74	86	123	138	119	1374
夢幻摩卡	87	82	69	78	66	113	55	85	72	99	117	96	1019
鎮店之寶	116	150	139	193	76	83	134	126	194	167	116	159	1653
羅曼蒂克	63	96	63	80	91	109	86	128	72	101	78	59	1026
驚奇杏仁	149	144	75	131	114	178	147	184	176	140	160	170	1768
總計	2103	1987	1908	2032	1396	1954	1841	1926	1916	1979	1927	2061	23030

4-5-4 不同角度與維度的樞紐分析

完成的樞紐分析表，可以透過視窗右側〔樞紐分析表欄位〕窗格裡的欄位拖曳或勾選，在右下方的〔篩選〕區域、〔欄〕區域、〔列〕區域與〔值〕區域等四個樞紐分析結構區域裡，調整所要的樞紐分析視覺結構，以不同的維度、分類，檢視各種情境解讀的分析報表，提供給不同需求的用戶與決策者。

STEP 1　拖曳「月份」欄位至〔列〕區域；「地區」欄位至〔欄〕區域、「銷售量」至〔值〕區域。

STEP 2　即可分析每個月每個地區的總銷售量。

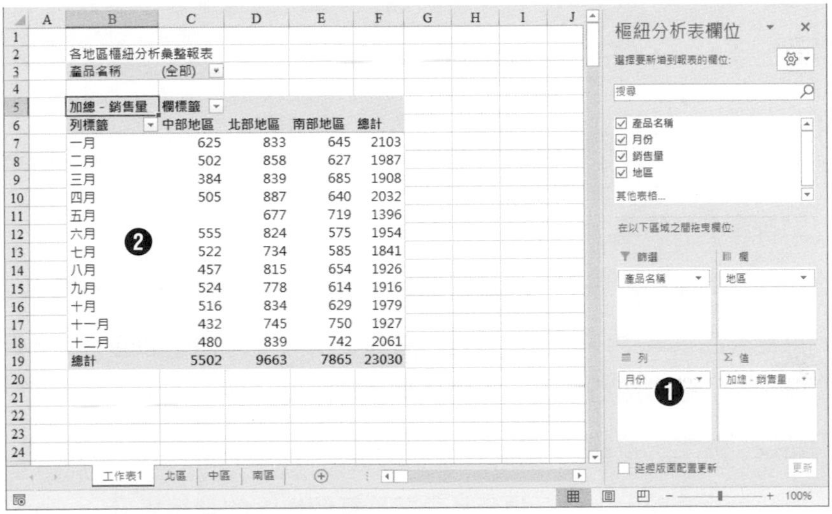

4-5-5 欄位的篩選與多重項目的選取

拖曳「產品名稱」欄位至〔報表篩選〕區域時，可在樞紐分析表左上方看到產品名稱分頁欄位，透過下拉式選單的點按與挑選，可以在此分頁顯示特定的產品在每個月每個地區的總銷售量。

STEP 1　點按產品名稱的下拉式選單按鈕。

STEP 2　從開啟的產品選單中，點選指定的商品名稱。例如：「四季如春」。

STEP 3　點按〔確定〕按鈕。

STEP 4　樞紐分析表僅顯示特定商品每個月每個地區的總銷售量

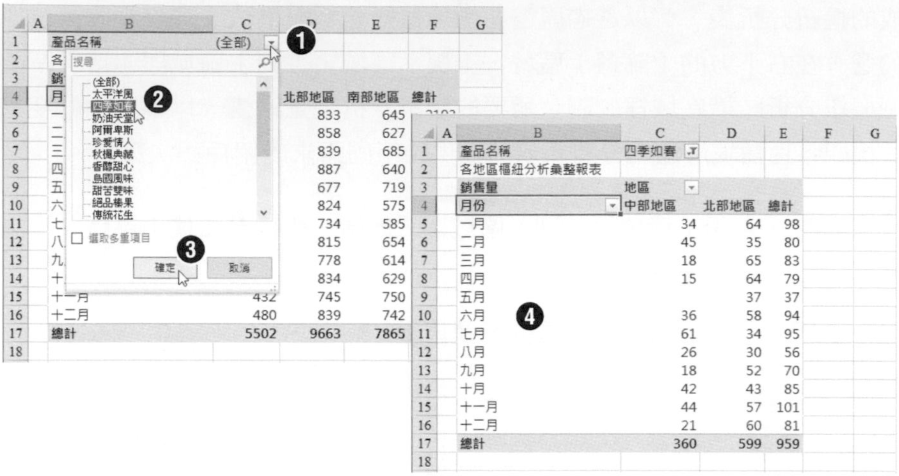

此外，若有需求，也可以同時複選多項產品，以瞭解這些產品的加總值為何。

STEP 1　點按產品名稱的下拉式選單按鈕。

STEP 2　從開啟的產品選單中，勾選底部的〔選取多重項目〕核取方塊。

STEP 3　再從產品選單中，勾選各個個品名稱。例如：「四季如春」、「阿爾卑斯」、「香醇甜心」與「島國風味」等四種商品。

STEP 4　點按〔確定〕按鈕。

STEP 5　樞紐分析表顯示上述多項商品每個月每個地區的總銷售量

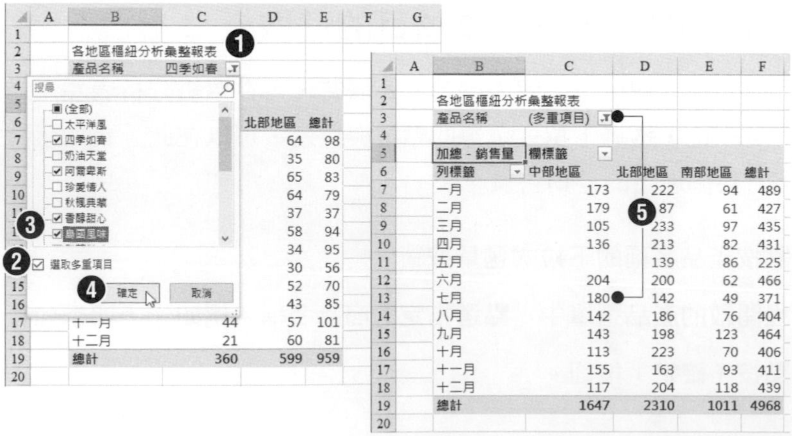

4-6 多重樞紐分析實例與自動分頁範例

以下的實作範例中描述的是 15 個城市一年來各種飲品的銷統計。以每一個城市一張工作表來存放每個月每一種飲品的銷售量。所以，總共有 15 張工作表，而每一張工作表裡的資料範圍架構是最左欄為月份、頂端列為飲品名稱，因此，其資料結構應包含「月份」、「飲品名稱」與「銷售量」等三個基本資料欄位。由於資料欄位有限，在資料分析的工作上很難靈活運用，因此，我們將透過前一範例所介紹的〔多重樞紐分析表〕操作，將這 15 張工作表彙整為樞紐分析表，並在彙整後創造出「城市名稱」、「商品類別」、「國別」等新的資料欄位，讓樞紐分析的輸出能夠更多元、更多面向。

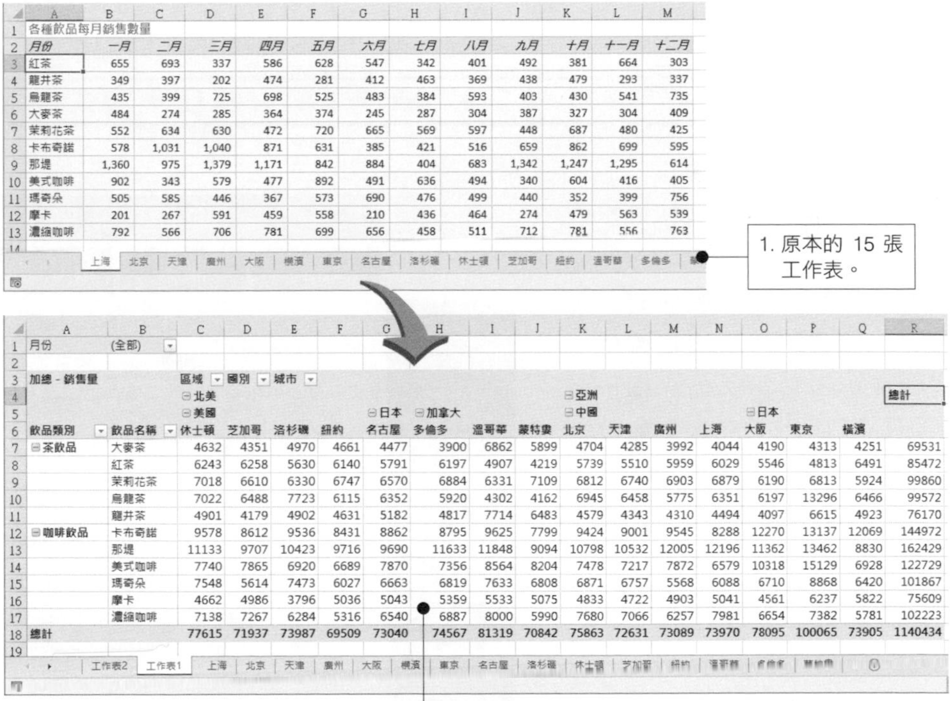

各種飲品每月銷售數量												
月份	一月	二月	三月	四月	五月	六月	七月	八月	九月	十月	十一月	十二月
紅茶	655	693	337	586	628	547	342	401	492	381	664	303
龍井茶	349	397	202	474	281	412	463	369	438	479	293	337
烏龍茶	435	399	725	698	525	483	384	593	403	430	541	735
大麥茶	484	274	285	364	374	245	287	304	387	327	304	409
茉莉花茶	552	634	630	472	720	665	569	597	448	687	480	425
卡布奇諾	578	1,031	1,040	871	631	385	421	516	659	862	699	595
那堤	1,360	975	1,379	1,171	842	884	404	683	1,342	1,247	1,295	614
美式咖啡	902	343	579	477	892	491	636	494	340	604	416	405
瑪奇朵	505	585	446	367	573	690	476	499	440	352	399	756
摩卡	201	267	591	459	558	210	436	464	274	479	563	539
濃縮咖啡	792	566	706	781	699	656	458	511	712	781	556	763

月份	(全部)																
加總 - 銷售量		區域	國別	城市													
		北美								亞洲							總計
		美國				日本	加拿大			中國				日本			
飲品類別	飲品名稱	休士頓	芝加哥	洛杉磯	紐約	名古屋	多倫多	溫哥華	蒙特婁	北京	天津	廣州	上海	大阪	東京	橫濱	
茶飲品	大麥茶	4632	4351	4970	4661	4477	3900	6862	5899	4704	4285	3992	4044	4190	4313	4251	69531
	紅茶	6243	6258	5630	6140	5791	6197	4907	4219	5739	5510	5959	6029	5546	4813	6491	85472
	茉莉花茶	7018	6610	6330	6747	6570	6884	6331	7109	6812	6740	6903	6879	6190	6813	5924	99860
	烏龍茶	7022	6488	7723	6115	6352	5920	4302	4162	6945	6458	5775	6351	6197	13296	6466	99572
	龍井茶	4901	4179	4902	4631	5182	4817	7714	6483	4579	4343	4310	4494	4097	6615	4923	76170
咖啡飲品	卡布奇諾	9578	8612	9536	8431	8862	8795	9625	7799	9424	9001	9545	8288	12270	13137	12069	144972
	那堤	11133	9707	10423	9716	9690	11633	11848	9094	10798	10532	12005	12196	11362	13462	8830	162429
	美式咖啡	7740	7865	6920	6689	7870	7356	8564	8204	7478	7217	7872	6579	10318	15129	6928	122729
	瑪奇朵	7548	5614	7473	6027	6663	6819	7633	6808	6871	6757	5568	6088	6710	8868	6420	101867
	摩卡	4662	4986	3796	5036	5043	5359	5533	5075	4833	4722	4903	5041	4561	6237	5822	75609
	濃縮咖啡	7138	7267	6284	5316	6540	6887	8000	5990	7680	7066	6257	7981	6654	7382	5781	102223
總計		77615	71937	73987	69509	73040	74567	81319	70842	75863	72631	73089	73970	78095	100065	73905	1140434

4-6-1 彙整多張資料範圍進行樞紐分析表的建立

此範例活頁簿檔包含了 15 張工作表，每一張工作表的資料結構為「月份」欄位與「飲品名稱」欄位和〔值〕(銷售量)，其中，「月份」在左側欄、「飲品名稱」在頂端列，描述 15 個城市每個月份每一種飲品的銷售量。

1. 15 個城市的資料範圍架構一致，左側首欄為各種飲品名稱(上下排列順序並不一定要相同)。

2. 上方首列是各月份名稱(左右排列順序並不一定要相同，但以年度而言，習慣上都是一月排到十二月)。

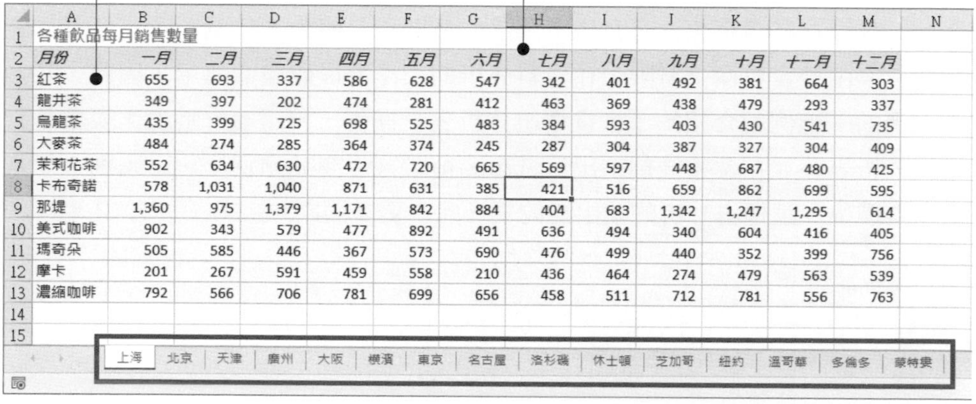

	A	B	C	D	E	F	G	H	I	J	K	L	M
1	各種飲品每月銷售數量												
2	月份	一月	二月	三月	四月	五月	六月	七月	八月	九月	十月	十一月	十二月
3	紅茶	655	693	337	586	628	547	342	401	492	381	664	303
4	龍井茶	349	397	202	474	281	412	463	369	438	479	293	337
5	烏龍茶	435	399	725	698	525	483	384	593	403	430	541	735
6	大麥茶	484	274	285	364	374	245	287	304	387	327	304	409
7	茉莉花茶	552	634	630	472	720	665	569	597	448	687	480	425
8	卡布奇諾	578	1,031	1,040	871	631	385	421	516	659	862	699	595
9	那堤	1,360	975	1,379	1,171	842	884	404	683	1,342	1,247	1,295	614
10	美式咖啡	902	343	579	477	892	491	636	494	340	604	416	405
11	瑪奇朵	505	585	446	367	573	690	476	499	440	352	399	756
12	摩卡	201	267	591	459	558	210	436	464	274	479	563	539
13	濃縮咖啡	792	566	706	781	699	656	458	511	712	781	556	763

在此次操作多重樞紐分析表的過程中，我們準備將這 15 張以城市名稱為工作表名稱的各工作表，建構出三個標籤欄位，分別代表「城市名稱」欄位、「國別」欄位，以及「地區」欄位，而彼此的關係如右：

	欄位名稱		
	地區	國別	城市名稱
項目內容	亞洲	中國	上海 北京 天津 廣州
		日本	大阪 橫濱 東京 名古屋
	北美	美國	洛杉磯 休士頓 芝加哥 紐約
		加拿大	溫哥華 多倫多 蒙特婁

透過以下的〔樞紐分析表和樞紐分析圖精靈〕的對話，進行多重樞紐分析表的彙整，雖然操作步驟多了一些，但大都是重複相關操作，所以並不困難，而且也絕對值得您辛苦這一回。

STEP 1　點按 Excel 視窗作上方的〔快速存取工具列〕上先前所添增的〔樞紐分析表和樞紐分析圖精靈〕工具按鈕。

STEP 2　開啟〔樞紐分析表和樞紐分析圖精靈 – 步驟 3 之 1〕對話操作後，點選〔多重彙總資料範圍〕選項。

STEP 3　點按〔下一步〕按鈕。

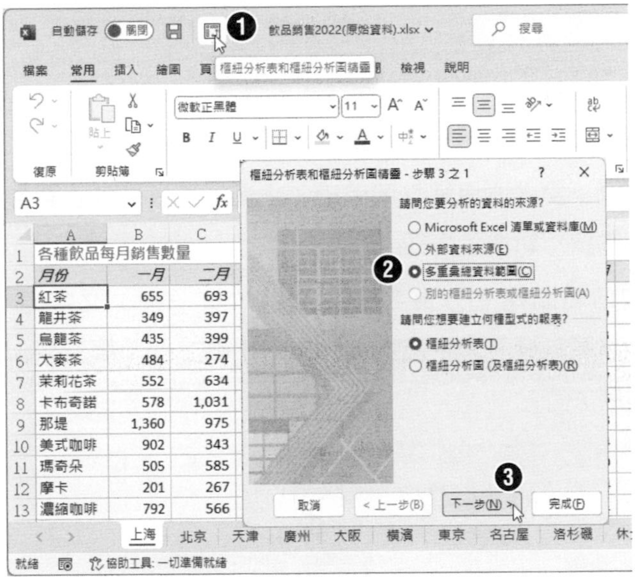

STEP 4　進入〔樞紐分析表和樞紐分析圖精靈 – 步驟 3 之 2a〕，點選〔我會自行建立分頁欄位〕選項。然後，點按〔下一步〕按鈕。

STEP 5　進入〔樞紐分析表和樞紐分析圖精靈 – 步驟 3 之 2b〕對話操操作，點選需要〔3〕個分頁欄位。

STEP 6　立即顯示三個文字方塊，稍後便可以在此為選取的資料範圍設定各個分頁欄位標籤名稱。

STEP 7　點按〔範圍〕文字方塊，開始進行各個多重資料範圍的選取或輸入。

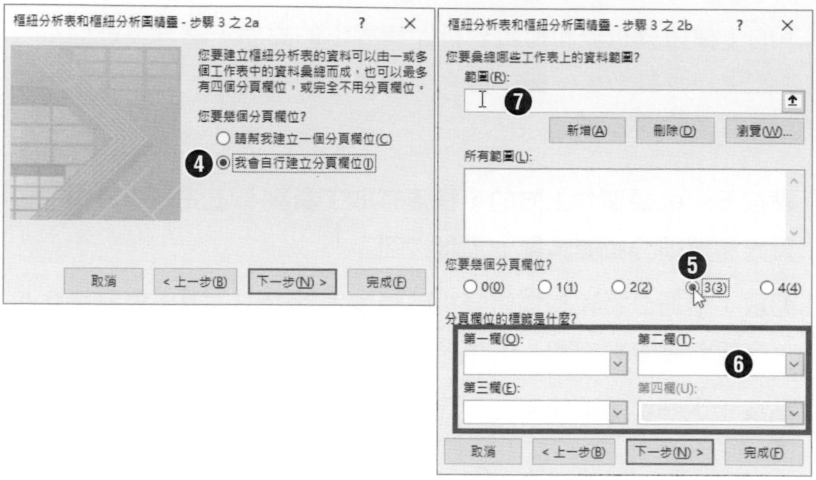

STEP **8** 點按〔上海〕工作表。

STEP **9** 切換到〔上海〕工作表後，選取資料範圍 A2:M13。

STEP **10** 在〔範圍〕文字方塊裡立即呈現〔上海〕工作表的資料範圍 A2:M13，然後，點按〔新增〕按鈕。

STEP **11** 為選取的範圍建立分頁名稱，其中〔第一欄〕文字方塊裡輸入「上海」、〔第二欄〕文字方塊裡輸入「中國」、〔第三欄〕文字方塊裡輸入「亞洲」。

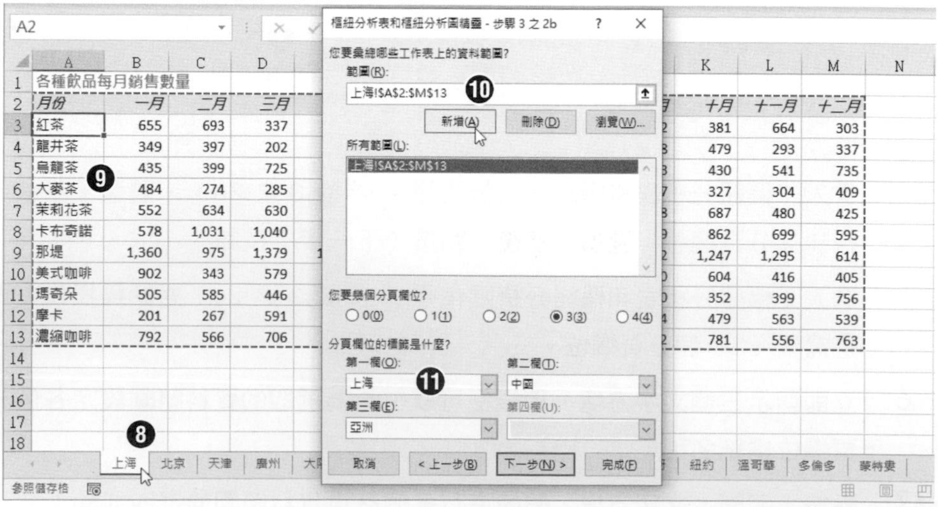

STEP 12 繼續在〔範圍〕文字方塊輸入或選取〔北京〕工作表的資料範圍 A2:M13。然後，點按〔新增〕按鈕。

STEP 13 在所有範圍裡立即添增並選取了〔北京!$A$2:$M$13〕範圍。

STEP 14 為選取的範圍建立分頁名稱，其中〔第一欄〕文字方塊裡輸入「北京」、〔第二欄〕文字方塊裡維持「中國」、〔第三欄〕文字方塊裡維持「亞洲」。

STEP 15 繼續在〔範圍〕文字方塊輸入或選取〔天津〕工作表的資料範圍 A2:M13。然後，點按〔新增〕按鈕。

STEP 16 在所有範圍裡立即添增並選取了〔天津!$A$2:$M$13〕範圍。

STEP 17 為選取的範圍建立分頁名稱，其中〔第一欄〕文字方塊裡輸入「天津」、〔第二欄〕文字方塊裡維持「中國」、〔第三欄〕文字方塊裡維持「亞洲」。

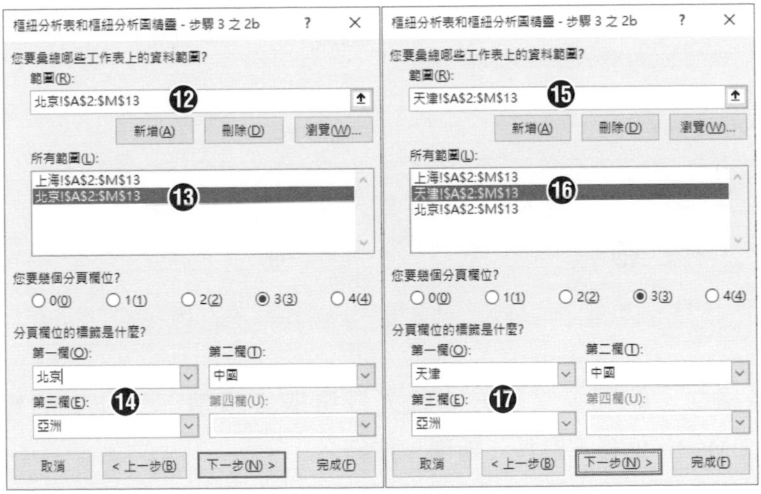

STEP 18 繼續在〔範圍〕文字方塊輸入或選取〔廣州〕工作表的資料範圍 A2:M13。然後，點按〔新增〕按鈕。

STEP 19 在所有範圍裡立即添增並選取了〔廣州!$A$2:$M$13〕範圍。

STEP 20 為選取的範圍建立分頁名稱，其中〔第一欄〕文字方塊裡輸入「廣州」、〔第二欄〕文字方塊裡維持「中國」、〔第三欄〕文字方塊裡維持「亞洲」。

STEP 21 繼續在〔範圍〕文字方塊輸入或選取〔大阪〕工作表的資料範圍 A2:M13。然後，點按〔新增〕按鈕。

STEP 22 在所有範圍裡立即添增並選取了〔大阪!$A$2:$M$13〕範圍。

STEP 23 為選取的範圍建立分頁名稱，其中〔第一欄〕文字方塊裡輸入「大阪」、〔第二欄〕文字方塊裡輸入「日本」、〔第三欄〕文字方塊裡維持「亞洲」。

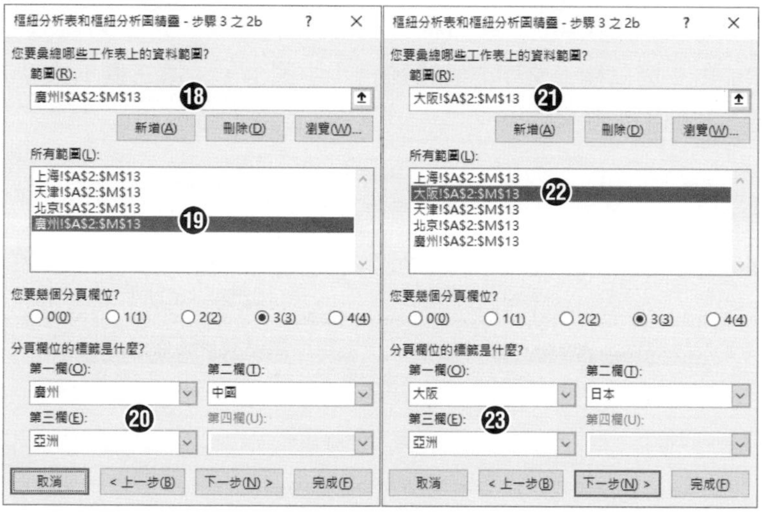

STEP 24 繼續在〔範圍〕文字方塊輸入或選取〔橫濱〕工作表的資料範圍 A2:M13。然後，點按〔新增〕按鈕。

STEP 25 在所有範圍裡立即添增並選取了〔橫濱!$A$2:$M$13〕範圍。

STEP 26 為選取的範圍建立分頁名稱，其中〔第一欄〕文字方塊裡輸入「橫濱」、〔第二欄〕文字方塊裡維持「日本」、〔第三欄〕文字方塊裡維持「亞洲」。

STEP **27** 繼續在〔範圍〕文字方塊輸入或選取〔東京〕工作表的資料範圍 A2:M13。然後，點按〔新增〕按鈕。

STEP **28** 在所有範圍裡立即添增並選取了〔東京!$A$2:$M$13〕範圍。

STEP **29** 為選取的範圍建立分頁名稱，其中〔第一欄〕文字方塊裡輸入「東京」、〔第二欄〕文字方塊裡維持「日本」、〔第三欄〕文字方塊裡維持「亞洲」。

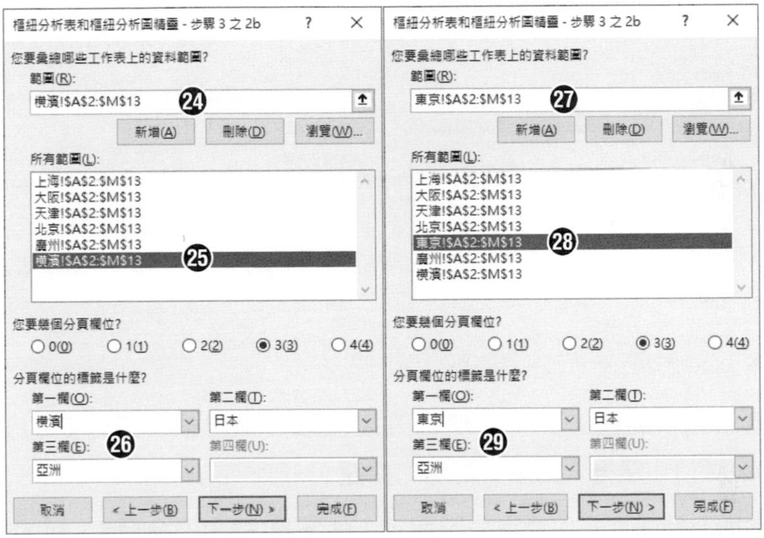

STEP **30** 繼續在〔範圍〕文字方塊輸入或選取〔名古屋〕工作表的資料範圍 A2:M13。然後，點按〔新增〕按鈕。

STEP **31** 在所有範圍裡立即添增並選取了〔名古屋!$A$2:$M$13〕範圍。

STEP **32** 為選取的範圍建立分頁名稱，其中〔第一欄〕文字方塊裡輸入「名古屋」、〔第二欄〕文字方塊裡維持「日本」、〔第三欄〕文字方塊裡維持「亞洲」。

STEP **33** 繼續在〔範圍〕文字方塊輸入或選取〔洛杉磯〕工作表的資料範圍 A2:M13。然後，點按〔新增〕按鈕。

STEP **34** 在所有範圍裡立即添增並選取了〔洛杉磯!$A$2:$M$13〕範圍。

STEP 35 為選取的範圍建立分頁名稱，其中〔第一欄〕文字方塊裡輸入「洛杉磯」、〔第二欄〕文字方塊裡輸入「美國」、〔第三欄〕文字方塊裡輸入「北美」。

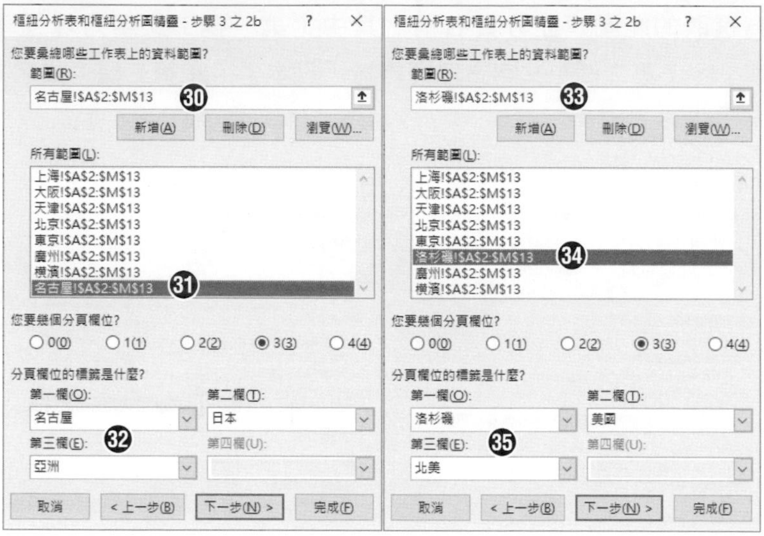

STEP 36 繼續在〔範圍〕文字方塊輸入或選取〔休士頓〕工作表的資料範圍 A2:M13。然後，點按〔新增〕按鈕。

STEP 37 在所有範圍裡立即添增並選取了〔休士頓!$A$2:$M$13〕範圍。

STEP 38 為選取的範圍建立分頁名稱，其中〔第一欄〕文字方塊裡輸入「休士頓」、〔第二欄〕文字方塊裡維持「美國」、〔第三欄〕文字方塊裡維持「北美」。

STEP 39 繼續在〔範圍〕文字方塊輸入或選取〔芝加哥〕工作表的資料範圍 A2:M13。然後，點按〔新增〕按鈕。

STEP 40 在所有範圍裡立即添增並選取了〔芝加哥!$A$2:$M$13〕範圍。

STEP 41 為選取的範圍建立分頁名稱，其中〔第一欄〕文字方塊裡輸入「芝加哥」、〔第二欄〕文字方塊裡維持「美國」、〔第三欄〕文字方塊裡維持「北美」。

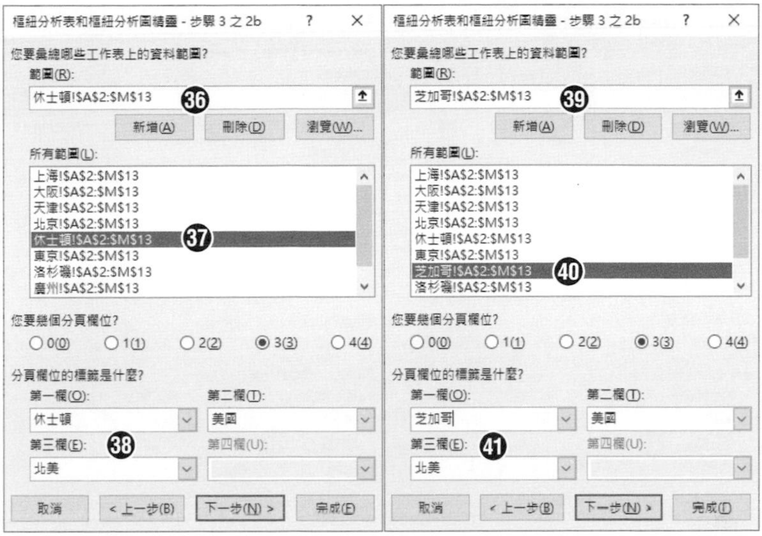

STEP 42 繼續在〔範圍〕文字方塊輸入或選取〔紐約〕工作表的資料範圍 A2:M13。然後，點按〔新增〕按鈕。

STEP 43 在所有範圍裡立即添增並選取了〔紐約!$A$2:$M$13〕範圍。

STEP 44 為選取的範圍建立分頁名稱，其中〔第一欄〕文字方塊裡輸入「紐約」、〔第二欄〕文字方塊裡維持「美國」、〔第三欄〕文字方塊裡維持「北美」。

STEP 45 繼續在〔範圍〕文字方塊輸入或選取〔溫哥華〕工作表的資料範圍 A2:M13。然後，點按〔新增〕按鈕。

STEP 46 在所有範圍裡立即添增並選取了〔溫哥華!$A$2:$M$13〕範圍。

STEP 47 為選取的範圍建立分頁名稱，其中〔第一欄〕文字方塊裡輸入「溫哥華」、〔第二欄〕文字方塊裡輸入「加拿大」、〔第三欄〕文字方塊裡維持「北美」。

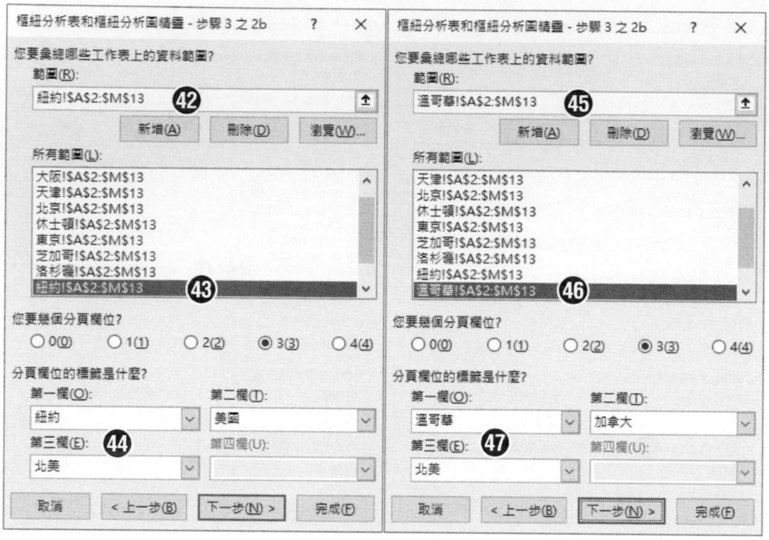

STEP 48 繼續在〔範圍〕文字方塊輸入或選取〔多倫多〕工作表的資料範圍A2:M13。然後，點按〔新增〕按鈕。

STEP 49 在所有範圍裡立即添增並選取了〔多倫多!$A$2:$M$13〕範圍。

STEP 50 為選取的範圍建立分頁名稱，其中〔第一欄〕文字方塊裡輸入「多倫多」、〔第二欄〕文字方塊裡維持「加拿大」、〔第三欄〕文字方塊裡維持「北美」。

STEP 51 繼續在〔範圍〕文字方塊輸入或選取〔蒙特婁〕工作表的資料範圍A2:M13。然後，點按〔新增〕按鈕。

STEP 52 在所有範圍裡立即添增並選取了〔蒙特婁!$A$2:$M$13〕範圍。

STEP 53 為選取的範圍建立分頁名稱，其中〔第一欄〕文字方塊裡輸入「蒙特婁」、〔第二欄〕文字方塊裡維持「加拿大」、〔第三欄〕文字方塊裡維持「北美」。

STEP 54 點按〔下一步〕按鈕。

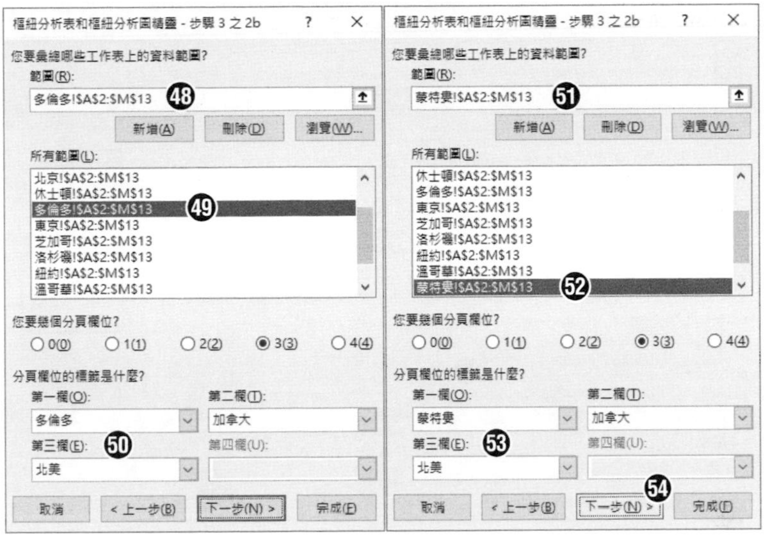

所建立的樞紐分析表立即呈現在新增的工作表〔工作表 1〕中。在畫面右側〔樞紐分析表欄位〕窗格裡的欄位清單內，除了「列」欄位、「欄」欄位、「值」欄位外，還多了「分頁 1」、「分頁 2」與「分頁 3」等三個欄位，而這三個欄位也成為左上方〔篩選〕區域裡的三個新增欄位，依序分別為「分頁 1」、「分頁 2」與「分頁 3」。

STEP **55** 進入〔樞紐分析表和樞紐分析圖精靈 – 步驟 3 之 3〕對話，點選〔新工作表〕選項。

STEP **56** 點按〔完成〕按鈕。

STEP **57** 完成新樞紐分析表的建立。

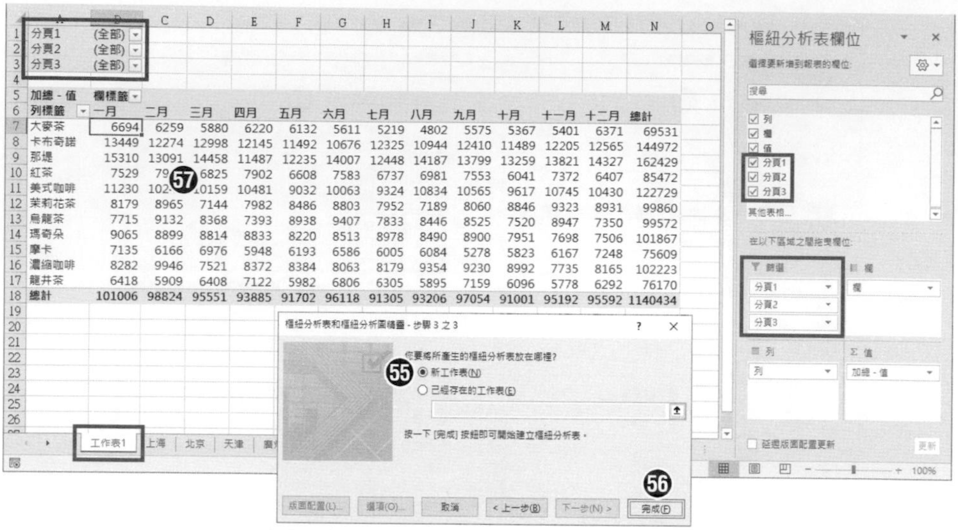

4-6-2 重新命名資料欄位名稱

在〔篩選〕區域裡所添增的「頁 1」、「頁 2」與「頁 3」等三個分頁篩選欄位中，「頁 1」的內容即為剛剛〔樞紐分析表和樞紐分析圖精靈 – 步驟 3 之 2b〕對話操操作過程中，在分頁欄位的標籤〔第一欄〕文字方塊裡曾經輸入的標籤名稱，分別為各城市的名稱；「頁 2」的內容則為在分頁欄位的標籤〔第二欄〕文字方塊裡曾經輸入的標籤名稱，分別為「中國」、「日本」、「美國」與「加拿大」等標籤文字；「頁 3」的內容則為在分頁欄位的標籤〔第三欄〕文字方塊裡曾經輸入的標籤名稱，即為「亞洲」與「北美」等標籤文字。

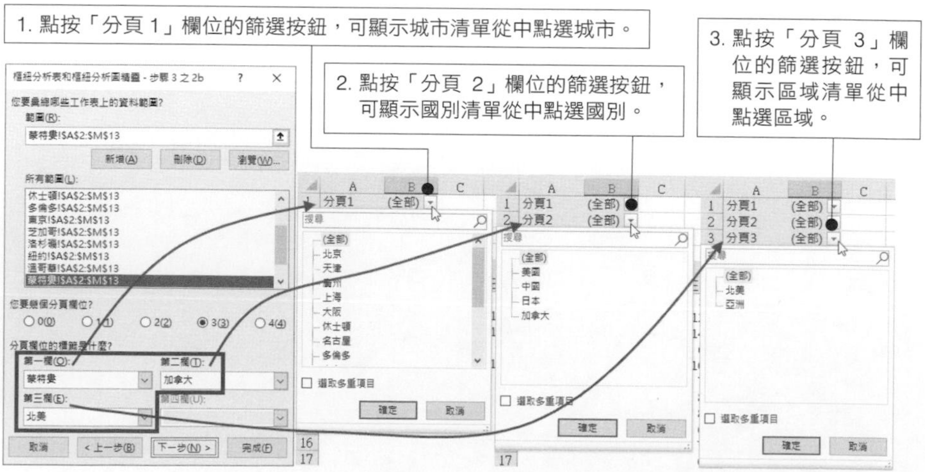

因此，您可以根據這些標籤文字的意義，分別為「頁 1」、「頁 2」與「頁 3」所在處的儲存格，重新命名為更有意義的名稱。例如：分別命名為「城市」、「國別」與「區域」。

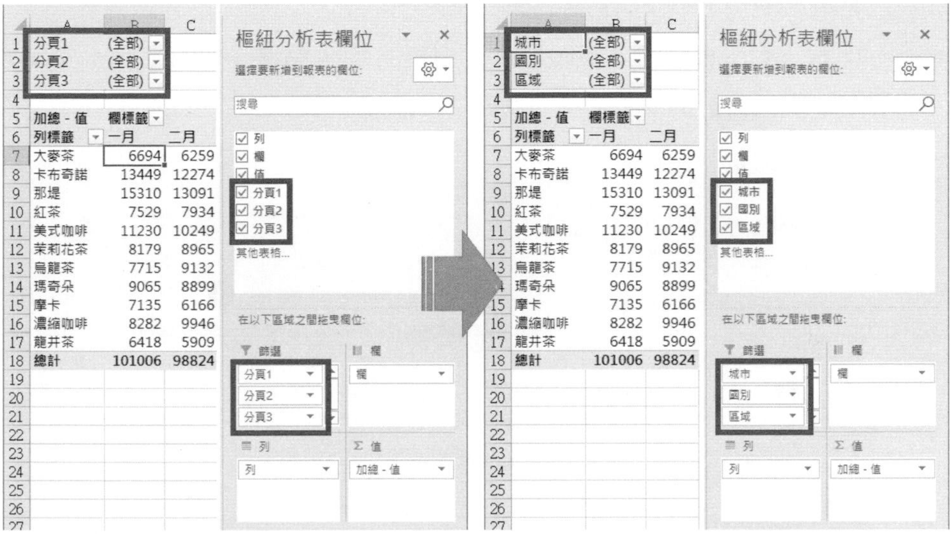

至於〔列〕區域裡的「列」欄位在此範例中可更名為「月份」欄位；〔欄〕區域裡的「欄」欄位在此範例中可更名為「飲品名稱」欄位。

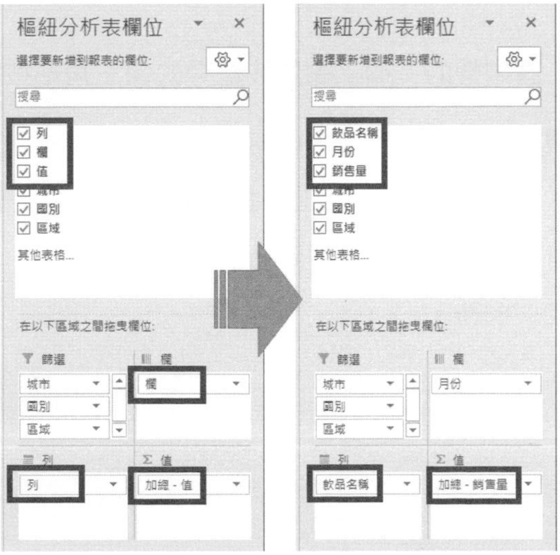

重新命名樞紐分析表資料欄位的操作方式如下：

STEP 1 點按〔列〕區域裡的「列」欄位按鈕旁的倒三角形按鈕。

STEP 2 從展開的功能選單中點選〔欄位設定〕。

STEP 3 開啟「列」欄位的〔欄位設定〕對話方塊，點按〔自訂名稱〕文字方塊，輸入自訂的欄位名稱。例如：「飲品名稱」。

STEP 4 點按〔確定〕按鈕。

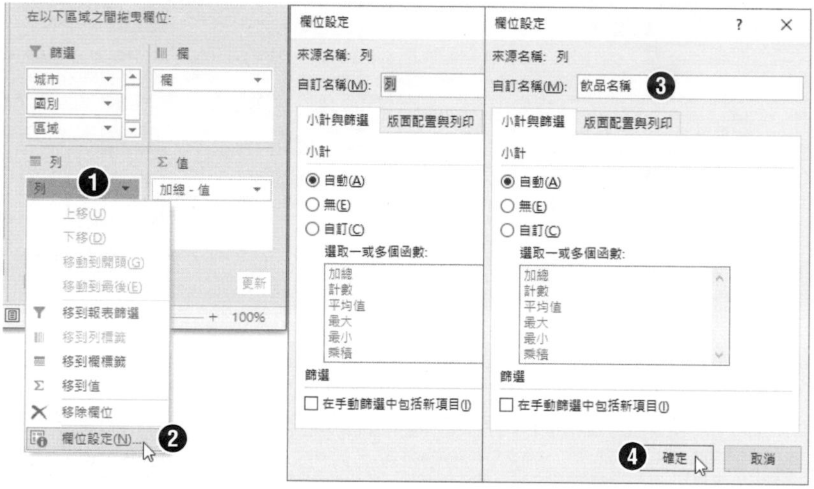

STEP 5 點按〔欄〕區域裡的「欄」欄位按鈕旁的倒三角形按鈕。

STEP 6 從展開的功能選單中點選〔欄位設定〕。

STEP 7 開啟「欄」欄位的〔欄位設定〕對話方塊，點按〔自訂名稱〕文字方塊，輸入自訂的欄位名稱。例如：「月份」。

STEP 8 點按〔確定〕按鈕。

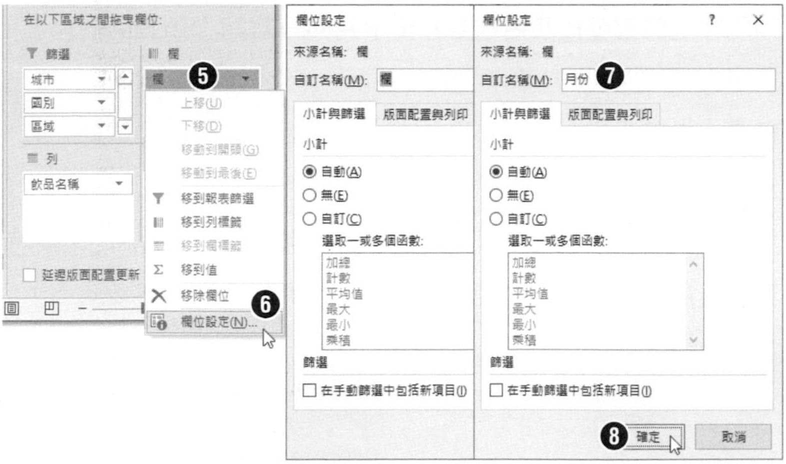

4-6-3 建立自訂的群組欄位

由於資料中包含了各種飲品的名稱，但並未將各種飲品進行分類，因此，請透過以下的操作，來建立名為〔飲品類別〕的新資料欄位。而訂定的分類規則如下：

新增資料項目	群組內容
1 茶飲品	紅茶 龍井茶 烏龍茶 大麥茶 茉莉花茶
2 咖啡飲品	卡布奇諾 那堤 美式咖啡 瑪奇朵 摩卡 濃縮

STEP 1 複選「大麥茶」、「紅茶」、「茉莉花茶」、「烏龍茶」與「龍井茶」等五種飲品名稱儲存格。

STEP 2 以滑鼠右鍵點選剛剛複選的五種飲品名稱中的任何一項飲品名稱。

STEP 3 從展開的快顯功能表中點選〔組成群組〕功能選項。

STEP 4 剛剛複選的五種飲品名稱自動集中為同一群組，預設的群組名稱為「資料組 1」。

STEP 5 複選「卡布奇諾」、「那堤」、「美式咖啡」、「瑪奇朵」、「摩卡」與「濃縮咖啡」等六種飲品名稱儲存格。

STEP 6 以滑鼠右鍵點選剛剛複選的六種咖啡飲品名稱中的任何一項飲品名稱。

STEP 7 再次從展開的快顯功能表中點選〔組成群組〕功能選項。

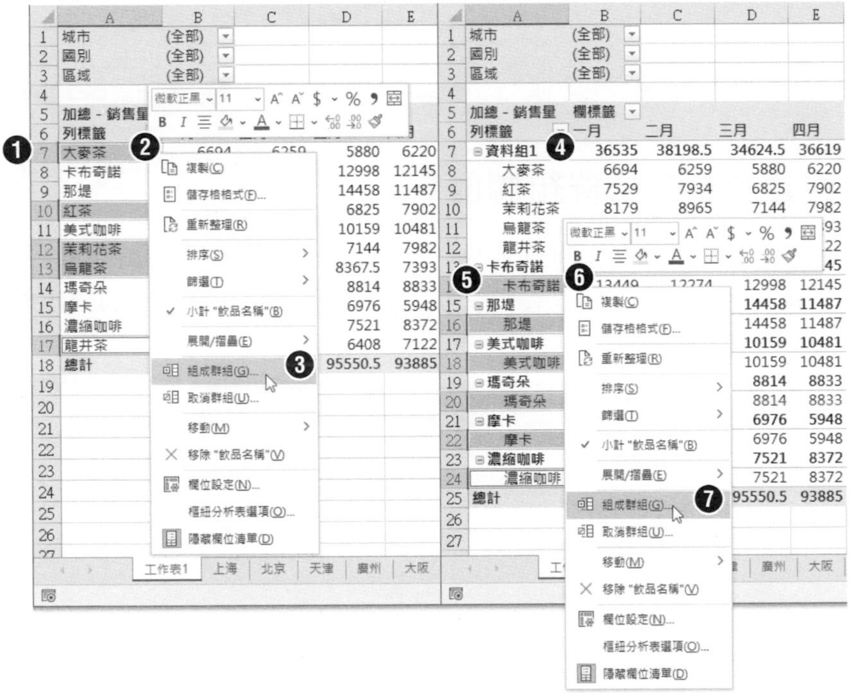

STEP 8 剛剛複選的六種飲品名稱自動集中為同一群組，預設的群組名稱為「資料組 2」。

STEP 9 將預設為「資料組 1」的群組名稱，重新命名為「茶飲品」(在此範例中，直接修改儲存格 A7 的內容)。

STEP 10 亦將預設為「資料組 2」的群組名稱，重新命名為「咖啡飲品」(在此範例中，直接修改儲存格 A13 的內容)。

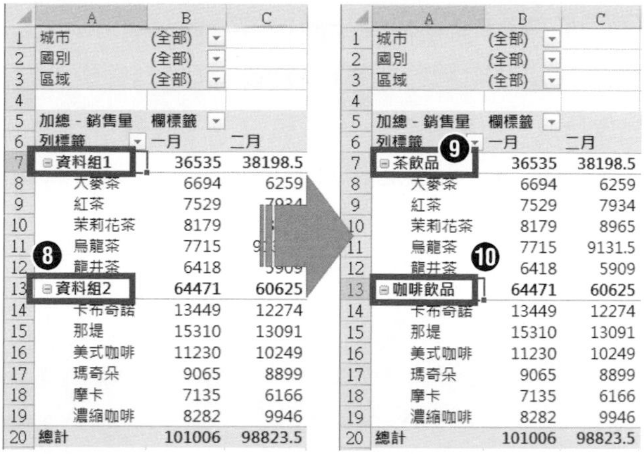

STEP **11**　在〔列〕區域裡原本「飲品名稱」資料欄位的上方亦添增了「飲品名稱 2」資料欄位。

STEP **12**　點按〔列〕區域裡的「飲品名稱 2」資料欄位按鈕旁的倒三角形按鈕。

STEP **13**　從展開的功能選單中點選〔欄位設定〕。

STEP **14**　開啟〔欄位設定〕對話方塊，點按〔自訂名稱〕文字方塊，輸入自訂的欄位名稱。例如：「飲品類別」。

STEP **15**　點按〔確定〕按鈕。

同樣的操作方式，將〔欄〕區域裡十二個月份的儲存格，先進行四次的群組操作，例如：複選一月、二月、三月後預設群組名稱為「資料組 1」；複選四月、五月、六月後預設群組名稱為「資料組 2」；複選七月、八月、九月後預設群組名稱為「資料組 3」；複選十月、十一月、十二月後預設群組名稱為「資料組 4」。然後，分別將「資料組 1」、「資料組 2」、「資料組 3」、「資料組 4」等四個群組名稱修改為「第一季」、「第二季」、「第三季」與「第四季」。此時會在〔欄〕區域中產生「月份 2」資料欄位。完成的樞紐分析表如下圖所示：

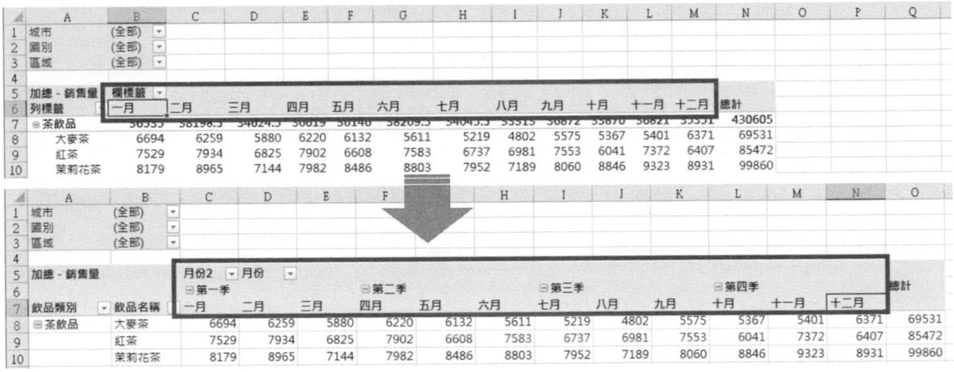

接著，針對〔欄〕區域中所產生的「月份 2」資料欄位，請將其更名為「季別」。

STEP 1 點按〔欄〕區域裡「月份 2」資料欄位按鈕旁的倒三角形按鈕。

STEP 2 從展開的功能選單中點選〔欄位設定〕。

STEP 3 開啟〔欄位設定〕對話方塊，點按〔自訂名稱〕文字方塊裡預設定的名稱。

STEP 4 輸入自訂的欄位名稱。例如：「季別」。

STEP 5 點按〔確定〕按鈕。

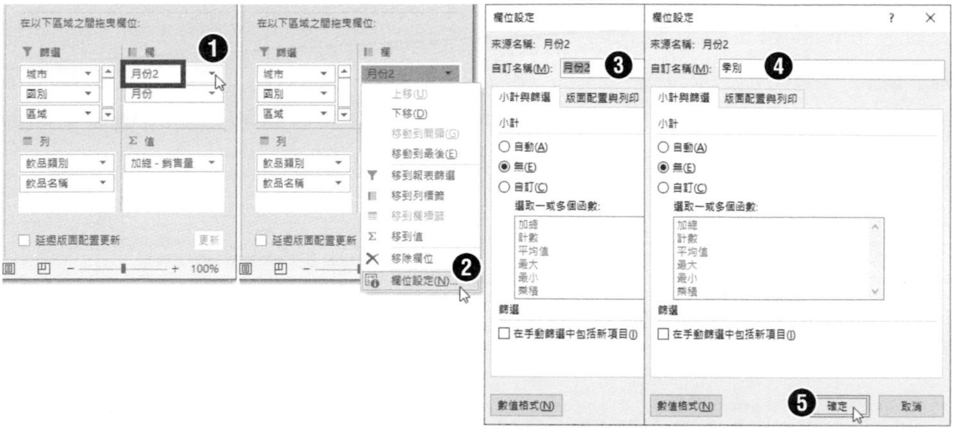

最後，以同樣的操作方式，再進行二次的群組操作，將「第一季」與「第二季」設為同一群組並更名為「上半年度」、將「第三季」與「第四季」設為同一群組並更名為「下半年度」。產生的新欄位名稱則自訂為「上下年度」。

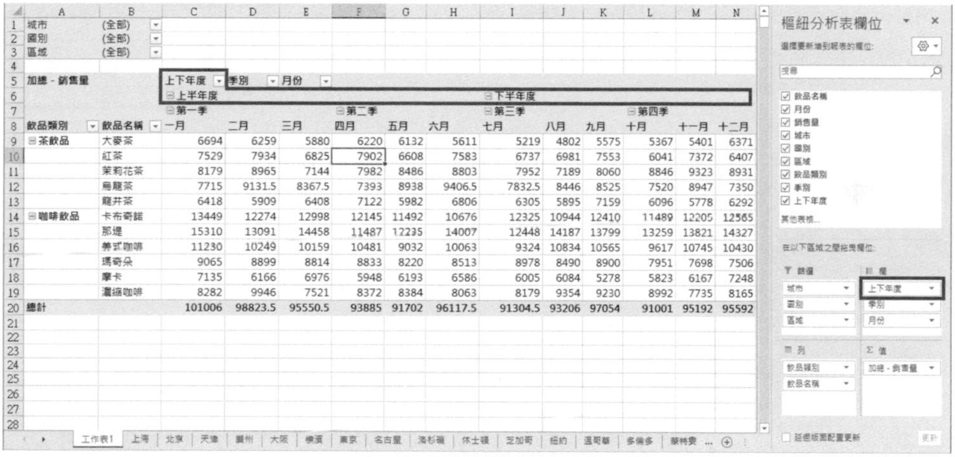

原本每一張工作表的資料結構僅有「月份」與「飲品名稱」和「值」(銷售量)，在經由多重樞紐分析的分頁欄位標籤之設定與操作，以及自訂群組的規劃，建構出「城市」、「國別」、「地區」、「季別」、「上下年度」、「飲品類別」等資料欄位，讓樞紐分析表的輸出更多樣化。只要調整〔欄〕區域、〔列〕區域、〔篩選〕區域裡的資料欄位，將可以輕鬆製作出各種角度、面向，以及不同目的和需求的樞紐分析表。

例如：重新調整樞紐分析表的架構配置，在〔列〕區域裡上方放置「飲品類別」欄位、下方放置「飲品名稱」欄位；在〔欄〕區域由上而下分別放置「區域」欄位、「國別」欄位與「城市」欄位；在〔值〕區域裡維持「銷售量」欄位並進行加總運算；〔篩選〕區域裡放置「月份」欄位。

2. 在〔篩選〕區域裡的「月份」欄位即可猶如分頁式的篩選樞紐分析表結果。

1. 樞紐分析表正顯示各種類別飲品裡各種飲品在各區域各國別各城市的銷售量。

例如：在〔篩選〕區域裡的「月份」欄位即可進行〔選取多重項目〕的勾選操作：

4-6-4 根據〔篩選〕區域裡的分頁欄位自動進行分頁

如果想要以月份名稱為單位，一個月份一張工作表的分頁結果，顯示 12 張工作表，每一張工作表即顯示當月份的各種飲品在各地區、國別與縣市的銷售統計。也就是說，要以月份為分頁篩選，則請遵循以下操作程序：

STEP 1 延續剛剛的實作，進行〔篩選〕區域裡〔月份〕欄位的篩選。

STEP 2 勾選〔全部〕核取方塊。

STEP 3 然後，點按〔確定〕按鈕以選擇顯示所有月份的資料。

STEP 4 點按〔樞紐分析表分析〕索引標籤裡〔樞紐分析表〕群組內的〔選項〕命令按鈕。

STEP 5 開啟〔顯示報表篩選頁面〕對話方塊，點選〔月份〕欄位選項，然後，點按〔確定〕按鈕。

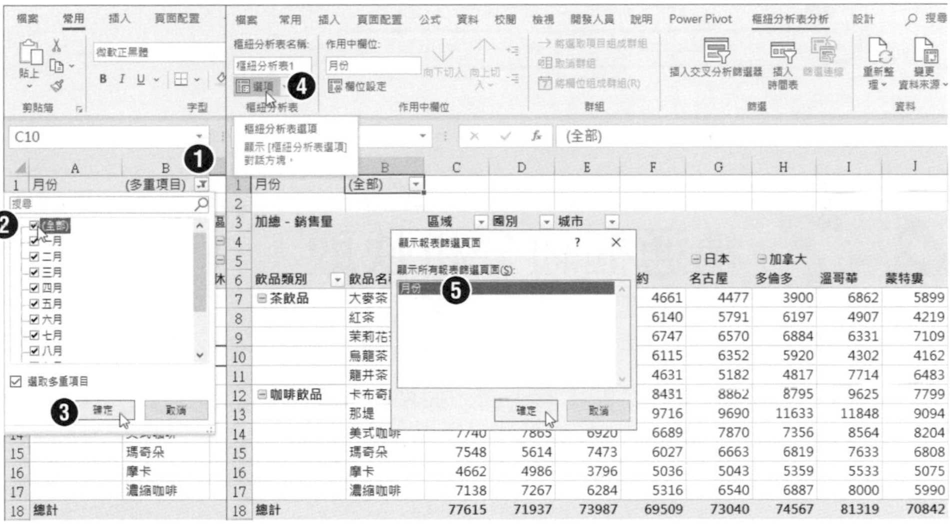

STEP 6　眨眼之間立即新增了 12 張工作表，每一張工作表的名稱即為月份名稱，也就是〔月份〕欄位的內容項目。

STEP 7　而每一張工作表皆含有當月份篩選後的樞紐分析表，顯示該月份各種飲品在各區域/國別/城市的銷售統計。

	A	B	C	D	E	F	G	H	I	J	K	L	M	N	O	P
1	月份	一月														
2																
3	加總 - 銷售		區域	國別	城市											
4			⊟北美								⊟亞洲					
5			⊟美國				⊟日本	⊟加拿大			⊟中國				⊟日本	
6	飲品類別	飲品名稱	休士頓	芝加哥	洛杉磯	紐約	名古屋	多倫多	溫哥華	蒙特婁	北京	天津	廣州	上海	大阪	東京
7	⊟茶飲品	大麥茶	423	373	450	471	413	360	630	564	439	400	451	484	493	415
8		紅茶	559	517	489	385	538	569	392	201	690	662	465	655	329	461
9		茉莉花茶	666	525	455	592	539	783	387	729	710	702	350	552	333	425
10		烏龍茶	520	343	654	474	547	362	397	417	467	434	500	435	484	1125
11		龍井茶	376	431	361	369	435	385	878	347	387	367	411	349	338	537
12	⊟咖啡飲品	卡布奇諾	948	981	1047	1032	1002	777	850	475	898	858	599	578	1092	1089
13		那堤	1036	699	773	1114	956	1275	1299	579	746	728	1106	1360	1389	1258
14		美式咖啡	511	678	321	950	810	603	702	947	1003	968	341	902	887	1228
15		瑪奇朵	667	322	544	390	606	707	791	613	774	761	556	505	467	829
16		摩卡	582	434	592	527	463	555	573	431	504	492	535	201	210	458
17		濃縮咖啡	401	689	373	325	472	370	430	677	759	698	708	792	696	427
18	總計		6689	5992	6059	6629	6781	6746	7329	5980	7377	7070	6022	6813	6718	8252

4-7 精通樞紐分析快取

同一資料來源建立多張樞紐分析表是不可避免的，因為，即使是相同的資料來源，也會因為目的的不同、需求的不同，而期望以不同的角度來分析資料，產生不同視角的報表。此時，樞紐分析快取(Pivot Cache)將是您不能不會的重要觀念。

4-7-1 樞紐分析快取的意義與功能

Cache 這單字中文譯為「快取」，在電腦資訊領域領的意思常被解釋為高速緩衝記憶體或快取記憶體，這個快取記憶體的功能，是將使用者要反覆閱讀或重複處理的外部資料，先儲存一份複本至記憶體裡，爾後需要再度閱讀與處理時，直接使用記憶體裡的複本內容，而不需要每次都匯入或連線外部資料。而在 Excel 裡建立樞紐分析表時，便有著快取的概念與技術。

以下我們將以訂單交易記錄的工作表內容為例，透過實際範例操作為您解說樞紐分析快取的觀念與迷津。在這個活頁簿裡原先只有一張〔交易記錄〕工作表，存放了 8916 筆的交易記錄並記載了「編號」、「業務員」、「交易日期」、「交易公司」、「交易金額」、「交易方式」、「稅額」、「合計費用」、「運送方式」與「獎金」等 10 項資料欄位，檔案大小僅有 595KB。

STEP 1 開啟〔交易記錄(樞紐分析介紹)〕活頁簿檔案(檔案大小為 595KB)，僅有一張〔交易記錄〕工作表，內含 8916 筆資料內容。

	編號	業務員	交易日期	交易公司	交易金額	交易方式	稅額	合計費用	運送方式	獎金
3	A01022	李意峰	2015/1/2	文元實業有限公司	8,802	ATM轉帳	440.1	9,242.1	快遞	116
4	A01023	李小民	2015/1/7	百合行銷	6,445	電子支付	322.3	6,767.3	快遞	263
5	A01024	王莉婷	2015/1/7	泉源貿易	6,823	現金	341.2	7,164.2	客戶自取	39
6	A01025	李意峰	2015/1/7	茂和化工科技	12,802	ATM轉帳	640.1	13,442.1	客戶自取	14
7	A01027	黃山江	2015/1/9	傳奇資訊	2,092	現金	104.6	2,196.6	普通包裹	20
8	A01029	陳培弘	2015/1/9	百合行銷	5,397	現金	269.9	5,666.9	客戶自取	137
9	A01030	劉文玉	2015/1/10	花花花坊	10,102	現金	505.1	10,607.1	普通包裹	233
10	A01031	趙怡婷	2015/1/10	文元實業有限公司	8,674	現金	433.7	9,107.7	快遞	136
11	A01032	黃山江	2015/1/11	傳奇資訊	2,316	現金				
8909	A14061	王莉婷	2022/12/18		6,358	電子支付				
8910	A14062	李小民	2022/12/19	泉源貿易	11,131	電子支付				
8911	A14066	劉文玉	2022/12/23	百合行銷	3,275	ATM轉帳	163	3,438	快遞	33
8912	A14067	江美如	2022/12/26	快捷運通	3,893	信用卡	194	4,087	快遞	39
8913	A14069	王莉婷	2022/12/28	百合行銷	2,776	ATM轉帳	138	2,914	掛號包裹	-
8914	A14070	王莉婷	2022/12/28	百合行銷	3,293	ATM轉帳	164	3,457	快遞	33
8915	A14071	王莉婷	2022/12/28	快捷運通	8,767	信用卡	438	9,205	快遞	175
8916	A14073	李意峰	2022/12/30	百合行銷	7,433	現金	371	7,804	快遞	111
8917	A14076	黃山江	2022/12/30	泉源貿易	4,849	信用卡	242	5,091	超商取貨	48

透過〔插入〕〔樞紐分析表〕的操作，在新的空白工作表上建立一個新的樞紐分析表。

STEP 2 切換到〔交易記錄〕工作表後點選資料裡的任一儲存格。

STEP 3 點按〔插入〕索引標籤。

STEP 4 點按〔樞紐分析表〕命令按鈕並從展開的功能表中點按〔從表格/範圍〕功能選項。

STEP 5 開啟〔來自表格或範圍樞紐分析表〕對話方塊，預設樞紐分析表的資料來源為交易記錄工作表的$B$2:$K$8917。

STEP 6 點選〔新增工作表〕選項。

STEP 7 點選〔確定〕按鈕。

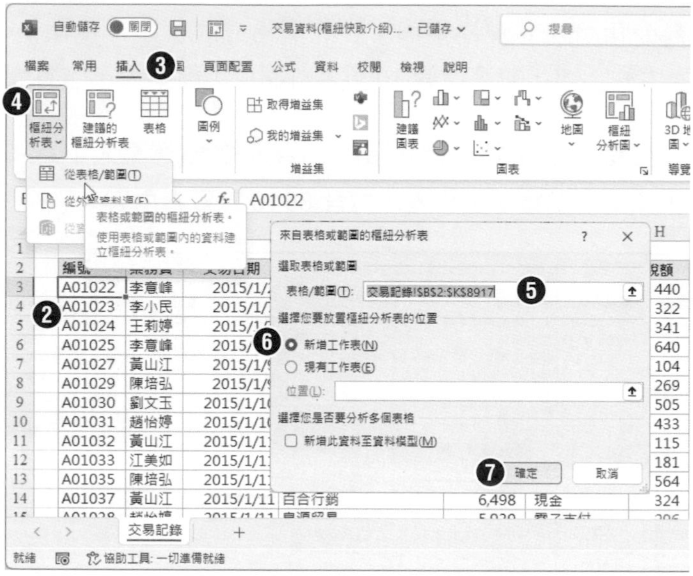

為了理解樞紐分析快取的角色，我們來進行一個大膽的假設與實驗。首先，在沒有對剛建立的樞紐分析表進行任何建置與格式化的狀態下，先行儲存這活頁簿檔案，看看新增了一個空白樞紐分析表後，對於這個活頁簿檔案的大小，會不會有什麼變化。結果，開啟檔案總管後，看到此活頁簿的檔案大小，竟然變成了 841KB。難道沒有進行任何設定與規劃的空白樞紐分析表架構，也會占空間？還比原始資料來源 595KB 增加了約四成左右的空間啊！

STEP 8 建立的新樞紐分析表位於〔工作表 1〕這張新工作表上。

STEP 9 點按〔儲存檔案〕工具按鈕。

STEP 10 回到檔案總管理看到活頁簿檔案的大小，從原本的 595KB 高升為 841KB (這個數據在實際操作時可能會略有細微的數 KB 差異仍屬正常，在此僅供參考)。

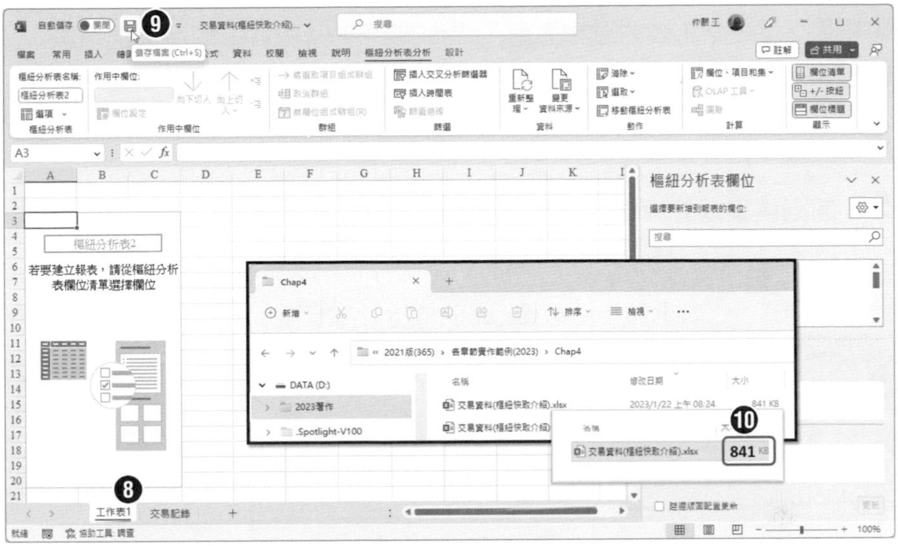

我們秉持著大膽且追根究底的實驗精神，好奇的將儲存著 8916 筆交易記錄的〔交易記錄〕工作表刪除，並再次重新儲存檔案，也看看檔案的大小會有什麼變化，也嘗試著看看沒有了原始資料來源也尚未規劃的空白樞紐分析表還能不能運作，試試囉！

STEP 1 以滑鼠右鍵點按〔交易記錄〕工作表。

STEP 2 從展開的快顯功能表中點選〔刪除〕。

STEP 3 開啟刪除工作表的確認對話，點按〔刪除〕按鈕。

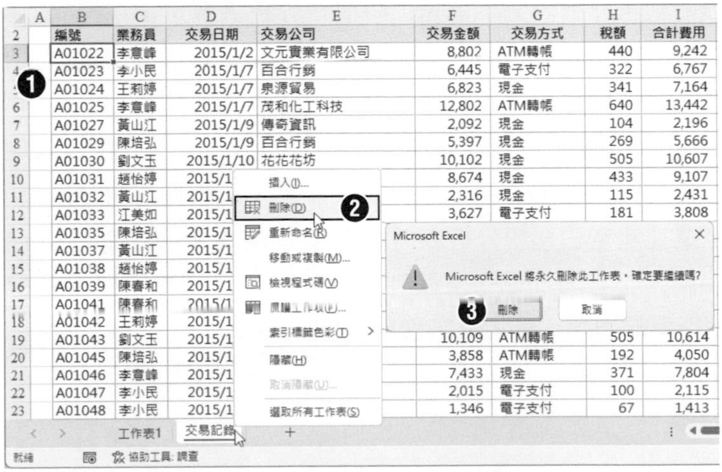

在尚未進行樞紐分析表的設定之前，先即刻再次儲存當下的活頁簿檔案，看看檔案大小的變化。

STEP 4　點按〔儲存檔案〕工具按鈕。

STEP 5　回到檔案總管理看到活頁簿檔案的大小變成 255KB 左右。

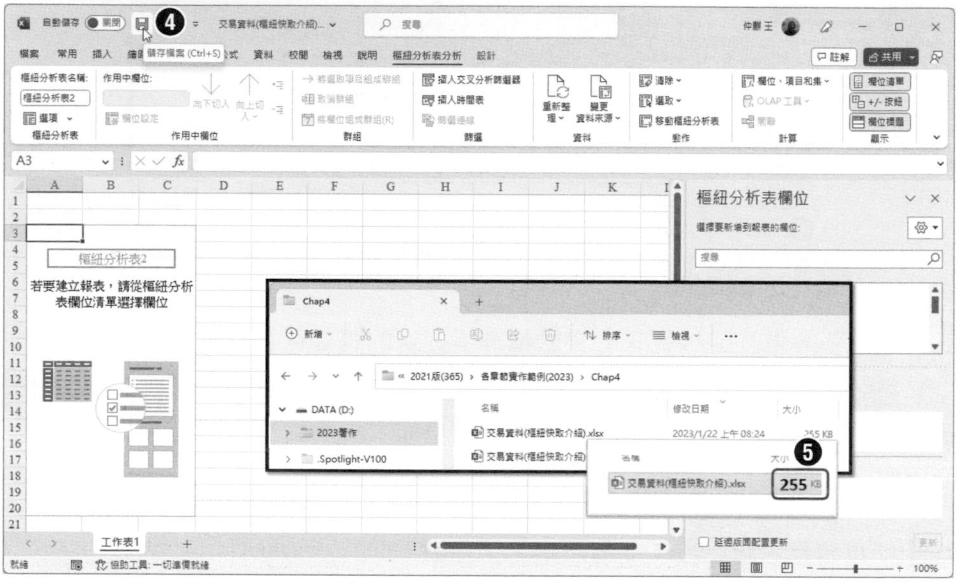

活頁簿裡空無一物，僅有一個空骨架的樞紐分析表，也會占用到 255K 的容量？這個疑惑稍後便見分曉，我們就開始在這個空骨架的樞紐分析表上，建置一個有意義的樞紐分析表吧！首先，將樞紐分析表欄位清單裡的「交易公司」欄位置入此樞紐分析表的〔列〕區域；將「交易方式」欄位置入〔列〕區域；再將「交易金額」欄位置入〔Σ值〕區域，怪事！沒有那 8916 筆交易記錄資料來源的情況下，樞紐分析表仍然順利產出，這到底是怎麼一回事呢？此外，完成樞紐分析表的建立後，再次重新儲存檔案，此活頁簿的容量大小並未明顯增加，甚至還比起空白樞紐分析表時還要少了幾 KB，難道，進行樞紐分析表的建立與編輯，不會增加儲存空間嗎？其實，這一切正是樞紐分析快取(Pivot Cache)的功用與魅力啊！筆者就為您娓娓道來囉！

STEP 6 〔列〕區域裡置入樞紐分析表欄位清單裡的「交易公司」欄位。

STEP 7 〔欄〕區域裡置入欄位清單裡的「交易方式」欄位。

STEP 8 〔Σ值〕區域置入欄位清單裡的「交易金額」欄位，形成〔加總 - 交易金額〕。

STEP 9 所建立的樞紐分析表呈現出每家交易公司每一種交易方式的總交易金額。

STEP 10 點按〔儲存檔案〕工具按鈕。

STEP 11 回到檔案總管理看到活頁簿檔案的大小卻沒有什麼變化。

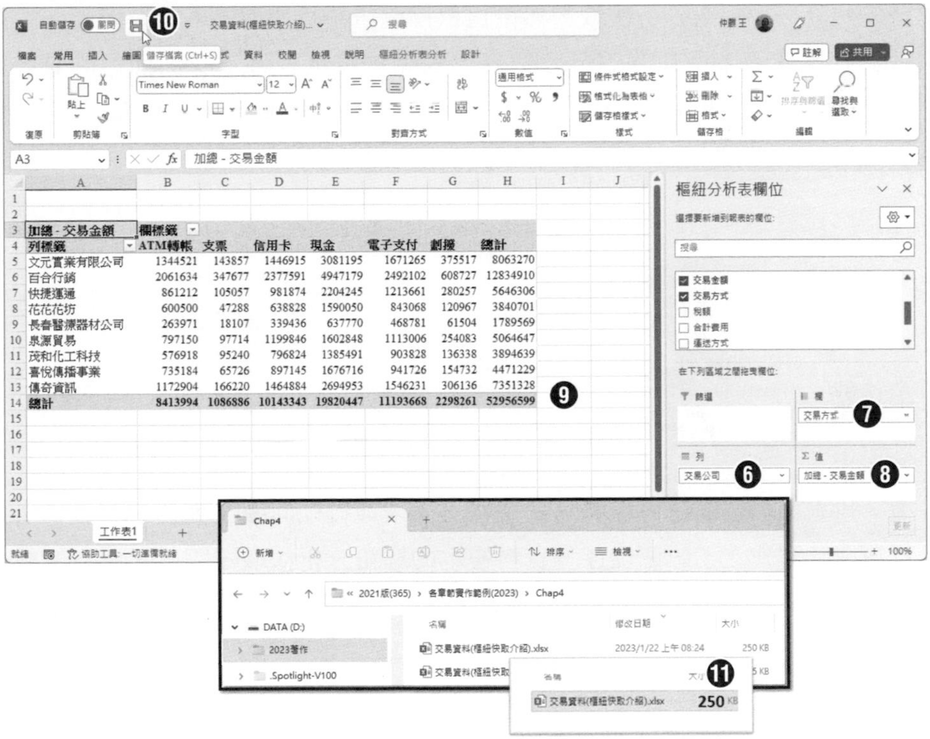

樞紐分析快取的功用

上述的疑惑就在於樞紐分析快取(Pivot Cache)的存在，原來，當您在 Excel 活頁簿裡嘗試建立第一個樞紐分析表時，Excel 便會自動事先建立一個樞紐分析快取(Pivot Cache)，將需要分析的資料來源之複本，儲存在樞紐分析快取裡，然後，再依據這個快取記憶體裡的內容建立使用者所需的樞紐分析表。而這個樞紐分析快取所佔用的記憶體空間，經由樞紐分析表的存取技術，通常會是原始資料來源的 4 成到 5 成，實際的比例也會因為原始資料的結構與資料內容的複雜度而略有差異。

所以，我們先體認了一個事實，那就是在 Excel 環境裡建立樞紐分析表時，其實是先建立一個樞紐分析快取，然後再根據樞紐分析快取的內容及定義，來建立我們在工作表上所見的樞紐分析表。因此，這也驗證了我們前述的實驗過程。例如：一開始開啟了沒有任何樞紐分析表的活頁簿，裡面僅儲存著 8916 筆交易資料記錄的活頁簿檔案，其檔案大小為 595KB。

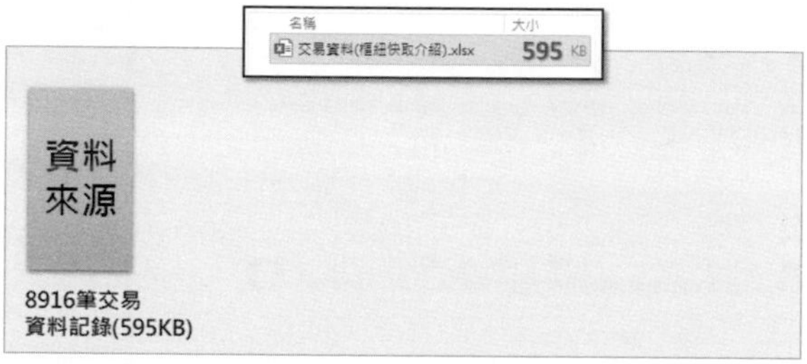

後來，建立了一個樞紐分析表，即便當下尚未進行任何欄、列與 Σ 值設定，在活頁簿裡已經建立了一個儲存著資料複本的樞紐分析快取，因此，活頁簿檔案的大小暴增至 841KB 左右。

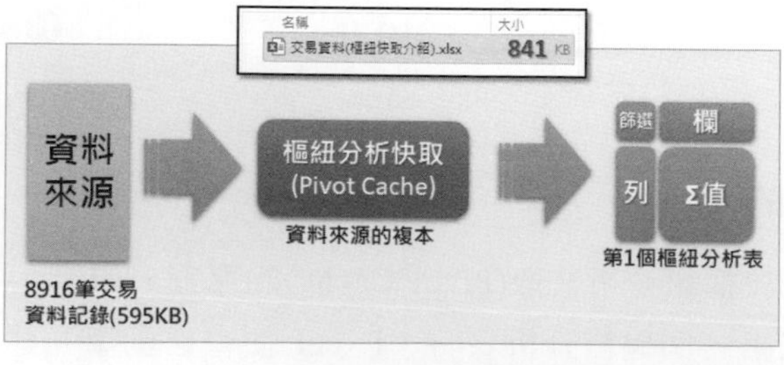

接著，在大膽的實驗動機下，將活頁簿裡的資料來源工作表刪除，再度儲存此活頁簿檔案，然後，檢查活頁簿檔案的大小變成 255KB 左右。

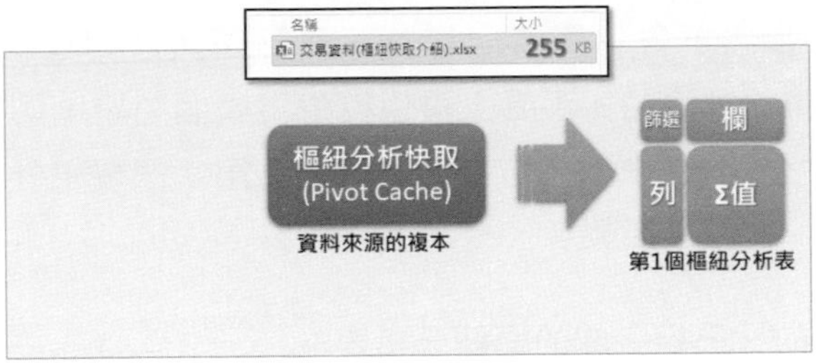

這一來一往，在刪除了資料來源工作表後，活頁簿檔案大小變小了自是理所當然，而開始進行樞紐分析表的規劃，建立了第一個樞紐分析表，描述著每家交易公司每一種交易方式的總交易金額之摘要報表後，重新儲存整個活頁簿檔案，其檔案大小也相去不遠，僅有變成 250KB 左右。

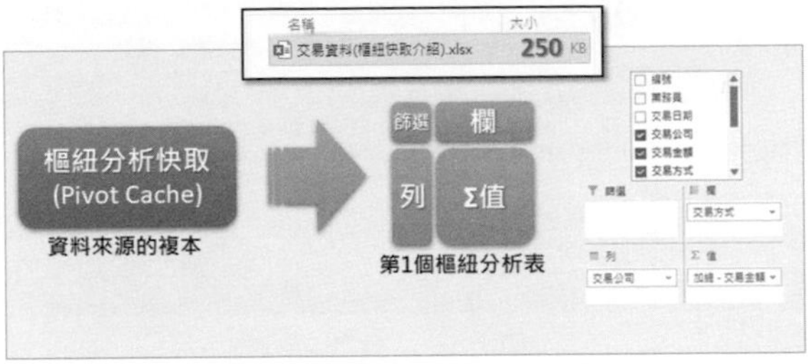

從這一路來的實作與體驗，我們瞭解了在 Excel 環境裡建立樞紐分析表的幾個重要的觀念：

1. 建立樞紐分析表之前，會先建立一個樞紐分析快取。
2. 樞紐分析快取的內容正是資料來源的複本。
3. 建立樞紐分析表時，樞紐分析表欄位所連接的來源是來自樞紐分析快取的內容，而非原始資料來源的內容。
4. 我們雖然看不到樞紐分析快取的內容，但它的確是活頁簿的一部分，並連接到樞紐分析表，且與原始資料來源同步。
5. 因此，爾後在樞紐分析表裡所進行任何變更時，樞紐分析表並不使用原始資料來源，而是使用樞紐分析快取的內容。

難怪，我們剛剛刻意將活頁簿裡的原始資料來源刪除後，樞紐分析表仍然能夠運作，而樞紐分析快取所佔的記憶體空間，僅是原始資料來源的 4 成到 5 成，甚至更少。然而，在實際的運用上，我們會無緣無故地將樞紐分析表的原始資料來源刪除嗎？當然不會！筆者只是為了要解釋與證明樞紐分析快取(Pivot Cache)的存在才將其刪除的。不過，這也衍生出幾個問題，例如：若現在活頁簿裡已經沒有了原始資料來源，當我們想要建立第二個樞紐分析表時，要何以為繼呢？這簡單，就是〔複製〕、〔貼上〕啊！

STEP 1 選取既有的、已經完成的樞紐分析表。

STEP 2 按下 Ctrl + C 複製快捷鍵。

STEP 3 點按〔新工作表〕按鈕來添增一張新的工作表。

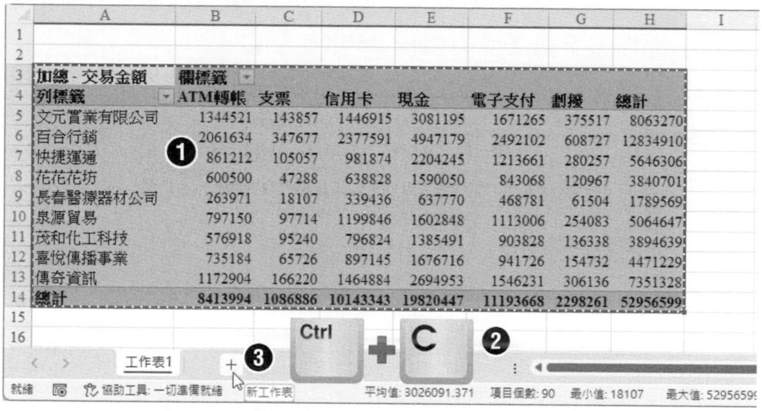

STEP 4 在新增工作表上，點選樞紐分析表的目的地，例如儲存格 B2。

STEP 5 按下 Ctrl + V 貼上快捷鍵。

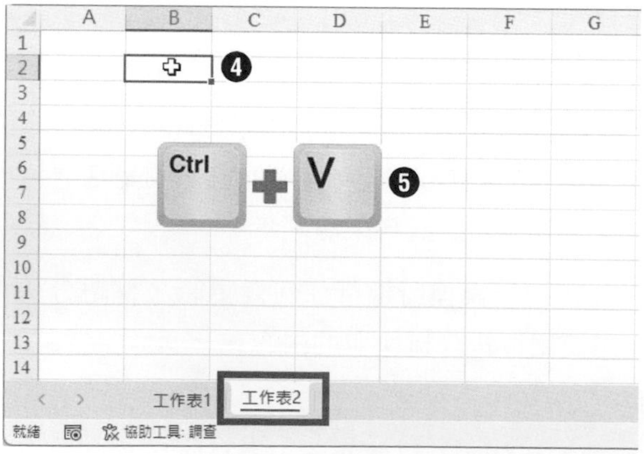

STEP 6 完成新樞紐分析表的建立，前後兩個樞紐分析表具備相同的分析結構，也來自同一個資料來源，也就是來自同一個樞紐分析快取。

STEP 7 開始著手移除此樞紐分析表原本〔列〕、〔欄〕與〔Σ值〕區域裡原有的欄位。

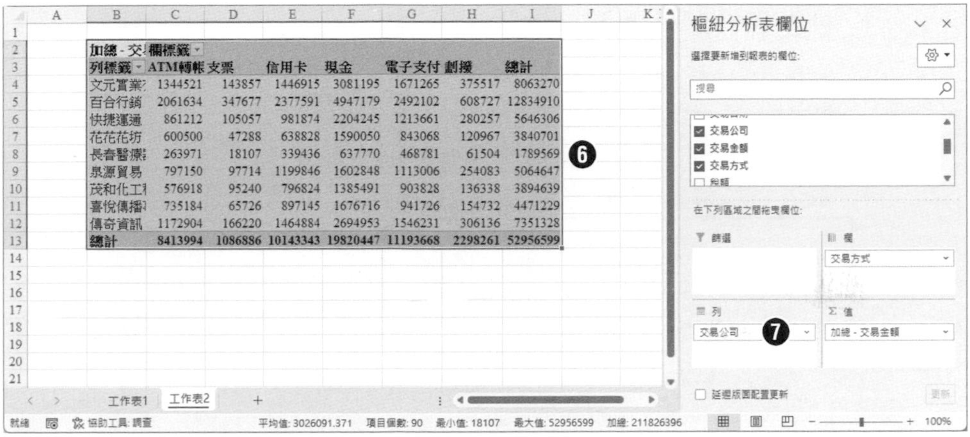

STEP 8 透過滑鼠拖曳樞紐分析表欄位，調整此樞紐分析表的分析結構。例如：僅置入「業務員」欄位至〔列〕區域。

STEP 9 拖曳「交易金額」欄位與「獎金」欄位至〔Σ值〕區域裡，形成〔加總 - 交易金額〕與〔加總 - 獎金〕兩個運算欄位。

STEP 10 由於〔Σ值〕區域裡有兩個運算欄位，因此〔欄〕區域裡自動出現「Σ值」欄位。

STEP 11 點按〔儲存檔案〕工具按鈕。

STEP 12 若是回到檔案總管理，可以看到即便已經包含兩個樞紐分析表了，但活頁簿檔案的大小依然沒有什麼太大的變化。

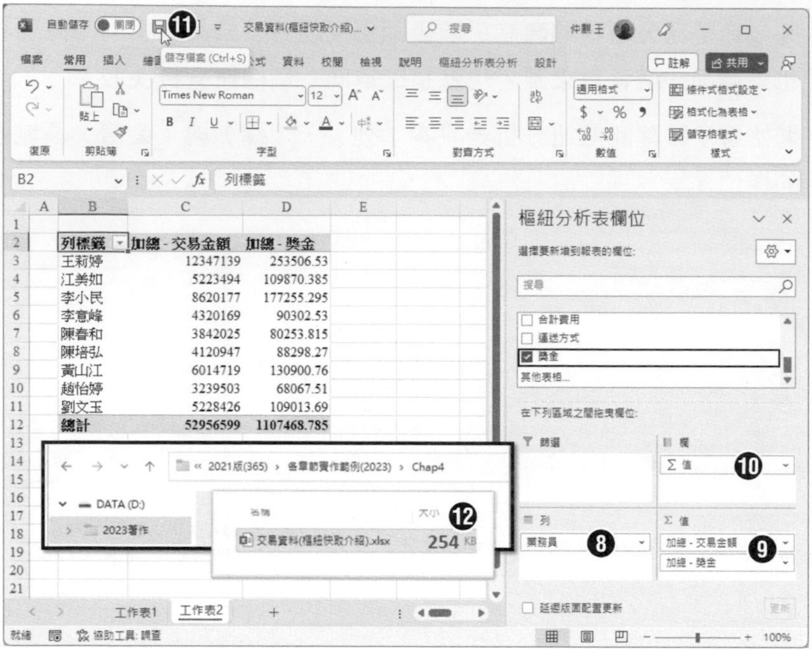

刪除的資料來源起死回生

另外，我們可不可以在這個活頁簿裡，讓原始資料來源起始回生，重新顯示在此活頁簿裡呢？當然沒問題，只要確認目前使用中的樞紐分析表沒有任何的篩選條件，則以滑鼠左鍵點按兩下樞紐分析表左下角的總計儲存格即可。例如：此例的儲存格 D12。

STEP 1 點按兩下樞紐分析表的總計儲存格。

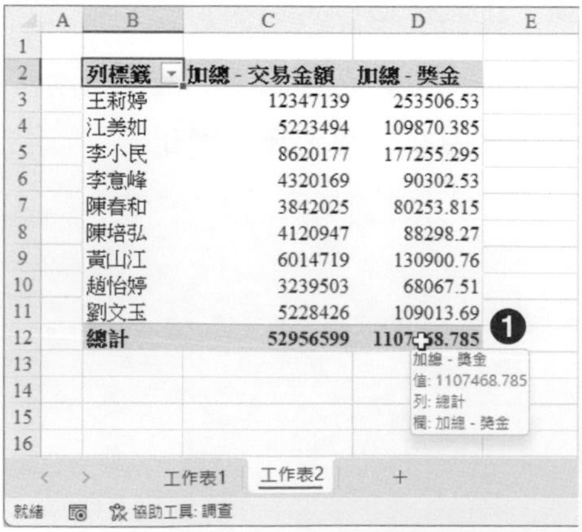

STEP 2 立即新增一張新工作表。例如：此例的〔工作表 3〕。

STEP 3 複製自樞紐分析快取裡的原始資料來源複本，共計 8915 資料記錄，立即以資料表的格式呈現在此工作表上。雖然這是來自原始資料內容的複製品，但與目前現有的樞紐分析表並沒有任何瓜葛喔！

STEP 4 若是儲存目前的活頁簿檔案，在含括〔工作表 3〕的情況下，檔案大小當然也有了變化。

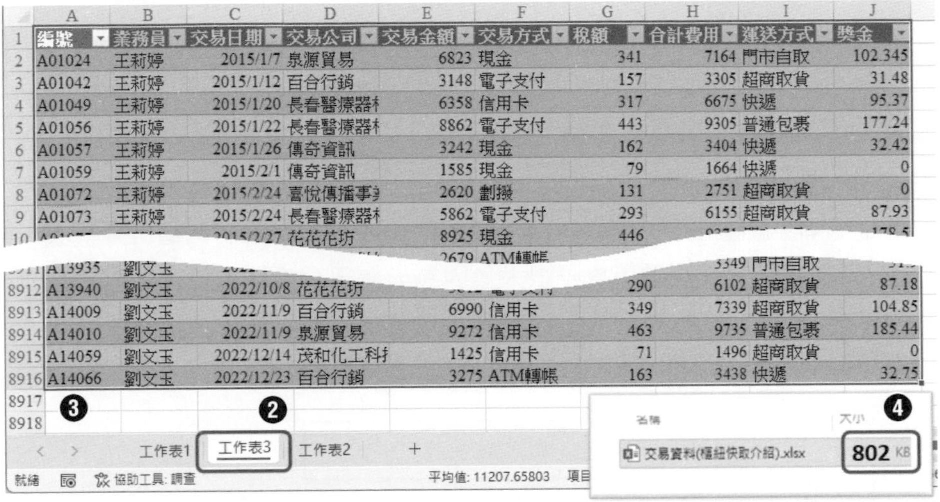

筆者就以圖解的方式來說明一下剛剛的情境：

由於我們讓原始資料來源起死回生的以資料表格的形式，如同還原資料一般的回到活頁簿裡，當然在儲存檔案後會讓此活頁簿檔案的大小成長了。然而這份起死回生的資料是獨立的一張資料表，並沒有與樞紐分析快取有任何關連，當然也就與活頁簿裡的兩個樞紐分析表沒有牽連囉！

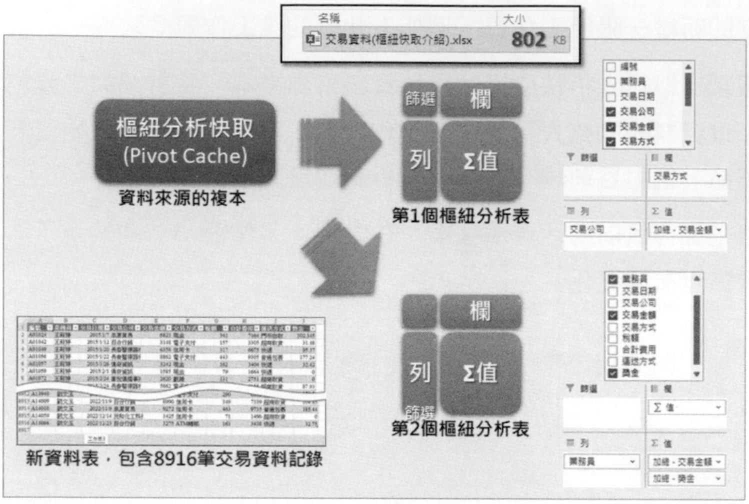

若是活頁簿僅有樞紐分析快取，以及透過此快取所建立的兩個樞紐分析表，則此活頁簿檔案大小其實並不會差很大，因為，樞紐分析快取儲存著原始資料來源的複本，並僅佔原始資料來源約 4 到 5 成的儲存空間而已，而以其為來源所建立的各個樞紐分析表，都屬於連結架構，並不會占空間。

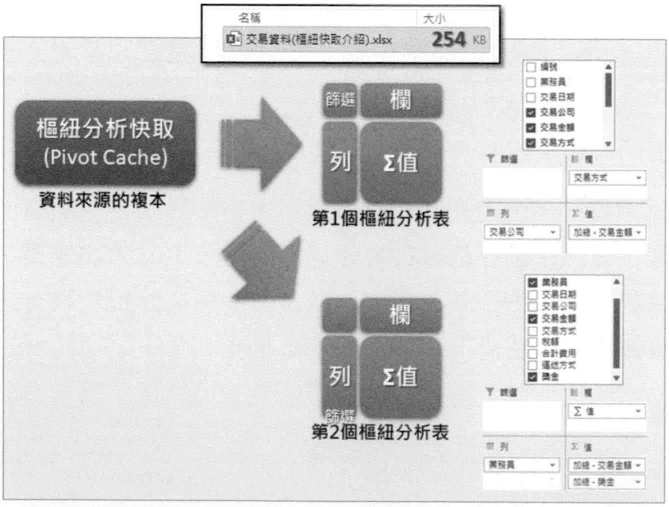

TIPS

對於樞紐分析表上的Σ值摘要結果，都是樞紐分析表函數 GETPIVOTDATA()所運算而來，而每個Σ摘要結果值便代表著其計算來源的子集，因此，當您以滑鼠左鍵點按兩下Σ摘要結果值的儲存格時，便意味著向下探勘，也就是展開此摘要值的資料來源，Excel 便會將其子集的內容備份出來，呈現在一張新增的工作表上。如下圖所示，點按兩下樞紐分析表裡的儲存格 C6，此結果值的儲存格代表的是「李意峰」業務員總交易金額。而此值是經由原始資料來源裡隸屬於「李意峰」所經手的 737 筆交易記錄所計算而來的，而這份來自原始資料來源的子集，便以資料表的格式呈現在新工作表(此例為工作表 4)裡。

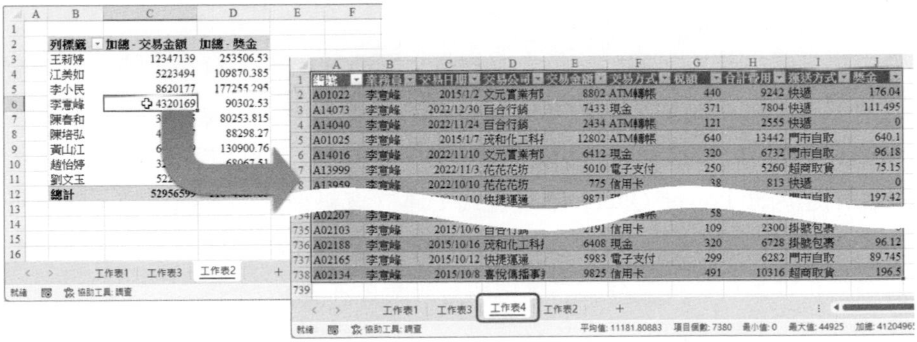

初步結論

在活頁簿裡建立樞紐分析表時，若樞紐分析表的資料來源也是位於同一個活頁簿裡，我們並不會無緣無故的事後刪除原始來源。先前的刪除工作表，筆者只是要解釋樞紐分析快取的觀念與其存在的意義。比較常態的作法，應該是如下圖所示。若資料來源的內容有所變更，會更新樞紐分析快取的內容，而使用該樞紐分析快取所建立的各個樞紐分析表，自然而然的也可以更新最新的摘要統計結果。

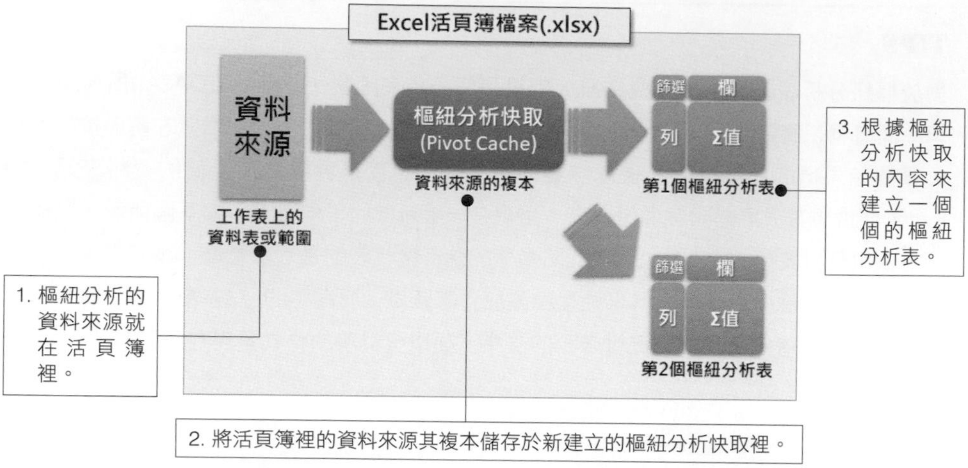

另外，更常見的情境是樞紐分析表的資料來源是來自外部資料，諸如：其他活頁簿檔案的內容、其他伺服器裡的資料檔案、資料庫，或是.csv 與.txt 等文字格式的資料檔案、乃至來自雲端的資料庫、下載的資料檔案、...都可以透過 Excel 所提供的 Power Query 應用程式，建立資料來源的各種查詢，然後將查詢結果視為可進行統計分析的資料來源，並複製且連結其內容，在活頁簿裡建立樞紐分析快取，以作為建立各種樞紐分析表的來源依據。

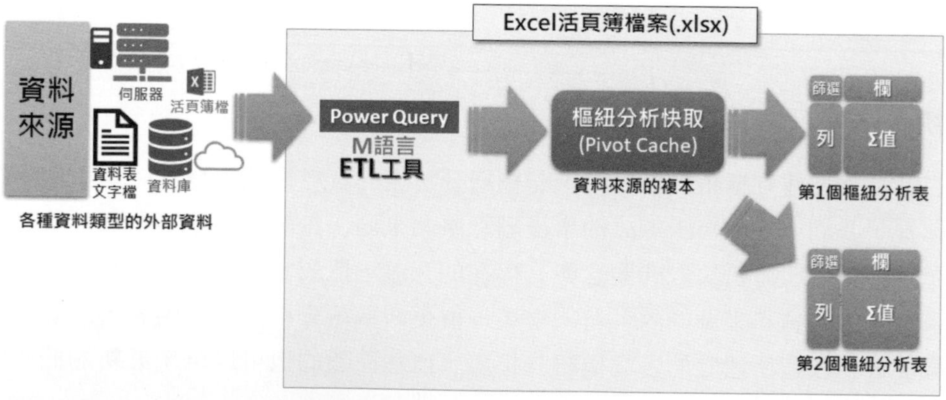

因此，在這種類型與情境下所建立的樞紐分析，其資料來源的複本會儲存在活頁簿裡的樞紐分析快取內，並以此來建立各個不同議題與目的的樞紐分析表。在這個活頁簿檔案裡既然已經內嵌了外部資料來源的複本，所以，此活頁簿檔案具備了高可攜性，不論到任何一台裝有 Excel 軟體的電腦都可以開啟，進行樞紐分析表的建立與編輯，而不需要時時刻刻連線到外部資料。

話說 Excel 樞紐分析快取的改革

在 Excel 2007 以前，建立樞紐分析表的時候，都是透過〔樞紐分析表和樞紐分析圖精靈〕的對話方塊操作，來建立樞紐分析快取與樞紐分析表。在操作上，使用者感覺不到樞紐分析快取的存在，只見得到所建立的樞紐分析表。

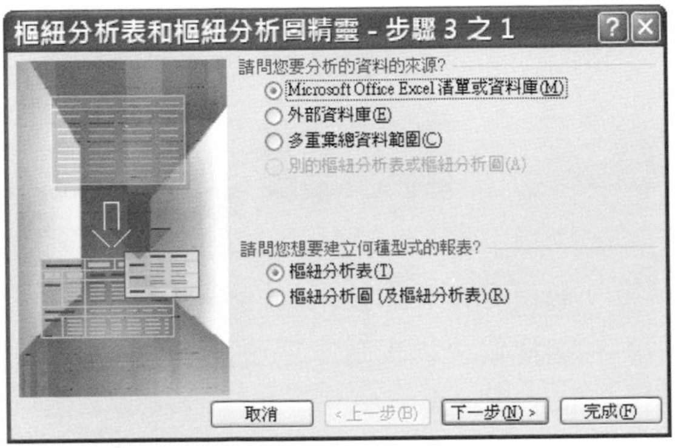

在使用相同的資料來源建立第二個以上的樞紐分析表時，〔樞紐分析表和樞紐分析圖精靈〕的對話方塊會詢問使用者，是否要使用既有的樞紐分析快取來建立後續的樞紐分析表，還是在建立一個新的樞紐分析快取後，再根據該樞紐分析快取來建立新的樞紐分析表。

在預設的狀態下，若未特別表明與選擇，則建立第 1 個樞紐分析表時，會先建立一個樞紐分析快取，然後再以此樞紐分析快取，建立所需的樞紐分析表。若要建立第 2 個樞紐分析表時，又會再建立另一個樞紐分析快取，然後依據該快取建立新的樞紐分析表；依此類推，若建立 3 個樞紐分析表時，也建立了 3 個樞紐分析快取。這種情況我們稱之為「以獨立快取方式建立樞紐分析表」。由於每一個樞紐分析快取都源自於資料來源的複本，即便是已經提供有壓縮技術的儲存，太多的樞紐分析快取也造成了整個活頁簿檔案的大小日益擴增，變成龐然大物的活頁簿檔案，運作上也大大的失去了效率。

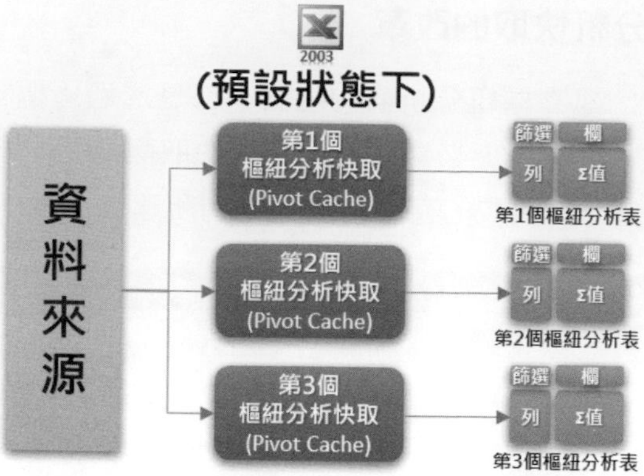

而在 Excel 2007 以後，樞紐分析表的技術與操作有了重大的改革，那就是在預設的狀態下，建立第 1 個樞紐分析表時，理所當然會主動先建立一個樞紐分析快取，然後才建立新的樞紐分析表，但是，在建立後續的第 2 個、第 3 個、第 4 個、...等等新的樞紐分析表時，都會採用第 1 個樞紐分析表所使用的樞紐分析快取，這種情況我們稱之為「以共用快取方式建立樞紐分析表」。

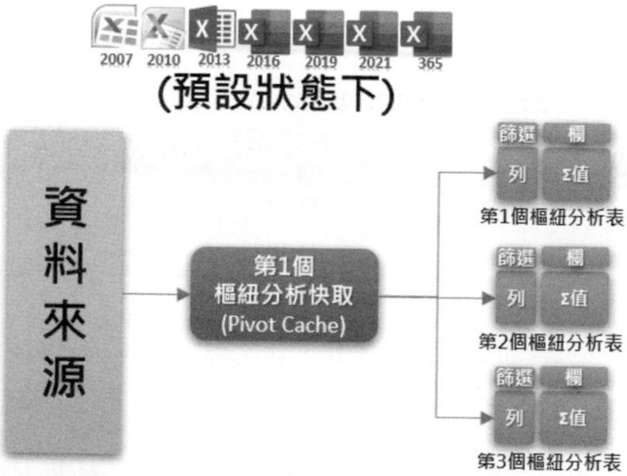

至於「以獨立快取方式建立樞紐分析表」還是「以共用快取方式建立樞紐分析表」，其實聽憑尊便，我們就在稍後的 4-7-3 與 4-7-4 這兩小節來為您詳細介紹與實際演練囉！

4-7-2 群組的疑惑

要建立樞紐分析表時所涉及到的資料欄位，直接連結自原始資料來源的內容即可，何必多此一舉，還要事先建立樞紐分析快取(Pivot Cache)呢？而樞紐分析快取裡難道只是儲存著原始資料來源的複本嗎？這一小節我們就藉由建立樞紐分析表時的群組設定功能來解讀這些迷惑吧！

我們還是從實作範例演練來學習，使用的範例是與前述同樣的訂單交易記錄工作表內容，檔案大小僅有 595KB，存放了 8916 筆的交易記錄並記載了「編號」、「業務員」、「交易日期」、「交易公司」、「交易金額」、「交易方式」、「稅額」、「合計費用」、「運送方式」與「獎金」等 10 項資料欄位。

STEP 1 **開啟〔交易記錄(樞紐分析介紹)〕活頁簿檔案(檔案大小為 595KB)，僅有一張〔交易記錄〕工作表，內含 8916 筆資料內容。**

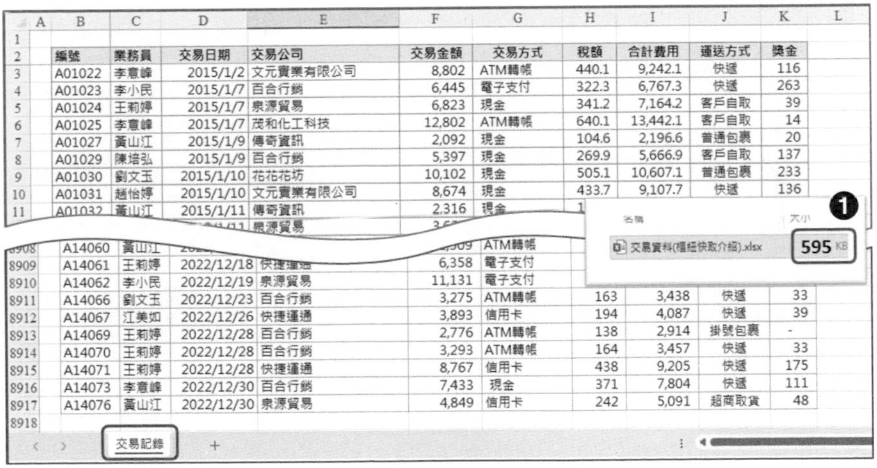

	編號	業務員	交易日期	交易公司	交易金額	交易方式	稅額	合計費用	運送方式	獎金
3	A01022	李意峰	2015/1/2	文元實業有限公司	8,802	ATM轉帳	440.1	9,242.1	快遞	116
4	A01023	李小民	2015/1/7	百合行銷	6,445	電子支付	322.3	6,767.3	快遞	263
5	A01024	王莉婷	2015/1/7	泉源貿易	6,823	現金	341.2	7,164.2	客戶自取	39
6	A01025	李意峰	2015/1/7	茂和化工科技	12,802	ATM轉帳	640.1	13,442.1	客戶自取	14
7	A01027	黃山江	2015/1/9	傳奇資訊	2,092	現金	104.6	2,196.6	普通包裹	20
8	A01029	陳培弘	2015/1/9	百合行銷	5,397	現金	269.9	5,666.9	客戶自取	137
9	A01030	劉文玉	2015/1/10	花花花坊	10,102	現金	505.1	10,607.1	普通包裹	233
10	A01031	趙怡婷	2015/1/10	文元實業有限公司	8,674	現金	433.7	9,107.7	快遞	136
11	A01032	黃山江	2015/1/11	傳奇資訊	2,316	現金				
8909	A14061	王莉婷	2022/12/18	快捷運通	6,358	電子支付				
8910	A14062	李小民	2022/12/19	泉源貿易	11,131	電子支付				
8911	A14066	劉文玉	2022/12/23	百合行銷	3,275	ATM轉帳	163	3,438	快遞	33
8912	A14067	江美如	2022/12/26	快捷運通	3,893	信用卡	194	4,087	快遞	39
8913	A14069	王莉婷	2022/12/28	百合行銷	2,776	ATM轉帳	138	2,914	掛號包裹	-
8914	A14070	王莉婷	2022/12/28	百合行銷	3,293	ATM轉帳	164	3,457	快遞	33
8915	A14071	王莉婷	2022/12/28	快捷運通	8,767	信用卡	438	9,205	快遞	175
8916	A14073	李意峰	2022/12/30	百合行銷	7,433	現金	371	7,804	快遞	111
8917	A14076	黃山江	2022/12/30	泉源貿易	4,849	信用卡	242	5,091	超商取貨	48

透過〔插入〕〔樞紐分析表〕的操作，建立一張新的樞紐分析表。

4 自訂化樞紐分析表

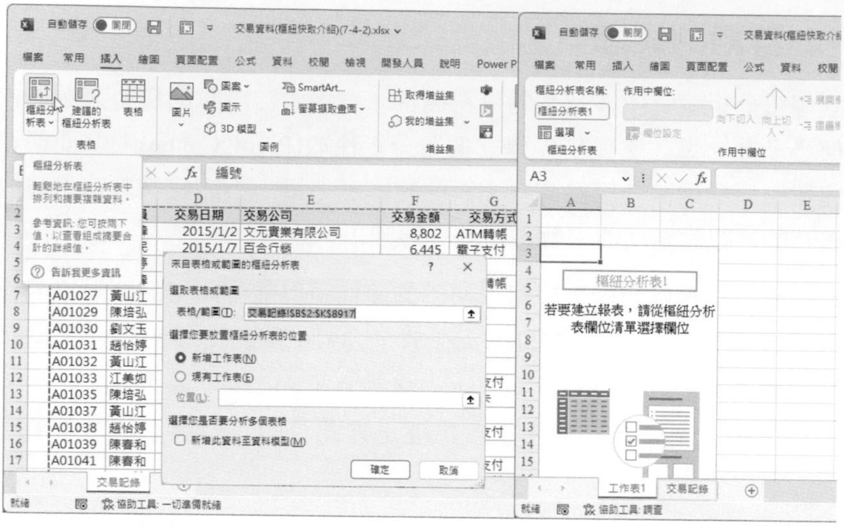

此樞紐分析表的〔列〕區域置入「交易金額」欄位、〔Σ值〕亦置入「交易金額」欄位，但將原本加總運算「加總 - 交易金額」改成計算個數的「計數 - 交易金額」，並將此Σ值欄位更名為「交易筆數」。接著，「交易金額」為群組，設定從0開始，間距值為2000。

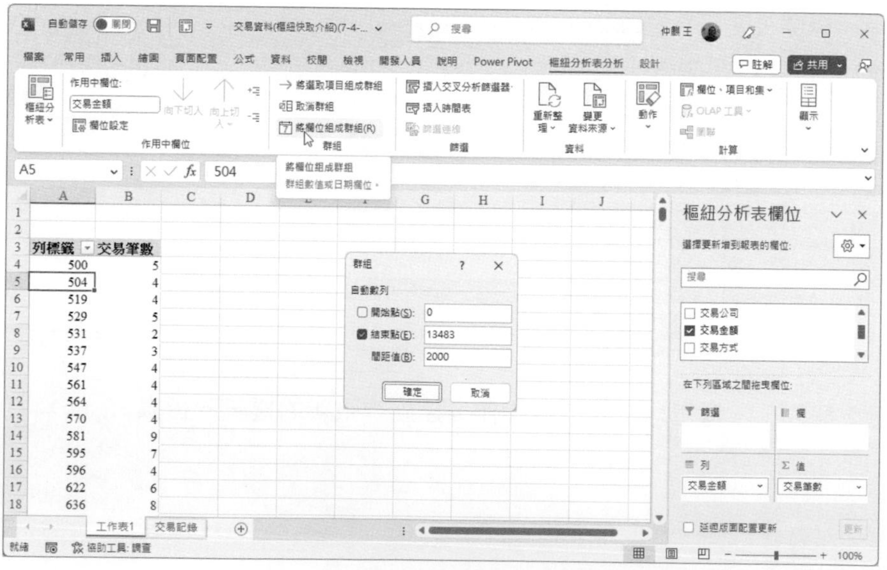

順利完成了群組「交易金額」的操作，以每 2000 元為一個級距，呈現每一級距的交易筆數。接著，再拖曳「交易日期」欄位至〔欄〕區域。

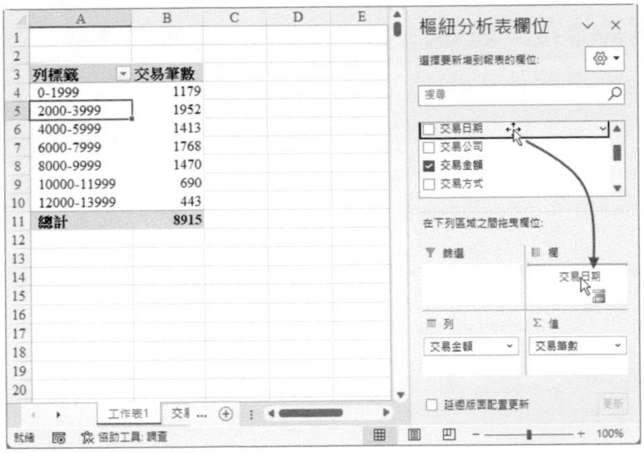

Excel 2016/2019/2021/365 在預設狀態下，會自動針對日期性資料進行「年」、「季」、「月」的群組，即便使用了先前版本的 Excel，雖沒有這項自動化功能，也可以藉由〔將選取項目組成群組〕的操作，根據實際需求進行日期性資料的群組建立與修改。例如：僅群組「年」與「月」而取消「季」的群組。

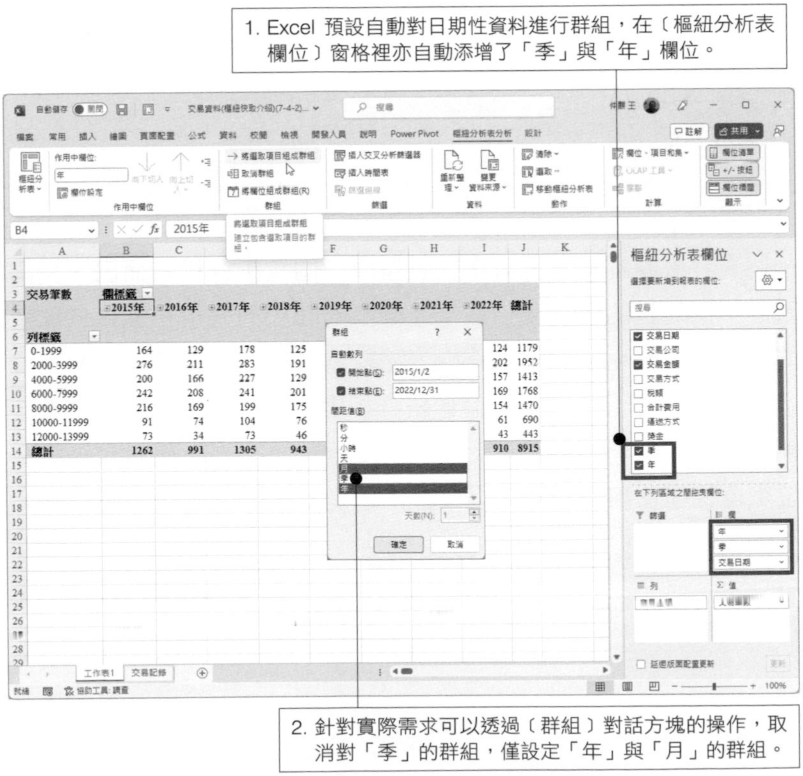
1. Excel 預設自動對日期性資料進行群組，在〔樞紐分析表欄位〕窗格裡亦自動添增了「季」與「年」欄位。
樞紐分析表欄位
群組
開始點(S): 2015/1/2
結束點(E): 2022/12/31
確定
取消
2. 針對實際需求可以透過〔群組〕對話方塊的操作，取消對「季」的群組，僅設定「年」與「月」的群組。

完成日期的群組設定後，展開日期群組資料，呈現每「年」、每「月」的資訊，而〔樞紐分析表欄位〕窗格裡的「季」欄位也消失了。以此實作範例為例，擁有一個樞紐分析表，儲存檔案後的檔案大小為 847KB。

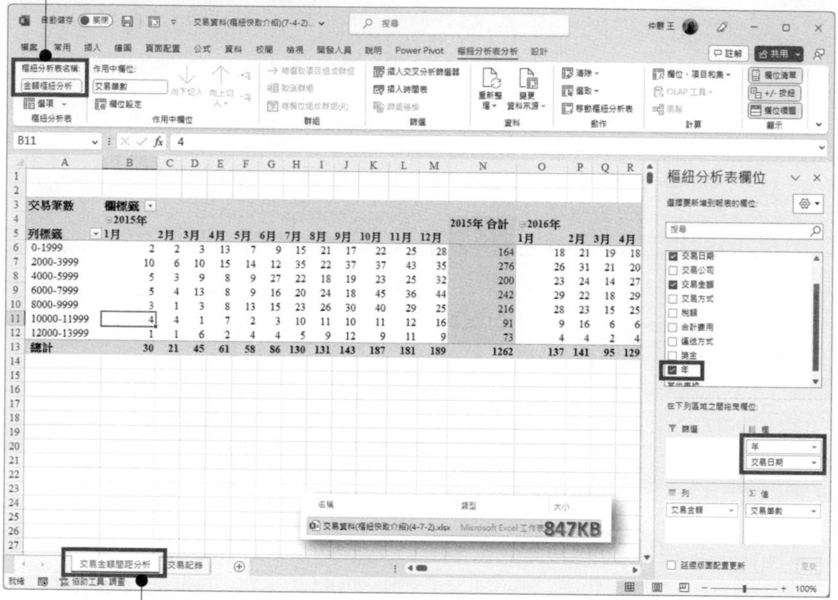

1. 將此樞紐分析表命名為〔金額樞紐分析〕。
847KB
2. 將此樞紐分析表所在位置的工作表，命名為〔交易金額間距分析〕。

當然，一個資料來源經常不會只拿來製作成一個樞紐分析表而已，相同的資料來源會基於不同的目的與需求，期望進行不同面相的分析，迎合各種情境和狀況的需要，因此，產生多個樞紐分析表絕對是必然的。我們再度回到資料來源工作表〔交易記錄〕，進行第 2 個樞紐分析表的建立。此時可以發覺，都尚未進行〔欄〕、〔列〕、〔篩選〕及〔Σ值〕等區域的拖曳與設定，在〔樞紐分析表欄位〕窗格裡便擁有了「年」欄位，這是怎麼一回事？暫且放下，讓我們繼續做下去...。

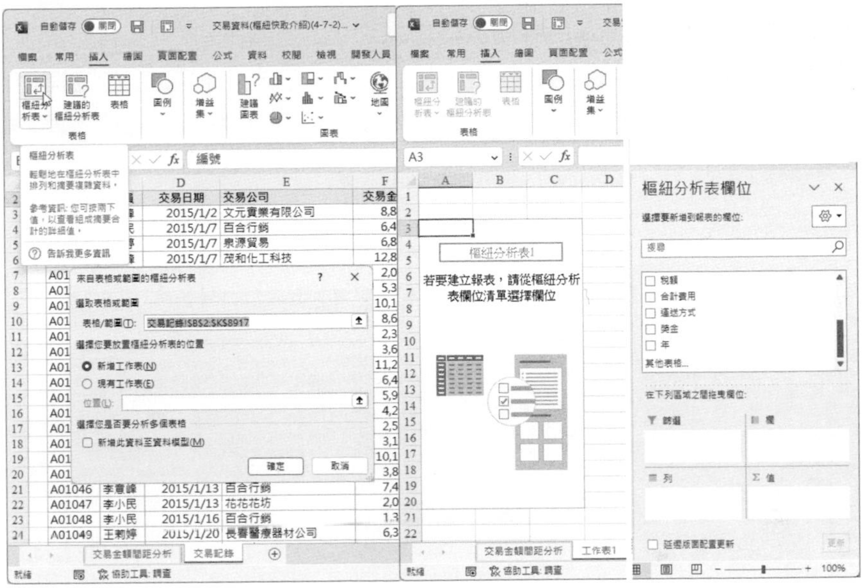

此次拖曳了〔樞紐分析表欄位〕窗格裡的「業務員」至〔欄〕區域及〔Σ值〕區域。再拖曳「交易日期」欄位至〔列〕區域。這時候會發現，A 欄仍是逐列顯示每一年，並含有展開按鈕，可以顯示下一層級的資料，而〔樞紐分析表欄位〕窗格裡仍保有「年」欄位。透過點選儲存格 A5，將作用儲存格停留在樞紐分析表上的日期項目儲存格中，進行〔將選取項目組成群組〕功能的操作。

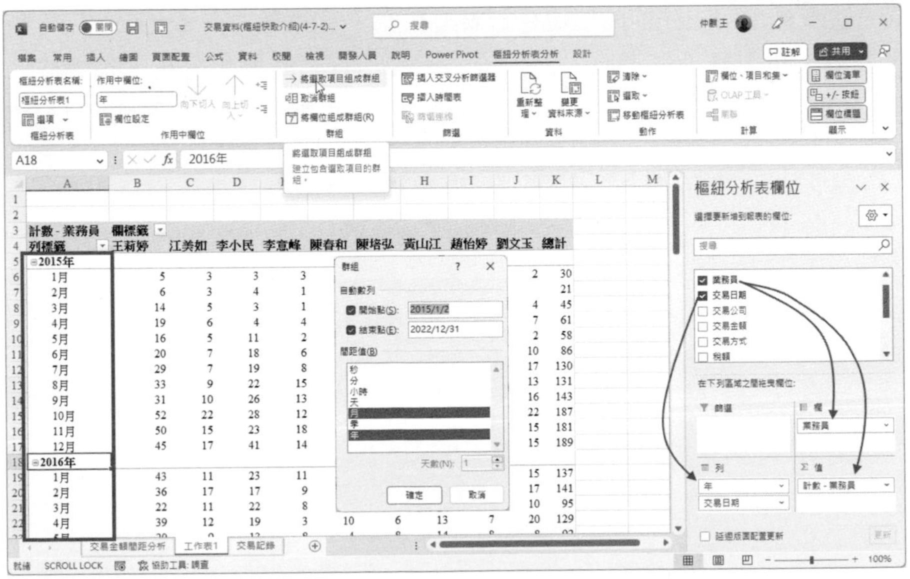

假設此新建立的樞紐分析表在日期的群組處理上，希望僅群組「年」與「季」就好了，並取消「月」的群組設定。因此，在〔群組〕對話方塊裡僅選取「年」與「季」，此樞紐分析表即呈現每「年」、每「季」、每位「業務員」的交易筆數。

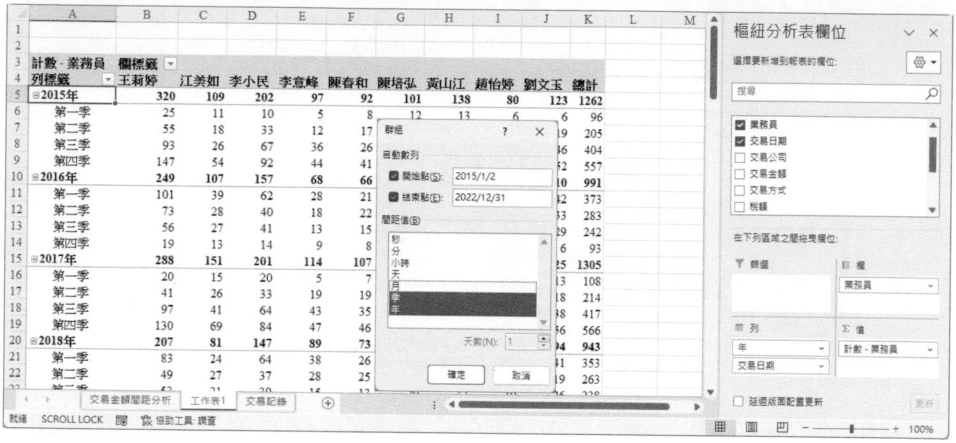

完成一個新的樞紐分析表後，可以為此樞紐分析表命名，亦可將工作表名稱從原本的〔工作表 2〕改為比較有意義的命名。以此實作範例為例，已經擁有兩個樞紐分析表了，儲存檔案後的檔案大小為 850KB。真的嗎？原本只有一個樞紐分析表時，檔案大小為 847KB，多了一個樞紐分析表，檔案大小怎麼沒什麼差異？當我們點回去先前的樞紐分析表所在處，也就是〔交易金額間距分析〕工作表時，也驚覺，怎麼原本每「年」、每「月」的群組分析，卻變成了每「年」每「季」的分析了呢？好吧！仍留在稍後再來說明，讓我們還是繼續做下去...。

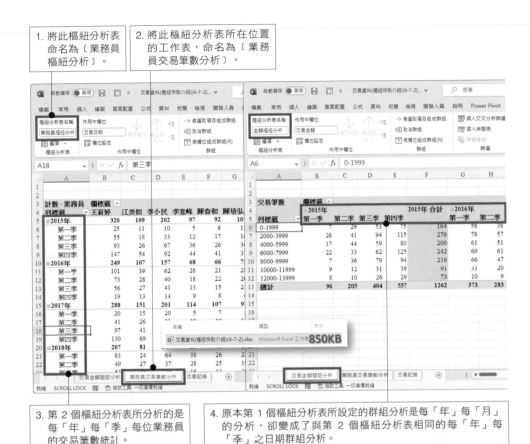

1. 將此樞紐分析表命名為〔業務員樞紐分析〕。

2. 將此樞紐分析表所在位置的工作表，命名為〔業務員交易筆數分析〕。

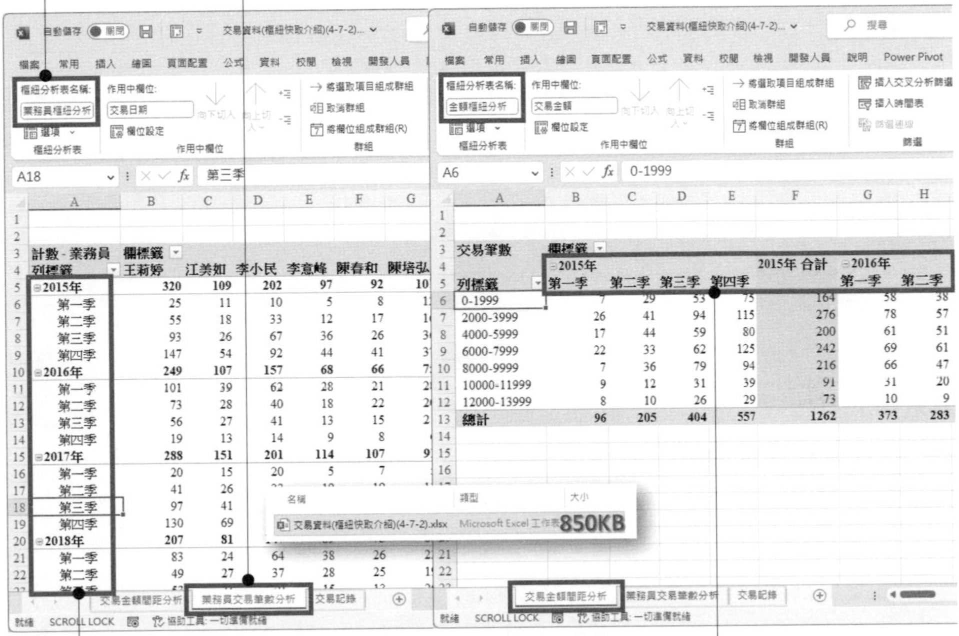

3. 第 2 個樞紐分析表所分析的是每「年」每「季」每位業務員的交易筆數統計。

4. 原本第 1 個樞紐分析表所設定的群組分析是每「年」每「月」的分析，卻變成了與第 2 個樞紐分析表相同的每「年」每「季」之日期群組分析。

在剛剛製作的第二個樞紐分析表，我們想要呈現每年每一種交易金額的間距，而間距值希望設定為 5000，因此，我們可以將〔樞紐分析表欄位〕窗格裡的「交易金額」欄位，拖曳放置在〔列〕區域裡的「年」欄位與「交易日期」欄位之間。

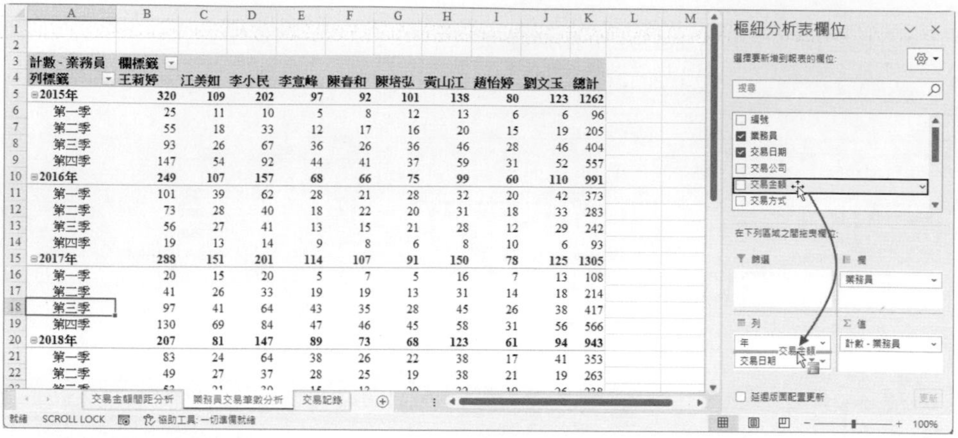

奇怪！我們都還沒進行「交易金額」的群組設定，怎麼在樞紐分析表上就自動設定好了群組呢？而且，「交易金額」的群組間距值還沿襲了前一個樞紐分析表的「交易金額」群組間距值(每個級距差 2000)。好吧！我們再進行一次「交易金額」的群組設定囉！將作用儲存格停在 A 欄裡的某一個「交易金額」間距值，例如：儲存格 A6，然後，再度進行〔將選取項目組成群組〕命令的操作，開啟〔群組〕對話方塊後便可以看到，間距值真的是如同前一個樞紐分析表的「交易金額」群組間距值「2000」，我們索性就直接在此將其改為「5000」囉！

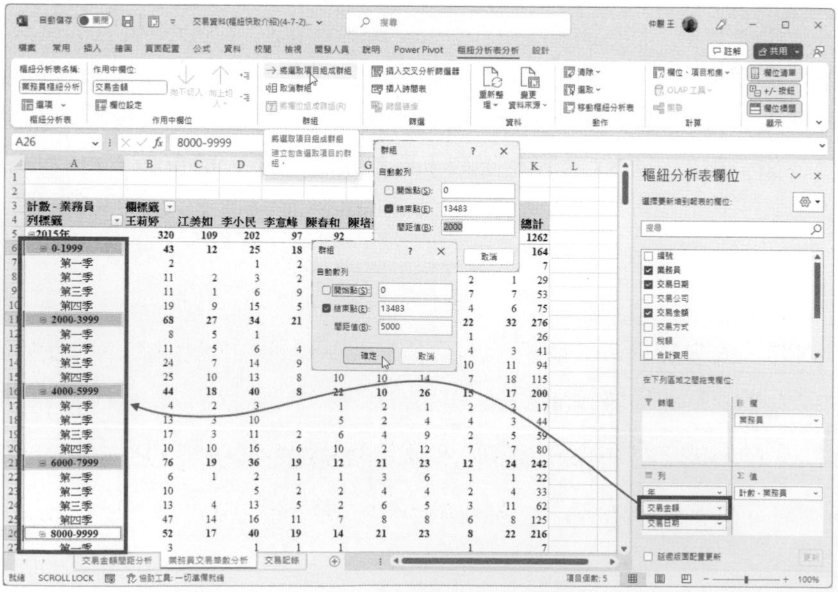

完成設定後，正如我們所願的將「交易金額」群組間距值調整為「5000」了！而當我們再切換到先前第 1 個樞紐分析表所在處〔交易金額間距分析〕工作表時，又驚覺，怎麼原本每「2000」級距的「交易金額」群組，又被自動調整為每「5000」一個級距呢？聰明的您想想看，應該有點眉目了唄！

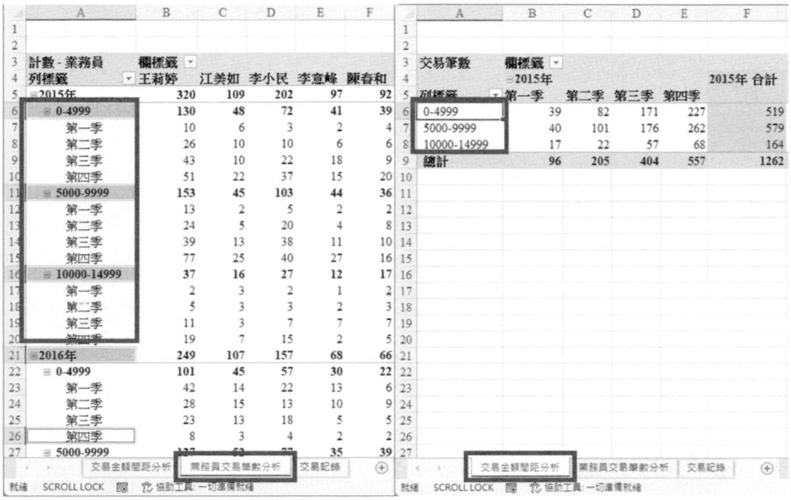

TIPS

原則上，使用原本的資料來源建立樞紐分析表時，只要每新增一個樞紐分析表就會配給一個樞紐分析快取，所以，建立 10 個樞紐分析表就會新增 10 個樞紐分析快取。例如：在 Excel 2003 建立樞紐分析時便是如此。但是，由於樞紐分析快取的新增也會增加檔案的大小。為了達到建立多個樞紐分析表的需求，但不想要因為包含了過多的樞紐分析快取而影響了活頁簿檔案的大小，因此，從 Excel 2007 開始，在使用同一資料來源建立另一個樞紐分析時，便使用相同的樞紐分析快取記憶。也就是說，就算建立 10 個樞紐分析表，在共用快取的特性下，只需要一個樞紐分析快取即可。

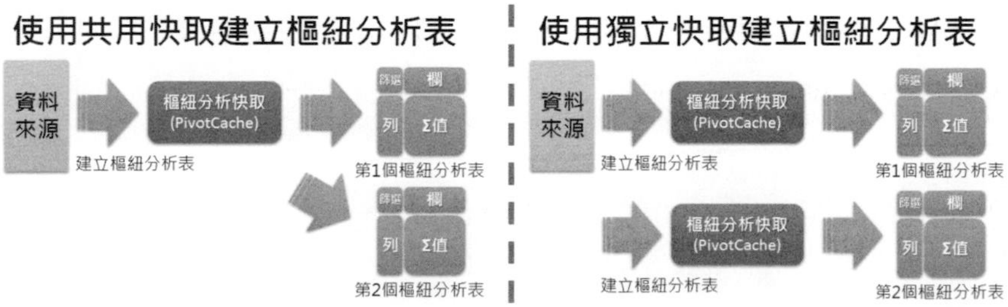

4-7-3 使用獨立快取建立樞紐分析表

延續前一小節的介紹與實作，先前我們建立第 1 個樞紐分析表時，自然會有一個樞紐分析快取，而建立第 2 個樞紐分析表時，預設採用了先前的樞紐分析快取，也才會發生群組設定有所異動時，連帶的影響了另一個樞紐分析表的群組表現。由此可見，當我們使用相同的資料來源建立多個樞紐分析表時，因為使用的都是同一個樞紐分析快取，因此，檔案大小不會暴增。可是，面對群組設定，甚至若有「計算欄位」、「計算項目」的需求時，各個樞紐分析表之間就會連鎖反應而互受影響了！

難道不能像 Excel 2003 一般，在使用同一資料來源建立第 2 個以上的樞紐分析表時，自動彈跳出是否沿用先前的樞紐分析快取？或使用一個新的獨立樞紐分析快取的對話方塊嗎？當然沒問題！若有此需求，建立樞紐分析表時所使用的操作方式就並非是傳統的〔插入〕/〔樞紐分析表〕了，而是透過〔樞紐分析表和樞紐分析圖精靈〕的操作對話來完成。所以，讓我們回到原本的資料來源工作表，來實際演練一次吧！

STEP 1 點選〔交易記錄〕工作表，切換至原本資料來源處。

STEP 2 點選資料範圍裡的任一儲存格，例如：儲存格 B3。

STEP 3 按下 Alt、D、P 快捷按鍵。

STEP 4 啟動〔樞紐分析表和樞紐分析圖精靈〕的操作對話，點選〔Microsoft Excel 清單或資料庫〕選項，然後點按〔下一步〕按鈕。

STEP 5 啟動〔樞紐分析表和樞紐分析圖精靈〕對話操作的步驟 2 是確認資料欄來源的範圍，請點按〔下一步〕按鈕。

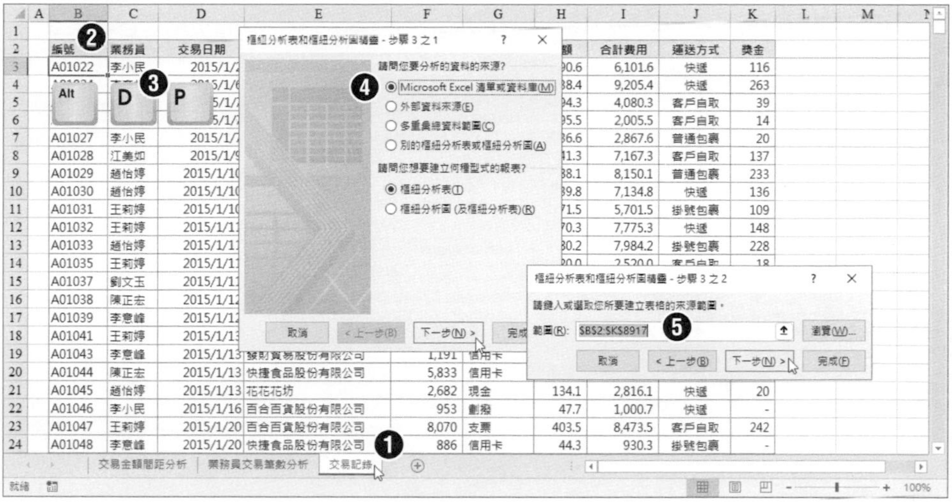

接著就是重點了！由於在此操作之前，活頁簿裡已經有一個樞紐分析快取了，因此會顯示是否要採用既有的快取？還是建立一個獨立的快取來建立新的樞紐分析表。

STEP **6** **點按〔否〕按鈕，決定獨立建立這個樞紐分析表，意即使用新的樞紐分析快取來建立新的樞紐分析表。**

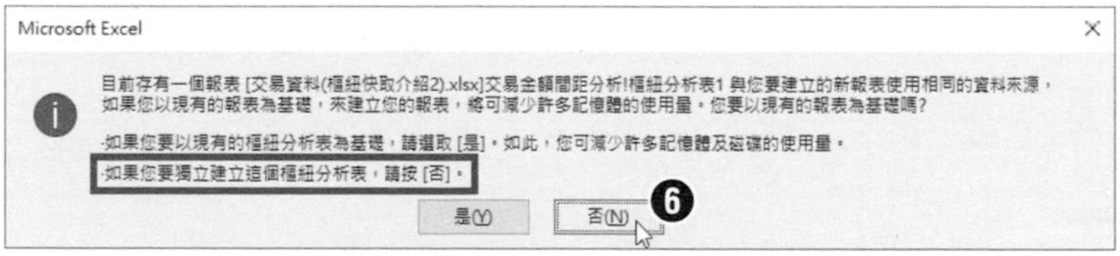

這時候，在新的工作表上所建立的樞紐分析表是採用獨立的樞紐分析快取，因此，在畫面右側的〔樞紐分析表欄位〕窗格裡看到是原汁原味的來源資料之頂端列的各項資料欄位。

STEP **7** **最後，點按〔完成〕按鈕，在新的工作表上以獨立樞紐分析快取建立新的樞紐分析表。**

4 自訂化樞紐分析表

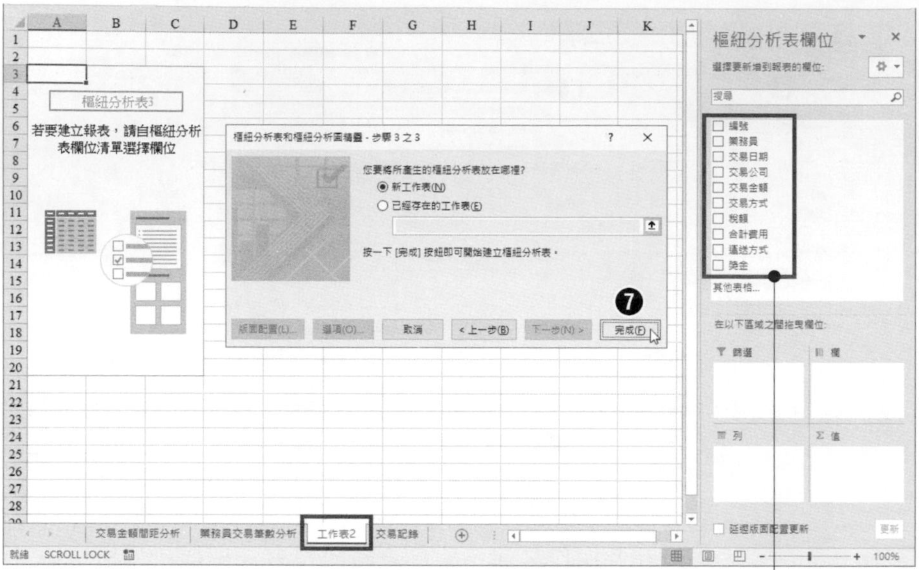

由於是採用獨立的樞紐分析快取，因此，〔樞紐分析表欄位〕窗格裡除了來源資料的所有資料欄位外，沒有其他多餘的額外欄位。

接著，開始透過拖曳欄位的操作來建立此活頁簿裡的第 3 個樞紐分析表，例如：將「交易金額」拖曳到〔列〕區域，此時即可領略到 A 欄裡逐列顯示每一種交易金額，而並未有群組設定。當拖曳「交易日期」至〔欄〕區域時，會自動進行「年」、「季」、「月」的群組。

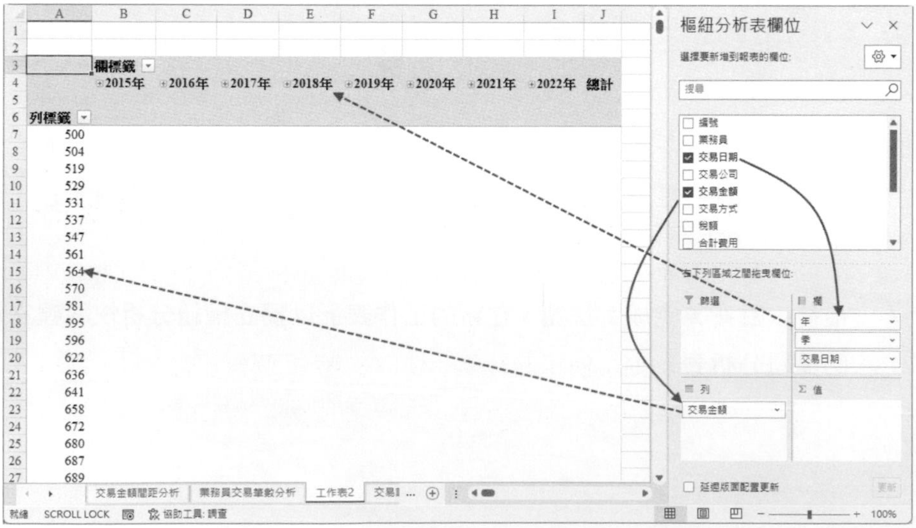

拖曳日期資料欄位的當下，若不喜歡 Excel 幫您自動進行日期群組，也可以立馬按下〔快速存取工具列〕上的〔復原樞紐分析表群組〕工具按鈕(或按下 Ctrl + Z 快捷按鍵)，即可取消此次的日期自動群組而恢復為原本的逐日(Daily)呈現日期資料。此外，您也會發覺若是此時儲存檔案，由於這個活頁簿裡已經有第 2 個樞紐分析快取了，因此，檔案大小將會增大，從原本僅有 1 個樞紐分析快取(但有兩個樞紐分析表運用此樞紐分析快取)時的 850KB 左右，變成擁有 2 個樞紐分析快取(僅被第三個樞紐分析表所運用)的 1147KB。

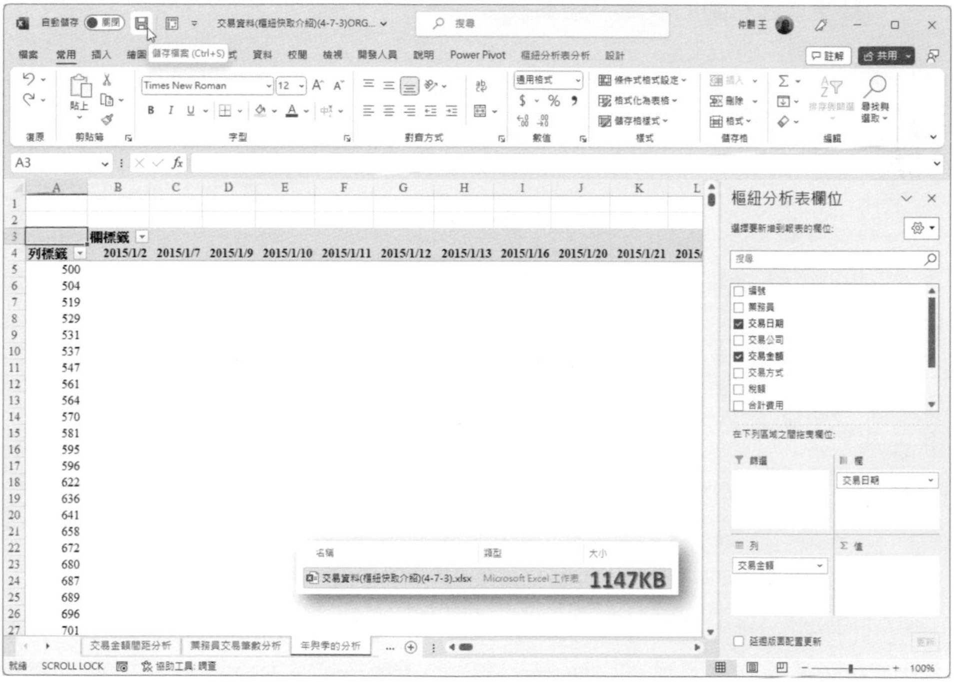

4-7-4 選擇既有的樞紐分析快取建立新的樞紐分析表

不過，問題又來了，若想要此活頁簿裡再增加第四樞紐分析表，但是此樞紐分析表並不想要使用獨立的樞紐快取，而是期望採用既有的樞紐分析快取來建立此新的樞紐分析表，例如：使用此範例活頁簿的第 1 個樞紐分析快取來建立新的樞紐分析表，那要如何操作呢？答案是：仍是使用〔樞紐分析表和樞紐分析圖精靈〕對話操作。

STEP 1　點選〔交易記錄〕工作表，切換至原本資料來源處。

STEP 2　點選資料範圍裡的任一儲存格，例如：儲存格 B3。

STEP 3　按下 Alt、D、P 快捷按鍵。

STEP 4　啟動〔樞紐分析表和樞紐分析圖精靈〕的操作對話，點選〔Microsoft Excel 清單或資料庫〕選項，然後點按〔下一步〕按鈕。

STEP 5　啟動〔樞紐分析表和樞紐分析圖精靈〕對話操作的步驟 2，這是確認資料欄來源範圍的步驟，請點按〔下一步〕按鈕。

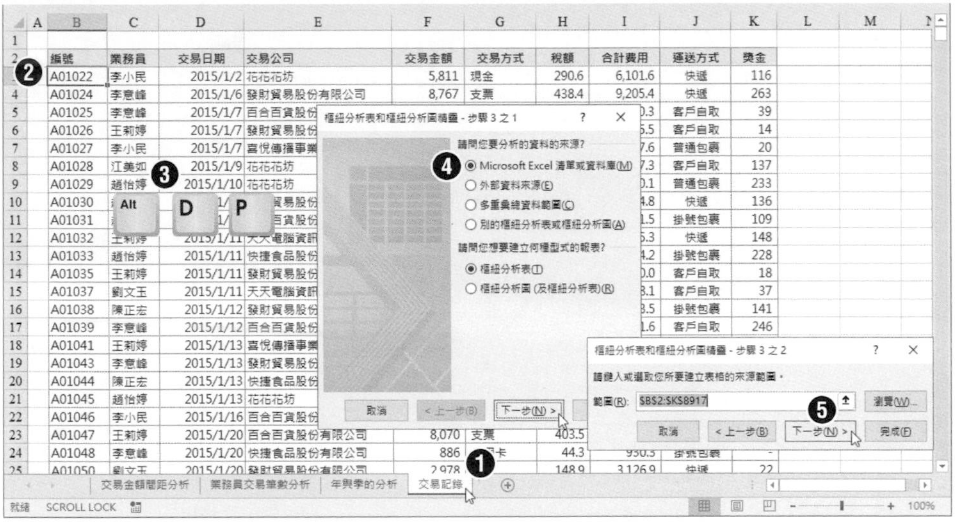

由於在此操作之前，活頁簿裡已經有 2 個樞紐分析快取了，因此會顯示是否要採用既有的快取？還是建立一個獨立的快取來建立新的樞紐分析表。此刻可以點按〔是〕按鈕。

STEP 6　點按〔是〕按鈕，可以決定採用既有的樞紐分析快取來建立新的樞紐分析表。

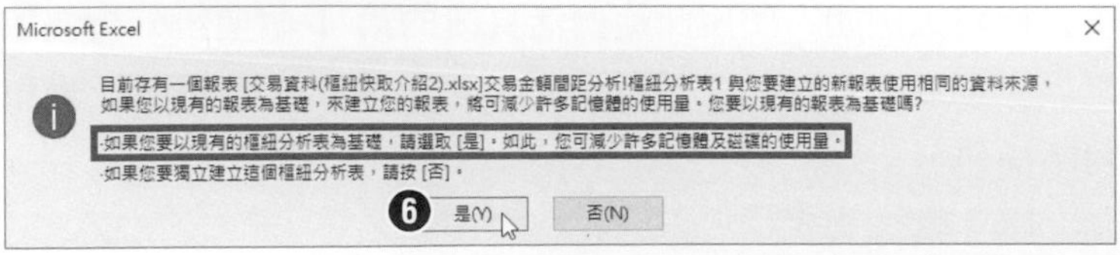

點按〔是〕按鈕後，將以現有的樞紐分析表為基礎來建立樞紐分析表，因此會詢問是要選用哪一個樞紐分析表的樞紐分析快取來作為新樞紐分析表的基礎。例如：選取〔交易金額間距分析〕工作表上的〔金額樞紐分析〕這個樞紐分析表(此樞紐分析表所採用的是第 1 個樞紐分析快取)。

STEP 7 點選所要套用的樞紐分析表，然後，〔下一步〕按鈕。

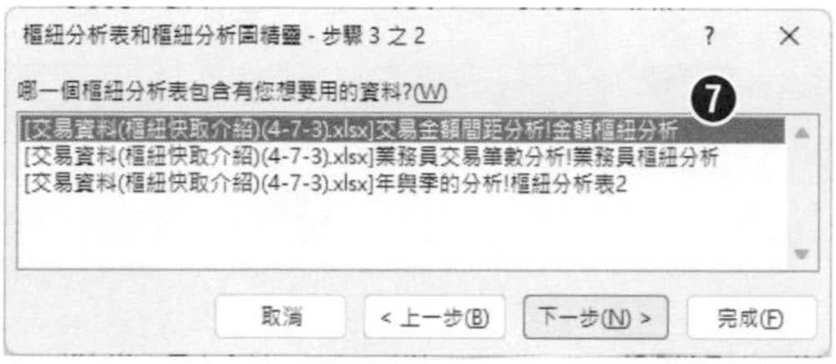

STEP 8 最後，點按〔完成〕按鈕，在新的工作表上將使用既有的樞紐分析快取建立新的樞紐分析表。

STEP 9 在〔樞紐分析表欄位〕窗格裡即可看到既有的樞紐分析快取其群組基礎。

STEP 10 拖曳「交易金額」欄位。

STEP 11 拖放至〔列〕區域。

STEP 12 樞紐分析表上立即逐列呈現已經設定群組的交易金額(來自既有的樞紐分析快取之群組定義)。

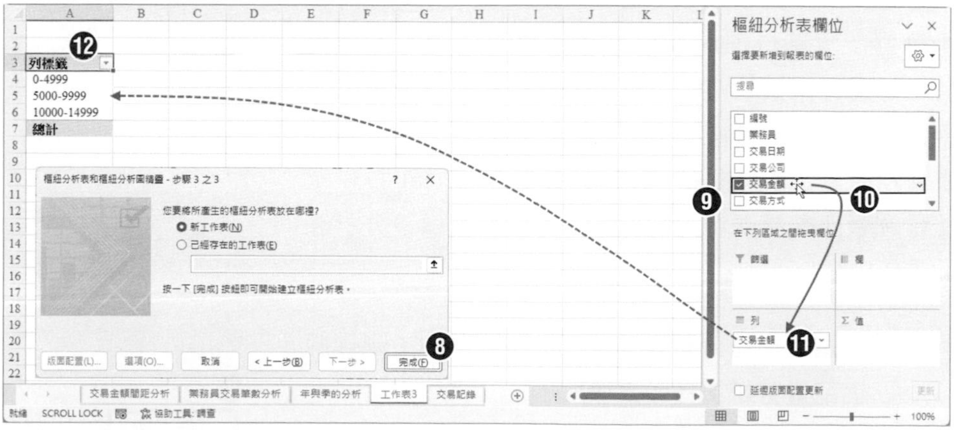

當然，面臨這第 4 個新樞紐分析表的建立，並不會讓活頁簿檔案的大小成長太大，因為，這第 4 個樞紐分析表是以既有的樞紐分析快取為基礎所建立的。綜觀在這個範例活頁簿裡，前前後後一共建立了 2 個樞紐分析快取、4 個樞紐分析表。相信這樣的例舉與說明，定能讓您製作樞紐分析表的觀念更正確也更清楚，功力肯定大增。

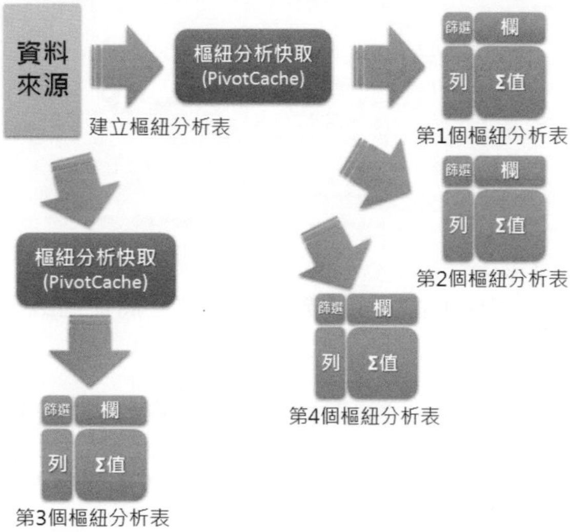

4-7-5 關於延遲版面配置更新

若資料量頗大，則樞紐分析表重新整理的時間會拉長，也是說，當您調整〔列〕、〔欄〕、〔Σ值〕或〔篩選〕等區域裡的欄位，改變樞紐分析表的架構時，每進行一個動作都會重新整理一次樞紐分析表，因此，可能都會等待相當長的一段時間，尤其針對海量資料時更是牽一髮動全軍。所以，在 Excel 提供了〔延遲版面配置更新〕的功能，可以暫緩樞紐分析表的重新整理。

STEP 1 勾選〔樞紐分析表欄位〕窗格底下的〔延遲版面配置更新〕核取方塊。

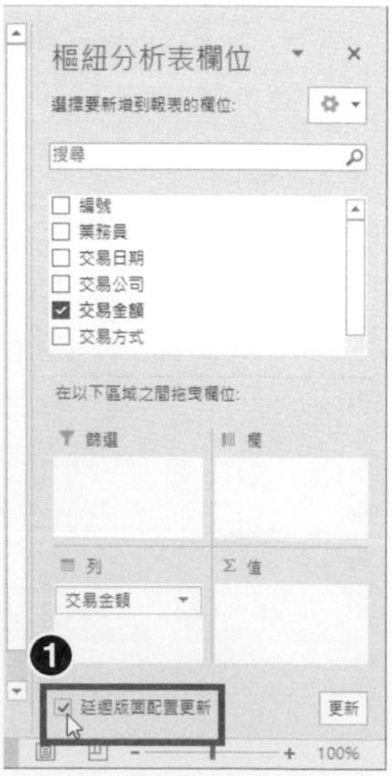

STEP 2 從此以後，分別拖曳「業務員」欄位至〔欄〕區域。

STEP 3 拖曳「交易公司」欄位至〔列〕區。

STEP 4 拖曳「編號」欄位至〔Σ值〕區域。

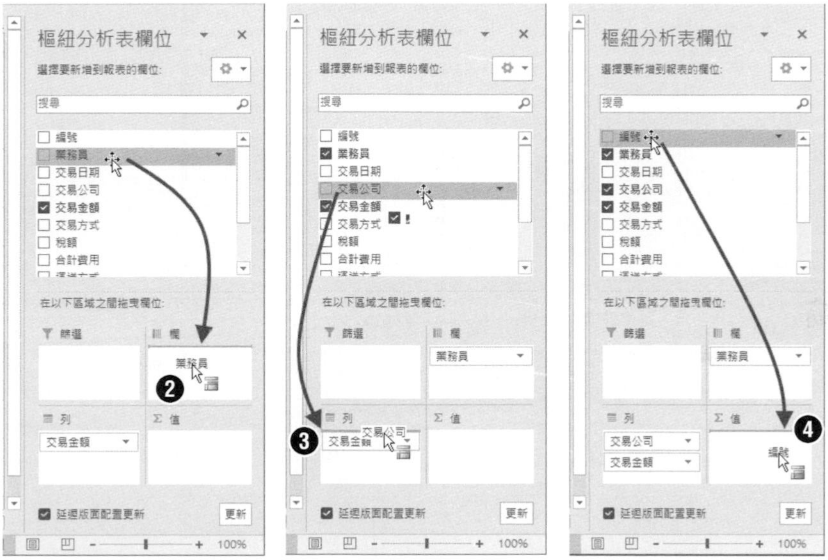

STEP 5 樞紐分析表完全聞風不動，並沒有因為〔列〕、〔欄〕、〔Σ值〕等區域有了資料欄位而有所更新與變動。

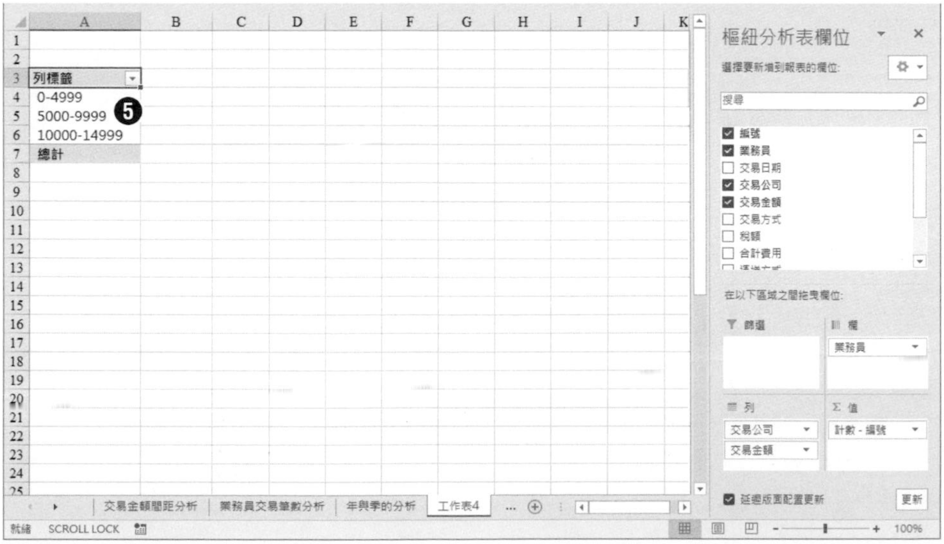

STEP 6 此時只要點按〔樞紐分析表欄位〕窗格底下右下方的〔更新〕按鈕，即可一次完成所有的更新。

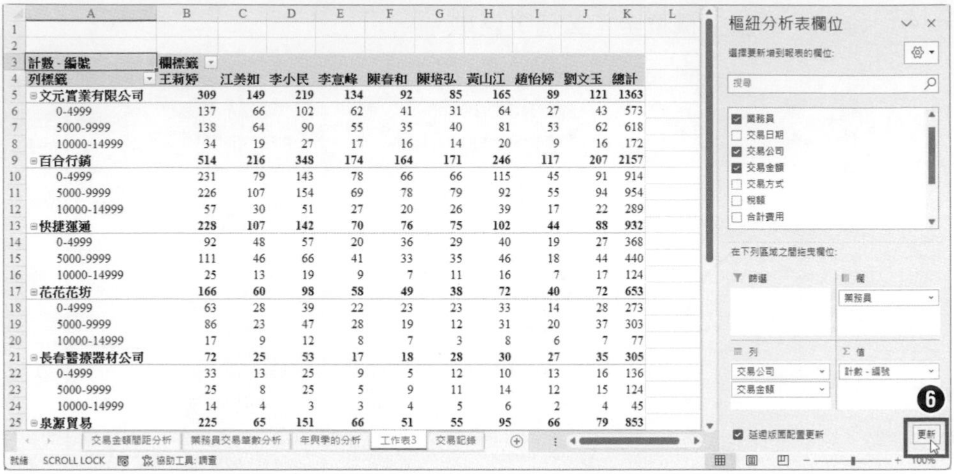

計數 - 編號	欄標籤									
列標籤	王莉婷	江美如	李小民	李意峰	陳春和	陳培弘	黃山江	趙怡婷	劉文玉	總計
文元實業有限公司	**309**	**149**	**219**	**134**	**92**	**85**	**165**	**89**	**121**	**1363**
0-4999	137	66	102	62	41	31	64	27	43	573
5000-9999	138	64	90	55	35	40	81	53	62	618
10000-14999	34	19	27	17	16	14	20	9	16	172
百合行銷	**514**	**216**	**348**	**174**	**164**	**171**	**246**	**117**	**207**	**2157**
0-4999	231	79	143	78	66	66	115	45	91	914
5000-9999	226	107	154	69	78	79	92	55	94	954
10000-14999	57	30	51	27	20	26	39	17	22	289
快捷運通	**228**	**107**	**142**	**70**	**76**	**75**	**102**	**44**	**88**	**932**
0-4999	92	48	57	20	36	29	40	19	27	368
5000-9999	111	46	66	41	33	35	46	18	44	440
10000-14999	25	13	19	9	7	11	16	7	17	124
花花花坊	**166**	**60**	**98**	**58**	**49**	**38**	**72**	**40**	**72**	**653**
0-4999	63	28	39	22	23	23	33	14	28	273
5000-9999	86	23	47	28	19	12	31	20	37	303
10000-14999	17	9	12	8	7	3	8	6	7	77
長春醫療器材公司	**72**	**25**	**53**	**17**	**18**	**28**	**30**	**27**	**35**	**305**
0-4999	33	13	25	9	5	12	10	13	16	136
5000-9999	25	8	25	5	9	11	14	12	15	124
10000-14999	14	4	3	3	4	5	6	2	4	45
泉源貿易	**225**	**65**	**151**	**66**	**51**	**55**	**95**	**66**	**79**	**853**

CHAPTER

5

樞紐分析表的計算功能

樞紐分析表是一種摘要統計報表，自動將欄、列內容進行群組，甚至，群組中還可以再群組，形成多層次的分類交叉統計運算。若有需求，甚至可以建立新的計算欄位，也可以創造出原本不存在於欄、列內容的新計算項目。至於運算的方式也並不僅限於加總。舉凡平均值、最大值、最小值、標準差，都是常用的計算方式(又稱為摘要方式)。而摘要出來的結果也可以選擇顯示方式，不論是百分比例、欄列總和百分比例、差異、累計加總、小大排名、...幾乎您想得到的商務分析都一應俱全。

5-1 樞紐分析表的計算欄位與計算項目

雖說樞紐分析表的彙整統計資料，其來源皆來自資料表裡的資料欄位，但是，若有需求，您也可以在樞紐分析表中建立資料來源裡並沒有提供的資料運算欄位。此外，若有需求，您也可以在樞紐分析表中新增原本資料來源的資料欄位裡並未提供的資料項目。例如：以下的實例中，樞紐分析表的資料來源裡包含了 8 萬 9 千多筆的交易記錄，其中包括「編號」、「日期」、「年度」、「季別」、「月份」、「星期」、「地區」、「營收」與「費用」等多個資料欄位。而「地區」資料欄位裡的資料項目，則含括了「上海」、「北京」、「廣州」、「東京」、「橫濱」、「大阪」、「首爾」、「釜山」、「新加坡」、「吉隆坡」、「馬尼拉」、「雅加達」等十二個地區名稱。

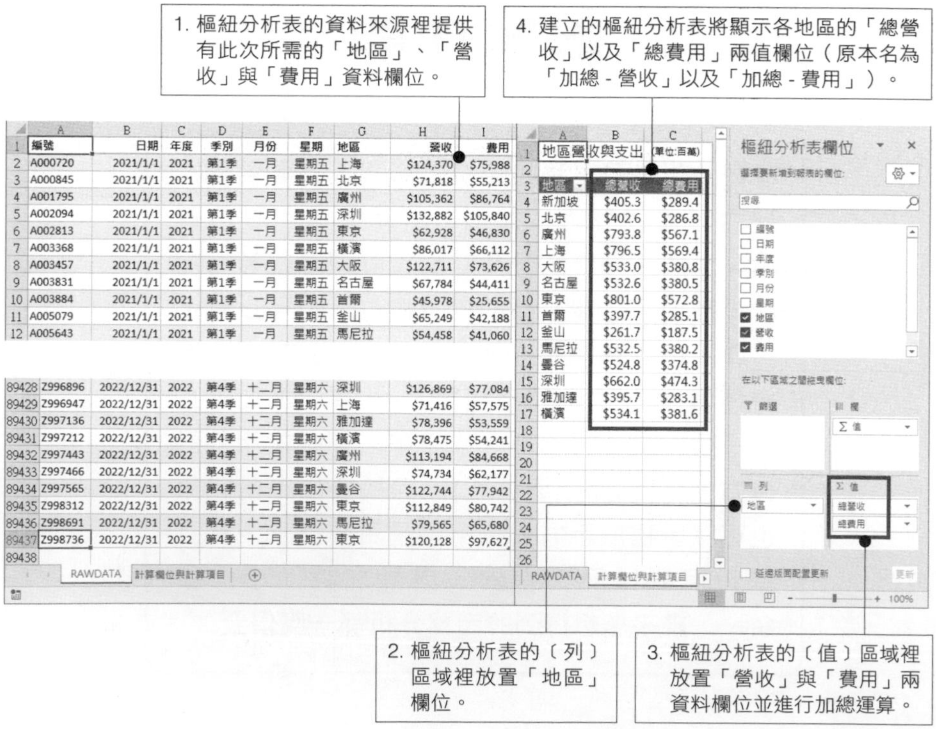
1. 樞紐分析表的資料來源裡提供有此次所需的「地區」、「營收」與「費用」資料欄位。
4. 建立的樞紐分析表將顯示各地區的「總營收」以及「總費用」兩值欄位（原本名為「加總 - 營收」以及「加總 - 費用」）。
2. 樞紐分析表的〔列〕區域裡放置「地區」欄位。
3. 樞紐分析表的〔值〕區域裡放置「營收」與「費用」兩資料欄位並進行加總運算。

透過新增計算欄位的操作，您可以在樞紐分析表中經由公式的建立，新增一個自訂的計算欄位。例如：「利潤」；此外，藉由新增計算項目的操作，您可以在樞紐分析表中經由公式的建立，新增自訂的計算項目。例如：「中國」、「日本」、「韓國」與「東南亞」等。

1. 在樞紐分析表中新增並不存在於資料來源裡的〔利潤〕資料欄位，進行〔加總 - 利潤〕的運算。

2. 在樞紐分析表中新增並不存在於資料來源之〔地區〕資料欄位裡的〔國內〕與〔國外〕這兩個計算資料項目。

5-1-1 計算欄位的設定

在使用資料來源進行樞紐分析表的製作時，若資料來源裡並沒有適當的資料欄位，您可以透過〔插入計算欄位〕的功能，輕鬆產生所需的計算欄位。例如：資料來源裡雖僅有「營收」與「費用」兩個數值欄位，但並未提供「利潤」資料欄位，則藉由樞紐分析表的〔插入計算欄位〕，即可迅速建立自訂的「利潤」樞紐分析運算。

STEP 1　點按樞紐分析表裡的任一儲存格，例如：儲存格 B4。

STEP 2　點按〔樞紐分析表分析〕索引標籤。

STEP **3** 點按〔計算〕群組裡的〔欄位、項目和集〕命令按鈕。

STEP **4** 從展開的功能選單中點選〔計算欄位〕。

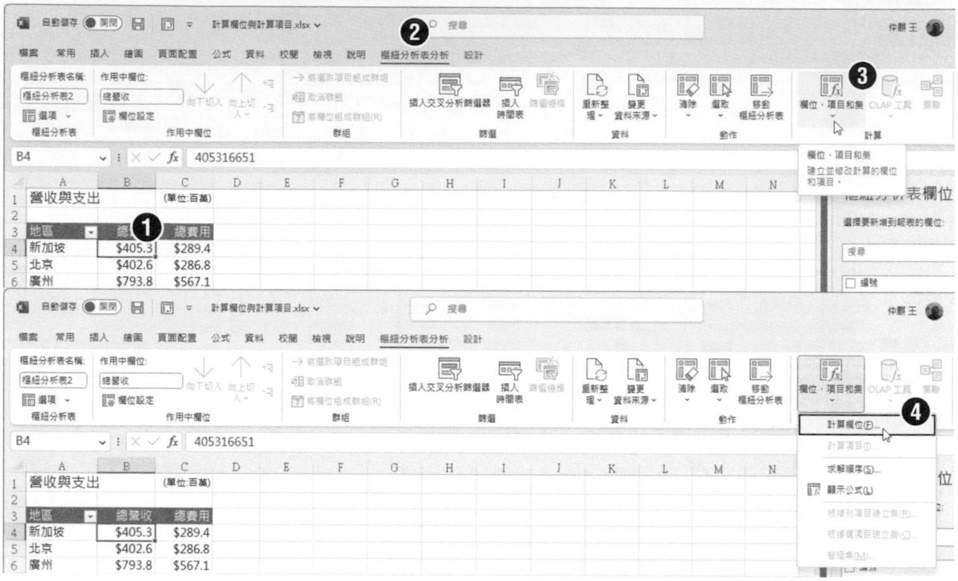

STEP **5** 開啟〔插入計算欄位〕對話方塊，刪除預設的名稱「欄位 1」。

STEP **6** 輸入自訂的計算欄位名稱「利潤」。

STEP **7** 點按兩下〔欄位〕清單裡的「營收」欄位。

STEP **8** 公式方塊裡自動形成「=營收」。

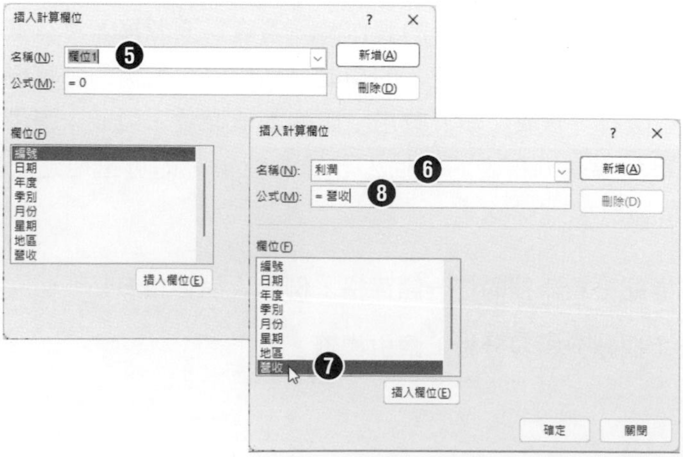

STEP 9 按下「-」號後，繼續點按兩下〔欄位〕清單裡的「費用」欄位。

STEP 10 公式方塊裡自動形成「=營收-費用」。

STEP 11 點按〔新增〕按鈕。

STEP 12 點按〔確定〕按鈕。

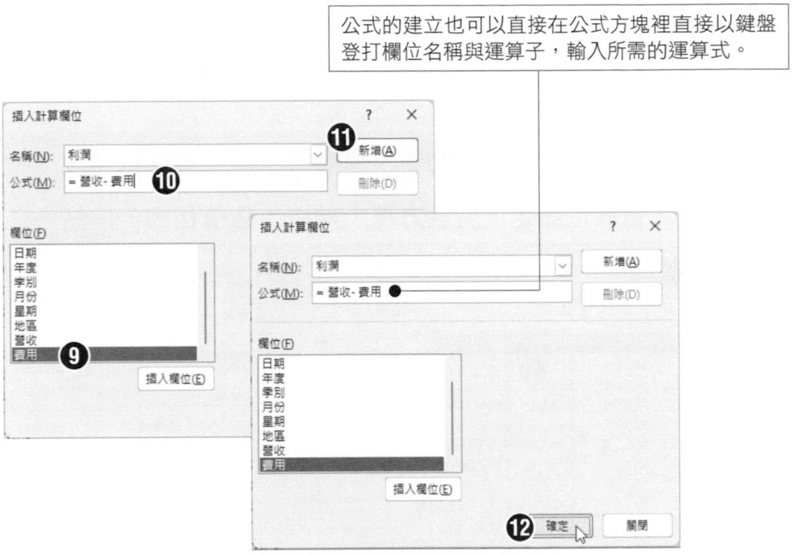

STEP 13 在樞紐分析表中立即新增「加總 - 利潤」的計算欄位。

	A	B	C	D	E
1	地區營收與支出	(單位:百萬)			
2					
3	地區	總營收	總費用	加總 - 利潤	
4	新加坡	$405.3	$289.4	$115,885,775	
5	北京	$402.6	$286.8	$115,807,041	
6	廣州	$793.8	$567.1	$226,705,664	
7	上海	$796.5	$569.4	$227,112,929	
8	大阪	$533.0	$380.8	$152,198,761	
9	名古屋	$532.6	$380.5	$152,067,229	
10	東京	$801.0	$572.8	$228,208,207	
11	首爾	$397.7	$285.1	$112,539,457	
12	釜山	$261.7	$187.5	$74,250,273	
13	馬尼拉	$532.5	$380.2	$152,283,145	
14	曼谷	$524.8	$374.8	$149,957,244	
15	深圳	$662.0	$474.3	$187,709,165	
16	雅加達	$395.7	$283.1	$112,621,172	
17	橫濱	$534.1	$381.6	$152,480,381	
18					

思考一下：當各地區的加總利潤超過 150,000,000 以上，則撥出加總利潤的 4% 為獎金，此時新增「獎金」計算欄位的公式要如何訂定呢？(提示，可使用 if 函數喔～)

此外，針對樞紐分析表裡的摘要值，可以透過傳統儲存格格式化的對話方塊操作，進行數值性的格式設定。譬如：套用貨幣格式。

STEP 1 以滑鼠右鍵點按樞紐分析表裡的任一摘要值儲存格。例如此例的儲存格 D4。

STEP 2 從展開的快顯功能表中點選〔值欄位設定〕功能選項。

STEP 3 開啟〔值欄位設定〕對話方塊，點按〔數值格式〕按鈕。

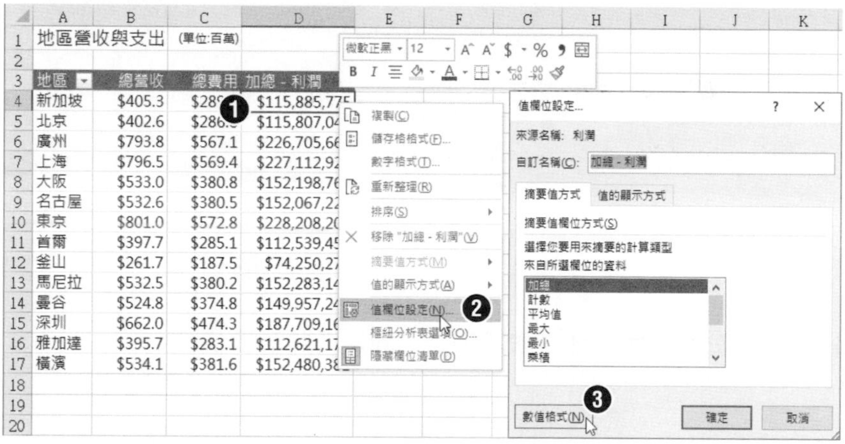

STEP 4 開啟〔設定儲存格格式〕對話方塊，點按〔數值〕頁籤裡的〔自訂〕選項。

STEP 5 在〔類型〕文字方塊裡輸入所要套用的數值格式。例如：輸入「$#,##0.0,,」。

STEP 6 點按〔確定〕按鈕。

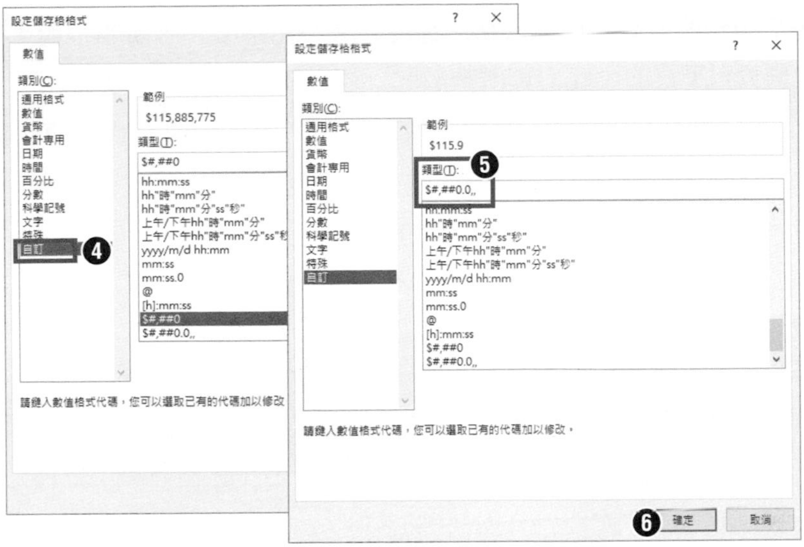

STEP 7 返回〔值欄位設定〕對話方塊，點按〔確定〕按鈕。

STEP 8 完成摘要值欄位的數值格式設定。

5-1-2 計算項目的設定

資料來源其資料欄位裡的資料項目若有彙整的需求，您也可以透過〔插入計算項目〕的功能，經由公式的訂定，產生新的資料項目。例如：將〔地區〕資料欄位裡的 14 個地區的資料項目(「上海」、「大阪」、「北京」、「雅加達」、「曼谷」、「東京」、「名古屋」、「首爾」、「釜山」、「馬尼拉」、「深圳」、「新加坡」、「廣州」、「橫濱」)，彙整出 4 個新的計算項目：

- 新增「中國」計算項目，含括「上海」、「北京」、「廣州」與「深圳」等 4 個資料項目的合計。
- 新增「日本」計算項目，含括「大阪」、「名古屋」、「東京」與「橫濱」等 4 個資料項目的合計。
- 新增「韓國」計算項目，含括「首爾」與「釜山」等 2 個資料項目的合計。
- 新增「東南亞」計算項目，含括「新加坡」、「馬尼拉」、「曼谷」與「雅加達」等 4 個資料項目的合計。

如此，在樞紐分析表的呈現上，除了可以看到〔地區〕資料欄位裡的每一個資料項目外，亦可以看到新增的 4 個計算項目：「中國」、「日本」、「東南亞」與「韓國」。

STEP 1 **點按樞紐分析表裡「地區」(列標籤)底下的任一儲存格，此例為左側〔地區〕裡的任一儲存格。例如：儲存格 A5。**

STEP 2 **點按〔樞紐分析表分析〕索引標籤。**

STEP 3 **點按〔計算〕群組裡的〔欄位、項目和集〕命令按鈕。**

STEP 4 **從展開的功能選單中點選〔計算項目〕。**

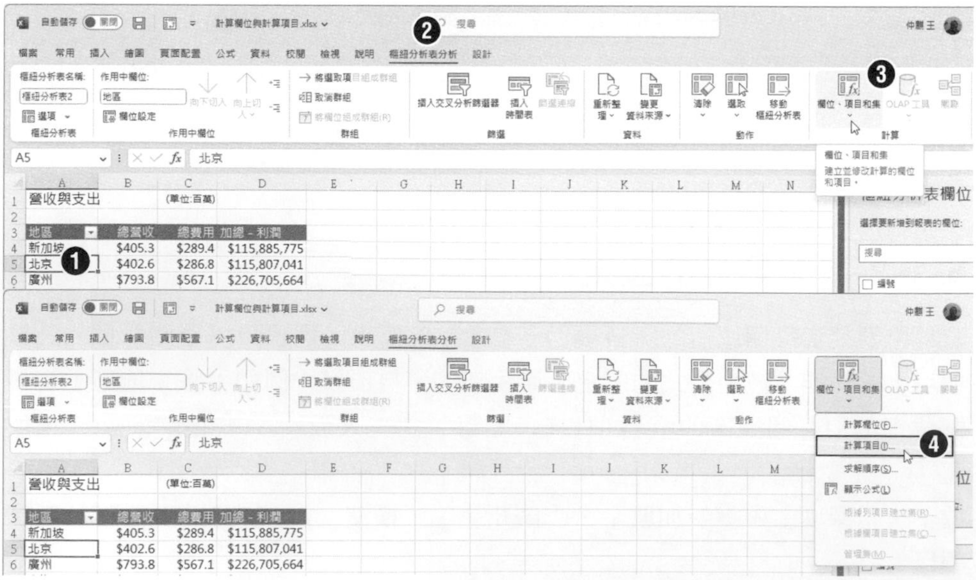

STEP 5 開啟〔將欲計算的項目加入到"地區"〕對話方塊，刪除預設的名稱「公式 1」。

STEP 6 輸入自訂的計算項目名稱「中國」。

STEP 7 點按兩下欄位清單裡的〔地區〕。

STEP 8 點按兩下項目清單裡的「上海」。

STEP 9 公式方塊裡自動形成「=上海」。

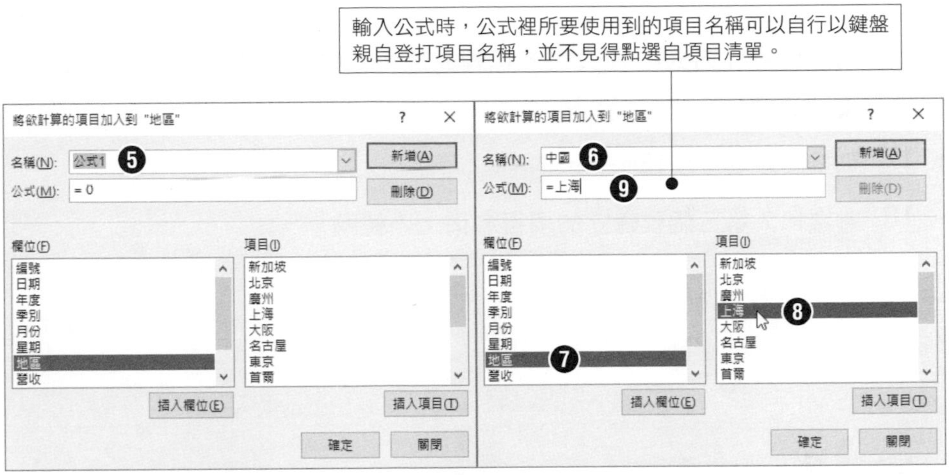

STEP 10 依此類推，完成公式「=上海 + 北京 + 廣州 + 深圳」的建立。

STEP 11 點按〔新增〕按鈕。

STEP 12 繼續輸入第二個要建立的項目名稱：「日本」。

STEP 13 清除原本等號後面的前一公式。

STEP 14 點按兩下〔地區〕欄位。

STEP 15 點按右側項目清單裡的「大阪」。

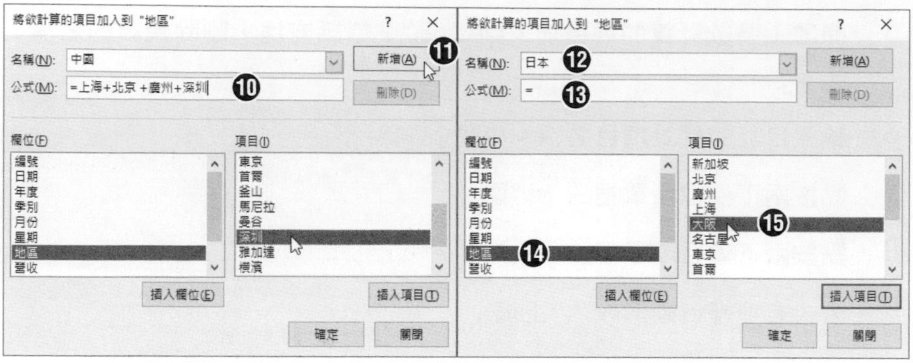

STEP 16 同樣的操作方式，在公式方塊裡完成「=大阪 + 名古屋 + 東京 + 橫濱」的建立。

STEP 17 點按〔新增〕按鈕。

STEP 18 繼續輸入第三個要建立的項目名稱：「韓國」。

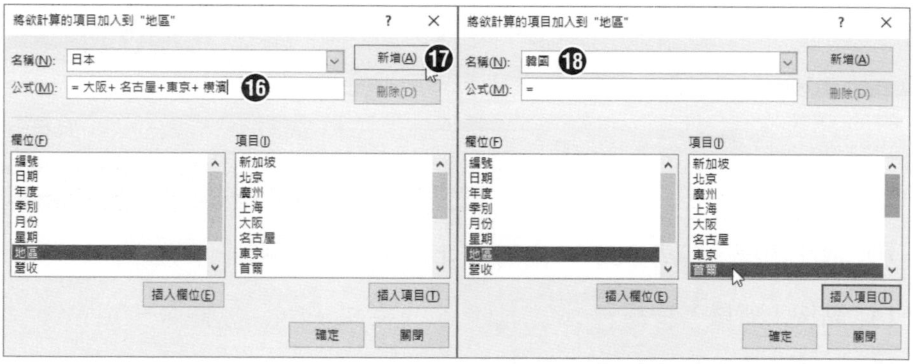

STEP 19 依此類推，在公式方塊裡完成「=首爾 + 釜山」的建立。

STEP 20 點按〔新增〕按鈕。

STEP 21 繼續輸入第四個欲新增的計算項目名稱「東南亞」。

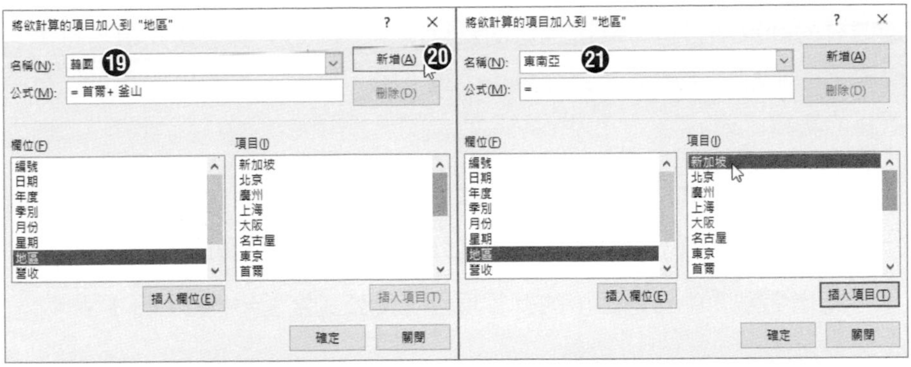

STEP 22 同樣的操作方式，建立公式「=新加坡 + 馬尼拉 + 曼谷 + 雅加達」。

STEP 23 點按〔新增〕按鈕。

STEP 24 最後，點按〔關閉〕按鈕。

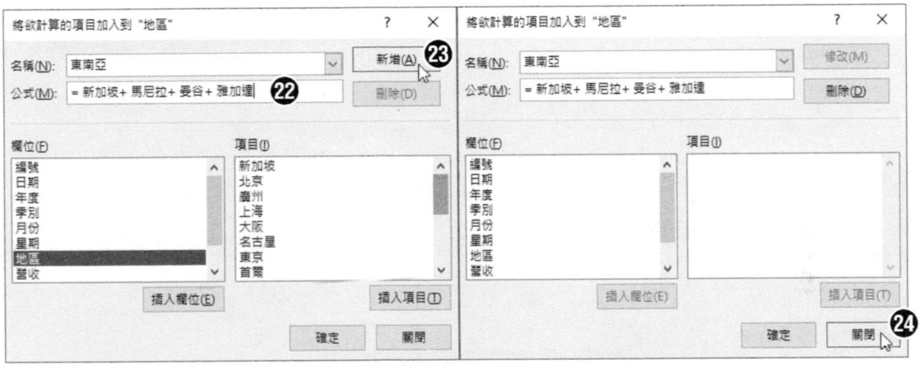

STEP 25 在樞紐分析表中〔地區〕欄位裡立即新增了「中國」、「日本」、「韓國」及「東南亞」等 4 個計算項目。

	A	B	C	D	E
1	營收與支出		(單位:百萬)		
2					
3	地區	總營收	總費用	總利潤	
4	新加坡	$405.3	$289.4	$115.9	
5	北京	$402.6	$286.8	$115.8	
6	廣州	$793.8	$567.1	$226.7	
7	上海	$796.5	$569.4	$227.1	
8	大阪	$533.0	$380.8	$152.2	
9	名古屋	$532.6	$380.5	$152.1	
10	東京	$801.0	$572.8	$228.2	
11	首爾	$397.7	$285.1	$112.5	
12	釜山	$261.7	$187.5	$74.3	
13	馬尼拉	$532.5	$380.2	$152.3	
14	曼谷	$524.8	$374.8	$150.0	
15	深圳	$662.0	$474.3	$187.7	
16	雅加達	$395.7	$283.1	$112.6	
17	橫濱	$534.1	$381.6	$152.5	
18	中國	$2,655.0	$1,897.6	$757.3	
19	日本	$2,400.6	$1,715.7	$685.0	
20	韓國	$659.4	$472.6	$186.8	
21	東南亞	$1,858.3	$1,327.5	$530.7	
22					

透過既有的計算項目也可以產生新的計算項目。例如：若想要知道「日本」與「韓國」的平均值；或者想要計算「中國」與「日本」的差異，都可以藉由計算項目的新增來完成。

STEP 1 再度進入〔將欲計算的項目加入到"地區"〕對話方塊的操作，新增名為「日韓平均值」的計算項目，其公式為「=(日本+韓國)/2」。

STEP 2 新增名為「中日差距」的計算項目，其公式為「=中國 - 日本」。

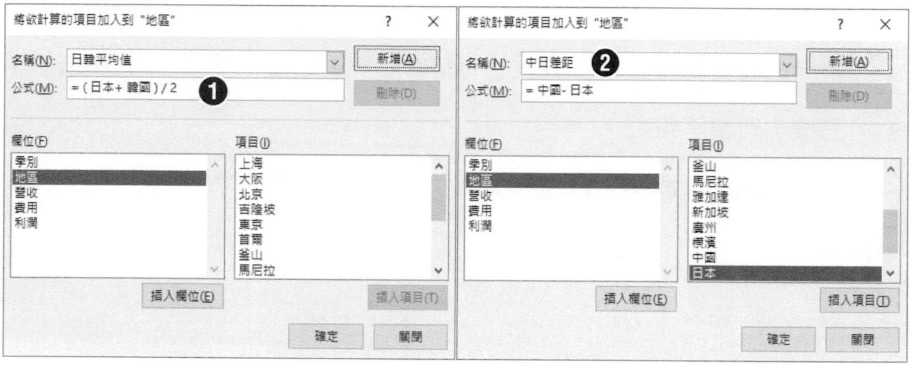

STEP 3 在樞紐分析表中〔地區〕欄位底部則立即新增了「日韓平均值」與「中日差距」這兩個計算項目。

	A	B	C	D
1	營收與支出		(單位:百萬)	
2				
3	地區	總營收	總費用	總利潤
4	新加坡	$405.3	$289.4	$115.9
5	北京	$402.6	$286.8	$115.8
6	廣州	$793.8	$567.1	$226.7
7	上海	$796.5	$569.4	$227.1
8	大阪	$533.0	$380.8	$152.2
9	名古屋	$532.6	$380.5	$152.1
10	東京	$801.0	$572.8	$228.2
11	首爾	$397.7	$285.1	$112.5
12	釜山	$261.7	$187.5	$74.3
13	馬尼拉	$532.5	$380.2	$152.3
14	曼谷	$524.8	$374.8	$150.0
15	深圳	$662.0	$474.3	$187.7
16	雅加達	$395.7	$283.1	$112.6
17	橫濱	$534.1	$381.6	$152.5
18	中國	$2,655.0	$1,897.6	$757.3
19	日本	$2,400.6	$1,715.7	$685.0
20	韓國	$659.4	$472.6	$186.8
21	東南亞	$1,858.3	$1,327.5	$530.7
22	日韓平均值 3	$1,530.0	$1,094.1	$435.9
23	中日差距	$254.4	$182.0	$72.4
24				

5-2 彙整資料的函數與值的顯示方式

樞紐分析表是一種群組分類並可進行交叉統計的運算結果，也就是一種摘要統計的運算。在操作上，所選擇的計算方式稱之為「摘要值欄位的方式」，Excel 總共提供了 11 種函數可供選用；至於所計算的結果要如何顯示，則稱之為「值的顯示方式」，Excel 總共提供了 15 種方式可供套用。

以下圖所示的實務範例為例，圖左為自行車銷售的資料來源，記載了〔訂單編號〕、〔交易日期〕、〔業務員〕、〔季別〕、〔地區〕、〔車款〕、〔數量〕、〔交易金額〕、〔付款方式〕與〔運送方式〕等資料欄位，包含四年來各地區各種自行車的交易資料。圖右所示即透過樞紐分析表的操作，製作了兩個架構相同的樞紐分析表，都是將〔列〕區域設定為〔車款〕資料欄位，〔欄〕區域設定為〔年〕資料欄位，〔值〕區域裡設定為〔交易金額〕資料欄位。在「摘要值欄位的方式」選擇了預設的「加總」，如此，樞紐分析表將呈現每一個車款每一年的總交易金額。

不過，右下方的樞紐分析表在事後改變了「值的顯示方式」，改成以百分比的方式來顯示計算結果，例如：顯示每一年每一個車款的總交易金額佔全部年度全部車款交易金額總計的百分比。這兩個樞紐分析表雖然描述著同一份資料來源，也選用了相同的資料欄位與結構，但所呈現的卻是不同情境的解讀。

5 樞紐分析表的計算功能

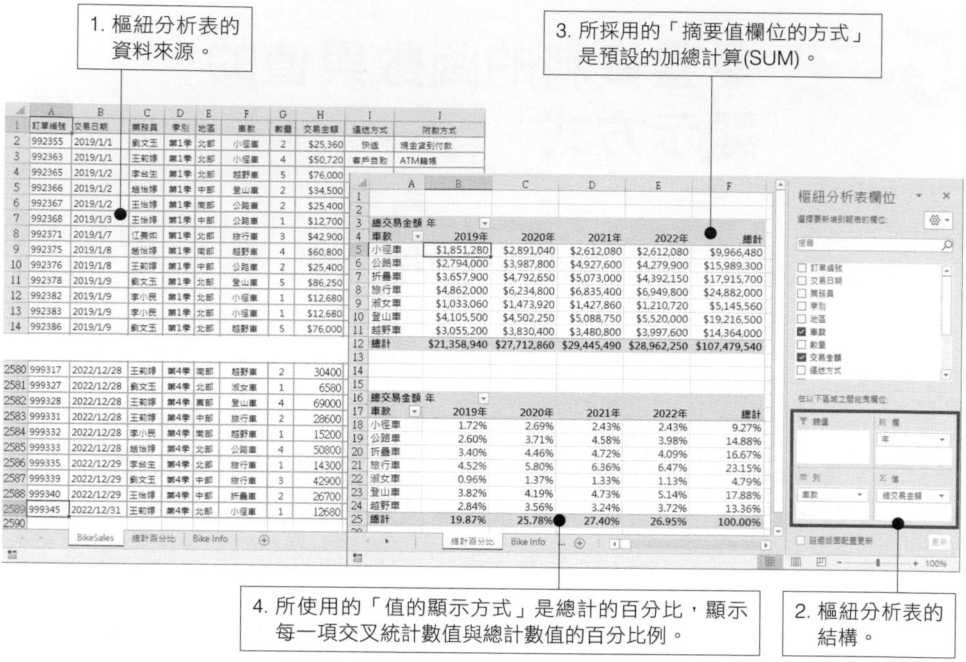
1. 樞紐分析表的資料來源。
3. 所採用的「摘要值欄位的方式」是預設的加總計算(SUM)。
4. 所使用的「值的顯示方式」是總計的百分比，顯示每一項交叉統計數值與總計數值的百分比例。
2. 樞紐分析表的結構。

為了能加速各位讀者在此章節裡的學習，請參考下圖所示的兩個樞紐分析表範例，針對樞紐分析表的專有名詞以及此章節中所使用到的詞彙，提供簡扼的摘要說明，相信對您後續的閱讀與學習會有一定的解疑。

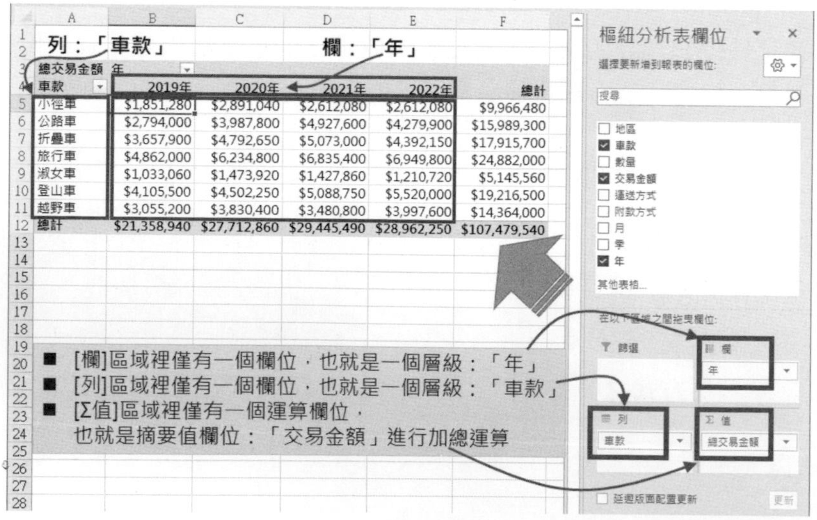
列：「車款」
欄：「年」
■ [欄]區域裡僅有一個欄位，也就是一個層級：「年」
■ [列]區域裡僅有一個欄位，也就是一個層級：「車款」
■ [Σ值]區域裡僅有一個運算欄位，
也就是摘要值欄位：「交易金額」進行加總運算
樞紐分析表欄位

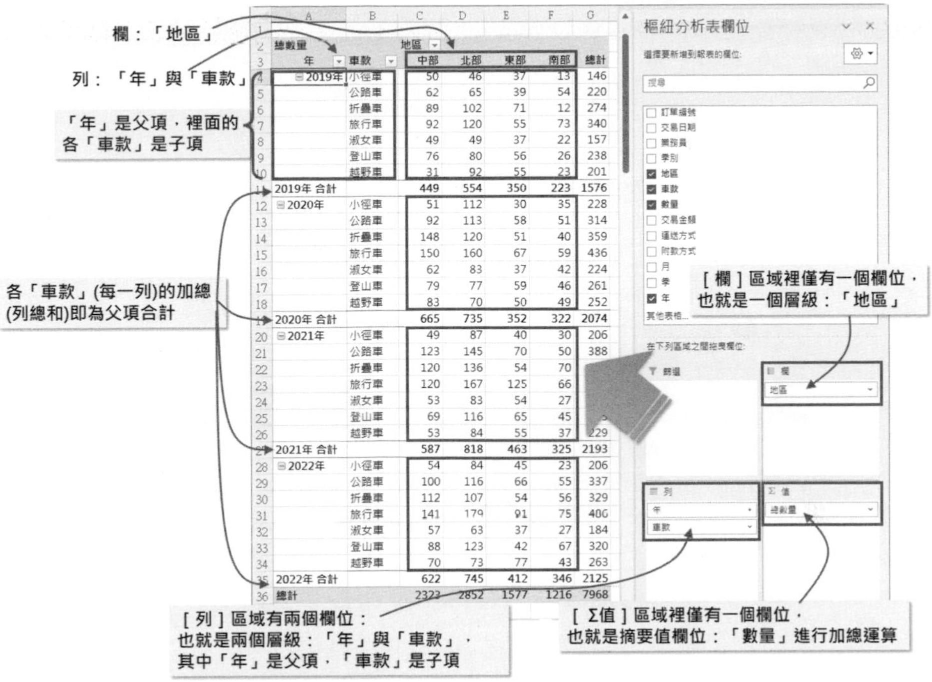

對於完成的樞紐分析表，只要透過〔值欄位設定〕對話方塊的操作，即可輕易調整樞紐分析表〔值〕區域裡的資料欄位之「摘要值欄位的方式」與「值的顯示方式」。

STEP 1 滑鼠點選樞紐分析表裡任何一個隸屬於〔值〕區域計算結果儲存格。

STEP 2 點按〔樞紐分析表分析〕索引標籤。

STEP 3 點按〔作用中欄位〕群組裡的〔欄位設定〕命令按鈕。

STEP 4 開啟〔值欄位設定〕對話方塊，點按〔摘要值方式〕索引頁籤，可以選擇所要使用的運算函數。

STEP 5 在〔值欄位設定〕對話方塊裡點按〔值的顯示方式〕索引頁籤，即可從值的顯示方式之下拉式功能選單中，點選運算結果所要套用的顯示方式。

5 樞紐分析表的計算功能

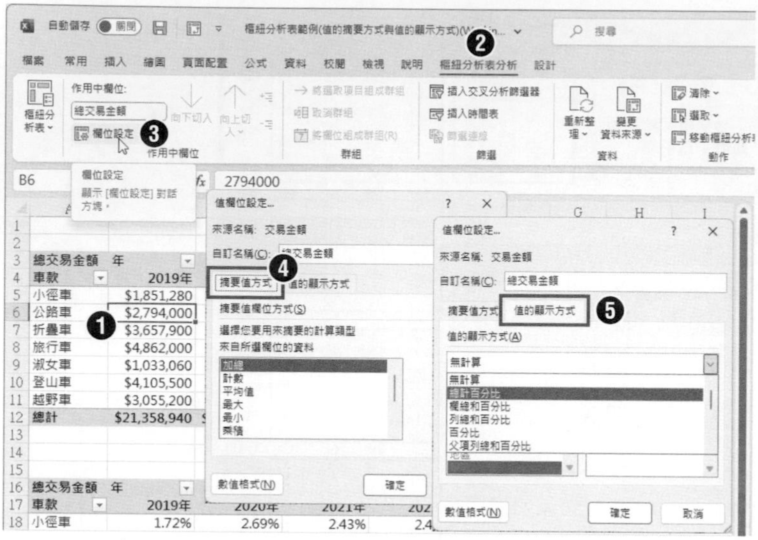

也可以藉由快顯功能表的操作來選擇所要採用的〔摘要值方式〕與〔值的顯示方式〕：

1. 以滑鼠點選樞紐分析表裡任何一個隸屬於〔值〕區域計算結果的儲存格，即可從展開的快顯功能表中點選〔摘要值方式〕功能選項。

3. 以滑鼠點選樞紐分析表裡任何一個隸屬於〔值〕區域計算結果的儲存格，即可從展開的快顯功能表中點選〔值的顯示方式〕功能選項。

2. 從彈出的副選單中可以選擇所要使用的運算函數。

4. 從彈出的副選單中可以選擇所要套用的顯示方式。

以下兩個小節我們即以各種面向的範例分別為您介紹「摘要值的計算方式」與「值的顯示方式」的種種選擇及應用層面。

5-2-1 11 種摘要值的計算方式

透過下列的實作演練，我們除了統計每一種商品在每一年、每一季的總交易金額外，並同時顯示每一年、每一季的交易筆數。

STEP 1 在樞紐分析表的架構上，〔列〕區域置入「季」資料欄位。

STEP 2 〔欄〕區域置入「年」資料欄位。

STEP 3 〔值〕區域置入「交易金額」資料欄位並採用預設的加總運算，且更名為「總交易金額」，這是此樞紐分析表的第一個量值。

STEP 4 產生的樞紐分析表說明了每一年每一季的總交易金額。

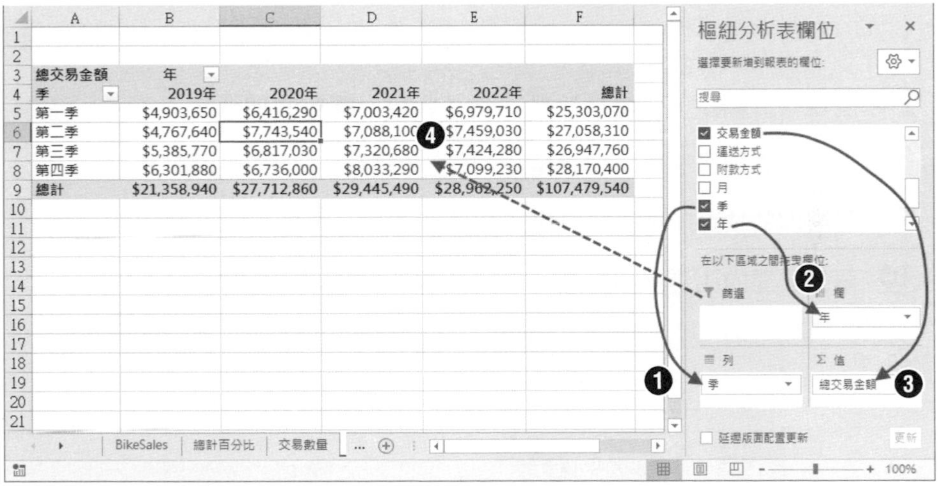

STEP 5 再次拖曳「交易金額」欄位。

STEP 6 拖放至〔值〕區域裡「總交易金額」欄位的下方。

由於此例資料來源裡的「交易金額」欄位是數值性資料，因此在拖曳此資料欄位至〔值〕區域時，Excel 預設進行的運算方式(摘要值的方式)是加總(SUM)，但是，第二度拖曳至〔值〕區域的「交易金額」欄位，我們期望能進行計算個數(COUNT)的處理，也就是計算該欄位裡有多少項目個數，意即多少筆交易。

STEP 7 呈現第二個量值，仍是計算「交易金額」欄位的加總。

STEP 8 以滑鼠右鍵點按第二個量值裡的任一儲存格。例如：儲存格 C6。

STEP 9 從展開的快顯功能表中點選〔摘要值方式〕。

STEP 10 再從展開的副選單中點選〔項目個數〕。

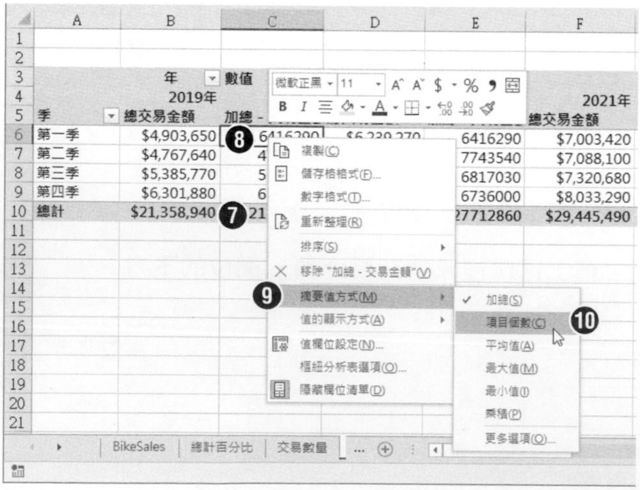

此時我們也可以看到，每一年的資料同時統計了〔總交易金額〕以及〔計數 - 交易金額〕這兩欄摘要值，然而，〔計數 - 交易金額〕實在不太口語化，因此，您可以直接在此例的儲存 C5 直接輸入較為口語化的〔交易筆數〕。

年	2019年		2020年		2021年		2022年			
季	總交易金額	計數 - 交易筆數	總交易金額	計數 - 交易筆數	總交易金額	計數 - 交易筆數	總交易金額	計數 - 交易筆數	總交易金額 的加總	計數 - 交易筆數 的加總
第一季	$4,903,650	113	$6,416,290	161	$7,003,420	170	$6,979,710	167	$25,303,070	611
第二季	$4,767,640	114	$7,743,540	183	$7,088,100	169	$7,459,030	179	$27,058,310	645
第三季	$5,385,770	134	$6,817,030	161	$7,320,680	175	$7,424,280	181	$26,947,760	651
第四季	$6,301,880	151	$6,736,000	169	$8,033,290	189	$7,099,230	172	$28,170,400	681
總計	$21,358,940	512	$27,712,860	674	$29,445,490	703	$28,962,250	699	$107,479,540	2588

年	2019年		2020年		2021年		2022年			
季	總交易金額	交易筆數	總交易金額	交易筆數	總交易金額	交易筆數	總交易金額	交易筆數	總交易金額 的加總	交易筆數 的加總
第一季	$4,903,650	113	$6,416,290	161	$7,003,420	170	$6,979,710	167	$25,303,070	611
第二季	$4,767,640	114	$7,743,540	183	$7,088,100	169	$7,459,030	179	$27,058,310	645
第三季	$5,385,770	134	$6,817,030	161	$7,320,680	175	$7,424,280	181	$26,947,760	651
第四季	$6,301,880	151	$6,736,000	169	$8,033,290	189	$7,099,230	172	$28,170,400	681
總計	$21,358,940	512	$27,712,860	674	$29,445,490	703	$28,962,250	699	$107,479,540	2588

或者，在以滑鼠右鍵點按摘要值的任一儲存格時，展開快顯功能表後點選〔值欄位設定〕，在開啟的〔值欄位設定〕對話方塊，不但可以變更摘要值方式(計算方式)，也可以同時在此自訂這個值欄位的名稱。

STEP **11** 以滑鼠右鍵點按第二個量值裡的任一儲存格。

STEP **12** 從展開的快顯功能表中點選〔值欄位設定〕。

STEP **13** 開啟〔值欄位設定〕對話方塊，在此亦可以調整值欄位的摘要方式(計算方式)。

STEP **14** 同時可以自訂此欄位的名稱。

STEP **15** 輸入值欄位的名稱為「交易筆數」。

STEP **16** 點按〔確定〕按鈕。

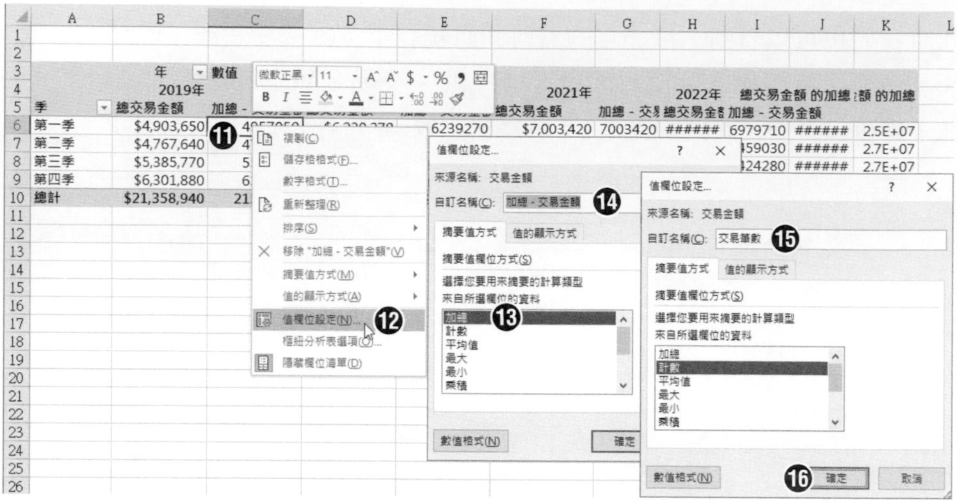

由上述的實作過程可得知，我們可以利用樞紐分析表〔值〕區域裡的資料欄位，透過滑鼠右鍵的點按，直接改變其摘要方式，選擇所要進行的值運算，或者，開啟其〔值欄位設定〕對話方塊，透過〔摘要值方式〕索引標籤的操作，亦可選擇所要進行的值運算。至於計算的類型共有以下各種函數的選擇：

摘要值方式的計算類型	相對的函數	意義
加總	SUM	提供數值性資料的加總計算
項目個數	COUNTA	提供所有資料屬性之儲存格的個數計算，即計算有內容的儲存格有幾個
平均值	AVERAGE	提供平均值的計算
最大值	MAX	顯示最大值
最小值	MIN	顯示最小值
乘積	PRODUCT	提供所有儲存格的相乘運算，例如：若各儲存格的內容分別為 2,4,9，則乘積的結果為 72
數字項個數	COUNT	提供數值性資料之儲存格的個數計算，即計算數值性內容的儲存格有幾個
標準差	STDEV	計算母體樣本統計的標準差
母體標準差	STDEVP	計算有所母體統計的標準差
變異值	VAR	計算母體樣本統計的變異數
母體變異值	VARP	計算有所母體統計的變異數

TIPS

雖說直接以滑鼠右鍵點按樞紐分析表上的值，再從展開的快顯功能表中點選〔摘要值方式〕功能選項，並從彈出的副選單中選擇所要使用的運算函數會比較方便迅速，但是，在傳統的〔值欄位設定〕對話方塊操作中，除了可以點選〔摘要值欄位方式〕外，還可以同時自訂此值欄位的名稱，也可以同時調整下一小節所要討論的〔值的顯示方式〕。

5-2-2 15 種摘要值的顯示方式

關於樞紐分析表的分類彙整統計，除了可以直接顯示運算結果外，透過〔值的顯示方式〕之選擇，亦可以不同的角度與思維來表現所要分析的數據資料。也就是在樞紐分析表的值欄位中可以顯示不同的計算。以下的自行車銷售實作演練中，我們除了統計每一種車款在每一年度的總交易金額為何外，也希望同時顯示每一種車款在各個年度其總交易金額佔全部車款所有年度之交易金額總計的百分比例。

STEP 1　在〔列〕區域裡放置「車款」資料欄位；〔欄〕區域裡放置「年」資料欄位；〔值〕區域裡放置了「交易金額」資料欄位並進行加總運算，也將此值欄位原本的名稱「加總 - 交易金額」改成「總交易金額」。

STEP 2　工作表上的樞紐分析表將顯示每一車款在每一年度的交易金額加總。

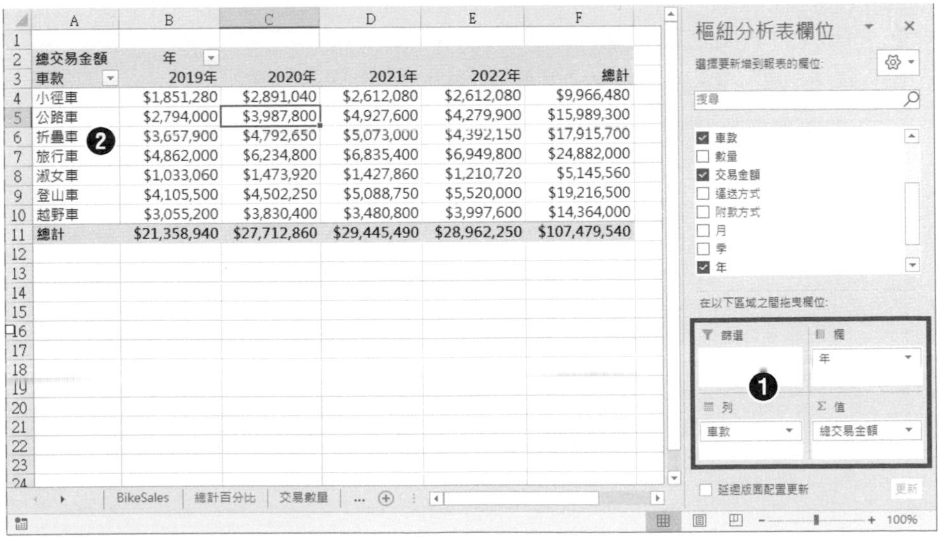

總交易金額	年				
車款	2019年	2020年	2021年	2022年	總計
小徑車	$1,851,280	$2,891,040	$2,612,080	$2,612,080	$9,966,480
公路車	$2,794,000	$3,987,800	$4,927,600	$4,279,900	$15,989,300
折疊車	$3,657,900	$4,792,650	$5,073,000	$4,392,150	$17,915,700
旅行車	$4,862,000	$6,234,800	$6,835,400	$6,949,800	$24,882,000
淑女車	$1,033,060	$1,473,920	$1,427,860	$1,210,720	$5,145,560
登山車	$4,105,500	$4,502,250	$5,088,750	$5,520,000	$19,216,500
越野車	$3,055,200	$3,830,400	$3,480,800	$3,997,600	$14,364,000
總計	$21,358,940	$27,712,860	$29,445,490	$28,962,250	$107,479,540

STEP 3　再度拖曳樞紐分析表欄位清單裡的「交易金額」資料欄位。

STEP 4　拖放至〔值〕區域裡，形成第二個「交易金額」資料欄位的加總運算，因此又再度產生了值欄位「加總 - 交易金額」。

STEP 5　工作表上的樞紐分析表裡同時顯示了兩欄結果相同的加總交易金額。

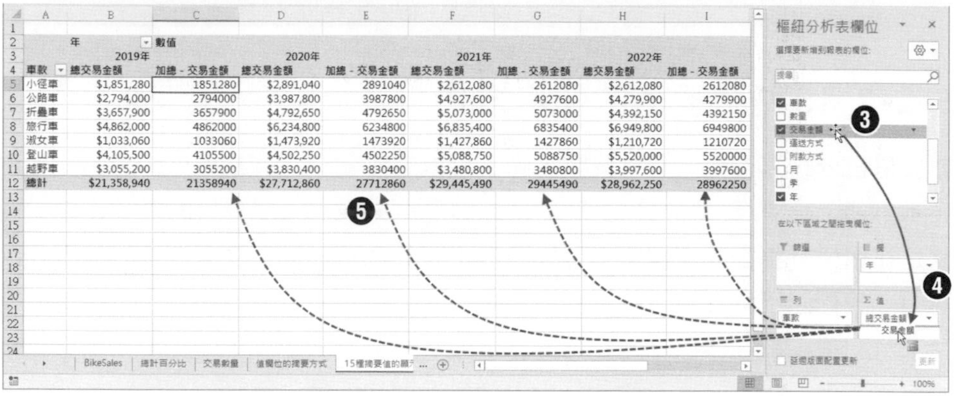

STEP 6　以滑鼠右鍵點選樞紐分析表裡第二個加總交易金額欄位裡的任一儲存格，例如儲存格 C5。

STEP 7　從顯示的快顯功能表中點選〔值的顯示方式〕功能選項。

STEP 8　在展開的副功能選單中點選〔總計百分比〕選項。

樞紐分析表上原本也進行加總交易金額運算的第二欄「加總-交易金額」(此例為 C、E、G、I、K 等欄)，將改成各車款各年度總交易金額與所有車款全部年度交易金額之總計的百分比例顯示。此外，為了提升樞紐分析表的可讀性，對於樞紐分析表上的標題名稱、欄位名稱，都可以根據其意義而重新命名。因此，我們可以將此次的「加總 - 交易金額」改名為「百分比」以符合報表所要表達的意圖。

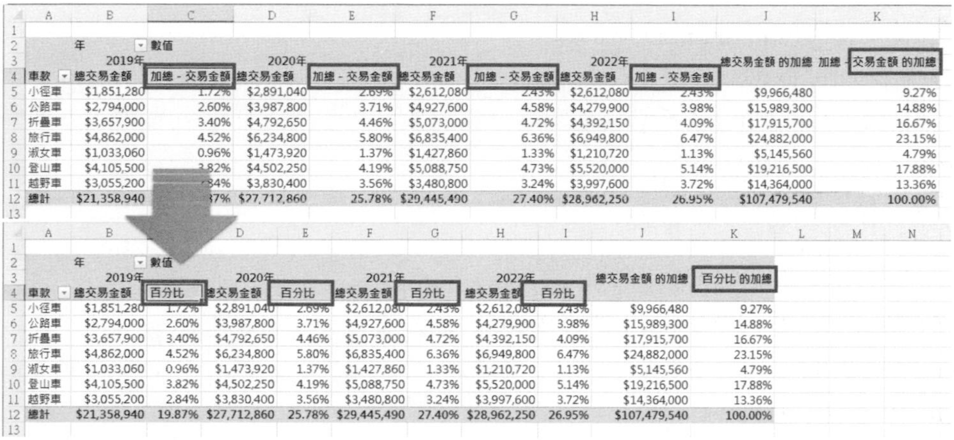

	A	B	C	D	E	F	G	H	I	J	K
2		年	數值								
3		2019年		2020年		2021年		2022年		總交易金額 的加總	加總 - 交易金額 的加總
4	車款	總交易金額	加總 - 交易金額	總交易金額	加總 - 交易金額	總交易金額	加總 - 交易金額	總交易金額	加總 - 交易金額		
5	小徑車	$1,851,280	1.72%	$2,891,040	2.69%	$2,612,080	2.43%	$2,612,080	2.43%	$9,966,480	9.27%
6	公路車	$2,794,000	2.60%	$3,987,800	3.71%	$4,927,600	4.58%	$4,279,900	3.98%	$15,989,300	14.88%
7	折疊車	$3,657,900	3.40%	$4,792,650	4.46%	$5,073,000	4.72%	$4,392,150	4.09%	$17,915,700	16.67%
8	旅行車	$4,862,000	4.52%	$6,234,800	5.80%	$6,835,400	6.36%	$6,949,800	6.47%	$24,882,000	23.15%
9	淑女車	$1,033,060	0.96%	$1,473,920	1.37%	$1,427,860	1.33%	$1,210,720	1.13%	$5,145,560	4.79%
10	登山車	$4,105,500	3.82%	$4,502,250	4.19%	$5,088,750	4.73%	$5,520,000	5.14%	$19,216,500	17.88%
11	越野車	$3,055,200	[illegible]84%	$3,830,400	3.56%	$3,480,800	3.24%	$3,997,600	3.72%	$14,364,000	13.36%
12	總計	$21,358,940	[illegible]87%	$27,712,860	25.78%	$29,445,490	27.40%	$28,962,250	26.95%	$107,479,540	100.00%

	A	B	C	D	E	F	G	H	I	J	K
2		年	數值								
3		2019年		2020年		2021年		2022年		總交易金額 的加總	百分比 的加總
4	車款	總交易金額	百分比	總交易金額	百分比	總交易金額	百分比	總交易金額	百分比		
5	小徑車	$1,851,280	1.72%	$2,891,040	2.69%	$2,612,080	2.43%	$2,612,080	2.43%	$9,966,480	9.27%
6	公路車	$2,794,000	2.60%	$3,987,800	3.71%	$4,927,600	4.58%	$4,279,900	3.98%	$15,989,300	14.88%
7	折疊車	$3,657,900	3.40%	$4,792,650	4.46%	$5,073,000	4.72%	$4,392,150	4.09%	$17,915,700	16.67%
8	旅行車	$4,862,000	4.52%	$6,234,800	5.80%	$6,835,400	6.36%	$6,949,800	6.47%	$24,882,000	23.15%
9	淑女車	$1,033,060	0.96%	$1,473,920	1.37%	$1,427,860	1.33%	$1,210,720	1.13%	$5,145,560	4.79%
10	登山車	$4,105,500	3.82%	$4,502,250	4.19%	$5,088,750	4.73%	$5,520,000	5.14%	$19,216,500	17.88%
11	越野車	$3,055,200	2.84%	$3,830,400	3.56%	$3,480,800	3.24%	$3,997,600	3.72%	$14,364,000	13.36%
12	總計	$21,358,940	19.87%	$27,712,860	25.78%	$29,445,490	27.40%	$28,962,250	26.95%	$107,479,540	100.00%

值欄位計算選項

透過上述實作，如此便完成了〔值的顯示方式〕為總計百分比的樞紐分析表。綜觀，Excel 樞紐分析表的摘要值，共有以下 15 種「值的顯示方式」。

值的顯示方式	意義
無計算	以原本摘要值的運算結果顯示值。
總計百分比	顯示各欄、各列的摘要值佔所有值的總計之百分比例。
欄總和百分比	顯示同一欄裡的每一個摘要值，佔整欄摘要值總計的百分比。
列總和百分比	顯示同一列裡的每一個摘要值，佔整列摘要值總計的百分比。
百分比	顯示某欄(基本欄位)裡的每一項摘要值，與該欄裡某一項特別指定的摘要值(基本項目)之百分比例。
父項列總和百分比	對於具有多層級的列標籤之樞紐分析表，可顯示列裡的摘要值佔其上一層群組之群組小計的百分比例。值的顯示方式： (項目值) / (列中父項目值)

值的顯示方式	意義
父項欄總和百分比	對於具有多層級的欄標籤之樞紐分析表，可顯示欄裡的摘要值佔其上一層群組之群組小計的百分比例。值的顯示方式： (項目值) / (欄中父項目值)
父項總和百分比	對於具有多層級的欄標籤或列標籤之樞紐分析表，可顯示欄或列裡的摘要值佔其上一層群組之群組小計的百分比例，在此類型的設定中，將會詢問使用者是要以哪一個群組欄位視為基本欄位，做為父項目值(分母)，因此，其值的顯示方式： (項目值) / (所選 [基本欄位] 中父項目值)
差異	將同一欄或同一列裡的指定摘要值(基本項目)，與該欄或該列(統稱基本欄位)裡的所有其他摘要值進行差異比較的減法計算，以瞭解同欄或同列資料的增減或差異。因此，在此類型的設定中，將會詢問使用者何者為基本欄位，何者為比對的基本項目。
差異百分比	將同一欄或同一列裡的指定摘要值(基本項目)，與該欄或該列(統稱基本欄位)裡的所有其他摘要值進行成長或衰退的除法計算，以差異百分比的方式來顯示摘要值的成長或衰退。因此，在此類型的設定中，將會詢問使用者何者為基本欄位，何者為比對的基本項目。
計算加總至	將欄方向或列方向各個連續摘要值進行累計加總的計算。因此，在此類型的設定中，將會詢問使用者是要將哪一欄或哪一列(統稱\基本欄位)的資料項目進行累計加總的計算。
計算加總至百分比	將欄方向或列方向裡各連續摘要值其所佔百分比例進行累計的計算。因此，在此類型的設定中，將會詢問使用者是要將哪一欄或哪一列(統稱\基本欄位)的資料項目進行百分比例累計的計算。
最小到最大排列	顯示選定之基本欄位各摘要值由小到大的順位值。其中，欄位裡摘要值最小的項目將顯示 1，愈大的摘要值項目則其順位值愈大。
最大到最小排列	顯示選定之基本欄位各摘要值由大到小的順位值。其中，欄位裡摘要值最大的項目將顯示 1，愈小的摘要值項目則其順位值愈大。
索引	使用特定的公式計算出加權平均值，以瞭解摘要值在其所在的整欄或整列範圍數值中的相對重要性。此值的顯示特定計算公式為： ((儲存格內數值) x (總計的總計)) / ((列總計) x (欄總計))

無計算

即以原本摘要值的運算結果顯示值。例如：加總運算的結果，或是平均值的結果。

總計百分比

將欄、列交錯的每一個摘要值，除以右下角的總計值。例如：將每一種車款在每一年的總交易金額除以所有車款全部年度的總交易金額，如此即可瞭解每一種車款在各年度的總交易金額佔全部車款全部年度總交易金額的百分比。

車款	2019年 總交易金額	2019年 百分比	2020年 總交易金額	2020年 百分比	2021年 總交易金額	2021年 百分比	2022年 總交易金額	2022年 百分比	總交易金額 的加總	百分比 的加總
小徑車	$1,851,280	1.72%	$2,891,040	2.69%	$2,612,080	2.43%	$2,612,080	2.43%	$9,966,480	9.27%
公路車	$2,794,000	2.60%	$3,987,800	3.71%	$4,927,600	4.58%	$4,279,900	3.98%	$15,989,300	14.88%
折疊車	$3,657,900	3.40%	$4,792,650	4.46%	$5,073,000	4.72%	$4,392,150	4.09%	$17,915,700	16.67%
旅行車	$4,862,000	4.52%	$6,234,800	5.80%	$6,835,400	6.36%	$6,949,800	6.47%	$24,882,000	23.15%
淑女車	$1,033,060	0.96%	$1,473,920	1.37%	$1,427,860	1.33%	$1,210,720	1.13%	$5,145,560	4.79%
登山車	$4,105,500	3.82%	$4,502,250	4.19%	$5,088,750	4.73%	$5,520,000	5.14%	$19,216,500	17.88%
越野車	$3,055,200	2.84%	$3,830,400	3.56%	$3,480,800	3.24%	$3,997,600	3.72%	$14,364,000	13.36%
總計	$21,358,940	19.87%	$27,712,860	25.78%	$29,445,490	27.40%	$28,962,250	26.95%	$107,479,540	100.00%

欄總和百分比

將各欄裡每一個摘要值除以該欄的總計值。例如：將每一種車款在該年度的總交易金額除以該年度所有車款總交易金額的總計值。如此即可瞭解每一種車款在該年度中的總交易金額佔整年度全部車款總交易金額的百分比。

車款	2019年 總交易金額	2019年 百分比	2020年 總交易金額	2020年 百分比	2021年 總交易金額	2021年 百分比	2022年 總交易金額	2022年 百分比	總交易金額 的加總	百分比 的加總
小徑車	$1,851,280	8.67%	$2,891,040	10.43%	$2,612,080	8.87%	$2,612,080	9.02%	$9,966,480	9.27%
公路車	$2,794,000	13.08%	$3,987,800	14.39%	$4,927,600	16.73%	$4,279,900	14.78%	$15,989,300	14.88%
折疊車	$3,657,900	17.13%	$4,792,650	17.29%	$5,073,000	17.23%	$4,392,150	15.17%	$17,915,700	16.67%
旅行車	$4,862,000	22.76%	$6,234,800	22.50%	$6,835,400	23.21%	$6,949,800	24.00%	$24,882,000	23.15%
淑女車	$1,033,060	4.84%	$1,473,920	5.32%	$1,427,860	4.85%	$1,210,720	4.18%	$5,145,560	4.79%
登山車	$4,105,500	19.22%	$4,502,250	16.25%	$5,088,750	17.28%	$5,520,000	19.06%	$19,216,500	17.88%
越野車	$3,055,200	14.30%	$3,830,400	13.82%	$3,480,800	11.82%	$3,997,600	13.80%	$14,364,000	13.36%
總計	$21,358,940	100.00%	$27,712,860	100.00%	$29,445,490	100.00%	$28,962,250	100.00%	$107,479,540	100.00%

列總和百分比

將各列裡每一個摘要值除以該列的總計值。例如：將每一種車款在各年度的總交易金額除以所有年度該車款的總交易金額，如此即可瞭解每一種車款每一年的總交易金額佔該車款全部年度總交易金額的百分比。

車款	2019年 總交易金額	2019年 百分比	2020年 總交易金額	2020年 百分比	2021年 總交易金額	2021年 百分比	2022年 總交易金額	2022年 百分比	總交易金額 的加總	百分比 的加總
小徑車	$1,851,280	18.58%	$2,891,040	29.01%	$2,612,080	26.21%	$2,612,080	26.21%	$9,966,480	100.00%
公路車	$2,794,000	17.47%	$3,987,800	24.94%	$4,927,600	30.82%	$4,279,900	26.77%	$15,989,300	100.00%
折疊車	$3,657,900	20.42%	$4,792,650	26.75%	$5,073,000	28.32%	$4,392,150	24.52%	$17,915,700	100.00%
旅行車	$4,862,000	19.54%	$6,234,800	25.06%	$6,835,400	27.47%	$6,949,800	27.93%	$24,882,000	100.00%
淑女車	$1,033,060	20.08%	$1,473,920	28.64%	$1,427,860	27.75%	$1,210,720	23.53%	$5,145,560	100.00%
登山車	$4,105,500	21.36%	$4,502,250	23.43%	$5,088,750	26.48%	$5,520,000	28.73%	$19,216,500	100.00%
越野車	$3,055,200	21.27%	$3,830,400	26.67%	$3,480,800	24.23%	$3,997,600	27.83%	$14,364,000	100.00%
總計	$21,358,940	19.87%	$27,712,860	25.78%	$29,445,490	27.40%	$28,962,250	26.95%	$107,479,540	100.00%

百分比

若以「車款」欄位為〔基本欄位〕，並指定某一車款項目為〔基本項目〕，則視〔基本項目〕的總交易金額為分母，將每一車款的總交易金額視為分子。例如：若指定「旅行車」為〔基本項目〕，則將顯示每一種車款的總交易金額除以「旅行車」總交易金額的值。

STEP 1 以滑鼠右鍵點選樞紐分析表裡百分比欄位裡的任一儲存格，例如儲存格 C6。

STEP 2 從顯示的快顯功能表中點選〔值的顯示方式〕功能選項。

STEP 3 在展開的副功能選單中點選〔百分比〕選項。

STEP 4 開啟〔值的顯示方式(百分比)〕對話方塊，基本欄位請選〔車款〕。

STEP 5 〔基本項目〕請點選「旅行車」。

STEP 6 點按〔確定〕按鈕，關閉〔值的顯示方式(百分比)〕對話方塊的操作。

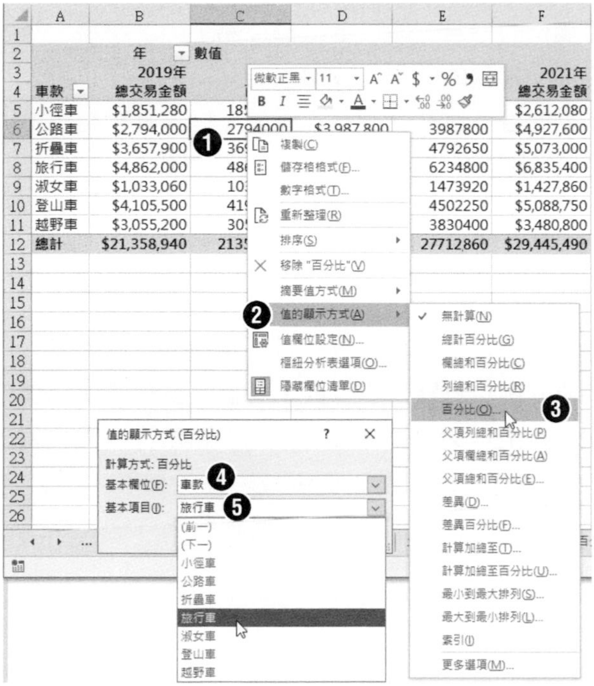

1. 以 2019 年度為例，顯示每一個車款的總交易金額分別除以「旅行車」的總交易金額。

2. 以 2020 年度為例，顯示每一個車款的總交易金額分別除以「旅行車」的總交易金額。

3. 以 2021 年度為例，顯示每一個車款的總交易金額分別除以「旅行車」的總交易金額。

車款	2019年 總交易金額	2019年 百分比	2020年 總交易金額	2020年 百分比	2021年 總交易金額	2021年 百分比	2022年 總交易金額	2022年 百分比	總交易金額 的加總	百分比 的加總
小徑車	$1,851,280	38.08%	$2,891,040	46.37%	$2,612,080	38.21%	$2,612,080	37.58%	$9,966,480	40.05%
公路車	$2,794,000	57.47%	$3,987,800	63.96%	$4,927,600	72.09%	$4,279,900	61.58%	$15,989,300	64.26%
折疊車	$3,657,900	75.23%	$4,792,650	76.87%	$5,073,000	74.22%	$4,392,150	63.20%	$17,915,700	72.00%
旅行車	$4,862,000	100.00%	$6,234,800	100.00%	$6,835,400	100.00%	$6,949,800	100.00%	$24,882,000	100.00%
淑女車	$1,033,060	21.25%	$1,473,920	23.64%	$1,427,860	20.89%	$1,210,720	17.42%	$5,145,560	20.68%
登山車	$4,105,500	84.44%	$4,502,250	72.21%	$5,088,750	74.45%	$5,520,000	79.43%	$19,216,500	77.23%
越野車	$3,055,200	62.84%	$3,830,400	61.44%	$3,480,800	50.92%	$3,997,600	57.52%	$14,364,000	57.73%
總計	$21,358,940		$27,712,860		$29,445,490		$28,962,250		$107,479,540	

1. 以 2022 年度為例，顯示每一個車款的總交易金額分別除以「旅行車」的總交易金額。

上述實作是垂直欄位的考量，即以車款欄位為主軸，將每一車款總交易金額分別除以特別指定某一車款的總交易金額。若有需求，您也可以利用相同的操作方式，進行水平列的百分比計算顯示，例如：以年度列為主軸，將每一年的總交易金額分別除以特別指定某一年度的總交易金額。

父項列總和百分比

當樞紐分析表的〔列〕區域包含了兩個以上的資料欄位時，便造就出群組大綱層級的樞紐分析表，所包含的統計資料將不僅僅是行列交錯的摘要值而已，還會含括這些摘要值的群組合計。這時候，各摘要值與其所隸屬的群組合計之間的百分比例，便可藉由〔父項列總和百分比〕顯示方式來呈現。以下所列出的樞紐分析表，我們將建立兩個摘要值欄位，並改變其中一個摘要值的顯示方式，讓您更容易理解並比對不同顯示方式的應用。

在樞紐分析表中，〔列〕區域裡包含了兩個資料欄位，分別是「年」度與「車款」，並以「年」度為群組，底下再區分出每個「地區」。而〔欄〕區域裡僅放置「車款」資料欄位、〔值〕區域裡則放置兩次的「交易金額」欄位，預設皆是進行加總運算，其中，一個預設欄位名稱為「總交易金額」，另一個為「總交易金額 2」。因此，這個樞紐分析表可以解讀為各年度各地區各種車款的總交易金額。此外，樞紐分析表中顯示了群組合計，也就是每一年度的合計(第 9 列、第 14 列、第 19 列、與第 24 列)。

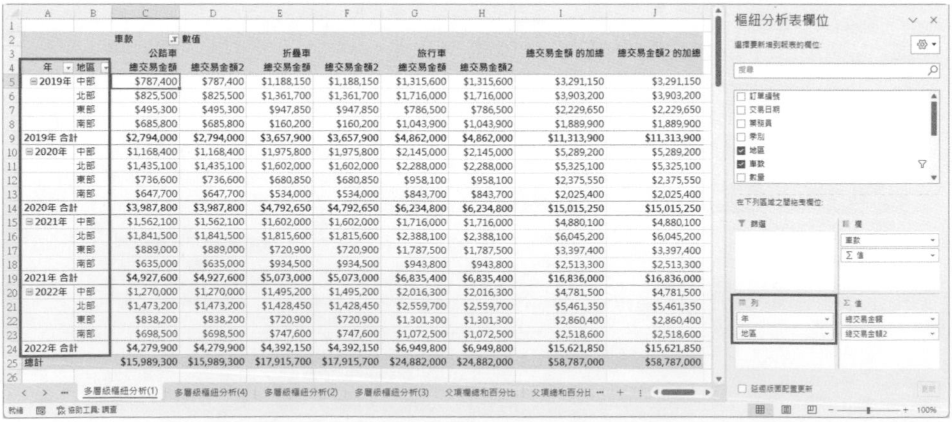

年	地區	公路車 總交易金額	公路車 總交易金額2	折疊車 總交易金額	折疊車 總交易金額2	旅行車 總交易金額	旅行車 總交易金額2	總交易金額 的加總	總交易金額2 的加總
2019年	中部	$787,400	$787,400	$1,188,150	$1,188,150	$1,315,600	$1,315,600	$3,291,150	$3,291,150
	北部	$825,500	$825,500	$1,361,700	$1,361,700	$1,716,000	$1,716,000	$3,903,200	$3,903,200
	東部	$495,300	$495,300	$947,850	$947,850	$786,500	$786,500	$2,229,650	$2,229,650
	南部	$685,800	$685,800	$160,200	$160,200	$1,043,900	$1,043,900	$1,889,900	$1,889,900
2019年 合計		$2,794,000	$2,794,000	$3,657,900	$3,657,900	$4,862,000	$4,862,000	$11,313,900	$11,313,900
2020年	中部	$1,168,400	$1,168,400	$1,975,800	$1,975,800	$2,145,000	$2,145,000	$5,289,200	$5,289,200
	北部	$1,435,100	$1,435,100	$1,602,000	$1,602,000	$2,288,000	$2,288,000	$5,325,100	$5,325,100
	東部	$736,600	$736,600	$680,850	$680,850	$958,100	$958,100	$2,375,550	$2,375,550
	南部	$647,700	$647,700	$534,000	$534,000	$843,700	$843,700	$2,025,400	$2,025,400
2020年 合計		$3,987,800	$3,987,800	$4,792,650	$4,792,650	$6,234,800	$6,234,800	$15,015,250	$15,015,250
2021年	中部	$1,562,100	$1,562,100	$1,602,000	$1,602,000	$1,716,000	$1,716,000	$4,880,100	$4,880,100
	北部	$1,841,500	$1,841,500	$1,815,600	$1,815,600	$2,388,100	$2,388,100	$6,045,200	$6,045,200
	東部	$889,000	$889,000	$720,900	$720,900	$1,787,500	$1,787,500	$3,397,400	$3,397,400
	南部	$635,000	$635,000	$934,500	$934,500	$943,800	$943,800	$2,513,300	$2,513,300
2021年 合計		$4,927,600	$4,927,600	$5,073,000	$5,073,000	$6,835,400	$6,835,400	$16,836,000	$16,836,000
2022年	中部	$1,270,000	$1,270,000	$1,495,200	$1,495,200	$2,016,300	$2,016,300	$4,781,500	$4,781,500
	北部	$1,473,200	$1,473,200	$1,428,450	$1,428,450	$2,559,700	$2,559,700	$5,461,350	$5,461,350
	東部	$838,200	$838,200	$720,900	$720,900	$1,301,300	$1,301,300	$2,860,400	$2,860,400
	南部	$698,500	$698,500	$747,600	$747,600	$1,072,500	$1,072,500	$2,518,600	$2,518,600
2022年 合計		$4,279,900	$4,279,900	$4,392,150	$4,392,150	$6,949,800	$6,949,800	$15,621,850	$15,621,850
總計		$15,989,300	$15,989,300	$17,915,700	$17,915,700	$24,882,000	$24,882,000	$58,787,000	$58,787,000

由上述樞紐分析表的結構與輸出可以看出，在〔列〕區域裡形成了大綱群組層次，其中，各個〔地區〕是詳細資料，而各個年度底下包含了各個地區，因此，〔年〕度是群組，也才有了群組合計(即年度的合計)。在〔地區〕與〔年〕度的關係上，〔年〕度為〔地區〕的父項。而樞紐分析表所提供的摘要值之顯示方式中，〔父項列總和百分比〕顯示方式的公式為：

(項目值) / (列中父項目值)

此範例中，若將「總交易金額 2」這個摘要值欄位改以〔父項列總和百分比〕的方式來顯示，則表示各種車款在每一個地區的總交易金額將除以當年的總交易金額合計，以顯示各種車款在每一個地區的總交易金額佔該年度該車款所有地區之總交易金額合計的百分比。

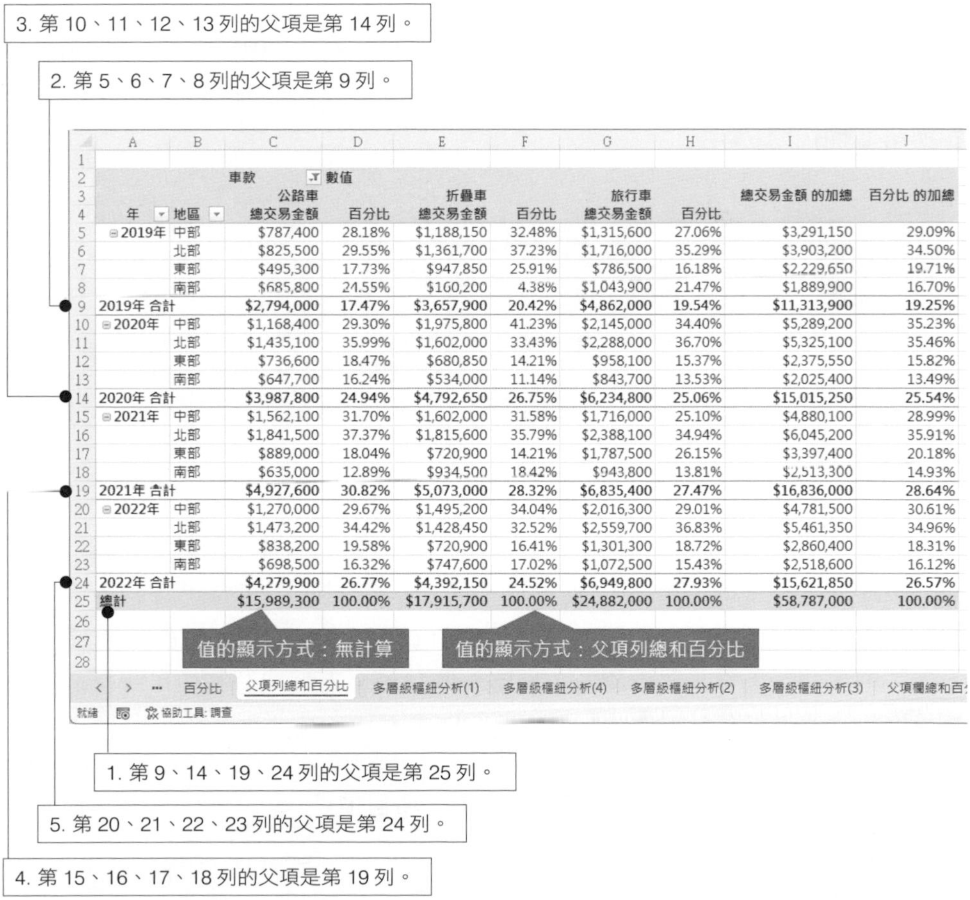

	A	B	C	D	E	F	G	H	I	J
1										
2			車款	數值						
3			公路車		折疊車		旅行車		總交易金額 的加總	百分比 的加總
4	年	地區	總交易金額	百分比	總交易金額	百分比	總交易金額	百分比		
5	⊟2019年	中部	$787,400	28.18%	$1,188,150	32.48%	$1,315,600	27.06%	$3,291,150	29.09%
6		北部	$825,500	29.55%	$1,361,700	37.23%	$1,716,000	35.29%	$3,903,200	34.50%
7		東部	$495,300	17.73%	$947,850	25.91%	$786,500	16.18%	$2,229,650	19.71%
8		南部	$685,800	24.55%	$160,200	4.38%	$1,043,900	21.47%	$1,889,900	16.70%
9	2019年 合計		$2,794,000	17.47%	$3,657,900	20.42%	$4,862,000	19.54%	$11,313,900	19.25%
10	⊟2020年	中部	$1,168,400	29.30%	$1,975,800	41.23%	$2,145,000	34.40%	$5,289,200	35.23%
11		北部	$1,435,100	35.99%	$1,602,000	33.43%	$2,288,000	36.70%	$5,325,100	35.46%
12		東部	$736,600	18.47%	$680,850	14.21%	$958,100	15.37%	$2,375,550	15.82%
13		南部	$647,700	16.24%	$534,000	11.14%	$843,700	13.53%	$2,025,400	13.49%
14	2020年 合計		$3,987,800	24.94%	$4,792,650	26.75%	$6,234,800	25.06%	$15,015,250	25.54%
15	⊟2021年	中部	$1,562,100	31.70%	$1,602,000	31.58%	$1,716,000	25.10%	$4,880,100	28.99%
16		北部	$1,841,500	37.37%	$1,815,600	35.79%	$2,388,100	34.94%	$6,045,200	35.91%
17		東部	$889,000	18.04%	$720,900	14.21%	$1,787,500	26.15%	$3,397,400	20.18%
18		南部	$635,000	12.89%	$934,500	18.42%	$943,800	13.81%	$2,513,300	14.93%
19	2021年 合計		$4,927,600	30.82%	$5,073,000	28.32%	$6,835,400	27.47%	$16,836,000	28.64%
20	⊟2022年	中部	$1,270,000	29.67%	$1,495,200	34.04%	$2,016,300	29.01%	$4,781,500	30.61%
21		北部	$1,473,200	34.42%	$1,428,450	32.52%	$2,559,700	36.83%	$5,461,350	34.96%
22		東部	$838,200	19.58%	$720,900	16.41%	$1,301,300	18.72%	$2,860,400	18.31%
23		南部	$698,500	16.32%	$747,600	17.02%	$1,072,500	15.43%	$2,518,600	16.12%
24	2022年 合計		$4,279,900	26.77%	$4,392,150	24.52%	$6,949,800	27.93%	$15,621,850	26.57%
25	總計		$15,989,300	100.00%	$17,915,700	100.00%	$24,882,000	100.00%	$58,787,000	100.00%

3. 第 10、11、12、13 列的父項是第 14 列。
2. 第 5、6、7、8 列的父項是第 9 列。
值的顯示方式：無計算
值的顯示方式：父項列總和百分比
百分比
父項列總和百分比
多層級樞紐分析(1)
多層級樞紐分析(4)
多層級樞紐分析(2)
多層級樞紐分析(3)
就緒
協助工具: 調查
1. 第 9、14、19、24 列的父項是第 25 列。
5. 第 20、21、22、23 列的父項是第 24 列。
4. 第 15、16、17、18 列的父項是第 19 列。

父項欄總和百分比

當樞紐分析表的〔欄〕區域包含了兩個以上的資料欄位時，便造就出群組大綱層級的樞紐分析表，所包含的統計資料將不僅僅是行列交錯的摘要值而已，還會含括這些摘要值的群組合計。這時候，各摘要值與其所隸屬的群組合計之間的百分比例，便可藉由〔父項欄總和百分比〕顯示方式來呈現。以下所列出的樞紐分析表，我們將建立兩個摘要值欄位，並改變其中一個摘要值的顯示方式，讓您更容易理解並比對不同顯示方式的應用。

在樞紐分析表中，〔欄〕區域裡包含了兩個資料欄位，分別是「年」度與「地區」，並以「年」度為群組，底下再區分出各個地區。而〔列〕區域裡僅放置「車款」資料欄位；〔值〕區域裡則放置兩次的「交易金額」欄位，預設皆是進行加總運算，其中，一個欄位名稱設定為「總交易金額 1」，另一個設定為「總交易金額 2」。因此，這個樞紐分析表可以解讀為各種車款在每一年度各個地區的總交易金額。此外，這個範例設定僅篩選顯示 2019 與 2020 這兩個年度的交易記錄，而樞紐分析表中顯示了群組合計，也就是每一年度的合計(第 F 欄與第 L 欄)。

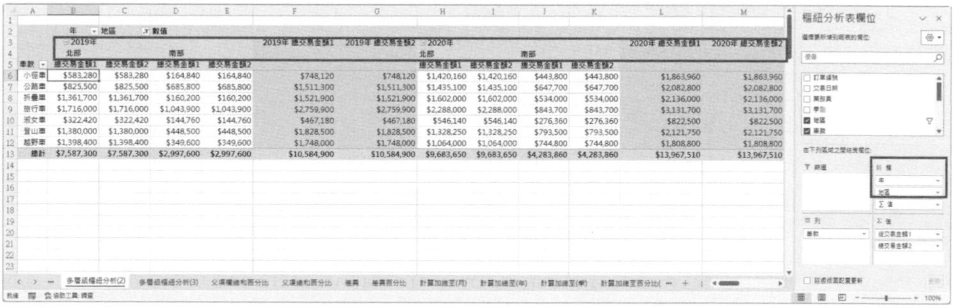

年 / 地區 / 數值	2019年 北部		南部		2019年 總交易金額1	2019年 總交易金額2	2020年 北部		南部		2020年 總交易金額1	2020年 總交易金額2
車款	總交易金額1	總交易金額2	總交易金額1	總交易金額2			總交易金額1	總交易金額2	總交易金額1	總交易金額2		
小徑車	$583,280	$583,280	$164,840	$164,840	$748,120	$748,120	$1,420,160	$1,420,160	$443,800	$443,800	$1,863,960	$1,863,960
公路車	$825,500	$825,500	$685,800	$685,800	$1,511,300	$1,511,300	$1,435,100	$1,435,100	$647,700	$647,700	$2,082,800	$2,082,800
折疊車	$1,361,700	$1,361,700	$160,200	$160,200	$1,521,900	$1,521,900	$1,602,000	$1,602,000	$534,000	$534,000	$2,136,000	$2,136,000
旅行車	$1,716,000	$1,716,000	$1,043,900	$1,043,900	$2,759,900	$2,759,900	$2,288,000	$2,288,000	$843,700	$843,700	$3,131,700	$3,131,700
淑女車	$322,420	$322,420	$144,760	$144,760	$467,180	$467,180	$546,140	$546,140	$276,360	$276,360	$822,500	$822,500
登山車	$1,380,000	$1,380,000	$448,500	$448,500	$1,828,500	$1,828,500	$1,328,250	$1,328,250	$793,500	$793,500	$2,121,750	$2,121,750
越野車	$1,398,400	$1,398,400	$349,600	$349,600	$1,748,000	$1,748,000	$1,064,000	$1,064,000	$744,800	$744,800	$1,808,800	$1,808,800
總計	$7,587,300	$7,587,300	$2,997,600	$2,997,600	$10,584,900	$10,584,900	$9,683,650	$9,683,650	$4,283,860	$4,283,860	$13,967,510	$13,967,510

由上述樞紐分析表的結構與輸出可以看出，在〔欄〕區域裡形成了大綱群組層次，其中，各個〔地區〕是詳細資料，而各個年度底下包含了各個地區，因此，〔年〕度是群組，也才有了群組合計(即年度的合計)。在〔地區〕與〔年〕度的關係上，〔年〕度為〔地區〕的父項。而樞紐分析表所提供的摘要值之顯示方式中，〔父項欄總和百分比〕顯示方式的公式為：

(項目值) / (欄中父項目值)

此範例中，若將樞紐分析表裡的「總交易金額 2」摘要值欄位名稱改成「百分比」，並且改以〔父項欄總和百分比〕的方式來顯示，如此可以表示各種車款在每一個地區之總交易金額將除以該車款的年度總交易金額合計，以顯示各種車款在每一個地區的總交易金額佔該年度該車款在所有地區之總交易金額合計的百分比。

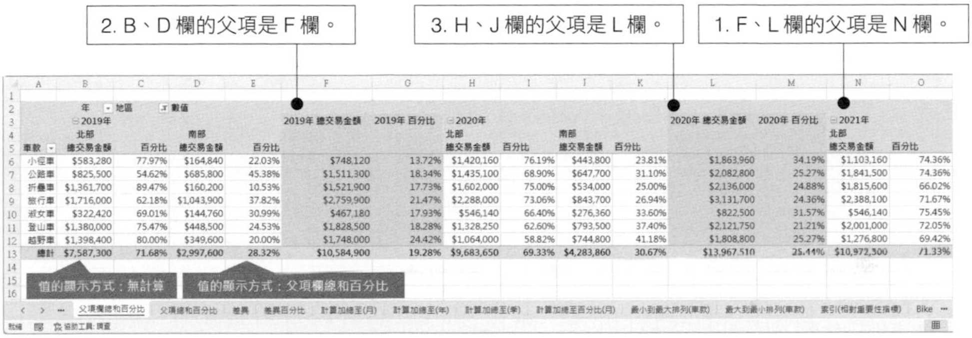

	A	B	C	D	E	F	G	H	I	J	K	L	M	N	O
2		年	地區		數值										
3		2019年				2019年 總交易金額	2019年 百分比	2020年				2020年 總交易金額	2020年 百分比	2021年	
4		北部		南部				北部		南部				北部	
5	車款	總交易金額	百分比	總交易金額	百分比			總交易金額	百分比	總交易金額	百分比			總交易金額	百分比
6	小徑車	$583,280	77.97%	$164,840	22.03%	$748,120	13.72%	$1,420,160	76.19%	$443,800	23.81%	$1,863,960	34.19%	$1,103,160	74.36%
7	公路車	$825,500	54.62%	$685,800	45.38%	$1,511,300	18.34%	$1,435,100	68.90%	$647,700	31.10%	$2,082,800	25.27%	$1,841,500	74.36%
8	折疊車	$1,361,700	89.47%	$160,200	10.53%	$1,521,900	17.73%	$1,602,000	75.00%	$534,000	25.00%	$2,136,000	24.88%	$1,815,600	66.02%
9	旅行車	$1,716,000	62.18%	$1,043,900	37.82%	$2,759,900	21.47%	$2,288,000	73.06%	$843,700	26.94%	$3,131,700	24.36%	$2,388,100	71.67%
10	淑女車	$322,420	69.01%	$144,760	30.99%	$467,180	17.93%	$546,140	66.40%	$276,360	33.60%	$822,500	31.57%	$546,140	75.45%
11	登山車	$1,380,000	75.47%	$448,500	24.53%	$1,828,500	18.28%	$1,328,250	62.60%	$793,500	37.40%	$2,121,750	21.21%	$2,001,000	72.05%
12	越野車	$1,398,400	80.00%	$349,600	20.00%	$1,748,000	24.42%	$1,064,000	58.82%	$744,800	41.18%	$1,808,800	25.27%	$1,276,800	69.42%
13	總計	$7,587,300	71.68%	$2,997,600	28.32%	$10,584,900	19.28%	$9,683,650	69.33%	$4,283,860	30.67%	$13,967,510	25.44%	$10,972,300	71.33%

父項總和百分比

正如同前面介紹的〔父項列總和百分比〕與〔父項欄總和百分比〕的顯示方式，〔父項總和百分比〕的顯示方式有著相同的功能，只是當您選擇套用〔父項總和百分比〕的顯示方式時，會事先詢問您要以哪一個父項欄或父項列的欄位總和做為百分比公式運算的分母。其公式計算值為：

(項目值) / (所選 [基本欄位] 中父項目值)

以下所列出樞紐分析表，不管是〔列〕區域還是〔欄〕區域，都含有兩個以上的資料欄位，因此，不論縱向或橫向都是具備子父項層級的多維度報表。我們將改變樞紐分析表其摘要值的顯示方式，讓您更容易理解並比對不同顯示方式的應用。在樞紐分析表中，〔列〕區域裡包含了兩個資料欄位，分別是「年」度與「季別」，並以「年」度為群組，底下再篩選出年度裡的各季別；此外，〔欄〕區域裡亦包含兩個資料欄位，分別是「地區」與「車款」，並以「地區」為群組，底下再篩選出「公路車」與「旅行車」這兩個車款。〔值〕區域裡則放置兩次的「交易金額」欄位，預設皆是進行加總運算，其中，一個預設欄位名稱為「總交易金額」，另一個為「總交易金額 2」。因此，這個樞紐分析表可以解讀為各年度各季別南北兩地區兩種車款的總交易金額。在樞紐分析表中亦顯示了群組合計，也就是每一年度的合計(第 10 列、第 15 列、第 20 列與第 25 列)，以及北、南兩地區的合計(G 欄與 N 欄)。

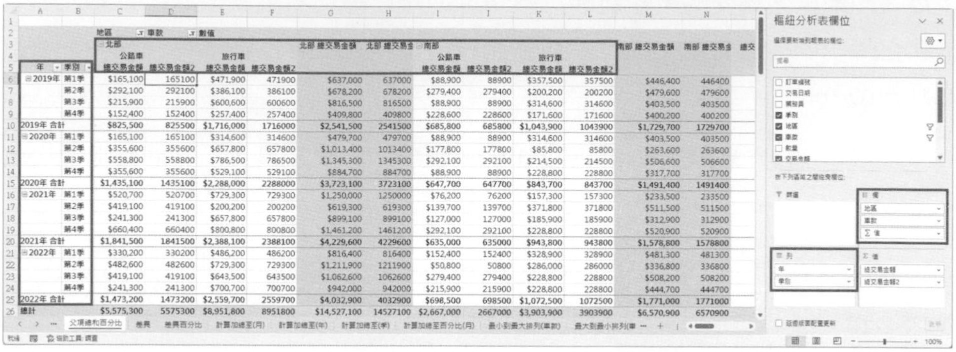

當樞紐分析表的〔列〕區域或〔欄〕區域包含了兩個以上的資料欄位時，便造就出群組大綱層級的樞紐分析表，所包含的統計資料將不僅僅是行列交錯的摘要值而已，也可以包含這些摘要值的垂直或水平方向的群組合計。

由上述樞紐分析表的結構與輸出可以看出，在〔列〕區域裡形成了大綱群組層次，其中，各「季別」是詳細資料，而各個「年」度底下包含了各季，因此，〔年〕度是群組，也才有了群組合計(即年度的合計)。在「季別」與「年」度的關係上，「年」度為「季別」的父項。此外，在〔欄〕區域裡也形成了大綱群組層次，其中，各種「車款」是詳細資料，而各個「地區」底下包含了各種車款(此例僅篩選出「公路車」與「旅行車」兩種車款)，因此，「地區」是群組，也才有了群組合計(即地區的合計)。在「地區」與「車款」的關係上，「地區」為「車款」的父項。

STEP 1 以滑鼠右鍵點選樞紐分析表裡某年某季某地區某種車款的總交易金額，例如儲存格 F7。

STEP 2 從顯示的快顯功能表中點選〔值的顯示方式〕功能選項。

STEP 3 在展開的副功能選單中點選〔父項總和百分比〕選項。

STEP 4 開啟〔值的顯示方式(總交易金額 2)〕對話方塊，基本欄位請選「年」。

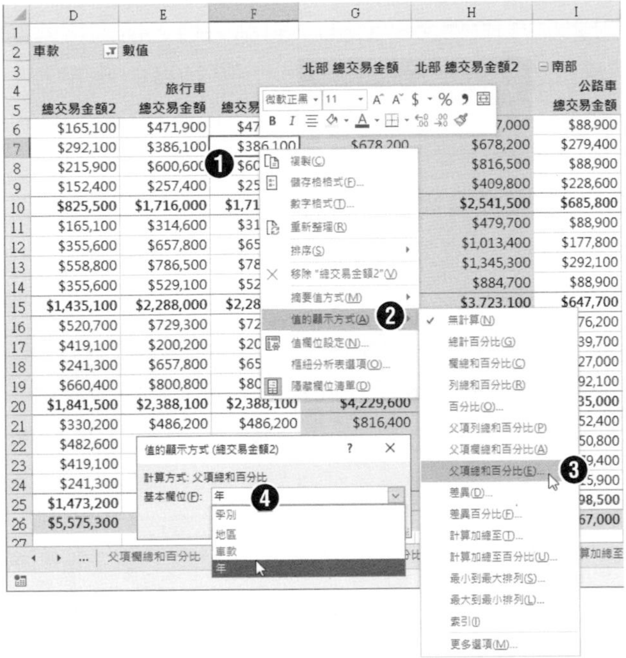

如此，樞紐分析表裡的各摘要值將與其所隸屬的群組合計進行百分比例的運算，顯示出百分比例。以此實作為例，樞紐分析表裡的摘要值(項目值)將除以所選〔年〕度欄位的群組合計(父項目值)，以顯示各地區各車款在各季別的交易金額佔年度合計交易金額的百分比。

STEP 5 點按〔確定〕按鈕，關閉〔值的顯示方式(總交易金額 2)〕對話方塊的操作。

若是開啟〔值的顯示方式(總交易金額)〕對話方塊，所選擇的基本欄位為「地區」，則表示樞紐分析表裡的摘要值將除以所屬地區的合計值。

差異

有時候我們想要瞭解系列數據中彼此的差異比較，以評量數據的增減或差異值，這種針對數值的差異比對也常見於樞紐分析表的應用中。也就是說，在樞紐分析表的欄、列各摘要值，皆可以與同欄或同列裡的其他摘要值進行差異比較，以瞭解在某一摘要值為基準的情況下，各摘要值與其比較的差距值。例如：以下左右兩個完全相同的樞紐分析表，〔列〕區域裡放置了〔車款〕資料欄位、〔欄〕區域裡放置了〔年〕度資料欄位、〔值〕區域裡放置〔交易金額〕資料欄位，因此，可以解讀為各種車款在每一年的總交易金額。

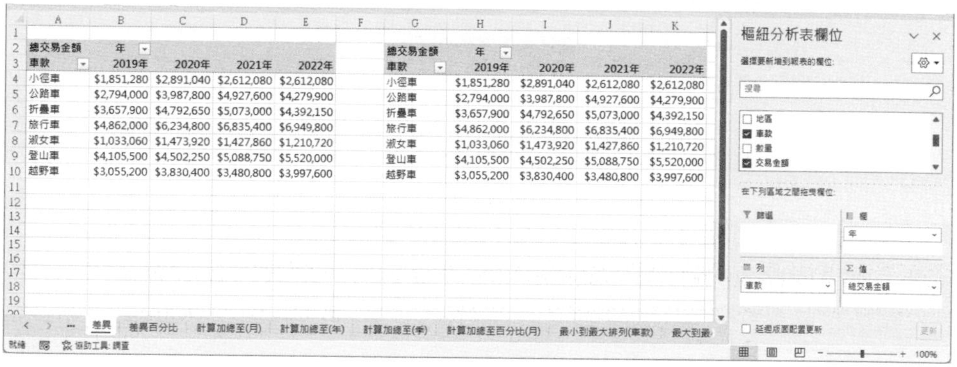

若要以〔差異〕顯示方式來呈現樞紐分析表裡的各個摘要值，您必須選擇要進行差異比較的資料欄位(稱之為〔基本欄位〕)，並且指定此欄位裡的哪一個摘要值(稱之為〔基本項目位〕)做為比較的基準值。透過以下的範例操作，我們將以「旅行車」為基準，將年度中各種車款的總交易金額與「旅行車」總交易金額相互比較，顯示各摘要值的差異。

STEP 1 以滑鼠右鍵點選樞紐分析表裡某年度的任一車款的總交易金額，例如儲存格 H5。

STEP 2 從顯示的快顯功能表中點選〔值的顯示方式〕功能選項。

STEP **3** 在展開的副功能選單中點選〔差異〕選項。

STEP **4** 開啟〔值的顯示方式(總交易金額)〕對話方塊，基本欄位請選〔車款〕。

STEP **5** 〔基本項目〕請點選「旅行車」。

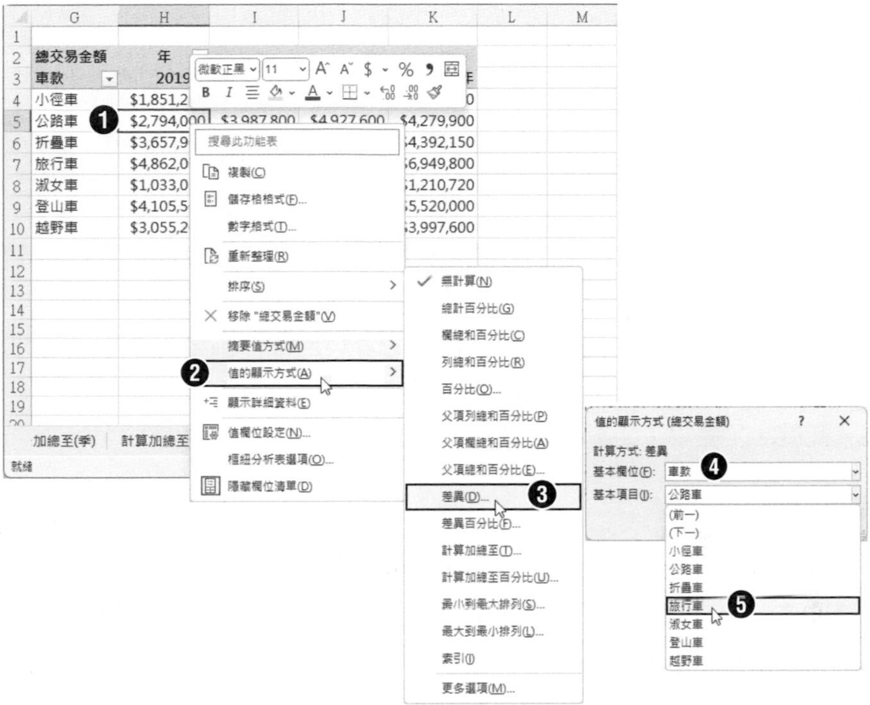

藉由這種摘要值的顯示方式，可以瞭解每一種車款與指定車款之間的差異。例如：瞭解每一種車款與「旅行車」之間的差異。以 2021 年的統計資料來說，「旅行車」的總交易金額是$6,835,400 而「公路車」的總交易金額是$4,9272,600，因此，「公路車」相較於「旅行車」總交易金額少了$1,907,800；依此類推，「折疊車」相較於「旅行車」總交易金額少了$1,762,400；「登山車」相較於「旅行車」總交易金額少了$1,746,650；「越野車」相較於「旅行車」總交易金額則是少了$3,354,600。

STEP 6 點按〔確定〕按鈕，關閉〔值的顯示方式(總交易金額)〕對話方塊的操作。

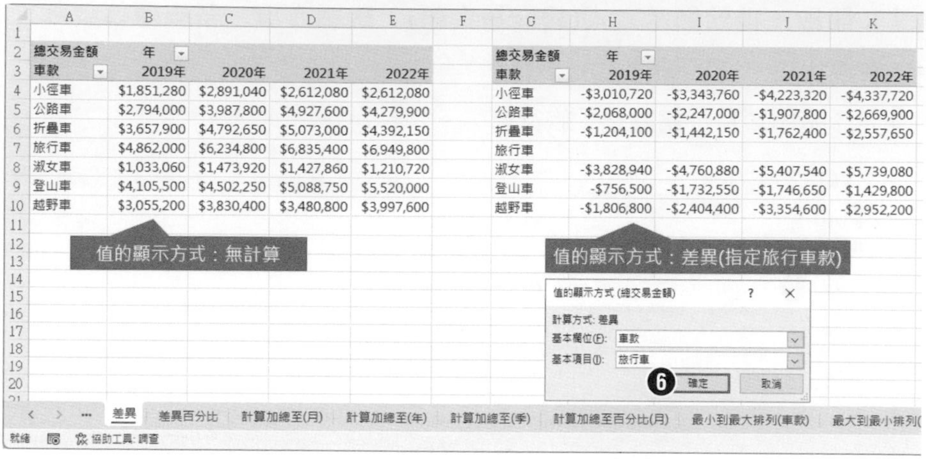

總交易金額	年			
車款	2019年	2020年	2021年	2022年
小徑車	$1,851,280	$2,891,040	$2,612,080	$2,612,080
公路車	$2,794,000	$3,987,800	$4,927,600	$4,279,900
折疊車	$3,657,900	$4,792,650	$5,073,000	$4,392,150
旅行車	$4,862,000	$6,234,800	$6,835,400	$6,949,800
淑女車	$1,033,060	$1,473,920	$1,427,860	$1,210,720
登山車	$4,105,500	$4,502,250	$5,088,750	$5,520,000
越野車	$3,055,200	$3,830,400	$3,480,800	$3,997,600

總交易金額	年			
車款	2019年	2020年	2021年	2022年
小徑車	-$3,010,720	-$3,343,760	-$4,223,320	-$4,337,720
公路車	-$2,068,000	-$2,247,000	-$1,907,800	-$2,669,900
折疊車	-$1,204,100	-$1,442,150	-$1,762,400	-$2,557,650
旅行車				
淑女車	-$3,828,940	-$4,760,880	-$5,407,540	-$5,739,080
登山車	-$756,500	-$1,732,550	-$1,746,650	-$1,429,800
越野車	-$1,806,800	-$2,404,400	-$3,354,600	-$2,952,200

企業各單位總是期望能迅速了解前、後期的資料比較，例如：季節性的業務或商品，總是希望相較於去年同月份時，這個月要如何運作才會有顯著的進步與成長，此時，〔差異〕百分比的顯示將是最好的輔助工具。

差異百分比

如同前例所提及的摘要值差異，是將同一欄位裡的各個摘要值，與該欄位裡指定的摘要值，進行減法的計算而顯示差異值，瞭解到數據的增減值。同樣的操作理念，您也可以改用除法的計算方式，以差異百分比的方式來顯示數據的成長或衰退。

STEP 1 以滑鼠右鍵點選樞紐分析表裡某年度的任一車款的總交易金額，例如儲存格 H5。

STEP 2 從顯示的快顯功能表中點選〔值的顯示方式〕功能選項。

STEP 3 在展開的副功能選單中點選〔差異百分比〕選項。

STEP 4 開啟〔值的顯示方式(總交易金額)〕對話方塊，基本欄位請選〔車款〕。

STEP 5 〔基本項目〕請點選「旅行車」。

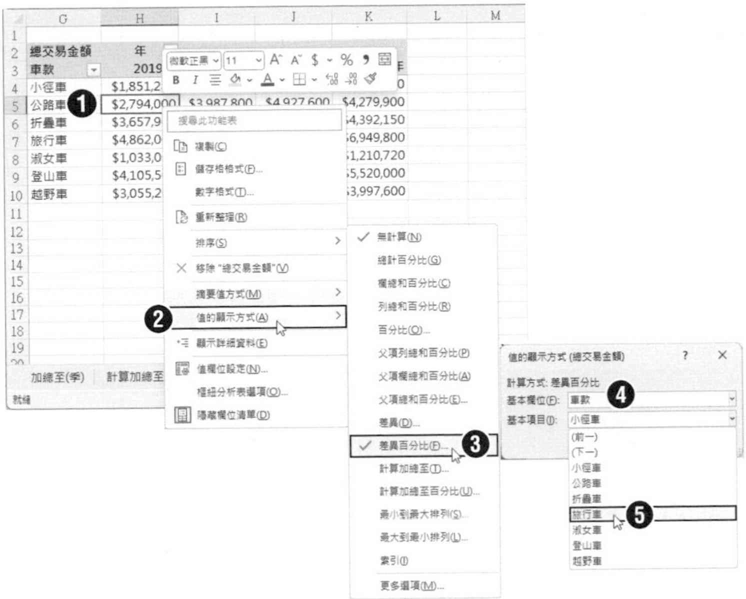

藉由這種摘要值的顯示方式，可以瞭解每一種車款與指定車款之間的差異百分比。例如：瞭解每一種車款與「旅行車」之間的差異百分比。若以「旅行車」為基準比對項目，其 2020 年的總交易金額為$6,234,800，而「公路車」是$3,987,800，因此，相較之下，「公路車」比「旅行車」相差了-36.04%，依此類推，「登山車」在 2020 年的總交易金額是$4,502,250，與「旅行車」相較之下，相差了-27.79%。

STEP 6 **點按〔確定〕按鈕，關閉〔值的顯示方式(總交易金額)〕對話方塊的操作。**

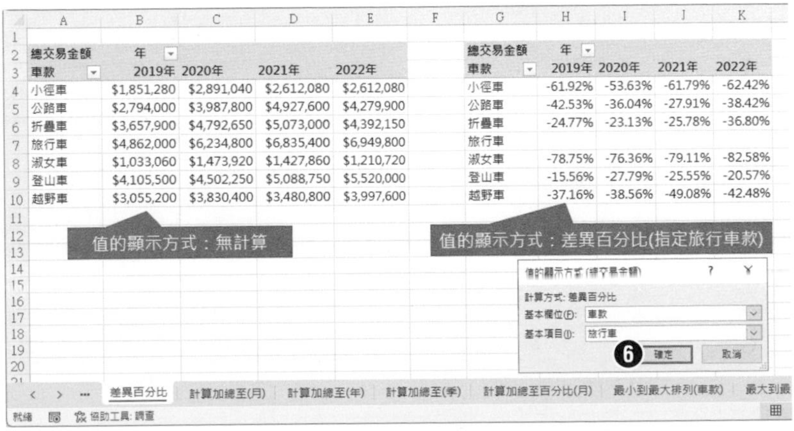

計算加總至

在資料統計中，我們經常會利用累加運算，將各階段或各項目的數值進行累加，以瞭解累計到每一階段或每一項目的加總值。如下圖所示，左側顯示的是每一個月份的銷售量，右側顯示的是累計每一個月份的總銷售量。

月份	費用
一月	$1,700
二月	$1,500
三月	$2,100
四月	$3,400
五月	$1,850
六月	$2,430
七月	$1,680
八月	$2,090
九月	$3,070
十月	$2,260
十一月	$1,980
十二月	$2,430
合計	$26,490

逐月列出每一個月的費用

月份	費用	累計費用
一月	$1,700	$1,700
二月	$1,500	$3,200
三月	$2,100	$5,300
四月	$3,400	$8,700
五月	$1,850	$10,550
六月	$2,430	$12,980
七月	$1,680	$14,660
八月	$2,090	$16,750
九月	$3,070	$19,820
十月	$2,260	$22,080
十一月	$1,980	$24,060
十二月	$2,430	$26,490

逐列累計(加)每月費用

透過公式的輸入與複製，並不難達成上述的累計加總運算，然而，在樞紐分析表中，並不需要額外輸入公式，僅須選擇套用〔計算加總至〕顯示方式，亦可達成將欄方向或列方向的摘要值進行累計加總的計算。我們就來進行這個課題的實作吧！首先，我們製作兩個完全一致的樞紐分析表，以下圖所列出的左、右兩個樞紐分析表為例，其資料來源一致且結構也完全相同，因此，其結果也一模一樣。顯示著每一個月 (列標籤)在每一年度(欄標籤)的總銷售金額(摘要值)。

可顯示每個月分(列)、每個年度(欄)的總銷售金額(Σ值)。

以下即透過改變摘要值的顯示方式，將右側的樞紐分析表改以〔計算加總至〕的顯示方式來呈現。

STEP 1 以滑鼠右鍵點選樞紐分析表裡某年某月的總銷售金額，例如儲存格 H6。

STEP 2 從顯示的快顯功能表中點選〔值的顯示方式〕功能選項。

STEP 3 在展開的副功能選單中點選〔計算加總至〕選項。

STEP 4 開啟〔值的顯示方式(總交易金額)〕對話方塊，基本欄位請選〔月〕。

如此，樞紐分析表裡年度每個月的摘要值將進行累計的計算。例如：H 欄中顯示的是 2019 年度各月份總交易金額的累計。其中，在儲存格 H4 裡顯示的是「1 月」的總交易金額、在儲存格 H5 裡顯示的是「1 月」及「2 月」這兩個月份之總交易金額的合計、儲存格 H6 裡顯示的是「1 月」、「2 月」及「3 月」等三個月份之總交易金額的合計、...依此類推，儲存格 H15(最後一個月「12 月」)裡顯示的是所有月份之總交易金額的合計。

STEP 5　點按〔確定〕按鈕，關閉〔值的顯示方式(總交易金額)〕對話方塊的操作。

總交易金額	年			
月	2019年	2020年	2021年	2022年
1月	$1,658,200	$2,459,420	$1,890,550	$2,478,010
2月	$1,367,220	$1,960,800	$2,549,180	$2,084,770
3月	$1,878,230	$1,996,070	$2,563,690	$2,416,930
4月	$1,585,720	$3,209,310	$2,903,490	$2,453,670
5月	$1,809,660	$2,243,690	$2,300,800	$2,747,720
6月	$1,372,260	$2,290,540	$1,883,810	$2,257,640
7月	$1,425,850	$2,322,880	$2,344,390	$2,458,720
8月	$2,089,680	$2,605,000	$2,707,530	$2,420,710
9月	$1,870,240	$1,889,150	$2,268,760	$2,544,850
10月	$2,288,990	$2,340,440	$2,555,250	$2,165,690
11月	$1,702,940	$2,075,550	$2,409,520	$2,510,070
12月	$2,309,950	$2,320,010	$3,068,520	$2,423,470
總計	$21,358,940	$27,712,860	$29,445,490	$28,962,250

總交易金額	年			
月	2019年	2020年	2021年	2022年
1月	$1,658,200	$2,459,420	$1,890,550	$2,478,010
2月	$3,025,420	$4,420,220	$4,439,730	$4,562,780
3月	$4,903,650	$6,416,290	$7,003,420	$6,979,710
4月	$6,489,370	$9,625,600	$9,906,910	$9,433,380
5月	$8,299,030	$11,869,290	$12,207,710	$12,181,100
6月	$9,671,290	$14,159,830	$14,091,520	$14,438,740
7月	$11,097,140	$16,482,710	$16,435,910	$16,897,460
8月	$13,186,820	$19,087,710	$19,143,440	$19,318,170
9月	$15,057,060	$20,976,860	$21,412,200	$21,863,020
10月	$17,346,050	$23,317,300	$23,967,450	$24,028,710
11月	$19,048,990	$25,392,850	$26,376,970	$26,538,780
12月	$21,358,940	$27,712,860	$29,445,490	$28,962,250

TIPS

在 Excel 樞紐分析表中，您可以將垂直方向各列摘要值進行累計加總的顯示，也可以將水平方向各欄的摘要值進行累計加總的顯示。

1. 這是原本的樞紐分析表顯示，摘要值的顯示方式是採用〔無計算〕。

2. 此樞紐分析表之摘要值的顯示方式是採用〔計算加總至〕，所選擇的基本欄位是〔年〕，因此，同一個月份的總交易金額將逐年累加總計。

總交易金額	年				
月	2019年	2020年	2021年	2022年	總計
1月	$1,658,200	$2,459,420	$1,890,550	$2,478,010	$8,486,180
2月	$1,367,220	$1,960,800	$2,549,180	$2,084,770	$7,961,970
3月	$1,878,230	$1,996,070	$2,563,690	$2,416,930	$8,854,920
4月	$1,585,720	$3,209,310	$2,903,490	$2,453,670	$10,152,190
5月	$1,809,660	$2,243,690	$2,300,800	$2,747,720	$9,101,870
6月	$1,372,260	$2,290,540	$1,883,810	$2,257,640	$7,804,250
7月	$1,425,850	$2,322,880	$2,344,390	$2,458,720	$8,551,840
8月	$2,089,680	$2,605,000	$2,707,530	$2,420,710	$9,822,920
9月	$1,870,240	$1,889,150	$2,268,760	$2,544,850	$8,573,000
10月	$2,288,990	$2,340,440	$2,555,250	$2,165,690	$9,350,370
11月	$1,702,940	$2,075,550	$2,409,520	$2,510,070	$8,698,080
12月	$2,309,950	$2,320,010	$3,068,520	$2,423,470	$10,121,950

總交易金額	年			
月	2019年	2020年	2021年	2022年
1月	$1,658,200	$4,117,620	$6,008,170	$8,486,180
2月	$1,367,220	$3,328,020	$5,877,200	$7,961,970
3月	$1,878,230	$3,874,300	$6,437,990	$8,854,920
4月	$1,585,720	$4,795,030	$7,698,520	$10,152,190
5月	$1,809,660	$4,053,350	$6,354,150	$9,101,870
6月	$1,372,260	$3,662,800	$5,546,610	$7,804,250
7月	$1,425,850	$3,748,730	$6,093,120	$8,551,840
8月	$2,089,680	$4,694,680	$7,402,210	$9,822,920
9月	$1,870,240	$3,759,390	$6,028,150	$8,573,000
10月	$2,288,990	$4,629,430	$7,184,680	$9,350,370
11月	$1,702,940	$3,778,490	$6,188,010	$8,698,080
12月	$2,309,950	$4,629,960	$7,698,480	$10,121,950

2. 左側這個樞紐分析表的摘要值的顯示方式是採用〔無計算〕。

1. 這是原本的樞紐分析表顯示，〔列〕區域裡分成層級，先是「季」，底下再區分「月」。

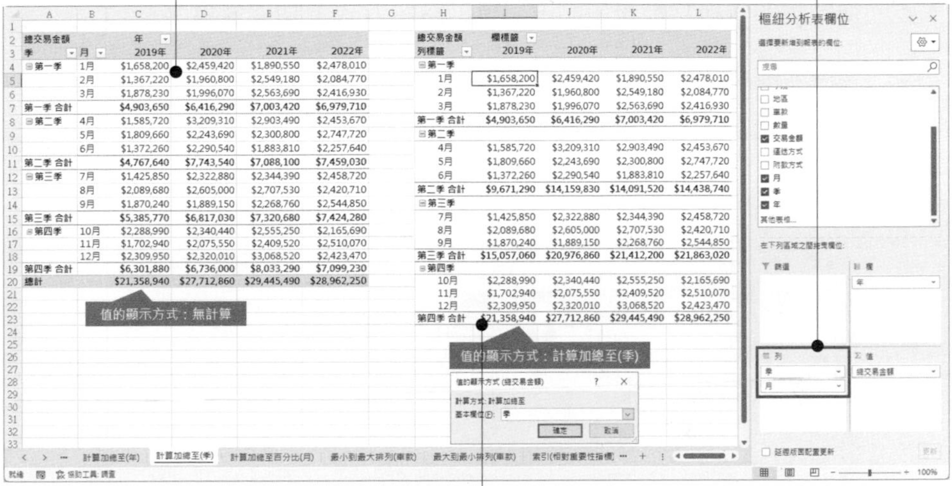

3. 右側這個樞紐分析表的摘要值的顯示方式是採用〔計算加總至〕，所選擇的基本欄位是〔季〕，因此，同年的各季之總交易金額將逐列累加總計。

計算加總至百分比

在累計數據資料的計算上，除了可以累計加總數值外，也可以累計百分比例。例如：計算出每一個月份的總交易金額佔全年之總交易金額總計的百分比例後，亦可將每一個月份的百分比例累計起來，如下圖所示：

月	總交易金額	欄總和百分比	計算加總至百分比(月)
1月	$8,309,160	7.73%	7.73%
2月	$7,961,970	7.41%	15.14%
3月	$8,908,320	8.29%	23.43%
4月	$10,225,690	9.51%	32.94%
5月	$8,974,970	8.35%	41.29%
6月	$7,816,950	7.27%	48.56%
7月	$8,656,040	8.05%	56.62%
8月	$9,706,020	9.03%	65.65%
9月	$8,715,050	8.11%	73.76%
10月	$9,253,920	8.61%	82.37%
11月	$8,722,080	8.12%	90.48%
12月	$10,229,370	9.52%	100.00%
總計	$107,479,540	100.00%	

在樞紐分析表的操作下，您並不需要事先建立任何百分比計算公式或額外的欄位運算，只要改變摘要值的顯示方式為〔計算加總至百分比〕即可。

STEP 1 以滑鼠右鍵點選樞紐分析表裡某月份的累計月總交易金額百分比，例如儲存格 H5。

STEP 2 從顯示的快顯功能表中點選〔值的顯示方式〕功能選項。

STEP 3 在展開的副功能選單中點選〔計算加總至百分比〕選項。

STEP 4 開啟〔值的顯示方式(計算加總至百分比(月))〕對話方塊，基本欄位請選〔月〕。

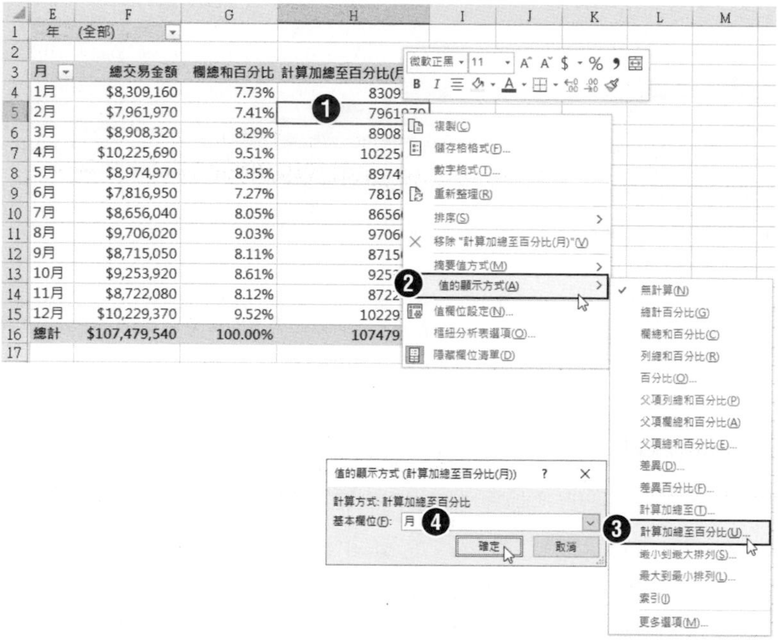

如此，樞紐分析表裡年度中各月份的累計月加總佔年總和百分比將進行累計的計算。例如：D 欄中顯示的是累計月加總佔年總和百分比，其中，在儲存格 G4 裡顯示「1 月」總交易金額佔全部月份總交易金額的 7.90%。由於「2 月」總交易金額佔全部月份總交易金額的 7.41%，因此，在儲存格 H5 裡顯示了這兩個月份合計後佔全部月份總交易金額百分比例的累計，為 15.30%。而「3 月」總交易金額佔全部月份總交易金額的 8.24%，所以，在儲存格 H6 裡顯示上述三個月份總交易金額佔全部月份總交易金額百分比例的累計，為 23.54%。依此類推，累加百分比至最後一個月份時(儲存格 H15)一定是 100%。

STEP 5 點按〔確定〕按鈕，關閉〔值的顯示方式(計算加總至百分比(月))〕對話方塊的操作。

年	(全部)
月	總交易金額
1月	$8,486,180
2月	$7,961,970
3月	$8,854,920
4月	$10,152,190
5月	$9,101,870
6月	$7,804,250
7月	$8,551,840
8月	$9,822,920
9月	$8,573,000
10月	$9,350,370
11月	$8,698,080
12月	$10,121,950
總計	$107,479,540

年	(全部)		
月	總交易金額	欄總和百分比	計算加總至百分比(月)
1月	$8,486,180	7.90%	7.90%
2月	$7,961,970	7.41%	15.30%
3月	$8,854,920	8.24%	23.54%
4月	$10,152,190	9.45%	32.99%
5月	$9,101,870	8.47%	41.46%
6月	$7,804,250	7.26%	48.72%
7月	$8,551,840	7.96%	56.67%
8月	$9,822,920	9.14%	65.81%
9月	$8,573,000	7.98%	73.79%
10月	$9,350,370	8.70%	82.49%
11月	$8,698,080	8.09%	90.58%
12月	$10,121,950	9.42%	100.00%
總計	$107,479,540	100.00%	

最小到最大排列(排列的應用)

在樞紐分析表的摘要值中，也具備了排序順位的顯示，所以，使用者並不需要使用 RANK 函數或排序命令的操作，僅需改變摘要值的顯示方式，即可達到由大到小或由小到大的資料排序。在 Excel 樞紐分析表中若是採用〔最小到最大排列〕的顯示方式來呈現摘要值項目的順序，並非實際調整欄位裡各儲存格內的摘要值之上下順序，而是顯示各摘要值由小到大的順位值。其中，欄位裡摘要值最小的項目將顯示 1，愈大的摘要值項目則順位值愈大。以下的實作演練中，我們將以最小到最大的排列順序，顯示每一種車款在年度裡總交易金額的順位。

STEP 1 此樞紐分析表橫向每一列顯示每一個年度。

STEP 2 縱向每一欄顯示每一個車款。

STEP 3 摘要統計每一年每一個車款的總交易金額。

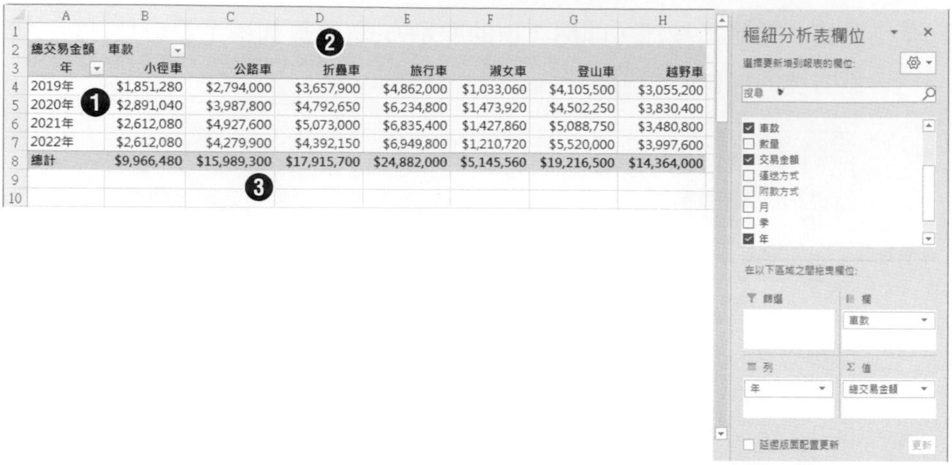

STEP 4 以滑鼠右鍵點選樞紐分析表裡某年某種車款的總交易金額，例如儲存格 D5。

STEP 5 從顯示的快顯功能表中點選〔值的顯示方式〕功能選項。

STEP 6 在展開的副功能選單中點選〔最小到最大排列〕選項。

STEP 7 開啟〔值的顯示方式(總交易金額)〕對話方塊，基本欄位請點選〔年〕。

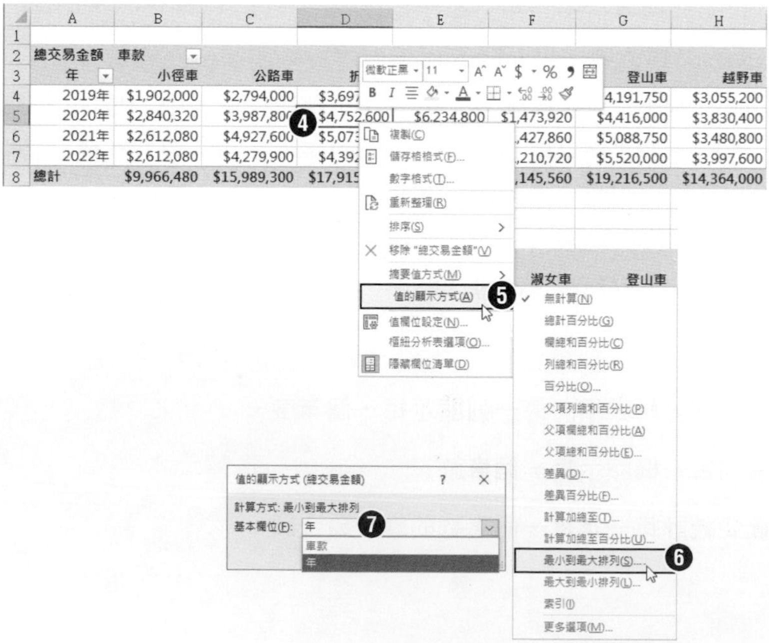

以「公路車」的摘要值為例，2019 年的總交易金額最低($2,794,000)，其順位值為 1、總交易金額最高是在 2021 年($4,927,600)，其順位值為 4。

STEP **8**　點按〔確定〕按鈕以關閉〔值的顯示方式(總交易金額)〕對話方塊的操作。

STEP **9**　顯示每一種車款在每一年的排名。

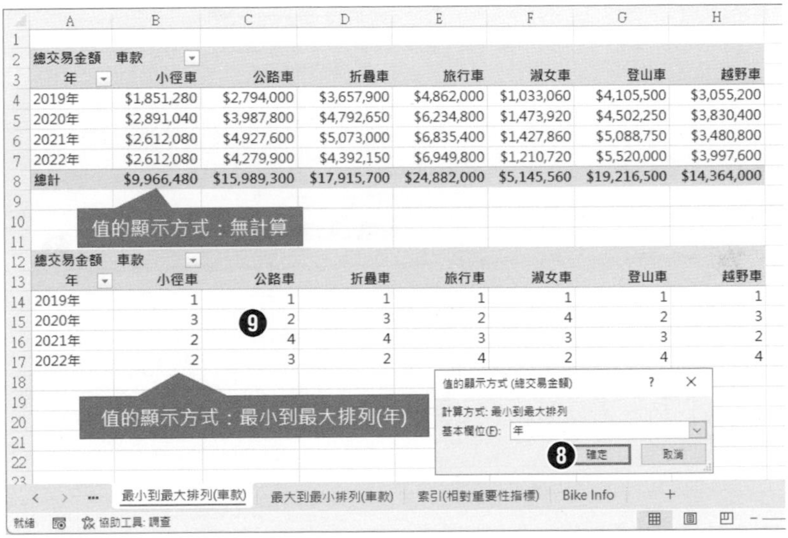

總交易金額 年	小徑車	公路車	折疊車	旅行車	淑女車	登山車	越野車
2019年	$1,851,280	$2,794,000	$3,657,900	$4,862,000	$1,033,060	$4,105,500	$3,055,200
2020年	$2,891,040	$3,987,800	$4,792,650	$6,234,800	$1,473,920	$4,502,250	$3,830,400
2021年	$2,612,080	$4,927,600	$5,073,000	$6,835,400	$1,427,860	$5,088,750	$3,480,800
2022年	$2,612,080	$4,279,900	$4,392,150	$6,949,800	$1,210,720	$5,520,000	$3,997,600
總計	$9,966,480	$15,989,300	$17,915,700	$24,882,000	$5,145,560	$19,216,500	$14,364,000

總交易金額 年	小徑車	公路車	折疊車	旅行車	淑女車	登山車	越野車
2019年	1	1	1	1	1	1	1
2020年	3	2	3	2	4	2	3
2021年	2	4	4	3	3	3	2
2022年	2	3	2	4	2	4	4

我們改換以〔車款〕為基本欄位，再度進行由小到大的排名。

STEP **1**　以滑鼠右鍵點選樞紐分析表裡某年某種車款的總交易金額，例如儲存格 D5。

STEP **2**　從顯示的快顯功能表中點選〔值的顯示方式〕功能選項。

STEP **3**　在展開的副功能選單中點選〔最小到最大排列〕選項。

STEP **4**　開啟〔值的顯示方式(總交易金額)〕對話方塊，基本欄位請點選〔車款〕。

5 樞紐分析表的計算功能

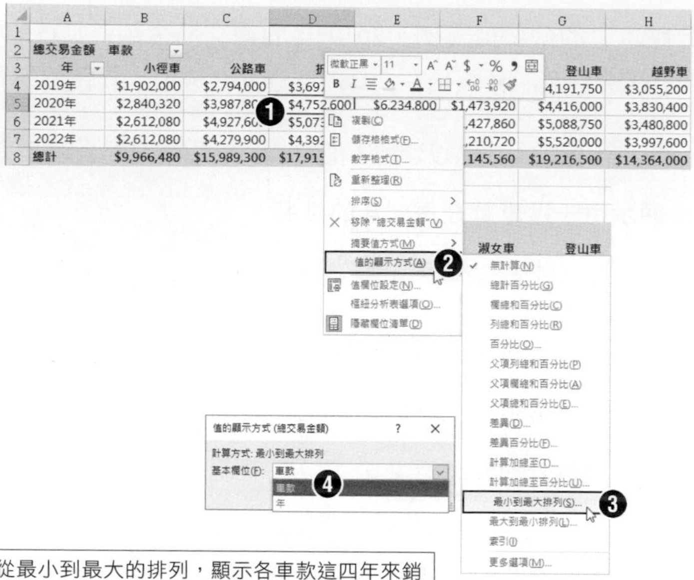

2. 這是以〔年〕欄位從最小到最大的排列，顯示各車款這四年來銷售金額由小到大的排列，也就是同一種車款中，這四年銷售金額大小，最小的為 1，最大的為 4（因為，是從最小到對大的排列啊！）。不過，若金額一樣，則排列序號會是一樣的。例如：小徑車在 2021 年及 2022 年的銷售金額一樣大，因此，從最小到最大的排列結果都是「2」。

1. 這是無計算的顯示，也就是正常地顯示每一年每一種車款的總銷售金額。

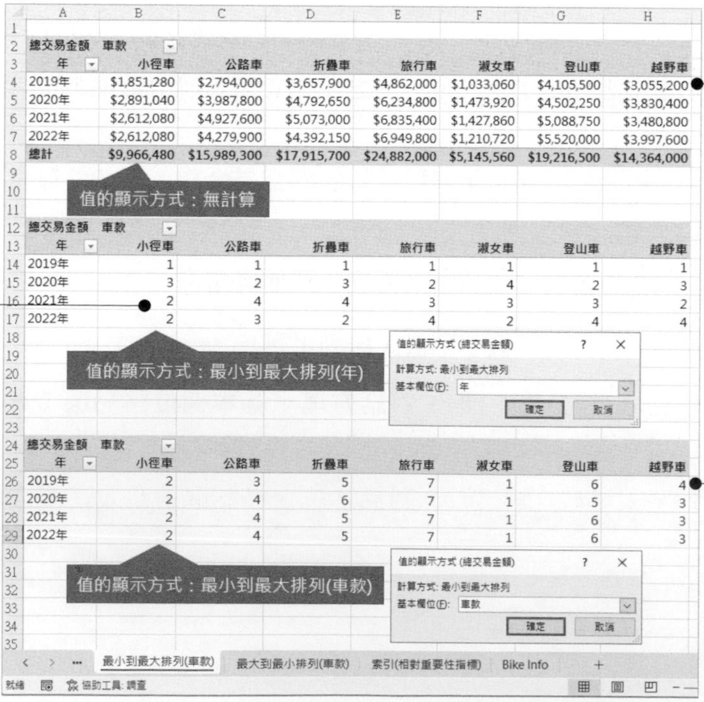

值的顯示方式：無計算

總交易金額 年	小徑車	公路車	折疊車	旅行車	淑女車	登山車	越野車
2019年	$1,851,280	$2,794,000	$3,657,900	$4,862,000	$1,033,060	$4,105,500	$3,055,200
2020年	$2,891,040	$3,987,800	$4,792,650	$6,234,800	$1,473,920	$4,502,250	$3,830,400
2021年	$2,612,080	$4,927,600	$5,073,000	$6,835,400	$1,427,860	$5,088,750	$3,480,800
2022年	$2,612,080	$4,279,900	$4,392,150	$6,949,800	$1,210,720	$5,520,000	$3,997,600
總計	$9,966,480	$15,989,300	$17,915,700	$24,882,000	$5,145,560	$19,216,500	$14,364,000

值的顯示方式：最小到最大排列(年)

總交易金額 年	小徑車	公路車	折疊車	旅行車	淑女車	登山車	越野車
2019年	1	1	1	1	1	1	1
2020年	3	2	3	2	4	2	3
2021年	2	4	4	3	3	3	2
2022年	2	3	2	4	2	4	4

值的顯示方式 (總交易金額)　計算方式: 最小到最大排列　基本欄位(F): 年

值的顯示方式：最小到最大排列(車款)

總交易金額 年	小徑車	公路車	折疊車	旅行車	淑女車	登山車	越野車
2019年	2	3	5	7	1	6	4
2020年	2	4	6	7	1	5	3
2021年	2	4	5	7	1	6	3
2022年	2	4	5	7	1	6	3

值的顯示方式 (總交易金額)　計算方式: 最小到最大排列　基本欄位(F): 車款

3. 這是以〔車款〕欄位從最小到對大的排列(排名)，顯示同一年度裡各車款的銷售金額大小排列，該年度銷售最差的是 1，最好的是 7。（因為，共有 7 種車款啊！）

最大到最小排列(排名的應用)

既然有〔最小到最大排列〕的顯示方式，當然也會有〔最大到最小排列〕的顯示方式。參考與前例相同的範例，您若是在 Excel 樞紐分析表中採用〔最大到最小排列〕的顯示方式來呈現摘要值項目的順序，則欄位裡摘要值最大的項目將顯示 1，愈小的摘要值項目則順位值也就愈高。以下的實作演練中，我們將以最大到最小的排列順序，顯示每一種車款在年度裡總交易金額的順位。

STEP 1　此樞紐分析表橫向每一列顯示每一種車款。

STEP 2　縱向每一欄顯示每一個年度。

STEP 3　摘要統計每一種車款每一年的總交易金額。

STEP 4　以滑鼠右鍵點選樞紐分析表裡某年某種車款的總交易金額，例如儲存格 H5。

STEP 5　從顯示的快顯功能表中點選〔值的顯示方式〕功能選項。

STEP 6　在展開的副功能選單中點選〔最大到最小排列〕選項。

STEP 7　開啟〔值的顯示方式(總交易金額)〕對話方塊，基本欄位請點選〔車款〕。

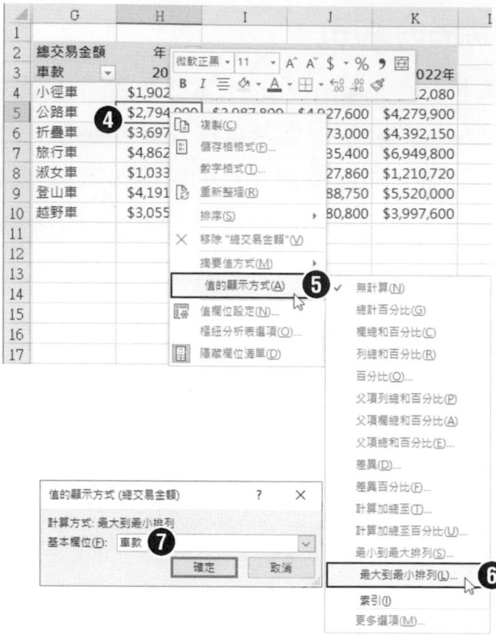

以 2019 年的摘要值為例，原本總交易金額最高的是「旅行車」($4,862,000)，其順位值為 1；次高的「登山車」($4,105,500)，其順位值為 2；總交易金額最低的「淑女車」($1,033,060)，其順位值為 7。所以，由大到小的順序，等於就是名次囉！

STEP **8** **點按〔確定〕按鈕，關閉〔值的顯示方式(總交易金額)〕對話方塊的操作。**

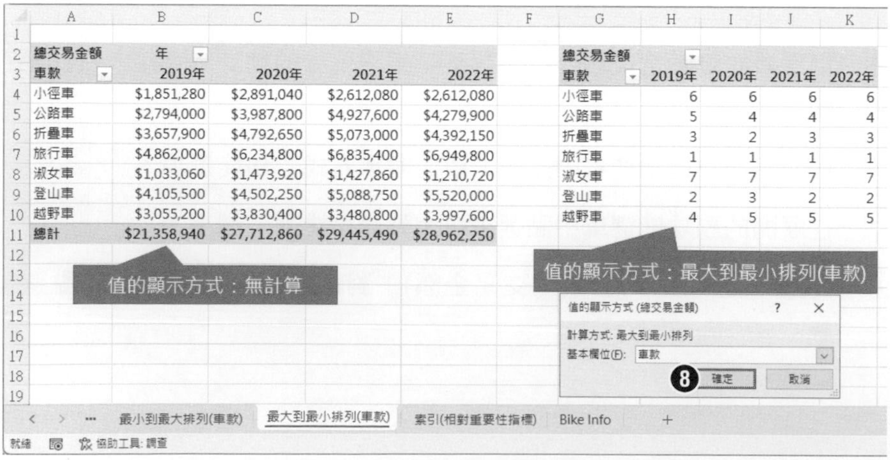

索引 (指標)

在一整列或一整欄的資料數據中，數值資料的高低雖然可以藉由排序而瞭解大小的關係與差距，但是，在整體考量的分析中，數值高的重要性並不見得遠勝於數值低的重要性。在樞紐分析表中譯為〔索引〕(Index)的顯示方式，是一種用來描述一個儲存格數值在其所在的整欄或整列範圍數值中的相對重要性。Microsoft Excel 所定義的這個相對重要性指數(the index of the relative importance of items)是使用以下的公式所計算出來的加權平均值：

((儲存格內的數值) x (總計中的總計)) / ((列總計) x (欄總計))

在使用樞紐分析表比較整列摘要值與整欄摘要值的相對重要性時，這個公式所計算出來的指數是十分有用的。例如：在某地區的各種商品銷售統計中，銷售冠軍的商品其交易金額自然高於其他商品，但若整體考量指定商品在各地區的銷售金額或銷售比例，經過相對重要性指數的計算，則某地區的冠軍商品在該地區的重要性可能就不偌第二名或第三名的商品了。在 Excel 樞紐分析表中，便經常使用此指數來追蹤資料的相對重要性。

下圖所示的範例中，透過前述相同的樞紐分析表範例，其資料來源一致且結構也完全相同，此時〔列〕區域裡放置了〔車款〕資料欄位、〔欄〕區域裡放置了〔地區〕資料欄位、〔值〕區域裡放置〔交易金額〕資料欄位，因此，可以解讀為各種車款在每一地區的總交易金額。但是，我們改變了樞紐分析表其摘要值的顯示方式，藉由〔欄總和百分比〕的顯示方式、〔列總和百分比〕的顯示方式，以及〔索引〕值的顯示方式，來解讀各種車款在每一地區的總交易金額占比與重要性。

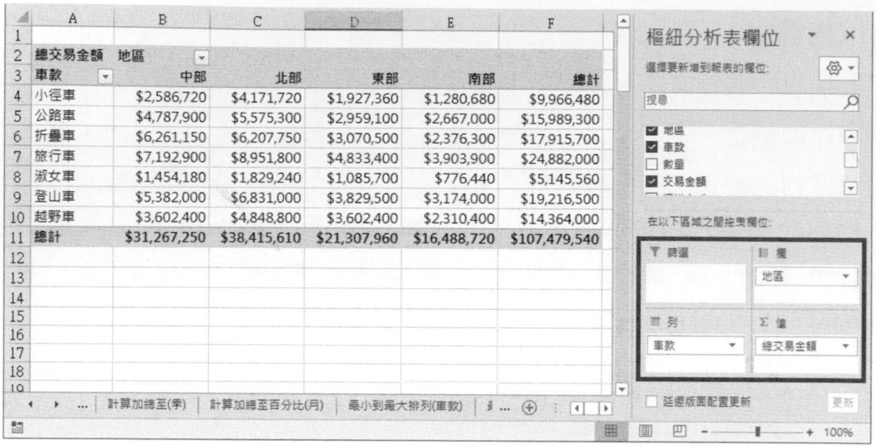

總交易金額	地區				
車款	中部	北部	東部	南部	總計
小徑車	$2,586,720	$4,171,720	$1,927,360	$1,280,680	$9,966,480
公路車	$4,787,900	$5,575,300	$2,959,100	$2,667,000	$15,989,300
折疊車	$6,261,150	$6,207,750	$3,070,500	$2,376,300	$17,915,700
旅行車	$7,192,900	$8,951,800	$4,833,400	$3,903,900	$24,882,000
淑女車	$1,454,180	$1,829,240	$1,085,700	$776,440	$5,145,560
登山車	$5,382,000	$6,831,000	$3,829,500	$3,174,000	$19,216,500
越野車	$3,602,400	$4,848,800	$3,602,400	$2,310,400	$14,364,000
總計	$31,267,250	$38,415,610	$21,307,960	$16,488,720	$107,479,540

例如：透過以〔欄總和百分比〕的顯示方式，我們可以瞭解根據「北部」各種車款商品的銷售統計中，「越野車」商品是倒數第三名 (12.62%)。但是若根據在以〔列總和百分比〕的顯示方式中，可瞭解單以「越野車」來看各地區的銷售百分比，「越野車」在「北部」佔 33.76%，卻是各地區裡排名第一的，勝過在「東部」銷售佔比(25.08%)。

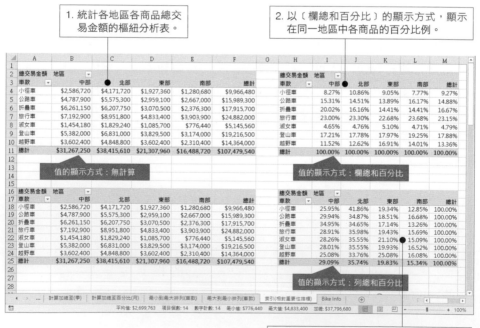

1. 統計各地區各商品總交易金額的樞紐分析表。

2. 以〔欄總和百分比〕的顯示方式，顯示在同一地區中各商品的百分比例。

總交易金額	地區				
車款	中部	北部	東部	南部	總計
小徑車	$2,586,720	$4,171,720	$1,927,360	$1,280,680	$9,966,480
公路車	$4,787,900	$5,575,300	$2,959,100	$2,667,000	$15,989,300
折疊車	$6,261,150	$6,207,750	$3,070,500	$2,376,300	$17,915,700
旅行車	$7,192,900	$8,951,800	$4,833,400	$3,903,900	$24,882,000
淑女車	$1,454,180	$1,829,240	$1,085,700	$776,440	$5,145,560
登山車	$5,382,000	$6,831,000	$3,829,500	$3,174,000	$19,216,500
越野車	$3,602,400	$4,848,800	$3,602,400	$2,310,400	$14,364,000
總計	$31,267,250	$38,415,610	$21,307,960	$16,488,720	$107,479,540

值的顯示方式：無計算

總交易金額	地區				
車款	中部	北部	東部	南部	總計
小徑車	8.27%	10.86%	9.05%	7.77%	9.27%
公路車	15.31%	14.51%	13.89%	16.17%	14.88%
折疊車	20.02%	16.16%	14.41%	14.41%	16.67%
旅行車	23.00%	23.30%	22.68%	23.68%	23.15%
淑女車	4.65%	4.76%	5.10%	4.71%	4.79%
登山車	17.21%	17.78%	17.97%	19.25%	17.88%
越野車	11.52%	12.62%	16.91%	14.01%	13.36%
總計	100.00%	100.00%	100.00%	100.00%	100.00%

值的顯示方式：欄總和百分比

總交易金額	地區				
車款	中部	北部	東部	南部	總計
小徑車	$2,586,720	$4,171,720	$1,927,360	$1,280,680	$9,966,480
公路車	$4,787,900	$5,575,300	$2,959,100	$2,667,000	$15,989,300
折疊車	$6,261,150	$6,207,750	$3,070,500	$2,376,300	$17,915,700
旅行車	$7,192,900	$8,951,800	$4,833,400	$3,903,900	$24,882,000
淑女車	$1,454,180	$1,829,240	$1,085,700	$776,440	$5,145,560
登山車	$5,382,000	$6,831,000	$3,829,500	$3,174,000	$19,216,500
越野車	$3,602,400	$4,848,800	$3,602,400	$2,310,400	$14,364,000
總計	$31,267,250	$38,415,610	$21,307,960	$16,488,720	$107,479,540

總交易金額	地區				
車款	中部	北部	東部	南部	總計
小徑車	25.95%	41.86%	19.34%	12.85%	100.00%
公路車	29.94%	34.87%	18.51%	16.68%	100.00%
折疊車	34.95%	34.65%	17.14%	13.26%	100.00%
旅行車	28.91%	35.98%	19.43%	15.69%	100.00%
淑女車	28.26%	35.55%	21.10%	15.09%	100.00%
登山車	28.01%	35.55%	19.93%	16.52%	100.00%
越野車	25.08%	33.76%	25.08%	16.08%	100.00%
總計	29.09%	35.74%	19.83%	15.34%	100.00%

值的顯示方式：列總和百分比

3. 以〔列總和百分比〕的顯示方式，顯示在同一商品中各地區的百分比例。

因此，若要整體考量商品在各地區的銷售金額或銷售比例，則經過相對重要性指數的計算後(以〔索引〕顯示方式來顯示樞紐分析表)，將會是一項可靠的指標依據。

STEP 1 以滑鼠右鍵點選上方樞紐分析表裡某地區的任一車款之總交易金額，例如儲存格 C19。

STEP 2 從顯示的快顯功能表中點選〔值的顯示方式〕功能選項。

STEP 3 在展開的副功能選單中點選〔索引〕選項。

從結果來看，「北部」「越野車」的銷售金額$4,848,800 雖然遠高於「東部」「越野車」的銷售金額$3,602,400，但在「北部」所有車款銷售中，「越野車」的相對重要性指數僅有 0.94444558，是「北部」所有車款中指數最低的，而在「東部」所有車款銷售中「越野車」的相對重要性指數卻高達 1.26502895，是「東部」所有車款中指數最高的。

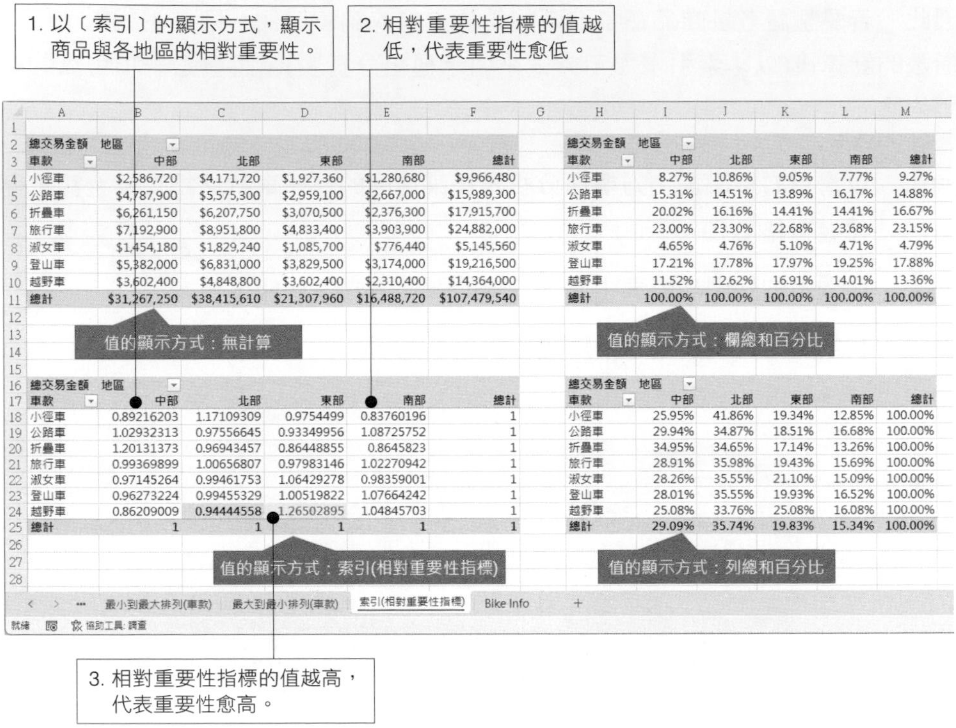

總交易金額 / 車款	中部	北部	東部	南部	總計
小徑車	$2,586,720	$4,171,720	$1,927,360	$1,280,680	$9,966,480
公路車	$4,787,900	$5,575,300	$2,959,100	$2,667,000	$15,989,300
折疊車	$6,261,150	$6,207,750	$3,070,500	$2,376,300	$17,915,700
旅行車	$7,192,900	$8,951,800	$4,833,400	$3,903,900	$24,882,000
淑女車	$1,454,180	$1,829,240	$1,085,700	$776,440	$5,145,560
登山車	$5,382,000	$6,831,000	$3,829,500	$3,174,000	$19,216,500
越野車	$3,602,400	$4,848,800	$3,602,400	$2,310,400	$14,364,000
總計	$31,267,250	$38,415,610	$21,307,960	$16,488,720	$107,479,540

總交易金額 / 車款	中部	北部	東部	南部	總計
小徑車	8.27%	10.86%	9.05%	7.77%	9.27%
公路車	15.31%	14.51%	13.89%	16.17%	14.88%
折疊車	20.02%	16.16%	14.41%	14.41%	16.67%
旅行車	23.00%	23.30%	22.68%	23.68%	23.15%
淑女車	4.65%	4.76%	5.10%	4.71%	4.79%
登山車	17.21%	17.78%	17.97%	19.25%	17.88%
越野車	11.52%	12.62%	16.91%	14.01%	13.36%
總計	100.00%	100.00%	100.00%	100.00%	100.00%

總交易金額 / 車款	中部	北部	東部	南部	總計
小徑車	0.89216203	1.17109309	0.9754499	0.83760196	1
公路車	1.02932313	0.97556645	0.93349956	1.08725752	1
折疊車	1.20131373	0.96943457	0.86448855	0.8645823	1
旅行車	0.99369899	1.00656807	0.97983146	1.02270942	1
淑女車	0.97145264	0.99461753	1.06429278	0.98359001	1
登山車	0.96273224	0.99455329	1.00519822	1.07664242	1
越野車	0.86209009	0.94444558	1.26502895	1.04845703	1
總計	1	1	1	1	1

總交易金額 / 車款	中部	北部	東部	南部	總計
小徑車	25.95%	41.86%	19.34%	12.85%	100.00%
公路車	29.94%	34.87%	18.51%	16.68%	100.00%
折疊車	34.95%	34.65%	17.14%	13.26%	100.00%
旅行車	28.91%	35.98%	19.43%	15.69%	100.00%
淑女車	28.26%	35.55%	21.10%	15.09%	100.00%
登山車	28.01%	35.55%	19.93%	16.52%	100.00%
越野車	25.08%	33.76%	25.08%	16.08%	100.00%
總計	29.09%	35.74%	19.83%	15.34%	100.00%

此範例從相對重要性指數中，我們可以解讀，總銷售金額高的商品，在某一環境或地區裡，不見得是最受矚目的商品；同樣的商品在其他環境或地區裡雖然總銷售金額無法與其他地區的商品比擬，但是在該地區裡卻是一枝獨秀的最重要商品。

CHAPTER

6

視覺化樞紐分析圖

除了利用樞紐分析表可以針對資料庫裡的資料表進行群組分類與統計，進而產生行列式的交叉分析表外，也可以藉由樞紐分析圖的功能操作，輕鬆快速地將樞紐分析表的數據資料輔以統計圖表來呈現，以提昇統計資料的可看性，建構出標準的數位儀表元件。

6-1 樞紐分析圖的製作

6-1-1 樞紐分析圖的限制

樞紐分析圖表也是一種統計圖表，可以透過互動式的方式展現樞紐分析表的交叉統計資料。例如：直接在圖表上顯示或隱藏資料項目、以報表欄位進行資料的篩選、同步更新樞紐分析表與樞紐分析圖。而統計圖表一定會有其資料來源，因此，建立樞紐分析圖時也必須有資料來源，而樞紐分析圖的資料來源即為樞紐分析表、工作表上的資料表範圍，甚至連接自外部資料庫的資料來源。在操作上，您可以直接從資料來源建立樞紐分析圖，亦可從既有的樞紐分析表來建立相對應的樞紐分析圖。在預設狀態下，所建立的樞紐分析圖其建立原則為：

- 在樞紐分析表中〔列〕區域裡的欄位對應到樞紐分析圖的結構中，即為類別座標軸。
- 在樞紐分析表中〔欄〕區域裡的欄位對應到樞紐分析圖的結構中，即為資料數列的來源。
- 在樞紐分析表中〔值〕區域裡的運算即反應出各資料數列之資料點(Data Point)的高低。

圖表類型

如同傳統的統計圖表，樞紐分析圖也提供有各種用途的圖表類型，您除了無法在樞紐分析圖中套用 XY 散佈圖、泡泡圖及股票圖外，其他常用的圖表類型，諸如：直條圖、橫條圖、折線圖、圓形圖、組合圖表，都可以應用於樞紐分析圖中。

樞紐分析圖與樞紐分析表的互動關係

樞紐分析圖可說是樞紐分析表的完整延伸，當您在樞紐分析表中更新資料、移動資料欄位、添增資料欄位、隱藏或顯示資料項目，甚至套用篩選準則，都會反映到樞紐分析圖上，反之，若是在樞紐分析圖上進行資料欄位的篩選，以及資料項目的隱藏或顯示，也都會同步影響樞紐分析表的呈現。

樞紐分析圖的基本限制

- 樞紐分析圖的〔篩選〕區域裡最大欄位數為 256，但仍受限於記憶體的大小。
- 樞紐分析圖的〔值〕區域裡最大欄位數為 256，但仍受限於記憶體的大小。
- 在樞紐分析圖中可建立的計算項目，將受限於可用的記憶體空間。

6-1-2 直接從資料來源建立樞紐分析圖

建立樞紐分析圖的操作方式與建立樞紐分析表的方式雷同，並且，在建立樞紐分析圖的同時，也會同步建立樞紐分析表。在以下的實作演練中，我們將針對咖啡商品銷售記錄，進行樞紐分析圖的建立，以瞭解各地區各種咖啡商品的銷售狀況。其中，繪製的樞紐分析圖為直條圖表，水平類別軸為〔地區〕、資料數列則為各〔商品名稱〕。

STEP 1 將儲存格指標停在資料表裡的任一儲存格。

STEP 2 點按〔插入〕索引標籤。

STEP 3 點按〔圖表〕群組裡〔樞紐分析圖〕命令按鈕的上半部按鈕。

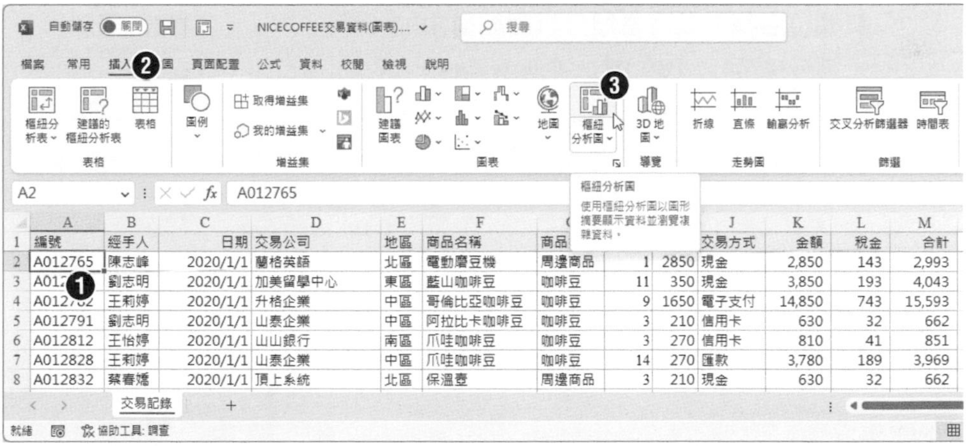

STEP 4 開啟〔建立樞紐分析圖〕對話方塊，自動識別選取的資料表格範圍。

STEP 5 點選要放置樞紐分析圖的位置為〔新工作表〕。

STEP 6 然後，點按〔確定〕按鈕。

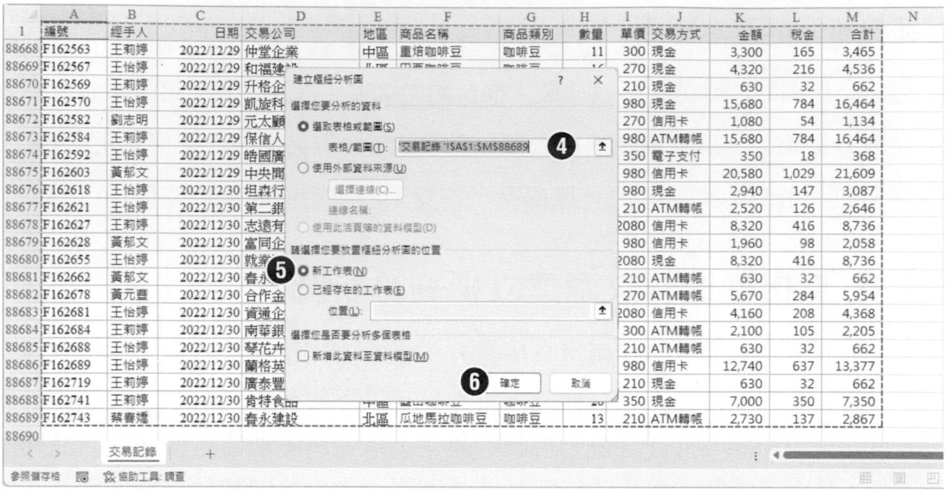

STEP 7 立即新增空白工作表，並建立樞紐分析表與樞紐分析圖的結構，且選取了工作表上的樞紐分析圖結構。

STEP 8 同時功能區上方也啟動了〔樞紐分析圖分析〕、〔設計〕、〔格式〕等三個索引標籤。

STEP 9 在畫面右側的〔樞紐分析圖欄位〕工作窗格裡，顯示資料來源的各個資料欄位名稱，以及樞紐分析圖結構中的〔篩選〕、〔座標軸(類別)〕、〔圖例(數列)〕與〔值〕等四個區域。

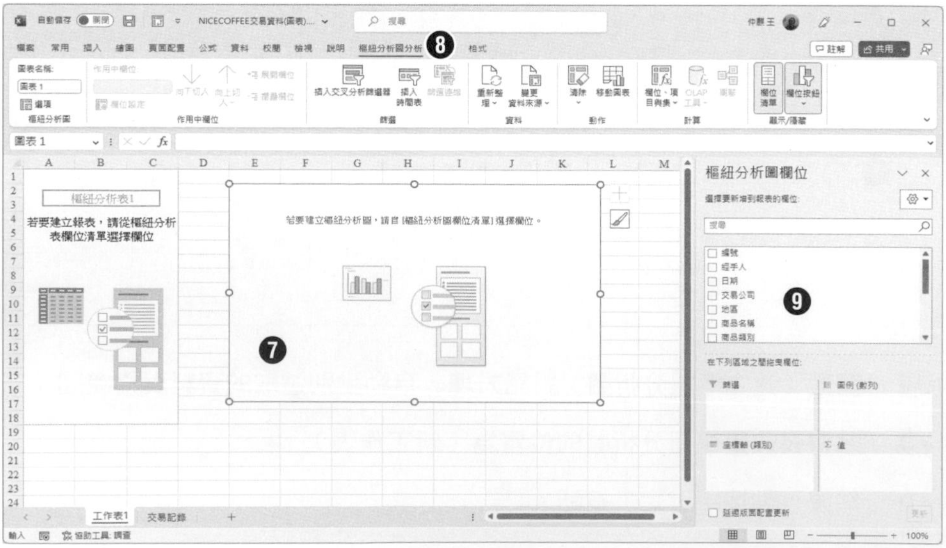

隨即如同建立樞紐分析表般地將〔樞紐分析圖欄位〕工作窗格底下的資料欄位名稱，拖曳至樞紐分析圖結構中的〔篩選〕、〔座標軸(類別)〕、〔圖例(數列)〕及〔值〕等四個區域中，便可同步創造出樞紐分析表以及樞紐分析圖。

STEP 10　此例中我們將〔地區〕資料欄位拖曳至〔座標軸(類別)〕區域，將〔產品名稱〕資料欄位拖曳至〔圖例(數列)〕區域，再將〔金額〕欄位拖曳至〔值〕區域。

STEP 11　立即以群組直條圖的統計圖表類型，繪製出呈現各地區各產品銷售金額的樞紐分析圖。

STEP 12　產生樞紐分析圖的同時，樞紐分析表也自動產生在工作表上。

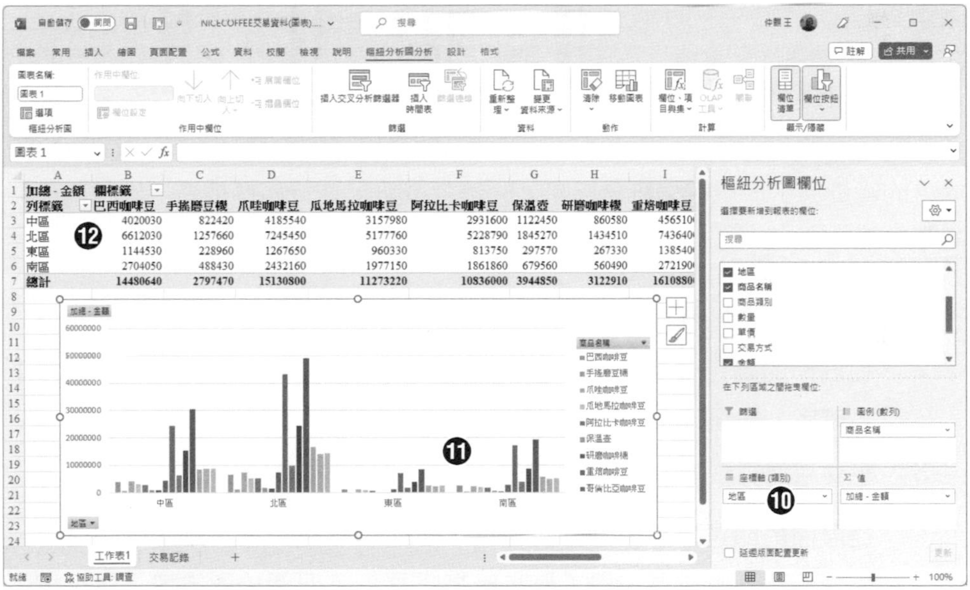

6-1-3 篩選圖表欄位項目

所產生的樞紐分析圖與傳統的統計圖表相似，功能也雷同，而不同之處是在於樞紐分析圖的水平類別軸左下方包含了欄位篩選按鈕、右側圖例上方也提供有欄位篩選按鈕，讓使用者除了可以進行資料項目的篩選外，所篩選的結果亦將立即同步反映在樞紐分析表與樞紐分析圖上。

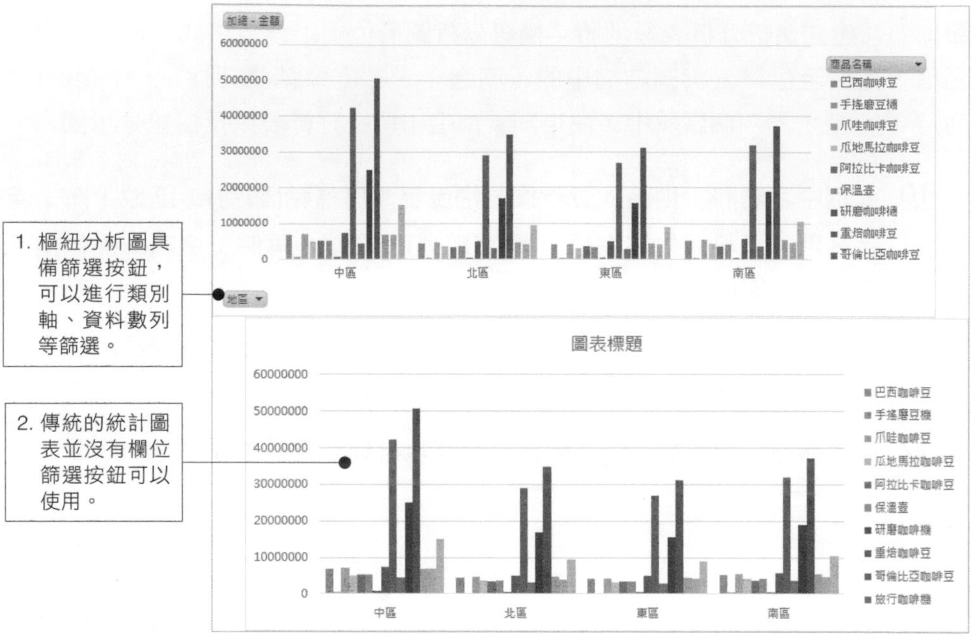

以下的範例展示即透過樞紐分析圖上的篩選按鈕，進行兩個地區、四種商品的篩選演練。

STEP 1 點按樞紐分析圖上的類別軸〔地區〕欄位篩選按鈕。

STEP 2 從展開的篩選清單中，勾選〔北區〕與〔東區〕核取方塊，然後按下〔確定〕按鈕。

STEP 3 點按樞紐分析圖上的圖例〔商品名稱〕欄位篩選按鈕。

STEP 4 從展開的篩選清單中，分別勾選〔巴西咖啡豆〕、〔爪哇咖啡豆〕、〔哥倫比亞咖啡豆〕與〔曼特寧咖啡豆〕等四個核取方塊，然後按下〔確定〕按鈕。

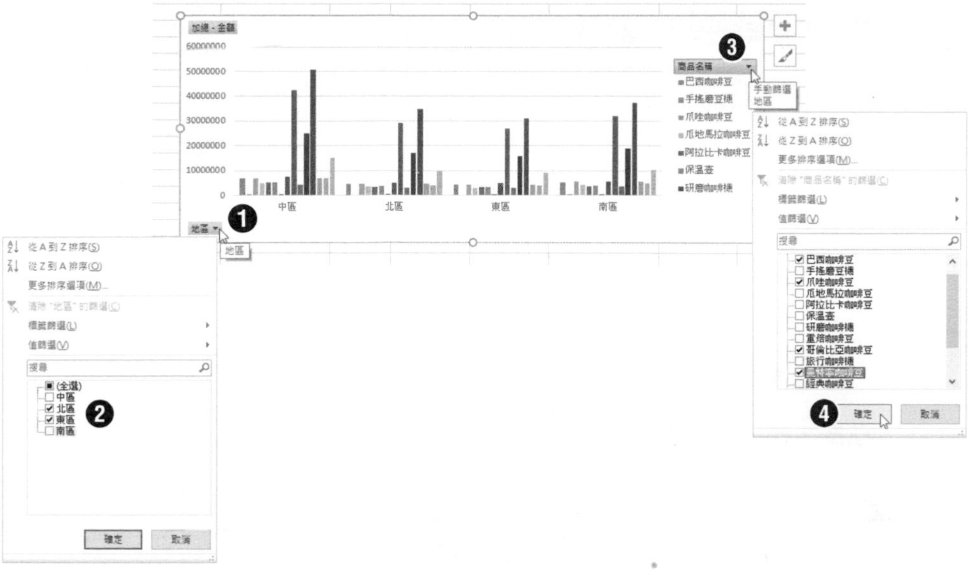

STEP 5 經過篩選操作的樞紐分析圖僅顯示北區和東區兩地四種商品的圖表資訊。

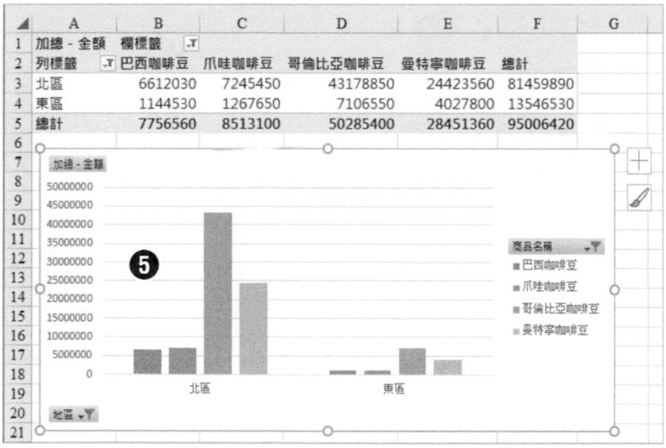

加總 - 金額	欄標籤				
列標籤	巴西咖啡豆	爪哇咖啡豆	哥倫比亞咖啡豆	曼特寧咖啡豆	總計
北區	6612030	7245450	43178850	24423560	81459890
東區	1144530	1267650	7106550	4027800	13546530
總計	7756560	8513100	50285400	28451360	95006420

6-1-4 從既有的樞紐分析表建立樞紐分析圖

您也可以利用已經建立完成的樞紐分析表，藉由其樞紐分析架構與運算，直接產生相關的樞紐分析圖(Pivot Chart)。所以，只要切換到樞紐分析表的畫面並點選該樞紐分析表後，即可透過〔樞紐分析表工具〕底下〔分析〕索引標籤裡〔工具〕群組內的〔樞紐分析圖〕命令按鈕，立即產生所要的樞紐分析圖。

STEP 1 切換到既有的樞紐分析表畫面後，點選樞紐分析表內的任一儲存格。

STEP 2 點按〔插入〕索引標籤。

STEP 3 點按〔圖表〕群組裡〔樞紐分析圖〕命令按鈕的上半部按鈕。

STEP 4 開啟〔插入圖表〕對話方塊，從中點選所要套用的圖表類型。例如：〔群組直條圖〕。

STEP 5 點按〔確定〕按鈕。

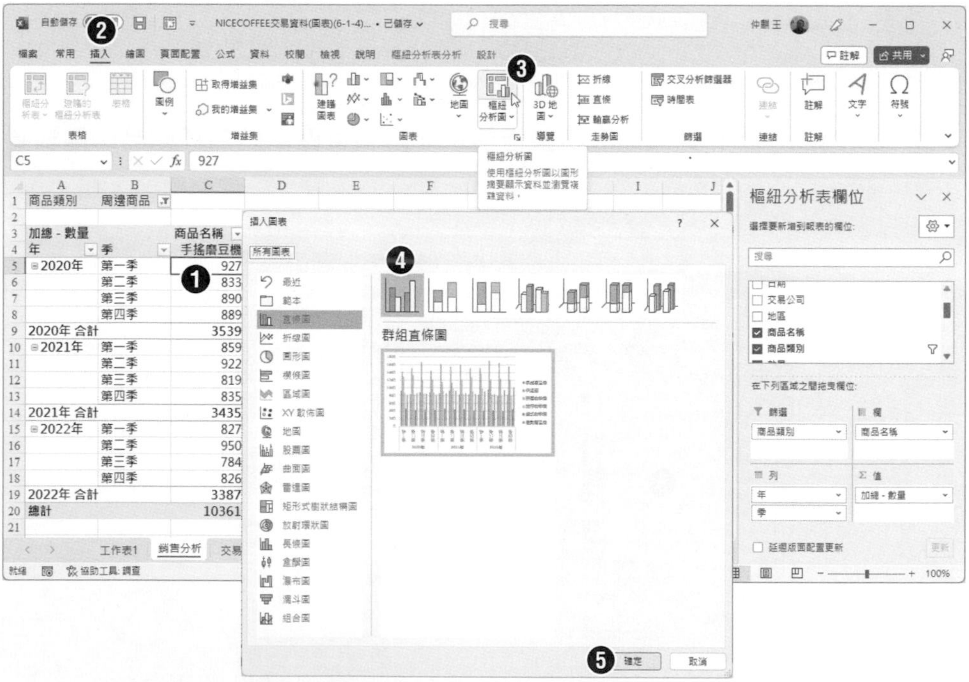

隨即完成樞紐分析圖的製作，功能區上方也立刻呈現〔樞紐分析圖工具〕，讓您進行圖表的樣式套用、圖表的類別選擇，以及相關的圖表格式化操作。由於樞紐分析圖上擁有篩選按鈕，因此，非常適合成為建構數位儀表板時的組成元件。

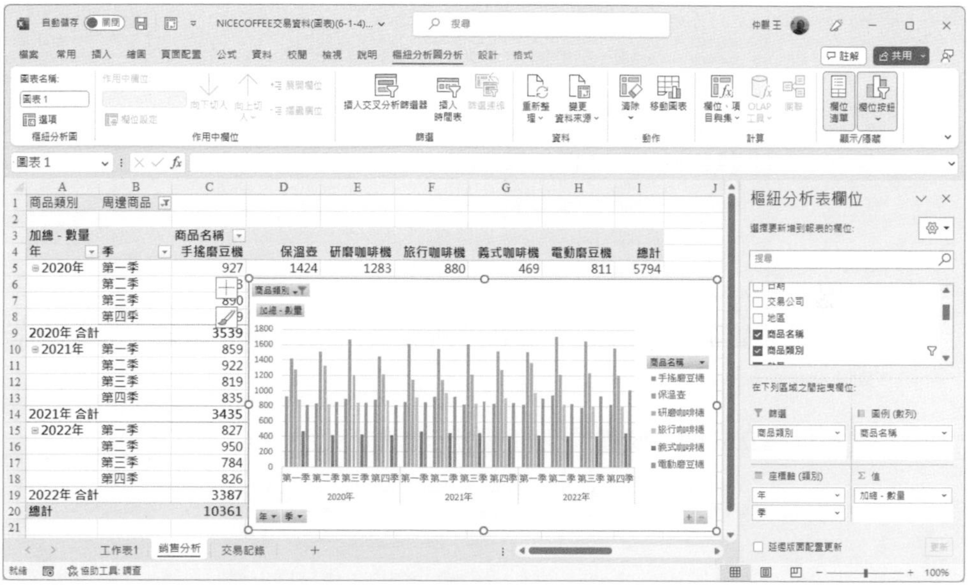

此外，您也可以在點選既有的樞紐分析表後，以建立傳統的統計圖表之操作方式，透過〔插入〕索引標籤的操作，在〔圖表〕群組內不論是直接點按各種圖表類型按鈕，或是點按〔樞紐分析圖〕按鈕，皆可立即建立樞紐分析圖。

STEP 1 點選樞紐分析表裡的任一儲存格。

STEP 2 點按〔插入〕索引標籤裡〔圖表〕群組內的〔插入直條圖或橫條圖〕命令按鈕。

STEP 3　再從展開的圖表類型選單中點選所要套用的圖表。例如：立體直條圖。

STEP 4　便可以建立立體直條圖類型的樞紐分析圖。

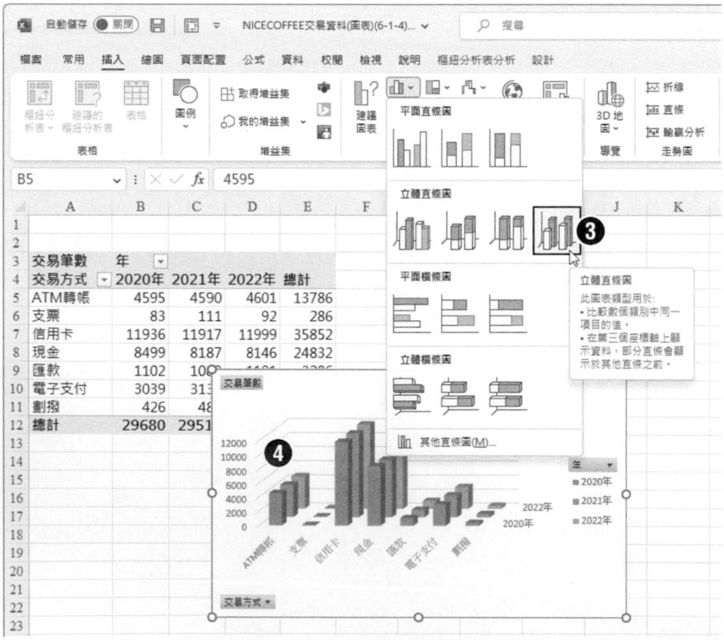

STEP 5　畫面右側的工作窗格也切換成〔樞紐分析圖欄位〕，提供著資料欄位清單。

STEP 6　右下方也變成圖表建構的〔篩選〕、〔圖例(數列)〕、〔座標軸(類別)〕與〔Σ 值〕等區域。

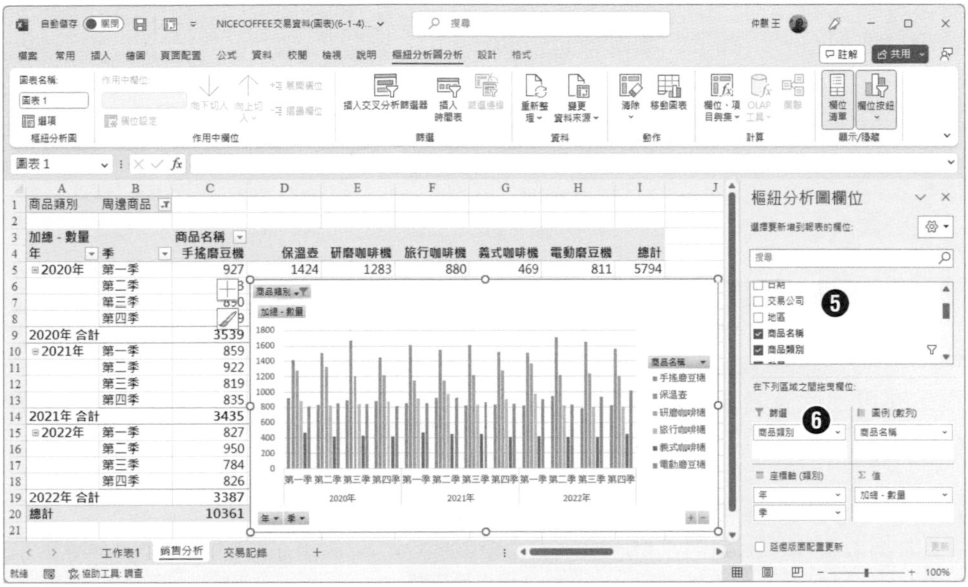

TIPS

您無法利用樞紐分析表製作 XY 散佈圖、泡泡圖及股票圖。

6-2 樞紐分析圖工具

一旦建立樞紐分析圖後，只要點選樞紐分析圖，視窗頂端的功能區裡即顯示樞紐分析圖工具，其中包含有〔樞紐分析圖分析〕、〔設計〕、〔格式〕等三組索引標籤，提供與樞紐分析圖相關的各種命令操作。

〔分析〕索引標籤

可為圖表命名，設定獨一無二的圖表名稱，亦可在此建立交叉分析篩選器或具備時間軸刻度的時間表。若有變更資料來源或重新整理的需求，亦可在此點按相關的命令按鈕進行設定。此外，您也可以在此索引標籤裡清除樞紐分析圖欄位、移動樞紐分析圖的位置、建立或修改計算欄位和項目、顯示或隱藏欄位清單窗格與樞紐分析圖上的篩選欄位按鈕。

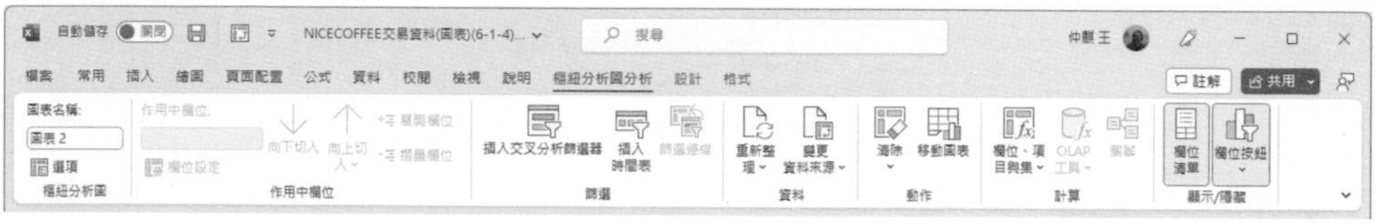

〔設計〕索引標籤

在此可以進行圖表項目的新增、套用快速版面配置、選擇圖表樣式或變更色彩，亦可進行圖表欄列的切換或重新選取資料範圍、變更圖表類型、移動圖表位置。

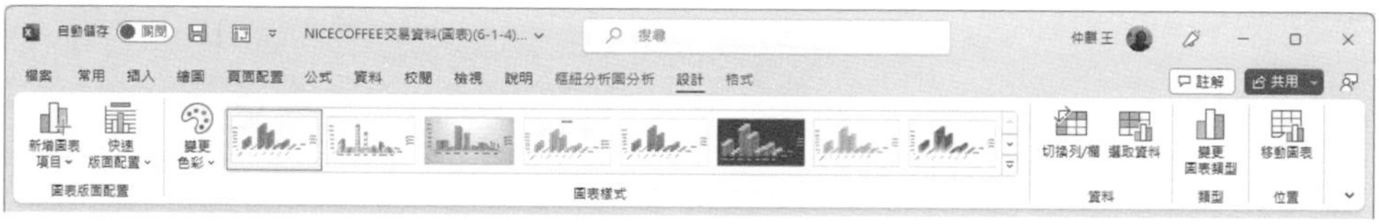

〔格式〕索引標籤

在選取圖表裡的元件，諸如：標題、軸、圖例、資料數列等項目後，即可透過〔格式〕索引標籤裡的命令按鈕進行相關的格式設定與美化工作。

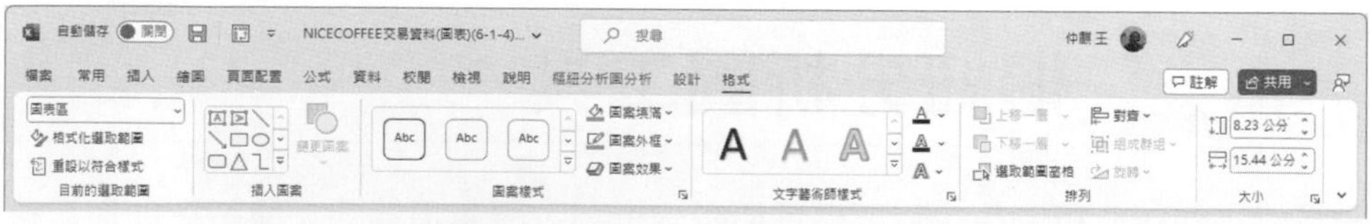

6-2-1 樞紐分析圖的顯示位置

正如同傳統的統計圖表一般，樞紐分析圖的位置也有兩種選擇，可以獨立為一張圖表(Chart Sheet)，亦可置於工作表上。若要變更樞紐分析圖的顯示位置，有以下兩種操作方式：

- 點按〔分析〕索引標籤底下〔動作〕群組裡的〔移動圖表〕命令按鈕
- 點按〔設計〕索引標籤底下〔位置〕群組裡的〔移動圖表〕命令按鈕

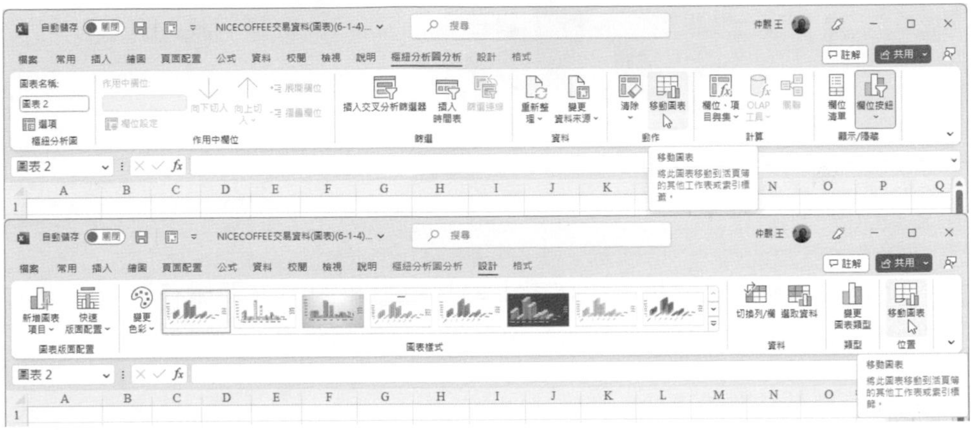

在預設狀態下，剛建立的樞紐分析圖是位於其資料來源的工作表上，猶如浮貼於工作表上的物件。您可以透過〔移動圖表〕對話方塊的操作，將樞紐分析圖移動至其他工作表上，成為該工作表上的物件，或者，單獨放置在新的工作表上。

STEP 1 點選目前位於〔交易方式分析〕工作表上的樞紐分析圖。

STEP 2 點按〔樞紐分析圖分析〕索引標籤底下〔動作〕群組裡的〔移動圖表〕命令按鈕。

STEP 3 開啟〔移動圖表〕對話方塊，點選〔新工作表〕選項。

STEP 4 可在此輸入新增的工作表名稱。

STEP 5 點按〔確定〕按鈕。

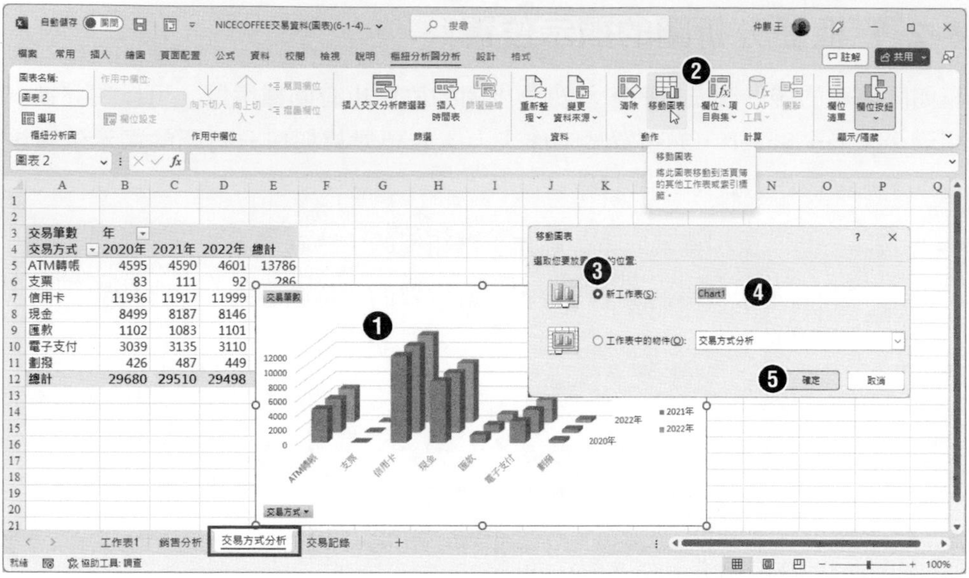

原本位於〔交易方式分析〕工作表上的樞紐分析圖，立即搬移至新建立的〔Chart1〕工作表上，成為一張可列印於獨立頁面的圖表。

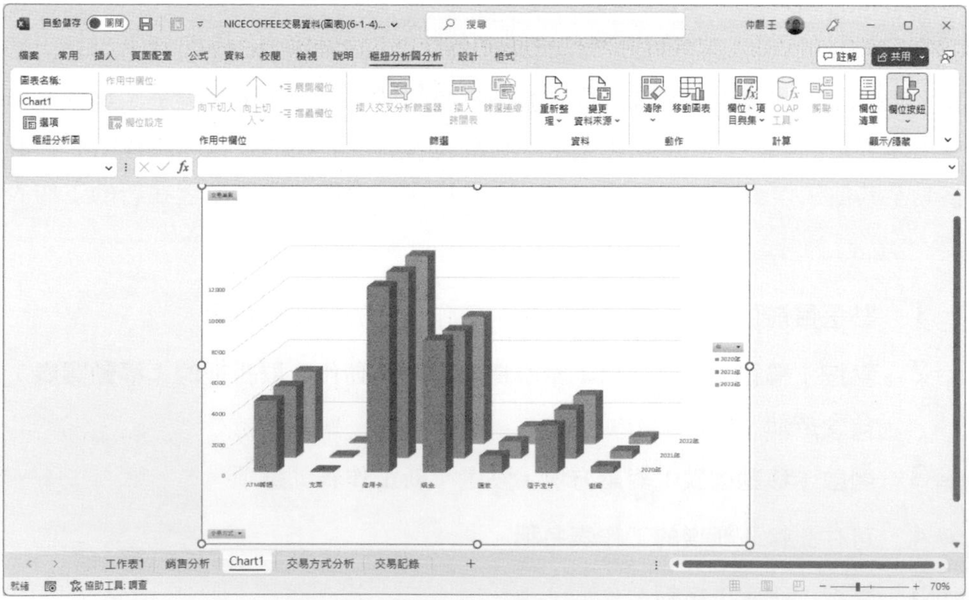

試試看，以同樣的操作方式再練習一下，將獨立於單一頁面的樞紐分析圖表，置於指定的工作表上，成為該工作表上的物件。

6-2-2 樞紐分析圖上的篩選按鈕

樞紐分析圖上的靈魂是篩選按鈕，透過這些篩選按鈕的使用，可以摘要分析不同目標的圖表資訊。以直條圖表為例，不論是左上方的〔報表篩選〕欄位按鈕，還是下方的〔座標軸〕欄位按鈕，側邊的〔圖例〕欄位按鈕與〔值〕欄位按鈕，都可為您輕鬆設定篩選準則。預設狀態下，這些篩選按鈕都會顯示在樞紐分析圖上，若有需求則可以藉由〔欄位按鈕〕下拉式選單，決定是否要隱藏或顯示哪些篩選按鈕。

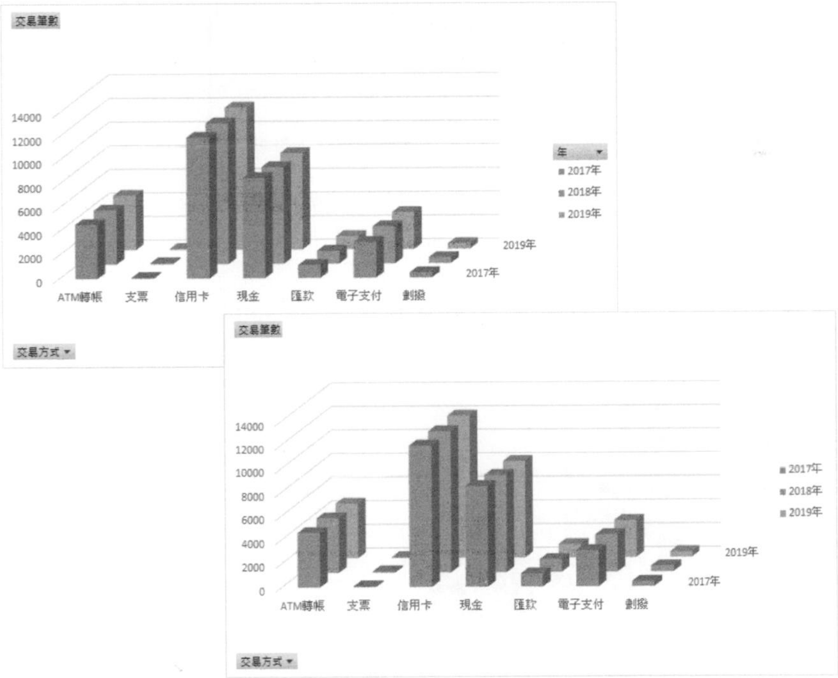

此〔欄位按鈕〕位於〔樞紐分析圖分析〕索引標籤內的〔顯示/隱藏〕群組裡，當您點按此按鈕的上半部按鈕時，可以關閉或隱藏樞紐分析圖上全部的篩選按鈕。

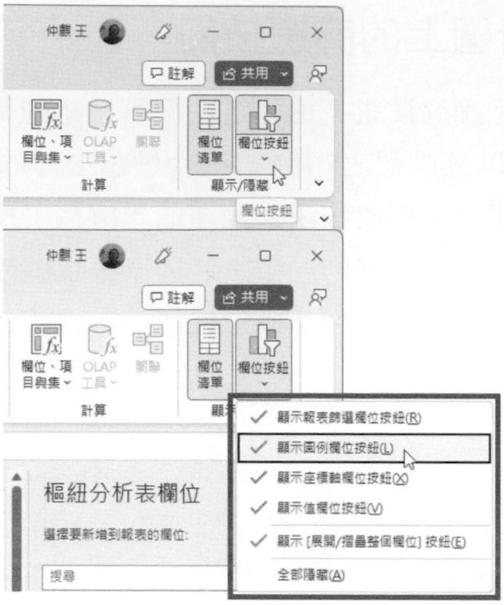

當您點按此按鈕的下半部按鈕時，則會展開下拉式選單，讓您從中點選要隱藏或顯示樞紐分析圖上哪一個指定的篩選按鈕。

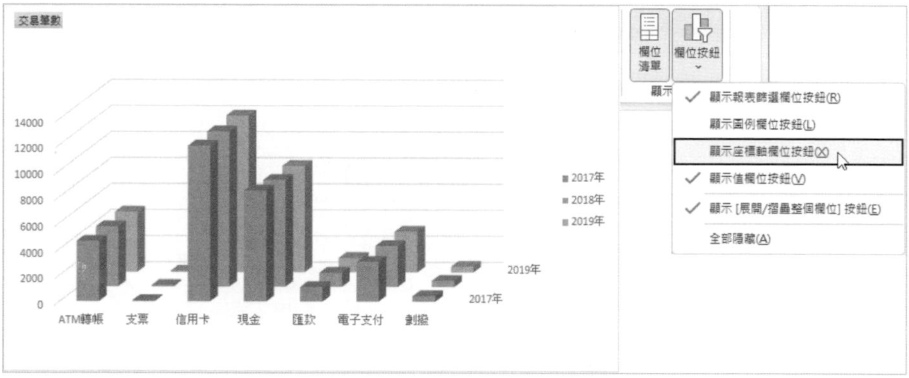

6-2-3 添增圖表物件

統計圖表是由各個圖表元件所組成的，以直條圖為例，最基本的圖表元件便是類別座標軸(Axis)、資料數列(Data Series)以及圖例(Legend)。其他諸如：座標軸標題、圖表標題、資料標籤、運算列表、誤差線、格線、趨勢線等等圖表元件，若能適度地添增到圖表中，絕對有助於提升圖表的可讀性，以最佳圖說與視覺呈現來表達數據資訊。以下即以新增圖表標題這項圖表元件為例，為您演練如何在樞紐分析圖中添加指定的圖表元件。

STEP 1 點選樞紐分析圖。

STEP 2 點按〔設計〕索引標籤。

STEP 3 點按〔圖表版面配置〕群組裡的〔新增圖表項目〕命令按鈕。

STEP 4 從展開的下拉式選單中點選〔圖表標題〕。

STEP 5 從展開的副選單中點選〔圖表上方〕。

STEP 6 隨即在樞紐分析圖的正上方添增圖表標題元件。

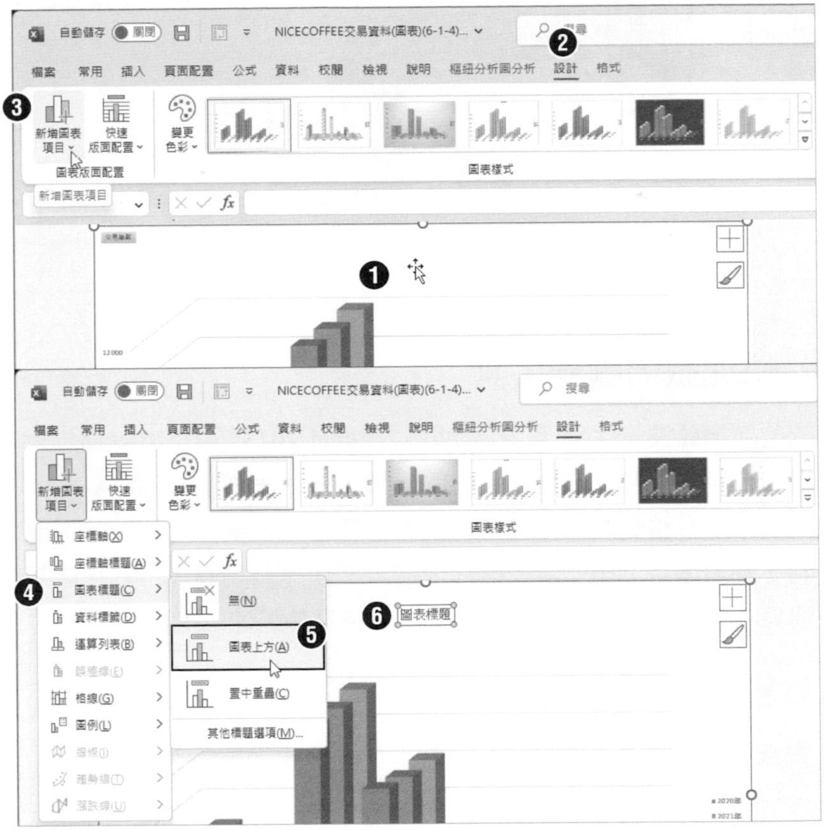

STEP 7 點選圖表標題元件。

STEP 8 輸入自訂的圖表標題文字。例如：「年度交易方式統計」。

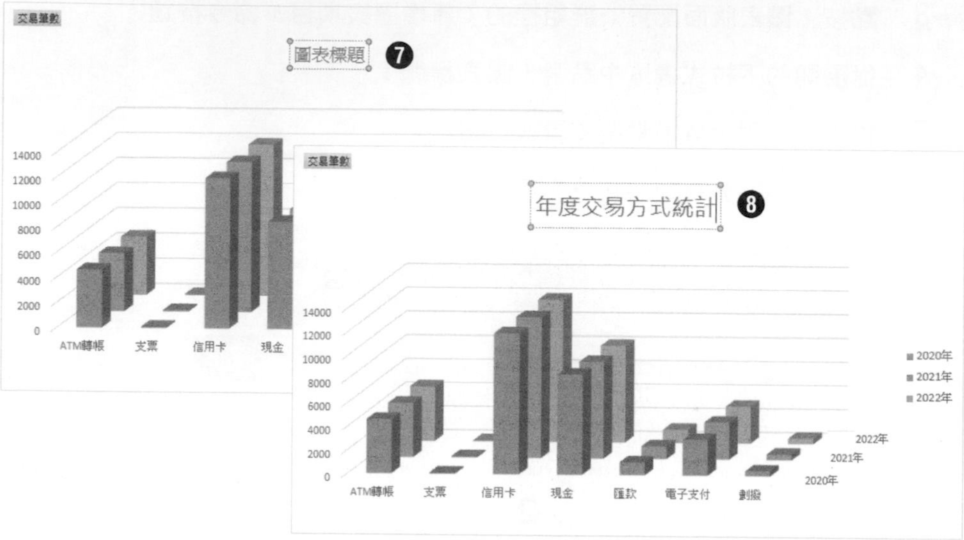

6-2-4 快速微調圖表工具

除了傳統的新增圖表元件(即圖表項目)外，Excel 2013/2016/2019 還提供了快速微調圖表工具，讓您可以在建立圖表的同時，迅速添增或移除圖表元件、套用圖表樣式，並即時預覽成果。例如：在點選樞紐分析圖表時，即可在圖表的右上方看到〔圖表項目〕與〔圖表樣式〕這兩個快速微調圖表工具。若想要添增或移除圖表項目，則點按〔圖表項目〕按鈕將是最迅速的選擇。

STEP 1 點選樞紐分析圖。

STEP 2 點按〔圖表項目〕按鈕。

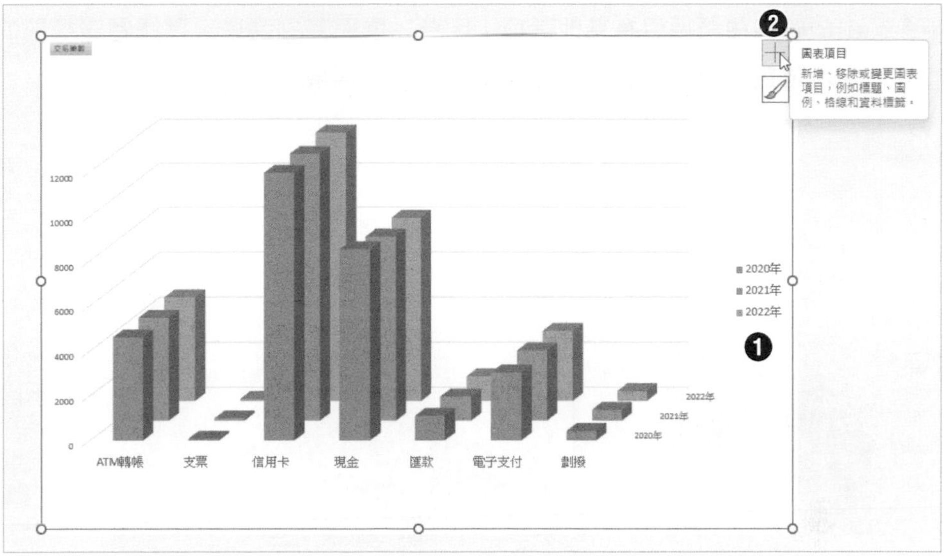

STEP 3 展開圖表項目清單，可利用核取方塊的勾選，選擇要新增或移除圖表項目。例如：點按〔圖表標題〕項目。

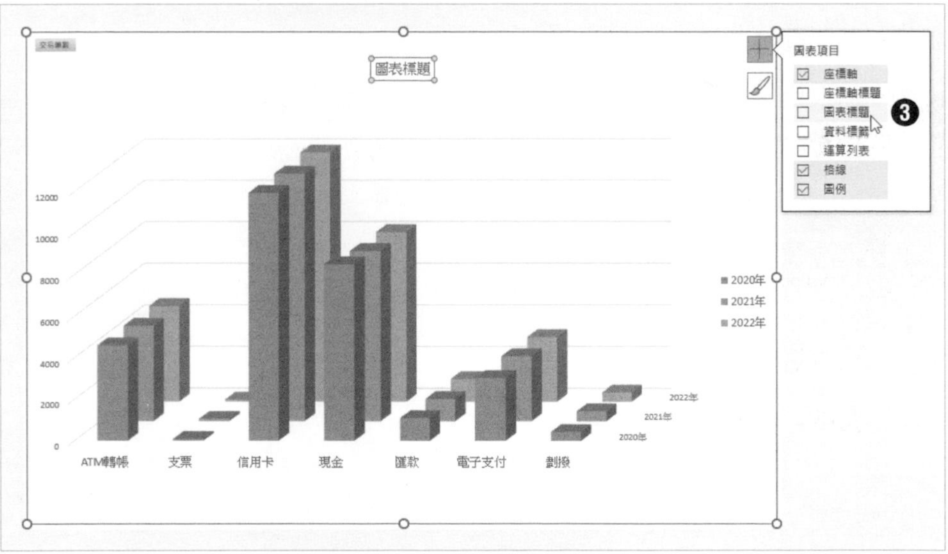

STEP 4 由於圖表標題項目有其他選項，因此，展開其副選單，選擇圖表標題的顯示位置。例如：點選〔置中重疊〕位置選項。

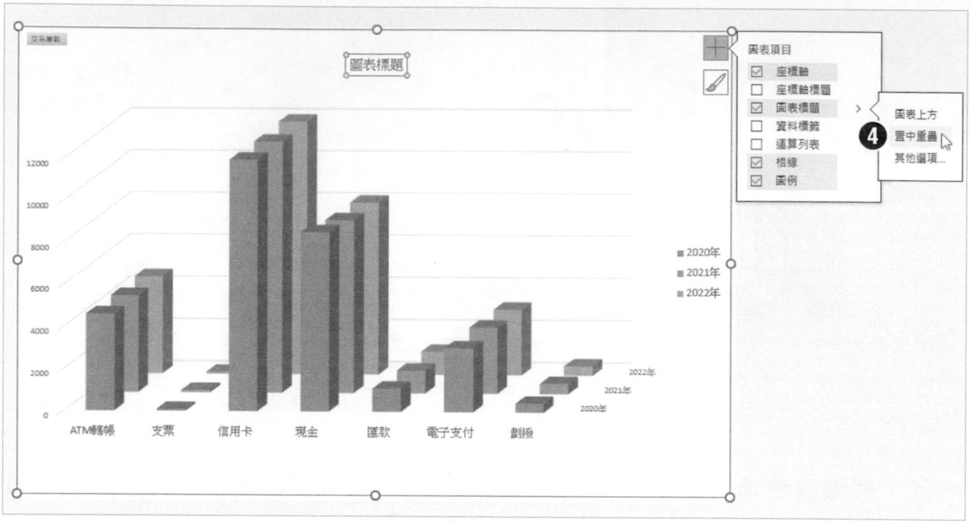

STEP 5 圖表上方與繪圖區頂端重疊處立即顯示新增的圖表項目：圖表標題。點選此圖表標題。

STEP 6 輸入自訂的圖表標題文字。例如：「年度交易方式統計」。

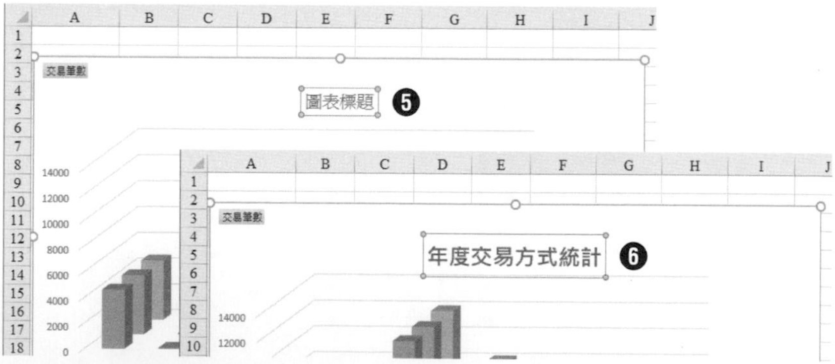

6-2-5 變更圖表樣式與色彩

美觀一直是個很主觀的問題，在圖表的外觀和風格設計上、色彩選擇的搭配上，其實您並不需要花費太多的心思，一切就交給現成的〔圖表樣式〕與〔圖表色彩〕等功能選項即可。

圖表樣式的套用

不論是諸如圖表標題、圖例等圖表項目的版面位置，還是資料數列色彩樣式的訂定、繪圖區背景的設定，都有現成美觀的樣式可供套用。

STEP 1　點選樞紐分析圖。

STEP 2　點按〔設計〕索引標籤。

STEP 3　點按〔圖表樣式〕群組裡的〔其他〕命令按鈕。

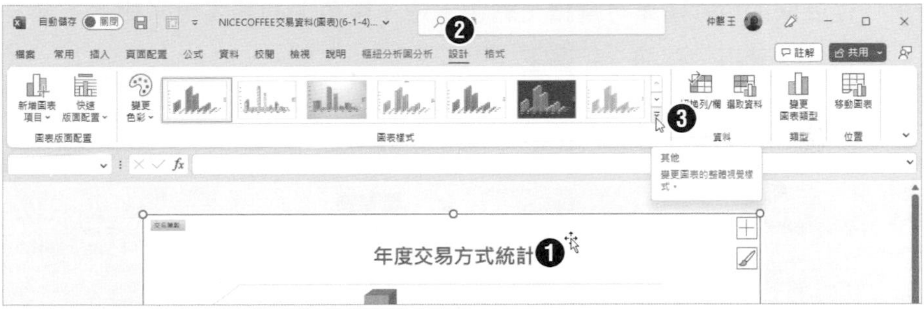

STEP 4　從展開的圖表樣式清單中點選所要套用的圖表樣式。例如：〔樣式 4〕。

STEP 5　隨即在樞紐分析圖上套用〔樣式 4〕的圖表樣式。

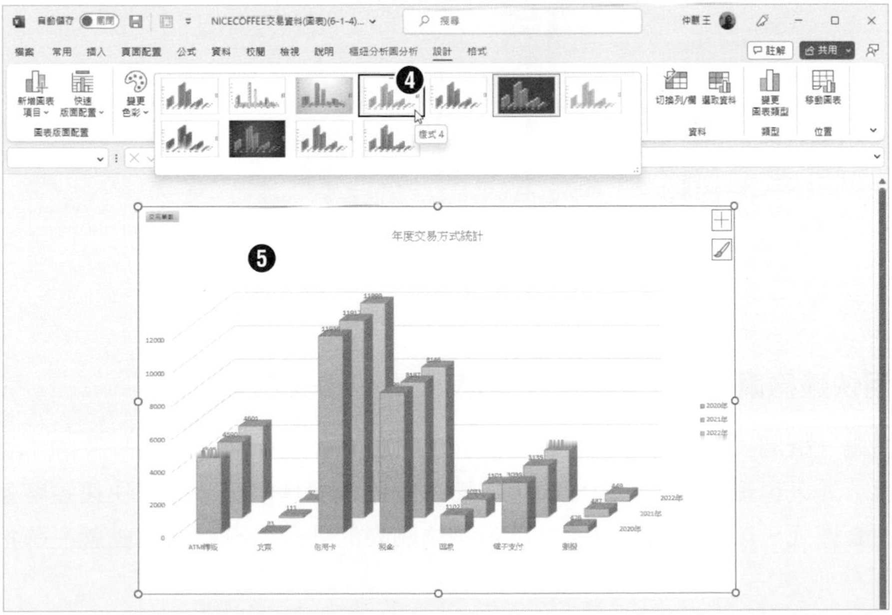

圖表色彩的變更

至於在視覺化的色彩變更上，提供有彩色與單色兩系列的色彩組合，可供點選套用於現有的樞紐分析圖上。

STEP 1　點選樞紐分析圖。

STEP 2　點按〔設計〕索引標籤。

STEP 3　點按〔圖表樣式〕群組裡的〔變更色彩〕命令按鈕。

STEP 4　從展開的色彩清單可選擇〔彩色〕或〔單色〕的圖表色彩組合，並立即預覽、套用於樞紐分析圖上。

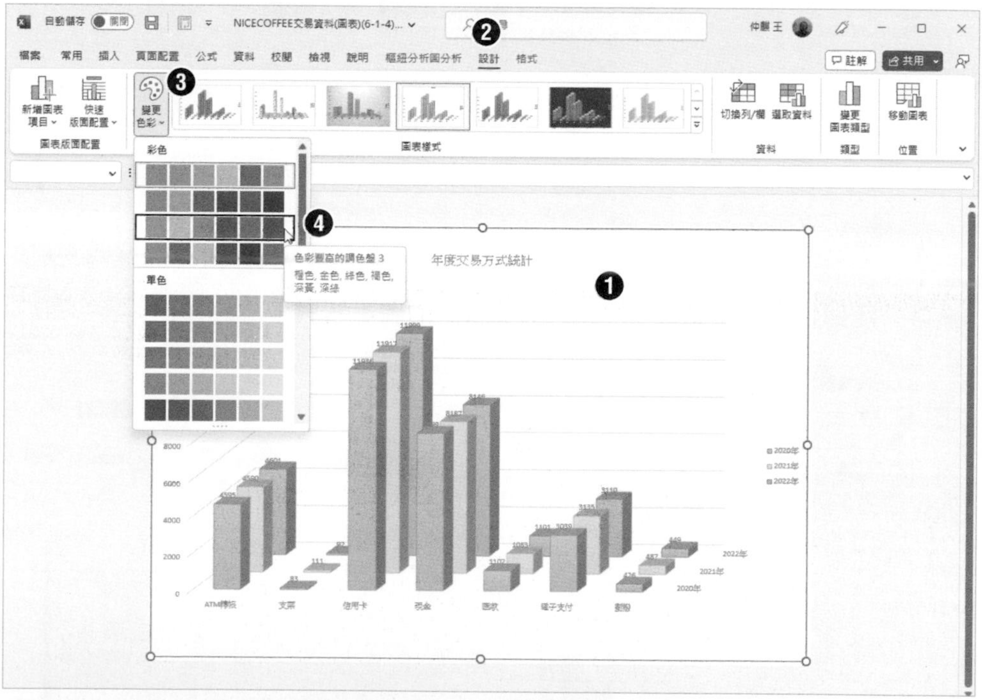

使用快速微調圖表工具來變更圖表樣式與圖表色彩

而樞紐分析圖表右上方的快速微調圖表工具中，除了前一小節所提及的〔圖表項目〕外，也提供有〔圖表樣式〕快速微調圖表工具按鈕，讓您快速預覽並套用圖表樣式，以及迅速變更圖表色彩，讓圖表的外觀與風格的異動就在彈指之間。

STEP 1 點選樞紐分析圖。

STEP 2 點按〔圖表樣式〕按鈕。

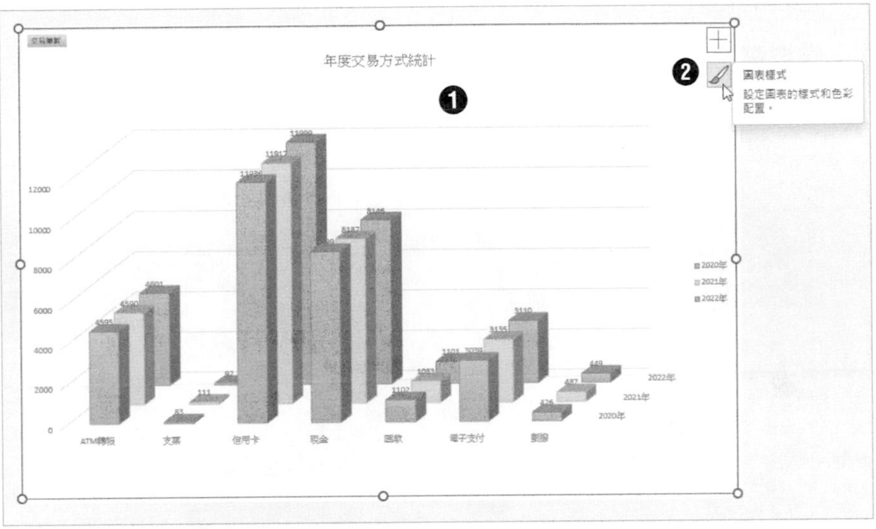

STEP 3 展開圖表樣式與色彩清單後，點選〔樣式〕選項。

STEP 4 滑鼠游標停在展開的圖表樣式之縮圖上，立即預覽樞紐分析圖套用該樣式後的結果。

STEP 5 點按縮圖後即可將選擇的圖表樣式套用於樞紐分析圖上。

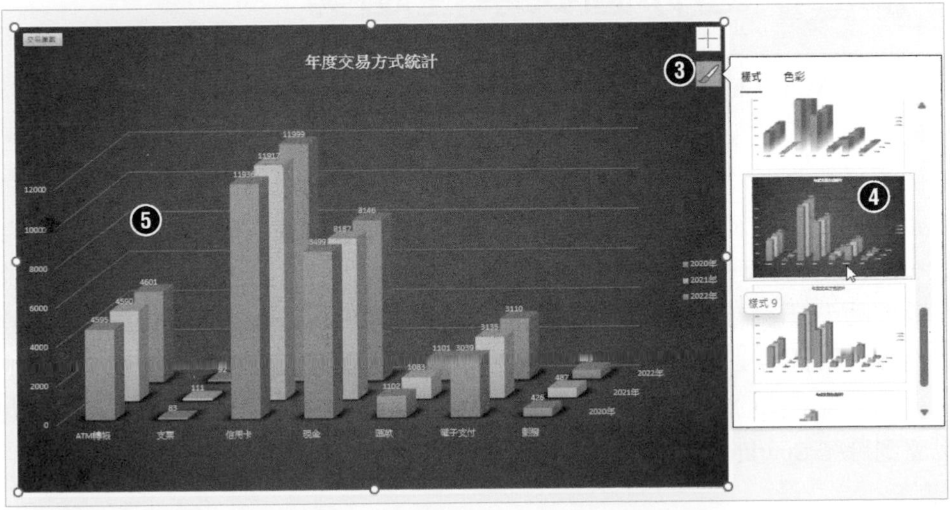

STEP 6 在展開的圖表樣式與色彩清單上，點選〔色彩〕選項。

STEP 7 滑鼠游標停在展開的圖表色彩清單上，立即預覽樞紐分析圖套用該色彩組合的結果。

STEP 8 點按選定的色彩組合後，即可在樞紐分析圖上看到套用色彩的成果。

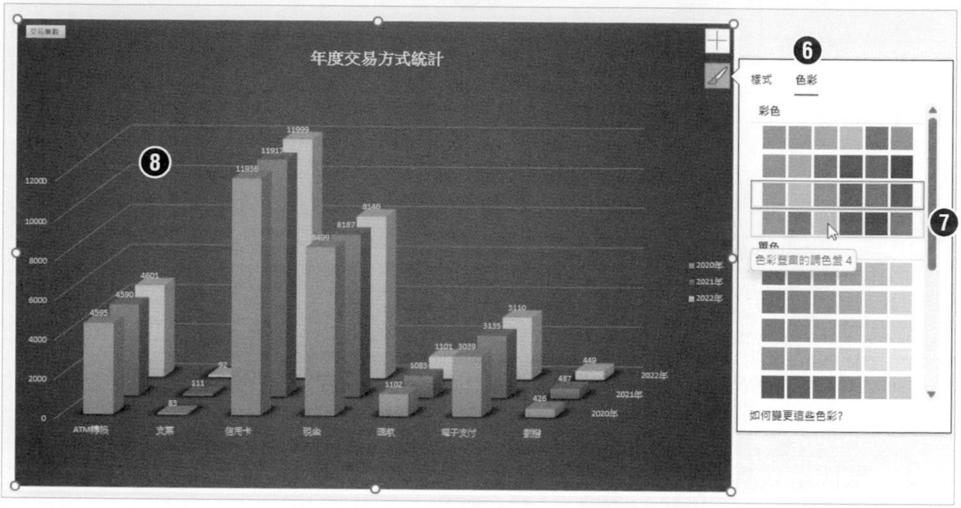

6-3 迷你圖表掌控趨勢

迷你圖表(Mini Charts)以及超迷你圖表(Tiny Carts)目前在歐美是極為風行與流傳的趨勢分析工具，透過這種型態的圖表可以讓人在龐大的數據資料中，輕鬆瞭解資料彼此之間複雜的關係。最典型的迷你圖表便是 Sparklines，這是一種可以在文字中顯示卻又不會破壞排版的圖表(如圓餅圖、趨勢線等)，也就是說，Sparklines 是一種視覺化資訊圖表類型的統計圖表，其特性是僅佔一列文字高度的小尺寸、高資料密度之統計圖表。利用 Sparklines 可以根據諸如平均溫度或股市行情變化等等部份資料的預估與測量，以簡單明瞭、濃縮聚焦的方式，來呈現資訊的趨勢與變動。您只要 Google 一下關鍵字「Sparklines」便可以看到許多 Sparklines 圖表的案例圖片。

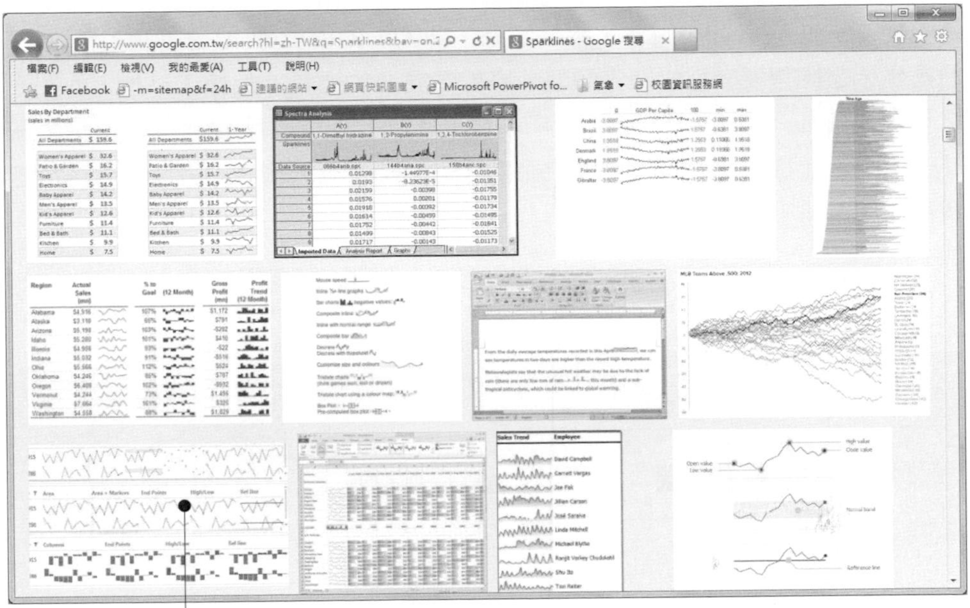

超迷你圖表對於趨勢分析一目了然。

Sparkline 所表達的是「小型、高解析且內嵌於前後文、數字或影像裡面的圖表」。這種圖表將著重於簡潔、難忘、好記、隨處可視，雖說在早期版本的 Excel 2000、2002、2003、2007 中並未提供有 sparkline 圖表的製作工具，不過，早有多家軟體公司設計開發相關的增益集，可以讓您輕鬆安裝套用。

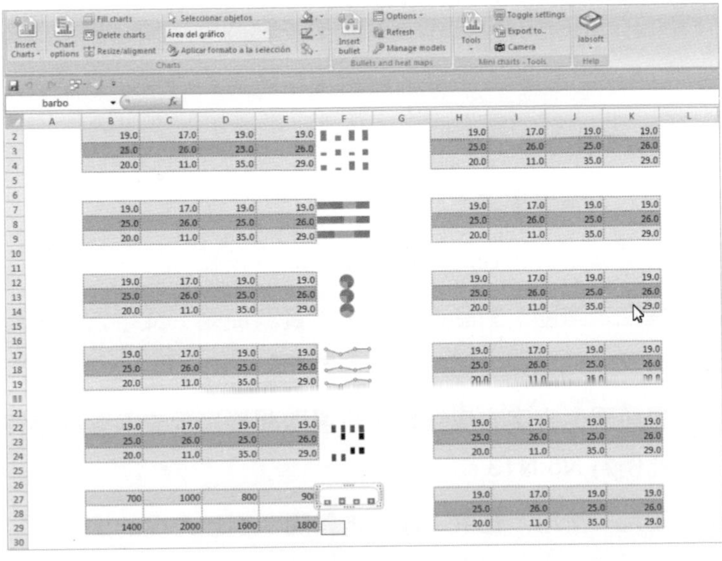

傳統的 Excel 統計圖表製作，都是透過〔插入〕索引標籤(或是〔圖表精靈〕)的操作，選擇想要套用的圖表類型，將工作表上的標題、數據，以指定的圖表來呈現。譬如：以立體堆疊直條圖的方式來顯示各種產品類別各季的銷售統計。但是，這樣的圖表僅適用於檢視累計的加總，並無法看出各產品各季的總銷售金額走勢。

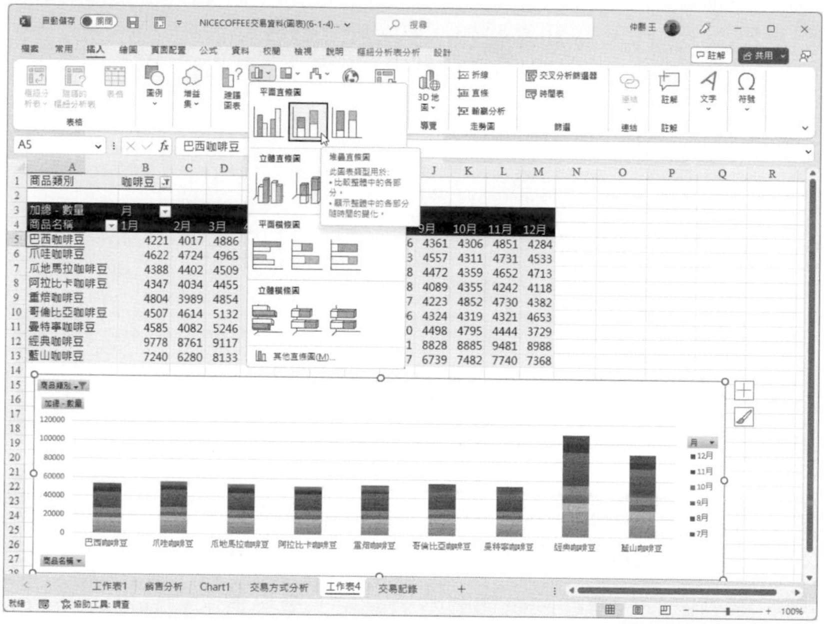

不過，利用 Excel 2016/2019/2021/365 的〔走勢圖〕功能，就可以協助您在工作表上繪製出既酷又炫的袖珍型走勢圖表，以簡潔的迷你圖表迅速理解多項資料的趨勢與變動。以下我們就來演練一下〔走勢圖〕的製作過程。

STEP 1 點按〔插入〕索引標籤。

STEP 2 點選〔走勢圖〕群組裡的〔直條圖〕命令按鈕。

STEP 3 開啟〔建立走勢圖〕對話方塊，在〔資料範圍〕文字方塊裡輸入或選取繪圖的來源資料範圍。例如：此例為 B5:M13。

STEP 4 在〔位置範圍〕文字方塊裡輸入或選取想要呈現走勢圖的儲存格位置。例如：此例為 N5:N13。

STEP 5 點按〔確定〕按鈕，結束〔建立走勢圖〕對話方塊的操作。

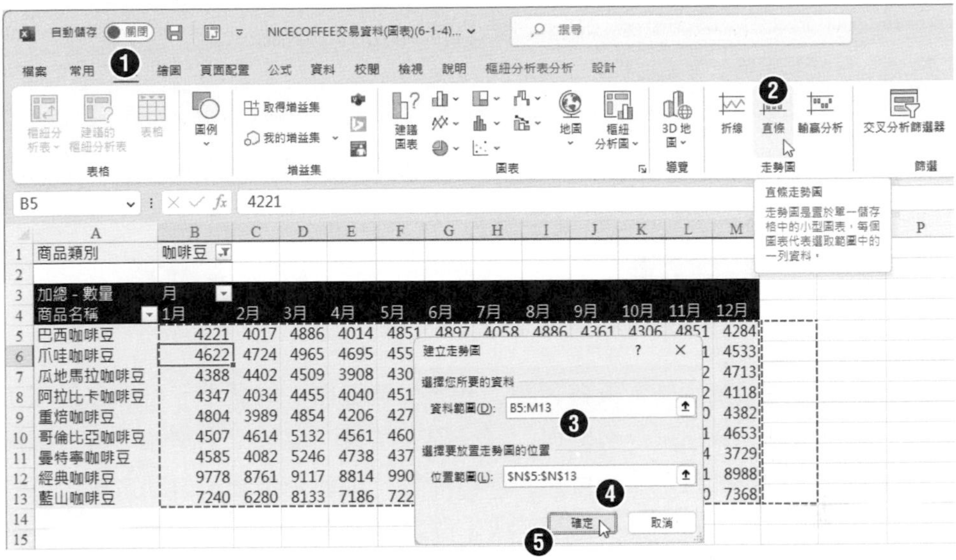

所建立的走勢圖表立即呈現在選定的儲存格裡，此時，畫面上方也啟動了〔走勢圖〕索引標籤，底下便包含了走勢圖的設計工具與命令按鈕，可以針對選定的走勢圖進行資料的編輯、圖表類型的更換、圖形顯示的變更、樣式的套用與色彩的設定等等格式化操作。例如：點按〔樣式〕群組裡的〔其他〕按鈕，即可展開各種走勢圖樣式的選擇。

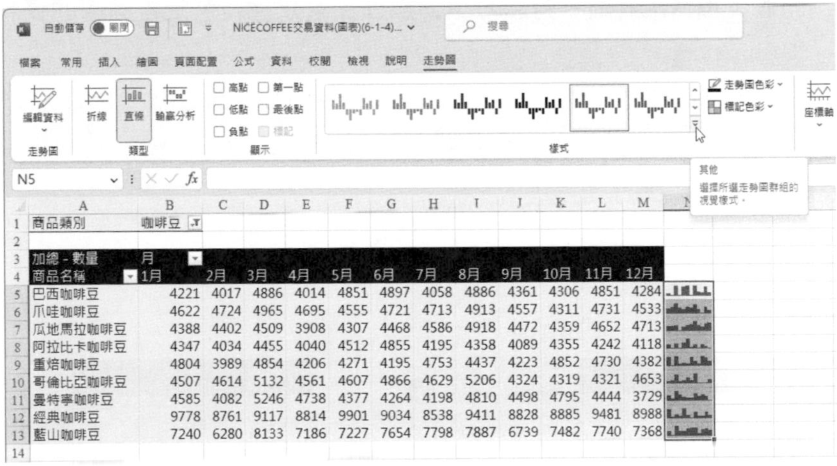

在展開的走勢圖樣式選單中，提供了各種不同色系、不同深淺顏色的圖表樣式，讓您點選套用以符合您的視覺化需求。

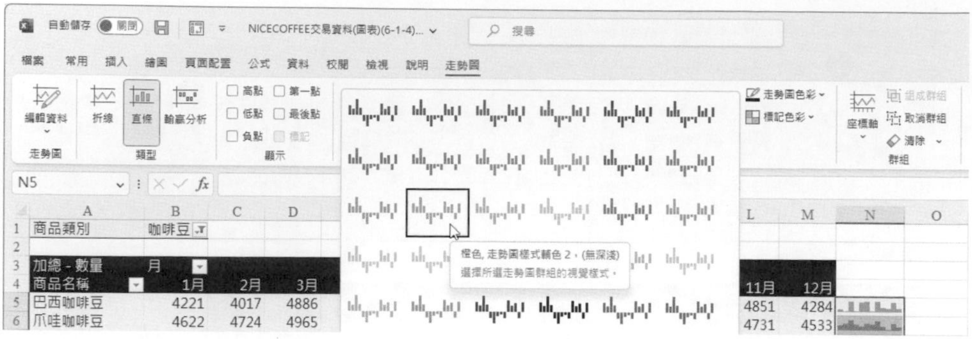

如果有編輯〔走勢圖〕的〔資料範圍〕或〔位置範圍〕的需求，可以在選取工作表上的走勢圖，或點選走勢圖裡的任一儲存格後，點按〔走勢圖〕索引標籤裡最左側的〔編輯資料〕命令按鈕，即可開啟〔編輯走勢圖〕對話方塊，讓您重新設定〔走勢圖〕的〔資料範圍〕或〔位置範圍〕。

STEP 1 選取走勢圖所在的範圍(例如 N5:N13)。

STEP 2 點按〔走勢圖〕索引標籤

STEP 3 點按〔編輯資料〕命令按鈕。

STEP 4 從展開的功能選單中點選〔編輯群組位置和資料〕功能選項。

STEP 5 開啟〔編輯走勢圖〕對話方塊的操作，可以重新選定走勢圖的資料來源與顯示位置。

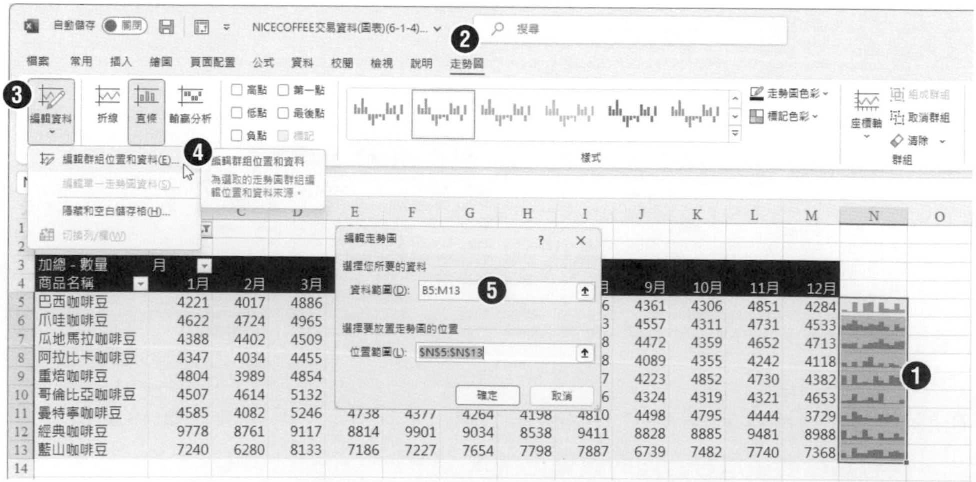

在 Excel 所提供的〔走勢圖〕共計有三種圖表類型，分別是：〔折線圖〕、〔直條圖〕，以及〔輸贏分析〕圖。若需要變更走勢圖表的類型，則可以在選取工作表上的走勢圖，或點選走勢圖裡的任一儲存格後，點按〔走勢圖〕索引標籤裡〔類型〕群組內所提供的三種圖表類型命令按鈕，隨時變更所要套用的走勢圖。如下圖所示的範例，套用了〔走勢圖〕中的〔折線圖〕圖表類型，並標示出折線圖中的最高點與最低點。

STEP 1　選取走勢圖所在的範圍(例如 N5:N13)。

STEP 2　點按〔走勢圖〕索引標籤

STEP 3　點按〔類型〕群組裡的〔折線〕命令按鈕。

STEP 4　勾選〔高點〕與〔低點〕核取方塊。

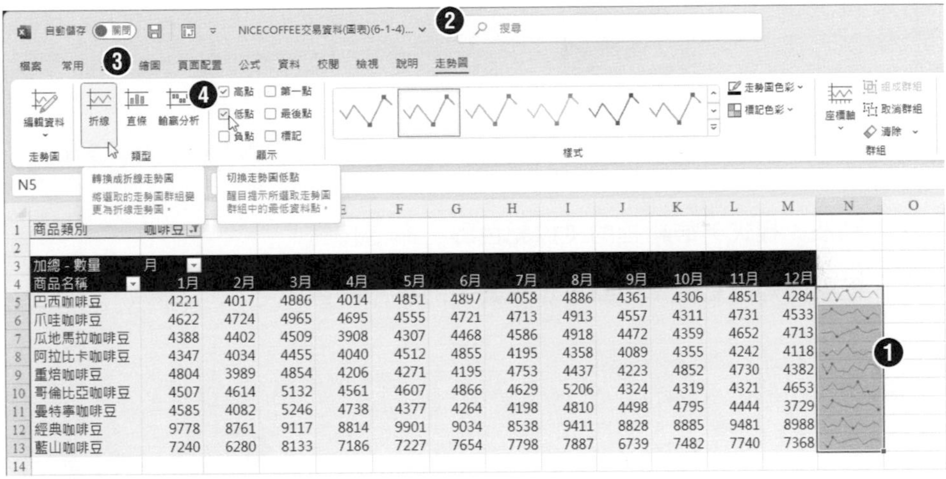

以折線圖為例，利用〔顯示〕群組裡，〔高點〕、〔低點〕、〔負點〕、〔第一點〕、〔最後點〕與〔標記〕等核取方塊的勾選，讓您的折線圖可以根據不同需求呈現不一樣的面貌與資訊標示。在走勢圖樣式的變化上，也可以個別調整走勢圖色彩以及標記色彩。

STEP 1　選取想要調整色彩的走勢圖範圍。

STEP 2　點按〔走勢圖〕索引標籤。

STEP 3　點按〔樣式〕群組裡的〔走勢圖色彩〕命令按鈕。

STEP 4　從展開的色彩選單中點選想要套用的折線顏色。

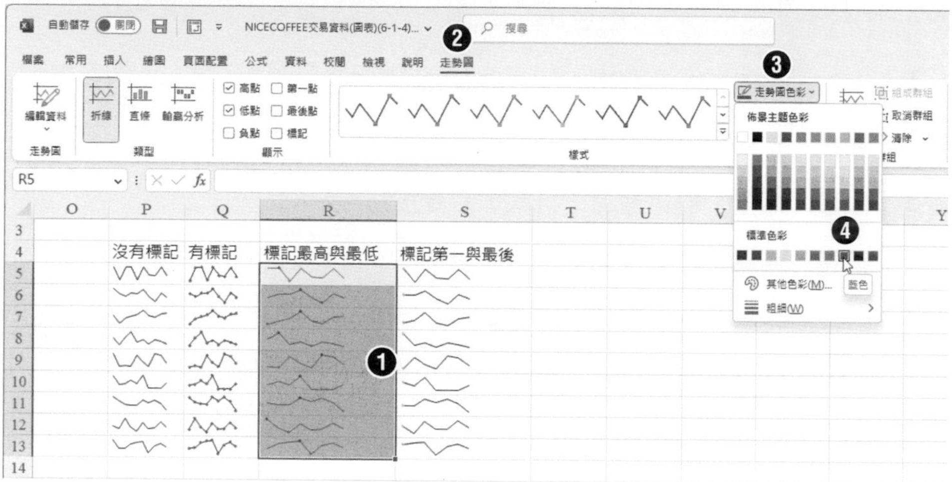

STEP 5　點按〔樣式〕群組裡的〔標記色彩〕命令按鈕。

STEP 6　從展開的色彩選單中點選想要套用的標記顏色。

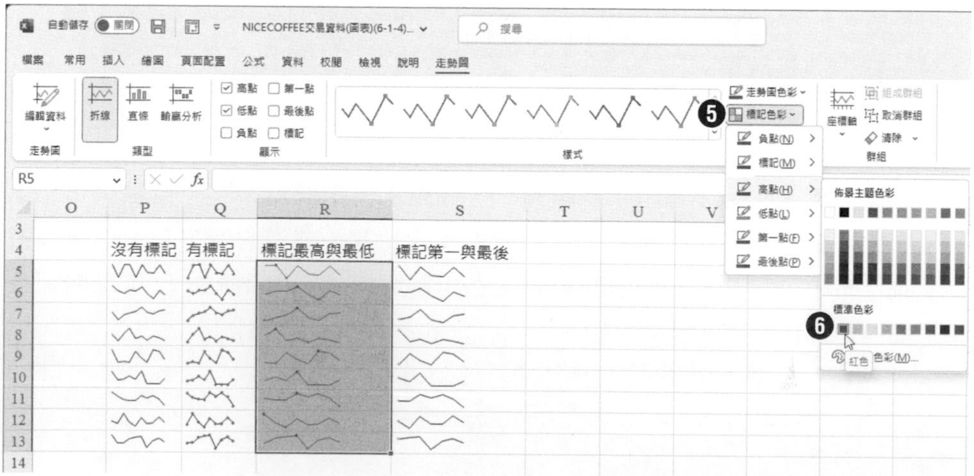

CHAPTER

7

外部資料的連結及匯入

資料庫類型的應用軟體種類繁多，資料格式與檔案格式也不盡相同。Excel 擁有各型各式的資料庫驅動程式，讓使用者可以輕輕鬆鬆的將各種資料庫類型的資料檔案，不論是耳熟能詳的 dBase、DB2 或是 Access，甚至，主從架構的大型資料庫系統、Microsoft SQL Server、Oracle 以及利用程式語言設計的資料庫本文檔案...等，都可以匯入或連結至 Excel 工作表中，進行更進一步的運算與處理。不過，不同版本與時期的 Excel，具備的外部資料匯入與處理工具，可是不太一樣的喔！

7-1 文字檔與 Access 資料庫的開啟與匯入

其實，Excel 應用程式除了可以開啟與編輯活頁簿檔案(xls/xlsx)外，也是可以直接開啟純文字資料檔案或者 Access 資料庫檔案，進行資料處理與分析。或者。透過建立連結進行外部資料檔案的匯入，以利於爾後的更新與異動。不過，從 Excel 2010 以後，不同 Excel 版本在處理外部資料來源與匯入外部資料途徑的方式，已經有些許的差異，在這個章節就為您娓娓道來。

7-1-1 直接開啟純文字檔或匯入純文字檔案

常見各類型系統所下載的資料表檔案或報表檔案，常常是以純文字檔案形式儲存與分享，附屬檔案名稱大都為.txt 或.csv。在各版本的 Excel 應用程式中，使用者可以：

1. 直接開啟純文字資料檔案
2. 建立連結匯入純文字資料檔案

不論是上述哪一種方式，都會自動開啟〔匯入字串精靈〕操作對話，讓使用者進行純文字檔案的剖析，然後，再將資料置入工作表的儲存格裡。

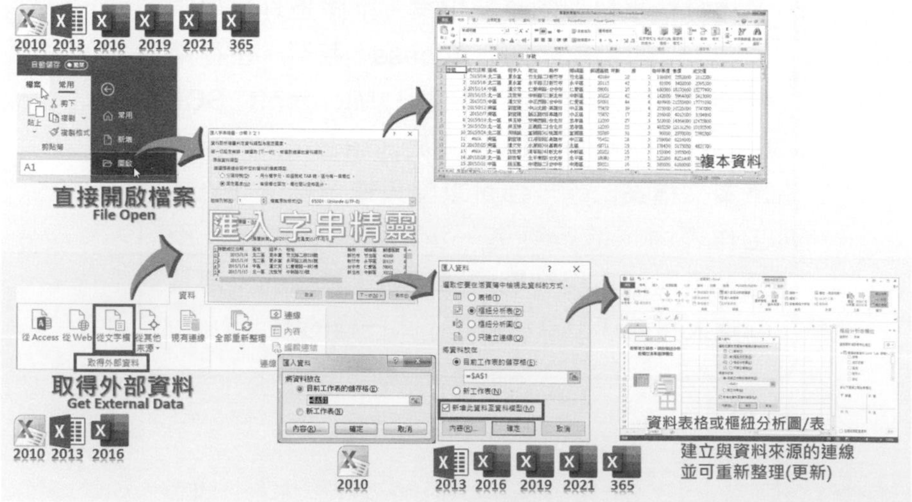

而兩種方式的差異為：若藉由〔直接開啟純文字檔〕的方式，在歷經〔匯入字串精靈〕操作對話後，純文字檔案的內容就直接呈現在工作表裡，而且工作表裡的內容與原始資料來源便沒有任何瓜葛，純粹一是個複本資料。

但是，若是透過〔取得外部資料〕的方式〔從文字檔〕匯入純文字資料，則在歷經〔匯入字串精靈〕操作對話後，會顯示〔匯入資料〕對話方塊，讓使用者可以選擇所要匯入的純文字檔案，是要呈現在工作表的哪個位置上。此時，不同 Excel 版本的〔匯入資料〕對話方塊有些許不同。譬如：在 Excel 2010 版的〔匯入資料〕對話方塊裡，僅需選擇匯入的文字檔內容要置入哪一個儲存格或新工作表裡；若是 Excel 2013 以後的版本，其〔匯入資料〕對話方塊將提供是否把匯入的文字檔內容添增備份至資料模型(Data Model)裡，以及選擇要在活頁簿中如何檢視此匯入資料的方式。當然，更重要的是，這種匯入外部資料的操作，將會建立與資料來源(純文字檔)的連線，也就是說，當資料來源的內容所有增減或異動時，先前在活頁簿裡的匯入內容就可以進行重新整理(更新)，而免去再次匯入操作的不便。這些差異與不同，將在後續的章節為您一一介紹與演練。

在本書的 11 章將為您介紹資料模型(Data Model)的觀念與運用。

7-1-2 直接開啟或匯入 Access 資料庫檔案

Office 家族的另一個應用程式，即隸屬於資料庫系統的 Access，其附屬檔名為.mdb 及.accdb，也是職場上常見的資料庫系統檔案。在 Excel 應用程式裡也可以：

1. 直接開啟 Access 資料庫檔案

   或者

2. 建立連結匯入 Access 資料庫檔案

不管是直接開啟或是建立連線匯入 Access 資料庫檔案，都會開啟〔選取表格〕對話方塊，讓使用者挑選資料庫裡所要匯入的資料表或查詢。

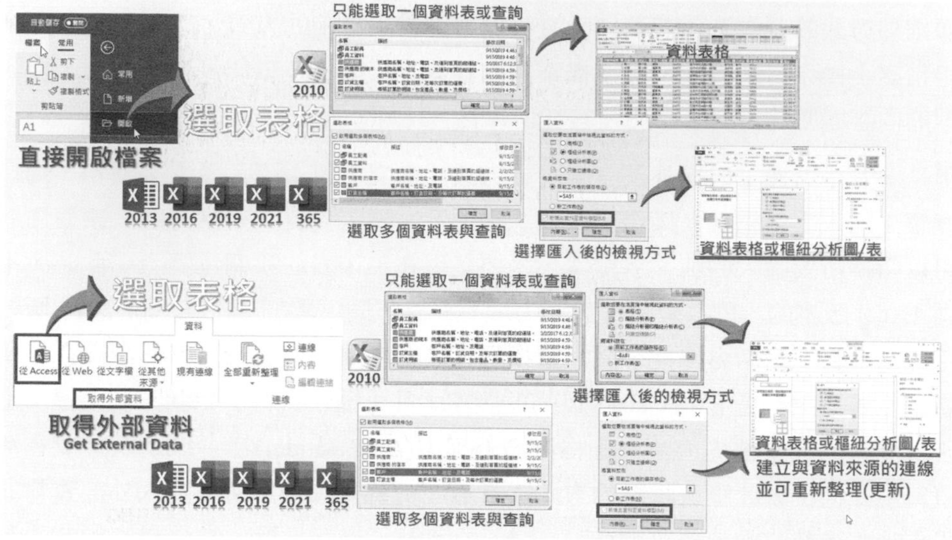

不過，Excel 2010 版本的〔選取表格〕對話方塊只能選擇一個資料表或查詢，而 Excel 2013 以後版本的〔選取表格〕對話方塊，可以〔啟用選取多個表格〕選擇一個以上的資料表或查詢。此外，若是在 Excel 2010 直接開啟 Access 資料庫檔案並選取資料表或查詢後，該資料表或查詢將以資料表格的形式呈現在工作表上。若是在 Excel 2013 以後的版本直接開啟 Access 資料庫檔案並選取一個或一個以上的資料表或查詢後，將會開啟〔匯入資料〕的對話方塊，讓使用者選擇匯入後的資料檢視方式，是以資料「表格」的形式載入資料至工作表裡，或是建立「樞紐分析表」、「樞紐分析圖」抑或是「只建立連線」而已。並且，選擇一個以上的資料表或查詢時，可以將載入的資料置入資料模型(Data Model)中。

當以建立連線方式透過取得外部資料的〔從 Access〕操作方式來匯入 Access 資料庫檔案時，最終都會進入〔匯入資料〕對話方塊的操作，讓使用者選擇匯入後的資料檢視方式，只是，在 Excel 2010 版本，並沒有資料模型選項，而在 Excel 2013 版以後，選取的只是一個資料表或查詢，使用者可以自行決定是否要將載入的資料複製至資料模型裡，若是選取兩個以上的資料表或查詢，則會自動載入至資料模型裡。也由於具備了外部資料連線的功能，因此，當外部資料檔案有所變動，活頁簿裡便可以進行重新整理以更新資料。

7-1-3 不同 Excel 版本匯入外部資料的途徑

基本上，在使用 Excel 2010 或 Excel 2013 時，提供有〔取得外部資料〕(Get External Data)的功能，可以讓使用者輕鬆連結外部資料檔案、資料庫、資料庫伺服器、網頁表格、...匯入至 Excel 工作表，以進行外部資料來源的建立、匯入與連線，達成資料彙整與資料處理的目的。在這個〔取得外部資料〕群組裡，利用〔從 Access〕命令按鈕，可以藉由 Access 資料庫檔的選取建立 Access 資料庫檔案的連線。也可以點按〔從 Web〕命令按鈕，開啟〔新增 Web 查詢〕瀏覽對話，選取指定的網頁以擷取頁面上的表格至 Excel 工作表中。或是透過〔從文字檔〕命令按鈕的點按，選擇想要匯入的文字檔案，經由〔匯入字串精靈〕的對話操作，達成文字檔案的連線與使用。

如果想要連線至 SQL Server、或 Analysis Services 服務、XML 檔案，或操作 Microsoft Query 進行活頁簿檔案的連線建立，皆可以點按〔從其他來源〕命令按鈕的點按來選擇。直到 Excel 2016 版本，〔取得外部資料〕裡的各個命令按鈕，仍是大多數外部資料連線、取得、篩選、排序等需求的常用解決方案。

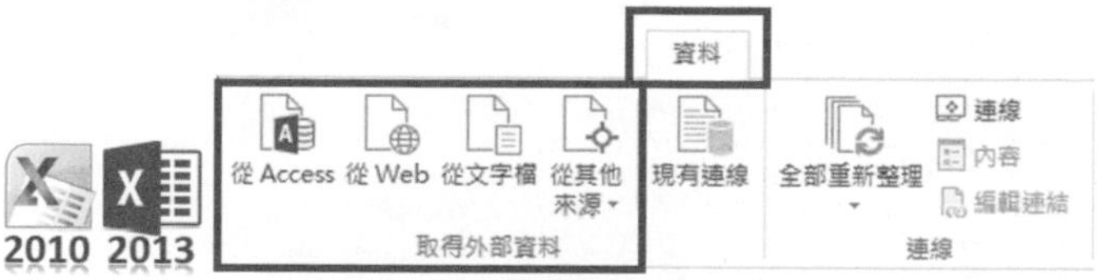

Excel 2010 與 Excel 2013 功能區裡〔取得外部資料〕的命令按鈕。

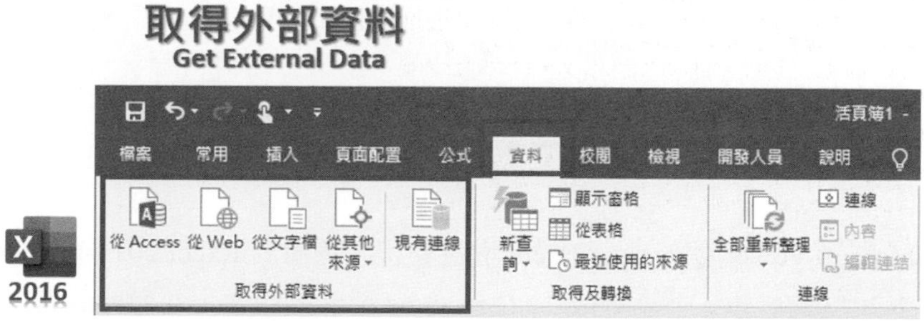

7-1-4 更厲害選擇：Excel 的 ETL 大師

面臨資訊爆炸的大數據時代，Excel 的數據整理與分析能力也與日俱增。在搭配 Excel 的操作環境下，目前最流行的資料查詢工具，也正是 Excel BI (Business Intelligence 商務智能)四大工具之一，更是資訊工作者資料分析的最佳 ETL 工具，就非 Power Query 莫屬了！如果您使用的是 Excel 2010 或 Excel 2013，則強烈建立您，立刻到微軟網站，下載安裝 Microsoft Power Query for Excel 增益集(下載點請至 Google 等搜尋引擎鍵入關鍵字「Power Query」即可尋獲)讓資料匯入、連結、轉換、重組、合併與篩選、查詢，變得更佳容易且迅速。

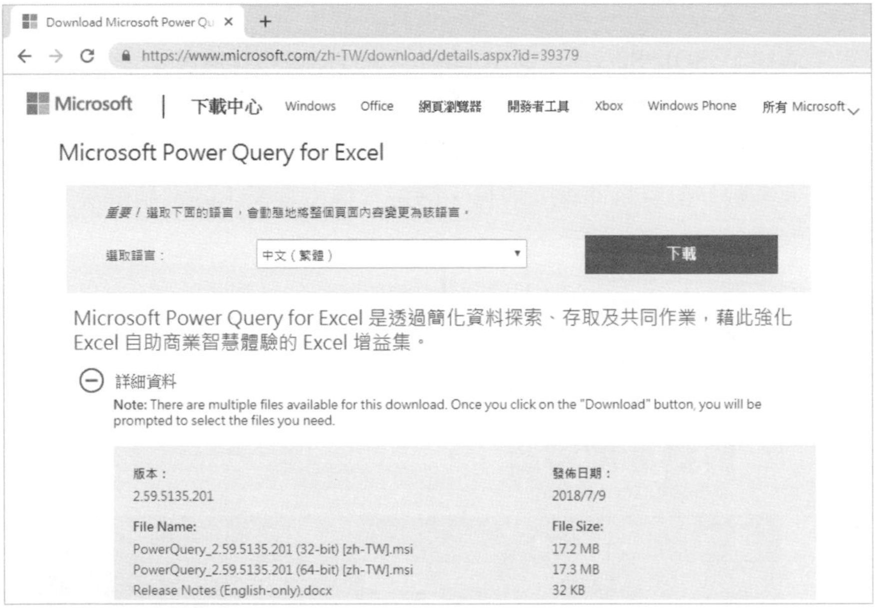

這個 Microsoft Power Query for Excel 增益集程式適用於 Excel 2010 Pro Plus 以及 Excel 2013 的版本，並區分成 32 位元與 64 位元的版本，在微軟的官方網站裡有詳細介紹與系統需求等說明。

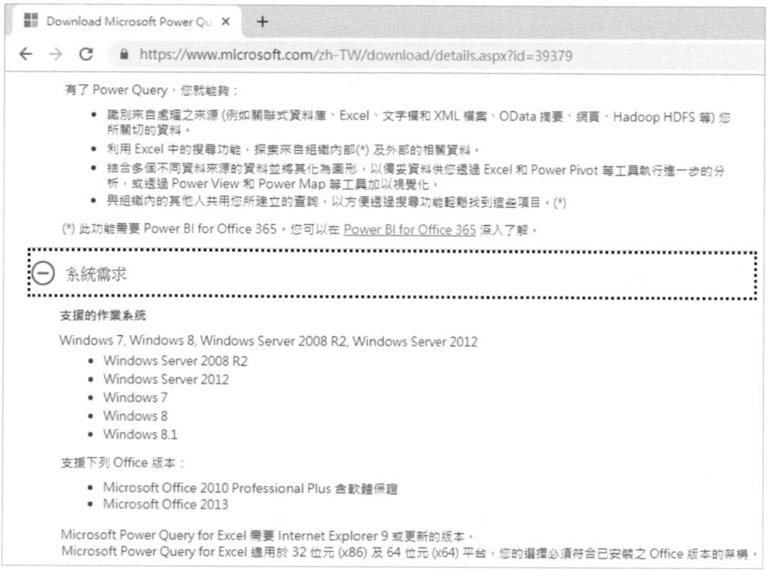

完成 Microsoft Query 的安裝並重新啟動 Excel 2010Excel 2013 後，功能區裡將添增了名為〔Power Query〕的索引標籤，底下各群組裡的命令按鈕，將協助您進行外部資料的取得、轉換、合併等作業。

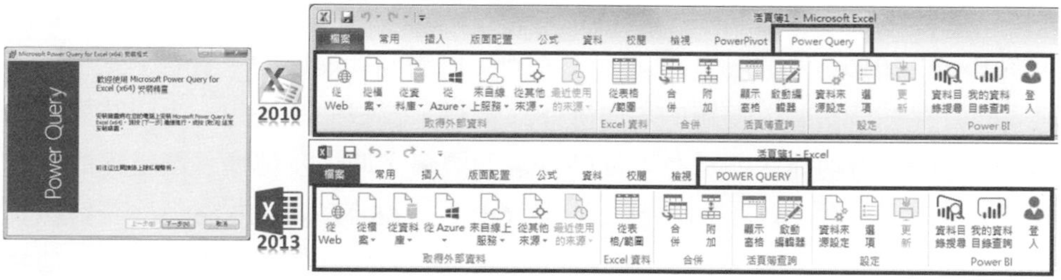

> **TIPS**
>
> Power Query 是 Excel BI 商務智能的四大工具之一，專責其他資料來源的探索、連接、合併和調整資料來源，以符合各種分析資料來源的需求。另外三個 BI 工具程式分別為：Power Pivot、Power View 與 Power Map。

這個 Power Query 功能可以說是 Excel 操作環境下的最佳 ETL 工具。而基於 Power Query 的功能強大，以及迎合大數據時代下資料來源的多元性，在 Excel 2016 以及以後的版本，諸如：Excel 2019 與 Office 365，已經都內建了 Power

Query 功能，不過，功能區裡的操作介面有些許調整，已經沒有〔Power Query〕索引標籤了，所有 Power Query 的功能全都隸屬於〔資料〕索引標籤裡的〔取得及轉換資料〕(Get & Transform)群組內，也儼然已經成為匯入外部資料與塑形資料的最佳利器了。

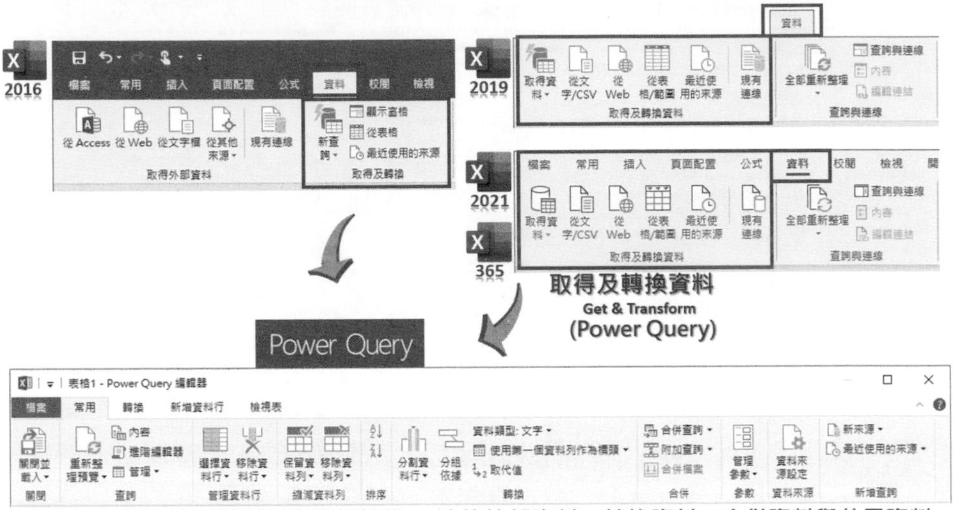

做為Excel的 ETL 的工具(查詢編輯器)，連線外部資料、轉換資料、合併資料與共用資料

而在 Excel 2016 版本的操作環境下，我們可以看到功能區的〔資料〕索引標籤裡，同時存在著舊版、傳統的〔取得外部資料〕群組命令按鈕，也同時內建了 Power Query 新功能，顯示在〔資料〕索引標籤〔取得及轉換〕群組裡的命令按鈕中。不過，在 Excel 2019 版本以及 Office 365 版本的 Excel 365，雖然具備了〔取得及轉換資料〕群組(Power Query 功能)，但是卻看不到舊版、傳統的〔取得外部資料〕群組命令按鈕的蹤影，是不是不支援了呢？其實，不是的！只是在 Excel 2019 版本以及 Office 365 版本的 Excel 365 之操作介面中，已經將原本舊版本的〔取得外部資料〕群組命令按鈕等各項功能，統稱為〔舊版資料匯入精靈〕並移出功能區，若使用者有需求，還是可以重新顯示這些功能選項的。

7-1-5 顯示舊版資料匯入精靈

在 Excel 2019/2021 版本以及 Office 365 版本的 Excel 365 中，您仍可以啟用舊版、傳統的〔取得外部資料〕群組命令按鈕。譬如：在 Excel 2019/2021/Excel 365 的操作環境下，我們可以在原本〔資料〕索引標籤裡〔取得及轉換資料〕群組的〔取得資料〕的下拉命令按鈕中，添增〔傳統精靈〕功能選項，即可囊括舊版、傳統的〔取得外部資料〕命令按鈕。

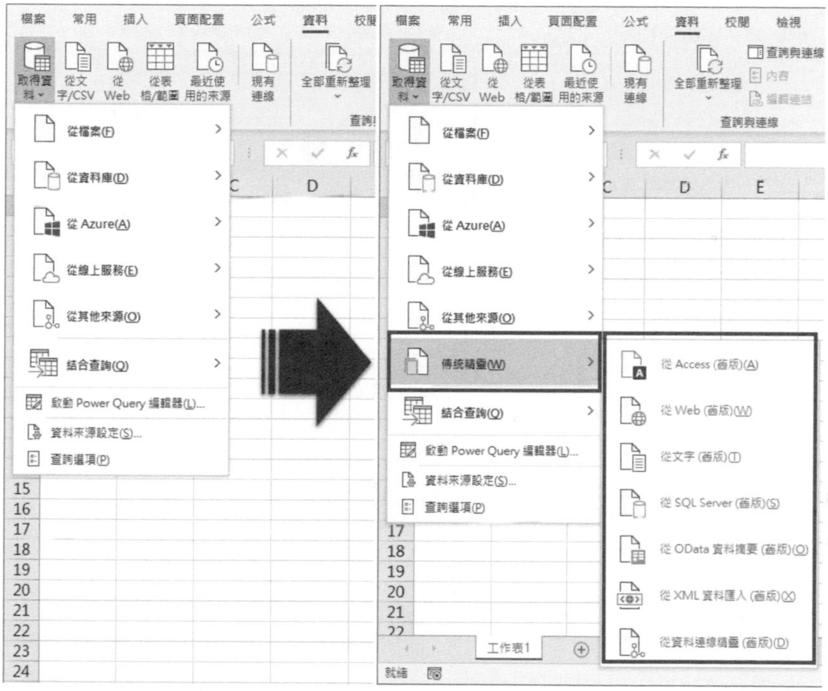

以 Excel 365 為例的操作步驟如下：

STEP 1 點按〔檔案〕索引標籤。

STEP 2 點按〔選項〕。

STEP 3 開啟〔Excel 選項〕對話方塊，點按〔資料〕頁籤。

STEP 4 在顯示舊版資料匯入精靈類別下，勾選所要啟用的各項匯入外部資料功能選項，最後再點按〔確定〕按鈕，關閉此對話方塊即可。

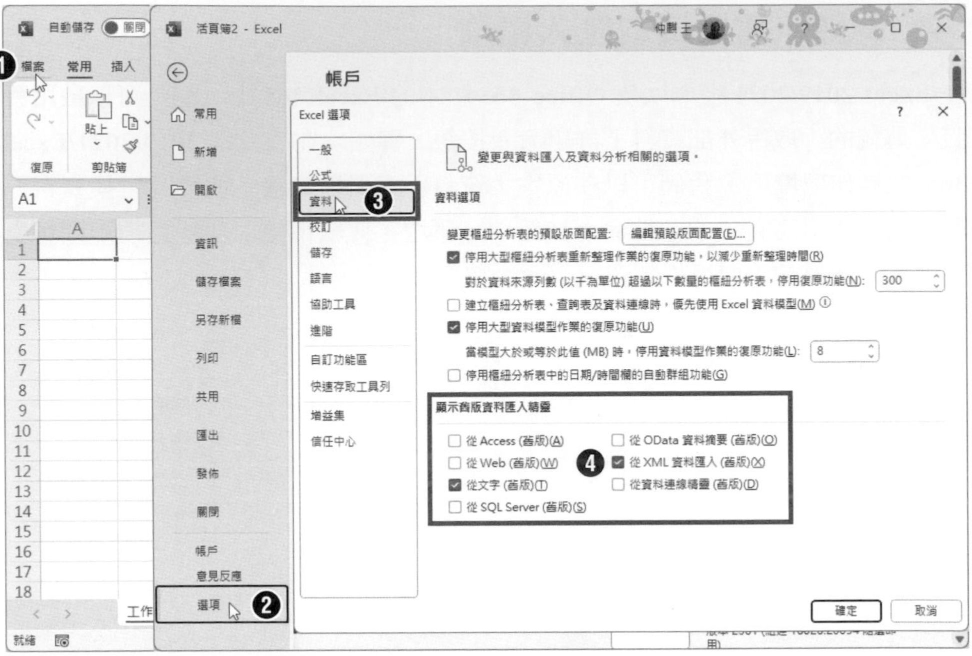

7-2 細說文字檔的匯入與更新

7-2-1 關於純文字檔案格式的資料來源

在文字檔案的部分，早期由程式撰寫的資料檔案皆以純文字的檔案格式儲存著，隨著資料存取技術的進步以及不同的壓縮技術，資料庫的檔案格式也不再僅限於純文字的儲存了，但是，即使是不同類型的異質性資料庫系統，大多數也都可以儲存成傳統的純文字檔案來進行資料的分享與轉換。

一般而言，有兩種最常見的純文字資料檔案格式，一為固定欄寬形式、一為分隔符號形式。固定欄寬形式的純文字資料檔案格式，顧名思義，是一種定義各欄位最大欄寬的格式，規劃每一個欄位大小的最大值，不論實際上的資料位元有多長，皆以等寬的長度來儲存。

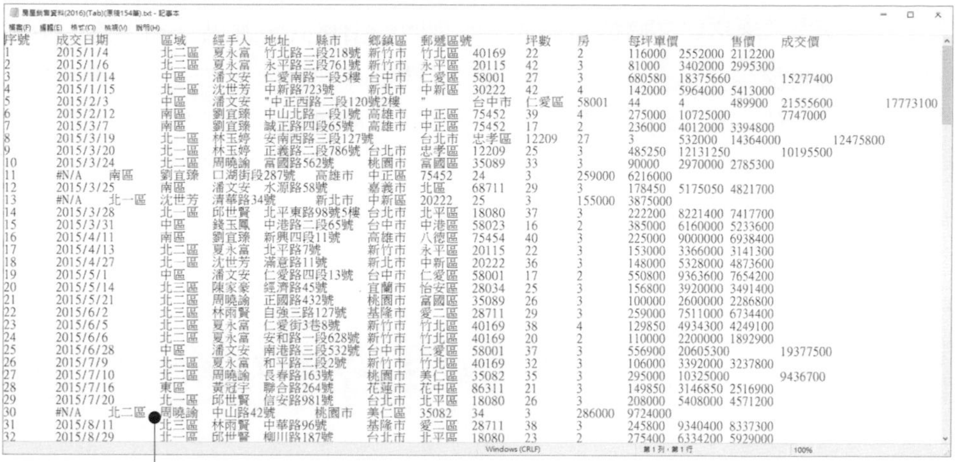

```
房屋銷售資料(2016)(Tab)(原始154筆).txt - 記事本
檔案(F) 編輯(E) 格式(O) 檢視(V) 說明(H)
序號  成交日期   區域   經手人  地址           縣市    鄉鎮區  郵遞區號        坪數    房      每坪單價          售價     成交價
1     2015/1/4   北二區 夏永富  竹北路二段218號 新竹市  竹北區  40169   22      2       116000  2552000 2112200
2     2015/1/6   北二區 夏永富  永平路三段761號 新竹市  永平區  20115   42      3       81000   3402000 2995300
3     2015/1/14  中區   潘文安  仁愛南路一段5樓 台中市  仁愛區  58001   27      3       680580  18375660        15277400
4     2015/1/15  北一區 沈世芳  中新路723號     新北市  中新區  30222   42      4       142000  5964000 5413000
5     2015/2/3   中區   潘文安  "中正西路二段120號2樓     "      台中市  仁愛區  58001   44      4       489900  21555600        17773100
6     2015/2/12  南區   劉宜臻  中山北路一段1號 高雄市  中正區  75452   39      4       275000  10725000        7747000
7     2015/3/7   南區   劉宜臻  誠正路四段65號  高雄市  中正區  75452   17      2       236000  4012000 3394800
8     2015/3/19  北一區 林玉婷  安南西路三段127號       台北市  忠孝區  12209   27      3       532000  14364000        12475800
9     2015/3/20  北一區 林玉婷  正義路二段786號 台北市  忠孝區  12209   25      3       485250  12131250        10195500
10    2015/3/24  北二區 周曉諭  富國路562號     桃園市  富國區  35089   33      3       90000   2970000 2785300
11    #N/A   南區   劉宜臻  口湖街段287號   高雄市  中正區  75452   24      3       259000  6216000
12    2015/3/25  南區   潘文安  水源路58號      嘉義市  北區    68711   29      3       178450  5175050 4821700
13    #N/A   北一區 沈世芳  清華路34號      新北市  中新區  20222   25      3       155000  3875000
14    2015/3/28  北一區 邱世賢  北平東路98號5樓 台北市  北平區  18080   37      3       222200  8221400 7417700
15    2015/3/31  中區   錢玉鳳  中港路二段65號  台中市  中港區  58023   16      2       385000  6160000 5233600
16    2015/4/11  南區   劉宜臻  新興四段11號    高雄市  八德區  75454   40      3       225000  9000000 6938400
17    2015/4/13  北二區 夏永富  北平路7號       新竹市  永平區  20115   22      3       153000  3366000 3141300
18    2015/4/27  北一區 沈世芳  滿意路11號      新北市  中新區  20222   36      3       148000  5328000 4873600
19    2015/5/1   中區   潘文安  仁愛路四段13號  台中市  仁愛區  58001   17      2       550800  9363600 7654200
20    2015/5/14  北三區 陳家豪  經濟路45號      宜蘭市  怡安區  28034   25      3       156800  3920000 3491400
21    2015/5/21  北二區 周曉諭  正國路432號     桃園市  富國區  35089   26      3       100000  2600000 2286800
22    2015/6/2   北三區 林雨賢  自強三路127號   基隆市  愛二區  28711   29      3       259000  7511000 6734400
23    2015/6/5   北二區 夏永富  仁愛街3巷8號    新竹市  竹北區  40169   38      4       129850  4934300 4249100
24    2015/6/6   北二區 夏永富  安和路一段628號 新竹市  竹北區  40169   20      2       110000  2200000 1892900
25    2015/6/28  中區   潘文安  南港路三段532號 台中市  仁愛區  58001   37      3       556900  20605300        19377500
26    2015/7/9   北二區 夏永富  和平路二段2號   新竹市  竹北區  40169   32      3       106000  3392000 3237800
27    2015/7/10  北二區 周曉諭  長春路163號     桃園市  美仁區  35082   35      3       295000  10325000        9436700
28    2015/7/16  東區   黃冠宇  聯合路264號     花蓮市  花中區  86311   21      3       149850  3146850 2516900
29    2015/7/20  北一區 邱世賢  信安路981號     台北市  北平區  18080   26      3       208000  5408000 4571200
30    #N/A   北二區 周曉諭  中山路42號      桃園市  美仁區  35082   34      3       286000  9724000
31    2015/8/11  北三區 林雨賢  中華路96號      基隆市  愛二區  28711   38      3       245800  9340400 8337300
32    2015/8/29  北一區 邱世賢  柳川路187號     台北市  北平區  18080   23      2       275400  6334200 5929000
Windows (CRLF)   第 1 列，第 1 行   100%
```

這是欄位寬度固定的純文字資料檔案，每一筆資料記錄的總長度都一致。

分隔符號形式的純文字資料檔案格式，是一種透過特定符號作為欄位分隔與記錄分隔的儲存格式。例如：以逗點作為欄位與欄位之間的分隔符號，因此，儲存實際的資料長度後，加上分隔符號就緊接著再儲存下一個欄位的實際資料長度。

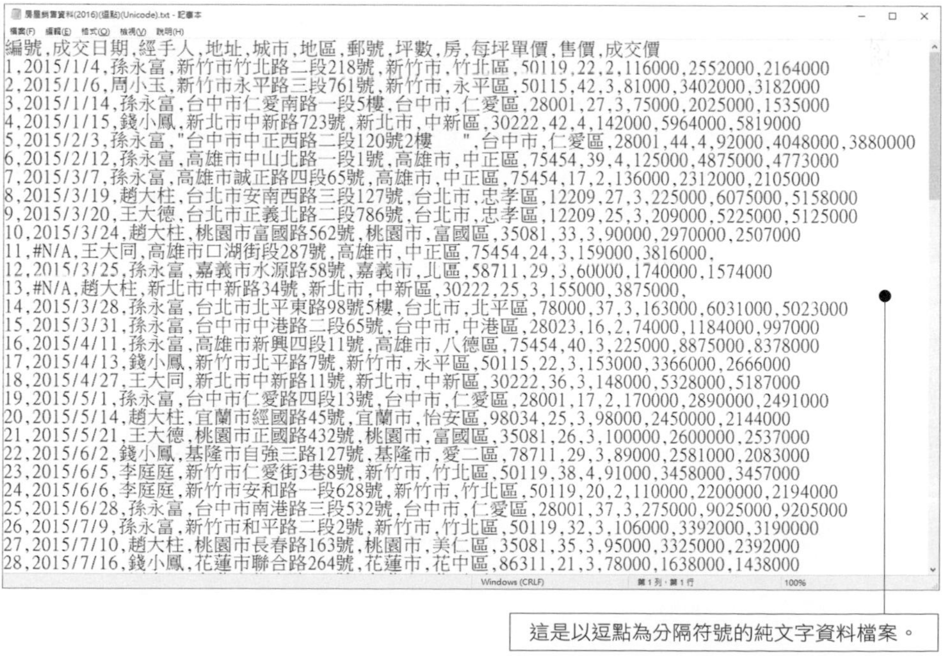

```
房屋銷售資料(2016)(逗點)(Unicode).txt - 記事本
檔案(F) 編輯(E) 格式(O) 檢視(V) 說明(H)
編號,成交日期,經手人,地址,城市,地區,郵號,坪數,房,每坪單價,售價,成交價
1,2015/1/4,孫永富,新竹市竹北路二段218號,新竹市,竹北區,50119,22,2,116000,2552000,2164000
2,2015/1/6,周小玉,新竹市永平路三段761號,新竹市,永平區,50115,42,3,81000,3402000,3182000
3,2015/1/14,孫永富,台中市仁愛南路一段5樓,台中市,仁愛區,28001,27,3,75000,2025000,1535000
4,2015/1/15,錢小鳳,新北市中新路723號,新北市,中新區,30222,42,4,142000,5964000,5819000
5,2015/2/3,孫永富,"台中市中正西路二段120號2樓     ",台中市,仁愛區,28001,44,4,92000,4048000,3880000
6,2015/2/12,孫永富,高雄市中山北路一段1號,高雄市,中正區,75454,39,4,125000,4875000,4773000
7,2015/3/7,孫永富,高雄市誠正路四段65號,高雄市,中正區,75454,17,2,136000,2312000,2105000
8,2015/3/19,趙大柱,台北市安南西路三段127號,台北市,忠孝區,12209,27,3,225000,6075000,5158000
9,2015/3/20,王大德,台北市正義北路二段786號,台北市,忠孝區,12209,25,3,209000,5225000,5125000
10,2015/3/24,趙大柱,桃園市富國路562號,桃園市,富國區,35081,33,3,90000,2970000,2507000
11,#N/A,王大同,高雄市口湖街段287號,高雄市,中正區,75454,24,3,159000,3816000,
12,2015/3/25,孫永富,嘉義市水源路58號,嘉義市,北區,58711,29,3,60000,1740000,1574000
13,#N/A,趙大柱,新北市中新路34號,新北市,中新區,30222,25,3,155000,3875000,
14,2015/3/28,孫永富,台北市北平東路98號5樓,台北市,北平區,78000,37,3,163000,6031000,5023000
15,2015/3/31,孫永富,台中市中港路二段65號,台中市,中港區,28023,16,2,74000,1184000,997000
16,2015/4/11,孫永富,高雄市新興四段11號,高雄市,八德區,75454,40,3,225000,8875000,8378000
17,2015/4/13,錢小鳳,新竹市北平路7號,新竹市,永平區,50115,22,3,153000,3366000,2666000
18,2015/4/27,王大同,新北市中新路11號,新北市,中新區,30222,36,3,148000,5328000,5187000
19,2015/5/1,孫永富,台中市仁愛路四段13號,台中市,仁愛區,28001,17,2,170000,2890000,2491000
20,2015/5/14,趙大柱,宜蘭市經國路45號,宜蘭市,怡安區,98034,25,3,98000,2450000,2144000
21,2015/5/21,王大德,桃園市正國路432號,桃園市,富國區,35081,26,3,100000,2600000,2537000
22,2015/6/2,錢小鳳,基隆市自強三路127號,基隆市,愛二區,78711,29,3,89000,2581000,2083000
23,2015/6/5,李庭庭,新竹市仁愛街3巷8號,新竹市,竹北區,50119,38,4,91000,3458000,3457000
24,2015/6/6,李庭庭,新竹市安和路一段628號,新竹市,竹北區,50119,20,2,110000,2200000,2194000
25,2015/6/28,孫永富,台中市南港路三段532號,台中市,仁愛區,28001,37,3,275000,9025000,9205000
26,2015/7/9,孫永富,新竹市和平路二段2號,新竹市,竹北區,50119,32,3,106000,3392000,3190000
27,2015/7/10,趙大柱,桃園市長春路163號,桃園市,美仁區,35081,35,3,95000,3325000,2392000
28,2015/7/16,錢小鳳,花蓮市聯合路264號,花蓮市,花中區,86311,21,3,78000,1638000,1438000
Windows (CRLF)   第 1 列，第 1 行   100%
```

這是以逗點為分隔符號的純文字資料檔案。

還有一種文字檔案格式是屬於固定寬度的列印輸出格式，常以 .prn 或是 .txt 的附屬檔案格式儲存，每一筆資料各個欄位的內容不論多寡，皆統一標準長度，例如：日期欄位不論長短，都以 10 個字元長度來儲存、地址欄位不論文字長短，也都以 50 個字元的長度來存放。因此，每一筆資料的總長度是固定的。這在早期的報表系統、ERP 系統產出的報表規格，很多都是這樣的格式。

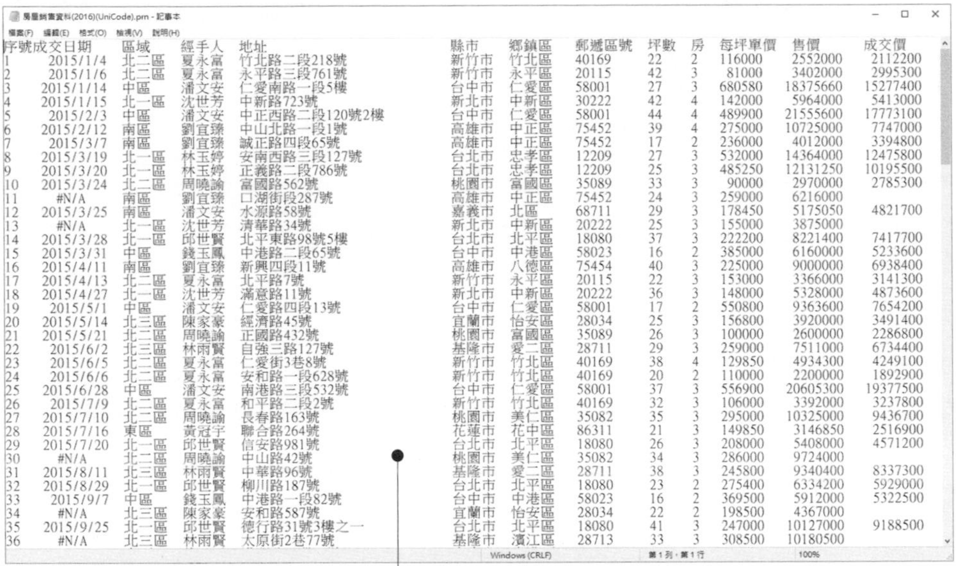

序號	成交日期	區域	經手人	地址	縣市	鄉鎮區	郵遞區號	坪數	房	每坪單價	售價	成交價
1	2015/1/4	北二區	夏永富	竹北路二段218號	新竹市	竹北區	40169	22	2	116000	2552000	2112200
2	2015/1/6	北二區	夏永富	永平路三段761號	新竹市	永平區	20115	42	3	81000	3402000	2995300
3	2015/1/14	中區	潘文安	仁愛南路一段5樓	台中市	仁愛區	58001	27	3	680580	18375660	15277400
4	2015/1/15	北一區	沈世芳	中新路723號	新北市	中新區	30222	42	4	142000	5964000	5413000
5	2015/2/3	中區	潘文安	中正西路二段120號2樓	台中市	仁愛區	58001	44	4	489900	21555600	17773100
6	2015/2/12	南區	劉宜臻	中山北路一段1號	高雄市	中正區	75452	39	4	275000	10725000	7747000
7	2015/3/7	南區	劉宜臻	誠正路四段65號	高雄市	中正區	75452	17	2	236000	4012000	3394800
8	2015/3/19	北一區	林玉婷	安南西路三段127號	台北市	忠孝區	12209	27	3	532000	14364000	12475800
9	2015/3/20	北一區	林玉婷	正義路二段786號	台北市	忠孝區	12209	25	3	485250	12131250	10195500
10	2015/3/24	北二區	周曉諭	富國路562號	桃園市	富國區	35089	33	3	90000	2970000	2785300
11	#N/A	南區	劉宜臻	口湖街段287號	高雄市	中正區	75452	24	3	259000	6216000	
12	2015/3/25	南區	潘文安	水源路58號	嘉義市	北區	68711	29	3	178450	5175050	4821700
13	#N/A	北一區	沈世芳	清華路34號	新北市	中新區	20222	25	3	155000	3875000	
14	2015/3/28	北一區	邱世賢	北平東路98號5樓	台北市	北平區	18080	37	3	222200	8221400	7417700
15	2015/3/31	中區	錢玉鳳	中港路二段65號	台中市	中港區	58023	16	2	385000	6160000	5233600
16	2015/4/11	南區	劉宜臻	新興四段11號	高雄市	八德區	75454	40	3	225000	9000000	6938400
17	2015/4/13	北二區	夏永富	北平路7號	新竹市	永平區	20115	22	3	153000	3366000	3141300
18	2015/4/27	北一區	沈世芳	滿意路11號	新北市	中新區	20222	36	3	148000	5328000	4873600
19	2015/5/1	中區	潘文安	仁愛路四段13號	台中市	仁愛區	58001	17	2	550800	9363600	7654200
20	2015/5/14	北三區	陳家豪	經濟路45號	宜蘭市	怡安區	28034	25	3	156800	3920000	3491400
21	2015/5/21	北二區	周曉諭	正國路432號	桃園市	富國區	35089	26	3	100000	2600000	2286800
22	2015/6/2	北三區	林雨賢	自強三路127號	基隆市	愛二區	28711	29	3	259000	7511000	6734400
23	2015/6/5	北二區	夏永富	仁愛街3巷8號	新竹市	竹北區	40169	38	4	129850	4934300	4249100
24	2015/6/6	北二區	夏永富	安和路一段628號	新竹市	竹北區	40169	20	2	110000	2200000	1892900
25	2015/6/28	中區	潘文安	南港路三段532號	台中市	仁愛區	58001	37	3	556900	20605300	19377500
26	2015/7/9	北二區	夏永富	和平路二段2號	新竹市	竹北區	40169	32	3	106000	3392000	3237800
27	2015/7/10	北二區	周曉諭	長春路163號	桃園市	美仁區	35082	35	3	295000	10325000	9436700
28	2015/7/16	東區	黃冠宇	聯合路264號	花蓮市	花中區	86311	21	3	149850	3146850	2516900
29	2015/7/20	北一區	邱世賢	信安路981號	台北市	北平區	18080	26	3	208000	5408000	4571200
30	#N/A	北二區	周曉諭	中山路42號	桃園市	美仁區	35082	34	3	286000	9724000	
31	2015/8/11	北三區	林雨賢	中華路96號	基隆市	愛二區	28711	38	3	245800	9340400	8337300
32	2015/8/29	北一區	邱世賢	柳川路187號	台北市	北平區	18080	23	2	275400	6334200	5929000
33	2015/9/7	中區	錢玉鳳	中港路一段82號	台中市	中港區	58023	16	2	369500	5912000	5322500
34	#N/A	北三區	陳家豪	安和路587號	宜蘭市	怡安區	28034	22	2	198500	4367000	
35	2015/9/25	北一區	邱世賢	德行路31號3樓之一	台北市	北平區	18080	41	3	247000	10127000	9188500
36	#N/A	北三區	林雨賢	太原街2巷77號	基隆市	濱江區	28713	33	3	308500	10180500	

這是採取同一欄位佔用相寬度的文字資料檔案，所以，每一筆資料記錄的總長度都是一致的。

當然，也有一些既不屬於固定欄位寬度，也不是以分格符號分欄的純文字檔案，卻逐列地記載著一筆筆的資料記錄。尤其是一些剪貼自網頁的文字內容，或是利用文字編輯軟體所撰寫的條列資料內容。欄位與欄位之間的分隔或用符號、或用為數不一的空格。在以前，這樣的資料要變成逐欄、逐列、逐格存放的資料表格，形成一張資料表，實在是束手無策！可是，在 Excel 中，可是有秘招的喔～

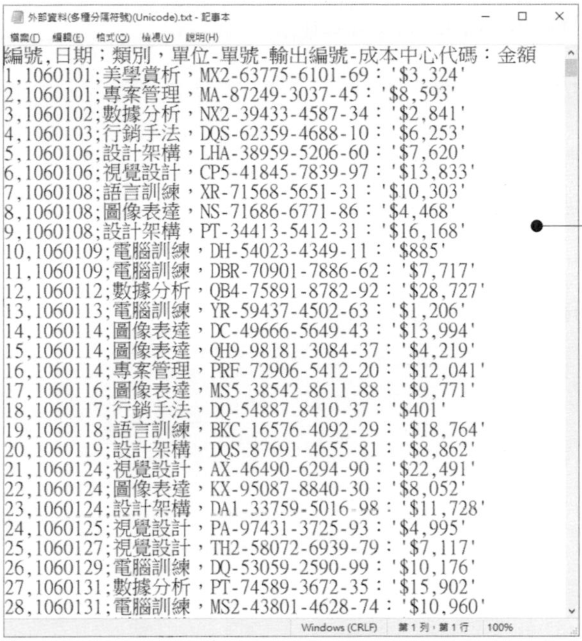


```
編號,日期；類別，單位-單號-輸出編號-成本中心代碼：金額
1,1060101;美學賞析，MX2-63775-6101-69：'$3,324'
2,1060101;專案管理，MA-87249-3037-45：'$8,593'
3,1060102;數據分析，NX2-39433-4587-34：'$2,841'
4,1060103;行銷手法，DQS-62359-4688-10：'$6,253'
5,1060106;設計架構，LHA-38959-5206-60：'$7,620'
6,1060106;視覺設計，CP5-41845-7839-97：'$13,833'
7,1060108;語言訓練，XR-71568-5651-31：'$10,303'
8,1060108;圖像表達，NS-71686-6771-86：'$4,468'
9,1060108;設計架構，PT-34413-5412-31：'$16,168'
10,1060109;電腦訓練，DH-54023-4349-11：'$885'
11,1060109;電腦訓練，DBR-70901-7886-62：'$7,717'
12,1060112;數據分析，QB4-75891-8782-92：'$28,727'
13,1060113;電腦訓練，YR-59437-4502-63：'$1,206'
14,1060114;圖像表達，DC-49666-5649-43：'$13,994'
15,1060114;圖像表達，QH9-98181-3084-37：'$4,219'
16,1060114;專案管理，PRF-72906-5412-20：'$12,041'
17,1060116;圖像表達，MS5-38542-8611-88：'$9,771'
18,1060117;行銷手法，DQ-54887-8410-37：'$401'
19,1060118;語言訓練，BKC-16576-4092-29：'$18,764'
20,1060119;設計架構，DQS-87691-4655-81：'$8,862'
21,1060124;視覺設計，AX-46490-6294-90：'$22,491'
22,1060124;圖像表達，KX-95087-8840-30：'$8,052'
23,1060124;設計架構，DA1-33759-5016-98：'$11,728'
24,1060125;視覺設計，PA-97431-3725-93：'$4,995'
25,1060127;視覺設計，TH2-58072-6939-79：'$7,117'
26,1060129;電腦訓練，DQ-53059-2590-99：'$10,176'
27,1060131;數據分析，PT-74589-3672-35：'$15,902'
28,1060131;電腦訓練，MS2-43801-4628-74：'$10,960'
```

剪貼自網頁或其他文件的資料內容，既非固定欄寬，亦未全然使用分隔符號，甚至可能使用兩種以上的分隔符號。

以下各小節，將以上述三種不同形式的純文字檔案，為您介紹匯入文字資料的各種最佳解決方案。首先，對於傳統的純文字資料庫檔案，在匯入 Excel 工作表的操作上，非常的簡單容易，有兩種不同的操作方式與意境可供選擇：一為直接開啟純文字資料庫檔案；一為匯入純文字資料庫檔案。兩者的差別在於前者僅是將純文字資料檔案開啟且透過資料剖析後複製至 Excel 工作表內，原始的純文字資料檔與 Excel 工作表裡的資料表已經沒有任何瓜葛了。而後者則是將純文字資料檔案匯入至 Excel 工作表並具備連結功能，當原始的純文字資料檔案內容有所異動時，Excel 工作表裡的資料表便具有更新來源的運作。

7-2-2 直接開啟純文字資料庫檔案

直接在 Excel 環境下，利用傳統的開啟舊檔操作方式，經由〔匯入字串精靈〕的對話操作，即可將分隔符號或固定寬度等原始資料格式的純文字資料檔案，開啟於 Excel 工作表內。此例即以開啟固定寬度的純文字檔案為例，為您實際演練直接開啟文字檔案的操作。

STEP 1　進入 Excel 操作環境，點按〔檔案〕索引標籤。

STEP 2　在檔案後台管理介面中點按〔開啟〕。

STEP 3　點按〔瀏覽〕按鈕。

STEP 4　開啟〔開啟舊檔〕對話方塊後，選擇想要開啟的檔案類型為〔文字檔案〕。

STEP 5　切換到外部檔案存放路徑後，點選想要開啟的文字檔案。

STEP 6　點按〔開啟〕按鈕。

隨即進入〔匯入字串精靈〕的對話操作。首先，步驟 3 之 1 是讓您點選該文字檔案的資料是屬於分隔符號還是固定欄寬的檔案類型，如下圖所示為例，我們所匯入的文字檔案其資料檔案格式為固定欄寬的類型，也就是每一筆資料記錄的欄位寬度都是固定的。此外，切記，只要來源資料的首列是欄位名稱時，要勾選〔我的資料有標題〕核取方塊喔！完成操作後便可以點按〔下一步〕按鈕。

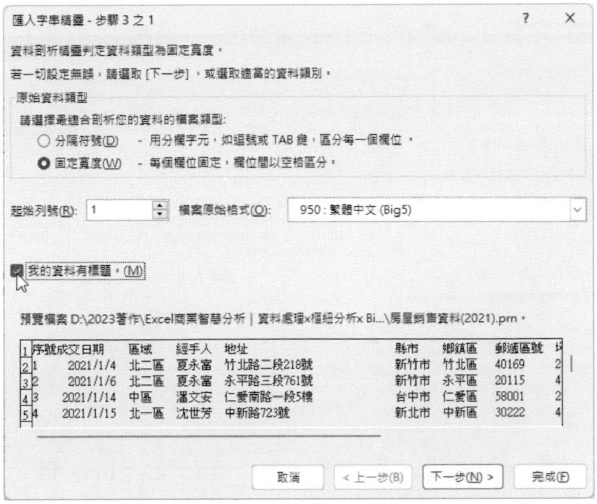

在進入〔匯入字串精靈〕步驟 3 之 2 的畫面操作上，主要是在讓使用者可以透過滑鼠的拖曳操作來改變欄位的寬度，或者，進行增加欄位、刪除欄位等設定。在對話方塊中，您也可以清楚的看到此步驟畫面的操作方式與說明，如下圖所示。若沒有重大的變化與異動，其實您可以直接點按〔下一步〕按鈕，因為，您事後利用 Excel 的工作表特性，在變更欄寬與添增欄位的操作上將會更加便捷快速。

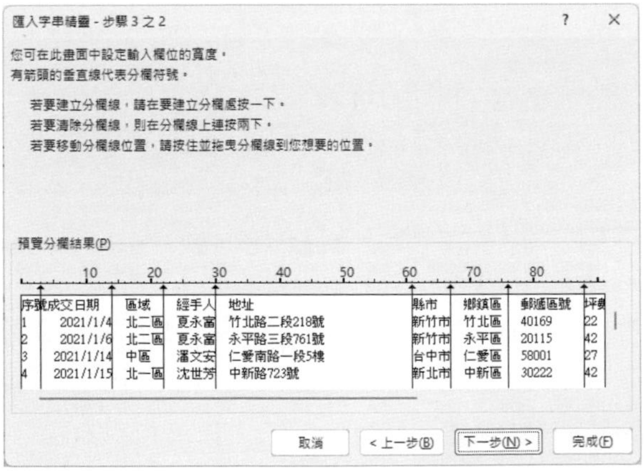

〔匯入字串精靈〕的最後一個步驟是讓使用者可以逐欄設定每一個欄位的資料型態與格式。如下圖所示，由於 Excel 會非常智慧地自動為使用者辨認並設定所匯入的文字檔案應該擁有的資料欄位，因此，我們仍然建議您可以直接按下

〔完成〕按鈕，待進入 Excel 的工作表畫面後，若有需求再自行進行格式設定即可。

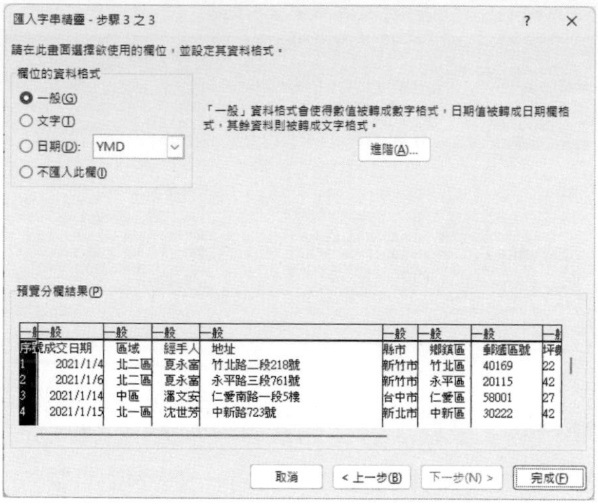

結束〔匯入字串精靈〕的操作後，便可以看到 Excel 的工作表上已經擁有匯入的資料檔案，而此工作表名稱與原純文字檔案之檔名也相同。文字檔內的每一筆資料記錄都已儲存在工作表上，而每一個資料欄位也都對應到工作表裡的各個欄位裡。

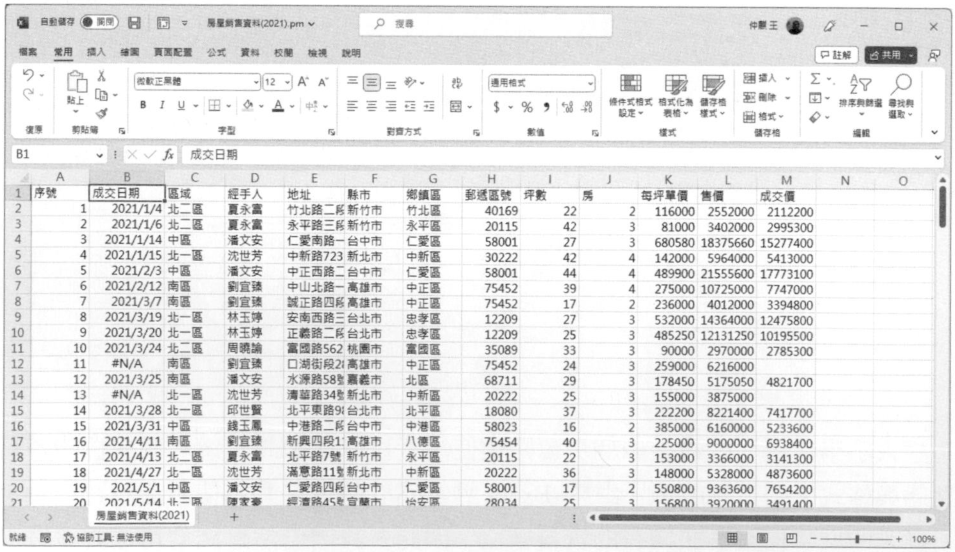

當然，您可以將這次匯入的結果儲存成 Excel 的檔案格式，若有此需求，只要點按 Excel 左上方的〔檔案〕按鈕，開啟檔案後台管理界面後，點選〔另存新檔〕功能選項，即可儲存至指定的位置並選擇適當版本的活頁簿檔案。

STEP 1 點按〔檔案〕索引標籤。

STEP 2 進入後台管理頁面，點按〔另存新檔〕選項。

STEP 3 點按〔瀏覽〕。

STEP 4 開啟〔另存新檔〕對話方塊，點按檔案類型為 Excel 活頁簿格式。

STEP 5 點按〔儲存〕按鈕。

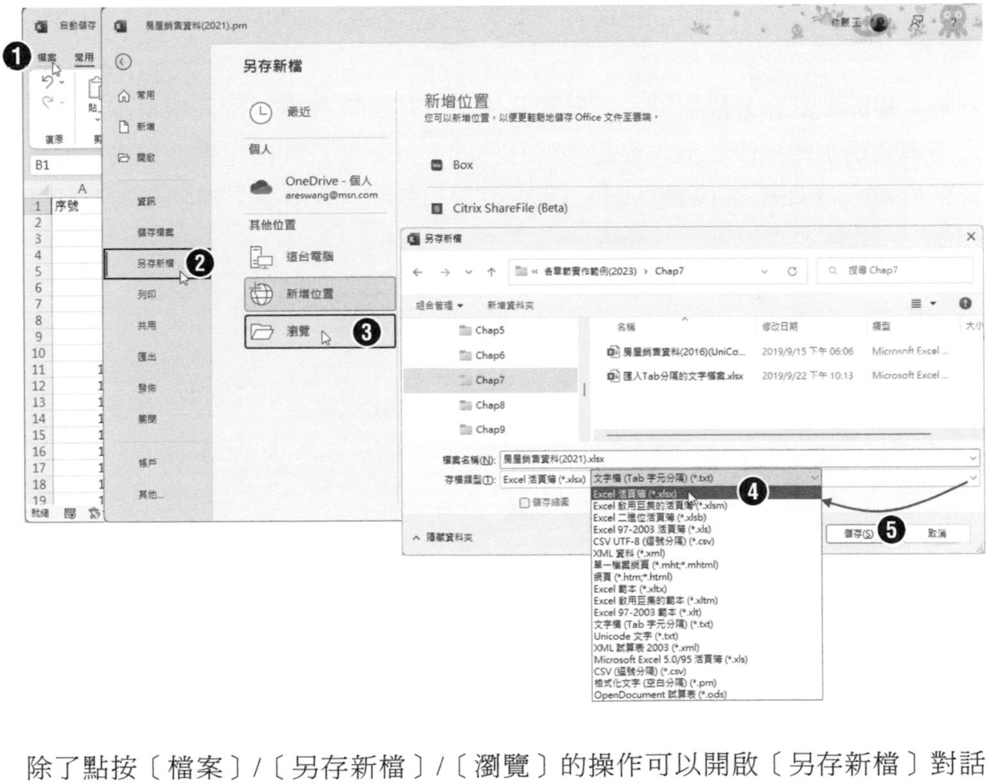

除了點按〔檔案〕/〔另存新檔〕/〔瀏覽〕的操作可以開啟〔另存新檔〕對話方塊進行檔案類型的選擇與存檔外，利用檔案後台管理介面的〔匯出〕選項，亦可進行〔變更檔案類型〕的操作，同樣亦可開啟〔另存新檔〕對話方塊進行檔案類型的選擇與儲存。

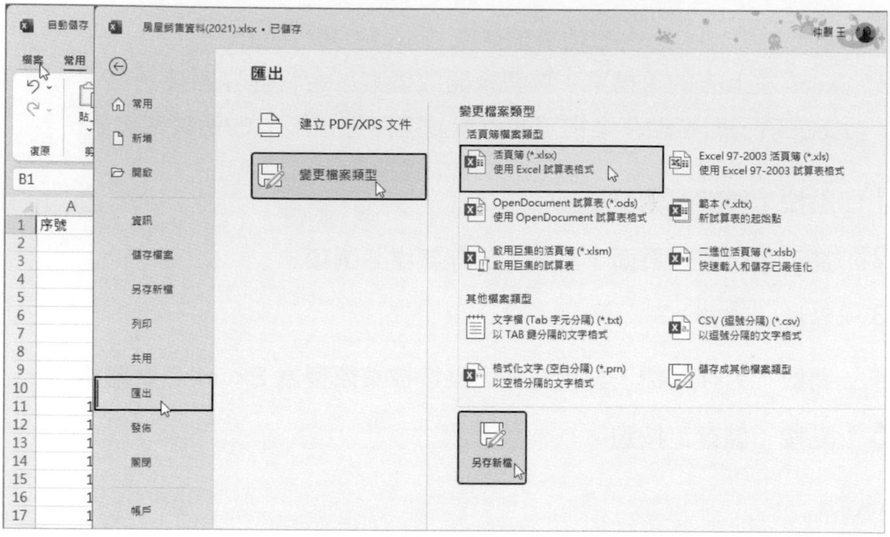

若是直接開啟具有分隔符號來區隔資料欄位的純文字檔案，則同樣會進入〔匯入字串精靈〕的操作，但內容選項略有不同。以下即以開啟逗點分隔的純文字資料檔案至 Excel 工作表為例，為您說明〔匯入字串精靈〕裡的步驟選項操作：

首先，請記得在步驟 3 之 1 裡要點選〔分隔符號〕選項。

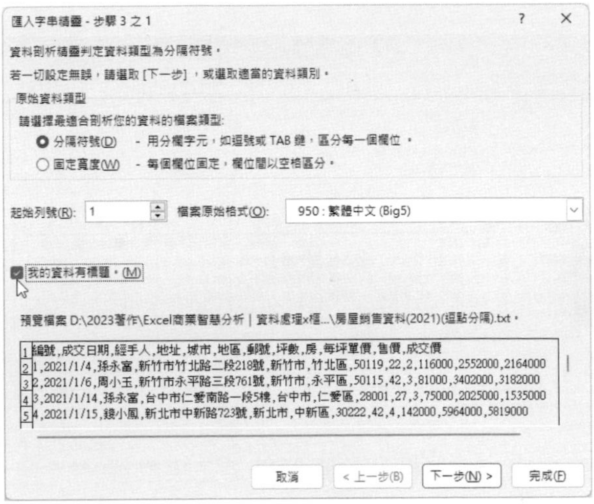

最重要的是在步驟 3 之 2 時要勾選分隔符號的類型，譬如：此例為〔逗點〕核取方塊。

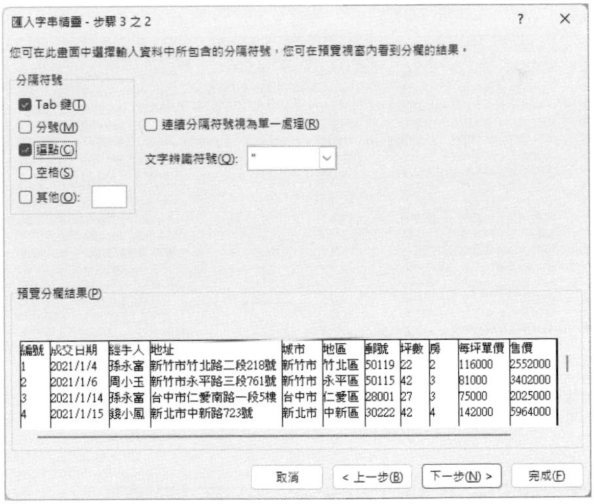

最後一個步驟即可預覽檢視資料匯入後的分欄結果。

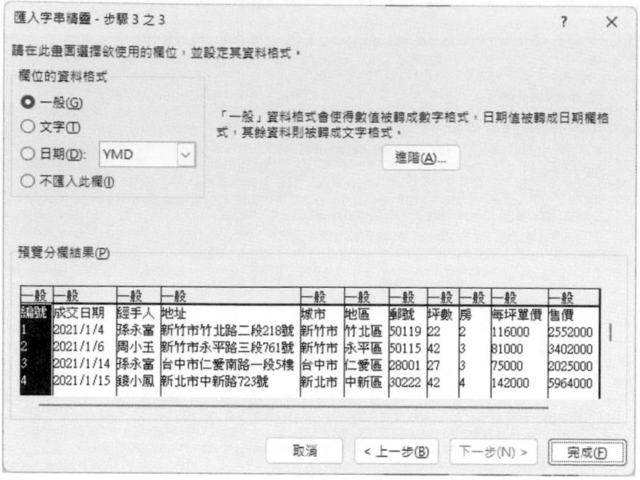

完成匯入的純文字檔案，資料欄位的對應仍是完美無瑕。

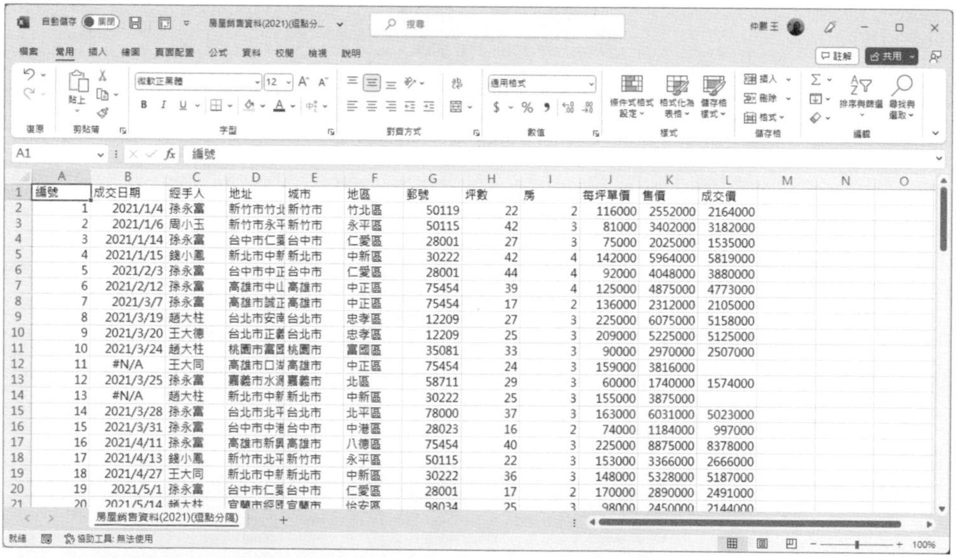

7-2-3 傳統方式匯入純文字資料庫檔案

所謂的「傳統方式」匯入純文字檔案，指的是一直以來所有的 Excel 版本都可以執行的操作方式，也就是透過匯入字串精靈的操作對話，完成文字資料檔案的匯入與連結。而相對於「傳統方式」匯入純文字檔案，嶄新的匯入純文字檔案方式則是藉由 Excel 2016 開始便內建的 Power Query 功能(位於〔資料)索引標籤裡的〔取得及轉換資料〕群組裡)，也可以進行資料匯入、整理與轉換。在稍後的 7-2-6 節也會為各位演練與介紹。這一小節我們就先來實作傳統方式匯入純文字資料庫檔案的過程。

首先，進入 Excel 後(以 Excel 2021 或 365 為例)，點按〔取得外部資料〕功能，亦可經由〔匯入字串精靈〕的操作，將分隔符號或固定寬度等原始資料格式的純文字資料檔案，匯入至 Excel 工作表內，並且成功建立與資料來源的連線，讓原始純文字資料檔案有所變更時，Excel 工作表內的匯入資料也能更新。以下的範例演練，即為您介紹如何將一份以 Tab 為分隔符號的純文字資料檔案，匯入並連結至 Excel 活頁簿檔案內。

STEP **1** **開啟新的活頁簿檔案後，點按〔資料〕索引標籤。**

STEP **2** **點按〔取得及轉換資料〕群組裡的〔取得資料〕命令按鈕。**

STEP **3** **從展開的功能選單中點選〔傳統精靈〕(若沒有此選項，請參考 7-1-5 節的說明)。**

STEP **4** **再從直展開的副選單中點選的〔從文字(舊版)〕功能選項。**

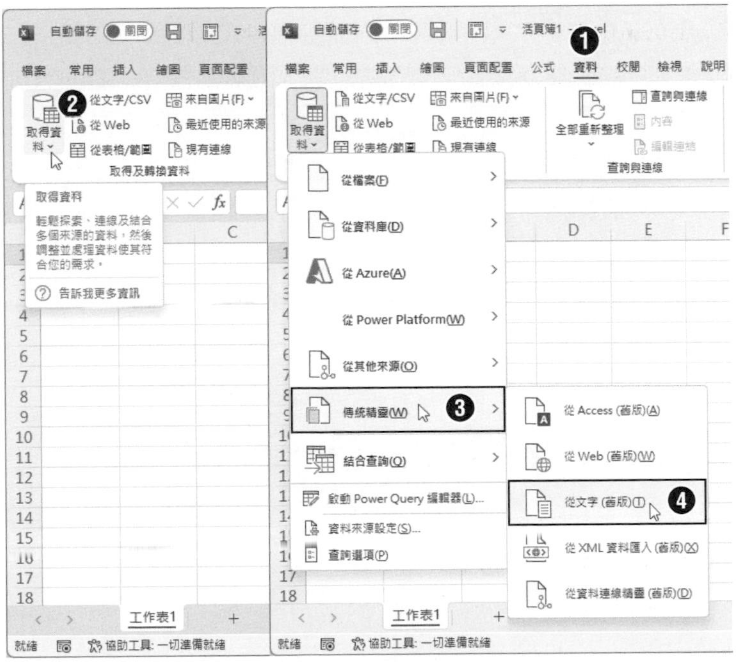

STEP 5 開啟〔匯入文字檔〕對話方塊後，切換到文字檔案的存放位置。

STEP 6 點選想要匯入的文字檔案。

STEP 7 點按〔匯入〕按鈕。

STEP 8 開啟〔匯入字串精靈 - 步驟 3 之 1〕，選擇資料類型。例如：〔分隔符號〕選項。

STEP 9 勾選〔我的資料有標題〕核取方塊。

STEP 10 點按〔下一步〕按鈕。

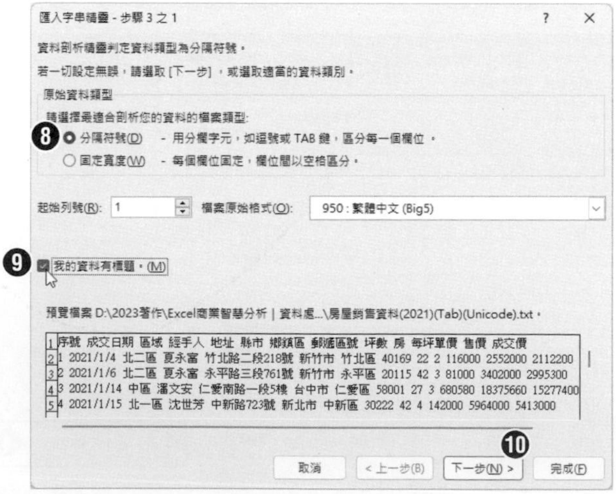

STEP 11 進入〔匯入字串精靈 - 步驟 3 之 2〕，勾選資料的欄位分隔符號，譬如：Tab 鍵。

STEP 12 點按〔下一步〕按鈕。

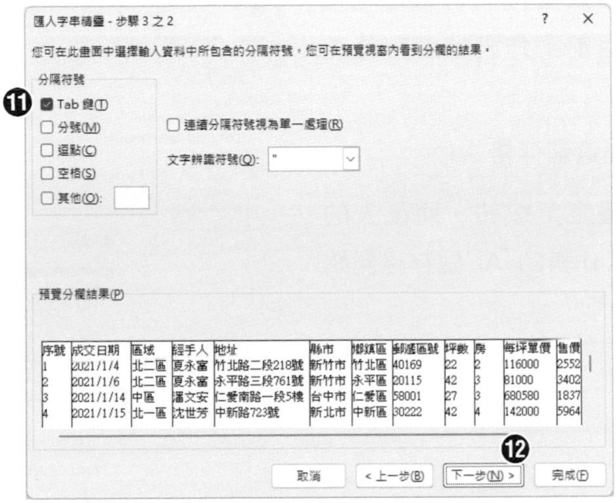

STEP 13 進入〔匯入字串精靈 - 步驟 3 之 3〕，設定各資料欄位的格式。

STEP 14 點按〔完成〕按鈕，結束匯入字串精靈的操作對話。

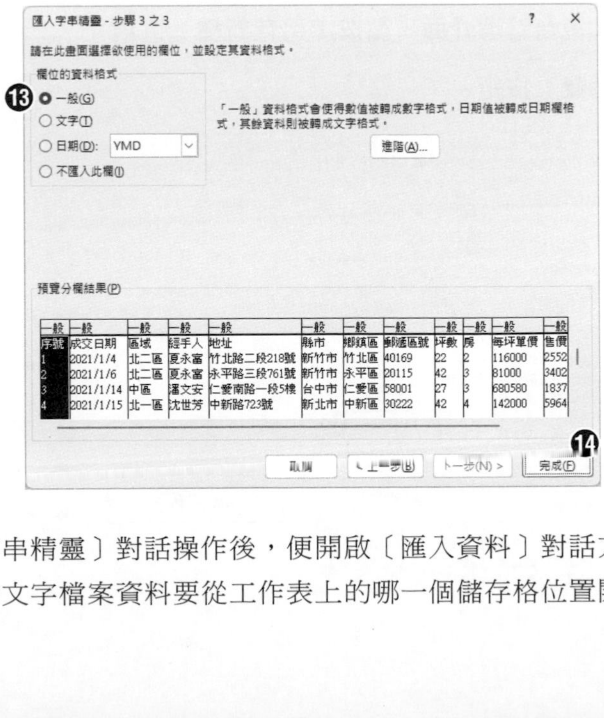

結束〔匯入字串精靈〕對話操作後，便開啟〔匯入資料〕對話方塊，讓您可以決定所匯入的文字檔案資料要從工作表上的哪一個儲存格位置開始放置。如下

圖所示，您可以存放在一張新的工作表上，也可以存放在現有的工作表之指定儲存格位址(譬如：儲存格 Al)。在按下〔確定〕按鈕後，所匯入的文字檔案將一筆筆的儲存在工作表上。

STEP 15 開啟〔匯入資料〕對話方塊，點選〔目前工作表的儲存格〕選項。

STEP 16 輸入或點選儲存格 A1。

STEP 17 點按〔確定〕按鈕，將匯入的資料從工作表的 Al 儲存格開始放置。

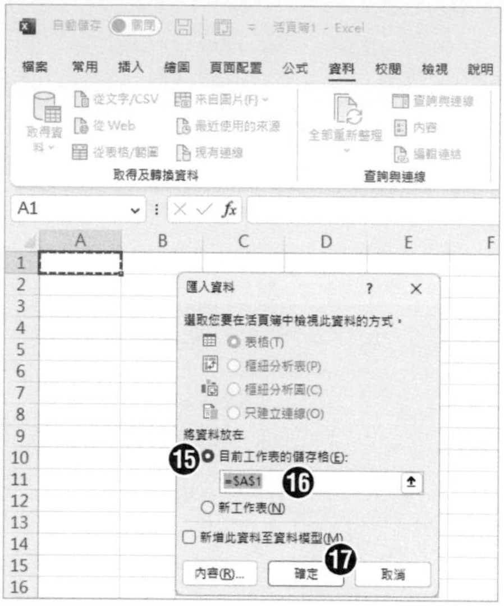

完成匯入資料的操作後，便可以將匯入的結果儲存成 Excel 活頁簿檔案格式。

STEP 18 完成資料的匯入後，點按〔檔案〕索引標籤。

STEP 19 開啟檔案後台管理介面，點按〔另存新檔〕選項。

STEP 20 點按〔瀏覽〕按鈕。

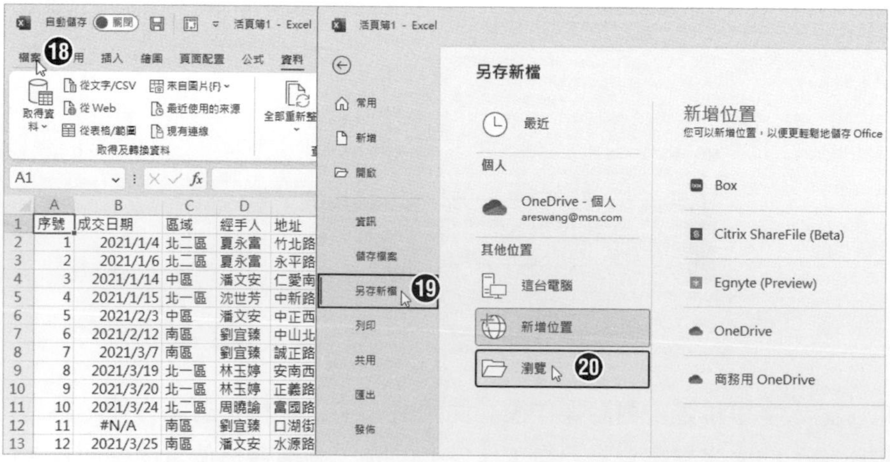

STEP 21 開啟〔另存新檔〕對話方塊，點選活頁簿檔的儲存路徑。

STEP 22 確認存檔的格式為 Excel 活頁簿檔案，並輸入自訂的活頁簿檔案名稱。

STEP 23 點按〔儲存〕按鈕後，即可順利將匯入的文字資料儲存成活頁簿檔案。

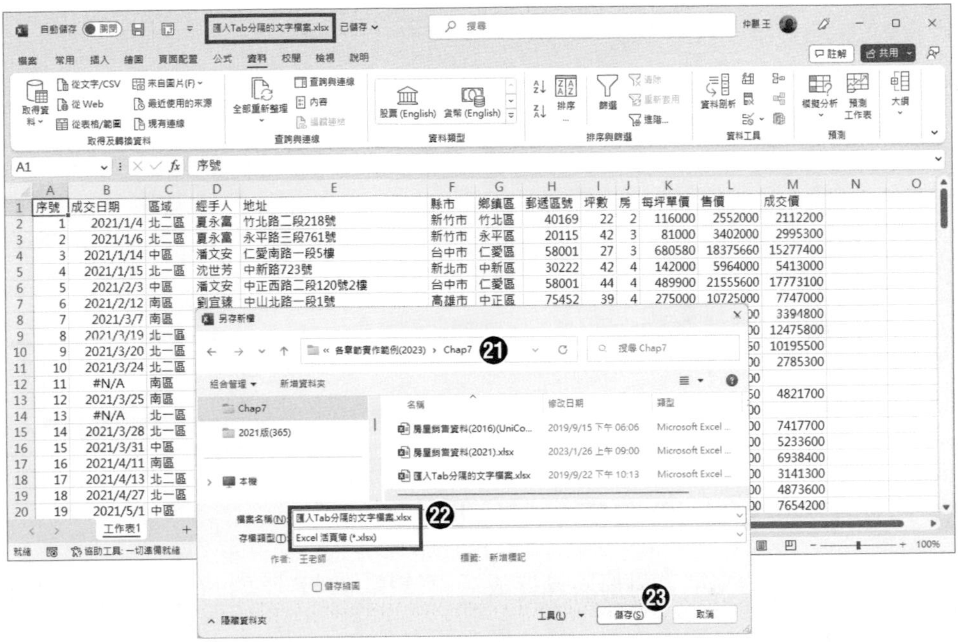

工作表上的資料記錄是來自外部資料的匯入時，只要作用儲存格是停留在資料記錄裡的任一儲存格，畫面上方功能區〔資料〕索引標籤裡〔查詢與連線〕群組內所提供的〔全部重新整理〕、〔查詢與連線〕、〔內容〕等命令按鈕便可以加以運用。

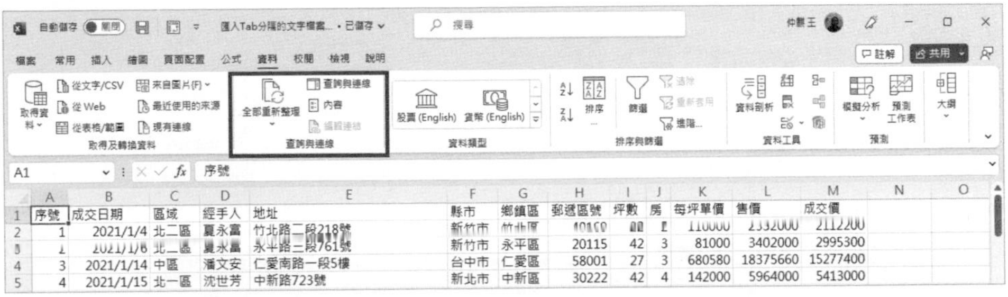

匯入的資料檔案內容頗多，您可以點選儲存格 B2，然後，以此儲存格為凍結工作表窗格的起點，點按〔檢視〕索引標籤〔視窗〕群組裡的〔凍結窗格〕命令按鈕，即可固定工作表畫面的欄、列之捲動，在往下捲動垂直捲軸後即可看到此匯入的範例資料共有 154 筆交易記錄。

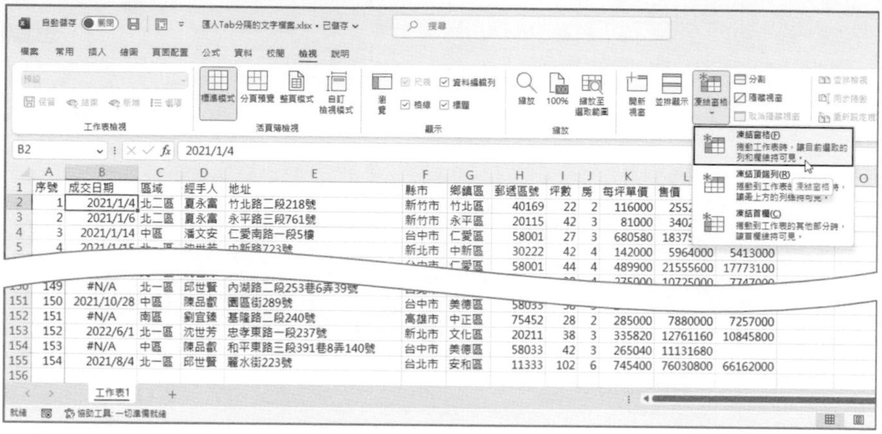

7-2-4 更新文字檔案原始資料

如果已經將匯入的文字資料檔案儲存成活頁簿檔，則若原始的文字檔案有所變更或異動時，該活頁簿檔案會不會自動更新資料呢？例如：下圖所示的原始的文字檔案之第 151 筆資料是尚未成交的資料記錄，成交日期本為「#N/A」，後來，進行售價的調整，在成交後，也填入了該筆交易的成交日期與成交價；此外，又添增了兩筆新的交易紀錄：第 155 筆與第 156 筆交易，完成此資料檔案的修改後並重新存檔。

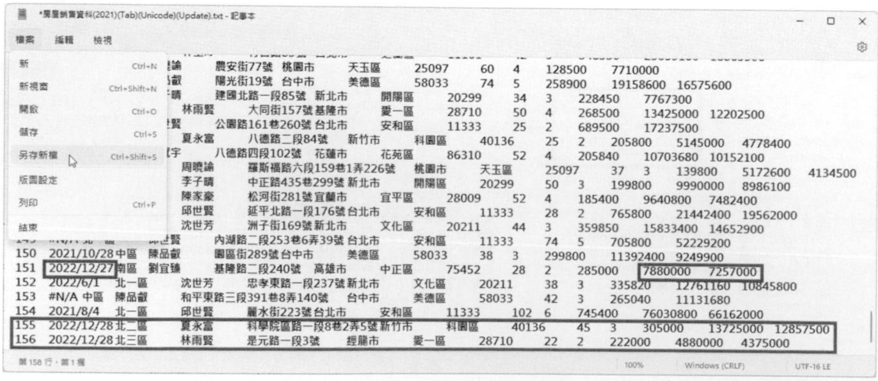

在您再度開啟含有文字檔案連結效果的活頁簿檔案時，〔資料〕索引標籤裡會有重新整理資料連結的操作，讓您快速自動更新工作表上的資料。

STEP 1 當開啟含有匯入外部資料的活頁簿檔案後，點按〔資料〕索引標籤。

STEP 2 點按〔查詢與連線〕群組裡的〔全部重新整理〕命令按鈕。

STEP 3 從展開的功能選單中點選〔重新整理〕功能選項。

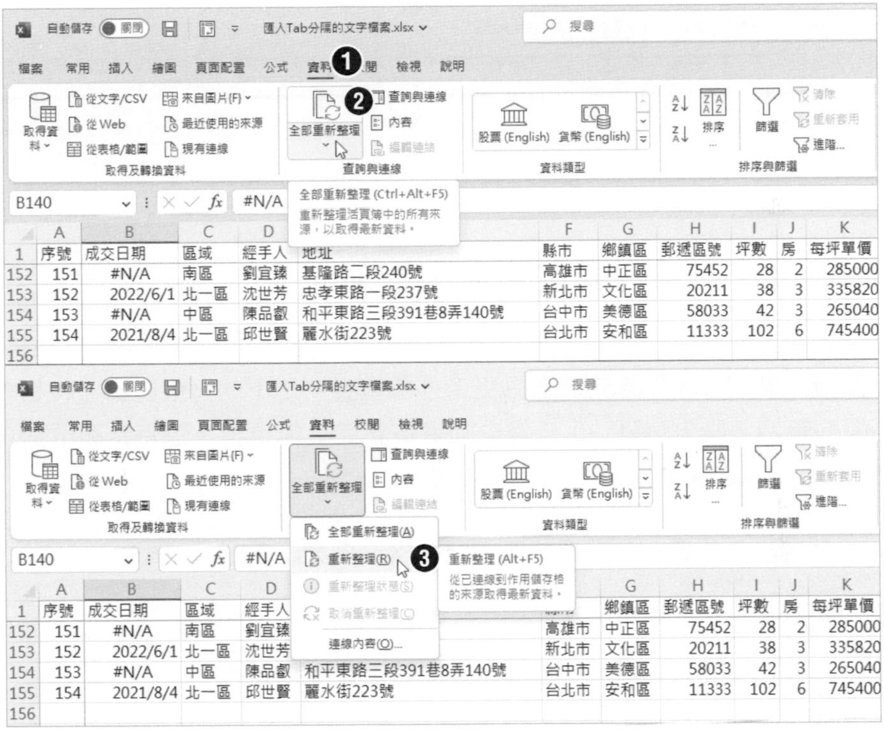

STEP 4 自動開啟〔匯入文字檔〕對話方塊，並自動標示原始資料來源的檔案位置與檔名。

STEP 5 點按一下〔匯入〕按鈕即可。

STEP 6 Excel 工作表裡的資料將根據資料來源的異動而立即更新。

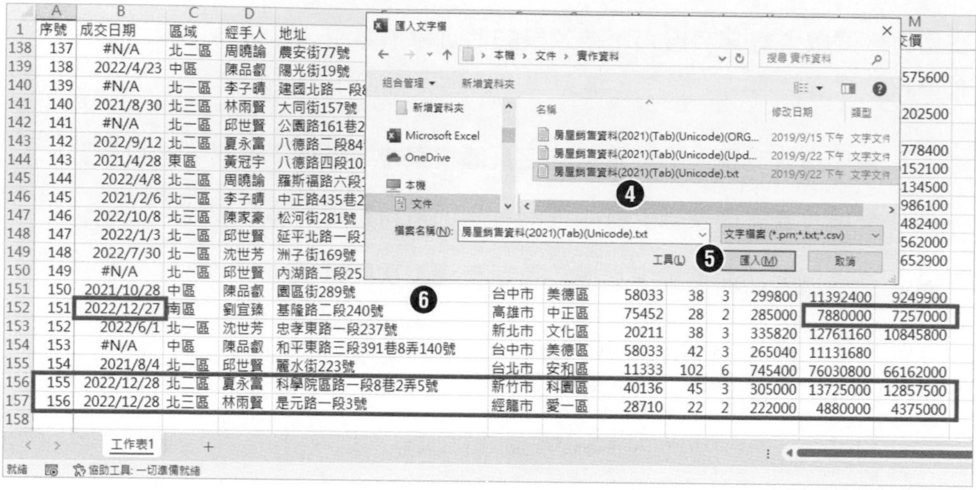

7-2-5 修改連線內容定時自動更新

在資料連接的規範上，您可以透過連線內容的設定，進行連線資料的定期更新。譬如：讓 Excel 為您定時自動更新外部資料。以下的實作演練，將延續上一小節的範例，設定每隔 30 分鐘自動更新該活頁簿檔案，並每當開啟活頁簿檔案時便會自動更新此外部資料來源的連結。

STEP 1 點選匯入的資料範圍裡的任一儲存格，例如：B2。

STEP 2 點按〔資料〕索引標籤。

STEP 3 點按〔查詢與連線〕群組裡的〔內容〕命令按鈕。

STEP 4 開啟〔外部資料範圍內容〕對話方塊，在〔更新〕設定區域中，勾選〔檔案更新時提示〕核取方塊，並勾選〔每隔〕核取方塊，並設定每隔「30」分鐘更新一次。然後，再勾選〔檔案開啟時自動更新〕核取方塊，使得每次開啟活頁簿檔案時便會自動更新此外部連結。

STEP 5 點按〔確定〕按鈕。

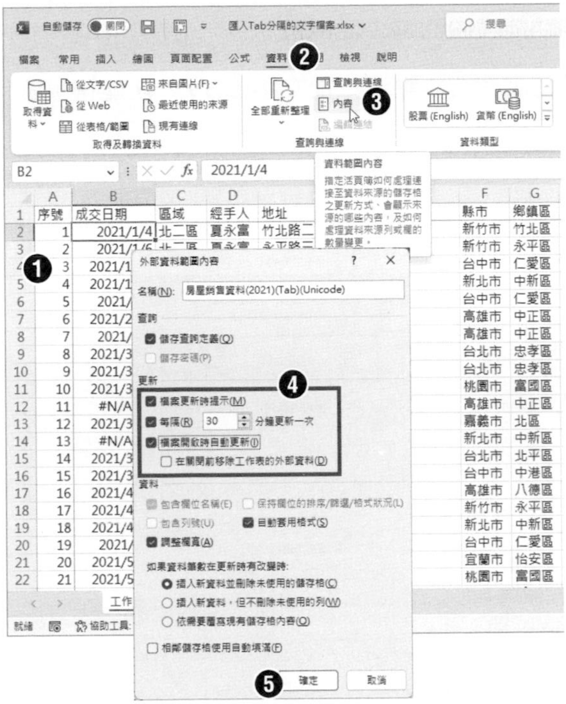

請注意：所匯入的外部資料，不論是來自傳統的文字檔案，還是 SQL 伺服器資料庫，都具有定時自動更新外部資料的功能特性。

7-2-6 取得資料及轉換自動拆分文字資料

透過 Excel 2016 以後所內建的 Power Query 工具，匯入外部文字資料檔案，進行拆分文字資料的作業將更方便。

STEP 1　點按〔資料〕索引標籤。

STEP 2　點按〔取得及轉換資料〕群組裡的〔取得資料〕命令按鈕。

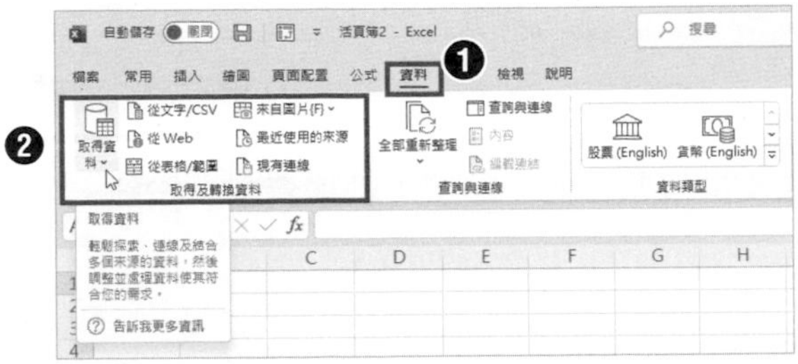

STEP 3 從展開的功能表中點選〔從檔案〕。

STEP 4 再從展開的副選單中點選〔從文字/CSV〕功能選項。

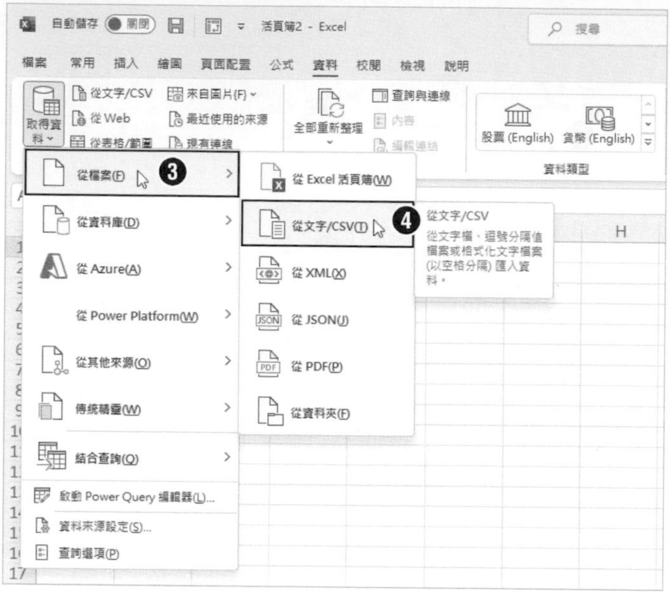

STEP 5 開啟〔匯入資料〕對話方塊，點選所要匯入的文字檔案。

STEP 6 點按〔匯入〕按鈕。

STEP 7 開啟文字檔案的導覽頁面，點按〔轉換資料〕按鈕。

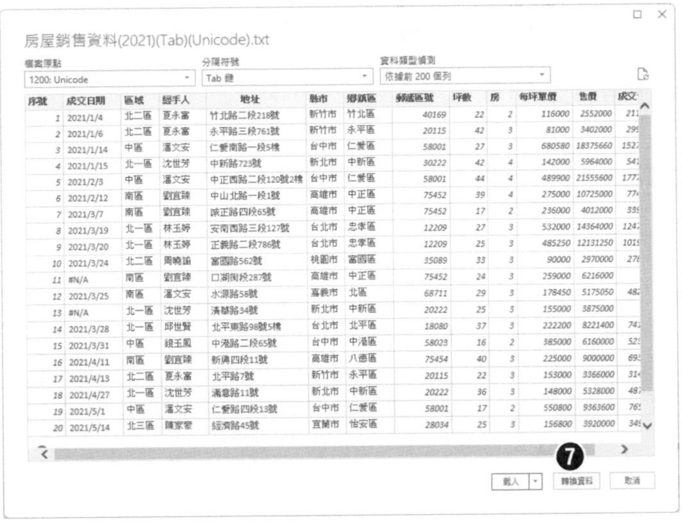

STEP **8** 開啟〔Power Query 查詢編輯器〕視窗，若有需要整理、查詢與轉換資料的需求，可以在此進行編輯與操控。

STEP **9** 點按〔常用〕索引標籤。

STEP **10** 點按〔關閉〕群組裡〔關閉並載入〕命令按鈕的下半部按鈕。

STEP **11** 從展開的下拉式功能選單中點選〔關閉並載入至...〕功能選項。

STEP **12** 開啟〔匯入資料〕對話方塊，點選〔表格〕選項。

STEP 13 點選將資料放在〔新工作表〕選項。

STEP 14 點按〔確定〕按鈕。

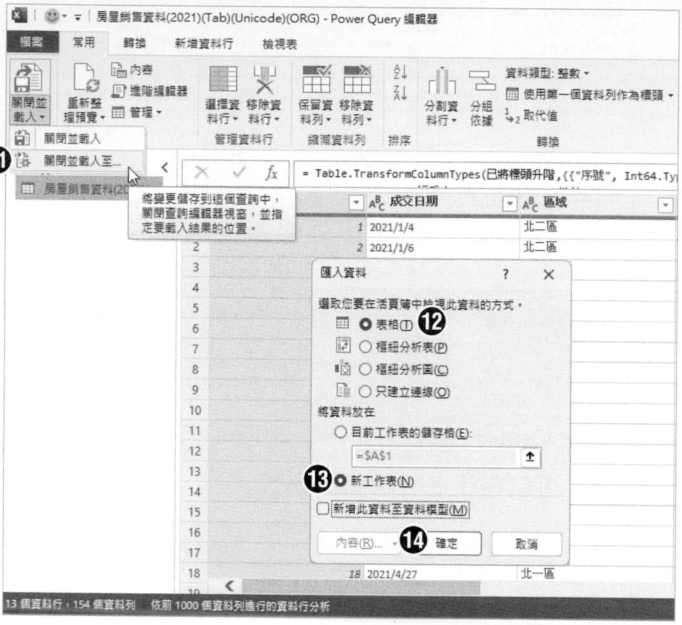

結束〔Power Query 查詢編輯器〕的操作，返回 Excel 視窗即可看到順利建立了資料表查詢，查詢結果也載入在工作表裡。而後若有更新資料的需求，可以點按〔表格設計〕索引標籤裡〔外部表格資料〕群組內的〔重新整理〕命令按鈕。

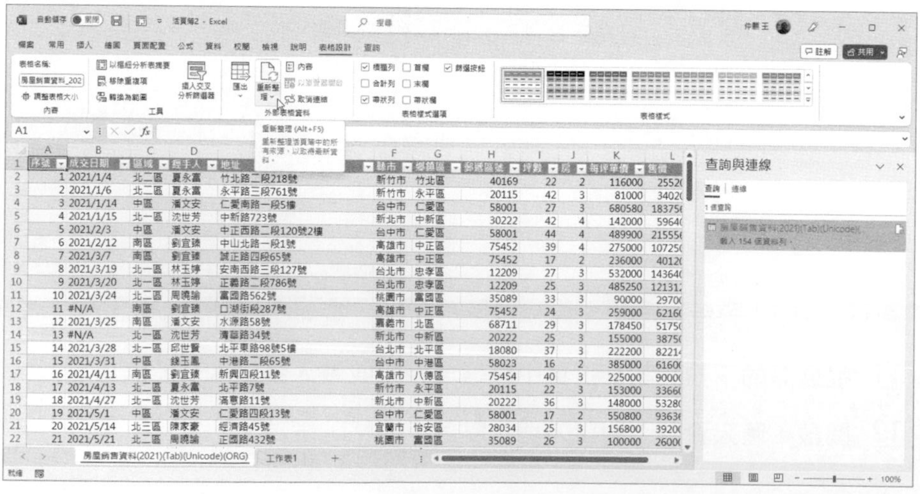

7-2-7 自動拆分文字資料

對於既非固定長度，也不是使用分隔符號的純文字資料檔案，在匯入 Excel 工作表後，的確很難透過匯入字串精靈的操作，順利進行文字剖析的分欄工作。尤其是許多剪貼自其他文件或網頁來源的文字資料，在複製至工作表後經常是以複雜冗長的文數字資料字串，逐列地存放在儲存格裡。昔日總是利用適當的函數，例如：LEFT、RIGHT、MID 等函數，才能拆解儲存格內的字串內容，擷取出所要的部份資料。而從 Excel 2013 版本以後，新增了〔快速填入〕功能，可以協助您以更迅速、方便的操作，直接進行字串剖析的操作，自動擷取各資料欄位的內容。不論是透過命令按鈕的點按，還是直覺地使用填滿控點來操控，都可以迅速自動拆分字串裡所需的資料並快速填滿在其他相鄰的儲存格內。如下圖所示，這是一個來自 ERP 系統下載的純文字檔案，各資料欄位之間的分隔符號都不太一樣。

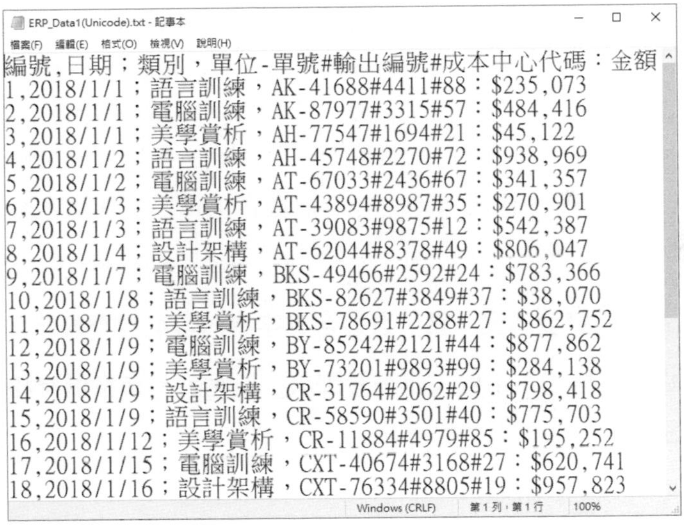

直接在 Excel 中開啟此文字檔案，自動進入〔匯入字串精靈〕操作時，可以直接點按〔完成〕按鈕，不進行此精靈的後續對話操作，因為，這是一個既非使用分隔符號也非固定長度的字串資料，譬如：「編號」與「日期」欄位之間是一般的逗點分隔，可是「日期」與「類別」欄位之間卻是全形的分號、「類別」與「單位」之間又是全形的逗點、…，因此，很難以傳統的字串資料剖析方式來進行欄位的分割。

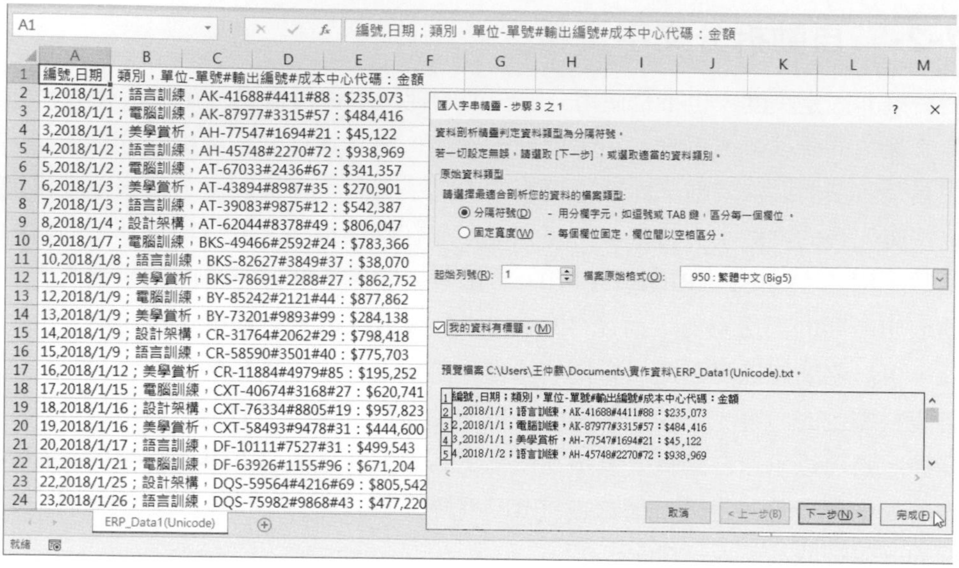

在匯入文字檔案後，全部的文字資料都是放置在 A 欄，因此，從 A2 儲存格開始，由文字、標點符號、數字所組合而成的文數字字串資料，將是我們想要進行剖析的內容，依序我們想要分解成〔類別〕、〔成本中心代碼〕、〔金額〕、〔單位〕與〔日期〕等五個欄位。以下我們便利用填滿控點的操作技巧，加上新功能 ——〔快速填入〕，迅速進行上述四個欄位內容的剖析與擷取，完成各個欄位的建立。

STEP 1 先將 A 欄的寬度調寬一點，以迎合其字串內容的完整顯示。

STEP 2 在空白儲存格 B2 中輸入「語言訓練」，也就是參酌儲存格 A2 內容裡的類別名稱，並選取此儲存格。

STEP 3 點按〔資料〕索引標籤。

STEP 4 點按〔資料工具〕群組裡的〔快速填入〕命令按鈕。

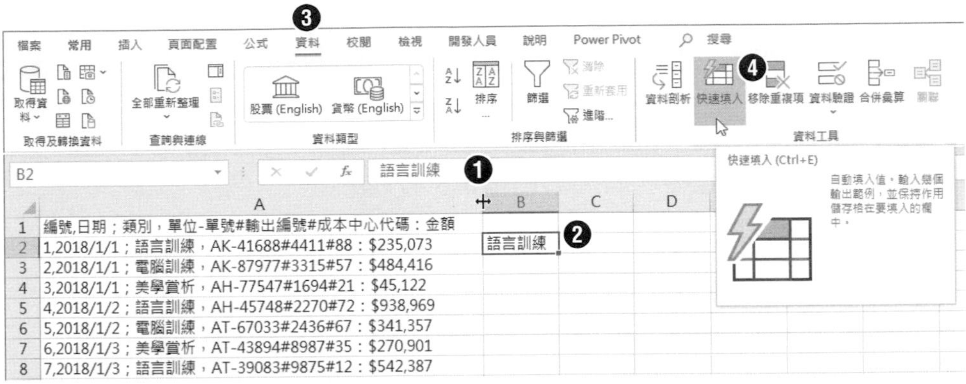

STEP 5 隨即完成自動拆分資料的快速填入操作。

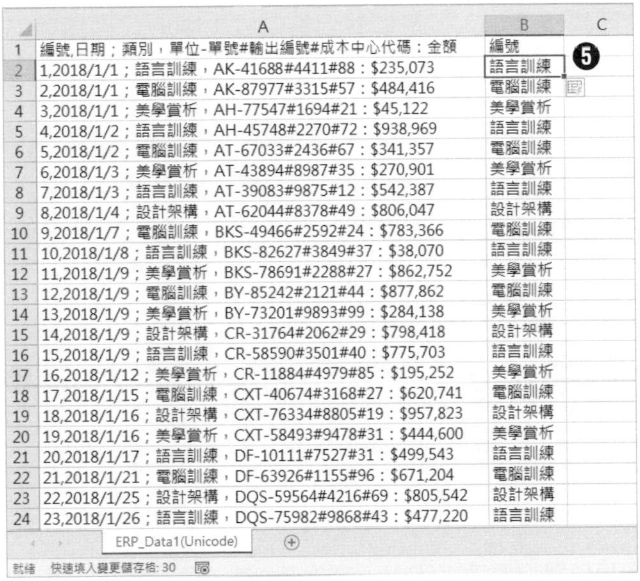

同樣的操作方式，針對 C 欄的空白欄位，再利用填滿控點的操作技巧，迅速進行「成本中心代碼」的擷取與解析，完成此欄位的建立。

STEP 6 在儲存格 B1 中輸入此欄位正確的標題欄名：「類別」。

STEP 7 在空白儲存格 C2 中輸入「88」，也就是參酌儲存格 A2 內容裡的成本中心代碼，並選取此儲存格。

STEP 8 點按〔資料〕索引標籤。

STEP 9 點按〔資料工具〕群組裡的〔快速填入〕命令按鈕。

STEP 10 完成地區的快速填入，可以看到每個成本中心代碼編號已經順利擷取並填入 C 欄中。

	A	B	C
1	編號,日期；類別，單位-單號#輸出編號#成本中心代碼：金額	類別	位-單號
2	1,2018/1/1；語言訓練，AK-41688#4411#88：$235,073	語言訓練	88
3	2,2018/1/1；電腦訓練，AK-87977#3315#57：$484,416	電腦訓練	77
4	3,2018/1/1；美學賞析，AH-77547#1694#21：$45,122	美學賞析	47
5	4,2018/1/2；語言訓練，AH-45748#2270#72：$938,969	語言訓練	48
6	5,2018/1/2；電腦訓練，AT-67033#2436#67：$341,357	電腦訓練	33
7	6,2018/1/3；美學賞析，AT-43894#8987#35：$270,901	美學賞析	94
8	7,2018/1/3；語言訓練，AT-39083#9875#12：$542,387	語言訓練	83
9	8,2018/1/4；設計架構，AT-62044#8378#49：$806,047	設計架構	44
10	9,2018/1/7；電腦訓練，BKS-49466#2592#24：$783,366	電腦訓練	466
11	10,2018/1/8；語言訓練，BKS-82627#3849#37：$38,070	語言訓練	2627
12	11,2018/1/9；美學賞析，BKS-78691#2288#27：$862,752	美學賞析	8691
13	12,2018/1/9；電腦訓練，BY-85242#2121#44：$877,862	電腦訓練	242
14	13,2018/1/9；美學賞析，BY-73201#9893#99：$284,138	美學賞析	201
15	14,2018/1/9；設計架構，CR-31764#2062#29：$798,418	設計架構	764
16	15,2018/1/9；語言訓練，CR-58590#3501#40：$775,703	語言訓練	590
17	16,2018/1/12；美學賞析，CR-11884#4979#85：$195,252	美學賞析	1884
18	17,2018/1/15；電腦訓練，CXT-40674#3168#27：$620,741	電腦訓練	40674
19	18,2018/1/16；設計架構，CXT-76334#8805#19：$957,823	設計架構	76334
20	19,2018/1/16；美學賞析，CXT-58493#9478#31：$444,600	美學賞析	58493
21	20,2018/1/17；語言訓練，DF-10111#7527#31：$499,543	語言訓練	111
22	21,2018/1/21；電腦訓練，DF-63926#1155#96：$671,204	電腦訓練	3926
23	22,2018/1/25；設計架構，DQS-59564#4216#69：$805,542	設計架構	59564
24	23,2018/1/26；語言訓練，DQS-75982#9868#43：$477,220	語言訓練	75982

可是，好像怪怪的，C 欄中有許多成本中心代碼是錯誤的，兩位編碼的成本中心代碼從第 2 筆資料以後就不太對，甚至有些資料記錄的竟然是四位編碼、五位編碼…。哇！原來是第一筆資料記錄裡有兩個「88」的訊息，Excel 的〔快速填入〕功能似乎解析的是第一個出現的「88」，也就是「單號」欄位裡的尾字，並非我們期待的第二個「88」(成本中心代碼)。

	A	B	C	D
1	編號,日期；類別，單位-單號#輸出編號#成本中心代碼：金額	類別	位-單號	
2	1,2018/1/1；語言訓練，AK-41688#4411#88：$235,073	語言訓練	88	
3	2,2018/1/1；電腦訓練，AK-87977#3315#57：$484,416	電腦訓練	77	
4	3,2018/1/1；美學賞析，AH-77547#1694#21：$45,122	美學賞析	47	
5	4,2018/1/2；語言訓練，AH-45748#2270#72：$938,969	語言訓練	48	
6	5,2018/1/2；電腦訓練，AT-67033#2436#67：$341,357	電腦訓練	33	
7	6,2018/1/3；美學賞析，AT-43894#8987#35：$270,901	美學賞析	94	
8	7,2018/1/3；語言訓練，AT-39083#9875#12：$542,387	語言訓練	83	
9	8,2018/1/4；設計架構，AT-62044#8378#49：$806,047	設計架構	44	
10	9,2018/1/7；電腦訓練，BKS-49466#2592#24：$783,366	電腦訓練	466	
11	10,2018/1/8；語言訓練，BKS-82627#3849#37：$38,070	語言訓練	2627	
12	11,2018/1/9；美學賞析，BKS-78691#2288#27：$862,752	美學賞析	8691	

放心吧！Excel 是很聰明的！在完成自動快速填入的操作後，若當中有需要修補或修改的儲存格，您可以直接修改有需要修訂的內容，完成修訂後 Excel 就會自動再度解析並修訂其他有類似相同問題的儲存格。

STEP 11　點選儲存格 C3，直接修改此儲存格的內容，意即在最後面鍵入此筆資料的正確成本中心代碼，例如：「57」。

STEP 12　按下 Enter 按鍵，不但完成儲存格 C3 的修改，也連帶地自動將此欄以下其他所有資料記錄再次重新解析。

	A	B	C	D
1	編號,日期；類別，單位-單號#輸出編號#成本中心代碼：金額	類別	位-單號	
2	1,2018/1/1；語言訓練，AK-41688#4411#88：$235,073	語言訓練	88	
3	2,2018/1/1；電腦訓練，AK-87977#3315#57：$484,416	電腦訓練	57	⓫
4	3,2018/1/1；美學賞析，AH-77547#1694#21：$45,122	美學賞析	47	
5	4,2018/1/2；語言訓練，AH-45748#2270#72：$938,969	語言訓練	48	
6	5,2018/1/2；電腦訓練，AT-67033#2436#67：$341,357	電腦訓練	33	
7	6,2018/1/3；美學賞析，AT-43894#8987#35：$270,901	美學賞析	94	
8	7,2018/1/3；語言訓練，AT-39083#9875#12：$542,387	語言訓練	83	
9	8,2018/1/4；設計架構，AT-62044#8378#49：$806,047	設計架構	44	
10	9,2018/1/7；電腦訓練，BKS-49466#2592#24：$783,366	電腦訓練	466	
11	10,2018/1/8；語言訓練，BKS-82627#3849#37：$38,070	語言訓練	2627	
12	11,2018/1/9；美學賞析，BKS-78691#2288#27：$862,752	美學賞析	8691	
13	12,2018/1/9；電腦訓練，BY-85242#2121#44：$877,862	電腦訓練	242	
14	13,2018/1/9；美學賞析，BY-73201#9893#99：$284,138	美學賞析	201	
15	14,2018/1/9；設計架構，CR-31764#2062#29：$798,418	設計架構	764	
16	15,2018/1/9；語言訓練，CR-58590#3501#40：$775,703	語言訓練	590	
17	16,2018/1/12；美學賞析，CR-11884#4979#85：$195,252	美學賞析	1884	
18	17,2018/1/15；電腦訓練，CXT-40674#3168#27：$620,741	電腦訓練	40674	
19	18,2018/1/16；設計架構，CXT-76334#8805#19：$957,823	設計架構	76334	
20	19,2018/1/16；美學賞析，CXT-58493#9478#31：$444,600	美學賞析	58493	
21	20,2018/1/17；語言訓練，DF-10111#7527#31：$499,543	語言訓練	111	
22	21,2018/1/21；電腦訓練，DF-63926#1155#96：$671,204	電腦訓練	3926	
23	22,2018/1/25；設計架構，DQS-59564#4216#69：$805,542	設計架構	59564	
24	23,2018/1/26；語言訓練，DQS-75982#9868#43：$477,220	語言訓練	75982	

ERP_Data1(Unicode)

輸入　快速填入變更儲存格: 30

	B	C	D
1	類別		
2	語言訓練	88	
3	電腦訓練	57	
4	美學賞析	21	⓬
5	語言訓練	72	
6	電腦訓練	67	
7	美學賞析	35	
8	語言訓練	12	
9	設計架構	49	
10	電腦訓練	24	
11	語言訓練	37	
12	美學賞析	27	
13	電腦訓練	44	
14	美學賞析	99	
15	設計架構	29	
16	語言訓練	40	
17	美學賞析	85	
18	電腦訓練	27	
19	設計架構	19	
20	美學賞析	31	
21	語言訓練	31	
22	電腦訓練	96	
23	設計架構	69	
24	語言訓練	43	

就緒

看到這裡，可以為 Excel 的快速填入自動剖析功能按個讚了吧！這項〔快速填入〕功能對於經常要分析資料、拆分資料的使用者而言，是非常有用且便捷的。此外，透過填滿控點的〔自動填滿選項〕操作，也同樣可以達到快速填入資料的目的喔！

STEP 13 在空白儲存格 D2 中輸入「235073」，也就是參酌儲存格 A2 內容裡的金額，並選取此儲存格。

STEP 14 將滑鼠游標停在儲存格 D2 的填滿控點上(滑鼠指標將呈現小十字狀)，然後，快速點按兩下填滿控點(將自動往下填滿)。

STEP 15 儲存格 D2 的內容填滿 D 欄範圍裡的每一個儲存格，所以，每一個儲存格內容都是「235073」。

STEP 16 將滑鼠游標停在此填滿範圍右下角的〔自動填滿選項〕按鈕上。

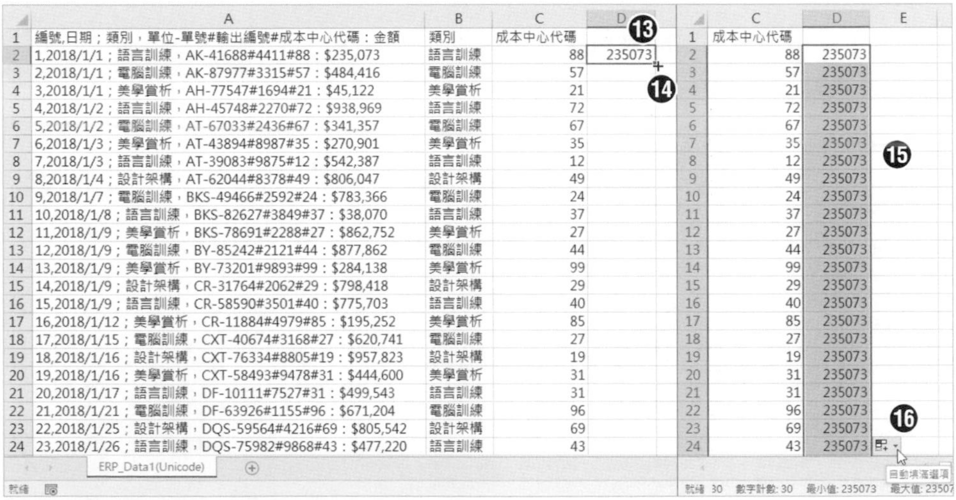

	A	B	C	D
1	編號,日期；類別，單位-單號#輸出編號#成本中心代碼：金額	類別	成本中心代碼	
2	1,2018/1/1；語言訓練，AK-41688#4411#88：$235,073	語言訓練	88	235073
3	2,2018/1/1；電腦訓練，AK-87977#3315#57：$484,416	電腦訓練	57	
4	3,2018/1/1；美學賞析，AH-77547#1694#21：$45,122	美學賞析	21	
5	4,2018/1/2；語言訓練，AH-45748#2270#72：$938,969	語言訓練	72	
6	5,2018/1/2；電腦訓練，AT-67033#2436#67：$341,357	電腦訓練	67	
7	6,2018/1/3；美學賞析，AT-43894#8987#35：$270,901	美學賞析	35	
8	7,2018/1/3；語言訓練，AT-39083#9875#12：$542,387	語言訓練	12	
9	8,2018/1/4；設計架構，AT-62044#8378#49：$806,047	設計架構	49	
10	9,2018/1/7；電腦訓練，BKS-49466#2592#24：$783,366	電腦訓練	24	
11	10,2018/1/8；語言訓練，BKS-82627#3849#37：$38,070	語言訓練	37	
12	11,2018/1/9；美學賞析，BKS-78691#2288#27：$862,752	美學賞析	27	
13	12,2018/1/9；電腦訓練，BY-85242#2121#44：$877,862	電腦訓練	44	
14	13,2018/1/9；美學賞析，BY-73201#9893#99：$284,138	美學賞析	99	
15	14,2018/1/9；設計架構，CR-31764#2062#29：$798,418	設計架構	29	
16	15,2018/1/9；語言訓練，CR-58590#3501#40：$775,703	語言訓練	40	
17	16,2018/1/12；美學賞析，CR-11884#4979#85：$195,252	美學賞析	85	
18	17,2018/1/15；電腦訓練，CXT-40674#3168#27：$620,741	電腦訓練	27	
19	18,2018/1/16；設計架構，CXT-76334#8805#19：$957,823	設計架構	19	
20	19,2018/1/16；美學賞析，CXT-58493#9478#31：$444,600	美學賞析	31	
21	20,2018/1/17；語言訓練，DF-10111#7527#31：$499,543	語言訓練	31	
22	21,2018/1/21；電腦訓練，DF-63926#1155#96：$671,204	電腦訓練	96	
23	22,2018/1/25；設計架構，DQS-59564#4216#69：$805,542	設計架構	69	
24	23,2018/1/26；語言訓練，DQS-75982#9868#43：$477,220	語言訓練	43	

	C	D	E
1	成本中心代碼		
2	88	235073	
3	57	235073	
4	21	235073	
5	72	235073	
6	67	235073	
7	35	235073	
8	12	235073	
9	49	235073	
10	24	235073	
11	37	235073	
12	27	235073	
13	44	235073	
14	99	235073	
15	29	235073	
16	40	235073	
17	85	235073	
18	27	235073	
19	19	235073	
20	31	235073	
21	31	235073	
22	96	235073	
23	69	235073	
24	43	235073	

STEP 17 從展開的功能選單中點選〔快速填入〕選項。

STEP 18 完成金額的快速填入，可以看到每一筆金額都已經順利擷取並填入 D 欄中。

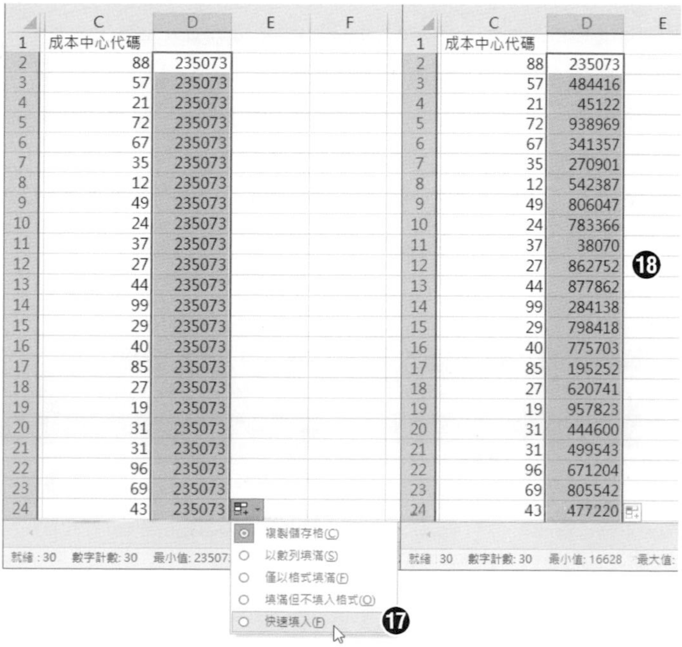

以此類推，請嘗試一下在 E 欄快速填入〔單位〕的內容、在 F 欄快速填入〔日期〕的內容。然後在儲存格範圍 B1:F1 輸入是當的欄位標題文字後，若 A 欄位裡的原始資料已經沒有存在的必要，可以將此 A 欄位刪除。

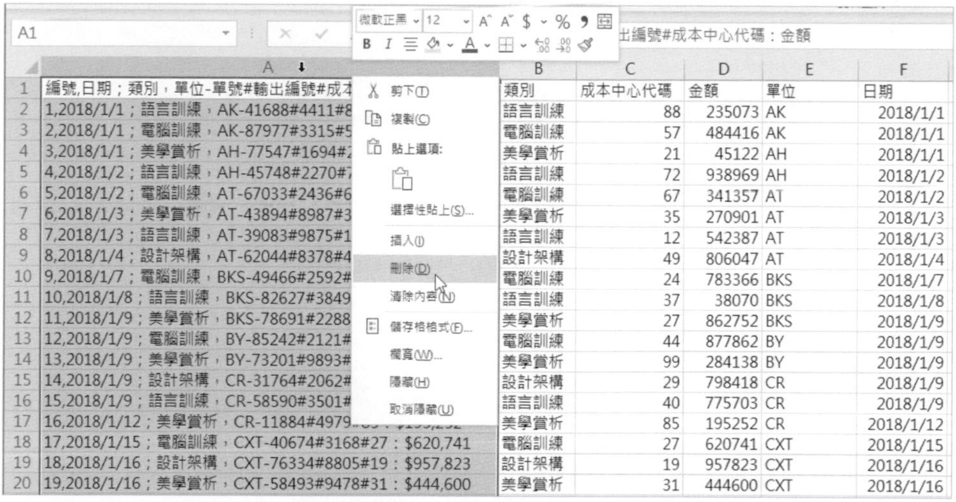

其實，快入填入的功能，除了可以擷取字串裡的局部內容外，也可以用來組合不同欄位的內容，結合成一個新的字串。例如：可以將上述的單位、類別與成本中心代碼，結合再一起，並分別以「-」符號與「#」符號串接在一起。

STEP 1 在儲存格 F2 中輸入「AK-語言訓練#88」，也就是參酌 D2、A2 與 B2 儲存格的內容。然後，也選取此儲存格。

STEP 2 點按〔資料〕索引標籤。

STEP 3 點按〔資料工具〕群組裡的〔快速填入〕命令按鈕。

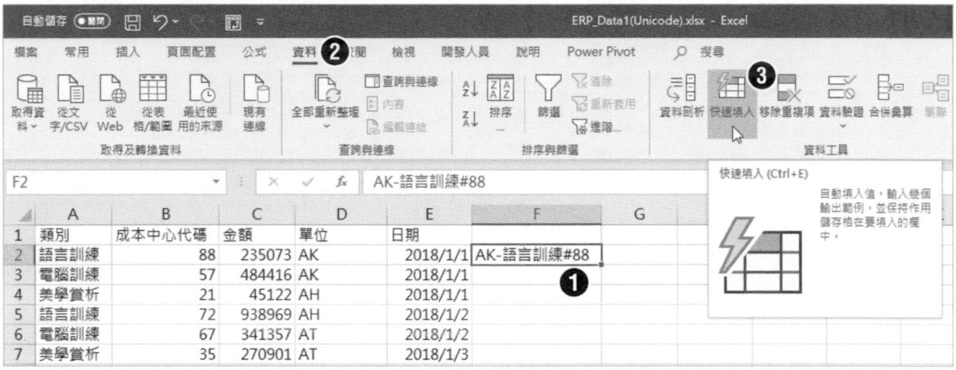

STEP 4 自動完成三個欄位資料的串接。

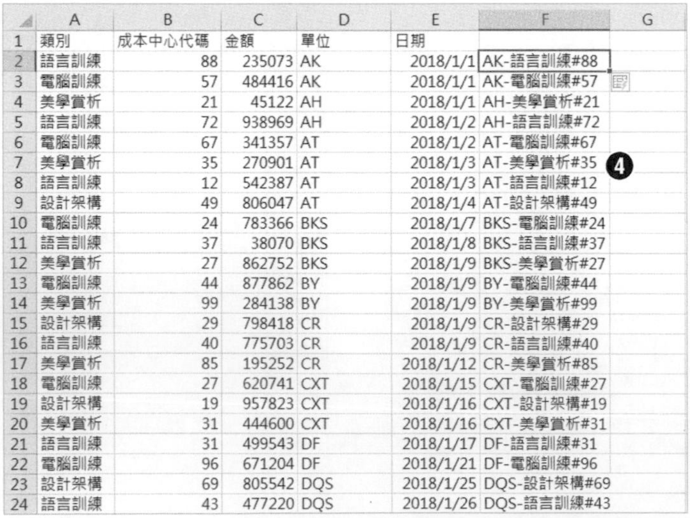

	A	B	C	D	E	F
1	類別	成本中心代碼	金額	單位	日期	
2	語言訓練	88	235073	AK	2018/1/1	AK-語言訓練#88
3	電腦訓練	57	484416	AK	2018/1/1	AK-電腦訓練#57
4	美學賞析	21	45122	AH	2018/1/1	AH-美學賞析#21
5	語言訓練	72	938969	AH	2018/1/2	AH-語言訓練#72
6	電腦訓練	67	341357	AT	2018/1/2	AT-電腦訓練#67
7	美學賞析	35	270901	AT	2018/1/3	AT-美學賞析#35
8	語言訓練	12	542387	AT	2018/1/3	AT-語言訓練#12
9	設計架構	49	806047	AT	2018/1/4	AT-設計架構#49
10	電腦訓練	24	783366	BKS	2018/1/7	BKS-電腦訓練#24
11	語言訓練	37	38070	BKS	2018/1/8	BKS-語言訓練#37
12	美學賞析	27	862752	BKS	2018/1/9	BKS-美學賞析#27
13	電腦訓練	44	877862	BY	2018/1/9	BY-電腦訓練#44
14	美學賞析	99	284138	BY	2018/1/9	BY-美學賞析#99
15	設計架構	29	798418	CR	2018/1/9	CR-設計架構#29
16	語言訓練	40	775703	CR	2018/1/9	CR-語言訓練#40
17	美學賞析	85	195252	CR	2018/1/12	CR-美學賞析#85
18	電腦訓練	27	620741	CXT	2018/1/15	CXT-電腦訓練#27
19	設計架構	19	957823	CXT	2018/1/16	CXT-設計架構#19
20	美學賞析	31	444600	CXT	2018/1/16	CXT-美學賞析#31
21	語言訓練	31	499543	DF	2018/1/17	DF-語言訓練#31
22	電腦訓練	96	671204	DF	2018/1/21	DF-電腦訓練#96
23	設計架構	69	805542	DQS	2018/1/25	DQS-設計架構#69
24	語言訓練	43	477220	DQS	2018/1/26	DQS-語言訓練#43

7-3 匯入 Access 資料庫

Microsoft Access 也是中小企業裡經常會使用到的資料庫系統，在大型企業的一般使用者，也常以此資料庫作為中介資料或用戶端的存取界面。在大型資料庫系統或有安全性顧慮的資料庫系統中，亦常會將需要使用的資料經過篩選、過濾，再以 Access 檔案格式匯出給使用者，所以，如何將 Access 料庫檔案匯入、連結到 Excel 工作表再進行資料分析，也是您必修的學分喔～

7-3-1 直接開啟 Access 資料庫裡的資料表或查詢

以下的操作範例練習中，我們將準備以直接開啟舊檔的操作，取得 Access 資料庫檔案格式之〔北風公司 2018.accdb〕資料庫裡的〔供應商〕資料表。因為，Excel 可以直接開啟 Access 資料庫檔案，形成一張資料表。

這是 Access 資料庫系統典型的資料庫範例-北風資料庫，目前開啟的畫面是〔供應商〕資料表。

STEP 1　以 Microsoft 365 為例，進入 Excel 應用程式後，點按〔檔案〕索引標籤，進入後台管理頁面。

STEP 2　點按〔開啟〕功能選項。

STEP 3　進入〔開啟〕頁面，點按〔瀏覽〕。

STEP 4　開啟〔開啟舊檔〕對話方塊，切換到存放 Access 資料庫檔案的路徑。

STEP 5　點選欲開啟的檔案類型為 Access 資料庫，例如：〔北風公司2018.accdb〕。

STEP 6　點按〔開啟〕按鈕。

STEP 7　若顯示 Microsoft Excel 安全性注意事項對話，請點按〔啟用〕按鈕。

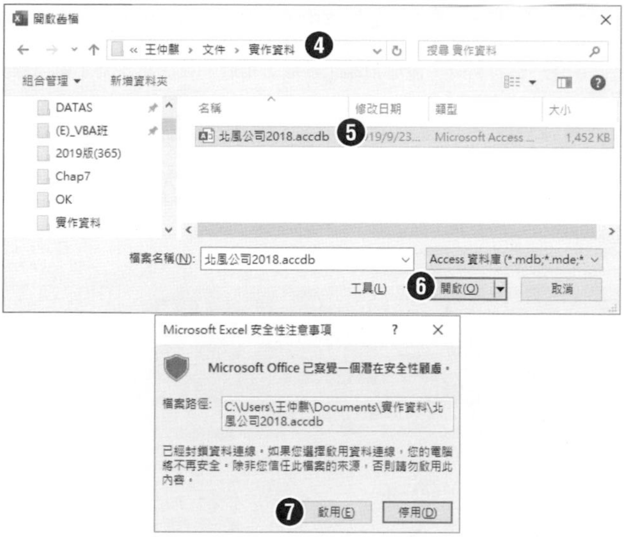

STEP 8 開啟〔選取表格〕對話方塊，點選想要開啟的資料表或查詢。譬如：點選〔供應商〕資料表。

STEP 9 點按〔確定〕按鈕。

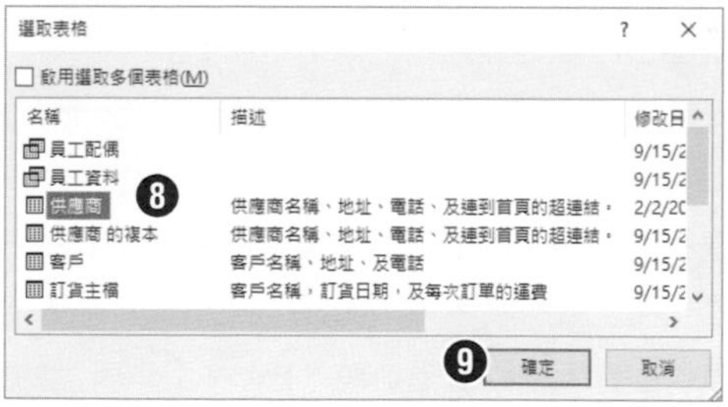

STEP 10 開啟〔匯入資料〕對話方塊，選取想要在工作表上檢視此開啟資料的方式。例如：點選〔表格〕選項。

STEP 11 決定要將開啟的 Access 資料存放在工作表上的實質位置，例如：目前工作表的儲存格 A1。

STEP 12 點按〔確定〕按鈕。

2. 由於在〔匯入資料〕對話方塊中，選擇檢視資料的方式是〔表格〕選項，因此，工作表上的資料將以資料表格的形式呈現，當作用儲存格位於資料表內的任一儲存格時，視窗頂端也將顯示相關的〔表格設計〕索引標籤。

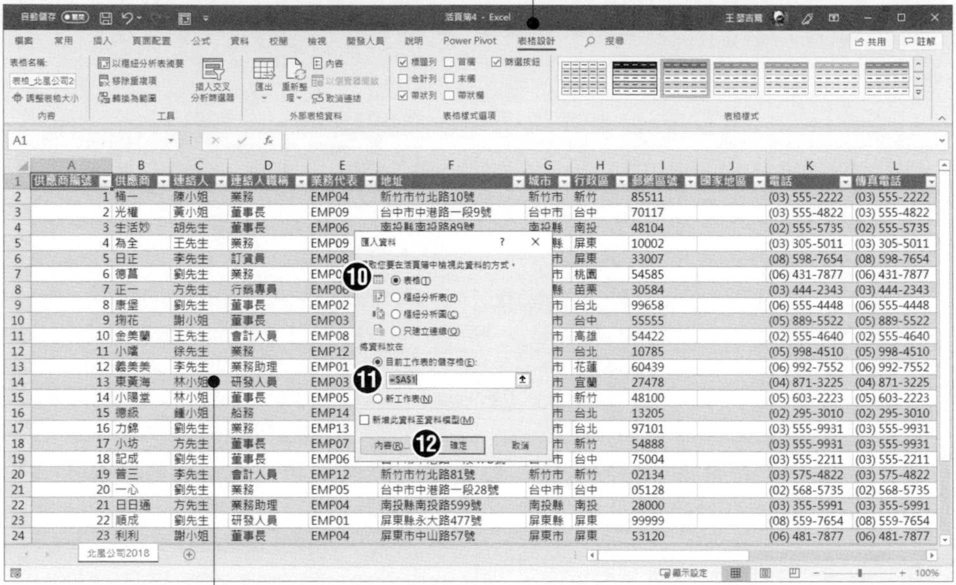

1. 成功開啟 Access 資料庫之〔供應商〕資料表已經完整的置入工作表內。

TIPS

雖說在 Excel 裡可以直接開啟 Access 資料庫檔案內的資料表或查詢，在工作表上形成一個資料表，但這也是一種連結的關係，猶如匯入連結資料來源一般，當 Access 資料庫檔案內的相關資料表內容有所變動或更新時，Excel 工作表上的資料表也會更新。

TIPS

在開啟〔匯入資料〕對話方塊時，可以選擇在活頁簿中以〔表格〕的形式匯入，還是直接做為樞紐分析表或樞紐分析圖的資料來源，以便進行樞紐分析圖表的製作，或者僅建立資料連線。此外，在 Excel 2013 以後的版本，匯入 Access 的多張資料表或查詢時，將會自動建立資料模型。在本書第 11 章中將會為您介紹資料模型的應用。

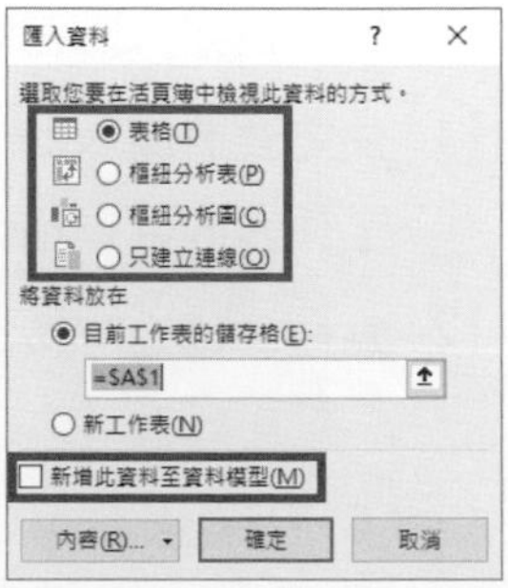

7-3-2 直接開啟多張 Access 資料庫裡的資料表

如同前一小節所述的操作方式，在開啟舊檔的操作下，直接開啟 Access 資料庫檔案時，所顯示的〔選取表格〕對話方塊左上方顯示有〔啟用選取多個表格〕核取方塊，勾選此對話方塊後即可複選多張查詢(Query)或資料表(Table)。

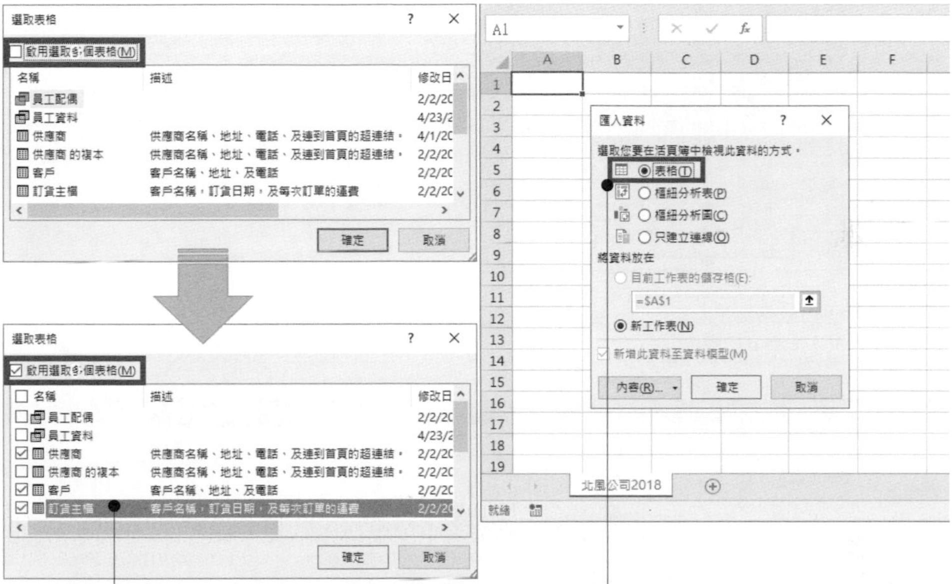

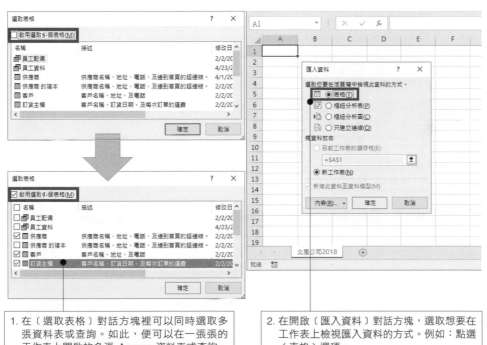

1. 在〔選取表格〕對話方塊裡可以同時選取多張資料表或查詢。如此，便可以在一張張的工作表上開啟的多張 Access 資料表或查詢，形成一張張的資料表。例如：一次勾選了三個資料表。

2. 在開啟〔匯入資料〕對話方塊，選取想要在工作表上檢視匯入資料的方式。例如：點選〔表格〕選項。

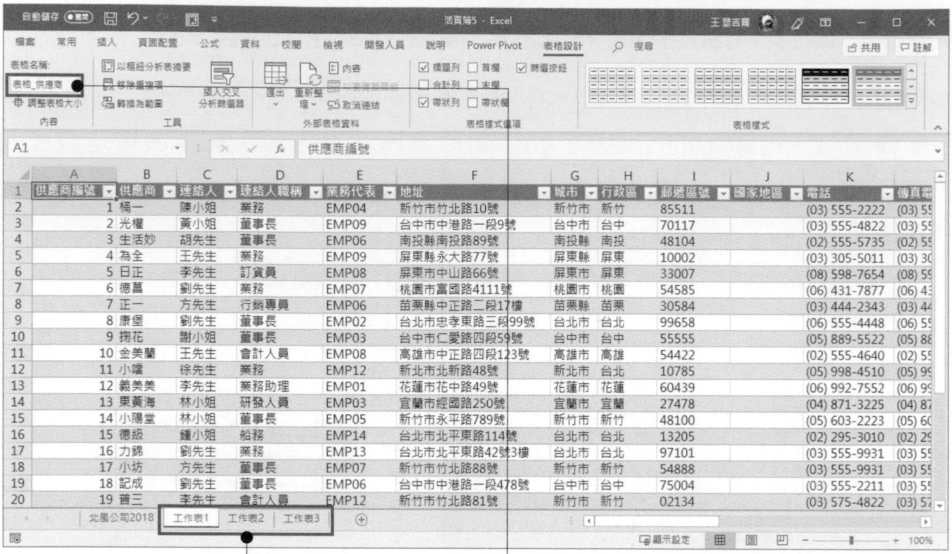

1. 這是在 Excel 環境下開啟的 Access 〔供應商〕資料表內容。

2. 在工作表 1 上，此〔供應商〕資料表的表格名稱為「表格_供應商」。

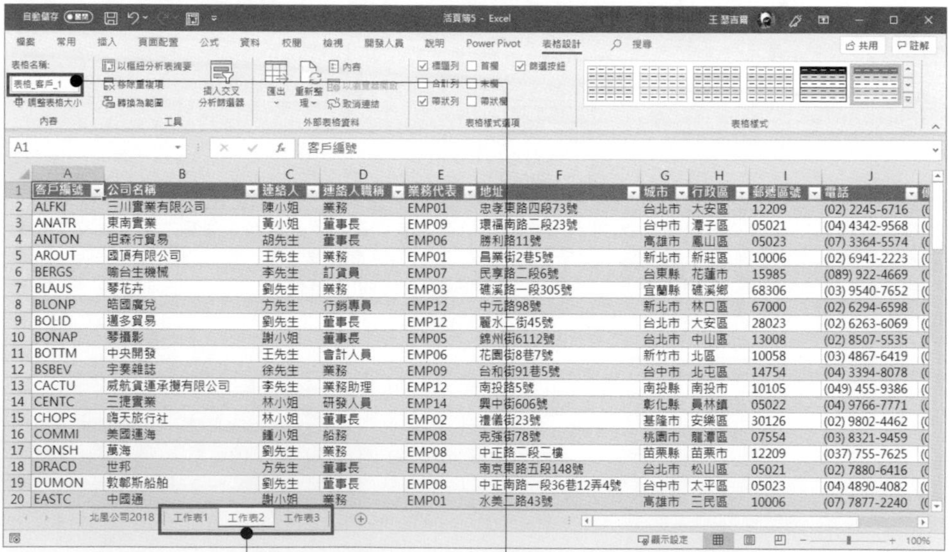

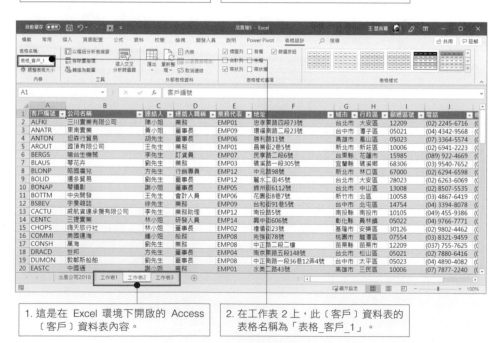

1. 這是在 Excel 環境下開啟的 Access 〔客戶〕資料表內容。

2. 在工作表 2 上，此〔客戶〕資料表的表格名稱為「表格_客戶_1」。

匯入多張資料表後，每一張匯入的資料表皆以獨立的工作表來存放。

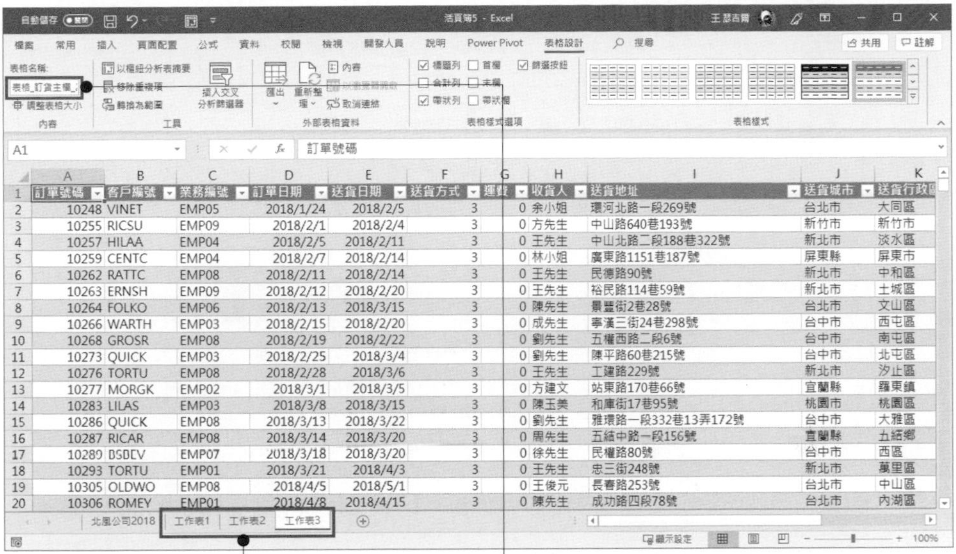

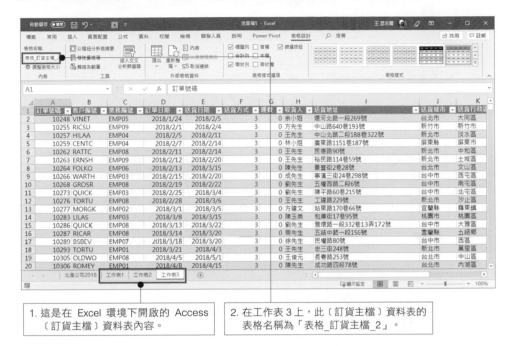

1. 這是在 Excel 環境下開啟的 Access〔訂貨主檔〕資料表內容。

2. 在工作表 3 上，此〔訂貨主檔〕資料表的表格名稱為「表格_訂貨主檔_2」。

7-3-3 匯入 Access 資料庫

在 Excel 中直接開啟 Access 資料庫裡的資料表或查詢，工作表上的資料內容便與原始資料來源(Access 資料庫)沒有任何關聯與連接。若是希望 Access 資料庫裡的資料表或查詢是以連線並可更新的方式，匯入至 Excel 工作表上，那麼〔匯入外部資料〕的操作，會是不錯的選項喔！我們以 Microsoft 365 的操作介面，來為各位實際演練一番囉！

STEP 1　開啟 Excel 應用程式後，點按〔資料〕索引標籤。

STEP 2　點按〔取得及轉換資料〕群組裡的〔取得資料〕命令按鈕。

STEP 3　從展開的功能選單中點選〔傳統精靈〕(若沒有此選項，請參考 7-1-5 節的說明)。

STEP 4　再從直展開的副選單中點選的〔從 Access (舊版)〕功能選項。

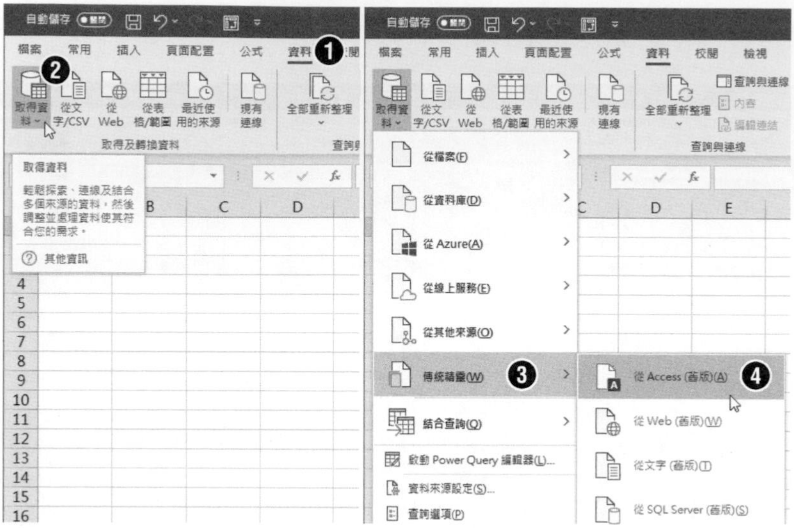

STEP **5** 開啟〔選取資料來源〕對話方塊後，切換到資料庫檔案的存放位置。

STEP **6** 點選想要匯入的 Access 資料庫檔案。

STEP **7** 點按〔開啟〕按鈕。

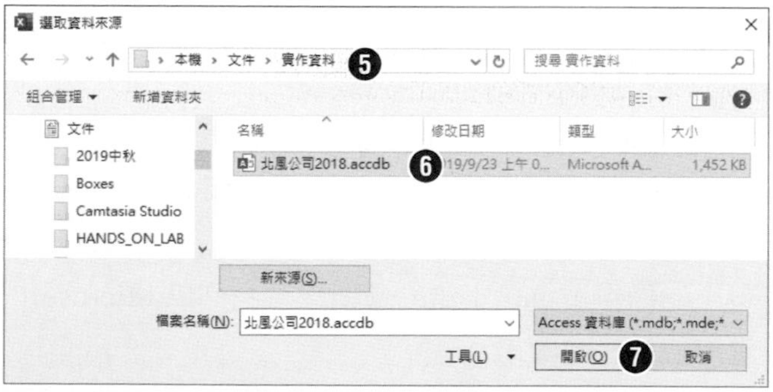

STEP **8** 開啟〔選取表格〕對話方塊，此次想要同時選取多張資料表或查詢。因此，勾選〔啟用選取多個表格〕核取方塊。

STEP **9** 勾選〔員工資料〕、〔客戶〕與〔訂貨主檔〕等三個資料表，然後按下〔確定〕按鈕。

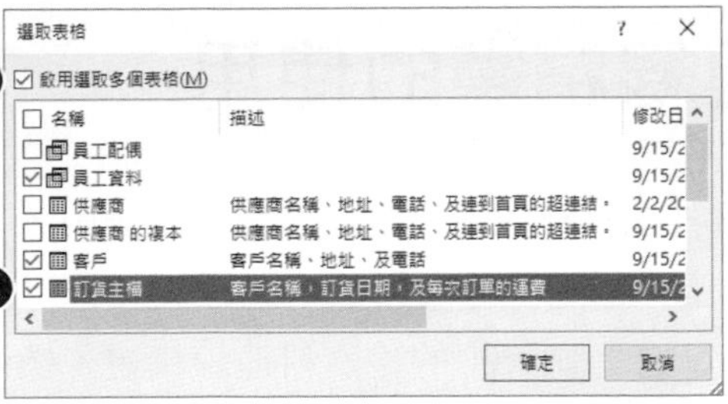

STEP **10** 開啟〔匯入資料〕對話方塊，點選〔樞紐分析表〕選項，作為此次匯入資料庫的目的，針對匯入的資料進行樞紐分析表的建立。

STEP **11** 點選樞紐分析表的存放位置，例如：〔目前工作表的儲存格〕選項。

STEP **12** 輸入或點選儲存格 A1。最後點按〔確定〕按鈕。

STEP **13** 立即在新工作表上建立新的樞紐分析表。

STEP **14** 視窗右側也立即開啟〔樞紐分析表欄位〕工作窗格，讓您進行樞紐分析表的操控。

STEP **15** 剛匯入 Access 資料庫裡的三張資料表欄位，立即顯示在欄位清單。

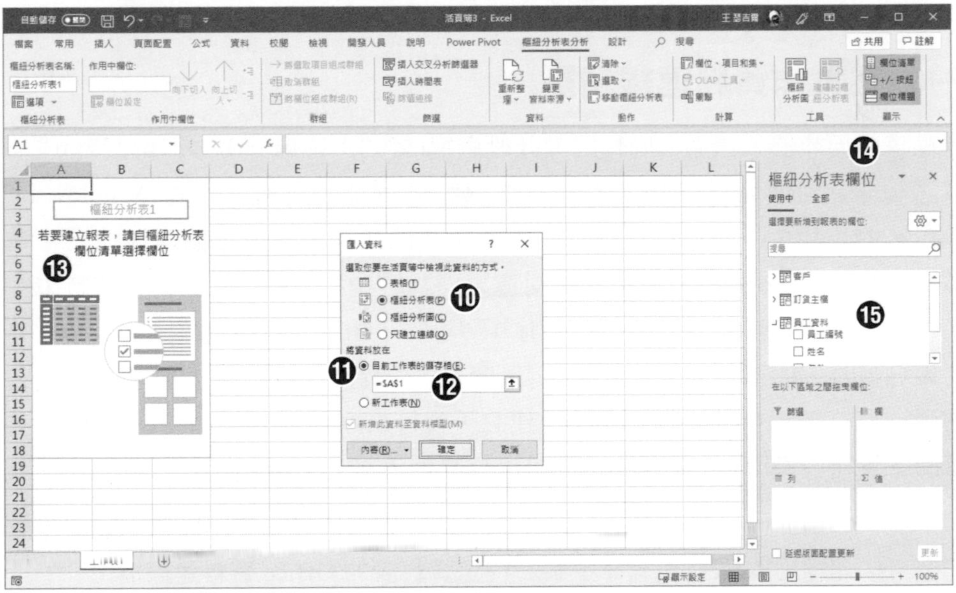

7-4 連線精靈的使用

在 Excel 裡進行連線外部資料並匯入至工作表的操作中，基本上可以透過連線資料的建立而為之。而所謂的連線資料是一組描述如何尋找、登入以成功存取外部資料來源的資料。透過 Excel 的〔資料連線精靈〕操作，可以建立特定資料來源的連線：

- 選擇 [ODBC DSN]，並遵循精靈的步驟，可以連線至早期的 dBASE 檔案、另一個 Excel 活頁簿、Access 資料庫或者 Visio 資料庫範例。
  例如：將另一個活頁簿中的資料連線到目前使用中的活頁簿。
- 選擇 [Microsoft Data Access – OLE DB Provider for Oracle] 則可以連線到 Oracle 資料庫伺服器。但必須輸入伺服器名稱與登入認證才能順利連線。
- 選擇 [其他/進階] 可連線到數個不同類型的 OLE DB 提供者，包括 Microsoft Jet、Office 12.0 Access 資料庫引擎、Analysis Services、索引服務、 ODBC 驅動程式等。當然也必須輸入連線內容，例如伺服器名稱或資料來源和任何所需的登入認證。

7-4-1 實作資料連線精靈

連線資料原本必須透過如同程式設計般撰寫(譬如：透過記事本即可撰寫)成檔案，但是，並非每位使用者都具有撰寫程式的能力，因此，在 Windows、Office 的環境中，也可以藉由一些輔助工具的操作來完成這個連線檔案。在 Excel 裡最常見的連線檔案格式有兩種，一為許多人都耳熟能詳的〔資料來源名稱檔案〕，也就是.dsn 檔；另一則為嶄新的〔Office 資料連線檔〕，其附屬檔案名稱為.odc 檔。您可以在視窗環境下〔控制台〕內的〔系統管理工具〕，透過〔資料來源(ODBC)〕的操作來建立〔資料來源名稱檔案〕。在 Excel 中，藉由〔資料連線精靈〕的操作，則可以輕易地建立〔Office 資料連線檔〕。

以下即為您演練如何利用 Excel 2019/365 的〔資料連線精靈〕操作，輕鬆建立一個可以連線到 Access 資料庫中某一特定資料表的 Office 資料連線檔。

STEP 1　開啟新的活頁簿檔案後，點按〔資料〕索引標籤。

STEP 2　點按〔取得及轉換資料〕群組裡的〔取得資料〕命令按鈕。

STEP 3　從展開的功能選單中點選〔傳統精靈〕(若沒有此選項，請參考 7-1-5 節的說明)。

STEP 4　再從直展開的副選單中點選的〔從資料連線精靈 (舊版)〕功能選項。

STEP 5　開啟〔資料連線精靈〕對話方塊後，點選〔ODBC DSN〕選項。

STEP 6　點按〔下一步〕按鈕。

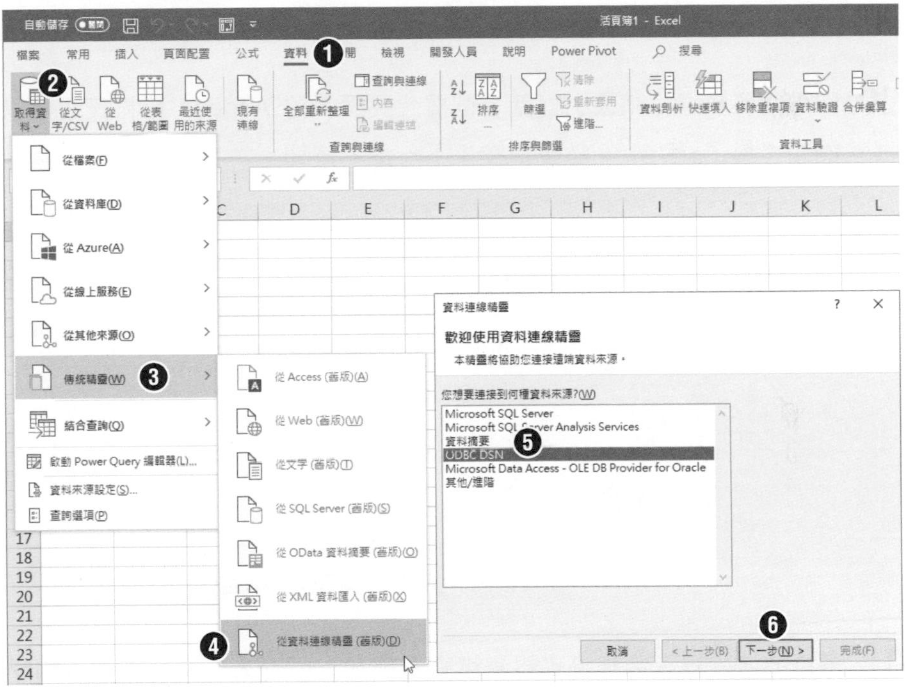

STEP 7　選擇 ODBC 驅動程式的資料來源為〔MS Access Database〕。然後點按〔下一步〕按鈕。

STEP 8　開啟〔選取資料庫〕對話方塊，從中點選所要連結匯入的 Access 資料庫檔案之所在位置。

STEP 9　點選想要匯入的 Access 資料庫檔案。譬如:〔全泉科技.accdb〕，然後點按〔確定〕按鈕。

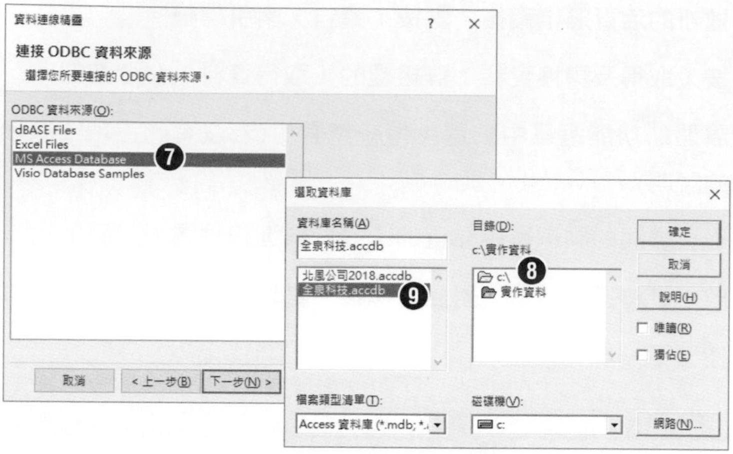

STEP 10 回到〔資料連線精靈〕對話，選擇想要匯入的 Access 資料表或查詢。例如〔員工資料〕。然後點按〔下一步〕按鈕。

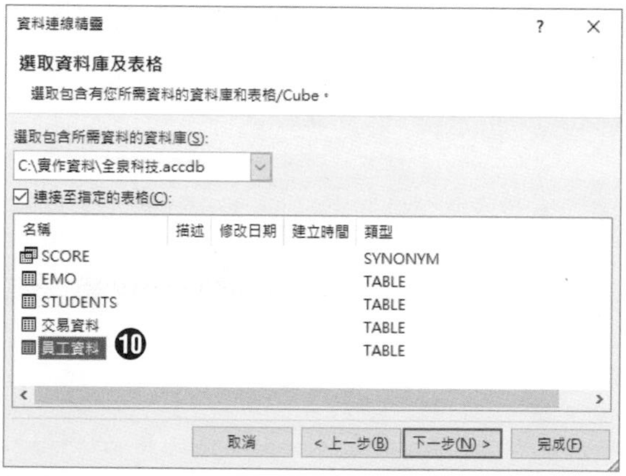

STEP 11 預設的連線檔案名稱是資料庫檔案名稱加上所匯入之資料表或查詢之名稱。不過，您可以點按〔瀏覽〕按鈕來改變連線檔的檔案名稱及儲存位置。

STEP 12 點按〔完成〕按鈕以儲存此次連線檔案(.odc)的建立。

STEP 13 開啟〔匯入資料〕對話方塊，可以決定所匯入的外部資料要如何檢視以及儲存在何處。例如：點選〔表格〕方式來檢視資料。

STEP 14 選擇將資料從工作表的 AI 儲存格開始存放。最後點按〔確定〕按鈕。

STEP 15 完成資料的匯入，在工作表上這是一個資料表格式(所以功能區上會有資料表工具的提供)，並不是一般的傳統儲存格範圍喔～

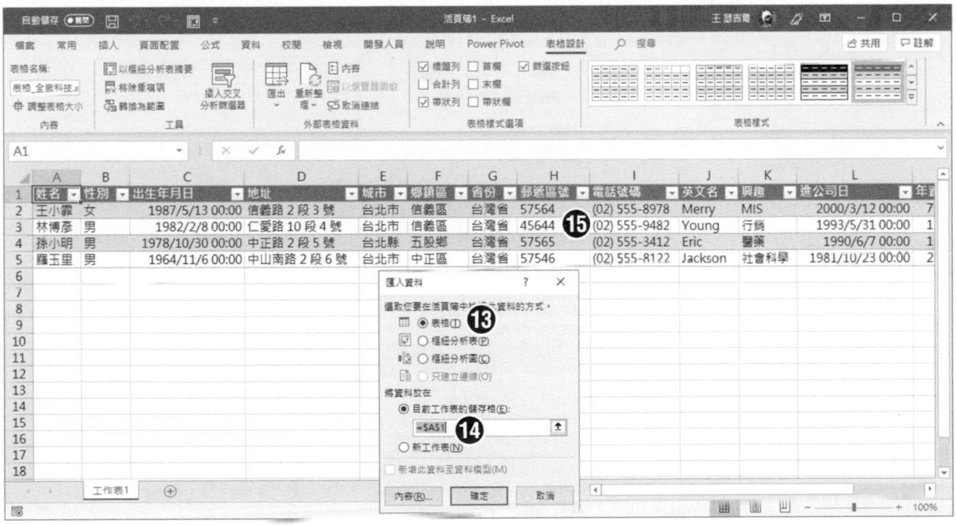

7-4-2 利用現有連線匯入外部資料

爾後若有其他活頁簿也要匯入相同的資料來源，可以直接開啟連線檔案，即再度開啟〔匯入資料〕對話方塊，來決定所匯入的外部資料之檢視方式與存放位置。

STEP 1 當開啟活頁簿檔案後，點按〔資料〕索引標籤。

STEP 2 點按〔取得及轉換資料〕群組裡的〔現有連線〕命令按鈕。

STEP 3 開啟〔現有連線〕對話方塊後，即可在〔這部電腦上的連線檔案〕類別下，看到先前透過連線精靈操作並儲存的 Office 連線檔案(.odc)。

STEP 4 點選後，點按〔開啟〕按鈕。

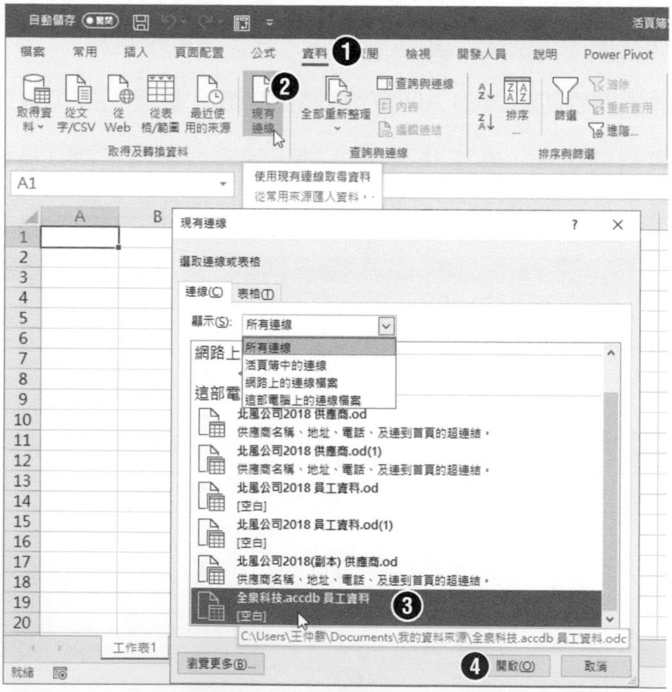

STEP 5 開啟〔匯入資料〕對話方塊，點選〔表格〕方式來檢視資料。

STEP 6 點選〔目前工作表的儲存格〕選項。

STEP 7 將匯入資料設定放在儲存格 AI。

STEP 8 點按〔確定〕按鈕。

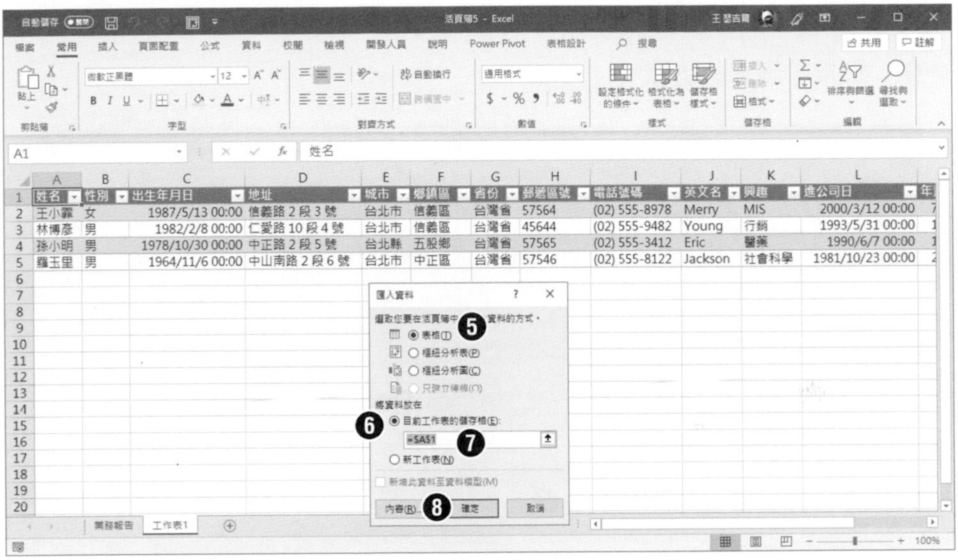

7-5 使用查詢編輯器取得及轉換資料

資料來源的建立等於是一個外部資料的選擇，在資料來源的建立中僅描述資料庫的來源與位置，譬如：資料庫的磁碟、路徑與檔案名稱。使用者可以在 Excel 裡輕鬆地建立新的資料來源，甚至，隨即選擇該資料來源的預設資料表或查詢，並建立查詢檔。以下的範例操作中，我們將在 Excel 365 的環境下實作演練，建立一個可以連接到〔北風公司 2018.accdb〕資料庫之〔訂貨主檔〕資料表，並命名此資料要來源名稱為〔產品銷售〕。

STEP 1 點按〔資料〕索引標籤。

STEP 2 點按〔取得及轉換資料〕群組裡的〔取得資料〕命令按鈕。

STEP 3 從下拉式選單中，點選〔從其他來源〕選項。

STEP 4 再從展開的副選單中，點選〔從 Microsoft Query〕選項。

STEP 5 開啟〔選擇資料來源〕對話方塊後，點選〔<新資料來源>〕選項。

STEP 6 點按〔確定〕按鈕。

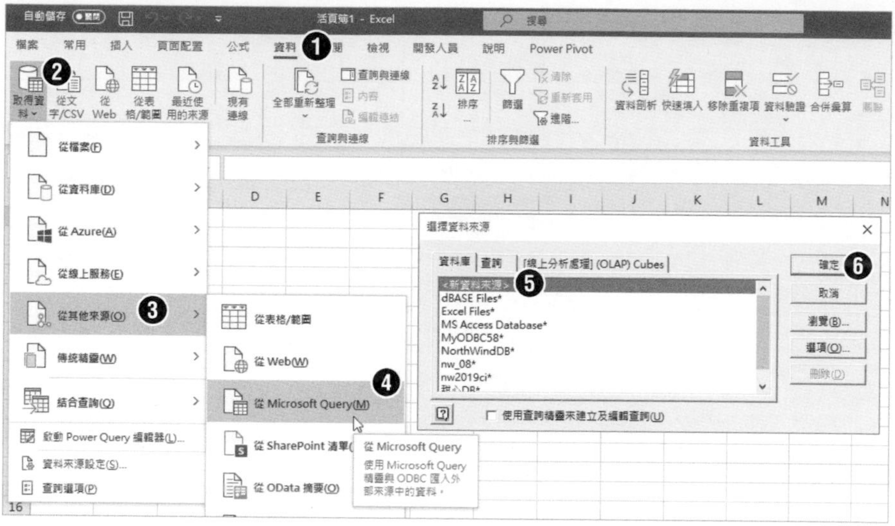

STEP 7 進入〔建立新資料來源〕對話方塊後，輸入自行命名的資料來源名稱。例如：輸入「產品銷售」。

STEP 8 再選擇所要使用的驅動程式。例如：選擇〔Microsoft Access Driver (*.mdb, *.accdb)〕。

STEP 9 點按〔連接〕按鈕。

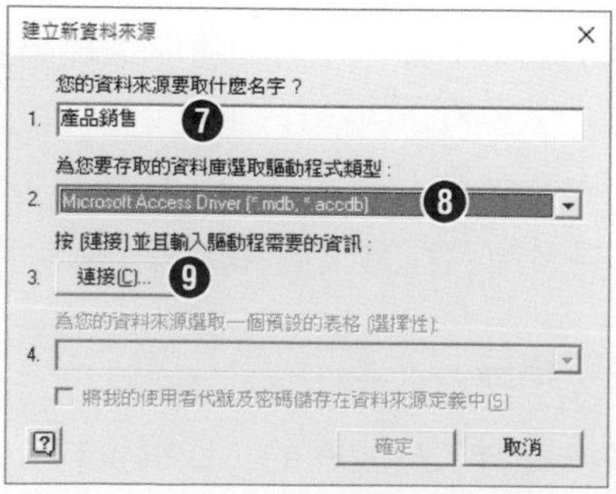

STEP 10 開啟〔ODBC Microsoft Access 設定〕對話方塊後，點按〔選取〕按鈕。

STEP 11 開啟〔選取資料庫〕對話方塊後，點選所要連結匯入的外部資料庫檔案。例如：〔北風公司 2018.accdb〕資料庫。

STEP 12 點按〔確定〕按鈕。

STEP 13 回到〔ODBC Microsoft Access 設定〕對話方塊後，再點按〔確定〕按鈕。

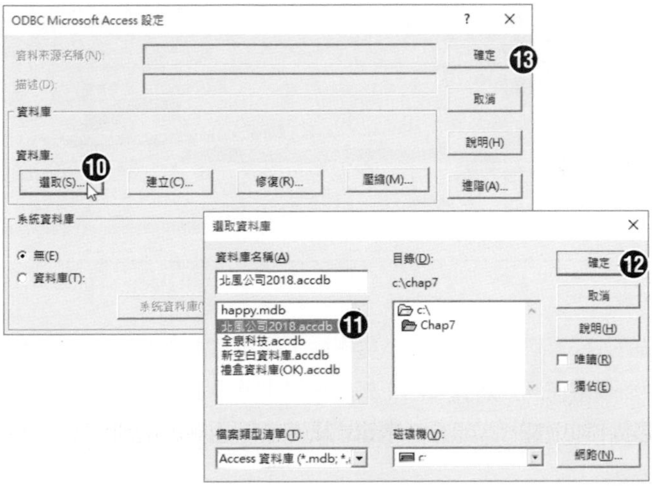

STEP 14 回到〔建立新資料來源〕對話方塊裡，您可以在第 4 個操作對話中設定想要匯入的外部資料庫中，是要以哪一個資料表作為預設的資料來源？例如：點選〔訂貨主檔〕資料表。

STEP 15 點按〔確定〕按鈕。

STEP 16 完成資料來源的建立，爾後就可以在 Excel 中使用此資料來源匯入資料或查詢資料了。

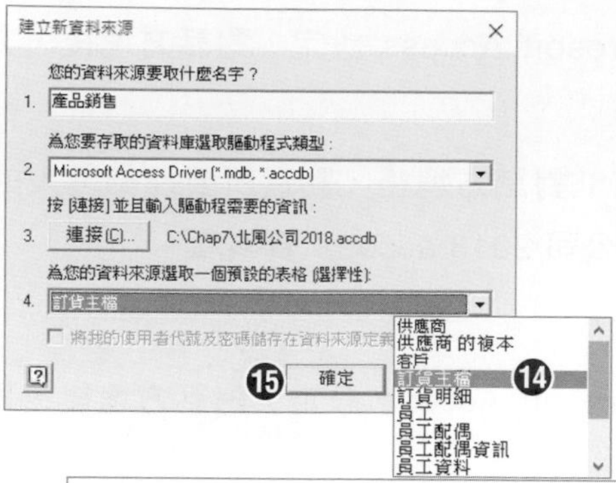

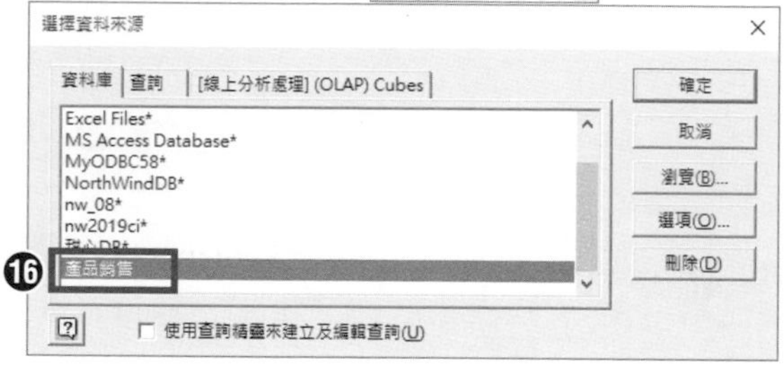

TIPS

如果想要存取的外部資料來源並不在本機電腦上，則可能需要連絡資料庫的管理員以取得密碼、使用者權限或其他連線資訊。如果資料來源是資料庫，則必須確認資料庫不是以獨佔模式開啟。如果資料來源是文字檔或試算表，也必須確認其他使用者並未開啟以進行獨佔存取。

7-6 利用查詢精靈匯入其他資料庫

資料來源的建立等於是一個外部資料的選擇，但是，究竟要匯入該資料來源資料庫裡的哪些資料表、哪些欄位，或許每個案例的需求、每個人的需要、每次不同工作的需求，都會有所差異，此時，就是〔查詢精靈〕或〔Microsoft Query〕大顯身手的時候了！在結束前一小節所述的〔建立新資料來源〕對話操作後，便回到〔選擇資料來源〕對話方塊，如下圖所示，在〔資料庫〕索引標籤中即可看到剛剛所建立完成，名為「產品銷售」的資料來源。基本上，這個時候您已經順利地建立了一個資料連線了，而此時您也可以繼續啟動〔查詢精靈〕的操作，進行資料欄位與資料記錄的篩選，匯入所需的特定資料記錄。

此外，為了一勞永逸的進行資料匯入與查詢，我們將在完成〔查詢精靈〕的對話操作後，將查詢結果儲存成查詢檔案，爾後便可以直接執行此查詢檔案，而快速開啟、連結、匯入並篩選出您所指定的資料欄位與資料記錄。例如：此次的查詢精靈中，我們準備將資料庫中〔訂貨主檔〕資料表裡符合 2018/7/1 至 2019 年上半年(2019/6/30)的交易資料記錄搜尋出來，然後，依據〔交易日期〕進行由小到大的排序，顯示〔訂單號碼〕、〔客戶編號〕、〔業務編號〕、〔訂單日期〕、〔運費〕、〔送貨城市〕以及〔送貨行政區〕等資料欄位，然後儲存成查詢檔案，供爾後直接開啟、使用。

STEP 1 回到〔選擇資料來源〕對話方塊裡，即可看到成功建立了一個新的資料庫來源：「產品銷售」。

STEP 2 確定勾選了〔使用查詢精靈來建立及編輯查詢〕核取方塊。

STEP 3 點按〔確定〕按鈕。

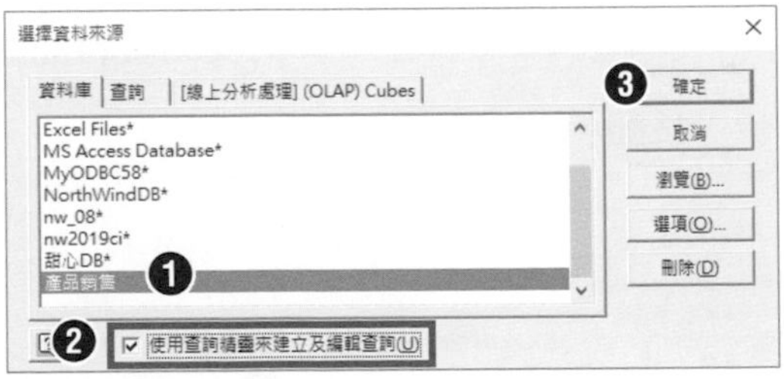

STEP 4 進入〔查詢精靈 - 選取資料欄〕對話方塊，從展開的〔訂貨主檔〕底下點選〔訂單號碼〕欄位。

STEP 5 點按〔 > 〕按鈕。

STEP 6 同樣的操作方式，分別再依序點選〔客戶編號〕、〔業務編號〕、〔訂單日期〕、〔運費〕、〔送貨城市〕以及〔送貨行政區〕等其他資料表欄位。

STEP 7 點按〔下一步〕按鈕。

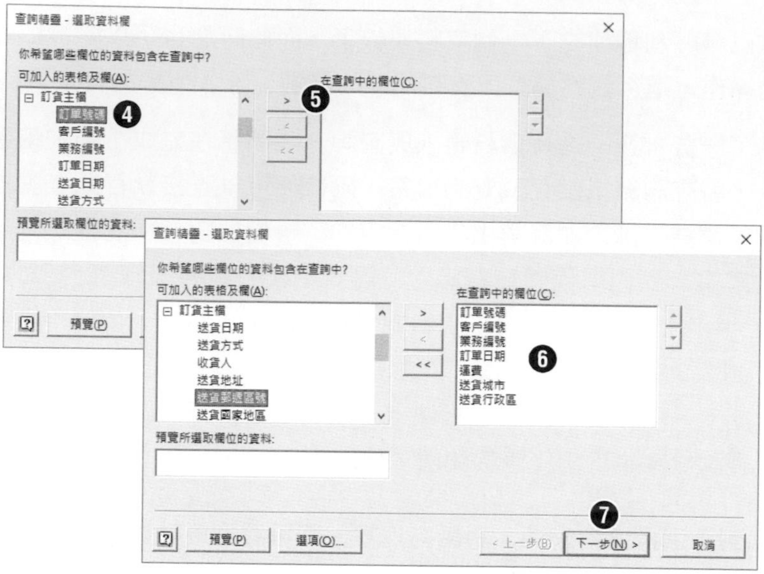

STEP 8 接著進入〔查詢精靈 - 篩選資料〕對話方塊，進行資料記錄的篩選。例如：點選〔訂單日期〕為欲設定篩選的資料欄位。

STEP 9 設定篩選條件為大於或等於 2018/7/1 且小於或等於 2019/6/30，以篩選出 2018 年下半年到 2019 年上半年的交易資料記錄。

STEP 10 點按〔下一步〕按鈕。

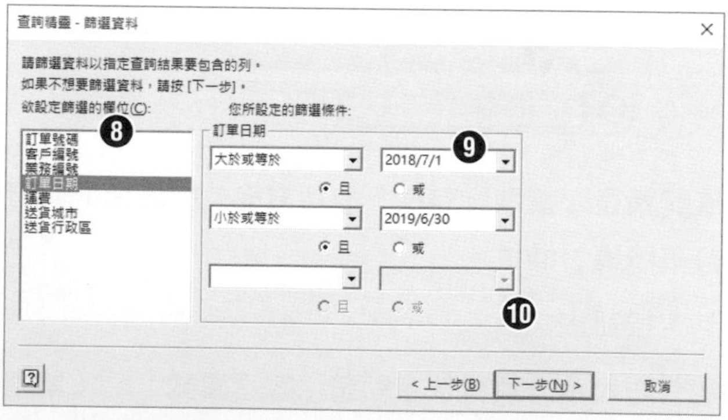

STEP 11 然後，進入〔查詢精靈 - 排列順序〕對話方塊，您可以決定是否要排序。例如：點選主要排序的關鍵欄位為〔訂單日期〕。

STEP 12 設定為〔遞增〕的排列順序。

STEP 13 點按〔下一步〕按鈕。

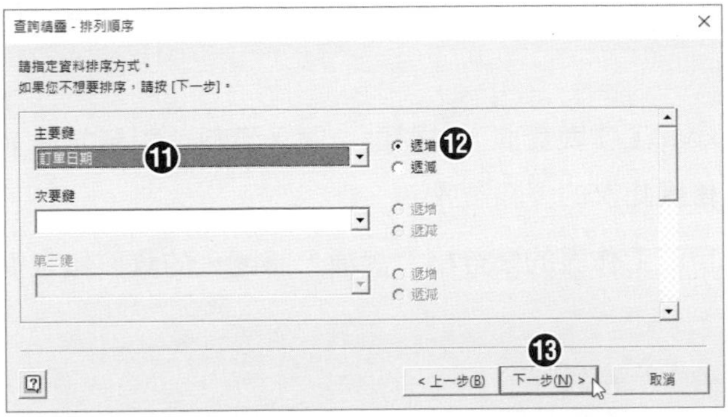

STEP 14 最後，便可以點按〔儲存查詢〕按鈕，以結束查詢精靈的操作。

STEP 15 在出現〔另存新檔〕對話方塊後，您便可以為剛剛一連串查詢精靈的對話操作，儲存成查詢檔案，其檔案屬性的附檔名為 .dqy。

STEP 16 點按〔存檔〕按鈕，順利將查詢精靈所訂定的篩選準則，儲存成查詢檔案。

STEP 17 回到〔查詢精靈 - 完成〕對話，點按〔將資料傳回 Microsoft Excel〕選項。

STEP 18 點按〔完成〕按鈕。

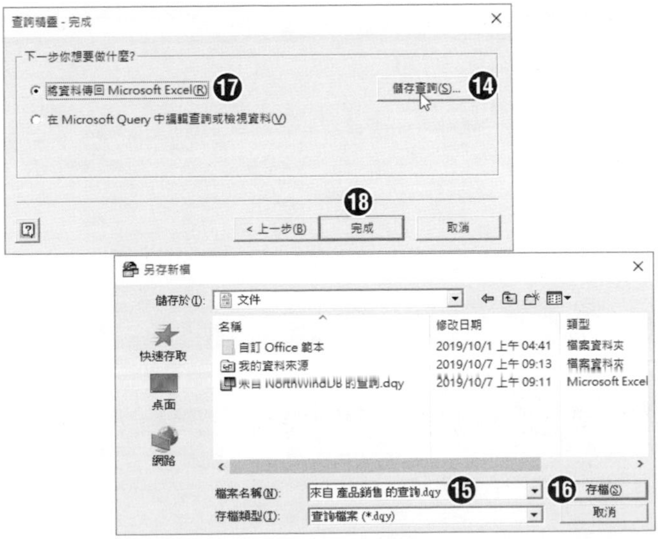

在篩選結果的後續處理上，可以直接將結果匯入工作表的儲存格裡，也可以選擇立即進行樞紐分析的運算。此次的演練將選擇直接匯入工作表形成一張資料表格。

STEP 19 回到 Excel 工作表畫面，並開啟〔匯入資料〕對話方塊，點選〔表格〕選項來檢視此次的資料匯入。

STEP 20 點選〔目前工作表的儲存格〕選項，將匯入的資料指定從儲存格 A1 開始存放。

STEP 21 點按〔確定〕按鈕。

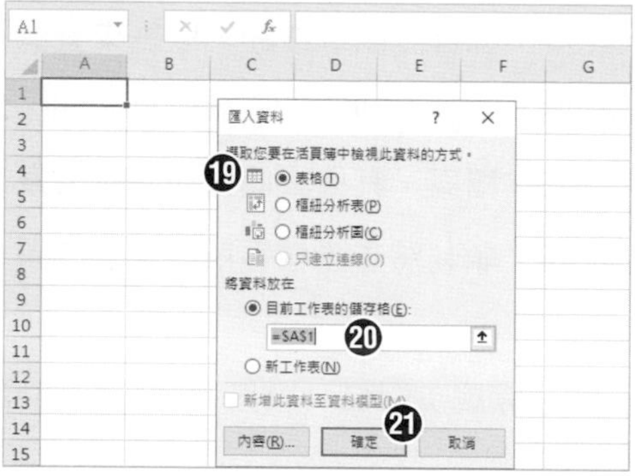

合乎查詢規範的資料立即匯入 Excel 工作表，並形成一張資料表格：

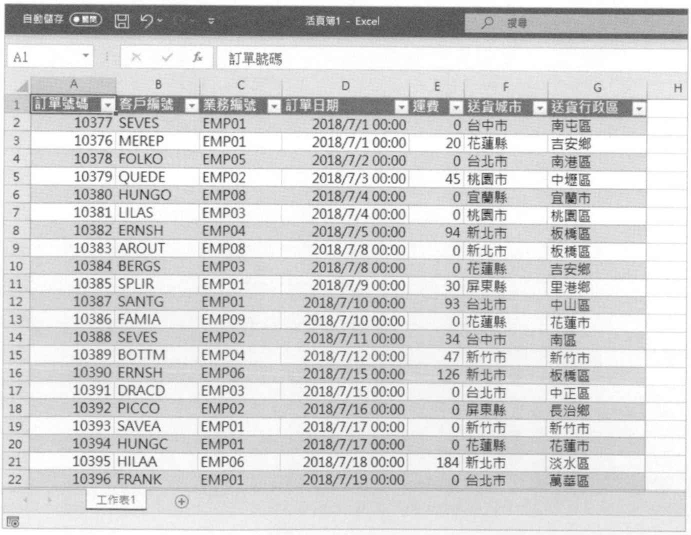

訂單號碼	客戶編號	業務編號	訂單日期	運費	送貨城市	送貨行政區
10377	SEVES	EMP01	2018/7/1 00:00	0	台中市	南屯區
10376	MEREP	EMP01	2018/7/1 00:00	20	花蓮縣	吉安鄉
10378	FOLKO	EMP05	2018/7/2 00:00	0	台北市	南港區
10379	QUEDE	EMP02	2018/7/3 00:00	45	桃園市	中壢區
10380	HUNGO	EMP08	2018/7/4 00:00	0	宜蘭縣	宜蘭市
10381	LILAS	EMP03	2018/7/4 00:00	0	桃園市	桃園區
10382	ERNSH	EMP04	2018/7/5 00:00	94	新北市	板橋區
10383	AROUT	EMP08	2018/7/8 00:00	0	新北市	板橋區
10384	BERGS	EMP03	2018/7/8 00:00	0	花蓮縣	吉安鄉
10385	SPLIR	EMP01	2018/7/9 00:00	30	屏東縣	里港鄉
10387	SANTG	EMP01	2018/7/10 00:00	93	台北市	中山區
10386	FAMIA	EMP09	2018/7/10 00:00	0	花蓮縣	花蓮市
10388	SEVES	EMP02	2018/7/11 00:00	34	台中市	南區
10389	BOTTM	EMP04	2018/7/12 00:00	47	新竹市	新竹市
10390	ERNSH	EMP06	2018/7/15 00:00	126	新北市	板橋區
10391	DRACD	EMP03	2018/7/15 00:00	0	台北市	中正區
10392	PICCO	EMP02	2018/7/16 00:00	0	屏東縣	長治鄉
10393	SAVEA	EMP01	2018/7/17 00:00	0	新竹市	新竹市
10394	HUNGC	EMP01	2018/7/17 00:00	0	花蓮縣	花蓮市
10395	HILAA	EMP06	2018/7/18 00:00	184	新北市	淡水區
10396	FRANK	EMP01	2018/7/19 00:00	0	台北市	萬華區

7-7 利用 Microsoft Query 編輯查詢

7-7-1 在 Excel 2021/365 底下執行 Microsoft Query

除了透過查詢精靈可以針對資料來源進行篩選欄位與篩選記錄外，亦可藉由 Microsoft Query 的操作，進行更進一步的查詢編輯與資料檢視，然後，再傳回 Excel 工作表。以下就為您實務演練 Microsoft Query 的基本操作。

STEP 1 點按〔資料〕索引標籤。

STEP 2 點按〔取得及轉換資料〕群組裡的〔取得資料〕命令按鈕。

STEP 3 從下拉式選單中，點選〔從其他來源〕選項。

STEP 4 再從展開的副選單中，點選〔從 Microsoft Query〕選項。

STEP 5 開啟〔選擇資料來源〕對話方塊後，點選先前建立的新資料來源〔產品銷售〕選項。

STEP 6 切記，取消〔使用查詢精靈來建立及編輯查詢〕核取方塊的勾選。

STEP 7 點按〔確定〕按鈕。

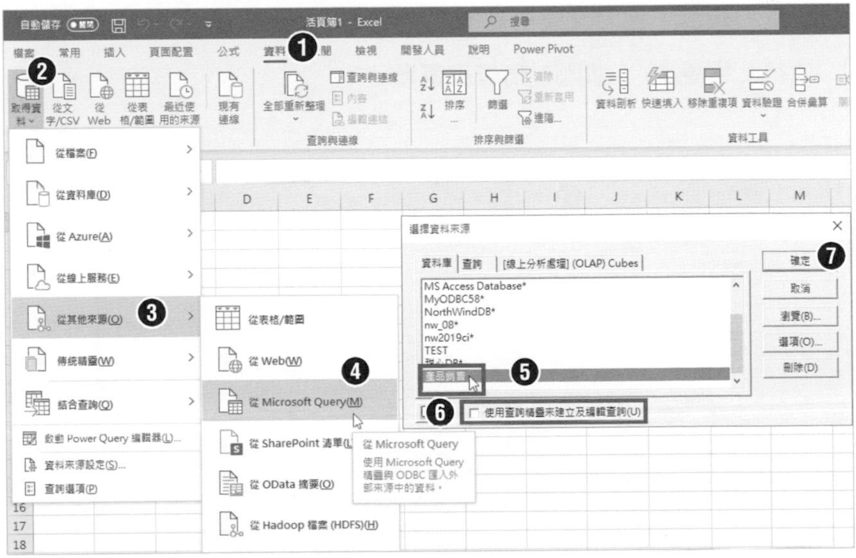

STEP 8 開啟〔Microsoft Query〕視窗，資料來源〔產品銷售〕選項所連線的〔訂貨主檔〕資料表欄位清單正呈現在此。

STEP 9 點按兩下〔訂貨主檔〕資料表欄位清單裡的欄位名稱，例如：「送貨城市」，便可以將該欄位設定為查詢輸出欄位。

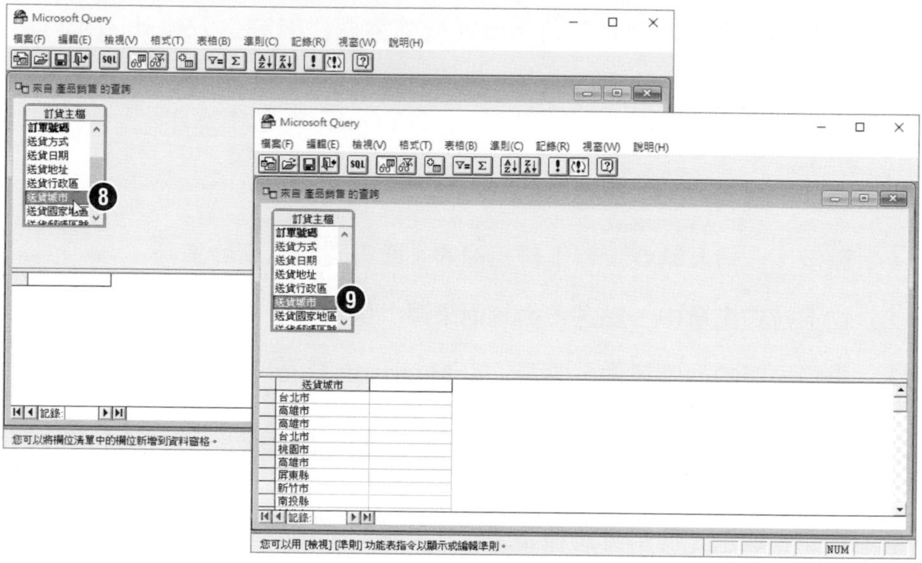

STEP 10 依此類推，分別再點按兩下「送貨行政區」、「送貨日期」與「運費」等資料欄位，建立查詢所需的各項輸入資訊。

STEP 11 執行〔檢視〕/〔準則〕功能表選項。

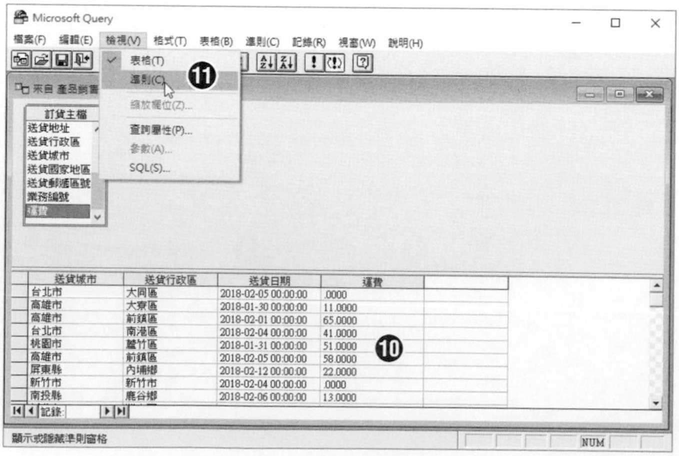

STEP 12 開啟〔Microsoft Query〕視窗的準則定義區。

STEP 13 拖曳欄位清單裡的「送貨城市」資料欄位。

STEP 14 拖曳放置在準則區裡的第一個欄位上。

STEP 15 在準則區裡便可以看到首欄為「送貨城市」，若有調整的需求，也可以點按欄位名稱旁的下拉式選項按鈕，選擇其他資料欄位。

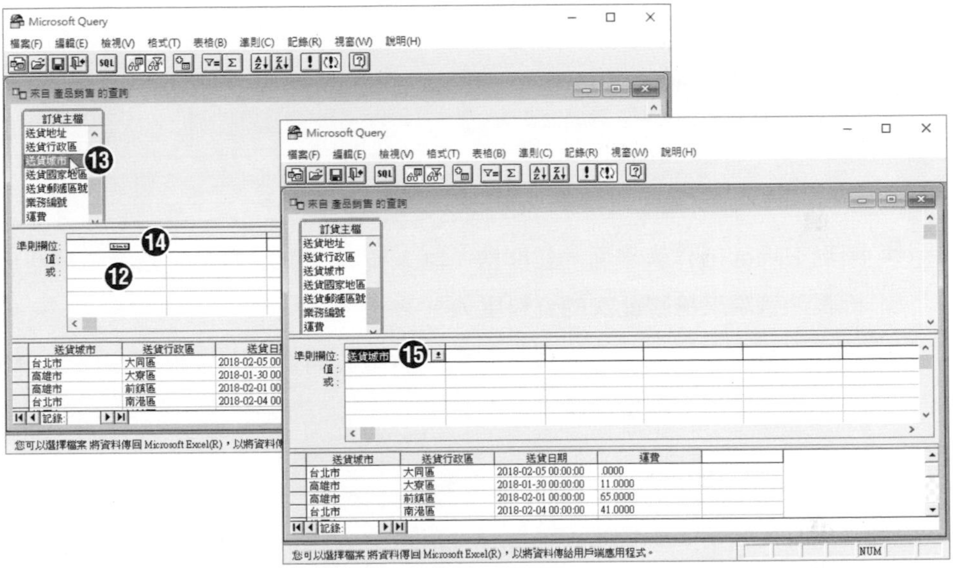

STEP 16 在「送貨城市」欄位名稱下方的準則列中，由上而下分別輸入「台北市」、「新北市」、「桃園市」、「台中市」等四個城市名稱。僅輸入中文即可，字串兩側的單引號 Microsoft Query 會自動添加。

STEP 17 點按工具列上的〔將資料傳回 Excel〕工具按鈕。

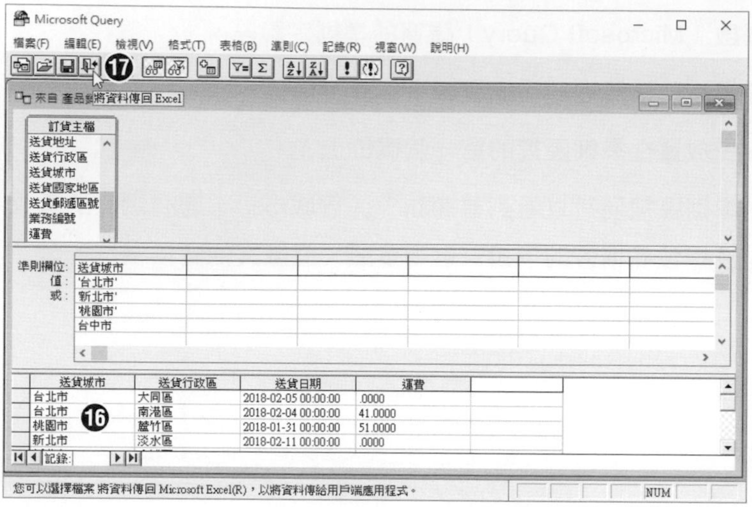

STEP 18 回到 Excel 工作表畫面，並開啟〔匯入資料〕對話方塊，點選〔樞紐分析表〕選項來檢視此次的資料匯入。

STEP 19 點選〔目前工作表的儲存格〕選項，將匯入的資料指定從儲存格 AI 開始存放，最後，點按〔確定〕按鈕。

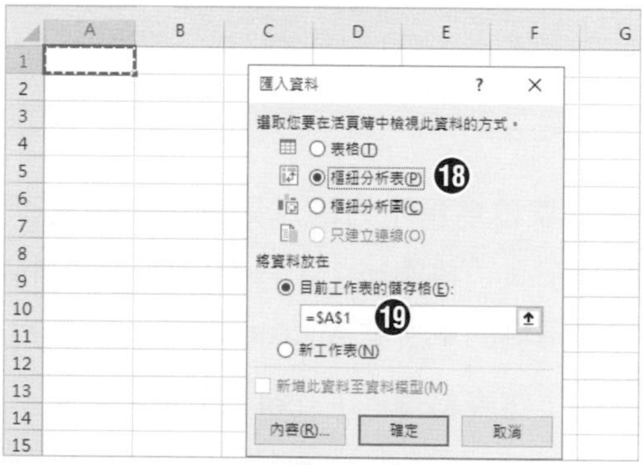

STEP 20 隨即便可以在工作表上開始規劃您的樞紐分析報告，此時在工作表右側亦可看到〔樞紐分析表欄位〕工作窗格。

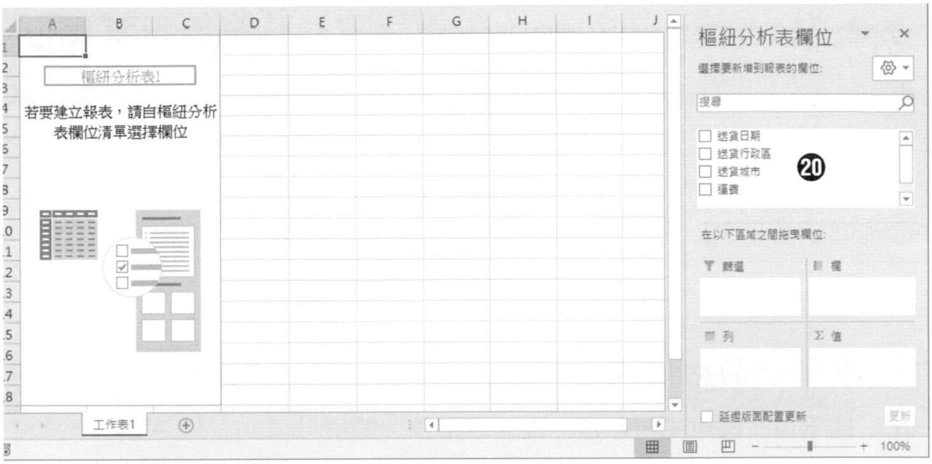

STEP 21 在〔樞紐分析表欄位〕工作窗格內請選擇樞紐分析報表裡所要套用的資料欄位，例如：將〔送貨日期〕欄位拖曳至〔欄〕區域，自動形成〔年〕〔季〕的日期群組。

STEP 22 再分別將〔送貨城市〕與〔送貨行政區〕兩欄位先後拖曳至〔列〕區域。

STEP 23 最後，將〔運費〕欄位拖曳至〔Σ值〕區域。

STEP 24 各城市、行政區在每一年總運費的樞紐分析報表隨即產生。

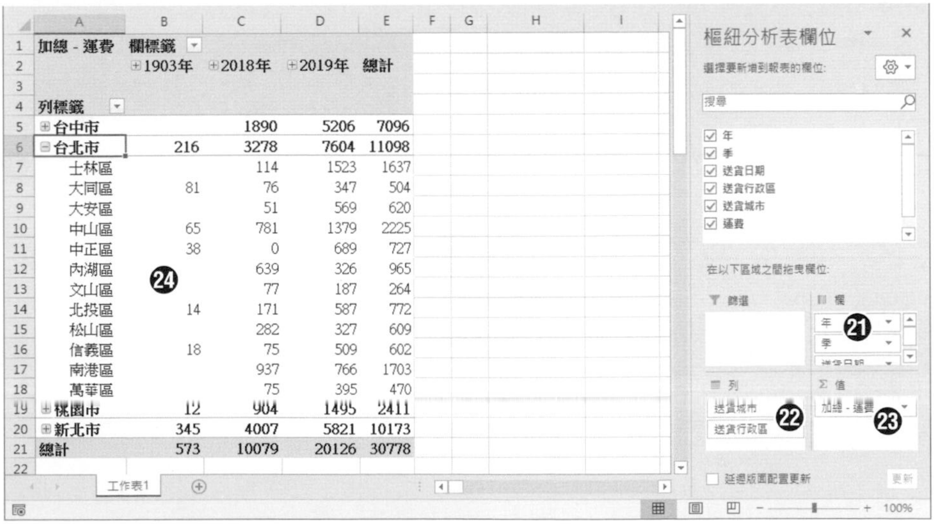

7-7-2 在 Microsoft Query 下建立資料關聯與計算欄位

在操作 Microsoft Query 的過程中，若查詢的對象不只是預先選取的資料表，使用者也可以藉由〔新增資料表〕的操作，將額外的資料表納入查詢的選擇與依據。此外，查詢準則的定義、自訂公式欄位、儲存查詢、...也都是使用 Microsoft Query 的重要特色喔！

STEP 1 點按〔資料〕索引標籤。

STEP 2 點按〔取得及轉換資料〕群組裡的〔取得資料〕命令按鈕。

STEP 3 從下拉式選單中，點選〔從其他來源〕選項。

STEP 4 再從展開的副選單中，點選〔從 Microsoft Query〕選項。

STEP 5 開啟〔選擇資料來源〕對話方塊後，點選先前建立的新資料來源〔產品銷售〕選項。

STEP 6 切記，取消〔使用查詢精靈來建立及編輯查詢〕核取方塊的勾選。

STEP 7 點按〔確定〕按鈕。

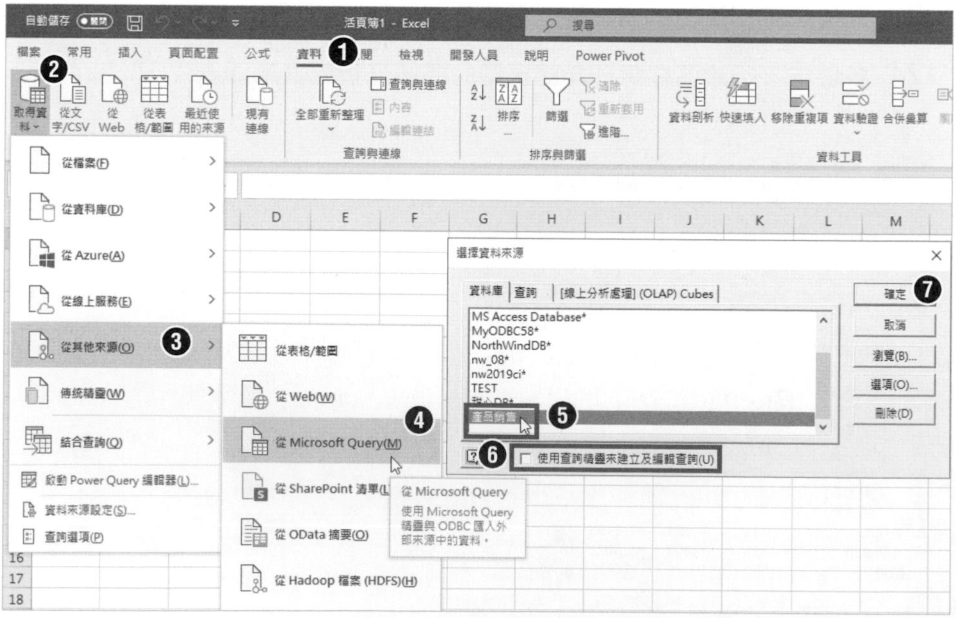

STEP **8**　立即啟動並進入 Microsoft Query 操作視窗，點按工具列上的〔新增表格〕工具按鈕。

STEP **9**　開啟〔新增表格〕對話方塊，點選想要進行查詢的其他資料表格。例如：〔訂貨明細〕資料表。

STEP **10**　立即添增資料表，若與既有的資料表有關聯，也會顯示出關聯線。

STEP **11**　依此類推，可以再添選其他所需的資料表後，按下〔關閉〕按鈕，結束〔新增資料表〕對話方塊的操作。

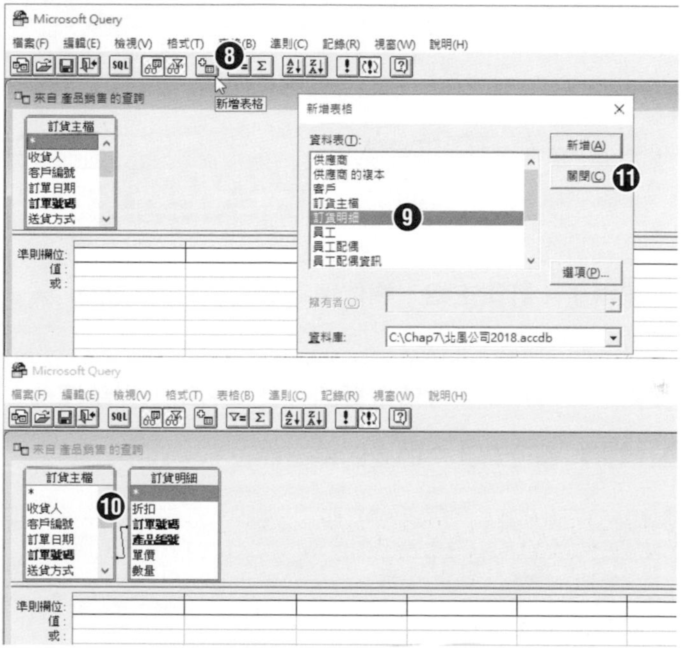

STEP **12**　適度調整一下 Microsoft Query 視窗上方窗格裡各資料表欄位清單的位置與大小，以期完整地看到每一個資料表欄位清單裡的欄位名稱，以及資料表與資料表之間的關聯線。

STEP **13**　點按兩下資料表與資料表之間的關聯線，可以開啟〔結合〕對話方塊，進行關聯的設定。

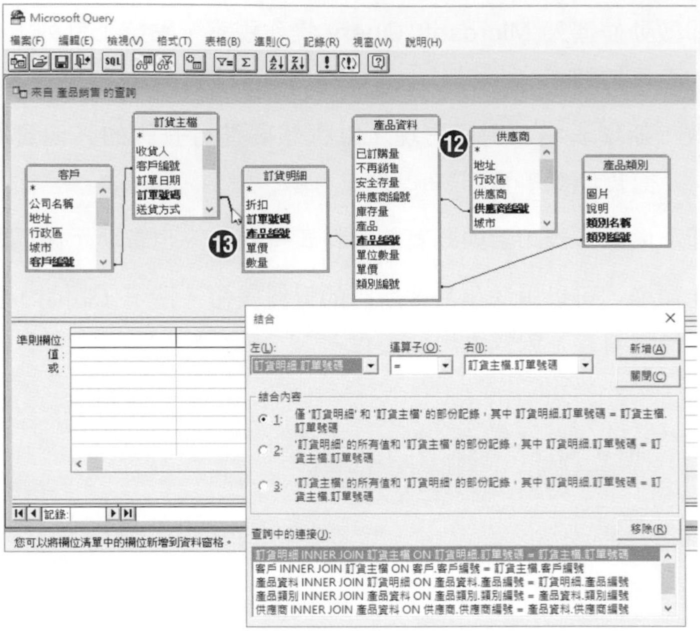

STEP 14 分別點按兩下〔訂貨主檔〕欄位清單裡的〔訂單號碼〕與〔訂單日期〕資料欄位。

STEP 15 再點按兩下〔客戶〕欄位清單裡的〔公司名稱〕資料欄位。

STEP 16 設定三個資料欄位為此次的查詢輸出欄位。

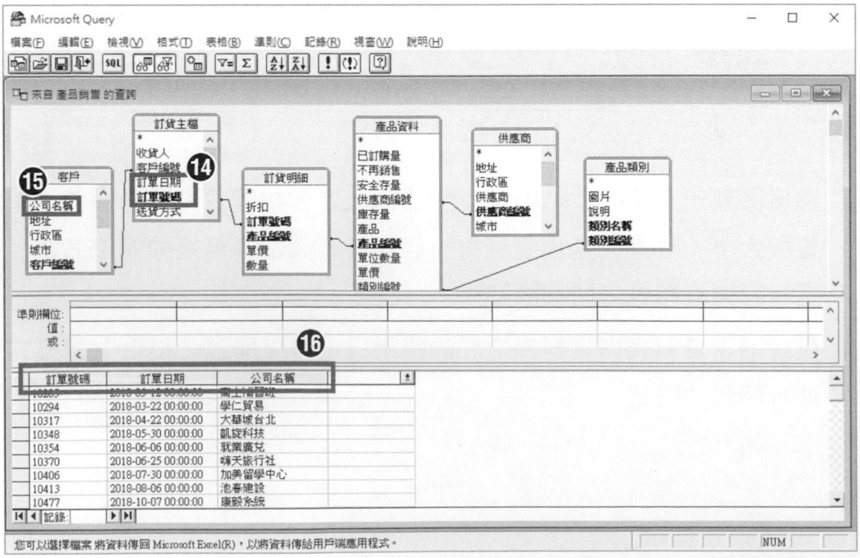

在 Microsoft Query 視窗下方的資料窗格中，除了顯示查詢結果外，亦可進行計算欄位的建立，如同 Microsoft Access 的查詢操作介面般的簡單，這正是使用 Microsoft Query 的一大優點。此實作範例我們將建立一個計算欄位，公式為：

訂貨明細.單價 * 訂貨明細.數量 * (1-訂貨明細.折扣)

STEP 17 點按 Microsoft Query 視窗下方資料窗格中右側空白欄名，輸入所要定義的計算公式。

STEP 18 立即看到公式計算的結果。

STEP 19 點按兩下此公式欄的標題。

STEP 20 開啟〔編輯欄〕對話方塊，在欄名文字方塊裡為此公式欄位輸入自行命名的欄位名稱。例如：「小計」。

STEP 21 點按〔確定〕按鈕。

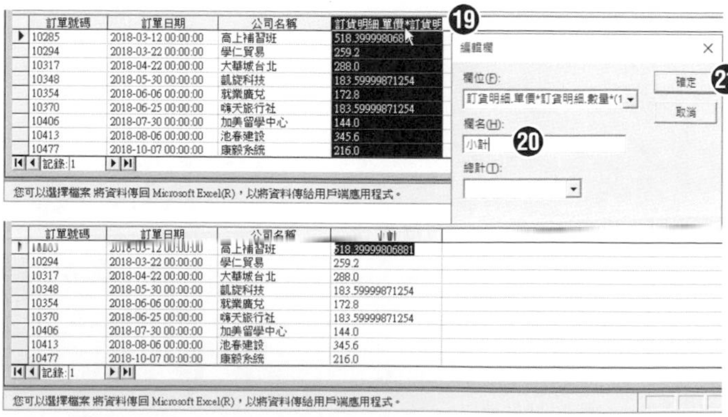

使用準則或 SQL 陳述

在 Microsoft Query 視窗裡還提供先前所提及並實作演練的準則定義區操作，可以讓使用者更有彈性也更隨心所欲的定義查詢、篩選所要的輸出結果，如果您是一位熟悉 SQL 查詢語言的使用者，亦可透過 SQL 陳述式對話的開啟，輸入 SQL 語法以執行所要進行的查詢。

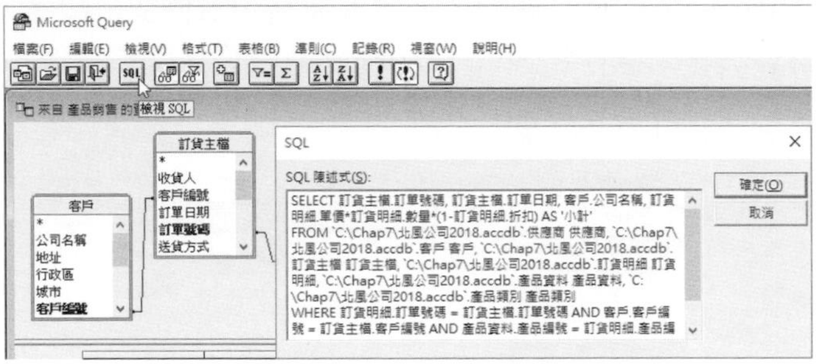

儲存查詢

如果爾後都有相同查詢的需求，能將此次的查詢儲存為查詢檔，爾後便可直接在 Excel 中匯入執行該查詢檔，即可免去反覆設定查詢需求之不便。

STEP 1　執行 Microsoft Query 視窗功能選單上的〔儲存查詢〕功能選項。

STEP 2　開啟〔另存新檔〕對話方塊後，即可為此次 Microsoft Query 的查詢定義儲存成查詢檔案，而其檔案屬性的附檔名為 .dqy。

STEP 3　點按〔存檔〕按鈕，順利將 Microsoft Query 所訂定的查詢準則儲存成查詢檔案。

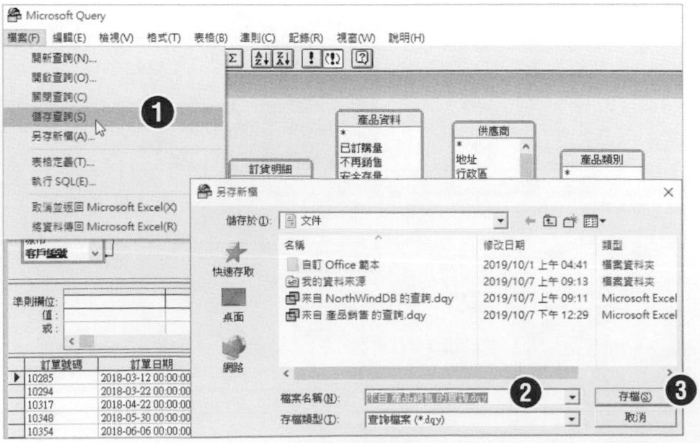

查詢結果傳回 Excel

當然，查詢的結果最終還是可以傳回 Excel 進行處理或分析，此時便可以藉由〔匯入資料〕對話方塊的操作，選擇要將查詢結果傳回 Excel 形成一張資料表格，或是做為樞紐分析的資料來源進行資料彙整及分析。

STEP 1 點按 Microsoft Query 視窗的〔檔案〕功能表。

STEP 2 點選〔將資料傳回 Microsoft Excel〕以結束並關閉 Microsoft Query 的操作。

STEP 3 回到 Excel 工作表畫面，並開啟〔匯入資料〕對話方塊，點選〔樞紐分析表〕選項來檢視此次的資料匯入。

STEP 4 點選〔目前工作表的儲存格〕選項。

STEP 5 將匯入的資料指定從儲存格 AI 開始。

STEP 6 點按〔確定〕按鈕。

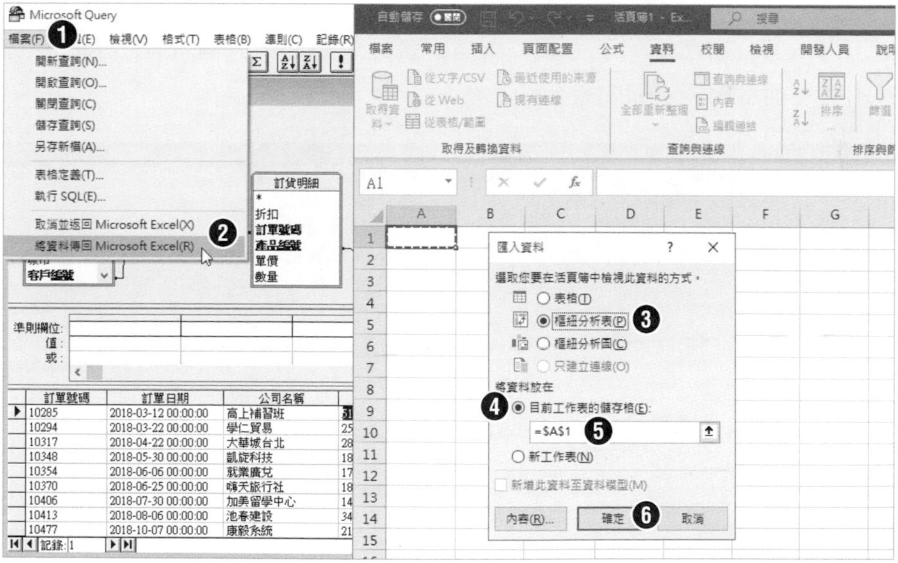

以查詢輸出為樞紐分析表為例，隨即便可以在工作表上，利用右側的〔樞紐分析表欄位〕工作窗格開始規劃您的樞紐分析表。看看，先前在 Microsoft Query 裡所建立的新計算欄位「小計」也列在其中喔！

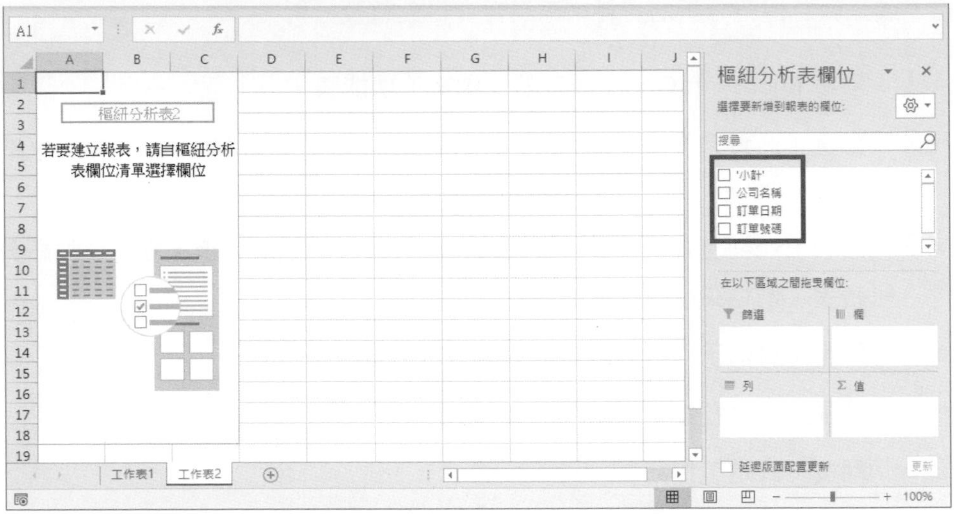

例如：每一家公司在每一年、每一季別的合計金額。關於樞紐分析表的操作請參考本書先前各相關章節的說明。

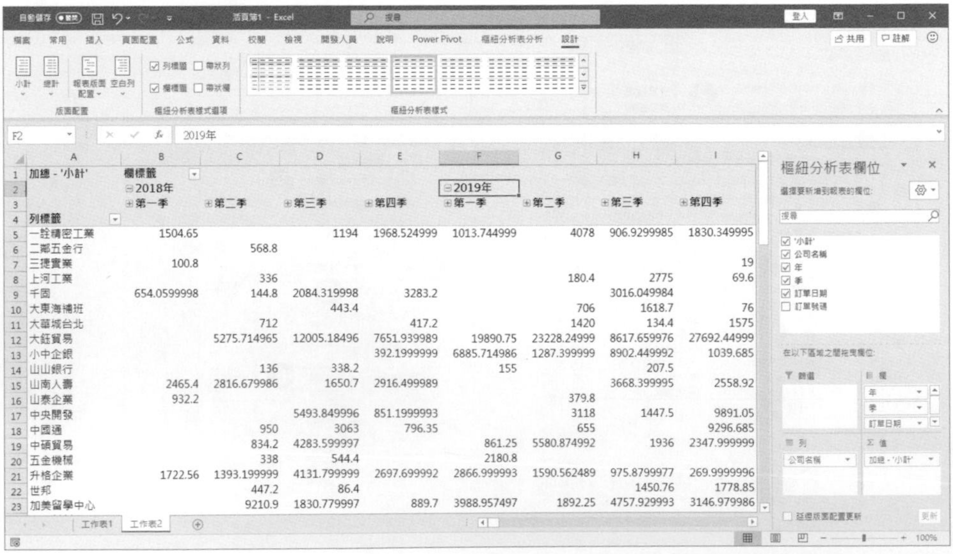

CHAPTER

8

Excel 與 SQL Server 和 OLAP 的連線

資料庫系統才是企業之間的存取資料、分享共用資料以及管理資料的主流。在種類繁多的主從式資料庫系統中，尤以 Microsoft SQL Server 這個後起之秀，異軍突起，廣受好評。在這個章節裡將以 Excel 與後端 SQL Server 資料庫伺服器的整合應用，為各位介紹如何利用 Excel 擷取 SQL 的資料進行數據分析。

8-1 與 SQL Server 的連線作業

SQL Server 是一個功能完備的資料庫平台，也提供了整合式商業智慧(BI)工具，擁有企業級的資料管理功能。在與中小型與中大型企業的資料庫系統運用中，不論是單一伺服器或伺服器陣列架構，都非常容易建置與管理。在 Excel 與 SQL Server 的連線操作上，我們可以區分為：建立連線檔案進行資料庫的匯入，或是建立連線及查詢的方式，來進行 SQL Server 的連線需求。

8-1-1 建立 SQL Server 連線檔案

在沒有使用 Power Query 以前，要在 Excel 裡匯入 SQL Server 資料庫，我們最常使用的方式便是透過外部資料連線的操作，來建立 SQL Server 連線檔案並選擇所要使用的資料庫。以 Excel 2016 或更早以前的 Excel 版本，操作程序如下：

STEP 1 點按〔資料〕索引標籤。

STEP 2 點按〔取得外部資料〕群組裡的〔從其他來源〕命令按鈕。

STEP 3 從下拉式選單中點選〔從 SQL Server〕功能選項。

STEP 4 開啟〔資料連線精靈〕對話方塊後，輸入您想要連線的 SQL Server 之伺服器名稱或 IP 位址。

STEP 5 選擇登入方式，輸入資料庫連線的使用者名稱與密碼。

STEP 6 點按〔下一步〕按鈕。

> **TIPS**
>
> 由於本章節實作是連線 SQL 伺服器與雲端的環境，使用者並無法連線到作者的環境，因此，章節裡涉獵到的資料庫內容，作者亦以 Access 的.accdb 檔案格式分享給讀者，可以讓大家導入至貴單位的伺服器，或者也可以直接以.accdb 檔案進行實作。

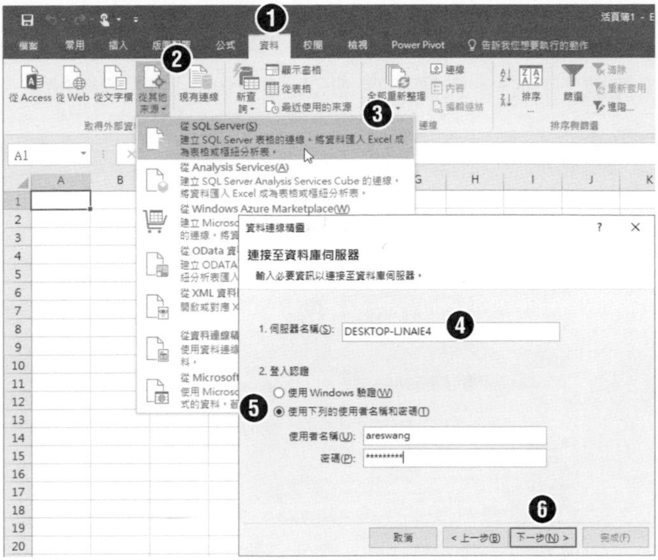

STEP 7 連上 SQL Server 後，利用下拉式選項按鈕挑選想要開啟的資料庫，例如：〔CANDY〕資料庫。

STEP 8 勾選〔連接至指定的表格〕核取方塊。

STEP 9 勾選〔啟用選取多個表格〕核取方塊。

STEP 10 點選想要匯入的資料表或檢視，例如：勾選〔供應商〕以及〔客戶基本資料〕這兩張資料表。

STEP 11 點按〔下一步〕按鈕。

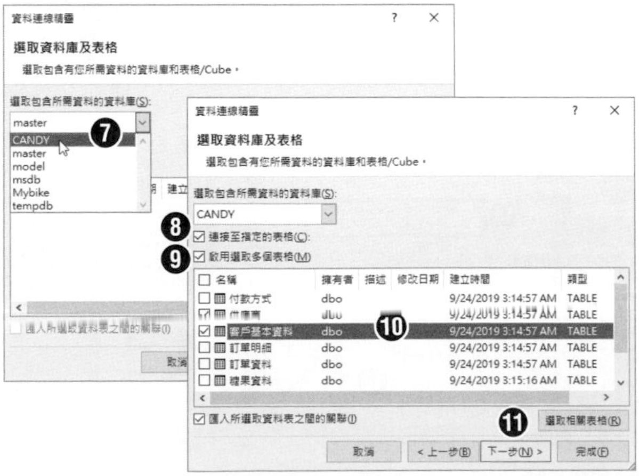

STEP 12 完成 SQL Server 連線設定即成為一個 .odc 的連線檔案。

STEP 13 點按〔完成〕按鈕，這個指定 SQL Server 資料庫裡的資料表之連線就大功告成了～

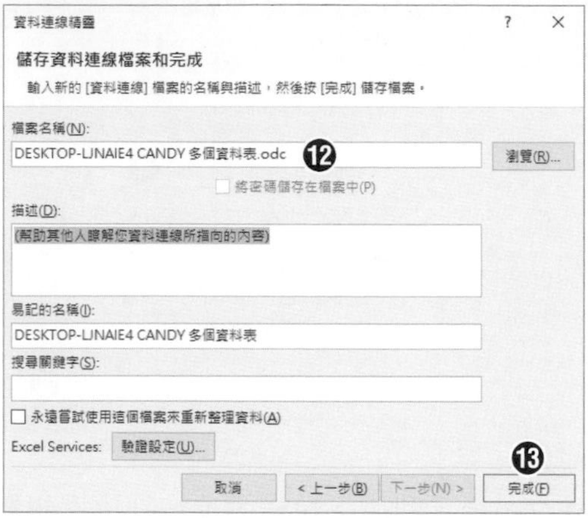

STEP 14 回到 Excel 畫面，在〔匯入資料〕對話方塊裡點選〔表格〕選項。

STEP 15 點按〔確定〕按鈕。

STEP 16 隨即進行資料的擷取，指定的 SQL Server 之〔CANDY〕資料庫裡的〔供應商〕資料表與〔客戶基本資料〕資料表，便完整的匯入並存放在兩張獨立的工作表上。

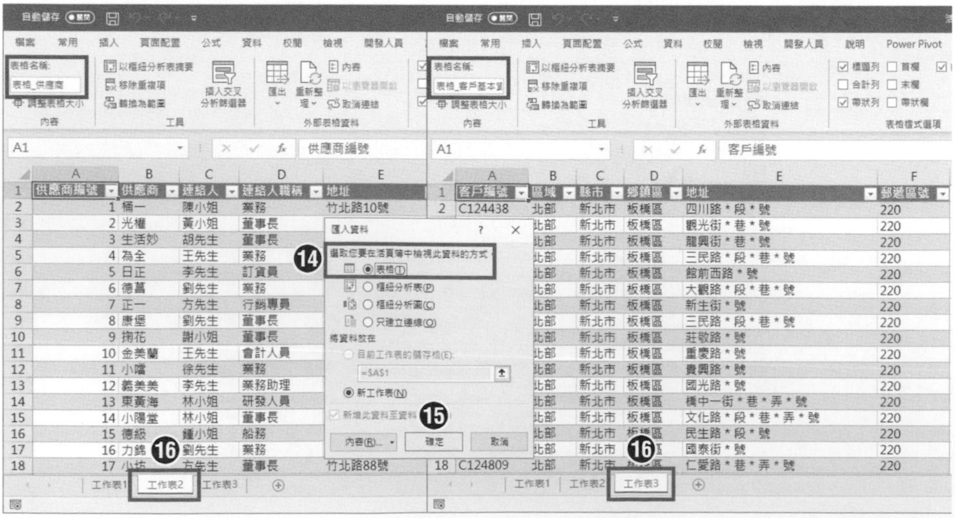

8-1-2 使用 SQL Server 現有連線檔案

透過資料連線精靈的操作，連線至 SQL Server 資料庫，將建立附屬檔案名稱為 .odc 的連線檔案，通常這個連線檔案的名稱為伺服器名稱加上資料庫名稱與所連結的資料表或查詢名稱，爾後便可以在其他工作表或其他活頁簿檔案中，重複使用這個連線檔案，進行資料庫的連線與匯入相關資料。

STEP 1 開啟新的活頁簿檔案後，點按〔資料〕索引標籤。

STEP 2 點按〔取得外部資料〕群組裡的〔現有連線〕命令按鈕。

STEP 3 開啟〔現有連線〕對話方塊後，點按〔連線〕索引頁籤。

STEP 4 即可在〔這部電腦上的連線檔案〕類別下，看到先前所建立的 SQL Server 資料庫連線檔案，請點選此連線檔案。

STEP 5 點按〔開啟〕按鈕。

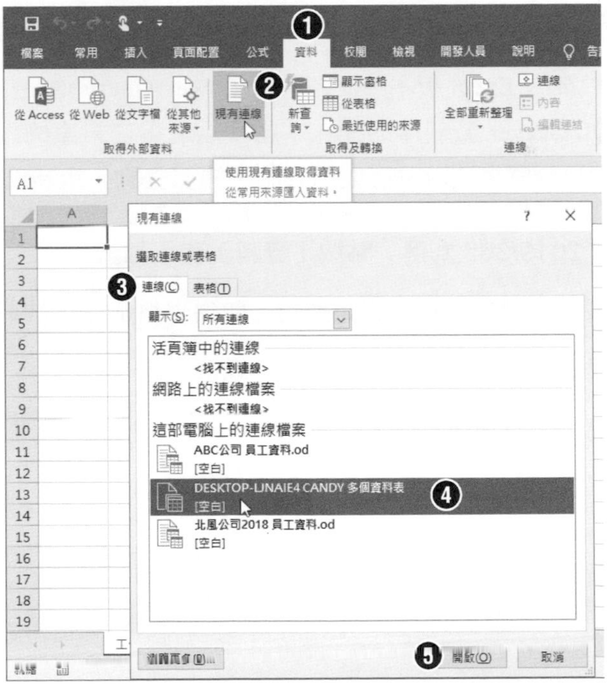

STEP 6　回到 Excel 畫面即可在開啟的〔匯入資料〕對話方塊裡點選匯入資料的顯示方式，例如：選擇〔表格〕選項並按下〔確定〕按鈕。

STEP 7　隨即匯入資料，成為 Excel 資料表格。

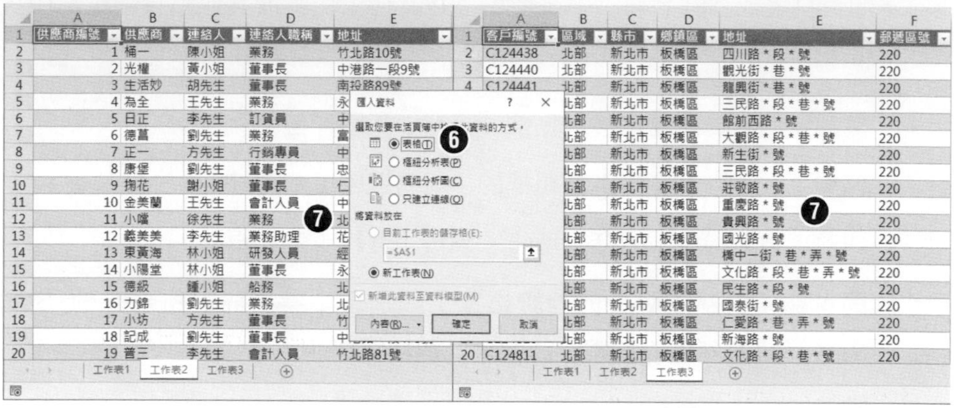

8-1-3 使用 Power Query 建立 SQL Server 資料庫查詢

從 Excel 2016 以後的 Excel 版本，便內建了 Power Query 增益集功能，此時，透過連線至 SQL Server 資料庫的操作，將可以取得資料庫的內容並建立查詢檔案，如此將有利於爾後隨時重複使用查詢、編輯查詢、重新載入查詢結果。

STEP 1　以 Excel 2019/365 為例，點按〔資料〕索引標籤。

STEP 2　點按〔取得及轉換資料〕群組裡的〔取得資料〕命令按鈕。

STEP 3　從下拉式選單中，點選〔從資料庫〕功能選項。

STEP 4　再從展開的副選單中點選〔從 SQL Server 資料庫〕功能選項。

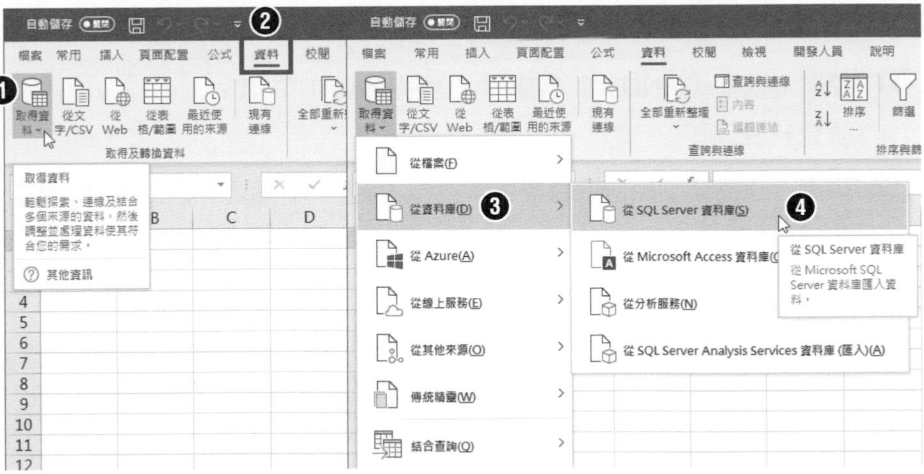

STEP **5** 開啟〔SQL Server 資料庫〕連線對話方塊，在伺服器文字方塊裡，輸入 SQL Server 伺服器名稱或 IP 位址。

STEP **6** 點按〔確定〕按鈕。

STEP **7** 選擇登入方式，請點選〔Windows〕選項。

STEP **8** 輸入資料庫連線的使用者名稱與密碼。

STEP **9** 點按〔連接〕按鈕。

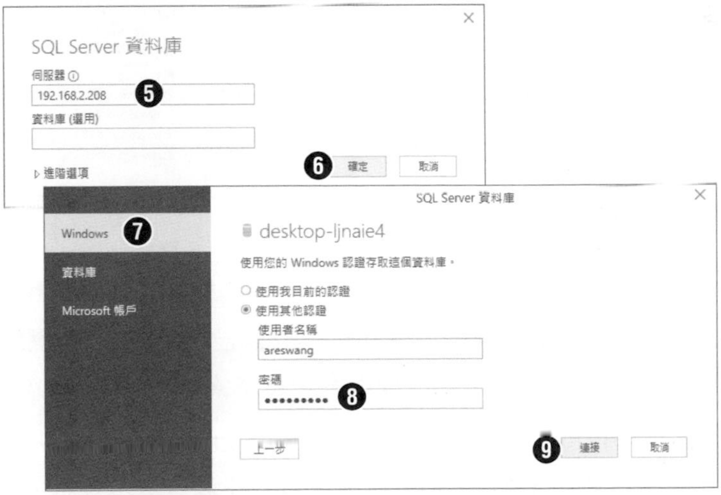

STEP 10 開啟〔導覽器〕對話方塊，勾選〔選取多重項目〕核取方塊。

STEP 11 點選並展開 CANDY 資料庫(中括號裡的數字 8 代表此資料庫裡內含 8 張資料表)。

STEP 12 勾選〔供應商〕核取方塊與〔客戶基本資料〕核取方塊，同時選取這兩張資料表。

STEP 13 在此可預覽所點選的資料表內容。

STEP 14 點按〔載入〕按鈕。

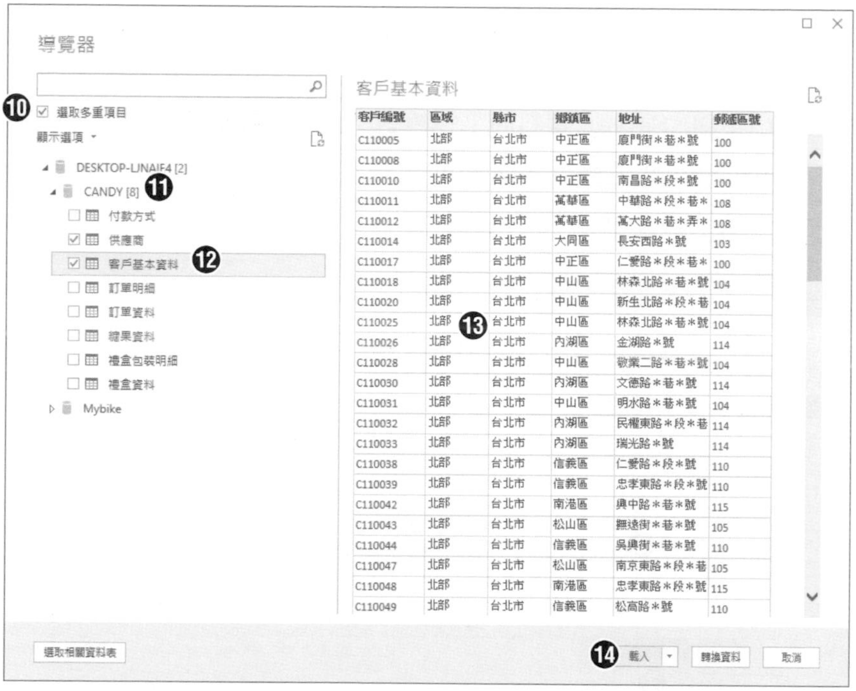

STEP 15 回到 Excel 工作表，在畫面右側〔查詢與連線〕工作窗格裡可以看到所建立完成的兩個查詢檔案，分別可以查詢已連線匯入的兩張來自 SQL Server 資料庫的資料表(供應商與客戶基本資料)。

STEP 16 滑鼠游標停在供應商資料表的查詢檔案名稱時，會彈跳出此資料表的預覽，以及上次重新整理、載入狀態、資料來源等基本資訊，點按底部的〔...〕按鈕，可以選擇此查詢後續處理。例如：點按〔載入至〕功能選項。

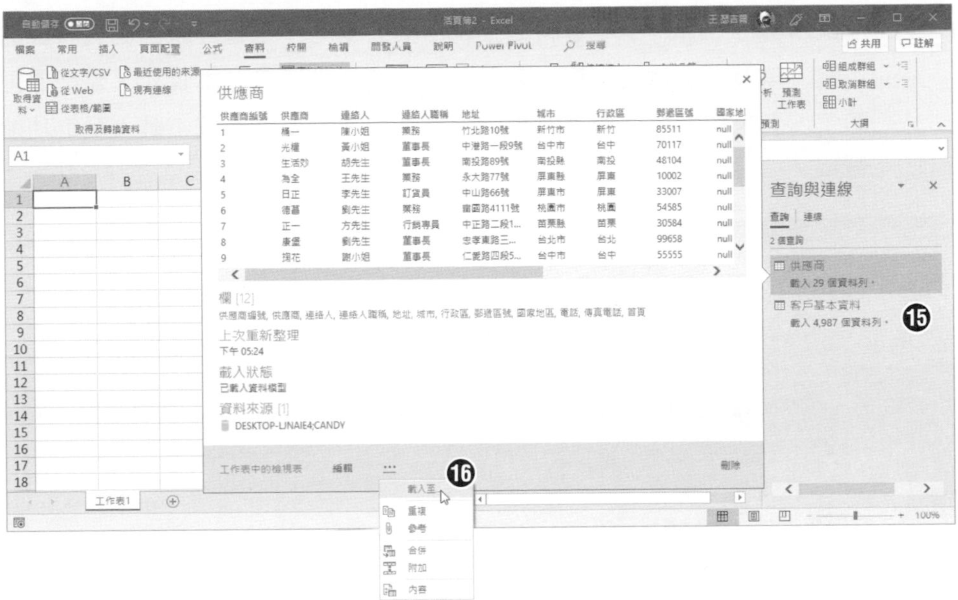

STEP 17 立即開啟〔匯入資料〕對話方塊，點選檢視此〔供應商〕資料表的方式，例如：選擇〔表格〕選項。

STEP 18 在此可以透過〔新增此資料至資料模型〕核取方塊的勾選，來決定是否要將此資料表匯入至資料模型裡。

STEP 19 點選〔目前工作表的儲存格〕選項，並設定將匯入的資料指定從儲存格 A1 開始存放，最後按下〔確定〕按鈕。

STEP 20 匯入的〔供應商〕資料將以資料表格式置放在 Excel 工作表上。

STEP 21 滑鼠游標停在客戶基本資料的查詢檔案名稱時，也會彈跳出此資料表的預覽，以及上次重新整理、載入狀態、資料來源等基本資訊，點按底部的〔...〕按鈕，可以選擇此查詢後續處理。例如：點按〔載入至〕功能選項。

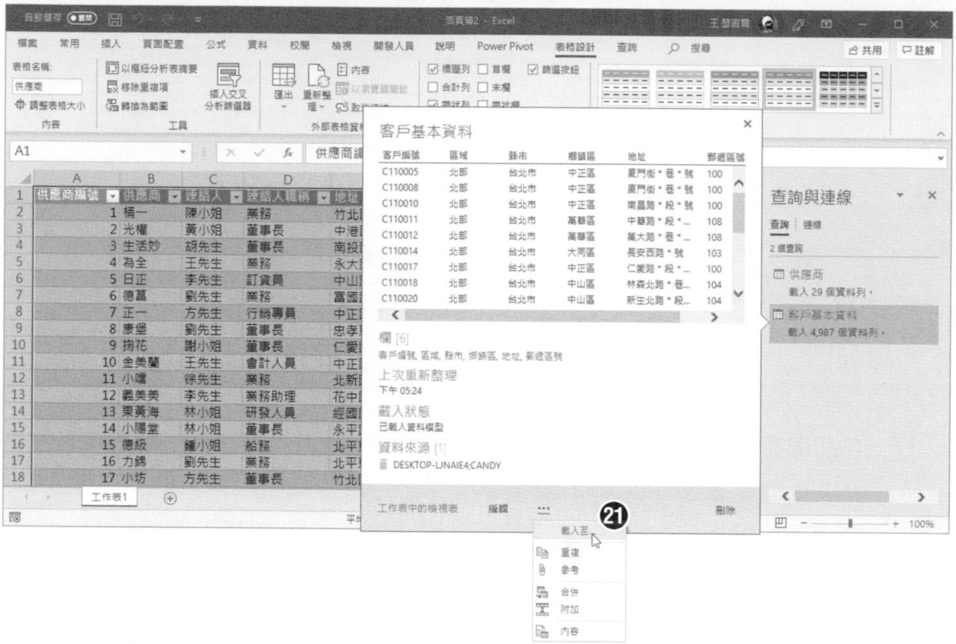

STEP 22 立即開啟〔匯入資料〕對話方塊，點選檢視此〔客戶基本資料〕資料表的方式，例如：選擇〔表格〕選項。

STEP 23 在此可以透過〔新增此資料至資料模型〕核取方塊的勾選，來決定是否要將此資料表匯入至資料模型裡。

STEP 24 點選〔新工作表〕選項，最後按下〔確定〕按鈕。

STEP 25 匯入的〔客戶基本資料〕資料將以資料表格式置放在 Excel 工作表上。

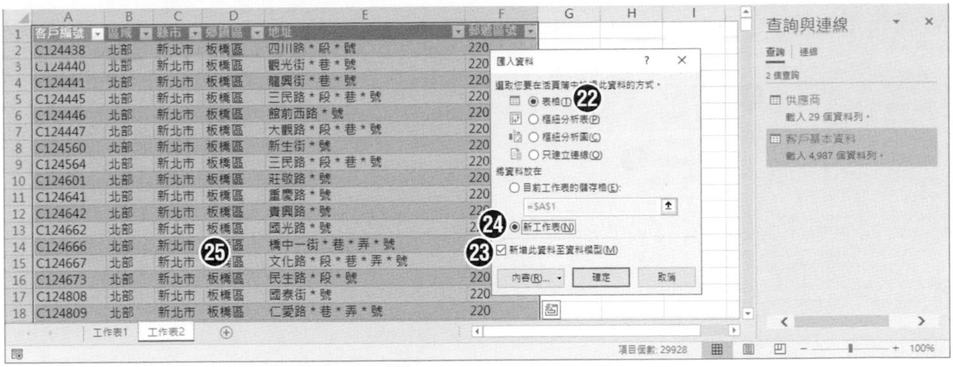

其實，在〔導覽器〕對話的操作階段，除了可以點選 SQL Server 伺服器裡的資料庫並勾選、預覽所要處理的資料表外，也可以同時載入多張資料表，並建立資料模型以利後續的使用。

STEP 1 延續前例在連線至 SQL Server 伺服器並開啟〔導覽器〕對話方塊後，勾選〔選取多重項目〕核取方塊。

STEP 2 點選並展開 CANDY 資料庫。

STEP 3 勾選〔客戶基本資料〕、〔訂單明細〕、〔訂單資料〕與〔禮盒資料〕等核取方塊，同時選取這四張資料表。

STEP 4 點按〔導覽器〕對話方塊底部〔匯入〕按鈕右側的倒三角形下拉式選項按鈕。

STEP 5 從展開的功能選單中點選〔載入至〕功能選項。

STEP 6 開啟〔匯入資料〕對話方塊，點選〔樞紐分析表〕選項。

STEP 7 由於選取了多張資料表並且要進行樞紐分析表的製作，因此，會自動勾選〔新增此資料至資料模型〕核取方塊。

STEP 8 點選〔新工作表〕選項，最後按下〔確定〕按鈕。

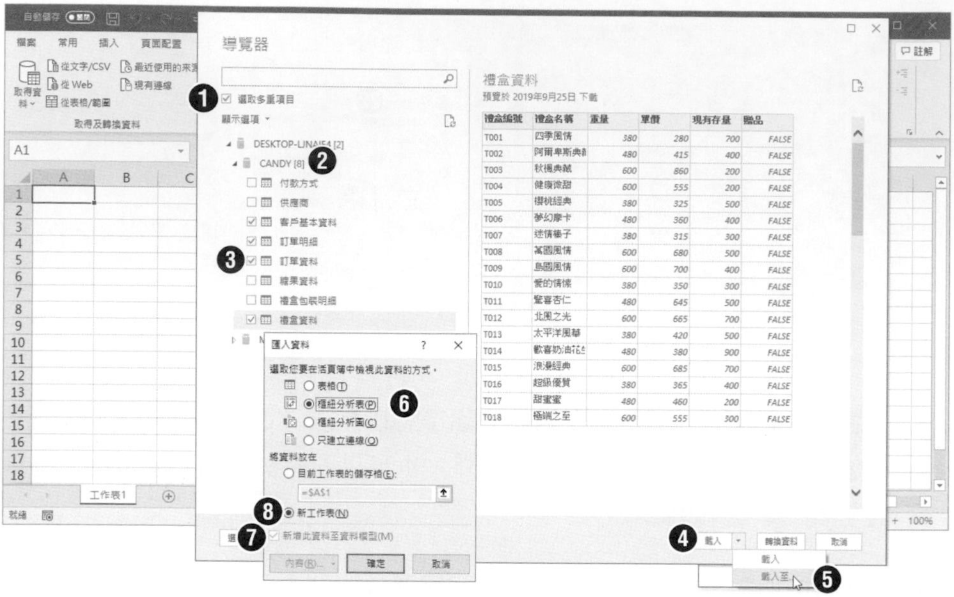

STEP 9 回到 Excel 工作表，立即在工作表左側建構出新的樞紐分析表。

STEP 10 在畫面右側〔查詢與連線〕工作窗格裡可以看到所建立完成的四個查詢檔案，分別可以查詢已連線匯入的四張來自 SQL Server 資料庫的資料表。

STEP 11 畫面最右側則是〔樞紐分析表欄位〕工作窗格，顯示著四張資料表的資料欄位，讓您可以進行樞紐分析表的製作。

STEP 12 拖曳〔區域〕資料欄位與〔縣市〕資料欄位至〔列〕區域。

STEP 13 拖曳〔年〕資料欄位至〔欄〕區域。

STEP 14 拖曳〔數量〕資料欄位至〔Σ 值〕區域。

STEP 15 完成了樞紐分析表的製作，但是結果好像怪怪的。

STEP 16 原來是匯入的四張資料表並未建立適當的關聯，〔樞紐分析表欄位〕工作窗格裡也顯示著可能需要建立表格關聯的訊息，並提供〔自動偵測〕的按鈕，請點按此按鈕。

STEP 17 隨即自動偵測並嘗試建立資料表之間的關聯性。

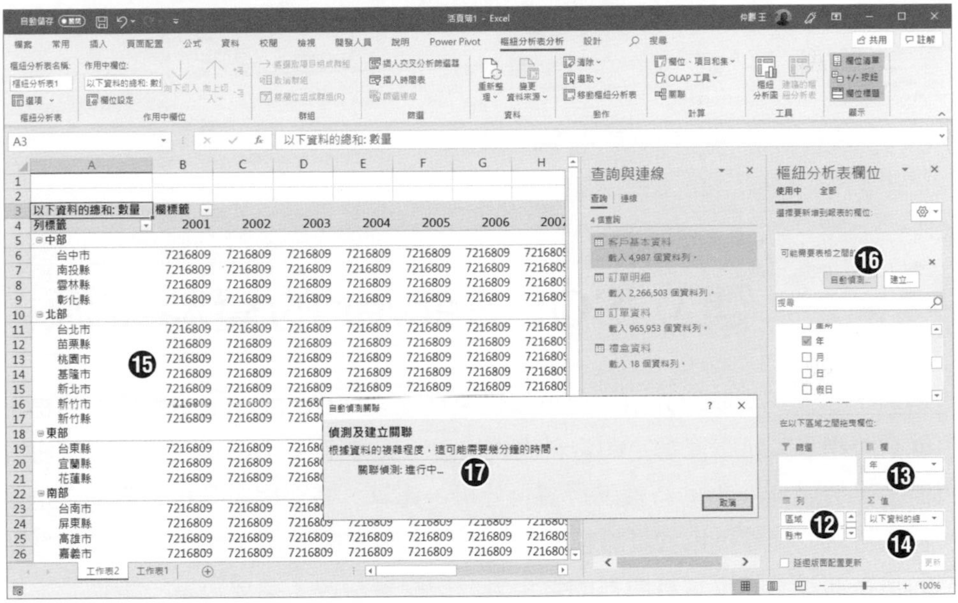

STEP 18 順利完成資料表之的關聯性，點按〔關閉〕按鈕。

STEP 19 樞紐分析表的結果也就正確無誤了！

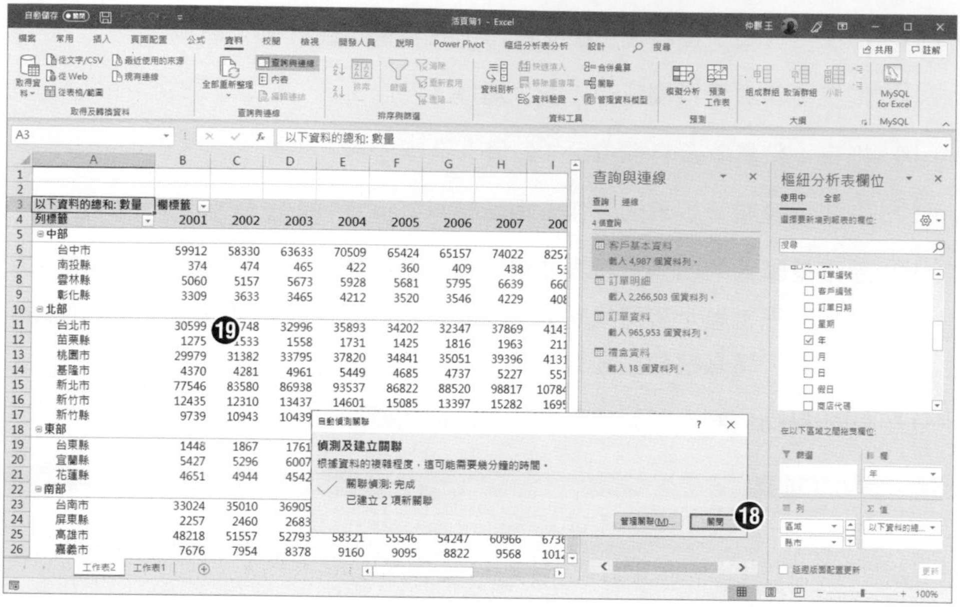

8-2 建立 SQL Server 的資料來源

透過前一節的逐步演練介紹，您可以快速地建立 SQL Server 資料庫的連線，也就是將指定資料庫裡選定的資料表或檢視，直接匯入 Excel 工作表或樞紐分析表，再透過 Excel 的特性進行資料分析、運算，甚至樞紐分析。但是，這是一種資料庫的連線，也就是將整張資料表或查詢直接匯入 Excel 裡，如果您期望的是在連線到指定資料庫裡的資料表或檢視資料後，還要再進一步地設定篩選規範，以查詢出符合特定條件的資料記錄，那麼就如同前一章節討論 MySQL 的資料來源與連線操作一般，藉由 SQL Server 資料來源的建立與查詢精靈的對話操作來幫忙！或者使用 Excel BI 裡的 Power Query 及 Power Pivot 也可以。由於 Excel BI 的議題不在本書的範疇，因此，在此章節中，我們就先了解如何在 Excel 操作環境中，建立連結 SQL Server 資料庫的資料來源，然後，再根據這個資料來源，使用查詢精靈連結 SQL Server 資料庫的多張資料表來建立樞紐分析表。

8-2-1 建立連結 SQL Server 資料庫的資料來源

若要利用 Excel 2016 擷取 SQL Server 資料庫的資料並進行〔查詢精靈〕或〔Microsoft Query〕的操作來篩選資料欄位與資料記錄，可以先建立外部資料的資料來源連線設定，接著再進行〔查詢精靈〕即可！

STEP 1　以 Windows 10 作業系統為例，點按左下方的 Windows 標誌按鈕。

STEP 2　從展開的功能選單中點選齒輪形狀的〔設定〕選項。

STEP 3　開啟〔Windows 設定〕視窗，可在查詢文字方塊裡輸入關鍵字「ODBC」。

STEP 4　顯示相關的選單後，點選〔ODBC 資料來源(64 位元)〕。

STEP 5 開啟〔ODBC 資料來源管理員(64 位元)〕對話方塊，點按〔使用者資料來源名稱〕索引頁籤。

STEP 6 點按〔新增〕按鈕。

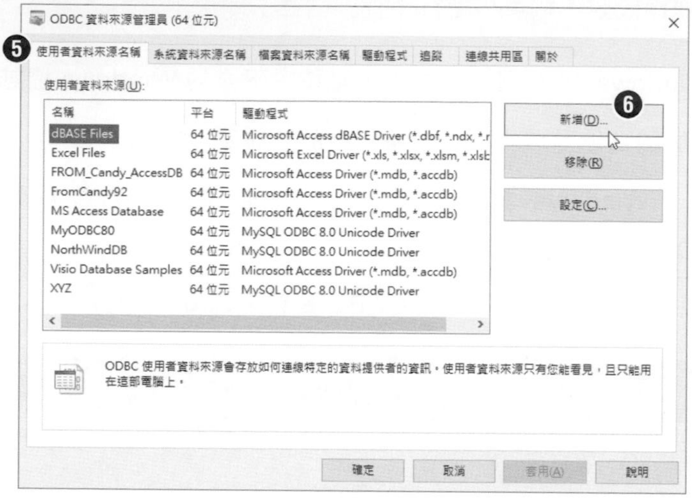

STEP 7 開啟〔建立新資料來源〕對話方塊，點選〔SQL Server〕驅動程式選項。

STEP 8 點按〔完成〕按鈕。

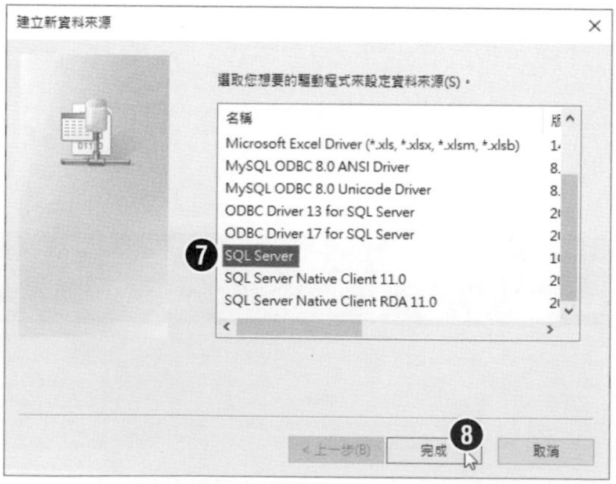

STEP 9　開啟〔建立新的資料來源至 SQL Server〕對話方塊，在此輸入自訂的資料來源名稱，例如：「FromSQLAdventureWorks2017」。

STEP 10　在此輸入要連線的 SQL Server 伺服器的名稱或網址。

STEP 11　點按〔下一步〕按鈕。

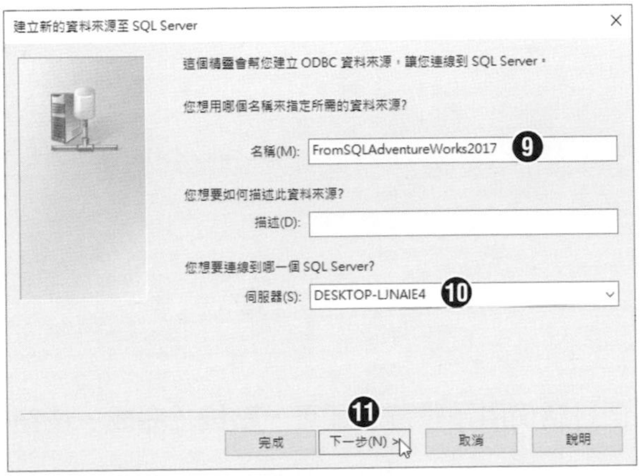

STEP 12　在此選擇 SQL Server 的登入方式，例如：點選〔以網路登入識別碼進行 Windows NT 帳戶驗證〕選項。

STEP 13　點按〔下一步〕按鈕。

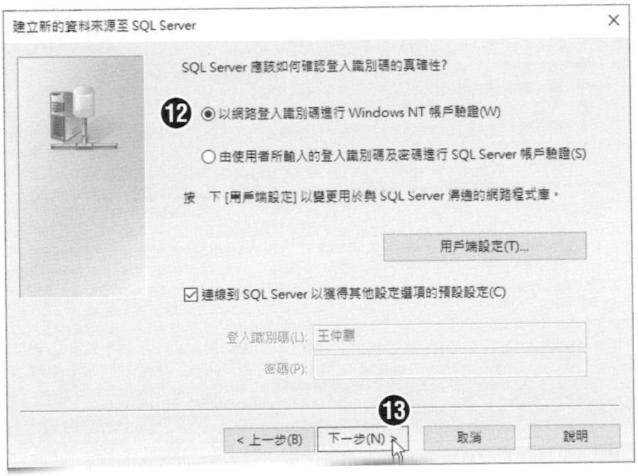

STEP 14 輸入所要連線使用的資料庫名稱，例如：「AdventureWorks2017」。

STEP 15 點按〔下一步〕按鈕。

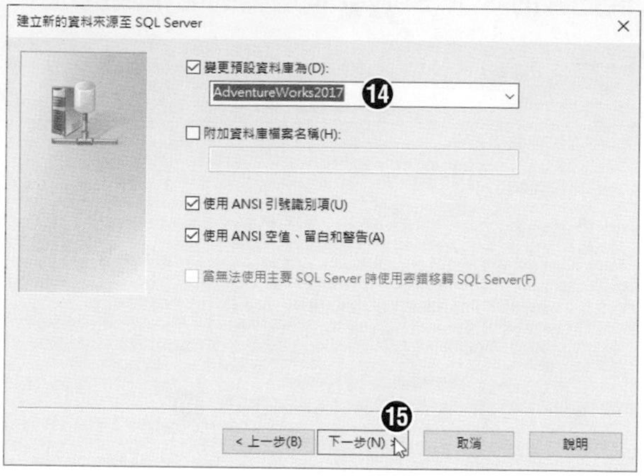

STEP 16 在最後這個對話使用預設選項即可，點按〔完成〕按鈕。

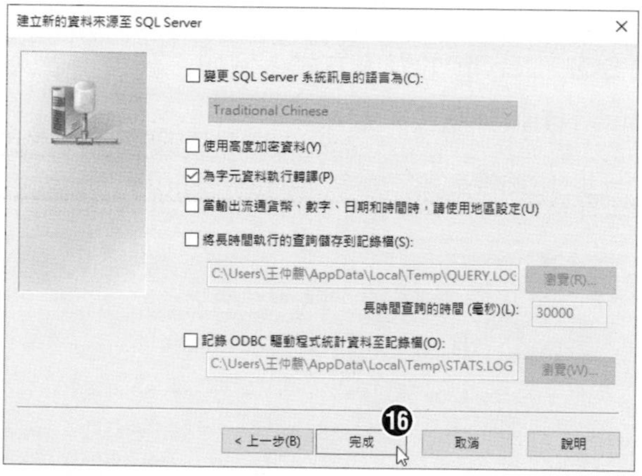

STEP 17 在〔ODBC Microsoft SQL Server 設定〕對話方塊，顯示了剛剛對話過程中的選擇，點按〔確定〕按鈕。

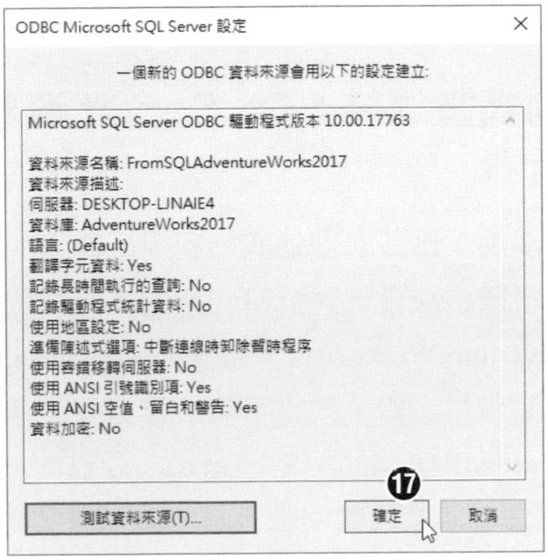

STEP 18 回到〔ODBC 資料來源管理員(64 位元)〕對話方塊，在〔使用者資料來源名稱〕索引頁籤裡已經看到建立完成可連線到 SQL Server 資料庫的資料來源「FromSQLAdventureWorks2017」。

STEP 19 點按〔確定〕按鈕。

經由上述的操作程序即可完成連線到 SQL Server〔AdventureWorks2017〕資料庫的資料來源之建立。爾後包含 Excel 或其他應用程式，便可以利用此資料來源進行〔AdventureWorks2017〕資料庫的連線與存取。

8-2-2 使用查詢精靈連結 SQL Server 資料庫建立樞紐分析表

延續前一小節的範例演練，以下我們就開始利用所建立的資料來源，透過查詢精靈的操作，擷取資料庫中來自不同資料表裡的資料欄位，進行樞紐分析表的建立。例如：在〔AdventureWorks2017〕資料庫裡的〔SalesOrderHeader〕資料表裡記載了數萬筆交易資料記錄，描述著每一筆訂單交易的日期(OrderDate)、運送方式代號(ShipMethodID)、小計(SubTotal)、稅(TaxAmt)、運費(Freight)以及合計(TotalDue)。而每一筆交易的明細資料，諸如買了哪些商品(ProductID)以及其單價(UnitPrice)和數量(OrderQty)等資訊，皆是儲存在〔SalesOrderDetail〕資料表裡，不過，也僅記錄交易商品的代號。至於確實的商品名稱與規格皆記錄在〔Product〕資料表內。

想想，這麼多筆交易明細資料記錄，全部匯入至 Excel 工作表後再處理，實在沒有效率！況且，所需的資訊也不見得都位於同一張資料表裡。因此，透過 SQL Server 資料來源的建立與查詢精靈的對話操作，進行某些交易記錄與商品交易資訊的篩選，再將查詢結果匯入到 Excel 工作表來進行更進一步的樞紐分析，將是最適當不過的解決方案了！

以下的練習中，我們將使用前一小節所建立的資料來源，規劃根據此資料來源來擷取 SQL Server 資料庫裡的〔AdventureWorks2017〕資料庫，並建立如下資料表與欄位的查詢：

資料表名稱	篩選欄位
〔SalesOrderHeader〕	訂單編號(SalesOrderID)、訂單交易的日期(OrderDate) 運送方式代號(ShipMethodID)、運費(Freight) 合計(TotalDue)
〔SalesOrderDetail〕	商品(ProductID)、數量(OrderQty)
〔Product〕	商品名稱(Name)

STEP 1 點按〔資料〕索引標籤。

STEP 2 點按〔取得及轉換資料〕群組的〔取得資料〕命令按鈕。

STEP 3 從下拉式選單中，點選〔從其他來源〕功能選項。

STEP 4 再從展開的副選單中點選〔從 Microsoft Query〕功能選項。

STEP 5 開啟〔選擇資料來源〕對話方塊後，點選〔資料庫〕索引頁籤裡的〔FromSQLAdventureWorks2017*〕資料來源選項。

STEP 6 此次我們想透過查詢精靈的對話進行資料來源的選擇，因此，請勾選〔使用查詢精靈來建立編輯查詢〕核取方塊，然後按〔確定〕按鈕。

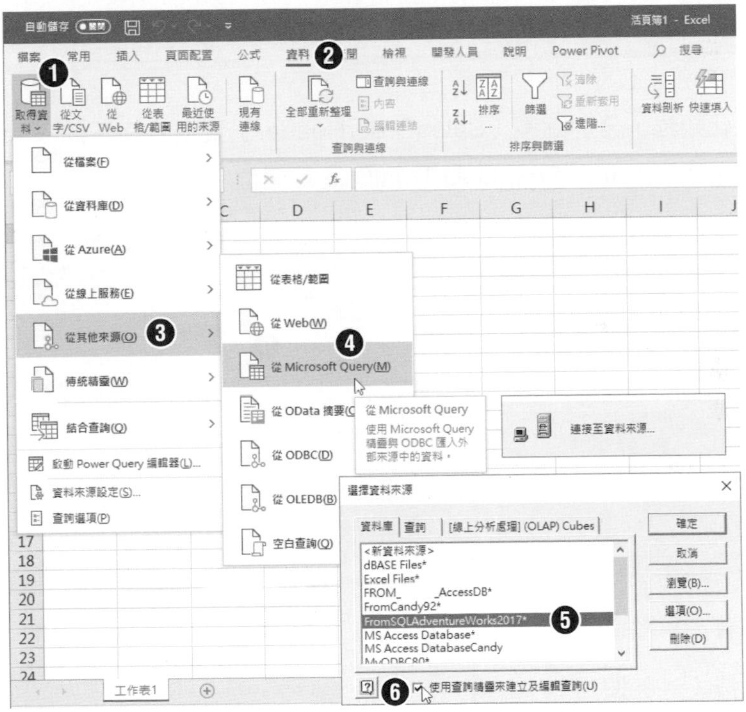

STEP 7 進入〔查詢精靈 - 選取資料欄〕對話方塊，從展開的〔SalesOrderHeader〕底下點選 SalesOrderID 欄位。

STEP 8 點按〔 > 〕按鈕。

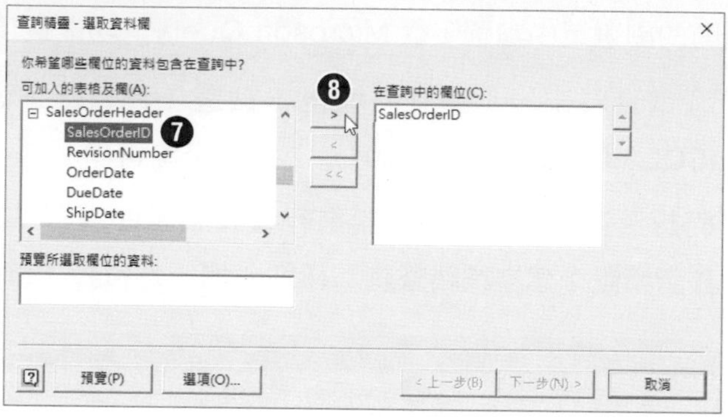

STEP 9 依此類推，分別篩選〔SalesOrderHeader〕資料表底下的 OrderDate、ShipMethodID、Freight 和 TotalDue 等欄位。

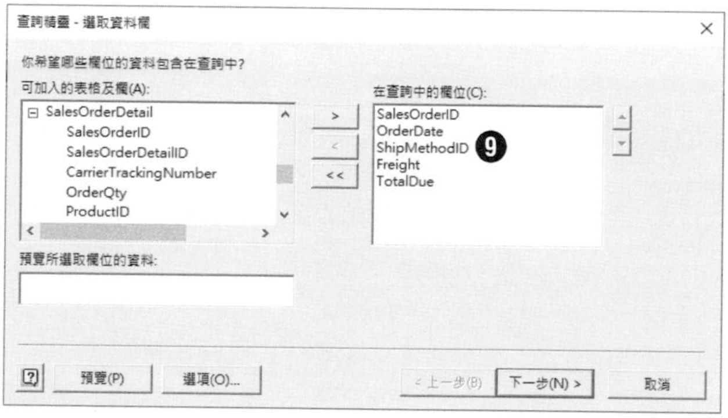

STEP 10 接著，再點選〔SalesOrderDetail〕資料表底下的 ProductID 欄位。

STEP 11 點按〔 > 〕按鈕。

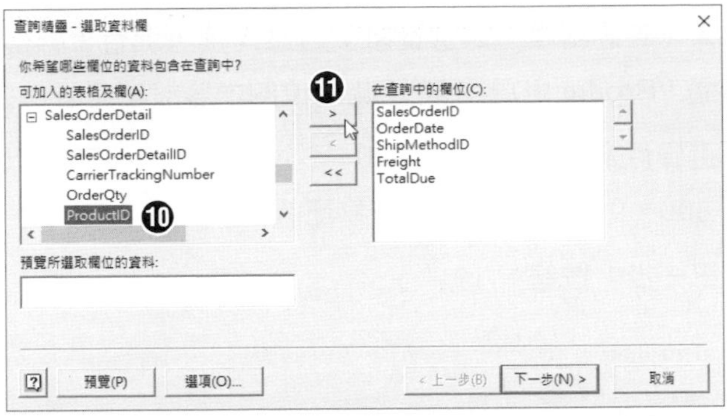

STEP 12 然後，再加入〔SalesOrderDetail〕資料表底下的 OrderQty 欄位。

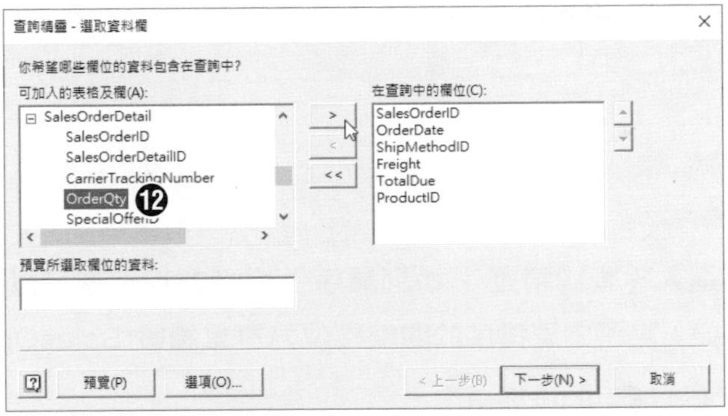

STEP 13 最後，點選〔Product〕資料表底下的 Name 欄位。

STEP 14 點按〔 > 〕按鈕，選擇該欄位。

STEP 15 點按〔下一步〕按鈕。

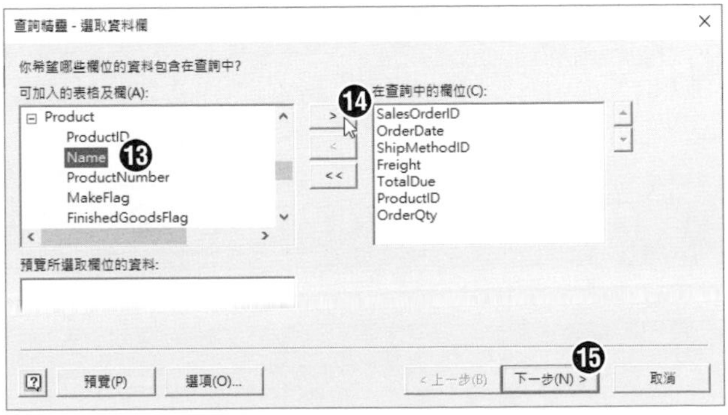

STEP 16 接著進入〔查詢精靈 - 篩選資料〕對話方塊，進行資料記錄的篩選。例如：點選〔ProductID〕，依據此欄位的內容設定想要篩選的資料。

STEP 17 設定篩選條件為大於或等於 800 且小於或等於 950，以篩選出商品代號介於 800～950 之間的商品交易記錄。

STEP 18 點按〔下一步〕按鈕。

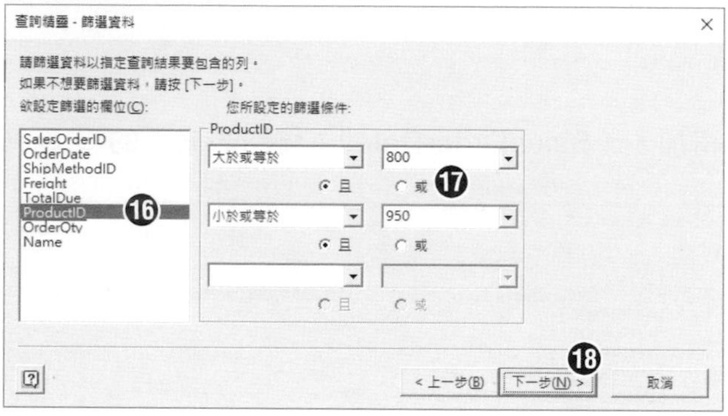

STEP 19 然後，進入〔查詢精靈 - 排列順序〕對話方塊，您可以決定是否要排序。例如：點選主要排序的關鍵欄位為訂單編號(SalesOrderID)。

STEP 20 設定為〔遞增〕的排列順序。

STEP 21 點按〔下一步〕按鈕。

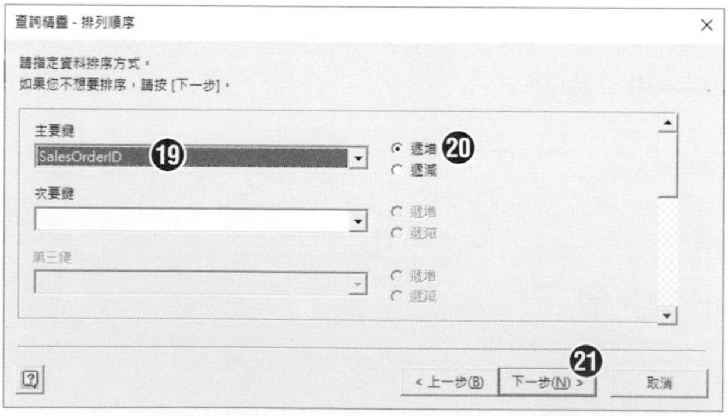

STEP 22 點按〔將資料傳回 Microsoft Excel〕選項。

STEP 23 點按〔完成〕按鈕。

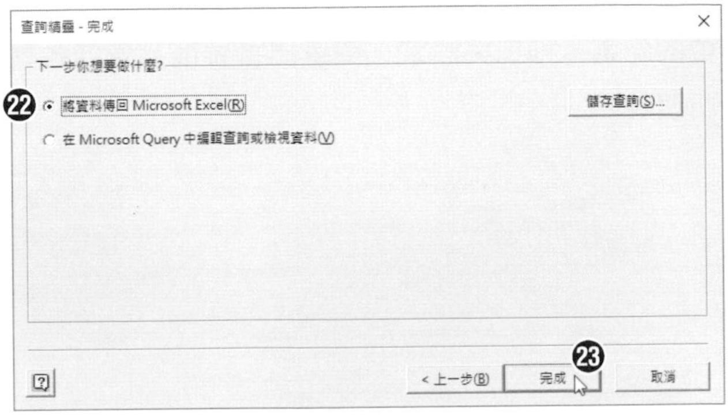

STEP 24 回到 Excel 工作表畫面，並開啟〔匯入資料〕對話方塊，點選〔樞紐分析表〕選項來檢視此次的資料匯入。

STEP 25 點選〔目前工作表的儲存格〕選項，並設定將匯入的資料指定從儲存格 AI 開始存放。

STEP 26 點按〔確定〕按鈕。

STEP 27 立即在工作表上建立樞紐分析表結構，視窗右側〔樞紐分析表欄位〕窗格上方即為來自 SQL Server〔Adventure Works2017〕資料庫裡符合篩選欄位的各個資料欄位。

STEP 28 透過欄位的勾選、拖曳與設定，篩選出各種商品各年各季的銷售數量之樞紐分析報表。

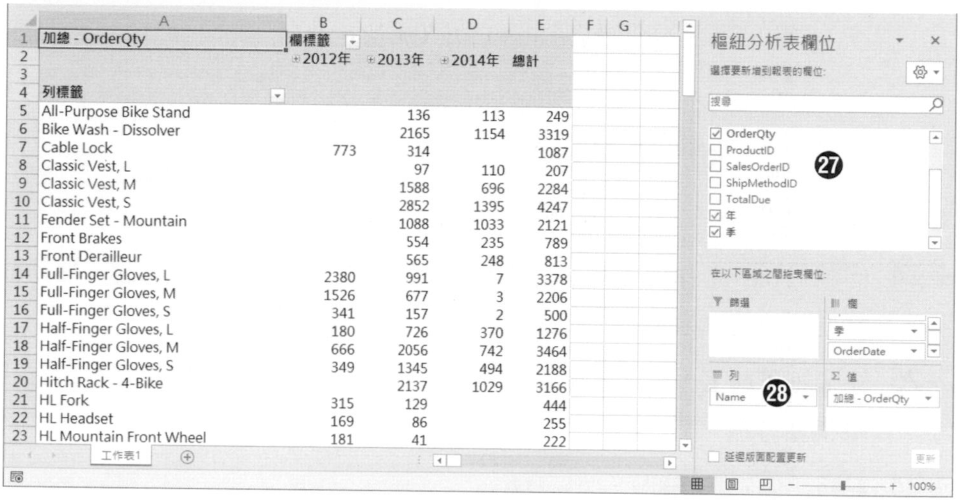

加總 - OrderQty	欄標籤			
列標籤	2012年	2013年	2014年	總計
All-Purpose Bike Stand		136	113	249
Bike Wash - Dissolver		2165	1154	3319
Cable Lock	773	314		1087
Classic Vest, L		97	110	207
Classic Vest, M		1588	696	2284
Classic Vest, S		2852	1395	4247
Fender Set - Mountain		1088	1033	2121
Front Brakes		554	235	789
Front Derailleur		565	248	813
Full-Finger Gloves, L	2380	991	7	3378
Full-Finger Gloves, M	1526	677	3	2206
Full-Finger Gloves, S	341	157	2	500
Half-Finger Gloves, L	180	726	370	1276
Half-Finger Gloves, M	666	2056	742	3464
Half-Finger Gloves, S	349	1345	494	2188
Hitch Rack - 4-Bike		2137	1029	3166
HL Fork	315	129		444
HL Headset	169	86		255
HL Mountain Front Wheel	181	41		222

8-3 一次匯入多張資料表的處理

在關聯式資料庫中，基於資料正規化的設計，部份資料欄位也會同時儲存在不同的資料表內，再透過主索引進行資料表的關聯。因此，在資料查詢的實務需求上，經常會連線資料庫裡多張資料表，進行查詢與篩選。您可以一次匯入多張資料表至 Excel，再個別處理各資料表內容；亦可在匯入多張資料表裡的多項資料欄位後進行樞紐分析表的建立。此章節所使用的實作範例為儲存在 SQL Server 裡的〔CANDY〕資料庫，此資料庫包含了多張資料表，描述糖果禮盒公司的客戶交易記錄與禮盒基本資料。

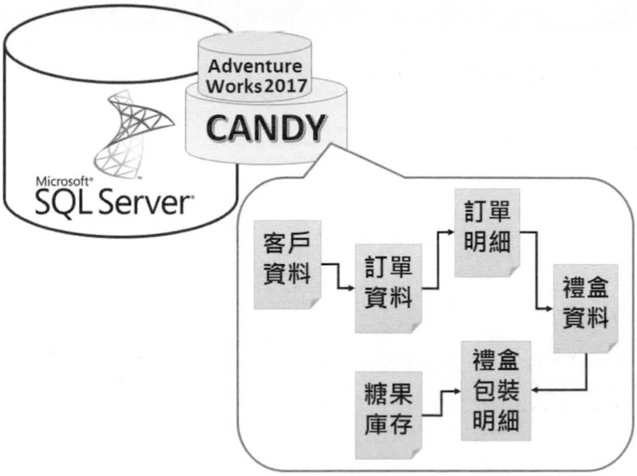

8-3-1 建立匯入多張資料表的連線

如同第 7-3 節所介紹的議題，使用 Excel 的〔資料連線精靈〕連線至 SQL Server 資料庫時，可以選擇多張資料表，一次匯入 Excel 工作表中，自動形成一張張的資料表並分別獨立存放在各個新工作表內。當然，這一切還是必須從建立 SQL Server 連線檔案的操作開始。

STEP 1　開啟新的活頁簿檔案後，點按〔資料〕索引標籤。

STEP 2　點按〔取得及轉換資料〕群組裡的〔取得資料〕命令按鈕。

STEP 3　從展開的功能選單中點選〔傳統精靈〕(若沒有此選項，請參考 7-1-5 節的說明)。

STEP 4　再從直展開的副選單中點選的〔從資料連線精靈 (舊版)〕功能選項。

STEP 5　開啟〔資料連線精靈〕對話方塊後，點選〔Microsoft SQL Server〕選項。

STEP 6　點按〔下一步〕按鈕。

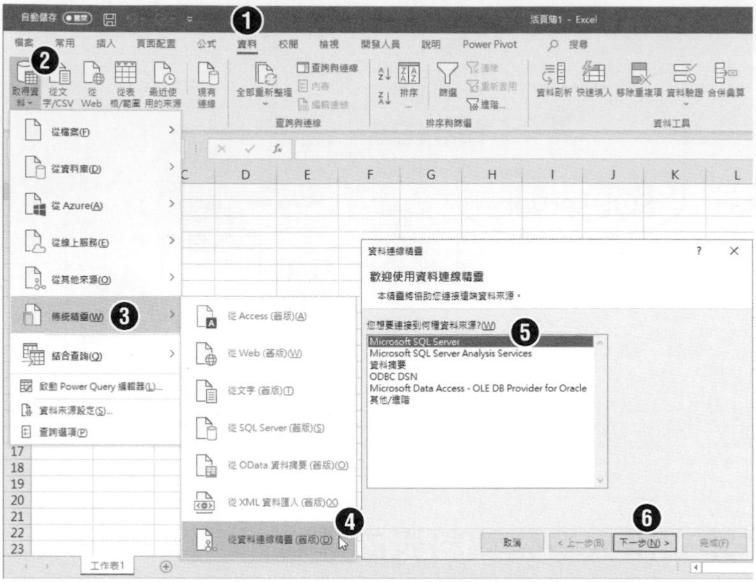

STEP 7 在連接至資料庫伺服器的對話中，輸入 SQL Server 伺服器的名稱或網址。

STEP 8 選擇登入認證的方式並輸入使用者名稱與帳號資料。

STEP 9 點按〔下一步〕按鈕。

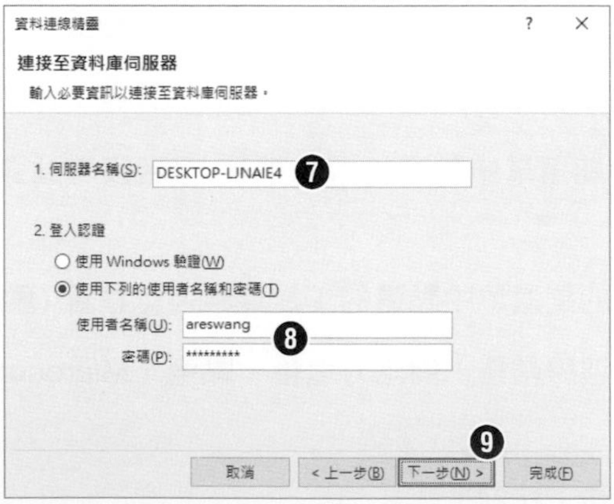

STEP 10 連上 SQL Server 後，利用下拉式選項按鈕挑選想要開啟的資料庫，例如：〔CANDY〕。

STEP 11 同時勾選〔連接至指定的表格〕核取方塊與〔啟用選取多個表格〕核取方塊。

STEP 12 勾選想要匯入的資料表或檢視，例如：點選〔訂單明細〕、〔訂單資料〕與〔禮盒資料〕等三張資料表。

STEP 13 點按〔下一步〕按鈕。

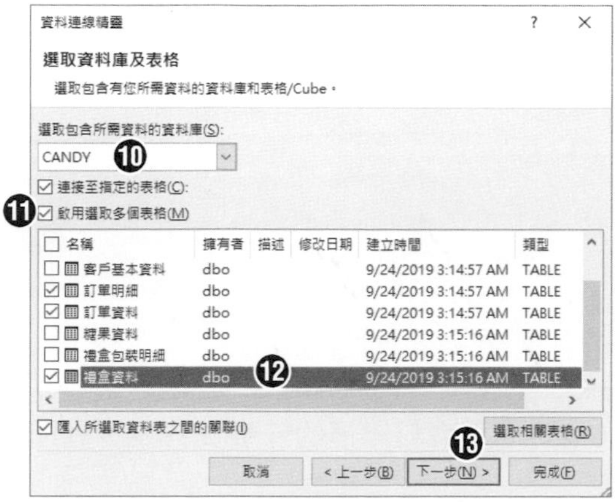

STEP 14 完成 SQL Server 連線設定即成為一個 .odc 的連線檔案。此連線檔案的預設檔案名稱為「伺服器名稱」加上「資料庫名稱」與 "多個資料表"，而其附屬檔案名稱為 .odc。當然您也可以自行輸入自訂的檔案名稱，例如：〔連線 SQL Server CANDY 資料庫三張資料表.odc〕。

STEP 15 點按〔完成〕按鈕，這個連結 SQL Server 資料庫裡多張資料表的連線檔案就完成了。

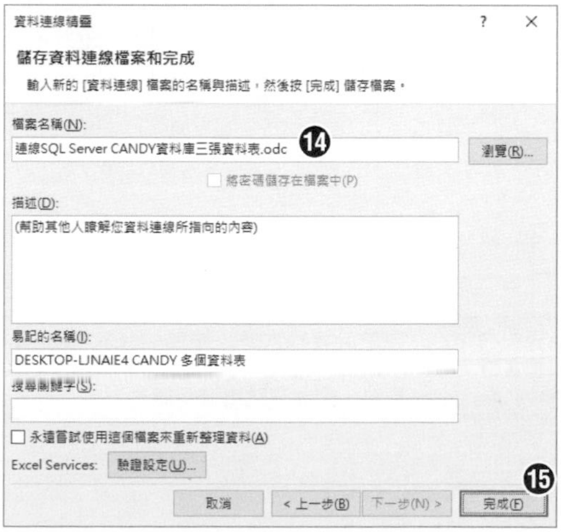

STEP 16 回到 Excel 畫面，在〔匯入資料〕對話方塊裡點選〔表格〕選項。

STEP 17 預設為〔新工作表〕選項。

STEP 18 點按〔確定〕按鈕。

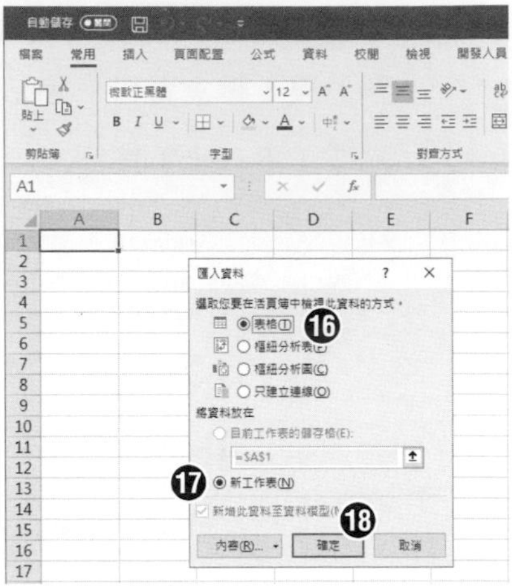

來自 SQL Server〔CANDY〕資料庫裡的三張資料表，立即匯入 Excel 的三張新工作表內。

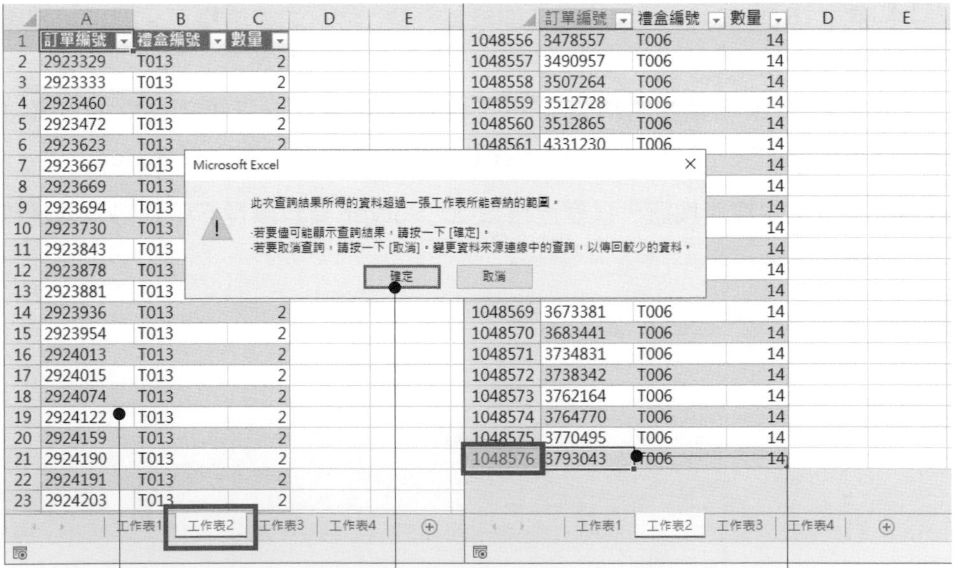

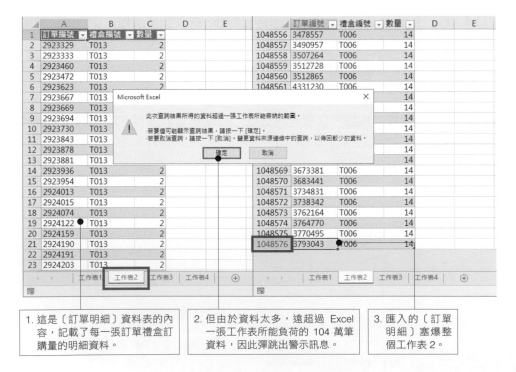

1. 這是〔訂單明細〕資料表的內容，記載了每一張訂單禮盒訂購量的明細資料。

2. 但由於資料太多，遠超過 Excel 一張工作表所能負荷的 104 萬筆資料，因此彈跳出警示訊息。

3. 匯入的〔訂單明細〕塞爆整個工作表 2。

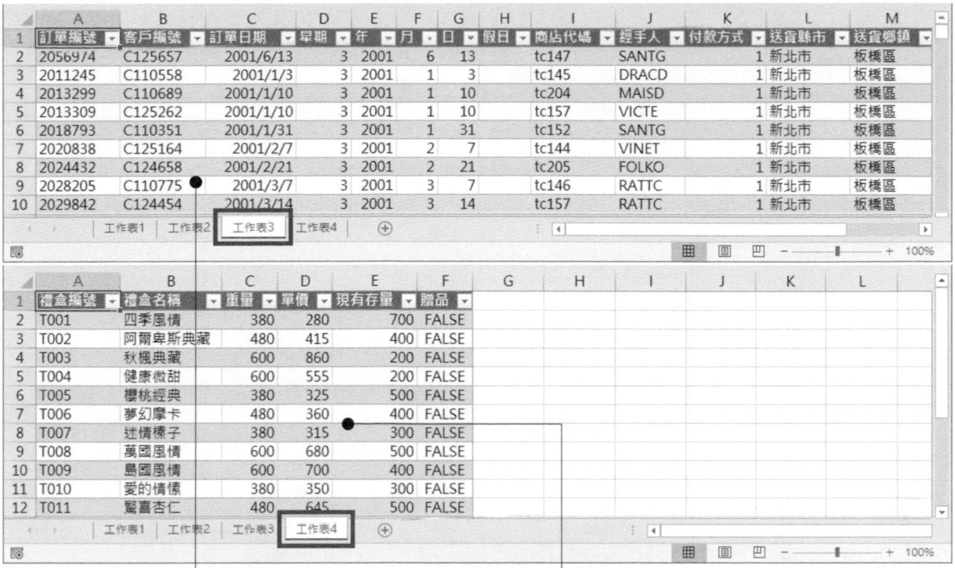

訂單編號	客戶編號	訂單日期	星期	年	月	日	假日	商店代碼	經手人	付款方式	送貨縣市	送貨鄉鎮
2056974	C125657	2001/6/13	3	2001	6	13		tc147	SANTG	1	新北市	板橋區
2011245	C110558	2001/1/3	3	2001	1	3		tc145	DRACD	1	新北市	板橋區
2013299	C110689	2001/1/10	3	2001	1	10		tc204	MAISD	1	新北市	板橋區
2013309	C125262	2001/1/10	3	2001	1	10		tc157	VICTE	1	新北市	板橋區
2018793	C110351	2001/1/31	3	2001	1	31		tc152	SANTG	1	新北市	板橋區
2020838	C125164	2001/2/7	3	2001	2	7		tc144	VINET	1	新北市	板橋區
2024432	C124658	2001/2/21	3	2001	2	21		tc205	FOLKO	1	新北市	板橋區
2028205	C110775	2001/3/7	3	2001	3	7		tc146	RATTC	1	新北市	板橋區
2029842	C124454	2001/3/14	3	2001	3	14		tc157	RATTC	1	新北市	板橋區

禮盒編號	禮盒名稱	重量	單價	現有存量	贈品
T001	四季風情	380	280	700	FALSE
T002	阿爾卑斯典藏	480	415	400	FALSE
T003	秋楓典藏	600	860	200	FALSE
T004	健康微甜	600	555	200	FALSE
T005	櫻桃經典	380	325	500	FALSE
T006	夢幻摩卡	480	360	400	FALSE
T007	迷情榛子	380	315	300	FALSE
T008	萬國風情	600	680	500	FALSE
T009	島國風情	600	700	400	FALSE
T010	愛的情愫	380	350	300	FALSE
T011	驚喜杏仁	480	645	500	FALSE

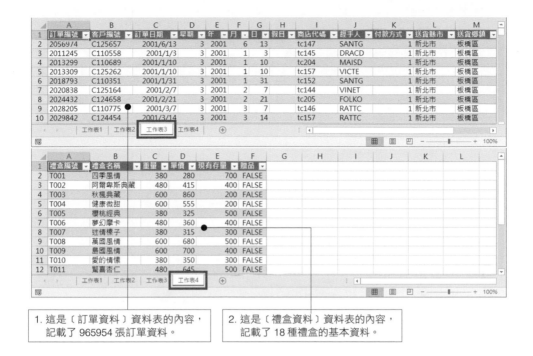

1. 這是〔訂單資料〕資料表的內容，記載了 965954 張訂單資料。

2. 這是〔禮盒資料〕資料表的內容，記載了 18 種禮盒的基本資料。

8-3-2 匯入多張資料表

所連線的多張資料表除了匯入一張張的工作表內，亦可經由資料模型的建立，進行跨資料表的欄位查詢，製作可強化資料視覺效果的樞紐分析表、樞紐分析圖或 Power View 報表。由於上一小節我們已經建立連線檔案了，因此，我們就從使用現有連線檔案開始這一小節的實作演練，製作出以跨資料表欄位為資料來源的樞紐分析表。

STEP 1　開啟新的活頁簿檔案後，點按〔資料〕索引標籤。

STEP 2　點按〔取得及轉換資料〕群組裡的〔現有連線〕命令按鈕。

STEP 3　開啟〔現有連線〕對話方塊後，點選上一小節所製作的連線檔案，可連線到 SQL Server CANDY 資料庫裡的三張資料表。

STEP 4　點按〔開啟〕按鈕。

STEP 5 回到 Excel 畫面即可在開啟的〔匯入資料〕對話方塊裡點選〔樞紐分析表〕選項。

STEP 6 點按〔確定〕。

STEP 7 由於這是來自多張資料表的連結，因此，Excel 開始載入資料模型。資料模型是整合多個表格資料的一個新方法，可有效在 Excel 活頁簿內建立關聯式資料來源。

STEP 8 〔樞紐分析表欄位〕窗格上方顯示來自匯入的多張資料表的各項篩選欄位，這就是為了樞紐分析表所建構的資料模型。

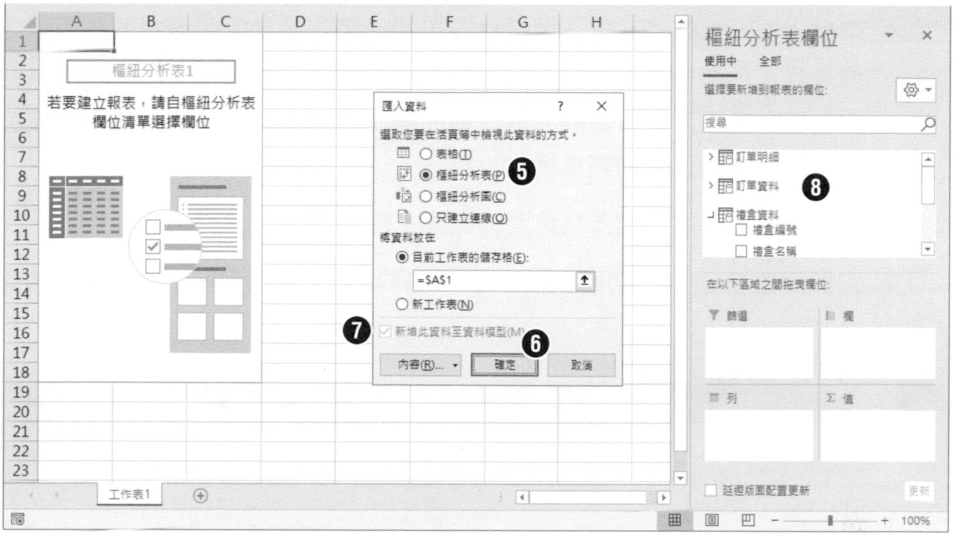

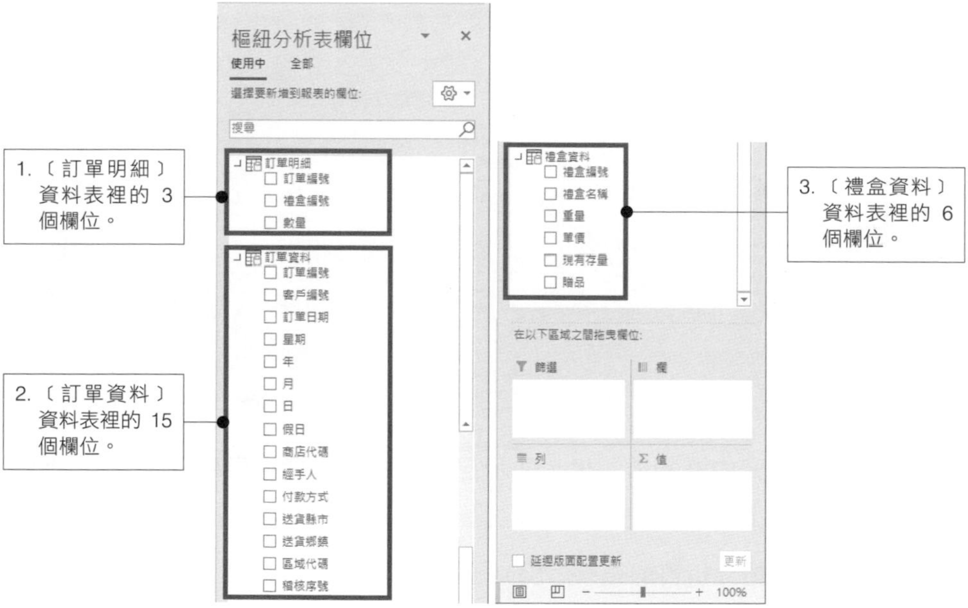

STEP 9　拖曳〔禮盒資料〕資料表裡的〔禮盒名稱〕欄位至〔列〕區域。

STEP 10　〔訂單資料〕資料表裡的〔送貨縣市〕欄位至〔欄〕區域。

STEP 11　〔訂單明細〕資料表裡的〔數量〕欄位至〔值〕區域。

STEP 12 架構出每一種禮盒在每一個送貨縣市的總銷售量之樞紐分析表。不過，很奇怪，此範例怎麼每個交叉分析的摘要值都一樣呢(7216809)？其實這是因為多張資料表之間需要關聯的設定。只要將資料表的關聯設定完成就可以獲得正確的運算了。

STEP 13 點按一下〔可能需要表格之間的關聯〕訊息旁的〔自動偵測〕按鈕。

STEP 14 立即開啟自動偵測關聯對話，進行資料表之間的關係偵測與關聯的建立。

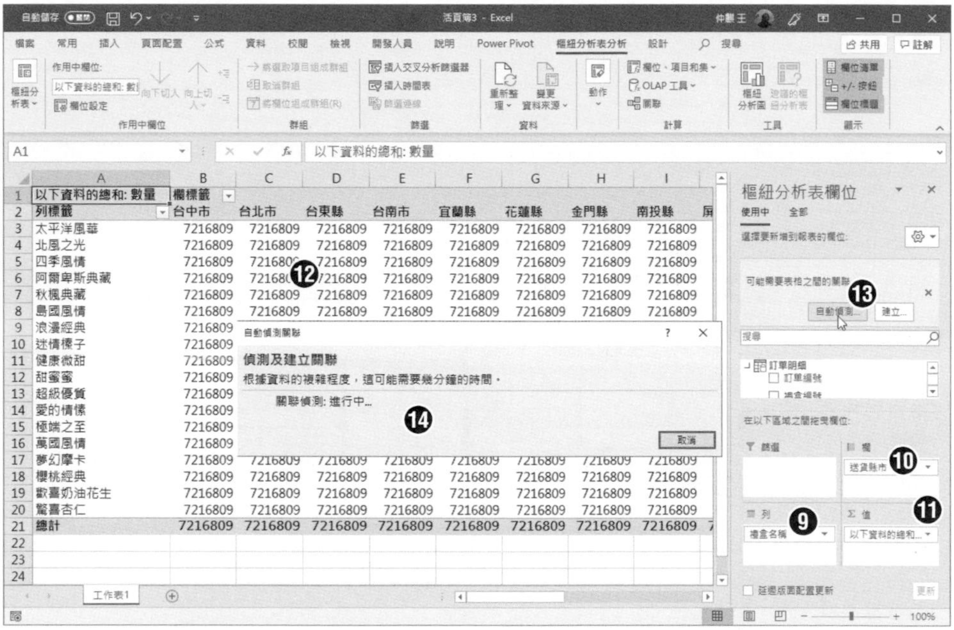

STEP 15 完成資料表的關聯偵測後，顯示已經為這三張資料表建立了 2 項新關聯。點按〔關閉〕按鈕。

STEP 16 奇怪，樞紐分析表的結果怎麼文風不動呢？

STEP 17 沒問題的，點按〔樞紐分析表分析〕索引標籤下方〔資料〕群組裡的〔重新整理〕命令按鈕。

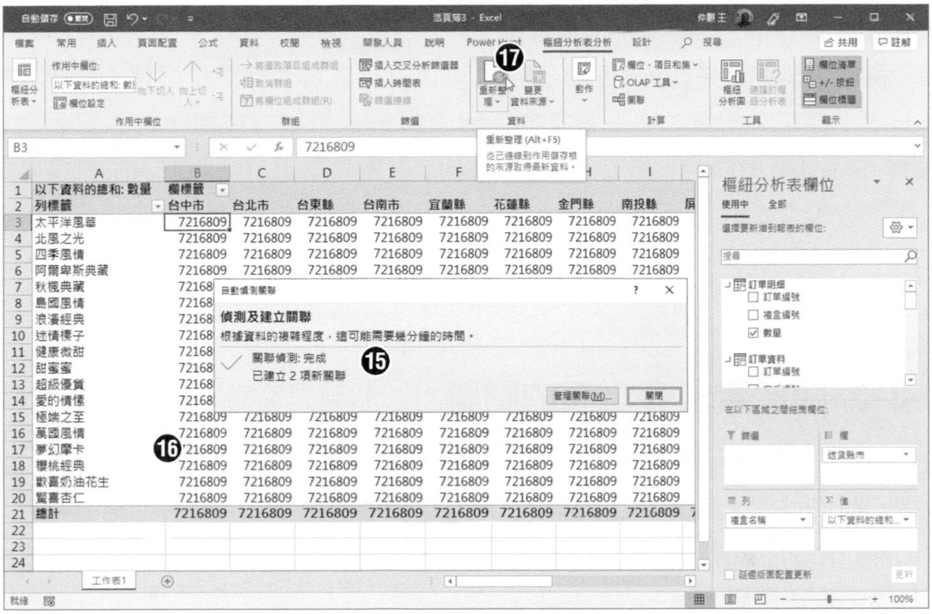

STEP 18 從展開的下拉式功能選單中點選〔全部重新整理〕功能選項。

STEP 19 所架構出每一種禮盒在每一個送貨地區的總銷售量之樞紐分析表，在經過資料表的關聯設定後，顯示了正確的交叉運算結果。

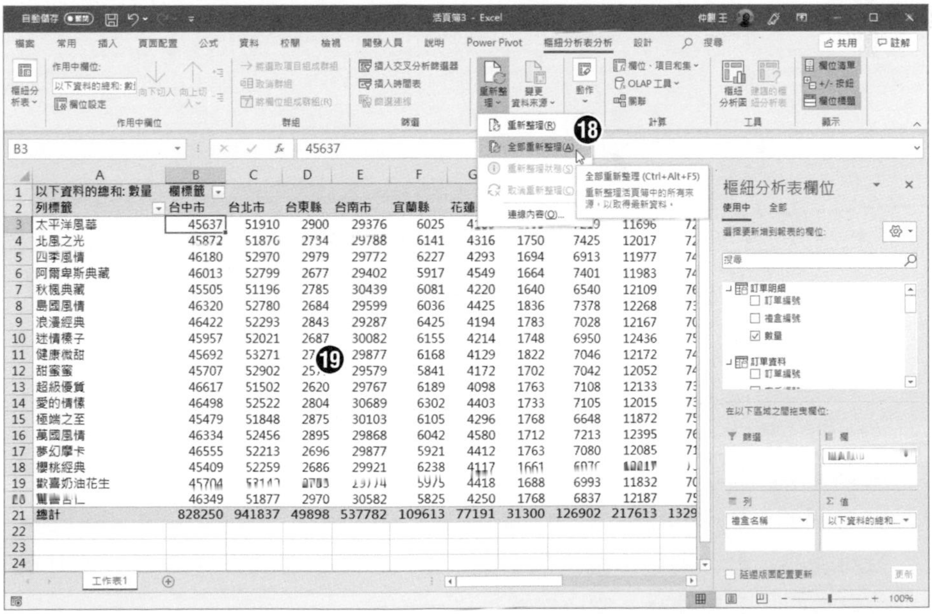

經由這兩個小節的介紹與實作演練後，相信您一定可以理解，在建立資料模型時，視覺效果選項是很重要的。使用者可以針對資料視覺效果選擇〔樞紐分析表〕或〔樞紐分析圖〕。在最後的〔匯入資料〕對話方塊裡，這些匯入選項(選擇在活頁簿中檢視資料的方式)可以讓您集體使用所有匯入的資料表格。若您選擇匯入〔表格〕，則每個匯入的資料表會放置於個別的工作表中，如此便可以單獨使用這些資料表；若您選擇匯入〔樞紐分析表〕或〔樞紐分析圖〕，則可以一起使用所有資料表格來建立樞紐分析表或樞紐分析圖報表。

8-3-3 關於資料表之間的關聯

如果樞紐分析表的資料來源來自多張關聯式資料表，但並未建立好關聯，而點按剛剛所描述的〔自動偵測〕按鈕又得不到正確關係建立，有可能是資料表之間的欄位名稱不相符，此時，也可以透過管理關係的對話，手動進行資料表與資料表之間的關聯。

STEP 1 **若無法順利自動偵測到資料表格之間的關聯時，點按〔樞紐分析表欄位〕窗格底下的〔建立〕按鈕。**

STEP 2 **開啟〔建立關聯〕對話方塊，點按〔管理關聯〕按鈕。**

在資料表關聯的設定上，此範例必須設定「訂單資料」資料表與「訂單明細」資料表之間的一對多關係，其中其關聯欄位為「訂單編號」欄位。「訂單資料」資料表的「訂單編號」欄位為主索引鍵，即關聯欄位的主要鍵、「訂單明細」資料表的「訂單編號」欄位則為外部索引鍵。

STEP 3 進入〔管理關聯〕對話方塊，點按〔新增〕按鈕。

STEP 4 在開啟的〔建立關聯〕對話方塊裡面，選擇〔表格〕為「資料模型表格：訂單明細」資料表；選擇〔欄(外部)〕為「訂單編號」欄位；選擇〔關聯表格〕為「資料模型表格：訂單資料」資料表；選擇〔關聯欄(主要)〕為「訂單編號」欄位。

STEP 5 點按〔確定〕按鈕。

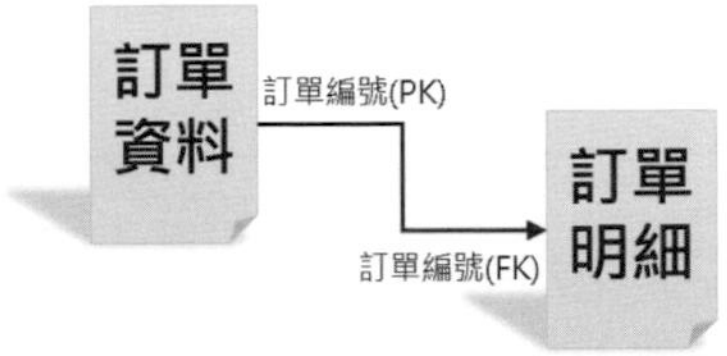

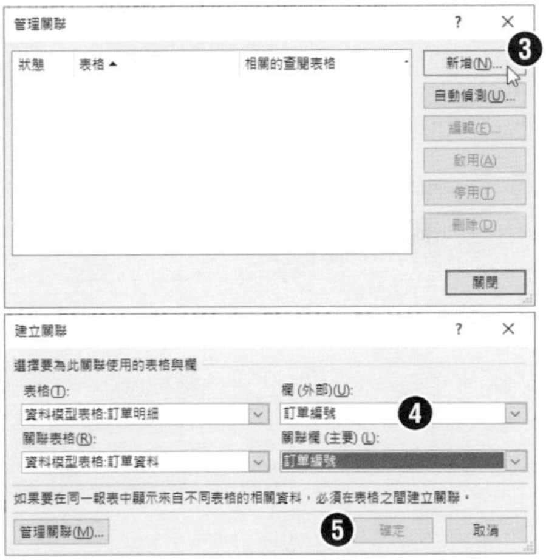

接著，再設定「禮盒資料」資料表與「訂單明細」資料表之間的一對多關係，而關聯欄位為「禮盒編號」欄位。其中，「禮盒資料」資料表的「禮盒編號」欄位為主索引鍵，即關聯欄位的主要鍵、「訂單明細」資料表的「禮盒編號」欄位則為外部索引鍵。

STEP 6 回到〔管理關聯〕對話方塊，即可看到已經設定完成且處於使用中狀態的關聯設定。

STEP 7 點按〔新增〕按鈕。

STEP 8 在開啟的〔建立關聯〕對話方塊裡面，選擇〔表格〕為「資料模型表格：訂單明細」資料表；選擇〔欄(外部)〕為「禮盒編號」欄位；選擇〔關聯表格〕為「資料模型表格：禮盒資料」資料表；選擇〔關聯欄(主要)〕為「禮盒編號」欄位。

STEP 9 點按〔確定〕按鈕。

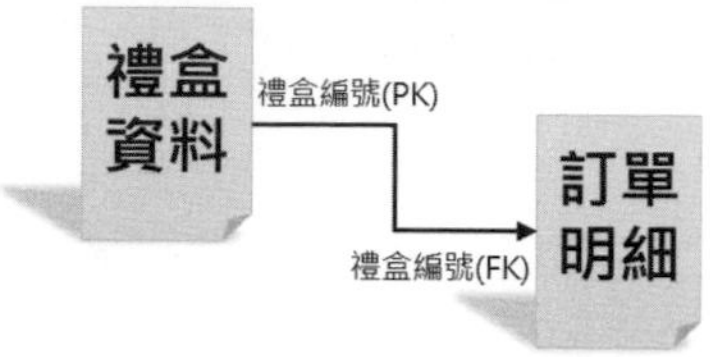

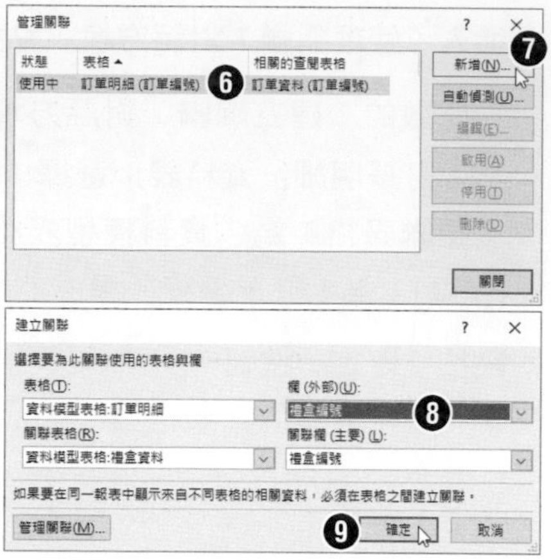

STEP 10 回到〔管理關聯〕對話方塊，即可看到已經設定完成且處於使用中狀態的兩組關聯設定。

STEP 11 點按〔關閉〕按鈕。

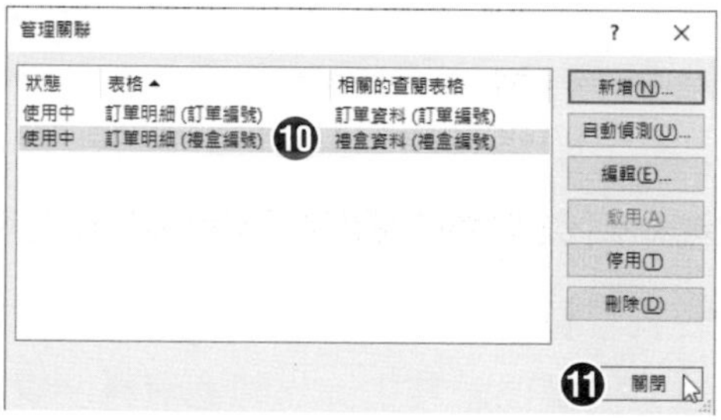

8-4 Excel 與 OLAP 的整合

在資料倉儲以及線上分析處理(On-Line Analytical Processing, OLAP)的運用上，Excel 可說是最佳夥伴喔！透過資料庫分析應用與 Excel 的樞紐分析能力，對於資料的篩選、統計、評估和分析，將可以迅速且正確的作為決策分析者抉擇訂定的依據。

8-4-1 連線至 OLAP 伺服器

Excel 在連結至 OLAP 伺服器的操作上愈來愈簡便，不過，若要能夠連上 OLAP Server，使用者一定要有 OLAP 的使用權限，而 OLAP Server 上也必須含有我們所需的 OLAP Cube，這一切的資訊都必須先洽詢 SQL Server 與 OLAP Server 的管理人員。因此，在此章節的範例演練中，所連線的伺服器名稱、資料庫名稱、Cube 名稱...等，一定會與您的實際環境有所差異，在操作練習中請特別注意！

STEP **1** 點按〔資料〕索引標籤。

STEP **2** 點按〔取得及轉換資料〕群組裡的〔取得資料〕命令按鈕。

STEP **3** 從下拉式選單中點選〔從資料庫〕選項。

STEP **4** 再從展開的副功能選單中點選〔從分析服務〕功能選項。

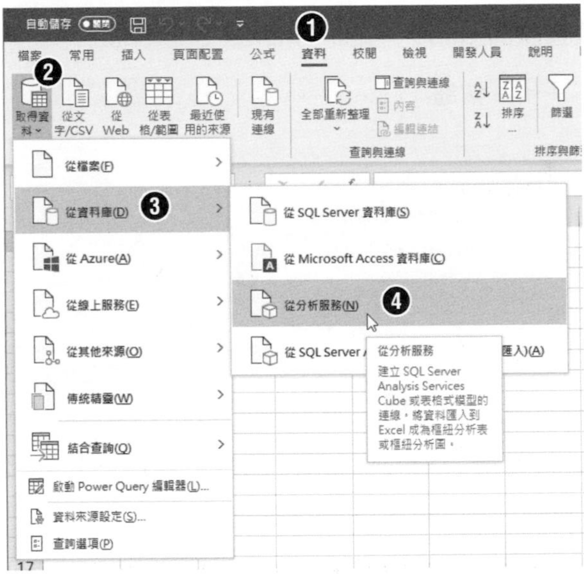

STEP **5** 開啟〔資料連線精靈〕對話，進行登入認證，例如：指定伺服器的登入帳號(使用者名稱)與密碼。

STEP **6** 點按〔下一步〕按鈕。

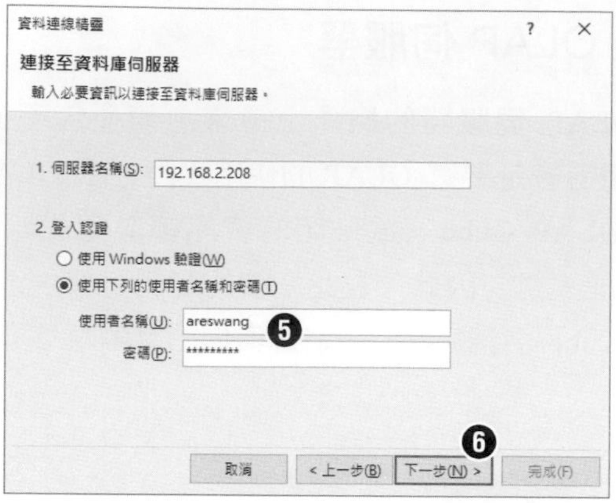

STEP 7 順利連線至伺服器後，請在開啟的〔資料連線精靈〕對話方塊裡，點選包含所需資料的資料庫。例如：AdventureWorksDW2014Multidimensional-EE，這是此範例實作所連線之伺服器裡的 OLAP 服務資料庫，是來自微軟官方 SQL Server OLAP 的範例。

STEP 8 請選取要連線的 Cube，例如：Mined Customers。

STEP 9 點按〔下一步〕按鈕。

STEP 10 預設的連線檔案名稱為資料庫檔案名稱加上所匯入之 Cube 或資料表之名稱。若要修改，也可以點按〔瀏覽〕按鈕來改變連線的檔案名稱及儲存位置。

STEP 11 點按〔完成〕按鈕以儲存此次的連線檔案(.odc)的建立。

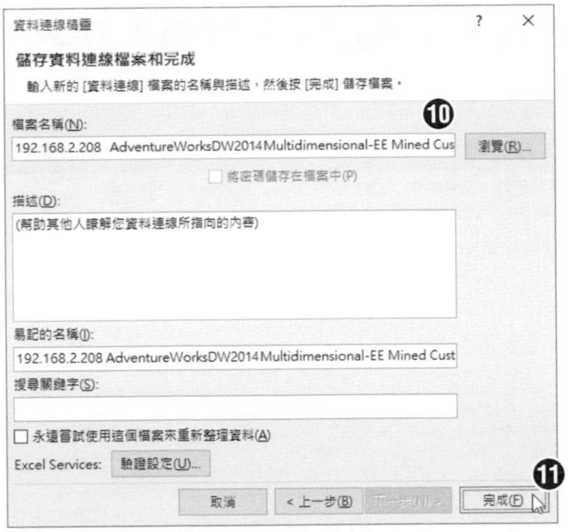

STEP **12** 回到 Excel 工作表畫面，亦開啟〔匯入資料〕對話方塊，讓您選擇匯入的 OLAP 之 Cube 資料是要立即進行樞紐分析表還是只是連線而已。請點選〔樞紐分析表〕選項。

STEP **13** 再決定樞紐分析表的存放處。例如：選擇將資料從工作表的 AI 儲存格開始存放。

STEP **14** 點按〔確定〕按鈕。

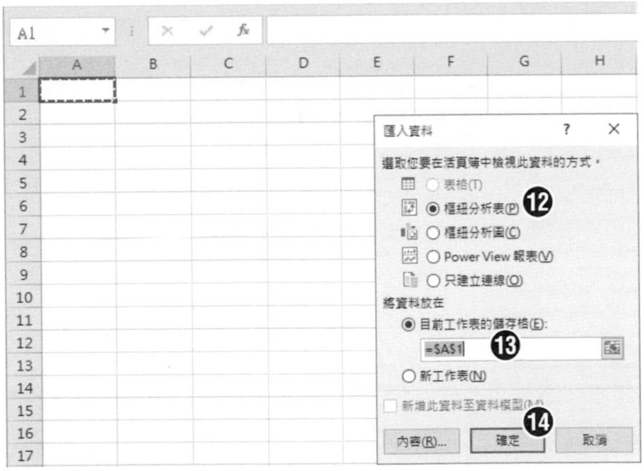

隨即便可以在工作表右側看到〔樞紐分析表欄位〕窗格，裡面包含了所匯入連結的 Cube 維度與欄位。

STEP 15 〔樞紐分析表欄位〕窗格上方顯示來自匯入 OLAP 之 Cube 資料的各項篩選欄位。

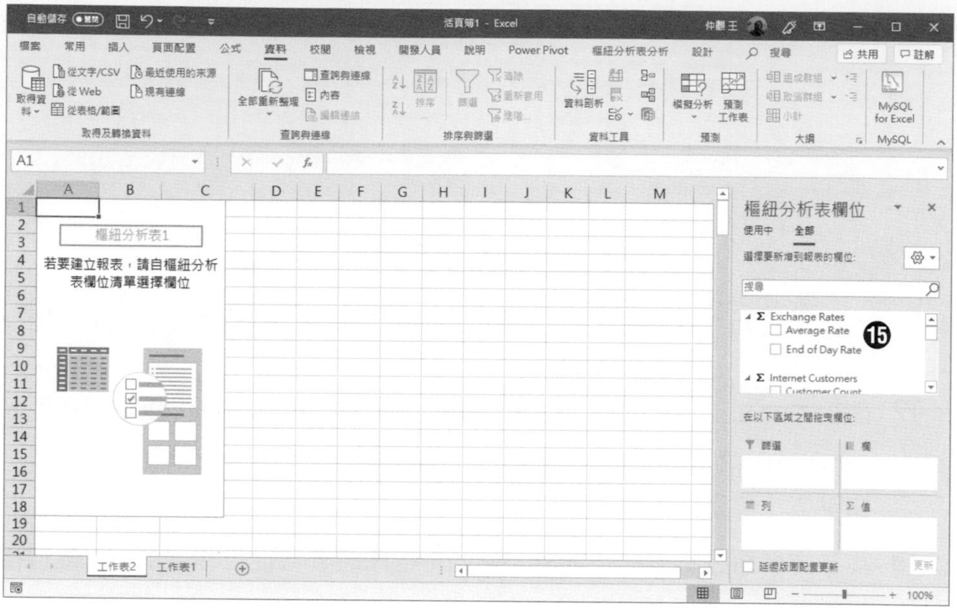

此範例實作所匯入的完整資料欄位如下：

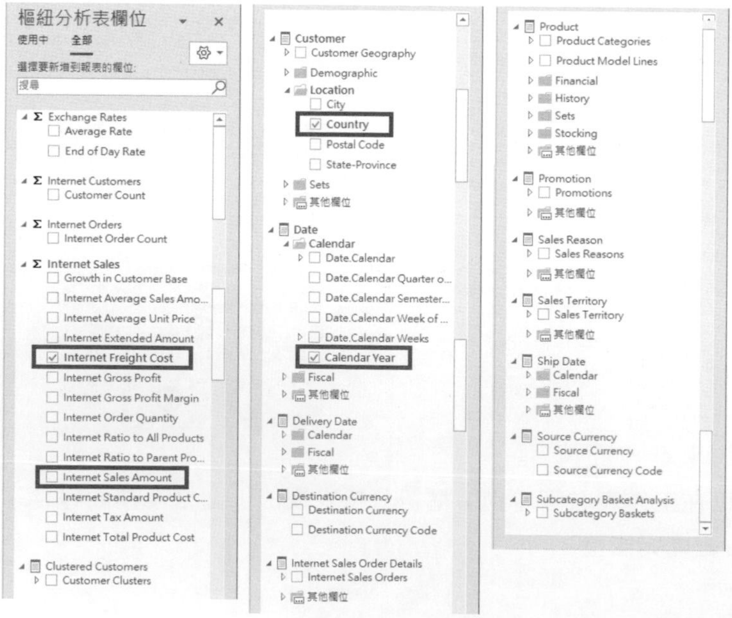

在樞紐分析表的結構上，此例將拖曳 Customer 資料表的 Country 欄位至〔列〕區域，將 Date 資料表裡的 Calendar.Year 欄位拖曳至〔欄〕區域，再分別將 Internet Sales 底下的 Internet Fright Cost 欄位以及 Internet Sales Amount 欄位拖曳至〔值〕區域，即可取得各國別、各年度運費加總與銷售金額加總的樞紐分析報表。

STEP 16 勾選、拖曳〔樞紐分析表欄位〕窗格裡的資料欄位至樞紐分析表的結構區域。

STEP 17 架構出所需的樞紐分析報表。

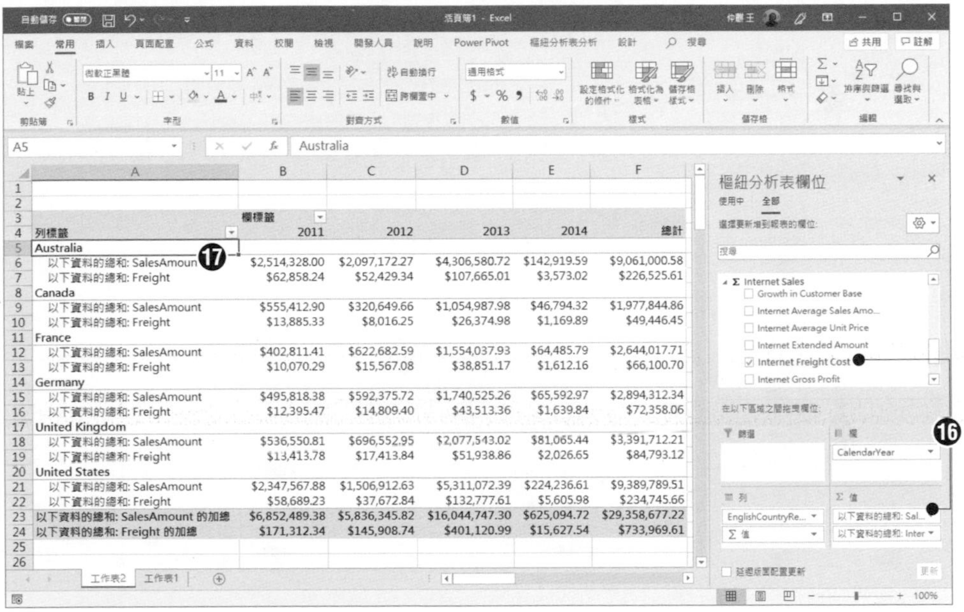

8-4-2 開啟 OLAP 連線檔案

由於剛剛建立的 OLAP 連線也是一個標準的.odc 檔案，因此，爾後在 Excel 的操作環境下便可以利用〔現有連線〕的命令操作，輕易地再度進行資料連線的作業。

STEP 1 只要在 Excel 活頁簿的操作環境下，切換到工作表畫面後，即可點按〔資料〕索引標籤。

STEP 2 點按〔取得及轉換資料〕群組的〔現有連線〕命令按鈕。

STEP 3 開啟〔現有連線〕對話方塊後，即可在〔這部電腦上的連線檔案〕類別下，看到先前所建立的 OLAP Services 連線檔案。

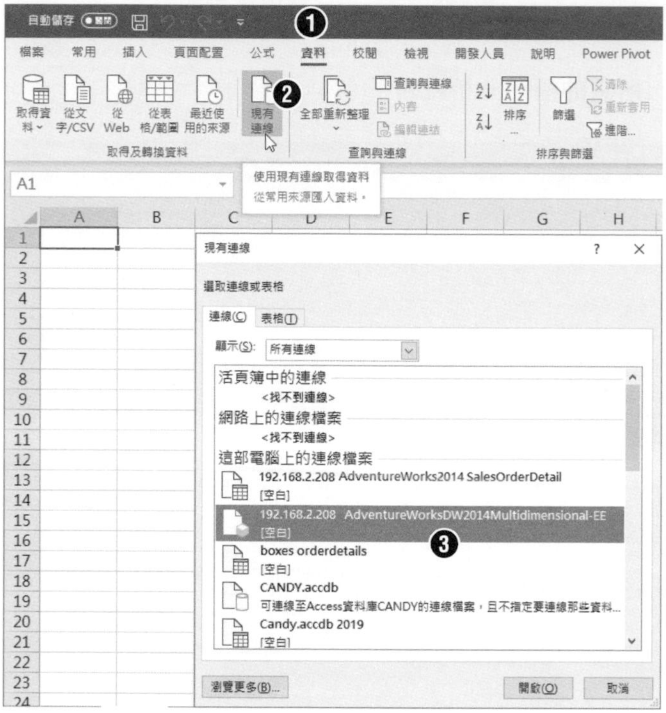

8-5 Excel 連線雲端 Azure SQL 資料庫

微軟的 Azure 雲端服務是屬於一種公用雲端服務 (Public Cloud Service) 平台，也是微軟線上服務 (Microsoft Online Services) 的一部份，它提供了橫跨 IaaS 到 PaaS 甚至 SaaS 豐富的雲端計算服務，用戶可以透過各種方式使用這個雲端平台來建置服務。例如，可以將一個 Web 應用程式部署至 Azure 的網站服務；也可以將資料庫建置在 Azure 所提供的 SQL 資料庫中；甚至在數分鐘之內就可以直接在 Azure 上建立一台全新的虛擬機器；藉由 IaaS 服務來建立具備高度延展性、高度彈性的平台。以下圖所示為例：即是在 Microsoft Azure 的環境下，使用 SQL 資料庫服務建立了所需的資料庫，讓使用者可以在這個雲端平台上，一起進行資料庫的使用、分享、協作。

接下來的實作演練便是在 Excel 環境中連線到 Azure 雲端 SQL 資料庫，將禮盒銷售的資料傳回到 Excel 進行樞紐分析的操作。如同 8-1 所述，關於外部資料連線到本地區域網路的 SQL Server 一般，可以透過連線精靈建立連線檔，也

可以使用 Power Query 建立查詢檔案，進行資料連線匯入與資料模型的建立。在此小節就藉由 Power Query 的操作，為您介紹連線雲端 Azure SQL 資料庫進行樞紐分析表的過程。當然，可要準備好 Azure 雲端資料庫伺服器位址與帳號、密碼喔！

STEP 1 點按〔資料〕索引標籤。

STEP 2 點按〔取得及轉換資料〕群組裡的〔取得資料〕命令按鈕。

STEP 3 從下拉式選單中點選〔從資料庫〕功能選項。

STEP 4 再從展開的副選單中點選〔從 SQL Server 資料庫〕功能選項。

STEP 5 開啟〔SQL Server 資料庫〕連線對話後，輸入 Azure 雲端資料庫伺服器網址。

STEP 6 點按〔確定〕按鈕。

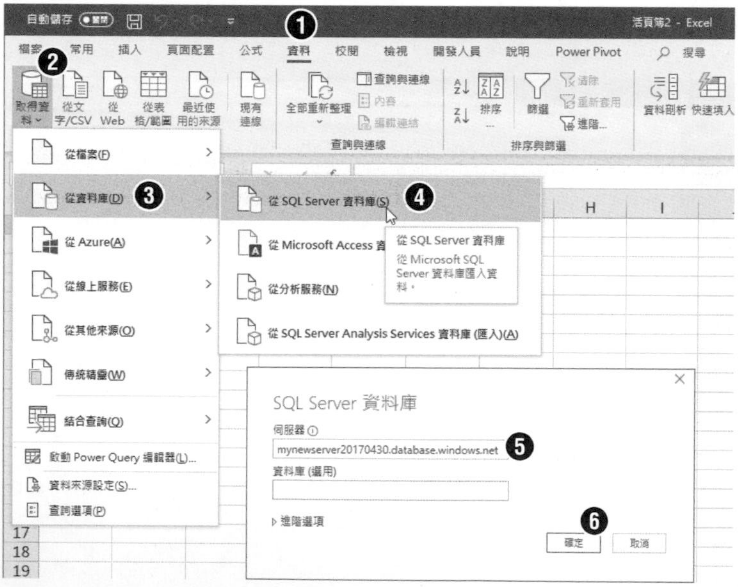

STEP 7 選擇登入方式，例如〔資料庫〕選項。

STEP 8 輸入資料庫連線的使用者名稱與密碼。

STEP 9 點按〔連接〕按鈕。

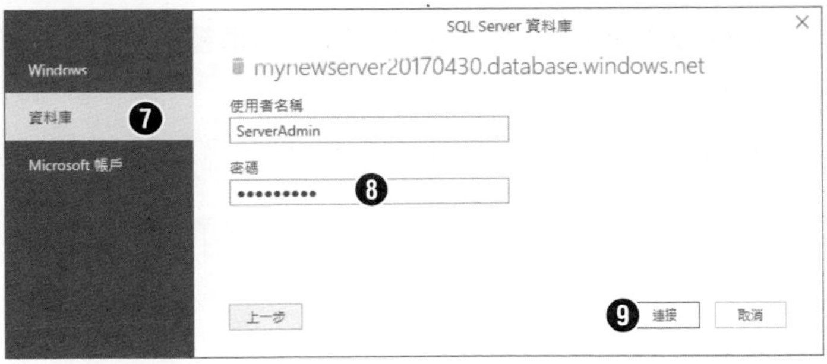

STEP 10 開啟〔導覽器〕對話方塊，勾選〔選取多重項目〕核取方塊。

STEP 11 連線至 Azure 雲端資料庫伺服器後，點選要開啟的資料庫，例如：〔SWEET〕，以展開此資料庫的資料表清單(中括號裡的數字 9 代表此資料庫裡內含 9 張資料表)。

STEP 12 勾選〔客戶資料〕、〔訂貨明細〕與〔訂單資料〕等核取方塊，同時選取這三張資料表。

STEP 13 在此可預覽所點選的資料表內容。

STEP 14 點按〔載入〕按鈕旁的倒三角形按鈕。

STEP 15 從展開的功能選單中點選〔載入至〕功能選項。

STEP 16 回到 Excel 畫面，在〔匯入資料〕對話方塊裡點選〔樞紐分析表〕選項。

STEP 17 選擇將樞紐分析表建置在新工作表上。

STEP 18 由於先前選取了張資料表，預設便自動勾選了〔新增此資料至資料模型〕核取方塊，將資料表匯入至資料模型。

STEP 19 點按〔確定〕按鈕。

STEP 20 回到 Excel 工作表，立即在工作表上建立樞紐分析表結構。

STEP 21 在畫面右側〔查詢與連線〕工作窗格裡可以看到所建立完成的三個查詢檔案，分別可以查詢已連線匯入的三張來自 SQL 資料庫的資料表(訂單資料、訂貨明細與客戶資料)。

STEP 22 畫面最右側〔樞紐分析表欄位〕窗格上方即為來自 Azure 雲端資料庫伺服器內〔SWEET〕資料庫裡先前所選取的三張資料表之各項資料欄位。

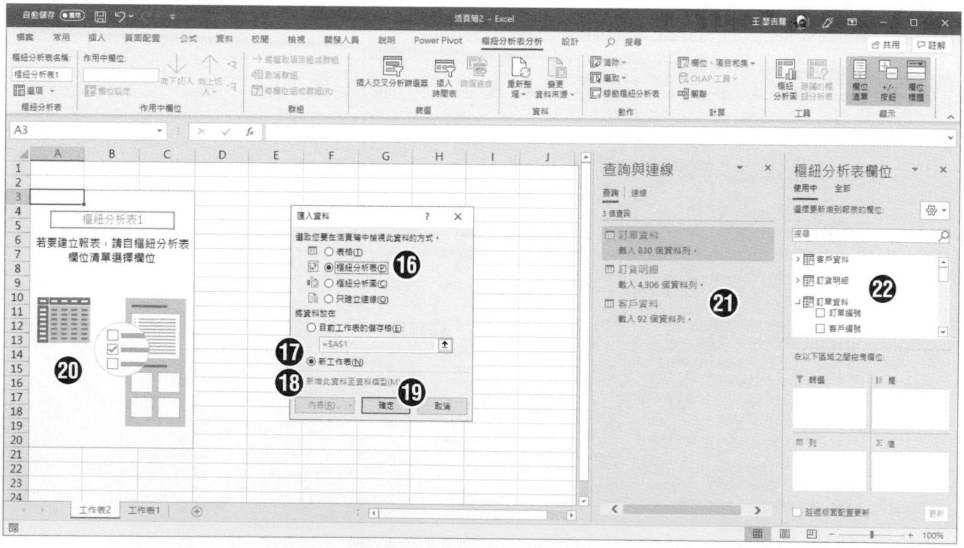

STEP **23** 拖曳〔訂單日期〕欄位至〔列〕區域(自動將日期資料群組為年、季、月)。

STEP **24** 拖曳〔公司名稱〕欄位至〔欄〕區域。

STEP **25** 拖曳〔數量〕至〔Σ值〕區域，以計算各每年每月每季每一家公司的總銷售量。

STEP **26** 由於此樞紐分析表涉獵多張資料表，因此，在關聯式資料庫中，面對多張資料來源的查詢，應建立資料表之間的關聯性，因此，可以點按〔自動偵測〕按鈕，讓 Excel 為我們建立多張資料表的關聯。

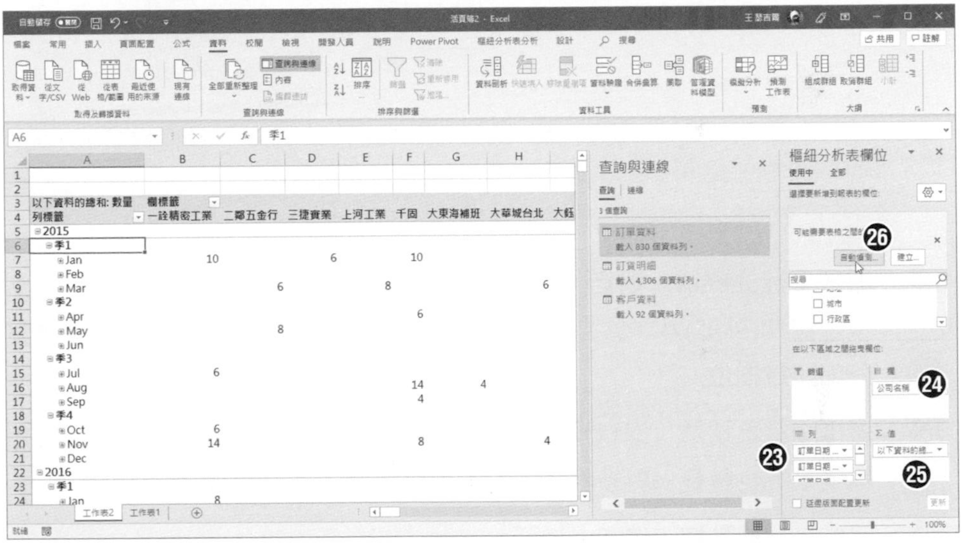

資料表與資料表之間的關聯，最常見的是一對多的關聯，一的那一方為主要資料表，透過其內的主要關鍵(Primary Key)，與多的那一方，也就是外部相關聯的資料表，進行一對多關聯的關係建立，而外部資料所對應的資料欄位即稱之為外鍵欄位(Foreign Key)。延續剛剛的實作範例，我們就開始為三張資料表建立關聯囉！

STEP 1 開啟〔自動偵測關聯〕對話方塊並自動進行關聯偵測後，此範例並未順利完成關聯設定，因此，可點按〔管理關聯〕按鈕，使用者親自進行關聯的設定。

STEP 2 開啟〔管理關聯〕對話方塊，點按〔新增〕按鈕。

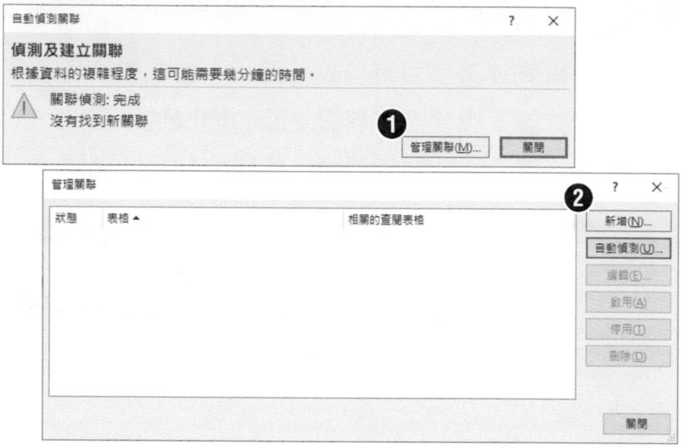

STEP 3 開啟〔建立關聯〕對話方塊，設定表格為〔資料模型:訂單資料〕，然後選擇欄(外部)為〔客戶編號〕，也就是一對多關聯中的外部資料表及外部關鍵欄位。

STEP 4 選擇關聯表格為〔資料模型:客戶資料〕，並選擇關聯欄(主要)為〔客戶編號〕，也就是一對多關聯中的主資料表及主要關鍵欄位。

STEP 5 完成後繼續點按〔確定〕按鈕。

STEP 6 回到〔管理關聯〕對話方塊，可以看到已經設定成功的兩張資料表〔訂單資料〕與〔客戶資料〕彼此的關聯。

STEP 7 點按〔新增〕按鈕，繼續定義另一組資料表關聯。

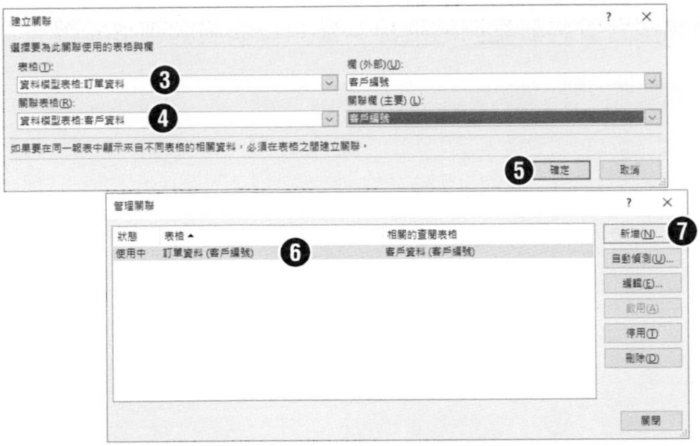

STEP 8 再度開啟〔建立關聯〕對話方塊，設定表格為〔資料模型:訂貨明細〕，然後選擇欄(外部)為〔訂單號碼〕，也就是一對多關聯中的外部資料表及外部關鍵欄位。

STEP 9 選擇關聯表格為〔資料模型:訂單資料〕，並選擇關聯欄(主要)為〔訂單編號〕，也就是一對多關聯中的主資料表及主要關鍵欄位。

STEP 10 完成後繼續點按〔確定〕按鈕。

STEP 11 回到〔管理關聯〕對話方塊，可以看到已經設定成功的第二組資料關聯，也就是〔訂貨明細〕與〔訂單資料〕這兩張資料表之間彼此的關聯。

STEP 12 點按〔關閉〕按鈕，結束〔管理關聯〕對話方塊的操作。

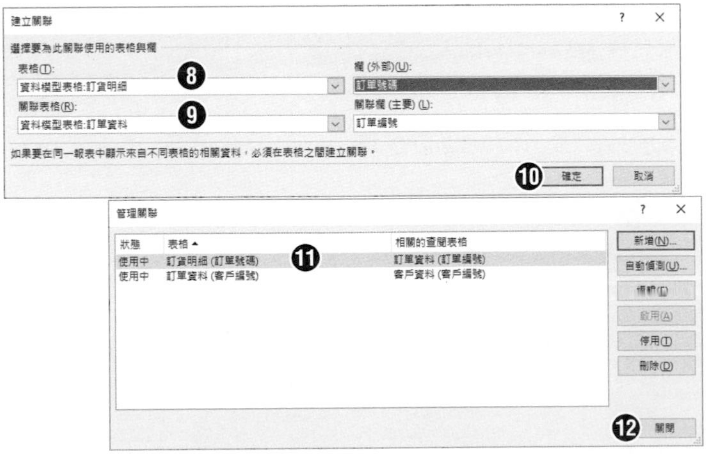

STEP 13 順利完成各資料表之間的關係，樞紐分析表的運算也就正確無誤了。

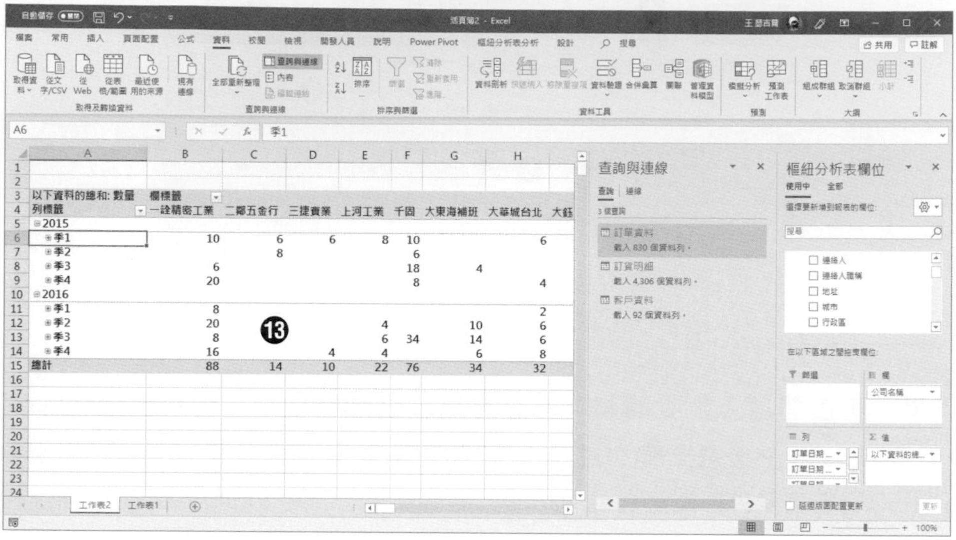

CHAPTER

9

Excel 與 MySQL 的連線

在不同的作業系統與資料庫平台中，跨平台功能需求愈來愈受到重視，能夠在不同平台下運作的資料庫系統，也逐漸嶄露頭角，尤其是諸多在網路上共享或較容易取得授權的作業系統、應用程式與資料庫系統。大家耳熟能詳的 MySQL 便是極為普及且廣受歡迎的資料庫系統之一。在網際網路中許多網站的建置與運作、許多小型企業的資料庫規劃，也皆以 MySQL 為主要選擇，此一章節即將為您介紹如何讓用戶端的 Excel 也能夠順利連線存取 MySQL 資料庫系統裡的資料。

9-1 Excel 連線 MySQL 概要

MySQL 是一套開放源碼(Open Source)的資料庫管理系統，不過，MySQL 可不是一套免費的軟體喔！只要不是用於商業用途，在大部份情況下是可以免費使用的，但請仔細閱覽 MySQL 官方網站的發佈訊息。至於要存取 MySQL 資料庫的方式很多，除了可以直接使用 MySQL 的標準命令介面外，也可以使用諸如：phpMyAdmin 等 Web 操作介面的資料庫管理工具，進行資料庫的建置、存取與管理。而在 Excel 環境裡匯入並連結 MySQL 資料庫的方式很多，傳統上您可以透過建立 ODBC 的資料來源連線，並藉由各種不同的方式來探索資料庫裡的內容。

至於什麼是 ODBC 呢？ODBC 全名為 Open Database Connectivity，中文可翻譯為開放資料庫連接，是微軟公司所開發的標準資料庫探索方法。它提供了一種標準化的應用程式介面(API)，來存取各種資料庫管理系統(DBMS)，不論是知名的 Sybase、Oracle、Informix、PostgreSQL，以及 IBM 的 DB2、微軟的 MS SQL Server 和本章節所論及的 MySQL，都是常見的資料庫系統。在 Excel 環境裡，只要透過 ODBC 便可以完成大部分的資料查詢任務。而 ODBC 本身也提供了對 SQL 語言的支援，使用者可以直接將 SQL 語句傳送給 ODBC。簡單的說，當應用程式有需要連線至資料庫管理系統探訪資料庫的內容時，就是透過 ODBC 來做為中間層，協助應用程式與資料庫的連接。而這此章節，我們所探討與實作的應用程式正是 Excel，而資料庫系統便是 MySQL。

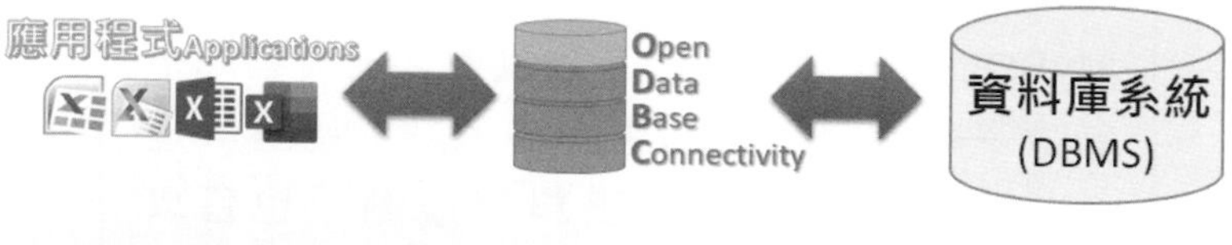

此外，若您的 Excel 裡已經包含了 Power Query，那麼您也可以在安裝好 Windows 版本的 MySQL 連接器程式(MySQLConnector/NET)的狀態下，輕鬆連線到 MySQL 資料庫。

在 Excel 的操作環境下，您可以透過匯入外部資料庫的操作，或者使用昔日傳統的 Microsoft Query 工具、Excel VBA 等微軟應用程式與程式化設計，來存取 MySQL 資料庫。甚至，藉由最新的 Power Query 工具存取 MySQL 資料庫更是輕鬆便捷，不過，不同版本的 Excel，還是會略有差異！這一小節，就先來跟大家分享使用 Power Query 連線 MySQL 資料庫的方式。筆者也以實際演練各種實境與大家分享 Excel 與 MySQL 的姻緣之路。

9-2 透過 Power Query 直接連線 MySQL 資料庫

要使用 Power Query 連線 MySQL 資料庫就必須先探討使用者所使用的 Excel 是哪一個版本，因為 Power Query 是 Excel 2016 以後才內建的功能，在之前的 Excel 2010/2013 的版本上，是屬於外掛的增益集程式，而 Excel 2019 以後內建的 Power Query 的操作介面又略有不同於先前的版本。以下就分別一一為您圖解說明。

以 Excel 2010/2013 為例，由於當時的 Power Query 是外掛的增益集程式，所以，功能區裡會有獨立的〔Power Query〕索引標籤，在〔取得外部資料〕群組裡便提供有〔從資料庫〕命令按鈕，〔從 MySQL 資料庫〕功能選項正位於此處。

STEP 1　點按〔Power Query〕索引標籤。

STEP 2　點按〔取得外部資料〕群組裡的〔從資料庫〕命令按鈕。

STEP 3　從展開的功能選單中點選〔從 MySQL 資料庫〕。

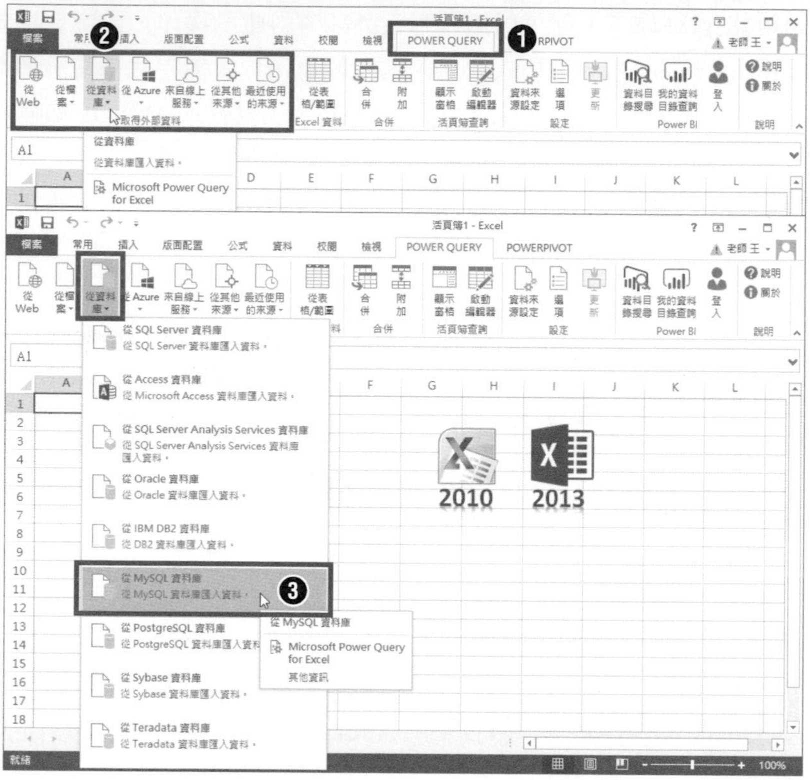

對於 Excel 2016 版而言，是個尷尬的版本介面，因為，此時的 Power Query 已經不是增益集的角色，搖身一變成為 Excel 的內建功能。在功能區裡 Power Query 工具被歸類在〔資料〕索引標籤的〔取得及轉換〕群組內，而左邊的〔取得外部資料〕群組則是 Excel 一直以來所提供的連線外部資料工具，部分初學者常被這兩個群組裡的命令按鈕給混淆了！在點按〔取得及轉換〕群組裡的〔新查詢〕命令按鈕後，從展開的功能選單中選擇〔從資料庫〕選項，即可從展開的副選單中看到〔從 MySQL 資料庫〕功能選項的蹤影。

STEP 1 點按〔資料〕索引標籤。

STEP 2 點按〔取得及轉換〕群組裡的〔新查詢〕命令按鈕(這就是著名的 Power Query 功能)。

STEP 3 從展開的功能選單中點選〔從資料庫〕。

STEP 4 再從展開的副選單中點選〔從 MySQL 資料庫〕。

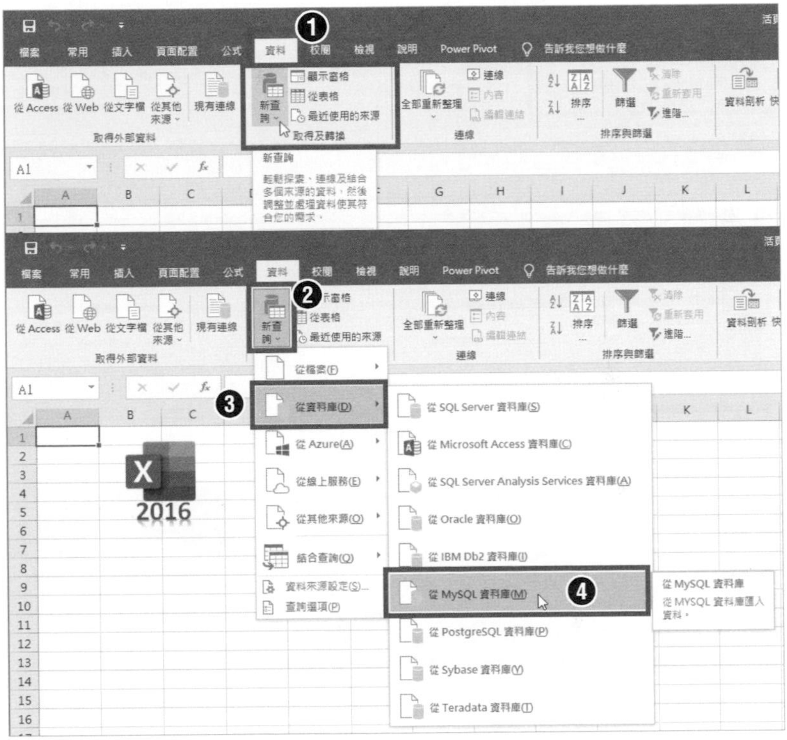

在 Excel 2019/2021 以及租賃版的 Microsoft 365 版本中，功能區裡〔資料〕索引標籤的介面也重新改版，舊有的〔取得外部資料〕群組已經不復存在，改名為〔傳統精靈〕功能群組，並被隱藏起來了。而內建的 Power Query 則位於〔資料〕索引標籤的〔取得及轉換資料〕群組內，在〔取得資料〕命令按鈕裡，便可連線到各種不同類型的資料庫系統，其中也包括了〔從 MySQL 資料庫〕功能選項。

STEP 1 點按〔資料〕索引標籤。

STEP 2 點按〔取得及轉換資料〕群組裡的〔取得資料〕命令按鈕。

STEP 3 從展開的功能選單中點選〔從資料庫〕。

STEP 4 再從展開的副選單中點選〔從 MySQL 資料庫〕。

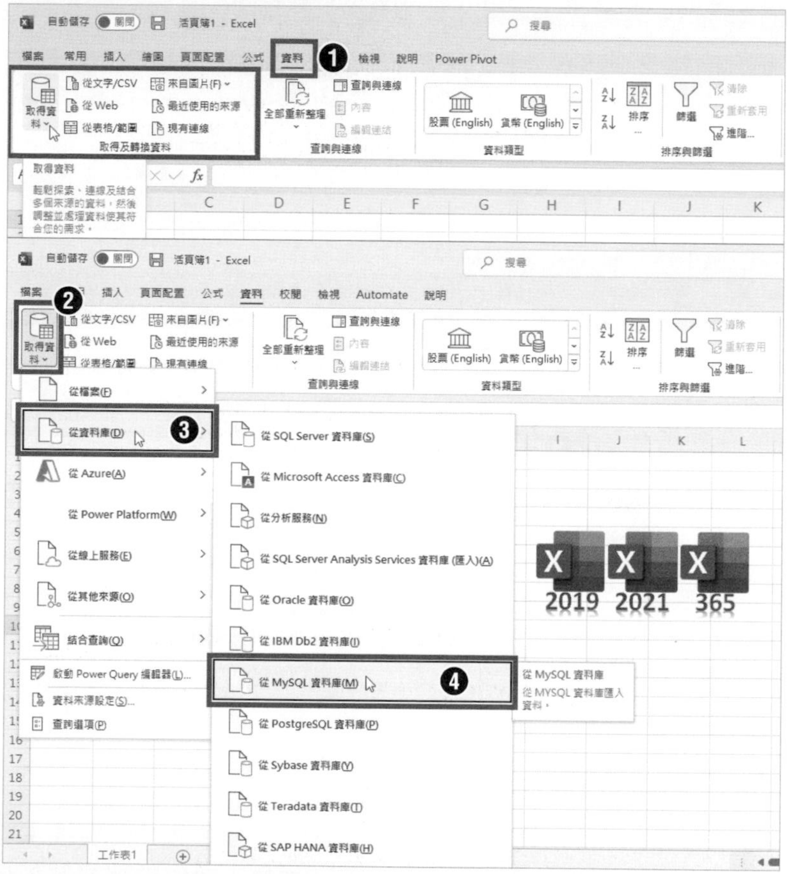

當然，若要存取 MySQL 資料庫，就必須先擁有資料庫的連線伺服器位址與帳號、密碼。以下的實作演練，將以筆者電腦裡的 MySQL 資料庫系統內的〔nw2022〕與〔boxes〕這兩個資料庫為例，介紹使用 Excel 連線至 MySQL 的種種方式。其中〔boxes〕資料庫裡含有〔bonboon〕、〔boxdetails〕、〔boxes〕、〔customer〕、〔empo〕、〔orderdetails〕與〔orders〕等七張資料表。

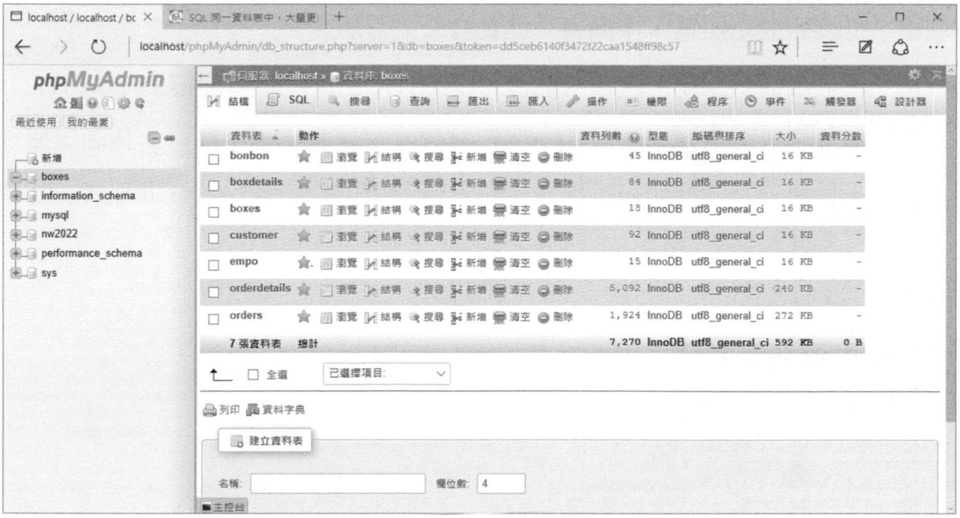

在〔nw2022〕資料庫裡則含有〔cust〕、〔empo〕、〔orders〕與〔prod〕等四張資料表。

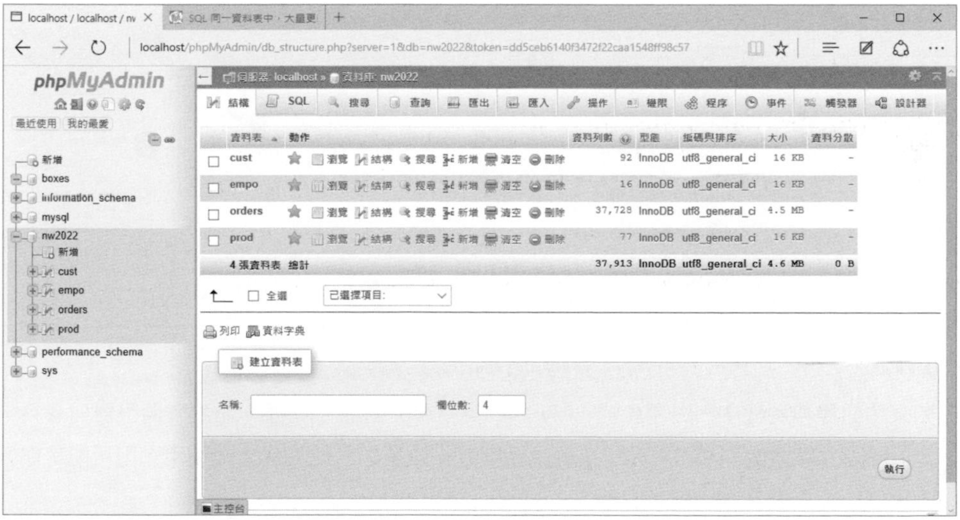

我們將透過 Excel 2021/Microsoft 365 的操作環境來解說，匯入 MySQL 資料庫系統裡 boxes 資料庫的內容。

STEP 1 點按〔資料〕索引標籤。

STEP 2 點按〔取得及轉換資料〕群組裡的〔取得資料〕命令按鈕。

STEP 3 從展開的功能選單中點選〔從資料庫〕選項。

STEP 4 再從展開的副功能選單中點選〔從 MySQL 資料庫〕選項。

STEP 5 奇怪，怎麼出現一個以 MySQL 資料庫為標題的提示對話方塊呢？原來是目前我們的操作環境裡並沒有安裝 MySQL 的連接器介面程式，我們就先此打住，先逕行安裝囉！~

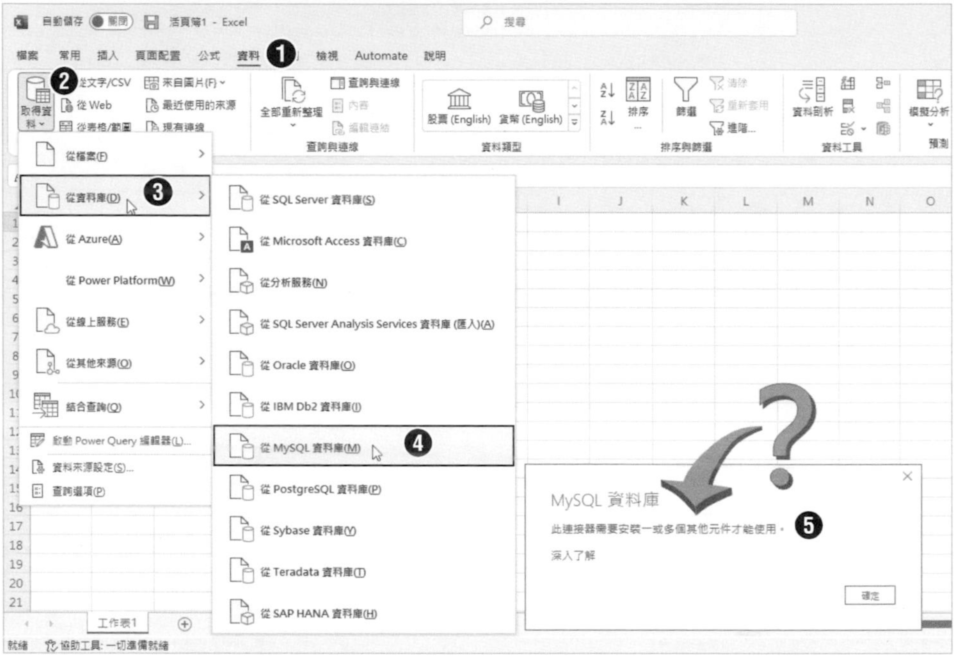

TIPS

如果這個操作過程中，所開啟的〔MySQL 資料庫〕對話方塊裡，並沒有伺服器與資料庫的輸入文字方塊，而是顯示連接器需要安裝一或多個其他元件才能使用，則可能是你的電腦裡並未安裝與 MySQL 相關的連接器元件。若有興趣，您可以點按〔深入了解〕進入微軟官方網站針對此問題的說明與解決方式。

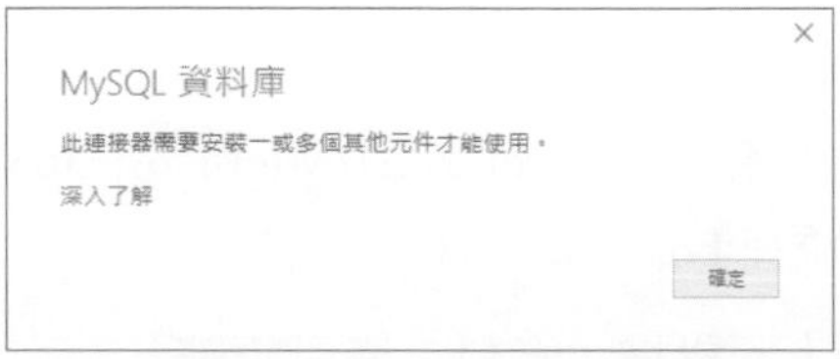

9-2-1 安裝 MySQL 連接器程式

當畫面顯示以〔MySQL 資料庫〕為標題的提示對話方塊，敘述著「此連接器需要安裝一個或多個其他元件才能使用。」的訊息時，其實這並不是嚴重的錯誤訊息，而是環境安裝提示，意味著想要在 Excel 這個應用程式裡連線到 MySQL 資料庫，使用者端的電腦裡就必須安裝適當的連接器介面程式，在 Excel 應用程式中，我們需要安裝的是 mysql-connector-net，在此，建議您可以輸入以下關鍵字，在網路裡搜尋並下載免費的 MySQL 連結程式：

mysql-connector-net

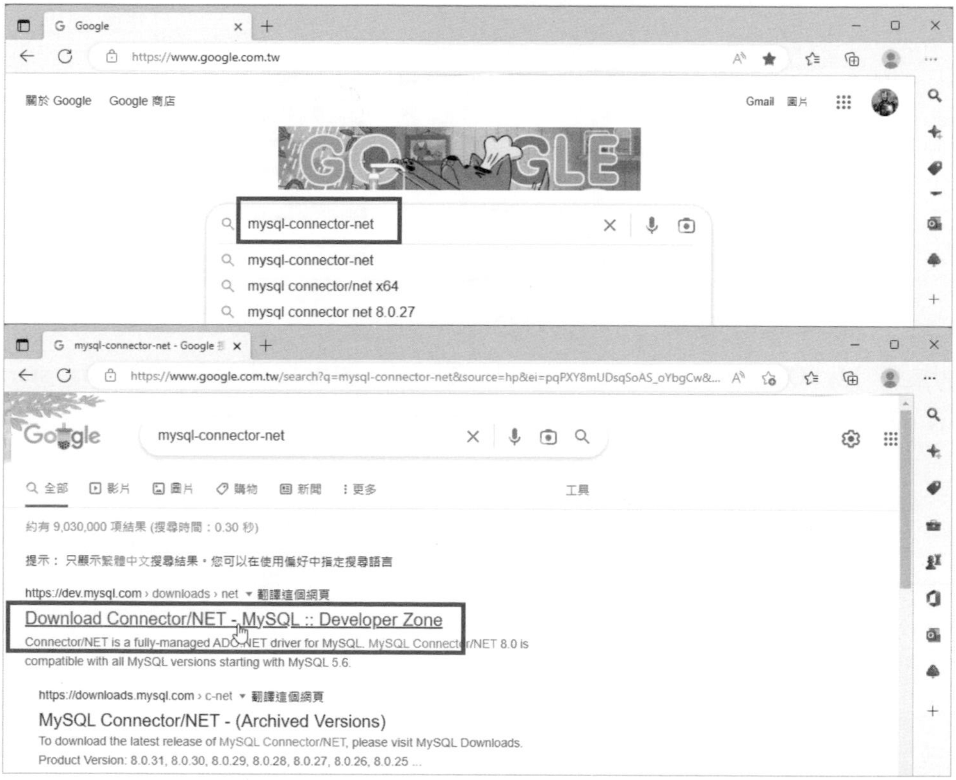

此實作範例我們是連線到 MySQL 的官方開發網站(http://dev.mysql.com/)，畫面轉換到下載頁面後，點選 Windows 版本的連接器程式(Connector/NET)，點按畫面右下方的〔Download〕按鈕。

切換到 MySQL Community Downloads 頁面後，再點按頁面底部的〔just start my download〕連結。

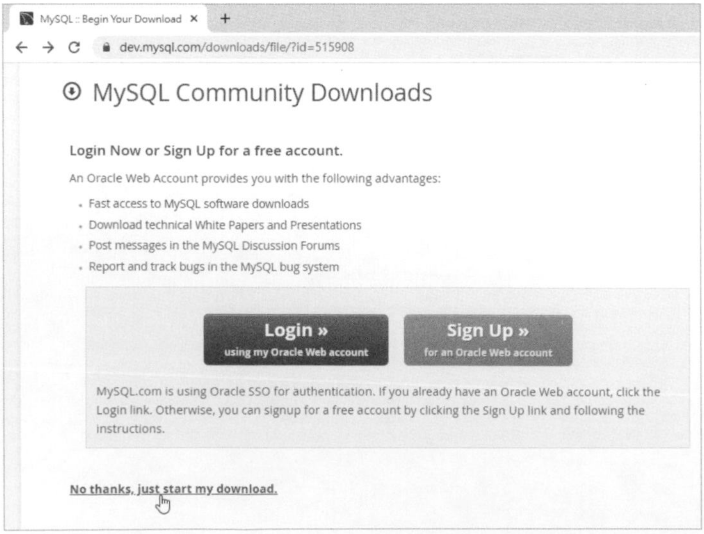

下載的檔案並不大，完成檔案下載後，直接以滑鼠左鍵點按兩下即可執行安裝程式。

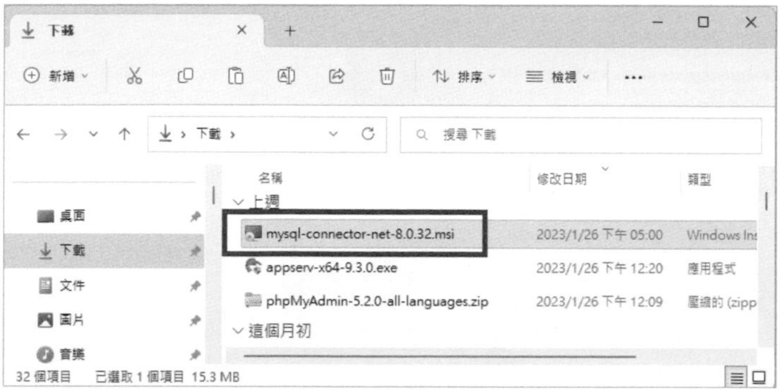

安裝步驟很簡單，只要套用預設選項即可，過程如下：

STEP 1 **執行安裝程式後，點按〔Next〕。**

STEP 2 **選擇安裝類型(Choose Setup Type)為完整類型(Complete)。**

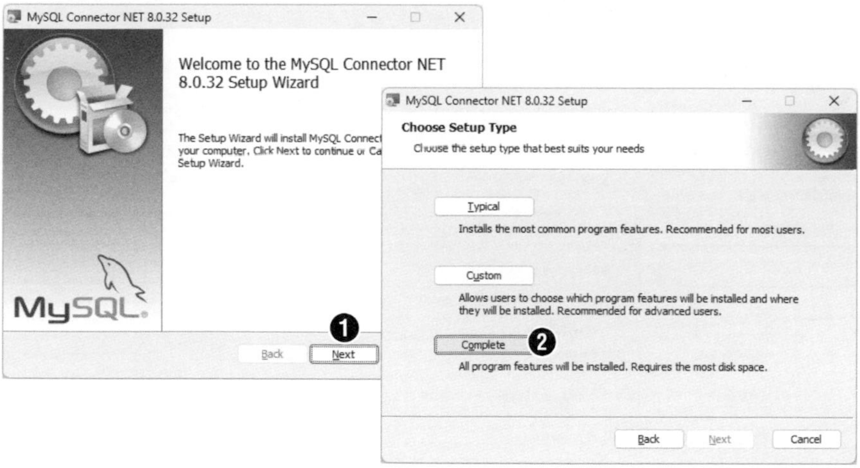

STEP 3 點按〔Install〕按鈕。

STEP 4 點按〔Finish〕按鈕。

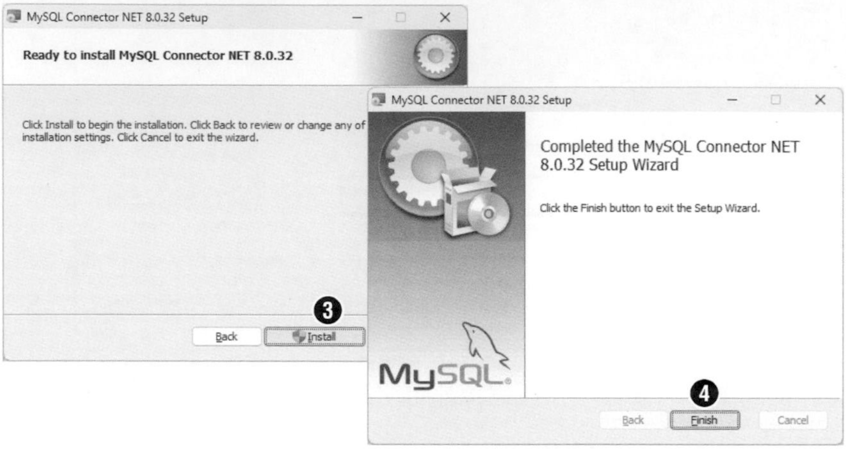

隨後再回到 Excel 的操作環境，延續前次執行〔資料〕索引標籤裡〔取得資料〕/〔從資料庫〕/〔從 MySQL 資料庫〕功能選項的操作，即可順利開啟以 MySQL 資料庫為標題的伺服器與資料庫選項對話。

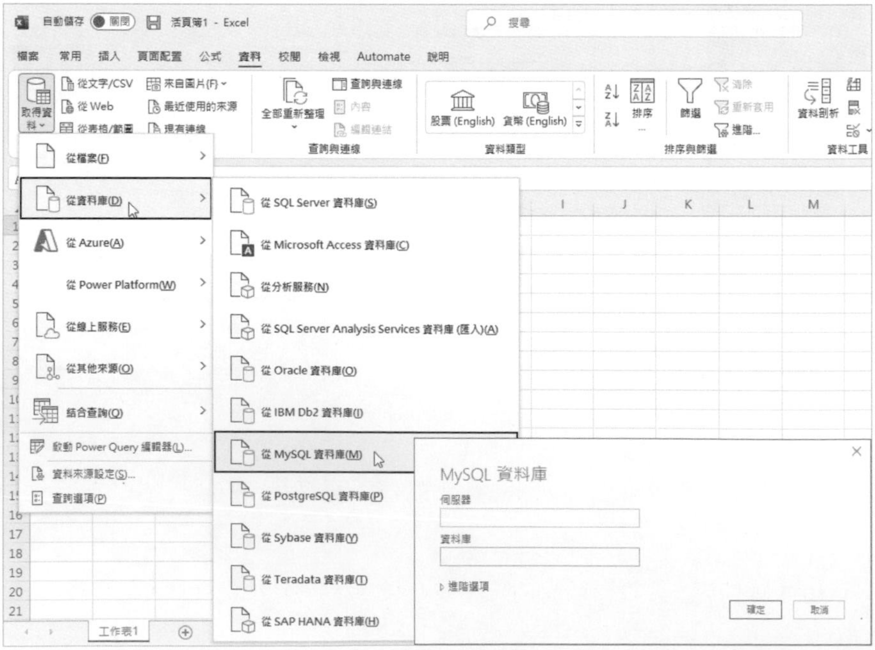

接著就是 MySQL 伺服器的連接與資料庫的選擇：

STEP 6 開啟〔MySQL 資料庫〕對話，輸入 MySQL 資料庫伺服器的所在網址。

STEP 7 輸入想要連線開啟的資料庫。例如〔boxes〕。

STEP 8 點按〔確定〕按鈕。

STEP 9 選擇〔資料庫〕選項。

STEP 10 連接到 MySQL 伺服器後，開啟〔MySQL 資料庫〕對話，輸入使用者名稱與密碼。

STEP 11 選取要套用的層級，可維持預設值。

STEP 12 然後點按〔連接〕按鈕。

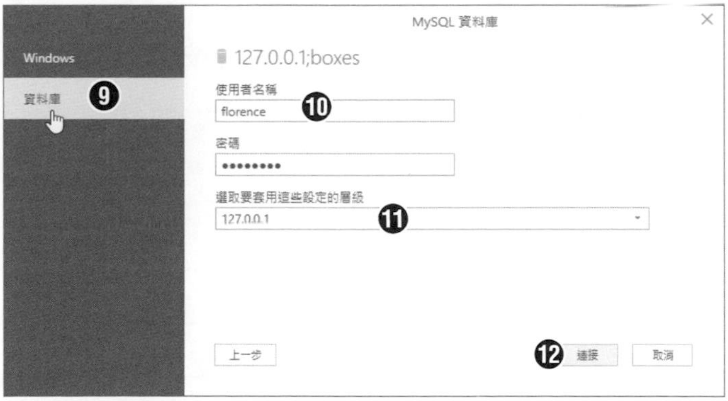

STEP 13 隨即開啟 Power Query 的〔導覽器〕頁面顯示並預覽〔boxes〕資料庫裡的資料表。

STEP 14 點選想要匯入的資料表。例如：〔boxes.orders〕(訂單資料表)。

STEP 15 點按〔轉換資料〕按鈕。

STEP 16 開啟 Power Query 編輯器，在此可以編輯、查詢、轉換所匯入的資料表。

STEP 17 點按〔常用〕索引標籤。

STEP 18 點按〔關閉〕群組裡的〔關閉並載入〕命令按鈕。

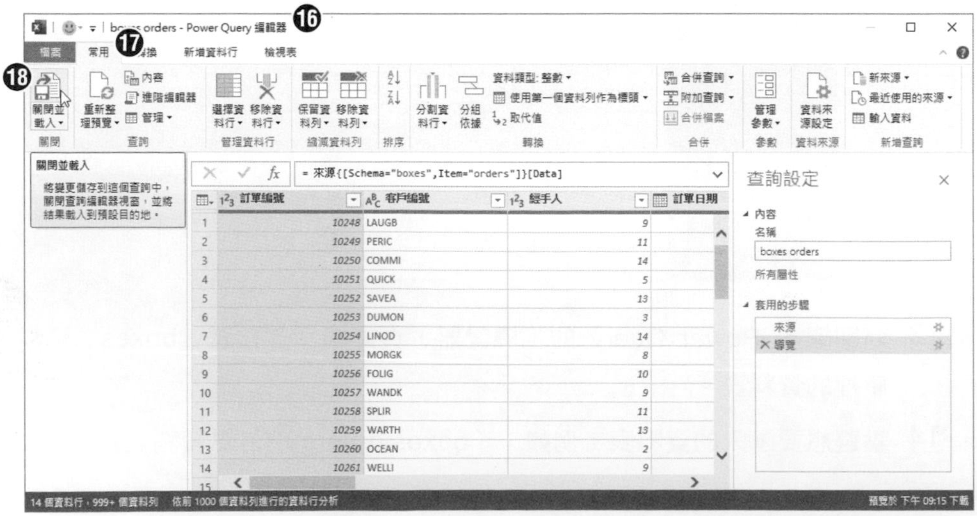

9-2-2 匯入來自 MySQL 資料庫的資料表後進行樞紐分析

完成這份訂單資料表的匯入後，以資料表的形式呈現在工作表上，此時就可以透過樞紐分析表的建立，進行資料的摘要統計與分析。例如：可分析各種不同送貨方式的資料筆數與總運費。

STEP 1 匯入來自 MySQL 資料庫的資料表共有 1924 筆資料記錄。

STEP 2 點按〔插入〕索引標籤。

STEP 3 點按〔表格〕群組裡的〔樞紐分析表〕命令按鈕。

STEP 4 開啟〔來自表格或範圍的樞紐分析表〕對話，點選〔新增工作表〕選項並按〔確定〕按鈕。

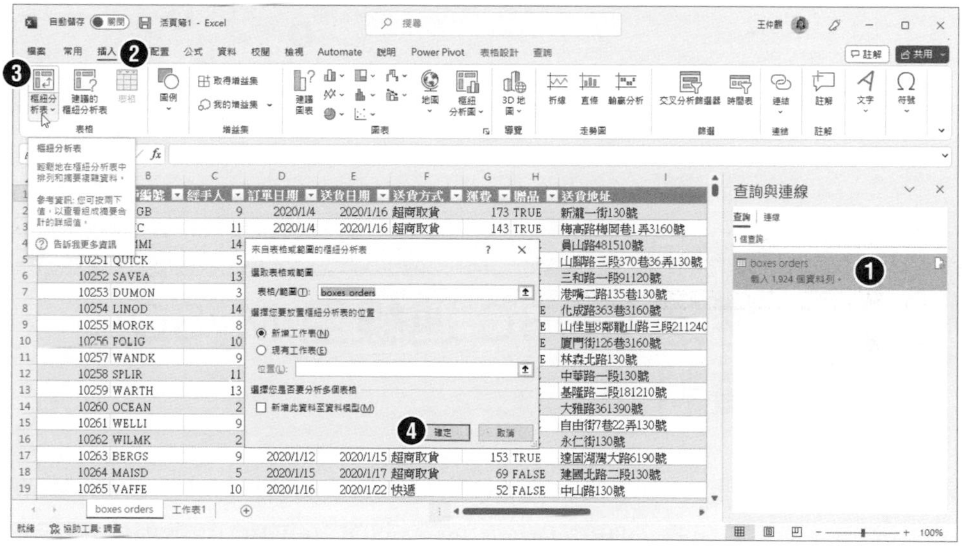

STEP 5　拖曳〔送貨方式〕欄位至〔列〕區域。

STEP 6　分別再拖曳〔送貨方式〕欄位與〔運費〕欄位至〔Σ 值〕區域。

STEP 7　建立各種送貨方式的資料筆數與總運費。

9-3 透過 ODBC 連線至 MySQL 資料庫

接下來就是聊聊使用 ODBC 連線到 MySQL 資料庫的時候了！也就是如何在 Excel 環境下使用匹配的 ODBC Driver for MySQL (ODBC 驅動程式)連接到 MySQL 的資料庫，將資料直接導入至 Excel 工作表，或逕行樞紐分析表的建立。例如：若您安裝了 64 位元的 ODBC 驅動程式，則需要使用 64 位版本的 Excel。而正如同連結 Access 資料庫或其他異質性資料庫的方式一般，透過 ODBC 驅動程式建立了資料庫的資料來源後，便可以藉由多種方法來連結資料庫。例如：透過〔連線精靈〕、〔查詢精靈〕、〔Microsoft Query〕(非 Power Query)，甚至目前極為盛行與 Excel BI 工具：〔Power Query〕與〔Power Pivot〕等 Excel 環境下的工具與應用程式，輕鬆連線到 MySQL 資料庫來探索與查詢各種資料來源。

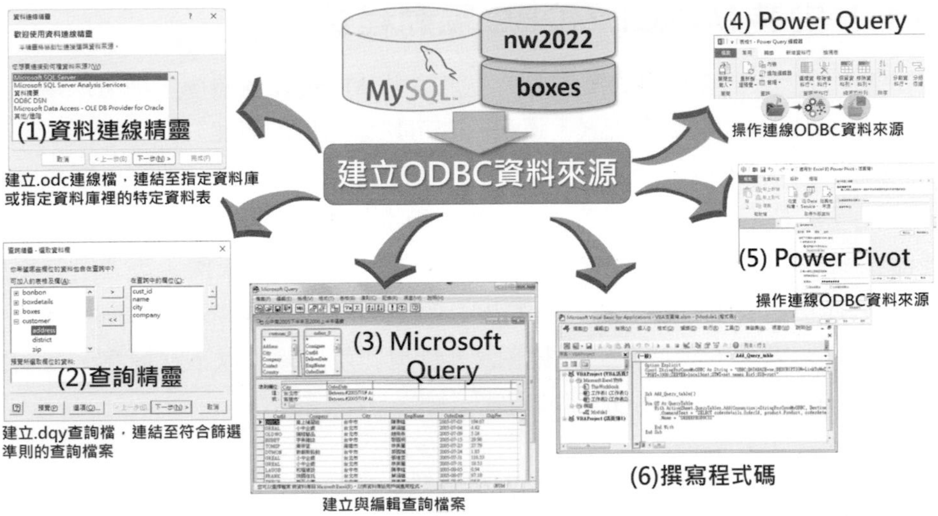

(1) Connecting Excel to MySQL with Data Connection Wizard
傳統的連線精靈建立連線檔(.odc 檔)(參考 9-3-3 節)

(2) Connecting Excel to MySQL with the Query Wizard
使用查詢精靈建立查詢檔(.odc 檔)(參考 9-3-4 節)

(3) Connecting Excel to MySQL with Microsoft Query
使用 Microsoft Query 編輯查詢準則(參考 9-3-5～9-3-7 節)

(4) Connecting Excel to MySQL with Get & Transform (Power Query)
使用 Power Query 連線 ODB 資料庫(參考 9-2 節)

(5) Connecting Excel to MySQL with PowerPivot
使用 Power Pivot 連線 ODBC 資料庫(參考 9-3-8 節)

(6) 自行撰寫 VBA 程式連線 ODBC 資料庫

受限於本書的篇幅與學習議題的規劃，Power Query 與 Power Pivot 這兩個 Excel BI 領域的學習並未納入在本書中，而 VBA 程式的撰寫也不是本書的預設議題，因此，若各位讀者對這些領域的知識學習有興趣，可參酌筆者或其他作者相關的圖書著作或文章。

9-3-1 安裝 MySQL ODBC 驅動程式

若要透過匯入外部資料庫的操作方式，連線至 MySQL 資料庫，則可以事先安裝好 MySQL ODBC 驅動程式，這是一套可以協助使用者建立與 MySQL 資料庫連線的工具。然後，藉由此 ODBC 驅動程式建立連線檔，便可以輕鬆連結 MySQL，而且，這個方式適用於所有新舊版本的 Excel 應用程式。您可以透過各種方式取得 MySQL ODBC 驅動程式。在本書的實作範例，筆者所使用的 MySQL 連接器 ODBC 驅動程式版本為：「mysql-connector-odbc-5.3.8-winx64.msi」版本。若您不知道要到何處下載，建議您可以輸入以下關鍵字，在網路裡搜尋並下載免費的 MySQL 連結程式：

mysql odbc

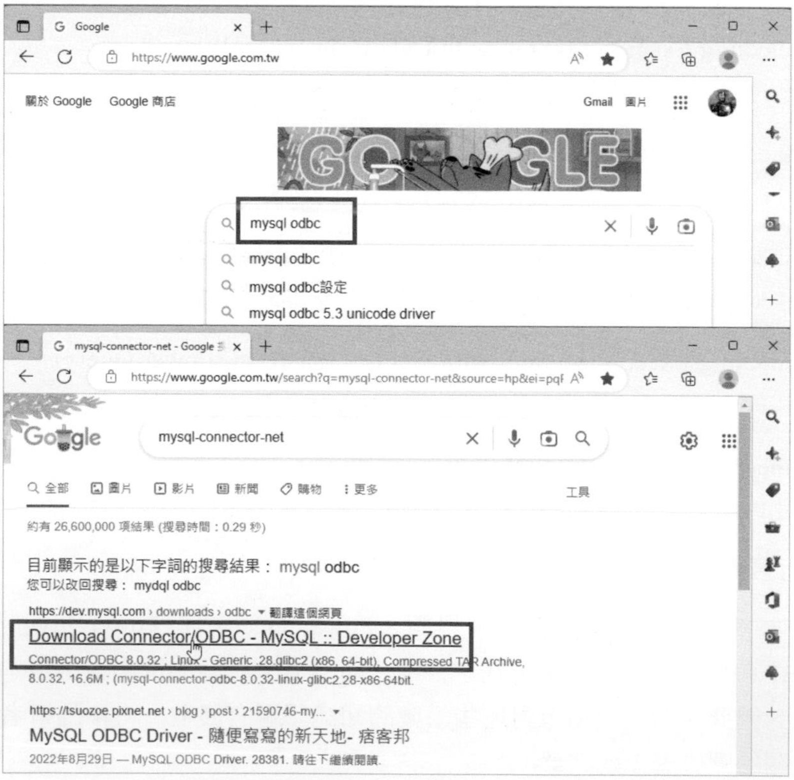

此實作範例我們是連線到 MySQL 的官方開發網站(http://dev.mysql.com/)，畫面轉換到下載頁面後，點選 Windows 版本的連接器程式(Connector/NET)，然後，選擇所要下載的 MySQL ODBC 驅動程式版本，例如：windows (x86,64-bit), MSI Installer，這是一個名為〔mysql-connector-odbc-8.0.32-winx64〕的 Windows 版本安裝檔案。

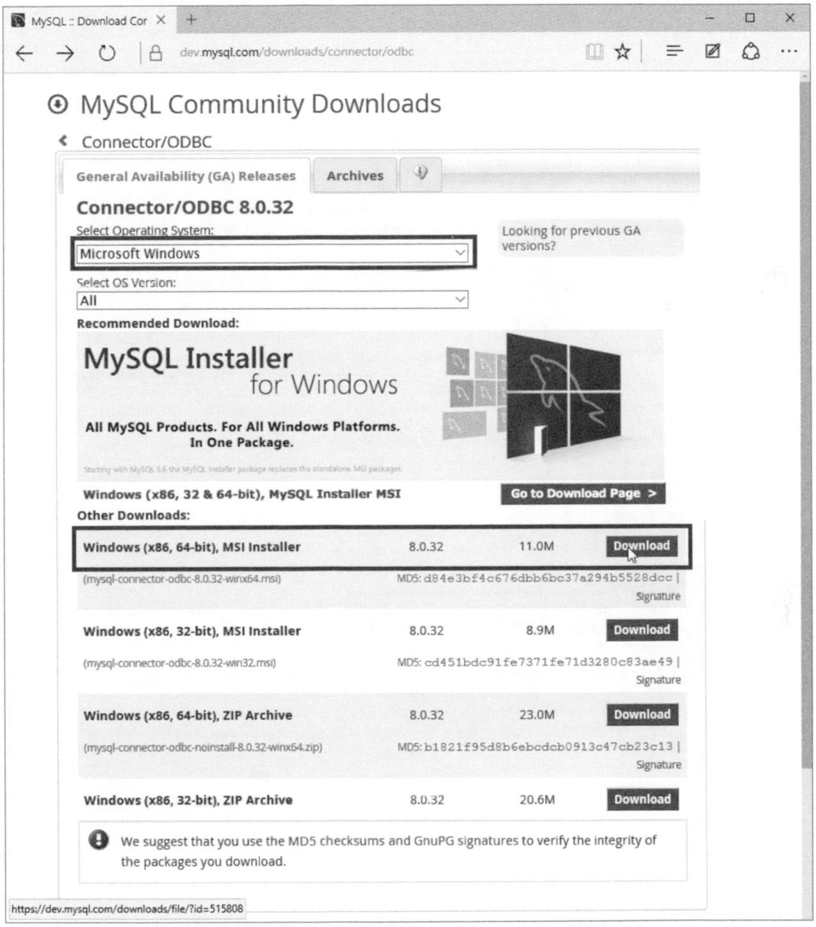

切換到 MySQL Community Downloads 頁面後，再點按頁面底部的〔just start my download〕連結。

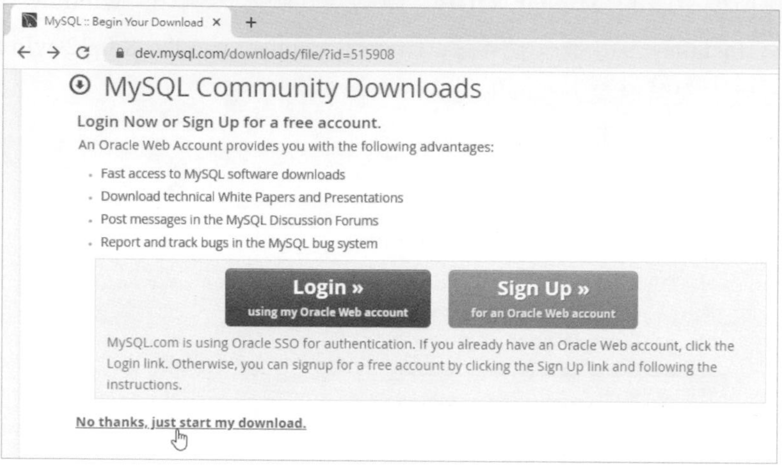

完成檔案下載後，直接以滑鼠左鍵點按兩下即可執行安裝程式。在開啟〔是否要執行這個檔案〕的確認對話方塊後，點按〔執行〕按鈕。

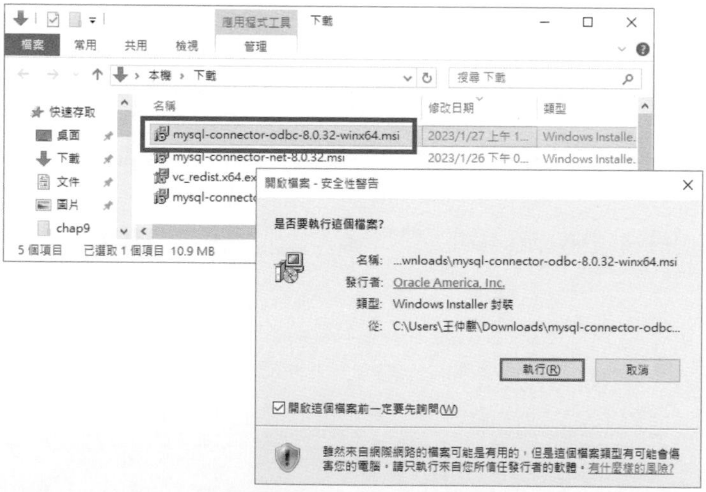

由於〔mysql-connector-odbc-8.0.32-winx64〕檔案的安裝必須先在目標系統上安裝 Microsoft Visual C++可轉散發套件，才能順利安裝應用程式，目前較新版本的可轉散發套件是 Visual Studio 2019 x64 Redistributable，因此，若您目前的電腦系統並未符合應用程式的目標架構，畫面可能會出現下載並安裝可轉

散發套件的對話方塊，請點按〔OK〕按鈕，然後在確認是否要執行此安裝程式的對話方塊中點按〔執行〕按鈕。

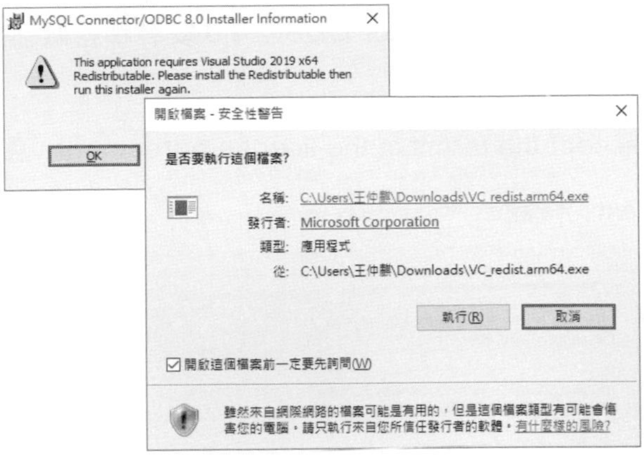

畫面開啟安裝可轉散發套件的對話方塊後，點按〔安裝〕按鈕，隨即完成安裝後，在設定成功的對話方塊裡點按〔關閉〕按鈕。

在執行本書的範例〔mysql-connector-odbc-8.0.32-winx64〕檔案後，立即進行 MySQL Connector ODBC 8.0 安裝精靈的對話操作。

STEP 1 進入的是 MySQL Connector ODBC 8.0 安裝精靈歡迎畫面後，直接點按〔Next〕按鈕。

STEP 2 點選〔I accept the terms in the license agreement〕選項。

STEP 3 點按〔Next〕按鈕。

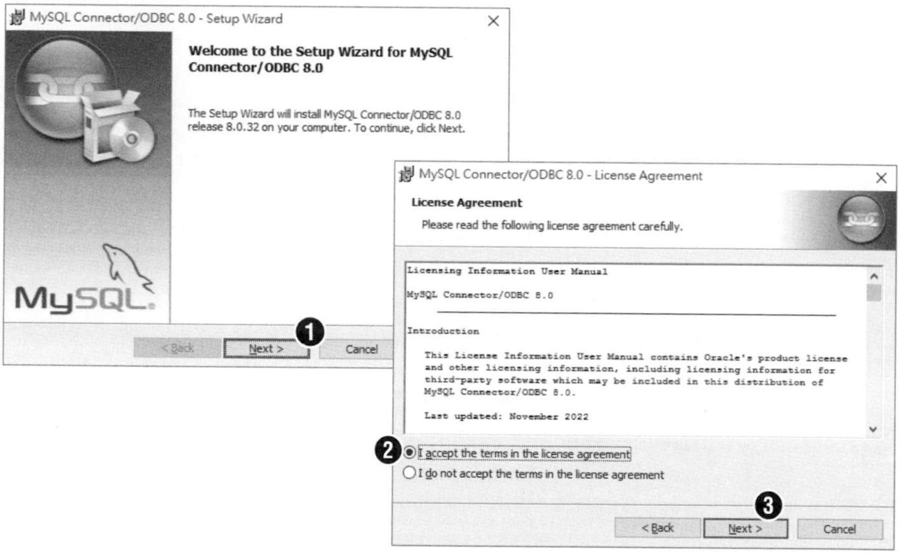

TIPS

若執行 mysql-connector-odbc-winx64.msi 驅動程式的安裝時，沒有順利進入安裝對話，而是顯示需要 Visual Studio Redistributable 訊息，則表示您的電腦必須事先安裝 Visual Studio 201x 的可轉散發套件，才能進行此驅動程式的安裝。您可以輸入關鍵字至網路搜尋 Visual Studio Redistributable 套件，進行該套件的下載與安裝。

STEP 4 點選完整的安裝，也就是〔Complete〕安裝選項。

STEP 5 點按〔Next〕按鈕。

STEP 6 點按〔Install〕按鈕。

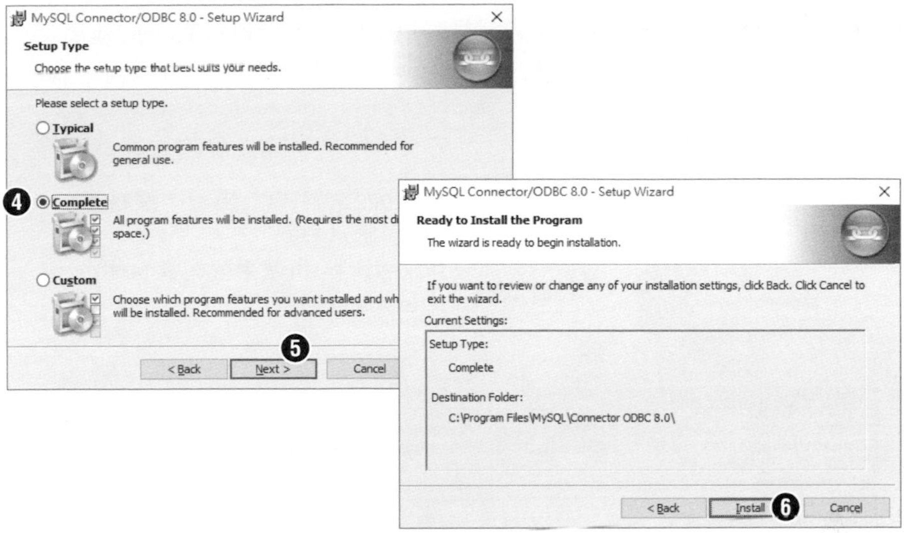

STEP 7　完成安裝後點按〔Finish〕按鈕。

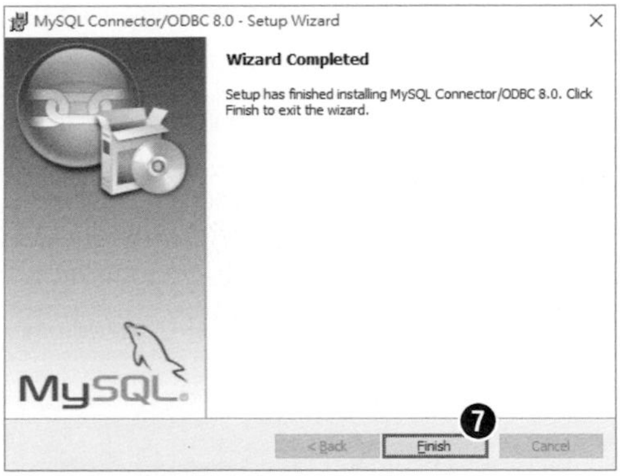

9-3-2 建立 MySQL 的資料來源

完成 MySQL ODBC 資料庫驅動程式的安裝後，就可以開始著手進行資料來源的建立了。正如同在 Windows 作業系統環境下建立 ODBC 資料來源一般，透過控制台-系統管理工具-ODBC 資料來源管理員的操作，即可建立連結至 MySQL 資料庫的資料來源。

在此次的範例練習中，我們所要連接的 MySQL 資料庫系統，裡面有幾個資料庫，其中，名為 nw2022 的資料庫內含 4 張資料表，描述著北風食品貿易公司的客戶與銷售資料；名為 boxes 的資料庫裡則內含 7 張資料表，描述著某一糖果禮盒公司的客戶資料、銷售資料與產品資料。

在 Excel 操作環境下連線到 MySQL 資料庫系統並存取裡面的資料庫，則必須先安裝 MySQL 的 ODBC Connector，並設定所要連結的資料來源。

nw2022 資料庫裡所儲存的 4 個資料表，分別為：

- cust 客戶資料表，儲存著 92 筆客戶基本資料。
- empo 員工資料表，儲存了 16 位員工的基本資料。
- orders 訂單主檔資料表，裡面存有 37770 筆訂單交易記錄。
- prod 產品資料表，儲存著北風食品公司所銷售的 77 種產品基本資料記錄。

```
MySQL Command Line Client
mysql> use nw2022
Database changed
mysql> select table_name, table_rows from information_schema.tables where table_schema = database();
+------------+------------+
| TABLE_NAME | TABLE_ROWS |
+------------+------------+
| cust       |         92 |
| empo       |         16 |
| orders     |      37770 |
| prod       |         77 |
+------------+------------+
4 rows in set (0.01 sec)

mysql> _
```

boxes 資料庫裡儲存了 7 個資料表，分別為：

- bonbon 棒棒糖資料表，儲存著 45 種口味的棒棒糖資料記錄。
- boxdetails 禮盒包裝明細資料表，記載了每一種禮盒包含了哪些口味的棒棒糖以及棒棒糖的數量。
- boxes 禮盒產品資料表，儲存著糖果禮盒公司所銷售的 18 種糖果禮盒之產品基本資料。
- customer 客戶資料表，儲存著 92 筆客戶基本資料。
- empo 員工資料表，儲存了 15 位業務員的基本資料。
- orderdetails 訂單交易明細資料表，裡面記錄了每一張訂單交易記錄的明細， 也就是每一張訂單交易記錄到底買了哪些禮盒、買了幾盒等資訊，目前一共記載了 5092 筆資料記錄。
- orders 訂單主檔資料表，裡面存有 1924 筆訂單交易記錄。

```
MySQL Command Line Client
mysql> use boxes
Database changed
mysql> select table_name, table_rows from information_schema.tables where table_schema = database();
+--------------+------------+
| TABLE_NAME   | TABLE_ROWS |
+--------------+------------+
| bonbon       |         45 |
| boxdetails   |         84 |
| boxes        |         18 |
| customer     |         92 |
| empo         |         15 |
| orderdetails |       5092 |
| orders       |       1924 |
+--------------+------------+
7 rows in set (0.00 sec)

mysql>
```

以下的操作步驟，將描述如何建立一個名為「MySQLODBC803」的自訂資料來源，可連結到 MySQL 資料庫系統並設定(預設)想要連接的資料庫為 boxes 資料庫。首先，必須先到作業系統的 ODBC 資料來源管理員進行相關的設定。不論您是使用 Windows 10 還是 Windows 11 作業系統，都可以進行以下的操作程序：

STEP 1 點按 Windows 視窗下方工作列上的〔搜尋〕按鈕。

STEP 2 在搜尋文字方塊裡輸入關鍵字「ODBC」。

STEP 3 從展開的功能選單中點選〔ODBC 資料來源(64 位元)〕。

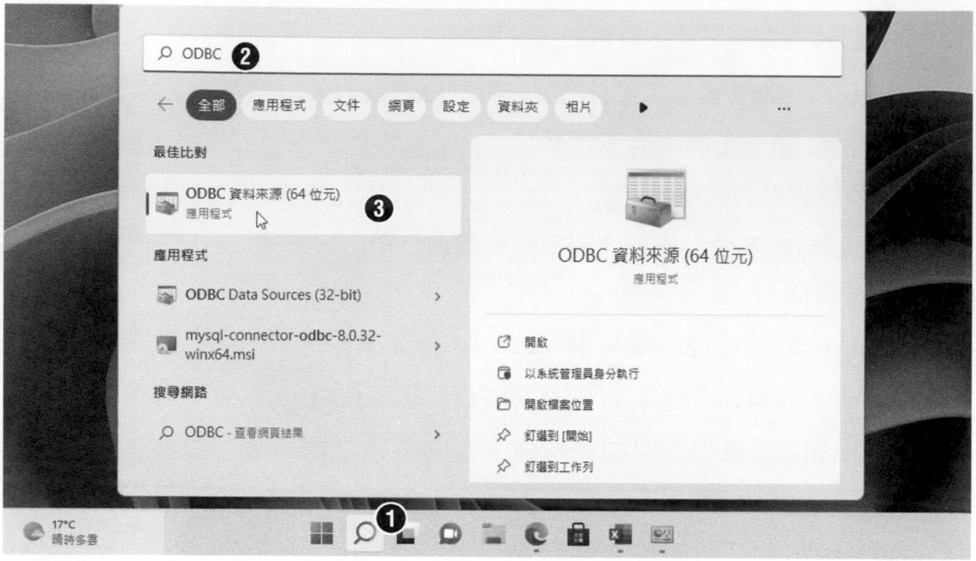

TIPS

不論是近期哪一個版本的 Windows 作業系統，您都可在控制台裡輸入關鍵字「ODBC」以尋到設定 ODBC 資料來源的工具。

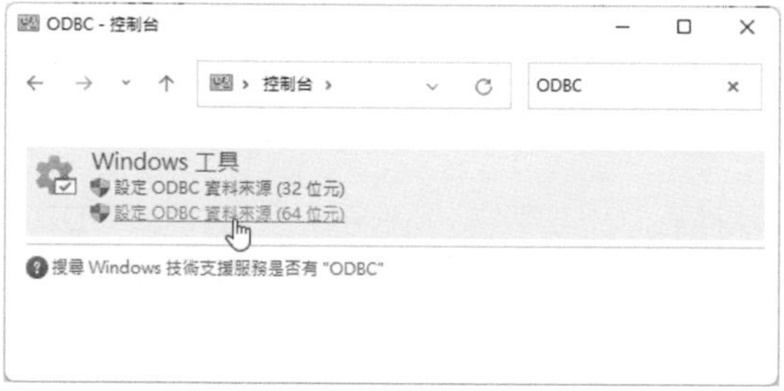

STEP 4　開啟〔ODBC 資料來源管理員(64 位元)〕對話方塊，點按〔使用者資料來源名稱〕索引頁籤。

STEP 5　點按〔新增〕按鈕。

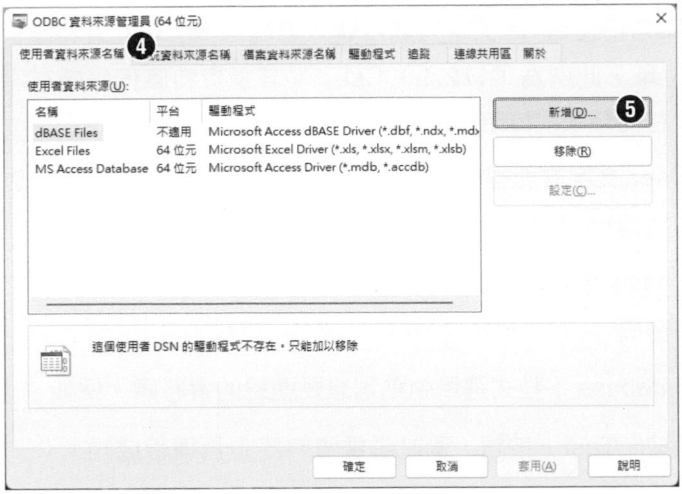

STEP 6 開啟〔建立新資料來源〕對話方塊，點選先前安裝好的〔MySQL ODBC 8.0 ANSI Driver〕驅動程式選項。

STEP 7 點按〔完成〕按鈕。

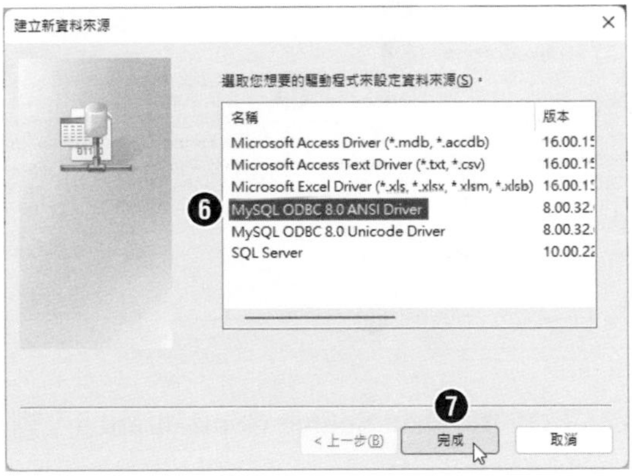

STEP 8 開啟〔MySQL Connector/ODBC Data Source Configuration〕對話方塊，在此設定各項參數。例如：在 Data Source Name 文字方塊裡鍵入自訂的資料來源名稱，例如：「MySQLODBC803」。

STEP 9 在 Description 文字方塊內輸入自訂的連線敘述文字，例如：「連線到 MySQLDB 資料庫」。

STEP 10 在 TCP/IP Server 文字方塊內輸入連線的 MySQL 資料庫伺服器名稱或 IP 位址，此例為「172.1.1.121」。若是資料庫伺服器在測試的本機，可以在此輸入「localhost」）。

STEP 11 在 User 文字方塊裡鍵入您要連線的 MySQL 伺服器之連線帳號名稱(使用者名稱)。

STEP 12 在 Password 文字方塊裡鍵入您要連線的 MySQL 伺服器之連線帳號名稱的密碼。

STEP 13 在 Database 下拉式選單中點選想要連線的資料庫。例如：「boxes」。

STEP 14 可點按〔Test〕按鈕，測試看看資料庫是否連線成功。

STEP 15 點按〔OK〕按鈕。

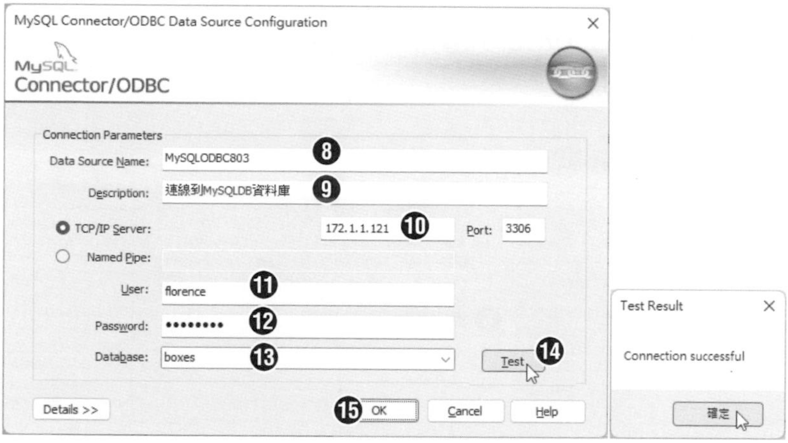

在〔MySQL Connector/ODBC Data Source Configuration〕對話方塊中，基本連線參數設定的各項內容與意義如下：

- Data Source Name 文字方塊，在此輸入您自訂的資料來源名稱，用來作為此次資料庫連接的根源。
- Description 文字方塊，輸入一些足以描述這個資料連接的識別文字。
- Server 文字方塊，輸入想連接的 MySQL 伺服器名稱，或者使用預設伺服器 localhost。
- User 文字方塊，輸入要使用此資料連接的使用者名稱。

- Password 文字方塊，輸入要使用此資料連接的使用者密碼。
- Database 下拉式選項，從下拉式選項中點選使用者授權存取使用用的資料庫。

這些基本連線參數的設定，主要是在描述 MySQL 的通訊方式。對於 MySQL 資料庫系統而言，其採用了多種資料通訊方式，譬如：對於資料庫本機 (localhost) 來說，其通訊方式採用的是 Unix Domain Socket，而位置在 /tmp/mysql.sock。不過，MySQL 資料庫系統也可以使用具名管道(Named Pipe) 或是以 TCP/IP 做為通訊方式。基本上，最常使用的通訊方式是 TCP/IP，而通訊埠則是 3306，若您的伺服器有使用其他輸出埠編號就必須在此表明。

若有其他參數設定的需求，可以點按此對話方塊左下方的〔Details〕按鈕，以展開更多的連線參數與選項的設定。

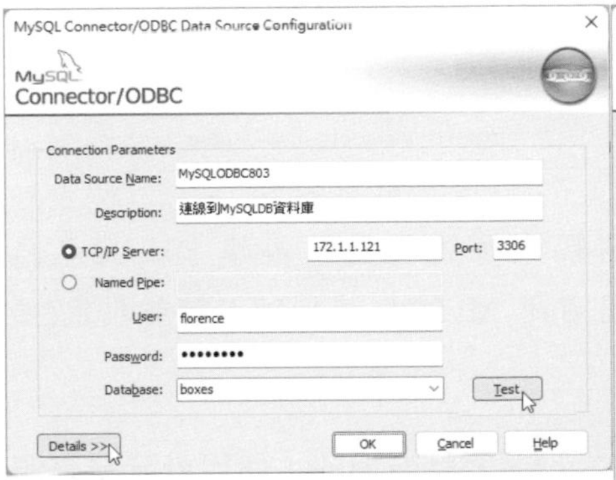

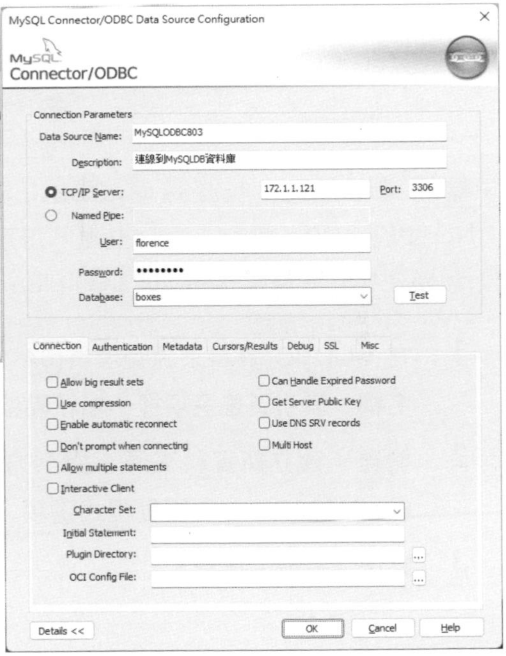

STEP 16 回到〔ODBC 資料來源管理員(64 位元)〕對話方塊，在〔使用者資料來源名稱〕索引頁籤裡面即可看到順利建立完成的資料來源。

STEP 17 點按〔確定〕按鈕。

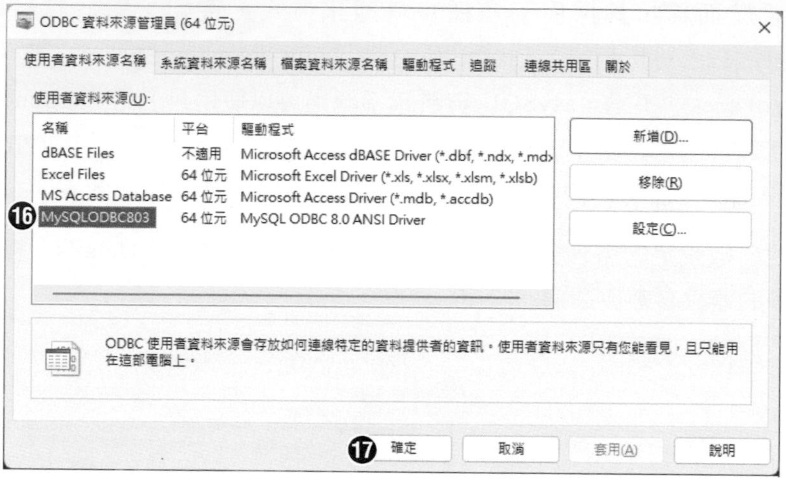

同樣的操作方式，仍是透過 ODBC 資料來源管理員，再建立一個名為「NorthWindDB」的自訂資料來源，可連結到 MySQL 資料庫系統並設定(預設)想要連接的資料庫為 nw2022 資料庫。

STEP 1 在〔ODBC 資料來源管理員(64 位元)〕對話方塊的〔使用者資料來源名稱〕索引頁籤選項裡，繼續點按〔新增〕按鈕。

STEP 2 開啟〔建立新資料來源〕對話方塊，這次我們點選〔MySQL ODBC 8.0 ANSI Driver〕驅動程式選項。

STEP 3 點按〔完成〕按鈕。

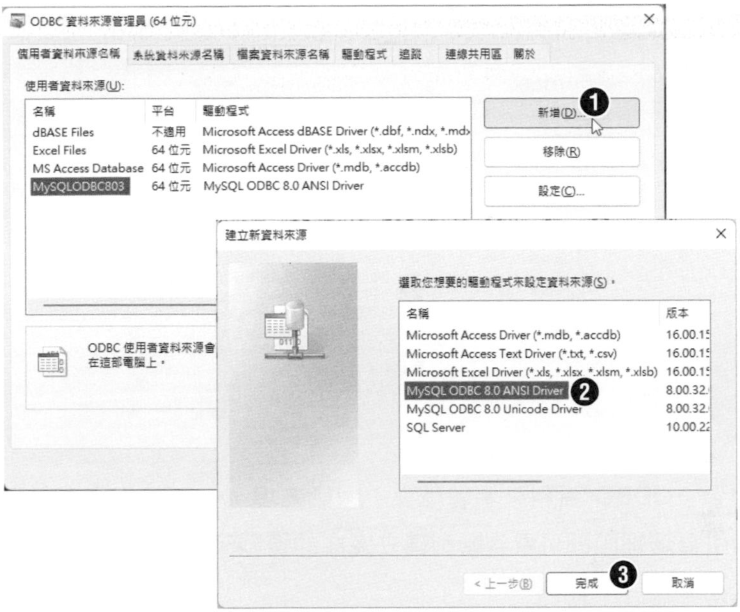

STEP 4 開啟〔MySQL Connector/ODBC Data Source Configuration〕對話方塊，在此設定各項參數。例如：在 Data Source Name 文字方塊裡鍵入自訂的資料來源名稱「NorthWindDB」。

STEP 5 在 Description 文字方塊內輸入自訂的連線敘述文字，例如：「連接北風資料庫」。

STEP 6 在 TCP/IP Server 文字方塊內輸入連線的 MySQL 資料庫伺服器名稱或 IP 位址，此例為「172.1.1.121」。

STEP 7 在 User 文字方塊裡鍵入您要連線的 MySQL 伺服器之連線帳號名稱(使用者名稱)。

STEP 8 在 Password 文字方塊裡鍵入您要連線的 MySQL 伺服器之連線帳號名稱的密碼。

STEP 9 在 Database 下拉式選單中點選想要連線的資料庫。例如：「nw2022」。

STEP 10 點按〔OK〕按鈕。

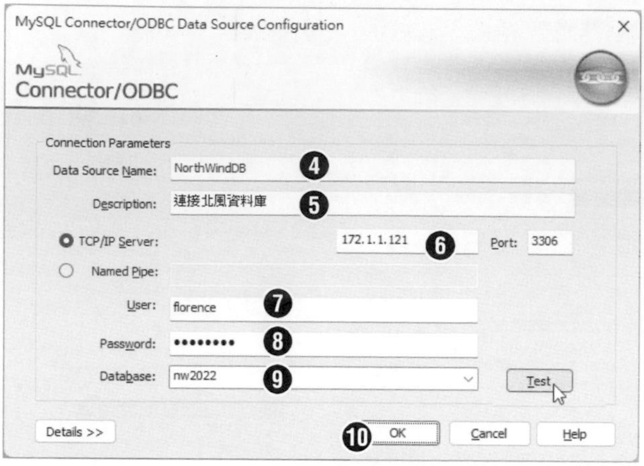

STEP 11 回到〔ODBC 資料來源管理員〕對話方塊，在〔使用者資料來源名稱〕索引頁籤裡面即可看到順利建立完成的資料來源。

STEP 12 點按〔確定〕按鈕。

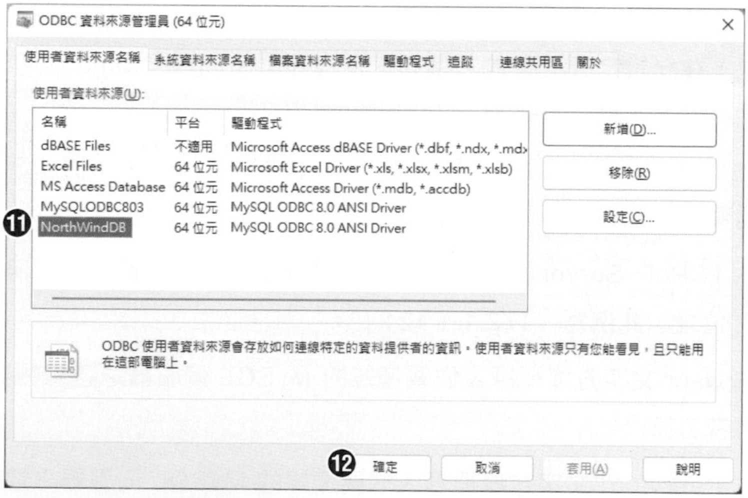

9-3-3 透過連線精靈取得 MySQL 資料

資料來源的建立可以幫助我們順利連線到資料庫伺服器裡的指定資料庫。然而，要取得該連線資料庫裡的哪一張資料表，並將其整張資料表匯入至 Excel 工作表內，或連結到 Excel 的樞紐分析表中，則可以藉由資料連線精靈的協助，建立便利又迅速的連線檔案囉！

使用連線精靈建立連線至指定資料表的連線檔案

以下的範例演練將使用前一節所建立的資料來源，建立一個可以連結至 MySQL 資料庫系統裡 boxes 資料庫內名為 Customer 的資料表。開啟空白活頁簿後，點按〔資料〕索引標籤。但若是 Excel 2019 以後及 Microsoft 365 版本的 Excel，與 Excel 2016 及更早以前版本的 Excel，在功能選項的操作介面上會略有不同。

STEP 1 開啟空白活頁簿後，點按〔資料〕索引標籤。

STEP 2 若是 Excel 2021 或 Microsoft 365 版本的 Excel，可以點按〔取得及轉換資料〕群組裡〔取得資料〕命令按鈕。

STEP 3 從展開的下拉式功能選單中點選〔傳統精靈〕選項(若沒有此選項，請參考 7-1-5 節的說明)。

STEP 4 再從直展開的副選單中點選的〔從資料連線精靈(舊版)〕功能選項。

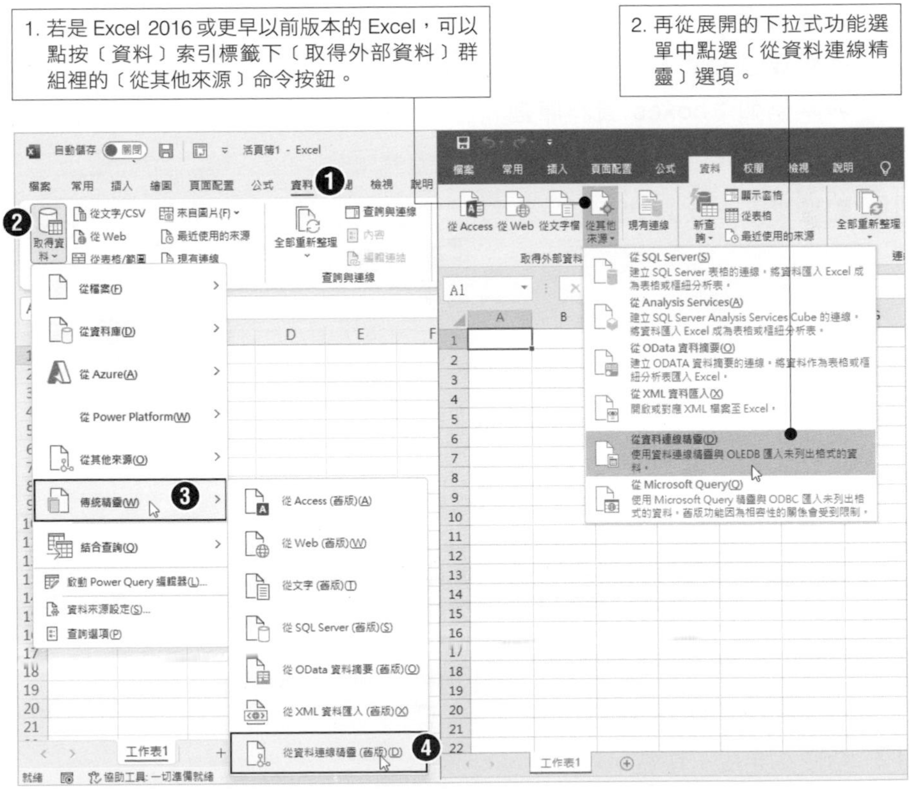

STEP 5 開啟〔資料連線精靈〕對話方塊，點選〔ODBC DSN〕選項。

STEP 6 點按〔下一步〕按鈕。

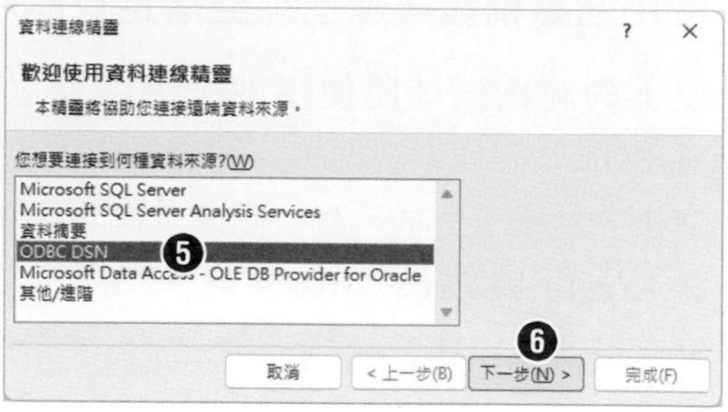

STEP 7 從 ODBC 資料來源選項中點選先前建立的 MySQL 資料庫之資料來源〔MySQL ODBC803〕。

STEP 8 點按〔下一步〕按鈕。

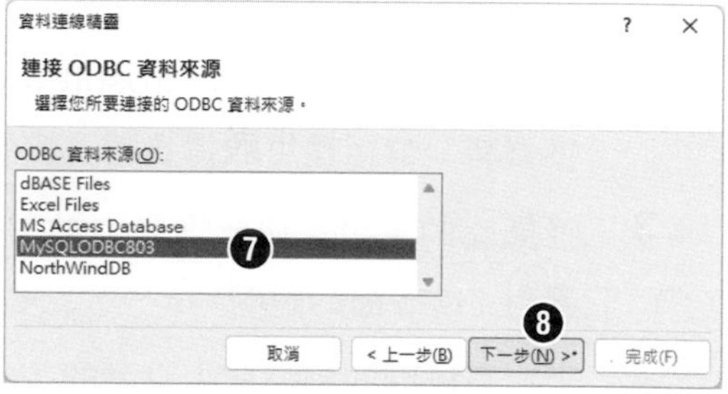

STEP 9 選擇連線的 MySQL 資料庫裡想要匯入至 Excel 的資料表。例如：boxes 資料庫裡的 customer 資料表。

STEP 10 點按〔下一步〕按鈕。

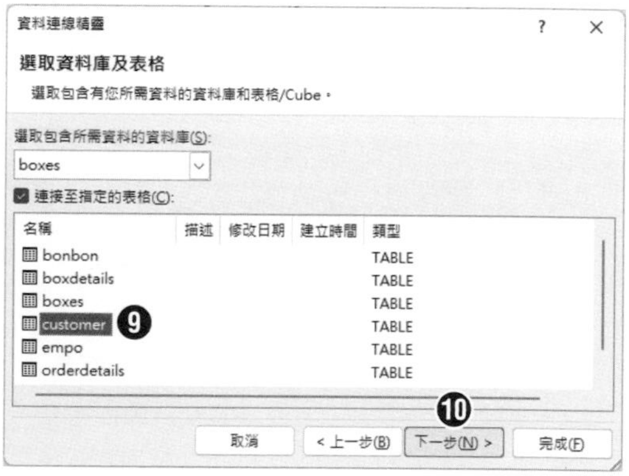

STEP 11 為此次的連線檔案命名，例如：預設為資料庫名稱+資料表名稱.odc，爾後若有需要，便可以隨時開啟此連線檔案，直接連結資料並匯入 Excel 工作表內(此例為：boxes customer.odc)。

STEP 12 點按〔完成〕按鈕。

來自 MySQL 資料庫伺服器 boxes 資料庫裡的 customer 資料表立即連線至 Excel 活頁簿，至於要如何在活頁簿裡檢視、處置這些匯入資料，則由開啟的〔匯入資料〕對話方塊來決定。您可以選擇將匯入的 customer 資料表內容，置入工作表內形成一張資料表格(Table)，也可以維持連線狀態下，進行樞紐分析表或樞紐分析圖的製作。以下的操作，即以建立樞紐分析表為例。

STEP 13 開啟〔匯入資料〕對話方塊，點選〔樞紐分析表〕選項。

STEP 14 選擇將樞紐分析表放置在目前工作表的儲存格 A1。

STEP 15 點按〔確定〕按鈕，結束〔匯入資料〕對話方塊。

STEP 16 立即建立樞紐分析表。

STEP 17 畫面右側也開啟了〔樞紐分析表欄位〕工作窗格，顯示著來自 MySQL 的 boxes 資料庫裡的 customer 資料表欄位。

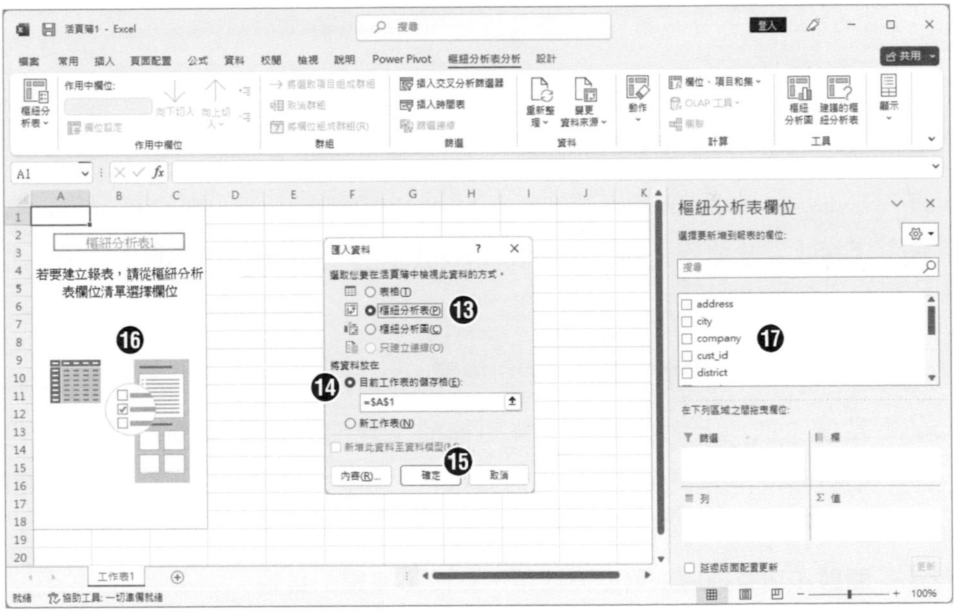

STEP 18 拖曳〔city〕資料欄位至〔列〕區域。

STEP 19 拖曳〔company〕資料欄位至〔Σ值〕區域進行計數的運算。

STEP 20 摘要統計出各縣市的客戶數量。

開啟連線精靈所建立的連線檔案

爾後，若需要在別的活頁簿裡再度匯入 MySQL 資料庫(boxes)裡的 Customer 資料表至 Excel 工作表內，則只要直接開啟先前在連線精靈操作過程中所儲存下來的現有連線檔案即可。

STEP 1 開啟 Excel，點按〔資料〕索引標籤。

STEP 2 點按〔取得及轉換資料〕群組裡的〔現有連線〕命令按鈕。(若是 Excel 2016 或更早以前版本的 Excel，此命令按鈕仍是位於〔資料〕索引標籤裡的〔取得外部資料〕群組內)。

STEP 3 開啟〔現有連線〕對話方塊後，點按〔連線〕頁籤。

STEP 4 設定顯示〔所有連線〕。

STEP 5 即可看到先前建立的連線檔案：〔boxes customer〕。

STEP 6 點選連線檔案後，按下〔開啟〕按鈕。

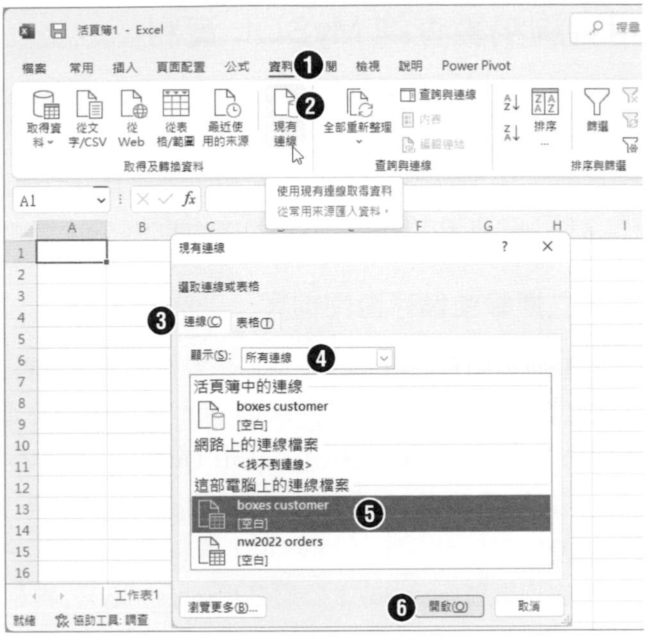

STEP 7 隨即回至 Excel 工作表畫面並開啟〔匯入資料〕對話方塊，此次請點選〔表格〕選項。

STEP 8 點選將匯入資料放在〔目前工作表的儲存格〕選項的 A1 儲存格。

STEP 9 點按〔確定〕按鈕，結束〔匯入資料〕對話方塊。

STEP 10 匯入的客戶資料 customer 立即以資料表格(Data Table)的格式呈現在工作表上。

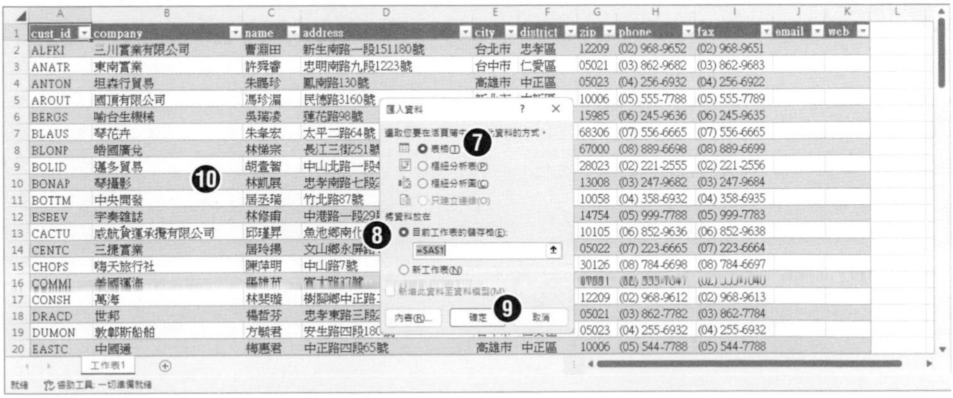

9-3-4 運用查詢精靈查詢 MySQL 資料

什麼是查詢精靈？這是 Excel 的一個內建應用程式，稱之為 Microsoft Query，若使用者所使用的 Excel 版本並沒有包含新版本的 Power Query 環境下，利用查詢精靈(Microsoft Query)來建立查詢檔案，也是不錯且十分便利的選擇。更重要的是，使用這種方式將適用於新、舊不同版本的 Excel 軟體喔！

使用查詢精靈建立連線並儲存查詢檔案

有時候在連線到資料庫裡的資料表時，並不是想要使用整張資料表的資訊，而是僅需要某些欄位資料，以及某些條件狀態下的資料記錄。此時，在沒有 Power Query 的協助下，利用查詢精靈(Microsoft Query)來建立查詢檔案，也是不錯且十分便利的選擇。重要的是，這種方式適用於新舊不同版本的 Excel 軟體。例如：在 MySQL 資料庫系統中，nw2022 資料庫裡包含了名為 cust 的資料表，裡面記載了客戶編號(cust_id)、公司名稱(company)、聯絡人(contact)、職務(position)、地址(address)、縣市(city)、區域(area)、電話(phone)、傳真(fax)等 9 個欄位資料。

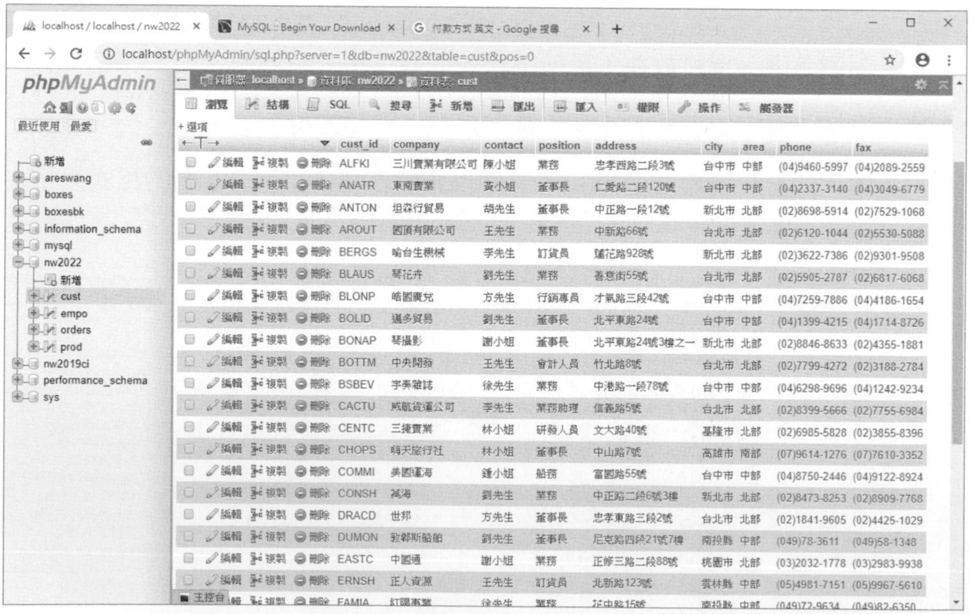

在以下的範例練習中，我們將建立一個名為〔大台北地區〕的查詢檔案，能夠匯入城市欄位隸屬於台北市與新北市的客戶資料，並僅匯出 cust_id(客戶編號)、company(公司名稱)、contact (聯絡人)、city(縣市)和 area(地區)等 5 項欄位資料，且依據縣市名稱的筆畫順序由小到大的依序排列。

STEP 1 開啟 Excel 新增空白活頁簿後，點按〔資料〕索引標籤。

STEP 2 點按〔取得及轉換資料〕群組裡的〔取得資料〕命令按鈕。

STEP 3 從展開的下拉式功能選單中點選〔從其他來源〕選項。

STEP 4 再從展開的副選單中點選〔從 Microsoft Query〕。

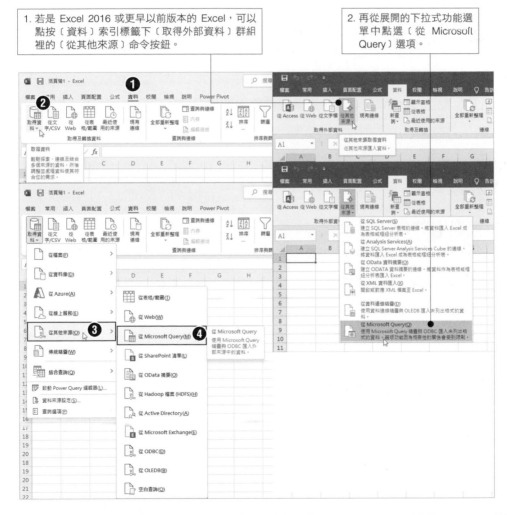

1. 若是 Excel 2016 或更早以前版本的 Excel，可以點按〔資料〕索引標籤下〔取得外部資料〕群組裡的〔從其他來源〕命令按鈕。

2. 再從展開的下拉式功能選單中點選〔從 Microsoft Query〕選項。

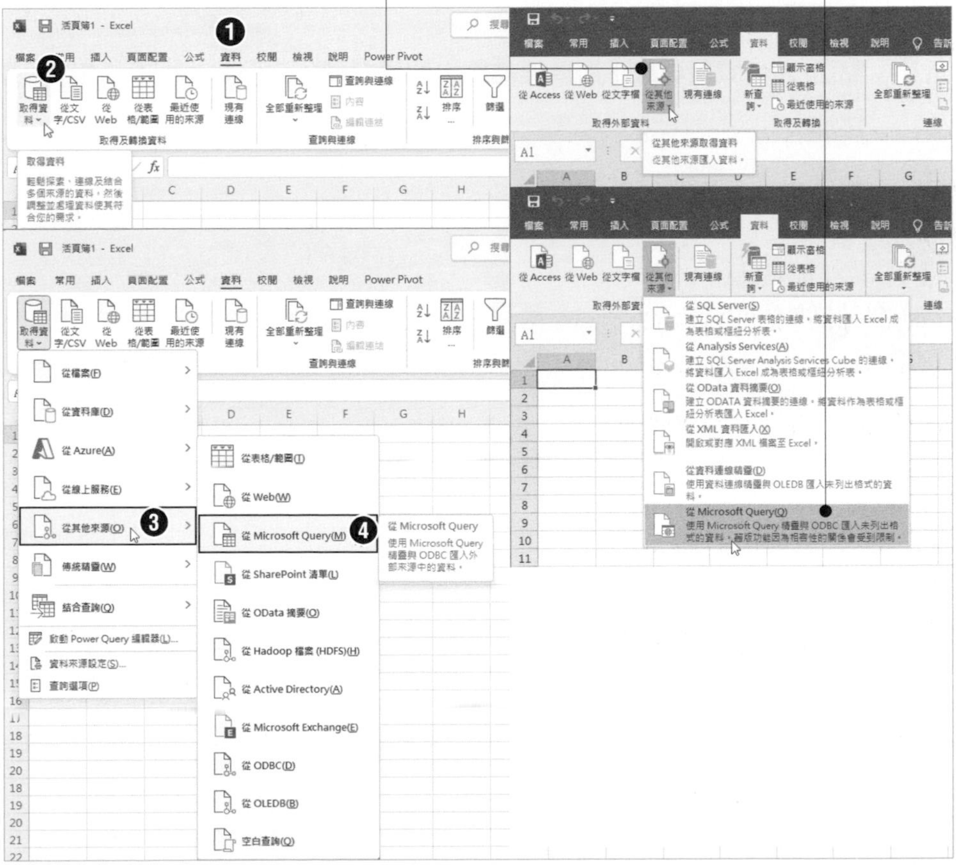

STEP 5　開啟〔選擇資料來源〕對話方塊，點選〔資料庫〕索引頁籤。

STEP 6　點選先前在 9-3 節所建立可連線至 MySQL 系統 nw2022 資料庫的「NorthWindDB」自訂資料來源，然後點按〔確定〕按鈕。

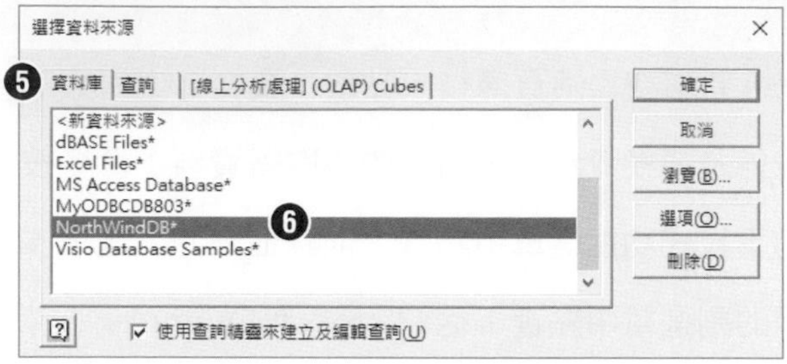

STEP 7　進入〔查詢精靈 - 選取資料欄〕對話方塊的操作，請在此點選所要連結匯出的資料欄位。譬如：點按 cust 資料表前面的加號，以展開此資料表的所有資料欄位。

STEP 8　點選 cust 資料表底下所要連結匯出的資料欄位。例如：cust_id(客戶編號)。

STEP 9　點按〔 > 〕按鈕。

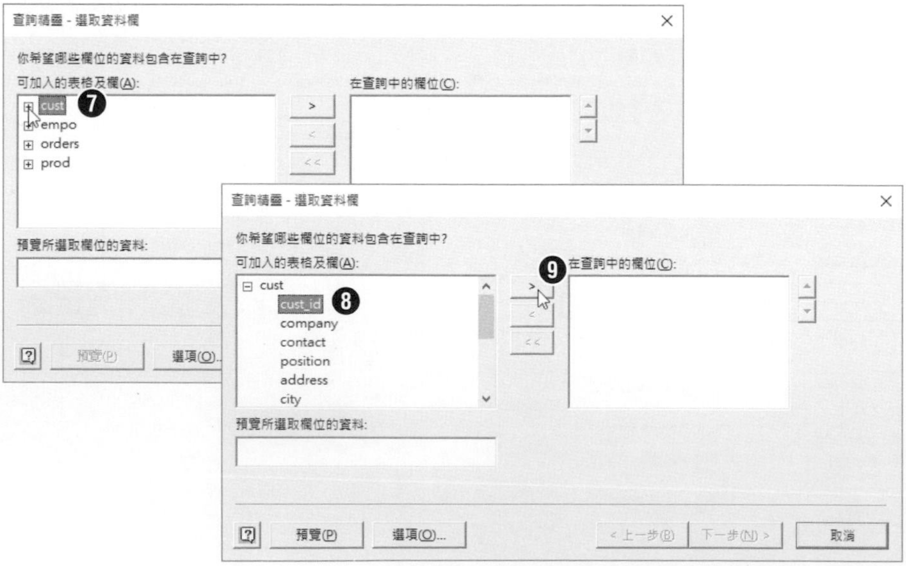

STEP 10 再點按 company(公司名稱)欄位。

STEP 11 點按〔 > 〕按鈕。

STEP 12 依此類推，點選 cust 資料表底下其他想要連結匯出的資料欄位。例如：contact (聯絡人)、city(縣市)和 area(地區)等資料欄位。

STEP 13 點按〔下一步〕按鈕。

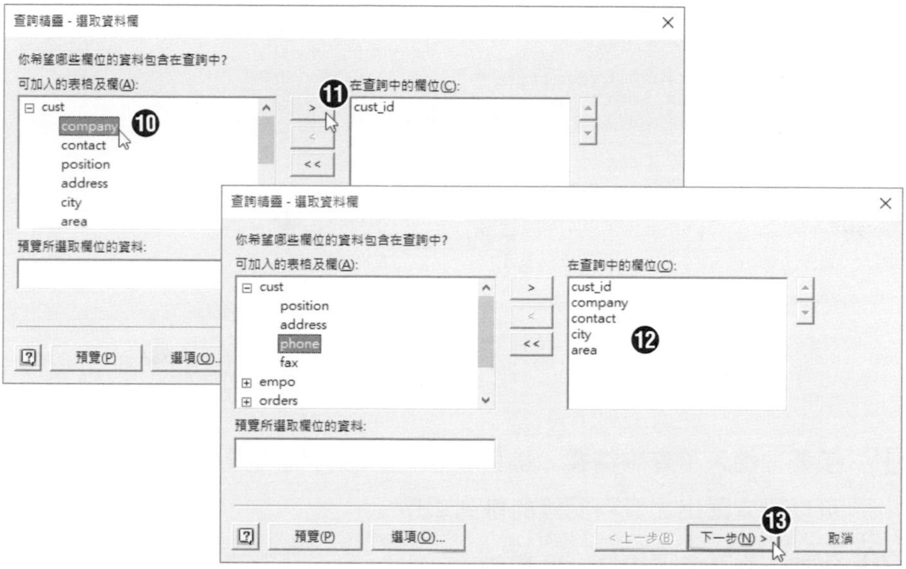

STEP 14 進入〔查詢精靈 - 篩選資料〕對話方塊的操作，請在此對話中設定所要篩選的客戶資料之條件準則。例如：點選 city 欄位。

STEP 15 點選篩選條件為「等於」，並輸入準則為「台北市」。

STEP 16 點選〔或〕邏輯條件。

STEP 17 再點選篩選條件為「等於」，並輸入準則為「新北市」。

STEP 18 點按〔下一步〕按鈕。

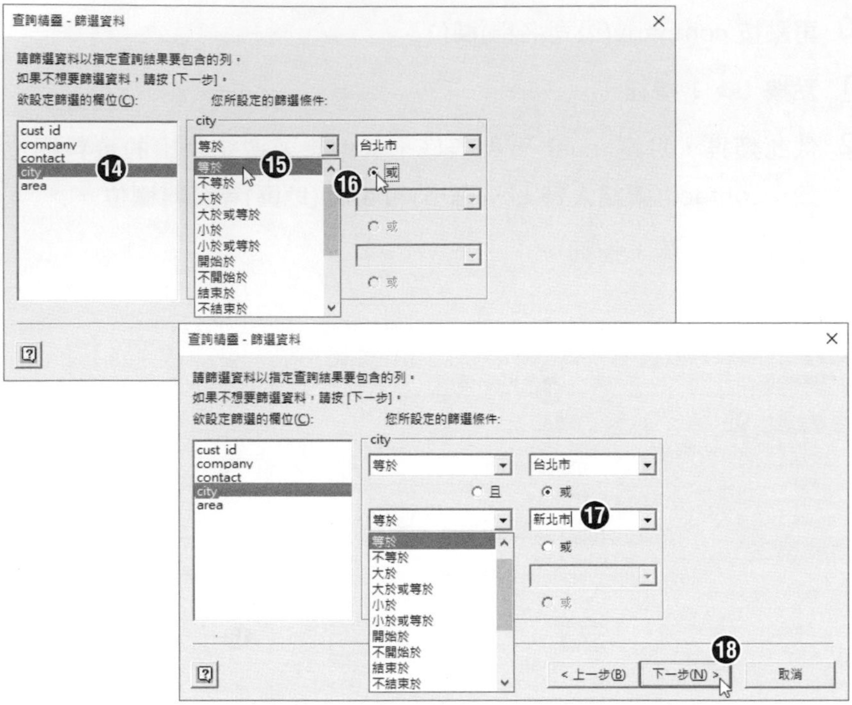

STEP 19 接著，進入〔查詢精靈 - 排列順序〕對話方塊的操作，在此對話方塊中可以設定匯出之資料記錄的排列順序。

STEP 20 例如：點選主要鍵為 city 欄位。

STEP 21 點選排序的方式為〔遞增〕，意即以 city(城市)的筆畫順序由小到大排列。

STEP 22 點按〔下一步〕按鈕。

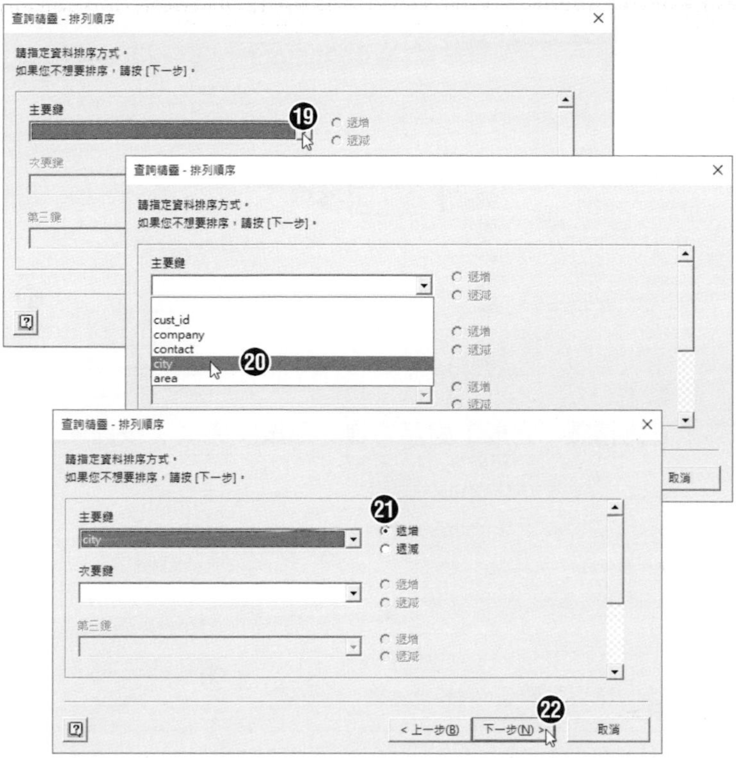

在完成〔查詢精靈 - 完成〕的對話操作時，使用者可以決定是要立即進行查詢的執行，並將查詢結果匯出至 Excel 或利用 Microsoft Query 進行更進一步的查詢編輯，還是要將剛剛一路完成的查詢對話設定過程，儲存成獨立的查詢檔案，供爾後隨時開啟並套用該查詢。此次的練習我們就將剛剛完成的查詢設定儲存成名為「來自 NorthWindDB 的客戶查詢.dqy」的查詢檔案囉～

STEP **23** 最後，進入〔查詢精靈 - 完成〕對話方塊，點按〔儲存查詢〕按鈕。

STEP **24** 開啟〔另存新檔〕對話方塊，可在此選擇此查詢檔案的儲存位置，或使用預設的存放位置。

STEP **25** 輸入自訂的查詢檔案名稱。例如：「來自 NorthWindDB 的客戶查詢.dqy」。

STEP **26** 點按〔存檔〕按鈕。

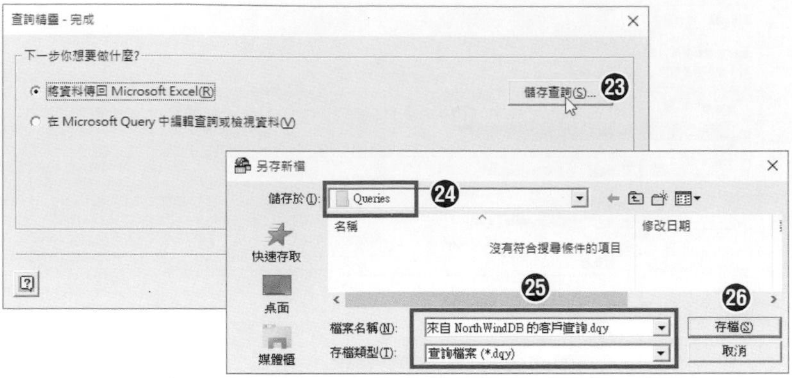

STEP 27 回到〔查詢精靈 - 完成〕對話方塊，點按〔完成〕按鈕。

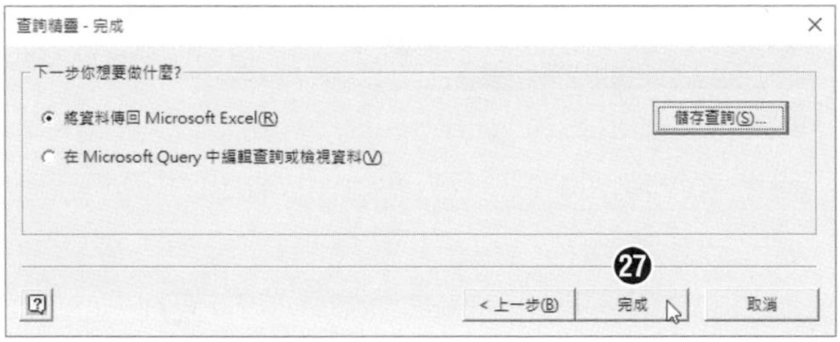

TIPS

在連線檔案與查詢檔案的儲存路徑上，預設為 Queries 資料夾，這個預設的 Queries 資料夾的路徑還蠻深的，若覺得不便，您也可以將個人常用的查詢檔案儲存在〔文件〕底下的〔我的資料來源〕這個專門存放查詢檔與連線檔的資料夾內。

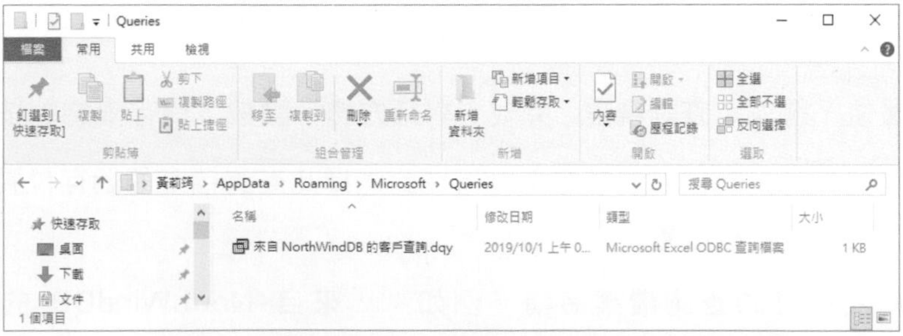

使用查詢精靈建立連線時傳回查詢結果至 Excel 工作表

延續剛剛的話題，在完成〔查詢精靈 - 完成〕的對話操作後，除了可以將查詢對話的設定過程，儲存成獨立的查詢檔案外，也可以將查詢結果匯出至 Excel。

STEP 1 在〔查詢精靈 - 完成〕的對話方塊裡，可以點選〔將資料傳回 Microsoft Excel〕選項。

STEP 2 點按〔完成〕按鈕。

STEP 3 回到 Excel 工作表畫面，開啟〔匯入資料〕對話方塊，可以在此決定要將查詢後的結果，以資料表格的型態匯入至工作表中，或是立即作為樞紐分析表或樞紐分析圖的資料來源，建立所需的報表。在此，我們點選〔表格〕選項。

STEP 4 點選將資料放在〔目前工作表的儲存格〕選項，並設定儲存格位址為 A1。然後，點按〔確定〕按鈕。

STEP 5 篩選的指定 5 個欄位與隸屬於台北市與新北市的資料記錄，立即順利的匯入至 Excel 工作表內，並以縣市筆畫順序排列。

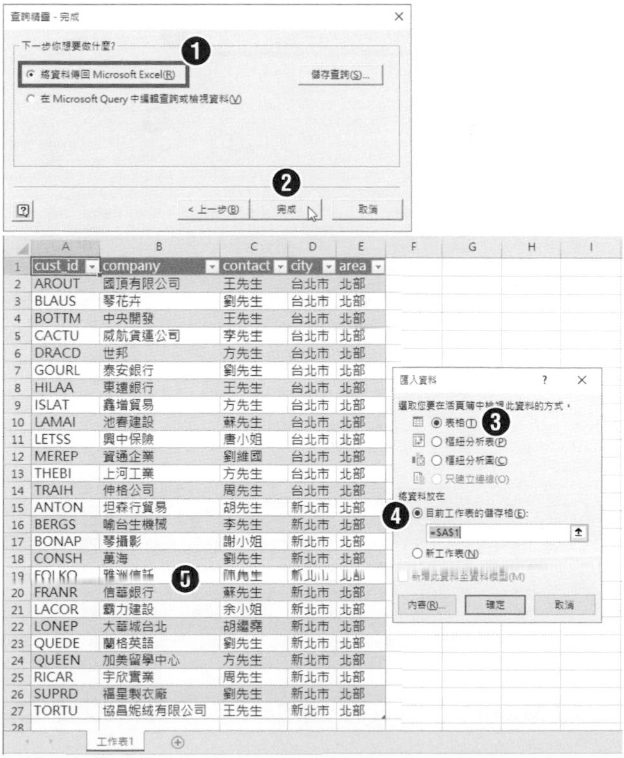

使用查詢精靈建立連線時再藉由 Microsoft Query 進行查詢編輯

如果事後發覺當初利用查詢精靈的操作，所建立的查詢規範，諸如：資料欄位的選擇、欄位篩選的設定、排序的關鍵，或者想要增減同一資料表或其他資料表裡的其他資料欄位，也不需要重新操作一次查詢精靈，而是藉由 Microsoft Query 的操作，可以輕鬆進行查詢相關作業與查詢編輯。

STEP 1　在〔查詢精靈 - 完成〕的對話方塊裡，可以點選〔在 Microsoft Query 中編輯查詢或檢視資料〕選項。

STEP 2　點按〔完成〕按鈕。

STEP 3　隨即開啟〔Microsoft Query〕視窗，可以看到此查詢的資料表與欄位選擇和種種的準則規範。

STEP 4　視窗下半部稱之為 QBE (Query By Example)區域，也可以檢視查詢結果。

至於 Microsoft Query 的操作，下一小節便為您詳細說明與舉例。

開啟查詢精靈所建立的查詢檔案

對於利用查詢精靈所建立的查詢檔案，也可以輕輕鬆鬆的再度被開啟和執行，即使原始資料庫裡的資料記錄若有了重大的更新與異動，也無須再重新操作查詢精靈，而是直接開啟查詢檔案，即可立即套用既有的查詢條件和準則，而匯出最新、最即時的查詢結果。

STEP 1 開啟 Excel，點按〔資料〕索引標籤。

STEP 2 點按〔取得及轉換資料〕群組裡的〔現有連線〕命令按鈕。

STEP 3 開啟〔現有連線〕對話方塊後，點按〔連線〕頁籤。

STEP 4 點選所要連線的已建立查詢。例如：先前建立的〔來自 NorthWindDB 的客戶查詢〕。

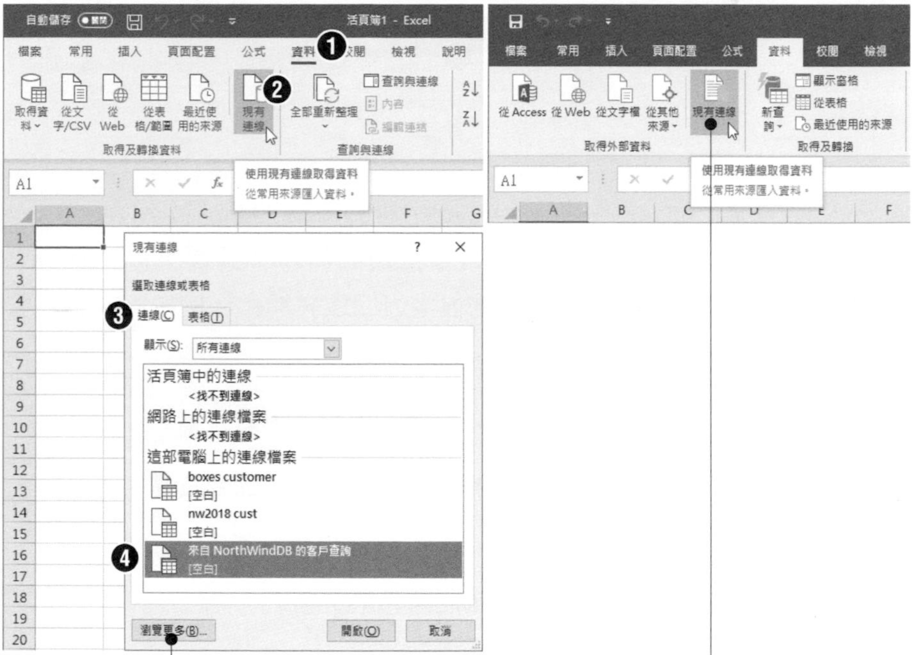

1. 若在此對話方塊裡看不到已建立連線，可以點按〔瀏覽更多〕按鈕，開啟〔選取資料來源〕對話方塊，至連線檔案的存放處選取。

2. 若是 Excel 2016 或更早以前版本的 Excel，可以點按〔資料〕索引標籤下〔取得外部資料〕群組裡的〔現有連線〕命令按鈕。

STEP 5 隨即回至 Excel 工作表畫面並開啟〔匯入資料〕對話方塊，此次請點選〔樞紐分析表〕選項。

STEP 6 點選將樞紐分析表放在〔目前工作表的儲存格〕選項。

STEP 7 選擇將資料放在儲存格位置 A1，然後，點按〔確定〕按鈕。

STEP 8 連線的查詢檔案內容立即成為所建立的新樞紐分析表之資料來源。

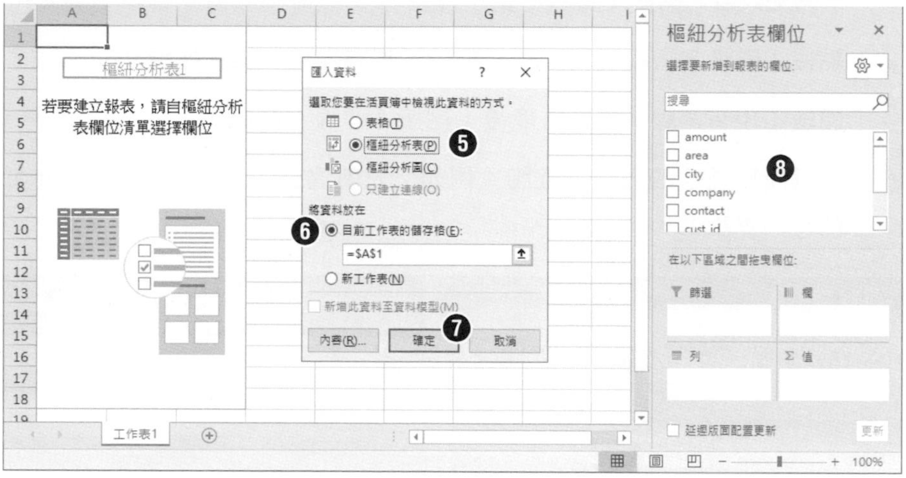

或者，您也可以藉由〔取得資料〕命令按鈕的操作，選擇來自〔Microsoft Query〕的資料來源，進行既有的查詢檔案之開啟與編輯。例如：我們可以將前例的查詢，添增一個縣市：「台中市」。

STEP 1 開啟 Excel 新增空白活頁簿後，點按〔資料〕索引標籤。

STEP 2 點按〔取得及轉換資料〕群組裡的〔取得資料〕命令按鈕。

STEP 3 從展開的下拉式功能選單中點選〔從其他來源〕選項。

STEP 4 再從展開的副選單中點選〔從 Microsoft Query〕。

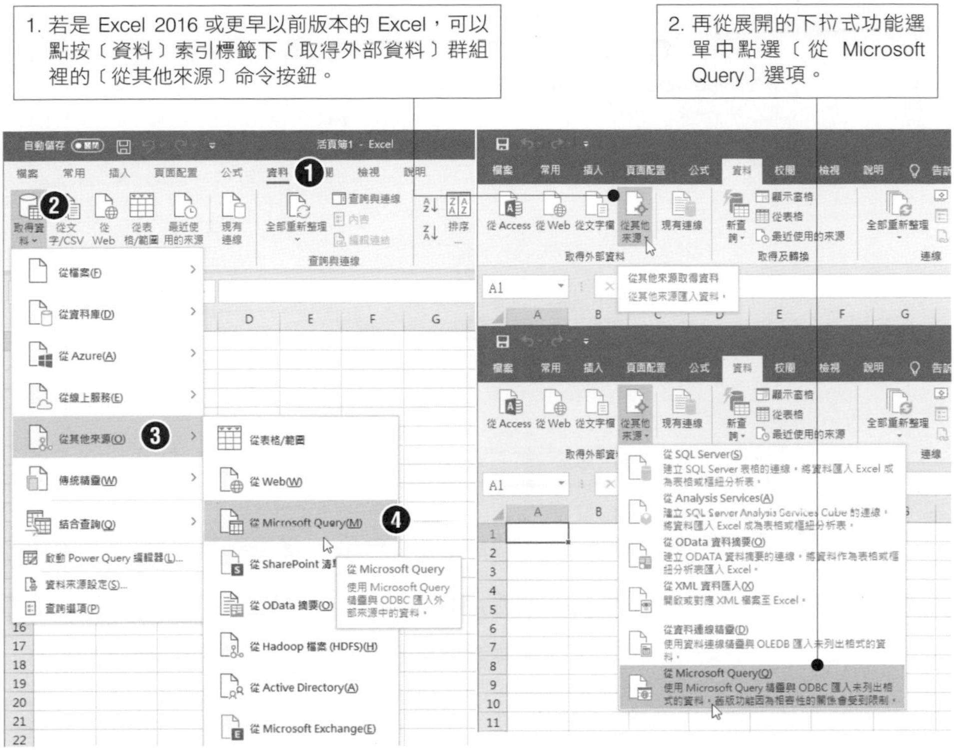

STEP 5　開啟〔選擇資料來源〕對話方塊，點選〔查詢〕索引頁籤。

STEP 6　點選先前透過查詢精靈所建立並儲存的〔來自 NorthWindDB 的客戶查詢〕。

STEP 7　請記得，這次的實作演練是要開啟 Microsoft Query 進行查詢編輯，而不是要操作查詢精靈對話，因此要取消〔使用查詢精靈來建立及編輯查詢〕核取方塊的勾選喔！

STEP 8　點按〔開啟〕按鈕。

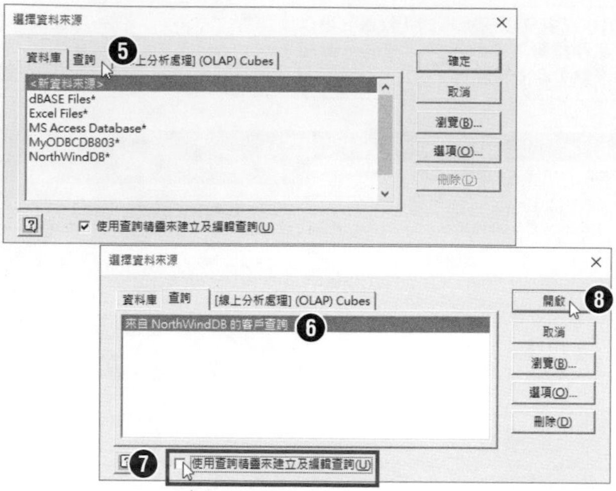

STEP 9　若顯示這個查詢無法被查詢精靈編輯的對話，直接點按〔確定〕按鈕。

STEP 10　開啟〔Microsoft Query〕這個應用程式視窗，點按上方工具列上的〔立即查詢〕工具按鈕，立即執行現有的查詢設定(台北市與新北市的資料)。

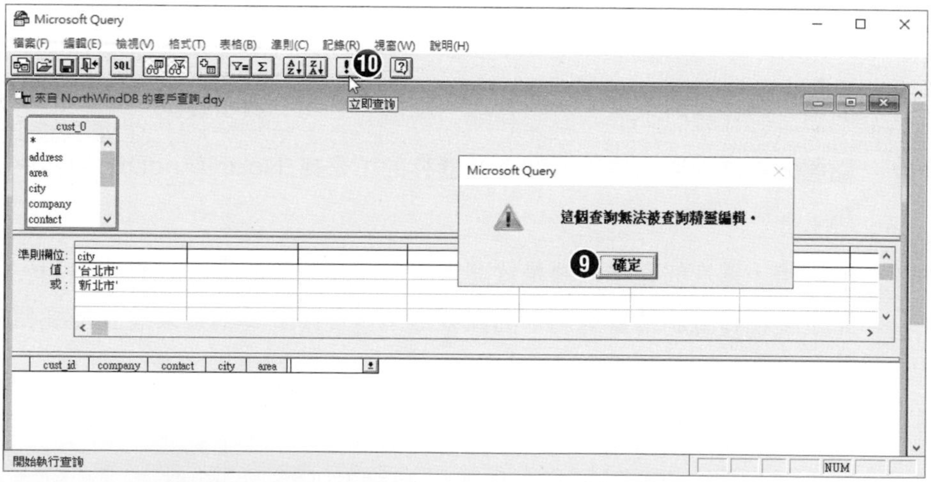

STEP 11　進入〔Microsoft Query〕視窗，可以到目前的準則區進行查詢設定並檢視查詢結果。

STEP 12　在視窗下半部的準則區域，在 city 欄位下方既有的兩個準則「台北市」與「新北市」的下方，再輸入第三個準則「台中市」。

STEP 13 再次點按工具列上的〔立即查詢〕工具按鈕。

STEP 14 立即執行現有的查詢設定，順利檢視台北市、新北市與台中市的資料。

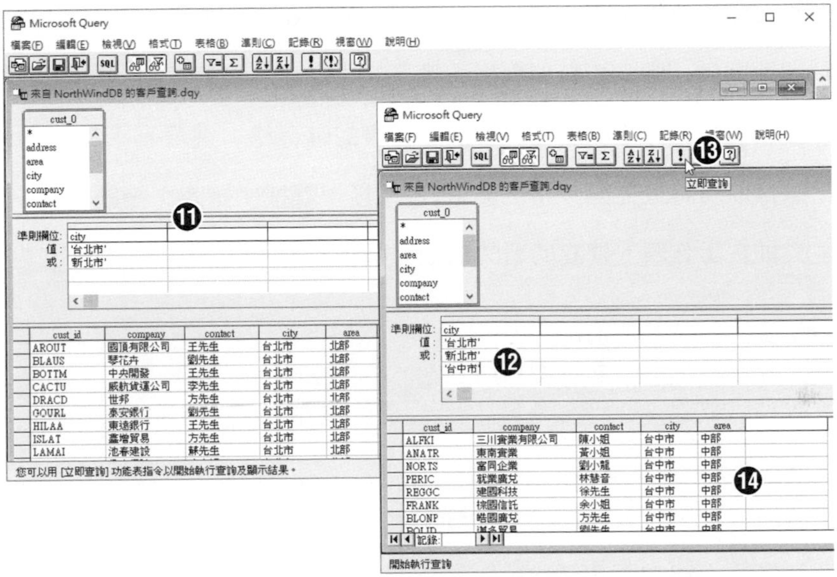

如果您想學習目前查詢作業的 SQL 語法，也可以開啟〔SQL 陳述式〕對話方塊，在此看到查詢結的 SQL 敘述(Statement)。或者，您是熟悉 SQL 語法的查詢高手，也可以在此對話方塊裡編輯 SQL 敘述，並執行新的查詢。

STEP 15 點按視窗上方工具列裡的〔檢視 SQL〕按鈕。

STEP 16 隨即開啟〔SQL 陳述式〕對話方塊，檢視後可以點按〔確定〕按鈕關閉此對話方塊。

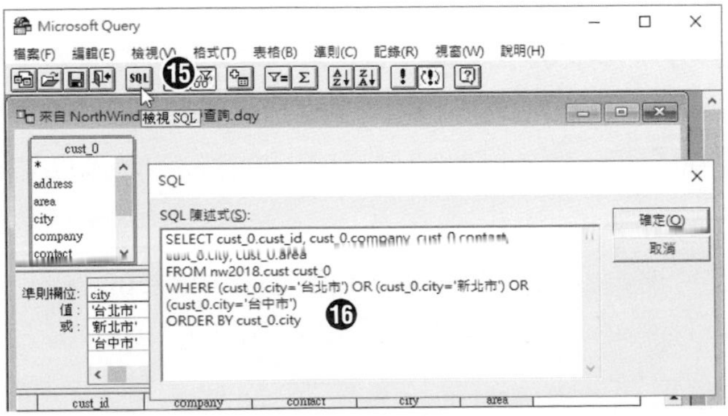

當然，我們也可以將新的查詢結果送到 Excel 作為樞紐分析的資料來源，進行更進一步的統計與摘要報表的製作。

STEP 17 點按視窗上方工具列裡的〔將資料傳回 Excel〕按鈕。

STEP 18 隨即開啟〔匯入資料〕對話方塊，此次點選〔樞紐分析表〕選項。

STEP 19 點選將樞紐分析表放在〔目前工作表的儲存格〕選項。

STEP 20 選擇將資料放在儲存格位置 A1，然後，點按〔確定〕按鈕。

STEP 21 立即在工作表上建立的新的樞紐分析表。

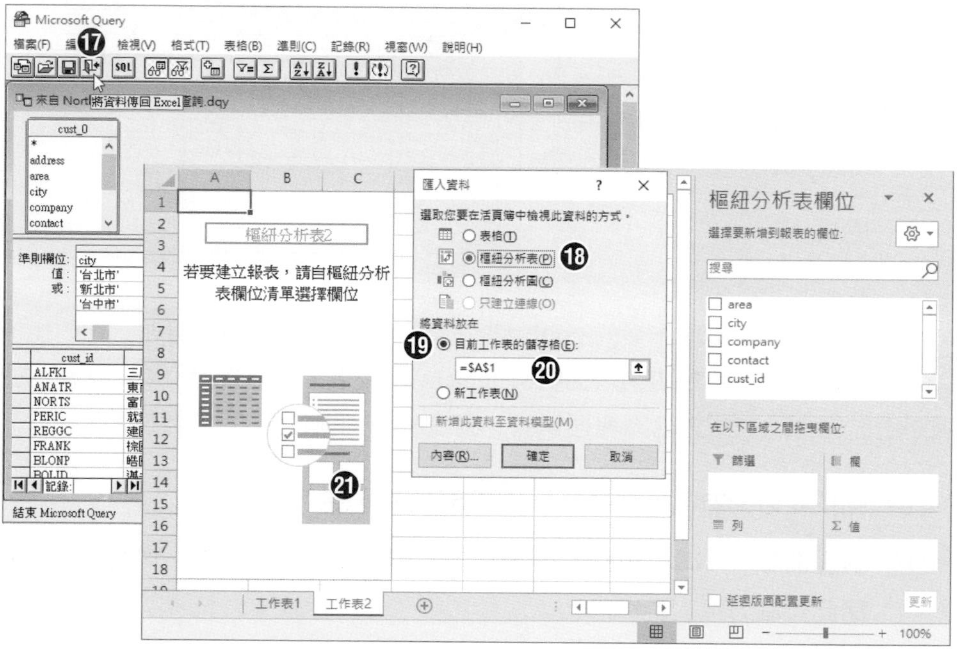

STEP 22 藉由樞紐分析表的操控，建立各地區各縣市的交易筆數，此時可清楚的看到剛剛更改的查詢準則，所添增的「台中市」已經納入在樞紐分析表的摘要裡了。

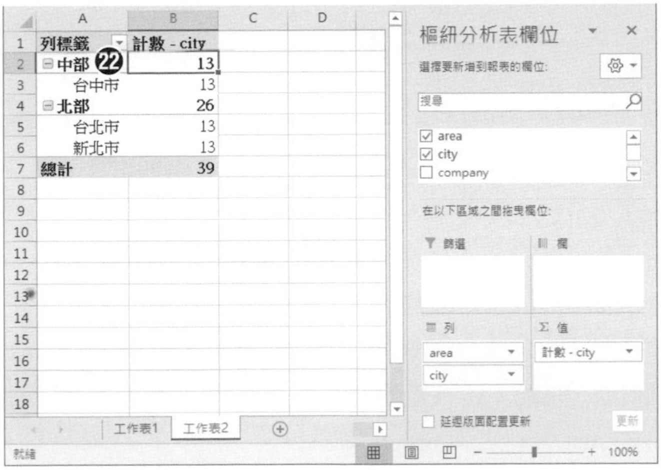

TIPS

其實，在 Microsoft Query 視窗裡，除了上方有一排常用的工具按鈕外，傳統的功能表單，也是常用的操作介面。例如：點按〔檔案〕功能選單，即可進行開新查詢、關閉查詢、儲存查詢、另存新檔、執行 SQL、取消並返回 Microsoft Excel 或將資料傳回 Microsoft Excel 等作業。

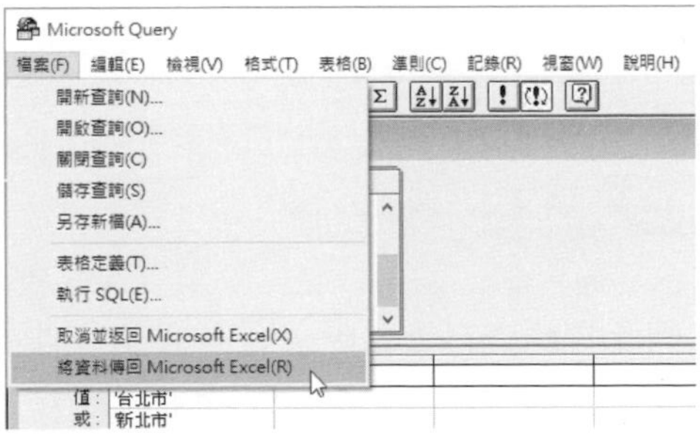

9-3-5 藉由 Microsoft Query 進行跨資料表之間的查詢

如果您要查詢的資料欄位分別隸屬於兩張以上的資料表，則 Microsoft Query 的確是個不錯的工具，其操作介面也非常類似 Microsoft Access 的查詢，應該會是您在運用各種版本的 Excel 時，最容易熟悉的傳統查詢幫手！

以下的操作演練我們將重新審視並編輯前一小節的〔來自 NorthWindDB 的客戶查詢〕實作範例，在進入 Microsoft Query 視窗後，除了維持原先針對 cust 資料表的查詢準則與查詢欄位外，再添增另一張名為 orders(訂單)資料表的查詢，所進行的資料查詢編輯，將查詢台北市、新北市與台中市三個地區的訂單交易記錄，而訂單交易的日期將規範在 2021 年第四季至 2022 年第一季之間，並且，查詢結果的輸出除了必須包含原本的 cust_id(公司編號)、company(公司名稱)、contact(聯絡人)、city(城市)、area(區域)等資料欄位外，還要納入 orders 訂單資料表裡 payment(付款方式)、amount(金額)，以及 order_date(訂單日期)等資料欄位。綜觀，這八項資料欄位並非全部存放在同一張資料表裡，而是分別隸屬於 cust 資料表與 orders 資料表。

資料欄位名稱	中文意義	所屬資料表
cust_id	公司編號	cust
company	公司名稱	cust
contact	聯絡人	cust
city	城市	cust
area	區域	cust
payment	付款方式	orders
amount	金額	orders
order_date	訂單日期	orders

要特別注意的是，我們此次的資料查詢除了會有查詢條件的定義外，八項資料欄位的輸出是來自兩張不同的資料表，所以，僅靠查詢精靈的對話操作步驟來定義是不夠的，必須藉由 Microsoft Query 的協助才能完成跨資料表之間的資料查詢。

STEP 1 延續前面小節的範例學習，在開啟〔Microsoft Query〕視窗後，點按 Microsoft Query 視窗上方工具列裡的〔新增表格〕按鈕。

STEP 2 開啟〔新增表格〕對話，點選〔orders〕資料表，點按〔新增〕按鈕。

STEP 3 點按〔關閉〕按鈕，結束〔新增表格〕對話操作。

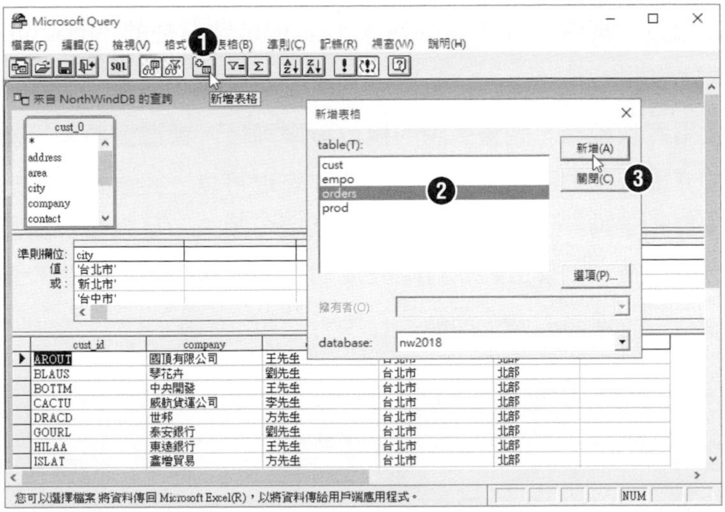

STEP 4 目前已經順利在〔來自 NorthWindDB 的客戶查詢〕裡選擇了兩個資料表。

STEP 5 在此點選所要連結匯出的資料欄位。例如：在 orders 資料表的欄位清單裡拖曳(或點按兩下) payment 資料欄位。

STEP 6 拖曳至下方的準則欄位定義區。

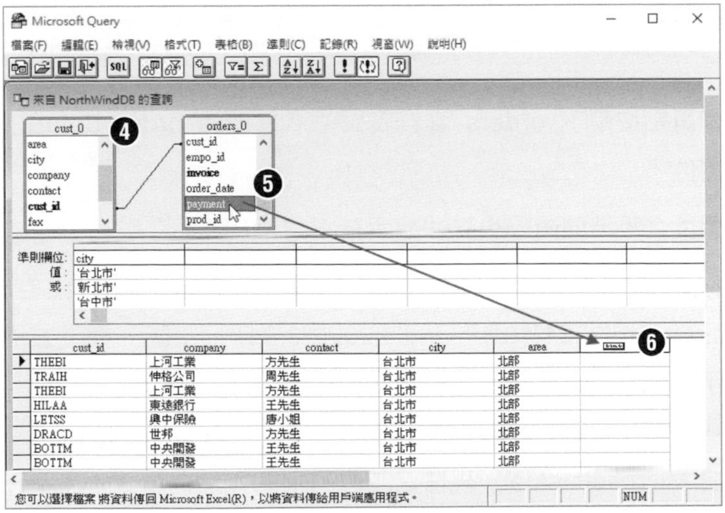

STEP 7 依此類推，再點按兩下 orders 資料表欄位清單裡的 amount(金額)資料欄位。

STEP 8 若覺得每次編輯、調整查詢的欄位與準則後，都還要再按一次工具列上的〔立即查詢〕工具按鈕甚是麻煩，您也可以一勞永逸，點按工具列上的〔自動查詢〕工具按鈕省去這點麻煩，爾後一旦編輯、調整查詢的欄位與準則後，就會主動執行剛完成的查詢定義，顯示最新的查詢結果。

STEP 9 此欄位合乎準的內容立即顯示在下方 QBE 區域。

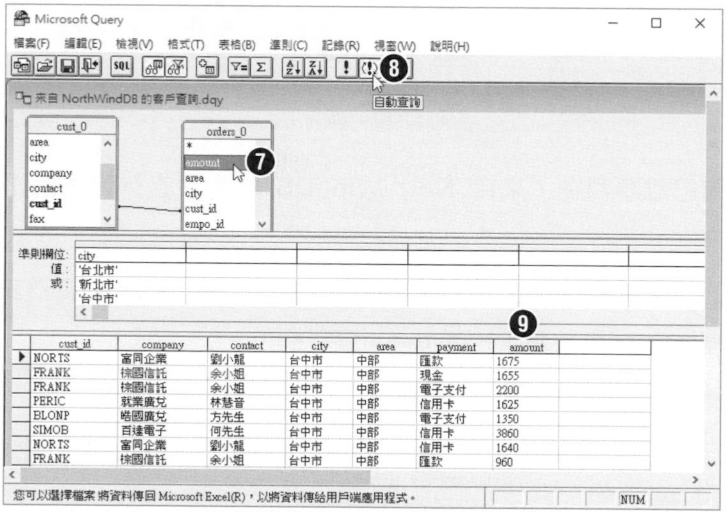

STEP 10 接著再點按兩下 orders 資料表欄位清單裡的 order_date(訂單日期)資料欄位。

STEP 11 此欄位合乎準的內容也立即顯示在下方 QBE 區域。

STEP 12 最後在準則定義區域裡 order_date 下方的〔值〕儲存格裡鍵入「between#2021/10/1# and #2022/3/31#」；同一欄下方兩個儲存格裡亦再鍵入相同的訊息，表示想要查詢的資料是三個縣市的 2021 第四季到 2022 年第一季的資料。

STEP 13 點按 Microsoft Query 視窗之工具列上的〔儲存檔案〕工具按鈕，儲存此次查詢的修改。

STEP **14** 最後，點按 Microsoft Query 視窗之工具列上的〔將資料傳回 Excel〕工具按鈕。

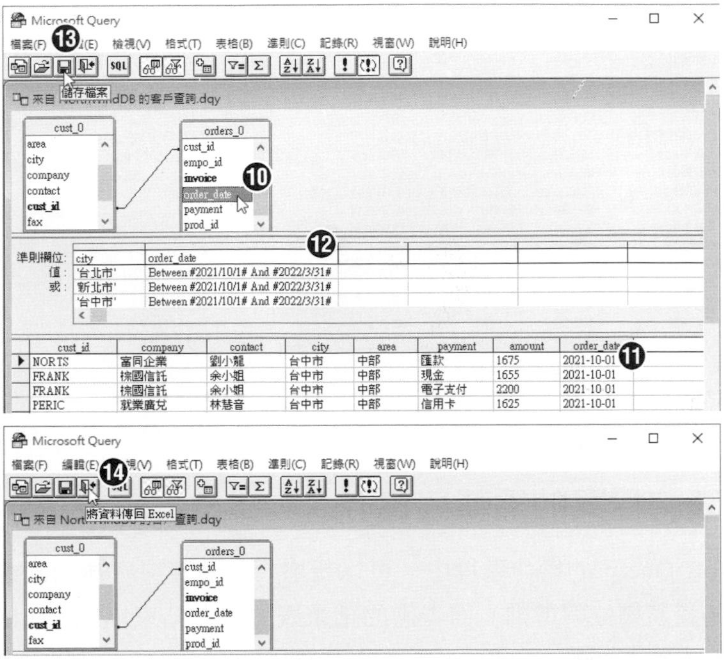

我們可以將台北市、新北市與台中市等三個縣市地區的客戶在 2021 第四季至 2022 年第一季之間的訂單交易記錄立即傳回到 Excel 工作表內。

STEP **15** 回到 Excel 工作表畫面，開啟〔匯入資料〕對話方塊，點選〔表格〕選項。

STEP **16** 點選將資料放在〔目前工作表的儲存格〕選項，並設定儲存格位址為 A1。然後，點按〔確定〕按鈕。

STEP **17** 連同新增跨資料表欄位的查詢結果立即在工作表上，以資料表格的方式呈現，並且僅篩選出分別隸屬於台北市、新北市與台中市的資料記錄，而篩選的日期也限定在 2021 年第四季至 2022 年第一季之間的資料記錄。

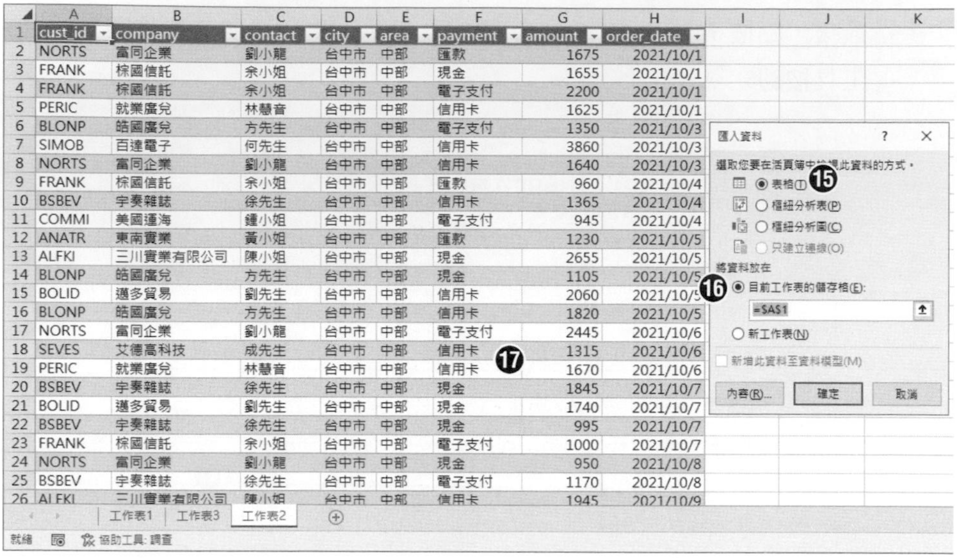

9-3-6 查詢檔案的編輯與儲存

在 Microsoft Query 的操作環境中，可以新增、移除資料庫裡的其他資料表，訂定更多的資料欄位與準則，而查詢的結果既可以在結束 Microsoft Query 操作時立即匯入到 Excel 工作表外，又可在操作 Microsoft Query 時，進行查詢檔案的儲存，以供爾後隨時再度開啟該查詢檔案並執行查詢結果。在檔案的類型上，進行 Microsoft Query 操作時，所儲存的是查詢的定義，附屬檔案名稱是「.dqy」，每次開啟此檔案時，便可以執行該查詢。

STEP 1 點按兩下〔.dqy〕的查詢檔案，便可以立即執行該檔案(當然，您的電腦裡也必須要有相關的驅動程式與資料來源)。

STEP 2 顯示安全性警示訊息時，點按〔啟用〕按鈕。

STEP 3 立即擷取該查詢的結果。

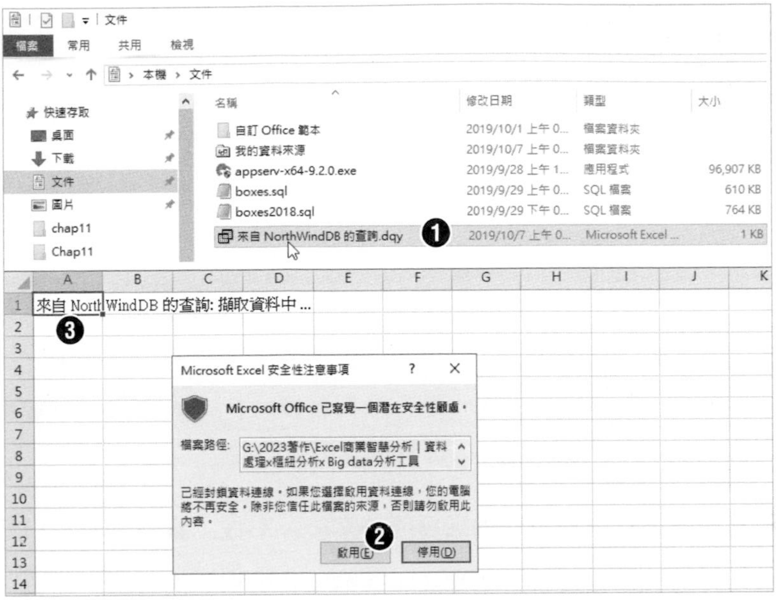

STEP 4 例如：此範例的查詢結果是來自跨資料表的客戶資料(area、city)與訂單資料(order_date、payment、prod_id)。

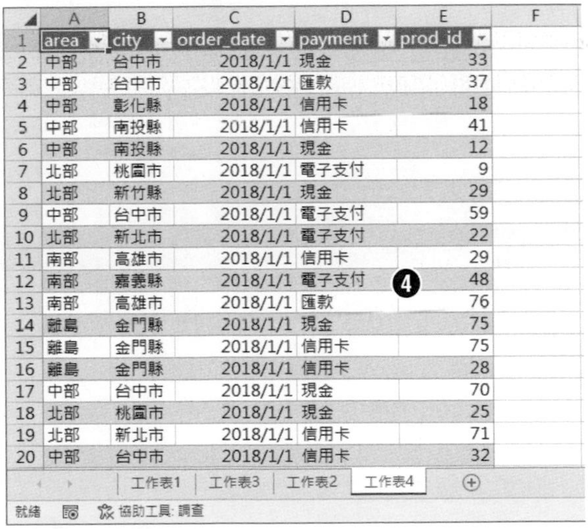

area	city	order_date	payment	prod_id
中部	台中市	2018/1/1	現金	33
中部	台中市	2018/1/1	匯款	37
中部	彰化縣	2018/1/1	信用卡	18
中部	南投縣	2018/1/1	信用卡	41
中部	南投縣	2018/1/1	現金	12
北部	桃園市	2018/1/1	電子支付	9
北部	新竹縣	2018/1/1	現金	29
中部	台中市	2018/1/1	電子支付	59
北部	新北市	2018/1/1	電子支付	22
南部	高雄市	2018/1/1	信用卡	29
南部	嘉義縣	2018/1/1	電子支付	48
南部	高雄市	2018/1/1	匯款	76
離島	金門縣	2018/1/1	現金	75
離島	金門縣	2018/1/1	信用卡	75
離島	金門縣	2018/1/1	信用卡	28
中部	台中市	2018/1/1	現金	70
北部	桃園市	2018/1/1	現金	25
北部	新北市	2018/1/1	信用卡	71
中部	台中市	2018/1/1	信用卡	32

> **TIPS**
>
> Microsoft Query 的查詢結果存放在〔工作表 1〕中，即使當初並未儲存成查詢檔案，在同一活頁簿檔裡，仍可以持續引用該查詢結果，譬如：即使切換到〔工作表 2〕工作表，仍可透過〔現有連線〕命令按鈕的操作，開啟活頁簿中的連線而執行匯入相同的查詢結果。不過，其他的活頁簿檔案，譬如：新的活頁簿檔案裡，在〔現有連線〕命令按鈕的操作下，就沒有相關的查詢連線囉～

只要開啟〔連線內容〕對話方塊，即可透過使用方式的設定，規範工作表與資料庫連線之間的更新計畫。例如：是否啟用幕後執行更新作業、設定更新的時間間距、設定開檔時自動更新、...等等連線更新設定。

STEP 1　開啟包含連線外部資料的活頁簿檔案後，點按〔資料〕索引標籤。

STEP 2　點按〔查詢與連線〕群組裡的〔全部重新整理〕命令按鈕。

STEP 3　從展開的功能選單中點選〔連線內容〕功能選項。

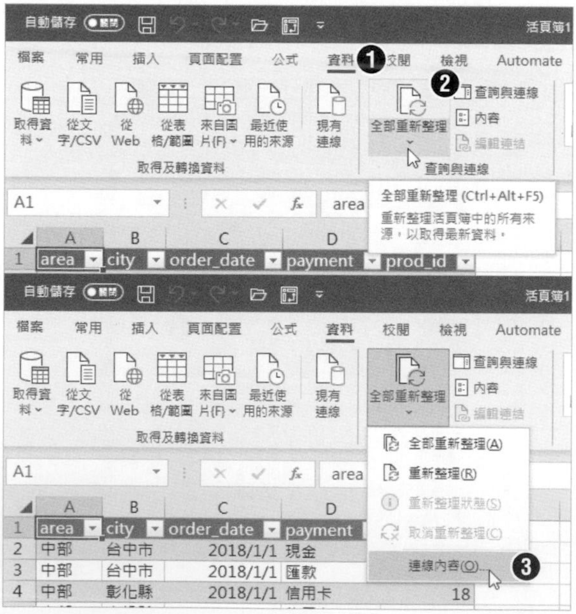

STEP 4 開啟〔連線內容〕對話方塊，點按〔使用方式〕索引頁籤。

STEP 5 在更新選項中，可以設定每隔多久自動連線更新，亦可設定是否開啟活頁簿檔案時就自動更新一次等連線使用設定。

在〔連線內容〕對話方塊裡，還可以切換到〔定義〕索引頁籤時，除了利用〔編輯查詢〕按鈕可以再度開啟查詢精靈或 Microsoft Query 視窗，進行更進一步的查詢編輯、修改查詢外，亦可以點按〔匯出連線檔案〕按鈕，藉由另存新檔的對話操作，將查詢的定義獨立儲存成 Office 資料連線檔(.odc)，供爾後直接開啟使用。

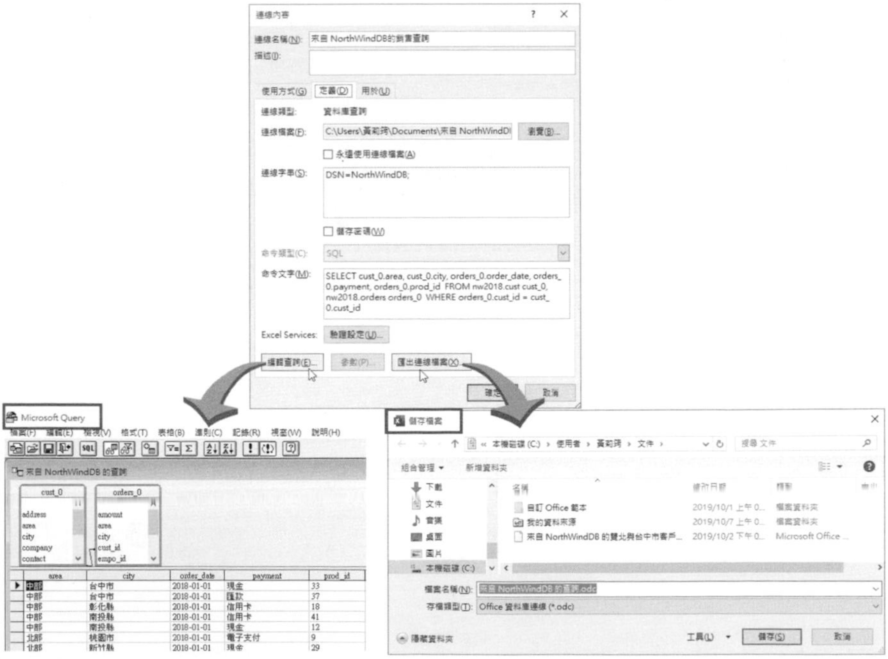

9-3-7 使用活頁簿中既有連線或選擇其他連線檔案

在同一個活頁簿裡若其他工作表或空白範圍處，也需要套用曾經使用過的連線，則可以進行以下的操作：

STEP 1 在同一活頁簿的空白工作表上。

STEP 2 點按〔資料〕索引標籤。

STEP 3 點按〔取得及轉換資料〕群組裡的〔現有連線〕命令按鈕。(若是 Excel 2016 或更早以前版本的 Excel，此命令按鈕仍是位於〔資料〕索引標籤裡的〔取得外部資料〕群組內)。

STEP 4 開啟〔現有連線〕對話方塊後，點按〔連線〕索引頁籤。

STEP 5 設定顯示〔所有連線〕。

STEP 6 點選〔活頁簿中的連線〕底下的〔來自 NorthWindDB 的客戶查詢〕。

STEP 7 點選連線查詢檔案後，按下〔開啟〕按鈕。

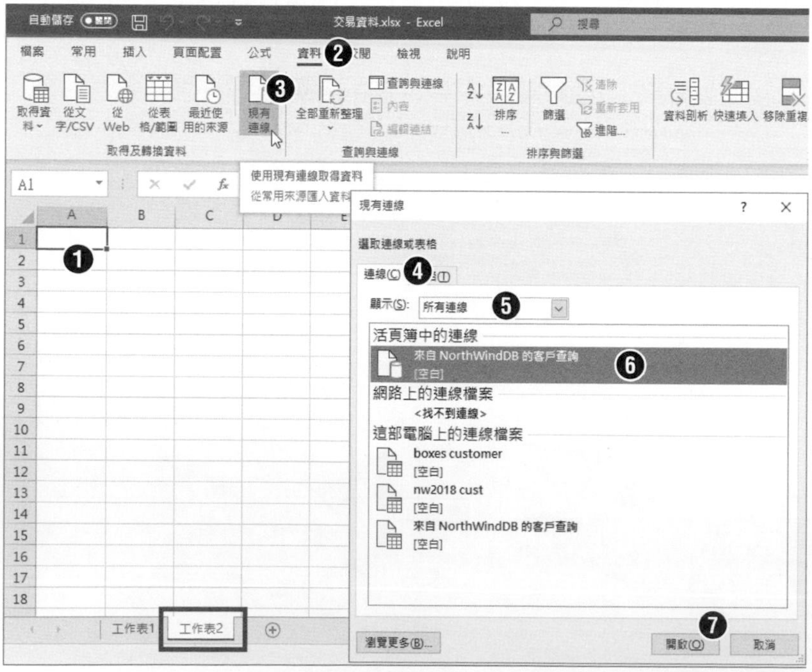

STEP 8 隨即回至 Excel 工作表畫面並開啟〔匯入資料〕對話方塊，此次點選〔樞紐分析表〕選項。

STEP 9 點選將匯入資料放在〔目前工作表的儲存格〕選項的 A1 儲存格。

STEP 10 點按〔確定〕按鈕，結束〔匯入資料〕對話方塊。

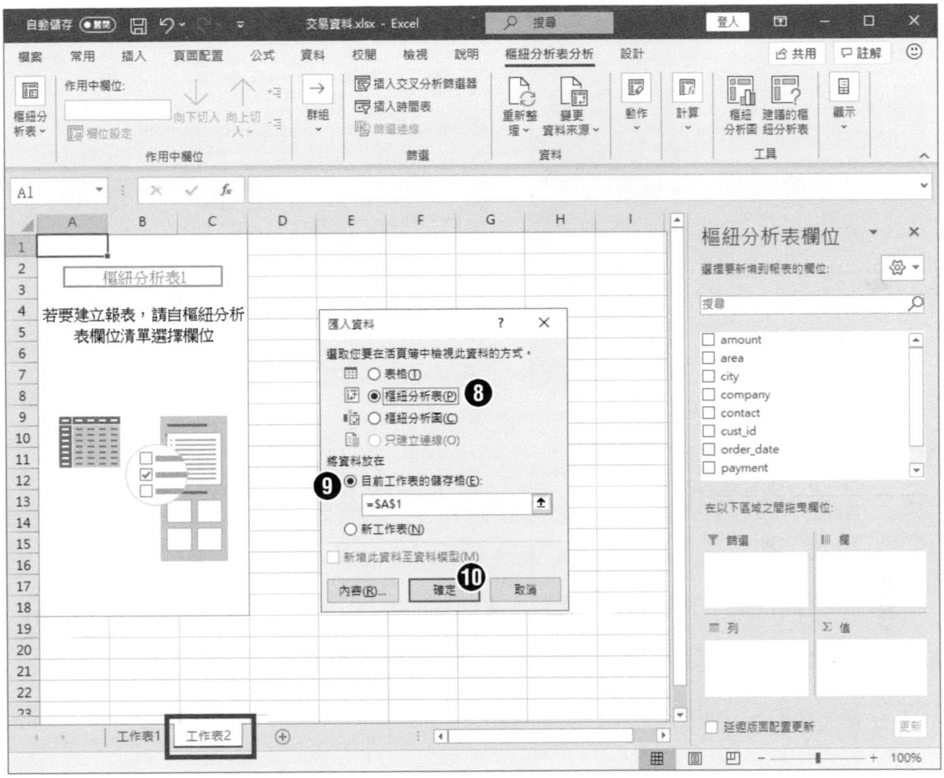

如果是建立一個新的活頁簿時，該新活頁簿裡當然是一個外部連線都沒有，此時就可以選擇這部電腦上既有的連線檔案，譬如：曾經建立並儲存過的檔案。

STEP 1 點按〔檔案〕索引標籤。

STEP 2 進入後台管理頁面，點按〔新增〕。

STEP 3 點按兩下〔空白活頁簿〕。

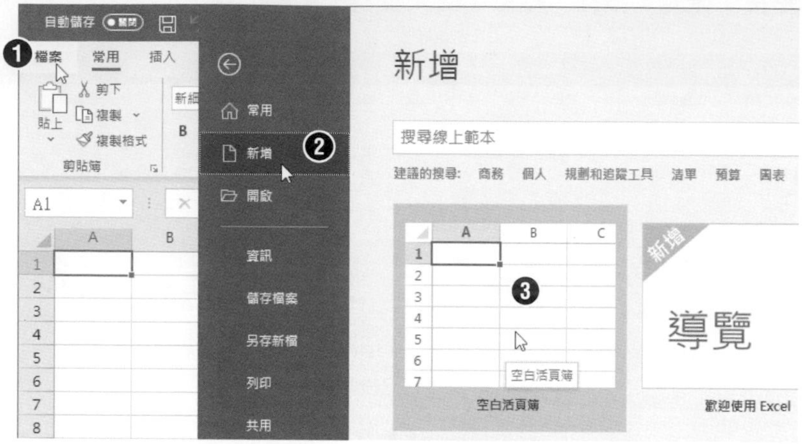

STEP 4 點按〔資料〕索引標籤。

STEP 5 點按〔取得及轉換資料〕群組裡的〔現有連線〕命令按鈕。(若是 Excel 2016 或更早以前版本的 Excel，此命令按鈕仍是位於〔資料〕索引標籤裡的〔取得外部資料〕群組內)。

STEP 6 開啟〔現有連線〕對話方塊後，點按〔連線〕頁籤。

STEP 7 設定顯示〔所有連線〕。

STEP 8 點選〔這部電腦上的連線檔案〕底下的連線檔案。
例如：〔boxes_customer〕。

STEP 9 點選連線查詢檔案後，按下〔開啟〕按鈕。

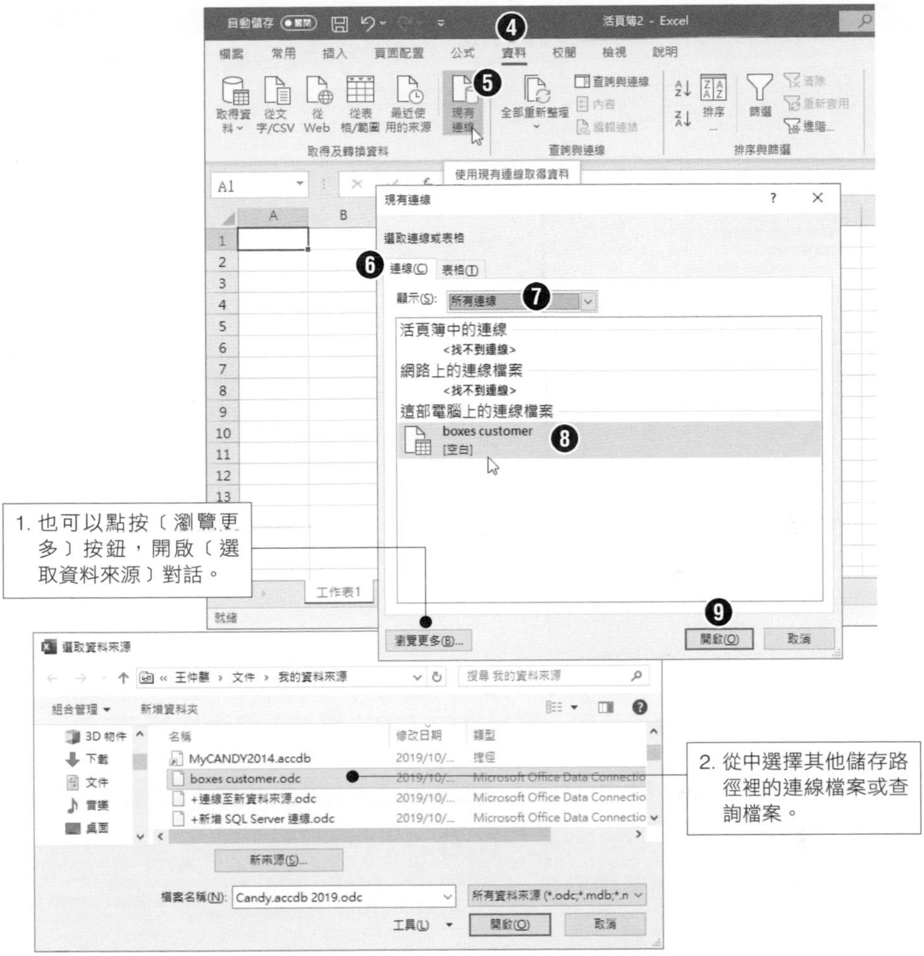

STEP **10** 隨即回至 Excel 工作表畫面並開啟〔匯入資料〕對話方塊，此次點選〔樞紐分析表〕選項。

STEP **11** 點選將匯入資料放在〔目前工作表的儲存格〕選項的 A1 儲存格。

STEP **12** 點按〔確定〕按鈕，結束〔匯入資料〕對話方塊。

STEP **13** 執行的連線檔案所匯入的資料欄位，顯示在〔樞紐分析表欄位〕窗格裡。

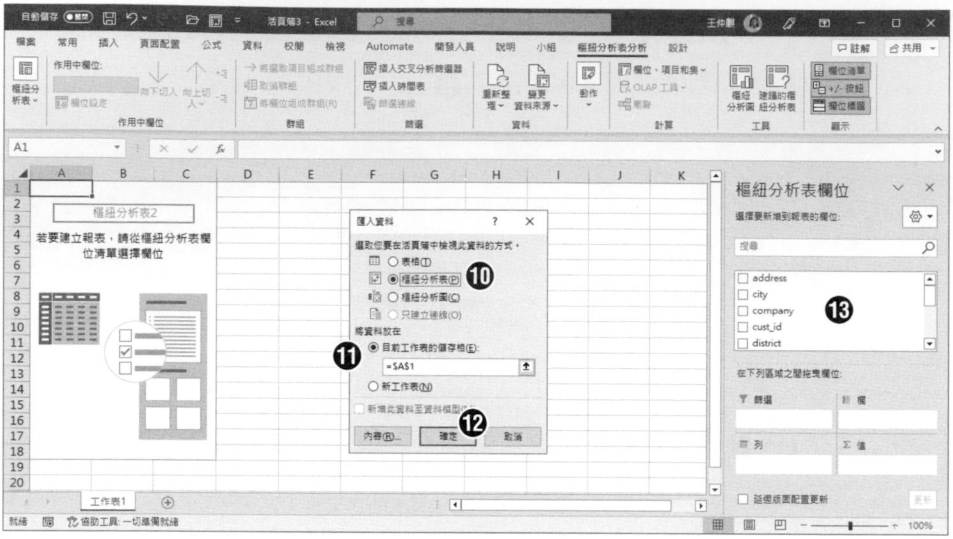

使用 2021/365 版本的 Excel，透過操作步驟如下：

STEP 1　點按〔資料〕索引標籤。

STEP 2　點按〔取得及轉換資料〕群組裡的〔取得資料〕命令按鈕。

STEP 3　從展開的功能表中點選〔從其他來源〕。

STEP 4　再從展開的副選單中點選〔從 ODBC〕功能選項。

STEP 5 開啟〔從 ODBC〕對話方塊，選擇所要使用的資料來源。例如：〔MyODBCDB803〕。然後按下〔確定〕按鈕。

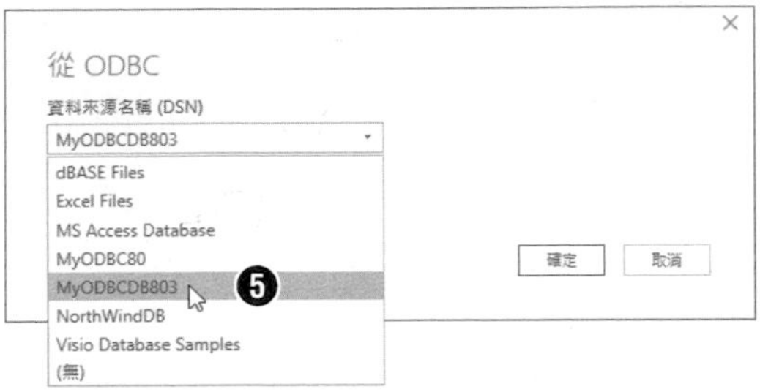

STEP 6 開啟〔導覽器〕頁面，預覽並勾選所要的資料表。例如：〔boxes〕、〔orderdetails〕以及〔orders〕等三張來自 ODBC 底下〔boxes〕資料庫底下的資料表。

STEP 7 點按〔轉換資料〕按鈕。

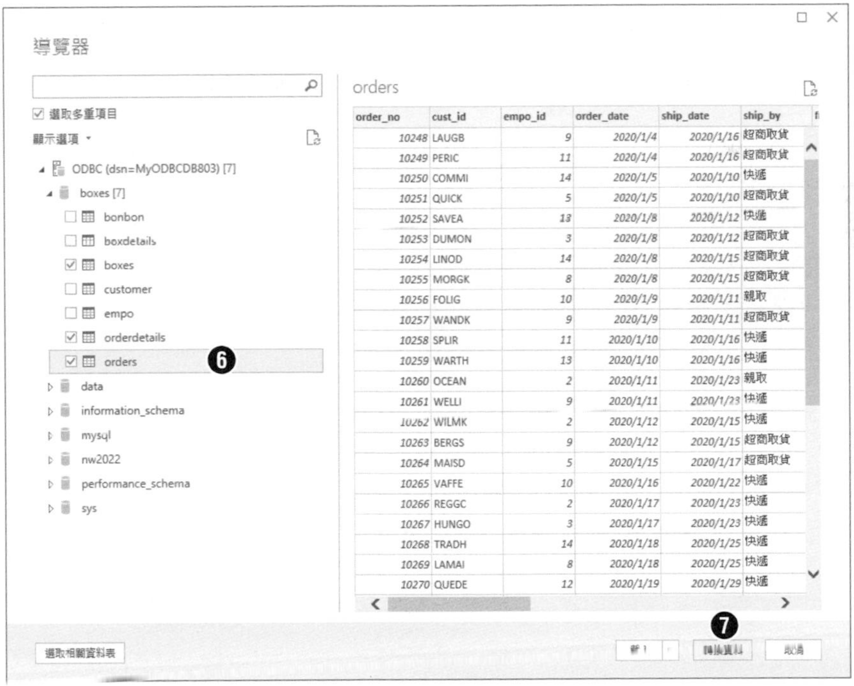

STEP 8 開啟〔Power Query 查詢編輯器〕視窗，若有需要整理、查詢與轉換資料的需求，可以在此進行編輯與操控。

STEP 9 點按〔常用〕索引標籤。

STEP 10 點按〔關閉〕群組裡〔關閉並載入〕命令按鈕的下半部按鈕。

STEP 11 從展開的下拉式功能選單中點選〔關閉並載入至...〕功能選項。

STEP 12 開啟〔匯入資料〕對話方塊，點選〔表格〕選項。

STEP 13 點選將資料放在〔新工作表〕選項。

STEP 14 點按〔確定〕按鈕。

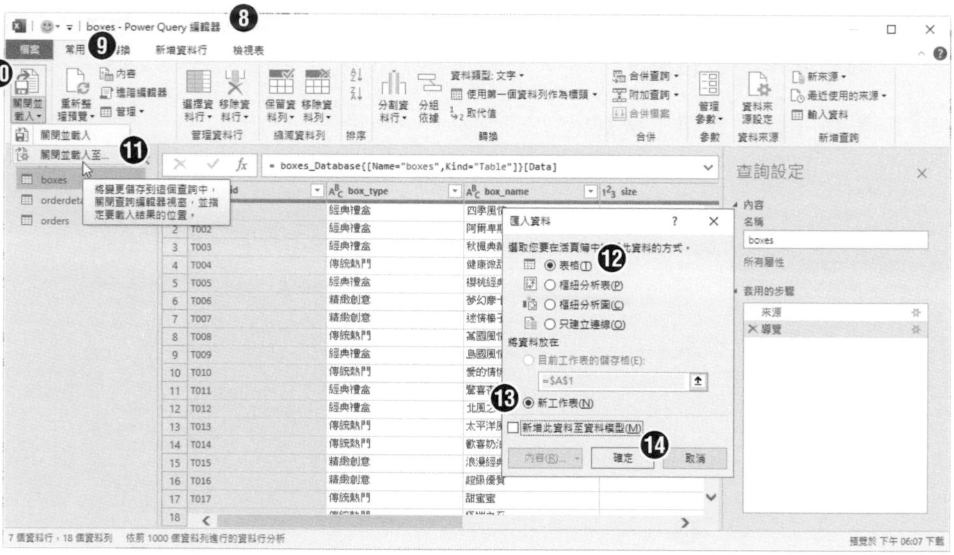

結束〔Power Query 查詢編輯器〕的操作，返回 Excel 視窗即可看到順利建立了三個資料表查詢，查詢結果也載入在三張工作表裡。以下畫面是〔orders〕查詢，以及其資料表裡的查詢結果〔orders〕資料表，共有 1924 筆資料記錄。

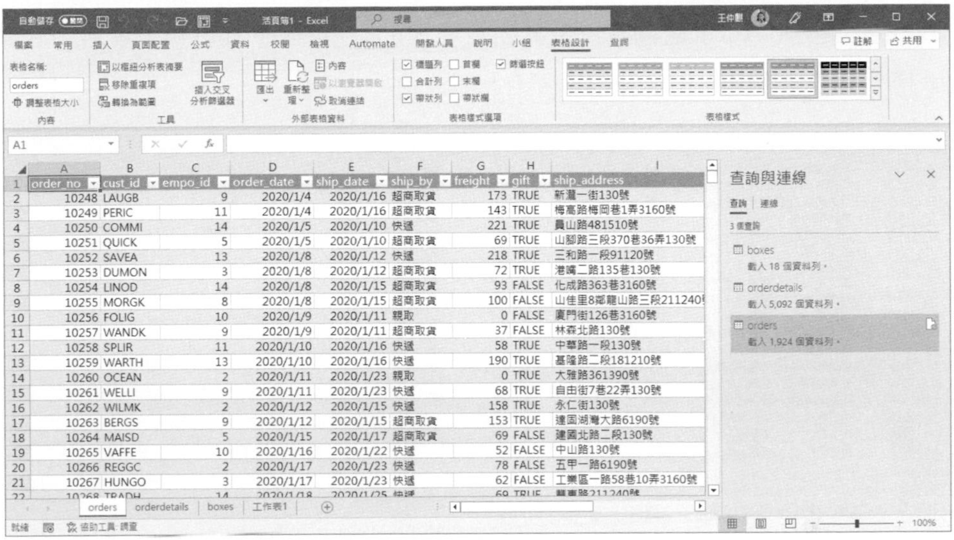

以下畫面是〔orderdetails〕查詢，以及其資料表裡的查詢結果〔orderdetails〕資料表，共有 5092 筆資料記錄。

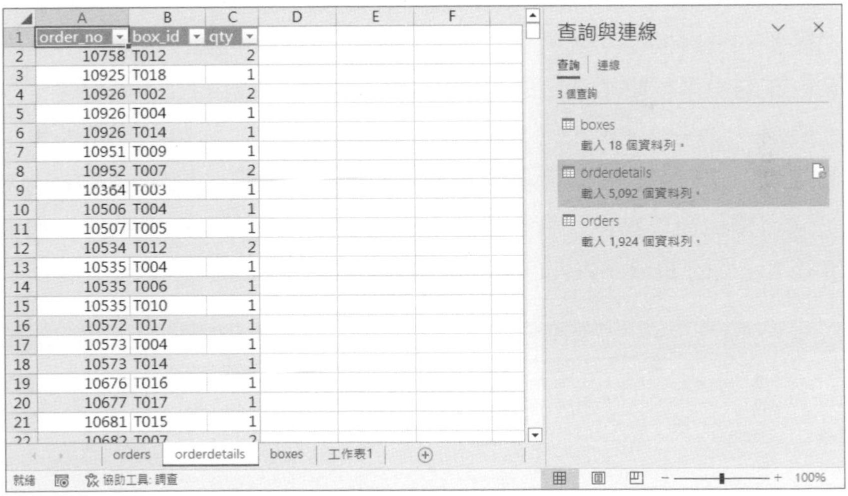

以下畫面是〔boxes〕查詢，以及其資料表裡的查詢結果〔boxes〕資料表，共有 18 筆資料記錄。

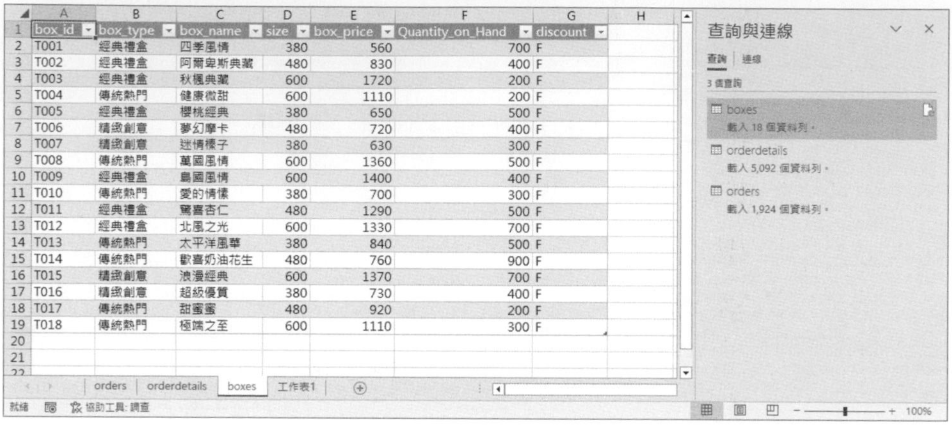

9-3-8 使用 PowerPivot 連線 MySQL 建立樞紐分析表

Power Pivot for Excel 是 Excel 的 BI(商務智慧)增益集工具，可以進行資料分析與建立複雜的資料模型。我們也可以在 Power Pivot 的操作環境下，藉由資料表連線精靈的操作，使用選定的 ODBC 連線，建立資料的匯入與樞紐分析表的製作。要進入 Power Pivot 的方式有二，您可以點按〔資料〕索引標籤，點按〔資料工具〕群組裡的〔管理資料模型〕命令按鈕，或者，點按〔Power Pivot〕索引標籤後，點按〔資料模型〕群組裡的〔管理〕命令按鈕，都可以進入適用於 Excel 的 Power Pivot 應用程式視窗。

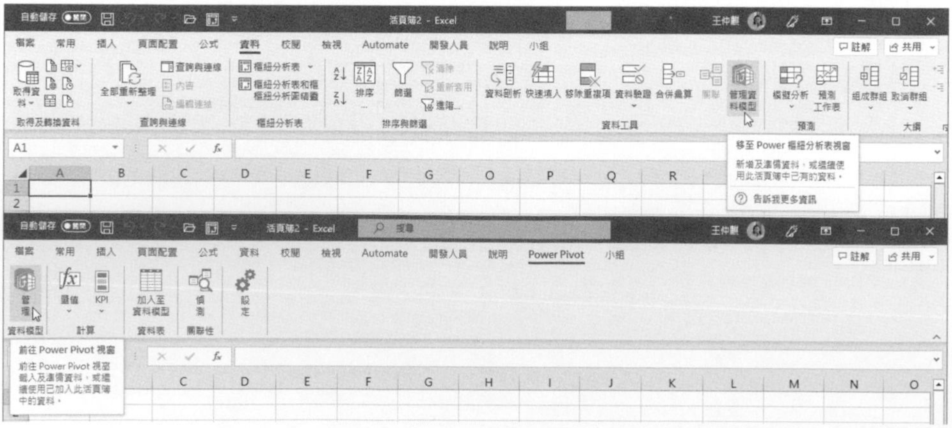

在這個號稱資料模型管理工具的 Power Pivot 操作介面，便可以進行 ODBC 資料的連線，也就是選擇先前建立的 MySQL 資料庫之 ODBC 來源，即可以此資料來源進行樞紐分析的作業。

STEP 1 進入 Power Pivot 應用程式後，點按〔主資料夾〕索引標籤

STEP 2 點按〔取得外部資料〕群組裡的〔從其他來源〕命令按鈕。

STEP 3 開啟〔資料表匯入精靈〕對話方塊，點選〔其他(OLEDB/ODBC〕選項，

STEP 4 點按〔下一步〕按鈕。

STEP 5 進入指定連線字串的設定，點按〔建立〕按鈕。

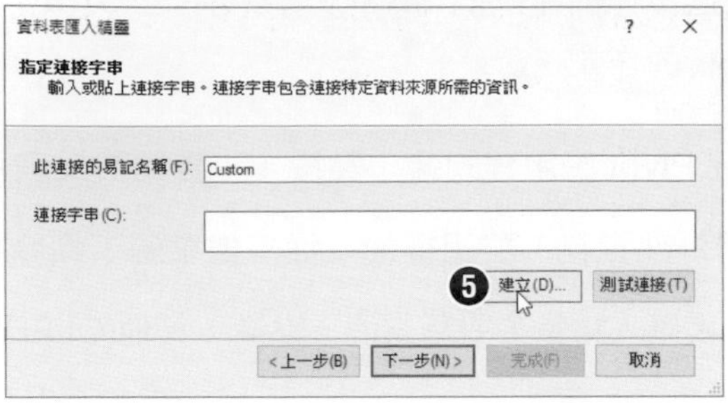

STEP 6 開啟〔資料連線內容〕對話，點選〔提供者〕索引頁籤。

STEP 7 點選〔Microsoft OLD DB Provider for ODBC Drivers〕選項。

STEP 8 點按〔下一步〕按鈕。

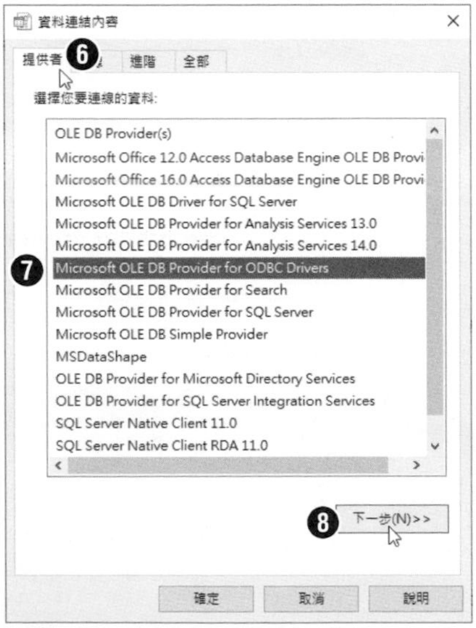

STEP 9 點選〔連線〕索引頁籤。

STEP 10 選擇使用者資料來源名稱為先前建立的〔MySQLDB803〕ODBC 資料連線。

STEP 11 輸入可連線至 MySQL 資料庫系統的使用者名稱與密碼。

STEP 12 可點按〔測試連線〕按鈕。

STEP 13 測試連線成功後點按〔確定〕按鈕。

STEP 14 點按〔確定〕按鈕，結束〔資料連線內容〕的對話操作。

STEP 15 回到〔資料表匯入精靈〕對話方塊，也可在此再次點按〔測試連接〕按鈕。

STEP 16 測試連線成功後點按〔確定〕按鈕。

STEP 17 點按〔下一步〕按鈕。

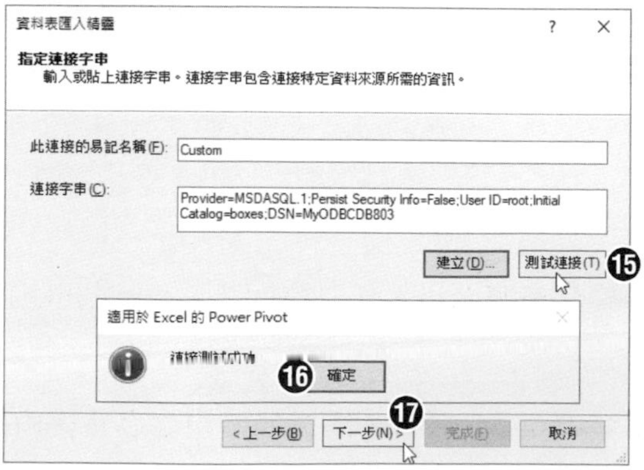

STEP 18 點選〔撰寫查詢以指定要匯入的資料〕選項。

STEP 19 點按〔下一步〕按鈕。

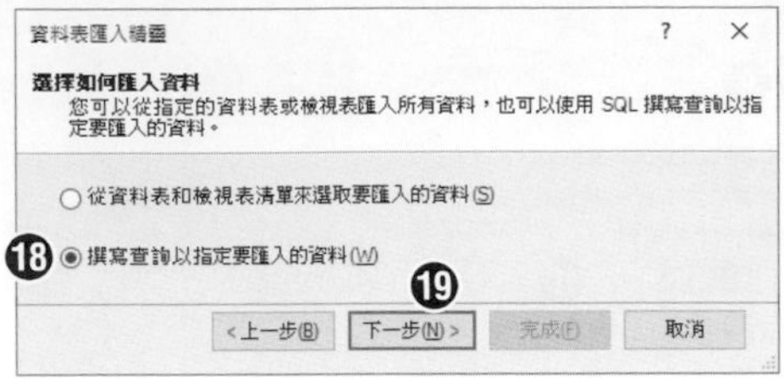

進入指定 SQL 查詢的程式碼編輯畫面。在此空白畫面輸入以下的 SQL 陳述式：

```
SELECT boxes.box_name, boxdetails.bonbon_id, boxdetails.quantity,
bonbon.bonbon_cost
FROM bonbon INNER JOIN (boxes INNER JOIN boxdetails ON boxes.
box_id = boxdetails.box_id) ON bonbon.bonbon_id = boxdetails.
bonbon_id;
```

此 SQL 的 SELECT 敘述是要查詢出來自 boxes 資料表裡的 box_name、來自 boxdetails 資料表裡的 bonbon_id 和 quantity，以及來自 bonbon 資料表的 bonbon_cost 等來自三張不同資料表裡的四個資料欄位。

STEP 20 輸入所要執行的 SQL 陳述式。

STEP 21 可點按〔驗證〕按鈕檢查所輸入的 SQL 語句是否正確。

STEP 22 點按〔完成〕按鈕。

STEP **23** 開始執行 SQL 敘述，完成後順利匯入所要查詢的資料，點按〔關閉〕按鈕。

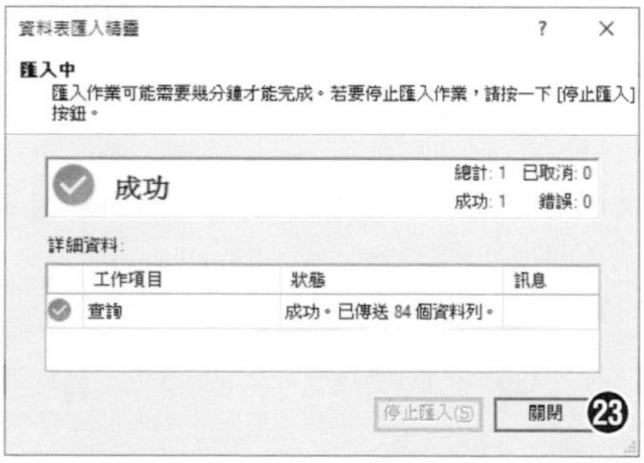

完成查詢的資料匯入至資料模型裡，便可以進行資料分析與運算，也可以作為樞紐分析表的資料來源，進行樞紐分析表的建立。例如：返回適用於 Excel 的 Power Pivot 應用程式視窗，也就是資料模型畫面，可以使用 DAX 計算式建立所需的公式與資料行。在此我們建立一個名為〔cost〕的資料行，計算公式為：

'查詢'[quantity] * '查詢'[bonbon+cost]

STEP **24** 建立成本 cos 資料行，公式是來自查詢資料表的 quantity 資料行乘以同樣來自查詢資料表的 bonbon_cost 資料行。

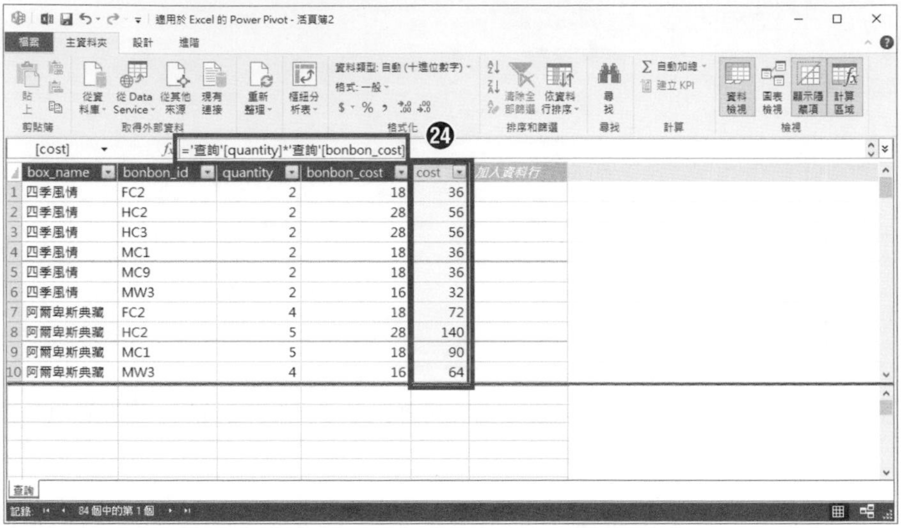

STEP **25** 點按〔主資料夾〕裡的〔樞紐分析表〕命令按鈕。

STEP **26** 再從展開的功能表中點選〔樞紐分析表〕功能選項。

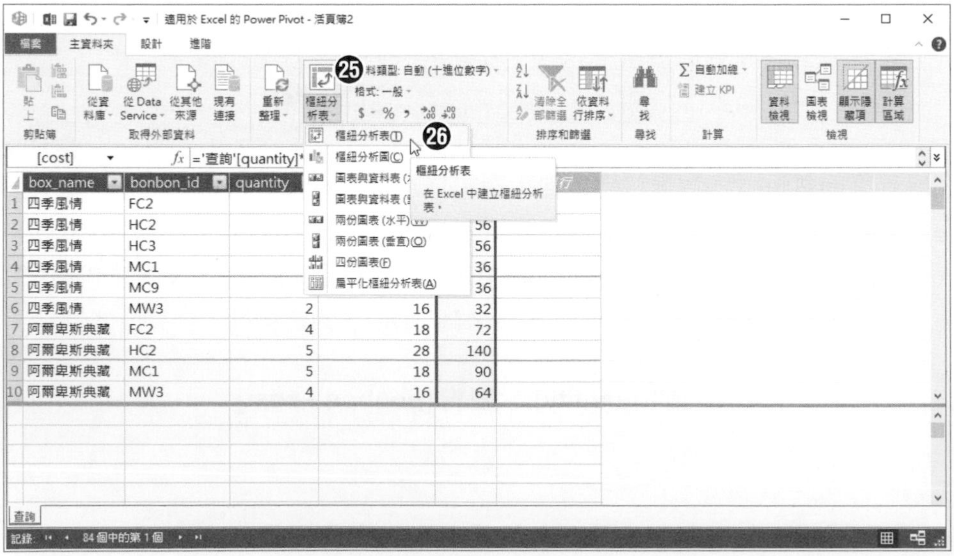

STEP **27** 隨即建立樞紐分析表，開始進行此樞紐分析表的建置。

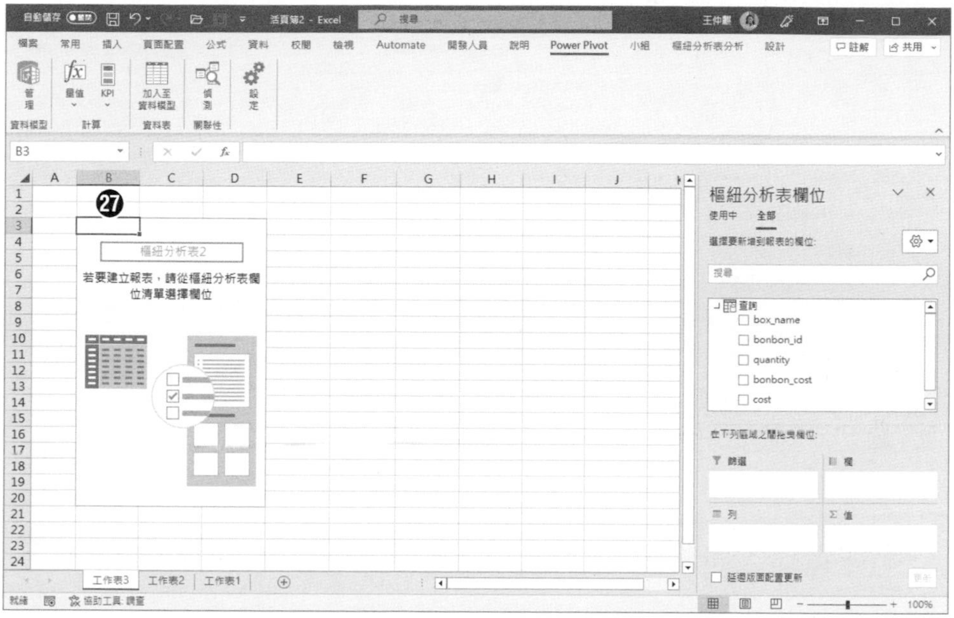

STEP **28** 拖曳〔box_name〕欄位至〔列〕區域。

STEP **29** 拖曳〔cost〕欄位至〔Σ 值〕區域。

STEP **30** 此樞紐分析表的結果即可摘要統計出每一種禮盒的成本。

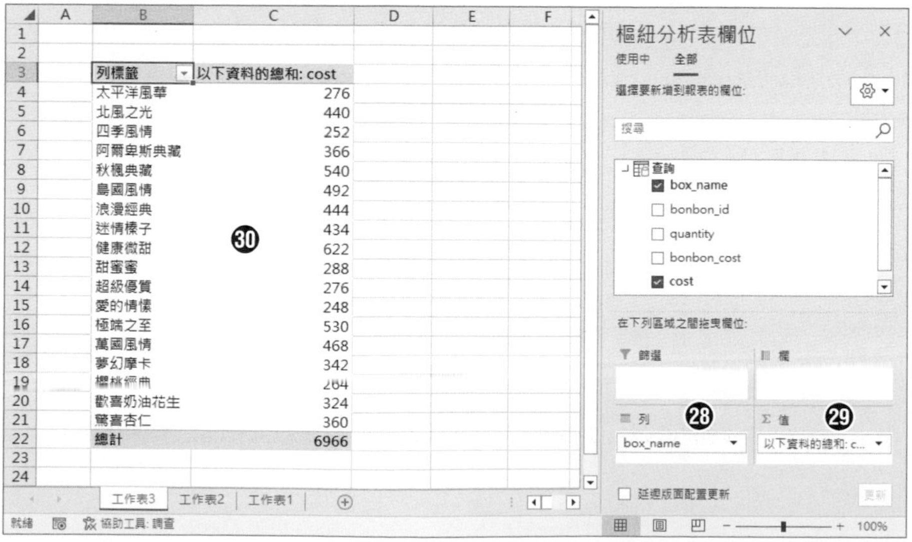

CHAPTER

10

Web 連線範例與雲端試算表的存取

網際網路與企業對外及對內網路的盛行，在於可以讓使用者在不同場合、不同的平台，不限時間、不限距離的即時獲取所要的資訊。在資料處理的過程中，即時資訊的取得往往正是您製作正確報表、創造成功契機的關鍵因素。只要透過從網站取得外部資料的操作和設定，即可將來自網際網路或企業內部網站的指定網頁表格，輕鬆匯入至 Excel 工作表內。例如：雅虎網站的即時股價資訊、各商業銀行對外公佈的匯兌資訊、企業內部業務資訊、...等等，皆可以擷取並匯入至工作表裡供您查詢與套用。

10-1 透過 Web 連線擷取網頁資料

昔日網路連線後的資料分享，大都透過檔案伺服器的建置 ，進行資料的共用與存取，網際網路的盛行下，各種的通訊協定陸續發揚光大，以 Web 為環境的介面愈來愈普及，不論是企業內部的資訊網絡，對外的互動式網站建設，連結到個人電腦、平板、手機...等行動裝置與設備已經是您我不能忽略的趨勢。

在 Excel 的工作環境裡，只要透過 Web 連線的設定，也可以非常容易地擷取來自網際網路的外部資料來源。譬如：網路上銀行對外發佈的匯兌資訊、利率訊息、網站服務的股市即時行情表，乃至公司企業內部網站裡所公佈的公告、報表與統計圖表，皆可以連結到用戶端的 Excel 工作表裡，進行更進一步的資料參照與分析。這個功能就叫做〔從 Web〕查詢取得網頁資料。

10-1-1 新舊版本的新增 Web 查詢

透過 Excel 所提供的，〔從 Web〕功能新增網頁內容至工作表內，可區分成新、舊版本兩種不同的操作選擇。在 Excel 2016(含)以前，是位於〔資料〕索引標籤底下〔取得外部資料〕群組裡的〔從 Web〕命令按鈕。新版本的〔從 Web〕功能則是隸屬於 Power Query 裡的一項功能，而 Excel 2016 這個版本比較特別，因為，從這個版本開始內建了 Power Query，在 Excel 操作環境裡面也就同時看得到新、舊兩個版本的〔從 Web〕功能。

而 Excel 2013 及 Excel 2010 雖僅備有舊版本的〔從 Web〕命令按鈕，但也可以在安裝 Power Query 增益集後，使用新版本的〔從 Web〕功能。

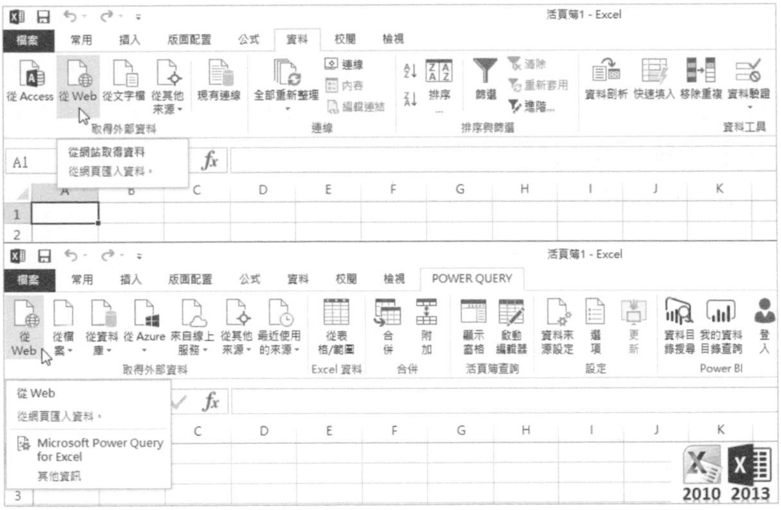

至於最新版本的 Excel 2019/2021 及 365，亦內建了 Power Query，甚至已經將舊版本的〔從 Web〕功能隱藏，除非使用者特別起去啟用它，這方面您可以參考本書 7-1-5 節的說明。

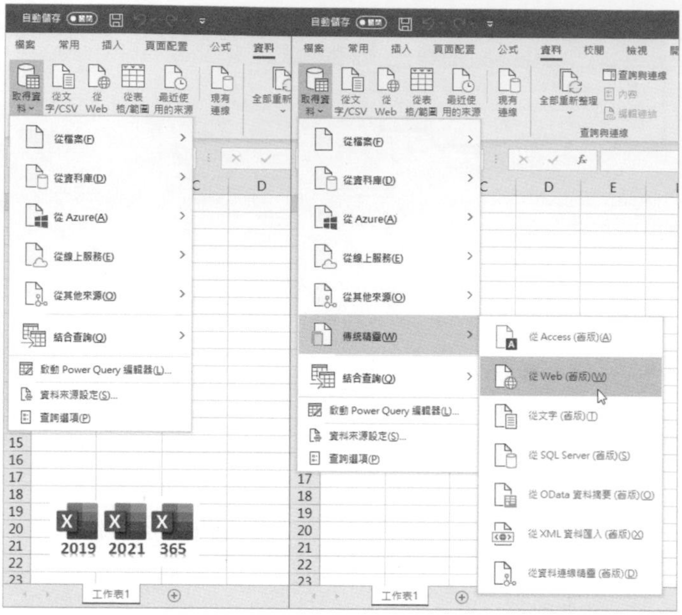

而新、舊版本的差異頗大，舊版的新增 Web 查詢，是猶如在操控瀏覽器般地進行網頁搜尋，查詢到所要的網頁後，即可勾選頁面上所要匯入的表格資訊，連結至工作表的指定位置上。而新版本的新增 Web 查詢，也就是 Power Query 的新增 Web 查詢，可以讓使用者輸入網址外，也可以根據所需鍵入網址後的子網站、參數設定，而達成動態網頁的連結。在導覽頁面後，可以開啟 Power Query 的查詢編輯器進行更進一步的查詢編輯、轉換與解析，最後再載入查詢結果至 Excel 工作表內。

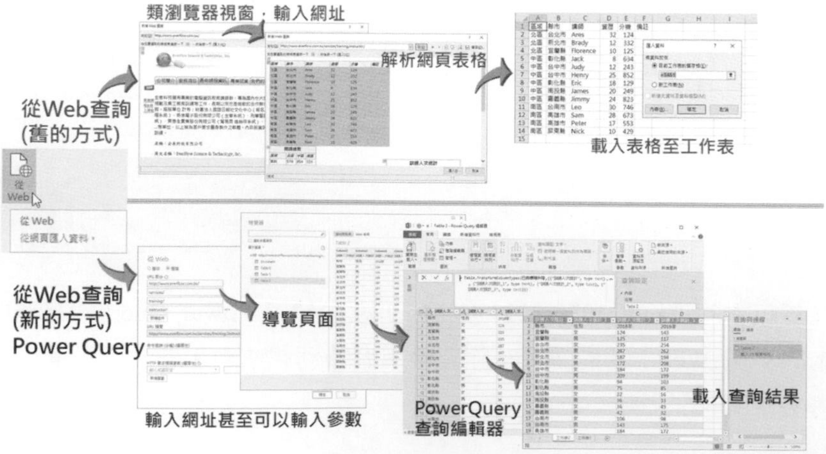

經過這番說明，就算這個領域您頗為生疏，相信您也一定可以體會，新的查詢方式肯定更多元、更強大。不過，本書主軸是樞紐分析表，Power Query 是屬於 Excel BI 的課題，也基於篇幅的關係，這方面著墨有限，若您有興趣與需求，可以上網搜尋或者參酌筆者其他相關拙著。後續的實作演練將新舊兩種方式兼顧，擇優演練分享給擁有不同 Excel 版本的列位讀者。

10-1-2 企業內部網站的資訊連結

在企業的內部網站(Intranet)裡，經常有關於員工、業務、行銷、人事、公告...等資訊的網頁內容，只要是以表格型態呈現，也都可以透過前述所介紹的網站取得外部資料之操作方式，將這些企業內部資訊即時呈現在 Excel 工作表內以供試算、查詢等運用。例如：下圖是某企業的內部網站首頁：

我們可以透過適用於各種新、舊 Excel 版本的〔新增 Web 查詢〕功能，來取得網頁裡靜態表格資料。不過，也正由於網頁技術日益精進，許多網站和網頁設計已呈動態網頁與互動式效果，早期版本的瀏覽器已經無法完全解讀，因此，在舊版的〔新增 Web 查詢〕視窗瀏覽網頁時，常會彈跳出諸如指令碼發生錯誤的對話，此時您可以點按〔否〕按鈕，繼續後續操作。

STEP 1　以最新版本的 Excel 2019 及 365 為例，點按〔資料〕索引標籤。

STEP 2　點按〔取得及轉換資料〕群組裡的〔取得資料〕命令按鈕。

STEP 3　從展開的功能選單，點選〔傳統精靈〕功能選項。

STEP 4　再從展開的副選單，點選〔從 Web(舊版)〕。

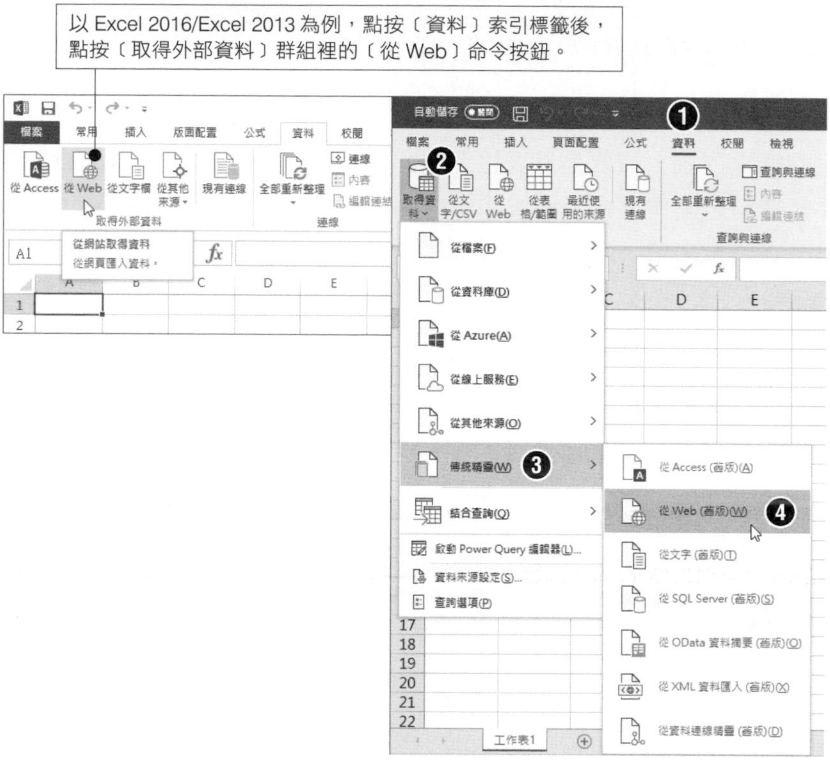

STEP 5　接著將自動開啟〔新增 Web 查詢〕視窗，這是一個如同舊版本 IE 瀏覽器的對話視窗，也正導覽著預設的首頁。

STEP 6　若有指令碼錯誤對話，直接點按〔否〕按鈕。

STEP 7 在網址列鍵入公司企業內部網站。

STEP 8 內部網站的存取常常會有連線密碼的輸入以確認使用者的身分，因此，出現身分確認的對話方塊時，請輸入具備權限的使用者名稱及密碼。

STEP 9 最後按下〔登入〕按鈕。

STEP 10 進入想要連結的資料網頁，在〔新增 Web 查詢〕視窗裡，網頁裡若有包含靜態表格網頁元件，都會在表格左上方顯示出一個橘色右箭頭符號。

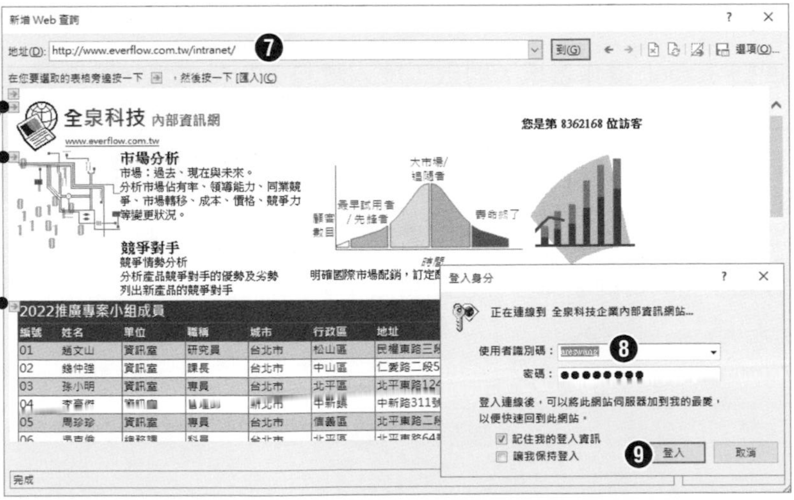

STEP 11 將滑鼠游標停在想要取得的網頁表格左上方右箭頭符號上，此時，此符號將呈現綠色朝右箭頭狀。

STEP 12 點按此符號即變成勾選符號，表示要選取該表格。

STEP 13 點按〔匯入〕按鈕。

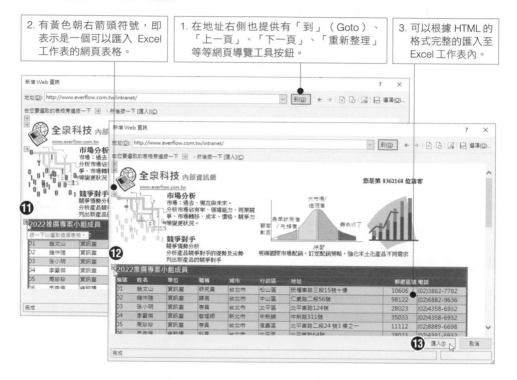

2. 有黃色朝右箭頭符號，即表示是一個可以匯入 Excel 工作表的網頁表格。

1. 在地址右側也提供有「到」（Goto）、「上一頁」、「下一頁」、「重新整理」等等網頁導覽工具按鈕。

3. 可以根據 HTML 的格式完整的匯入至 Excel 工作表內。

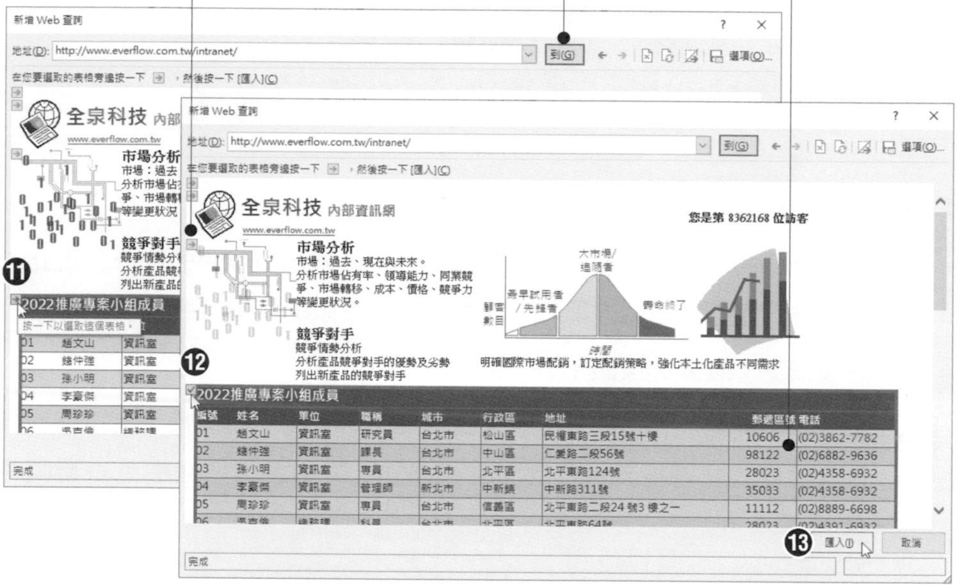

STEP 14 回到 Excel 操作環境，開啟〔匯入資料〕對話方塊，點選將資料放在〔目前工作表的儲存格〕選項。

STEP 15 輸入或選取儲存格位址或使用預設的位置 A1 後點按〔確定〕按鈕。

STEP 16 順利完成資料的擷取後，即可看到來自企業內部網站的網頁資料 - 推廣專案小組成員的名冊已經連結至工作中。

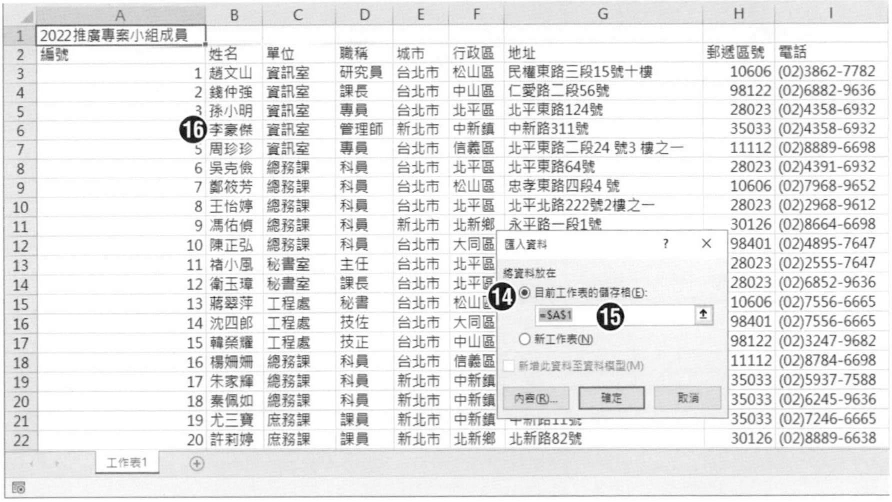

> **TIPS**
>
> **關於〔新增 Web 查詢〕視窗**
>
> 執行 Excel 的 Web 查詢命令後，在開啟的〔新增 Web 查詢〕視窗上方地址列內，可以輸入網址，如同瀏覽器般導覽、查詢所需的網頁，與一般瀏覽器不同的是新增 Web 查詢視窗會解析網頁的表格資訊，針對可以匯入 Excel 的網頁表格其左上角會呈現橘色朝右箭頭符號，只要點按（勾選）該符號，即表示欲將該網頁表格匯入 Excel 工作表內。

10-1-3 變更 Web 連結設定

來自 Web 的資料連結所針對的對象是網頁上的表格元件，透過〔連線內容〕對話方塊的操作，可以進行連線網頁的重新設定(更改連結至其他網頁表格)，或者，進行資料連結的使用方式之設定(譬如：設定每隔 30 分鐘就自動連結更新)。

STEP 1 開啟包含 Web 連線的活頁簿檔案，點選 Web 連線範圍裡的任一儲存格。

STEP 2 點按〔資料〕索引標籤。

STEP 3 點按〔查詢與連線〕群組裡的〔全部重新整理〕命令按鈕的下拉選項。

STEP 4 從展開的下拉式功能選單中點選〔連線內容〕選項。

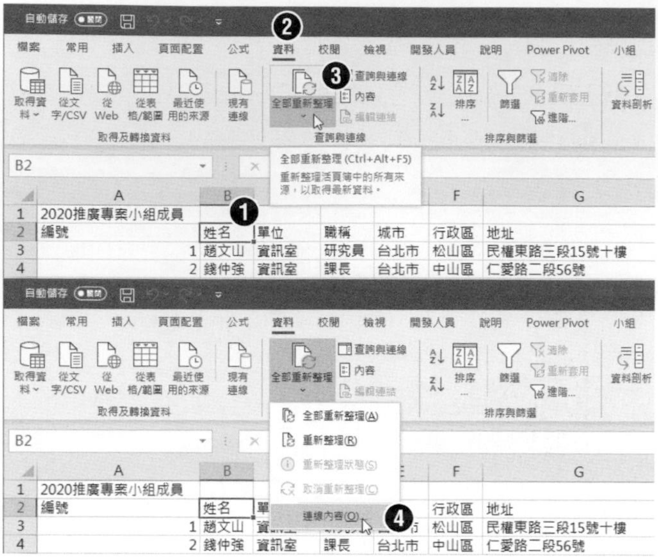

STEP 5　開啟〔連線內容〕對話方塊，點按〔使用方式〕索引頁籤。

STEP 6　在此可進行連線更新的設定。例如：請勾選〔每隔 60 分鐘自動更新一次〕核取方塊，並可以自由調整時間，以設定此匯入的 Web 資訊在連線狀態下每隔多久會自動更新一次。

STEP 7　若是勾選〔檔案開啟時自動更新〕核取方塊，則可以設定每當此活頁簿檔案開啟時，便會自動上網更新最新資訊。

STEP **8** 點按〔連線內容〕對話方塊裡的〔定義〕索引頁籤。

STEP **9** 點按〔編輯查詢〕按鈕，可以開啟〔編輯 Web 查詢〕視窗，如同瀏覽網頁的操作模式，超連結到其他想要連結匯入的網頁，進行新的 Web 連線內容之勾選。

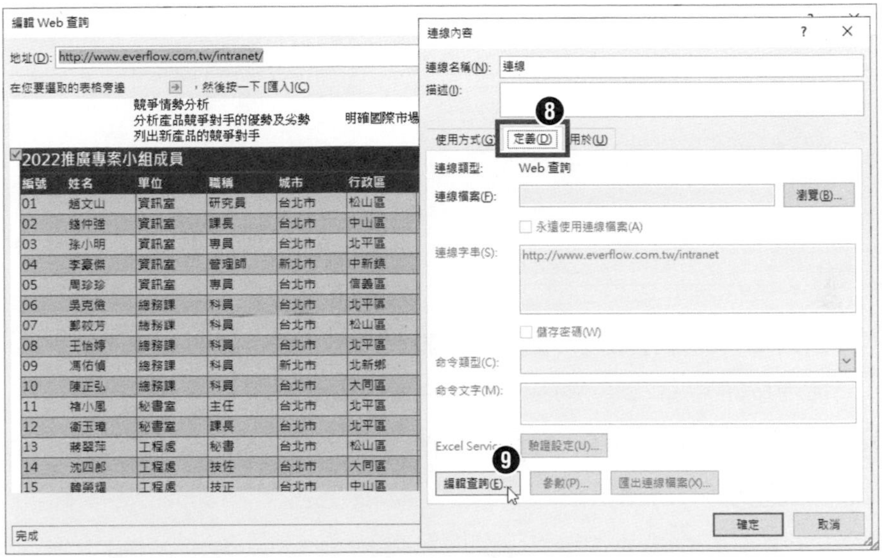

STEP **10** 點按視窗右上方的〔選項〕按鈕。

STEP **11** 開啟〔Web 查詢選項〕對話方塊，點選格式設定為〔整個 HTML 格式〕選項。

STEP **12** 點按〔確定〕按鈕。

STEP **13** 回到〔編輯 Web 查詢〕視窗，點按〔匯入〕按鈕。

STEP **14** 回到〔連線內容〕對話方塊，點按〔確定〕按鈕。

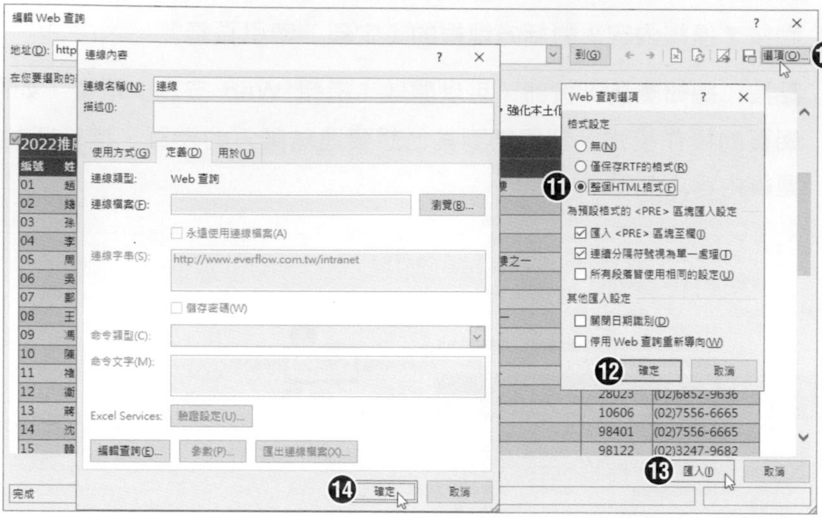

STEP 15 回到 Excel 操作環境，點按〔查詢與連線〕群組裡的〔全部重新整理〕命令按鈕。

STEP 16 原本匯入的網頁表格不再只是白底黑字的沒有格式，而是改以 HTML 格式呈現。

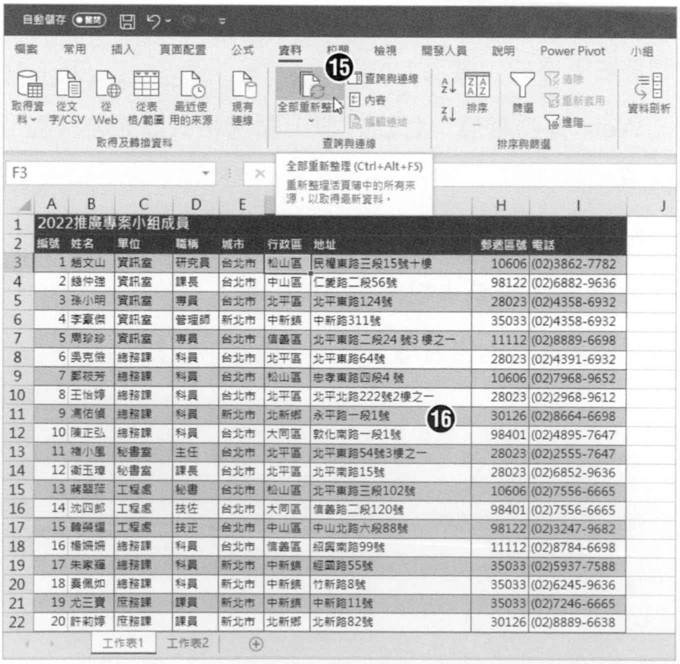

另一種連結網頁表格的方式是，先利用傳統的瀏覽器登入網站，瀏覽想要連結的資料網頁，只要選取網頁表格的局部內容，透過複製貼上的操作，也能啟動新增 Web 查詢視窗，進行網頁表格的匯入喔！

STEP 1 利用瀏覽器登入網站並瀏覽含有靜態 HTML 表格的網頁。

STEP 2 選取網頁裡表格內容的任何局部文字，再以滑鼠右鍵點選所選取的文字。

STEP 3 從展開的快顯功能表中選擇〔複製〕指令。

STEP 4 切換到 Excel 工作表環境，到儲存格 A1 按下 Ctrl+V 按鍵，即可將複製的資料貼到儲存格 AI 裡。

STEP 5 在貼上資料的儲存格旁會顯示〔貼上選項〕智慧標籤，請點按此智慧標籤。

STEP 6 從展開的下拉式功能選單中點選〔可更新的 Web 查詢〕。

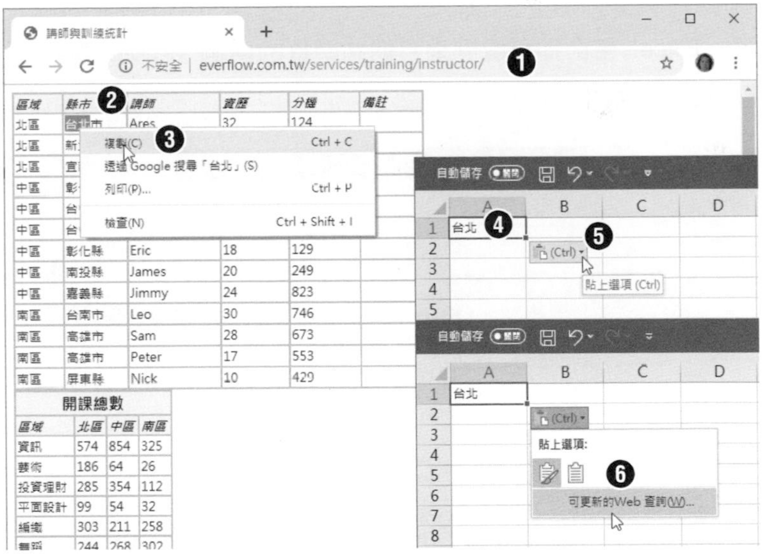

STEP 7 接著將自動開啟〔新增 Web 查詢〕視窗，剛剛在瀏覽器所導覽的網站之網頁會立即呈現在其中。

STEP 8 勾選想要匯入擷取的表格，例如：此次勾選兩個表格。

STEP 9 點按〔匯入〕按鈕。

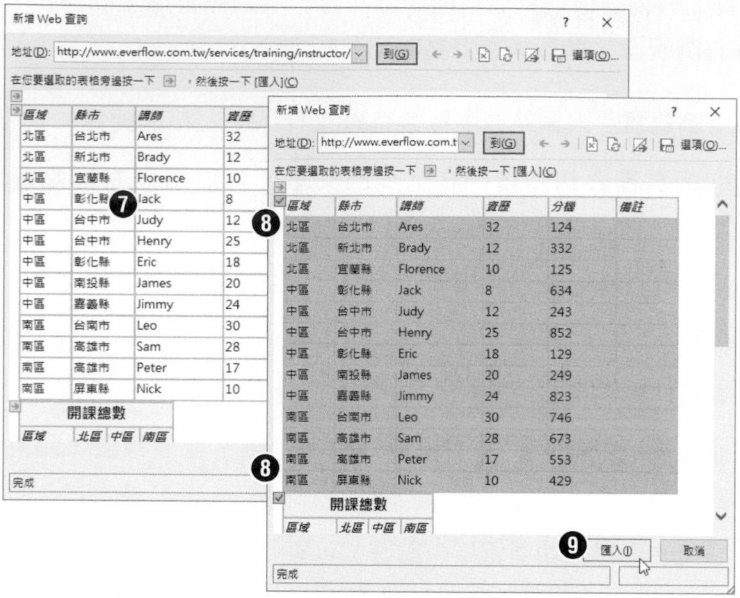

STEP 10 回到 Excel 畫面即可看到來自網站網頁的兩個 HTML 表格資料，已經連結至工作表中。

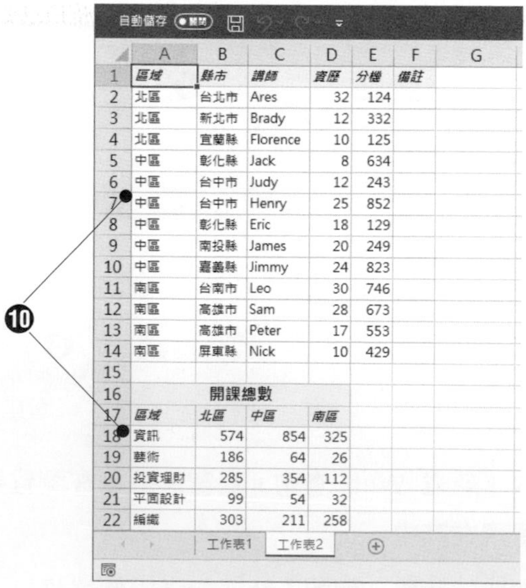

10-1-4 連結銀行線上即時匯率表

以下的範例中，我們將展示如何瀏覽銀行網站所公開的匯率看板，將即時的匯率資訊擷取連結至 Excel 工作表內。不過，由於所要連結的外部資料之網站，其網站規格與網頁設計原則，都不是我們能夠主控的，也就是說，公司行號的網站也極有可能在歷經一段時日便會有大規模的改版與異動，即使網頁的網址不一定會有所變動，但網頁內容與元件也並非都一成不變，因此，請各位讀者心理也要有所準備，在實際新增 Web 連線至 Excel 工作表時，會有無法順利連線擷取的風險。以下操作我們將嘗試搜尋土地銀行的匯率行情網頁為例，期望將匯率表匯入到工作表上以利爾可以加以運用。

使用新舊版的傳統新增 Web 查詢

首先就試試一下前幾小節所介紹的傳統新增 Web 查詢方式。

STEP 1　我們可以先利用瀏覽器(例如：Chrome)登入搜尋網站(例如：Google)，輸入關鍵字搜尋匯率資料。例如：土地銀行 匯率。

STEP 2　點按所尋獲的相關連結。

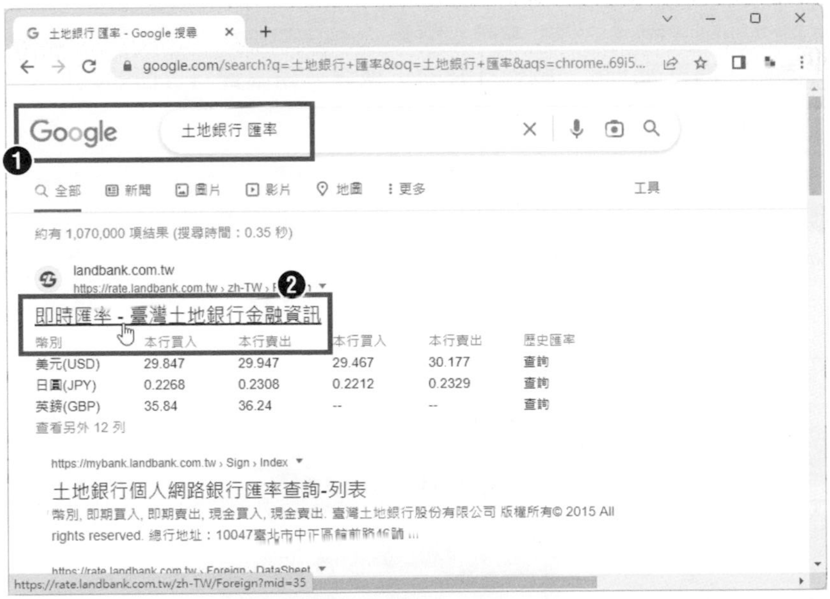

STEP 3 進入土地銀行的匯率網頁後，選取該頁面的網址並複製此網址。

STEP 4 以最新版本的 Excel 2021 及 365 為例，點按〔資料〕索引標籤。

STEP 5 點按〔取得及轉換資料〕群組裡的〔取得資料〕命令按鈕。

STEP 6 從展開的功能選單，點選〔傳統精靈〕功能選項。

STEP 7 再從展開的副選單，點選〔從 Web(舊版)〕。

STEP 8 接著開啟〔新增 Web 查詢〕視窗，這是一個類似 IE 版本的瀏覽器視窗，在網頁列上貼上剛剛複製的土地銀行匯率資料頁面的網址，並按下 Enter 按鍵。

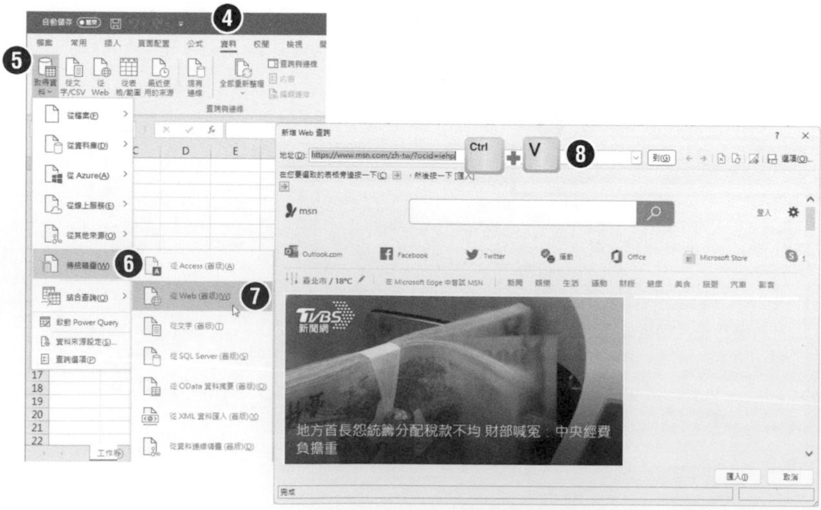

STEP 9 或許畫面會出現若干網頁的指令碼錯誤訊息對話方塊，請點按〔是〕按鈕，因為這項舊版本的導入 Web 頁面功能選項僅支援舊的網頁指令碼。

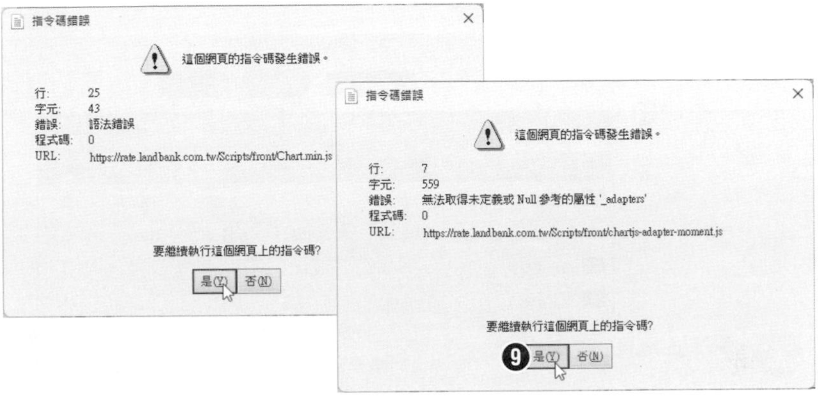

STEP 10 順利載入土地銀行的匯率資料頁面，但由於此頁面的內容並不僅僅只是 HTML 表格，也包含了其他網頁技術與元件，因此，並不如想像中，表格左上方會有一個個朝右箭頭符號。以此例而言，僅在頁面即時匯率標題下方提供有選取整個頁面的黃色右箭頭符號。

STEP 11 請勾選此按鈕以選取整個頁面。

STEP 12 點按右下方的〔匯入〕按鈕。

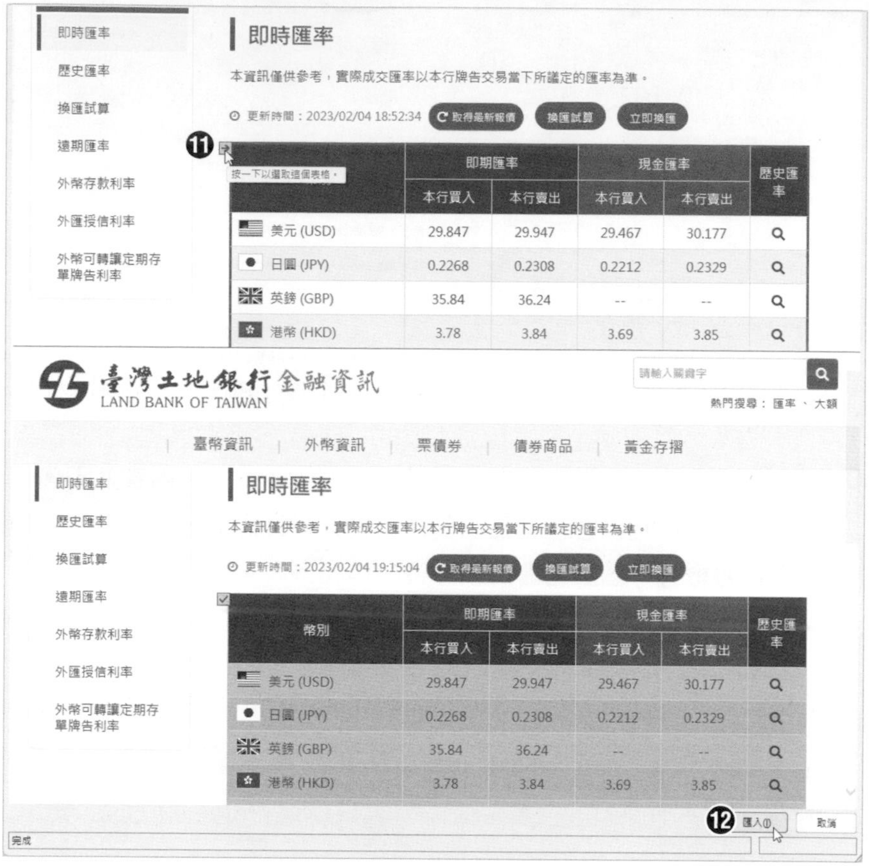

STEP 13 回到 Excel 操作環境，開啟〔匯入資料〕對話方塊，點選將資料放在〔目前工作表的儲存格〕選項。

STEP 14 輸入或選取儲存格位址或使用預設的位置 A1。

STEP 15 點按〔確定〕按鈕。

STEP 16 即便完成資料的擷取，但這來自台灣銀行即時匯率表的頁面有點怪怪的。

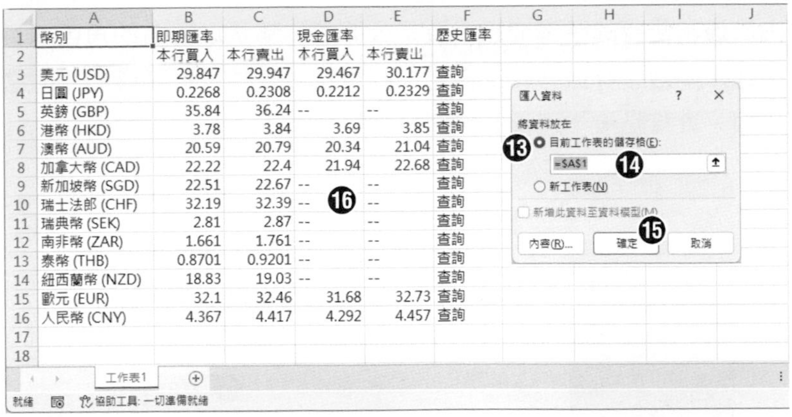

幣別
即期匯率
現金匯率
歷史匯率
本行買入 本行賣出 本行買入 本行賣出
美元 (USD) 29.847 29.947 29.467 30.177 查詢
日圓 (JPY) 0.2268 0.2308 0.2212 0.2329 查詢
英鎊 (GBP) 35.84 36.24 -- -- 查詢
港幣 (HKD) 3.78 3.84 3.69 3.85 查詢
澳幣 (AUD) 20.59 20.79 20.34 21.04 查詢
加拿大幣 (CAD) 22.22 22.4 21.94 22.68 查詢
新加坡幣 (SGD) 22.51 22.67 -- -- 查詢
瑞士法郎 (CHF) 32.19 32.39 -- -- 查詢
瑞典幣 (SEK) 2.81 2.87 -- -- 查詢
南非幣 (ZAR) 1.661 1.761 -- -- 查詢
泰幣 (THB) 0.8701 0.9201 -- -- 查詢
紐西蘭幣 (NZD) 18.83 19.03 -- -- 查詢
歐元 (EUR) 32.1 32.46 31.68 32.73 查詢
人民幣 (CNY) 4.367 4.417 4.292 4.457 查詢
匯入資料
將資料放在
目前工作表的儲存格(E):
=$A$1
新工作表(N)
內容(R)...
確定
取消
工作表1

換換 Power Query 裡的 Web 查詢

其實，網頁的技術愈來愈多元且先進，傳統的新增 Web 查詢僅能偵測網頁裡舊版本的 HTML 表格與識別有限版面的 JavaScript，如果頁面上具有動態網頁技術，或者必須要提供相關參數才能取得相關的網頁內容，那麼，Excel 2016 版本以後所內建 Power Query 裡的 Web 查詢將是值得您運用的利器。透過這個功能也可以建立連線至 Web 頁面並進行資料的查詢與整理。

STEP 1　點按〔資料〕索引標籤。

STEP 2　點按〔取得及轉換資料〕群組裡的〔從 Web〕命令按鈕。

STEP 3　開啟〔從 Web〕對話，點選〔基本〕選項。

STEP 4　輸入網址，例如前一小節所實作的土地銀行匯率資料頁面網址。

STEP 5　點按〔確定〕按鈕。

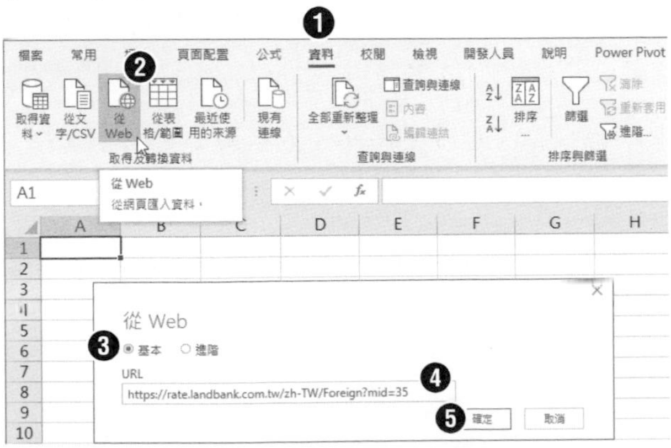

STEP 6　由於通常銀行的匯率查詢網頁是公開的，都是以匿名的角色即可瀏覽，因此，開啟〔存取 Web 內容〕的對話方塊時，以預設的〔匿名〕選項頁面，直接點按〔連接〕按鈕。

STEP 7　開啟〔導覽器〕對話，點選網址資訊下方的 Table 0，這是 Power Query 解析此 Web 頁面內容後所識別的表格。

STEP 8　立即顯示表格內容，輕鬆預覽所選取的表格元素。

STEP 9　點按〔轉換資料〕按鈕。

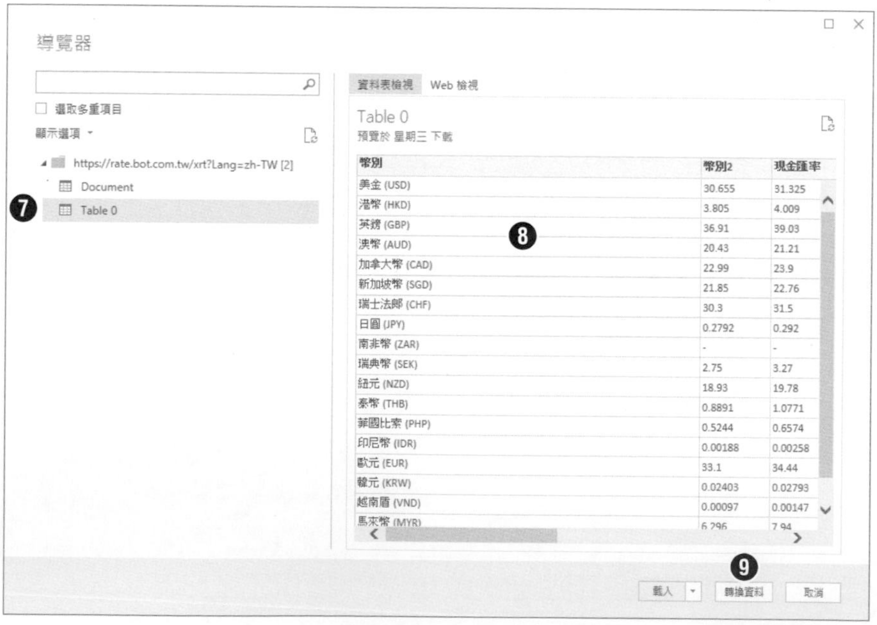

STEP 10 開啟〔Power Query 編輯器〕視窗，若有篩選資料、查找內容、轉換資料的需求，可以在此環境下完成。

STEP 11 最後可以點按〔常用〕索引標籤裡的〔關閉並載入〕命令按鈕，結束〔Power Query 編輯器〕的操作。

STEP 12 順利建立頁面的連線查詢，並將選定的頁面內容(如剛剛選取的表格)，以資料表格式載入至 Excel 工作表上。

STEP 13 畫面右側的〔查詢與連線〕工作窗格裡在〔查詢〕索引頁籤內也可以看到所建立的查詢檔案，以後點按此查詢檔案也可以再度進行查詢的編輯。

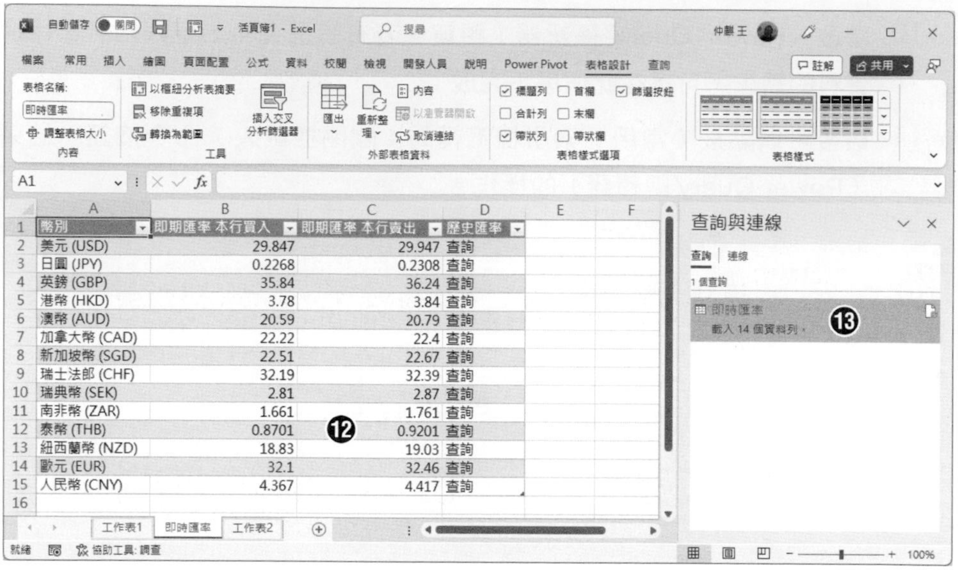

TIPS

對於 Excel 2013 版本而言，必須下載安裝 Power Query 增益集，才能如願使用新版的 Web 查詢功能。在安裝並啟用後，即可點按〔Power Query〕索引標底下〔取得外部資料〕群組裡的〔從 Web〕命令按鈕，開啟〔從 Web〕對話方塊並輸入網址後，方能進入導覽器與 Power Query 的操作。

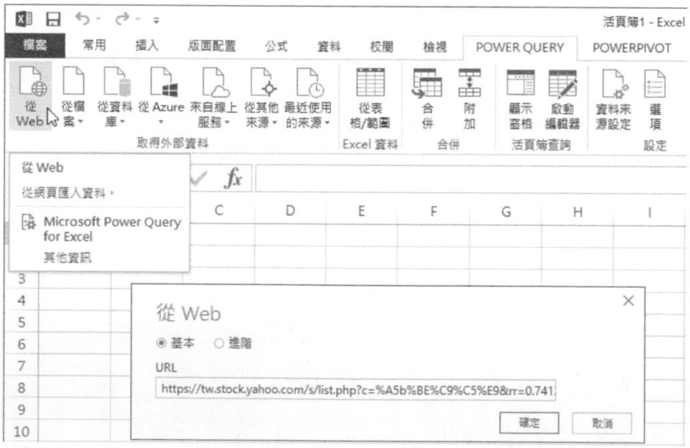

至於 Excel 2016 是個比較特殊的版本，新、舊兩種版本 Web 查詢，都同時內建。點按〔資料〕索引標籤後，〔取得外部資料〕群組裡的〔從 Web〕命令按鈕是舊版本的新增 Web 查詢；而〔取得及轉換〕群組裡的〔新查詢〕命令按鈕就是 Power Query 功能，點按後〔從其他來源〕之副選單裡的〔從 Web〕功能選項，便是新版本的 Web 查詢。

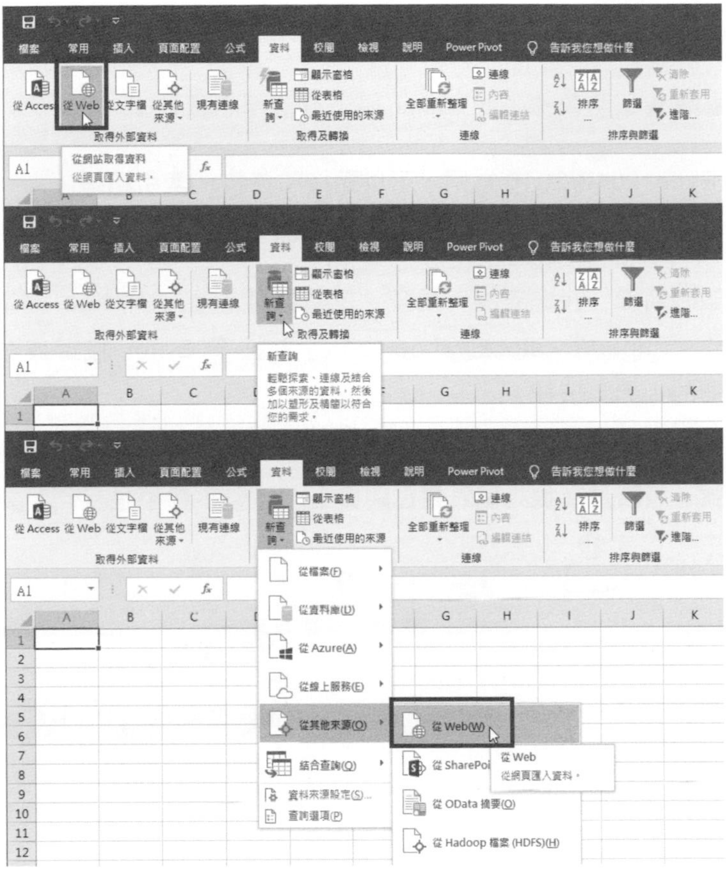

不過，請各位讀者要注意的是，並非網際網路上的每一個網站內容都允許我們在 Excel 的操作環境中，藉由如上所述的操作方式，直接從網站取得外部資料。外部資料網站的規劃方式並不是我們能夠決定與控制的，我們只是瀏覽網站內容的一般使用者，並無權規範人家的網站要如何設定！所以，新增 Web 查詢能否順利，這還得仰賴該網站是否開放此方面的功能、機制與規範，您得多試一試不同的網站來源！

10-1-5 連結股市行情表

股市行情資料也是常見的線上即時資訊之一，透過網頁的連線，您也可以輕易地將這類型的公開 Web 資訊，連線下載到 Excel 工作表內。不過，基於網站建置的機制與網頁設計元件的不同，並非每一個線上股市行情網頁資料都可以順利連線喔！

使用新舊版的傳統新增 Web 查詢

以舊版的新增 Web 查詢來連線 Yahoo 股市行情頁面試試：

STEP 1 以 Excel 2013/2016 為例，可以點按〔資料〕索引標籤。

STEP 2 點按〔取得外部資料〕群組裡的〔從 Web〕命令按鈕。

STEP 3 開啟〔新增 Web 查詢〕視窗，在網頁列上輸入 Yahoo 網站的股市網址：「https://tw.stock.yahoo.com/」並按下 Enter 按鍵或點按網頁列右側的〔到〕按鈕。

STEP 4 糟糕！怎麼好凌亂的感覺，雖然頁面上已經解析出好幾個橘色朝右箭頭符號，應該是有很幾個表格在網頁上，但似乎都不是我們所要的內容。

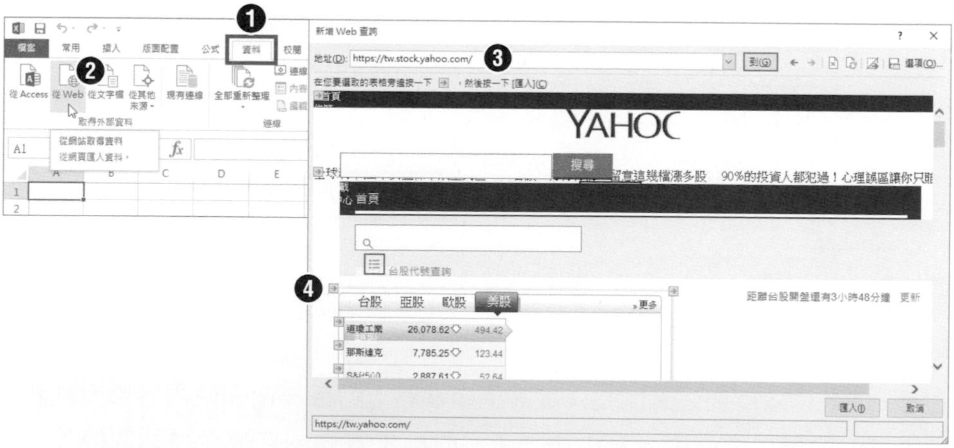

沒錯，由於編碼與網頁設計的改變，Yahoo 股市網頁的內容，已經無法以舊版的 Excel 新增 Web 查詢來連線取得頁面內容了。我們試試看另一家：

聚財網，網址為：

https://stock.wearn.com/today.asp

STEP **1**　以 Excel 2013/2016 為例，可以點按〔資料〕索引標籤。

STEP **2**　點按〔取得外部資料〕群組裡的〔從 Web〕命令按鈕。

STEP **3**　開啟〔新增 Web 查詢〕視窗，在網頁列上輸入聚財網的網址：「https://stock.wearn.com/today.asp」並按下 Enter 按鍵或點按網頁列右側的〔到〕按鈕。

STEP **4**　在頁面上已經解析出好幾個橘色朝右箭頭符號。

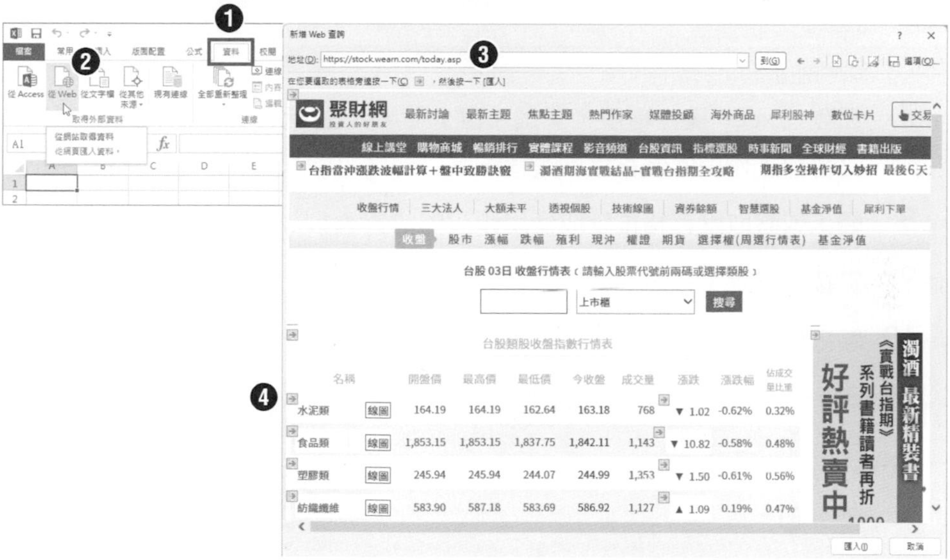

STEP **5**　滑鼠游標停在台股類股收盤指數行情表左側第一個選取符號上，點按此符號選整個表格。

STEP **6**　點按右下方的〔匯入〕按鈕。

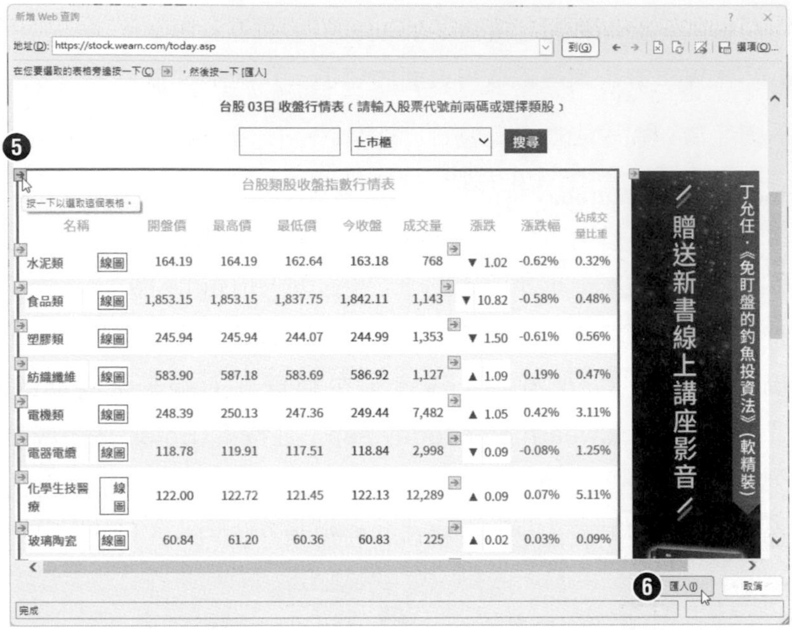

STEP 7 回到 Excel 操作環境，開啟〔匯入資料〕對話方塊，點選將資料放在〔目前工作表的儲存格〕選項。

STEP 8 輸入或選取儲存格位址或使用預設的位置 A1。

STEP 9 點按〔確定〕按鈕。

STEP 10 隨即便完成台股類股收盤行情的資料擷取。

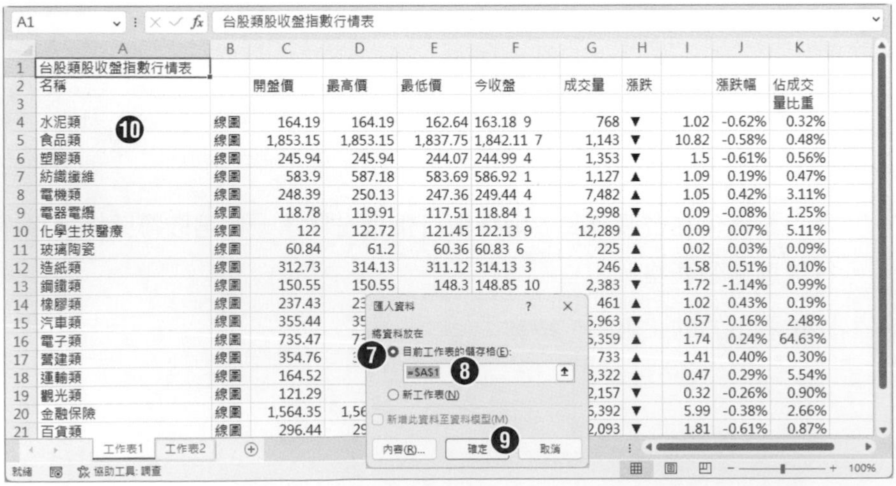

使用 Power Query 裡的 Web 查詢

先前我們以眾所周知的 Yahoo 奇摩股市網站為例，透過舊版本的新增 Web 查詢來連線網頁資訊並未成功，這次我們改換新版本的 Web 查詢，也就是 Power Query 裡的 Web 查詢技術，再試試如何取得某一上市公司的歷史股價資訊。

在 Yahoo 的美國網站、香港網站，都有財經 finance 專屬頁面，可以輸入上市公司名稱或股票代碼，查詢該股的歷史交易記錄。例如：在美國的 yahoo 網站的「finance」頁面輸入關鍵字「Apple」，即可搜尋到蘋果電腦的股票資訊。其中，點按「Historical Data」連結，即可開啟該股指定期間的股價變化。

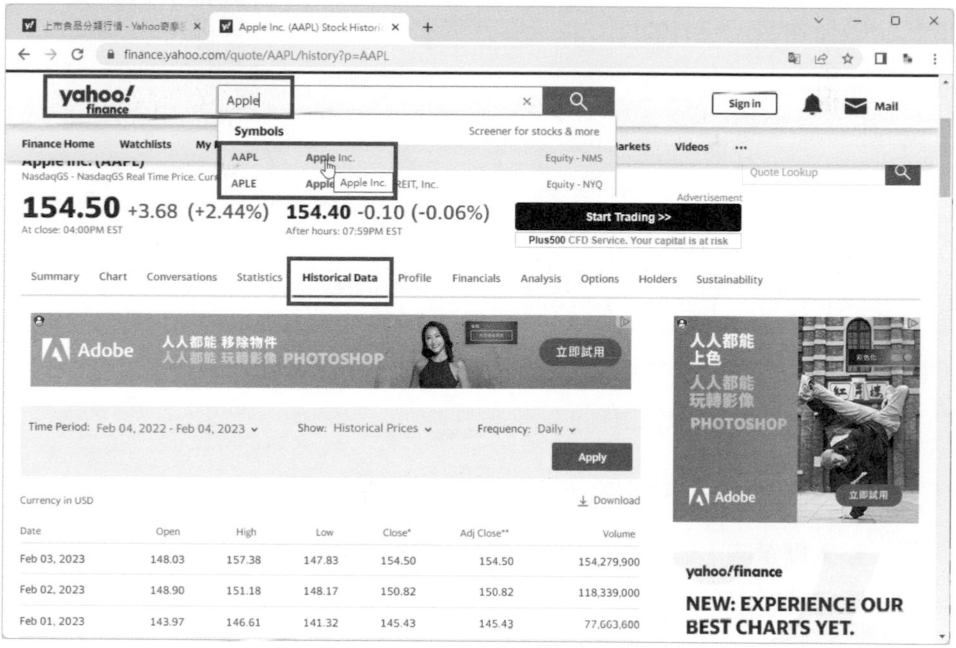

再以香港 yahoo 網站的「財經」頁面為例，輸入關鍵字「0293」，即可搜尋到國泰航空公司的股票資訊(0293 是國泰航空的股票代碼)。其中，點按「歷史數據」連結，即可開啟指定期間該股的股價變化。

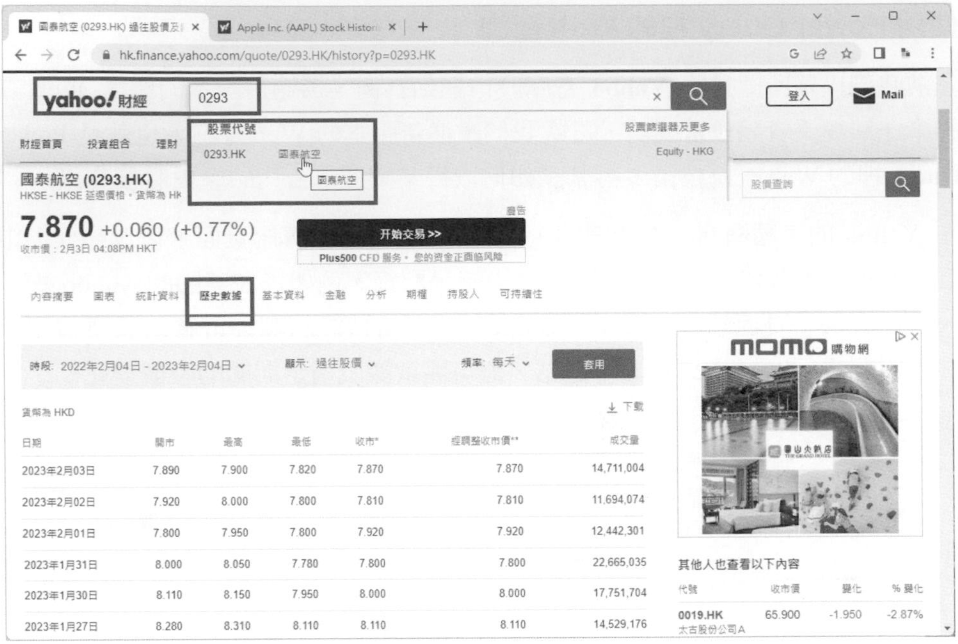

至於台灣的 Yahoo 網站呢？雖有前述範例的股市網頁內容，但目前尚不容易查找股票的歷史交易數據。因此，我們可以連線到 Yahoo 的全球財經網站「finance.yahoo.com」，透過輸入台股代碼加上「.TW」字尾做為關鍵字，即可進行單一股票歷史交易記錄的查詢。

STEP 1 開啟瀏覽器先連線到 Yahoo 全球財經網站。

STEP 2 輸入關鍵字，例如：「2353.TW」進行查詢宏碁電腦的股價資訊(宏碁電腦的股票代碼為 2353)。

STEP 3 點按尋獲的選項「2353.TW Aces Incorporated」。

STEP 4 開啟宏碁電腦的股價資訊頁面，點按「Historical Data」連結。

STEP 5 可點選此處調整股價資訊的起訖期間。

STEP 6 立即開啟該股指定期間的股價變化。

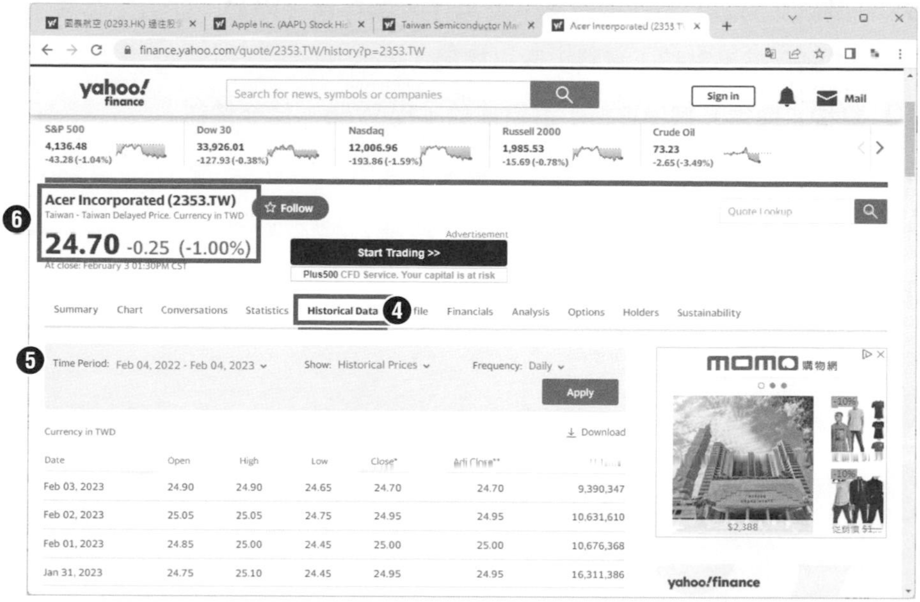

STEP 7　以滑鼠右鍵點按歷史資料右上方的〔download〕連結。

STEP 8　從展開的快顯功能表中點選〔複製連結網址〕選項。

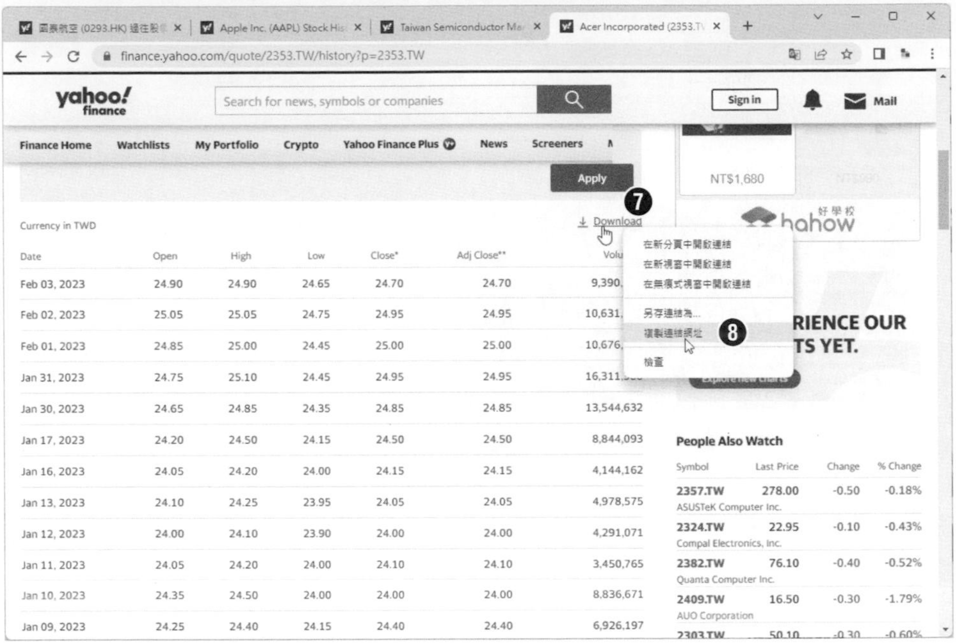

STEP 9　切換到 Excel 操作環境後，點選任一儲存格，例如：空白工作表上的 A1 儲存格。點按〔資料〕索引標籤。

STEP 10　點按〔取得及轉換資料〕群組裡的〔從 Web〕命令按鈕。

STEP 11　開啟〔從 Web〕對話，點選〔基本〕選項。

STEP 12　點按網址文字方塊後，按下 Ctrl+V 按鍵。

STEP 13　點按〔確定〕按鈕。

STEP 14 開啟〔導覽器〕對話，預覽所要連結匯入的宏碁股價歷史資料。

STEP 15 點按〔載入〕按鈕。

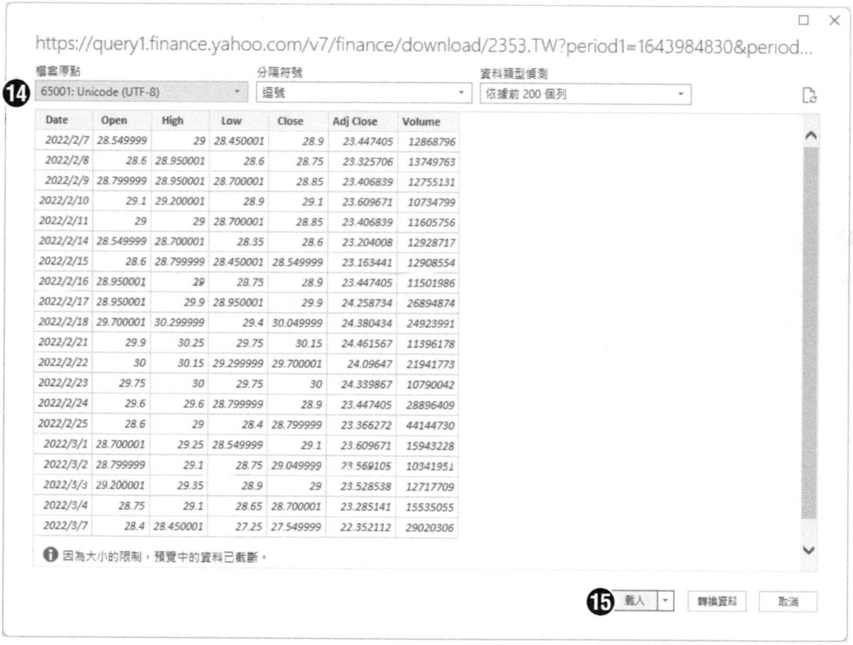

Date	Open	High	Low	Close	Adj Close	Volume
2022/2/7	28.549999	29	28.450001	28.9	23.447405	12868796
2022/2/8	28.6	28.950001	28.6	28.75	23.325706	13749763
2022/2/9	28.799999	28.950001	28.700001	28.85	23.406839	12755131
2022/2/10	29.1	29.200001	28.9	29.1	23.609671	10734799
2022/2/11	29	29	28.700001	28.85	23.406839	11605756
2022/2/14	28.549999	28.700001	28.35	28.6	23.204008	12928717
2022/2/15	28.6	28.799999	28.450001	28.549999	23.163441	12908554
2022/2/16	28.950001	29	28.75	28.9	23.447405	11501986
2022/2/17	28.950001	29.9	28.950001	29.9	24.258734	26894874
2022/2/18	29.700001	30.299999	29.4	30.049999	24.380434	24923991
2022/2/21	29.9	30.25	29.75	30.15	24.461567	11396178
2022/2/22	30	30.15	29.299999	29.700001	24.09647	21941773
2022/2/23	29.75	30	29.75	30	24.339867	10790042
2022/2/24	29.6	29.6	28.799999	28.9	23.447405	28896409
2022/2/25	28.6	29	28.4	28.799999	23.366272	44144730
2022/3/1	28.700001	29.25	28.549999	29.1	23.609671	15943228
2022/3/2	28.799999	29.1	28.75	29.049999	23.569105	10341951
2022/3/3	29.200001	29.35	28.9	29	23.528538	12717709
2022/3/4	28.75	29.1	28.65	28.700001	23.285141	15535055
2022/3/7	28.4	28.450001	27.25	27.549999	22.352112	29020306

這次順利建立頁面的連線查詢，並將查詢結果傳回 Excel 工作表上：

STEP 16 回到 Excel 工作表畫面，來自 Yahoo 財經網站的股市資訊：宏碁股票的歷史交易資料已經順利連結匯入至工作表內。

STEP 17 畫面右側的〔查詢與連線〕工作窗格裡在〔查詢〕索引頁籤內也可以看到所建立的查詢檔案，以後點按此查詢檔案也可以再度進行查詢的編輯。

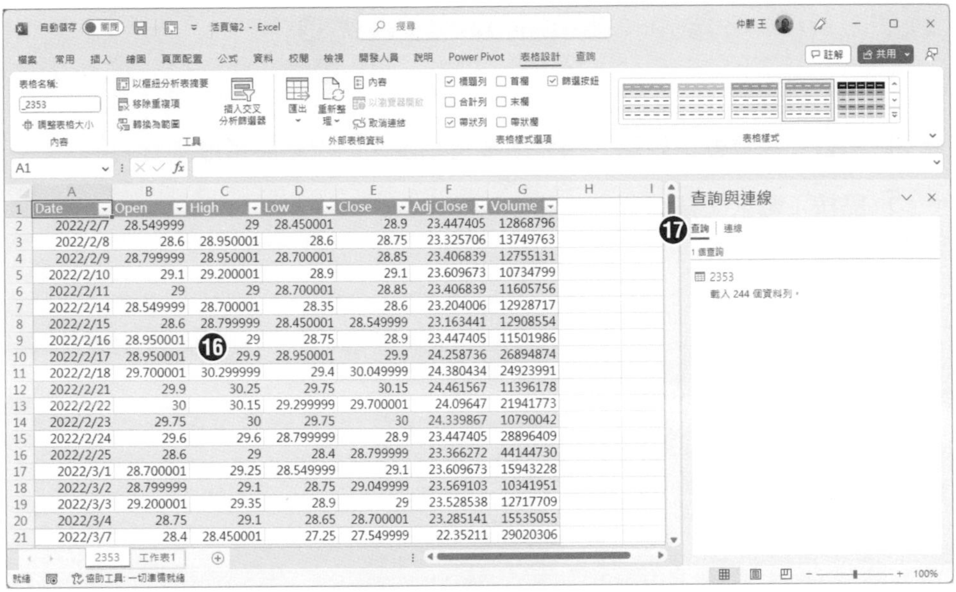

10-2 雲端存取活頁簿檔案

Excel 2016/2019/2021/365 的最大改變就是與 OneDrive 及 SharePoint 雲端運用的完全整合，如果您希望將製作與編輯活頁簿檔案的工作移到雲端環境，不論是身處何處、使用哪一種裝置，都可以輕鬆即時進行活頁簿檔案的存取作業，打破以往中小企業或個人工作環境僅能將活頁簿檔案存取在個人電腦裡的困境。只要藉由 Office 登入的操作，即可自由選擇工作的時間和地點，安全地使用與編輯活頁簿檔案。

透過 Excel 2016/2019/2021/365 可以完全整合不同的雲端服務與線上服務帳號。也就是說，可以結合您的 Microsoft 帳號(Windows Live ID)，因而在 Excel 中直接存取位於 OneDrive 裡的活頁簿檔案。此時，在 Excel 應用程式的右上角可以看到您的登入狀態，透過這個位置隨時更新設定檔或切換帳戶。以下的 Excel 後台管理頁面是屬於尚未使用 Office 帳戶登入使用 Excel 的畫面：

1. 在操作 Excel 時，若尚未登入 Microsoft 帳號，則 Excel 畫面右上方亦有〔登入〕按鈕，可以隨時提供使用者點按登入。

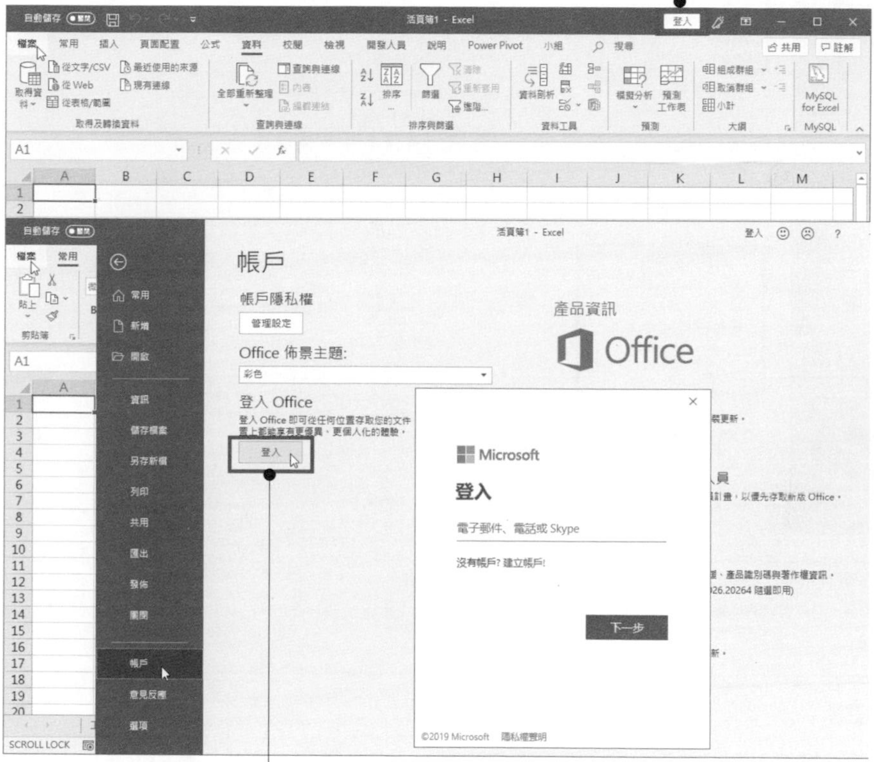

2. 在〔檔案〕後台管理頁面裡，提供有〔帳戶〕選項，可進入〔帳戶〕頁面，提供您 Office 佈景主題的選擇，以及登入 Office 的〔登入〕按鈕。

以下的 Excel 後台管理頁面則是已經使用 Office 帳戶登入，操作 Excel 的畫面，顯示著帳號資料以及已經連結的服務：

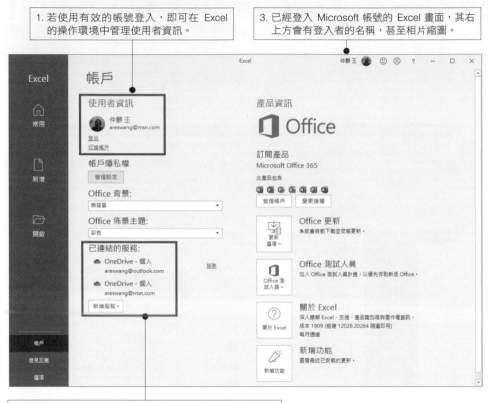

1. 若使用有效的帳號登入，即可在 Excel 的操作環境中管理使用者資訊。

3. 已經登入 Microsoft 帳號的 Excel 畫面，其右上方會有登入者的名稱，甚至相片縮圖。

2. 亦可在此帳戶頁面中檢視、新增或移除各種連線服務。例如：OneDrive 資訊服務。

TIPS

點按〔檔案〕索引標籤，進入檔案後台管理頁面後，點選左側的〔帳戶〕選項，即可進入〔帳戶〕操作頁面，除了可以檢視使用者資訊外，也可以進行變更相片、帳戶設定，或是切換其他帳戶設定。

10-2-1 以 Windows Live 帳號連線登入操作 Excel

以下我們就來演練一下以有效的 Windows Live 帳號登入 Excel 的操作步驟。首先，在剛啟動 Excel 進入開始頁面後，若尚未登入 Window Live 帳號，即可從點按開啟畫面右上方的〔登入以充分善用 Office〕，進入帳號登入的操作。

STEP 1 以啟動 Excel 365 為例，進入開始畫面並點按〔登入〕後，即可開啟〔登入〕對話，輸入您的 Windows Live 帳號(即 msn.com、hotmail.com 或 outlook.com 等電子郵件地址)。

STEP 2 點按〔下一步〕按鈕。

STEP 3 輸入密碼。

STEP 4 點按〔登入〕按鈕。

完成登入後，Excel 開始畫面的右上方即顯示使用者的帳號與相片縮圖。若有多個帳號可供切換使用，亦可點按相片縮圖下方，可顯示帳號資訊，也可使用其他帳號登入、切換至其他帳戶。

10-2-2 儲存活頁簿檔案至雲端

以下的實作演練中，我們將編輯一份關於服飾公司庫存資料的活頁簿檔案，並儲存至雲端上使用者的 OneDrive〔公共〕資料夾中。

STEP 1　完成工作表的建立與編輯。

STEP 2　點按〔檔案〕索引標籤。

從空白活頁簿所建立的活頁簿檔案，檔案名稱預設都是〔活頁簿#〕流水號形式的檔案名稱。

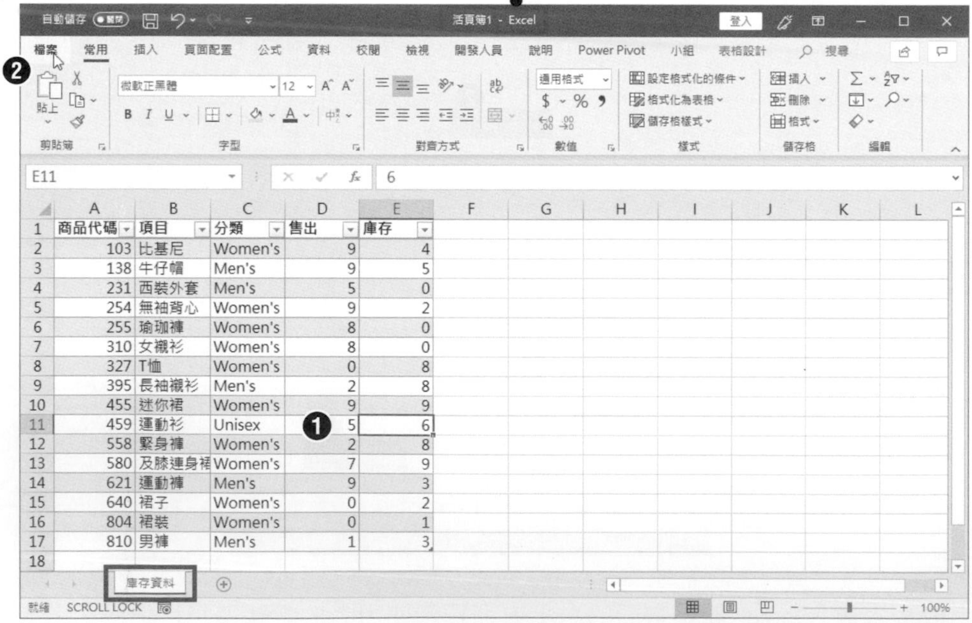

STEP 3　開啟後台管理頁面，點按〔另存檔案〕選項。

STEP 4 進入〔另存新檔〕操作頁面，由於事先已經以 Windows Live 帳號登入，因此，在儲存檔案的位置選擇中，提供了使用者的 OneDrive。請點按此〔OneDrive 個人〕路徑。

STEP 5 點按〔其他選項〕可以點選 OneDrive 裡的資料夾。

STEP 6 開啟〔另存新檔〕對話方塊，這裡所顯示的存檔位置即使用者的 OneDrive 路徑。

STEP 7 點選使用者 OneDrive 裡的資料夾，例如：此例請點選〔公用〕資料夾。

STEP 8 輸入自訂的活頁簿檔案名稱。例如：「服飾庫存.xlsx」。

STEP 9 點按〔儲存〕按鈕。

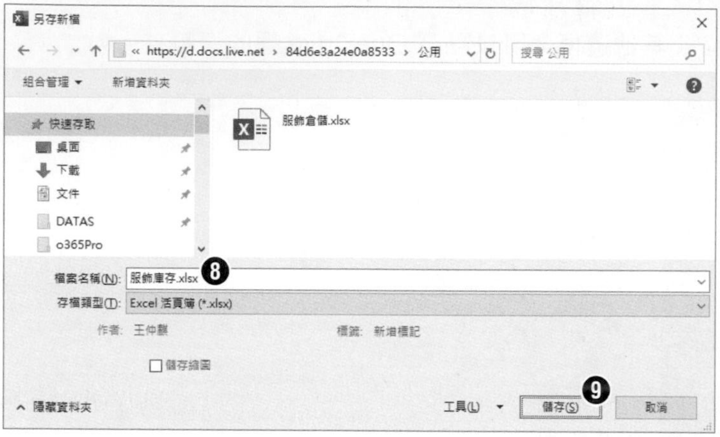

STEP 10 Excel 視窗底部的訊息狀態列中，顯示正在儲存檔案的訊息。

STEP 11 完成上傳存檔案後，活頁簿檔案名稱已順利呈現在視窗頂端的標題列上。

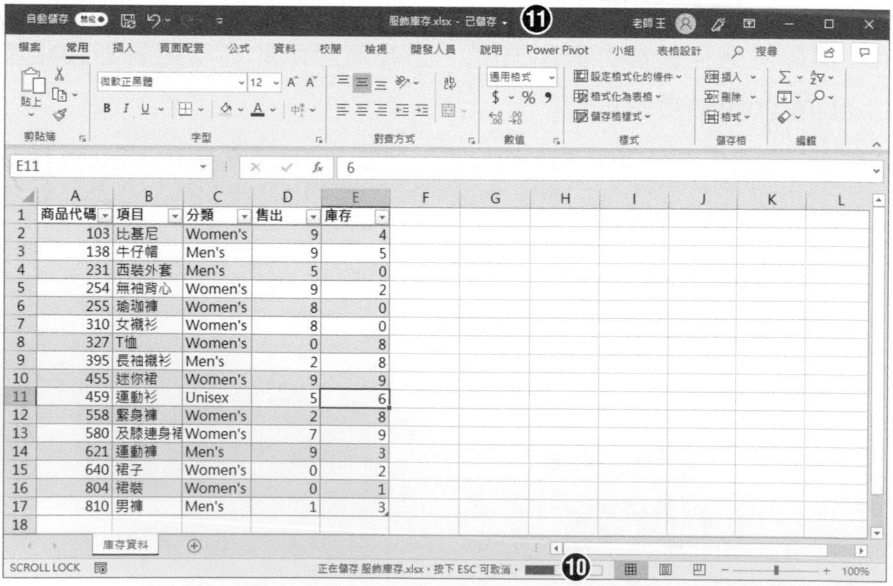

10-2-3 啟動 Excel 編輯雲端上的活頁簿檔案

在 Excel 的操作環境上，要開啟雲端上 OneDrive 裡的活頁簿檔案，就如同開啟本機硬碟裡的活頁簿檔案一樣的簡單！因為，對 Excel 而言，雲端上的 OneDrive 資料夾就像是電腦裡的磁碟、硬碟一般，存取檔案的方式都是藉由〔開啟舊檔〕、〔另存新檔〕等功能操作來完成。

STEP 1 啟動 Excel 後，點按〔檔案〕索引標籤。

STEP 2 開啟後台管理頁面，點按〔開啟〕選項。

STEP 3 進入〔開啟〕操作頁面，點選〔最近〕選項，可以顯示最近使用過的活頁簿檔案清單或資料夾清單。

STEP 4 不論是存在本機、雲端，或是任何儲存位置以及最近使用過的活頁簿檔案其捷徑都陳列於此，點按一下即可立即開啟。

在後台管理頁面的〔開啟〕操作頁面中，點按〔瀏覽〕按鈕，可以運用〔開啟舊檔〕對話方塊，透過路徑的選擇，調整 OneDrive 路徑，切換到想要開啟的資來，選擇想要編輯的檔案。例如：開啟〔公用〕資料夾裡的〔服飾倉儲.xlsx〕活頁簿檔案。

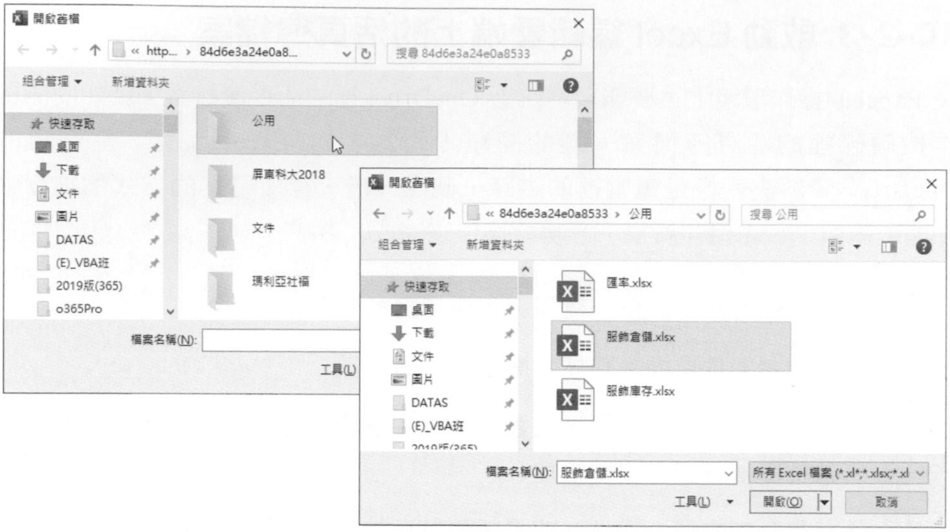

順利開啟來自雲端網路硬碟裡的活頁簿檔案：

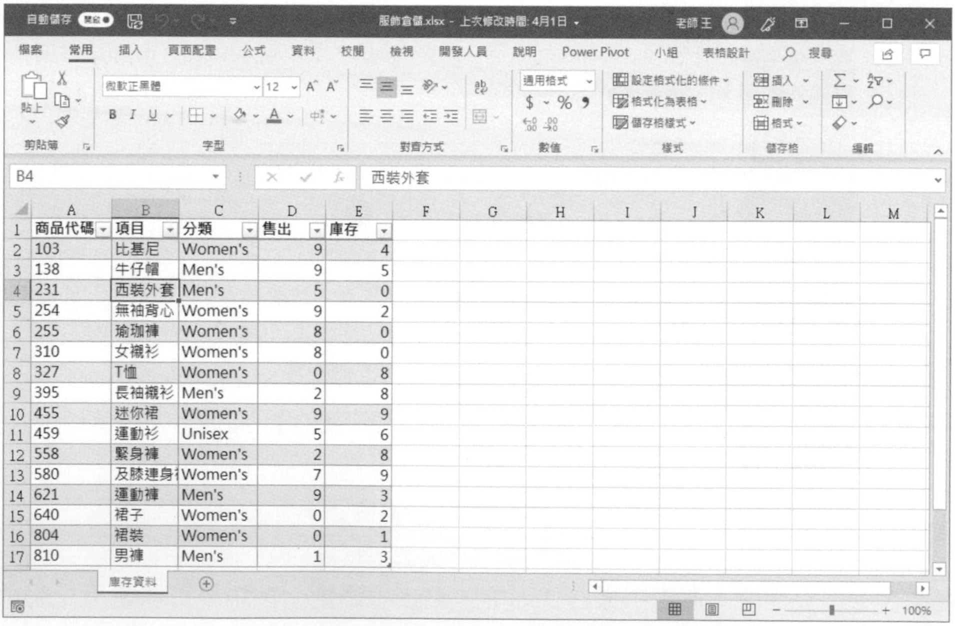

10-2-4 使用瀏覽器以 Excel Online 編輯雲端上的活頁簿檔案

就算在沒有安裝 Excel 的電腦上也是可以開啟並編輯雲端上的活頁簿檔案！絕招就是使用 Excel Online 囉！在 Excel 中，只要將活頁簿儲存到 OneDrive 或 SharePoint 文件庫中，就可以使用瀏覽器透過 Excel Online 來編輯、存取 OneDrive 或 SharePoint 文件庫裡的活頁簿檔案。除了自己可以在沒有安裝 Excel 的電腦上編輯活頁簿檔案外，更能夠讓其他人也可以與此雲端上的活頁簿檔案，進行即時資料互動，甚至是輸入、編輯部份內容與資料。

STEP 1　開啟瀏覽器進入 onedrive.com 首頁。

STEP 2　點按右上方的登入按鈕。

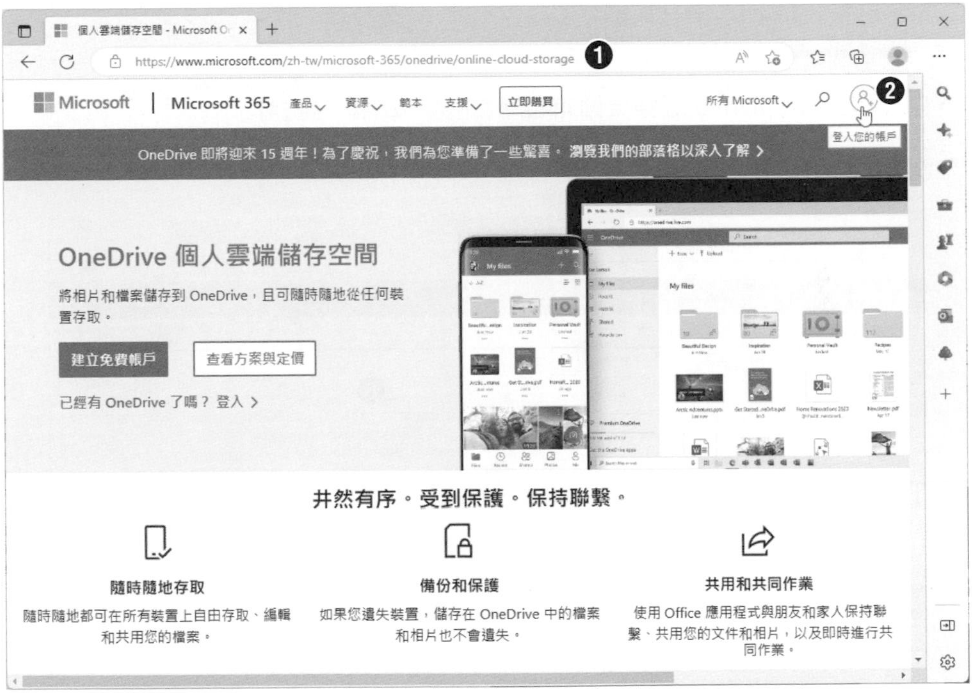

STEP 3　輸入有效的帳號，然後，點按〔下一步〕按鈕。

STEP 4　輸入正確的密碼，然後，點按〔登入〕按鈕。

STEP 5 若顯示是否保持登入的對話方塊，可自行決定這裡的選項。

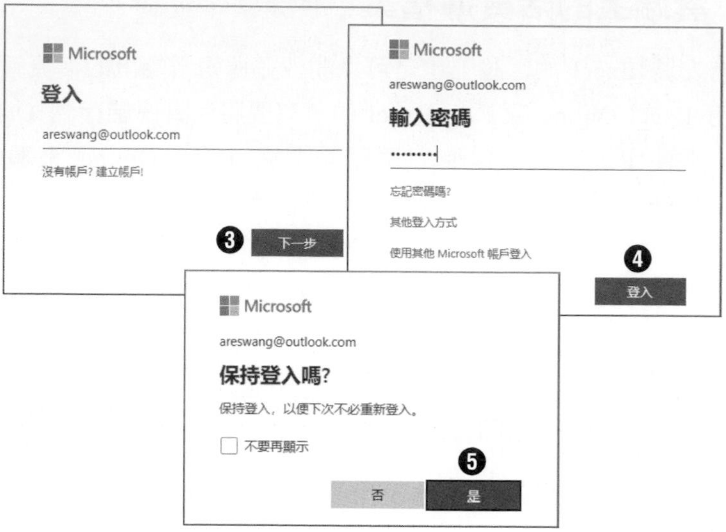

STEP 6 進入 OneDrive 服務頁面首頁，點按〔公用〕資料夾。

STEP 7 點按想要開啟的檔案，例如：此實作範例的〔服飾庫存〕活頁簿檔案。

隨即在瀏覽器的操作環境下，透過 Microsoft Excel Online 的執行，開啟雲端資料夾裡的活頁簿檔案。雖然在 Microsoft Excel Online 所提供的工作表編輯能力遠較 Excel 薄弱，算是陽春版的試算表編輯環境，但是，在沒有安裝 Excel 的電腦上，尤其是通常僅安裝有瀏覽器的公共電腦上，所能夠進行的活頁簿簡易編輯工作，已經可以應付一般的公式、函數之編輯、簡易的儲存格格式化，以及檔案存取的基本需求了！

1. Excel Online 所提供的 Excel 編輯功能較為陽春。

2. 點按〔在傳統型應用程式中開啟〕便可以在安裝有 Excel 的電腦上開啟此雲端的活頁簿檔案。

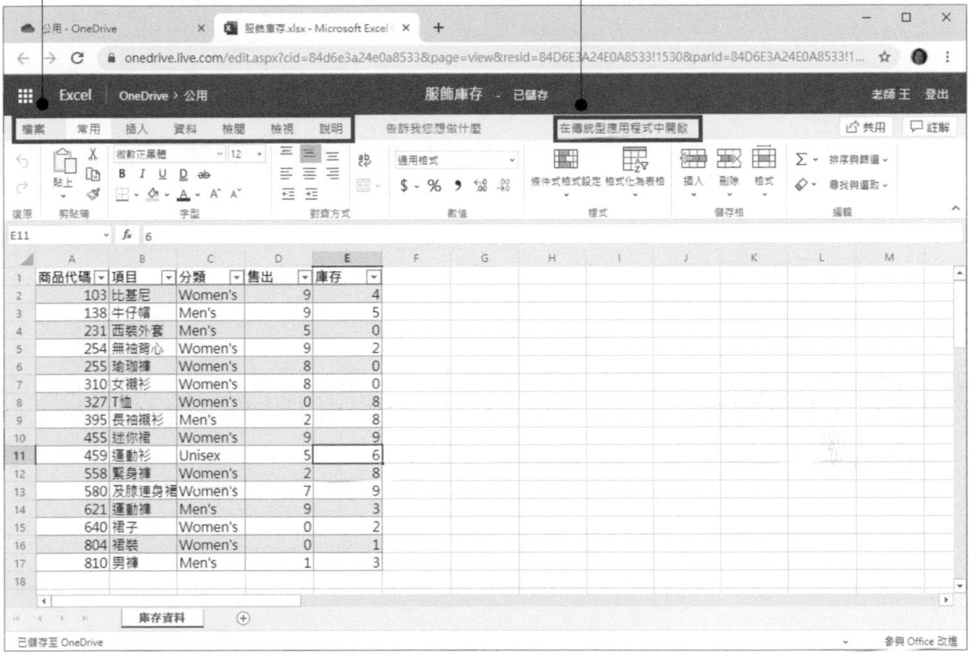

雖然透過 Excel Online 編輯工作表的能力有限，但您也可以點按一下〔在傳統型應用程式中開啟〕，便可以在安裝有 Excel 的電腦上，以 Excel 開啟此雲端上的活頁簿檔案，執行更多的工作，例如：變更圖表或樞紐分析表內的設定。當您在 Excel 中點按〔儲存〕時，便會將編輯後的活頁簿再存回雲端上。

TIPS

其實，只要您在 Office 家族系列軟體的任一應用程式中登入了 Windows Live 的帳號，整個 Office 家族系列的每一個應用程式便自動將 OneDrive 設定為檔案的預設存取位置。當然，您是可以根據需求任意更改的！

CHAPTER

11

海量資料的分析工具 PowerPivot

就算是 Excel 具備了 104 萬筆容量的工作表，然而，若需分析大量的資料，諸如：銀行的每日交易、證交所的下單資訊、...這 104 萬筆的空間仍是捉襟見肘。況且，要進行摘要統計或樞紐分析的大量資料來源，幾乎大都不是存放在 Excel 工作表上。面臨這些海量資料的樞紐分析，就需要藉由 Power Pivot 來幫忙了。此外，再搭配 PowerView 的強大報表能力，視覺化決策分析圖表的製作將不再是資訊工作者的難題。

11-1 Power Pivot 的基本認識－啟用 Power Pivot 功能

除了透過外部連結外資料庫進行樞紐分析外，在 Excel 2010 以前，微軟提供 Microsoft SQL Server Power Pivot for Excel 增益集工具可供使用者下載，在 Excel 活頁簿中即可進行海量資料的處理，以及探究並執行各項資料計算功能。在處理資料時，即使是數以百萬計的資料筆數，其回應速度皆在須臾之間。而今，這項 Power Pivot 增益集工具已經內建於 Excel 2016 以及以後的 Excel 版本中。

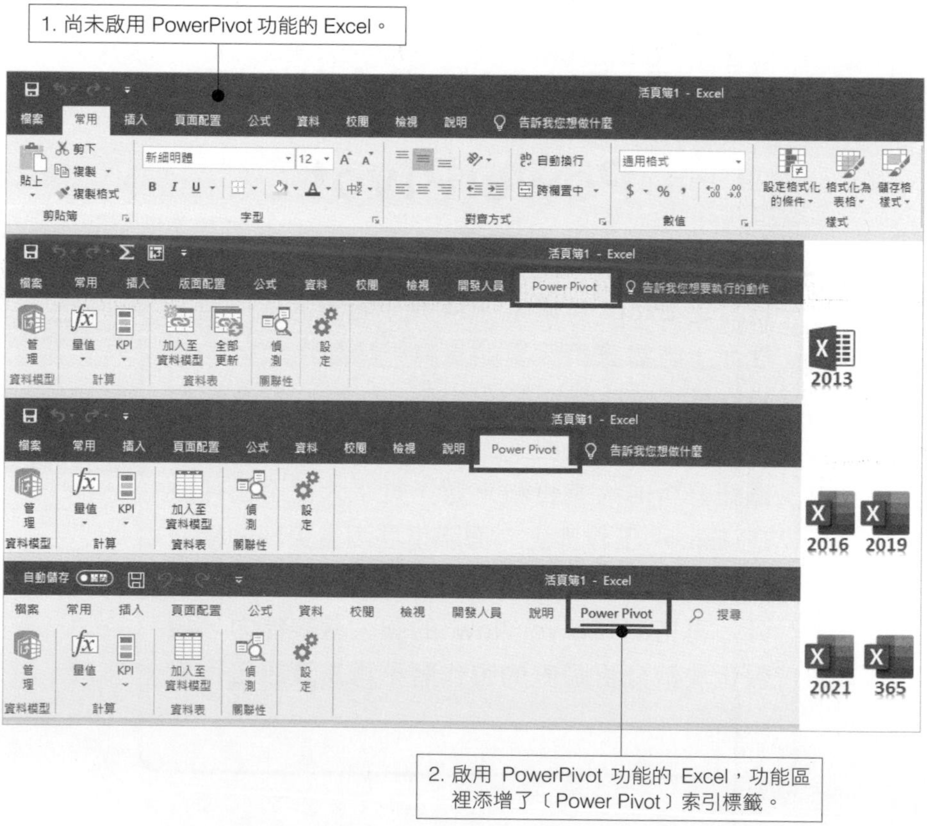
1. 尚未啟用 PowerPivot 功能的 Excel。
2013
2016
2019
2021
365
2. 啟用 PowerPivot 功能的 Excel，功能區裡添增了〔Power Pivot〕索引標籤。

透過 Power Pivot，可以快速收集且合併各種不同來源的資料，包括公司的資料庫、活頁簿、報表以及各種系統下載資料的提供等等。當您在 Excel 中輸入資料之後，即可利用樞紐分析表、交叉分析篩選器及其他熟悉的 Excel 功能，以互動的方式對資料進行探究、計算及彙總。不過。雖說 Excel 2016 以及以後的 Excel 版本中都已經內建了 Power Pivot 這個增益集，但若您的安裝並啟用此增益集，在 Excel 功能區裡也是看不到此功能選項的。您可以根據以下所述的操作步驟，進行 Power Pivot 的啟用。

STEP 1　點按〔檔案〕索引標籤。

STEP 2　進入後台管理頁面，點按〔選項〕。

STEP 3　開啟〔Excel 選項〕對話方塊，點按〔增益集〕選項。

STEP 4　點按〔管理〕下拉式選項，選擇〔COM 增益集〕。

STEP 5　點按〔執行〕按鈕。

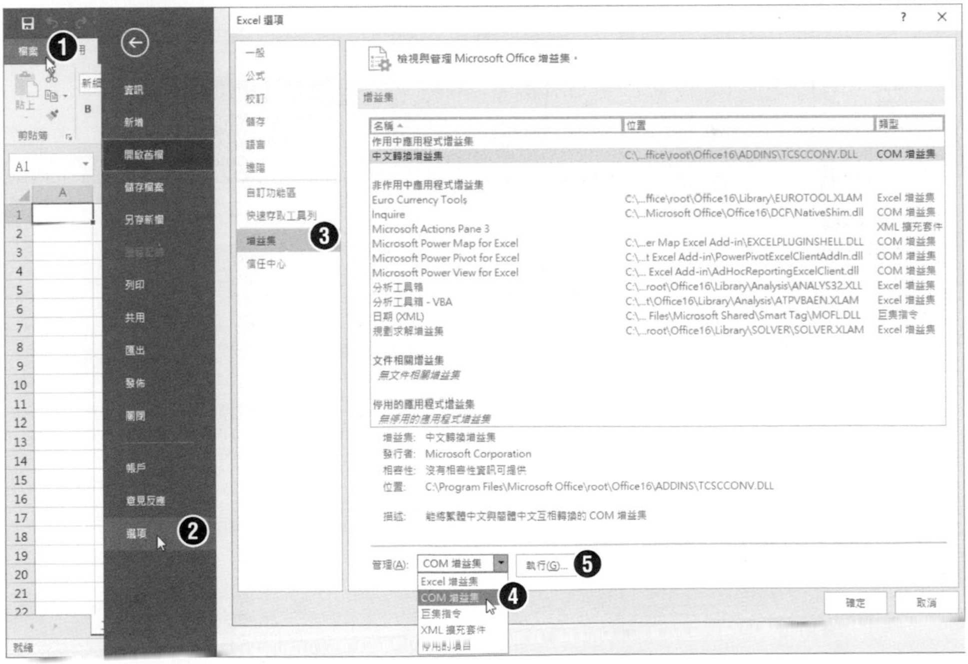

STEP 6　開啟〔COM 增益集〕對話方塊，勾選〔Microsoft Power Pivot for Excel〕核取方塊。

STEP 7　點按〔確定〕按鈕。

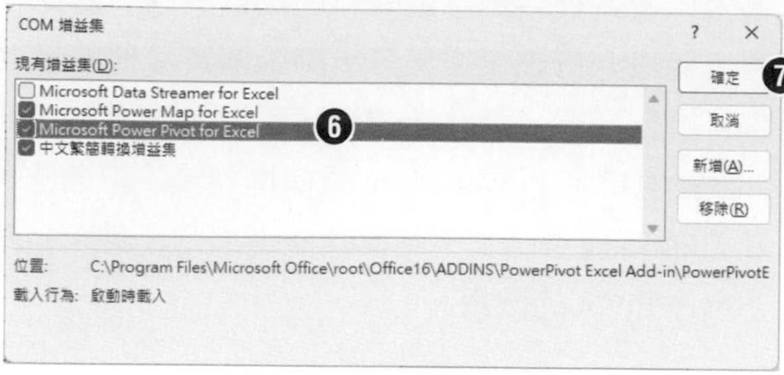

TIPS

如果您的 Excel 操作環境中，功能區裡已有啟用〔開發人員〕索引標籤，則透過〔COM 增益集〕命令按鈕的點按，亦可決定是否啟用或停止這些增益集功能。

STEP 1　點按〔開發人員〕索引標籤。

STEP 2　點按〔增益集〕群組裡的〔COM 增益集〕命令按鈕。

STEP 3　開啟〔COM 增益集〕對話方塊可以勾選或取消勾選各增益集程式。

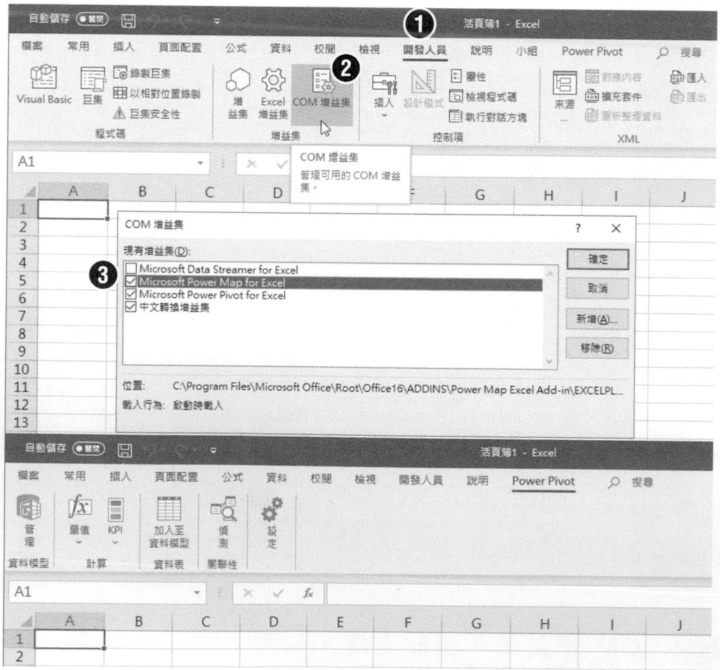

11-2 Excel 商務智慧四大工具的演變

BI 是 Business Intelligence 的縮寫，是資料管理技術的領域、商品、服務與解決方案。因此，資訊界裡的各大廠商，也都積極地參與著與 BI 相關的產品及研究，並且也充滿著競爭。而軟體界的巨擘，微軟公司的 BI 產品正是大家常聽聞的「Power BI」！

我們就從 Power BI 的歷史源頭來淺談一下與 Excel 相關的商務智慧具。原本商業智慧的軟體與服務，諸如資料分析與報表服務等工具，大都會與資料庫系統有所關連與運作。在微軟的 SQL Server 資料庫伺服器裡也提供有一種新的互動式資料探索和視覺呈現體驗的軟體工具。在 2010 年夏天，Microsoft SQL Server Reporting Services 團隊設計了一套商務智慧應用程式與服務，可以運用高度互動與豐富的視覺化、動畫以及智慧查詢功能，提供以 Web 為基礎的報表體驗，可以向使用者或商務客戶展示所要呈現的數據資料、相關的圖表和情境故事。而原本命名為 Project Crescent，組合搭配(Bundle)在 SQL Server 2012 裡，提供給使用者下載，這個產品後來即更名為 Power BI。在 2013 年 9 月 Microsoft 發佈了 Office 365 的 Power BI (後來 Office 365 已經更名為 Microsoft 365)。也基於 Office 家族裡的 Excel 試算表軟體，原本就是非常適合進行資料處理、數據統計與分析的應用程式，因此，從 2013 年開始，微軟亦陸續推出了以 Microsoft Excel 為基礎的 com 增益集，例如：具備擷取、轉換與載入資料的 ETL 工具，也就是後來鼎鼎大名的 Power Query for Excel，以及具備關聯式資料庫儲存能力的資料模型且堪稱超級分析功能的 Power Pivot for Excel。這兩個增益集工具都可以讓 Excel 使用者免費上網下載安裝在 Excel 2013 的環境裡，並且，也可以往下延伸相容於 Excel 2010 的專業增強版裡。所以，讓當時的 Excel 2010/2013 就擁有商務智慧分析的功能與機制，與 BI 運用結下了不解之緣。

接著，隨著時間的推移，後續又添增了可建立視覺視覺化報表的 Power View for Excel 增益集，以及可以結合地理資料與 Microsoft Bing Map 服務，迅速製作出各種圖資報表場景的 Power Map for Excel 增益集，加上這兩個可以安裝在 Excel 2013 的外掛程式，讓 Excel 的使用者也能夠在 Excel 工作環境裡，著實活用 BI 領域的機能和需求，讓 BI 的運用不再高不可攀，數據分析與視覺化報表的製作也更貼近普羅大眾的使用者，再也不是只能由資訊背景與高階技術人員才能參與的技能。而 Power Query for Excel、Power Pivot for Excel 以及 Power View 和 Power Map，這些 Excel 增益集工具，即統稱 Excel Self BI 工具，常聽聞的 Excel BI 指的也就是這四大 Power BI 系列的 Excel 增益集。由於這些都是必須在 Excel 環境下才能執行的工具程式，因此，筆者比較習慣在後面加上「for Excel」字眼來稱呼，也迎合微軟官方網站的命名與稱呼，以及後續軟體開發與版本更新的區隔。當然，大家在習慣上也都簡稱為 Power Query、Power Pivot、Power View 和 Power Map。

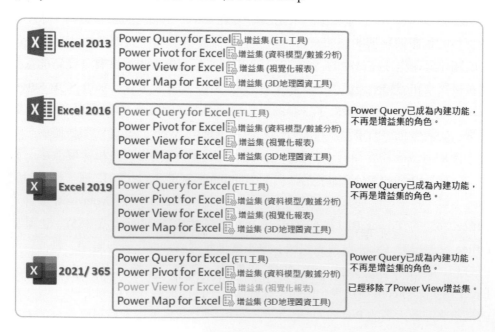

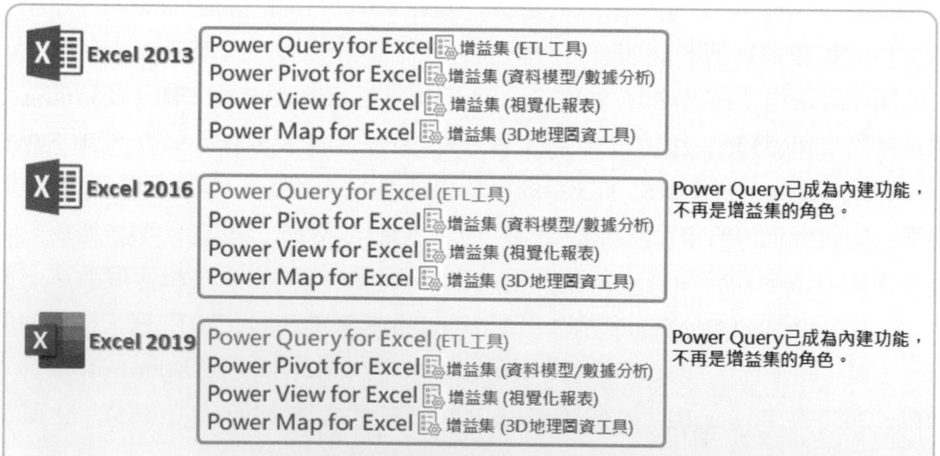

這四個在 Excel 環境裡的 BI 增益集工具，各司其職：

- Power Query

  在 Excel 的操作環境下，透過 Power Query 可以將活頁簿裡的內容或其他各種不同來源與類型的資料檔案或資料庫，進行資料彙整、清理、轉換、拆分、合併、…等資料查詢作業，形成有用的資料。這當中還可以運用 M 語言，輕鬆編輯與簡化查詢步驟或進行查詢的自動化。

- Power Pivot

  完成資料的彙整與查詢後，其結果除了可以傳回並儲存在 Excel 活頁簿裡供爾後使用外，也可以指定載入到由 Power Pivot 增益集程式所建構的 ROLAP 資料模型裡，建置關聯式資料架構。此外，在 Power Pivot 資料模型環境下還可以運用 DAX 函數，建立廣泛的資料關聯，以及簡單和複雜的資料分析運算式，達成資料分析所需的計算欄位以及量值，乃至亦可運用 Excel 樞紐分析表功能來探索資料模型的內容。

- Power View

  若是有資料視覺化的需求，可以將資料模型裡的內容，導入 Power View 增益集，透過友善且熟悉的操作介面，快速建立互動式圖表、圖形、地圖以及其他視覺效果，讓分析後的資料更加生動。

- Power Map (3D 地圖)

  若是資料模型裡的分析資料含有地理名稱、圖資的資料，也可以導入 Power Map for Excel 增益集工具程式，以 3D 地球或自訂地圖來繪製資料模型裡的地理資料和時間資料，建構出可以和別人共享共用的立體資料視覺效果。還可以運用地理空間檢視資料、擷取螢幕畫面並建立可以匯出或廣泛分享的影片導覽，以前所未有的方式來吸引眾人的目光，探索傳統二維表格和圖表中無法深入探討的資訊。

由於 Power Query 愈來愈趨重要，從 Excel 2016 以後已不再是 Excel 增益集的角色而成為 Excel 環境的內建工具，也融入到〔資料〕索引標籤的操作介面裡，而 Power View 增益集是以 Microsoft Silverlight 技術為核心，但 2021 年 10 月 12 日起，微軟已經終止針對 Microsoft Silverlight 的支援，因此，Excel 2019 版本預設不啟用 Power View 增益集；甚至，從 Excel 2021、Microsoft 365 開始，也已經移除了 Power View 增益集。

11-3 先從資料模型開始

根據維基百科的定義，在軟體工程中，資料模型(Data Model)是定義資料如何輸入與輸出的一種模型。其主要作用是為資訊系統提供資料的定義和格式。資料模型是資料庫系統的核心和基礎，現有的資料庫系統都是基於某種資料模型而建立起來的。簡言之，資料模型是將資料抽象概念具體化的工具。所以，在建構資料庫之前都應透過資料模型來表達資料的概念。

在 Excel 中，資料模型即是整合多個表格資料的一個新方法，可以有效地在 Excel 活頁簿內建立關聯式資料來源。所以，若有匯入多張資料表的需求，尤其是連線匯入關聯式資料庫的多張資料表時，將會建立資料模型，以提供為樞紐分析表、樞紐分析圖和 Power View 報表的資料來源。

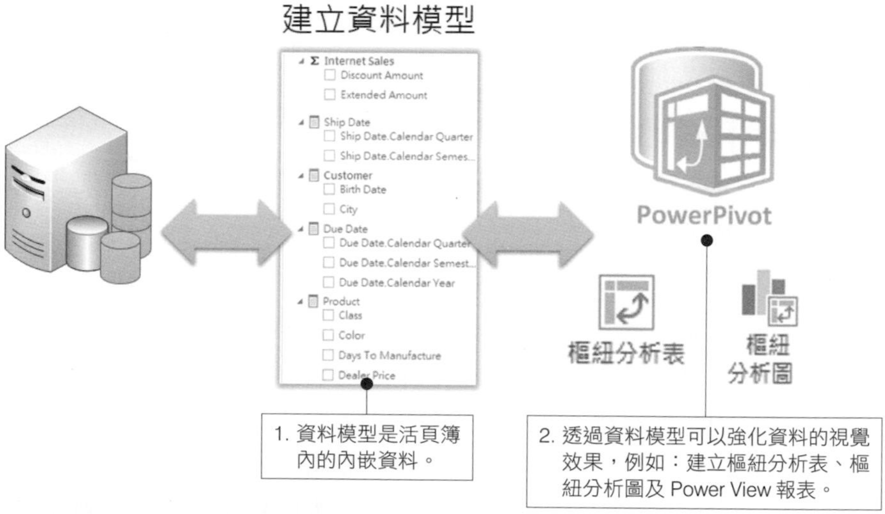

有了資料模型後可以執行哪些工作呢？您可以在相同的活頁簿中使用資料模型來建立樞紐分析表、樞紐分析圖、運用於 3D 地圖的 Power Map 和 Power View 報表(不過，Excel 2021 開始已經移除了 Power View 增益集)。此外，您也可以透過新增或移除資料表格來修改資料模型，甚至在 Power Pivot for Excel 的操作環境中新增計算欄位、量值、階層和 KPI 來擴充資料模型(若對這個領域有興趣的讀者，可以自行參考 Power Pivot 相關書籍，或筆者後續的相關著作，進入更深更廣的學習)。

11-4 在 Excel 中建立隱含式的資料模型

在 Excel 的操作環境中，資料模型已經視覺化為〔欄位清單〕中資料表格的集合。在大部分的狀況下，您甚至可能都不知道有資料模型存在。例如：在直接開啟或匯入 Access 資料庫時，若您選取多個資料表格或查詢，便會自動建立資料模型。在連線 SQL Server 選擇匯入資料庫裡的多張資料表時，亦會自動建立資料模型。若要直接使用資料模型，則需要使用 Power Pivot 這個內建的增益集。以下各小節就為各位實際演練這幾種情境。

11-4-1 開啟或匯入 Access 資料庫時建立資料模型

在接直接開啟或匯入 Access 關聯式資料庫時，若選取多個資料表，Excel 將會提示您是否啟用選取多個表格，並自動建立隱含式的資料模型。

直接開啟 Access 資料庫檔案

STEP 1　點按〔檔案〕索引標籤。

STEP 2　點按〔開啟〕選項。

STEP 3　點按〔瀏覽〕按鈕。

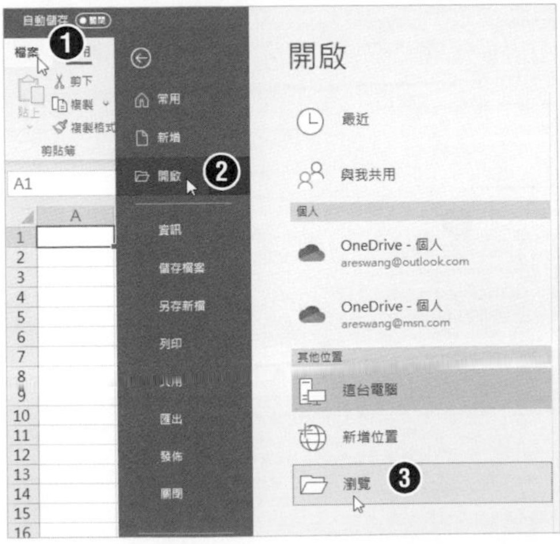

STEP 4 開啟〔開啟舊檔〕對話方塊，點選所要開啟的 Access 資料庫檔案，然後按下〔開啟〕按鈕。

以匯入外部資料方式連線 Access 資料庫檔案

STEP 1 點按〔資料〕索引標籤下方〔取得及轉換資料〕群組裡的〔取得資料〕命令按鈕。

STEP 2 從展開的功能選單中，點選〔傳統精靈〕選項。

STEP 3 再從副選單中點選〔從 Access(舊版)〕功能選項。

STEP 4 開啟〔選取資料來源〕對話方塊，點選所要連線的 Access 資料庫檔案，然後按下〔開啟〕按鈕。

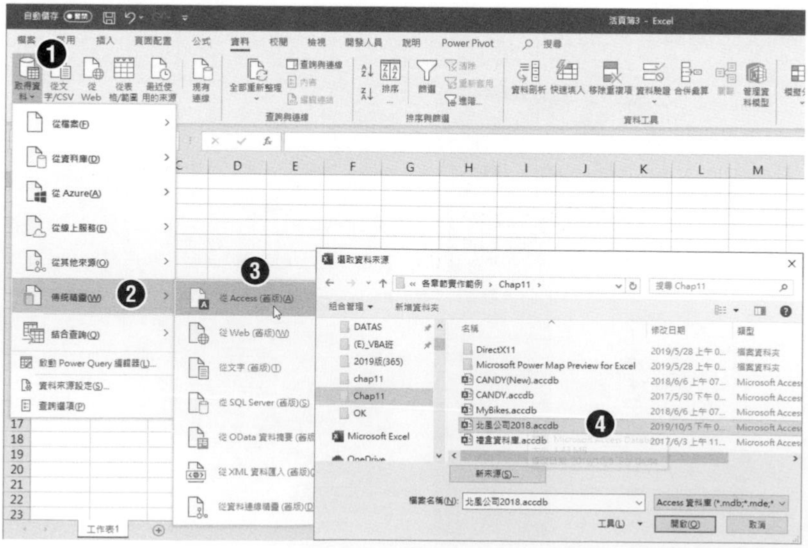

STEP 5　開啟〔選取表格〕對話方塊，勾選〔啟用選取多個表格〕核取方塊。

STEP 6　即可勾選多個關聯式資料庫裡的資料表。

STEP 7　點按〔確定〕按鈕。

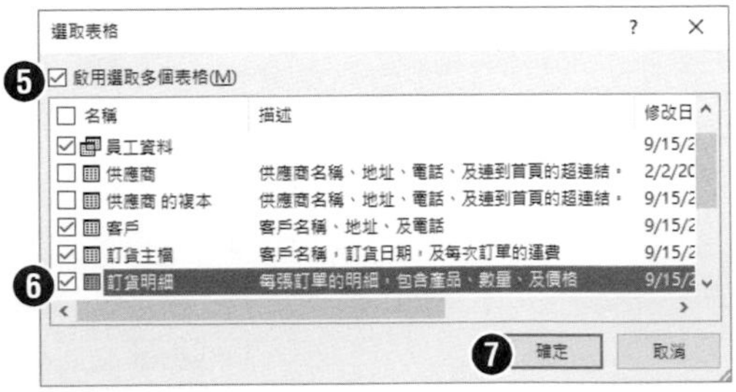

STEP 8　進入〔匯入資料〕對話方塊，點選此次要使用哪一種方式檢視資料來源，例如：點選〔樞紐分析表〕選項。

STEP 9　即可看到已經自動勾選〔新增此資料至資料模型〕核取方塊，意即匯入關聯式資料庫並同時已經選取多個表格時，會自動建立資料模型。

STEP 10　點按〔確定〕按鈕。

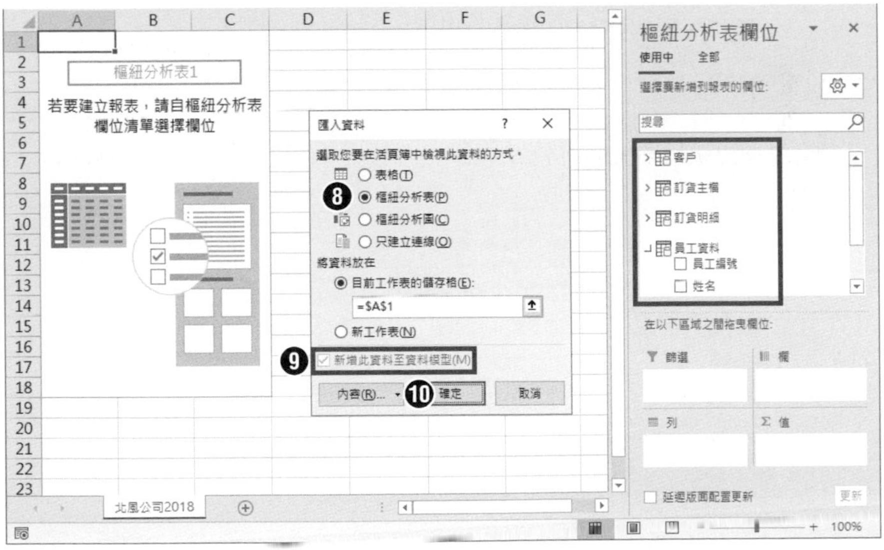

STEP 11 立即載入所建立的資料模型。

STEP 12 〔樞紐分析表欄位〕底下即為所建立的隱含式資料模型之各匯入資料表的欄位清單。

此範例所建立的資料模型包含了關聯式資料庫裡四張資料表的各項資料欄位：

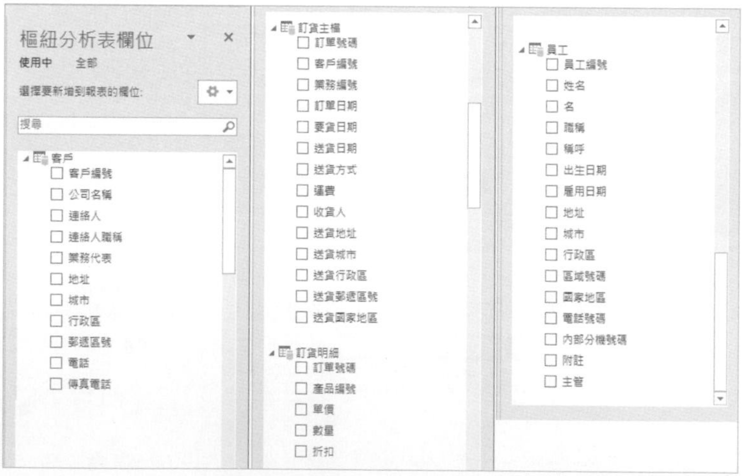

當然，透過〔Excel Power Pivot〕的操作視窗，也可以檢視、管理、組織所載入的關聯式資料。而〔Excel Power Pivot〕的各項功能操控，便位於〔Power Pivot〕索引標籤裡。

STEP 1　點按〔Power Pivot〕索引標籤。

STEP 2　〔資料模型〕群組裡的第一個命令按鈕，便是資料模型的〔管理〕按鈕，請點按此命令按鈕。

STEP 3　順利開啟〔Excel Power Pivot〕操作視窗。

STEP 4　先前我們所開啟/匯入的關聯式資料庫之各個資料表或查詢，就位於此處。

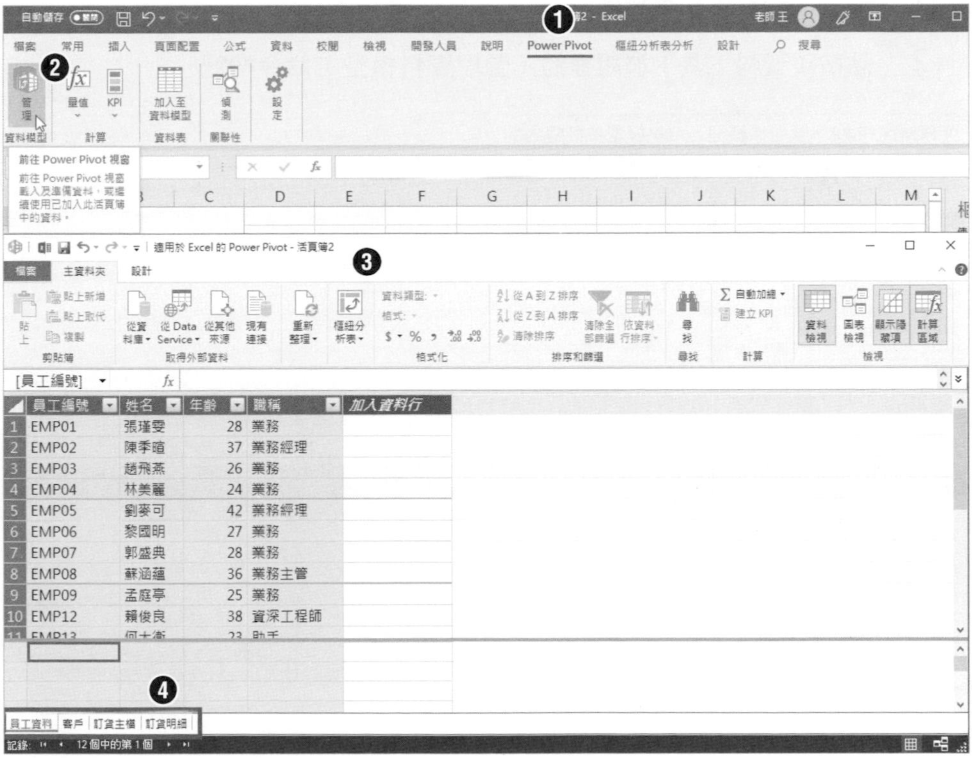

TIPS

- 當您同時在 Excel 匯入兩個或多個資料表格時，通常會以隱含的方式建立資料模型。
- 如果您使用 Power Pivot 增益集來匯入資料時，則會明確建立資料模型。在增益集中，資料模型是以索引標籤的方式來配置表示各資料來源，也就是說，每個索引標籤所代表的正是關聯式資料裡的每一個表格式資料。

11-4-2 在 Power Pivot 視窗匯入或建立資料連接

其實 Power Pivot for Excel 的操作視窗，就猶如是個資料模型管理員一般，可以進行資料的連線、關聯的建立、計算欄位的新增與管理。而除了啟用 Power Pivot 功能外，在 Excel 2016 以及其後的 Excel 版本中，〔資料〕索引標籤裡〔資料工具〕群組內，也都提供有〔管理資料模型〕命令按鈕，讓使用者可以進行資料模型的建構與管理。

STEP 1　**點按〔資料〕索引標籤。**

STEP 2　**點按〔資料工具〕群組裡的〔管理資料模型〕命令按鈕。**

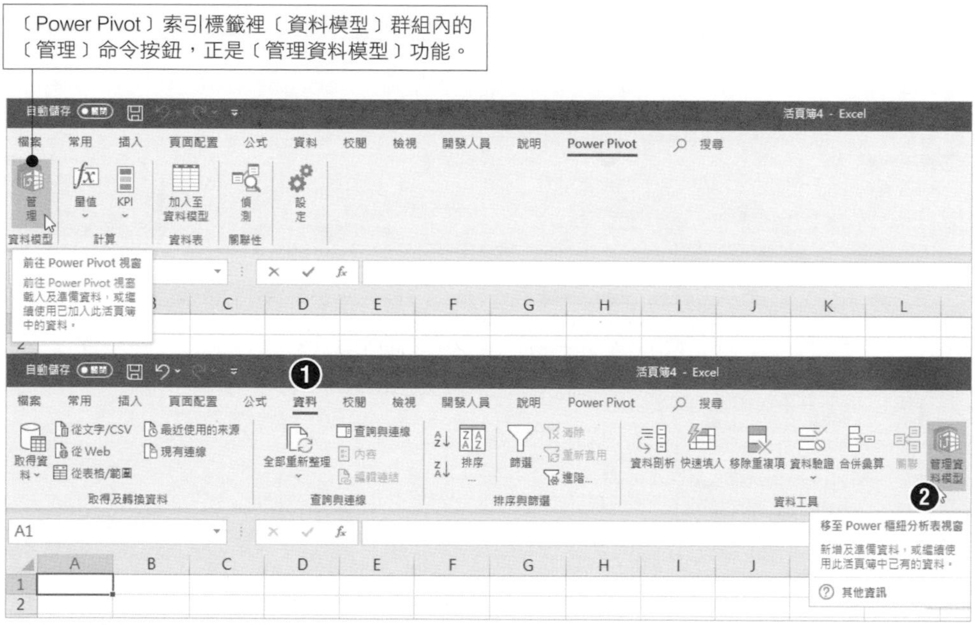

進入〔適用於 Excel 的 Power Pivot〕視窗後，點按〔主資料夾〕索引標籤，在〔取得外部資料〕群組裡的〔從資料庫〕下拉式命令裡，便提供了〔從 SQL Server〕、〔從 Access〕等外部資料的連線功能。

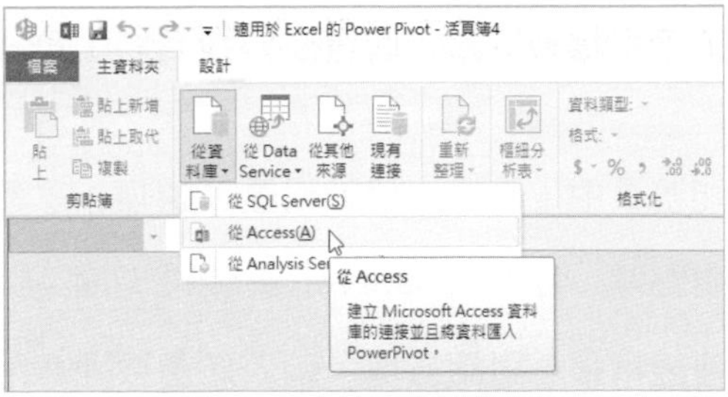

或者，也可點按〔取得外部資料〕群組裡的〔從其他來源〕命令按鈕，開啟〔資料表匯入精靈〕對話，在此點選所各種不同的外部資料來源，進行資料連線的建立。

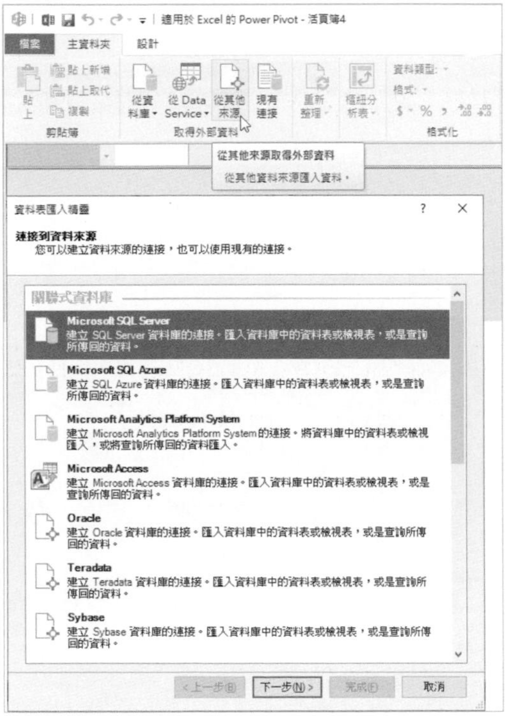

11-4-3 連接 SQL Server 伺服器資料庫時建立資料模型

在連線 SQL Server 資料庫建立連線檔案時，Excel 也會提示您是否啟用選取多個表格，若選取多個資料表則 Excel 將會自動建立資料模型，而這也是屬於隱含式資料模型的建立。

STEP 1　點按〔資料〕索引標籤下方〔取得及轉換資料〕群組裡的〔取得資料〕命令按鈕。

STEP 2　從展開的功能選單中，點選〔傳統精靈〕選項。

STEP 3　再從副選單中點選〔從 SQL Server(舊版)〕功能選項。

STEP 4　開啟〔資料連線精靈〕對話方塊，輸入您想要連線的 SQL Server 之伺服器名稱或 IP 位址。

STEP 5　點選〔使用下列的使用者名稱和密碼〕選項。

STEP 6　輸入使用者名稱與帳號資料。

STEP 7　點按〔下一步〕按鈕。

注意，若是 Excel 2016 或更早以前版本的 Excel，請點選〔資料〕索引標籤，再點按〔取得外部資料〕群組裡的〔從其他來源〕命令按鈕，並從展開的選單中點選〔從 SQL Server〕命令按鈕，進行相同的〔資料連線精靈〕對話操作。

STEP 8 連上 SQL Server 後，利用下拉式選項按鈕挑選想要開啟的資料庫，例如：〔CANDY〕。

STEP 9 除了勾選〔連接至指定的表格〕核取方塊外，一定要勾選〔啟用選取多個表格〕核取方塊。

STEP 10 勾選想要匯入的資料表，例如：勾選〔客戶基本資料〕、〔訂單明細〕、〔訂單資料〕與〔禮盒資料〕等四張資料表。

STEP 11 勾選〔匯入所選取資料表之間的關聯〕核取方塊。

STEP 12 點按〔下一步〕按鈕。

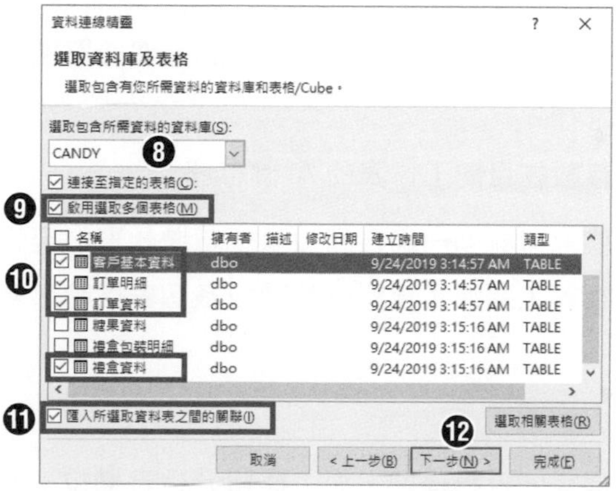

STEP 13 完成 SQL Server 連線設定即成為一個.odc 的連線檔案。例如：此次我們將此連線檔案命名為「From SQL Server CANDY 多個資料表.odc」。

STEP 14 點按〔完成〕按鈕，完成這個指定 SQL Server 資料庫裡多張資料表的連線。

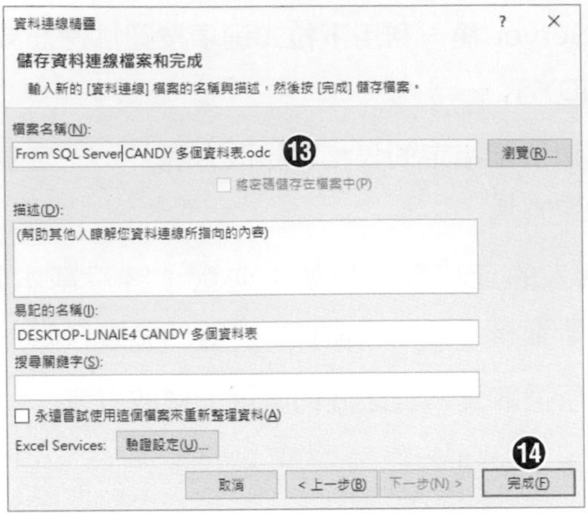

STEP 15 回到 Excel 畫面，進入〔匯入資料〕對話方塊並點選〔樞紐分析表〕選項。

STEP 16 選擇將資料存放在目前工作表的 AI 儲存格。

STEP 17 在對話方塊底部可看到已經自動勾選〔新增此資料至資料模型〕核取方塊，也就是在匯入關聯式資料庫並選取多個表格時，會自動建立資料模型。

STEP 18 點按〔確定〕按鈕。

STEP 19 立即載入所建立的資料模型，而〔樞紐分析表欄位〕底下即為所建立的資料模型之各匯入資料表的欄位清單。

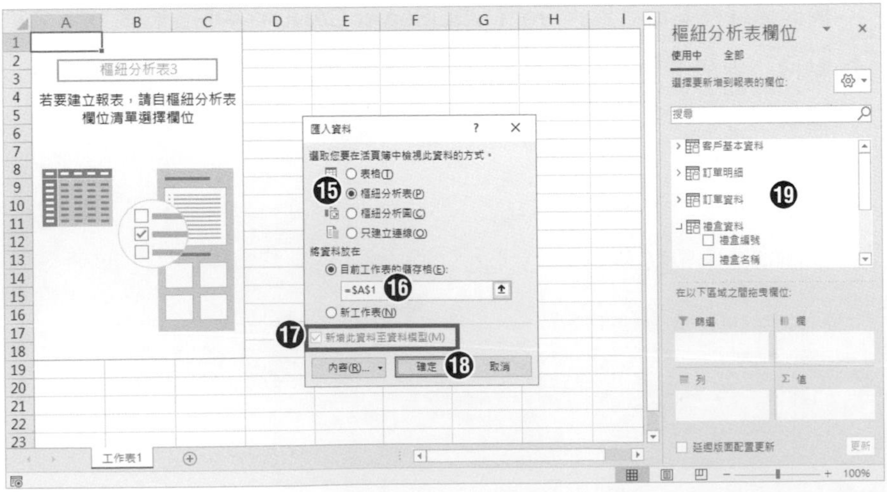

11-5 在 Power Pivot 中建立明確的資料模型

除了匯入外部資料來源的多張資料表至工作表時，可以自動建立隱含式的資料模型外，您也可以透過 Power Pivot 的協助，表明在一張或多張的資料來源中建立明確的資料模型。

11-5-1 根據資料範圍載入資料模型建立樞紐分析

對於工作表上的既有資料，可以透過 Power Pivot〔加入至資料模型〕的操作，根據其資料結構而建構出資料模型。即便是一般的資料範圍，只要符合資料表的規範，Excel 也會事先轉換為資料表後再進行資料模型的建立。在以下的範例演練中，儲存格範圍 A1:L103 裡記載了 102 筆的房屋仲介資料，這是傳統的儲存格範圍，尚未轉換為具備資料表工具的資料表格，透過以下的操作，不但可以將此範圍轉換為資料表，亦可根據此資料表建構出資料模型，並作為建立樞紐分析表或樞紐分析圖的資料來源。

STEP 1 點選工作表上一般資料範圍裡的任一儲存格。

STEP 2 點按〔Power Pivot〕索引標籤。

STEP 3 點按〔資料表〕群組裡的〔加入至資料模型〕命令按鈕。

STEP 4 開啟〔建立資料表〕對話方塊，在〔請問表格的資料來源〕文字方塊裡會自動識別欲轉換為資料表的儲存格範圍，若識別錯誤可親自輸入或選取正確的儲存格範圍。

STEP 5 勾選〔我的資料表(含標題)〕核取方塊。

STEP 6 點按〔確定〕按鈕。

STEP 7 立即進行資料模型的載入。

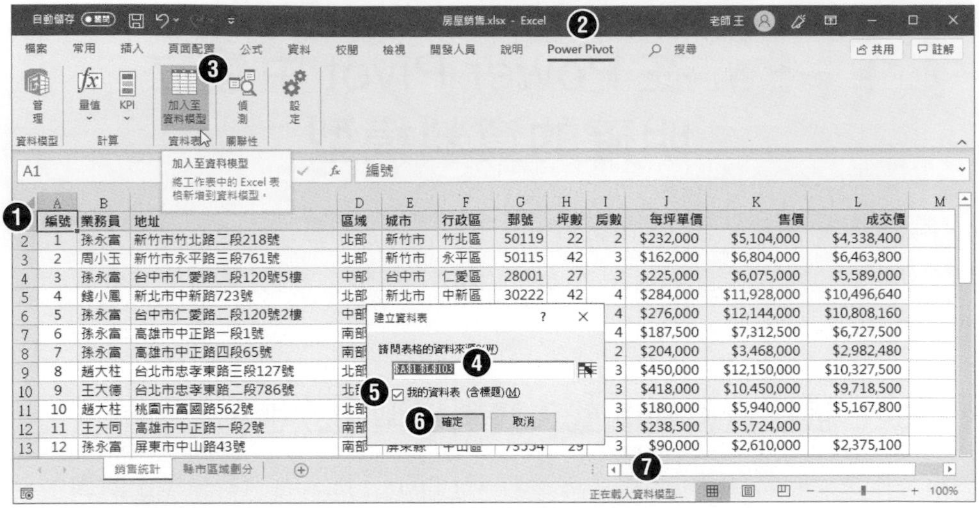

STEP 8 開啟並進入 Power Pivot 視窗，檢視資料模型裡的資料表畫面。

STEP 9 點按〔主資料夾〕索引標籤裡的〔樞紐分析表〕命令按鈕。

STEP 10 從展開的功能選單中，點選〔圖表與資料表(水平)〕選項，準備建立一個樞紐分析圖與一個樞紐分析表。

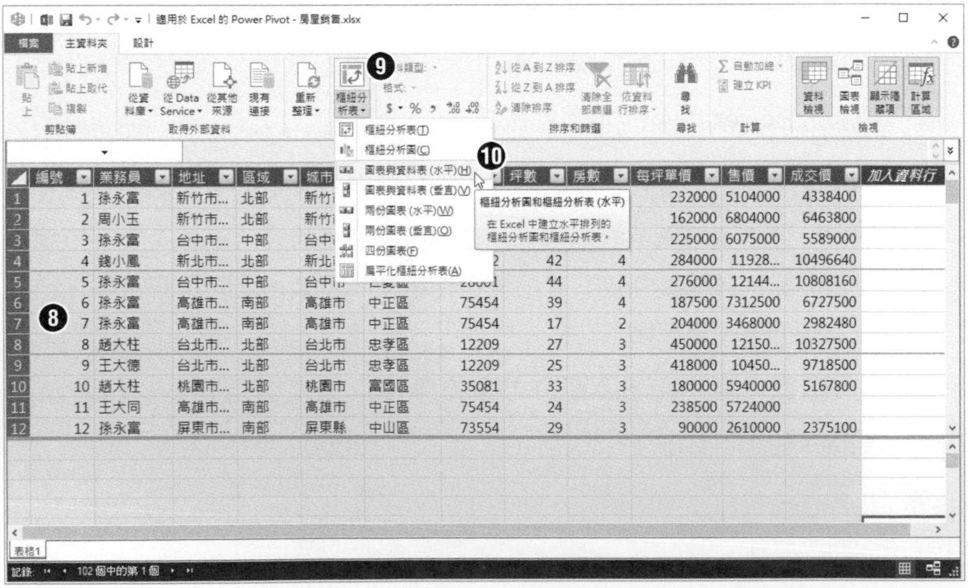

STEP 11 開啟〔建立樞紐分析圖與樞紐分析表(水平)〕對話方塊，點選〔新工作表〕選項再點按〔確定〕按鈕。

STEP 12 立即新增一張包含一個樞紐分析圖與一個樞紐分析表架構的新工作表。

STEP 13 點選工作表裡左邊的樞紐分析圖物件。

STEP 14 〔樞紐分析圖欄位〕窗格裡包含了資料模型的表格 1 圖示，點按此表格 1 圖示左側的展開按鈕。

STEP 15 展開表格 1 裡的各項資料欄位。

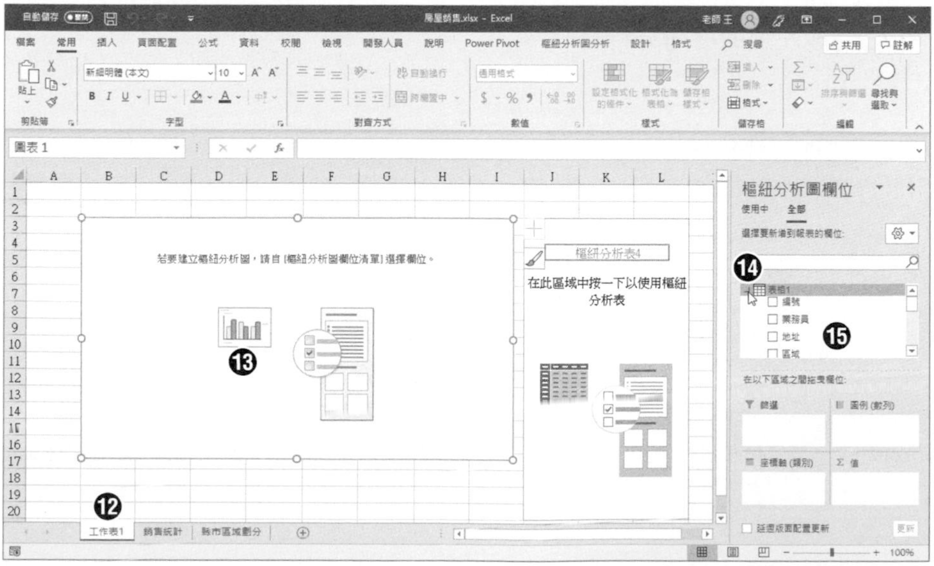

接著請分別根據以下的規格敘述，建構出這個樞紐分析圖以及樞紐分析表的作品：

左邊的樞紐分析圖架構與值欄位設定	
圖表類型	群組直條圖
〔座標軸(類別)〕區域	〔區域〕欄位
〔值〕區域	〔編號〕欄位
	自訂名稱：委託筆數 值摘要方式：項目個數
〔值〕區域	〔成交價〕欄位
	自訂名稱：交易筆數 摘要值方式：項目個數

右邊的樞紐分析表架構與值欄位設定	
〔列〕區域	〔城市〕欄位
〔值〕區域	〔每坪單價〕欄位
值欄位設定	自訂名稱：平均每坪單價 摘要值方式：平均值

STEP 16 勾選或拖曳資料欄位至樞紐分析圖的結構區域並進行值欄位設定。

STEP 17 完成左邊的樞紐分析圖。

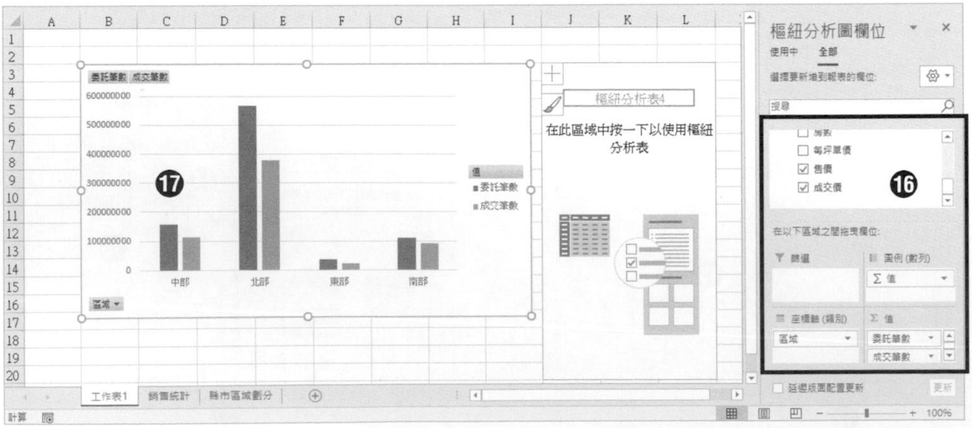

STEP 18 點選工作表裡右邊的樞紐分析表物件。

STEP 19 〔樞紐分析表欄位〕窗格裡包含了資料模型的表格 1 圖示，並可展開此表格 1 裡的各項資料欄位。

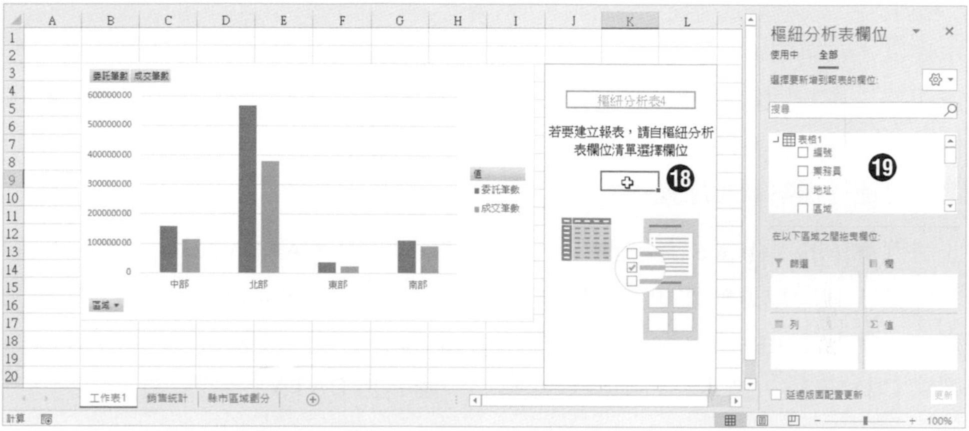

STEP 20 勾選或拖曳資料欄位至樞紐分析表的結構區域並進行值欄位設定。

STEP 21 完成右邊的樞紐分析表。

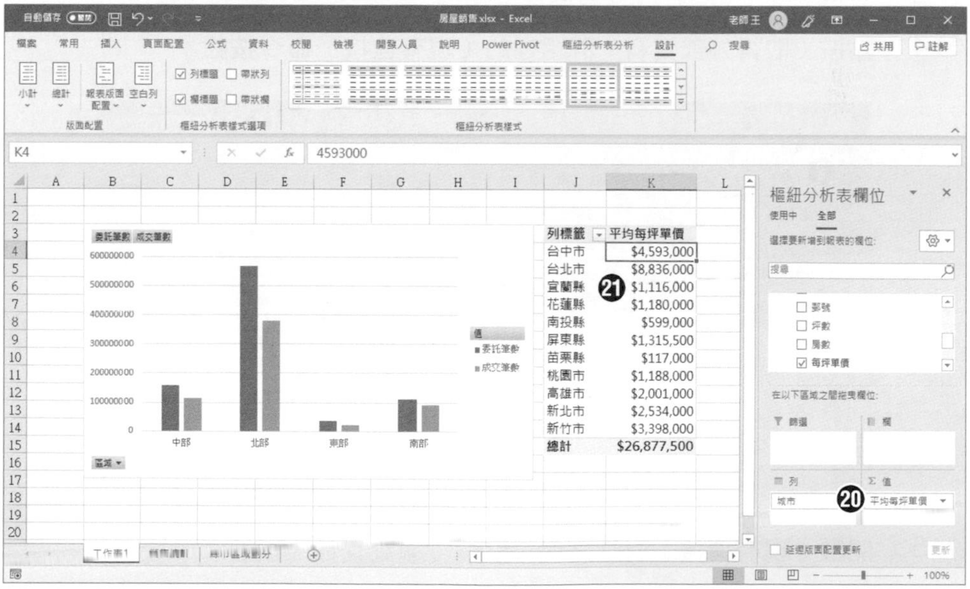

完成這兩個樞紐分析作品後，再透過圖表美化與格式設定，例如：圖表標題的輸入、圖例位置的調整，即可完成美觀的視覺化圖表。

11-5-2 根據連線檔案 odc 載入資料模型建立樞紐分析表

本書第 7 章與第 8 章中都曾介紹，在匯入外部資料或連結 SQL 等資料庫時，可以透過〔資料連線精靈〕的操作建立附屬檔案名為 .odc 的〔Office 資料連線檔〕，以進行資料的匯入或製作樞紐分析表及樞紐分析圖，在此將為您介紹如何根據連線檔案來進行資料來源的編輯。

此範例實作的〔Office 資料連線檔〕是一個名為 MyCANDY2018.accdb.odc 的連線檔，其所敘述的連線資料庫為「C:\DATA\CANDY.accdb」，為了要與此實作步驟的結果能夠一致，建議您取得這兩個檔案後，複製到您的電腦系統的硬碟 C\DATA 中(請事先在硬碟 C 裡建立一個名為 DATA 的資料夾)。

STEP 1 點按〔Power Pivot〕索引標籤。

STEP 2 點按〔資料模型〕群組裡的〔管理〕命令按鈕。

STEP 3 開啟 Excel Power Pivot 視窗，點按〔主資料夾〕索引標籤。

STEP 4 點按〔取得外部資料〕群組裡的〔現有連接〕命令按鈕。

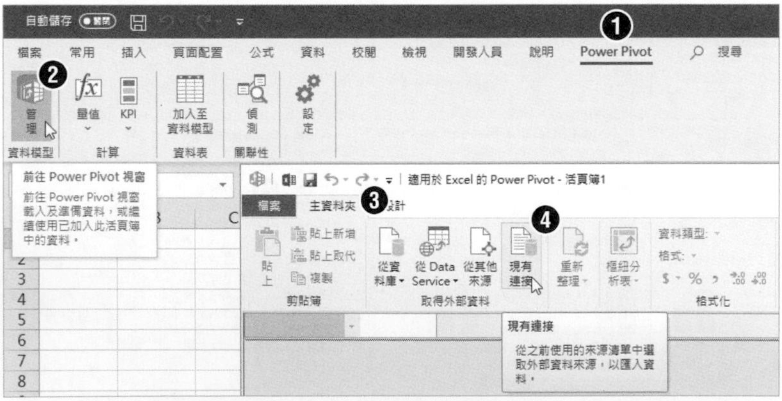

STEP 5 開啟〔現有連接〕對話方塊，點按〔瀏覽其他〕按鈕。

STEP 6 開啟〔開啟〕對話方塊，點選 odc 檔案的存放路徑。
例如：「C:\DATA」。

STEP 7 點選欲開啟的 Office 連線檔案。
例如：「MyCANDY2018.accdb.odc」。

STEP 8 點按〔開啟〕按鈕。

STEP 9 回到〔現有連接〕對話方塊，點按剛剛取得的本機連線資料庫〔CANDY.accdb〕。

STEP 10 點按〔開啟〕按鈕。

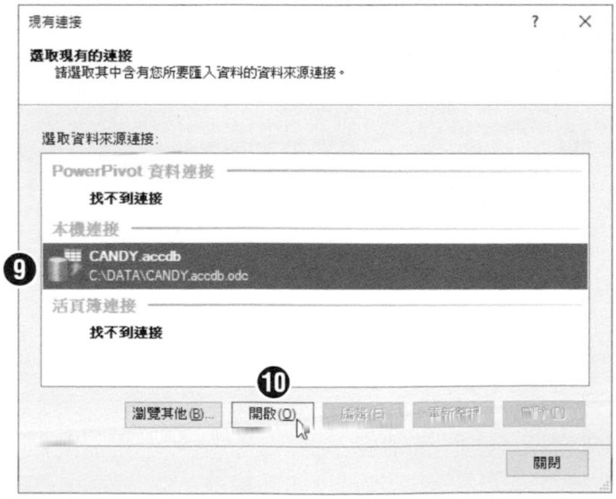

STEP 11 開啟〔資料表匯入精靈〕對話方塊，點按〔測試連接〕按鈕。

STEP 12 連接測試成功！點按〔確定〕按鈕。

STEP 13 點按〔下一步〕按鈕。

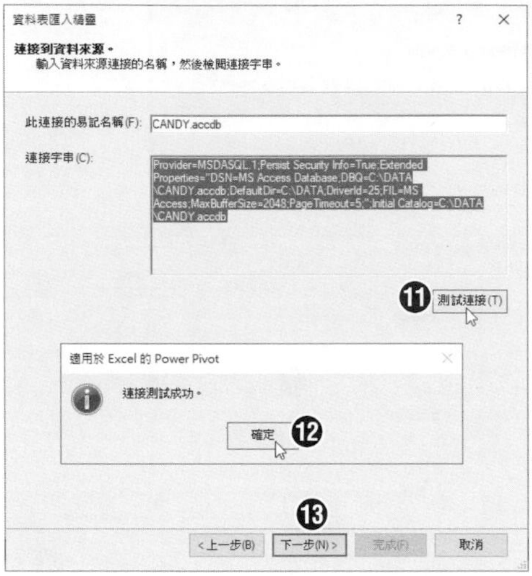

STEP 14 在選擇如何匯入資料的選項中，點選〔從資料表和檢視表清單來選取要匯入的資料〕選項。

STEP 15 點按〔下一步〕按鈕。

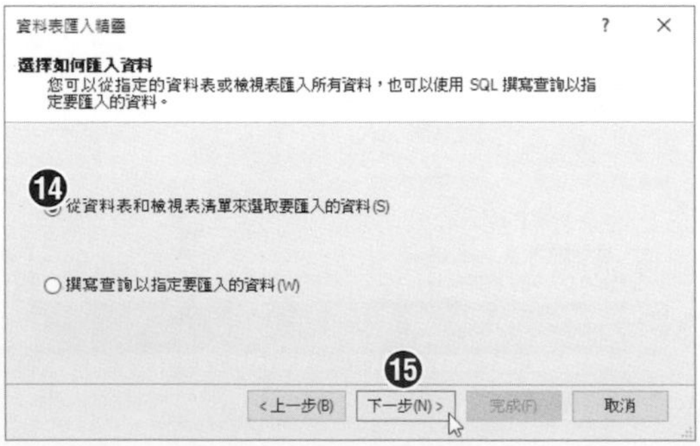

TIPS

進行〔資料表匯入精靈〕對話操作時，在選擇如何匯入資料的選項中，若您點選的是〔撰寫查詢以指定要匯入的資料〕選項，則可以自行鍵入您熟悉的 SQL 語法敘述，來篩選所要的資料與欄位。

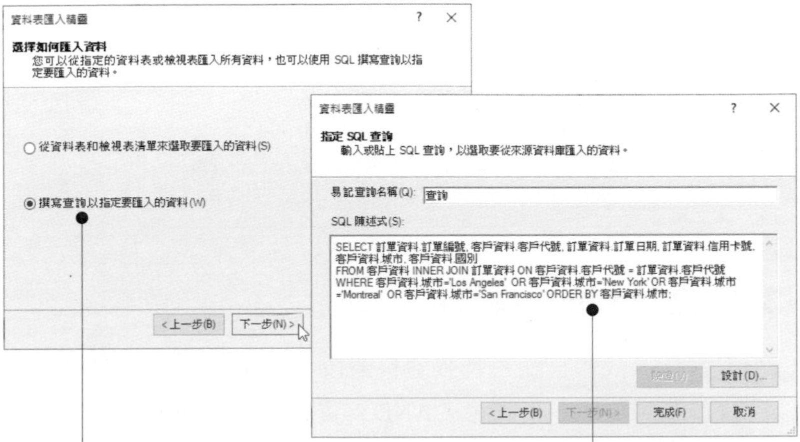

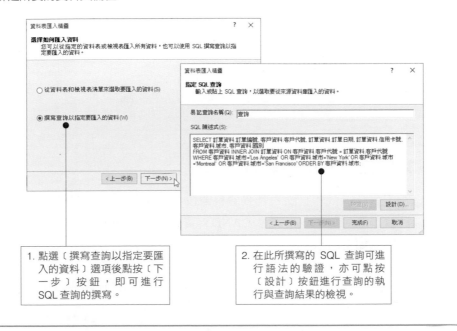

1. 點選〔撰寫查詢以指定要匯入的資料〕選項後點按〔下一步〕按鈕，即可進行 SQL 查詢的撰寫。

2. 在此所撰寫的 SQL 查詢可進行語法的驗證，亦可點按〔設計〕按鈕進行查詢的執行與查詢結果的檢視。

STEP 16 接著，進行資料表或檢視表(也就是查詢)的選擇，例如：此範例實作中我們將勾選〔客戶資料〕、〔禮盒資料〕、〔訂單資料〕與〔訂貨明細〕等四張資料表。

STEP 17 點按〔完成〕按鈕。

STEP 18 隨即進行資料的匯入，完成後點按〔關閉〕按鈕。

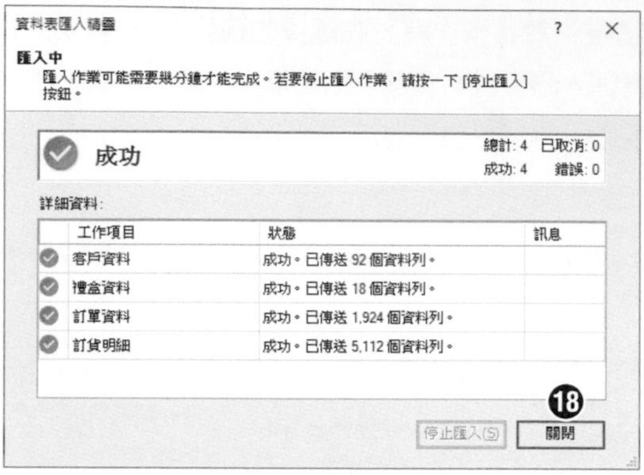

11-5-3 建立資料的關聯性

延續前一小節實作，我們在匯入多張資料表後，即可針對這些資料表進行關聯設定。以此實作範例為例，我們將 CANDY 資料庫裡的四張資料表建立一對多的關係，關聯圖如下所示。

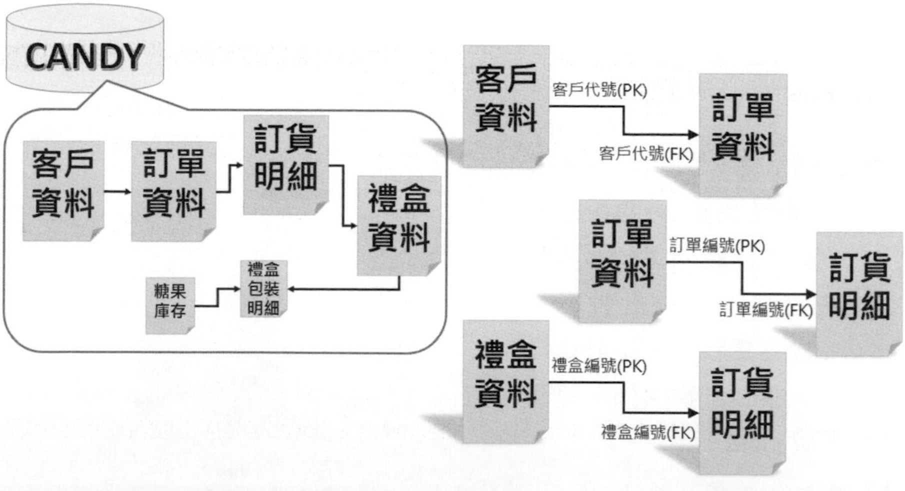

其中：

- 〔客戶資料〕(1 方)與〔訂單資料〕(多方)是一對多的關聯，關聯欄位為〔客戶代號〕。
- 〔訂單資料〕(1 方)與〔訂貨明細〕(多方)是一對多的關聯，關聯欄位為〔訂單編號〕。
- 〔禮盒資料〕(1 方)與〔訂貨明細〕(多方)是一對多的關聯，關聯欄位為〔禮盒編號〕。

隨後的操作步驟便根據這些關聯要求進行關聯的設定實作。

STEP 1 回到 Excel Power Pivot 視窗，即可看到所匯入的各資料表與資料內容。

STEP 2 點按〔設計〕索引標籤裡的〔建立關聯性〕命令按鈕。

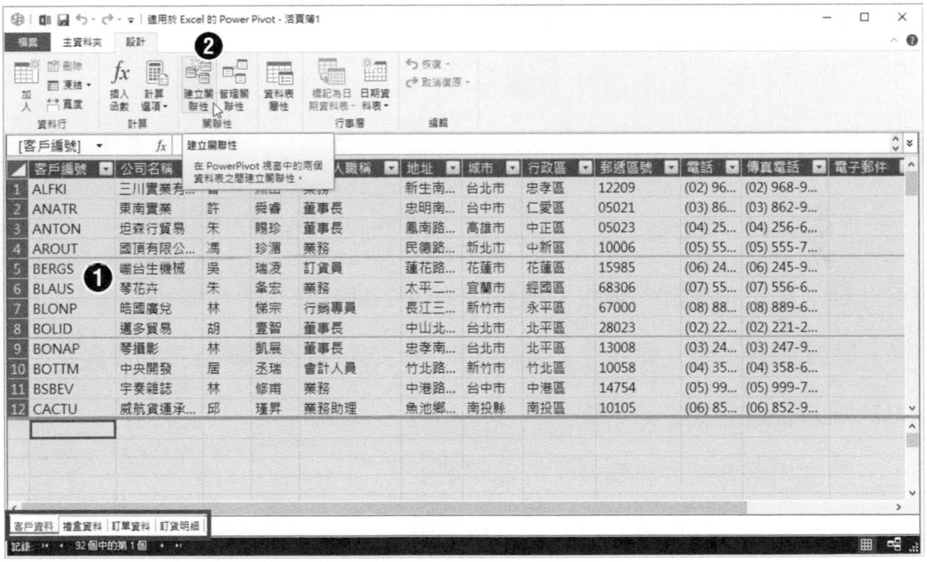

STEP 3 開啟〔建立關聯性〕對話方塊，設定資料表為〔客戶資料〕。

STEP 4 點選資料行為〔客戶編號〕。

STEP 5 點選相關查閱資料表為〔訂單資料〕。

STEP 6 點選其相關查閱資料行為〔客戶編號〕。

STEP 7 點按〔確定〕按鈕。

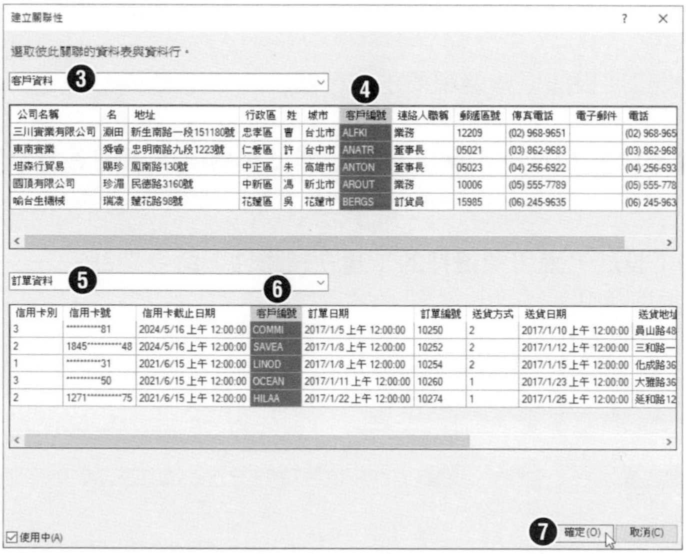

STEP 8 再次點按〔設計〕索引標籤裡的〔建立關聯性〕命令按鈕。

STEP 9 再度開啟〔建立關聯性〕對話方塊，此次設定資料表為〔訂單資料〕。

STEP 10 點選資料行為〔訂單編號〕。

STEP 11 點選相關查閱資料表為〔訂貨明細〕。

STEP 12 點選其相關查閱資料行為〔訂單號碼〕。

STEP 13 點按〔確定〕按鈕。

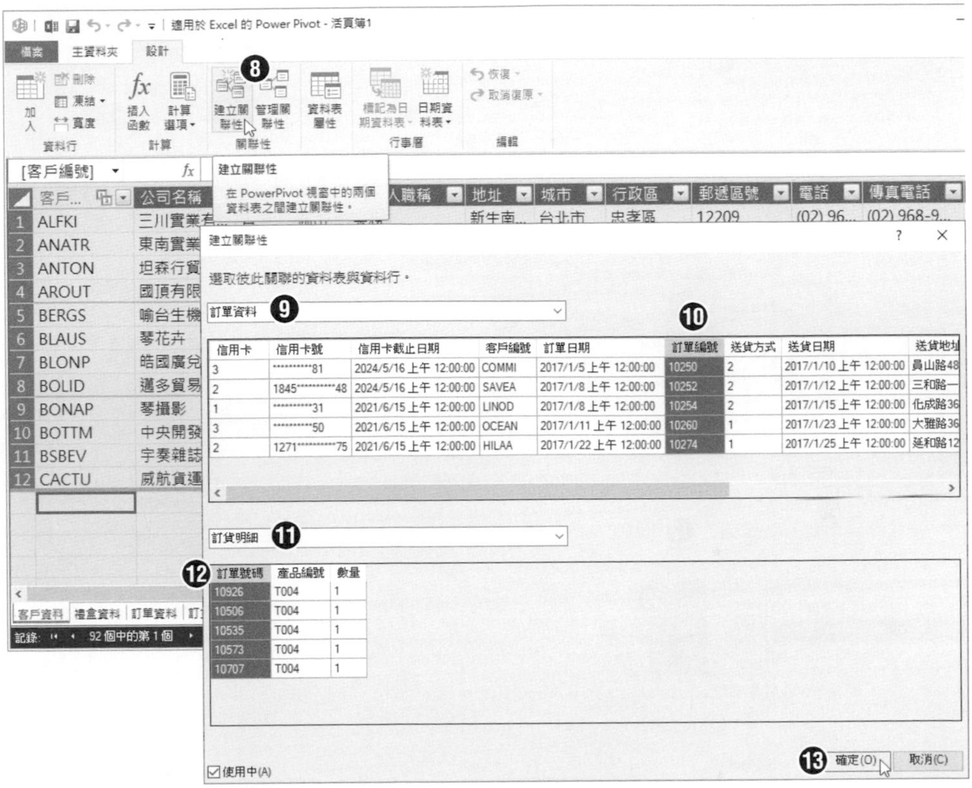

STEP 14 繼續點按〔設計〕索引標籤裡的〔建立關聯性〕命令按鈕。

STEP 15 開啟〔建立關聯性〕對話方塊，此次設定資料表為〔禮盒資料〕。

STEP 16 點選資料行為〔禮盒編號〕。

STEP 17 點選相關查閱資料表為〔訂貨明細〕。

STEP 18 點選其相關查閱資料行為〔產品編號〕。

STEP 19 點按〔確定〕按鈕。

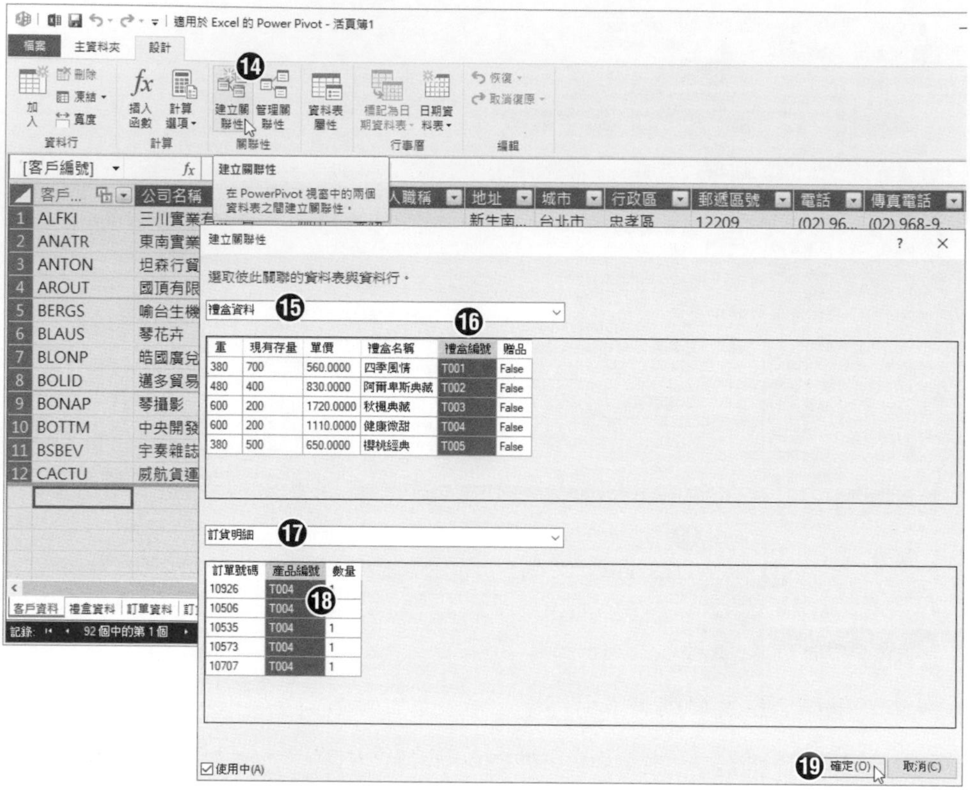

STEP 20 完成所有的關聯設定後，可以點按〔設計〕索引標籤。

STEP 21 點按〔關聯性〕群組裡的〔管理關聯性〕命令按鈕。

STEP 22 開啟〔管理關聯性〕對話方塊，即可看到已經建立的各個關聯，可以檢視剛剛建立的各個關聯設定外，若有編輯或修改關聯的需求，亦可點按〔建立〕、〔編輯〕與〔刪除〕等按鈕，進行資料表關聯的新增、編輯與移除等管理工作。

STEP 23 確認關聯無誤後，點按〔關閉〕按鈕。

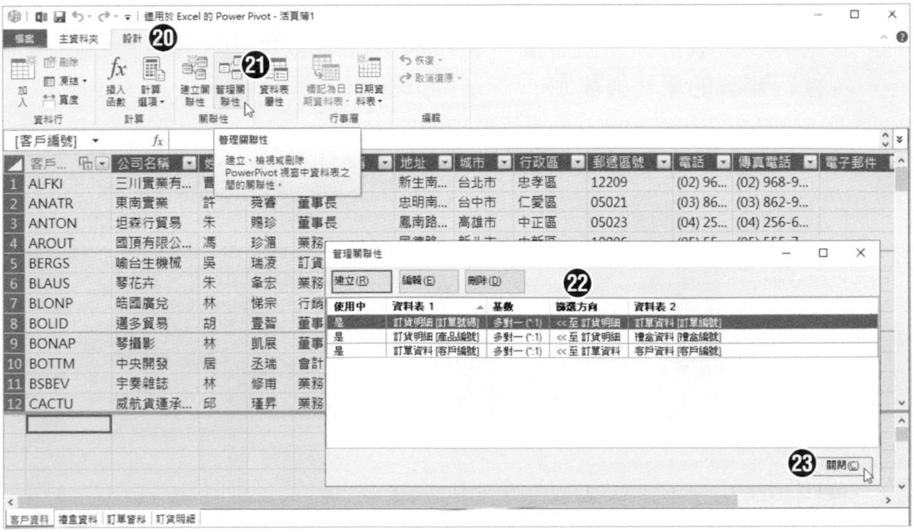

TIPS

善用資料關聯圖檢視畫面：

STEP 1　點按〔主資料夾〕索引標籤。

STEP 2　點按〔檢視〕群組裡的〔圖表檢視〕命令按鈕，可以切換到圖表檢視畫面，也就是資料關聯圖檢視畫面。

STEP 3　透過欄位名稱的拖曳，即可進行資料表之間的關聯設定。

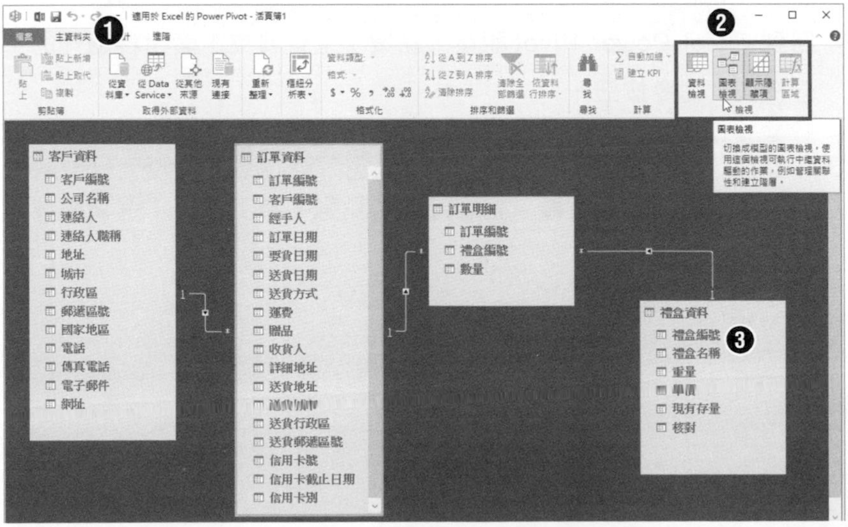

STEP 4 點按兩下資料表之間的關聯線，亦可開啟〔編輯關聯性〕對話方塊進行關聯的編輯與設定。

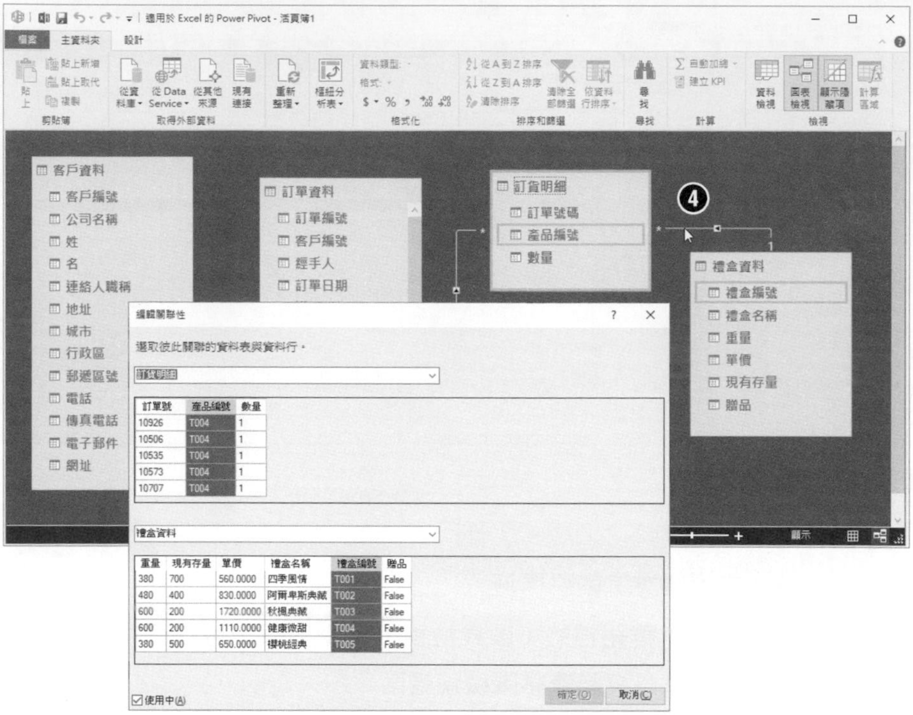

STEP 24 回到 Excel Power Pivot 視窗，點按〔主資料夾〕索引標籤裡的〔樞紐分析表〕命令按鈕。

STEP 25 從展開的功能選單中，點選〔樞紐分析表〕選項。

STEP 26 開啟〔建立樞紐分析表〕對話方塊，點選〔新工作表〕選項後按下〔確定〕按鈕。

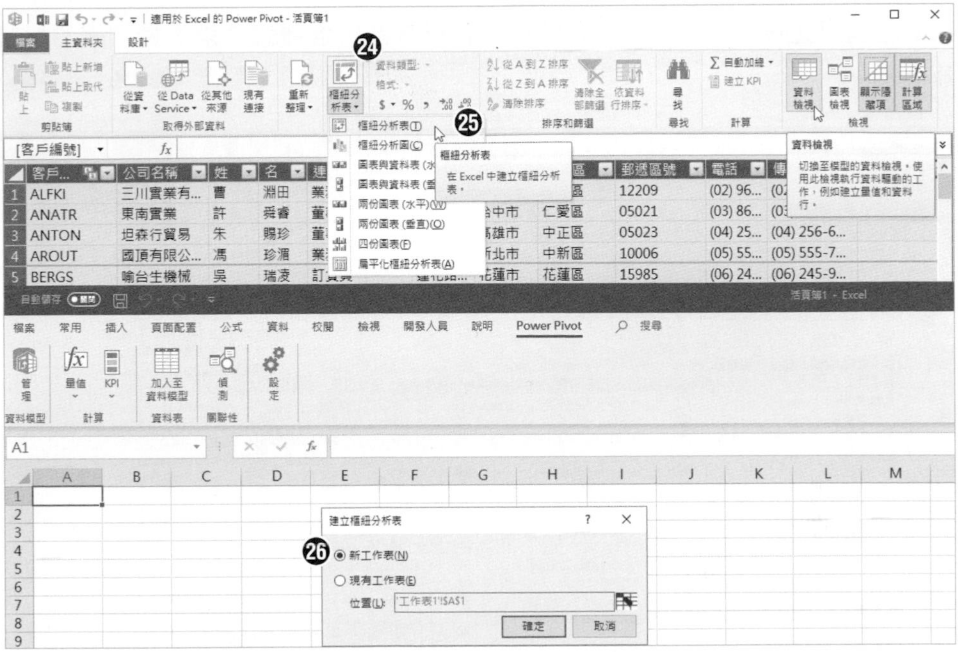

STEP 27 立即載入所建立的資料模型，〔樞紐分析表欄位〕底下即為所建立的資料模型之各匯入資料表的欄位清單。此範例所建立的資料模型包含了 CANDY 關聯式資料庫裡的四張資料表。

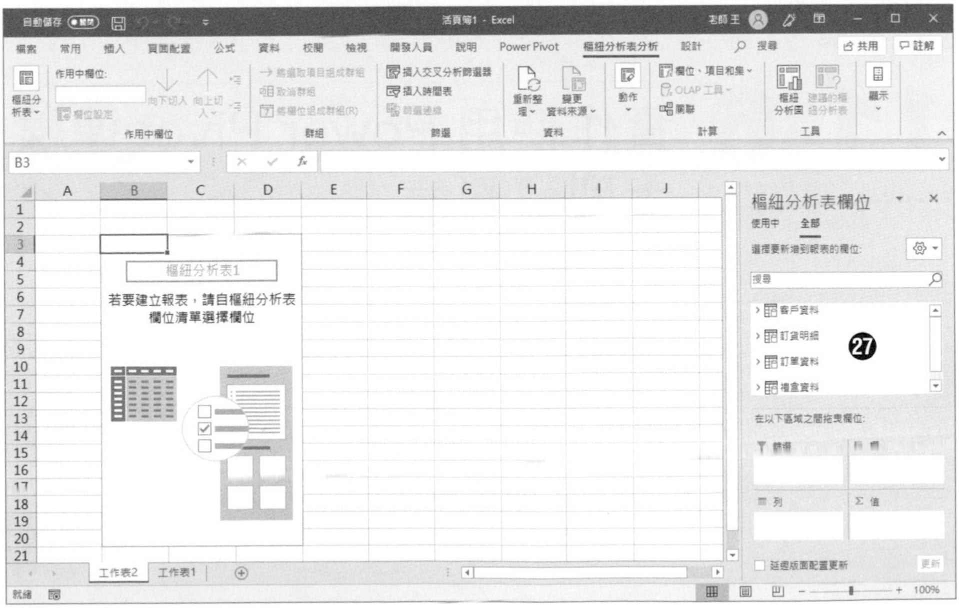

以下是利用此資料模型所建立各城市、各行政區、各種禮盒銷售量加總的樞紐分析表。

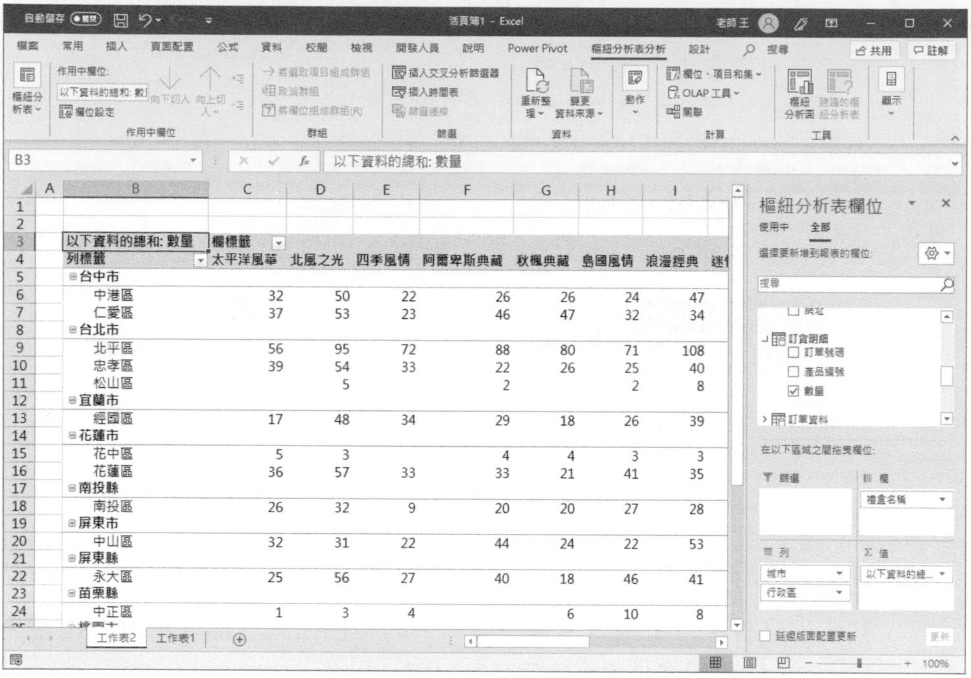

11-6 實作使用 Power Pivot 連線大型資料庫

使用 Power Pivot 除了可以連線大型資料庫，匯入資料並產生所需的資料模型，來處理原本遠超過 Excel 工作表容量的海量資料外，建立樞紐分析表與樞紐分析圖將是輕而易舉之事，甚至，在所建立的資料模型還可以在活頁簿中重複使用，建立各種不同目的與需求的樞紐分析報表。

11-6-1 使用 Power Pivot 連線大型資料庫

啟動了 Excel 內建的 Power Pivot 功能後，您的 Excel 便具備 Power Pivot 的功能。在以下的範例演練中，我們將連結來自 Access 資料庫且包含 4 百多萬筆的資料，於 Excel 工作表中進行樞紐分析。

STEP 1 點按〔Power Pivot〕索引標籤。

STEP 2 點選〔資料模型〕群組裡的〔管理〕命令按鈕，以開啟 Excel 的 Power Pivot 視窗。

STEP 3 開啟 Excel 的 Power Pivot 視窗後，點按〔主資料夾〕索引標籤裡〔取得外部資料〕群組裡的〔從資料庫〕命令按鈕。

STEP 4 從展開的下拉式功能選單中點按所要連結的資料來源類型，例如：〔從 Access〕選項。

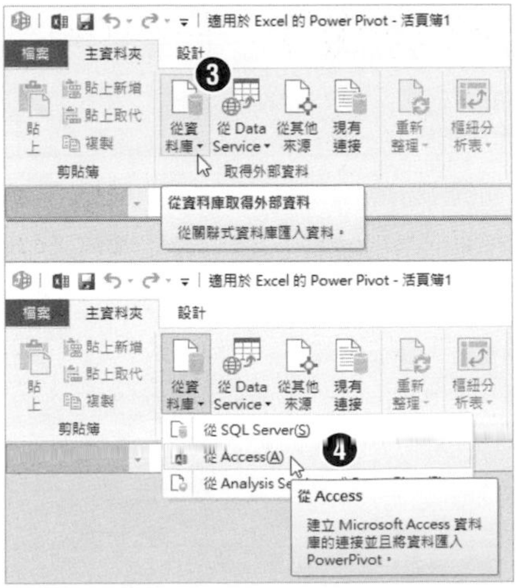

STEP 5 開啟〔資料表匯入精靈〕對話方塊，輸入自訂的連線名稱。

STEP 6 點按〔瀏覽〕按鈕。以選擇想要連線的資料庫檔案，或者直接鍵入資料庫檔案的所在路徑與檔案名稱。若有需要，必須輸入登入資料庫的使用者名稱與密碼方能連接指定的資料庫。

STEP 7 可點按〔測試連接〕按鈕以確認是否可以順利連線。

STEP 8 測試連線成功即點按〔下一步〕按鈕。

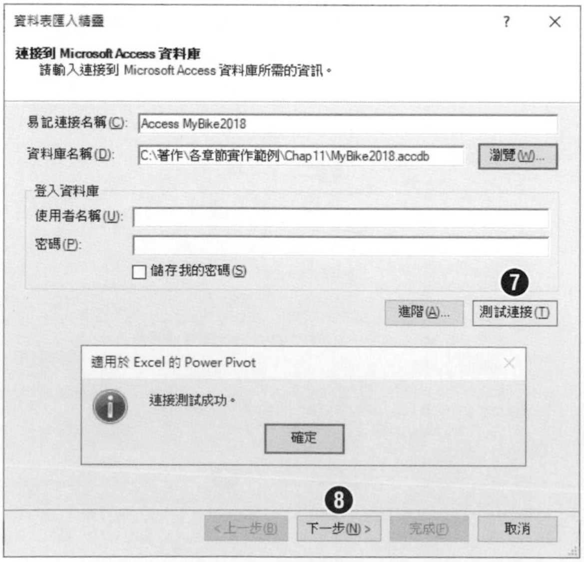

STEP 9 在〔選擇如何匯入資料〕對話選項中，點選〔從資料表和檢視表清單來選取要匯入的資料〕選項。

STEP 10 點按〔下一步〕按鈕。

STEP 11 進入〔選取資料表和檢視表〕對話選項，勾選連線資料庫裡所要匯入的資料表或檢視表等資料來源。例如：勾選第一個核取方塊，可以自動勾選此資料庫裡的所有資料來源。

STEP 12 點按〔完成〕按鈕。

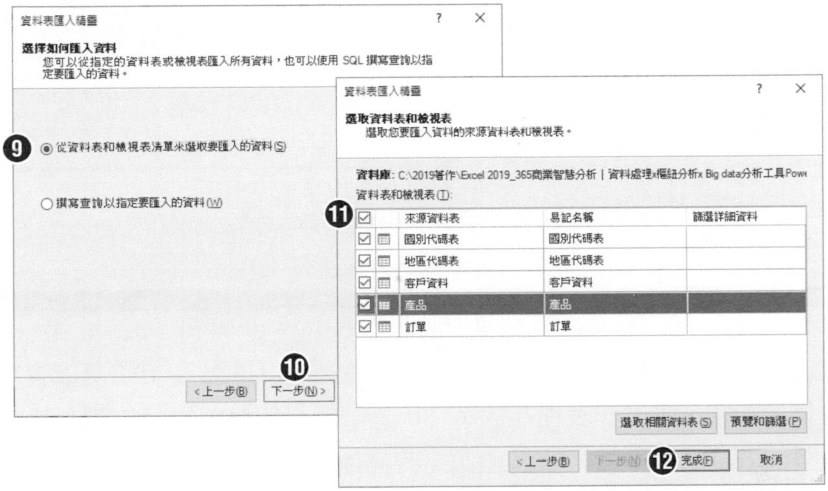

STEP 13 成功連線匯入此實作範例資料庫裡的五張資料表，其中〔訂單〕資料表裡包含了 413 萬多筆資料，最後，點按〔關閉〕按鈕。

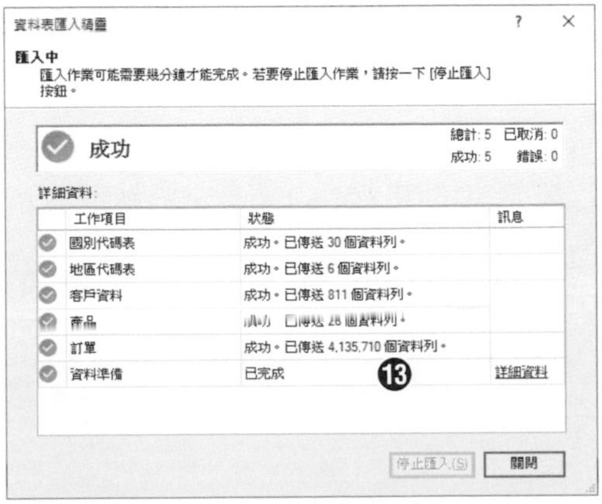

STEP 14 在 Power Pivot for Excel 視窗裡，即可看到成功匯入的外部資料，已經連結到資料模型裡。

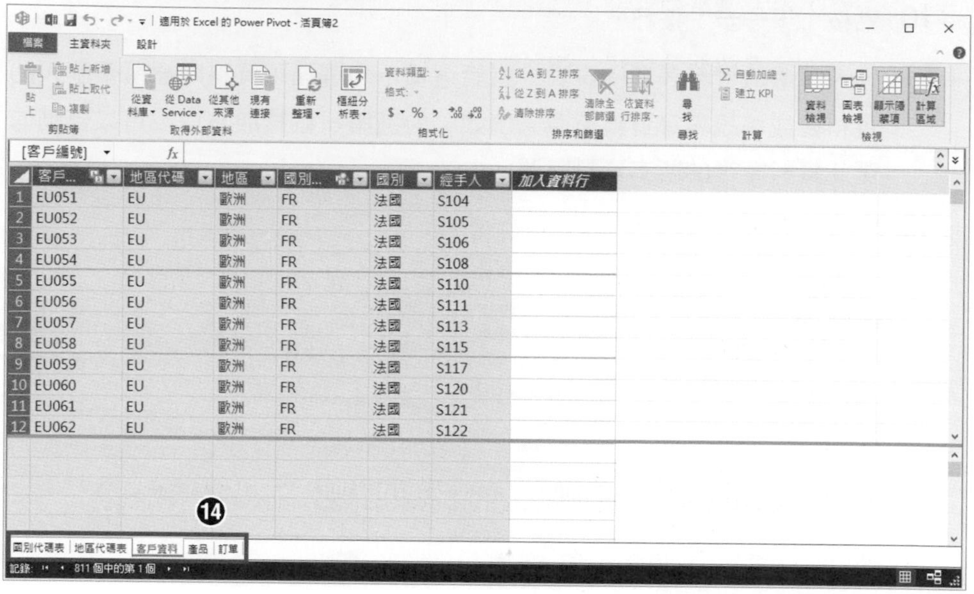

請試試它的神力吧！在 Excel 中，一張工作表最多可以置入 104 萬筆資料，筆者也曾經成功在一張工作表裡存放了 80 萬筆資料記錄，裡面的儲存格內也包含了許多 Excel 計算公式、查詢函數。而光僅是一個簡單的排序操作，卻耗費了好幾分鐘才完成，這段時間其他的電腦相關運作緩如牛步。可是，一樣的資料欄位，高達更多資料筆數的 413 萬 5 千多筆資料，透過 Power Pivot 的連結匯入，在相同的排序作業上竟然只是以秒計算喔！

11-6-2 透過 Power Pivot 進行樞紐分析

能夠利用 Power Pivot 連結匯入數百萬筆資料，再靈活運用樞紐分析統計功能，將是資料分析的最完美搭配，您的大量資料統計分析能力也就更趨完美了。

STEP 1 延續前一小節的範例實作，在開啟 Excel 的 Power Pivot 視窗後，點按〔主資料夾〕索引標籤底下的〔樞紐分析表〕命令按鈕。

STEP 2 再從下拉式選單中點選〔樞紐分析表〕選項。

STEP 3 開啟〔建立樞紐分析表〕對話方塊，點選〔新工作表〕選項後點按〔確定〕按鈕。

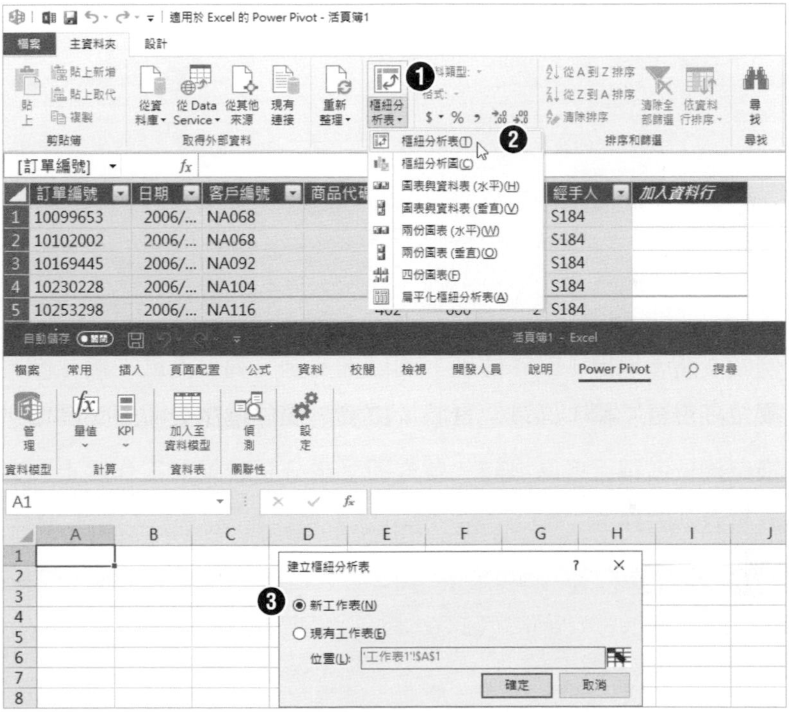

STEP 4 工作表上立即呈現樞紐分析結構。

STEP 5 視窗右側〔樞紐分析表欄位〕工作窗格裡，顯示根據資料模型所建立的資料來源，點按展開符號，可以展開其各個資料欄位名稱。

STEP 6 將資料欄位拖曳至樞紐分析表結構中的〔篩選〕、〔列〕、〔欄〕與〔值〕等四個區域，即可自動建立樞紐分析表。

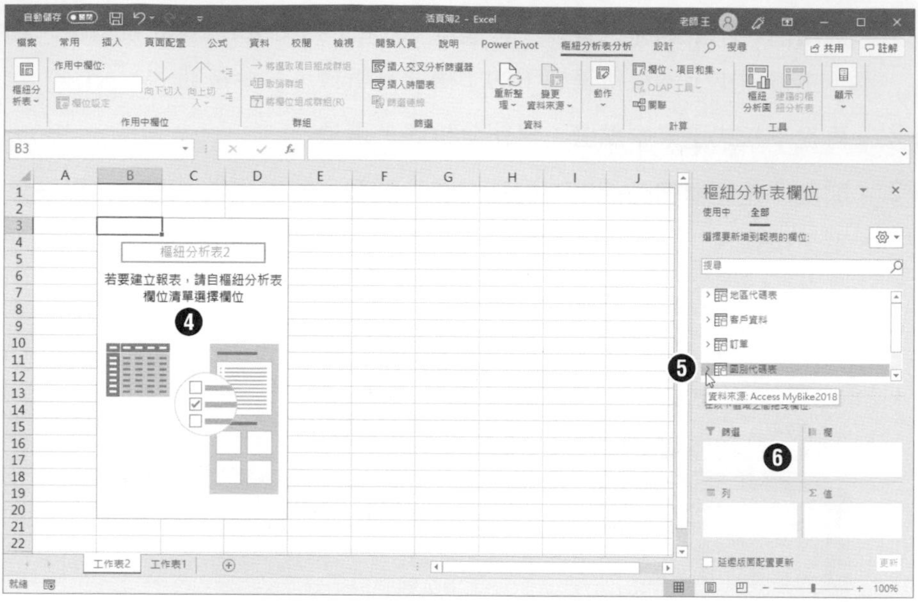

STEP 7 例如：將〔地區〕及〔國別〕欄位拖曳至〔列〕區域；將〔商品名稱〕欄位拖曳至〔欄〕區域；再將〔數量〕欄位拖曳至〔值〕區域。

STEP 8 拖曳欄位名稱至各區域時，會立即呈現分析結果於工作表上，完成樞紐分析表的製作。

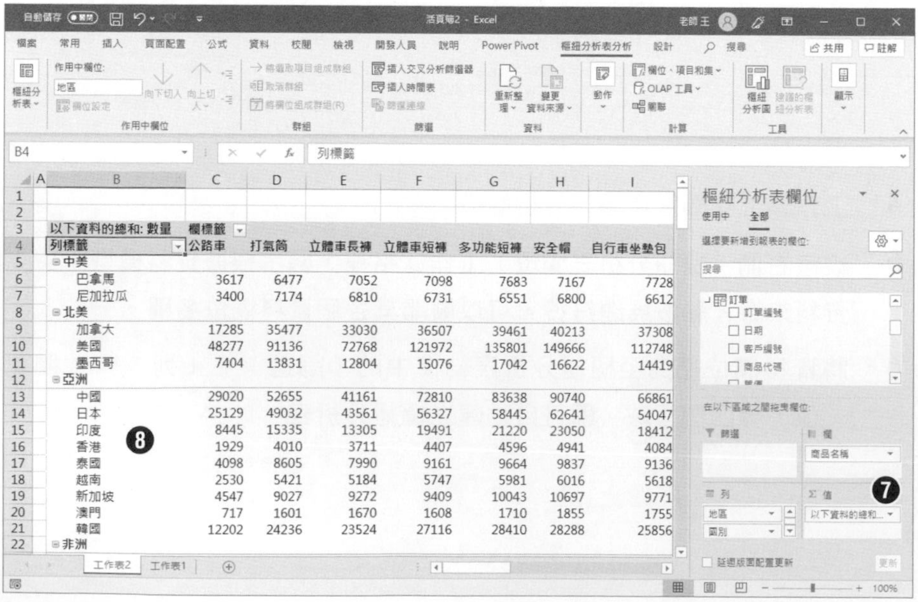

11-6-3 在活頁簿中重複使用資料模型

一旦建立好匯入多張資料表的資料模型，便可以在整個活頁簿中重複使用該資料模型，尤其是應用於連結相同資料來源，但必須建立各種不同需求與目的的樞紐分析表、樞紐分析圖和 PowerView 報表上顯得特別有用！

STEP 1　切換到其他工作表或新增新的工作表，點按〔插入〕索引標籤。

STEP 2　點按〔表格〕群組裡的〔樞紐分析表〕命令按鈕。

STEP 3　開啟〔建立樞紐分析表〕對話方塊，點選〔使用外部資料來源〕選項。

STEP 4　點按〔選擇連線〕按鈕。

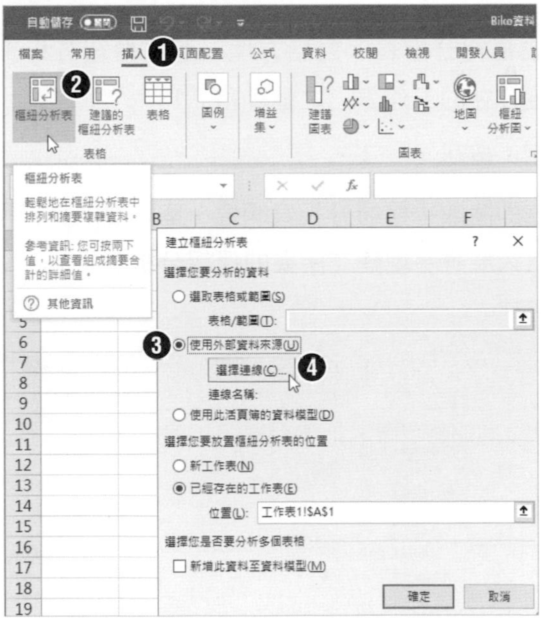

STEP 5　開啟〔現有連線〕對話方塊，點按〔表格〕索引頁籤。

STEP 6　顯示〔所有資料表〕。

STEP 7　在〔此活頁簿資料模型〕下，預設會選取〔活頁簿資料模型中的表格〕。

STEP 8　點按〔開啟〕按鈕。

STEP 9 回到〔建立樞紐分析表〕對話方塊，選擇樞紐分析表的放置位置，例如：〔已經存在的工作表〕之儲存格 A1。

STEP 10 點按〔確定〕按鈕。

STEP 11 畫面右側立即開啟〔樞紐分析表欄位〕窗格並顯示模型中的資料表格，此後便可以大展身手地建立所要的樞紐分析表了。

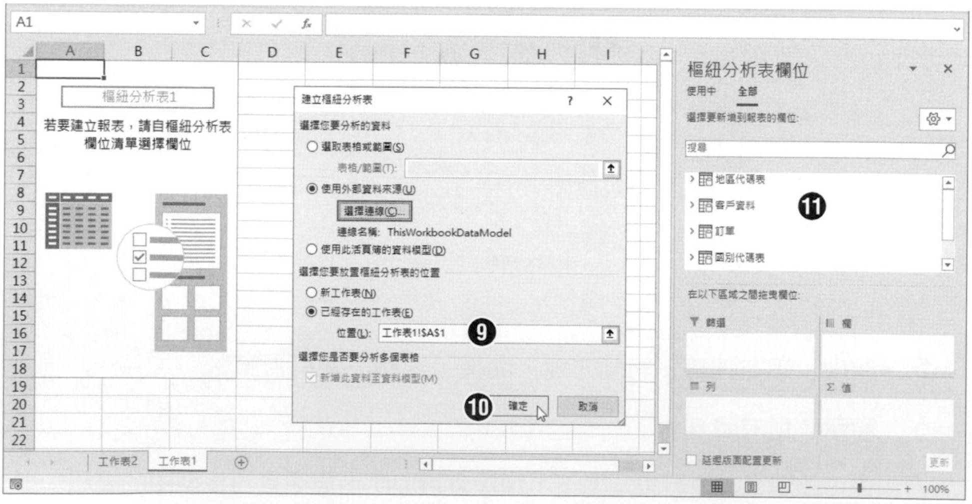

例如：將「地區」欄位拖曳至〔列〕區域；再將「國別」欄位也拖曳至〔列〕區域；最後將「訂單編號」欄位拖曳至〔值〕區域，即可摘要統計出每一地區每一國別的交易筆數，總計是 413 萬 5710 筆交易。

Excel 商業智慧分析-第二版｜樞紐分析 x 大數據分析工具 PowerPivot

作　　者：王仲麒
企劃編輯：江佳慧
文字編輯：王雅雯
設計裝幀：張寶莉
發 行 人：廖文良

發 行 所：碁峰資訊股份有限公司
地　　址：台北市南港區三重路 66 號 7 樓之 6
電　　話：(02)2788-2408
傳　　真：(02)8192-4433
網　　站：www.gotop.com.tw
書　　號：ACI036800
版　　次：2023 年 09 月二版
建議售價：NT$650

國家圖書館出版品預行編目資料

Excel 商業智慧分析：樞紐分析 x 大數據分析工具 PowerPivot / 王仲麒著. -- 二版. -- 臺北市：碁峰資訊, 2023.09
面；　公分
ISBN 978-626-324-465-8(平裝)
1.CST：EXCEL 2019(電腦程式)
312.49E9　　112003702

讀者服務

- 感謝您購買碁峰圖書，如果您對本書的內容或表達上有不清楚的地方或其他建議，請至碁峰網站：「聯絡我們」\「圖書問題」留下您所購買之書籍及問題。（請註明購買書籍之書號及書名，以及問題頁數，以便能儘快為您處理）
http://www.gotop.com.tw
- 售後服務僅限書籍本身內容，若是軟、硬體問題，請您直接與軟體廠商聯絡。
- 若於購買書籍後發現有破損、缺頁、裝訂錯誤之問題，請直接將書寄回更換，並註明您的姓名、連絡電話及地址，將有專人與您連絡補寄商品。